# Excel数据分析

## 超详细实战攻略 微课视频版

◎ 江红 余青松 主编

U0377912

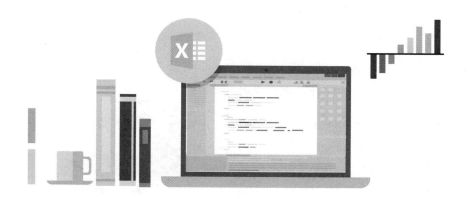

清华大学出版社

北京

## 内 容 简 介

本书使用简单的语言、清晰的步骤和丰富的实例详尽介绍 Excel 在管理、金融、统计、财务、决策等领域的数据分析和处理的功能与技巧,具体内容包括 Excel 基础、数据的输入与验证、数据的编辑与格式化、公式和函数的基本使用与综合应用、数组公式和数组常量的基本使用与高级应用、数据的组织和管理、使用数据透视表分析数据、数据的决策与分析、图表与数据可视化、使用 Power Pivot 数据模型管理和分析数据、宏与 VBA 程序入门、数据的保护与共享、Excel 综合应用案例等。

本书内容丰富、案例实用、可操作性强,根据实际应用需求和功能组织知识点,便于读者查阅和使用,能有效地帮助读者提高 Excel 数据分析与处理的水平,提升工作效率。

本书可作为高等院校相关课程的教学用书,同时也非常适合 Office 爱好者、技术人员自学。

**图书在版编目(CIP)数据**

Excel 数据分析超详细实战攻略:微课视频版/江红,余青松主编.—北京:清华大学出版社,2021.5 (2022.8重印)

(清华科技大讲堂)

ISBN 978-7-302-55632-9

Ⅰ. ①E… Ⅱ. ①江… ②余… Ⅲ. ①表处理软件－教材 Ⅳ. ①TP391.13

中国版本图书馆 CIP 数据核字(2020)第 090924 号

策划编辑:魏江江
责任编辑:王冰飞
封面设计:刘　键
责任校对:时翠兰
责任印制:丛怀宇

出版发行:清华大学出版社
　　　网　　　址:http://www.tup.com.cn, http://www.wqbook.com
　　　地　　　址:北京清华大学学研大厦 A 座　　　邮　　编:100084
　　　社 总 机:010-83470000　　　邮　　购:010-62786544
　　　投稿与读者服务:010-62776969,c-service@tup.tsinghua.edu.cn
　　　质量反馈:010-62772015,zhiliang@tup.tsinghua.edu.cn
　　　课件下载:http://www.tup.com.cn,010-83470236
印 装 者:三河市金元印装有限公司
经　　销:全国新华书店
开　　本:185mm×260mm　　印　张:44.25　　　字　　数:1071 千字
版　　次:2021 年 5 月第 1 版　　　印　　次:2022 年 8 月第 3 次印刷
印　　数:3501~4500
定　　价:138.00 元

产品编号:086808-02

# 前　言

随着信息化的发展,特别是大数据时代所面临的挑战,要求企业的财务管理、市场分析、生产管理甚至日常的办公管理都必须逐渐精细和高效。Excel 作为目前应用最广泛的数据处理和分析软件之一,简单易学、功能强大,已经被广泛应用于财会、审计、营销、统计、金融、工程、管理等各个领域。掌握 Excel 这个利器,必将使工作事半功倍、简洁高效,从而增强个人以及企业的社会竞争力。

本书全面、系统、深入地介绍 Excel 数据处理与分析的技能和技巧,帮助读者掌握 Excel 高级应用,并有助于各行各业的工作人员灵活、有效地使用 Excel 完成各项工作。

本书共 19 章,介绍 Excel 数据处理与分析方面的基础知识和应用技巧,内容涉及 Excel 基础、数据的输入与验证、数据的编辑与格式化、公式和函数的基本使用、数组公式和数组常量的基本使用、使用逻辑和信息函数处理数据、使用数学和统计函数处理数据、使用日期和文本函数处理数据、使用财务函数处理数据、使用查找和引用函数查找数据、工程函数、数据库函数、数组公式的高级应用、公式和函数的综合应用实例、数据的组织和管理(使用 Excel 表格管理数据、排序、筛选、分类汇总、链接与合并计算)、使用数据透视表分析数据、数据的决策与分析(模拟运算表、单变量求解、规划求解、方案分析、数据分析工具)、图表与数据可视化、使用 Power Pivot 数据模型管理和分析数据、宏与 VBA 程序入门、数据的保护与共享、Excel 综合应用案例(学生信息管理系统)等。

贯穿整书,除了知识点讲解过程中配有的小例子外,还提供了 271 个操作范例、2 个综合实例、124 个实验操作。通过本书的学习,相信读者一定会快速掌握 Excel 强大的数据处理和分析功能。

本书的主要特点如下:

(1) 由浅入深、循序渐进、重点突出、通俗易学。作为一本教材,本书本着简单实用的原则讲解每个知识点,并最终让读者掌握 Excel 的精髓。

(2) 案例经典、实用,贴近职场。本书尽量选用实际工作和生活中的数据,这样读者可以即学即用,又可以获得行业专家的经验、提示、技巧等。

(3) 大部分章节的后面都附有单选题、填空题和思考题,使读者加深对所学知识的理解和掌握,并从中得到启发、引导,开阔思维。

(4) 针对课程教学特点精心设计了 16 个周次的实验内容,以方便教师具体的教学实践安排。

本书提供教学大纲、教学课件、电子教案、习题答案、所有范例和实验的素材、教学进度表等配套资源；本书还提供 700 分钟的微课视频，方便读者反复观看和学习课程相关内容。

**资源下载提示**

课件等资源：扫描封底的"课件下载"二维码，在公众号"书圈"下载。

素材（源码）等资源：扫描目录上方的二维码下载。

视频等资源：扫描封底刮刮卡中的二维码，再扫描书中相应章节中的二维码，可以在线学习。

本书由华东师范大学的江红和余青松共同编写，衷心感谢清华大学出版社的编辑勤勤恳恳、精益求精地为本书的出版默默付出，特别感谢清华大学出版社的魏江江分社长，敬佩他的才华横溢、高瞻远瞩和敬业精神。由于时间和编者学识有限，书中不足之处在所难免，敬请诸位同行、专家和读者指正。

编　者

2021 年 1 月

# 目 录

素材下载

## 教 程 篇

## 第 5 章

# 使用数学和统计函数处理数据 ············· **123**

## 第 8 章　使用查找与引用函数查找数据 …………………… 198

## 第 12 章

## 第 14 章

# 数据的决策与分析 ······································ **351**

第 15 章

## 图表与数据可视化 ……………………………………… **386**

第 17 章 宏与 VBA 程序入门 ·············· **463**

## 第 18 章 数据的保护与共享 ······ 516

## 实　验　篇

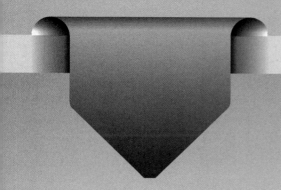

# 教 程 篇

# 第1章

# Excel基础

人们在日常生活和工作中对于大量的数据需要进行分析和处理,例如学生成绩的结果报表处理、销售数据的分类与汇总、实验数据的分析与总结等。Excel提供了强大的数据处理功能,使用Excel可以完成很多专业软件才能完成的数据统计、分析工作。使用Excel处理和分析数据一般可以分为3个步骤,即数据的输入和准备、数据的组织和分析、数据处理结果的格式化和输出。

## 1.1 Excel及其构成

视频讲解

### 1.1.1 Excel及其主要用途

Excel是Microsoft Office套件的重要组成部分,是一款流行的电子表格软件,广泛用于各种数据处理场合,具有直观的界面、出色的计算功能和丰富的图表工具,已成为电子表格软件事实上的工业标准。

Microsoft Office具有数十年的历史,其主要版本分为两类,即Office 2003及以前的版本(基于菜单式的传统版本)、Office 2007及以后的版本(基于功能区的现代版本)。Office除了提供桌面应用的版本外,还提供了订购服务的云版本(Office 365)。本书采用Microsoft Office 2019桌面专业版本,阐述使用Excel处理和分析数据的基本方法与操作步骤。

Excel的主要功能是基于电子表格的数据计算、分析和处理,还可以用于其他方面。其主要用途如下:

(1)数据处理。例如,创建预算、编制费用表、分析调查问卷结果、财务分析、实验数据分析等。

(2)文本处理。清理和标准化基于文本的数据。

（3）组织列表。使用行和列布局高效地存储列表。

（4）创建图表。创建各种类型可自定制的图表。

（5）导入和分析外部数据。导入各种外部数据源的数据，并进行分析和处理。

（6）创建可视化仪表盘。创建仪表盘进行商业智能分析。

（7）创建图形和示意图。使用形状和 SmartArt 创建专业外观的示意图。

（8）自动化复杂任务。使用宏和 VBA 编程框架实现复杂任务的自动化处理。

## 1.1.2　Excel 的基本构成

一个 Excel 文件（Excel 2003 以及以前版本的扩展名为.xls，Excel 2007 以后版本的扩展名为.xlsx）包含一个工作簿（workbook），工作簿相当于账簿。

Excel 工作簿包含多张工作表（worksheet），工作表相当于账页。Excel 工作表是由行（row）和列（column）交叉组成的单元格（cell）组成的，在单元格中可以输入数值、文本、计算公式等。工作表中还包含一个隐藏的绘图层，用于显示绘制的图表、图像、示意图等对象。

Excel 2003 以及以前的版本，一个工作簿最多可以包含 255 张工作表，一张工作表最多可以有 65536 行（用数字 1～65536 表示）和 256 列（用英文字母 A～Z、AA～AZ、BA～BZ、……、IA～IV 表示），共包含 $65536 \times 256 = 16777216$ 个单元格。

Excel 2007 以后的版本，一个工作簿包含的工作表数量没有限制，一张工作表最多可以有 1048576 行（用数字 1～1048576 表示）和 16384 列（用英文字母 A～Z、……、XFD 表示），共包含 $1048576 \times 16384 = 17179869184$ 个单元格。

借助键盘上的 Ctrl＋↑、↓、←、→4 个方向键，即可定位到工作表的最上、最下、最左和最右单元格，从而观测工作表行号和列标的最大值。

如果需要分析和处理超过 100 万行的大数据，可以使用 Excel 的内存数据模型（Power Pivot），具体参见本书第 16 章。

Microsoft Office 应用软件包括两种版本，即 32 位版本和 64 位版本。32 位版本的 Office 适用于大多数其他应用程序，尤其是与第三方加载项兼容；64 位版本的 Office 支持更大的文件和内存，因而适用于大量数据的分析和处理。

Excel 窗口界面的组成部分如图 1-1 所示。

Excel 窗口界面包括以下部分：

① 标题栏。其用于显示当前工作簿的名称。

② 快速访问工具栏。其用于显示常用的命令按钮（可定制）。

③ Windows 窗口控制按钮。其用于控制当前窗口的最小化、最大化、关闭操作。

④ 查找文本框。其用于查找和运行 Excel 命令。

⑤ 共享按钮。其用于共享当前工作簿。

⑥ 文件选项卡（也称为文件按钮）。单击此选项卡打开 Backstage 视图，其中包含许多用于处理文档（包括打印）和设置 Excel 选项的命令。

⑦ 功能区。其用于显示主要的 Excel 命令。

⑧ 功能区选项卡列表。单击选项卡切换不同的功能区。

⑨ 功能区显示选项。其用于设定功能区显示选项，包括自动隐藏功能区、显示选项卡、

显示选项卡和命令(默认)。

图 1-1 Excel 窗口界面的组成部分

⑩ 折叠功能区按钮。临时折叠功能区,双击功能区选项卡(或者利用快捷键 Ctrl+F1)可以显示功能区。

⑪ 名称框。其用于显示活动单元格、所选择单元格、单元格区域、图表以及其他各种对象的名称。

⑫ 编辑栏。其用于输入、编辑单元格内容(包括公式)。

⑬ 行号。表示 1~1048576 列的行号。单击行号可以选择整行,拖曳或者双击行之间的分隔线可以调整行的高度。

⑭ 列标。表示 1~16384 列的列字母(A~XFD)。单击列标可以选择整列,拖曳或者双击列之间的分隔线可以调整列的宽度。

⑮ 选择的单元格指示框。显示当前所选择的单元格或者单元格区域。

⑯ 工作表选项卡滚动按钮。其用于滚动显示当前视图外的工作表。

⑰ 工作表选项卡。每张工作表对应一个选项卡,可以重命名工作表和设置工作表标签的颜色。

⑱ 新工作表按钮 ⊕。单击该按钮,在当前工作表后创建一个新的工作表。

⑲ 录制宏按钮 ▦。单击该按钮,开始录制 VBA 宏。在录制宏时,按钮的形状更改为录制形状,单击后停止宏的录制。

⑳ 页面视图按钮 ▦ ▤ ▥。切换页面视图为普通、页面布局、分页预览。

㉑ 水平滚动条。其用于水平方向滚动页面视图内容。

㉒ 垂直滚动条。其用于垂直方向滚动页面视图内容。

㉓ 状态栏。其用于显示各种状态信息,例如选择若干数值单元格后状态栏中将显示其平均值、计数、求和。

㉔ 显示比例。调整页面视图的缩放比例。

视频讲解

# 1.2　工作簿的基本操作

## 1.2.1　新建工作簿

Excel 工作簿基于 Excel 模板建立。特定的模板包含工作表的特定格式、固定的文字数据和公式等,基于该模板创建的工作簿继承这些内容,使用合适的模板可以提高工作效率。

基于"空白工作簿模板"创建新的空白工作簿的方法如下:

(1) 启动 Excel 时单击"空白工作簿"模板,创建名为"工作簿 1"的空白工作簿。

(2) 选择 Excel"文件"选项卡中的"新建"命令,单击"空白工作簿"模板,创建名为"工作簿 1"的空白工作簿。注意,Excel 新建的工作簿自动依次命名为工作簿 1、工作簿 2、……、工作簿 $n$。

(3) 单击 Excel 快速访问工具栏中的"新建"按钮 ,Excel 将基于"空白工作簿"模板创建名为"工作簿 $x$"的空白工作簿。

(4) 按快捷键 Ctrl+N,Excel 将基于"空白工作簿"模板创建名为"工作簿 $x$"的空白工作簿。

Excel 提供了各种类别的模板,使用模板创建工作簿的方法如下:

(1) 联机搜索模板并下载使用。Office 官网提供了大量的各种类别的 Excel 模板,通过 Excel"文件"选项卡中的"新建"命令可以联机搜索或者浏览模板,并下载使用。

(2) 从互联网上搜索下载并使用。互联网上包含海量的 Excel 模板,可以免费下载使用,一些专业的模板可以通过付费方式购买使用。

(3) 把自己建立的工作簿另存为 Excel 模板文件。用户可以把自己建立的工作簿(例如报销单、申请表等)另存为 Excel 模板文件。

【例 1-1】　基于"家庭每月预算规划"模板创建工作簿,并基于该款简单但功能强大的预算模板完善个人或者家庭每月收入、支出和总现金流等的预算。

【参考步骤】

(1) 选择 Excel"文件"选项卡中的"新建"命令。

(2) 查找并选择"家庭每月预算规划"模板,单击"创建"按钮,联机下载该模板。

(3) 基于图 1-2 所示的模板,分别在"预算概览""预算摘要""每月支出"和"其他数据"工作表中自行完善家庭或个人的每月预算规划,包括月收入、宠物、礼品和捐赠、个人护理、育儿、存款、贷款、税费、娱乐、保险、食物、交通、住房等,并以"fl1-1 家庭每月预算规划.xlsx"为文件名保存。

【例 1-2】　将 Excel 工作簿另存为模板文件。

【参考步骤】

(1) 在 Excel 中打开"fl1-2 出差费用.xlsx"文件。

(2) 将 Excel 工作簿另存为模板。选择 Excel"文件"选项卡中的"另存为"命令,选择保存类型为"Excel 模板(＊.xltx)",输入文件名"出差费用申请表.xltx"。单击"保存"按钮,保存模板。

图 1-2　家庭每月预算规划

（3）使用模板"出差费用申请表"新建工作簿。选择 Excel"文件"选项卡中的"新建"命令，选择步骤（2）所创建的模板"出差费用申请表"。单击"创建"按钮，基于该模板创建新工作簿。尝试输入出差信息，系统会自动计算费用。

（4）保存工作簿为"fl1-2 出差费用结果.xlsx"。

【说明】

自定义模板默认的保存位置为"C:\Users\qsyu\Documents\自定义 Office 模板"。此处"C:\Users\qsyu\Documents"对应于计算机用户个人目录下的 Documents 目录，即文件资源管理器"快速访问"中的"文档"目录。从网上下载的模板文件可以放置到该目录中，以供新建工作簿时选择使用。

## 1.2.2　打开工作簿

打开 Excel 工作簿的方法如下：

（1）启动 Excel 时，选择"最近使用的文档"列表中的 Excel 文件，打开最近使用的工作簿。

（2）启动 Excel 时，单击"打开其他工作簿"链接，打开最近使用的工作簿，或者选择其他要打开的工作簿。

（3）选择 Excel"文件"选项卡中的"打开"命令，打开最近使用的工作簿，或者选择其他要打开的工作簿。

（4）单击 Excel 快速访问工具栏中的"打开"按钮，打开最近使用的工作簿，或者选择其他要打开的工作簿。

（5）通过快捷键 Ctrl＋O 打开最近使用的工作簿，或者选择其他要打开的工作簿。

（6）在 Windows 文件资源管理器中双击要打开的 Excel 文件。

## 1.2.3  保存和关闭工作簿

新建或者对打开的工作簿编辑后，必须保存以写入数据到文件。第一次保存新建工作簿或者另存工作簿时，可以选择要保存的位置、指定文件的名称、指定文件的类型等。

### 1. 关闭 Excel 工作簿

关闭 Excel 工作簿有如下方法：

（1）选择 Excel"文件"选项卡中的"关闭"命令。

（2）单击 Excel 窗口右上角的关闭按钮 ✖ 。

（3）选择 Excel 窗口左上角的"关闭"菜单命令（按快捷键 Alt＋F4）。

【注意】

在关闭已修改但未保存的工作簿时，系统会提示是否要保存。

### 2. 保存 Excel 工作簿

保存 Excel 工作簿有如下方法：

（1）选择 Excel"文件"选项卡中的"保存"命令。

（2）单击 Excel 快速访问工具栏中的"保存"按钮 🖫 。

（3）通过 Excel 快捷键 Ctrl＋S。

### 3. 另存 Excel 工作簿

另存 Excel 工作簿有如下方法：

（1）选择 Excel"文件"选项卡中的"另存为"命令。

（2）通过 Excel 快捷键 F12。

### 4. 设置 Excel 工作簿自动恢复时间间隔

选择 Excel"文件"选项卡中的"选项"命令，在随后出现的"Excel 选项"对话框中单击"保存"选项，选中"保存自动恢复信息时间间隔"复选框，输入或调整其后的时间（单位：分钟），也可以重新设置"自动恢复文件位置"的路径。

## 1.2.4  Excel 的文件格式

Excel 支持数量众多的文件格式，在打开工作簿或者保存工作簿时可以选择对应的格式。另外，通过导入外部数据的方法还可以导入其他格式的外部数据。

Excel 的文件格式如图 1-3 所示。

【注意】

（1）如果是从其他程序复制文本，Excel 将不考虑文本的固有格式而以 HTML 格式粘贴文本。

（2）根据工作簿中处于活动状态的工作表类型（工作表、图表工作表或其他类型的工作表）的不同，Excel"保存类型"列表中的文件格式会有所不同。

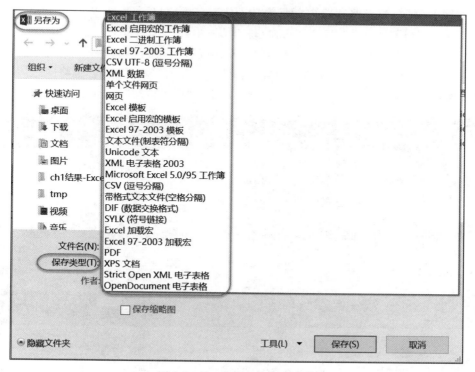

图 1-3　Excel 的文件格式清单

## 1.2.5　同时使用多个 Excel 工作簿

Excel 可以同时打开多个工作簿，打开的工作簿在任务栏中作为独立图标排列。

单击"视图"选项卡上"窗口"组中的"隐藏"按钮，可以隐藏当前工作簿窗口；单击"视图"选项卡上"窗口"组中的"取消隐藏"按钮，可以打开"取消隐藏"对话框，选择并显示被隐藏的工作簿。

如果需要同时打开和查看多个工作簿，则可以单击 Excel"视图"选项卡上"窗口"组中的"并排查看""同步滚动"等按钮实现。

单击 Excel"视图"选项卡上"窗口"组中的"全部重排"按钮，以平铺、水平并排、垂直并排或者层叠的方式排列打开的工作簿。

单击 Excel"视图"选项卡上"窗口"组中的"新建窗口"按钮，可以同时查看一个工作簿的多个副本。

【例 1-3】　同步滚动查看并比较两个 Excel 工作簿的数据。利用 Excel 的"新建窗口""并排查看""同步滚动"等命令，实现在两个不同窗口中同步滚动查看并比较"fl1-3 多重窗口-产品清单.xlsx"工作簿的内容。

【参考步骤】

（1）在 Excel 中打开"fl1-3 多重窗口-产品清单.xlsx"文件。

（2）单击"视图"选项卡上"窗口"组中的"新建窗口"按钮，在新的窗口中打开并显示同一个工作簿的副本，注意观察窗口的标题为"fl1-3 多重窗口-产品清单：2-Excel"，步骤（1）打开的 Excel 窗口的标题为"fl1-3 多重窗口-产品清单：1-Excel"。

（3）单击"视图"选项卡上"窗口"组中的"并排查看"按钮，当利用鼠标或者滚动条上下滚动以及左右滚动一个工作簿窗口的内容时，另一个工作簿窗口的内容也将随之同时滚动，如图 1-4 所示。注意，单击"并排查看"按钮会自动触发"同步滚动"功能（按钮处于选中状态）。

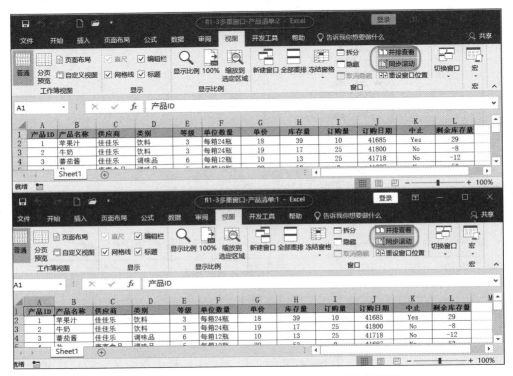

图 1-4　同步滚动查看并比较两个 Excel 工作簿的数据

（4）如果不需要两个窗口同时滚动，可以单击"窗口"组中的"同时滚动"按钮取消此功能（按钮处于未选中状态）。

【说明】

（1）工作簿窗口不能最大化，否则无法出现"并排查看"和"同步滚动"的效果。

（2）如果打开的 Excel 文件多于两个，在选择"并排查看"命令时将出现"并排比较"对话框，需在"并排比较"对话框中选择要比较的工作簿。

视频讲解

# 1.3　工作表的基本操作

工作表是工作簿的基本组成单位。工作簿和工作表的关系类似于账簿和账页的关系。

## 1.3.1　新建和插入 Excel 工作表

在新建工作簿时,Excel 会自动创建一个工作表 Sheet1,如果需要,可以新建或插入工作表,方法如下:

(1) 单击工作表右侧的"新工作表"按钮 ⊕,在当前工作表的后面插入空白工作表。

(2) 选择 Excel"开始"选项卡上"单元格"组中的"插入"|"插入工作表"命令,在当前工作表的前面插入空白工作表。

(3) 右击工作表标签,选择相应快捷菜单中的"插入"命令,在当前工作表的前面插入指定格式(模板)的工作表或图表。

## 1.3.2　重命名工作表和设置工作表标签的颜色

Excel 新建或者插入的工作表的默认名称依次为 Sheet1,Sheet2,…,Sheet$n$,不能直观地反映工作表的内容,设置工作表的名称和工作表标签的颜色可以更加方便管理和记忆。

重命名工作表有如下方法:

(1) 双击工作表标签,修改其名称,按 Enter 键确认。

(2) 通过工作表标签的"重命名"快捷菜单命令修改其名称,按 Enter 键确认。

右击工作表标签,选择其快捷菜单中的"工作表标签颜色"命令,可设置该工作表的标签的颜色。

工作表名称最多包含 31 个字符,可以包含空格、全角字符,但不能包含特殊字符:、/、^、\、[、]、?、* 。

## 1.3.3　选择、移动和复制 Excel 工作表

用户可以选择一个或多个工作表、移动选择的工作表到当前工作簿的其他位置或其他工作簿中、复制工作表到当前工作簿的其他位置或其他工作簿中。

选择和取消选择多张工作表有如下常用方法:

(1) 选择相邻的多张工作表。借助 Shift 键和鼠标单击,可选择多张相邻的工作表。

(2) 选择不相邻的多张工作表。借助 Ctrl 键和鼠标单击,可选择多张(相邻或不相邻)工作表。

(3) 选择全部工作表。右击任一工作表标签,选择其快捷菜单中的"选定全部工作表"命令,将选中当前工作簿中的所有工作表。

(4) 取消选择多张工作表。单击任一未选定的工作表,或右击任一选定工作表的标签,选择其快捷菜单中的"取消组合工作表"命令。

在选定多张工作表时,将在工作表顶部的标题栏中显示"[组]"字样。

移动和复制工作表有如下常用方法:

(1) 移动工作表。用鼠标左键拖曳所选的工作表到当前工作簿或者其他打开的工作簿的其他位置。

（2）复制工作表。借助 Ctrl 键，用鼠标左键拖曳所选的工作表到当前工作簿或者其他打开的工作簿的其他位置。

（3）移动和复制工作表。右击所选工作表的标签，选择其快捷菜单中的"移动或复制工作表"命令，在随后出现的"移动或复制工作表"对话框中完成所选工作表的移动或复制（其中，"复制"需选中对话框左下方的"建立副本"复选框）。

## 1.3.4　隐藏、显示和删除 Excel 工作表

通过隐藏工作表，可以将临时不需要的工作表隐藏起来，隐藏的工作表可以再次显示。如果不再需要工作表，则可以删除。注意，工作表一旦删除，将无法恢复。

通过右击工作表的标签，选择其快捷菜单中的"隐藏"或"取消隐藏"命令，可隐藏或重新显示被隐藏的工作表。

通过右击工作表的标签，选择其快捷菜单中的"删除"命令，可删除所选的工作表。

## 1.3.5　拆分和冻结窗口以查看复杂的工作表

通过拆分工作表的方式，可以同时查看工作表的不同部分。通过冻结窗口的方式，在滚动窗口内容时可保留显示窗口的一部分（例如标题）。具体方法如下：

（1）上下左右拆分窗格。选择工作表的某个单元格，单击"视图"选项卡上"窗口"组中的"拆分"按钮，Excel 会按照所选位置的上边缘线和左边缘线将当前工作表窗口分成上、下、左、右 4 个窗格。

（2）取消拆分窗格。单击"视图"选项卡上"窗口"组中的"拆分"按钮拆分窗格后，"拆分"按钮处于选中状态；再次单击该按钮，可取消拆分窗格，"拆分"按钮恢复未选中状态。

（3）冻结首行。选择"视图"选项卡上"窗口"组中的"冻结窗格"|"冻结首行"命令，即可冻结第一行（例如标题行）。

（4）冻结首列。选择"视图"选项卡"窗口"组中的"冻结窗格"|"冻结首列"命令，即可冻结第一列（例如 ID 或名称）。

（5）冻结窗格。选择工作表的某行、某列或某个单元格，选择"视图"选项卡上"窗口"组中的"冻结窗格"|"冻结窗格"命令，冻结上下拆分窗格的上部窗格，或者左右拆分窗格的左部窗格，或者上下左右拆分窗格的上部窗格和左部窗格。

（6）取消冻结窗口。冻结窗口后，"视图"选项卡上"窗口"组中的"冻结窗格"|"冻结窗格"命令变更为"取消冻结窗格"，选择"取消冻结窗格"命令，可以取消冻结窗口，回到冻结前的窗口状态。

【例 1-4】　冻结"fl1-4 冻结窗格-产品清单.xlsx"工作簿窗口的标题行和左侧两列（产品 ID 和产品名称）。上下滚动以及左右滚动工作簿窗口的内容，观察冻结效果。

【参考步骤】

（1）打开"fl1-4 冻结窗格-产品清单.xlsx"文件，并单击选中 C2 单元格。

（2）选择"视图"选项卡上"窗口"组中的"冻结窗格"|"冻结窗格"命令。

（3）通过鼠标或者滚动条上下以及左右滚动窗格，观察冻结效果。

视频讲解

# 1.4 单元格的基本操作

单元格是工作表的基本组成元素,是由工作表中的行与列交叉所围成的区域。单元格的默认名称由列字母和行号组成,例如 A1。工作表上的两个或多个单元格组成单元格区域,例如 A1:A100。区域中的单元格可以相邻或不相邻。

## 1.4.1 单元格和单元格区域的选择

在对单元格或单元格区域操作前,必须先选择单元格或单元格区域,使之成为活动单元格或活动单元格区域。活动单元格或活动单元格区域的四周以粗框标记。

单元格的选择有如下方法:

(1) 通过鼠标定位。用鼠标单击要选择的单元格。

(2) 通过方向键。按上、下、左、右方向键选择当前单元格的上、下、左、右单元格。

(3) 按 Ctrl+方向键。按 Ctrl+↑、↓、←、→方向键,选择连续单元格区域的最上(第一行)、最下(最后一行)、最左(第一列)、最右(最后一列)单元格;如果已经是连续单元格区域的最上、最下、最左、最右单元格,则选择下一个非空单元格,如果没有下一个非空单元格,则选择工作表的最上、最下、最左、最右单元格。

(4) 通过 Enter 键。按 Enter 键,选择当前单元格所在列的下一行的单元格。按 Shift+Enter 键,选择当前单元格所在列的上一行的单元格。

(5) 通过 Tab 键。按 Tab 键,选择当前单元格所在行的后一列的单元格。按 Shift+Tab 键,选择当前单元格所在行的前一列的单元格。

(6) 通过 Home 键。按 Home 键,选择当前单元格所在行的第一个单元格。按 Ctrl+Home 键,选择工作表左上角的第一个单元格,即 A1。相应地,按 Ctrl+End 键,选择工作表或 Excel 列表中最后一个包含数据或格式设置的单元格。

(7) 通过 PgUp 键和 PgDn 键。按 PgUp 键,选择当前单元格上移一个屏幕同一列所在的单元格。按 PgDn 键,选择当前单元格下移一个屏幕同一列所在的单元格。按 Alt+PgUp 键,向左移动一个屏幕。按 Alt+PgDn 键,向右移动一个屏幕。

单元格区域的选择有如下方法:

(1) 通过鼠标拖曳方式。选择单个连续单元格区域。

(2) 通过 Ctrl+鼠标单击或拖曳。选择多个非连续单元格区域。注意,在 Excel 2019 版本中,单击已选择的单元格会取消选择该单元格。

(3) 通过 Shift+鼠标单击。扩充或缩小包含活动单元格的选定区域。

(4) 通过 Shift+上、下、左、右 4 个方向键。扩充或缩小包含活动单元格的选定区域。

(5) 通过 F8 键。按 F8 键,使用上下左右 4 个方向键扩展包含活动单元格的选定区域。如果要停止扩展包含活动单元格的选定区域,则再次按 F8 键。

(6) 通过 Ctrl+Shift+Home 键。按 Ctrl+Shift+Home 键,将包含活动单元格的选定区域扩展到工作表的起始处(左上角)。

（7）通过 Ctrl＋Shift＋End 键。按 Ctrl＋Shift＋End 键，将包含活动单元格的选定区域扩展到工作表中最后一个使用的单元格（右下角）。

（8）单击行标题或列标题。选择整行或整列。组合 Shift 键，可以选择连续的多行或多列；组合 Ctrl 键，可以选择非连续的多行或者多列。

（9）单击"全选"按钮（行标号和列标号交叉的左上角）或者按 Ctrl＋A 键。选择整个工作表的全部单元格。

单击工作表中的任意单元格，即可取消选择的单元格或者区域。

通过如图 1-5 所示的"查找和选择"功能菜单可以查找、定位特定内容的单元格。其中，"查找"命令（快捷键为 Ctrl＋F）可以打开"查找和替换"对话框，按指定条件查找满足条件的单元格；"转到"命令（快捷键为 Ctrl＋G）可以转到指定地址的单元格；"定位条件"命令可以打开"定位条件"对话框，定位到指定条件的单元格。

图 1-5　"查找和选择"
功能菜单

## 1.4.2　插入和删除单元格

右击所选单元格或区域，选择相应快捷菜单中的"插入"或"删除"命令，可以在指定位置插入单元格或删除单元格。插入和删除单元格会影响右侧或下方的单元格，可选择插入整行或整列，或移动其右侧或下方的单元格，如图 1-6 所示。

(a) 活动单元格下移　　　　(b) 右侧单元格左移

图 1-6　插入或删除单元格

插入行和删除行的操作非常直观，选择行或列，选择相应快捷菜单中的"插入"命令，可以在当前所选行的上方插入行或当前所选列的左侧插入列；选择行或列，选择相应快捷菜单中的"删除"命令，可以删除当前所选行或当前所选列。

## 1.4.3　单元格的合并、拆分与分列

### 1. 合并单元格

选择需要合并的相邻单元格，选择"开始"选项卡上"对齐方式"组中的"合并后居中"命令，所选单元格将在一个行或列中合并，并且单元格内容将在合并单元格中居中显示。

如果仅仅是合并单元格而不居中显示内容,则单击"合并后居中"按钮旁边的箭头,选择其下拉列表中的"跨越合并"(分别合并同行的单元格)或"合并单元格"命令。

【注意】

(1) 在合并单元格时,仅保留所选合并区域左上角单元格的数据,所选区域中其他所有单元格中的数据均将被删除。

(2) 在合并单元格时,如果需要保留所选合并区域中所有单元格的数据,还可以使用字符串拼接运算(&)或者使用字符串拼接函数CONCATENATE完成。

### 2. 拆分合并的单元格

选中合并的单元格,再次选择"合并后居中"命令,或单击"合并后居中"按钮旁边的箭头,选择其下拉列表中的"取消单元格合并"命令,即可取消单元格合并。

### 3. 单元格分列

如果需要将一个单元格中的内容分到几个单元格内,可单击"数据"选项卡上"数据工具"组中的"分列"按钮 📇 。

【例 1-5】 将"f11-5 单元格分列-气象监测. xlsx"工作簿中的气象监测数据利用"分列"按钮分到几个单元格中,最终效果如图 1-7 所示。

| | A | B | C | D | E | F | G | H | I |
|---|---|---|---|---|---|---|---|---|---|
| 1 | 2019/7/20;温度:35;风力:2;湿度:50 | | | | | 日期 | 温度 | 风力 | 湿度 |
| 2 | 2019/7/21;温度:35;风力:3;湿度:55 | | | | | 2019/7/20 | 35 | 2 | 50 |
| 3 | 2019/7/22;温度:34;风力:1;湿度:60 | | | | | 2019/7/21 | 35 | 3 | 55 |
| 4 | 2019/7/23;温度:33;风力:1;湿度:65 | | | | | 2019/7/22 | 34 | 1 | 60 |
| 5 | 2019/7/24;温度:36;风力:2;湿度:45 | | | | | 2019/7/23 | 33 | 1 | 65 |
| 6 | 2019/7/25;温度:36;风力:4;湿度:40 | | | | | 2019/7/24 | 36 | 2 | 45 |
| 7 | 2019/7/26;温度:37;风力:2;湿度:50 | | | | | 2019/7/25 | 36 | 4 | 40 |
| 8 | 2019/7/27;温度:37;风力:3;湿度:35 | | | | | 2019/7/26 | 37 | 2 | 50 |
| 9 | 2019/7/28;温度:37;风力:5;湿度:25 | | | | | 2019/7/27 | 37 | 3 | 35 |
| 10 | 2019/7/29;温度:35;风力:2;湿度:54 | | | | | 2019/7/28 | 37 | 5 | 25 |
| 11 | | | | | | 2019/7/29 | 35 | 2 | 54 |

图 1-7 单元格分列的最终效果

【参考步骤】

(1) 打开"f11-5 单元格分列-气象监测. xlsx"文件。

(2) 选中列 A,单击"数据"选项卡上"数据工具"组中的"分列"按钮。

(3) 文本分列向导步骤 3 之 1。采用默认的分隔符号,单击"下一步"按钮。

(4) 文本分列向导步骤 3 之 2。选中"分号"作为分隔符号,同时选中"其他"复选框,并在其后输入英文冒号,单击"下一步"按钮。

(5) 文本分列向导步骤 3 之 3。在数据预览区域中将第一列的数据格式设置为"日期",指定目标区域为"$F$2",如图 1-8 所示,单击"完成"按钮。

(6) 删除多余的列。借助 Ctrl 键,同时选中列 G、I、K 并右击,选择快捷菜单中的"删除"命令。

(7) 输入标题。选择单元格 F1,输入"日期";选择单元格 G1,输入"温度";选择单元格 H1,输入"风力";选择单元格 I1,输入"湿度"。

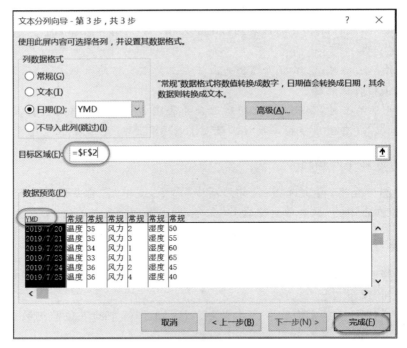

图 1-8　文本分列向导步骤 3 之 3：设置列数据格式

# 1.4.4　调整行高和列宽

用户可以通过调整行高和列宽来完整显示单元格的内容。

调整 Excel 行高有如下方法：

（1）选择要调整行高的行（或多行），双击行的分隔线，系统将自动调整行高。

（2）将鼠标指针移到行号的下边框线上，当指针变为双箭头时，按住鼠标左键并向上或向下拖动分隔线。

（3）选择要调整行高的行（或多行），右击需调整行高的行号，选择相应快捷菜单中的"行高"命令；或者单击选中需调整行高的行号，选择"开始"选项卡上"单元格"组中的"格式"|"行高"命令。

（4）选择要调整行高的行（或多行），单击选中需调整行高的行号，选择"开始"选项卡上"单元格"组中的"格式"|"自动调整行高"命令。

调整 Excel 列宽有如下方法：

（1）选择要调整列宽的列（或多列），双击列的分隔线，系统将自动调整列宽。

（2）将鼠标指针移到列标的右边框线上，当指针变为双箭头时，按住鼠标左键并向左或向右拖动分隔线。

（3）选择要调整列宽的列（或多列），右击需调整列宽的列标，选择相应快捷菜单中的"列宽"命令；或者单击选中需调整列宽的列标，选择"开始"选项卡上"单元格"组中的"格式"|"列宽"命令。

（4）选择要调整列宽的列（或多列），单击选中需调整列宽的列标，选择"开始"选项卡上"单元格"组中的"格式"|"自动调整列宽"命令。

## 1.4.5 隐藏与显示 Excel 行和列

通过隐藏 Excel 行和列，可以将临时不需要的数据隐藏起来，隐藏的行和列可以再次显示。如果不再需要指定行和列的数据，则可以删除。

**1. 隐藏选定的行或列（多行或多列）**

（1）使用隐藏命令。选择"开始"选项卡上"单元格"组中的"格式"|"隐藏和取消隐藏"|"隐藏行"或"隐藏列"命令。

（2）使用快捷菜单命令。右击要隐藏的行或列，选择相应快捷菜单中的"行高"或"列宽"或"隐藏"命令。

（3）将行高或列宽设置为0（零）。选择"开始"选项卡上"单元格"组中的"格式"|"行高"或"列宽"命令，将行高或列宽设置为0。

**2. 显示隐藏的行或列**

如果要显示隐藏的行，需选择要显示的行的上一行和下一行；如果要显示隐藏的列，则选择要显示的列两边的相邻列。

（1）使用取消隐藏命令。选择"开始"选项卡上"单元格"组中的"格式"|"隐藏和取消隐藏"|"取消隐藏行"或"取消隐藏列"命令。

（2）使用快捷菜单命令。右击要隐藏的行或列，选择相应快捷菜单中的"取消隐藏"命令。

（3）双击取消隐藏。将鼠标指针定位到隐藏行或列的交界处，当鼠标指针变成双竖线 时双击，即可取消隐藏。

（4）设置行高或列宽。选择"开始"选项卡上"单元格"组中的"格式"|"行高"或"列宽"命令，将行高或列宽设置为非0正数。

## 1.5 应用举例

本节结合前面的知识创建一个 Excel 工作簿，用于输入、计算、格式化、可视化显示月度销售预测表，涉及的知识点将在后续章节展开阐述。

【例 1-6】 创建月度销售预测表。假设预测一月份销售额为 15000 元，每月增长率为 4.5%。创建结果如图 1-9 所示。

【参考步骤】
（1）新建"空白工作簿"模板的 Excel 文件。
（2）输入标题。选择单元格 A1，输入"月份"；选择单元格 B1，输入"预测销售额"。

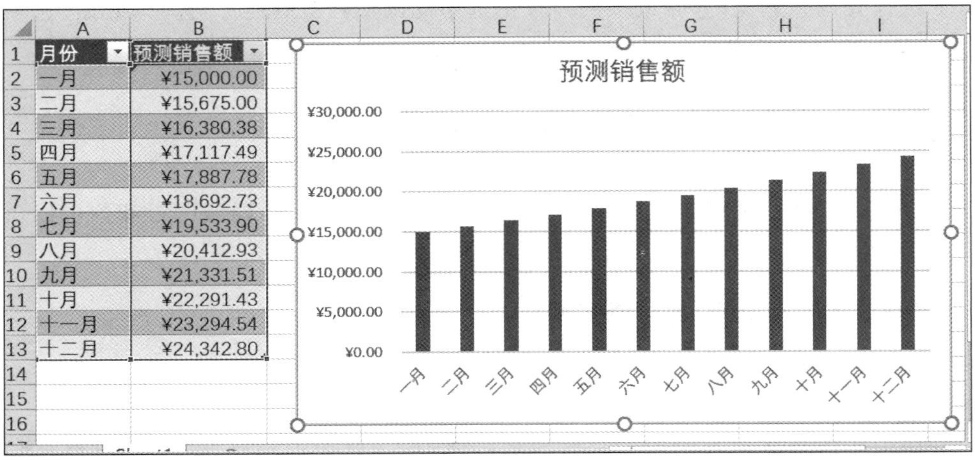

图 1-9　月度销售预测表和可视化图表

（3）输入各月份。选择单元格 A2,输入"一月"。确保选择单元格 A2,向下拖曳填充句柄到单元格 A13,Excel 将自动填充各月份的名称。

（4）输入预测销售额。选择单元格 B2,输入"15000"。选择单元格 B3,输入公式"=B2*(1+4.5%)"。确保选择单元格 B3,双击右下角的填充句柄,Excel 将自动填充其他月份的预测销售额。

（5）套用表格格式。选择单元格区域"A1:B13"中的任意单元格,按快捷键 Ctrl+T,自动套用表格样式。

（6）设置数值的格式。选择单元格区域"B2:B13",在"开始"选项卡上"数字"组中的"数字格式"下拉列表中选择"货币",把预测销售额格式化为货币数字格式。双击列 B 后的分隔线,自动调整列 B 的宽度。

（7）创建可视化图表。选择表格中的任意单元格,选择"插入"|"图表"|"插入柱形图或条形图"|"簇状柱形图"命令,在工作表中插入预测销售额柱形图表。

（8）保存工作簿为"fl1-6 销售预测表.xlsx"。

# 习题

一、单选题

1. 在 Excel 2019 中,默认情况下一个 Excel 新工作簿包含_____张工作表。

    A. 1　　　　　　　　B. 2　　　　　　　　C. 3　　　　　　　　D. 16

2. 在 Excel 工作簿中同时选择多个相邻的工作表,可以单击第一个工作表的标签,然后在按住_____键的同时单击最后一个工作表的标签。

    A. Tab　　　　　　　B. Shift　　　　　　C. Ctrl　　　　　　D. Esc

3. 在 Excel 工作簿中同时选择多个不相邻的工作表,可以在按住_____键的同时依次单击各个工作表的标签。

    A. Tab　　　　　　　B. Alt　　　　　　　C. Ctrl　　　　　　D. Esc

4. 在 Excel 工作表中,如要选取若干个不连续的单元格,可以_____。

    A. 按住 Shift 键,依次单击所选单元格    B. 按住 Ctrl 键,依次单击所选单元格

    C. 按住 Alt 键,依次单击所选单元格    D. 按住 Tab 键,依次单击所选单元格

5. 另存 Excel 工作簿的快捷键为_____。

    A. F1              B. F4              C. F12              D. Ctrl＋S

## 二、填空题

1. 在 Excel 工作表中,先单击 C4 单元格;然后按住 Shift 键,单击 G6 单元格;再按住 Ctrl 键,用鼠标指针从 D1 单元格拖选到 F1 单元格,则选定的数据区域中共有_____个单元格。

2. 在 Excel 工作表中要冻结当前工作表的前两行左 3 列,可选中_____单元格,然后选择 Excel 的"冻结窗格"命令。

3. 借助_____＋上、下、左、右方向键,可以选择连续单元格区域的最上(第一行)、最下(最后一行)、最左(第一列)、最右(最后一列)单元格。

4. 借助_____＋鼠标单击,可以扩充或缩小包含活动单元格的选定区域。

5. 通过快捷键_____可选择工作表的全部单元格。

## 三、思考题

1. 在 Excel 2019 中,一张工作表最多可以有多少行、多少列? 请尝试使用各种方法查看并获取这些信息。

2. Excel 2019 提供了哪些模板以便于快速创建工作簿?

3. 总结和尝试 Excel 中各种基于"空白工作簿模板"创建新的空白工作簿的不同方法。

4. 打开 Excel 工作簿有哪几种方法?

5. 如何设置 Excel 工作簿自动恢复的时间间隔?

6. Excel 2019 支持哪些文件格式?

7. 如果想同时使用多个 Excel 工作簿,请问有哪些方法和技巧?

8. 请问要正确使用 Excel 的"并排查看"和"同步滚动"效果,有哪些注意事项?

9. 新建和插入 Excel 工作表有哪几种方法?

10. 如何重命名、选择、移动和复制 Excel 工作表?

11. 如何隐藏、显示和删除 Excel 工作表?

12. 在 Excel 中如何拆分和冻结窗口以查看复杂的工作表?

13. 在 Excel 中如何选择单元格或单元格区域?

14. 在 Excel 中如何插入和删除单元格?

15. 在 Excel 中如何合并和拆分单元格? 在合并单元格时,如果需要保留所选合并单元格区域中的数据内容,请问如何操作?

16. 在 Excel 中如何实现单元格分列? 如何确保数据区域中所包含的"文本"和"日期"数据在分列后的正确性?

17. 如何调整 Excel 行高和列宽?

18. 如何隐藏和显示 Excel 的行和列?

第 **2** 章

# 数据的输入与验证

在 Excel 中,可以在单元格中输入各种类型的数据和公式;建立数据列表;组织和分析单元格列表的数据;格式化或以图表显示并输出数据处理的结果。

使用 Excel 处理数据的第一步是数据的准备。Excel 提供了各种数据输入方式,例如直接输入数据、快速填充数据、导入外部数据等。用户可以通过单元格输入约束来检查输入数据的有效性。

视频讲解

## 2.1 Excel 的数据类型

单元格是存储信息的基本单元,不同的信息使用不同数据类型的数据来表示,例如学生姓名为文本类型数据;学生年龄为数值类型数据;出生年月为日期类型数据;是否为党员为逻辑类型数据。

Excel 中数据类型包括数值类型、文本类型、日期类型和逻辑类型。

## 2.1.1 数值类型

数值类型数据由数字 0～9 及一些符号组成,数值默认的对齐方式为右对齐。构成数值的常用符号如下:

(1) ＋。数字前加"＋"号,表示正数。例如,＋10 表示正 10,显示为 10。

(2) －。数字前加"－"号,表示负数。例如,－10 表示负 10,显示为－10。

(3) ()。数字包含在括号中也表示负数。例如,(10)表示负 10,显示为－10。

(4) .。小数点表示法。例如 10.12。

(5) $。数字前加"$"号,表示货币。例如,$10 表示 10 美元,显示为$10。

(6) ％。百分比表示法。例如,32％表示百分之三十二,显示为 32％。

(7) /。分数表示法。例如,1 1/3 表示一又三分之一,显示为 1 1/3。注意,在输入真分数时前面需要加 0 和空格,否则 Excel 将其解释为日期。例如,0 1/2 表示二分之一;而 1/2 表示 1 月 2 日。

(8) E 或 e。科学记数表示法。例如 1E3 表示 1000。如果单元格中输入的数字位数过大,则 Excel 将使用科学记数法表示。例如 1200000000000 将自动显示为 1.2E+12。

## 2.1.2　文本类型

文本数据类型是由字母或汉字等开头的字符串,文本默认的对齐方式为左对齐。注意,纯数字组成的字符串为数字常量,通过在其前面加西文半角的单引号("'"),可以将其转换为文本常量。例如,'12345 表示文本字符串 12345。

## 2.1.3　日期类型

在 Excel 中,日期在内部以数字序列 1～65380 记录,表示自基准日期"1900 年 1 月 1 日"开始的天数。例如,"1900 年 1 月 1 日"在 Excel 内部表示为 1;"2007 年 1 月 1 日"在 Excel 内部表示为 39083;"2078 年 12 月 31 日"在 Excel 内部表示为 65380。

在 Excel 中,时间在内部使用某一时间占 24 小时的比例数表示。例如,"8:00"在 Excel 内部表示为 0.333333333333333;"18:0"在 Excel 内部表示为 0.75。

## 2.1.4　逻辑类型

逻辑数据类型用于表示逻辑真和假,又称之为布尔数据类型。逻辑数据类型的字面常量包括 TRUE(真)和 FALSE(假)。

比较运算的结果为逻辑数据,一般用于条件表达式(例如 if 函数的第一个参数)。

数值类型和逻辑类型数据可以互相转换。非 0 的数值可自动转换为 TRUE;数值 0 可自动转换为 FALSE。在算术运算中,TRUE 自动转换为 1;FALSE 自动转换为 0。

# 2.2　基本数据的输入

视频讲解

在单元格中可以输入数值、文本字符串、公式、批注等。

在 Excel 中输入数据的基本方式是通过键盘直接输入。选择要输入数据的单元格,输入数据,按 Enter 键可以移动到同一列下一行的单元格;按 Tab 键可以移动到同一行下一列的单元格。

## 2.2.1　数值数据的输入

数值数据是 Excel 中最重要的数据。在 Excel 中可输入整数、小数、分数、百分比、科学记数值。通过格式化,可以设置数值数据的显示方式。

Excel 数值的精度为 15 位有效数字,因此输入"123456789123456789"将显示为

"1.23457E＋17"，内部值为 123456789123456000。

## 2.2.2　文本数据的输入

文本数据通过键盘直接输入。如果数据中需要换行，可以使用 Alt＋Enter 键。

在将仅包含数字的文本数据（例如身份证号码 310107199001011234）直接输入时，它会作为数字格式化为 3.10107E＋17（观察编辑栏中的内容，则为 310107199001011000，原身份证号码的后 3 位变成了 000）。输入时在其前面加西文半角的"'"号，即 '310107199001011234，可强制单元格的格式为文本。用户也可以先设置单元格格式为"文本"格式，然后再输入数字文本内容，以正确显示数字文本数据。

## 2.2.3　日期和时间数据的输入

在输入日期时使用连字符(-)或斜杠符(/)分隔日期的年、月、日各部分。例如，可以输入"2015-1-2"或"2015/1/2"表示 2015 年 1 月 2 日；输入"1-2"或"1/2"表示当年的 1 月 2 日。按"Ctrl＋分号(;)"可以输入系统当前的日期。

在输入时间时使用冒号(:)分隔时间的时、分、秒各部分。例如，可以输入"14:00"表示下午两点。如果按 12 小时制输入时间，则在时间数字后加空格和字母 a 或者 am（与大小写无关，表示上午）或 p 或者 pm（与大小写无关，表示下午）。例如，"2:00pm"表示下午两点。按"Ctrl＋Shift＋分号(;)"可以输入系统当前的时间。

## 2.2.4　公式的输入

在 Excel 中公式为用等号"＝"引导的表达式。公式表达式中可以使用各种运算符和 Excel 函数。

例如，若单元格 A1 的内容为 Hello，单元格 A2 的内容为 World，则在单元格 A3 中输入公式"＝A1&A2"将使用"&"运算符连接文本，结果为 HelloWorld。

再如，在单元格 B11 中输入公式"＝SUM(B1:B10)"，将使用 SUM 函数计算单元格 B1 到 B10 范围内的所有数值的和。

有关公式的详细信息，请参见第 4 章。

## 2.2.5　在多张工作表中输入或编辑相同的数据

如果需要同时在多张工作表（即工作表组）中输入或编辑相同的数据，先选定这组工作表，使这些表都成为当前工作表（当前工作表的标签底色为白色），然后在活动工作表的单元格中输入和编辑数据，则将同时更改工作表组中其他工作表对应单元格中的数据。其具体操作步骤如下：

（1）选定需要输入或编辑相同数据的工作表组。参见本书 1.3.3 节。

（2）在活动工作表的单元格中输入和编辑数据。

（3）按 Enter 或 Tab 键。Microsoft Excel 将自动在所有选定工作表的相应单元格中输入或编辑相同的数据。

【提示】

如果要取消工作簿中工作表组的选定，可单击工作簿中任意一个未选定的工作表标签，或右击工作表组中任意一个工作表标签，在弹出的快捷菜单中选择"取消组合工作表"命令。

## 2.2.6　插入批注

用户可以通过插入批注对单元格添加注释。当单元格附有批注时，在该单元格的右边角上将出现红色标记。当鼠标指针停留在该单元格上时，将显示批注。

**1. 添加批注**

添加批注的基本步骤如下：

（1）选中要添加批注的单元格，单击"审阅"选项卡上"批注"组中的"新建批注"命令按钮，或者右击要添加批注的单元格，选择其快捷菜单中的"插入批注"命令。

（2）在批注文本框中输入批注文字。

（3）单击批注框外部的工作表区域。

**2. 显示或隐藏批注**

显示或隐藏批注的基本操作方法如下：

（1）选中包含批注的单元格，然后单击"审阅"选项卡上"批注"组中的"显示/隐藏批注"命令按钮，或者右击包含批注的单元格，选择其快捷菜单中的"显示/隐藏批注"命令，Excel 将一直显示该批注。再次单击"显示/隐藏批注"命令按钮，或者右击包含批注的单元格，选择其快捷菜单中的"隐藏批注"命令，则取消该批注的一直显示。

（2）单击"审阅"选项卡上"批注"组中的"显示所有批注"命令按钮，Excel 将一直显示工作表中的所有批注。再次单击"显示所有批注"命令按钮，则取消所有批注的一直显示。

**3. 编辑批注**

编辑批注的基本步骤如下：

（1）选中包含要编辑的批注的单元格。

（2）单击"审阅"选项卡上"批注"组中的"编辑批注"命令按钮，或者右击含有批注的单元格，选择其快捷菜单中的"编辑批注"命令。

（3）在批注文本框中编辑批注文本。

（4）如果要设置文本格式，请选择文本，然后使用"开始"选项卡上"字体"组中的格式设置选项，或者右击所选文本，选择其快捷菜单中的"设置批注格式"命令。

【提示】

"开始"选项卡上"字体"组中的"填充颜色"和"字体颜色"命令不能用于批注文字。如果要更改文字的颜色，可右击批注文本，选择其快捷菜单中的"设置批注格式"命令。

**【注意】**

当批注处于显示状态时,右击批注文本框的边框,选择其快捷菜单中的"设置批注格式"命令,将弹出如图 2-1(a)所示的带有"字体""对齐""颜色与线条""大小"等 8 个选项卡的"设置批注格式"对话框。但是,如果右击批注文本框的内部,选择其快捷菜单中的"设置批注格式"命令,则将弹出如图 2-1(b)所示的只有"字体"选项卡的"设置批注格式"对话框。

(a) 批注文本及文本框格式       (b) 批注文本格式

图 2-1   编辑批注

#### 4. 复制批注

复制批注的基本步骤如下:

(1) 复制包含有批注的一个或多个(源)单元格。

(2) 选择粘贴区域左上角的(目标)单元格。

(3) 在"开始"选项卡上的"剪贴板"组中单击"粘贴"下的箭头,选择"选择性粘贴"命令。

(4) 在"选择性粘贴"对话框中选中"批注"单选按钮,然后单击"确定"按钮。

#### 5. 移动批注或调整批注的大小

在编辑批注或者显示批注时,可以移动批注或调整批注的大小,基本步骤如下:

(1) 单击批注框的边框,以显示尺寸控制点。

(2) 按上下左右方向键,或者将鼠标指针定位到批注边框,当其变成四向方向键✚时,拖曳批注边框,可移动批注。

(3) 拖动批注边框四周的尺寸控制点,可调整批注边框的大小。

#### 6. 删除批注

删除批注的基本步骤如下:

(1) 选择包含要删除批注的一个或多个单元格。

视频讲解

（2）单击"审阅"选项卡上"批注"组中的"删除"命令按钮，或者右击所选单元格，选择其快捷菜单中的"删除批注"命令，或者显示批注后选中批注文本框，然后按键盘上的 Delete（删除）键。

# 2.3　使用记录单输入数据

在 Excel 工作表中大多数数据是以列表或者表的形式存在，可以通过记录单的形式更直观地输入数据。

记录单命令默认不会显示在功能区。通过 Excel 选项设置，可以在快速访问工具栏或者功能区中显示记录单命令。

【例 2-1】　使用记录单输入数据。

【参考步骤】

（1）打开"fl2-1 学生成绩-记录单.xlsx"。

（2）通过 Excel 选项设置（如图 2-2 所示）在快速访问工具栏中显示记录单命令。

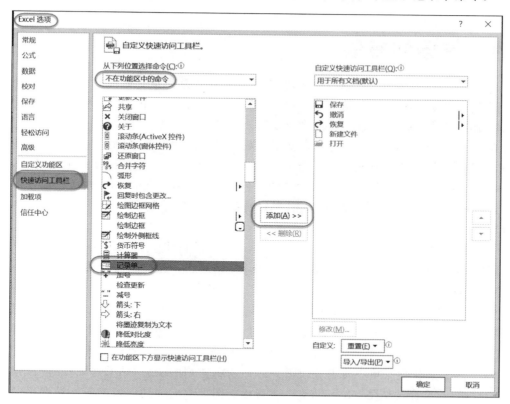

图 2-2　利用 Excel 选项设置在快速访问工具栏中显示记录单命令

（3）使用记录单输入数据。选中学生成绩区域中的任意单元格，单击快速访问工具栏中的 📋（记录单）命令按钮，打开记录单，输入数据，如图 2-3 所示。

图 2-3　使用记录单输入数据

视频讲解

# 2.4　数据的复制

用户可以使用"剪切""复制"和"粘贴"命令移动或者复制单元格或其内容,也可以利用"选择性粘贴"命令或者"粘贴选项"命令按钮复制单元格的特定内容或属性。例如,仅复制公式的结果值而不复制公式本身,或者只复制公式。

在 Excel 工作表上,当选择包含要复制的数据或属性的单元格(称为复制区域,或称源区域、源单元格或源单元格区域)后,选择"复制"命令,然后选择要开始粘贴单元格(称为粘贴区域,或称目标区域、目标单元格或目标单元格区域)的第一个单元格,则可以通过以下几种方式选择"选择性粘贴"命令或者单击"粘贴选项"命令按钮以复制工作表中的特定单元格内容或属性。

(1)在"开始"选项卡上的"剪贴板"组中单击"粘贴"按钮的下半区域(粘贴文字及三角箭头 ），将出现如图 2-4(a)所示的各粘贴选项(粘贴、粘贴数值、其他粘贴选项)以及"选择性粘贴"命令。

(2)在"开始"选项卡上的"剪贴板"组中单击"粘贴"按钮的上半区域(粘贴 ），将复制剪贴板上的内容(包括格式)到目标区域。此时,该位置处还将出现如图 2-4(b)上方所示的"粘贴选项"按钮 ，单击该按钮,将出现如图 2-4(b)所示的"粘贴选项"命令按钮。

(3)右击,在快捷菜单中将出现如图 2-4(c)所示常用的部分"粘贴选项"命令按钮。用鼠标指针指向"选择性粘贴"命令,将进一步弹出与图 2-4(a)相同内容的各粘贴选项(粘贴、粘贴数值、其他粘贴选项)以及"选择性粘贴"命令。

Microsoft Excel 中的粘贴选项通常有 14 项或 15 项,当鼠标指针悬停在某个粘贴选项上时 Excel 将给出其名称提示。各粘贴选项的功能说明如下:

(1)粘贴 。将源区域中的所有内容、格式、条件格式、数据有效性、批注等全部粘贴到目标区域。

(a)"开始"选项卡上的"粘贴"命令

(b)"粘贴选项"按钮

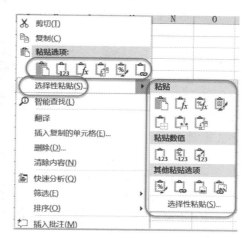

(c) 快捷菜单

图 2-4　选择性粘贴和粘贴选项

（2）公式 📋fx。仅粘贴源区域中的文本、数值、日期及公式等内容。

（3）公式和数字格式 📋。除粘贴源区域内容外，还粘贴源区域的数字格式。数字格式包括货币样式、百分比样式、小数点位数等。

（4）保留源格式 📋。复制源区域中的所有内容和格式。当源区域中包含用公式设置的条件格式时，在同一工作簿中的不同工作表之间用这种方法粘贴后，目标区域条件格式中的公式会引用源工作表中对应的单元格区域。

（5）无边框 📋。粘贴全部内容，仅去掉源区域中的边框。

（6）保留源列宽 📋。与保留源格式选项类似，但同时还复制源区域中的列宽。这与"选择性粘贴"对话框中的"列宽"选项不同，"选择性粘贴"对话框中的"列宽"选项仅复制列宽而不粘贴内容。

（7）转置 📋。粘贴时互换行和列。

（8）合并条件格式 📋。若源区域中包含条件格式，在粘贴时将源区域与目标区域中的条件格式合并。如果源区域中不包含条件格式，该选项不可见。

（9）值 📋123。将文本、数值、日期及公式结果粘贴到目标区域。

（10）值和数字格式 📋。将公式结果粘贴到目标区域，同时还包含数字格式。

（11）值和源格式 📋。与保留源格式选项类似，在粘贴时将公式结果粘贴到目标区域，同时复制源区域中的格式。

（12）格式 📋。仅复制源区域中的格式，而不包括内容。

（13）粘贴链接 📋。在目标区域中创建引用源区域的公式。

（14）图片 📋。将源区域作为图片进行粘贴。

（15）链接的图片 📋。将源区域粘贴为图片，但图片会根据源区域中数据的变化而变化。

在图 2-4(a)和图 2-4(c)中选择"选择性粘贴"命令，将打开"选择性粘贴"对话框。"选择性粘贴"对话框中各选项的功能说明如下：

（1）全部。包括源区域中的所有内容和格式等，其效果等于直接粘贴。

（2）公式。仅粘贴在源区域编辑栏中输入的公式，不粘贴字体、格式（字体、字号、对齐、文字方向、底纹等）、边框、批注、数据有效性等。

（3）数值。仅粘贴源区域中显示的值。

（4）格式。仅粘贴源区域中的格式，包括字体、字号、对齐、文字方向、边框、底纹、条件格式等，但不能粘贴源区域中的有效性。粘贴格式不改变目标区域中的文字内容，功能相当于格式刷。

（5）批注。仅粘贴源区域的批注内容。

（6）验证。仅粘贴源区域的数据有效性规则。

（7）所有使用源主题的单元。使用应用于源区域的主题粘贴所有单元格内容和格式。

（8）边框除外。粘贴除边框外的所有单元格内容和格式，保持源区域和目标区域相同的内容和格式。

（9）列宽。使目标区域和源区域拥有同样的列宽，不改变内容和格式。

（10）公式和数字格式。仅粘贴源区域的公式和所有数字格式选项。

（11）值和数字格式。仅粘贴源区域的值和所有数字格式选项。

（12）所有合并条件格式。若源区域中包含条件格式，在粘贴时将源区域与目标区域中的条件格式合并。如果源区域中不包含条件格式，该选项不可见。

（13）无。粘贴源区域的内容，而不进行数学运算。

（14）加。将源区域中的数据与目标区域中的数据相加。

（15）减。从目标区域中的数据减去源区域中的数据。

（16）乘。将目标区域中的数据乘以源区域中的数据。

（17）除。将目标区域中的数据除以源区域中的数据。如果源区域中的数据为0，那么结果将会显示"♯DIV/0!"错误提示信息。

**【注意】**

数学运算仅适用于数值。如果要使用除"无"之外的运算选项，必须选择"全部""值""边框除外"或"值和数字格式"选项。

（18）跳过空单元。若源区域中有空单元格，在粘贴时空单元格不会替换粘贴区域对应单元格中的内容。

（19）转置。实现行列互换，将源区域中的列变成行，或者将行变成列。

（20）粘贴链接。将被粘贴数据链接到源数据，粘贴后的单元格将显示公式。例如，复制A1单元格后，在D8单元格中选择"粘贴链接"，则D8单元格的公式为"＝＄A＄1"。如果更新源区域中的值，目标区域中的内容会同步更新。如果粘贴链接单个单元格到目标区域，则目标区域中的公式引用为绝对引用；如果粘贴链接单元格区域到目标区域，则目标区域中的公式引用为相对引用。

**【注意】**

"粘贴链接"选项仅在选中"选择性粘贴"对话框中的"全部"或"边框除外"单选按钮时可用。

**【例2-2】** 复制单元格示例。打开"fl2-2复制单元格.xlsx"，参照图2-5，利用选择性粘贴功能实现数据的复制。具体要求如下：

（1）复制数据有效性验证规则。在本例中只有 B3 单元格设置了数据有效性验证规则，即销售业绩必须是 100～500 的整数。请将 B3 单元格的数据有效性验证规则复制到 B3：E9 数据区域中的其他单元格，并圈释出无效数据。

（2）行列转换。将 A2：E9 单元格区域中的数据行列转换后放置于 G2：N6。

（3）表格数据的更改。将 H3：N6 单元格区域中的数据换算为以元为单位的销售业绩。

（4）重新设计表头。将 A2：E9 单元格区域的行标题和列标题分别改为 A11：E18 数据区域的行标题和列标题。

（5）表格数据的更改。将 B3：E9 单元格区域的值统一增加 20（万元）。假设所要增加的数值置于 P4 单元格。

（6）粘贴链接和表格数据的更改。利用“粘贴链接”选项复制西北地区以元为单位的销售业绩到 G9：H13 单元格区域，将源区域中西北地区 4 个季度的销售业绩增加 10%。观察目标区域数据的同步更新。

（7）复制批注。将 B4 单元格的批注复制到 E8 单元格。

| | A | B | C | D | E |
|---|---|---|---|---|---|
| 1 | 2018年度销售业绩（单位：万元） | | | | |
| 2 | 区域 | 第一季度 | 第二季度 | 第三季度 | 第四季度 |
| 3 | 华东地区 | 137 | 150 | 195 | 146 |
| 4 | 华南地区 | 228 | 172 | 104 | 178 |
| 5 | 华中地区 | 151 | 99 | 207 | 125 |
| 6 | 华北地区 | 171 | 142 | 154 | 140 |
| 7 | 西北地区 | 141 | 117 | 122 | 132 |
| 8 | 西南地区 | 122 | 207 | 112 | 218 |
| 9 | 东北地区 | 150 | 123 | 137 | 141 |

| | G | H | I | J | K | L | M | N |
|---|---|---|---|---|---|---|---|---|
| 1 | 2018年度销售业绩（单位：元） | | | | | | | |
| 2 | 季度 | 华东 | 华南 | 华中 | 华北 | 西北 | 西南 | 东北 |
| 3 | 1季度 | 1,170,000 | 2,080,000 | 1,310,000 | 1,510,000 | 1,331,000 | 1,020,000 | 1,300,000 |
| 4 | 2季度 | 1,300,000 | 1,520,000 | 790,000 | 1,220,000 | 1,067,000 | 1,870,000 | 1,030,000 |
| 5 | 3季度 | 1,750,000 | 840,000 | 1,870,000 | 1,340,000 | 1,122,000 | 920,000 | 1,170,000 |
| 6 | 4季度 | 1,260,000 | 1,580,000 | 1,050,000 | 1,200,000 | 1,232,000 | 1,980,000 | 1,210,000 |
| 9 | 季度 | 西北 | | | | | | |
| 10 | 1季度 | 1,331,000 | | | | | | |
| 11 | 2季度 | 1,067,000 | | | | | | |
| 12 | 3季度 | 1,122,000 | | | | | | |
| 13 | 4季度 | 1,232,000 | | | | | | |

| | P | Q |
|---|---|---|
| 2 | 10,000 | 万元 |
| 4 | 20 | 季度增值 |
| 6 | 10% | 西北增值 |
| 7 | 1.1 | |

图 2-5 复制单元格的最终结果

**【参考步骤】**

（1）将 B3 单元格的数据有效性验证规则复制到 B3：E9 数据区域中的其他单元格。

① 选中 B3 单元格，单击“开始”选项卡上“剪贴板”组中的“复制”按钮，或者右击 B3 单元格，选择相应快捷菜单中的“复制”命令。选中 B3：E9 单元格区域，选择“选择性粘贴”命令，选中“选择性粘贴”对话框中的“验证”单选按钮，单击“确定”按钮。

② 确保 B3：E9 单元格区域仍然处于被选中的状态，单击“数据”选项卡，选择“数据工具”组中的“数据验证”|“圈释无效数据”命令，圈释出销售业绩不在 100～500 万元的无效数据，如图 2-6 所示。

| | A | B | C | D | E |
|---|---|---|---|---|---|
| 1 | 2018年度销售业绩（单位：万元） | | | | |
| 2 | 区域 | 1季度 | 2季度 | 3季度 | 4季度 |
| 3 | 华东 | 117 | 130 | 175 | 126 |
| 4 | 华南 | 208 | 152 | 84 | 158 |
| 5 | 华中 | 131 | 79 | 187 | 105 |
| 6 | 华北 | 151 | 122 | 134 | 120 |
| 7 | 西北 | 121 | 97 | 102 | 112 |
| 8 | 西南 | 102 | 187 | 92 | 198 |
| 9 | 东北 | 130 | 103 | 117 | 121 |

图 2-6 圈释无效数据

（2）将 A2：E9 单元格区域中的数据行列转换后放置于 G2：N6。复制 A2：E9 单元格区域，然后选中 G2 单元格，选择“选择性粘贴”命令，选中“选择性粘贴”对话框中的“转置”复选框。另外，利用“转置”复选框，也可以实现本例中的行列转换。将 G2 单元格中的内容改为“季度”。

**【提示】**

注意观察 G2：N6 单元格区域中的数据，大家是否发现“转置”操作不仅实现了行列转换,而且还粘贴了源数据区域中的格式、批注、有效性验证等,但是不粘贴列宽。

(3) 将 H3:N6 区域中的数据换算为以元为单位的销售业绩。复制 P2 单元格,选中 H3:N6 单元格区域,选择"选择性粘贴"命令,选中"选择性粘贴"对话框中的"乘"单选按钮。单击"开始"选项卡,选择"单元格"组中的"格式"|"自动调整列宽"命令,以最适合的列宽显示数据。

**【提示】**

注意观察 H3:N6 单元格区域中的数据,大家是否发现步骤(3)的操作选择后,数据区域中的批注、有效性验证等都消失了?

(4) 将 A2:E9 单元格区域的行标题和列标题分别改为 A11:E18 数据区域的行标题和列标题。复制 A11:E18 单元格区域,单击 A2 单元格,选择"选择性粘贴"命令,选中"选择性粘贴"对话框中的"跳过空单元格"复选框。

(5) 将以万元为单位的所有销售业绩统一增加 20。复制 P4 单元格,选中 B3:E9 单元格区域,选择"选择性粘贴"命令,选中"选择性粘贴"对话框中的"加"以及"值和数字格式"单选按钮。

**【说明】**

本操作与步骤(3)的主要区别在于不仅实现了表格中数据的更改,还保留了数据区域中原有的格式、批注、有效性验证等信息。

(6) 粘贴链接和表格数据的同步更新。

① 选中并复制 G2:G6 以及 L2:L6 单元格区域,然后单击 G9 单元格,利用"选择性粘贴"对话框中的"粘贴链接"按钮,将西北地区以元为单位的销售业绩复制到 G9:H13 单元格区域。然后参照图 2-5,设置 G9:H13 单元格区域的格式。

② 复制 P7 单元格,选中 L3:L6 单元格区域,选择"选择性粘贴"命令,选中"选择性粘贴"对话框中的"乘"单选按钮。然后利用格式刷命令,设置 L3:L6 单元格区域的格式与表格中其他数据内容的格式一致。

**【提示】**

粘贴链接的好处就是目标区域中的数据可以随源区域中值的更新而自动更新。粘贴链接实际上是粘贴源区域中的数据地址到目标区域中,当源区域中的值发生变化时,目标区域中的数据也将随之发生变化,从而实现同步更新功能。

(7) 复制批注。复制 B4 单元格,然后选中 E8 单元格,选择"选择性粘贴"命令,选中"选择性粘贴"对话框中的"批注"单选按钮,将华南地区第一季度的批注复制给西南地区的第四季度。

# 2.5　数据序列和数据的填充

视频讲解

在 Excel 中,常常需要在一组相邻的列或行单元格中输入一组相同或相关联的数据序列。

## 2.5.1 Excel 的数据序列

数据序列即一系列存在某种关系的数据。序列可以是数字、文本和数字的组合、日期或时间,以及自定义序列。

(1)等差序列。相邻数据之间存在固定的差值,此固定差值称为等差序列的步长值。例如,序列"100,98,96,…"是步长为-2的等差序列。

(2)等比序列。相邻数据之间存在固定的比例关系,此固定比例值称为等比序列的步长值。例如,序列"1,2,4,8,…"是步长为2的等比序列。

(3)日期和时间序列。日期序列可以按天数、工作日、月、年为日期单位自动计算;时间序列可以按时、分、秒为时间单位自动计算。例如,在图 2-7 中列 A 为按天数填充;列 B 为按工作日填充;列 C 为按月填充;列 D 为按年填充;列 E 为按小时填充;列 F 为按分钟填充。

| | A | B | C | D | E | F |
|---|---|---|---|---|---|---|
| 1 | 天数 | 工作日 | 月 | 年 | 小时 | 分钟 |
| 2 | 2020/1/1 | 2020/1/1 | 2020/1/1 | 2020/1/1 | 11:00:00 | 11:30 |
| 3 | 2020/1/2 | 2020/1/2 | 2020/2/1 | 2021/1/1 | 12:00:00 | 12:00 |
| 4 | 2020/1/3 | 2020/1/3 | 2020/3/1 | 2022/1/1 | 13:00:00 | 12:30 |
| 5 | 2020/1/4 | 2020/1/6 | 2020/4/1 | 2023/1/1 | 14:00:00 | 13:00 |
| 6 | 2020/1/5 | 2020/1/7 | 2020/5/1 | 2024/1/1 | 15:00:00 | 13:30 |
| 7 | 2020/1/6 | 2020/1/8 | 2020/6/1 | 2025/1/1 | 16:00:00 | 14:00 |
| 8 | 2020/1/7 | 2020/1/9 | 2020/7/1 | 2026/1/1 | 17:00:00 | 14:30 |
| 9 | 2020/1/8 | 2020/1/10 | 2020/8/1 | 2027/1/1 | 18:00:00 | 15:00 |
| 10 | 2020/1/9 | 2020/1/13 | 2020/9/1 | 2028/1/1 | 19:00:00 | 15:30 |
| 11 | 2020/1/10 | 2020/1/14 | 2020/10/1 | 2029/1/1 | 20:00:00 | 16:00 |

图 2-7 日期和时间序列

(4)自定义序列。自定义序列是一组数据,可按重复方式填充序列。例如,"日、一、二、三、四、五、六"以及"甲、乙、丙、丁、戊、己、庚、辛、壬、癸"等。Excel 默认定义了若干自定义序列,用户也可以创建自定义填充序列。

## 2.5.2 自定义填充序列

选择"文件"选项卡中的"选项"命令,打开"Excel 选项"对话框,单击左侧列表中的"高级"选项,然后单击其右侧"常规"设置中的"编辑自定义列表"按钮,如图 2-8 所示,将弹出"自定义序列"对话框,在左列的"自定义系列"列表中列出了已定义好的自定义填充序列。

(1)创建自定义序列(直接输入)。在"自定义序列"列表框中选择"新序列",或者用鼠标直接定位到"输入序列"编辑列表框中,从第一个序列项开始输入新的序列。每输入一项后,按 Enter 键分隔序列项(或称列表条目)。在整个序列输入完毕后,单击"添加"按钮。

(2)创建自定义序列(导入)。单击"自定义序列"对话框下方的"从单元格中导入序列"文本框,然后在 Excel 工作表中选定包含要导入的数据序列的单元格区域,单击"导入"按钮。

(3)更改或删除自定义序列。在"自定义序列"列表框中,首先选择要修改或删除的序列。若要编辑序列,先在"输入序列"列表框中进行改动,然后单击"添加"按钮;若要删除序列,则单击"删除"按钮。

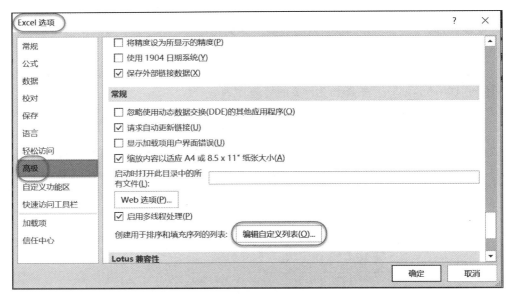

图 2-8　编辑自定义列表

【注意】

不能更改或删除系统内置的序列。

## 2.5.3　序列的填充方法

Excel 当前选中的活动单元格的四周以粗框显示,其右下角的黑色点为填充句柄。用鼠标指针拖曳该句柄,或者双击该句柄,Excel 将根据当前活动单元格的内容自动填充单元格。当然,用户也可以指定填充的具体方式。

(1) 自动填充。在需要填充的单元格区域中选择第一个单元格并输入序列的初始值,在下一个单元格中输入序列的第二个值以创建序列模式。选择序列的前两个单元格,拖动或者双击单元格右下角的填充句柄,Excel 将完成自动填充。在自动填充时,Excel 通过单元格内容自动判断填充方式,生成填充序列。

【注意】

双击句柄是根据相邻单元格的行列数据自动填充的。如果相邻单元格为空,将不产生任何操作结果。

(2) 指定填充方式。如果自动填充生成的填充序列不满足要求,还可以通过在"自动填充命令选项"中指定填充方式,确定自动填充内容。

① 用鼠标左键拖曳填充柄,在到达填充区域之上时释放鼠标,单击填充区域右下角的"自动填充选项"按钮,将弹出自动填充命令选项,如图 2-9(a)、(b)所示。自动填充命令选项会因数据类型的不同而有所不同。

② 用鼠标右键拖曳填充柄,在到达填充区域之上时释放鼠标,将弹出相应的快捷菜单,

如图 2-9(c)所示,其中有 3 组共 12 个自动填充命令选项。

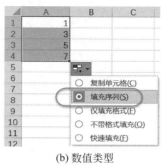

(a) 日期类型　　　　　(b) 数值类型　　　　　(c) 右键拖曳填充柄

图 2-9　自动填充命令选项

自动填充命令选项的说明如下:

- 复制单元格。在鼠标拖曳的范围内复制选中单元格的内容(含格式),相当于"复制"。
- 填充序列。按照系统默认的序列在鼠标拖曳的范围内填充单元格。
- 仅填充格式。在鼠标拖曳的范围内复制选中单元格的格式,相当于"格式刷"。
- 不带格式填充。在鼠标拖曳的范围内复制选中单元格的内容。
- 以天数填充。按日增长方式在鼠标拖曳的范围内自动填充年、月、日或星期。
- 以工作日填充。在鼠标拖曳的范围内仅自动填充工作日。
- 以月填充。按月增长方式在鼠标拖曳的范围内自动填充。
- 以年填充。按年增长方式在鼠标拖曳的范围内自动填充。
- 等差序列。在鼠标拖曳的范围内按照等差序列自动填充数据。
- 等比序列。在鼠标拖曳的范围内按照等比序列自动填充数据。
- 快速填充。快速填充(Flash Fill)是 Excel 2013 及以后版本中的一项功能,它能根据用户事先提供的数据智能地自动填充、拆分单元格内容、合并单元格内容等,快速实现"分列"功能以及 PROPER/UPPER/LOWER 切换英文的大小写、MID/LEFT/RIGHT 提取字符串的部分内容、CONCATENATE 合并字符串等函数的功能,对于不熟悉公式函数的读者尤为方便。快速填充具体参见 2.5.6 节的阐述。
- 序列。将打开"序列"对话框以进行序列填充。

(3) 使用序列填充命令。单击"开始"选项卡,选择如图 2-10 所示的"编辑"组中的"填充"|"序列"命令,可打开如图 2-11 所示的"序列"对话框,实现序列填充。

在如图 2-11 所示的"序列"对话框中可以指定序列的类型以及步长值等选项,从而精确控制要产生的序列。

【例 2-3】　自动填充实现分析预测示例。打开"fl2-3 填充句柄-预测销售数量.xlsx",由 2018 年每月的销售数量预测 2019 年的月销售数量,并绘制这两年的月销售数量的折线图。结果如图 2-12 所示。

图 2-10　选择"序列"命令

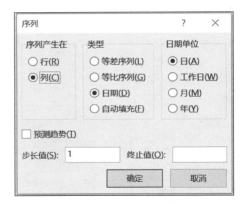

图 2-11　"序列"对话框

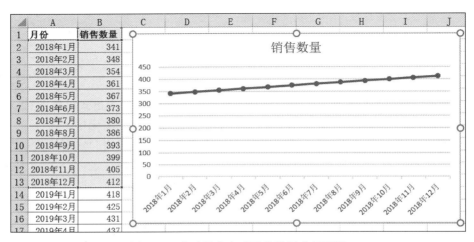

图 2-12　自动填充实现销售数量分析预测

【参考步骤】

（1）选中 B2:B13 单元格区域,用鼠标右键拖曳填充柄直到 B25 单元格,在弹出的快捷菜单中选择"序列"命令,在"序列"对话框中选中"预测趋势"复选框,单击"确定"按钮。

（2）绘制 2018 年度月销售数量的折线图。选择 A1:B13 单元格区域,单击"插入"选项卡,选择"图表"组中的"折线图"|"带数据标记的折线图"命令。

## 2.5.4　使用 Ctrl＋Enter 键填充相同的数据

如果需要同时在多个单元格中输入相同数据,可以先选定需要输入数据的单元格范围(单元格不一定相邻),然后输入相应数据,按 Ctrl＋Enter 键。

【例 2-4】　填充单元格示例。打开"fl2-4 填充单元格.xlsx",参照图 2-13,使用序列填充的各种方法以及 Ctrl＋Enter 键填充数据。具体要求如下:

（1）快速填充 10000 行数据。将序列"1,2,3,…"从 A1 单元格一直填充到 A10000 单元格。

| | A | B | C | D | E | F | G | H | I | J | K | L |
|---|---|---|---|---|---|---|---|---|---|---|---|---|
| 1 | 1 | 2 | 1 | 2020/7/28 | 2020/7/29 | 2020/7/30 | 2020/7/31 | 2020/8/1 | 2020/8/2 | 2020/8/3 | 周一 | 社团活动 |
| 2 | 2 | 4 | 3 | 2020/8/4 | 2020/8/5 | 2020/8/6 | 2020/8/7 | 2020/8/8 | 2020/8/9 | 2020/8/10 | 周二 | |
| 3 | 3 | 6 | 5 | 2020/8/11 | 2020/8/12 | 2020/8/13 | 2020/8/14 | 2020/8/15 | 2020/8/16 | 2020/8/17 | 周三 | 社团活动 |
| 4 | 4 | 8 | 7 | 2020/8/18 | 2020/8/19 | 2020/8/20 | 2020/8/21 | 2020/8/22 | 2020/8/23 | 2020/8/24 | 周四 | |
| 5 | 5 | 10 | 9 | 2020/8/25 | 2020/8/26 | 2020/8/27 | 2020/8/28 | 2020/8/29 | 2020/8/30 | 2020/8/31 | 周五 | 社团活动 |
| 6 | 6 | 12 | 11 | 2020/9/1 | 2020/9/2 | 2020/9/3 | 2020/9/4 | 2020/9/5 | 2020/9/6 | 2020/9/7 | 周六 | |
| 7 | 7 | 14 | 13 | 2020/9/8 | 2020/9/9 | 2020/9/10 | 2020/9/11 | 2020/9/12 | 2020/9/13 | 2020/9/14 | 周日 | 社团活动 |
| 8 | 8 | 16 | 15 | 2020/9/15 | 2020/9/16 | 2020/9/17 | 2020/9/18 | 2020/9/19 | 2020/9/20 | 2020/9/21 | | |
| 9 | 9 | 18 | 17 | 2020/9/22 | 2020/9/23 | 2020/9/24 | 2020/9/25 | 2020/9/26 | 2020/9/27 | 2020/9/28 | | |
| 10 | 10 | 20 | 19 | 2020/9/29 | 2020/9/30 | 2020/10/1 | 2020/10/2 | 2020/10/3 | 2020/10/4 | 2020/10/5 | | |
| 11 | 11 | 22 | 21 | | | | | | | | | |
| 12 | 12 | 24 | 23 | | | | | | | | | |
| 13 | 13 | 26 | 25 | | | | | | | | | |

图 2-13　单元格填充结果

（2）双击填充句柄,根据单元格相邻的数据自动填充。通过双击填充句柄,将序列"2,4,6,…"从 B1 单元格一直填充到 B10000。

（3）等差序列。在 C1:C20 单元格区域中填充"1,3,5,…"等差序列。

（4）日期序列。根据 F6 单元格的日期 2020/9/3 以及 F7 单元格的日期 2020/9/10 向左、向右、向上、向下自动填充生成 2020 年 7 月～10 月的部分日历表。

（5）自定义填充序列。创建"周一、周二、周三、周四、周五、周六、周日"自定义序列,并填充在 H1:H7 单元格区域。

（6）使用 Ctrl＋Enter 键填充相同数据。在 L 列利用 Ctrl＋Enter 键为周一、周三、周五和周日对应的单元格填充"社团活动"说明信息。

【参考步骤】

（1）快速填充 10000 行数据。在 A1 单元格中输入"1",单击"开始"选项卡,选择"编辑"组中的"填充"|"序列"命令,在"序列"对话框中选中"序列产生在"选项组中的"列"单选按钮,"类型"选项组为"等差序列"单选按钮,设置"步长值"为 1、"终止值"为 10000（如图 2-14 所示）,单击"确定"按钮。

（2）双击填充句柄快速自动填充。在 B1 和 B2 单元格中分别输入"2"和"4",然后选中 B1:B2 单元格区域,双击其填充句柄。

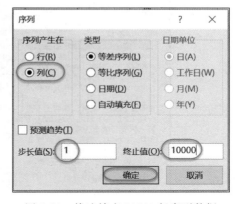

图 2-14　快速填充 10000 行序列数据

【总结】

双击填充句柄方法的最大优点在于,它不需要拖动填充句柄至目标单元格区域的结束位置,填充序列的单元格区域越大,越能体现其便捷之处。

【注意】

对于数字序列的填充,需选中包含初始值在内的两个单元格,然后双击填充句柄;而对于文本序列的填充,只需选中初始值单元格,然后双击填充句柄。

（3）等差序列。在 C1:C20 单元格区域中填充"1,3,5,…"等差序列。在 C1 单元格中输入"1",选中 C1 单元格,用鼠标右键拖曳填充柄直到 C20 单元格,在弹出的快捷菜单中选择"序列"命令。在"序列"对话框中选择序列产生在"列"、类型为"等差序列",设置步长值为

2，单击"确定"按钮。

（4）日期序列。

① 选中 F6 单元格，用鼠标左键拖曳填充柄向左到 D6 单元格、向右到 J6 单元格。

② 选中 F7 单元格，用鼠标左键拖曳填充柄向左到 D7 单元格、向右到 J7 单元格。

③ 选中 D6:J7 数据区域，用鼠标左键拖曳填充柄向上到第 1 行、向下到第 10 行。

**【提示】**

自动填充不仅可以向下进行，还可以向上、向左、向右形成序列。

**【技巧】**

如果在填充序列时拖过了头，可以继续按住鼠标左键，将黑色十字填充句柄沿原路往回拖曳，多余的部分即会自动消失。

（5）自定义填充序列。

① 选择"文件"|"选项"命令，打开"Excel 选项"对话框，单击"高级"选项卡，然后单击其常规设置中的"编辑自定义列表"命令按钮，将弹出"自定义序列"对话框。

② 将鼠标指针定位到"输入序列"列表框中，从第一个序列项"周一"开始输入新的序列。每输入一项后，按 Enter 键分隔序列项。在整个序列输入完毕后单击"添加"按钮，如图 2-15 所示。单击"确定"按钮，关闭"自定义序列"对话框。单击"确定"按钮，关闭"Excel选项"对话框。

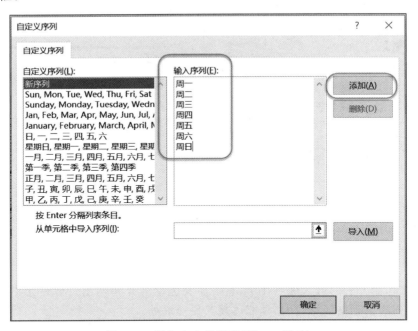

图 2-15　添加自定义序列（周一～周日）

③ 选中 H1 单元格，用鼠标左键拖曳填充柄直到 H7 单元格。

（6）使用 Ctrl＋Enter 键填充相同数据。借助 Ctrl 键，选中 L1、L3、L5、L7 单元格，然后输入"社团活动"，按 Ctrl＋Enter 键。

## 2.5.5 使用 RAND 和 RANDBETWEEN 函数产生仿真数据

RAND 函数用于返回大于或等于 0 且小于 1 的均匀分布的随机实数。函数 RANDBETWEEN(bottom,top)返回指定的两个数字 bottom 和 top 之间的随机整数。

选择需要填充的单元格区域,输入带 RAND 或 RANDBETWEEN 函数的公式,按 Ctrl+Enter 键,可在选择的单元格区域内批量填充仿真数据。当然,用户也可以通过拖曳填充句柄的方式生成随机数。

【注意】

每次打开或重新计算工作表时,RAND 或 RANDBETWEEN 函数的结果都会随机变化,可使用选择性粘贴复制随机函数产生的结果内容。

【提示】

在 Excel 中,按 F9 键对所有打开的工作簿中的公式进行重新计算。

【例 2-5】 使用 RAND 和 RANDBETWEEN 函数产生仿真数据示例。打开"fl2-5 随机函数.xlsx",利用随机函数批量填充仿真数据,结果如图 2-16 所示(结果随机)。具体要求如下:

（1）利用 RANDBETWEEN 函数,在 A2:A101 数据区域随机生成 100 名学生 0～100 分的语文成绩。

| | A | B | C | D |
|---|---|---|---|---|
| 1 | 语文成绩 | 数学成绩 | 体重 | 成绩(固定) |
| 2 | 2 | 4 | 41.0 | 20 |
| 3 | 90 | 5 | 82.7 | 84 |
| 4 | 85 | 24 | 59.6 | 47 |
| 5 | 80 | 32 | 66.8 | 20 |
| 6 | 64 | 55 | 58.2 | 14 |
| 7 | 11 | 90 | 67.1 | 93 |
| 8 | 54 | 98 | 82.8 | 92 |

图 2-16 使用 RAND 和 RANDBETWEEN 函数产生仿真数据(结果随机)

（2）利用 RAND 函数,在 B2:B101 数据区域随机生成 100 名学生 0～100 分的数学成绩。

（3）利用 RAND 函数,在 C2:C101 数据区域随机生成这 100 名学生的体重作为测试数据,范围为 40.0～85.0kg。

（4）在 D2:D101 数据区域,利用选择性粘贴复制 A2:A101 数据区域中随机生成的语文成绩。

（5）按 F9 键,选择活动工作表重算,注意观察 A、B、C、D 几列数据值的变化。

【参考步骤】

（1）利用 RANDBETWEEN 函数,随机生成 100 名学生 0～100 分的语文成绩。选择 A2:A101 单元格区域,输入公式"=RANDBETWEEN(0,100)",按 Ctrl+Enter 键。

（2）利用 RAND 函数,随机生成 100 名学生 0～100 分的数学成绩。在 B2 单元格中输入公式"=ROUND(RAND()*100,0)",按 Enter 键确认后,拖曳该单元格的填充柄到 B101。

（3）利用 RAND 函数,随机生成 100 名学生的体重。在 C2 单元格中输入公式"=ROUND(RAND()*45+40,1)",按 Enter 键确认后,拖曳该单元格的填充柄到 C101。利用"开始"选项卡上"数字"组中的增加小数位数或者减少小数位数按钮显示一位小数。

（4）复制随机函数产生的结果内容。在 D2:D101 数据区域,利用选择性粘贴仅仅复制 A2:A101 数据区域中随机生成的语文成绩的数值内容。

(5) 按 F9 键,观察到 A、B、C 几列的数据会随机变化(公式重新计算),D 列的数据保持不变。

【说明】

使用公式"RAND()$*(b-a)+a$"可生成 $a\sim b$ 的随机实数。

# 2.5.6  神奇的快速填充

快速填充(Flash Fill)是 Excel 2013 及以后版本中的一项功能,可以实现智能自动填充、拆分单元格内容、合并单元格内容等。这些在之前版本中需要借助公式、函数或"分列"功能才能完成,而在 Excel 2013 及以后版本中可以通过快速填充便捷地实现。

【注意】

快速填充必须在数据区域的相邻列内才能使用,对于横向填充不起作用。

### 1. 快速填充的实现方式

一般可以通过以下 3 种方式实现快速填充:

(1) 选中填充的起始单元格,用鼠标左键拖曳填充柄直到目标区域的最后一个单元格,此时填充区域中的所有单元格内容相同,且右下角将显示"自动填充选项"按钮 ▦,单击此按钮将弹出下拉菜单,选择其中的"快速填充"命令。

(2) 选中填充的起始单元格,用鼠标右键拖曳填充柄直到目标区域的最后一个单元格,将弹出相应的快捷菜单,选择其中的"快速填充"命令。

(3) 选中填充的起始单元格以及需要填充的目标区域,单击"数据"选项卡上"数据工具"组中的"快速填充"按钮 ▤。

### 2. 快速填充的主要功能

快速填充可实现以下主要功能:

(1) 字段匹配。在目标单元格中输入相邻数据列表中与当前单元格位于同一行的某个单元格内容,然后在向下快速填充时会根据输入的内容自动在数据源中寻找与之匹配的字段,并填充相应的数据序列。

在图 2-17(a)中,F 列是中国 6 个省市的名称,在 L1 单元格中输入"省市"。在图 2-17(a)中演示了利用快速填充的实现方式(1)进行字段匹配快速填充的功能。即选中 L1 单元格,用鼠标左键拖曳填充柄直到目标区域的最后一个单元格 L7,此时填充区域中的所有单元格内容均为"省市",如图 2-17(a)所示。单击填充区域右下角的"自动填充选项"按钮,将弹出的下拉菜单中选中"快速填充"单选按钮,实现快速填充的字段匹配功能,如图 2-17(b)所示。

(2) 根据字符位置进行拆分。在目标单元格中输入数据列表中某个单元格的部分内容,则在向下填充的过程中 Excel 将依据这部分字符在整个字符串当中所处的位置自动拆分字符串,生成相应的填充内容。

在图 2-18 中,A 列是 6 名供应商的"姓名电话性别"组合联系方式,在 B2 单元格中输入第一个供应商的姓名"王歆文"。本例演示利用快速填充的实现方式(2)实现快速填充根据字符位置拆分字符串的功能。即选中 B2 单元格，用鼠标右键拖曳填充柄直到目标区域的最后一个单元格 B7，在弹出的快捷菜单中选择"快速填充"命令，结果如图 2-18(b)所示。类似地，可利用快速填充分别得到 C 列的"姓"、D 列的"名"以及 E 列的"性别"信息，如图 2-18(b)所示。

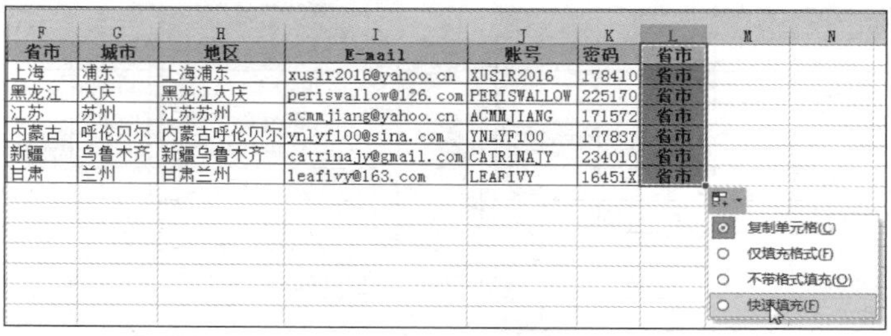

| F | G | H | I | J | K | L | M | N |
|---|---|---|---|---|---|---|---|---|
| 省市 | 城市 | 地区 | E-mail | 账号 | 密码 | 省市 | | |
| 上海 | 浦东 | 上海浦东 | xusir2016@yahoo.cn | XUSIR2016 | 178410 | 省市 | | |
| 黑龙江 | 大庆 | 黑龙江大庆 | periswallow@126.com | PERISWALLOW | 225170 | 省市 | | |
| 江苏 | 苏州 | 江苏苏州 | acmmjiang@yahoo.cn | ACMMJIANG | 171572 | 省市 | | |
| 内蒙古 | 呼伦贝尔 | 内蒙古呼伦贝尔 | ynlyf100@sina.com | YNLYF100 | 177837 | 省市 | | |
| 新疆 | 乌鲁木齐 | 新疆乌鲁木齐 | catrinajy@gmail.com | CATRINAJY | 234010 | 省市 | | |
| 甘肃 | 兰州 | 甘肃兰州 | leafivy@163.com | LEAFIVY | 16451X | 省市 | | |



(a) 快速填充过程

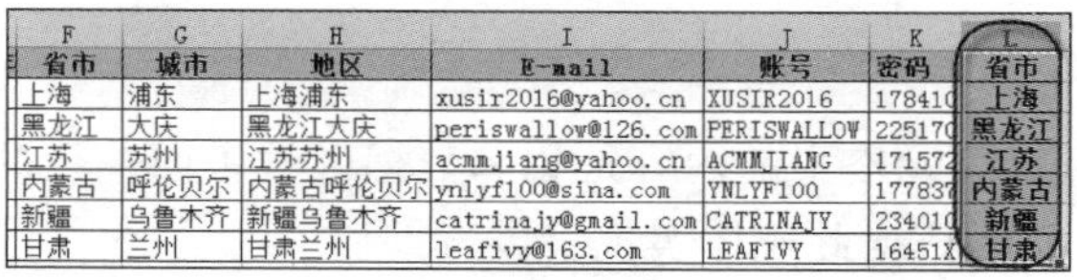

| F | G | H | I | J | K | L |
|---|---|---|---|---|---|---|
| 省市 | 城市 | 地区 | E-mail | 账号 | 密码 | 省市 |
| 上海 | 浦东 | 上海浦东 | xusir2016@yahoo.cn | XUSIR2016 | 178410 | 上海 |
| 黑龙江 | 大庆 | 黑龙江大庆 | periswallow@126.com | PERISWALLOW | 225170 | 黑龙江 |
| 江苏 | 苏州 | 江苏苏州 | acmmjiang@yahoo.cn | ACMMJIANG | 171572 | 江苏 |
| 内蒙古 | 呼伦贝尔 | 内蒙古呼伦贝尔 | ynlyf100@sina.com | YNLYF100 | 177837 | 内蒙古 |
| 新疆 | 乌鲁木齐 | 新疆乌鲁木齐 | catrinajy@gmail.com | CATRINAJY | 234010 | 新疆 |
| 甘肃 | 兰州 | 甘肃兰州 | leafivy@163.com | LEAFIVY | 16451X | 甘肃 |

(b) 快速填充结果

图 2-17 通过快速填充实现字段匹配功能

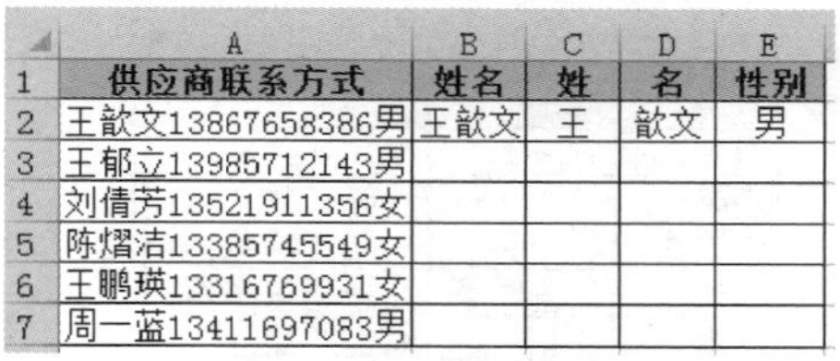

| | A | B | C | D | E |
|---|---|---|---|---|---|
| 1 | 供应商联系方式 | 姓名 | 姓 | 名 | 性别 |
| 2 | 王歆文13867658386男 | 王歆文 | 王 | 歆文 | 男 |
| 3 | 王郁立13985712143男 | | | | |
| 4 | 刘倩芳13521911356女 | | | | |
| 5 | 陈熠洁13385745549女 | | | | |
| 6 | 王鹏瑛13316769931女 | | | | |
| 7 | 周一蓝13411697083男 | | | | |

(a) 原始数据(供应商联系方式)

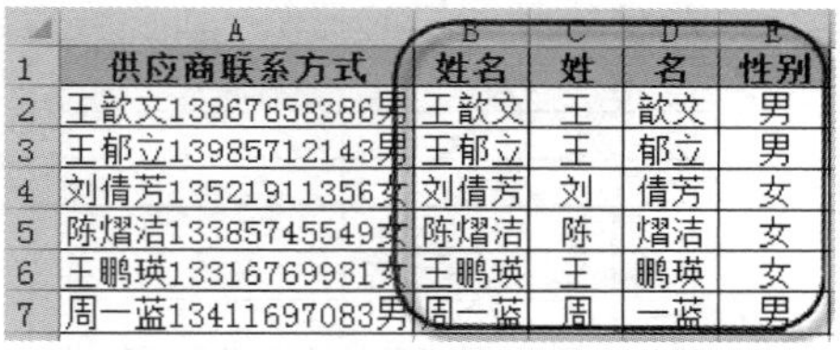

| | A | B | C | D | E |
|---|---|---|---|---|---|
| 1 | 供应商联系方式 | 姓名 | 姓 | 名 | 性别 |
| 2 | 王歆文13867658386男 | 王歆文 | 王 | 歆文 | 男 |
| 3 | 王郁立13985712143男 | 王郁立 | 王 | 郁立 | 男 |
| 4 | 刘倩芳13521911356女 | 刘倩芳 | 刘 | 倩芳 | 女 |
| 5 | 陈熠洁13385745549女 | 陈熠洁 | 陈 | 熠洁 | 女 |
| 6 | 王鹏瑛13316769931女 | 王鹏瑛 | 王 | 鹏瑛 | 女 |
| 7 | 周一蓝13411697083男 | 周一蓝 | 周 | 一蓝 | 男 |

(b) 根据字符位置拆分字符串的结果

图 2-18 通过快速填充根据字符位置拆分字符串

(3) 根据分隔符进行拆分。实现效果与"分列"功能类似，如果原始数据中包含分隔符（—、/、空格等），则在快速填充的过程中将根据分隔符的隔断位置智能地提取其中的相应部分，实现单元格内容的拆分。

本例演示利用快速填充的实现方式(3)实现快速填充根据分隔符(@)拆分字符串的功能。在图 2-19(a)所示的原始数据中选中 J2:J7 数据区域，单击"数据"选项卡上"数据工具"组中的"快速填充"按钮，得到以大写的 E-mail 用户名为账号信息，如图 2-19(b)所示。

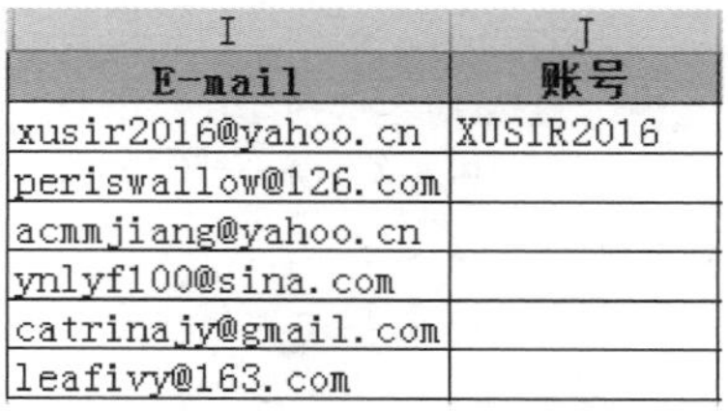

| I | J |
|---|---|
| E-mail | 账号 |
| xusir2016@yahoo.cn | XUSIR2016 |
| periswallow@126.com | |
| acmmjiang@yahoo.cn | |
| ynlyf100@sina.com | |
| catrinajy@gmail.com | |
| leafivy@163.com | |

(a) 原始数据(E-mail)

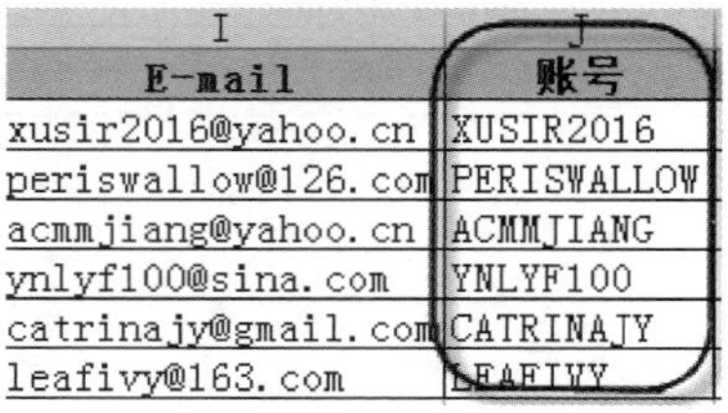

| I | J |
|---|---|
| E-mail | 账号 |
| xusir2016@yahoo.cn | XUSIR2016 |
| periswallow@126.com | PERISWALLOW |
| acmmjiang@yahoo.cn | ACMMJIANG |
| ynlyf100@sina.com | YNLYF100 |
| catrinajy@gmail.com | CATRINAJY |
| leafivy@163.com | LEAFIVY |

(b) 拆分字符串的结果(账号)

图 2-19 通过快速填充根据分隔符拆分字符串

（4）日期拆分。根据日期的年、月、日自动分隔拆分。图 2-20 所示为利用快速填充将 A 列的日期（年月日）信息分别拆分到 B 列、C 列、D 列和 E 列，从而得到年份、月日、月以及日的信息。

| | A | B | C | D | E |
|---|---|---|---|---|---|
| 1 | 日期 | 年份 | 月日 | 月 | 日 |
| 2 | 2014年3月15日 | | | | |
| 3 | 2012年6月1日 | | | | |
| 4 | 2000年3月20日 | | | | |
| 5 | 1998年12月17日 | | | | |
| 6 | 1980年6月3日 | | | | |
| 7 | 2011年3月20日 | | | | |
| 8 | 2000年11月15日 | | | | |
| 9 | 1986年4月25日 | | | | |
| 10 | 1993年5月17日 | | | | |

(a) 原始数据(年月日)

| | A | B | C | D | E |
|---|---|---|---|---|---|
| 1 | 日期 | 年份 | 月日 | 月 | 日 |
| 2 | 2014年3月15日 | 2014 | 3月15日 | 3 | 15 |
| 3 | 2012年6月1日 | 2012 | 6月1日 | 6 | 1 |
| 4 | 2000年3月20日 | 2000 | 3月20日 | 3 | 20 |
| 5 | 1998年12月17日 | 1998 | 12月17日 | 12 | 17 |
| 6 | 1980年6月3日 | 1980 | 6月3日 | 6 | 3 |
| 7 | 2011年3月20日 | 2011 | 3月20日 | 3 | 20 |
| 8 | 2000年11月15日 | 2000 | 11月15日 | 11 | 15 |
| 9 | 1986年4月25日 | 1986 | 4月25日 | 4 | 25 |
| 10 | 1993年5月17日 | 1993 | 5月17日 | 5 | 17 |

(b) 年月日信息

图 2-20　快速填充拆分日期

（5）字段合并。目标单元格中的内容是相邻数据区域中同一行的多个单元格内容所组成的字符串，则快速填充将依据此规律实现字段合并。

图 2-21 所示为利用快速填充将 F 列的“省市”和 G 列的“城市”信息合并到 H 列，得到“地区”信息。

| F | G | H |
|---|---|---|
| 省市 | 城市 | 地区 |
| 上海 | 浦东 | 上海浦东 |
| 黑龙江 | 大庆 | |
| 江苏 | 苏州 | |
| 内蒙古 | 呼伦贝尔 | |
| 新疆 | 乌鲁木齐 | |
| 甘肃 | 兰州 | |

(a) 原始数据(省市、城市)

| F | G | H |
|---|---|---|
| 省市 | 城市 | 地区 |
| 上海 | 浦东 | 上海浦东 |
| 黑龙江 | 大庆 | 黑龙江大庆 |
| 江苏 | 苏州 | 江苏苏州 |
| 内蒙古 | 呼伦贝尔 | 内蒙古呼伦贝尔 |
| 新疆 | 乌鲁木齐 | 新疆乌鲁木齐 |
| 甘肃 | 兰州 | 甘肃兰州 |

(b) 字段合并(地区)

图 2-21　快速填充合并字段

（6）部分内容合并。组合拆分功能和合并功能，图 2-22 所示为利用快速填充将 F 列的“省市”信息和 A 列的“供应商联系方式”中的“性别”信息根据 M 列“性别统计”的第一个数据（即 M2 单元格的内容）的格式合并到 M 列的其他单元格中。

| | A | F | G | M |
|---|---|---|---|---|
| 1 | 供应商联系方式 | 省市 | 城市 | 性别统计 |
| 2 | 王歆文13867658386男 | 上海 | 浦东 | 上海(男) |
| 3 | 王郁立13985712143男 | 黑龙江 | 大庆 | |
| 4 | 刘倩芳13521911356女 | 江苏 | 苏州 | |
| 5 | 陈熠洁13385745549女 | 内蒙古 | 呼伦贝尔 | |
| 6 | 王鹏瑛13316769931女 | 新疆 | 乌鲁木齐 | |
| 7 | 周一蓝13411697083男 | 甘肃 | 兰州 | |

(a) 原始数据(供应商信息)

| | A | F | G | M |
|---|---|---|---|---|
| 1 | 供应商联系方式 | 省市 | 城市 | 性别统计 |
| 2 | 王歆文13867658386男 | 上海 | 浦东 | 上海(男) |
| 3 | 王郁立13985712143男 | 黑龙江 | 大庆 | 黑龙江(男) |
| 4 | 刘倩芳13521911356女 | 江苏 | 苏州 | 江苏(女) |
| 5 | 陈熠洁13385745549女 | 内蒙古 | 呼伦贝尔 | 内蒙古(女) |
| 6 | 王鹏瑛13316769931女 | 新疆 | 乌鲁木齐 | 新疆(女) |
| 7 | 周一蓝13411697083男 | 甘肃 | 兰州 | 甘肃(男) |

(b) 部分内容合并(性别统计)

图 2-22　快速填充合并部分内容

**【提示】**

快速填充时的注意事项如下：

（1）要求每列数据具有一定的一致性。

(2) 选择“快速填充”命令后要对自动填充的结果进行核查,以确保得到了正确的结果。

**【总结】**

Excel的快速填充功能可以很方便地实现数据的合并和拆分,在一定程度上可以替代“分列”功能和实现类似功能的函数或公式。但是与函数或公式实现效果的不同,当原始数据区域中的数据发生变化时,快速填充的结果并不能随之自动更新。

**【例 2-6】** 快速填充示例。打开“fl2-6 快速填充. xlsx”,参照图 2-23,利用快速填充功能实现数据的填充、拆分、合并等功能。具体要求如下:

(1) 将 A 列的供应商(姓名、手机号码、性别的组合)联系方式拆分到 B 列(姓名)和 C 列(手机号码)。

(2) 抽取 D 列供应商身份证号码中的出生年份到 E 列。

(3) 合并 F 列的省市和 G 列的城市信息到 H 列作为地区信息。

(4) 抽取 I 列供应商 E-mail 中的用户名并转换为大写到 J 列作为账户信息。

(5) 抽取 D 列供应商身份证号码中的最后 6 位数字到 K 列作为密码信息。

(6) 利用快速填充的字段匹配功能填充 L 列的省市信息。

(7) 合并 F 列的省市和 A 列的部分信息(性别)到 M 列作为性别统计信息。

| | A | B | C | D | E | F | G | H | I | J | K | L | M |
|---|---|---|---|---|---|---|---|---|---|---|---|---|---|
| 1 | 供应商联系方式 | 姓名 | 手机号码 | 身份证号码 | 出生年 | 省市 | 城市 | 地区 | E-mail | 账号 | 密码 | 省市 | 性别统计 |
| 2 | 王歆文13867658386男 | 王歆文 | 13867658386 | 510101198509178410 | 1985 | 上海 | 浦东 | 上海浦东 | xusir2016@yahoo. cn | XUSIR2016 | 178410 | 上海 | 上海(男) |
| 3 | 王郁立13985712143男 | 王郁立 | 13985712143 | 310725198602225170 | 1986 | 黑龙江 | 大庆 | 黑龙江大庆 | periswallow@126. com | PERISWALLOW | 225170 | 黑龙江 | 黑龙江(男) |
| 4 | 刘倩芳13521911356女 | 刘倩芳 | 13521911356 | 322320197904171572 | 1979 | 江苏 | 苏州 | 江苏苏州 | acmmjiang@yahoo. cn | ACMMJIANG | 171572 | 江苏 | 江苏(女) |
| 5 | 陈熠洁13385745549女 | 陈熠洁 | 13385745549 | 212170198705177837 | 1987 | 内蒙古 | 呼伦贝尔 | 内蒙古呼伦贝尔 | ynlyf100@sina. com | YNLYF100 | 177837 | 内蒙古 | 内蒙古(女) |
| 6 | 王鹏瑛13316769931女 | 王鹏瑛 | 13316769931 | 418725197008234010 | 1970 | 新疆 | 乌鲁木齐 | 新疆乌鲁木齐 | catrinajy@gmail. com | CATRINAJY | 234010 | 新疆 | 新疆(女) |
| 7 | 周一蓝13411697083男 | 周一蓝 | 13411697083 | 24172519760716451X | 1976 | 甘肃 | 兰州 | 甘肃兰州 | leafivy@163. com | LEAFIVY | 16451X | 甘肃 | 甘肃(男) |

图 2-23 快速填充结果(供应商信息)

**【参考步骤】**

(1) 字段拆分(抽取姓名)。选中 B2 单元格,用鼠标左键拖曳填充柄直到目标区域的最后一个单元格 B7,此时填充区域中的所有单元格内容均为“王歆文”。单击填充区域右下角的“自动填充选项”按钮,在弹出的下拉菜单中选择“快速填充”命令,得到供应商的“姓名”信息。

(2) 字段拆分(抽取手机号码)。选中 C2:C7 单元格区域,单击“数据”选项卡上“数据工具”组中的“快速填充”按钮,得到供应商的“手机号码”信息。

(3) 字段拆分(抽取出生年份)。选中 E2 单元格,用鼠标右键拖曳填充柄直到目标区域的最后一个单元格 E7,在弹出的快捷菜单中选择“快速填充”命令,得到供应商的“出生年份”信息。

(4) 字段合并(合并省市和城市)。选中 H2:H7 单元格区域,单击“数据”选项卡上“数据工具”组中的“快速填充”按钮,得到供应商的“地区”信息。

(5) 字段拆分和英文大小写切换(获取账号)。选中 J2:J7 单元格区域,单击“数据”选项卡上“数据工具”组中的“快速填充”按钮,得到供应商的“账号”信息。

(6) 字段拆分(获取密码)。选中 K2:K7 单元格区域,单击“数据”选项卡上“数据工具”组中的“快速填充”按钮,得到供应商的“密码”信息。

(7) 字段匹配(获取省市)。选中 L1:L7 单元格区域,单击“数据”选项卡上“数据工具”组中的“快速填充”按钮,得到供应商的“省市”信息。用户可利用格式刷复制 F 列的格式到

L 列。

（8）字段拆分和字段合并组合（性别统计）。选中 M2：M7 单元格区域，单击"数据"选项卡上"数据工具"组中的"快速填充"按钮，得到供应商的"性别统计"信息。

视频讲解

# 2.6　外部数据的传统导入方法

Excel 支持数量众多的数据格式，还支持从各种数据源导入外部数据。

通过导入数据可以从各种数据源（文本文件、数据库、Web 站点等）导入已经存在的数据，从而创建一个外部数据区域，并进行各种分析和处理，而不必重复输入。当外部数据源中的数据改变时，可以更新 Excel 中关联的外部数据区域。

Excel 导入外部数据有以下两种方法：

（1）传统导入方法。

（2）Power Query。在 Excel 2019 中，外部数据的导入推荐使用默认的 Power Query。详细阐述请参见本书第 16 章。

## 2.6.1　启用传统导入方法

传统的外部数据导入功能在默认情况不可用，可以选择"文件"选项卡中的"选项"命令，打开"Excel 选项"对话框，单击左侧列表中的"数据"选项，然后在其右侧的"显示旧数据导入向导"设置中选中如图 2-24 所示的复选框，单击"确定"按钮。

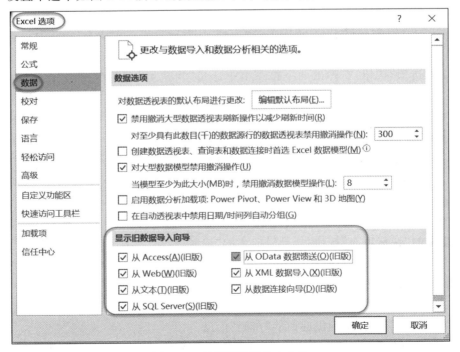

图 2-24　显示旧数据导入向导

## 2.6.2 导入文本文件

如果待处理的数据以文本文件的形式存在,则可以使用 Excel 文本文件导入向导。文本文件一般有以下两种格式:

(1) 字段间以分隔符分隔的数据,例如以逗号(,)分隔的 CSV 格式的文本文件,以制表符(Tab)分隔的 TSV 格式的文本文件。

(2) 项目长度固定的数据。

【例 2-7】 导入文本数据。

【参考步骤】

(1) 打开工作簿"fl2-7 考试成绩-导入文本数据.xlsx"。

(2) 选择数据源。单击"数据"选项卡,选择"获取和转换数据"组中的"获取数据"|"传统向导"|"从文本(T)(旧版)"命令,打开"导入数据"对话框,选择要导入的文本文件"grade.txt"。

(3) 使用"文本导入向导"控制文本数据的导入。

① 选择文本文件的格式(分隔符号或者固定宽度)。

② 指定字段间使用的分隔符号(默认为 Tab 键,还可以选择分号、逗号、空格,或者自行指定其他分隔符号),采用"空格"作为字段间的分隔符号。如果步骤①中采用"固定宽度"的文本格式,还可以设置各字段的宽度(即列间隔)。注意,单击鼠标建立分列线;双击分列线清除分列线;拖曳分列线可以移动分列线到指定位置。

③ 设置"学号"字段的数据类型为"文本",单击"完成"按钮。

(4) 完成数据的导入。在"导入数据"对话框中选择数据的放置位置,可以选择"现有工作表"或者"新工作表",这里采用默认的"现有工作表"的"=$A$1"设置选项。单击"确定"按钮完成文本数据的导入。

## 2.6.3 导入 Access 数据库表

Excel 可以导入各种数据库中的数据表数据。Access 是 Office 组件之一,Excel 支持从 Access 数据库中导入数据库表数据。

【例 2-8】 从 Access 数据库中导入表数据。

【参考步骤】

(1) 打开工作簿"fl2-8 员工信息-导入数据库表.xlsx"。

(2) 新建数据库查询。单击"数据"选项卡,选择"获取和转换数据"组中的"获取数据"|"传统向导"|"从 Access(A)(旧版)"命令,打开"选取数据源"对话框,选择要导入的 Access 数据库文件"Employee.accdb"。单击"打开"按钮,将打开"选择表格"对话框。

(3) 选择/预览要导入的数据表。选择要导入的表,可以通过选中"支持选择多个表"复选框同时导入多张数据表,如图 2-25 所示。单击"确定"按钮,打开"导入数据"对话框。

(4) 导入数据。确认数据在工作簿中的显示方式以及数据的放置位置。本例选择"数据在工作簿中的显示方式"为"表",并且"数据的放置位置"为"新工作表"。单击"确定"按钮,将两张数据库表分别导入此工作簿的两个工作表中。

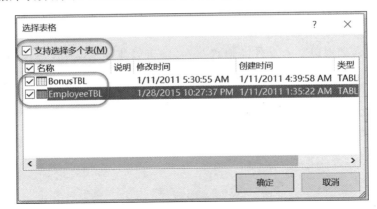

图 2-25　选择表格

## 2.6.4　导入其他来源的数据

传统的外部数据方法还支持导入其他数据源的数据,包括从 Web(旧版)、从 SQL Server(旧版)、从 OData 数据馈送(旧版)、从 XML 数据导入(旧版)、从数据连接向导(旧版)。

另外,使用 Power Query 可以从更多的数据源中导入数据,并高效地实现数据清洗功能。

视频讲解

## 2.7　单元格输入的约束

通过设置单元格的数据有效性可以确保单元格数据输入的准确性。

## 2.7.1　单元格的数据有效性规则

设置单元格数据有效性的步骤如下:

(1) 选定要设置的单元格范围。

(2) 设置验证条件。单击"数据"选项卡,选择"数据工具"组中"数据验证"|"数据验证"命令,打开"数据验证"对话框,在"设置"选项卡中设定验证条件(单元格输入的约束)。

(3) 设置输入提示信息(可选)。在"输入信息"选项卡中设置选定单元格时显示的输入提示信息。

(4) 设置出错警告信息(可选)。在"出错警告"选项卡中设置输入无效数据时要弹出的出错警告信息,有"信息""警告"和"停止"3 类警告样式。

(5) 设置输入法(可选)。在"输入法模式"选项卡中设置输入法为"随意"或者"打开"或者"关闭(英文模式)"。在输入数字时,关闭输入法有助于提高输入的效率。

## 2.7.2　设置数值的输入范围

在"数据验证"对话框中,在"允许"下拉列表框中选择"整数"或"小数";在"数据"下拉列表框中选择需要的限制类型,例如"介于""未介于""等于""不等于""大于""小于""大于或等于""小于或等于";然后指定最小值、最大值或特定值。

例如,如果要限定数值的输入范围为 0～100,则在"允许"下拉列表框中选择"整数";在"数据"下拉列表框中选择"介于";在"最小值"文本框中输入"0";在"最大值"文本框中输入"100",则在所选定的区域中,单元格中的数据只能输入 0～100 的整数。

## 2.7.3　设置日期或时间有范围限制

在"数据验证"对话框中,在"允许"下拉列表框中选择"日期"或"时间";在"数据"下拉列表框中选择需要的限制类型,例如,"介于""未介于""等于""不等于""大于""小于""大于或等于""小于或等于";然后指定开始、结束或者特定日期或时间。

## 2.7.4　设置文本的有效长度

在"数据验证"对话框中,在"允许"下拉列表框中选择"文本长度";在"数据"下拉列表框中选择需要的限制类型,例如"介于""未介于""等于""不等于""大于""小于""大于或等于""小于或等于";然后指定最小、最大或特定的文本长度。

## 2.7.5　设置输入为序列值(下拉列表框)

通过设置单元格的数据有效性为序列值,在输入单元格内容时可以通过下拉列表框选择,从而大大提高了输入的效率。设置和输入过程如下:

(1)准备序列值。在工作表的某个位置输入要使用的序列值。注意,该序列值不能被删除。有时为了美观,可以通过设置其格式为隐藏的方式使其对最终用户不可见。

(2)设置单元格范围使用序列值。选定设定区域后打开"数据验证"对话框,在"允许"下拉列表框中选择"序列";在"来源"下拉列表框中选择存放序列数据的单元格区域。

(3)以选择方式进行数据输入。例如要设置学生成绩表的"备注"列使用序列值"缺考、缓考、免考、其他",其操作示意图如图 2-26 所示。

【提示】

在设置单元格数据有效性为序列值的过程中,还可以直接在图 2-26 所示的"来源"文本框中输入序列值,各值之间以西文半角的逗号(,)分隔。例如"缺考,缓考,免考,其他"。

【拓展】

在设置单元格的数据有效性规则时,还可以配合使用公式或者函数实现禁止重复输入、限制输入、下拉菜单、级联菜单、标识特定数据等功能,具体参见本书第 11 章。

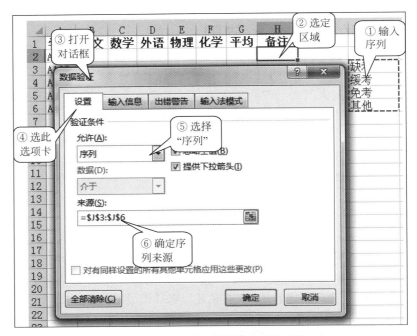

图 2-26 设置单元格范围使用序列值

【例 2-9】 设置输入下拉列表和依赖列表的数据有效性规则。

【参考步骤】

（1）打开工作簿"fl2-9 地区省份-下拉列表框.xlsx"。

（2）确认数据区域名称。在工作表"地区省份"中包含下拉列表基本信息，其中区域 A1:A6 的名称为"地区"；区域 B1:B3 的名称为"东北"；区域 C1:C5 的名称为"华北"；区域 D1:D7 的名称为"华东"；区域 E1:E5 的名称为"西北"；区域 F1:F6 的名称为"西南"；区域 G1:G6 的名称为"中南"，如图 2-27 所示。

图 2-27 数据区域名称

（3）设置单元格区域 A2:A17 的数据验证。在工作表"代理商数量"中选定地区所在的单元格区域 A2:A17，单击"数据"选项卡，选择"数据工具"组中的"数据验证"|"数据验证"命令，打开"数据验证"对话框，在"设置"选项卡的"允许"下拉列表框中选择"序列"，在"来源"下拉列表框中选择工作表"地区省份"中的数据区域 A1:A6，"来源"将显示为"＝地区"。

（4）设置单元格区域 B2:B17 的数据验证。在工作表"代理商数量"中选定省份所在的单元格区域 B2:B17，单击"数据"选项卡，选择"数据工具"组中"数据验证"|"数据验证"命令，打开"数据验证"对话框，在"设置"选项卡的"允许"下拉列表框中选择"序列"，在"来源"下拉列表框中输入"＝INDIRECT(A2)"。

（5）验证输入下拉列表和依赖列表的数据有效性。在工作表"代理商数量"的单元格区域 A2:A17 中的任意单元格中，利用输入下拉列表选择"地区"名称，例如"华东"，则相对应的"省份"下拉列表中将只显示该地区所对应的各个省份名称,例如"浙江""上海""山东""江西""江苏""福建"和"安徽"。

## 2.7.6　设置输入为自定义验证

使用预定义的验证规则可以快速实现大多数输入验证需求。对于复杂的输入验证规则,可以使用公式来实现自定义验证。

在"数据验证"对话框的"允许"下拉列表框中选择"自定义",在"公式"文本框中输入验证公式。例如:

(1) 公式"=WEEKDAY(A1,2)=1",输入验证为星期一的日期。

(2) 公式"=LEFT(A1)="A"",输入验证为以 A 开始的文本。

(3) 公式"=COUNTIF($A:$A,A1)=1",输入验证为非重复值,例如学号不能重复。

(4) 公式"=A2>A1",输入验证为比上一个值大。

(5) 公式"=COUNTIF(A1,"A????")=1",输入验证为以 A 开始的包含 5 个字符的文本。

(6) 公式"=SUM($B$1:$B$6)<=100",输入验证为累计和不超过 100。

## 2.7.7　数据的有效性审核

审核数据的有效性包括以下两个步骤:

(1) 定义有效性规则。定义单元格范围的数据有效性规则。

(2) 圈出无效数据。单击"数据"选项卡,选择"数据工具"组中的"数据验证"|"圈释无效数据"命令,Excel 将以红色圈出显示无效的数据。

## 2.7.8　数据验证应用举例

【例 2-10】　设置学生成绩信息表的数据验证规则。

【参考步骤】

(1) 打开工作簿"fl2-10 学生成绩信息-数据验证.xlsx"。

(2) 设置单元格区域 A2:A21 的数据验证规则,要求学号长度为 10,并且输入学号时不许重复。选定学号所在的单元格区域 A2:A21,单击"数据"选项卡,选择"数据工具"组中的"数据验证"|"数据验证"命令,打开"数据验证"对话框,在"设置"选项卡的"允许"下拉列表框中选择"自定义",在"公式"文本框中输入验证公式"=AND(LEN(A2)=10,COUNTIF($A:$A,A2)=1)"。

(3) 设置单元格区域 B2:B21 的数据验证规则,要求姓名必须是文本数据类型。选定姓名所在的单元格区域 B2:B21,打开"数据验证"对话框,在"设置"选项卡的"允许"下拉列表框中选择"自定义",在"来源"文本框中输入"=ISTEXT(B2)"。

(4) 设置单元格区域 C2:C21 的数据验证规则,规定成绩必须是 0~100 的整数。选定成绩所在的单元格区域 C2:C21,打开"数据验证"对话框,在"设置"选项卡的"允许"下拉列表框中选择"整数",在"数据"下拉列表框中选择"介于",在"最小值"文本框中输入"0",在"最大值"文本框中输入"100"。

（5）设置单元格区域 D2:D21 的数据验证规则,要求备注信息只能为"正常""缓考""缺考"或"违纪"。选定备注所在的单元格区域 D2:D21,打开"数据验证"对话框,在"设置"选项卡的"允许"下拉列表框中选择"序列",在"来源"文本框中输入"正常,缓考,缺考,违纪"。注意,在"来源"文本框中输入的序列值之间必须以西文半角的逗号分隔。

（6）通过输入或者选择数据分别测试学生成绩信息表中"学号""姓名""成绩"以及"备注"的数据有效性。

# 习题

一、单选题

1. 当在 Excel 某个单元格中输入数据内容时,在需要换行的位置按_____键可以强制换行。

    A. Ctrl+Enter     B. Ctrl+Tab     C. Alt+Tab     D. Alt+Enter

2. 在 Excel 中,在 A2 单元格内输入"5.1",在 A3 单元格内输入"5.3",然后选中 A2:A3 拖动填充柄,得到的数字序列是_____。

    A. 等差序列     B. 等比序列     C. 整数序列     D. 日期序列

3. 在 Excel 中输入数据时,_____不能结束当前单元格数据的输入。

    A. 按 Shift 键         B. 按 Tab 键
    C. 按 Enter 键        D. 单击其他单元格

4. 在 Excel 某单元格中输入"89%"时,该单元格中将显示_____。

    A. 89%     B. 0.89     C. 89/100     D. 0.89%

5. 在 Excel 某单元格中输入"1 1/2"时,该单元格中将显示_____,该单元格所对应的编辑栏中将显示_____。

    A. 1.5、1 1/2     B. 11/2、0.5     C. 2015/1/2、1.5     D. 1 1/2、1.5

6. 在 Excel 中选择要输入数据的单元格,输入数据,按 Enter 键可移动到_____的单元格;按 Tab 键可移动到_____的单元格。

    A. 同一列下一行、同一列上一行     B. 同一列下一行、同一行下一列
    C. 同一行下一列、上一行下一列     D. 同一列下一行、上一行同一列

7. 在 Excel 中,如果没有预先设定工作表的对齐方式,则字符型数据和数值型数据自动以_____和_____方式存放。

    A. 左对齐、右对齐     B. 右对齐、左对齐
    C. 居中对齐、居中对齐     D. 视情况而定

8. 在 Excel 中,给定以下几组数,拖动单元格的填充柄不能自动得到的序列是_____。

    A. 一月,二月,三月,…     B. 甲,乙,丙,…
    C. 1,5,9,13,…     D. A,B,C,…

9. 在 Excel 中要输入分数"二分之一",正确的输入方法是_____。

    A. 1/2　　　　　　　B. ＝1/2　　　　　　　C. 0 1/2　　　　　　　D. '1/2

10. 在 Excel 中要输入系统当前的时间,可以采用的快捷键是_____。

    A. Ctrl＋Shift＋;　　B. Ctrl＋Shift＋T　　C. Ctrl＋;　　　　　　D. Ctrl＋T

11. 在 Excel 中,如果需要同时在多个单元格中输入相同数据,可以先选定需要输入数据的单元格范围(单元格不一定相邻),然后输入相应数据,最后按快捷键_____。

    A. Ctrl＋Shift＋Enter　　　　　　　　B. Ctrl＋Enter

    C. Shift＋Enter　　　　　　　　　　　D. Alt＋Enter

12. 在 Excel 中设置数字单元格区域的数据有效性时,在"输入法模式"选项卡中设置输入法为_____,有助于提高输入的效率。

    A. 随意　　　　　　B. 打开　　　　　　　C. 关闭　　　　　　　D. 英数

13. 在 Excel 的单元格中要以字符方式输入区号和电话号码(例如 02162238888)时,应首先输入字符_____。

    A. :(冒号)　　　　　B. ,(逗号)　　　　　　C. ＝(等号)　　　　　D. '(单引号)

## 二、填空题

1. 在 Excel 中通过键盘输入文本数据时,如果数据中需要换行,可以使用_____键强制换行。

2. 在 Excel 中,可以通过_____键在所选单元格中输入系统当前的日期。

3. 在 Excel 中,可以通过_____键在所选单元格中输入系统当前的时间。

4. 在 Excel 中,要实现日期序列(2020-6-1,2020-6-2,2020-6-3,2020-6-4,2020-6-5,2020-6-8,2020-6-9,…),应采用的序列填充方法是按_____填充。

5. 在 Excel 中,数据列表中的列相当于数据库中的_____。

6. 在 Excel 算术运算中,TRUE 自动转换为_____;FALSE 自动转换为_____。

## 三、思考题

1. 请问 Excel 中常用的数据类型有哪些? 如何正确地输入各种类型的数据?

2. 请问 Excel 中构成数值常量的常用符号有哪些?

3. 请问在 Excel 中如何输入负数?

4. 请问在 Excel 中有哪几种方法正确输入和显示仅包含数字的文本数据?

5. 请问在 Excel 中如何输入日期和时间? 输入当前日期和时间的快捷方式是什么?

6. 请问在 Excel 中如何在多张工作表中同时输入或编辑相同的数据?

7. 请问在 Excel 中如何添加批注、显示或隐藏批注、编辑批注、复制批注、移动批注或调整批注的大小以及删除批注?

8. 在 Excel 中编辑批注时,用鼠标右击批注文本框的边框与用鼠标右击批注文本框的内部所弹出的快捷菜单中的"设置批注格式"命令有何不同?

9. 请问 Excel 的"选择性粘贴"命令或者"粘贴选项"提供了哪些复制单元格特定内容或属性的功能?

10. 在 Excel 中除提供了等差序列和等比序列外,还提供了哪些数据序列?

11. Excel 中的日期序列提供了哪几种日期单位进行填充?

12. 请问如何创建 Excel 自定义填充序列? 在创建自定义序列时,每输入一个新项后,按键盘上的什么键分隔列表条目?

13. 在 Excel 中进行序列填充时提供了哪些自动填充命令选项?

14. 在 Excel 中如何使用 Ctrl+Enter 键在多个单元格中填充相同的数据?

15. 在 Excel 中可以按什么键对所有打开的工作簿中的公式进行重新计算?

16. 在 Excel 中快速填充可实现哪些主要功能?

17. 请问通过 Excel 的快速填充功能实现数据的合并和拆分与 Excel 通过函数或公式实现类似功能的主要区别是什么?

18. 请问在 Excel 中如何通过设置单元格的数据有效性来确保单元格数据输入的准确性?

19. 请问在 Excel 中如何进行数据的有效性审核?

# 第**3**章

# 数据的编辑与格式化

在 Excel 中可以对单元格的数据进行编辑处理,通过格式化突出显示重要的数据内容,最后通过打印设置完成打印输出。

## 3.1 数据的编辑

视频讲解

### 3.1.1 修改单元格的内容

选择要编辑内容的单元格,输入数据,按 Enter 键或 Tab 键,覆盖原来单元格的数据。如果要修改单元格中的内容,可以双击单元格,或单击选中单元格,然后按 F2 功能键进入单元格编辑状态,或单击选中单元格,然后定位到编辑栏,均可修改单元格的内容。

另外,可以通过"替换"命令查找并替换数据内容。单击"开始"选项卡,选择"编辑"组中的"查找和替换"|"替换"命令(快捷键为 Ctrl+H),可以打开"查找和替换"对话框。

【提示】

当单元格数据内容比较复杂时,建议选中单元格后在编辑栏中输入和编辑数据。

### 3.1.2 清除单元格的内容

在 Excel 中,选择单元格或数据区域后按键盘上的 Delete 或 Backspace 键,或者右击单元格或数据区域,选择其快捷菜单中的"清除内容"命令,只能删除单元格或数据区域的内容(公式和数据),其格式(包括数字格式、条件格式和边框)、批注等内容仍保留。

单击"开始"选项卡上"编辑"组中的"清除"按钮,选择其中的"全部清除""清除格式""清除内容""清除批注""清除超链接(不含格式)""删除超链接(含格式)"命令,可以清除单元格或数据区域的全部或部分(格式、内容、批注、超链接等)。其中,"清除超链接(不含格式)"命令仅仅清除超链接而保留格式,"删除超链接(含格式)"命令则清除超链接以及格式。

## 3.1.3 单元格数据的分行处理

通过单击"开始"选项卡,选择"编辑"组中的"填充"|"两端对齐"命令,可以对存放在一个单元格中的数据进行分行处理,填充到同列的各单元格。这些数据往往包含一些整齐的内容,例如四字成语"百里挑一金玉满堂海阔天空满腹经纶春暖花开绘声绘影国色天香金玉良缘掌上明珠",分行结果参见图 3-1(a);或者包含用空格分隔的文本或数字,例如"The quick brown fox jumps over the lazy dog""10000 10 100 1000 1 100 10000 100000 10 1000000"等,分行结果参见图 3-1(b)所示。注意观察分行数据单元格第一列的宽度。

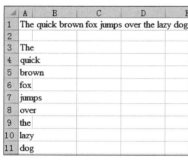

(a) 整齐的四字成语　　　　　　　　　　(b) 用空格分隔的文本

图 3-1　单元格数据的分行素材和结果(成语和句子)

【例 3-1】　单元格数据的分行示例。打开"fl3-1 分行.xlsx",参照图 3-2,将 A1 单元格中的内容"10000 10 100 1000 1 100 10000 100000 10 1000000"分散填充到各行。

【参考步骤】

(1)将 A1 单元格的内容复制到 A3 单元格中。

(2)选择 A3 单元格,适当调整 A 列的列宽到一个较小的数值(以容纳最小的数据为宜),本例调整 A 列的列宽到可以容纳数据 1 的位置,参见图 3-2 中 A7 单元格的列宽大小。

(3)单击"开始"选项卡,选择"编辑"组中的"填充"|"内容重排"命令,Excel 会弹出"文本将超出选定区域"提示对话框,单击"确定"按钮。

(4)A3 单元格中的各数据被自动填充到 A 列的各单元格中(A3:A12 数据区域)。

【注意】

如果单元格的列宽调整得较大,则"分行"后可能某个单元格中会包含多项内容。

(5)将 A1 单元格的内容复制到 D3 单元格中。

(6)选择 D3 单元格,参照图 3-2 中 D3 单元格的列宽大小调整 D 列的列宽(以容纳 D3 单元格中的数据内容 10000)。

(7)单击"开始"选项卡,选择"编辑"组中的"填充"|"内容重排"命令,在随后弹出的"文本将超出选定区域"提示对话框中单击"确定"按钮。

(8)D3 单元格中的各数据被自动填充到 D 列的各单元格中(D3:D11 数据区域),如图 3-2 所示。

图 3-2  单元格数据的分行素材和结果(用空格分隔的数字)

(9)注意观察 D7 单元格,其中存放着 1 和 100 两个数据内容,显然因为"内容重排"列宽选择得不合适,造成数据"分行"的错误结果。

## 3.1.4  单元格数据的分列处理

通过单击"数据"选项卡上"数据工具"组中的"分列"按钮,可以拆分 Excel 某一列中一个或多个单元格的内容,将其作为单独的数据放置到相邻列的单元格中。

【例 3-2】  单元格数据的分列示例。打开"fl3-2 分列.xlsx",参照图 3-3,将 A1 单元格中的职工编号、姓名、职称、入会日期、基本工资、补贴、奖金和总计信息分别填充到 C~J 列。

图 3-3  单元格数据的分列素材和结果(职工信息)

【参考步骤】

(1)选择 A1:A16 单元格。

(2)单击"数据"选项卡上"数据工具"组中的"分列"按钮。

(3)使用"文本分列向导"实现数据分列。"文本分列向导"共分为以下 3 步:

① 选择最合适的文件类型(分隔符号或者固定宽度)。本例选择"分隔符号",单击"下一步"按钮。

② 指定字段间使用的分隔符号。指定"其他"分隔符号"♯"作为分列数据所包含的分隔符,在"数据预览"区域中观察数据分列结果,单击"下一步"按钮。

③ 设置各列的数据格式。在"数据预览"区域中单击"编号"列,选择"文本"数据格式。将光标定位到"目标区域"文本框,单击当前工作表的 C1 单元格,设置分列数据放置的起始位置,如图 3-4 所示,单击"完成"按钮。

(4)参照图 3-3,适当调整 C1:J16 数据区域中各字段的列宽,设置基本工资、补贴、奖金和总计金额的数据格式,并添加边框。

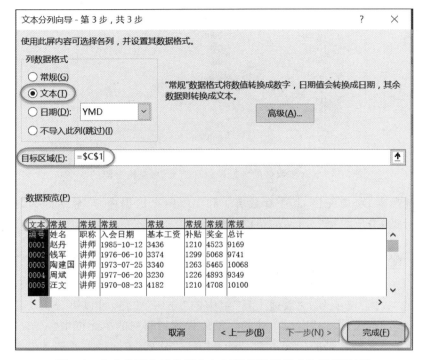

图 3-4　文本分列向导步骤 3 之 3(设置数据格式和目标区域)

【提示】

在文本分列向导步骤 3 之 3 中,"常规"数据格式将数值转换为数字。所以本例的"编号"列一定要设置为"文本"数据格式,否则"编号"不能正确显示(只显示数字 1、2、3、…,而不是编号 0001、0002、0003、…)。类似地,像身份证号等信息,也必须设置为"文本"数据格式才能得到正确的操作结果。

## 3.1.5　多列数据合并成一列

通过"剪贴板"任务窗格,或者使用"&"运算符,或者使用 CONCATENATE 函数,或者使用 Excel 的快速填充功能,均可以将多列数据合并成一列,实现单元格合并的功能。

【例 3-3】　多列数据合并成一列示例。打开"fl3-3 单元格列合并-素材.xlsx",参照图 3-5,将 A 列~G 列数据区域中的职工编号、姓名、入会日期、基本工资、补贴、奖金和总计信息合并到 I 列。要求保留入会日期以及基本工资、补贴、奖金和总计信息的原始格式。

| | A | B | C | D | E | F | G | H | I |
|---|---|---|---|---|---|---|---|---|---|
| 1 | 编号 | 姓名 | 入会日期 | 基本工资 | 补贴 | 奖金 | 总计 | | 编号 姓名 入会日期 基本工资 补贴 奖金 总计 |
| 2 | 0001 | 赵丹 | 1985/10/12 | ¥3,436 | ¥1,210 | ¥4,523 | ¥ 9,169 | | 0001 赵丹 1985/10/12 ¥3,436 ¥1,210 ¥4,523 ¥9,169 |
| 3 | 0002 | 钱军 | 1976/6/10 | ¥3,374 | ¥1,299 | ¥5,068 | ¥ 9,741 | | 0002 钱军 1976/06/10 ¥3,374 ¥1,299 ¥5,068 ¥9,741 |
| 4 | 0003 | 陶建国 | 1973/7/25 | ¥3,340 | ¥1,263 | ¥5,465 | ¥10,068 | | 0003 陶建国 1973/07/25 ¥3,340 ¥1,263 ¥5,465 ¥10,068 |
| 5 | 0004 | 周斌 | 1977/6/20 | ¥3,230 | ¥1,226 | ¥4,893 | ¥ 9,349 | | 0004 周斌 1977/06/20 ¥3,230 ¥1,226 ¥4,893 ¥9,349 |
| 6 | 0005 | 汪文 | 1970/8/23 | ¥4,182 | ¥1,210 | ¥4,708 | ¥10,100 | | 0005 汪文 1970/08/23 ¥4,182 ¥1,210 ¥4,708 ¥10,100 |

图 3-5　多列数据合并成一列的素材和结果(职工信息)

【参考步骤】

**方法一（在"素材 1"工作表中使用"&"运算符完成）：**

（1）使用"&"运算符，在 I1 单元格中输入字符串拼接的公式"＝A1&" "&B1&" "&TEXT(C1,"yyyy/mm/dd")&" "&TEXT(D1,"￥0,000")&" "&TEXT(E1,"￥0,000")&" "&TEXT(F1,"￥0,000")&" "&TEXT(G1,"￥0,000")"，并向下填充至 I16 单元格。

（2）适当调整 I 列的列宽，并添加边框，结果如图 3-5 所示。

【提示】

本例使用 TEXT 函数保留入会日期以及基本工资、补贴、奖金和总计信息的原始格式。TEXT 函数的具体说明请参见本教程第 6 章。

**方法二（在"素材 2"工作表中使用 CONCATENATE 函数完成）：**

（1）使用 CONCATENATE 函数，在 I1 单元格中输入字符串拼接的公式"＝CONCATENATE(A1," ",B1," ",TEXT(C1,"yyyy/mm/dd")," ",TEXT(D1,"￥0,000")," ",TEXT(E1,"￥0,000")," ",TEXT(F1,"￥0,000")," ",TEXT(G1,"￥0,000"))"，并向下填充至 I16 单元格。

（2）适当调整 I 列的列宽，并添加边框，结果如图 3-5 所示。

## 3.1.6 多行数据合并成一行

通过单击"开始"选项卡，选择"编辑"组中的"填充"|"内容重排"命令，不仅可以实现3.1.3 节的单元格数据的分行处理，还可以实现其逆操作——多行数据合并成一行。

**【例 3-4】** 多行数据合并成一行示例。打开"fl3-4 单元格行合并.xlsx"，参照图 3-6，将A2:A16 数据区域中的姓名合并到 A2 单元格中。

图 3-6 多行数据合并成一行的结果（姓名清单）

【参考步骤】

（1）调整 A 列的列宽到足以容纳 A2:A16 数据区域中所有姓名的宽度。

（2）选择 A2:A16 数据区域，单击"开始"选项卡，选择"编辑"组中的"填充"|"内容重排"命令。

## 3.1.7 删除重复的行

对于 Excel 数据区域中的内容，可以通过单击"数据"选项卡上"数据工具"组中的"删除重复值"按钮删除数据区域中重复的行信息；而对于 Excel 表格内容，不仅可以通过单击"数据"选项卡上"数据工具"组中的"删除重复值"按钮，还可以通过单击"表格工具"的"设计"选项卡中的"删除重复值"按钮删除 Excel 表格中重复的行信息。

【提示】

在使用"删除重复值"功能时将会永久删除重复数据,所以在删除重复值之前最好将原始数据复制到另一个工作表中,以免意外丢失任何信息。

【拓展】

使用"高级筛选"功能也可以删除数据区域或表格中重复的信息,具体参见本书第12章。

【例 3-5】 删除重复的行示例。打开"fl3-5 删除重复项. xlsx",参照图 3-7,删除 Excel 表格(位于 A1:B40 单元格区域)中重复的行内容。

(a) 素材(部分内容)　　　　(b) 结果(部分内容)

图 3-7　删除重复行的素材和结果(供应商信息)

【参考步骤】

**方法一(在"素材 1"工作表中使用"数据"选项卡中的"删除重复值"按钮):**

(1) 单击 A1:B40 数据区域中的任一单元格,使光标定位到表格中。

(2) 单击"数据"选项卡上"数据工具"组中的"删除重复值"按钮,弹出"删除重复值"对话框,选择一个或多个包含重复值的列。本例选择表格的所有列,如图 3-8 所示。单击"确定"按钮。

图 3-8　选择一个或多个包含重复值的列

(3) Excel 将弹出发现并删除了 15 个重复值、保留了 24 个唯一值的提示信息,单击"确定"按钮。

**方法二(在"素材 2"工作表中使用"表格工具"中的"删除重复值"按钮):**

(1) 单击 A1:B40 数据区域中的任一单元格,将光标定位到表格中。

(2) 单击"表格工具"的"设计"选项卡上"工具"组中的"删除重复值"按钮,在弹出的"删除重复值"对话框中选择表格的所有列,单击"确定"按钮。

(3) 在随后弹出的提示信息对话框中单击"确定"按钮。

# 3.2 设置单元格格式

视频讲解

通过设置工作表中单元格的格式,可以使数据分析的结果易于阅读理解,更有表现力。单元格的格式包括数字、对齐、字体、边框、填充和保护的设置。设置单元格格式的方法有如下 4 种:

(1) 使用"开始"选项卡中的格式化命令,如图 3-9 所示。

图 3-9 "开始"选项卡中的格式化命令

(2) 使用迷你工具栏。在选择单元格或者单元格区域时右击,将显示迷你工具栏,如图 3-10 所示,可以快速实现常用的格式化。

图 3-10 迷你工具栏

(3) 使用"设置单元格格式"对话框。通过快捷键 Ctrl+1,或者通过鼠标右键快捷菜单中的"设置单元格格式"命令,或者单击"开始"选项卡上"字体"组右下角的"字体设置"对话框启动器按钮,打开"设置单元格格式"对话框,设置单元格格式。

(4) 使用常用的格式化快捷键。例如,Ctrl+B(粗体)、Ctrl+I(斜体)、Ctrl+U(下画线)、Ctrl+Shift+%(百分比样式)、Ctrl+T(格式化为表格)等。

## 3.2.1 字体

用户可以使用"开始"选项卡上"字体"组中的各命令按钮对所选单元格或区域进行字体、字号、加粗、倾斜、下画线、字体颜色等设置,如图 3-11(a)所示。

当然,也可以通过快捷键 Ctrl+1 打开"设置单元格格式"对话框,如图 3-11(b)所示,在"字体"选项卡中设置字体格式。

## 3.2.2 对齐

用户可以使用"开始"选项卡上"对齐方式"组中的各命令按钮对所选单元格或区域中的数据进行顶端对齐、垂直居中、底端对齐、左对齐、居中、右对齐、文本方向、自动换行、合并后居中等设置,如图 3-12(a)所示。其中,在"合并后居中"下拉列表中还提供了"合并后居中"

"跨越合并""合并单元格"以及"取消单元格合并"命令,如图 3-12(b)所示。

  当然,也可以通过快捷键 Ctrl＋1 打开"设置单元格格式"对话框,在"对齐"选项卡中设置对齐方式。

(a)"字体"组选项

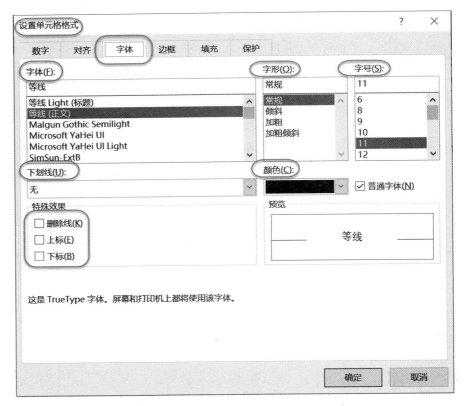

(b) "字体"选项卡

图 3-11 设置字体格式

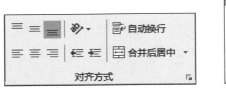

(a)"对齐方式"组选项

(b)"合并后居中"下拉列表

图 3-12 设置对齐方式

## 3.2.3 数字格式

数值数据和日期时间数据在 Excel 内部均为数值,通过设置其显示格式可以显示为不同的数字格式、货币格式、日期和时间格式。

用户可以使用"开始"选项卡上"数字"组中的各命令按钮对所选单元格或区域中的数字数据进行数字格式、会计数字格式、百分比样式、千位分隔样式、增减小数位数等设置。其中,在"数字格式"下拉列表中提供了"常规""数字""货币""会计专用""短日期""长日期""时间""百分比""分数""科学记数"以及"文本"等数字格式。

当然,也可以通过快捷键 Ctrl+1 打开"设置单元格格式"对话框,在"数字"选项卡中设置数字格式,如图 3-13 所示。

图 3-13 设置数字格式

## 3.2.4 边框

用户可以使用"开始"选项卡上"字体"组中的边框按钮 对所选单元格或区域进行边框设置,如图 3-14(a)所示。

当然,也可以通过快捷键 Ctrl+1 打开"设置单元格格式"对话框,在"边框"选项卡中设置边框格式,如图 3-14(b)所示。

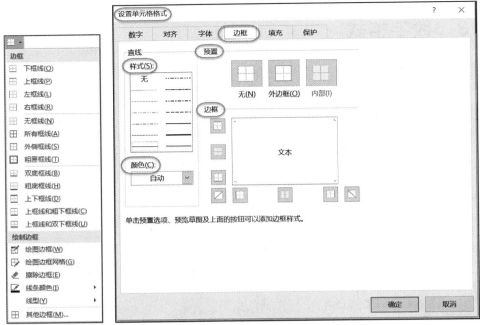

<table>
<tr><td>(a)"边框"下拉列表</td><td>(b)"边框"选项卡</td></tr>
</table>

图 3-14　设置边框格式

## 3.2.5　填充

用户可以使用"开始"选项卡上"字体"组中的填充颜色按钮 🖉 对所选单元格或区域进行单元格背景色（底纹）设置，如图 3-15（a）所示。

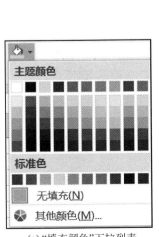

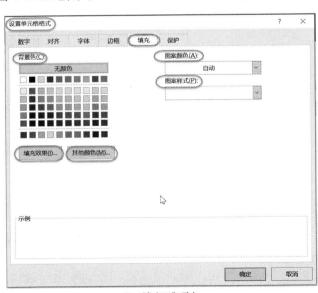

<table>
<tr><td>(a)"填充颜色"下拉列表</td><td>(b)"填充"选项卡</td></tr>
</table>

图 3-15　设置填充格式（底纹）

当然，也可以通过快捷键 Ctrl＋1 打开"设置单元格格式"对话框，在"填充"选项卡中设置背景色、填充效果、图案颜色、图案样式等填充格式，如图 3-15(b)所示。

## 3.2.6 单元格样式

单元格样式包含单元格的数字、对齐、字体、边框、填充、保护等格式。通过单元格样式既可以保持格式的一致性，也可以减少设置格式的工作量。如果设置多个单元格为相同样式，则可以应用同一个预设单元格样式或者自定义单元格样式，稍后若修改单元格样式，这些单元格样式会自动更改。

### 1. 应用预定义单元格样式

Excel 提供了许多系统预设的单元格样式，如图 3-16 所示，用户可以根据自己的喜好在"开始"选项卡上"样式"组的"单元格样式"中选择"好、差和适中""数据和模型""标题""主题单元格样式"以及"数字格式"各系列的样式，设置被选单元格或数据区域的单元格样式。

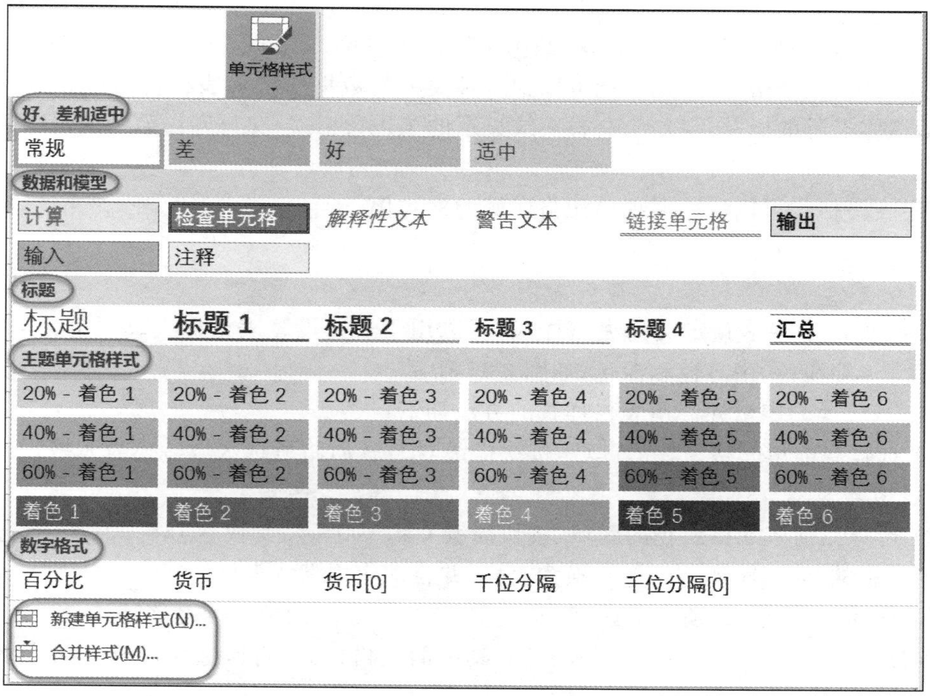

图 3-16　设置单元格样式

### 2. 新建单元格样式

如果用户对预设的单元格样式不满意，还可以通过扩展的"单元格样式"中的"新建单元格样式"命令自定义单元格样式的数字、对齐、字体、边框、填充、保护等格式。

新建单元格样式的一般步骤如下：

（1）选择一个单元格，设置其样式。

（2）单击"开始"选项卡,选择"样式"组中的"单元格样式"|"新建单元格样式"命令,打开"样式"对话框。

（3）输入样式名称。当然,也可以根据需要进一步调整样式。最后单击"确定"按钮,创建样式。

### 3．复制其他工作簿中的单元格样式

用户可以通过扩展的"单元格样式"中的"合并样式"命令将其他打开的工作簿中的单元格样式复制到当前工作簿中,以达到合并单元格样式的目的。

### 4．使用模板中的单元格样式

基于模板创建的工作簿会继承模板中的单元格样式,因此可以把常用的样式包括在模板中,从而实现样式的共享。

## 3.2.7　自动套用表格格式

Excel 需要处理的数据单元格区域组成了数据表格,即第一行为标题,其他各行为数据。使用"套用表格格式"样式功能可以把这种类型的数据转换为表格,并自动应用表格样式,包括粗体显示的标题行格式、交替底纹显示的镶边行格式、交替底纹显示的镶边列格式、边框底纹等。

使用表格格式可以快速实现单元格区域的格式化。

### 1．应用预定义表格样式

Excel 提供了许多预定义的表格样式,可以用于快速设置表格样式。预定义的表格样式分为 3 类,即浅色、中等色和深色,如图 3-17 所示。

将区域转换为表格并应用表格样式的方法如下:

（1）选择当前单元格所在的区域,按快捷键 Ctrl＋T,将所选区域转换为表格,并自动应用默认表格样式。

（2）选择当前单元格所在的区域,按快捷键 Ctrl＋Q,显示"快速分析"工具栏,选择"表格"选项卡中的"表",将所选区域转换为表格,并自动应用默认表格样式。

（3）选择当前单元格所在的区域,通过单击"开始"选项卡上"样式"组中的"套用表格样式"命令按钮,打开表格格式下拉列表,选择其中的表格样式,将所选区域转换为表格,并应用所选表格样式。

（4）选择当前单元格所在的区域,通过选择"插入"选项卡上"表格"组中的"表格"命令,将当前单元格所在的区域转换为表格,并自动应用默认表格样式。

### 2．新建表格样式

用户也可以根据需要创建和应用自定义表格样式。新建表格样式的方法如下:

（1）新建表格样式。单击"开始"选项卡,选择"样式"组中的"套用表格格式"|"新建表格样式"命令,打开"新建表样式"对话框,设置各项目的样式。

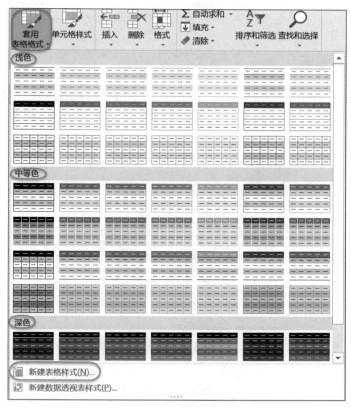

图 3-17　套用表格样式

（2）复制表格样式并修改。右击已经存在的表格样式，选择快捷菜单命令"复制"，创建该表格样式的副本。然后在表格样式中右击该副本，选择快捷菜单命令"修改"，打开"修改表样式"对话框，进行样式的修改。

## 3.2.8　复制和删除格式

几种比较方便、快捷的复制格式的方法如下：

（1）单击"开始"选项卡上"剪贴板"组中的"格式刷"按钮。

（2）选择源区域复制后，在目标区域右击，单击"粘贴选项"中的"格式"按钮。

（3）选择源区域复制后，在目标区域右击，选择"选择性粘贴"命令，在弹出的对话框中选择"格式"选项。

单击"开始"选项卡上"编辑"组中的"清除"按钮，选择其中的"清除格式"命令，可以删除单元格或数据区域的所有格式。

## 3.2.9　设置文档主题

在 Office（包括 Excel）中，主题（Theme）包含各种主题风格的颜色、字体和效果（图形），可以通过选择并应用主题实现专业级别的文档格式风格。

Excel中包含了若干预定义主题,用户也可以根据需要自定义主题,还可以下载并使用主题。

**1. 应用预定义主题**

单击"页面布局"选项卡,选择"主题"组中的"主题"命令,选择要应用的主题,如图3-18所示。

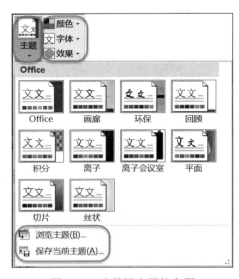

图3-18 选择要应用的主题

**2. 自定义主题**

自定义主题的一般步骤如下:

(1)应用预定义主题。在预定义主题的基础上进行主题的定制化。

(2)自定义主题颜色。通过"页面布局"选项卡上"主题"组中的"颜色"命令选择主题的颜色,也可以使用"自定义颜色"命令自定义颜色。

(3)自定义主题字体。通过"页面布局"选项卡上"主题"组中的"字体"命令选择主题的字体,也可以使用"自定义字体"命令自定义字体。

(4)自定义效果(图形)。通过"页面布局"选项卡上"主题"组中的"效果"命令选择主题的效果。

(5)保存当前主题。通过"页面布局"选项卡上"主题"组中的"主题"|"保存当前主题"命令保存主题文件。

**3. 使用主题文件**

通过"页面布局"选项卡上"主题"组中的"主题"|"浏览主题"命令可以使用、保存或者下载共享主题文件中的主题。

【例3-6】 设置文档主题。打开"fl3-6 文档主题.xlsx",设置不同主题,对比各种主题的效果,如图3-19所示。

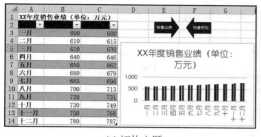
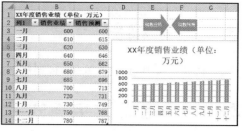

| (a) 切片主题 | (b) 电路主题 |

图 3-19 设置文档主题

【参考步骤】

（1）设置文档主题为"切片"，效果如图 3-19(a)所示。

（2）设置文档主题为"电路"，效果如图 3-19(b)所示。

## 3.2.10 格式化应用举例

**【例 3-7】** 格式化应用示例。打开"fl3-7 格式化.xlsx"，参照图 3-20，对单元格进行格式化。

| | A | B | C | D |
|---|---|---|---|---|
| 1 | | GDP Americas | | |
| 2 | | | | |
| 3 | Country | Region | Year | GDP_pp |
| 4 | Antigua and Barbuda | Central America and the Caribbean | 1901/1/1 | ¥918 |
| 5 | Antigua and Barbuda | Central America and the Caribbean | 1906/1/1 | ¥949 |
| 6 | Antigua and Barbuda | Central America and the Caribbean | 1911/1/1 | ¥980 |
| 7 | Antigua and Barbuda | Central America and the Caribbean | 1916/1/1 | ¥1,068 |
| 8 | Antigua and Barbuda | Central America and the Caribbean | 1921/1/1 | ¥1,206 |
| 9 | Antigua and Barbuda | Central America and the Caribbean | 1926/1/1 | ¥1,361 |
| 10 | Antigua and Barbuda | Central America and the Caribbean | 1931/1/1 | ¥1,536 |

图 3-20 格式化应用示例

【参考步骤】

（1）自动套用表格格式。选择表格区域中的任意单元格（例如 D4），按快捷键 Ctrl+T，把 D4 所位于的单元格区域 A3:D808 转换为表格，并自动应用默认表格样式。

（2）调整列宽。选择列 A 到列 D，双击列分隔线，自动调整列宽。

（3）设置数字格式。选择 D4:D808（提示：选择 D4 单元格，然后按快捷键 Ctrl+Shift+↓），从"数字格式"下拉列表框中选择"货币"，减少小数位数以保留数值的整数部分。

（4）设置标题格式。选择 A1:D1，然后选择"合并后居中"命令，应用单元格样式"标题 1"。

（5）把表转换为区域。选择表格中的任意单元格（例如 D4），然后选择"表格工具"|"设计"|"工具"|"转换为区域"命令。

视频讲解

# 3.3 数字格式

数字格式主要用于设置数值、日期和时间的格式,是 Excel 数据格式化的重点和难点。

## 3.3.1 预定义数字格式

在"开始"选项卡的"数字"组中包含了最常用的数字格式化命令 🖳·%, ‰ ‰,分别用于设置会计格式、百分比格式、千分位格式、增加小数部分位数以及减少小数部分位数。

在"开始"选项卡上"数字"组的数字格式列表框 常规 中包含了预定义的数字格式,预定义的数字格式的含义参见表 3-1。

表 3-1 预定义数字格式的含义

| 格　式 | 说　明 |
|---|---|
| 常规 | 输入数字时 Excel 所应用的默认数字格式。在多数情况下,采用"常规"格式的数字以输入的方式显示。如果单元格的宽度不够显示整个数字,则"常规"格式会用小数点对数字进行四舍五入。"常规"数字格式还对较大的数字(12 位或更多位)使用科学记数(指数)表示法 |
| 数值 | 数字的一般表示。可以指定要使用的小数位数、是否使用千位分隔符以及如何显示负数 |
| 货币 | 显示带有默认货币符号的货币值。可以指定要使用的小数位数、是否使用千位分隔符以及如何显示负数 |
| 会计专用 | 显示货币值,但是会对齐货币符号和数字的小数点 |
| 日期 | 日期又分为"短日期"和"长日期"两种。根据指定的类型和区域设置(国家/地区),将日期和时间序列号显示为日期值。以星号(＊)开头的日期格式受在"控制面板"中指定的区域日期和时间设置的影响,不带星号的格式不受"控制面板"设置的影响 |
| 时间 | 根据指定的类型和区域设置(国家/地区),将日期和时间序列号显示为时间值。以星号(＊)开头的时间格式受在"控制面板"中指定的区域日期和时间设置的影响,不带星号的格式不受"控制面板"设置的影响 |
| 百分比 | 将单元格值乘以 100,并用百分号(％)显示结果。可以指定要使用的小数位数 |
| 分数 | 根据所指定的分数类型以分数形式显示数字 |
| 科学记数 | 以指数表示法显示数字,用 E＋$n$ 替代数字的一部分。例如,两位小数的"科学记数"格式将 12345678901 显示为 1.23E＋10,即用 1.23 乘以 10 的 10 次幂。可以指定要使用的小数位数 |
| 文本 | 将单元格的内容视为文本,并在输入时准确显示内容,即使输入数字也是如此 |

【说明】

将数字格式应用于单元格之后,如果 Microsoft Excel 在单元格中显示 #####,则可能是单元格列宽不够,无法正常显示该数据。此时可以双击包含出现 ##### 显示信息的单元格的列的右边界自动调整列宽,当然也可以通过拖动右边界调整列宽,以正常显示该数据。

## 3.3.2　自定义数字格式

### 1. 自定义格式代码

在自定义格式代码中,用西文半角的分号分隔不同的区段,每个区段的代码作用于相应类型的数据。

完整的自定义格式代码的组成结构如下:

**条件值1格式;条件值2格式;不满足条件值1&条件值2的格式;文本格式**

【注意】

最多只能在前两个区段使用运算符表示条件值,第3个区段自动以除前两个区段条件以外的情况作为其条件值。例如,成绩不低于90分时显示"优秀",低于90分且不低于60分时显示"合格",低于60分时显示"不合格"。Excel不接受以下的自定义格式代码:

[> = 90]"优秀";[> = 60]"合格";[< 60]"不合格"

正确的自定义格式代码为:

[> = 90]"优秀";[> = 60]"合格";"不合格"

在实际应用中,用户无须每次都严格按照4个区段编写格式代码。对于包含条件值的格式代码而言,区段至少两个。不足4个区段的条件值代码结构的含义如表3-2所示。

表3-2　不足4个区段的条件值代码结构的含义

| 区段数 | 条件值代码结构的含义 |
| --- | --- |
| 2 | 区段1作用于满足条件值1的数据,区段2作用于满足条件值2的数据 |
| 3 | 区段1作用于满足条件值1的数据,区段2作用于满足条件值2的数据,区段3作用于其他情况的数据 |

在未指定条件值时,默认的条件值为0,因此自定义格式代码的组成结构也可简化为:

**正数格式;负数格式;零值格式;文本格式**

同样,用户无须每次都严格按照4个区段来编写格式代码。如果仅指定了两个区段代码,则第一部分用于正数和零值,第二部分用于负数。如果仅指定了一个区段代码,则该部分将用于所有数字。如果要跳过某一区段代码,则必须为要跳过的区段保留分号。简化的自定义格式代码结构的含义如表3-3所示。

表3-3　简化的自定义格式代码结构的含义

| 区段数 | 条件值代码结构的含义 |
| --- | --- |
| 1 | 格式代码作用于所有类型的数据(正数、负数、零值、文本) |
| 2 | 区段1作用于正数和零值,区段2作用于负数 |
| 3 | 区段1作用于正数,区段2作用于负数,区段3作用于零值 |

例如,对于自定义格式代码:

［绿色］＋0;［红色］－0

正数和 0 显示为绿色并且带＋号,负数显示为红色并且带－号。

**【技巧】**

如果希望隐藏单元格中输入的任何数据,则自定义格式代码为";;;",但是不能隐藏由公式产生的♯REF、VALUE!、♯NAME? 等错误提示信息。

### 2. 单元格格式代码

用户可以使用表 3-4 中的单元格格式代码自定义数字格式,其中"□"表示空格。

表 3-4　单元格数字格式代码及含义

| 代　码 | 含　　义 | 示 例 代 码 | 示 例 数 据 | 显 示 结 果 |
|---|---|---|---|---|
| G/通用格式 | 常规格式 | G/通用格式 | 123.455 | 123.455 |
| 0 | 数字占位符,不足位数使用 0 填充 | 000000 | 78.9 | 000079 |
| | | 000.00 | 78.9 | 078.90 |
| ♯ | 数字占位符,只显示有效数字,不显示无意义的零值 | ♯.♯♯ | 123.4 | 123.4 |
| | | ♯.♯♯ | 123.1263 | 123.13 |
| ? | (1) 数字占位符,不足位数使用空格填充,以实现对齐小数点的效果<br>(2) 用于显示分数分母的位数 | 0.?? | 123.4 | 123.4 □ |
| | | ♯??/??? | 0.25 | □1/4 □□ |
| | | ♯??/??? | 1.25 | 1 □□1/4 □□ |
| | | ♯??/??? | 12.008 | 12 □1/125 |
| . | 小数点 | 0. | 12 | 12. |
| | | 0.♯ | 12.38 | 12.4 |
| , | 千分位分隔符。若在代码的最后出现",",则将数字缩小为原来的千分之一 | ♯,♯ | 123456789 | 123,456,789 |
| | | ♯,♯,千 | 123456789 | 123,457 千 |
| | | ♯,♯,,百万 | 123456789 | 123 百万 |
| | | 0.0,,百万 | 123456789 | 123.5 百万 |
| % | 显示百分数 | 0.0% | 0.3456 | 34.6% |
| | | ♯% | 0.3456 | 35% |
| E | 科学记数法 | 0.00E＋00 | 56789 | 5.68E＋04 |
| ymd | 年月日。yyyy 对应 4 位年份,yy 对应两位年份;mm、dd 对应两位月和天 | yyyy/mm/dd | | 2020/04/01 |
| | | yy/m/d | | 20/4/1 |
| | | m/d yyyy | | 4/1 2020 |
| hms | 时分秒。hh、mm、ss 对应两位时、分和秒 | hh:mm:ss | | 10:08:12 |
| | | h:m:s | 2020/4/1 10:08:12 | 10:8:12 |
| mmm | 英文月份的缩写 | mmm d, yyy | | Apr 1,2020 |
| mmmm | 英文月份的全称 | mmmm, yyyy | | April,2020 |
| ddd | 英文星期的缩写 | m/d, ddd | | 4/1,Wed |
| dddd | 英文星期的全称 | m/d, dddd | | 4/1, Wednesday |
| aaa | 中文星期的缩写 | mm/dd, aaa | | 04/01,三 |
| aaaa | 中文星期的全称 | mm/dd, aaaa | | 04/01,星期三 |
| " | 引号。用于显示汉字 | "人民币"♯,♯ | 1234 | 人民币 1,234 |

续表

| 代　码 | 含　　义 | 示 例 代 码 | 示 例 数 据 | 显 示 结 果 |
|---|---|---|---|---|
| \ | 占位符,用于显示其后一位字符<br>用于转义特殊符号,例如. 、"等 | 0\.000\.0\.0 | 19216811 | 192.168.1.1 |
| ! | 占位符,用于显示其后一位字符<br>用于转义特殊符号,例如. 、"等 | 0!.000!.0!.0<br>♯!"<br>♯!"!" | 19216801<br>100<br>100 | 192.168.0.1<br>100"<br>100"" |
| @ | 文本占位符 | @"再"@<br>；；；@@@ | 努力<br>学习 | 努力再努力<br>学习学习学习 |
| * | 重复其后一个字符,并填充至列宽 | 0 * -<br>** ；** ；** ；** | 12345<br>12345678 | 12345———————<br>************ |
| _ | 添加与其后一个字符等宽的空格,可用于将正负数小数点对齐 | 0.00_)；(0.00)<br>0.00_)；(0.00) | —123.456<br>3.3 | (123.46)<br>3.30 □ |
| ［条件］ | 使用比较运算符及数值设置条件 | [>=90]"优秀"；<br>[>=60]"合格"；<br>"不合格" | 62<br>98<br>54 | 合格<br>优秀<br>不合格 |
| ［颜色］ | 8 种颜色名称:黑色、绿色、白色、蓝色、洋红色、黄色、蓝绿色、红色或者颜色索引1～56 | ［蓝色］；［红色］；<br>［黄色］；［绿色］ | 10<br>0<br>—10<br>努力 | 正数 10 显示为蓝色,零显示为黄色,负数—10 显示为红色,文本"努力"显示为绿色 |

**【注意】**

对于单元格［颜色］格式,在英文版 Excel 中使用英文颜色代码(56 种),在中文版 Excel 中必须使用中文颜色代码(8 种)。

**3. Excel 颜色索引**

Excel 颜色索引对照表如表 3-5 所示。

表 3-5　Excel 颜色索引对照表

| 索引号 | 颜　　　色 | 索引号 | 颜　　　色 | 索引号 | 颜　　　色 | 索引号 | 颜　　　色 |
|---|---|---|---|---|---|---|---|
| 1 | 黑色<br>Black | 6 | 黄色<br>Yellow | 11 | 深蓝色<br>Dark Blue | 16 | 灰-50％<br>Gray-50％ |
| 2 | 白色<br>White | 7 | 粉红色<br>Pink | 12 | 深黄色<br>Dark Yellow | 17 | 海螺色<br>Periwinkle |
| 3 | 红色<br>Red | 8 | 青绿色<br>Turquoise | 13 | 紫罗兰<br>Violet | 18 | 梅红色<br>Plum＋ |
| 4 | 鲜绿色<br>Bright Green | 9 | 深红色<br>Dark Red | 14 | 青色<br>Teal | 19 | 象牙色<br>Ivory |
| 5 | 蓝色<br>Blue | 10 | 绿色<br>Green | 15 | 灰-25％色<br>Gray-25％ | 20 | 浅青绿色<br>Lite Turquoise |

续表

| 索引号 | 颜　色 | 索引号 | 颜　色 | 索引号 | 颜　色 | 索引号 | 颜　色 |
|---|---|---|---|---|---|---|---|
| 21 | 深紫色 Dark Purple | 30 | 深红色 Dark Red＋ | 39 | 淡紫色 Lavender | 48 | 灰色-40% Gray-40% |
| 22 | 珊瑚红 Coral | 31 | 青色 Teal＋ | 40 | 茶色 Tan | 49 | 深青色 Dark Teal |
| 23 | 海蓝色 Ocean Blue | 32 | 蓝色 Blue＋ | 41 | 浅蓝色 Light Blue | 50 | 海绿色 Sea Green |
| 24 | 冰蓝色 Ice Blue | 33 | 天蓝色 Sky Blue | 42 | 水绿色 Aqua | 51 | 深绿色 Dark Green |
| 25 | 深蓝色 Dark Blue＋ | 34 | 浅青绿 Light Turquoise | 43 | 酸橙色 Lime | 52 | 橄榄色 Olive Green |
| 26 | 粉红色 Pink＋ | 35 | 浅绿色 Light Green | 44 | 金色 Gold | 53 | 褐色 Brown |
| 27 | 黄色 Yellow＋ | 36 | 浅黄色 Light Yellow | 45 | 浅橙色 Light Orange | 54 | 梅红色 Plum |
| 28 | 青绿色 Turquoise＋ | 37 | 淡蓝色 Pale Blue | 46 | 橙色 Orange | 55 | 靛蓝色 Indigo |
| 29 | 紫罗兰 Violet＋ | 38 | 玫瑰红色 Rose | 47 | 蓝-灰色 Blue-Gray | 56 | 灰色-80% Gray-80% |

## 3.3.3　数字格式化应用举例

**【例 3-8】**　数值数据的输入和格式化示例。打开"fl3-8 输入编辑（数值）.xlsx",参照图 3-21,按照以下要求输入数据内容并设置数据格式。

（1）在 C2:C7 单元格区域以万为单位显示账户余额。

（2）在 D2:D7 单元格区域显示金额的中文大写数字信息。

（3）在 E2:E7 单元格区域显示金额的中文小写数字信息。

（4）在 G2:G7 单元格区域显示成绩的等级信息。成绩≥90 显示绿色的"优秀",<60显示红色的"不及格",其他分数显示蓝色的"及格"。

（5）性别的快速输入。在 H2:H7 单元格区域通过输入数字"1"和"0"代替"男"和"女"的输入。

| | A | B | C | D | E | F | G | H |
|---|---|---|---|---|---|---|---|---|
| 1 | 姓名 | 账户余额 | 账户余额(万) | 中文大写数字 | 中文小写数字 | 成绩 | 等级 | 性别 |
| 2 | 伊一 | ¥127,000.12 | 12.7000万 | 壹拾贰万柒仟.壹贰 | 一十二万七千.一二 | 95 | 优秀 | 男 |
| 3 | 张三 | ¥3,877.78 | 0.3878万 | 叁仟捌佰柒拾柒.柒捌 | 三千八百七十七.七八 | 87 | 及格 | 女 |
| 4 | 李四 | ¥57,085.05 | 5.7085万 | 伍万柒仟零捌拾伍.零伍 | 五万七千〇八十五.〇五 | 67 | 及格 | 男 |
| 5 | 王五 | ¥778.00 | 0.0778万 | 柒佰柒拾捌 | 七百七十八 | 56 | 不及格 | 男 |
| 6 | 姚六 | ¥10.49 | 0.0010万 | 壹拾.肆玖 | 一十.四九 | 90 | 优秀 | 女 |
| 7 | 林七 | ¥8.86 | 0.0009万 | 捌.捌陆 | 八.八六 | 98 | 优秀 | 女 |

图 3-21　数值数据的输入和编辑

**【参考步骤】**

（1）以万为单位显示账户余额。选中 C2：C7 单元格区域并右击，选择其快捷菜单中的"设置单元格格式"命令，然后选择"自定义"分类，在"类型"中输入"0!.0000"万""。

（2）将数字转换为中文大写信息。选中 D2：D7 单元格区域并右击，选择其快捷菜单中的"设置单元格格式"命令，然后选择"特殊"分类，在"类型"中选择"中文大写数字"。

（3）将数字转换为中文小写信息。选中 E2：E7 单元格区域并右击，选择其快捷菜单中的"设置单元格格式"命令，然后选择"特殊"分类，在"类型"中选择"中文小写数字"。

（4）将百分制成绩转换为等级信息。选中 G2：G7 单元格区域并右击，选择其快捷菜单中的"设置单元格格式"命令，然后选择"自定义"分类，在"类型"中输入"［绿色］［＞＝90］"优秀"；［红色］［＜60］"不及格"；［蓝色］"及格""。

（5）快速输入性别。选中 H2：H7 单元格区域并右击，选择其快捷菜单中的"设置单元格格式"命令，然后选择"自定义"分类，在"类型"中输入"［＝1］"男"；［＝0］"女"；输入有误；输入有误"。输入数字"1"，将显示"男"；输入数字"0"，将显示"女"；对于其他输入，均显示"输入有误"。

**【说明】**

（1）在自定义单元格格式时，还可以用"0\.0000"万""或"0"."0000"万""的方式以万为单位显示账户余额。

（2）在自定义格式代码中最多只能在前两个区段设置条件，例如本例中的"［＝1］"男"；［＝0］"女"；输入有误；输入有误"。

**【例3-9】** 文本数据的输入和编辑示例。打开"fl3-9 输入（文本）.xlsx"，参照图 3-22，按照以下要求输入数据内容并设置数据格式。

（1）输入班级信息。在 B2：B7 单元格区域输入"1""2"等数字时显示为"1班""2班"，即数字后面自动加上"班"。

（2）输入城市地址信息。在 C2：C7 单元格区域输入城市和街道信息，其中城市和街道之间要分行。

（3）输入邮政编码信息。在 D2：D7 单元格区域以"邮政编码"格式输入数据内容。

（4）输入固话区号信息。在 E2：E7 单元格区域利用西文半角的前缀符号"'"输入数据内容。

（5）输入符号信息。在 F2：F7 单元格区域输入各种符号。

| | A | B | C | D | E | F |
|---|---|---|---|---|---|---|
| 1 | 姓名 | 班级 | 城市地址 | 邮政编码 | 固话区号 | 符号 |
| 2 | 伊一 | 1班 | 石家庄<br>光明北路854号 | 050007 | 0311 | ⌂ |
| 3 | 张三 | 2班 | 海口<br>明成街19号 | 567075 | 0898 | ☯ |
| 4 | 李四 | 3班 | 天津<br>重阳路567号 | 300755 | 022 | ✉ |
| 5 | 王五 | 1班 | 大连<br>冀州西街6号 | 116654 | 0411 | ♣ |
| 6 | 姚六 | 2班 | 天津<br>新技术开发区43号 | 300755 | 022 | § |
| 7 | 林七 | 3班 | 长春<br>志新路37号 | 130745 | 0431 | ‰ |

图 3-22 输入文本数据

**【参考步骤】**

（1）输入班级信息。选中 B2:B7 单元格区域并右击，选择其快捷菜单中的"设置单元格格式"命令，然后选择"自定义"分类，在"类型"中输入"；；；@"班""。参照图 3-22，在 B2:B7 数据区域输入"1""2"等数字。

（2）输入城市地址信息。在 C2:C7 单元格区域，利用 Alt＋Enter 键实现城市和街道信息的分行输入。

（3）输入邮政编码信息。选中 D2:D7 单元格区域并右击，选择其快捷菜单中的"设置单元格格式"命令，选择"特殊"分类中的"邮政编码"类型，然后输入数据内容。

（4）输入固话区号信息。在 E2:E7 单元格区域输入固话区号，注意在其前面加西文半角的"'"号。

（5）输入符号信息。在 F2:F7 单元格区域分别选择"插入"|"符号"命令，在"符号"对话框中利用 Wingdings、Symbol、（普通文本）等字体输入各种符号。

视频讲解

# 3.4　条件格式化

条件格式化基于条件更改单元格区域、Excel 表格以及数据透视表的外观：突出显示所关注的数据；强调异常值；使用数据条、色阶（颜色刻度）和图标集来直观地显示数据。

## 3.4.1　设置条件格式

通过"开始"选项卡上"样式"组中的"条件格式"|"突出显示单元格规则""最前/最后规则""数据条""色阶"以及"图标集"等命令可以设置所选数据的条件格式，如图 3-23 所示。

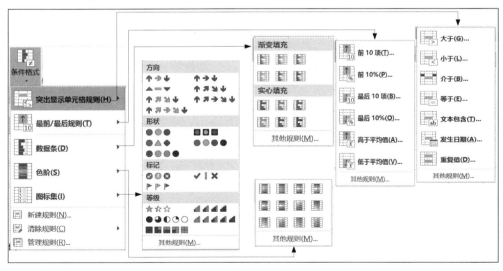

图 3-23　条件格式

**1. 突出显示单元格规则**

此命令用于对满足指定条件(大于、小于、介于、等于、文本包含、发生日期、重复值)的单元格选择或设置数字、字体、边框和填充等格式。如果要设置"大于或等于""不介于""不等于"以及是否空值、是否错误值等条件,可以利用"其他规则"命令新建条件格式规则。

**2. 项目选取规则**

此命令用于对排名靠前或者靠后(前 10 项、前 10%、最后 10 项、最后 10%、高于平均值、低于平均值)的数值设置格式。其中,排名名次或百分比可以在相应的设置对话框中根据实际需求进行更改。

**3. 数据条**

此命令用于添加带(渐变或实心)颜色的数据条,以代表某个单元格中的值,值越大数据条越长。

**4. 色阶**

此命令用于为所选单元格区域添加颜色渐变,以帮助用户了解数据分布和数据变化。颜色指明每个单元格值在该区域内的位置。

**5. 图标集**

此命令用于选择一组图标(包括方向、形状、标记、等级图标样式),以代表所选单元格中的值。

使用图标集可以对数据进行标注,并可以按阈值将数据分为 3～5 个类别。每个图标代表一个值的范围。

例如,使用"五象限图标集"标识成绩五级制(优、良、中、及格、不及格)等级信息,"黑色圆"图标 ● 代表优(90～100 分),"四分之一为白色的圆"图标 ◕ 代表良(80～89 分),"四分之二为白色的圆"图标 ◑ 代表中(70～79 分),"四分之三为白色的圆"图标 ◔ 代表及格(60～69 分),"纯白圆"图标 ○ 代表不及格(<60 分)。

# 3.4.2 新建条件格式

新建条件格式规则有以下 3 种方法:

(1)选择"开始"选项卡上"样式"组中的"条件格式"|"突出显示单元格规则""最前/最后规则""数据条""色阶"以及"图标集"中的"其他规则"命令新建条件格式规则。

(2)选择"开始"选项卡上"样式"组中的"条件格式"|"新建规则"命令。

(3)选择"开始"选项卡上"样式"组中的"条件格式"|"管理规则"命令,在随后弹出的"条件格式规则管理器"对话框中单击"新建规则"按钮。

### 3.4.3　删除条件格式

删除条件格式规则有以下两种方法：

（1）选择"开始"选项卡上"样式"组中的"条件格式"|"清除规则"命令，可以清除所选单元格或者整个工作表、所选 Excel 表格、所选数据透视表的规则。

（2）在"条件格式规则管理器"对话框中选中不再需要的条件规则，单击"删除规则"命令按钮。

## 3.4.4　管理条件格式

选择"开始"选项卡上"样式"组中的"条件格式"|"管理规则"命令，将弹出"条件格式规则管理器"对话框，可以查看、新建、编辑和删除工作表中所有的条件格式规则，如图 3-24 所示。

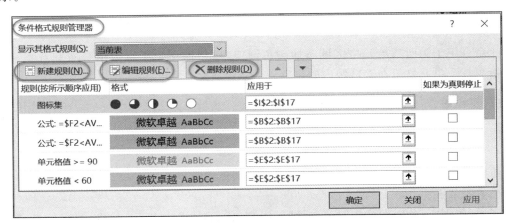

图 3-24　"条件格式规则管理器"对话框

## 3.4.5　使用"快速分析"工具栏创建条件格式

选择要条件格式化的数据区域，在右下角将显示快速分析图标 ，单击该图标（快捷键为 Ctrl＋Q）将显示"快速分析"工具栏，选择"格式化"选项卡中的条件格式化命令可以快速设置条件格式，如图 3-25 所示。

## 3.4.6　使用公式自定义条件格式

使用预定义的条件格式规则可以快速实现大多数条件格式化需求，对于复杂的条件格式化，可以使用公式来实现自定义条件格式。

使用公式自定义条件格式的方法如下：

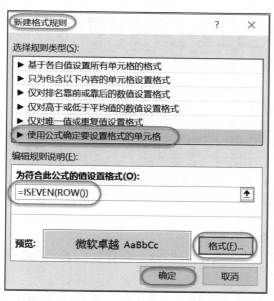

| 语 | 物理 | 化学 | 政治 | 生物 | | |
|---|---|---|---|---|---|---|
| 55 | 67 | 98 | 96 | 92 | | |
| 80 | 90 | 76 | 97 | 99 | | |
| 94 | 86 | 63 | 81 | 78 | | |
| 60 | 25 | 74 | 65 | 66 | | |
| 62 | 60 | 59 | 80 | 83 | | |
| 86 | 88 | 73 | 91 | 52 | | |
| 70 | 71 | 75 | 45 | 57 | | |
| 90 | 97 | 74 | 81 | 54 | | |

图 3-25　使用"快速分析"工具栏设置条件格式

（1）选择要格式化的区域。

（2）新建使用公式自定义条件格式的规则。选择"开始"选项卡上"样式"组中的"条件格式"|"新建规则"命令，打开"新建格式规则"对话框，如图 3-26 所示。选择"使用公式确定要设置格式的单元格"，然后输入公式，并设置格式。

图 3-26　新建使用公式自定义条件格式的规则

常见的使用公式自定义格式的例子如下：

（1）偶数行填充颜色。使用公式"=ISEVEN(ROW())"。

（2）最大值的行填充颜色。使用公式"=$A1=MAX($A$1:$A$100)"。

（3）出生日期为上半年的行填充颜色。使用公式"=MONTH($A1)<=6"。

## 3.4.7　条件格式化应用举例

【例 3-10】　条件格式化示例。打开"fl3-10 条件格式.xlsx",参照图 3-27,设置学生的语文、数学、英语、物理、化学、政治、生物 7 门课程成绩的条件格式。具体要求如下:

（1）语文成绩。大于或等于 90 分以黄色填充色、绿色文本突出显示,小于 60 分以浅红色填充色、深红色文本突出显示。

（2）数学成绩。低于平均分的数学成绩用绿色字体、浅红色填充突出显示。

（3）英语成绩。以黄色渐变填充、黑色实心边框的数据条显示英语成绩。

（4）物理成绩。以浅红色填充色、深红色文本突出显示前 5 名的物理成绩。

（5）化学成绩。使用"五象限图标集"标识化学成绩五级制（优、良、中、及格、不及格）等级信息,其中"黑色圆"图标 ● 代表"优"（90～100 分）,"四分之一为白色的圆"图标 ◖ 代表"良"（80～89 分）,"四分之二为白色的圆"图标 ◑ 代表"中"（70～79 分）,"四分之三为白色的圆"图标 ◕ 代表"及格"（60～69 分）,"纯白圆"图标 ○ 代表"不及格"（＜60 分）。

（6）政治成绩。采用色阶（渐变色）的方式标识政治成绩,其中 100 分为绿色,0 分为红色,中间值 60 分为黄色。

（7）生物成绩。使用红色十字图标标识出生物不及格的学生成绩。

（8）使用橙色填充标识出数学成绩小于平均分的学生姓名。

| | A | B | C | D | E | F | G | H | I | J | K |
|---|---|---|---|---|---|---|---|---|---|---|---|
| 1 | 学号 | 姓名 | 性别 | 班级 | 语文 | 数学 | 英语 | 物理 | 化学 | 政治 | 生物 |
| 2 | B13121501 | 朱洋洋 | 男 | 一班 | 94 | 58 | 55 | 67 | ● 98 | 96 | 92 |
| 3 | B13121502 | 赵霞霞 | 女 | 一班 | 84 | 74 | 80 | 90 | ◑ 76 | 97 | 99 |
| 4 | B13121503 | 周萍萍 | 女 | 一班 | 50 | 87 | 94 | 86 | ◕ 63 | 81 | 78 |
| 5 | B13121504 | 阳一昆 | 男 | 一班 | 69 | 75 | 60 | 25 | ◑ 74 | 65 | 66 |
| 6 | B13121505 | 田一天 | 男 | 一班 | 64 | 62 | 62 | 60 | ○ 59 | 80 | 83 |
| 7 | B13121506 | 翁华华 | 女 | 一班 | 74 | 90 | 86 | 88 | ◑ 73 | 91 | ✖ 52 |
| 8 | B13121507 | 王丫丫 | 女 | 一班 | 73 | 73 | 70 | 71 | ◑ 75 | 45 | ✖ 57 |
| 9 | B13121508 | 宋平平 | 女 | 一班 | 74 | 87 | 90 | 97 | ◑ 74 | 81 | ✖ 54 |
| 10 | B13121509 | 范华华 | 女 | 一班 | 51 | 90 | 86 | 85 | ● 93 | 72 | 72 |

图 3-27　条件格式化的结果（学生成绩信息）

【参考步骤】

（1）设置语文成绩条件格式。

① 选中 E2:E17 单元格区域,选择"开始"选项卡上"样式"组中的"条件格式"|"突出显示单元格规则"|"小于"命令。

② 弹出"小于"对话框,在左边的文本框中输入"60",右边的格式选择"浅红填充色深红色文本",单击"确定"按钮。

③ 保持 E2:E17 单元格区域处于选中状态,选择"开始"选项卡上"样式"组中的"条件格式"|"突出显示单元格规则"|"其他规则"命令。

④ 在弹出的"新建格式规则"对话框中选择单元格值的条件为"大于或等于",在其后的文本框中输入"90"。单击"格式"按钮,在弹出的"设置单元格格式"对话框中设置黄色填充、绿色字体格式,单击"确定"按钮,关闭"设置单元格格式"对话框。然后单击"确定"按钮,关

闭"新建格式规则"对话框。

（2）设置数学成绩条件格式。

① 选中 F2：F17 单元格区域，选择"开始"选项卡上"样式"组中的"条件格式"|"最前/最后规则"|"低于平均值"命令。

② 在弹出的"低于平均值"对话框中选择"针对选定区域，设置为"下拉列表框中的"自定义格式"命令，设置绿色字体、浅红色填充数据格式。

（3）设置英语成绩条件格式。

① 选中 G2：G17 单元格区域，选择"开始"选项卡上"样式"组中的"条件格式"|"数据条"|"其他规则"命令。

② 在弹出的"新建格式规则"对话框中选择"填充"为"渐变填充"，填充"颜色"为"黄色"；选择"边框"为"实心边框"，边框"颜色"为"黑色"。

（4）设置物理成绩条件格式。

① 选中 H2：H17 单元格区域，选择"开始"选项卡上"样式"组中的"条件格式"|"最前/最后规则"|"前 10 项"命令。

② 在弹出的"前 10 项"对话框中将"10"改为"5"，选择"浅红填充色深红色文本"格式。

（5）设置化学成绩条件格式。

① 选中 I2：I17 单元格区域，选择"开始"选项卡上"样式"组中的"条件格式"|"图标集"|"其他规则"命令。

② 在弹出的"新建格式规则"对话框中选择"图标样式"为"五象限图"，然后参照图 3-28，将"类型"分别改为"数字"，将"值"分别改为 90、80、70、60。

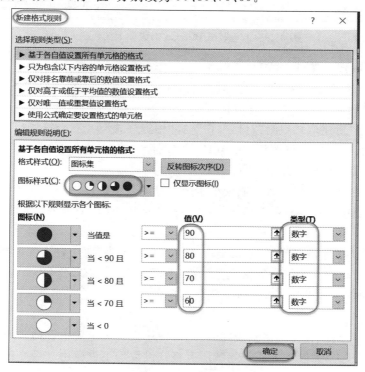

图 3-28 新建格式规则（化学成绩五级制等级）

（6）设置政治成绩条件格式。

① 选中 J2:J17 单元格区域，选择"开始"选项卡上"样式"组中的"条件格式"|"色阶"|"其他规则"命令。

② 在弹出的"新建格式规则"对话框中选择"格式样式"为"三色刻度"，然后参照图 3-29，分别将"最小值""中间值"和"最大值"的"类型"改为"数字"，将"值"分别改为 0、60、100，将"颜色"分别改为红色、黄色、绿色。

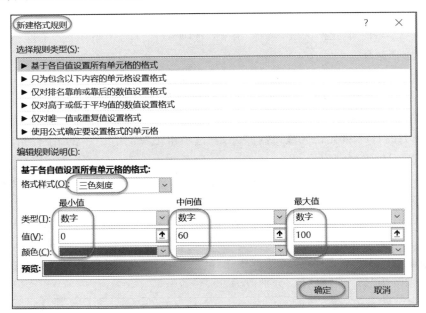

图 3-29　新建格式规则（政治成绩渐变色阶）

（7）设置生物成绩条件格式。

① 选中 K2:K17 单元格区域，选择"开始"选项卡上"样式"组中的"条件格式"|"图标集"|"其他规则"命令。

② 在弹出的"新建格式规则"对话框中选择"图标样式"为"三个符号（无圆圈）"，将前两行的图标分别改为"无单元格图标"和"红色十字图标"，将"类型"均改为"数字"，将"值"分别改为 60、0，此时"图标样式"会变成"自定义"。

（8）使用橙色填充标识出数学成绩小于平均分的学生姓名。

① 选中 B2:B17 单元格区域，选择"开始"选项卡上"样式"组中的"条件格式"|"新建规则"命令。

② 在弹出的"新建格式规则"对话框中选择规则类型为"使用公式确定要设置格式的单元格"，在"为符合此公式的值设置格式"下的文本框中输入公式"=$F2<AVERAGE($F$2:$F$17)"，然后单击"格式"按钮，设置填充色为橙色。

【说明】

在新建格式规则或者编辑格式规则时，如果使用公式确定要设置格式的单元格，则公式必须以等号（＝）开头，无效的公式将导致所有格式设置均不被应用。最好对公式进行测试，以确保其正确性。

**【拓展】**

本例初步尝试了公式在条件格式化中的应用,更多的实例可以参见本书第11章。

# 3.5 页面布局和打印设置

## 3.5.1 常用页面设置

选定一个或多个工作表,然后单击"页面布局"选项卡,选择"页面设置""调整为合适大小"和"工作表选项"组中的各命令选项,设置页面的页边距、纸张方向、纸张大小、打印区域、背景、打印标题、网格线的查看和打印、标题的查看和打印等设置,如图 3-30 所示。单击"页面设置""调整为合适大小"和"工作表选项"组右下角的"对话框启动器"按钮,均可以打开"页面设置"对话框,其提供了"页面""页边距""页眉/页脚"和"工作表"选项卡,用于设置页面的各选项。

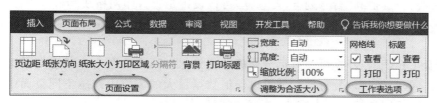

图 3-30 "页面布局"选项卡

**1. 纸张大小、纸张方向、页边距设置**

通过"页面布局"选项卡中"页面设置"和"调整为合适大小"组的各命令选项,以及"页面设置(页面)"对话框和"页面设置(页边距)"对话框,可以设置纸张大小、纸张方向、页边距、居中方式等。

(1) 设置纸张大小。单击"页面布局"选项卡,选择"页面设置"组中的"纸张大小"命令,或者在"页面设置(页面)"对话框的"纸张大小"下拉列表框中选择或自定义纸张大小。

(2) 设置纸张方向。单击"页面布局"选项卡,选择"页面设置"组中的"纸张方向"命令,或者单击"页面设置(页面)"对话框的"方向"中的单选按钮,可设置纸张方向为纵向或横向。

(3) 设置页边距。单击"页面布局"选项卡,选择"页面设置"组中的"页边距"命令,或者在"页面设置(页边距)"对话框中选择或自定义设置上边距、下边距、左边距、右边距、页眉的边距、页脚的边距。

(4) 设置居中方式。在默认情况下,工作表内容在打印页中左对齐和上对齐。在"页面设置(页边距)"对话框中选中"水平"居中方式复选框,可以设置工作表内容水平居中打印;选中"垂直"居中方式复选框,可以设置工作表内容垂直居中打印。

**2. 缩放比例以适应纸张大小**

通过缩放比例可以调整工作表内容,以适应纸张大小。

（1）设置缩放比例。单击"页面布局"选项卡，利用"调整为合适大小"组中的"缩放比例"数值调节钮，或者利用"页面设置（页面）"对话框中的"缩放比例"数值调节钮，可设置缩放比例。

（2）设置缩放后的页数（页宽×页高）。单击"页面布局"选项卡，利用"调整为合适大小"组中的"宽度"和"高度"下拉列表框，或者利用"页面设置（页面）"对话框中的"页宽"和"页高"数值调节钮，可以选择缩放后的页数（页宽×页高）。

### 3．网格线和行号列标的显示与打印

在默认情况下，工作表显示网格线和行列标题，但不打印网格线和行列标题（只打印用户设置的单元格边框），可以设置显示和打印时是否包括网格线和行号列标。

（1）网格线和行号列标的显示设置。单击"页面布局"选项卡，利用"工作表选项"组中的"网格线"|"查看"复选框和"标题"|"查看"复选框可以设置是否显示网格线和行号列标。

（2）网格线和行列标号的打印设置。单击"页面布局"选项卡，利用"工作表选项"组中的"网格线"|"打印"复选框和"标题"|"打印"复选框，或者利用"页面设置（工作表）"对话框中的"网格线"复选框和"行号列标"复选框，可以设置是否打印网格线和行号列标。

### 4．打印标题

在查看工作表内容时，可通过拆分或冻结窗格保证顶端标题内容或左端关键信息内容始终可见。同样，通过设置打印标题可以保证数据量大的表格中跨越不同页面的数据的上部或左部始终打印顶端标题内容或左端关键信息内容。

通过"页面设置（工作表）"对话框中的"顶端标题行"和"左端标题行"设置选项可以指定用于顶端标题和左端标题的单元格区域。

单击"页面布局"选项卡上"页面设置"组中的"打印标题"按钮，也可以打开"页面设置（工作表）"对话框。

### 5．批注的打印设置

在默认情况下，打印工作表不包括批注内容。通过"页面设置（工作表）"对话框中的"批注"下拉列表框可以选择批注打印选项：

（1）无。不打印（默认值）。

（2）工作表末尾。在工作表末尾打印。

（3）如同工作表中的显示。批注按所见即所得方式打印。

## 3.5.2　页眉和页脚

Excel 可以为工作表添加页眉和页脚。页眉和页脚可包含页码、日期、文件名以及工作表名称等信息。页眉和页脚在普通视图中不显示，仅在页面布局视图中显示，且包括在打印中。

在选择一个或者多个工作表后，通过"页面设置（页眉/页脚）"对话框可以设置页眉和页脚。单击"自定义页眉"按钮，可以打开如图 3-31 所示的"页眉"对话框自定义页眉内容。同

样,单击"自定义页脚"按钮可以自定义页脚内容。

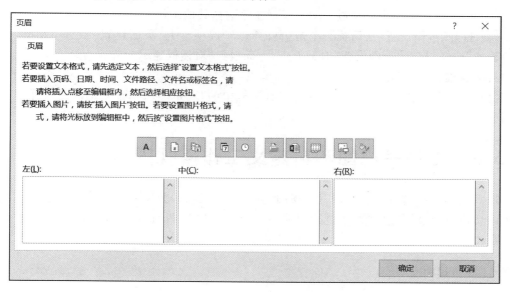

图 3-31 "页眉"对话框

在"页眉"对话框中可以在左、中、右 3 个编辑框中输入文本内容,也可以通过工具按钮插入特定内容,包括页码、页数、日期、时间、文件路径、文件名、数据表名称、图片等,以及设置文本格式和图片格式。

另外,在"页面布局"视图中可以显示页眉和页脚,也可以直接插入和编辑页眉或者页脚。

## 3.5.3 打印区域、换页和打印顺序

在默认情况下,打印的范围为当前活动工作表的所有内容,按页面大小和缩放设置进行分页,打印顺序为先列后行。

(1)设置打印区域。选择要打印的区域,单击"页面布局"选项卡,选择"页面设置"组中的"打印区域"|"设置打印区域"命令,可以设置工作表的打印区域为指定区域。选择"页面设置"组中的"打印区域"|"取消打印区域"命令,可以取消打印区域。

(2)设置换页位置。如果要在特定的位置打印换页,可以选择单元格,单击"页面布局"选项卡,选择"页面设置"组中的"分隔符"|"插入分页符"命令插入换页符。选择"页面设置"组中的"分隔符"|"删除分页符"命令,可以删除分页符。

(3)设置打印顺序。在"页面设置(工作表)"对话框中可以选择打印顺序选项,包括"先列后行"和"先行后列"。

## 3.5.4 复制页面设置到其他工作表

通过下列操作步骤可实现复制一个工作表的页面设置到其他工作表。

（1）选择源工作表。

（2）加选目标工作表。通过 Ctrl＋鼠标左键选择其他工作表。

（3）打开"页面设置"对话框。单击"页面布局"选项卡上"页面设置"组右下角的"对话框启动器"按钮，打开"页面设置"对话框。"页面设置"对话框显示的内容为第一个所选工作表的页面设置，即源工作表的页面设置。

（4）复制页面设置。单击"页面设置"对话框中的"确定"按钮，选择的所有工作表具有相同的页面设置。

## 3.5.5　工作簿视图和自定义工作簿视图

Excel 包含 3 种视图模式，即普通视图、页面布局视图和分页预览视图，通过 Excel 底部的视图切换按钮 ▦　▦　▦ 进行切换，也可以通过"视图"选项卡上"工作簿视图"组中的命令按钮进行切换。

**1. 普通视图**

普通视图是 Excel 新工作表的默认视图，用于常用的数据处理。

**2. 分页预览视图**

分页预览视图显示打印分页线，以帮助用户确定打印分页是否合理，可使用鼠标调整分页线，以调整分页的位置。

**3. 页面布局视图**

页面布局视图显示页面打印实际布局，包括分页、页眉和页脚等。页面布局视图可查看最终打印效果，并且可直接编辑页眉和页脚。

**4. 自定义视图**

通过自定义视图可以将当前的显示设置和打印设置选项保存为自定义视图。自定义视图可应用于选择的工作表，以实现快速页面布局和打印设置。

自定义视图保存当前工作表的下列页面布局和打印设置选项：

（1）"页面布局"选项卡上"页面设置""调整为合适大小"和"工作表选项"组的各命令选项，或者"页面设置"对话框中设置的选项。

（2）隐藏的行和列。

（3）工作簿视图。

（4）选择的单元格或单元格区域。

（5）活动单元格。

（6）显示缩放比例。

（7）窗口大小和位置。

（8）冻结窗格设置。

创建自定义视图的步骤如下：

（1）设置工作表的页面布局和打印设置选项。

（2）打开"视图管理器"对话框。单击"视图"选项卡,选择"工作簿视图"组中的"自定义视图"命令,打开"视图管理器"对话框。

（3）创建自定义视图。在"视图管理器"对话框中单击"添加"按钮,打开"添加视图"对话框,输入自定义视图的名称,设置视图选项,单击"确定"按钮,完成自定义视图的创建。

应用自定义视图的操作步骤如下:

（1）选择一个或者多个工作表。

（2）打开"视图管理器"对话框。单击"视图"选项卡,选择"工作簿视图"组中的"自定义视图"命令,打开"视图管理器"对话框。

（3）应用自定义视图。在"视图管理器"对话框的"视图"列表框中选择自定义视图,单击"显示"按钮。

## 3.5.6　打印预览和打印

在进行页面布局和打印设置后,通过 Excel"文件"选项卡中的"打印"命令（快捷键为 Ctrl＋P）可以打开"打印"窗口,如图 3-32 所示,进一步选择要打印的内容,预览,最后完成打印工作。

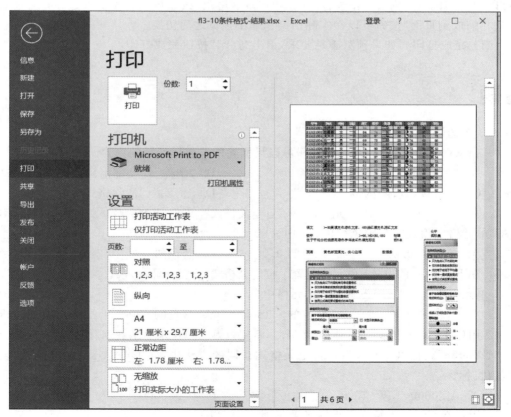

图 3-32　"打印"窗口

（1）选择打印机和打印机设置。在"打印机"下拉列表框中选择目标打印机。通过"打印机属性"超链接可进一步设置所选目标打印机的属性。

（2）设置打印份数。在"份数"文本框中利用调节钮调出或直接输入要打印的份数。

（3）选择打印范围。在"设置"下拉列表框中选择要打印的范围，例如打印活动工作表（默认值，如果设置了打印区域，则打印范围为打印区域，否则为当前工作表）、打印整个工作簿、打印选定区域、打印选定表。如果选中了"忽略打印区域"，则打印活动工作表。

（4）指定打印的页码范围。在页数的范围文本框中利用调节钮调出或直接输入开始页码和结束页码，以指定打印的页码范围。

（5）指定多份打印时的打印顺序。在"对照"下拉列表框中可以指定多份打印时的打印顺序。"对照打印"即按份打印，先打印第一份的所有页，然后打印第二份的所有页，以此类推；"非对照打印"即按页打印，第一页打印 n 份、第二页打印 n 份，以此类推。

（6）选择纸张方向。在"纸张方向"下拉列表框中选择纵向或者横向。

（7）选择纸张大小。在"纸张大小"下拉列表框中选择纸张大小。

（8）设置页面边距。在"页边距"下拉列表框中选择或者设置页面边距。

（9）设置缩放比例。在"缩放选项"下拉列表框中选择或者设置缩放比例。

（10）打印预览。通过调整各设置选项，在右侧观察打印预览效果，通过底部的页码导航可以预览其他页面内容；通过右侧底部的"显示边距"按钮可以预览页面边距；通过右侧底部的"缩放到页面"按钮可以在实际预览和缩小预览之间切换。

（11）完成打印。如果预览满足要求，单击"打印"按钮完成打印。

# 习题

## 一、单选题

1. 在 Excel 中，以下_____操作可以只删除所选数据区域的内容。

    A. "清除"|"清除批注"          B. "清除"|"全部清除"

    C. "清除"|"清除内容"          D. "清除"|"清除格式"

2. 在 Excel 中，假设 A1 单元格设置了自定义格式"[蓝色]##0.00;[红色]-##0.00"，若在 A1 单元格中输入"0"，则 A1 单元格中显示_____。

    A. 蓝色的 0.00     B. 红色的 0.00     C. 蓝色的 0     D. 红色的 0

3. 在 Excel 中，假设 A1 单元格设置了自定义格式"[蓝色]##0.00;[红色]-##0.00"，若在 A1 单元格中输入"-98"，则 A1 单元格中显示_____。

    A. 蓝色的-98.00     B. 红色的-98.00     C. 蓝色的-98     D. 红色的-98

4. 用户在 Excel 中输入一批财务数据时，希望以万为单位来显示数据，例如输入"123456"，显示"12.3456"。在以下几种设置自定义格式代码的方法中，除了_____，其他方法均可以实现目标。

    A. 0!.0000         B. 0\.0000         C. 0"."0000         D. 0.0000

5. 用户在 Excel 中输入一批财务数据时，希望以万为单位来显示数据，并且只显示一位小数，例如输入"123456"，显示"12.3"。在以下几种设置自定义格式代码的方法中，除了

_____，其他方法均可以实现目标。

  A. 0!.0,    B. 0"."0,    C. 0!.0    D. 0\.0,

  6. 用户在 Excel 中输入一批财务数据时，希望以万为单位来显示数据，并且只显示一位小数，例如输入"123456"，显示"12.3"。在以下几种设置自定义数字格式代码的方法中，除了_____，其他方法均可以实现目标。

  A. ♯!.0,    B. #!.#,    C. 0!.#,    D. 0.0,

  7. 在 Excel 中，假设 A1 单元格设置了自定义数字格式"**；**；**；**"，若在 A1 单元格中输入"1234"，则 A1 单元格中显示_____。

  A. **********

                B. **；**；**；**

  C. 12；**；**；34

                D. 12；34

  8. 在 Excel 中，假设 A1 单元格设置了自定义数字格式"0 * -"，若在 A1 单元格中输入"1234"，则 A1 单元格中显示_____。

  A. 0 * -    B. 1234    C. 012 * 34    D. 1234----------

  9. 在 Excel 中，假设 A1 单元格设置了自定义数字格式"♯.###E+00"，若在 A1 单元格中输入"123456"，则 A1 单元格中显示_____。

  A. 1.23456E+05  B. 123456    C. 1234.56    D. 1.235E+05

  10. 在 Excel 中，假设 A1 单元格设置了自定义数字格式"#,###"，若在 A1 单元格中输入"123456"，则 A1 单元格中显示_____。

  A. 1.23456    B. 123456    C. 123,456    D. 1,235

  11. 在 Excel 中，假设 A1 单元格设置了自定义数字格式"♯,"，若在 A1 单元格中输入"12567"，则 A1 单元格中显示_____。

  A. 12,567    B. 12567    C. 123,456    D. 13

  12. 在 Excel 中，假设 A1 单元格设置了自定义数字格式"0.0,,"，若在 A1 单元格中输入"123456789"，则 A1 单元格中显示_____。

  A. 123456789  B. 123.5    C. 123,456,789  D. 123.456789

  13. 在 Excel 中，若在 A1 单元格中输入数值"1234.567"，以下几种设置自定义数字格式代码的方法中，除了_____，其他方法均可以将 A1 单元格中的数字显示为"1234.57 元"。

  A. 0.♯0"元"  B. #.00"元"    C. 0.00"元"    D. 0!.00"元"

  14. 在 Excel 中，若在 A1 单元格中输入数值"1234.58"，以下几种设置自定义数字格式代码的方法，除了_____，其他方法均可以将 A1 单元格中的数字显示为 1234.6。

  A. ###.0    B. ♯!.0    C. 000.0    D. ??.0

  15. 在 Excel 中，若在 A1 单元格中输入数值"123.79"，以下几种设置自定义数字格式代码的方法，除了_____，其他方法均可以将 A1 单元格中的数字显示为 0123.8。

  A. 0000.♯    B. 0000.0    C. 0000.?    D. 0??.0

  16. 在 Excel 中，若在 A1 单元格中输入数值"123.459"，以下几种设置自定义数字格式代码的方法，除了_____，其他方法均可以将 A1 单元格中的数字显示为 123.5。

  A. 0.♯    B. 0.0    C. 0!.?    D. 0.?

  17. 在 Excel 中，若在单元格 A1 中输入数值"123.45"，以下几种设置自定义数字格式代码的方法，_____可以将 A1 单元格中的数字显示为 123.450。

  A．000.♯    B．000.0    C．0000.?    D．0.000

  18．在 Excel 中，若在单元格 A1 中输入数值"6.7"，以下几种设置自定义数字格式代码的方法中，除了_____，其他方法均可以将 A1 单元格中的数字显示为 6.700。

  A．000.♯    B．♯.000    C．0.000    D．?.000

  19．在 Excel 中，若在单元格 A1 中输入数值"6.7"，以下几种设置自定义数字格式代码的方法，除了_____，其他方法均可以将 A1 单元格中的数字显示为 6.7 □□（其中，□表示空格）。

  A．0.???    B．♯.???    C．?.???    D．?.000

  20．在 Excel 中，若在 A1 单元格中输入数值"0.578"，以下几种设置自定义数字格式代码的方法，除了_____，其他方法均可以将 A1 单元格中的数字显示为 0.6。

  A．0.♯    B．0.0    C．?.?    D．0.?

  21．在 Excel 中，若在 A1 单元格中输入数值"0.578"，以下几种设置自定义数字格式代码的方法，除了_____，其他方法均可以将 A1 单元格中的数字显示为.6。

  A．♯.0    B．♯.♯    C．♯.?    D．0.?

  22．在 Excel 中，以下几种设置自定义数字格式代码的方法，除了_____，其他方法均可以将 12 显示为 12.0 以及将 1234.568 显示为 1234.57。

  A．♯.0♯    B．?.0♯    C．0.0♯    D．.0

  23．在 Excel 中，以下几种设置自定义数字格式代码的方法，除了_____，其他方法均可以将 12 显示为 12.0 □以及将 1234.568 显示为 1234.57（即小数点对齐，其中，□表示空格）。

  A．♯.0?    B．0.0?    C．?.0♯    D．?.0?

  24．在 Excel 中，以下几种设置自定义数字格式代码的方法，除了_____，其他方法均可以将 12.345、789.56 和 6.2 等数字显示时以小数点位数对齐，即显示为 12.345、789.56 □和 6.2 □□（其中，□表示空格）。

  A．♯.???    B．?.0♯0    C．0.???    D．??.???

  25．在 Excel 中，以下几种设置自定义数字格式代码的方法，除了_____，其他方法均可以将 18.25 显示为 18 1/4、125.3 显示为 125 3/10、6.07 显示为 6 7/100，并且除号对齐。

  A．♯ ?/???    B．♯ 0/???    C．♯ ♯/???    D．♯ ?.???

  26．在 Excel 中，若在 A1 单元格中输入数值"12000"，以下几种设置自定义数字格式代码的方法中，除了_____，其他方法均可以将 A1 单元格中的数字显示为 12,000。

  A．♯,###    B．!,###    C．♯,000    D．0,000

  27．在 Excel 中，若在 A1 单元格中输入数值"12000"，以下几种设置自定义数字格式代码的方法中，除了_____，其他方法均可以将 A1 单元格中的数字显示为 12,000。

  A．0,###    B．!,000    C．♯,???    D．0,???

  28．在 Excel 中，若在 A1 单元格中输入数值"12000"，以下几种设置自定义数字格式代码的方法中，除了_____，其他方法均可以将 A1 单元格中的数字显示为 12。

  A．♯,    B．0,    C．!,    D．?,

29. 在 Excel 中,若在 A1 单元格中输入数值"12345678",以下几种设置自定义数字格式代码的方法,除了_____,其他方法均可以将 A1 单元格中的数字显示为 12.3。

    A. 0.0,,            B. 0.♯,,            C. !.0,,            D. 0.?,,

30. 在 Excel 中,若在 A1 单元格中输入数值"12345678",以下几种设置自定义数字格式代码的方法,除了_____,其他方法均可以将 A1 单元格中的数字显示为 12.3。

    A. ?.?,,            B. ?.!,            C. ♯.♯,,            D. ,?.♯,,

31. 在 Excel 中,为了使 A1 单元格中的数值"12345"显示为 1.2,可自定义该单元格的数字格式为_____。

    A. 0"."0,          B. ?.♯,            C. ♯.♯,            D. ?"."!,

32. 在 Excel 中,若在 A1 单元格中输入数值"12345",以下几种设置自定义数字格式代码的方法,除了_____,其他方法均可以将 A1 单元格中的数字显示为 12.。

    A. 0.,             B. ♯.,             C. ?.,             D. !.,

33. 在 Excel 中,若在 A1 单元格中输入数值"12345",以下几种设置自定义数字格式代码的方法,除了_____,其他方法均可以将 A1 单元格中的数字显示为 12.3。

    A. 0.0,           B. ♯.0,            C. 0.?,            D. 0.!,

34. 在 Excel 中,若在 A1 单元格中输入数值"12345",以下几种设置自定义数字格式代码的方法,除了_____,其他方法均可以将 A1 单元格中的数字显示为 12.35,即数值千元显示,且四舍五入保留两位小数。

    A. ♯.00,           B. !.00,           C. ?.00,           D. 0.00,

35. 在 Excel 中,假设 A1 单元格中存放的是日期格式的数值"20200512",以下几种设置自定义数字格式代码的方法,除了_____,其他方法均可以将 A1 单元格中的数值显示为"2020-05-12"。

    A. ♯-00-00        B. 0000-00-00        C. YYYY-MM-DD    D. ♯-00-00

36. 在 Excel 中设定日期格式时,若要以有前置零的数字(01～31)显示日期数,则应使用日期格式代码_____。

    A. d             B. dd            C. ddd            D. dddd

37. 在 Excel 中,如果要修改单元格中的内容,可以双击单元格,或单击选中单元格,然后按_____功能键进入单元格编辑状态,或单击选中单元格,然后定位到编辑栏,均可修改单元格的内容。

    A. F2             B. F4            C. F1            D. F9

38. 在 Excel 中可以设置批注打印选项,使得打印工作表时包括批注内容。Excel 批注打印选项不包括_____。

    A. 工作表首部                  B. 工作表末尾

    C. 如同工作表中的显示          D. 无

39. Excel 包含 3 种视图模式,即普通视图、分页预览视图和_____视图。

    A. 大纲             B. 阅读            C. Web 版式            D. 页面布局

**二、填空题**

1. 在 Excel 中,大于 10 的数字显示为红色的"＋"、小于 10 的数字显示为绿色的"－"、等于 10 的数字显示为蓝色的"＝",其他情况不显示任何内容(显示空),可以设置其自定义格式代码为_____。

2．在 Excel 中，用户在输入江苏省的市级地区时希望只输入市级地区名称，例如输入"南京市"后自动显示为"江苏省南京市"，可设置其自定义格式代码为_____。

3．在 Excel 中，用户在输入一批手机号码时，希望在输入 11 位数字的手机号码后，例如输入"13312345678"后，自动显示为"手机号码 13312345678"，可设置其自定义格式代码为_____。

4．在 Excel 中，假设 A1 单元格的内容是 6，将 A1 单元格的格式自定义为_____，可将 A1 单元格中的个位数前面的零值显示出来，即显示 06。

5．在 Excel 中，可通过自定义单元格格式为_____，隐藏该单元格中除了错误信息以外所有可能的数据。

6．Excel 中"打印"命令的快捷键是_____。

三、思考题

1．请问 Excel 中的"清除"命令具体包含哪些选项和功能？

2．请问在 Excel 中如何实现单元格数据的分行和分列处理？各有哪些常用的方法？

3．请问在 Excel 中如何实现多行数据合并成一行以及多列数据合并成一列？各有哪些常用的方法？

4．请问在 Excel 中如何快速删除重复的行？

5．请问 Excel 表格和常规的数据区域的主要区别是什么？两者之间如何转换？Excel 表格提供了哪些方便且有效的功能？

6．请问 Excel 中具体可以设置单元格的哪些格式？如何设置？

7．请问 Excel 的"设置单元格格式"对话框中各个数字格式的具体含义是什么？

8．请问 Excel 完整的自定义格式代码的组成结构是什么？各字段具体的含义是什么？

9．请问在 Excel 中，当成绩不低于 90 分时显示绿色的"优秀"、低于 90 分且不低于 60 分时显示黄色的"合格"、低于 60 分时显示红色的"不合格"的自定义格式代码是什么？

10．请问 Excel 中不足 4 个区段的条件值代码结构的含义是什么？

11．请问在 Excel 中如何使用自定义格式代码隐藏单元格中除了由公式产生的错误信息以外所输入的任何其他数据？

12．请问在 Excel 中自定义数字格式代码有哪些？各自的含义是什么？

13．请问在 Excel 中如何设置所选数据的各种条件格式？如何查看、新建、编辑、删除和管理条件格式规则？

14．请问在 Excel 中有哪些复制和删除格式的方法？

15．请问 Excel 页面设置有哪些命令选项？各提供哪些设置效果？

16．请问在 Excel 中如何设置纸张大小、纸张方向、页边距、居中方式？

17．请问在 Excel 中如何设置缩放比例以适应纸张大小？

18．请问在 Excel 中如何设置显示网格线和行号列标？

19．请问在 Excel 中如何设置打印网格线和行号列标？

20．请问在 Excel 中如何设置打印顶端标题内容或左端关键信息内容？

21．请问在 Excel 中如何按照指定的批注打印设置打印批注？

22．请问在 Excel 中如何添加和设置页眉与页脚？

23. 请问在 Excel 中如何设置打印区域、换页和打印顺序？

24. 请问在 Excel 中如何复制当前工作表的页面设置到其他工作表？

25. 请问在 Excel 中包含哪 3 种视图模式？

26. 请问在 Excel 中如何创建和应用自定义视图？自定义视图保存当前工作表的哪些页面布局和打印设置选项？

27. 选择 Excel"文件"选项卡中的"打印"命令可打开"打印"窗口，请问 Excel"打印"窗口中有哪些命令选项？各提供了哪些设置效果？

# 第4章

# 公式和函数的基本使用

Excel 具备强大的数据处理和分析功能。在 Excel 的单元格中可以使用公式,在公式中可以使用工作表函数完成各种数据处理功能。

本章介绍 Excel 中公式和函数的基本使用,包括公式的组成、公式中的常量、公式中的运算符、单元格的引用、函数概述、公式审核和公式求解、数组和数组公式的基本概念及应用、逻辑函数和信息函数的语法和应用。

视频讲解

## 4.1 Excel 公式

## 4.1.1 引例

【例 4-1】 公式引例(计算圆的周长面积)。在"fl4-1 公式引例.xlsx"的 A2:A9 单元格区域中包含了 8 个圆的半径,取值为 $-2 \sim 5$,按要求完成如下操作:

(1) 计算圆的周长,将结果填入 B2:B9 单元格区域中。

(2) 计算圆的面积,将结果填入 C2:C9 单元格区域中。

计算结果如图 4-1(a)所示。

【参考步骤】

(1) 计算圆的周长。在 B2 单元格中输入圆周长的计算公式"＝2＊PI()＊A2",按 Enter 键确认后向下拖曳该单元格的填充柄到 B9 单元格,完成周长公式的复制。

(2) 计算圆的面积。在 C2 单元格中输入圆面积的计算公式"＝PI()＊A2^2",按 Enter 键确认后向下拖曳该单元格的填充柄到 C9 单元格,完成面积公式的复制。

【拓展】

在实际应用中,圆的半径不能取负值。请在"fl4-1 公式引例.xlsx"的"公式改进"工作表中利用 IF 函数重新判断并计算圆的周长和面积,如果半径≥0,计算周长和面积;否则显示"无意义"。计算结果如图 4-1(b)所示。

| (a) 计算圆的周长和面积 | (b) 判断并计算圆的周长和面积 |
| --- | --- |

图 4-1 公式引例(计算圆的周长和面积)

【说明】

本例通过一个计算圆的周长和面积的简单实例展示了 Excel 公式的功能和组成。

(1) 在公式"＝2＊PI()＊A2"中,2 为常量,PI()为函数(返回值 3.14159…),A2 为单元格引用(相对引用,返回单元格 A2 中的值),＊(星号)为运算符(表示数字的乘积)。

(2) 公式"＝IF(A2＞＝0,PI()＊A2^2,"无意义")"利用条件判断函数 IF 实现条件测试功能,即判断单元格 A2 是否不小于 0(即半径是否不小于 0),如果是,计算面积;否则给出错误提示"无意义"。其中,^(脱字号)运算符表示数字的乘方(幂)。

# 4.1.2 公式的组成和特点

Excel 公式是在单元格中输入的以＝(等号)开始,由常量、单元格引用、函数和运算符等组成的文本字符串。Excel 公式是计算指令,用于选择计算、返回信息、操作其他单元格的内容以及测试条件等,例如计算学生成绩的平均值;统计不及格的学生人数;预测销售业绩的趋势等。

Excel 公式具有下列特点:

(1) 公式是单元格中以＝(等号)开始的文本字符串。

(2) 公式单元格通常显示的是公式的计算结果值。通过快捷键 Ctrl＋`(或者单击"公式"选项卡上"公式审核"组中的"显示公式"按钮),可以在结果值和公式本身之间切换。

(3) 在打开工作簿时或者更改公式引用的单元格时,Excel 选择公式的自动计算。按 F9 功能键,也可以选择公式的自动计算。

【例 4-2】 公式的显示和自动计算。打开"fl4-2 公式的显示和自动计算.xlsx",按要求完成如下操作:

(1) 按快捷键 Ctrl＋`,在结果值和公式本身之间切换,如图 4-2 所示。

(2) 按 F9 功能键,观察公式的自动计算。单元格 B1 中的公式使用了 RANDBETWEEN 函数,每次按 F9 功能键都随机产生结果值。

| | A | B |
|---|---|---|
| 1 | 总房款额 | ¥1,200,000.00 |
| 2 | 首付房款额 | ¥240,000.00 |
| 3 | 李某需贷款数额 | ¥960,000.00 |
| 4 | 贷款年利率 | 5.23% |
| 5 | 还款时间（年） | 25.50 |
| 6 | 每月还款数额（期初） | ¥-5,662.26 |
| 7 | 还款合计 | ¥-1,732,650.27 |

| | A | B |
|---|---|---|
| 1 | 总房款额 | =RANDBETWEEN(1,10)*100000+500000 |
| 2 | 首付房款额 | =B1*20% |
| 3 | 李某需贷款数额 | =B1-B2 |
| 4 | 贷款年利率 | 0.0523 |
| 5 | 还款时间（年） | 25.5 |
| 6 | 每月还款数额（期初） | =PMT(B4/12,B5*12,B3,0,1) |
| 7 | 还款合计 | =B5*12*B6 |

(a) 显示公式的结果值         (b) 显示公式的本身

图 4-2　公式的显示和自动计算

## 4.1.3　公式的输入和编辑

Excel 提供了多种灵活的公式和函数的输入及编辑方式，主要如下：

（1）在单元格中手动输入公式。例如要在单元格 A3 中输入公式"＝A1＋A2"，选中单元格 A3，直接输入"＝A1＋A2"，然后按 Enter 键确认。

（2）在编辑栏中手动输入公式。例如要在单元格 A3 中输入公式"＝A1＋A2"，选中单元格 A3，在编辑栏中输入"＝A1＋A2"，然后按 Enter 键即可。

（3）使用选择方式输入单元格引用。例如要在单元格 A3 中输入公式"＝A1＋A2"，选中单元格 A3，在编辑栏中输入"＝"，然后单击选择 A1，输入"＋"，再单击选择 A2，最后按 Enter 键即可。在输入公式时，通过选择的方式引用单元格，优点是快捷，且不容易出错。

（4）使用"自动求和"命令按钮 Σ ▼ 插入公式。选择要插入公式的单元格，单击"开始"选项卡上"编辑"组（或"公式"选项卡上"函数库"组）中的"自动求和"命令按钮 Σ ▼，此时将自动插入包含 SUM 函数的公式，Excel 根据行列的数据自动猜测求和的单元格范围。如果单元格范围不正确，可手工调整。另外，可单击 Σ ▼，选择其他常用函数，例如 AVERAGE（平均值）、COUNT（计数）、MAX（最大值）、MIN（最小值）等。

（5）使用"插入函数"对话框输入公式。选择要插入公式的单元格，通过快捷键 Shift＋F3，或单击编辑栏左侧的 *fx* 按钮，打开"插入函数"对话框，如图 4-3 所示。查找并选择函数，单击"确定"按钮，随后打开"函数参数"对话框，如图 4-4 所示。指定函数的参数，单击"确定"按钮，完成公式的输入。

（6）使用"公式"选项卡中的命令按钮在公式中插入函数。在输入或者编辑公式时，通过"公式"选项卡上"函数库"组中的一系列命令按钮选择插入函数，如图 4-5 所示。其中，单击"插入函数"命令按钮将打开如图 4-3 所示的"插入函数"对话框；单击其他命令按钮将打开相应类别的函数列表，选择函数后直接打开如图 4-4 所示的"函数参数"对话框。

（7）使用自动完成和提示功能输入公式函数。在公式中输入函数时，Excel 提供了自动完成和提示辅助功能。例如选择单元格 F4，从键盘输入"＝S"，显示以字母 S 开始的函数或单元格名称；继续输入字母 U，显示以字母 SU 开始的函数或单元格名称列表，如图 4-6 所示；按 ↑、↓ 方向键选择所需函数，例如 SUBTOTAL，按 Tab 键自动完成函数的输入并显示 SUBTOTAL 函数的参数提示，如图 4-7 所示。当然，用户也可以直接在函数或单元格名称列表中双击所需函数，显示所需函数的参数提示。

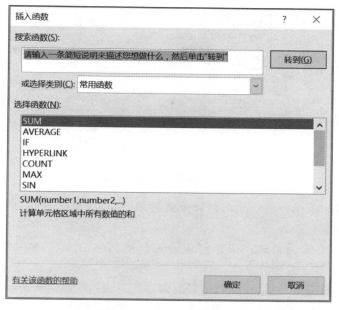

图 4-3 "插入函数"对话框

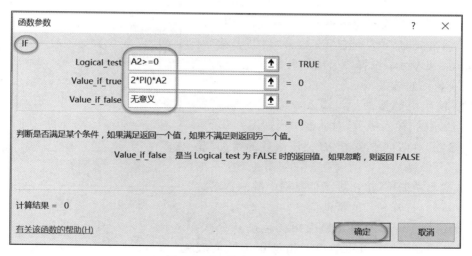

图 4-4 "函数参数"对话框

图 4-5 "公式"选项卡中的"函数库"组

| | A | B | C | D | E | F |
|---|---|---|---|---|---|---|
| 1 | | \multicolumn{5}{c}{2018年度销售业绩（单位：万元）} | |
| 2 | | 1季度 | 2季度 | 3季度 | 4季度 | 合计 |
| 3 | 华东 | 217 | 130 | 175 | 126 | =SU |
| 4 | 华南 | 208 | 152 | 84 | 158 | _fx_ SUBSTITUTE |
| 5 | 华中 | 131 | 79 | 87 | 105 | _fx_ SUBTOTAL |
| 6 | 华北 | 151 | 122 | 134 | 120 | _fx_ SUM |
| 7 | 其他 | 121 | 97 | 102 | 112 | _fx_ SUMIF |
| 8 | | | | | | _fx_ SUMIFS |
| 9 | | | | | | _fx_ SUMPRODUCT |
| 10 | | | | | | |

图 4-6 函数自动完成辅助功能

图 4-7　函数参数提示功能

（8）在单元格中编辑公式。双击包含公式的单元格,编辑公式,然后按 Enter 键确认,或按 Esc 键取消编辑。

（9）在编辑栏中编辑公式。选择包含公式的单元格,在编辑栏中编辑公式,然后按 Enter 键确认,或按 Esc 键取消编辑。

（10）使用"函数参数"对话框编辑函数的参数。在输入或编辑公式时,选择公式中需要修改参数的函数,通过快捷键 Shift+F3 打开如图 4-4 所示的"函数参数"对话框,以修改函数参数。

（11）在输入公式时使用单元格的名称引用。在输入或编辑公式时,按功能键 F3 打开"粘贴名称"对话框,如图 4-8 所示;选择要引用的名称,单击"确定"按钮,完成名称的输入。

（12）使用函数帮助。在输入或编辑公式时,在如图 4-3 所示的"插入函数"对话框中或如图 4-4 所示的"函数参数"对话框中单击"有关该函数的帮助"超链接,将打开该函数的帮助信息。在如图 4-7 所示的函数参数提示功能中,单击提示信息框中的函数名称超链接,也可以打开函数的帮助信息。

图 4-8　"粘贴名称"对话框

（13）使用 Excel 的单元格引用颜色确认公式。在编辑公式时,公式中引用的单元格使用不同的颜色标识,以帮助用户确认公式的正确引用。

【例 4-3】　公式的输入和编辑。打开"fl4-3 公式的输入和编辑.xlsx",按要求完成如下操作:

（1）直接在单元格 F3 中输入公式"=B3+C3+D3+E3"。

（2）通过编辑栏在单元格 F4 中输入公式"=SUBTOTAL(9,B4:E4)"。

（3）通过"插入函数"对话框在单元格 F5 中输入公式"=SUM(B5:E5)"。

（4）使用"自动求和"命令按钮 Σ· 在单元格 F6 中输入公式"=AVERAGE(B6:E6)"。

（5）在单元格 F7 中输入公式"=SUM(其他销售)"。

公式结果如图 4-9 所示。

| | A | B | C | D | E | F |
|---|---|---|---|---|---|---|
| 1 | | 2018年度销售业绩（单位：万元） | | | | |
| 2 | | 1季度 | 2季度 | 3季度 | 4季度 | 合计 |
| 3 | 华东 | 217 | 130 | 175 | 126 | =B3+C3+D3+E3 |
| 4 | 华南 | 208 | 152 | 84 | 158 | =SUBTOTAL(9,B4:E4) |
| 5 | 华中 | 131 | 79 | 87 | 105 | =SUM(B5:E5) |
| 6 | 华北 | 151 | 122 | 134 | 120 | =AVERAGE(B6:E6) |
| 7 | 其他 | 121 | 97 | 102 | 112 | =SUM(其他销售) |

图 4-9 公式的输入和编辑

**【参考步骤】**

（1）选择单元格 F3，通过键盘直接输入公式"＝B3＋C3＋D3＋E3"，按 Enter 键完成输入。

（2）选择单元格 F4，单击定位到编辑栏，从键盘直接输入"＝SU"，显示以字母 SU 开始的函数或单元格名称；按 ↓ 方向键选择函数 SUBTOTAL，按 Tab 键自动完成函数输入；从键盘输入"9，"；用鼠标选择单元格区域 B4:E4；从键盘输入"）"；按 Enter 键完成输入。

（3）选择单元格 F5，按快捷键 Shift＋F3 打开"插入函数"对话框；查找并选择函数 SUM，单击"确定"按钮，打开"函数参数"对话框；指定函数的参数，在参数 Number1 文本框中直接输入或选择单元格区域 B5:E5，单击"确定"按钮完成输入。

（4）选择单元格 F6，单击"公式"选项卡上"函数库"组中的"自动求和"命令按钮 Σ ▾，选择其下拉列表中的"平均值"命令；调整 AVERAGE 的参数为 B6:E6，按 Enter 键完成输入。

（5）选择单元格 F7，单击"公式"选项卡上"函数库"组中的"自动求和"命令按钮 Σ ▾；按功能键 F3，打开"粘贴名称"对话框，选择"其他销售"；按 Enter 键完成输入。注意，单元格的名称"其他销售"指向单元格区域 B7:E7。

# 4.2 公式中的常量

常量为数值型、文本型、日期型和逻辑型的字面量。例如，语文成绩 98（数值型）、5 除以 －4 的结果为 －1.25（数值型）、美联航 UA 行李托运费 $100（数值型）、人民币贷款年利息 6.15％（数值型）、学生学号"10191300425"（文本型）、2020 年的端午节"2020 年 6 月 25 日"或者"2020/6/25"或者"2020-6-25"（日期型，在 Excel 内部表示为 44007）、比较运算 80＞65 的结果为 TRUE（逻辑型）、逻辑运算"AND(2＋2＝4，2＋3＝6)"的结果为 FALSE（逻辑型）等。

再如，公式"＝2＊PI()＊A2"中的 2 为数值常量；公式"＝(YEAR(D2)－YEAR(C2))&"岁""中的"岁"是文本常量。

视频讲解

# 4.3 单元格的引用

通过引用，可以在公式中使用工作表不同部分的数据；使用同一个工作簿中不同工作表上的单元格；使用其他工作簿中工作表中的数据。引用不同工作簿中的单元格也称为链接或外部引用。

视频讲解

为了标识工作表上的单元格或单元格区域,从而指明公式中所使用数据的位置,Excel
提供了多种单元格引用方式,以方便使用者根据不同需求选取最简洁的方式。

在 Excel 中有 3 种单元格引用样式,即 A1 引用样式、R1C1 引用样式和单元格名称引
用。单元格的引用方式则可以分为相对引用、绝对引用和混合引用 3 种。

## 4.3.1  A1 引用样式

在默认情况下,Excel 使用 A1 引用样式,即列标和行号的组合表示法。列标使用字母
标识,从 A 到 XFD,共 16384 列;行号使用数字标识,从 1 到 1048576。A1 引用样式示例参
见表 4-1 所示。

表 4-1  A1 引用样式示例

| 引 用 方 式 | 引用的内容 |
| --- | --- |
| B10 | 列 B 和行 10 交叉处的单元格 |
| B10:B20 | 列 B 的行 10 到行 20 的单元格区域 |
| B15:E15 | 行 15 的列 B 到列 E 的单元格区域 |
| 5:5 | 行 5 中的全部单元格区域 |
| 5:10 | 行 5 到行 10 的全部单元格区域 |
| H:H | 列 H 中的全部单元格区域 |
| H:J | 列 H 到列 J 的全部单元格区域 |
| A10:E20 | 列 A 到列 E 和行 10 到行 20 的单元格区域 |
| Sheet2!B1:B10 | 同一工作簿中工作表 Sheet2 在列 B 的行 1 到行 10 的单元格区域 |
| [Book2]Sheet2!B10 | 工作簿 Book2 的工作表 Sheet2 中列 B 和行 10 交叉处的单元格 |

## 4.3.2  R1C1 引用样式

Excel 也可以使用 R1C1 引用样式,即 R 行号和 C 列标的组合表示法。在 R1C1 样式
中,行号在 R(Row)后,从 1 到 1048576;列标在 C(Column)后,从 1 到 16384。使用 R1C1
引用样式,可以快速、准确地定位单元格,特别适用于 Excel 宏内的行和列的编程引用。
R1C1 引用样式示例参见表 4-2。

表 4-2  R1C1 引用样式示例

| 引 用 方 式 | 引用的内容 |
| --- | --- |
| R2C2 | 对在工作表的第 2 行、第 2 列的单元格的绝对引用 |
| R[2]C[2] | 对活动单元格的下面两行、右面两列的单元格的相对引用 |
| R[−2]C | 对活动单元格的同一列、上面两行的单元格的相对引用 |
| R[−1] | 对活动单元格整个上面一行单元格区域的相对引用 |
| R | 对当前行的绝对引用 |

选择"文件"选项卡中的"选项"命令,打开"Excel 选项"对话框,在"公式"类别中的"使
用公式"设置处选中或者取消选中"R1C1 引用样式"复选框,如图 4-10 所示,可以打开或者

关闭 R1C1 引用样式。

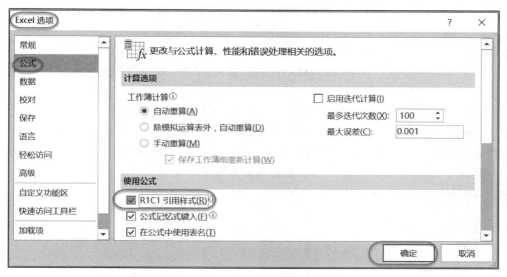

图 4-10　打开或者关闭 R1C1 引用样式

## 4.3.3　单元格的名称引用

在 Excel 中还可以使用名称标识若干单元格组成的区域,以简化单元格区域的引用。例如,如果定义单元格区域 A1：Z1 的名称为 scores,则公式"＝SUM（scores）"等价于"＝SUM（A1：Z1）"。

Excel 中名称的定义一般遵循以下规则：

（1）名称必须以字母或下画线（"_"）开头,其后跟字母、数字、下画线或点。当然,还可以用中文命名名称。例如,StuName、Class2、A_2、B.5、成绩、_3Apples 等为正确的名称,而 123、6Girls 等为错误的名称。

（2）不能与单元格地址相同,例如 A2 为错误的名称。

（3）不能以字母 R、C、r、c 作为名称,因为它们在 R1C1 引用样式中表示工作表的行、列。

（4）名称中不能包含空格。

（5）名称字符不能超过 255 个字符。

（6）名称中的字母不区分大小写。

在一般情况下,名称应该便于记忆且尽量简短,否则就违背了定义名称的初衷。

在选中单元格区域后,可以通过以下几种方法定义名称。

（1）在编辑栏的"名称"框中输入指定的名称,然后按 Enter 键。

（2）选择"公式"选项卡上"定义的名称"组中的"定义名称"|"定义名称"命令,打开如图 4-11 所示的"新建名称"对话框,在"名称"文本框中输入用于引用的名称;在默认情况下,名称定义在"工作簿"范围,也可以在"范围"下拉列表框中选择工作表,例如 Sheet1;在"引用位置"文本框中选择或输入单元格引用。

**【拓展】**

在"新建名称"对话框中,"引用位置"文本框中的内容是以"＝"开头的,而"＝"在 Excel 中是公式的标志,所以完全可以将名称理解为一个有名字的公式。创建名称实质上是创建命名公式。

除了单元格区域以外,Excel 还可以为常量(数字、文本、数组等)、公式和函数、Excel 表格等定义和应用名称。

(3) 单击"公式"选项卡上"定义的名称"组中的"根据所选内容创建"按钮,打开如图 4-12 所示的"根据所选内容创建名称"对话框,通过选中"首行""最左列""末行"或"最右列"复选框来指定包含标签的位置。使用此过程创建的名称仅引用包含值的单元格,并且不包括现有行和列标签。注意,此时所选择的需要命名的区域应该包括行或列标签。

图 4-11　"新建名称"对话框　　　　图 4-12　根据所选内容创建名称

(4) 单击"公式"选项卡上"定义的名称"组中的"名称管理器"按钮,打开如图 4-13 所示的"名称管理器"对话框。单击"新建"按钮,可以打开"新建名称"对话框定义名称。

图 4-13　名称管理器

【拓展】

在"名称管理器"对话框中还提供了名称的编辑和删除功能。

（1）选择名称列表框中的已定义名称，单击"编辑"按钮，或者直接双击该名称，将弹出"编辑名称"对话框，可以编辑名称。

（2）选择名称列表框中的一个或多个已定义名称，单击"删除"按钮，可以删除不再需要的名称。

【例4-4】 名称的定义和应用示例1（计算和查询面积和体积）。打开"fl4-4 名称（面积体积）.xlsx"，参照图4-14，利用名称、单元格引用、常量、行和列标签等计算各种形状的（表）面积和体积，并通过行、列交叉点的名称引用查询各种形状的（表）面积和体积。具体要求如下：

（1）将圆周率3.14159定义为常量名称PI。

（2）将半径所在的单元格B2定义为名称radius，将高所在的单元格B3定义为名称$h$。

（3）在B6:C8单元格区域参照表4-3所示的公式计算圆、球体和圆柱体的（表）面积和体积，并保留两位小数。由于圆是平面的，无体积之说，所以显示"无意义"。

（4）将A5:C8单元格区域的首行和首列定义为对应行、列的名称，然后通过行、列交叉点的名称引用查询各种形状的（表）面积和体积。例如，在E6单元格中输入公式"＝球体积"，将显示球的体积65.45。

(a) 素材

(b) 结果

图4-14 名称的定义和应用示例1（计算和查询面积和体积）

表4-3 圆、球体和圆柱体的（表）面积和体积公式

| | （表）面积 | 体 积 |
|---|---|---|
| 圆 | $\pi r^2$ | — |
| 球体 | $4\pi r^2$ | $\frac{4}{3}\pi r^3$ |
| 圆柱体 | $2\pi r(r+h)$ | $\pi r^2 h$ |

【参考步骤】

（1）定义圆周率常量名称。选择"公式"选项卡上"定义的名称"组中的"定义名称"|"定义名称"命令，打开"新建名称"对话框，在"名称"文本框中输入用于引用的名称PI，在"引用位置"文本框中输入"＝3.14159"。

（2）定义单元格引用名称radius（半径）和$h$（高）。分别选中B2和B3单元格，在编辑栏的"名称"框中输入指定的名称。

（3）输入计算圆、球体和圆柱体的（表）面积和体积的公式，并保留两位小数。

① 计算圆的面积。在 B6 单元格中输入公式"＝ROUND(PI * radius^2,2)"，在 C6 单元格中输入"无意义"。

② 计算球体的表面积和体积。在 B7 单元格中输入公式"＝ROUND(4 * PI * radius^2,2)"，在 C7 单元格中输入公式"＝ROUND(4 * PI * radius^3/3,2)"。

③ 计算圆柱体的表面积和体积。在 B8 单元格中输入公式"＝ROUND(2 * PI * radius * (radius＋h),2)"，在 C8 单元格中输入公式"＝ROUND(PI * radius^2 * h,2)"。

（4）将 A5:C8 单元格区域的首行和首列定义为对应行、列的名称。选中 A5:C8 单元格区域，单击"公式"选项卡上"定义的名称"组中的"根据所选内容创建"按钮，打开"以选定区域创建名称"对话框，选中"首行"和"最左列"复选框。

（5）通过行、列交叉点的名称引用查找各种形状的（表）面积和体积。在 E6 单元格中输入公式"＝球 体积"，将显示球体的体积 65.45；在 E6 单元格中输入公式"＝圆柱 面积"，将显示圆柱体的面积 133.52。

【例 4-5】 名称的定义和应用示例 2（计算总分和平均分）。打开"fl4-5 名称（成绩）.xlsx"，参照图 4-15，利用公式和函数定义名称，计算学生语、数、外 3 门功课的总分和平均分。具体要求如下：

（1）在公式中利用加法运算符创建名称"总分"，计算语、数、外 3 门功课的总分。

（2）利用 AVERAGE 函数创建名称"平均分"，计算语文、数学、英语 3 门功课的平均分，并利用 ROUND 函数保留到整数部分。

| G2 | | × ✓ | $f_x$ | =平均分 | | |
|---|---|---|---|---|---|---|
| ▲ | A | B | C | D | E | F | G |
| 1 | 学号 | 姓名 | 语文 | 数学 | 英语 | 总分 | 平均分 |
| 2 | B13121501 | 朱洋洋 | 58 | 55 | 67 | 180 | 60 |
| 3 | B13121502 | 赵霞霞 | 79 | 86 | 89 | 254 | 85 |
| 4 | B13121503 | 周萍萍 | 87 | 74 | 84 | 245 | 82 |
| 5 | B13121504 | 阳一昆 | 51 | 41 | 55 | 147 | 49 |

图 4-15　名称的定义和应用示例 2（计算总分和平均分）

【参考步骤】

（1）利用加法运算符创建名称"总分"。选择"公式"选项卡上"定义的名称"组中的"定义名称"|"定义名称"命令，打开"新建名称"对话框。在"名称"文本框中输入用于引用的名称"总分"，在"引用位置"文本框中输入求和公式"＝C2＋D2＋E2"。

（2）利用名称计算总分。单击 F2 单元格，输入公式"＝总分"，并填充至 F16 单元格。

（3）利用函数求平均值创建名称"平均分"。选择"公式"选项卡上"定义的名称"组的"定义名称"下拉列表中的"定义名称"命令，打开"新建名称"对话框，在"名称"文本框中输入用于引用的名称"平均分"，在"引用位置"文本框中输入计算平均分（并保留整数）的公式"＝ROUND(AVERAGE(C2:E2),0)"。

（4）利用名称计算平均分。单击 G2 单元格，输入公式"＝平均分"，并向下填充至 G16 单元格。

## 4.3.4 三维引用样式

三维引用用于引用同一工作簿中多张工作表上的同一单元格或单元格区域中的数据，进而可以使用 SUM、AVERAGE、COUNT、MAX、MIN 等统计函数进行数据分析。

三维引用的格式为"工作表名称的范围!单元格或区域引用"。其中，工作表名称的范围为"开始工作表名：结束工作表名"。三维引用使用存储在引用开始名和结束名之间的任何工作表。

例如，公式"=SUM(Sheet2：Sheet8! B5)"将对从工作表 Sheet2 到工作表 Sheet8 所有包含在 B5 单元格内的值求和。

【例 4-6】 单元格的三维引用(统计代理店总数量)。在"fl4-6 三维引用.xlsx"的各工作表的单元格 B1 中存放了不同地域(华东、华南、华北、华中和其他)的代理店数量，在"华东"工作表的 C1 单元格中输入公式，统计所有代理店的总数量。结果如图 4-16 所示。

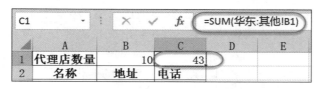

图 4-16 单元格的三维引用示例

【参考步骤】

在"华东"工作表的单元格 C1 中输入公式"=SUM(华东：其他! B1)"。

## 4.3.5 绝对引用与相对引用

公式中的相对单元格引用(例如 A1)是基于包含公式和所引用单元格的相对位置。如果公式所在单元格的位置改变，或者复制公式到新的单元格，则目标单元格公式中的相对引用会自动调整。在默认情况下，新建立的公式使用相对引用。例如，如果将单元格 B2 中的相对引用"=A1"复制到单元格 B3，则单元格 B3 的内容自动调整为"=A2"。

公式中的绝对单元格引用(例如\$A\$1)总是引用所指定单元格的位置。如果公式所在单元格的位置改变，或者复制公式到新的单元格，则目标单元格公式中的绝对引用保持不变。例如，如果将单元格 B2 中的绝对引用"=\$A\$1"复制到单元格 B3，则两个单元格中的公式一样，都是"=\$A\$1"。

如果公式中的混合引用具有绝对列和相对行，或是绝对行和相对列，绝对引用列采用 \$A1、\$B1 等形式；绝对引用行采用 A\$1、B\$1 等形式。如果公式所在单元格的位置改变，或者复制公式到新的单元格，则目标单元格公式中的相对引用改变，而绝对引用不变，这是一种混合引用的形式。例如，如果将一个混合引用"=A\$1"从 B2 复制到 C3，则单元格 C3 的内容自动调整为"=B\$1"。

切换相对引用、绝对引用和混合引用的快捷键为 F4。

【例 4-7】 公式的复制和填充。在"fl4-7 公式的复制和填充.xlsx"的 Sheet1 工作表中存放了职工的基本工资、补贴、奖金和基本工资涨幅信息,按要求完成如下操作,结果如图 4-17 所示。

| | A | B | C | D | E | F |
|---|---|---|---|---|---|---|
| 1 | 姓名 | 基本工资 | 补贴 | 奖金 | 合计 | 基本工资调整 |
| 2 | 李一明 | ¥2,028 | ¥301 | ¥1,438 | ¥3,767 | ¥2,129 |
| 3 | 赵丹丹 | ¥1,436 | ¥210 | ¥ 523 | ¥2,169 | ¥1,508 |
| 4 | 王清清 | ¥2,168 | ¥257 | ¥1,745 | ¥4,170 | ¥2,276 |
| 5 | 胡安安 | ¥1,394 | ¥331 | ¥1,138 | ¥2,863 | ¥1,464 |
| 6 | 钱军军 | ¥1,374 | ¥299 | ¥1,068 | ¥2,741 | ¥1,443 |
| 7 | 孙莹莹 | ¥1,612 | ¥200 | ¥3,338 | ¥5,150 | ¥1,693 |
| 8 | 基本工资涨幅 | 5% | | | | |

图 4-17 公式的复制和填充结果

(1) 在单元格 E2 中输入计算职工工资合计的公式"＝基本工资＋补贴＋奖金"。复制单元格 E2 中的公式到单元格 E3,并利用填充柄将公式填充到 E4:E7 单元格区域中。

(2) 在单元格 F2 中输入计算基本工资调整的公式"＝基本工资 * (1＋基本工资涨幅)"。复制单元格 F2 中的公式到单元格 F3,并利用填充柄将公式填充到 F4:F7 单元格区域中。

(3) 观察公式复制和填充时相对引用和绝对引用的变化。

【参考步骤】

(1) 在 E2 单元格中输入公式"＝B2＋C2＋D2";复制 E2 单元格到 E3 单元格;利用填充柄将公式填充到 E7 单元格。

(2) 在 F2 单元格中输入公式"＝B2 * (1＋$B$8)";复制 F2 单元格到 F3 单元格;利用填充柄将公式填充到 F7 单元格。

(3) 按快捷键 Ctrl＋`,观察公式复制和填充时相对引用和绝对引用的变化,如图 4-18 所示。

| | A | B | C | D | E | F |
|---|---|---|---|---|---|---|
| 1 | 姓名 | 基本工资 | 补贴 | 奖金 | 合计 | 基本工资调整 |
| 2 | 李一明 | 2028 | 301 | 1437.5 | =B2+C2+D2 | =B2*(1+$B$8) |
| 3 | 赵丹丹 | 1436 | 210 | 522.5 | =B3+C3+D3 | =B3*(1+$B$8) |
| 4 | 王清清 | 2168 | 257 | 1745 | =B4+C4+D4 | =B4*(1+$B$8) |
| 5 | 胡安安 | 1394 | 331 | 1137.5 | =B5+C5+D5 | =B5*(1+$B$8) |
| 6 | 钱军军 | 1374 | 299 | 1067.5 | =B6+C6+D6 | =B6*(1+$B$8) |
| 7 | 孙莹莹 | 1612 | 200 | 3337.5 | =B7+C7+D7 | =B7*(1+$B$8) |
| 8 | 基本工资涨幅 | 0.05 | | | | |

图 4-18 公式复制和填充时相对引用和绝对引用的变化

视频讲解

# 4.4 公式中的运算符

运算符用于对一个或多个操作数进行计算并返回结果值。Excel 中包括 4 种类型的运算符,即算术、比较、文本连接和引用运算符。

## 4.4.1　算术运算符

算术运算符用于基本的数学运算,复杂的数学运算可使用 Excel 函数。Excel 算术运算符包括以下几种:

- ＋(加号)。加法,例如"＝1＋2"的结果为 3。
- －(减号)。减法,例如"＝2－1"的结果为 1。
- ＊(星号)。乘法,例如"＝2＊3"的结果为 6。
- /(正斜杠)。除法,例如"＝6/2"的结果为 3。
- ^(脱字号)。乘方,例如"＝2^3"的结果为 8。

【说明】

(1) 算术运算符的操作数一般为数值类型数据。

(2) 当操作数包含日期类型数据(Excel 内部为数值)时,将自动转换为数值。例如,假设 A1 为日期 2020/4/6(Excel 内部值为 43927),则公式"＝A1＋1"的结果为 43928(即 2020 年 4 月 7 日)。

(3) 当操作数包含逻辑类型数据时,TRUE 转换为 1,FALSE 转换为 0。例如,公式"＝1＋TRUE"的结果为 2。

(4) 当操作数包含数字文本时,将自动转换为数值。例如,公式"＝1＋"456""的结果为 457。

(5) 当操作数包含字母文本时,结果为"♯VALUE!",表示操作类型错误。例如,公式"＝1＋"abc""的结果为"♯VALUE!"。

## 4.4.2　比较运算符

比较运算符用于比较两个值,结果为逻辑值 TRUE 或者 FALSE。Excel 比较运算符包括以下几种(假设 A1 为 12,B1 为 22):

- ＝(等号)。等于,例如"＝A1＝B1"的结果为 FALSE。
- ＞(大于号)。大于,例如"＝A1＞B1"的结果为 FALSE。
- ＜(小于号)。小于,例如"＝A1＜B1"的结果为 TRUE。
- ＞＝(大于或等于号)。大于或等于,例如"＝A1＞＝B1"的结果为 FALSE。
- ＜＝(小于或等于号)。小于或等于,例如"＝A1＜＝B1"的结果为 TRUE。
- ＜＞(不等号)。不等于,例如"＝A1＜＞B1",结果为 TRUE。

【说明】

(1) 数值类型数据的比较按数值大小顺序。

(2) 日期和时间类型数据的比较按日期和时间的大小顺序。

(3) 文本类型数据的比较按 Unicode 码的大小顺序。

(4) 不同类型的数据比较时,数值＜文本＜FALSE＜TRUE。

### 4.4.3　文本连接运算符

文本连接运算符(&)用于连接两个文本字符串。例如"＝"张三"&"先生/女士""，结果为"张三先生/女士"。

### 4.4.4　引用运算符

引用运算符用于对单元格区域进行合并计算。Excel 引用运算符包括以下几种：

- ：(冒号)。区域运算符，生成一个对两个引用之间所有单元格的引用(包括这两个引用)。例如"B5：B15"。
- ，(逗号)。联合运算符，将多个引用合并为一个引用。例如"SUM(B5：B15,D5：D15)"。
- □(空格)。交集运算符，生成一个对两个引用中共有单元格的引用。例如"SUM(B7：D7 □C6：C8)"。(其中,□表示空格。)

### 4.4.5　运算符的优先级

Excel 按照公式中每个运算符的特定顺序从左到右计算公式。Excel 运算符的优先级为引用运算符(：、,、(空格))＞负数(−)＞百分比(％)＞乘和除运算符(＊、/)＞加和减运算符(＋、−)＞文本连接运算符(&)＞比较运算符(＝、＞、＜、＜＝、＞＝、＜＞)。

视频讲解

## 4.5　函数

### 4.5.1　函数概述

函数又称为工作表函数,是预定义的公式。函数对某个区域内的数值进行一系列运算,例如求和、计算平均值、确定贷款的支付额等。例如,SUM 函数对单元格或者单元格区域进行加法运算。

通过函数调用可以传递参数,进行特定的运算,并返回运算结果。例如"SUM(A1：A10)",将单元格 A1 至 A10 的数据传递给求和函数 SUM,计算并返回其和。

使用函数可以简化运算。例如,如果不使用函数,则计算 A1：A10 的平均值公式为"＝(A1＋A2＋A3＋A4＋A5＋A6＋A7＋A8＋A9＋A10)/10"；如果使用函数 AVERAGE,则可以简化为"＝AVERAGE(A1：A10)"。

使用函数还可以实现复杂的运算逻辑。例如,使用 PMT 函数"＝PMT(5.8％/12,30＊12,1000000)"可以根据贷款总额、利率、还款期数自动计算等额分期还款的每期还款额。

Excel 工作表函数分为 Excel 预定义的内置函数和用户创建的自定义函数两大类。用户可以根据实际需要创建特定的数据处理函数。

## 4.5.2　内置工作表函数

Excel 提供了十几个大类、几百个函数,可以完成大多数数据处理功能。Excel 主要包括数学与三角函数、逻辑函数、文本函数、日期与时间函数、统计函数、财务函数、查找与引用函数、工程函数、数据库函数、信息函数以及用户自定义函数等函数类别。

本书将陆续展开对常用内置工作表函数及其应用的阐述。

## 4.5.3　用户自定义函数

如果要在公式或计算中使用特别复杂的计算,而 Excel 预定义的内置函数又无法满足需要,则可以使用 Visual Basic for Applications 创建用户自定义函数。具体请参见本书第 17 章。

## 4.5.4　在公式中使用函数

根据函数的定义,在公式中使用函数时传入必需参数。函数右边括号中的内容称为参数,如果一个函数包括多个参数,那么参数与参数之间使用半角逗号进行分隔。

例如,根据固定付款额和固定利率计算贷款付款额的函数的语法为:

```
PMT(rate, nper, pv, [fv], [type])
```

其中,必需参数包括 rate(贷款利率)、nper(贷款的付款期数)、pv(现值,即本金);可选参数包括 fv(未来值)和 type(支付时间,0 为期末,1 为期初),默认为 0。

在公式中使用函数 PMT 时,必须传入必需参数 rate、nper 和 pv。如果没有传入可选参数 fv 和 type,则使用其默认值。注意,在传递可选参数 type 时,必须传递可选参数 type 之前的所有参数,即需要同时指定可选参数。

参数可以是常量、单元格引用、公式或者函数等。参数的类型和位置必须满足函数语法的要求,否则将返回错误信息。

例如,假定贷款 50 万元,年利率为 6%,分 10 年还清,则月返款额的计算公式为:

$$=PMT(6\%/12,10*12,500000)$$

【例 4-8】　公式中函数的使用(计算贷款额和还款额)。在“fl4-8 公式中函数的使用.xlsx”中存放着王先生向银行贷款购置住房的有关信息,假设总房价为 200 万元,首付按照总房价的 20% 计算,其余从银行贷款,贷款利率为 5.23%,分 30 年还清,计算每月还给银行的贷款数额以及总还款额(假定每次为等额还款,还款时间为每月的月末)。结果如图 4-19 所示。

【参考步骤】

(1) 计算首付房款额。在 B2 单元格中输入公式“=B1*20%”。

(2) 计算需贷款余额。在 B3 单元格中输入公式“=B1−B2”。

(3) 计算每月还款数额(期末还款)。在 B6 单元格中输入公式“=PMT(B4/12,B5*12,B3)”。

(4) 计算期末还款合计。在 B7 单元格中输入公式“=B6*B5*12”。

| | A | B |
|---|---|---|
| 1 | 总房款额 | ¥2,000,000.00 |
| 2 | 首付房款额 | |
| 3 | 需贷款数额 | |
| 4 | 贷款年利率 | 5.23% |
| 5 | 还款时间（年） | 30.00 |
| 6 | 每月还款数额（期末） | |
| 7 | 期末还款合计 | |

(a) 素材

| | A | B |
|---|---|---|
| 1 | 总房款额 | ¥2,000,000.00 |
| 2 | 首付房款额 | ¥400,000.00 |
| 3 | 需贷款数额 | ¥1,600,000.00 |
| 4 | 贷款年利率 | 5.23% |
| 5 | 还款时间（年） | 30.00 |
| 6 | 每月还款数额（期末） | ¥-8,815.45 |
| 7 | 期末还款合计 | ¥-3,173,561.83 |

(b) 结果

图 4-19　购房贷款

视频讲解

# 4.6　公式审核和公式求解

当在单元格中使用公式和函数不当时，会产生错误信息。使用公式审核可以查找选定单元格公式的引用错误；使用公式求解可以单步调试公式的运行过程和结果。

## 4.6.1　使用公式和函数产生的常见错误信息

使用公式和函数产生的常见错误信息参见表 4-4。

表 4-4　使用公式和函数产生的常见错误信息

| 错误信息 | 错误原因 | 举例 |
|---|---|---|
| #DIV/0! | 公式中除法运算分母为 0 | 如果 A2＝123，A3＝0，则公式"＝A2/A3"会产生该错误提示信息 |
| #N/A | 当在函数或者公式中没有可用数值时，将产生错误值"#N/A" | 使用 VLOOKUP 函数的公式，未在源表内出现的数据，就会显示"#N/A" |
| #NAME? | 在公式中引用了不存在的名称，或者函数的参数个数或类型不匹配，产生该错误提示信息 | 对于公式"＝func1(A1)"，当工作表函数 func1 不存在时，会产生该错误提示信息 |
| #NULL! | 公式或者函数中的区域运算符或单元格引用不正确 | 公式"＝SUM(A1:A5 B1:B5)"将会产生错误提示信息"#NULL"，因为单元格区域 A1:A5 和 B1:B5 没有交集 |
| #NUM! | 公式或者函数中所用的某数字有问题。可能是公式结果值超出 Excel 数值范围；也可能是在需要数字参数的函数中使用了无法接受的参数 | 公式"＝POWER(999999,999999)"或者"＝SQRT(−2)"会产生该错误提示信息 |
| #REF! | 公式或者函数中引用了无效的单元格。删除公式中所引用的单元格，或将已移动的单元格粘贴到其他公式所引用的单元格上，就会出现这种错误 | 如果 A1＝123，A2＝0，在 A3 中输入公式"＝A1＊A2"，得到正确的结果 0。但此时删除单元格 A1 或者 A2，均会产生该错误提示信息 |
| #VALUE! | 公式或函数中所使用的参数或操作数类型错误。当公式中应该是数字或逻辑值时，却输入了文本；或者将单元格引用、公式或者函数作为数组常量输入，就会出现这种错误 | 如果 A1＝"Hello"，A2＝123，则公式"＝A1＋A2"会产生该错误提示信息 |

Excel 提供了以下 3 个用于判断单元格错误的信息函数(具体参见本书 4.8.4 节)。

(1) ISERROR 函数。如果单元格包含任何错误(＃N/A、＃VALUE!、＃REF!、＃DIV/0!、＃NUM!、＃NAME?、＃NULL!),返回 TRUE;否则返回 FALSE。

(2) ISERR 函数。如果单元格包含除＃N/A 以外的任何错误,返回 TRUE;否则返回 FALSE。

(3) ISNA 函数。如果单元格包含＃N/A 错误,返回 TRUE;否则返回 FALSE。

## 4.6.2 公式审核

使用 Excel 公式审核功能可以查找与公式相关的单元格,显示受单元格内容影响的公式,追踪错误值的来源。

【例 4-9】 公式审核应用示例(还款额和房款额)。在“fl4-9 公式审核(房贷).xlsx”中存放了李先生为了买房而向银行贷款的信息,总房价为 56 万元,首付按照总房价的 20％计算,其余从银行贷款,年利率为 5.23％,分 25 年半还清,计算每月应还给银行的贷款数额(假定每次为等额还款,还款时间为每月的月初)。具体要求如下:

(1) 对计算“每月还款数额”所在的单元格进行“追踪引用单元格”操作,观察单元格引用情况。

(2) 对“总房款额”所在的单元格进行“追踪从属单元格”操作,观察单元格被引用情况。

(3) 审核单元格 B8 的公式内容,检查公式错误信息。

【参考步骤】

(1) 追踪公式中的引用单元格。选中“贷款计算”工作表中的单元格 B6,在“公式”选项卡上单击“公式审核”组中的“追踪引用单元格”按钮。

(2) 显示单元格从属的公式单元格。选中单元格 B1,在“公式”选项卡上单击“公式审核”组中的“追踪从属单元格”按钮,结果如图 4-20 所示。

(3) 清除跟踪箭头。在“公式”选项卡上单击“公式审核”组中的“删除箭头”按钮。

(4) 显示/隐藏公式。按快捷键 Ctrl+`,或者在“公式”选项卡上单击“公式审核”组中的“显示公式”按钮。公式显示如图 4-21 所示。

| | A | B |
|---|---|---|
| 1 | 总房款额 | ¥560,000.00 |
| 2 | 首付房款额 | ¥112,000.00 |
| 3 | 李某需贷款数额 | ¥448,000.00 |
| 4 | 贷款年利率 | 5.23% |
| 5 | 还款时间(年) | 25.50 |
| 6 | 每月还款数额(期初) | ¥-2,642.39 |
| 7 | 还款合计 | ¥-808,570.13 |
| 8 | | #VALUE! |

图 4-20 追踪引用从属单元格

| | A | B |
|---|---|---|
| 1 | 总房款额 | 560000 |
| 2 | 首付房款额 | =B1*20% |
| 3 | 李某需贷款数额 | =B1-B2 |
| 4 | 贷款年利率 | 0.0523 |
| 5 | 还款时间(年) | 25.5 |
| 6 | 每月还款数额(期初) | =PMT(B4/12,B5*12,B3,0,1) |
| 7 | 还款合计 | =B5*12*B6 |
| 8 | | =B1-A1 |

图 4-21 显示公式

（5）检查公式错误。选中单元格 B8，在"公式"选项卡上单击"公式审核"组中的"错误检查"按钮，以显示公式错误信息。

【说明】

（1）引用单元格是被其他单元格中的公式引用的单元格。例如，如果单元格 B3 中包含公式"＝B1－B2"，那么单元格 B3 的引用单元格就是单元格 B1 和 B2。

（2）从属单元格包含引用其他单元格的公式。例如，如果单元格 B2 中包含公式"＝B1 ＊ 20％"，那么单元格 B1 的从属单元格就是单元格 B2。

## 4.6.3　公式求值

使用 Excel 公式求值功能可以单步选择公式，实现公式调试。

【例 4-10】　公式求值应用示例（还款额）。单步调试"fl4-10 公式求值（房贷）. xlsx"中每月还款数额的计算公式。

【参考步骤】

选中单元格 B6，在"公式"选项卡上单击"公式审核"组中的"公式求值"按钮，打开如图 4-22 所示的"公式求值"对话框，单击"求值"按钮，单步选择公式。

图 4-22　"公式求值"对话框

【说明】

"公式求值"往往用于理解复杂的嵌套公式如何计算最终结果，因为这些公式存在若干个中间计算和逻辑测试。例如，对于公式"＝IF（AVERAGE（B2：B5）＞50，SUM（C2：C5），0）"，通过使用"公式求值"单步选择公式，按计算公式的顺序查看嵌套公式的不同求值部分，从而理解该公式的功能和作用。

## 4.6.4　使用监视窗口监测单元格

在工作表中，当某个单元格中的数据变化时，引用该单元格数据的单元格的值也会随之改变。使用浮动的"监视窗口"可以即时查看单元格中公式数值的变化以及单元格中使用的公式和地址等信息,即使这个单元格在当前的视图范围内不可见。

【例 4-11】 使用监视窗口监测单元格。使用监视窗口监视"fl4-11 监视窗口(商品库存).xlsx"中的库存总金额单元格 F79,在修改库存时可以通过监视窗口即时监视库存总金额。结果如图 4-23 所示。

| | A | B | C | D | E | F | 监视窗口 |
|---|---|---|---|---|---|---|---|
| 1 | 产品ID | 产品名称 | 单位数量 | 单价 | 库存量 | 库存金额 | |
| 71 | 70 | 苏打水 | 每箱24瓶 | 15.00 | 15 | 225.00 | |
| 72 | 71 | 义大利奶酪 | 每箱2个 | 21.50 | 26 | 559.00 | |
| 73 | 72 | 酸奶酪 | 每箱2个 | 34.80 | 14 | 487.20 | |
| 74 | 73 | 海哲皮 | 每袋3公斤 | 15.00 | 101 | 1515.00 | |
| 75 | 74 | 鸡精 | 每盒24个 | 10.00 | 43 | 430.00 | |
| 76 | 75 | 浓缩咖啡 | 每箱24瓶 | 7.75 | 125 | 968.75 | |
| 77 | 76 | 柠檬汁 | 每箱24瓶 | 18.00 | 57 | 1026.00 | |
| 78 | 77 | 辣椒粉 | 每袋3公斤 | 13.00 | 32 | 416.00 | |
| 79 | | | | | 库存总金额 | 74440.85 | |

监视窗口
添加监视... 删除监视

| 工作簿 | 工作表 | 名称 | 单元格 | 值 | 公式 |
|---|---|---|---|---|---|
| fl4-10... | Sheet1 | | F79 | 74440.85 | =SUM(F2:F78) |

图 4-23 通过监视窗口即时监视库存总金额

【参考步骤】

(1)打开 Excel 工作簿"fl4-11 监视窗口(商品库存).xlsx"。

(2)打开"监视窗口"并添加监视。在"公式"选项卡上单击"公式审核"组中的"监视窗口"按钮,打开"监视窗口",然后在"监视窗口"中单击"添加监视"按钮,选择或者输入要监视的单元格 F79。

(3)修改商品的库存量或者单价,通过"监视窗口"监视商品库存总金额。

# 4.7 数组和数组公式

视频讲解

## 4.7.1 数组

数组是一组数据的集合。Excel 数组有一维行数组、一维列数组和二维数组。

Excel 数组可以使用单元格区域表示,例如 A1:A3 为包含 3 个数据的列数组(垂直数组)。

Excel 数组也可以使用数组常量表示,例如{1,2,3}为包含 3 个数据的行数组(水平数组)。

### 1. 一维行数组

一维行数组又称为水平数组、行数组,由一行多列数据组成。

当一维行数组使用 Excel 单元格区域表示时,对应于一行多列单元格区域,例如 A1:C1。

当一维行数组使用数组常量表示时,对应于花括号({})中以逗号(,)分隔的数据,例如{1,2,3}。

### 2. 一维列数组

一维列数组又称为垂直数组、列数组,由一列多行数据组成。

当一维列数组使用 Excel 单元格区域表示时,对应于一列多行单元格区域,例如 A1:A3。

当一维列数组使用数组常量表示时,对应于花括号({})中以分号(;)分隔的数据,例如 {1;2;3}。

**3. 二维数组**

二维数组由多列多行数据组成。

当二维数组使用 Excel 单元格区域表示时,对应于多列多行单元格区域,例如 A1:C3。

当二维数组使用数组常量表示时,对应于花括号({})中以逗号(,)分隔行的数据、以分号(;)分隔列的数据,例如{1,2,3,4;5,6,7,8},包含 2 行 4 列数据。

# 4.7.2 数组公式

Excel 公式的计算结果是单一值。Excel 数组公式则针对数组进行运算,结果一般为数组。涉及数组运算的公式称为数组公式;结果为数组的数组公式称为区域数组公式,例如{=C2:C5*D2:D5};结果为单值的数组公式称为单元格数组公式,例如{=SUM(C2:C5*D2:D5)}。

创建数组公式的一般步骤如下。

(1) 选择用于保存计算结果的单元格或数据区域(与计算结果的行、列数保持一致)。

(2) 在编辑栏中输入数组公式。

(3) 按 Ctrl+Shift+Enter 键锁定数组公式。

完成以上操作后,Excel 将自动用花括号"{}"将数组公式括起来。

**【注意】**

(1) 不要自己输入大括号,否则 Excel 认为输入的是一个正文标签。

(2) 不能单独更改数组公式中某个单元格的内容,否则系统报错。也就是说,不能更改数组的某一部分,必须选择数组公式所在的整个单元格区域,然后更改数组公式。

(3) 如果要删除数组公式,请选择整个数组公式,然后按 Delete 键。

**【例 4-12】** 利用数组公式计算商品销售信息。在"fl4-12 商品销售(数组公式).xlsx"中存放了商品销售信息,按要求完成如下操作,结果如图 4-24 所示。

(1) 利用数组公式计算 4 种商品各自的销售额。

(2) 利用数组公式计算 4 种商品的销售额合计。

| | A | B | C | D | E |
|---|---|---|---|---|---|
| 1 | 商品ID | 商品名称 | 单价 | 数量 | 金额 |
| 2 | 1 | 苹果汁 | ¥18.00 | 39 | ¥702.00 |
| 3 | 2 | 牛奶 | ¥19.00 | 17 | ¥323.00 |
| 4 | 3 | 汽水 | ¥4.50 | 20 | ¥90.00 |
| 5 | 4 | 虾米 | ¥18.40 | 123 | ¥2,263.20 |
| 6 | | | | 合计 | ¥3,378.20 |

图 4-24 商品销售(数组公式)计算结果

**【参考步骤】**

(1) 计算每种商品的销售额。选择单元格区域 E2:E5,然后在编辑栏中输入公式"=C2:C5*D2:D5",并使编辑栏仍处在编辑状态。按 Ctrl+Shift+Enter 键锁定数组公式,Excel 将在公式两边自动加上花括号"{}"。

(2) 计算商品销售额合计。选择单元格 E6,输入公式"=SUM(C2:C5*D2:D5)",然后按 Ctrl+Shift+Enter 键,完成数组公式的输入。

**【总结】**

(1) 选择需要创建或者已经包含数组公式的单元格区域或任一单元格,可以在编辑栏中输入/编辑数组公式,或者按 F2 功能键切换到数组公式的编辑模式。每次在编辑栏或者编辑模式中输入/编辑好数组公式后,一定要按 Ctrl＋Shift＋Enter 键,以完成数组公式的输入/编辑。

（2）数组公式具有以下优点:

① 简洁性。借助数组公式可以对多个数据选择多种运算。解决一个复杂的问题可以只需要一个公式,而用普通公式可能需要多步运算,甚至要添加辅助列(请读者尝试利用以前学过的方法计算商品销售总金额)。

② 一致性。单击数组公式所在单元格区域(例如,例 4-12 中的区域 E2:E5)中的任一单元格,将看到相同的公式({＝C2:C5 * D2:D5})。这种一致性有助于保证更高的准确性。

③ 安全性。不能更改数组公式中单个单元格的内容(例如,单击例 4-12 中区域 E2:E5 中的任一单元格,按 Delete 键),否则系统报错:不能更改数组的某一部分。必须选择整个单元格区域(例如 E2:E5),然后更改数组公式。作为一种附加安全措施,必须按 Ctrl＋Shift＋Enter 键确认对数组公式的更改。

（3）数组公式有以下不足:

① 数组公式不容易理解。

② 在增加或删除行或者列数据时,可能需要重新修改数组公式。

【思考】

请读者尝试利用以前学过的公式或函数计算本例的结果,体会通过用一个数组公式代替多个公式的方式来简化工作表模式。

## 4.7.3 数组常量

### 1. 数组常量字面量

数组常量字面量使用花括号中以逗号(,)分隔行的常量数据、以分号(;)分隔列的常量数据表示。

数组常量可以包含数字、文本、逻辑值(TRUE 和 FALSE)和错误值(例如"♯N/A")。数字可以是整数、小数和科学记数格式,文本则必须包含在半角的双引号内。例如,{1.5,♯N/A,3,5;TRUE,FALSE,1.2E5,"Hi";"华师大",0,"Campus",TRUE}是一个 3 行 4 列的二维数组常量。

数组常量不能包含单元格引用、长度不等的行或列、公式、函数以及其他数组。换而言之,它们只能包含以逗号或分号分隔的数字、文本、逻辑值或错误值。例如,输入公式"={1,2,A1:D4}"或者"={1,2,SUM(A2:C8)}",Excel 将显示警告消息。另外,数值不能包含百分号、货币符号、逗号或者圆括号。

【例 4-13】 数组常量示例。

（1）创建水平数组常量{1,2,3,4}。选择单元格 A1 到 D1,在编辑栏中输入公式"={1,2,3,4}",然后按 Ctrl＋Shift＋Enter 键。

（2）创建垂直数组常量{1;2;3;4}。选择单元格 A3 到 A6,在编辑栏中输入公式"={1;2;3;4}",然后按 Ctrl＋Shift＋Enter 键。

（3）创建 2 行 4 列的二维数组常量{1,2,3,4;5,6,7,8}。选择单元格区域 A8:D9,在编辑栏中输入公式"={1,2,3,4;5,6,7,8}",然后按 Ctrl+Shift+Enter 键。

(4) 转置 3 行 4 列的二维数组常量{1,2,3,4;5,6,7,8;9,10,11,12}。选择单元格区域 A11:C14(4 行 3 列),在编辑栏中输入公式"=TRANSPOSE({1,2,3,4;5,6,7,8;9,10,11,12})",然后按 Ctrl+Shift+Enter 键。

各数组常量的显示结果如图 4-25 所示。

### 2. 使用函数生成连续数字的数组常量

在 Excel 公式中使用 ROW 函数可以返回引用单元格的行号,例如公式"=ROW(A1)"返回 1,公式"=ROW(2:2)"返回 2。ROW 函数的参数还可以为单元格区域,例如数组公式"{=ROW(1:10)}"返回数组常量{1;2;3;4;5;6;7;8;9;10}。

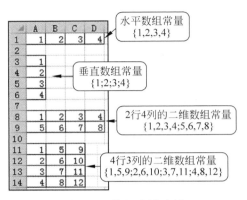

图 4-25　数组常量示例

INDIRECT 函数返回间接引用,例如公式"=INDIRECT("1:10")"返回单元格区域 1:10 (1~10 行),数组公式"{=ROW(INDIRECT("1:10"))}"返回数组常量{1;2;3;4;5;6;7;8;9;10}。

数组公式"{=ROW(INDIRECT("1:10"))}"的优点是在公式复制时所引用区域不变,故结果保持不变。

## 4.7.4　数组公式的基本运算

在 Excel 数组公式中可以使用数组作为参数,并使用运算符进行运算,最终结果为数组。

### 1. 单值与数组的运算

当单值 $x$ 与数组 array 运算时,$x$ 分别与 array 中的每个元素运算,结果为与 array 行、列数一致的数组。

例如,假设 A1:A3 单元格区域的内容分别为 70、56、82,则:

(1) 数组公式"{={1,2,3}*2}"的结果为{2,4,6}。

(2) 数组公式"{={"A";"B";"C"}&"先生/女士"}"的结果为{"A 先生/女士";"B 先生/女士";"C 先生/女士"}。

(3) 数组公式"{=A1:A3>60}"的结果为{TRUE;FALSE;TRUE}。

### 2. 数组与数组的运算(行、列一致)

数组与数组的运算通常发生在行和列一致的两个数组之间。行、列一致的两个数组 array1 和 array2 进行运算时,对应位置的元素分别进行运算,结果为行、列数保持不变的数组。

例如,假设 B1:B3 存放商品单价,C1:C3 存放商品销售数量,则数组公式"{=B1:B3*

C1:C3}"的结果为{B1 * C1;B2 * C2;B3 * C3},用于计算商品销售额。

### 3. 数组与数组的运算(行、列不一致)

行、列不一致的两个数组 array1 和 array2 之间的运算比较复杂,在实际运算中很少使用。举例说明如下:

(1) 数组公式"{={1,2,3} * {0.1,0.2}}"的结果为{0.1,0.4,♯N/A}。两个行数组之间的运算,对应元素分别进行运算,超出范围时返回错误值。

(2) 数组公式"{={"A";"B";"C"}&{"先生"; "女士"}}"的结果为{"A 先生"; "B 女士"; ♯N/A}。两个列数组之间的运算,对应元素分别进行运算,超出范围时返回错误值。

(3) 数组公式"{={"A";"B"}&{"X","Y","Z"}}"的结果为{"AX","AY","AZ"; "BX","BY","BZ"}。列数组和行数组之间的运算,结果为二维数组。

(4) 数组公式"{={1,2}+{10,20,30;100,200,300}}"的结果为{11,21",♯N/A; 101,202,♯N/A}。一维数组和二维数组之间的运算,一维数组分别与二维数组对应的行或列进行运算,超出范围时返回错误值,结果为二维数组。

(5) 数组公式"{={1,2;3,4}+{10,20,30;100,200,300}}"的结果为{11,22,♯N/A; 103,204,♯N/A}。两个二维数组之间的运算,对应的元素分别进行运算,超出范围时返回错误值,结果为二维数组。

## 4.7.5 数组公式的函数

在数组公式中可以使用数组函数。例如:

(1) 数组公式"{=SQRT({1;4;9})}"的结果为数组{1;2;3}。SQRT 函数针对数组{1; 4; 9}计算各元素的平方根,返回平方根结果数组。

(2) 数组公式"{=SUM(LEN(A1:A10))}"的结果为单元格区域 A1:A10 中所有的文本的长度之和。LEN 函数针对数组 A1:A10 计算各元素的长度,返回长度结果数组;SUM 函数针对长度数组求和。

(3) 数组公式"{=LARGE(C2:C16,{1;2;3})}"的结果为单元格区域 C2:C16 中数值最大的 3 个数据的数组。LARGE 和 SMALL 函数(具体可参见本书第 5 章)用于返回指定单元格区域(或数组)中第 k 个最大值和最小值,例如公式"=LARGE({80;89;85;70;82},2)"的结果为 85,数组公式"{=LARGE({80;89;85;70;82},{1;2;3})}"的结果为{89; 85; 82}。

(4) 数组公式"{=SUM(SMALL(data,{1,2,3}))}"的结果为 data 数据区域中 3 个最小数之和。

(5) 数组公式"{=SUM(IF(ISTEXT(A1:D5),1,0))}"的结果为统计 A1:D5 单元格区域中文本单元格的个数。ISTEXT 函数(具体可参见本书 4.8.4 节)用于判断单元格的数据是否为文本。

有关数组公式中函数的使用,本书后续部分将逐一展开阐述。

【例 4-14】 数组公式和数组常量应用示例(成绩调整和排名)。在"fl4-14 成绩信息(数组公式数组常量).xlsx"中存放着 15 名学生 3 门主课(语文、数学、英语)的成绩,按要求完成如下操作,结果如图 4-26 所示。

| | A | B | C | D | E | F | G | H | I | J | K |
|---|---|---|---|---|---|---|---|---|---|---|---|
| 1 | 学号 | 姓名 | 语文 | 数学 | 英语 | 语文new1 | 数学new1 | 英语new1 | 语文new2 | 数学new2 | 英语new2 |
| 2 | B13121501 | 宋平平 | 87 | 90 | 91 | 88 | 92 | 94 | 90 | 91 | 93 |
| 3 | B13121502 | 王丫丫 | 91 | 87 | 90 | 92 | 89 | 93 | 94 | 88 | 92 |
| 4 | B13121503 | 董华华 | 53 | 67 | 92 | 54 | 69 | 95 | 55 | 68 | 94 |
| 5 | B13121504 | 陈燕燕 | 92 | 89 | 78 | 93 | 91 | 81 | 95 | 90 | 80 |
| 6 | B13121505 | 周萍萍 | 87 | 74 | 84 | 88 | 76 | 87 | 90 | 75 | 86 |
| 7 | B13121506 | 田一天 | 91 | 74 | 70 | 92 | 76 | 73 | 94 | 75 | 71 |
| 8 | B13121507 | 朱洋洋 | 58 | 55 | 67 | 59 | 57 | 70 | 60 | 56 | 68 |
| 9 | B13121508 | 吕文文 | 78 | 77 | 55 | 79 | 79 | 58 | 80 | 78 | 56 |
| 10 | B13121509 | 舒齐齐 | 69 | 96 | 91 | 70 | 98 | 94 | 71 | 97 | 93 |
| 11 | B13121510 | 范华华 | 90 | 94 | 88 | 91 | 96 | 91 | 93 | 95 | 90 |
| 12 | B13121511 | 赵霞霞 | 79 | 86 | 89 | 80 | 88 | 92 | 81 | 87 | 91 |
| 13 | B13121512 | 阳一昆 | 51 | 41 | 50 | 52 | 43 | 53 | 53 | 41 | 51 |
| 14 | B13121513 | 翁华华 | 93 | 90 | 94 | 94 | 92 | 97 | 96 | 91 | 96 |
| 15 | B13121514 | 金依珊 | 89 | 80 | 76 | 90 | 82 | 79 | 92 | 81 | 78 |
| 16 | B13121515 | 李一红 | 95 | 86 | 88 | 96 | 88 | 91 | 98 | 87 | 90 |
| 17 | | | | | | | | | | | |
| 18 | | | 95 | 96 | 94 | | | | | | |
| 19 | 前三名成绩 | | 93 | 94 | 92 | | | | | | |
| 20 | | | 92 | 90 | 91 | | | | | | |
| 21 | | | 51 | 41 | 50 | | | | | | |
| 22 | 倒数三名成绩 | | 53 | 55 | 55 | | | | | | |
| 23 | | | 58 | 67 | 67 | | | | | | |

图 4-26　3 门主课分数信息以及排名

(1) 利用数组公式和数组常量根据以下两种方案调整成绩:

① 语文、数学、英语分别增加 1 分、2 分、3 分,调整后的成绩存放于数据区域 F2:H16 中。

② 语文、数学、英语分别增加 3%、1%、2%,调整后的成绩(保留整数部分)存放于数据区域 I2:K16 中。

(2) 利用 LARGE 函数以及数组公式和数组常量统计调整前语文、数学、英语前 3 名学生的成绩,存放于数据区域 C18:E20 中。

(3) 利用 SMALL 函数以及 ROW 和 INDIRECT 函数统计调整前语文、数学、英语后 3 名学生的成绩,存放于数据区域 C21:E23 中。

【参考步骤】

(1) 利用数组公式和数组常量调整成绩(方案 1)。选择数据区域 F2:H16,然后在编辑栏中输入公式"＝C2:E16＋{1,2,3}",并使编辑栏仍处在编辑状态。按 Ctrl＋Shift＋Enter 键锁定数组公式,Excel 将在公式两边自动加上花括号"{}"。

(2) 利用数组公式和数组常量调整成绩(方案 2)。选择数据区域 I2:K16,然后在编辑栏中输入公式"＝ROUND(C2:E16 * {1.03,1.01,1.02},0)",并使编辑栏仍处在编辑状态。按 Ctrl＋Shift＋Enter 键锁定数组公式,Excel 将在公式两边自动加上花括号"{}"。

(3) 利用 LARGE 函数以及数组公式和数组常量统计 3 门主课前 3 名学生的成绩。选择数据区域 C18:C20,然后在编辑栏中输入公式"＝LARGE(C2:C16,{1;2;3})",并使编辑栏仍处在编辑状态。按 Ctrl＋Shift＋Enter 键锁定数组公式,Excel 将在公式两边自动加上花括号"{}"。确保数据区域 C18:C20 仍处于选择状态,向右拖曳填充柄,将公式填充至 E20 单元格。

（4）利用 SMALL 函数以及 ROW 和 INDIRECT 函数统计 3 门主课倒数 3 名学生的成绩。选择数据区域 C21：C23，然后在编辑栏中输入公式"＝SMALL（C2：C16,ROW（INDIRECT("1:3"）)）"，并使编辑栏仍处在编辑状态。按 Ctrl＋Shift＋Enter 键锁定数组公式,Excel 将在公式两边自动加上花括号"{}"。确保数据区域 C21：C23 仍处于选择状态,向右拖曳填充柄,将公式填充至 E23 单元格。

**【说明】**

ROUND 函数将数字四舍五入到指定的位数。例如,如果单元格 A1 中包含数值 123.4589,则公式"＝ROUND（A1,2）"将 123.4589 舍入到两个小数位数,返回结果 123.46。具体参见本书第 5 章。

# 4.8 逻辑函数和信息函数

视频讲解

## 4.8.1 条件判断函数 IF

在 Excel 公式中,通过 IF 函数可以根据条件满足与否选择不同的运算。其语法为：

IF(logical_test, [value_if_true], [value_if_false])

如果条件表达式 logical_test 的结果为 TRUE,则返回 value_if_true（默认为 0）,否则返回 value_if_false（默认为 0）。

条件表达式 logical_test 通常为关系表达式（例如 A1＜60）,或者条件函数（例如 AND（A1＞＝60,A1＜85））,也可以是逻辑类型或数值类型（自动转换为逻辑类型）的单元格引用或常量。

例如,假设 A1 单元格中存放着某考生的语文成绩,则：

（1）公式"＝IF（A1＜60,"不合格","合格"）"用于判断如果语文成绩在 60 分以下,显示"不合格",否则（即 60 分及以上）显示"合格"。

（2）公式"＝IF（A1＜60,"不合格",IF（A1＜85,"合格","优秀"））"用于判断如果语文成绩在 60 分以下,显示"不合格";如果成绩在 60～84 分,显示"合格";如果成绩在 85 分及以上,显示"优秀"。

**【例 4-15】** 根据百分制分数确定五级制等级（IF 函数）。在"fl4-15 学生成绩.xlsx"中存放着 30 名学生的语文成绩,请利用嵌套的 IF 函数,根据学生语文课程的百分制分数,确定其五级制（优、良、中、及格、不及格）的评定等级。假设评定条件为：

$$
成绩等级 = \begin{cases} 优 & 分数 \geqslant 90 \\ 良 & 80 \leqslant 分数 < 90 \\ 中 & 70 \leqslant 分数 < 80 \\ 及格 & 60 \leqslant 分数 < 70 \\ 不及格 & 分数 < 60 \end{cases}
$$

结果如图 4-27 所示。

**【参考步骤】**

输入语文成绩等级评定公式。在 C2 单元格中输入公式
"=IF(B2≥90,"优",IF(B2≥80,"良",IF(B2≥70,"中",
IF(B2≥60,"及格","不及格")))))",并填充至 C31 单元格。

| | A | B | C |
|---|---|---|---|
| 1 | 学号 | 语文 | 等级 |
| 2 | S01001 | 94 | 优 |
| 3 | S01002 | 84 | 良 |
| 4 | S01003 | 50 | 不及格 |
| 5 | S01004 | 69 | 及格 |
| 6 | S01005 | 64 | 及格 |

图 4-27　学生成绩等级

**【拓展】**

请读者思考,这个判定成绩等级的 IF 嵌套函数是不是很烦琐? 有没有更简洁的方法解决同样的问题? 提示:请参见本书后续章节将详细介绍的条件判断函数 IFS、查找与引用函数 VLOOKUP 或者 LOOKUP 或者 CHOOSE、统计函数 FREQUENCY 等。

## 4.8.2　条件判断函数 IFS

Excel 2016 以后的版本提供了一个新函数——IFS,用于检查是否满足一个或者多个条件,且返回符合第一个 TRUE 条件的值。IFS 函数可以取代多个嵌套 IF 语句,并增加代码的可读性。其语法为:

= IFS(logical_test1, value_if_true1, logical_test2, value_if_true2, …, [value_if_false])

IFS 函数最多允许测试 127 个不同的条件,但不建议在 IF 或者 IFS 语句中嵌套过多的条件,因为多个条件需要按正确顺序输入,所以非常难构建、测试和更新。

**【例 4-16】**　根据百分制分数确定五级制等级(IFS 函数)。在"fl4-16 学生成绩. xlsx"中存放着 30 名学生的语文成绩(与例 4-15 中的数据完全相同),请利用 IFS 函数,根据学生语文课程的百分制分数,确定其五级制(优、良、中、及格、不及格)的评定等级。

**【参考步骤】**

输入语文成绩等级评定公式。在 C2 单元格中输入公式"=IFS(B2≥90,"优",B2≥80,"良",B2≥70,"中",B2≥60,"及格",B2<60,"不及格")",并填充至 C31 单元格。

## 4.8.3　逻辑函数

在 Excel 公式中,条件表达式用于根据某种条件返回 TRUE 或者 FALSE。简单的条件表达式使用比较运算符或信息函数,复杂的多条件表达式则需要使用逻辑函数(Excel 公式中没有逻辑运算符)实现。其语法为:

AND(logical1, [logical2], …):逻辑与,检测所有的条件是否为真。
OR(logical1, [logical2], …):逻辑或,检测任意一项条件是否为真。
NOT(logical):逻辑非,求反。
TRUE():返回逻辑值 TRUE。
FALSE():返回逻辑值 FALSE。

例如,假设 A1 单元格中存放着某考生的语文成绩,则:

(1) 公式"=AND(0<A1,A1<100)",如果语文成绩介于 0 和 100 之间,返回 TRUE;否则返回 FALSE。

（2）公式"＝OR(A1＞＝85,A1＜60)"，如果语文成绩≥85或者＜60,返回 TRUE；否则返回 FALSE。

（3）公式"＝NOT(FALSE)"的结果为 TRUE。

（4）公式"＝TRUE()"的结果为 TRUE。

（5）公式"＝FALSE()"的结果为 FALSE。

**【例 4-17】** 考试成绩信息（逻辑函数）。在"fl4-17 主课成绩（逻辑函数）.xlsx"中存放着 15 名学生的语文、数学和英语 3 门主课的考试成绩信息,根据下列条件判断学生成绩是否优秀（三好学生）：总分不低于 270 分,且单科不低于 85 分。结果如图 4-28 所示。

| | A | B | C | D | E | F | G |
|---|---|---|---|---|---|---|---|
| 1 | 学号 | 姓名 | 语文 | 数学 | 英语 | 总分 | 三好生 |
| 2 | B13121501 | 宋平平 | 85 | 95 | 91 | 271 | 优秀 |
| 3 | B13121502 | 王丫丫 | 91 | 87 | 90 | 268 | |
| 4 | B13121503 | 董华华 | 53 | 67 | 92 | 212 | |
| 5 | B13121504 | 陈燕燕 | 90 | 94 | 88 | 272 | 优秀 |
| 6 | B13121505 | 周萍萍 | 87 | 74 | 84 | 245 | |

图 4-28　判断优秀学生

**【参考步骤】**

（1）在 F2:F16 中利用自动求和计算学生 3 门主课的总分。

（2）输入优秀学生评定公式。在 G2 单元格中输入公式"＝IF(AND(F2＞＝270,C2＞＝85,D2＞＝85,E2＞＝85),"优秀","")"，并向下填充至 G16 单元格。

## 4.8.4　信息函数

Excel 信息函数用于确定存储在单元格或区域中的数据的类型信息、数据错误信息、操作环境参数等。其语法为：

ISBLANK(value)：判断指定值是否为空。

ISER(value)：判断指定值是否为除♯N/A 以外的任何错误值。

ISERROR(value)：判断指定值是否为任意错误值（♯N/A、♯VALUE!、♯REF!、♯DIV/0!、♯NUM!、♯NAME? 或♯NULL!）。

ISNA(value)：判断指定值是否为错误值♯N/A（值不存在）。

ISLOGICAL(value)：判断指定值是否为逻辑值。

ISNUMBER(value)：判断指定值是否为数字。

ISEVEN(value)：判断指定值是否为偶数。

ISODD(value)：判断指定值是否为奇数。

ISTEXT(value)：判断指定值是否为文本。

ISNONTEXT(value)：判断指定值是否不为文本（注意,此函数在值为空的单元格时返回 TRUE）。

ISREF(value)：判断指定值是否为有效引用。

N(value)：将参数转换为数字,如表 4-5 所示。

表 4-5　N 函数不同参数的转换结果

| 参　　数 | 返　回　值 | 举　　例 | 结　　果 |
|---|---|---|---|
| 数字 | 该数字本身 | ＝N(8) | 8 |
| 日期 | 该日期的序列号 | ＝N(DATE(1900,1,1)) | 1 |
| TRUE | 1 | ＝N(8＞5) | 1 |
| FALSE | 0 | ＝N("a"＜"A") | 0 |
| 错误值 | 错误值本身 | ＝N(♯DIV/0!) | ♯DIV/0! |
| 其他值 | 0 | ＝N("8") | 0 |

【例 4-18】　考试状态判断。在"fl4-18 信息函数(缺考).xlsx"中存放着 15 名学生的语文成绩,请分别使用 IF 函数和 ISBLANK 或者 ISNUMBER 函数,根据 C 列中的语文成绩是否为空,判断考试状态是"正常"还是"缺考"。结果如图 4-29 所示。

| | A | B | C | D | E |
|---|---|---|---|---|---|
| 1 | 学号 | 姓名 | 语文 | 状态1 | 状态2 |
| 2 | S501 | 宋平平 | 87 | 正常 | 正常 |
| 3 | S502 | 王丫丫 | | 缺考 | 缺考 |
| 4 | S503 | 董华华 | 53 | 正常 | 正常 |
| 5 | S504 | 陈燕燕 | 95 | 正常 | 正常 |
| 6 | S505 | 周萍萍 | 87 | 正常 | 正常 |
| 7 | S506 | 田一天 | 91 | 正常 | 正常 |

图 4-29　学生考试状态结果

【参考步骤】

(1)(方法 1)使用 IF 函数和 ISBLANK 函数判断考试状态。在 D2 单元格中输入公式"＝IF(ISBLANK(C2),"缺考","正常")",并向下填充至 D16 单元格。

(2)(方法 2)使用 IF 函数和 ISNUMBER 函数判断考试状态。在 E2 单元格中输入公式"＝IF(ISNUMBER(C2),"正常","缺考")",并向下填充至 E16 单元格。

## 4.8.5　错误判断函数

IFERROR 函数常用于公式计算可能出错的情况;IFNA 函数则用于判断参数是否为错误值♯N/A。其语法为:

```
IFERROR(value, value_if_error)
IFNA(value, value_if_na)
```

对于 IFERROR 函数,如果参数 value(函数表达式结果)为错误值,则返回指定值 value_if_error,否则返回该表达式本身的值 value。

对于 IFNA 函数,如果参数 value 是错误值♯N/A,则返回指定的值 value_if_na,否则返回参数本身的值 value。

例如,假设单元格 A1、A2、A3、A4、A5 的内容分别为"abc"、100、－100、空值和错误值♯N/A,则:

(1)公式"＝A1＋A2"的结果为♯VALUE!。

(2)公式"＝IFERROR(A1＋A2,"错误")"的结果为"错误"。

(3)公式"＝IFERROR(SQRT(A2),"负数")"的结果为 10。

(4)公式"＝IFERROR(SQRT(A3),"负数")"的结果为"负数"。

(5)公式"＝IFNA(A1,"Is NA")"的结果为"abc"。

(6)公式"＝IFNA(A2,"Is NA")"的结果为 100。

(7)公式"＝IFNA(A4,"Is NA")"的结果为 0。

(8) 公式"=IFNA(A5,"Is NA")"的结果为"Is NA"。

**【例 4-19】** 调整学生千分考成绩。在"fl4-19 学生千分考成绩.xlsx"中存放着 10 名学生千分考 (200 道选择题,做对得 5 分、不做不得分、做错扣 2 分,分值范围为−400~1000 分)的原始成绩。分别 使用 IF、ISERROR、SQRT 函数以及 IFERROR、 SQRT 函数调整学生的千分考成绩:成绩≤0 显 示"负分",否则成绩调整为"开根号∗3"。要求成 绩显示为整数。结果如图 4-30 所示。

|  | A | B | C | D |
|---|---|---|---|---|
| 1 | 千分考成绩调整 | | | |
| 2 | 学生编号 | 原始成绩 | 调整成绩1 | 调整成绩2 |
| 3 | FD001 | 960 | 93 | 93 |
| 4 | FD002 | 400 | 60 | 60 |
| 5 | FD003 | −356 | 负分 | 负分 |
| 6 | FD004 | 890 | 89 | 89 |
| 7 | FD005 | 123 | 33 | 33 |

图 4-30　学生千分考成绩

**【参考步骤】**

(1) 输入千分考成绩调整公式(方法 1)。在 C3 单元格中输入公式"=IF(ISERROR (SQRT(B3)∗3),"负分",SQRT(B3)∗3)",并向下填充至 C12 单元格。

(2) 输入千分考成绩调整公式(方法 2)。在 D3 单元格中输入公式"=IFERROR (SQRT(B3)∗3,"负分")",并向下填充至 D12 单元格。

(3) 利用"增加小数位数"按钮 和"减少小数位数" 使千分考成绩显示为整数。

**【说明】**

(1) SQRT 函数求指定数据的平方根。具体参见本书第 5 章。

(2) IFERROR 函数基于 IF 函数并且使用相同的错误消息,但具有较少的参数。 IFERROR(A,B)在功能上等价于 IF(ISERROR(A),B,A),但是书写更简洁。

## 4.8.6　CELL 函数

CELL 函数返回单元格的格式、位置或内容的信息。其语法为:

```
CELL(info_type, [reference])
```

其中,参数 info_type 指定要返回的单元格信息的类型;可选参数 reference 用于指定 单元格(默认为最后更改的单元格)。info_type 的返回类型范围参见表 4-6。

表 4-6　info_type 的返回类型

| info_type | 返 回 类 型 |
|---|---|
| "address" | 引用地址 |
| "col" | 列标 |
| "color" | 如果单元格中的负值以不同颜色显示,则为值 1;否则为 0(零) |
| "contents" | 值 |
| "filename" | 文件名(包括全部路径) |
| "format" | 格式代码 |
| "parentheses" | 如果单元格中为正值或所有单元格均加括号,则为值 1;否则为 0 |
| "prefix" | 前置标签 |
| "protect" | 如果单元格锁定,则为值 1;否则为 0 |
| "row" | 行号 |
| "type" | 数据类型。空白为"b";文本为"l",即标签;其他内容为"v" |
| "width" | 列宽 |

例如:

(1) 如果在对单元格选择计算之前验证其所包含的内容是数值而不是文本,则对于公式"=IF(CELL("type",A1)="v",A1*2,0)",仅当单元格 A1 包含数值时,此公式才计算 A1*2;如果 A1 包含文本或者为空,则此公式将返回 0。

(2) 公式"=CELL("row")"返回当前单元格所在的行号,而公式"=CELL("row",A20)"返回指定单元格 A20 所在的行号 20。

# 习题

一、单选题

1. 在 Excel 中,要引用列 F 中的全部单元格,可以采用_____引用方式。
   A. F          B. 6:6          C. F:F          D. F6:F6

2. Excel 公式"=SUM(A3:D7,A2,E1)"中所引用的单元格总数为_____。
   A. 4          B. 11          C. 22          D. 24

3. 在 Excel 中,已知 A1 单元格中的公式为"=AVERAGE(B1:F5)",将 B 列删除之后,A1 单元格中的公式将调整为_____。
   A. =AVERAGE(#REF!)          B. =AVERAGE(C1:F5)
   C. =AVERAGE(B1:E5)          D. =AVERAGE(B1:F5)

4. 在 Excel 中,假设 A1 单元格中的公式为"=SUM(B1:B6)",将其复制到 D2 后,公式将变成_____。
   A. SUM(B2:B6)          B. SUM(B2:B7)
   C. SUM(D2:D7)          D. SUM(E2:E7)

5. 在 Excel 中,如果将 A2 单元格中的公式"=B2*$C4"复制到 C8 单元格中,该单元格的公式为_____。
   A. =B2*$C4     B. =D8*$C10     C. =D8*$C4     D. =D8*$E10

6. 如果 Excel 采用"R1C1"引用样式,则对活动单元格上面 3 行、右面 4 列的单元格的相对引用方式是_____。
   A. R[3]C[4]     B. R3C4     C. R[-3]C[4]     D. R[3]C[-4]

7. 在 Excel 中,要引用行 5 到行 11 之间的全部单元格,可以采用_____引用方式。
   A. 5:R11     B. R5:R11     C. R5:11     D. 5:11

8. 在 Excel 中,如果 A1=100,A2=0,则公式"=A1/A2"会产生_____错误信息。
   A. #VALUE!     B. #N/A     C. #DIV/0!     D. #NAME?

9. 在 Excel 的某一单元格中输入的公式中引用了不存在的名称,会产生错误信息_____。
   A. #VALUE!     B. #N/A     C. #REF!     D. #NAME?

10. 当在 Excel 某单元格内输入数据或公式并确认后,该单元格内容显示为"########",其含义为_____。
    A. 公式或函数中引用了无效的单元格     B. 单元格中的数字太大
    C. 计算结果太长,超过了单元格宽度     D. 在公式中使用了错误的数据类型

11. 在 Excel 中，当公式或函数中引用了无效的单元格时，产生的错误信息是_____。

    A. ♯DIV/0!      B. ♯REF!      C. ♯NULL!      D. ♯NUM!

12. 在 Excel 中，当函数的参数个数或类型不匹配时，产生的错误信息是_____。

    A. ♯REF!      B. ♯VALUE!      C. ♯NULL!      D. ♯NAME?

13. 当在 Excel 某单元格内输入一个公式并确认后，单元格内容显示为"♯VALUE!"，其含义为_____。

    A. 公式引用了无效的单元格

    B. 公式或函数中所使用的参数或操作数类型错误

    C. 公式中除法运算的分母为 0

    D. 单元格宽度太小

14. 在 Excel 中，将单元格引用、公式或函数作为数组常量输入时，将产生_____错误提示信息。

    A. #####      B. ♯DIV/0!      C. ♯NAME?      D. ♯VALUE!

15. 在 Excel 中，当公式中出现被零除的现象时，产生的错误提示信息是_____。

    A. ♯N/A      B. ♯DIV/0!      C. ♯NUM!      D. ♯VALUE!

16. 在 Excel 中，如果单元格 A3 包含公式"=A1^A2"，则单元格 A3 的引用单元格是_____。

    A. A1^A2                   B. 单元格 A1 和 A2

    C. 单元格 A1                D. 单元格 A2

17. 在 Excel 中，假定 A1 单元格的内容为数值 15，则公式"=IF(A1>20,"好",IF(A1>10,"中","差"))"的值为_____。

    A. 好          B. 中          C. 差          D. 15

18. 在 Excel 中，假设 A 列单元格中存放工资总额，B 列用于存放实发工资。当工资总额≤800 时，实发工资＝工资总额；否则，实发工资＝工资总额－（工资总额－800）×税率。假设税率为 20％，则 B 列中计算实发工资的公式为_____。

    A. =IF(A2<=800,A2,A2-(A2-800)*0.2)

    B. =IF(A2<=800,A2-(A2-800)*0.2,A2)

    C. =IF("A2<=800",A2-(A2-800)*0.2,A2)

    D. =IF("A2<=800",A2,A2-(A2-800)*0.2)

19. 在下列选项中，属于对 Excel 工作表单元格绝对引用的是_____。

    A. B2          B. B$2          C. $B2          D. $B$2

20. 在 Excel 中，数组常量{1,2,3,4,5,6}称为_____。

    A. 一维列数组      B. 垂直数组      C. 列数组      D. 行数组

21. 在 Excel 中，数组常量{1;2;3;4;5;6}称为_____。

    A. 一维行数组      B. 垂直数组      C. 水平数组      D. 行数组

22. 在 Excel 中，数组公式"{={1,2,3,4,5}*2}"的结果为_____。

    A. {2,4,6,8,10}                B. {2;4;6;8;10}

    C. {1,2,3,4,5,2}              D. {1,2,3,4,5;1,2,3,4,5}

23. 在 Excel 中,数组公式"{=INT({1.23;4.69;-9.15})}"的结果为_____。

    A. {1,4,-9}     B. {1,4,-10}     C. {1;4;-10}     D. {1;4;-9}

**二、填空题**

1. 在 Excel 的当前工作表中,假设 C1 单元格中的公式为"=SUM(A2:A4)",将其复制到 C3 单元格后,公式变为_____;将其复制到 D2 单元格后,公式变为_____;将其复制到 E1 单元格后,公式变为_____。

2. 在 Excel 中,已知一张工作表的单元格 E4 中的内容是公式"=B4*C4/(1+$F$2)-$D4",将此单元格复制到同一工作表的 G3 单元格后,G3 中的公式应为_____。

3. 如果 Excel 采用"R1C1"引用样式,则对活动单元格左面整个一列单元格区域的相对引用方式是_____,对活动单元格同一行、右面一列的单元格的相对引用方式是_____。

4. 在 Excel 中,如果单元格 C3 包含公式"=A1&A2",则单元格 A1 的从属单元格是_____。

5. 在 Excel 中,A1 单元格中存放数值 58,则公式"=IF(AND(A1>=60,A1<=90),A1+5,A1+10)"的结果为_____。

6. 在 Excel 中,A1 单元格中存放数值 58,则公式"=NOT(OR(A1<=90,A1<60))"的结果为_____。

7. 在 Excel 中,一维行数组使用数组常量表示时,对应于花括号{}中以_____分隔的数据。

8. 在 Excel 中,一维列数组使用数组常量表示时,对应于花括号{}中以_____分隔的数据。

9. 在 Excel 中,通过快捷键_____可在结果值和公式本身之间切换。

10. 在 Excel 中,通过功能键_____可选择公式自动计算。

11. 在 Excel 中,通过功能键_____可在相对引用、绝对引用和混合引用之间切换。

**三、思考题**

1. Excel 公式的功能是什么? Excel 公式主要有哪些基本组成? 公式始终以什么符号开始?

2. Excel 有哪些数据类型的常量?

3. Excel 包括哪 4 种类型的运算符? 其中,"&"属于哪种类型的运算符?

4. Excel 包括哪几种引用运算符? 它们各自的功能是什么?

5. Excel 运算符的优先级是什么?

6. Excel 有哪些单元格引用样式和引用方式? 切换相对引用、绝对引用和混合引用的快捷键是什么?

7. Excel 单元格的名称引用的好处是什么? 如何定义、删除、编辑和管理名称?

8. 在 Excel 当前工作表中如何引用其他工作簿的工作表单元格?

9. 在 Excel 中创建数组公式的一般步骤和注意事项是什么? 数组公式具有哪些优缺点?

10. 什么是 Excel 的数组常量? 在数组常量中使用逗号或者分号分隔各个项的区别是什么?

11. 在 Excel 中使用公式和函数将产生哪些常见的错误信息?

12. Excel 提供了哪些常用的逻辑函数?

13. Excel 提供了哪些常用的信息函数?

# 第 5 章

# 使用数学和统计函数处理数据

数学函数和统计函数用于数据的处理和统计分析,例如求和、求平均值、数值取整、四舍五入、计数、求最值等。

本章首先介绍数学函数和统计函数的常用应用——计数、求和与求均值,然后系统地介绍统计函数的语法、功能和应用实例,最后系统地介绍数学和三角函数的语法、功能和应用实例。

## 5.1 计数、求和与平均

视频讲解

### 5.1.1 计数与求和函数

在 Excel 数据处理中,经常需要统计满足指定条件的数据的个数和数据之和,例如统计不及格学生人数;统计某商品的销售额、统计某部门员工工资之和等。

在 Excel 中,计数公式用于统计给定单元格区域内满足指定条件的单元格个数;求和公式用于统计给定单元格区域内满足指定条件的单元格的数值之和。

Excel 提供了丰富的工作表函数,用于记数与求和,如表 5-1 所示。

表 5-1　Excel 记数与求和函数

| 函　　数 | 说　　明 |
|---|---|
| COUNT | 返回单元格区域中包含数值的单元格个数 |
| COUNTA | 返回单元格区域中非空的单元格个数 |
| COUNTBLANK | 返回单元格区域中空值的单元格个数 |
| COUNTIF | 返回单元格区域中满足单个指定条件的单元格个数 |
| COUNTIFS | 返回单元格区域中满足多个指定条件的单元格个数 |
| FREQUENCY | 返回数值在单元格区域内出现的频率,仅用于多单元格数组公式 |

续表

| 函　　数 | 说　　明 |
|---|---|
| SUM | 返回单元格区域中的数值和 |
| SUMIF | 返回单元格区域中满足单个指定条件的数值和 |
| SUMIFS | 返回单元格区域中满足多个指定条件的数值和 |
| SUMPRODUCT | 返回多个单元格区域的元素之间的乘积后求和 |

## 5.1.2　COUNT、COUNTA 和 COUNTBLANK 函数

COUNT、COUNTA 和 COUNTBLANK 函数用于统计单元格个数。其语法为：

```
COUNT(value1, [value2], …)
COUNTA(value1, [value2], …)
COUNTBLANK(range)
```

其中，参数 value 为单元格引用、区域或常量值，参数 range 为单元格区域。3 个函数的具体功能如下：

- COUNT 函数统计指定单元格区域或参数列表中数字、日期或代表数字的文本（不包括不能转换为数字的文本或错误值）的个数。
- COUNTA 函数统计指定单元格区域中不为空的单元格（包括错误值和空文本（""））的个数。
- COUNTBLANK 函数统计指定单元格区域中空白单元格的个数。

例如，给定名称引用为 data 的单元格区域，则：

（1）公式"=COUNTBLANK(data)"统计 data 数据区域中空值单元格的个数。

（2）公式"=COUNTA(data)"统计 data 数据区域中非空单元格的个数。

（3）公式"=COUNT(data)"统计 data 数据区域中数字数据（包括日期以及代表数字的文本）单元格的个数。

（4）数组公式"{=SUM(IF(ISTEXT(data),1))}"统计 data 数据区域中文本数据单元格的个数。

（5）数组公式"{=SUM(IF(ISNONTEXT(data),1))}"统计 data 数据区域中非文本数据单元格的个数。

（6）数组公式"{=SUM(IF(ISLOGICAL(data),1))}"统计 data 数据区域中逻辑数据单元格的个数。

（7）数组公式"{=SUM(IF(ISERROR(data),1))}"统计 data 数据区域中错误单元格的个数。

【说明】

（1）ISTEXT 信息函数用于判断单元格是否为文本；ISNONTEXT 信息函数用于判断单元格是否为非文本；ISLOGICAL 函数用于判断单元格是否为逻辑类型值。

（2）ISERROR 信息函数用于判断单元格是否为公式错误信息（#N/A、#VALUE!、#REF!、#DIV/0!、#NUM!、#NAME? 或 #NULL!）。

（3）用户也可以使用 ISERR 信息函数判断单元格是否为除"♯N/A"以外的任何错误提示信息，或者使用 ISNA 信息函数判断指定值是否为错误信息"♯N/A"。

（4）用户还可以使用 COUNTIF 函数统计特定类型错误的单元格的个数。例如"＝COUNTIF(Data,"♯DIV/0!")"统计 data 数据区域中错误提示信息为"♯DIV/0!"（公式中除法运算的分母为 0）的单元格的个数。

## 5.1.3　COUNTIF 和 COUNTIFS 函数

COUNTIF 和 COUNTIFS 函数用于根据条件统计单元格个数。其语法为：

```
COUNTIF(range, criteria)
COUNTIFS(criteria_range1, criteria1, [criteria_range2, criteria2]…)
```

其中，参数 range 是单元格或单元格区域，参数 criteria 是条件。

COUNTIFS 函数可指定多个区域和条件。

条件 criteria 用于定义将对哪些单元格进行计数的数字、表达式、单元格引用或文本字符串或函数。例如，条件可以表示为 3.14159、"<50"、D6、"200062"、"Mary"或者 TODAY()等。

在条件中可以使用通配符，即问号(?)和星号(＊)。其中，?（问号）匹配任意单个字符，＊（星号）匹配任意字符串。例如，"张＊"匹配所有张姓的名字。如果要查找实际的问号或者星号，在字符前输入波形符(～)。

例如，假设单元格区域 C3:C69（命名为 grades）中存放着 65 名学生的百分制成绩，则：

（1）公式"＝COUNTIF(grades,100)"统计数据区域 grades 中 100 分的学生人数。

（2）公式"＝COUNTIF(grades,"<60")"统计数据区域 grades 中不及格的学生人数。

（3）公式"＝COUNTIFS(grades,">=75",grades,"<=85")"统计数据区域 grades 中 75~85 分的学生人数。

**【注意】**

任何文本条件或者任何含有逻辑或数学符号的条件都必须使用双引号(")括起来。如果条件为数字，则无须使用双引号。

**【例 5-1】**　学生成绩分段统计（COUNT、COUNTIF 和 COUNTIFS 函数）。在"fl5-1 学生成绩（分段统计 COUNT）.xlsx"的 B3:B67 单元格区域中（名称为 classes）包含了 65 名学生的班级信息，C3:C67 单元格区域中（名称为 grades）包含了学生的大学计算机考试成绩，利用 COUNT、COUNTIF 和 COUNTIFS 函数完成如下操作，结果如图 5-1 所示。

| | A | B | C | D | E | F | G | H | I | J |
|---|---|---|---|---|---|---|---|---|---|---|
| 1 | 大学计算机成绩 | | | 分数段 | | 人数 | 百分比 | | 不及格人数 | |
| 2 | 学号 | 班级 | 成绩 | 40以下 | | 1 | 1% | | 一班 | 4 |
| 3 | S01001 | 一班 | 81 | 40~49 | | 2 | 3% | | 二班 | 2 |
| 4 | S01002 | 一班 | 51 | 50~59 | | 4 | 6% | | 三班 | 1 |
| 5 | S01003 | 一班 | 80 | 60~69 | | 7 | 10% | | | |
| 6 | S01004 | 一班 | 79 | 70~79 | | 15 | 22% | | | |
| 7 | S01005 | 一班 | 70 | 80~89 | | 21 | 31% | | | |
| 8 | S01006 | 一班 | 68 | 90~99 | | 14 | 21% | | | |
| 9 | S01007 | 一班 | 90 | 100 | | 3 | 4% | | | |

图 5-1　学生成绩分段统计结果（COUNT）

（1）统计 40 分以下、40～49 分、50～59 分、60～69 分、70～79 分、80～89 分、90～99 分以及 100 分各分数段的学生人数。

（2）计算各分数段所占的百分比。

（3）统计各班不及格的学生人数。

【参考步骤】

（1）统计各分数段的学生人数。在 F2 单元格中输入公式"＝COUNTIF(grades,"＜40")"，在 F3 单元格中输入公式"＝COUNTIFS(grades,"＞＝40",grades,"＜＝49")"，在 F4 至 F8 单元格中输入类似公式，在 F9 单元格中输入公式"＝COUNTIF(grades,100)"。

（2）计算各分数段所占的百分比。在 G2 单元格中输入公式"＝F2/COUNT(grades)"，并向下拖曳填充至 G9 单元格。设置数据的百分比显示格式，保留整数部分。

（3）统计各班不及格的学生人数。在 J2 单元格中输入公式"＝COUNTIFS(grades, "＜60",classes,"一班")"，在 J3 和 J4 单元格中输入类似公式。

# 5.1.4  FREQUENCY 函数

用户除了可以使用公式统计数据的分布频率外，还可以使用 FREQUENCY 函数、数据透视表（参见本书第 13 章）、数据分析工具库（参见本书第 14 章）统计数据的分布频率。

FREQUENCY 函数根据分段点计算并返回指定区域的数据的频率分布。例如，统计学生的成绩分布、统计员工的年龄分布、统计不同工资段的员工分布等。其语法为：

```
FREQUENCY(data_array, bins_array)
```

其中，参数 data_array 是为其计算频率的数据区域；参数 bins_array 是对 data_array 中的数值进行分段的数据区域。

FREQUENCY 是数组函数，其参数 data_array 和 bins_array 均为数组（单元格区域）；返回结果为数组。

例如，假设数据区域 grades 中存放学生成绩，单元格区域 F2:F3 中存放分段点数据（59、84），则公式"＝FREQUENCY(grades,F2:F3)"返回 grades 数据区域中对应于 0～59、60～84、85 以上 3 个区段的频率数组。

【例 5-2】 学生成绩分段统计（FREQUENCY 函数）。在"fl5-2 学生成绩（分段统计 FREQUE-NCY).xlsx"的 C3:C67 单元格区域中（名称为 grades）包含了各班级大学计算机的考试成绩信息，利用 FREQUENCY 函数统计 40 分以下、40～49 分、50～59 分、60～69 分、70～79 分、80～89 分、90～99 分以及 100 分各分数段的学生人数，结果如图 5-2 所示。

| ▲ | A | B | C | D | E | F | G | H |
|---|---|---|---|---|---|---|---|---|
| 1 | 大学计算机成绩 | | | | 分数段 | 人数 | | 分段点 |
| 2 | 学号 | 班级 | 成绩 | | 40以下 | 1 | | 39 |
| 3 | S01001 | 一班 | 81 | | 40~49 | 2 | | 49 |
| 4 | S01002 | 一班 | 51 | | 50~59 | 4 | | 59 |
| 5 | S01003 | 一班 | 80 | | 60~69 | 7 | | 69 |
| 6 | S01004 | 一班 | 79 | | 70~79 | 15 | | 79 |
| 7 | S01005 | 一班 | 70 | | 80~89 | 21 | | 89 |
| 8 | S01006 | 一班 | 68 | | 90~99 | 14 | | 99 |
| 9 | S01007 | 一班 | 90 | | 100 | 3 | | |

图 5-2  学生成绩分段统计结果（FREQUENCY）

【参考步骤】

（1）准备成绩分段点。为了使用 FREQUENCY 函数统计数值在区域内出现的频率，在 H2:H8 单元格区域中输入整理后的成绩分段点。

（2）统计各分数段的学生人数。选择结果数据区域 F2：F9，在编辑栏中输入公式"＝FREQUENCY(grades，H2：H8)"，按 Ctrl＋Shift＋Enter 键确认数组公式的输入。

【说明】

FREQUENCY 函数返回的数组中的元素个数比 bins_array(分段区间数组)中的元素个数多 1 个，多出来的那个元素表示最高区间之上的数值个数。

## 5.1.5  SUM 函数

SUM 函数用于计算所有参数的数值之和。其语法为：

SUM(number1,[number2],…)

其中，参数 number 可以是单元格区域、单元格引用、数组、常量、公式或者另一个函数的结果。参数的个数最多为 255 个。

在使用 SUM 函数求和时，如果参数是数组或者引用，则只计算其中的数字，数组或引用中的空白单元格、逻辑值或文本将被忽略。如果参数是常量，则数字文本自动转换为数值，TRUE 转换为 1，FALSE 转换为 0。如果参数为错误值，或者不能转换为数值，则会导致错误。

例如，假设 A1：A5 单元格区域中分别存放着数据"张三"、80、75、TRUE、FALSE。则：

（1）公式"＝SUM(A1：A5)"的结果为 155(将 80 和 75 相加，忽略"张三"、TRUE 和 FALSE)。

（2）公式"＝SUM(A1：A5,5,FALSE)"的结果为 160(将 80、75、5 和由 FALSE 转换成的 0 相加)。

（3）公式"＝SUM("5",15,TRUE)"的结果为 21(将"5"转换成的 5、将 TRUE 转换成 1，与 15 相加)。

（4）公式"＝SUM("a",15,RUE)"的结果为参数值错误＃VALUE!。

## 5.1.6  SUMIF 和 SUMIFS 函数

SUMIF 和 SUMIFS 函数用于根据条件求和。其语法为：

SUMIF(range, criteria, [sum_range])
SUMIFS(sum_range, criteria_range1, criteria1, [criteria_range2, criteria2], …)

其中，参数 range 是区域(条件区域/求和区域)，criteria_range 是条件区域，criteria 是条件，sum_range 是求和区域。

SUMIF 函数如果没有指定参数 sum_range，则参数 range 同时用于条件区域和求和区域。

SUMIFS 函数可指定多个区域和条件，条件的形式同 COUNTIF 函数。

例如，假定数据区域 dept(B2：B17)中存放部门信息，数据区域 gender(C2：C17)中存放性别信息，数据区域 payment(D2：D17)中存放工资信息，则：

（1）公式"＝SUM(payment)"计算全体员工工资之和。

（2）公式"＝SUMIF(dept,"开发部",payment)"计算开发部员工工资之和。

（3）公式"＝SUMIF(payment,"＞1000")"计算工资高于 1000 的员工工资之和。

（4）公式"＝SUMIFS(payment,dept,"开发部",gender,"男")"计算开发部男职员工资之和。该公式等价于以下公式：

$$\{=SUM((dept="开发部")*(gender="男")*payment)\}$$
$$\{=SUM(((B2:B17="开发部")*(C2:C17="男"))*D2:D17)\}$$
$$=SUMPRODUCT((dept="开发部")*(gender="男")*payment)$$
$$=SUMPRODUCT((B2:B17="开发部")*(C2:C17="男")*D2:D17)$$

（5）对于计算类似于"开发部以及技术部员工工资之和"的问题,则一般采用以下公式实现：

$$\{=SUM(((dept="开发部")+(dept="技术部"))*payment)\}$$
$$=SUMPRODUCT(((dept="开发部")+(dept="技术部"))*payment)$$

## 5.1.7　SUMPRODUCT 和 SUMSQ 函数

Excel 求和函数还包括 SUMPRODUCT、SUMSQ、SUMX2MY2、SUMX2PY2 和 SUMXMY2。其语法为：

```
SUMPRODUCT(array1, [array2], [array3], …)
SUMSQ(number1, [number2], …)
SUMX2MY2(array_x, array_y)
SUMX2PY2(array_x, array_y)
SUMXMY2(array_x, array_y)
```

其中,参数 number 为数值,参数 array 为单元格区域（数组）。SUMPRODUCT 和 SUMSQ 函数的参数个数最多为 255 个。

SUMPRODUCT 返回多个数组的元素之间的乘积后求和。数组中的非数值元素作为 0 处理。如果 array1、array2 等的元素数目不同,则会导致错误值 ♯VALUE!。

SUMSQ 返回各参数值的平方之和。当参数为单元格引用时,忽略其中的非数值单元格；常量参数自动转换为数值；如果参数为错误值或为不能转换为数字的文本,将会导致错误值 ♯VALUE!。

SUMX2MY2 返回两数组中对应数值的平方差之和 $\sum(x^2-y^2)$；SUMX2PY2 返回两数组中对应数值的平方和之和 $\sum(x^2+y^2)$；SUMXMY2 返回两数组中对应元素之差的平方和 $\sum(x-y)^2$。数组中的非数值元素作为 0 处理。如果 array_x 和 array_y 的元素数目不同,则会导致错误值 ♯N/A。

假设数组（单元格区域）内容如图 5-3 所示,则：

（1）公式"＝SUMSQ(A1,B1)"的结果为 17,即 $A1^2+B1^2=1^2+4^2=17$。

（2）公式"＝SUMPRODUCT(A1:A3,B1:B3)"的结果为 32,即 A1＊B1＋A2＊B2＋A3＊B3＝1＊4＋2＊5＋3＊6＝32。

图 5-3　数组元素求和

（3）公式"=SUMX2MY2(A1:A3,B1:B3)"的结果为$-63$，即$(A1^2-B1^2)+(A2^2-B2^2)+(A3^2-B3^2)=(1^2-4^2)+(2^2-5^2)+(3^2-6^2)=-63$。

（4）公式"=SUMX2PY2(A1:A3,B1:B3)"的结果为91，即$(A1^2+B1^2)+(A2^2+B2^2)+(A3^2+B3^2)=(1^2+4^2)+(2^2+5^2)+(3^2+6^2)=91$。

（5）公式"=SUMXMY2(A1:A3,B1:B3)"的结果为27，即$(A1-B1)^2+(A2-B2)^2+(A3-B3)^2=(1-4)^2+(2-5)^2+(3-6)^2=27$。

（6）数组公式"{=SUM((A1:A3*B1:B3))}"等同于公式"=SUMPRODUCT(A1:A3,B1:B3)"，结果均为32。

【例5-3】 销售业绩累计和统计（SUM函数）。在"fl5-3销售业绩（累计和统计）.xlsx"中包含2019年按月销售业绩，计算销售业绩累计和，结果如图5-4所示。

| | A | B | C |
|---|---|---|---|
| 1 | 长城公司销售业绩 | 单位：万 | |
| 2 | 月份 | 销售额 | 累计和 |
| 3 | 一月 | 1650 | 1650 |
| 4 | 二月 | 2682 | 4332 |
| 5 | 三月 | 1206 | 5538 |
| 6 | 四月 | 1568 | 7106 |
| 7 | 五月 | 1063 | 8169 |

图5-4 销售业绩累计和统计

【参考步骤】

在单元格C3中输入公式"=SUM(B$3:B3)"，双击单元格C3右下角的填充句柄，将公式自动填充至单元格C14。

【说明】

在公式中使用了混合引用B$3，保证填充的公式从B$3单元格开始累计。

【例5-4】 职工工资表求和统计。在"fl5-4职工工资表（求和统计）.xlsx"中包含了某公司15名职工的姓名、部门、性别和工资信息，请利用SUM、SUMIF、SUMIFS和SUMPRODUCT函数以及数组公式按要求完成如下操作，结果如图5-5所示。

（1）统计全体员工工资之和（SUM函数）。

（2）统计开发部工资之和（SUMIF函数）。

（3）统计开发部男职员工资之和（SUMIFS函数）。

（4）使用数组公式（SUM配合*运算）统计开发部男职员工资之和、开发部以及技术部工资之和。

（5）统计开发部男职员工资之和、开发部以及技术部工资之和（SUMPRODUCT函数）。

| | A | B | C | D | E | F | G |
|---|---|---|---|---|---|---|---|
| 1 | 某公司2019年5月份职工工资表 | | | | | | |
| 2 | 姓名 | 部门 | 性别 | 工资 | | 统计类别 | 总计 |
| 3 | 李明 | 咨询部 | 男 | ¥3,767 | | 全员 | ¥45,787 |
| 4 | 赵丹 | 业务部 | 男 | ¥2,169 | | 开发部 | ¥8,160 |
| 5 | 王洁 | 技术部 | 女 | ¥4,170 | | 开发部and男1 | ¥5,298 |
| 6 | 胡安 | 开发部 | 女 | ¥2,863 | | 开发部and男2 | ¥5,298 |
| 7 | 钱军 | 咨询部 | 男 | ¥2,741 | | 开发部and男3 | ¥5,298 |
| 8 | 孙莹莹 | 业务部 | 女 | ¥5,150 | | 开发部or技术部1 | ¥20,758 |
| 9 | 吴洋 | 技术部 | 女 | ¥3,034 | | 开发部or技术部2 | ¥20,758 |

图5-5 职工工资表求和统计

【参考步骤】

（1）统计全体员工工资之和（SUM函数）。在单元格G3中输入公式"=SUM(D3:D17)"。

（2）统计开发部工资之和（SUMIF函数）。在单元格G4中输入公式"=SUMIF(B3:B17,"开发部",D3:D17)"。

（3）统计开发部男职员工资之和（方法 1：SUMIFS 函数）。在单元格 G5 中输入公式"＝SUMIFS(D3:D17,B3:B17,"开发部",C3:C17,"男")"。

（4）统计开发部男职员工资之和（方法 2：使用数组公式、SUM 配合 * 运算）。在单元格 G6 中输入数组公式"{＝SUM(((B3:B17="开发部") * (C3:C17="男")) * D3:D17)}"。

（5）统计开发部男职员工资之和（方法 3：SUMPRODUCT 函数）。在单元格 G7 中输入公式"＝SUMPRODUCT((B3:B17="开发部") * (C3:C17="男") * D3:D17)"。

（6）统计开发部职员以及技术部职员工资之和（方法 1：使用数组公式、SUM 配合＋运算）。在单元格 G8 中输入数组公式"{＝SUM(((B3:B17="开发部")＋(B3:B17="技术部")) * D3:D17)}"。

（7）统计开发部职员以及技术部职员工资之和（方法 2：SUMPRODUCT 函数）。在单元格 G9 中输入公式"＝SUMPRODUCT(((B3:B17="开发部")＋(B3:B17="技术部")) * D3:D17)"。

【例 5-5】 商品采购求和统计。在"fl5-5 商品采购（求和统计 SUMPRODUCT）.xlsx"中存放着 77 种商品的销售信息，利用 SUMPRODUCT 函数以及数组公式按要求完成如下操作：

（1）使用 SUMPRODUCT 函数统计库存商品总金额与订购商品总金额。

（2）使用数组公式（SUM 配合 * 运算）统计库存商品总金额与订购商品总金额。

结果如图 5-6 所示。

| | A | B | C | D | E | F | G | H | I | J |
|---|---|---|---|---|---|---|---|---|---|---|
| 1 | 产品ID | 产品名称 | 单位数量 | 单价 | 库存量 | 订购量 | | 库存金额 | 订购金额 | |
| 2 | 1 | 苹果汁 | 每箱24瓶 | 18 | 39 | 10 | | ¥74,051 | ¥23,220 | SUMPRODUCT |
| 3 | 2 | 牛奶 | 每箱24瓶 | 19 | 17 | 25 | | ¥74,051 | ¥23,220 | 数组运算 |
| 4 | 3 | 蕃茄酱 | 每箱12瓶 | 10 | 13 | 25 | | | | |

图 5-6 商品采购求和统计

【参考步骤】

（1）统计库存商品总金额（方法 1：SUMPRODUCT 函数）。在单元格 H2 中输入公式"＝SUMPRODUCT(D2:D78,E2:E78)"。

（2）统计订购商品总金额（方法 1：SUMPRODUCT 函数）。在单元格 I2 中输入公式"＝SUMPRODUCT(D2:D78,F2:F78)"。

（3）统计库存商品总金额（方法 2：数组运算）。在单元格 H3 中输入数组公式"{＝SUM(D2:D78 * E2:E78)}"。

（4）统计订购商品总金额（方法 2：数组运算）。在单元格 I3 中输入数组公式"{＝SUM(D2:D78 * F2:F78)}"。

## 5.1.8 AVERAGE、AVERAGEIF 和 AVERAGEIFS 函数

AVERAGE、AVERAGEA、AVERAGEIF 和 AVERAGEIFS 函数用于求平均值。其语法为：

```
AVERAGE(number1,[number2],…)
```

```
AVERAGEA(value1, [value2], …)
AVERAGEIF(range, criteria, [average_range])
AVERAGEIFS(average_range, criteria_range1, criteria1, [criteria_range2, criteria2], …)
```

其中,参数 number 和 value 可以是单元格区域、单元格引用、数组、常量、公式或者另一个函数的结果,参数的个数最多为 255 个。参数 range 是区域(条件区域/求平均值区域),参数 criteria_range 是条件区域,参数 criteria 是条件,参数 average_range 是求平均值区域。

AVERAGEIF 函数如果没有指定参数 average_range,则参数 range 同时用于条件区域和求平均值区域。AVERAGEIFS 函数可指定多个区域和条件,条件的形式同 COUNTIF 函数。

常量参数中的数字文本自动转换为数值,TRUE 转换为 1,FALSE 转换为 0。

AVERAGE 函数忽略单元格区域、单元格、数组参数中的文本、逻辑值;而 AVERAGEA 函数则包括单元格区域、单元格、数组参数中的文本、逻辑值,文本转换为 0,TRUE 转换为 1,FALSE 转换为 0。

如果参数为错误值,或者不能转换为数值,则会导致错误。

例如,假定数据区域 dept(B2:B17)中存放部门信息,数据区域 gender(C2:C17)中存放性别信息,数据区域 payment(D2:D17)中存放工资信息,则:

(1)公式“=AVERAGE(payment)”计算全体职员的平均工资。

(2)公式“=AVERAGEIF(dept,"开发部",payment)”计算开发部职员的平均工资。

(3)公式“=AVERAGEIFS(payment,dept,"开发部",sex,"男")”计算开发部男职员的平均工资。

【例 5-6】 职工工资表求平均值。在“fl5-6 职工工资表(平均 AVERAGE).xlsx”中包含了某公司 15 名职工的姓名、部门、性别、职称和工资信息,请利用 AVERAGE、AVERAGEIF 和 AVERAGEIFS 函数按要求完成如下操作,结果如图 5-7 所示。

(1)统计全体职员的平均工资(AVERAGE 函数)。

(2)统计开发部职员的平均工资(AVERAGEIF 函数)。

(3)统计开发部男职员的平均工资(AVERAGEIFS 函数)。

| | A | B | C | D | E | F | G | H |
|---|---|---|---|---|---|---|---|---|
| 1 | 长城公司2019年5月份职工工资表 | | | | | | | |
| 2 | 姓名 | 部门 | 性别 | 职称 | 工资 | | 统计类别 | 平均工资 |
| 3 | 李明 | 咨询部 | 男 | 工程师 | ¥3,767 | | 全员 | ¥ 3,052 |
| 4 | 赵丹 | 业务部 | 男 | 助工 | ¥2,169 | | 开发部 | ¥ 2,720 |
| 5 | 王洁 | 技术部 | 女 | 技术员 | ¥4,170 | | 开发部and男 | ¥ 2,649 |

图 5-7　职工工资表求平均值

**【参考步骤】**

(1)统计全体职员的平均工资。在单元格 H3 中输入公式“=AVERAGE(E3:E17)”。

(2)统计开发部职员的平均工资。在单元格 H4 中输入公式“=AVERAGEIF(B3:B17,"开发部",E3:E17)”。

(3)统计开发部男职员的平均工资。在单元格 H5 中输入公式“=AVERAGEIFS(E3:E17,B3:B17,"开发部",C3:C17,"男")”。

### 5.1.9　TRIMMEAN 函数

TRIMMEAN 函数用于计算排除数据集顶部和底部尾数中数据点的百分比后取得的平均值。其语法为：

```
TRIMMEAN(array,percent)
```

其中，参数 array 是数值单元格区域（数组）；参数 percent 用于指定排除数据点的百分比。例如，percent＝0.1，则 30 个数据点的 10%（即 0.1）等于 3 个数据点，然后自动向下舍入到最接近的 2 的倍数，即排除两个点（最大值和最小值）。如果 percent＜0 或者 percent＞1，则 TRIMMEAN 函数返回错误值♯NUM!。

例如，假设单元格区域 B3:G3 中存放 6 个裁判的打分，则计算去掉最高和最低分后选手的平均得分的公式为"＝TRIMMEAN(B3:G3,2/COUNT(B3:G3))"，也可以使用公式"＝(SUM(B3:G3)－MAX(B3:G3)－MIN(B3:G3))/(COUNTA(B3:G3)－2)"。

【例 5-7】　运动员平均得分（TRIMMEAN、SUM、MAX、MIN 和 COUNT 函数）。在"fl5-7 运动员成绩（平均值 TRIMMEAN）.xlsx"中存放着 15 名体操运动员某次比赛时 6 个裁判所给的打分信息，计算去掉最高和最低分后各选手的平均得分。具体要求如下，结果如图 5-8 所示。

（1）使用 TRIMMEAN 函数完成操作。

（2）使用 SUM、MAX、MIN 和 COUNT 函数完成操作。

| | A | B | C | D | E | F | G | H | I |
|---|---|---|---|---|---|---|---|---|---|
| 1 | 体操运动员成绩（去掉最高分最低分后的平均分） | | | | | | | | |
| 2 | 姓名 | 得分1 | 得分2 | 得分3 | 得分4 | 得分5 | 得分6 | 成绩1 | 成绩2 |
| 3 | 宋平平 | 96 | 91 | 97 | 95 | 91 | 93 | 94 | 94 |
| 4 | 王丫丫 | 88 | 83 | 86 | 88 | 85 | 83 | 86 | 86 |
| 5 | 董华华 | 85 | 83 | 85 | 86 | 85 | 82 | 85 | 85 |
| 6 | 陈燕燕 | 92 | 89 | 94 | 94 | 91 | 90 | 92 | 92 |
| 7 | 周萍萍 | 94 | 92 | 90 | 98 | 97 | 95 | 95 | 95 |
| 8 | 田一天 | 84 | 81 | 90 | 87 | 80 | 88 | 85 | 85 |

图 5-8　运动员成绩（平均值 TRIMMEAN）

【参考步骤】

（1）方法 1：使用 TRIMMEAN 函数计算平均得分。在单元格 H3 中输入公式"＝TRIMMEAN(B3:G3,2/COUNT(B3:G3))"，并填充至单元格 H17。

（2）方法 2：使用 SUM、MAX、MIN 和 COUNT 函数计算平均得分。在单元格 I3 中输入公式"＝(SUM(B3:G3)－MAX(B3:G3)－MIN(B3:G3))/(COUNT(B3:G3)－2)"，并填充至单元格 I17。

## 5.2　统计函数

视频讲解

除了 5.1 节介绍的统计函数之外，Excel 还提供了求最值、排名、中值、众数统计、分类汇总等统计函数。有关专业的统计函数，例如各种统计分布函数、各种统计检验函数，本书没有展开阐述。

# 5.2.1 MAX、MIN、MAXA 和 MINA 函数

MAX、MIN、MAXA 和 MINA 函数用于返回最大值或最小值。其语法为：

```
MAX(number1, [number2], …)
MIN(number1, [number2], …)
MAXA(value1,[value2],…)
MINA(value1,[value2],…)
```

其中，参数 number 可以是数字，也可以是包含数字的名称、数组或者引用。参数的个数最多为 255 个。参数 value 可以是数值；包含数值的名称、数组或者引用；数字文本；逻辑值 TRUE 或者 FALSE。

常量参数中的数字文本自动转换为数值，TRUE 转换为 1，FALSE 转换为 0。

MAX 和 MIN 函数在求值时忽略单元格区域、单元格、数组参数中的文本和逻辑值；而 MAXA 和 MINA 函数则包括单元格区域、单元格、数组参数中的文本和逻辑值，其中文本转换为 0，TRUE 转换为 1，FALSE 转换为 0。

如果参数为错误值，或不能转换为数值，则会导致错误。

例如，假设单元格区域 A1:A6 中分别存放着数据"张三"、89、75、54、68、TRUE，则：

（1）公式"＝MAX(A1:A6)"的结果为 89。

（2）公式"＝MIN(A1:A6)"的结果为 54。

（3）公式"＝MAXA(A1:A6,"95")"的结果为 95。

（4）公式"＝MINA(A1:A6)"的结果为 0。

（5）公式"＝MAX("a",15,TRUE)"的结果为参数值错误＃VALUE!。

# 5.2.2 LARGE 和 SMALL 函数

LARGE 和 SMALL 函数用于返回指定单元格区域（或数组）中第 position 个最大值和最小值。其语法为：

```
LARGE(range, position)
SMALL(range, position)
```

其中，参数 range 为包含数据的单元格区域（或数组），参数 position 为排序位置。

例如，给定名称引用为 data 的数据区域，则：

（1）公式"＝LARGE(data,1)"返回最大值。

（2）公式"＝LARGE(data,10)"返回第 10 个最大值。

（3）公式"＝SMALL(data,1)"返回最小值。

（4）公式"＝SMALL(data,2)"返回第 2 个最小值（倒数第 2）。

（5）数组公式"{＝SUM(LARGE(data,{1,2,3,4,5,6,7,8,9,10}))}"求 10 个最大数之和。

（6）数组公式"{＝SUM(SMALL(data,ROW(1：10)))}"求 10 个最小数之和。

【说明】

ROW 函数返回引用的行号,例如公式"＝ROW(A1)"的结果为 1;公式"＝ROW(1:1)"的结果为 1;公式"{＝ROW(1:10)}"的结果为数组{1;2;3;4;5;6;7;8;9;10}。

# 5.2.3 RANK、RANK.AVG 和 RANK.EQ 函数

RANK、RANK.AVG 和 RANK.EQ 函数用于返回指定数值在单元格区域(或数组)中的顺序位置。其语法为:

```
RANK(number, ref, [order])
RANK.AVG(number, ref, [order])
RANK.EQ(number, ref, [order])
```

其中,参数 number 是数值;ref 是单元格区域(或数组);可选参数 order 为排序方式(默认 0 为降序,非零值为升序)。如果 number 在 range 中不存在,则结果为♯N/A。

如果存在多个相同的值,则 RANK.AVG 将排名的平均值赋予重复值,RANK.EQ 和 RANK 则赋予重复值相同的排名。例如对于数值"12、11、11、10",RANK.AVG 的排名依次为 1、2.5、2.5、4;而使用 RANK.EQ 和 RANK 的排名依次为 1、2、2、4。

例如,给定名称引用为 data 的单元格区域,则:

(1) 公式"＝RANK(80,data)"返回 80 在区域 data 中的排名(从高到低降序)。

(2) 公式"＝RANK(80,data,1)"返回 80 在区域 data 中的排名(从低到高升序)。

【例 5-8】 班级排名和年级排名(统计函数 RANK)。在"fl5-8 统计函数(排名).xlsx"中记录着一班和二班学生语文、数学、英语 3 门主课期末考试的成绩,请根据总分统计每位学生的班级排名和年级排名。结果如图 5-9 所示。

| | A | B | C | D | E | F | G | H | I | J | K |
|---|---|---|---|---|---|---|---|---|---|---|---|
| 1 | 一班期末考试3门主课成绩一览表 | | | | | | | | | | |
| 2 | 学号 | 姓名 | 性别 | 班级 | 语文 | 数学 | 英语 | 总分 | 班级排名 | 年级排名1 | 年级排名2 |
| 3 | B13121101 | 朱洋洋 | 男 | 一班 | 60 | 57 | 67 | 184 | 6 | 14 | 14 |
| 4 | B13121102 | 赵霞霞 | 女 | 一班 | 74 | 80 | 90 | 244 | 4 | 7 | 7 |
| 5 | B13121103 | 周萍萍 | 女 | 一班 | 87 | 94 | 86 | 267 | 2 | 4 | 4 |
| 6 | B13121104 | 阳一昆 | 男 | 一班 | 51 | 70 | 55 | 176 | 8 | 16 | 16 |
| 7 | B13121105 | 田一天 | 男 | 一班 | 62 | 62 | 60 | 184 | 6 | 14 | 14 |
| 8 | B13121106 | 翁华华 | 女 | 一班 | 90 | 86 | 88 | 264 | 3 | 5 | 5 |
| 9 | B13121107 | 王丫丫 | 女 | 一班 | 73 | 70 | 71 | 214 | 5 | 11 | 11 |
| 10 | B13121108 | 宋平平 | 女 | 一班 | 87 | 90 | 97 | 274 | 1 | 2 | 2 |
| 11 | | | | | | | | | | | |
| 12 | 二班期末考试3门主课成绩一览表 | | | | | | | | | | |
| 13 | 学号 | 姓名 | 性别 | 班级 | 语文 | 数学 | 英语 | 总分 | 班级排名 | 年级排名1 | 年级排名2 |
| 14 | B13121201 | 范华华 | 女 | 二班 | 90 | 86 | 85 | 261 | 3 | 6 | 6 |
| 15 | B13121202 | 董华华 | 女 | 二班 | 53 | 90 | 93 | 236 | 6 | 10 | 10 |
| 16 | B13121203 | 舒齐齐 | 女 | 二班 | 69 | 50 | 89 | 208 | 8 | 13 | 13 |
| 17 | B13121204 | 吕文文 | 男 | 二班 | 78 | 77 | 55 | 210 | 7 | 12 | 12 |
| 18 | B13121205 | 金依珊 | 男 | 二班 | 85 | 80 | 79 | 244 | 4 | 7 | 7 |
| 19 | B13121206 | 陈燕燕 | 女 | 二班 | 70 | 89 | 78 | 237 | 5 | 9 | 9 |
| 20 | B13121207 | 李一红 | 男 | 二班 | 95 | 86 | 88 | 269 | 2 | 3 | 3 |
| 21 | B13121208 | 陈卡通 | 男 | 二班 | 93 | 98 | 94 | 285 | 1 | 1 | 1 |

图 5-9 一班和二班学生 3 门主课的年级和班级排名

**【参考步骤】**

（1）计算每个班每位学生的总分。分别在 H3 和 H14 单元格中输入公式"＝SUM(E3：G3)"和"＝SUM(E14:G14)"，并分别填充至 H10 和 H21 单元格。

（2）统计一班学生的班级排名。在 I3 单元格中输入公式"＝RANK(H3,$H$3:$H$10)"，并填充至 I10 单元格。

（3）统计二班学生的班级排名。在 I14 单元格中输入公式"＝RANK(H14,$H$14:$H$21)"，并填充至 I21 单元格。

（4）统计一班学生的年级排名（方法 1）。在 J3 单元格中输入公式"＝RANK(H3,$H$3:$H$21)"，并填充至 J10 单元格。

（5）统计二班学生的年级排名（方法 1）。在 J14 单元格中输入公式"＝RANK(H14,$H$3:$H$21)"，并填充至 J21 单元格。

（6）统计一班学生的年级排名（方法 2）。在 K3 单元格中输入公式"＝RANK(H3,($H$3:$H$10,$H$14:$H$21))"，并填充至 K10 单元格。

（7）统计二班学生的年级排名（方法 2）。在 K14 单元格中输入公式"＝RANK(H14,($H$3:$H$10,$H$14:$H$21))"，并填充至 K21 单元格。

## 5.2.4 PERCENTRANK、PERCENTRANK.INC 和 PERCENTRANK.EXC 函数

PERCENTRANK、PERCENTRANK.INC 和 PERCENTRANK.EXC 函数用于计算百分比排序。其语法为：

```
PERCENTRANK(array, x, [significance])
PERCENTRANK.INC(array, x, [significance])
PERCENTRANK.EXC(array, x, [significance])
```

其中，参数 array 是数值单元格区域（或数组）；参数 x 是数值；可选参数 significance 用于指定百分比的有效数字位数（默认为 3，即 0.xxx）。

PERCENTRANK 和 PERCENTRANK.INC 函数返回指定数值在单元格区域（或者数组）中的百分比排位（包含 0 和 1）；PERCENTRANK.EXC 函数返回指定数值在单元格区域（或者数组）中的百分比排位（不包含 0 和 1）。例如对于数值"12、11、11、10"，PERCENTRANK.EXC 的百分比排名依次为 80%、40%、40%、20%；而使用 PERCENTRANK 和 PERCENTRANK.INC 的百分比排名依次为 100%、33%、33%、0%。

例如，假定单元格区域 C3:C87 中存放着学生的语文成绩，则公式"＝PERCENTRANK(C3:C87,C3)"，返回 C3 单元格中的语文成绩的排名百分比。

## 5.2.5 PERCENTILE 和 QUARTILE 函数

PERCENTILE 和 QUARTILE 函数用于指定百分比对应的数组。其语法为：

```
PERCENTILE(array, k)
```

```
PERCENTILE.INC(array, k)
PERCENTILE.EXC(array, k)
QUARTILE(array, quart)
QUARTILE.INC(array, quart)
QUARTILE.EXC(array, quart)
```

其中,参数 array 是数值单元格区域(或数组);参数 k 是百分比;参数 quart 的取值为从 0 至 4,分别对应 0%(最小值)、25%(第 1 个四分位)、50%(中分位数)、75%(第 3 个四分位)、100%(最大值)。

PERCENTILE 和 PERCENTILE.INC 函数返回指定百分比(位置,包含 0 和 1)在单元格区域(或者数组)中对应的数值(百分位数);PERCENTILE.EXC 函数返回指定百分比(位置,不包含 0 和 1)在单元格区域(或者数组)中对应的数值(百分位数)。例如,假设 data 为"12、11、11、10",则 PERCENTILE.EXC(data,80%)的结果为 12;而使用 PERCENTILE(data,80%)和 PERCENTILE.INC(data,80%)的结果为 11.4。

QUARTILE 和 QUARTILE.INC 函数返回单元格区域(或者数组)中对应的四分位数值(包含 0 和 1);QUARTILE.EXC 函数返回单元格区域(或者数组)中对应的四分位数值(不包含 0 和 1)。例如,假设 data 为"12、11、11、10",则 QUARTILE.EXC(data,1)的结果为 10.25;而使用 QUARTILE(data,1)和 QUARTILE.INC(data,1)的结果为 10.75。

例如,假定单元格区域 C3:C87 中存放着学生的语文成绩,则:

(1) 公式"=PERCENTILE($C$3:$C$87,80%)"返回 80%位置的语文成绩。

(2) 公式"=QUARTILE(C3:C87,1)"返回第 1 个四分位(25%)的语文成绩。

## 5.2.6 MEDIAN 和 MODE 函数

MEDIAN 和 MODE 函数用于返回单元格区域(或数组)中的中值(位于中间的数,如果参数集合中包含偶数个数字,则取中间两个数的平均值)和众数(出现频率最多的数)。其语法为:

```
MEDIAN(number1, [number2], …)
MODE(number1, [number2], …)
```

其中,参数 number 可以是单元格区域、单元格引用、数组、常量、公式或者另一个函数的结果。参数的个数最多为 255 个。

例如,假定单元格区域 C3:C87 中存放着学生的成绩,则:

(1) 公式"=MEDIAN(C3:C87)"返回单元格区域 C3:C87 中的中值。

(2) 公式"=MODE(C3:C87)"返回单元格区域 C3:C87 中的众数。

【例 5-9】 学生成绩排名统计。在"fl5-9 学生成绩(排名统计).xlsx"中包含 16 名学生大学计算机的成绩信息,利用 RANK、PERCENTRANK、MAX、MIN、AVERAGE、MEDIAN、MODE、PERCENTILE、QUARTILE、LARGE 和 SMALL 函数以及数组公式按要求完成如下操作:

(1) 统计学生成绩的排名(RANK 函数)。

(2) 统计学生成绩的百分比排名(PERCENTRANK 函数)。

（3）统计学生成绩的最高分、最低分、平均分、中值、众数（MAX、MIN、AVERAGE、MEDIAN 和 MODE 函数）。

（4）统计 80% 位置的成绩以及各四分位的成绩（PERCENTILE 和 QUARTILE 函数）。

（5）统计学生成绩的前 3 名和末 3 名（LARGE 和 SMALL 函数以及数组公式）。

结果如图 5-10 所示。

| | A | B | C | D | E | F | G | H | I | J | |
|---|---|---|---|---|---|---|---|---|---|---|---|
| 1 | 大学计算机成绩一览表 | | | | | | | | | | |
| 2 | 学号 | 姓名 | 成绩 | 排名 | 百分比排名 | | 最高分 | 95 | 前3名 | 95 | |
| 3 | B13121101 | 朱洋洋 | 60 | 14 | 13% | | 最低分 | 51 | 成绩 | 93 | |
| 4 | B13121102 | 赵霞霞 | 74 | 9 | 47% | | 平均分 | 76 | | 90 | |
| 5 | B13121103 | 周萍萍 | 87 | 5 | 67% | | 中值 | 76 | 末3名 | 51 | |
| 6 | B13121104 | 阳一昆 | 51 | 16 | 0% | | 众数 | 87 | 成绩 | 53 | |
| 7 | B13121105 | 田一天 | 62 | 13 | 20% | | 80%位置的数 | 90 | | 60 | |
| 8 | B13121106 | 翁华华 | 90 | 3 | 80% | | 四分位数0 | 51 | 即：最小值 | | |
| 9 | B13121107 | 王丫丫 | 73 | 10 | 40% | | 四分位数1 | 67 | 即：25%位置的数 | | |
| 10 | B13121108 | 宋平平 | 87 | 5 | 67% | | 四分位数2 | 76 | 即：中值 | | |
| 11 | B13121201 | 范华华 | 90 | 3 | 80% | | 四分位数3 | 88 | 即：75%位置的数 | | |
| 12 | B13121202 | 董华华 | 53 | 15 | 7% | | 四分位数4 | 95 | 即：最大值 | | |

图 5-10　学生成绩（排名统计）

【参考步骤】

（1）统计学生成绩的排名。在单元格 D3 中输入公式"=RANK(C3,$C$3:$C$18)"，并向下填充至单元格 D18。

（2）统计学生成绩的百分比排名。在单元格 E3 中输入公式"=PERCENTRANK($C$3：$C$18,C3)"，并向下填充至单元格 E18。

（3）统计学生成绩的最高分、最低分、平均分、中值、众数。在单元格 H2、H3、H4、H5、H6 中分别输入公式"=MAX($C$3:$C$18)""=MIN($C$3:$C$18)""=AVERAGE($C$3:$C$18)""=MEDIAN($C$3:$C$18)""=MODE($C$3:$C$18)"。

（4）统计 80% 位置的成绩以及各四分位的成绩。在单元格 H7、H8、H9、H10、H11、H12 中分别输入公式"=PERCENTILE($C$3:$C$18,80%)""=QUARTILE($C$3:$C$18,0)""=QUARTILE($C$3:$C$18,1)""=QUARTILE($C$3:$C$18,2)""=QUARTILE($C$3:$C$18,3)""=QUARTILE($C$3:$C$18,4)"。

（5）统计学生成绩的前 3 名和末 3 名。选择单元格区域 J2：J4，输入数组公式"{=LARGE($C$3:$C$18,{1;2;3})}"；在 J5：J7 中输入数组公式"{=SMALL($C$3:$C$18,{1;2;3})}"。

# 5.2.7　STDEV 和 VAR 函数

Excel 还提供了若干个用于计算样本或者总体的标准偏差和方差的函数。其语法为：

STDEV(number1,[number2],…)：根据样本估计标准偏差。

STDEV.S(number1,[number2],…)：根据样本估计标准偏差。

STDEV.P(number1,[number2],…)：根据总体计算标准偏差。

VAR(number1,[number2],…)：根据样本估计方差。

VAR.S(number1, [number2], …):根据样本估计方差。

VAR.P(number1, [number2], …):根据总体计算方差。

上述函数均忽略样本或者总体中的逻辑值和文本,如果要包含非数值,则可以使用函数 STDEVA、STDEVPA、VARA、VARPA。

## 5.2.8 SUBTOTAL 函数

SUBTOTAL 函数主要用于列表或者数据库中的分类汇总,根据传递的参数类型返回不同的分类汇总值。其语法为:

SUBTOTAL(function_num, ref1, [ref2], …)

其中,参数 function_num 指定使用何种函数进行分类汇总计算,1 为 AVERAGE、2 为 COUNT、3 为 COUNTA、4 为 MAX、5 为 MIN、6 为 PRODUCT、7 为 STDEV、8 为 STDEVP、9 为 SUM、10 为 VAR、11 为 VARP;101 到 111 的功能同 1 到 11,但忽略隐藏值。

参数 ref1 是要对其进行分类汇总计算的第一个命名区域或者引用。可选参数 ref2 是对其进行分类汇总计算的第 2 个命名区域或者引用。最多可以有 254 个命名区域或者引用。

例如,公式"=SUBTOTAL(9,A2:A5)"等价于"=SUM(A2:A5)";"=SUBTOTAL(1,A2:A5)"等价于"=AVERAGE(A2:A5)"。

【例 5-10】 员工年龄薪酬信息统计。在"fl5-10 统计函数(工资年龄薪酬).xlsx"中记录着员工的出生日期和薪酬情况,利用统计函数(FREQUENCY、RANK、PERCENTRANK、MAX、MIN、LARGE、SMALL、AVERAGE、SUBTOTAL、MEDIAN、MODE、VAR 和 STDEV)以及日期与时间函数(DATEDIF、YEAR、NOW 或 TODAY)完成如下操作,结果如图 5-11 所示。

| | A | B | C | D | E | F | G | H |
|---|---|---|---|---|---|---|---|---|
| 1 | 职工信息一览表 | | | | | 当前日期 | 2019/9/21 | |
| 2 | 姓名 | 出生日期 | 当年年龄 | 实足年龄 | 薪酬 | 薪酬排名 | 薪酬百分比排名 | |
| 3 | 李一明 | 1996/3/10 | 23 | 23 | ¥ 5,075 | 6 | 58% | |
| 4 | 赵丹丹 | 1989/6/10 | 30 | 30 | ¥ 5,621 | 1 | 100% | |
| 5 | 王清清 | 1976/12/1 | 43 | 42 | ¥ 4,998 | 8 | 42% | |
| 6 | 胡安安 | 1959/1/1 | 60 | 60 | ¥ 4,890 | 10 | 25% | |
| 7 | 钱军军 | 1982/10/10 | 37 | 36 | ¥ 5,481 | 3 | 75% | |
| 8 | 孙莹莹 | 1986/1/5 | 33 | 33 | ¥ 4,896 | 9 | 33% | |
| 9 | 王洁灵 | 1981/5/5 | 38 | 38 | ¥ 4,542 | 11 | 17% | |
| 10 | 张杉杉 | 1978/12/31 | 41 | 40 | ¥ 5,071 | 7 | 50% | |
| 11 | 李思思 | 1984/3/5 | 35 | 35 | ¥ 5,519 | 2 | 92% | |
| 12 | 裘石岭 | 1974/12/11 | 45 | 44 | ¥ 4,403 | 13 | 0% | |
| 13 | 裘石梅 | 1980/8/6 | 39 | 39 | ¥ 5,481 | 3 | 75% | |
| 14 | 陈默金 | 1969/12/12 | 50 | 49 | ¥ 5,092 | 5 | 67% | |
| 15 | 肖恺花 | 1964/7/7 | 55 | 55 | ¥ 4,474 | 12 | 8% | |
| 16 | | | | | | | | |
| 17 | 年龄和薪酬分布统计表 | | | | | | | |
| 18 | 20岁及以下 | 0 | 20 | 最高薪酬 | | ¥5,621 | 平均薪酬 | ¥ 5,042 |
| 19 | 21~30岁 | 2 | 30 | 第二高薪酬 | | ¥5,519 | 中间薪酬 | ¥ 5,071 |
| 20 | 31~40岁 | 6 | 40 | 最低薪酬 | | ¥4,403 | 薪酬方差 | ¥164,995 |
| 21 | 41~50岁 | 3 | 50 | 倒数第二低薪酬 | | ¥4,474 | 薪酬标准偏差 | ¥ 406 |
| 22 | 50岁以上 | 2 | | 出现次数最多的薪酬 | | ¥5,481 | | |

图 5-11 员工年龄薪酬信息统计结果

（1）在 G1 单元格中显示系统当前日期。

（2）根据出生日期分别计算员工的当年年龄（不管生日是否已过）和实足年龄（从出生到计算时为止共经历的周年数或生日数）。

（3）统计员工实足年龄的分布情况。

（4）计算员工的薪酬排名、薪酬百分比排名。

（5）统计最高薪酬、第二高薪酬、最低薪酬、倒数第二低薪酬、平均薪酬、中间薪酬以及出现次数最多的薪酬。

（6）统计薪酬的方差和标准偏差。

【参考步骤】

（1）显示当前日期。在 G1 单元格中输入公式"＝TODAY()"。

（2）计算每位员工的当年年龄。在 C3 单元格中输入公式"＝YEAR(NOW())－YEAR(B3)"，并向下填充至 C15 单元格。

（3）计算每位员工的实足年龄。在 D3 单元格中输入公式"＝DATEDIF(B3,\$G\$1,"Y")"，并向下填充至 D15 单元格。

（4）重新整理实足年龄段。为了使用 FREQUENCY 函数统计数值在区域内出现的频率，在 C18:C21 数据区域中输入整理后的年龄段。

（5）利用频率统计函数统计员工实足年龄的分布情况。选择数据区域 B18:B22，在编辑栏中输入公式"＝FREQUENCY(D3:D15,C18:C21)"，然后按 Ctrl＋Shift＋Enter 键锁定数组公式。

（6）计算员工的薪酬排名。在 F3 单元格中输入公式"＝RANK(E3,\$E\$3:\$E\$15)"，并向下填充至 F15 单元格。

（7）计算员工的薪酬百分比排名。在 G3 单元格中输入公式"＝PERCENTRANK(\$E\$3:\$E\$15,E3)"，并向下填充至 G15 单元格，设置其格式为百分比样式，保留显示到整数部分。

（8）统计最高薪酬。在 F18 单元格中输入公式"＝MAX(E3:E15)"。当然，用户也可以利用公式"＝LARGE(E3:E15,1)"或者"＝SMALL(E3:E15,13)"完成相同功能。

（9）统计第二高薪酬。在 F19 单元格中输入公式"＝LARGE(E3:E15,2)"。

（10）统计最低薪酬。在 F20 单元格中输入公式"＝MIN(E3:E15)"。当然，用户也可以利用公式"＝SMALL(E3:E15,1)"或者"＝LARGE(E3:E15,13)"完成相同功能。

（11）统计倒数第二低薪酬。在 F21 单元格中输入公式"＝SMALL(E3:E15,2)"。

（12）统计出现次数最多的薪酬。在 F22 单元格中输入公式"＝MODE(E3:E15)"。

（13）统计平均薪酬。在 H18 单元格中输入公式"＝AVERAGE(E3:E15)"。当然，用户也可以利用公式"＝SUBTOTAL(1,E3:E15)"完成相同功能。

（14）统计中间薪酬。在 H19 单元格中输入公式"＝MEDIAN(E3:E15)"。

（15）统计薪酬的方差和标准偏差。在 H20 单元格中输入公式"＝VAR(E3:E15)"；在 H21 单元格中输入公式"＝STDEV(E3:E15)"。

【说明】

RANK 函数对重复数值的排位相同，但重复数值将影响后续数值的排位。本例中"钱军军"和"裴石梅"的薪酬排名并列第 3，则排位 4 空缺，"陈默金"的排位为 5。

**【拓展】**

（1）请读者思考，为什么需要重新整理分数段？这其中有什么规律可循？请回忆函数 COUNTIF（统计范围，条件）是如何完成指定范围内满足条件的记录个数的统计功能的？体会一下借助一个数组公式（FREQUENCY 函数）就能轻松地统计出各年龄段的人数分布的妙处。

（2）如果区域中数据点的个数为 $n$，则函数 LARGE（array，1）返回最大值（即 MAX（array）），函数 LARGE（array，$n$）返回最小值（即 MIN（array））。

（3）请尝试利用 SMALL 函数统计第二高薪酬（提示："＝SMALL(E3:E15,12)"），以及利用 LARGE 函数统计倒数第二低薪酬（提示："＝LARGE(E3:E15,12)"）。推而广之，对于有 $n$ 个数据的数据区域，如何利用 LARGE 函数计算其第 $k$ 个最小值？如何利用 SMALL 函数计算其第 $k$ 个最大值？

视频讲解

# 5.3　数学函数和三角函数

除了 5.1 节介绍的数学函数之外，Excel 还提供了四舍五入、取整、乘法、阶乘、平方根、整除、取余、指数、对数、绝对值、判断正负数、最大公约数、最小公倍数、组合数、排列数、矩阵（二维数组）运算、随机值等数学函数，以及 PI、RADIANS、DEGREES、SIN、COS、TAN、ASIN、ACOS、ATAN 等三角函数。

## 5.3.1　舍入和取整函数

在进行数值计算时往往会产生小数，使用数学函数可以对数值进行舍入和取整操作。

### 1. ROUND、ROUNDDOWN 和 ROUNDUP 函数

ROUND、ROUNDDOWN 和 ROUNDUP 函数用于把数值舍入到指定小数位数。其语法为：

```
ROUND(number, num_digits)
ROUNDDOWN(number, num_digits)
ROUNDUP(number, num_digits)
```

其中，参数 number 是数值。参数 num_digits 是小数位数，如果为正整数，则保留 num_digits 位小数；如果为 0，则取整；如果为负数，则舍入到小数点左侧 num_digits 位。

ROUND 将数字四舍五入到指定的位数；ROUNDDOWN 将数字朝着零的方向（沿绝对值减小的方向）舍入到指定的位数；ROUNDUP 将数字朝着远离零的方向（沿绝对值增大的方向）舍入到指定的位数。

例如，假定单元格 A1 中包含 12.3156，单元格 A2 中包含 －12.3156，则：

（1）公式"＝ROUND(A1,2)"的结果为 12.32。

（2）公式"＝ROUND(A1,0)"的结果为 12。

（3）公式"＝ROUND(A2,－1)"的结果为 －10。

（4）公式"＝ROUNDDOWN(A1,2)"的结果为 12.31。

（5）公式"＝ROUNDDOWN(A2,2)"的结果为－12.31。

（6）公式"＝ROUNDUP(A1,1)"的结果为 12.4。

（7）公式"＝ROUNDUP(A2,1)"的结果为－12.4。

### 2. MROUND、FLOOR 和 CEILING 函数

MROUND、FLOOR 和 CEILING 函数用于将数值舍入到指定基数的倍数。其语法为：

```
MROUND(number, multiple)
FLOOR(number, multiple)
CEILING(number, multiple)
```

其中，参数 number 是数值；参数 multiple 是基数，number 舍入到 multiple 的倍数。

MROUND 将数字舍入到指定基数的倍数，如果数值 number 除以基数的余数大于或等于基数的一半，则向远离零的方向舍入，否则舍弃余数；FLOOR 将数字朝着零的方向（沿绝对值减小的方向）舍入到指定基数的倍数；CEILING 将数字朝着远离零的方向（沿绝对值增大的方向）舍入到指定基数的倍数。

例如，假定单元格 A1 中包含 17，单元格 A2 中包含 19，则：

（1）公式"＝MROUND(A1,5)"的结果为 15。

（2）公式"＝MROUND(A2,5)"的结果为 20。

（3）公式"＝FLOOR(A1,5)"的结果为 15。

（4）公式"＝FLOOR(A2,5)"的结果为 15。

（5）公式"＝CEILING(A1,5)"的结果为 20。

（6）公式"＝CEILING(A2,5)"的结果为 20。

### 3. TRUNC 和 INT 函数

TRUNC 和 INT 函数用于截去数值的小数部分。其语法为：

```
TRUNC(number, [num_digits])
INT(number)
```

其中，参数 number 是数值；可选参数 num_digits（默认值为 0）是小数位数，如果 num_digits 为正整数，则保留 num_digits 位小数，如果为 0，则取整；如果为负数，则舍入到小数点左侧 num_digits 位。

TRUNC 将保留指定的位数，截去剩余的部分；INT 将数字向下舍入到最接近的整数。

例如，假定单元格 A1 中包含 15.625，单元格 A2 中包含－15.625，则：

（1）公式"＝TRUNC(A1,2)"的结果为 15.62。

（2）公式"＝TRUNC(A1)"的结果为 15。

（3）公式"＝TRUNC(A2,－1)"的结果为－10。

（4）公式"＝INT(A1)"的结果为 15。

（5）公式"＝INT(A2)"的结果为－16。

#### 4. EVEN 和 ODD 函数

EVEN 和 ODD 函数用于把数值向上舍入到最接近的偶数或奇数。其语法为：

EVEN(number)
ODD(number)

其中,参数 number 是数值。EVEN 和 ODD 函数将数字朝着远离零的方向(沿绝对值增大的方向)舍入到最接近的偶数或者奇数。

例如,假定单元格 A1 中包含 3.1,单元格 A2 中包含－3.1,则：

(1) 公式"＝EVEN(A1)"的结果为 4。

(2) 公式"＝EVEN(A2)"的结果为－4。

(3) 公式"＝ODD(A1)"的结果为 5。

(4) 公式"＝ODD(A2)"的结果为－5。

【例 5-11】 预订车辆(数学函数 ROUNDUP 和 CEILING)。在"fl5-11 数学函数(班车数量).xlsx"中为希望小学的春游活动预订车辆信息,假定每辆车额定乘载 30 人。结果如图 5-12 所示。

| | A | B | C | D |
|---|---|---|---|---|
| 1 | 希望小学春游预订车辆统计表 | | | |
| 2 | 年级 | 人数 | 车辆数1 | 车辆数2 |
| 3 | 一年级 | 212 | 8 | 8 |
| 4 | 二年级 | 206 | 7 | 7 |
| 5 | 三年级 | 185 | 7 | 7 |
| 6 | 四年级 | 193 | 7 | 7 |
| 7 | 五年级 | 161 | 6 | 6 |

图 5-12 数学函数应用示例(预订车辆)

【参考步骤】

(1) 计算班车数量(方法 1)。在 C3 单元格中输入公式"＝ROUNDUP(B3/30,0)",并向下填充至 C7 单元格。

(2) 计算班车数量(方法 2)。在 D3 单元格中输入公式"＝CEILING(B3,30)/30",并向下填充至 D7 单元格。

## 5.3.2 常用数学函数

#### 1. PRODUCT、FACT 和 SQRT 函数

PRODUCT、FACT 和 SQRT 分别对应于乘积、阶乘和平方根运算。其语法为：

PRODUCT(number1, [number2], …)
FACT(number)
SQRT(number)

其中,参数 number 是数值。

PRODUCT 函数返回参数的乘积；FACT 返回 number 的阶乘；SQRT 返回 number 的平方根。

例如,假定单元格区域 A1:A3 中包含数据 2、4、6,则：

(1) 公式"＝PRODUCT(A1:A3)"的结果为 48。

(2) 公式"＝FACT(5)"的结果为 120。

(3) 公式"＝SQRT(16)"的结果为 4。

## 2. QUOTIENT 和 MOD 函数

QUOTIENT 和 MOD 函数用于数学整除和取余运算。其语法为：

```
QUOTIENT(numerator, denominator)
MOD(numerator, denominator)
```

其中，参数 numerator 为被除数；参数 denominator 是除数。

QUOTIENT 函数返回除法的整数部分；MOD 函数返回除法的余数部分。

例如：

（1）公式"＝QUOTIENT(7,2)"的结果为 3。

（2）公式"＝MOD(7,2)"的结果为 1。

## 3. POWER、EXP、LOG、LOG10 和 LN 函数

Excel 中用于指数和对数的数学函数包括 POWER、EXP、LOG、LOG10 和 LN。其语法为：

```
POWER(number, power)
EXP(number)
LOG(number, [base])
LOG10(number)
LN(number)
```

其中，参数 number 是数值，power 是幂，可选参数 base 为对数的底数（默认值为 10）。

POWER 函数返回 number 的 power 次方；EXP 返回 e(自然对数的底数,2.71828182845904) 的 number 次方；LOG 函数返回以 base 为底的 number 的对数；LOG10 函数返回以 10 为底的 number 的对数；LN 函数返回以 e 为底的 number 的对数。例如：

（1）公式"＝POWER(2,10)"的结果为 1024。

（2）公式"＝POWER(27,1/3)"的结果为 3。

（3）公式"＝EXP(1)"的结果为 2.718281828。

（4）公式"＝LOG(8,2)"的结果为 3。

（5）公式"＝LOG10(1E6)"的结果为 6。

（6）公式"＝LN(EXP(5))"的结果为 5。

## 4. ABS 和 SIGN 函数

ABS 和 SIGN 函数用于求数值的绝对值和判断正负数。其语法为：

```
ABS(number)
SIGN(number)
```

其中，参数 number 为数值。ABS 函数返回 number 的绝对值；SIGN 判断 number 的正负数，number 为正时返回 1，为零时返回 0，为负时返回-1。例如：

（1）公式"＝ABS(-1.23)"的结果为 1.23。

（2）公式"＝SIGN(12)"的结果为 1。

（3）公式"＝SIGN(0)"的结果为 0。

（4）公式"＝SIGN(−12)"的结果为−1。

### 5. GCD 和 LCM 函数

GCD 和 LCM 函数用于求最大公约数和最小公倍数。其语法为：

```
GCD(number1, [number2], …)
LCM(number1, [number2], …)
```

其中，参数 number 为数值。GCD 返回所有参数值的最大公约数（Greatest Common Divisor）；LCM 返回所有参数值的最小公倍数（Least Common Multiple）。例如：

（1）公式"＝GCD(45,27)"的结果为 9。

（2）公式"＝LCM(45,27)"的结果为 135。

### 6. COMBIN 和 PERMUT 函数

COMBIN 函数用于求组合数或二项系数，PERMUT 函数用于求排列数。其语法为：

```
COMBIN(number, number_chosen)
PERMUT(number, number_chosen)
```

其中，参数 number 和 number_chosen 均为数值。

COMBIN 函数返回组合数或二项系数，计算从给定数目的对象集合 number 中提取若干对象 number_chosen 的组合数。

PERMUT 函数返回从给定元素数目的集合 number 中选取若干元素 number_chosen 的排列数，排列为有内部顺序的对象或事件的任意集合或子集。排列与组合不同，组合的内部顺序无意义。此函数可用于彩票抽奖的概率计算。

例如：

（1）公式"＝COMBIN(5,3)"的结果为 10（从 5 个不同元素中每次取出 3 个不同元素的组合总数 $C_5^3 = \dfrac{5!}{3! \times 2!} = 10$）。

（2）公式"＝PERMUT(5,3)"的结果为 60（从 5 个不同元素中每次取出 3 个不同元素的排列总数 $A_5^3 = \dfrac{5!}{2!} = 60$）。

### 7. MINVERSE、MMULT 和 TRANPOSE 函数

Excel 中用于矩阵（二维数组）运算的函数包括 MINVERSE、MMULT、TRANPOSE 等。其语法为：

```
MINVERSE(array)
MMULT(array1, array2)
TRANPOSE(array3)
```

其中，参数 array 为行、列数相等的二维数组（矩阵）；参数 array1 的行数和 array2 的列数相同；参数 array3 是数组。

MINVERSE 函数返回矩阵的逆；MMULT 函数返回两个数组矩阵的乘积；TRANPOSE 函数返回数组的转置。

**【例 5-12】** 求解三元一次方程(矩阵运算 MINVERSE、MMULT 函数)。在“fl5-12 数学函数(三元一次方程).xlsx”中求解三元一次方程，结果如图 5-13 所示。三元一次方程为：

$$\begin{cases}2x+5y-3z=42\\x+8y+2z=30\\3x+2y+6z=56\end{cases}$$

| | A | B | C | D | E | F |
|---|---|---|---|---|---|---|
| 1 | 三元一次方程 | | | | | |
| 2 | 2x+5y-3z=42 | | | | | |
| 3 | x+8y+2z=30 | | | | | |
| 4 | 3x+2y+6z=56 | | | | | |
| 5 | | | | | | |
| 6 | 方程系数矩阵 | | | | 方程式的值 | |
| 7 | 2 | 5 | -3 | | 42 | |
| 8 | 1 | 8 | 2 | | 30 | |
| 9 | 3 | 2 | 6 | | 56 | |
| 10 | | | | | | |
| 11 | 方程式系数矩阵的逆 | | | | | |
| 12 | 0.286 | -0.23 | 0.2208 | | | |
| 13 | 0 | 0.136 | -0.045 | | | |
| 14 | -0.14 | 0.071 | 0.0714 | | | |
| 15 | | | | | | |
| 16 | 方程式系数矩阵的逆与方程式的值矩阵相乘 | | | | | |
| 17 | x= | 17.35 | | | | |
| 18 | y= | 1.545 | | | | |
| 19 | z= | 0.143 | | | | |

图 5-13 矩阵运算示例(求解三元一次方程)

**【参考步骤】**

(1) 在 A7:C9 以及 E7:E9 单元格区域中输入方程系数矩阵和方程式的值。

(2) 计算方程式系数矩阵的逆。选中 A12:C14 单元格区域，输入数组公式“{=MINVERSE(A7:C9)}”。

(3) 求解三元一次方程。选中 B17:B19 单元格区域，输入数组公式“{=MMULT(A12:C14,E7:E9)}”，将方程式系数矩阵的逆与方程式的值矩阵相乘，得到三元一次方程的解。

## 5.3.3 随机函数

RAND 和 RANDBETWEEN 函数用于生成随机值，常用于产生测试数据。其语法为：

```
RAND()
RANDBETWEEN(bottom, top)
```

其中，参数 bottom 和 top 分别为 RANDBETWEEN 函数将返回的最小整数和最大整数。

RAND 函数返回大于或等于 0 且小于 1 的均匀分布随机实数。RANDBETWEEN 函数返回一个位于两个指定数之间的随机整数。

每次计算工作表时都将返回一个新的随机实数，在单元格公式编辑状态下按 F9 功能键，可将公式转变为结果值，即永久性地改为随机数；也可通过选择性粘贴值的方法实现。

使用公式“=RAND()*(b−a)+a”可以生成 $a$ 与 $b$ 之间的随机实数。

例如：

(1) 公式“=RAND()”随机生成[0,1)的实数 $n$，即 $0\leqslant n<1$。

(2) 公式“=RAND()*(240−150)+150”随机生成[150,240)的实数。

(3) 公式“=RANDBETWEEN(1,100)”随机生成[1,100]的整数。

**【例 5-13】** 使用随机函数生成学生信息测试数据。在“fl5-13 学生信息表.xlsx”的 A2:A201 区域中包含了某班 200 个学生的学号信息，按要求完成如下操作，结果如图 5-14 所示。

（1）请利用随机函数生成全班学生的身高（150.0～240.0cm，保留一位小数）、成绩（0～100 的整数）、月消费（0.0～1000.0，保留一位小数）。

（2）调整全班学生的成绩（开根号乘以 10，四舍五入到整数部分），填入 C2:C201 数据区域。

| | A | B | C | D | E |
|---|---|---|---|---|---|
| 1 | 学号 | 身高cm | 成绩 | 成绩调整 | 月消费 |
| 2 | B13001 | 175.8 | 43 | 66 | ￥753.7 |
| 3 | B13002 | 186.8 | 59 | 77 | ￥948.5 |
| 4 | B13003 | 156.6 | 53 | 73 | ￥399.4 |
| 5 | B13004 | 216.4 | 81 | 90 | ￥330.8 |
| 6 | B13005 | 156.8 | 86 | 93 | ￥484.2 |

图 5-14　随机函数应用示例（学生信息）

【参考步骤】

（1）生成学生身高信息（保留一位小数）。在 B2 单元格中输入公式"＝ROUND(RAND()＊(240－150)＋150,1)"，按 Enter 键确认后向下填充至 B201。

（2）生成学生成绩信息。在 C2 单元格中输入公式"＝RANDBETWEEN(0,100)"，按 Enter 键确认后向下填充至 C201。

（3）生成学生月消费信息（保留一位小数）。在 E2 单元格中输入公式"＝ROUND(RAND()＊1000,1)"，按 Enter 键确认后向下填充至 E201。

（4）调整学生的成绩（保留到整数部分）。在 D2 单元格中输入公式"＝ROUND(SQRT(C2)＊10,0)"，按 Enter 键确认后向下填充至 D201。

# 5.3.4　三角函数

## 1. PI、RADIANS 和 DEGREES 函数

PI 函数返回圆周率；RADIANS 函数把角度转换为弧度；DEGREES 函数把弧度转换为角度。其语法为：

```
PI()
RADIANS(d)
DEGREES(r)
```

其中，参数 $r$ 是弧度，$d$ 是角度。

例如：

（1）公式"＝PI()"的结果为 3.141592654。

（2）公式"＝RADIANS(180)"的结果为 3.141592654。

（3）公式"＝DEGREES(PI()/2)"的结果为 90。

## 2. SIN、COS 等函数

Excel 中提供的三角函数包括 SIN、COS、TAN、ASIN、ACOS、ATAN 等，对应于数学上的三角函数。例如：

(1) 公式"＝SIN(PI()/2)"的结果为1。

(2) 公式"＝COS(RADIANS(60))"的结果为0.5。

【例5-14】 绘制三角函数图像。在"fl5-14 正弦函数和余弦函数.xlsx"中同时绘制正弦函数和余弦函数,最终结果如图5-15所示。

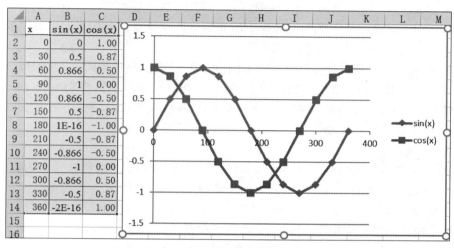

图5-15 正弦函数和余弦函数

【参考步骤】

(1) 采用尽量简洁、快速的方法在单元格区域 A2:A14 中输入 $x$ 的值(角度,一个周期的值,等差数列 0～360,公差或称步长为30)。

(2) 计算 SIN 函数和 COS 函数的值。在 B2 单元格中输入公式"＝SIN(A2/360 * 2 * PI())",在 C2 单元格中输入公式"＝COS(A2/360 * 2 * PI())",并向下填充至 B14 和 C14 单元格。

(3) 绘制图表。选择 A1:C14 的单元格区域,单击"插入"选项卡,选择"图表"组中"散点图"的子类型"带直线和数据标记的散点图"。

【拓展】

请读者思考,在 SIN 和 COS 函数中为什么使用"A2/360 * 2 * PI()"? 目的是什么? 如何绘制余弦函数、正切函数等其他数学和三角函数?

【例5-15】 分段函数求值。利用数学和三角函数(ROUND、SQRT、ABS、EXP、LN、PI、SIN)、随机函数 RAND、条件判断函数 IF、逻辑函数(AND 和 OR)计算"fl5-15 分段函数.xlsx"中当 $x$ 取值为 −10 到 10 的随机实数时分段函数 $y$ 的值,要求使用两种方法实现:一种方法先判断 $-1 \leqslant x < 2$ 条件,第二种方法先判断 $x < -1$ 或 $x \geqslant 2$ 条件。结果均显示两位小数,如图5-16所示。

| | A | B | C |
|---|---|---|---|
| 1 | x | 分段函数AND | 分段函数OR |
| 2 | 4.52 | 2.07 | 2.07 |
| 3 | −5.16 | 2.39 | 2.39 |
| 4 | −1.29 | −0.51 | −0.51 |
| 5 | 7.90 | 3.21 | 3.21 |

图5-16 计算分段函数

$$y = \begin{cases} \sin x + 2\sqrt{x + e^4} - (x+1)^3 & -1 \leqslant x < 2 \\ \ln(|x^2 - x|) - \dfrac{2\pi(x-1)}{7x} & x < -1 \text{ 或 } x \geqslant 2 \end{cases}$$

**【参考步骤】**

(1) 生成 $-10$ 到 10 的随机实数(保留两位小数)。在 A2 单元格中输入公式 "＝ROUND(RAND()＊20－10,2)",并向下填充至 A42 单元格。

(2) 利用 IF 和 AND 函数计算分段函数 $y$ 的值。在 B2 单元格中输入公式 "＝IF(AND(A2＞＝－1,A2＜2),SIN(A2)＋2＊SQRT(A2＋EXP(4))－(A2＋1)^3,LN(ABS(A2^2－A2))－2＊PI()＊(A2－1)/7/A2)",并向下填充至 B42 单元格。利用增加小数位数或减少小数位数使计算结果显示两位小数。

(3) 利用 IF 和 OR 函数计算分段函数 $y$ 的值。在 C2 单元格中输入公式 "＝IF(OR(A2＜－1,A2＞＝2),LN(ABS(A2^2－A2))－2＊PI()＊(A2－1)/7/A2,SIN(A2)＋2＊SQRT(A2＋EXP(4))－(A2＋1)^3)",并向下填充至 C42 单元格。利用增加小数位数或减少小数位数使计算结果显示两位小数。

**【说明】**

(1) 因为 $x$ 是随机生成的,所以本例同时使用 AND 和 OR 函数计算分段函数的值,目的是使读者更清晰地判断计算方法和结果的正确性。

(2) 本例练习 Excel 中数学和三角函数的使用方法。注意,在书写 Excel 表达式时乘号不能省略,例如 $a$ 乘以 $b$ 应写为 $a*b$。在表达式中括号必须成对出现,而且只能使用圆括号,圆括号可以嵌套使用。表达式从左到右在同一个基准上书写,无高低、大小之分。

# 习题

**一、单选题**

1. 在 Excel 中,公式 "＝COUNT("计算机",2015,"100",TRUE,♯N/A,)" 的结果为_____。

    A. 4         B. 5         C. 6         D. 2115

2. 在 Excel 中,若单元格区域 A1:A50 中存放着某班级 50 名学生的语文成绩,计算该班语文第 2 名成绩的公式为_____。

    A. ＝LARGE(A1:A50,49)         B. ＝SMALL(A1:A50,2)

    C. ＝SMALL(A1:A50,49)         D. ＝MAX(A1:A50,2)

3. 在 Excel 中,若单元格区域 A1:A50 中存放着某班级 50 名学生的语文成绩,计算该班语文倒数第 3 名成绩的公式为_____。

    A. ＝LARGE(A1:A50,3)         B. ＝SMALL(A1:A50,48)

    C. ＝MIN(A1:A50,3)         D. ＝LARGE(A1:A50,48)

4. 在 Excel 中,使用 INT(取整函数)实现单元格 A1 中的小数(例如 123.486)四舍五入保留一位小数(结果为 123.5)的公式为_____。

    A. ＝INT(A1＊100＋0.05)/10         B. ＝INT(A1＊10＋0.5)/10

    C. ＝INT(A1＊10＋0.5)/100         D. ＝INT(A1＊100＋0.05)/100

5. 在 Excel 中,假设 A1:A100 单元格区域中存放着某班级语文摸底考试的成绩,以下统计 80～89 分的人数的公式中,除了_____,其他方法均可以实现所要求的功能。

    A. ＝COUNTIFS(A1:A100,"＜90",A1:A100,"＞＝80")

  B. $\{=\mathrm{SUM}((\mathrm{A1:A100}>=80)*(\mathrm{A1:A100}<=89))\}$

  C. $=\mathrm{SUM}((\mathrm{A1:A100}>=80)*(\mathrm{A1:A100}<=89))$

  D. $=\mathrm{SUM}(\mathrm{COUNTIF}(\mathrm{A1:A100},">="\&\{80,90\})*\{1,-1\})$

 6. 在 Excel 中,假设 A1:A100 单元格区域中存放着某班级英语摸底考试的成绩,统计大于或等于 90 分(存放在 B1 单元格中)的人数的公式为_____。

  A. $\{=\mathrm{COUNT}(0/(\mathrm{A1:A100}>\mathrm{B1}))\}$   B. $=\mathrm{COUNTIF}(\mathrm{A1:A100},">"\&\mathrm{B1})$

  C. $\{=\mathrm{SUM}(\mathrm{IF}(\mathrm{A1:A100}>\mathrm{B1},1))\}$   D. $=\mathrm{SUM}(\mathrm{IF}(\mathrm{A1:A100}>\mathrm{B1},1))$

 7. 在 Excel 中,假设 A1:A10 单元格区域中存放着若干大于 1 的整数,则以下统计该单元格区域中偶数个数的公式中错误的是_____。

  A. $\{=\mathrm{COUNT}(1/\mathrm{MOD}(\mathrm{A1:A10}-1,2))\}$

  B. $=\mathrm{SUMPRODUCT}((\mathrm{MOD}(\mathrm{A1:A10},2)=0)*1)$

  C. $=\mathrm{SUMPRODUCT}(\mathrm{MOD}(\mathrm{A1:A10},2)=0)$

  D. $\{=\mathrm{SUM}(\mathrm{MOD}(\mathrm{A1:A10}+1,2))\}$

 8. 在 Excel 中,假设 A1:A10 单元格区域中存放着若干大于 1 的整数,则以下统计该单元格区域中奇数个数的公式中错误的是_____。

  A. $\{=\mathrm{COUNT}(1/\mathrm{MOD}(\mathrm{A1:A10},2))\}$

  B. $\{=\mathrm{SUM}(\mathrm{MOD}(\mathrm{A1:A10},2))\}$

  C. $=\mathrm{SUMPRODUCT}(\mathrm{MOD}(\mathrm{A1:A10},2))$

  D. $=\mathrm{SUMPRODUCT}(\mathrm{MOD}(\mathrm{A1:A10},2)=1)$

 9. 在 Excel 中,假设 A1:A100 单元格区域中存放着若干学生的姓名(假设不存在同名同姓的情况),则以下统计该单元格区域中不同学生人数的公式中错误的是_____。

  A. $\{=\mathrm{SUM}(1/\mathrm{COUNTIF}(\mathrm{A1:A100},\mathrm{A1:A100}))\}$

  B. $\{=\mathrm{SUM}(\mathrm{COUNTIF}(\mathrm{A1:A100},\mathrm{A1:A100}))\}$

  C. $\{=\mathrm{SUM}(--(1/\mathrm{COUNTIF}(\mathrm{A1:A100},\mathrm{A1:A100})))\}$

  D. $=\mathrm{SUMPRODUCT}(1/\mathrm{COUNTIF}(\mathrm{A1:A100},\mathrm{A1:A100}))$

 10. 在 Excel 中,假设 A1:A100 单元格区域中存放着某班级英语摸底考试的成绩,以下统计 80~89 分的人数的公式中,除了_____,其他方法均可以实现所要求的功能。

  A. $=\mathrm{COUNTIF}(\mathrm{A1:A100},">=80")-\mathrm{COUNTIF}(\mathrm{A1:A100},">89")$

  B. $=\mathrm{SUMPRODUCT}((\mathrm{A1:A100}>=80)*(\mathrm{A1:A100}<=89))$

  C. $=\mathrm{FREQUENCY}(\mathrm{A1:A100},89)-\mathrm{FREQUENCY}(\mathrm{A1:A100},79)$

  D. $=\mathrm{FREQUENCY}(\mathrm{A1:A100},90)-\mathrm{FREQUENCY}(\mathrm{A1:A100},80)$

**二、填空题**

 1. 在 Excel 中,将单元格 A1 中小数(例如 1.2345678)显示为百分比形式并且保留两位小数(例如 123.46%)的公式为_____。

 2. 在 Excel 中,使用 INT(取整函数)实现单元格 A1 中的小数(例如 123.486)四舍五入保留两位小数(结果为 123.49)的公式为_____。

 3. 在 Excel 中,若要对单元格 A3 至 B7、D3 至 E7 这两个单元格区域中的数据求平均数,并将所得结果置于 A1 中,则应在 A1 中输入公式_____。

 4. 在 Excel 中,假设 A1 单元格内容为"计算机",A2 单元格内容为数值 2020,A3 单元格内容为数字文本字符串"2020",则 COUNT(A1:A3)的结果为_____,COUNTA(A1:A3)的结果为_____。

5. 在 Excel 中,SUM(10,"1",TRUE,FALSE)的结果为_____,SUMSQ(2,3)的结果为_____。

6. 在 Excel 中,INT(2.8)的结果为_____,INT(-12.8)的结果为_____,TRUNC(29.9)的结果为_____,ROUND(99.6,0)的结果为_____,ROUND(-243.19,-2)的结果为_____。

7. 在 Excel 中,EVEN(67.2)的结果为_____,ODD(56)的结果为_____。

8. 在 Excel 中,QUOTIENT(15,2)的结果为_____,MOD(15,2)的结果为_____,GCD(4,6)的结果为_____,LCM(4,6)的结果为_____。

9. 在 Excel 中,SIGN(ABS(-10))的结果为_____,FACT(4)的结果为_____,FACTDOUBLE(4)的结果为_____。

10. 在 Excel 中,POWER(5,SQRT(9))的结果为_____,LN(EXP(LOG(16,2)))的结果为_____。

11. 在 Excel 中,DEGREES(PI()/4)的结果为_____,COS(RADIANS(-60))的结果为_____,DEGREES(ASIN(1))的结果为_____。

12. 在 Excel 中,PERMUT(5,2)的结果为_____,COMBIN(5,2)的结果为_____。

13. 在 Excel 中,运算表达式_____可以产生-100~100(包含-100和100)的随机整数。

14. 在 Excel 中,假设矩阵 **A** 为 | 1 | 2 | / | 3 | 4 |,矩阵 **B** 为 | -1 | -1 | / | -1 | 2 |,则矩阵 **A** 行列式的值 MDETERM(A1:B2)为_____,矩阵 **B** 的逆矩阵 MINVERSE(D1:E2)为_____,矩阵 **A** 和 **B** 的乘积 MMULT(A1:B2,D1:E2)的结果为_____,矩阵 **A** 和 **B** 元素的乘积之和 SUMPRODUCT(A1:B2,D1:E2)的结果为_____,矩阵 **A** 和 **B** 元素的平方之差的平方和 SUMXMY2(A1:B2,D1:E2)的结果为_____,矩阵 **A** 和 **B** 元素的平方差之和 SUMX2MY2(A1:B2,D1:E2)的结果为_____,矩阵 **A** 和 **B** 元素的平方和之和 SUMX2PY2(A1:B2,D1:E2)的结果为_____。表达式 PRODUCT(A1:B2,D1:E2)的结果为_____。

15. 数学表达式 $\ln(|x^2-x+2|)-\dfrac{\pi(6x-e)}{\cos x}-\sin 8x+3\sqrt{x+e^5}$ 的 Excel 表达式为_____。

16. 在 Excel 中,生成-100~100 的随机实数(保留一位小数)的公式为_____。

17. 在 Excel 中,若数据区域 A1:A50 中存放着某班级 50 名学生的语文成绩,利用 LARGE 函数计算该班语文倒数第 3 名的成绩的公式为_____,利用 SMALL 函数计算该班语文第 3 名的成绩的公式为_____。

18. 在 Excel 中,假设 A1:A10 单元格区域中存放着某跳水运动员第一轮比赛得到的 10 个成绩,则利用 TRIMMEAN 函数去掉一个最高分和一个最低分后计算该运动员平均得分的公式为_____。

三、思考题

1. Excel 提供了哪些常用的数学与三角函数？
2. 如何使用 Excel 函数实现角度和弧度的相互转换？
3. 如何使用 Excel 函数生成 $a$ 与 $b$ 之间的随机实数？
4. 在 Excel 中使用函数生成 $a$ 与 $b$ 之间的随机整数有哪几种方法？
5. 在书写 Excel 表达式时有哪些注意事项？
6. Excel 提供了哪些常用的统计函数？
7. 如何利用 Excel 函数统计成绩数据区域 B1:B50 中的及格人数？
8. 如何利用 Excel 函数统计成绩数据区域 B1:B50 中 60～90 分的学生人数？

# 第6章

# 使用日期和文本函数处理数据

日期函数用于 Excel 中日期和时间的处理，例如获取日期和时间，根据指定的日期和时间数据获取对应的年、月、日、时、分、秒和星期等信息。

文本函数用于 Excel 中文本字符串的处理，例如文本字符串的比较、文本字符串的拼接、获取文本字符串中的字符数、从文本字符串中提取子字符串、查找和替换文本、大小写字母的转换、全角和半角字母的转换、删除文本中的空格和非打印字符、字符和代码的转换、文本转换为数值、数值转换为文本格式、重复文本等。

视频讲解

## 6.1　日期和时间函数

在 Excel 中，日期和时间在内部以数值表示（称之为日期序列号，Serial Number），显示时格式化为日期和时间格式。

Excel 日期 1900/1/1 的日期序列号为 1；1900/1/2 的日期序列号为 2，以此类推。最大的日期 9999/12/31 的日期序列号为 2958465。时间的日期序列号为内部小数。例如 1 小时的时间序列号为 1/24，约等于 0.041666667；同理，1 分钟的时间序列号为 1/(24×60)，约等于 0.00069444；1 秒钟的时间序列号为 1/(24×60×60)，约等于 0.00001157。

例如，日期数据 2020/4/16 的日期序列号为 43937（内部数值表示），通常显示为短日期格式 2020/4/16，也可以显示为数值格式 43937，或者其他指定格式；时间数据 09：00 的时间数值为 0.375（内部数值表示，即分数 9/24），通常显示为自定义时间格式 9：00，也可显示为数值格式 0.375，或其他指定格式。

【注意】

Excel 日期处理存在一个错误（bug），这是为了与最早的电子表格 Lotus 1-2-3 兼容而故意保留的错误：把 1900 年当作闰年（实际上不是闰年）。由于 Excel 数据日期很少涉及 1900/3/1 之前，故对大多数工作簿没有影响。

Excel 不支持 1900/1/1 之前的日期数据。如果输入 1900/1/1 之前的日期，例如 1800/1/1，则作为文本处理。另外,Excel 不支持日期格式化和运算。

　　日期和时间数据支持算术运算和比较运算。Excel 提供了大量的函数用于日期和时间数据处理。

# 6.1.1　获取日期和时间

　　Excel 提供了用于获取日期和时间的函数 TODAY、NOW、DATE、TIME、DATEVALUE、TIMEVALUE。其语法为:

　　TODAY():返回当前日期。

　　NOW():返回当前日期和时间。

　　DATE(year,month,day):根据指定的年、月、日返回日期。

　　TIME(hour,minute,second):根据指定的时、分、秒返回时间。

　　DATEVALUE(date_text):将指定的日期型文本转换为日期序列号。注意,如果要将所返回的序列号显示为日期,必须对单元格应用日期格式。

　　TIMEVALUE(date_text):将指定的时间型文本转换为时间序列号。注意,如果要将所返回的序列号显示为时间,必须对单元格应用时间格式。

　　例如:

　　(1) 公式"=TODAY()"的结果为当前日期(例如 2020/4/16 或 43937)。

　　(2) 公式"=NOW()"的结果为当前时间(例如 2020/4/16 10:21 或者 43937.43125)。

　　(3) 公式"=DATE(2020,4,16)"的结果为 2020/4/16(短日期格式)或者 43937(常规格式)。

　　(4) 公式"=TIME(10,22,15)"的结果为 10:22:15(时间格式)或者 0.432118056(常规格式)。

　　(5) 公式"=DATEVALUE("2020-4-16")"的结果为 43937(常规格式)或者 2020/4/16(短日期格式)。

　　(6) 公式"=TIMEVALUE("10:22:15")"的结果为 0.432118056(常规格式)或者 10:22:15(时间格式)。

# 6.1.2　获取日期和时间数据的信息

　　根据指定的日期数据可获取对应的年、月、日、时、分、秒和星期信息。对应函数的语法为:

　　YEAR(serial_number):从日期中提取年份,为一个 1900~9999 的整数。

　　MONTH(serial_number):从日期中提取月份,为一个 1(一月)到 12(十二月)的整数。

　　DAY(serial_number):从日期中提取天数,为一个 1~31 的整数。

　　HOUR(serial_number):从时间中提取小时数,为一个 0(12:00 A. M.)到 23(11:00 P. M.)的整数。

　　MINUTE(serial_number):从时间中提取分钟,为一个 0~59 的整数。

　　SECOND(serial_number):从时间中提取秒数,为一个 0~59 的整数。

WEEKDAY(serial_number,[return_type])：返回指定日期的星期序号，为一个 1～7 的整数。

WEEKNUM(serial_number,[return_type])：计算从 1 月 1 日算起的周数。

其中，参数 serial_number 为日期序列号，即日期。

对于 WEEKDAY 函数，可选参数 return_type 用于确定返回值类型的数字（不同的国家和文化，星期的开始序号有差异），常用的取值参见表 6-1。

表 6-1　WEEKDAY 函数中 return_type 的取值及含义

| 取　　值 | 含　　义 |
| --- | --- |
| 1 或省略 | 从 1(星期日)到 7(星期六)的数字 |
| 2 | 从 1(星期一)到 7(星期日)的数字 |
| 3 | 从 0(星期一)到 6(星期日)的数字 |
| 11 | 从 1(星期一)到 7(星期日)的数字 |
| 12 | 从 1(星期二)到 7(星期一)的数字 |
| 13 | 从 1(星期三)到 7(星期二)的数字 |
| 14 | 从 1(星期四)到 7(星期三)的数字 |
| 15 | 从 1(星期五)到 7(星期四)的数字 |
| 16 | 从 1(星期六)到 7(星期五)的数字 |
| 17 | 从 1(星期日)到 7(星期六)的数字 |

对于 WEEKNUM 函数，可选参数 return_type 用于确定星期从哪一天开始，常用的取值参见表 6-2。

表 6-2　WEEKNUM 函数中 return_type 的取值及含义

| 取　　值 | 含　　义 | 取　　值 | 含　　义 |
| --- | --- | --- | --- |
| 1 或省略 | 星期日 | 14 | 星期四 |
| 2 | 星期一 | 15 | 星期五 |
| 11 | 星期一 | 16 | 星期六 |
| 12 | 星期二 | 17 | 星期日 |
| 13 | 星期三 | | |

例如，假定单元格 A1 中包含日期数据 2020/4/16 10:22:15，则：

(1) 公式"=YEAR(A1)"的结果为 2020。

(2) 公式"=MONTH(A1)"的结果为 4。

(3) 公式"=DAY(A1)"的结果为 16。

(4) 公式"=HOUR(A1)"的结果为 10。

(5) 公式"=MINUTE(A1)"的结果为 22。

(6) 公式"=SECOND(A1)"的结果为 15。

(7) 公式"=WEEKDAY(A1,2)"的结果为 4，即星期四。

(8) 公式"=WEEKNUM(A1)"的结果为 16，即一年中的第 16 周(一周开始于星期日)。

(9) 公式"=ROUNDUP(MONTH(A1)/3,0)"的结果为 2，即第二季度。

## 6.1.3　计算两个日期之间的时间差

在 Excel 中有以下几种计算两个日期之间时间差的运算和函数：

（1）算术减法运算返回结束日期 end_date 和开始日期 start_date 之间的差。

（2）函数 DAYS(end_date，start_date)返回结束日期和开始日期之间的天数。

（3）函数 NETWORKDAYS(start_date，end_date，[holidays])返回结束日期和开始日期之间完整的工作日数值。工作日不包括周末和专门指定的假期。

（4）函数 DATEDIF(start_date，end_date，unit)根据参数 unit 返回结束日期和开始日期相差的年数、月份数、天数等。

（5）函数 DAYS360(start_date，end_date，[method])按一年 360 天（即每个月以 30 天计，一年共计 12 个月）计算两日期间相差的天数。

（6）函数 YEARFRAC(start_date，end_date，[basis])计算结束日期和开始日期之间相差的天数占全年天数的百分比。

其中，参数 end_date 为结束日期；start_date 为开始日期；可选参数 holidays 用于假日数组，可以为单元格区域或日期数组；参数 unit 确定差值的返回类型，其取值如表 6-3 所示（假设 A1 中存放日期 2020/2/1、B1 中存放日期 2021/4/10）。

表 6-3　DATEDIF 函数中参数 unit 的返回类型

| 值 | 返 回 类 型 | 示　　　例 | 结　　　果 |
|---|---|---|---|
| "Y" | 时间段中的整年数 | ＝DATEDIF(A1,B1,"Y") | 1(整年数) |
| "M" | 时间段中的整月数 | ＝DATEDIF(A1,B1,"M") | 14(整月数) |
| "D" | 时间段中的天数 | ＝DATEDIF(A1,B1,"D") | 434(天数) |
| "MD" | 时间段中相差的天数,忽略日期中的年和月 | ＝DATEDIF(A1,B1,"MD") | 9(天数,不计年月) |
| "YM" | 时间段中相差的月数,忽略日期中的年和日 | ＝DATEDIF(A1,B1,"YM") | 2(月数,不计年日) |
| "YD" | 时间段中相差的天数,忽略日期中的年 | ＝DATEDIF(A1,B1,"YD") | 69(天数,不计年) |

可选参数 method 用于指定计算方法，取值为 FALSE（默认）时采用美国方法（如果起始日期是一个月的最后一天，则等于同月的 30 号。如果终止日期是一个月的最后一天，并且起始日期早于 30 号，则终止日期等于下一个月的 1 号，否则终止日期等于本月的 30 号），为 TRUE 时采用欧洲方法（如果起始日期和终止日期为某月的 31 号，则等于当月的 30 号）。

可选参数 basis 用于指定日计数基准类型，取值包括 0（默认，DAYS360 美国方法/360）、1（实际天数/实际天数）、2（实际天数/360）、3（实际天数/365）、4（DAYS360 欧洲方法/360）。

例如，假定单元格 D1 和 D2 中分别包含日期数据 2020/4/1 10：22：15 和 2020/5/18 8：35：12，D3 和 D4 中分别包含时间数据 14：32：10 和 16：45：08，则：

（1）公式“＝DAYS(D2,D1)”的结果为 47。

（2）公式“＝NETWORKDAYS(D1,D2)”的结果为 34。

（3）公式“＝NETWORKDAYS(D1,D2,{"2015/4/6","2015/5/1"})”的结果为 34。

（4）公式“＝DAYS360(D1,D2)”的结果为 47。

（5）公式"＝YEARFRAC(D1,D2)"的结果为 13.06%（即 0.130555556）。

（6）公式"＝D2－D1"的结果为两个日期序号之差 46.92565972。

（7）公式"＝INT(D2)－INT(D1)"的结果为 47。

（8）公式"＝ROUND((D1－INT(D1))＊24，0)"的结果为 10。

（9）公式"＝D4－D3"的结果为两个时间序号之差 2:12:58（时间格式）或 0.092337963（常规格式）。

（10）公式"＝TIME(23,59,59)－(NOW()－TODAY())"返回当前时间距离 23：59：59 秒的时间差。

组合使用 YEAR、MONTH 和 DAY 函数也可以计算结束日期和开始日期相差的年数、月份数、天数等。仍然假设 A1 中存放日期 2020/2/1，B1 中存放日期 2020/4/10，则有：

（1）公式"＝YEAR(B1)－YEAR(A1)"的结果为 1。

（2）公式"＝(YEAR(B1)－YEAR(A1))＊12＋(MONTH(B1)－MONTH(A1))"的结果为 14。

如果假设 A1 单元格中存放的是某人的出生日期（具体到时间），则根据 A1 单元格中的出生日期以及当前日期时间计算其实足年龄和当年年龄的方法如下：

（1）公式"＝INT((NOW()－A1)/365)"的结果为返回实足年龄（从出生到计算时为止共经历的周年数或者生日数）。

（2）公式"＝DATEDIF(A1,NOW(),"Y")"的结果为返回实足年龄。

（3）公式"＝YEAR(NOW())－YEAR(A1)"或者"＝YEAR(TODAY())－YEAR(A1)"的结果为返回当年年龄（不管生日是否已过）。

## 6.1.4　计算若干年、月、日之前或之后的日期

通过加减运算或者日期函数可以获取若干年、月、日之前或者之后的日期。其语法为：

```
start_date + days 或者 start_date - days
EDATE(start_date, months)
EOMONTH(start_date, months)
WORKDAY(start_date, days, [holidays])
DATE(YEAR(start_date) + years,MONTH(start_date) + months,DAY(start_date) + days)
```

其中，参数 start_date 为指定日期；参数 months 为 start_date 之前或者之后的月份数；参数 days 为 start_date 之前或者之后的天数；可选参数 holidays 用于假日数组，可以为单元格区域或者日期数组。参数 months 和 days 为正整数时用于计算未来的日期，为负整数时用于计算之前的日期。

EDATE 返回指定月份数之前或之后的日期；EOMONTH 返回指定月份数之前或者之后的月份的最后一天的日期；WORKDAY 返回与起始日期相隔指定天数之前或者之后（不包括周末和专门指定的假日）的日期。

通过公式"＝start_date＋days"或者"＝start_date－days"，即日期加减整数天数，也可以计算指定天数之前或之后的日期。

另外，通过调整 DATE 函数的年、月、日参数可以灵活计算指定年、月、日之前或者之后

的日期。

例如,假定单元格 A1 中包含日期数据 2020/4/16,则:

(1) 公式"=EDATE(A1,3)"的结果为 2020/7/16 或者 44028。

(2) 公式"=EDATE(A1,−3)"的结果为 2020/1/16 或者 43846。

(3) 公式"=EOMONTH(A1,2)"的结果为 2020/6/30 或者 44012。

(4) 公式"=EOMONTH(A1,−2)"的结果为 2020/2/29 或者 43890。

(5) 公式"=WORKDAY(A1,15,{"2020/4/6","2020/5/1"})"的结果为 2020/5/8 或者 43959。

(6) 公式"=A1+25"的结果为 2020/5/11。

(7) 公式"=A1−25"的结果为 2020/3/22。

(8) 公式"=DATE(YEAR(A1)+10,MONTH(A1),DAY(A1))"的结果为 2030/4/16。

(9) 公式"=DATE(YEAR(A1),MONTH(A1),DAY(A1)+1000)"的结果为 2023/1/11。

## 6.1.5 计算时间

时间在 Excel 内部是表示一天 24 小时的一部分的小数,因此两个时间之差也是表示一天 24 小时的一部分的小数。时间可以与小数相加或者相减,表示若干时间后的时间。用户也可以使用 TIME 函数计算多少小时、分钟、秒钟之前或者之后的时间。

假设 A1 中存放时间 8:00,B1 中存放时间 12:00,A2 中存放时间 8:30,则:

(1) 公式"=IF(A1 < B1,B1−A1,1 + B1−A1)"计算时间差,结果为 4:00:00。

(2) 公式"=A1 + 0.5"计算 0.5 天后的时间,结果为 20:00。

(3) 公式"=IF(A1>0.5,A1−0.5,1+A1−0.5)"计算 0.5 天前的时间,结果为 20:00。

(4) 公式"=TIME(HOUR(A1),MINUTE(A1)+15,SECOND(A1))"计算 15 分钟后的时间,结果为 8:15 AM。

(5) 公式"=A2 * 24"计算十进制小时,结果为 8.50。

(6) 公式"=12.5/24"计算十进制小时对应的时间,结果为 12:30:00。

(7) 公式"=60/1440"计算十进制分钟对应的时间,结果为 1:00:00,即 60 分钟对应 1 个小时。

(8) 公式"=3600/86400"计算十进制秒钟对应的时间,结果为 1:00:00,即 3600 秒对应 1 个小时。

## 6.1.6 日期函数应用举例

【例 6-1】 计算员工工龄。在"fl6-1 日期时间函数(职工工龄).xlsx"中记录着 13 名员工的姓名和入职日期,利用日期与时间函数(TODAY、YEARFRAC、DATEDIF、DAY)和数学函数(ROUND),使用不同的方法,计算员工当年的工龄。素材和结果如图 6-1 所示。

| | A | B | C | D |
|---|---|---|---|---|
| 1 | 职工信息一览表 | | 当前日期 | |
| 2 | 姓名 | 入职日期 | 工龄1 | 工龄2 |
| 3 | 李一明 | 1996/3/10 | | |
| 4 | 赵丹丹 | 2013/6/10 | | |
| 5 | 王清清 | 2012/12/1 | | |
| 6 | 胡安安 | 1989/1/1 | | |

| | A | B | C | D |
|---|---|---|---|---|
| 1 | 职工信息一览表 | | 当前日期 | 2019/9/22 |
| 2 | 姓名 | 入职日期 | 工龄1 | 工龄2 |
| 3 | 李一明 | 1996/3/10 | 24 | 24 |
| 4 | 赵丹丹 | 2013/6/10 | 6 | 6 |
| 5 | 王清清 | 2012/12/1 | 7 | 7 |
| 6 | 胡安安 | 1989/1/1 | 31 | 31 |

(a) 素材　　　　　　　　　　(b) 结果

图 6-1　计算员工当年的工龄

【参考步骤】

（1）输入当前日期。在 D1 单元格中输入显示系统当前日期的公式"＝TODAY()"。

（2）利用 ROUND 和 YEARFRAC 函数计算员工当年的工龄（方法1）。在 C3 单元格中输入公式"＝ROUND(YEARFRAC(B3,\$D\$1),0)"，并向下填充至 C15 单元格。

（3）利用 ROUND、DATEDIF 和 DAY 函数计算员工当年的工龄（方法2）。在 D3 单元格中输入公式"＝ROUND(DATEDIF(B3－DAY(B3)＋1,\$D\$1－DAY(\$D\$1)＋1,"m")/12,0)"，并向下填充至 D15 单元格。

【说明】

（1）在方法2的公式中利用 DATEDIF 函数计算员工当年工龄月份数除以12得到带小数的工龄（年），再利用 ROUND 函数进行四舍五入取整。

（2）由于 DATEDIF 函数对日期是严格按照 DAY 计算日期相差值，对于员工的入职日期是12月31日，而当前日期是6月30日的情况，DATEDIF 函数会少算一个月，所以必须利用日期所对应的月首日期进行计算。

即公式"＝B3－DAY(B3)＋1"返回员工入职日期所在的月首日期，例如，"李一明"入职日期 1996/3/10 所在的月首日期为 1996/3/1。公式"＝\$D\$1－DAY(\$D\$1)＋1"返回系统当前日期所在的月首日期，假设系统当前日期为 2019/9/22，则其所在的月首日期为 2019/9/1。

此时，公式"＝DATEDIF(B3－DAY(B3)＋1,\$D\$1－DAY(\$D\$1)＋1,"m")"返回 1996/3/1 和 2019/9/1 两个日期相差的月份数 282。而"＝282/12"返回 23.5，"＝ROUND(23.5,0)"的结果为 24，即"李一明"当年的工龄为 24（年）。

【例 6-2】　职工加班出差补贴统计。在"fl6-2 日期时间函数（加班出差）.xlsx"中记录着4名员工的加班和出差情况，加班工资按照小时计算（加班时间不足一小时的按一小时计算）。假设加班时间不能超过24小时，而且不能跨越两天。请利用日期与时间函数（WEEKDAY、DATEDIF）、数学函数（SUM、SUMIF、SUMIFS、ROUND、ROUNDUP）、条件判断函数 IF、逻辑函数 OR 以及数组公式完成如下操作。结果如图 6-2 所示。

（1）分别以标准时间格式"时：分：秒"、十进制数字格式（保留两位小数）以及小时为单位统计每位员工的加班时长。

（2）判断加班时间是星期几，并使用各种方法确定是否为双休日。

（3）利用数组公式统计每位员工总的加班时长、双休日加班时长，并根据表格中的支付标准计算加班工资。

（4）统计每位员工的出差总天数。

（5）利用数组公式计算该单位所支出的出差补助总费用。

**职工11月份加班情况表**

| 姓名 | 加班起始时间 | 加班结束时间 | 加班时长1 | 加班时长2 | 加班时长3 | 星期 | 双休日 |
|---|---|---|---|---|---|---|---|
| 李一明 | 2018/11/1 2:50 | 2018/11/1 4:25 | 1:35:00 | 1.58 | 2 | 4 | |
| 王清清 | 2018/11/5 5:50 | 2018/11/5 8:21 | 2:31:00 | 2.52 | 3 | 1 | |
| 赵丹丹 | 2018/11/5 15:02 | 2018/11/5 17:15 | 2:13:00 | 2.22 | 3 | 1 | |
| 胡安安 | 2018/11/5 19:10 | 2018/11/5 22:55 | 3:45:00 | 3.75 | 4 | 1 | |
| 王清清 | 2018/11/10 8:00 | 2018/11/10 10:12 | 2:12:00 | 2.2 | 3 | 6 | 是 |
| 李一明 | 2018/11/15 1:00 | 2018/11/15 4:18 | 3:18:00 | 3.3 | 4 | 4 | |
| 赵丹丹 | 2018/11/10 11:30 | 2018/11/10 15:18 | 3:48:00 | 3.8 | 4 | 6 | 是 |
| 胡安安 | 2018/11/20 6:05 | 2018/11/20 10:37 | 4:32:00 | 4.53 | 5 | 2 | |
| 李一明 | 2018/11/30 10:00 | 2018/11/30 12:48 | 2:48:00 | 2.8 | 3 | 5 | |
| 王清清 | 2018/11/30 13:26 | 2018/11/30 16:52 | 3:26:00 | 3.43 | 4 | 5 | |

| 姓名 | 总加班时间 | 双休日加班时间 | 加班工资 |
|---|---|---|---|
| 李一明 | 9 | 0 | ¥135 |
| 王清清 | 10 | 3 | ¥195 |
| 赵丹丹 | 7 | 4 | ¥165 |
| 胡安安 | 9 | 0 | ¥135 |

| 加班工资（元/小时） | |
|---|---|
| 平时 | ¥15 |
| 双休日 | ¥30 |

**职工2018年出差情况表**

| 姓名 | 出发日期 | 返回日期 | 出差天数 | 补助标准/天 |
|---|---|---|---|---|
| 李一明 | 2018/3/8 | 2018/3/16 | 8 | ¥200 |
| 王清清 | 2018/5/10 | 2018/6/2 | 23 | ¥150 |
| 赵丹丹 | 2018/6/8 | 2018/6/25 | 17 | ¥180 |
| 胡安安 | 2018/9/3 | 2018/10/30 | 57 | ¥175 |
| 出差补助费用总计 | | | ¥18,085 | |

图 6-2 职工加班出差费用统计结果

**【参考步骤】**

（1）统计每位员工的加班时长（标准时间格式"时：分：秒"）（方法1）。在 D3 单元格中输入公式"＝C3－B3"，并向下填充至 D12 单元格。设置 D3:D12 单元格区域以时间格式显示。

（2）统计每位员工的加班时长（十进制数字格式）（方法2）。在 E3 单元格中输入公式"＝ROUND((D3－INT(D3))＊24,2)"，并向下填充至 E12 单元格。

（3）统计每位员工的加班时长（小时为单位）（方法3）。在 F3 单元格中输入公式"＝ROUNDUP(D3＊24,0)"，并向下填充至 F12 单元格。

（4）判断加班时间是星期几。在 G3 单元格中输入公式"＝WEEKDAY(B3,2)"，并向下填充至 G12 单元格。

（5）判断加班时间是否为双休日。在 H3 单元格中输入公式"＝IF(OR(G3＝6,G3＝7)，"是","")"，并向下填充至 H12 单元格。

（6）利用数组公式统计每位员工的加班总时长。在数据区域 K3:K6 中输入数组公式"{＝SUMIF(A3:A12,J3:J6,F3:F12)}"。

（7）利用数组公式统计每位员工的双休日加班总时长。在数据区域 L3:L6 中输入数组公式"{＝SUMIFS(F3:F12,A3:A12,J3:J6,H3:H12,"是")}"。

（8）利用数组公式统计每位员工的加班工资。在数据区域 M3:M6 中输入数组公式"{＝L3:L6＊K10＋(K3:K6－L3:L6)＊K9}"。

（9）统计每位员工的出差总天数。在 D16 单元格中输入公式"＝DATEDIF(B16,C16,"D")"，并向下填充至 D19 单元格。

（10）利用数组公式计算出差补助总支出费用。在 E20 单元格中输入数组公式"{＝SUM(D16:D19＊E16:E19)}"。

**【说明】**

（1）在 D3 单元格中还可以利用以下公式统计每位员工的加班时长，并以标准时间格式"时：分：秒"显示，只是结果为文本型数据。

= TEXT(C3 − B3,"[h]:mm:ss")

（2）在 H3 单元格中还可以利用以下公式判断加班时间是否为双休日：

= IF(G3 > 5,"是","")
= IF(OR(G3 = {6,7}),"是","")

视频讲解

# 6.2 文本函数

## 6.2.1 文本字符串的比较

用户除了可以使用关系运算符比较文本字符串外，还可以使用 EXACT 函数比较两个字符串。其语法为：

EXACT(text1, text2)

EXACT 函数用于比较两个文本字符串 text1 和 text2，如果它们完全相同，则返回 TRUE，否则返回 FALSE。EXACT 函数区分大小写，但忽略格式上（例如颜色、字体等）的差异。

例如，假设单元格 A1 和 A2 中分别存放着"Car"和"car"，则：

（1）公式"＝A1＝A2"的结果为 TRUE。

（2）公式"＝EXACT(A1,A2)"的结果为 FALSE。

## 6.2.2 文本字符串的拼接

用户除了可以使用运算符"＆"拼接文本字符串外，还可以使用 CONCATENATE 函数拼接多个字符串。Excel 2019 还提供了一个新函数 TEXTJOIN，使用指定分隔符拼接多个字符串。CONCATENATE 和 TEXTJOIN 函数的语法如下：

CONCATENATE(text1, [text2], …)
TEXTJOIN(分隔符, ignore_empty, text1, [text2], …)

其中，参数 text1、text2、… 是文本项（文本、数字或者单元格引用），最多为 255 项。如果 ignore_empty 为 TRUE，则忽略空白单元格。

例如，假设单元格 A1、B1 和 C1 中分别存放着 10、"张三"和"szhang@163.com"，则：

（1）公式"＝CONCATENATE(A1,B1,C1)"的结果为"10 张三 szhang@163.com"。

（2）公式"＝TEXTJOIN("",TRUE,A1,B1,C1)"的结果为"10 张三 szhang@163.com"。

（3）公式"＝TEXTJOIN(",",TRUE,A1,B1,C1)"的结果为"10,张三,szhang@163.com"。

（4）公式"＝CONCATENATE(A1,"号",B1," ",C1)"的结果为"10 号张三 szhang@163.com"。

（5）公式"＝A1＆"号"＆B1＆" "＆C1"的结果为"10 号张三 szhang@163.com"。

如果要拼接特殊的字符，则可以直接使用 CHAR 函数（参见 6.2.9 节）。例如公式

"＝A1&CHAR(10)&B1"中使用了换行符 CHAR(10)。常用的特殊字符还包括 CHAR(9)(水平制表符)、CHAR(13)(回车符)等,读者可以查阅 ASCII 码表。

## 6.2.3 文本字符串的长度

LEN 函数返回文本字符串中的字符数,LENB 函数返回文本字符串中用于代表字符的字节数。其语法为:

```
LEN(text)
LENB(text)
```

其中,参数 text 是文本项(文本、数字或者单元格引用,空格将作为字符进行计数)。

LEN 函数(包括其他不带后缀 B 的文本函数,例如 LEFT、RIGHT、MID、FIND、SEARCH、REPLACE)面向使用单字节字符集(Single-Byte Character Set,SBCS)的语言。无论默认语言如何设置,这些函数始终将每个字符(不管是单字节还是双字节)按 1 计数。

LENB 函数(包括其他带后缀 B 的文本函数,例如 LEFTB、RIGHTB、MIDB、FINDB、SEARCHB、REPLACEB)面向使用双字节字符集(Double-Byte Character Set,DBCS)的语言。当启用支持 DBCS 语言(日语、简体中文、繁体中文以及朝鲜语)的编辑并将其设置为默认语言时,这些函数会将每个双字节字符按 2 计数。

例如:

(1) 公式"＝LEN("丰田 car")"的结果为 5。

(2) 公式"＝LENB("丰田 car")"的结果为 7。

## 6.2.4 从文本字符串中提取子字符串

从文本字符串中提取部分文本的函数有 LEFT、LEFTB、RIGHT、RIGHTB、MID、MIDB。其语法为:

```
LEFT(text,[num_chars]):从文本字符串左边抽取 num_chars(默认为 1)个字符。
LEFTB(text,[num_bytes]):从文本字符串左边抽取 num_bytes(默认为 1)个字符。
RIGHT(text,[num_chars]):从文本字符串右边抽取 num_chars(默认为 1)个字符。
RIGHTB(text,[num_bytes]):从文本字符串右边抽取 num_bytes(默认为 1)个字符。
MID(text,start_num,num_chars):从文本字符串的 start_num 位置开始抽取 num_chars 个字符。
MIDB(text,start_num,num_bytes):从文本字符串的 start_num 位置开始抽取 num_bytes 个字符。
```

其中,参数 text 为要提取字符的文本字符串;num_chars/num_bytes 为抽取的字符/字节数(默认为 1);start_num 为文本中要提取的第一个字符/字节的位置,第一个字符/字节的位置为 1。

在使用针对字节的函数 LEFTB、RIGHTB、MIDB 抽取双字节文本字符串时,如果抽取的位置或者字节数处于双字节字符的一半,则有可能无意义。

例如,假设单元格 A1 中存放着文本字符串"丰田 car",则:

(1) 公式"＝LEFT(A1,2)"的结果为"丰田"。

(2) 公式"＝LEFT(A1)"的结果为"丰"。

（3）公式"=LEFTB(A1,2)"的结果为"丰"。

（4）公式"=LEFTB(A1)"的结果为字符"丰"的第一个字节，显示为空。

（5）公式"=RIGHT(A1,4)"的结果为"田 car"。

（6）公式"=RIGHT(A1)"的结果为"r"。

（7）公式"=RIGHTB(A1,5)"的结果为"田 car"。

（8）公式"=MID(A1,3,3)"的结果为"car"。

（9）公式"=MIDB(A1,3,3)"的结果为"田 c"。

（10）公式"=LEFT(A1,LENB(A1)−LEN(A1))"的结果为"丰田"。

（11）公式"=RIGHT(A1,2*LEN(A1)−LENB(A1))"的结果为"car"。

结合 6.2.5 节中的查找函数，可以提取字符串中特殊位置的子字符串。例如，假设单元格 A1 中存放着文本字符串"ABC@XZ-12-Small"，则：

（1）公式"=LEFT(A1,FIND("@",A1)−1)"的结果为"ABC"。

（2）公式"=MID(A1,FIND("@",A1)+1,100)"的结果为"XZ-12-Small"。

（3）公式"=MID(A1,FIND("−",A1)+1,FIND("−",A1,FIND("−",A1)+1)−FIND("−",A1)−1)"的结果为"12"。

【例 6-3】 身份证信息抽取。在"fl6-3 身份证信息.xlsx"中包含 18 个人的身份证信息，按要求完成如下操作。结果如图 6-3 所示。

（1）根据身份证号码抽取出生日期信息。

（2）根据身份证号码抽取性别信息。

（3）根据身份证号码抽取实足年龄信息。

| | 身份证号码 | 出生日期 | 性别 | 年龄 |
|---|---|---|---|---|
| 2 | 510725198509127002 | 1985/9/12 | 女 | 34 |
| 3 | 510725197604103877 | 1976/4/10 | 男 | 43 |
| 4 | 510725197307257085 | 1973/7/25 | 女 | 46 |
| 5 | 510725197706205778 | 1977/6/20 | 男 | 42 |

图 6-3　身份证信息抽取

【参考步骤】

（1）根据身份证号码抽取出生日期。在单元格 B2 中输入公式"=DATE(MID(A2,7,4),MID(A2,11,2),MID(A2,13,2))"，并向下填充至单元格 B19。

（2）根据身份证号码抽取性别。在单元格 C2 中输入公式"=IF(ISODD(MID(A2,17,1)),"男","女")"，并向下填充至单元格 C19。

（3）根据身份证号码计算实足年龄。在单元格 D2 中输入公式"=DATEDIF(B2,NOW(),"Y")"，并向下填充至单元格 D19。

【说明】

（1）身份证号码是根据"中华人民共和国国家标准 GB 11643—1999"中有关公民身份号码的规定，公民身份号码是特征组合码，目前通用的身份证号码是 18 位的，由 17 位数字本体码和一位数字校验码组成。其排列顺序从左至右依次为：

① 地址码。前 6 位，表示编码对象常住户口所在县（市、旗、区）的行政区划分代码。其中，第 1～2 位表示省、自治区、直辖市代码；第 3～4 位表示地级市、盟、自治州代码；第

5～6 位表示县、县级市、区代码。

② 出生日期码。第 7～14 位。其中,第 7～10 位为出生年份,第 11～12 位为出生月份,第 13～14 位为出生日期。例如,编码 19981108 表示 1998 年 11 月 08 日。

③ 顺序码。第 15～17 位,为同一地址码所标识的区域范围内对同年同月同日出生的人员编定的顺序号。其中第 17 位(身份证倒数第二位)为奇数表示男性,为偶数表示女性。

④ 校验码。第 18 位(最后一位),根据前面 17 位数字码,按照 ISO 7064:1983. MOD 11-2 校验码公式计算生成的检验码(取值为 0～9 和 X)。

18 位身份证号码中各位数字的含义参见表 6-4。

表 6-4    18 位身份证号码中各位数字的含义

| 位数(从左到右) | 含　义 | 位数(从左到右) | 含　义 |
|---|---|---|---|
| 第 1～2 位 | 省、自治区、直辖市代码 | 第 13～14 位 | 出生日期 |
| 第 3～4 位 | 地级市、盟、自治州代码 | 第 15～16 位 | 顺序编号 |
| 第 5～6 位 | 县、县级市、区代码 | 第 17 位 | 性别 |
| 第 7～10 位 | 出生年份 | 第 18 位 | 校验码 |
| 第 11～12 位 | 出生月份 | | |

（2）信息函数 ISODD 判断指定值是否为奇数。

# 6.2.5　查找和替换文本

用于查找和替换文本的函数有 FIND、FINDB、SEARCH、SEARCHB、REPLACE、REPLACEB、SUBSTITUTE。其语法为:

```
FIND(find_text, within_text, [start_num])
FINDB(find_text, within_text, [start_num])
SEARCH(find_text, within_text, [start_num])
SEARCHB(find_text, within_text, [start_num])
SUBSTITUTE(text, old_text, new_text, [instance_num])
REPLACE(old_text, start_num, num_chars, new_text)
REPLACEB(old_text, start_num, num_bytes, new_text)
```

FIND、FINDB、SEARCH、SEARCHB 函数在文本 within_text 中从指定位置 start_num(默认为 1,即文本字符串第一个字符/字节为 1)查找子字符串 find_text 并返回第一次出现的位置,如果找不到,显示错误“♯VALUE!”。FIND、SEARCH 返回字符位置;FINDB、SEARCHB 返回字节位置。FIND、FINDB 区分大小写;SEARCH、SEARCHB 不区分大小写。

SUBSTITUTE 函数使用子字符串 new_text 替换文本 text 中的子字符串 old_text,如果指定参数 instance_num(第几个实例),则仅替换指定的 old_text。

REPLACE/REPLACEB 函数使用 new_text 替换 old_text 中从 start_num 位置开始的 num_chars 个字符/字节。

例如,假设单元格 A1 中存放着文本字符串"丰田 car ♯021-6225-6172Car",则:

（1）公式“＝FIND("Car", A1)”的结果为 21。

（2）公式"=SEARCH("Car"，A1)"的结果为 3。

（3）公式"=FINDB("CAR"，A1)显示错误"♯VALUE!"。

（4）公式"=SEARCHB("CAR"，A1)"的结果为 5。

（5）公式"=FIND("－"，A1)"的结果为 11。

（6）公式"=FIND("－"，A1，12)"的结果为 16。

（7）公式"=SUBSTITUTE(A1,"car","CAR")"的结果为"丰田 CAR ♯021-6225-6172Car"。

（8）公式"=SUBSTITUTE(A1,"－","")"的结果为"丰田 car ♯02162256172Car"。

（9）公式"=SUBSTITUTE(A1,"－",)"的结果为"丰田 car ♯02162256172Car"。

（10）公式"=SUBSTITUTE(A1,"－","",2)"的结果为"丰田 car ♯021-62256172Car"。

（11）公式"=SUBSTITUTE(A1,"－",,2)"的结果为"丰田 car ♯021-62256172Car"。

（12）公式"=REPLACE(A1,3,3,"CAR")"的结果为"丰田 CAR ♯021-6225-6172Car"。

（13）公式"=REPLACEB(A1,5,3,"CAR")"的结果为"丰田 CAR ♯021-6225-6172Car"。

（14）公式"=REPLACE(A1,3,3,"motor")"的结果为"丰田 motor ♯021-6225-6172Car"。

（15）公式"=REPLACE(A1,3,3,"＊")"的结果为"丰田 ＊ ♯021-6225-6172Car"。

灵活地使用 LEN 函数和查找替换函数可以统计文本中子字符串的个数、抽取特定文本等。

例如，假设单元格 A1 中存放着文本字符串"The quick brown fox jumps over the lazy dog"，则：

（1）公式"=LEN(A1)－LEN(SUBSTITUTE(A1,"o",""))"的结果为 4，统计字符 o 的个数。

（2）公式"=LEN(A1)－LEN(SUBSTITUTE(UPPER(A1),"T",""))"的结果为 2，统计字符 t 的个数（忽略大小写）。

（3）公式"=(LEN(A1)－LEN(SUBSTITUTE(UPPER(A1),"THE","")))/LEN("THE")"的结果为 2，统计子字符串"the"的个数（忽略大小写）。

（4）公式"=LEFT(A1,FIND(" ",A1)－1)"的结果为"The"，抽取第一个单词。其缺点是 A1 中为单个单词文本时会产生错误（因为单个单词文本中没有空格）。

（5）公式"=IFERROR(LEFT(A1,FIND(" ",A1)－1),A1)"同（4）中的公式，但不报错。

（6）公式"=RIGHT(A1,LEN(A1)－FIND(" ＊ ",SUBSTITUTE(A1, " ", " ＊ ", LEN(A1)－ LEN(SUBSTITUTE(A1, " ",""))))"的结果为"dog"，抽取最后一个单词。其缺点是 A1 中为单个单词文本时，会产生错误（因为单个单词文本中没有空格）。

（7）公式"=IFERROR(RIGHT(A1,LEN(A1)－FIND(" ＊ ",SUBSTITUTE(A1, " "," ＊ ",LEN(A1)－ LEN(SUBSTITUTE(A1, " ","")))))),A1)"同（6）中的公式，但不报错。

（8）公式"=RIGHT(A1,LEN(A1)－FIND(" ",A1,1))"的结果为"quick brown fox jumps over the lazy dog"，抽取除第一个单词以外的剩余所有文本字符串。

（9）公式"=IFERROR(RIGHT(A1,LEN(A1)－FIND(" ",A1,1)),A1)"同（8）中的公式，但不报错。

（10）公式"=IF(ISERR(FIND(" ",A1)),A1,RIGHT(A1,LEN(A1)－FIND(" ",

A1,1)))"同(8)中的公式,但不报错。

(11) 公式"＝IF(LEN(A1)＝0,0,LEN(TRIM(A1))－LEN(SUBSTITUTE(TRIM(A1),"　","")）＋1)"的结果为9,统计单词个数。

**【例 6-4】** 统计运动会各项目人数。在"fl6-4 文本函数(运动会项目人数).xlsx"中存放着一班参加学生运动会 100 米短跑、200 米短跑、铅球、跳高、跳远的报名信息,请利用文本函数(LEN 和 SUBSTITUTE 函数)统计各运动项目的报名人数。结果如图 6-4 所示。

| | A | B | C |
|---|---|---|---|
| 1 | 一班学生运动会报名统计表 | | |
| 2 | 项目 | 姓名 | 人数 |
| 3 | 100米 | 宋平平、范小小、董华华、舒齐齐、吕文文、金依珊 | 6 |
| 4 | 200米 | 陈卡通、宋平平、舒齐齐、王一依 | 4 |
| 5 | 铅球 | 宋平平、范小小、金依珊、陈燕燕、王一依 | 5 |
| 6 | 跳高 | 董华华、金依珊、阳一昆 | 3 |
| 7 | 跳远 | 舒齐齐、赵霞霞、陈燕燕、陈五强、张二尔、朱洋洋、李三丝 | 7 |

图 6-4 文本函数应用示例(运动会报名人数)

**【参考步骤】**

在 C3 单元格中输入各运动项目报名人数的统计公式"＝LEN(B3)－LEN(SUBSTITUTE(B3,"、",))＋1",并向下填充至 C7 单元格。

**【说明】**

(1) 求出各运动项目报名人员姓名间的"、"分隔符的个数加上1,即为该运动项目的报名人数。

(2) LEN(B3)统计 B3 单元格中所有字符的个数;LEN(SUBSTITUTE(B3,"、",))先将 B3 单元格中所有的"、"替换为空,然后统计去除"、"分隔符后的字符串中字符的个数,即得到 B3 单元格中"、"分隔符的个数;最后加上1,得到该运动项目的报名人数。

# 6.2.6 大小写字母的转换

用于大小写字母的函数有 UPPER、LOWER、PROPER。其语法为:

```
UPPER(text)
LOWER(text)
PROPER(text)
```

UPPER 函数把 text 的所有英文字母转换成大写字母并返回结果;LOWER 函数把 text 的所有英文字母转换成小写字母并返回结果;PROPER 函数把文本字符串的首字母及任何非字母字符之后的首字母转换成大写,将其余的字母转换成小写,并返回结果。

例如,假设单元格 A1 中存放着文本字符串"incoming of YEAR 2021",则:

(1) 公式"＝UPPER(A1)"的结果为"INCOMING OF YEAR 2021"。

(2) 公式"＝LOWER(A1)"的结果为"incoming of year 2021"。

(3) 公式"＝PROPER(A1)"的结果为"Incoming Of Year 2021"。

(4) 公式"＝UPPER(LEFT(A1))&LOWER(MID(A1,2,100))"的结果为"Incoming of year 2021"。

## 6.2.7　全角和半角字母的转换

用于全角和半角字母的函数有 ASC 和 WIDECHAR。其语法为：

```
ASC(text)
WIDECHAR(text)
```

ASC 函数把 text 的所有全角字符（双字节字符）转换成半角字符（单字节字符）并返回结果；WIDECHAR 函数把 text 的所有半角字符转换成全角字符并返回结果。

例如，假设单元格 A1 中存放着文本字符串"excel2019 销售业绩"，则：

（1）公式"＝WIDECHAR(A1)"的结果为"ｅｘｃｅｌ２０１９ 销售业绩"。

（2）公式"＝ASC(WIDECHAR(A1))"的结果为"excel2019 销售业绩"。

## 6.2.8　删除文本中的空格和非打印字符

删除文本中的空格和非打印字符的函数有 TRIM 和 CLEAN。其语法为：

```
TRIM(text)
CLEAN(text)
```

TRIM 函数删除 text 中的多余空格，即除了单词之间的单个空格之外的所有空格；CLEAN 函数删除 text 中所有不能打印的字符，ASCII 码的前 32 个为非打印字符（值为 0 到 31）。

例如，假设单元格 A1 中存放着文本字符串"□□First □□□Quarter □Incoming □"，□表示空格，则：

（1）公式"＝TRIM(A1)"的结果为"First □Quarter □Incoming"。

（2）公式"＝CHAR(8)&"销售业绩"&CHAR(7)"的结果为" ▪销售业绩• "。

（3）公式"＝CLEAN(CHAR(8)&"销售业绩"&CHAR(7))"的结果为"销售业绩"。

TRIM 函数只能处理 ASCII 空格 CHAR(32)。在 Unicode 字符集中存在一个空格 CHAR(160)，TRIM 函数不能直接删除。另外，对于附加的非打印字符（值为 127、129、141、143、144 和 157），CLEAN 函数也不能直接清除。用户可以使用 SUBSTITUTE 函数把这些特殊的字符替换为空格，然后使用 TRIM 函数清除，例如：

```
= TRIM(SUBSTITUTE(A1,CHAR(160),CHAR(32)))
```

## 6.2.9　字符和代码的转换

字符默认为 16 位 Unicode 编码，ASCII 码是 Unicode 编码的子集。例如，字符"A"的 ASCII 码为 65，对应的八进制为 101，对应的十六进制为 41；字符"张"的 Unicode 码为 54725。

用于字符和代码转换的函数有 CODE 和 CHAR。其语法为：

```
CODE(text)
CHAR(number)
```

CODE 函数返回 text 的第一个字符的编码；CHAR 函数返回编码 number 所对应的字符，如果编码不存在，则显示错误信息“#VALUE!”。

例如：

(1) 公式“=CODE("ABC")”的结果为 65。

(2) 公式“=CODE("张三")”的结果为 54725。

(3) 公式“=CHAR(66)”的结果为"B"。

(4) 公式“=CHAR(1234)”的结果为错误“#VALUE!”。

**【例 6-5】** ASCII 码表。打开“fl6-5-ASCII 码表. xlsx”，使用 CHAR 函数生成 ASCII 码表，结果如图 6-5 所示。

**【参考步骤】**

选中单元格区域 B2:K14，在编辑栏中输入公式“=CHAR(A2:A14&B1:K1)”，按 Ctrl+Shift+Enter 键确认。

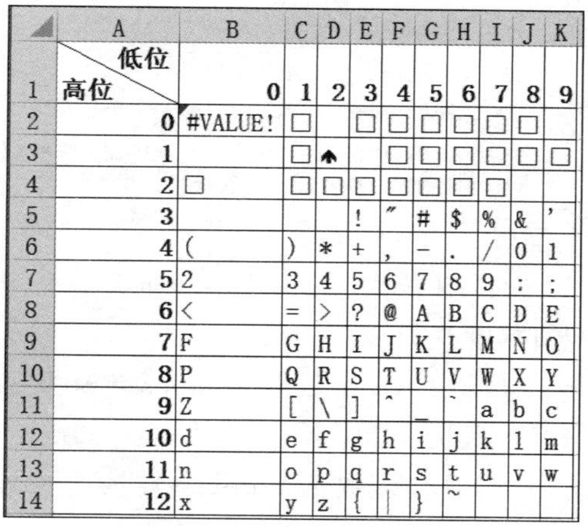

| | A | B | C | D | E | F | G | H | I | J | K |
|---|---|---|---|---|---|---|---|---|---|---|---|
| 1 | 低位 高位 | 0 | 1 | 2 | 3 | 4 | 5 | 6 | 7 | 8 | 9 |
| 2 | 0 | #VALUE! | □ | | □ | □ | □ | □ | □ | □ | |
| 3 | 1 | | □ | ↑ | | □ | □ | □ | □ | □ | □ |
| 4 | 2 | □ | □ | □ | □ | □ | □ | □ | □ | | |
| 5 | 3 | | | | ! | " | # | $ | % | & | ' |
| 6 | 4 | ( | ) | * | + | , | - | . | / | 0 | 1 |
| 7 | 5 | 2 | 3 | 4 | 5 | 6 | 7 | 8 | 9 | : | ; |
| 8 | 6 | < | = | > | ? | @ | A | B | C | D | E |
| 9 | 7 | F | G | H | I | J | K | L | M | N | O |
| 10 | 8 | P | Q | R | S | T | U | V | W | X | Y |
| 11 | 9 | Z | [ | \ | ] | ^ | _ | ` | a | b | c |
| 12 | 10 | d | e | f | g | h | i | j | k | l | m |
| 13 | 11 | n | o | p | q | r | s | t | u | v | w |
| 14 | 12 | x | y | z | { | \| | } | ~ | | | |

图 6-5 ASCII 码表

## 6.2.10 将文本转换为数值

VALUE 函数用于将数字文本字符串转换为数字。其语法为：

```
VALUE(text)
```

例如：

(1) 公式“=VALUE("$1,234.5")”的结果为 1234.5。

(2) 公式“=VALUE("2020/4")”的结果为 43922，即 2020/4/1 的日期序列号。

N 函数将值转换为数字。其语法为：

```
N(value)
```

其中，参数 value 可以是空白(空单元格)、错误值、逻辑值、文本、数字、引用值，或者单元格引用名称。N 函数的转换规则如表 6-5 所示。

**表 6-5 N 函数不同参数的转换结果**

| 参 数 | 返 回 值 | 举 例 | 结 果 |
|---|---|---|---|
| 数字 | 该数字本身 | N(8) | 8 |
| 日期 | 该日期的序列号 | N(DATE(1900,1,1)) | 1 |
| TRUE | 1 | N(8>5) | 1 |
| FALSE | 0 | N("a"<"A") | 0 |
| 错误值 | 错误值 | N(#DIV/0!) | #DIV/0! |
| 其他值 | 0 | N("8") | 0 |

## 6.2.11　将数值格式化为文本

用于将数值转换为文本格式的函数有 RMB、DOLLAR、FIXED、NUMBERSTRING、TEXT。其语法为：

```
RMB(number, [decimals])
DOLLAR(number, [decimals])
FIXED(number, [decimals], [no_commas])
NUMBERSTRING(value, type)
TEXT(value, format_text)
```

RMB 函数把 number 转换为文本，添加人民币符号¥和千位分隔符，保留 decimals 小数位（默认为 2）。

DOLLAR 函数把 number 转换为文本，添加美元符号$和千位分隔符，保留 decimals 小数位（默认为 2）。

FIXED 函数把 number 转换为文本，保留 decimals 小数位（默认为 2），当可选参数 no_commas 为 FALSE 时（默认值），添加千位分隔符，否则不添加千位分隔符。

NUMBERSTRING 函数将正整数 value 格式化为中文大写数字。参数 type 的取值为 1（中文数字表示）、2（中文大写数字表示）、3（单个中文数字）。

TEXT 函数将 value 转换成指定显示格式（format_text）的文本。format_text 是用引号括起来的文本字符串。用于数字格式的格式化字符串参见表 6-6。其中，"□"表示空格。

**表 6-6　TEXT 函数格式化字符串的代码及含义**

| 代 码 | 含　　义 | 示　　例 | 结　　果 |
|---|---|---|---|
| 0 | 数字占位符，不足位数使用 0 填充 | ＝TEXT(78.9, "000000") | 000079 |
| | | ＝TEXT(78.9, "000.00") | 078.90 |
| # | 数字占位符，只显示有效数字，不显示无意义的零值 | ＝TEXT(123.4, "#.##") | 123.4 |
| | | ＝TEXT(123.1263, "#.##") | 123.13 |
| ? | （1）数字占位符，不足位数使用空格填充，以实现对齐小数点的效果；（2）用于显示分数分母的位数 | ＝TEXT(123.4, "0.??") | 123.4□ |
| | | ＝TEXT(23.45, "0.??") | 23.45 |
| | | ＝TEXT(1.25, "# ?? /???") | 1 □□1/4 □□ |
| | | ＝TEXT(12.008, "# ?? /???") | 12 □□1/125 |
| . | 小数点 | ＝TEXT(12, "0.") | 12. |
| | | ＝TEXT(12.38, "0.#") | 12.4 |
| , | 千分位分隔符。若在代码的最后出现","，则将数字缩小为原来的千分之一 | ＝TEXT(123456789, "#,#") | 123,456,789 |
| | | ＝TEXT(123456789, "#,#,千") | 123,457 千 |
| | | ＝TEXT(123456789, "#,#,,百万") | 123 百万 |
| | | ＝TEXT(123456789, "0.0,,百万") | 123.5 百万 |
| % | 显示百分数 | ＝TEXT(0.3456, "0.0%") | 34.6% |
| | | ＝TEXT(0.3456, "#%") | 35% |
| E | 科学记数法 | ＝TEXT(56789, "0.00E+00") | 5.68E+04 |

例如,假设单元格 A1 中存放着数据 1234.5,单元格 A2 中存放着数据 1234,单元格 A3 中存放着数据 2020/4/18,则:

(1) 公式"=RMB(A1,4)"的结果为"￥1,234.5000"。

(2) 公式"=RMB(A1)"的结果为"￥1,234.50"。

(3) 公式"=DOLLAR(A1,4)"的结果为"$1,234.5000"。

(4) 公式"=FIXED(A1,4)"的结果为"1,234.5000"。

(5) 公式"=FIXED(A1,4,TRUE)"的结果为"1234.5000"。

(6) 公式"=NUMBERSTRING(A2,1)"的结果为"一千二百三十四"。

(7) 公式"=NUMBERSTRING(A2,2)"的结果为"壹仟贰佰叁拾肆"。

(8) 公式"=NUMBERSTRING(A2,3)"的结果为"一二三四"。

(9) 公式"=TEXT(A1,"$#,##0.00")"的结果为"$1,234.50"。

(10) 公式"=TEXT(A3,"yyyy/mm/dd dddd")"的结果为"2020/04/18 Saturday"。

在单元格中使用包含 TEXT 函数的公式,还可以将数值或日期格式化为不同的日期格式文本。表 6-7 中介绍了与日期时间格式相关的代码及含义。假设当前日期为 2020/1/19(星期日),单元格 A1 中存放日期 2020/2/1(星期六),单元格 B1 中存放日期时间 2020/6/7 18:24:46.97,单元格 C1 中存放日期时间 2020/6/8 8:04:06,即 B1 和 C1 相差 34 小时 20 分钟 40 秒 97 毫秒(共计 2060 分钟 123640 秒 97 毫秒)。

表 6-7　TEXT 函数与日期时间格式相关的代码及含义

| 代码 | 含　义 | 示　例 | 结　果 |
|---|---|---|---|
| aaa | 以中文简称显示星期(一～日) | =TEXT(NOW(),"aaa") | 日 |
| aaaa | 以中文全称显示星期(星期一～星期日) | =TEXT(TODAY(),"aaaa") | 星期日 |
| d | 以不带前导零的数字显示日期(1～31) | =TEXT(A1,"d") | 1 |
| dd | 以带有前导零的数字显示日期(01～31) | =TEXT(A1,"dd") | 01 |
| ddd | 以英文缩写显示星期(Sun～Sat) | =TEXT(A1,"ddd") | Sat |
| dddd | 以英文全称显示星期(Sunday～Saturday) | =TEXT(A1,"dddd") | Saturday |
| [m] | 以分钟为单位显示经过的时间。如果超过 60,请使用[mm]:ss 的数字格式 | =TEXT(B1-C1,"[m]")<br>=TEXT(B1-C1,"[mm]:ss") | 2060<br>2060:41 |
| m | 以不带前导零的数字显示月份(1～12)或分钟(0～59) | =TEXT(A1,"m") | 2 |
| mm | 以带有前导零的数字显示月份(01～12)或分钟(00～59) | =TEXT(A1,"mm") | 02 |
| mmm | 以英文缩写显示月份(Jan～Dec) | =TEXT(A1,"mmm") | Feb |
| mmmm | 以英文全称显示月份(January～December) | =TEXT(A1,"mmmm") | February |
| mmmmm | 以英文首字母显示月份(J～D) | =TEXT(A1,"mmmmm") | F |

续表

| 代 码 | 含 义 | 示 例 | 结 果 |
|---|---|---|---|
| yy | 使用两位数字显示公历年份（00~99） | =TEXT(A1,"yy") | 20 |
| yyyy | 使用 4 位数字显示公历年份（1900~9999） | =TEXT(A1,"yyyy") | 2020 |
| [h] | 以小时为单位显示经过的时间。如果超过 24,请使用[h]:mm:ss 的数字格式 | =TEXT(B1－C1,"[h]")<br>=TEXT(B1－C1,"[h]:mm")<br>=TEXT(B1－C1,"[h]:mm:ss") | 34<br>34:20<br>34:20:41 |
| h | 以不带前导零的数字显示小时（0~23） | =TEXT(C1,"h")<br>=TEXT(B1－C1,"h") | 8<br>10 |
| hh | 以带有前导零的数字显示小时（00~23） | =TEXT(C1,"hh")<br>=TEXT(B1－C1,"hh") | 08<br>10 |
| [s] | 以秒为单位显示经过的时间。如果超过 60,请使用[ss]的数字格式 | =TEXT(B1－C1,"[ss]") | 123641 |
| s | 以不带前导零的数字显示秒钟（0~59） | =TEXT(C1,"s") | 6 |
| ss | 以带有前导零的数字显示秒钟（00~59）。如果要显示毫秒,请使用 h:mm:ss.00 的格式 | =TEXT(C1,"ss")<br>=TEXT(B1－C1,"[h]:mm:ss.00") | 06<br>34:20:40.97 |
| AM/PM、am/pm、A/P、a/p | 使用英文显示 12 小时制时间的上午、下午。Excel 将从午夜到中午的时间显示为 AM、am、A 或 a,将从中午到午夜的时间显示为 PM、pm、P 或 p | =TEXT(B1,"h AM/PM")<br>=TEXT(B1,"h:mm A/P")<br>=TEXT(B1,"h:mm:ss.00 am/pm")<br>=TEXT(C1,"h:mm:ss a/p") | 6 PM<br>6:24 P<br>6:24:46.97 pm<br>8:04:06 a |
| 上午/下午 | 使用中文显示 12 小时制时间的上午、下午 | =TEXT(B1,"h:mm 上午/下午")<br>=TEXT(B1,"h 上午/下午") | 6:24 下午<br>6 下午 |

**【提示】**

m 或 mm 代码必须紧跟在 h 或 hh 代码之后,或者后面必须紧跟 ss 代码,否则 Excel 将显示月而不是分钟。

**【例 6-6】** 将数字转换为中文大小写。在"f16-6 文本函数（将数字转换为中文大小写）.xlsx"中利用文本函数（TEXT 和 NUMBERSTRING）分别将年份、月份和日期转换为中文小写和中文大写,结果如图 6-6 所示。

**【参考步骤】**

（1）利用 TEXT 函数将年份转换为中文小写（方法 1）。在 B2 单元格中输入公式"=TEXT($A3,"[DBNum1]0 年")",并向下填充至 B7 单元格。

（2）利用 NUMBERSTRING 函数将年份转换为中文小写（方法 2）。在 C2 单元格中输入公式"=NUMBERSTRING(A3,3)&"年"",并向下填充至 C7 单元格。

（3）利用 TEXT 函数将年份转换为中文大写。在 D2 单元格中输入公式"=TEXT($A3,"[DBNum2]0 年")",并向下填充至 D7 单元格。

| | A | B | C | D |
|---|---|---|---|---|
| 1 | 年份转换 | | | |
| 2 | 年份 | 中文小写1 | 中文小写2 | 中文大写 |
| 3 | 1800 | 一八〇〇年 | 一八〇〇年 | 壹捌零零年 |
| 4 | 1999 | 一九九九年 | 一九九九年 | 壹玖玖玖年 |
| 5 | 2000 | 二〇〇〇年 | 二〇〇〇年 | 贰零零零年 |
| 6 | 2014 | 二〇一四年 | 二〇一四年 | 贰零壹肆年 |
| 7 | 2020 | 二〇二〇年 | 二〇二〇年 | 贰零贰零年 |
| 8 | | | | |
| 9 | 月份转换 | | | |
| 10 | 月份 | 中文小写1 | 中文小写2 | 中文大写 |
| 11 | 1 | 一月 | 一月 | 壹月 |
| 12 | 5 | 五月 | 五月 | 伍月 |
| 13 | 10 | 十月 | 一十月 | 壹拾月 |
| 14 | 12 | 十二月 | 一十二月 | 壹拾贰月 |
| 15 | | | | |
| 16 | 日期转换 | | | |
| 17 | 日期 | 中文小写1 | 中文小写2 | 中文大写 |
| 18 | 1 | 一日 | 一日 | 壹日 |
| 19 | 5 | 五日 | 五日 | 伍日 |
| 20 | 10 | 十日 | 一十日 | 壹拾日 |
| 21 | 12 | 十二日 | 一十二日 | 壹拾贰日 |
| 22 | 25 | 二十五日 | 二十五日 | 贰拾伍日 |
| 23 | 31 | 三十一日 | 三十一日 | 叁拾壹日 |

图 6-6 将数字转换为中文小写和中文大写

(4) 利用 TEXT 函数将月份转换为中文小写(方法 1)。在 B11 单元格中输入公式"=TEXT($A11,"[DBNum1]d 月")",并向下填充至 B14 单元格。

(5) 利用 NUMBERTRING 函数将月份转换为中文小写(方法 2)。在 C11 单元格中输入公式"=NUMBERSTRING(A11,1)&"月"",并向下填充至 C14 单元格。

(6) 利用 TEXT 函数将月份转换为中文大写。在 D11 单元格中输入公式"=TEXT($A11,"[DBNum2]0 月")",并向下填充至 D14 单元格。

(7) 利用 TEXT 函数将日期转换为中文小写(方法 1)。在 B18 单元格中输入公式"=TEXT($A18,"[DBNum1]d 日")",并向下填充至 B23 单元格。

(8) 利用 NUMBERSTRING 函数将日期转换为中文小写(方法 2)。在 C18 单元格中输入公式"=NUMBERSTRING(A18,1)&"日"",并向下填充至 C23 单元格。

(9) 利用 TEXT 函数将日期转换为中文大写。在 D18 单元格中输入公式"=TEXT($A18,"[DBNum2]d 日")",并向下填充至 D23 单元格。

**【说明】**

(1) "[DBNum1]"和"[DBNum1]0"是中文小写格式,其中,"[DBNum1]0"使数字逐位显示。例如:

```
= TEXT(2021,"[DBNum1]")将显示"二千〇二十一"。
= TEXT(2021,"[DBNum1]0")将显示"二〇二一"。
```

(2) "[DBNum2]"和"[DBNum2]0"是中文大写格式,其中,"[DBNum2]0"使数字逐位显示。例如:

```
= TEXT(2021,"[DBNum2]")将显示"贰仟零贰拾壹"。
= TEXT(2021,"[DBNum2]0")将显示"贰零贰壹"。
```

（3）"〔DBNum1〕d 月"以及"〔DBNum1〕d 日"将数字设置为日期格式,例如:

= TEXT(10,"〔DBNum1〕d 月")将显示"十月".

= TEXT(10, "〔DBNum1〕d 日")将显示"十日".

**【例 6-7】** 日期和时间数据的输入与格式化。打开"fl6-7 日期时间格式化.xlsx",参照图 6-7,按照如下要求输入数据内容并设置数据格式。假设当前日期为 2019 年 9 月 22 日,当前时间为 19:46:33.74。操作时请以系统真实的日期和时间为准。

（1）在 B2:C3 数据区域中分别利用函数和快捷键输入系统当前日期和时间。

（2）设置 B3 单元格中系统当前日期和时间的显示方式,要求显示到毫秒,并观察系统当前时间的瞬时变化。

（3）在 B6 和 C6 单元格中分别输入 2019 年国庆节的具体日期,并参照图 6-7 分别设置其显示方式。

（4）在 D6 单元格中利用函数显示 2019 年国庆节是星期几。

（5）在 E6 和 F6 单元格中分别利用公式或函数以及与日期时间格式相关的代码计算 2019 年国庆节与系统当前日期相距的天数和小时数。

（6）在 C8 和 C9 单元格中分别使用英文和中文显示系统当前时间 12 小时制的上午、下午。

| | A | B | C | D | E | F |
|---|---|---|---|---|---|---|
| 1 | | 函数法 | 快捷键 | | | |
| 2 | 当前日期 | 2019/9/22 | 2019/9/22 | | | |
| 3 | 当前时间 | 2019/9/22 19:46:33.74 | 19:46 | | | |
| 4 | | | | | | |
| 5 | | 长日期 | 短日期 | 星期 | 与今日相距（天） | 与今日相距(小时) |
| 6 | 2019年国庆节 | 二〇一九年十月一日 | 十月一日 | 星期二 | 9 | 216 |
| 7 | | | | | | |
| 8 | | 英文显示12小时制时间上下 | 7:46 PM | | | |
| 9 | | 中文显示12小时制时间上下 | 7:46下午 | | | |

图 6-7　日期和时间数据的输入和格式化

**【参考步骤】**

（1）在 B2 单元格中输入公式"＝TODAY()",显示系统当前日期。在 B3 单元格中输入公式"＝NOW()",显示系统当前日期和时间。在 C2 单元格中按 Ctrl＋分号(;)输入系统当前日期。在 C3 单元格中按 Ctrl＋Shift＋分号(;)输入系统当前时间。

（2）设置 B3 单元格中系统当前日期和时间的显示方式。右击 B3 单元格,选择其快捷菜单中的"设置单元格格式"命令,选择"自定义"分类,将"类型"中的格式修改为"yyyy/m/d h:mm:ss.00"。每隔一定的时间,按 F9 功能键观察系统当前时间的瞬时变化。

（3）在 B6 和 C6 单元格中分别输入 2019 年国庆节的具体日期,并设置其显示方式。

（4）显示 2019 年国庆节是星期几。在 D6 单元格中输入公式"＝TEXT(B6,"aaaa")"。

（5）计算 2019 年国庆节与系统当前日期相距的天数和小时数。在 E6 单元格中输入公式"＝B6－B2",在 F6 单元格中输入公式"＝TEXT(B6－B2,"〔hh〕")"。

（6）分别使用英文和中文显示系统当前时间 12 小时制的上午、下午。在 C8 单元格中输入公式"＝TEXT(C3,"h:mm AM/PM")",在 C9 单元格中输入公式"＝TEXT(C3,"h:mm

上午/下午")"。

【说明】

在 Excel 中,按 F9 功能键对打开的所有工作簿中的公式进行重新计算。

## 6.2.12 其他文本函数

REPT 函数根据指定次数重复文本;T 函数只在参数为文本时返回文本本身,参数为非文本时返回空。其语法为:

```
REPT(text, number_times)
T(value)
```

例如:

(1) 公式“=REPT("＊－", 3)”的结果为"＊－＊－＊－"。

(2) 公式“=T("ABC")”的结果为"ABC"。

(3) 公式“=T(123)”的结果为""。

(4) 公式“=T(FALSE)”的结果为""。

【例 6-8】 销售业绩直方图。在“fl6-8 销售业绩(直方图).xlsx”中包含长城公司 2019年 1～12 月份的产品销售额,使用 REPT 函数生成销售业绩的直方图表示和右对齐填充格式,结果如图 6-8 所示。

| | A | B | C | D |
|---|---|---|---|---|
| 1 | 长城公司销售业绩（2019年） 单位：万 | | | |
| 2 | 月份 | 销售额 | 直方图 | 右对齐填充格式 |
| 3 | 一月 | 1650 | **************** | ******$1,650.00 |
| 4 | 二月 | 2682 | ************************** | ******$2,682.00 |
| 5 | 三月 | 120 | * | ********$120.00 |
| 6 | 四月 | 156 | * | ********$156.00 |

图 6-8 销售业绩直方图

【参考步骤】

(1) 销售业绩直方图。在单元格 C3 中输入公式“=REPT("＊",B3/100)”,并向下填充至 C14 单元格。

(2) 销售业绩右对齐填充格式。在单元格 D3 中输入公式“=CONCATENATE(REPT("＊",15－LEN(TEXT(B3,"$#,##0.00"))), TEXT(B3,"$#,##0.00"))”,并向下填充至 D14 单元格。

## 6.2.13 文本函数应用举例

【例 6-9】 抽取身份证中的出生日期和性别信息。根据“fl6-9 身份证信息.xlsx”中的身份证号,请利用文本函数(TEXT、LEFT、RIGHT、MID)、数学函数(MOD)、条件判断函数(IF)和信息函数(ISODD),使用各种不同的方法抽取出生日期和性别信息。在 18 位身份证号码中,第 7、8、9、10 位为出生年份(四位数),第 11、12 位为出生月份,第 13、14 位代表出生日期,第 17 位代表性别,奇数为男性,偶数为女性。最终结果如图 6-9 所示。

| | A | B | C | D | E | F | G | H | I | J | K | L |
|---|---|---|---|---|---|---|---|---|---|---|---|---|
| 1 | 身份证号码 | 出生日期1 | 出生日期2 | 出生日期3 | 出生日期4 | 出生日期5 | 出生日期6 | 出生日期7 | 出生日期8 | 性别1 | 性别2 | 性别3 |
| 2 | 510725198509127002 | 1985年09月12日 | 1985年09月12日 | 1985/09/12 | 1985/9/12 | 1985/9/12 | 1985-09-12 | 1985-09-12 | 女 | 女 | 女 |
| 3 | 510725197604103877 | 1976年04月10日 | 1976年04月10日 | 1976/04/10 | 1976/4/10 | 1976/4/10 | 1976-04-10 | 1976-04-10 | 男 | 男 | 男 |
| 4 | 510725197307257085 | 1973年07月25日 | 1973年07月25日 | 1973/07/25 | 1973/7/25 | 1973/7/25 | 1973-07-25 | 1973-07-25 | 女 | 女 | 女 |
| 5 | 510725197706205778 | 1977年06月20日 | 1977年06月20日 | 1977/06/20 | 1977/6/20 | 1977/6/20 | 1977-06-20 | 1977-06-20 | 男 | 男 | 男 |
| 6 | 510725197008234010 | 1970年08月23日 | 1970年08月23日 | 1970/08/23 | 1970/8/23 | 1970/8/23 | 1970-08-23 | 1970-08-23 | 男 | 男 | 男 |

图 6-9  抽取身份证中的出生日期和性别信息

【参考步骤】

(1) 利用 MID 函数抽取出生日期(方法 1),并采用"年月日"显示方式。在 B2 单元格中输入公式"=MID(A2,7,4)&"年"&MID(A2,11,2)&"月"&MID(A2,13,2)&"日"",并向下填充至 B19 单元格。

(2) 利用 TEXT 和 MID 函数抽取出生日期(方法 2),并采用"年月日"显示方式。在 C2 单元格中输入公式"=TEXT(MID(A2,7,8),"0000 年 00 月 00 日")",并向下填充至 C19 单元格。

(3) 利用 MID 函数抽取出生日期(方法 3),并采用"/"分隔显示方式。在 D2 单元格中输入公式"=MID(A2,7,4)&"/"&MID(A2,11,2)&"/"&MID(A2,13,2)",并向下填充至 D19 单元格。

(4) 利用 TEXT 和 MID 函数抽取出生日期(方法 4),并采用"/"分隔显示方式。在 E2 单元格中输入公式"=TEXT(MID(A2,7,8),"#-00-00")+0",并向下填充至 E19 单元格。

(5) 利用 TEXT 和 MID 函数抽取出生日期(方法 5),并采用"/"分隔显示方式。在 F2 单元格中输入公式"=TEXT(MID(A2,7,8),"#-00-00")*1",并向下填充至 F19 单元格。

(6) 利用 TEXT 和 MID 函数抽取出生日期(方法 6),并采用"/"分隔显示方式。在 G2 单元格中输入公式"=TEXT(MID(A2,7,8),"0000-00-00")+0",并向下填充至 G19 单元格。

(7) 利用 TEXT 和 MID 函数抽取出生日期(方法 7),并采用"-"分隔显示方式。在 H2 单元格中输入公式"=TEXT(MID(A2,7,8),"#-00-00")",并向下填充至 H19 单元格。

(8) 利用 MID 函数抽取出生日期(方法 8),并采用"-"分隔显示方式。在 I2 单元格中输入公式"=TEXT(MID(A2,7,8),"0000-00-00")",并向下填充至 I19 单元格。

(9) 利用 IF、MOD 和 MID 函数抽取性别(方法 1)。在 J2 单元格中输入公式"=IF(MOD(MID(A2,17,1),2)=1,"男","女")",并向下填充至 J19 单元格。

(10) 利用 IF、ISODD、RIGHT 和 LEFT 函数抽取性别(方法 2)。在 K2 单元格中输入公式"=IF(ISODD(RIGHT(LEFT(A2,17))),"男","女")",并向下填充至 K19 单元格。

(11) 利用 TEXT、MOD 和 MID 函数抽取性别(方法 3)。在 L2 单元格中输入公式"=TEXT(MOD(MID(A2,17,1),2),"男;;女")",并向下填充至 L19 单元格。

【例 6-10】  抽取供应商信息。在"fl6-10 供应商信息.xlsx"中存放着若干供应商的联系方式、身份证号码、E-mail 等信息,请利用文本函数(LEFT、RIGHT、LEN、LENB、FIND、UPPER 和 REPLACE 等)按要求完成如下操作,素材和最终结果如图 6-10 所示。

(1) 根据 A 列的供应商联系方式抽取出供应商姓名和手机号码。

（2）抽取 E-mail 地址中的用户名（即 E-mail 地址中"@"字符之前的文本），并且将字母转换为大写作为登录账号。

（3）抽取身份证号码的最后 6 位数作为登录密码。

（4）将身份证号码的前 3 位——510（四川省）变更为 320（江苏省）。

| | A | B | C | D | E | F | G | H |
|---|---|---|---|---|---|---|---|---|
| 1 | 供应商联系方式 | 姓名 | 手机号码 | 身份证号码 | E-mail | 登录账号 | 密码 | 身份证号码变更 |
| 2 | 王歆文13867658386 | | | 510725198509178510 | xusir2016@yahoo.cn | | | |
| 3 | 王郁立13985712143 | | | 510725198602225170 | periswallow@126.com | | | |
| 4 | 刘倩芳13521911356 | | | 510725197904171572 | acmmjiang@yahoo.cn | | | |

(a) 素材

| | A | B | C | D | E | F | G | H |
|---|---|---|---|---|---|---|---|---|
| 1 | 供应商联系方式 | 姓名 | 手机号码 | 身份证号码 | E-mail | 登录账号 | 密码 | 身份证号码变更 |
| 2 | 王歆文13867658386 | 王歆文 | 13867658386 | 510725198509178510 | xusir2016@yahoo.cn | XUSIR2016 | 178510 | 320725198509178510 |
| 3 | 王郁立13985712143 | 王郁立 | 13985712143 | 510725198602225170 | periswallow@126.com | PERISWALLOW | 225170 | 320725198602225170 |
| 4 | 刘倩芳13521911356 | 刘倩芳 | 13521911356 | 510725197904171572 | acmmjiang@yahoo.cn | ACMMJIANG | 171572 | 320725197904171572 |

(b) 结果

图 6-10 文本函数应用示例（供应商姓名、手机号码、账号、密码、身份证信息）

【参考步骤】

（1）供应商姓名抽取方式。在 B2 单元格中输入公式"＝LEFT(A2,LENB(A2)－LEN(A2))"，并向下填充至 B15 单元格。

（2）供应商手机号码抽取方式。在 C2 单元格中输入公式"＝RIGHT(A2,2*LEN(A2)－LENB(A2))"，并向下填充至 C15 单元格。

（3）登录账号抽取方式。在 F2 单元格中输入公式"＝UPPER(LEFT(E2,FIND("@",E2)－1))"，并向下填充至 F15 单元格。

（4）登录密码抽取方式。在 G2 单元格中输入公式"＝RIGHT(D2,6)"，并向下填充至 G15 单元格。

（5）身份证号码变更方式。在 H2 单元格中输入公式"＝REPLACE(D2,1,3,"320")"，并向下填充至 H15 单元格。

【说明】

SUBSTITUTE 函数用于在某一文本字符串中替换指定的文本；REPLACE 函数用于在某一文本字符串中替换指定位置处的指定字节数的文本。本例一定要使用 REPLACE 函数将身份证号码的前 3 位——510 变更为 320，因为如果使用公式"＝SUBSTITUTE(D2,"510","320")"，则将身份证号码中所有的 510 替换为 320，例如第一个供应商的身份证号码 510725198509178510（有两组 510）将被替换为 320725198509178320。

【拓展】

（1）请尝试使用其他公式抽取供应商手机号码。例如，在抽取了供应商姓名信息后，可在 C2 单元格中输入公式"＝MID(A2,LEN(B2)＋1,LEN(A2)－LEN(B2))"抽取供应商手机号码。

（2）请尝试使用公式抽取 E-mail 地址中的主机域名（用户信箱的邮件接收服务器域名，即 E-mail 地址中"@"字符之后的文本）。提示：可输入公式"＝RIGHT(E2,LEN(E2)－FIND("@",E2))"抽取 E-mail 地址中的主机域名。

# 习题

一、单选题

1. 在 Excel 中，假设 A1 单元格中存放着学生的出生日期信息，则以下根据出生年月计算该生周岁年龄的公式中，并没有得到准确结果的是_____。

    A.　＝DATEDIF(A1,TODAY(),"y")

    B.　＝DATEDIF(A1,TODAY(),"y")&"周岁"

    C.　＝DATEDIF(A1,NOW(),"y")

    D.　＝YEAR(TODAY())－YEAR(A1)

2. 在 Excel 中，公式"＝SEARCH("华师大","华东师范大学")"的结果是_____。

    A.　－1                B.　0                C.　FALSE            D.　♯VALUE!

3. 在 Excel 中，假设 A1 单元格中存放着字符串"学习 Study"，则以下将该字符串中的"学习"两个字删除的公式中错误的是_____。

    A.　＝RIGHT(A1,5)

    B.　＝RIGHT(A1,FIND("习", A1))

    C.　＝RIGHT(A1,LEN(A1)－FIND("习", A1))

    D.　＝REPLACE(A1,1,2,"")

4. 在 Excel 中，假设 A1 单元格中存放着字符串"英语 English"，则以下将该字符串中的"英语"两个字删除的公式中错误的是_____。

    A.　＝RIGHT(A1,7)

    B.　＝MID(A1,FIND("语", A1)＋1,LEN(A1))

    C.　＝LEFT(A1,2)

    D.　＝SUBSTITUTE(A1,"英语",)

5. 在 Excel 中，假设 A1 单元格中存放着一个 10 位数的数值（例如 1234567890）或者 10 个字符的字符串（例如 ABCDEFGHIJ），则以下将该单元格中的数据水平拆分到 10 个单元格（例如 B1～K1）且每个单元格一个数字或者字符的公式为_____。

    A.　＝MID($A1,COLUMN($A1),1)

    B.　＝MID(A$1,COLUMN()－1,1)

    C.　＝MID($A$1,COLUMN($A$1)－1,1)

    D.　＝MID($A1,COLUMN()－1,1)

6. 在 Excel 中利用 TEXT 函数设定日期格式时，若要以类似"星期一"的形式显示星期，应使用日期格式代码_____。

    A.　aaa              B.　aaaa             C.　ddd             D.　dddd

7. 假设当前日期为 2020/10/1（星期四），则 Excel 中 TEXT(NOW(),"aaa") 函数的返回结果为_____，TEXT(TODAY(),"aaaa") 函数的返回结果为_____。

    A.　四、星期四                        B.　星期四、四

    C.　Thursday、Thu                   D.　Thu、Thursday

8. 假设当前日期为 2020/12/1（星期二），则 Excel 中 TEXT（NOW（），"d"）函数的返回结果为_____，TEXT（TODAY（），"dddd"）函数的返回结果为_____。

    A. 二、星期二                  B. 星期二、二

    C. 1、Tuesday                D. 01、Tuesday

9. 假设当前日期为 2020/1/10（星期五），则 Excel 中 TEXT（NOW（），"mm"）函数的返回结果为_____，TEXT（TODAY（），"mmmm"）函数的返回结果为_____。

    A. 1、Jan        B. 01、Friday        C. 1、January        D. 01、January

10. 假设当前日期为 2020/5/1（星期五），则 Excel 中 TEXT（NOW（），"yy"）函数的返回结果为_____，TEXT（TODAY（），"yyyy"）函数的返回结果为_____。

    A. 5、20        B. 20、2020        C. 20、Friday        D. 2020、20

11. 在 Excel 中公式允许使用的文本运算符是_____。

    A. *              B. &              C. %              D. +

**二、填空题**

1. 在 Excel 中，假设单元格 A1 中存放着日期数据（例如 2020 年 10 月 1 日），在 B1:B4 单元格区域中以不同格式（星期四、四、Thursday、Thu）显示其星期信息（2020 年 10 月 1 日是星期四）的公式为_____，结果分别为_____。

2. 在 Excel 中，假设单元格 A1 中存放着日期数据（例如，2020 年 1 月 2 日），在 B1:B4 单元格区域中以不同格式（January、Jan、01、1）显示其月份信息的公式为_____，结果分别为_____。

3. 在 Excel 中，假设单元格 A1 中存放着学生姓名"王大虎"，利用 REPLACE 函数将姓名中的第二个字删除的公式为_____。

4. 在 Excel 中，随机生成英文大小写字母的公式为_____。

5. 在 Excel 中，随机生成英文大写字母的公式为_____。

6. 在 Excel 中，截取单元格 A1 中字符"@"之后的字符的公式为_____。

7. 在 Excel 中，截取单元格 A1 中字符"@"之前的字符的公式为_____。

8. 在 Excel 中，UPPER（"mary"）的结果为_____，LOWER（"JOHN"）的结果为_____，PROPER（"Line 2 is a title"）的结果为_____。

9. 在 Excel 中，LEN（"中国 China"）的结果为_____，LENB（"中国 China"）的结果为_____，CONCATENATE（"Good"，"Luck"）的结果为_____，LEFT（"中国品牌"，2）的结果为_____，LEFTB（"中国品牌"，2）的结果为_____，RIGHT（"中国品牌"，2）的结果为_____，RIGHTB（"中国品牌"，2）的结果为_____，MID（"中国品牌"，2，4）的结果为_____，MIDB（"中国品牌"，3，4）的结果为_____。

10. 在 Excel 中，FIND（"r"，"河流 River"）的结果为_____，FINDB（"r"，"河流 River"）的结果为_____，SEARCH（"r"，"河流 River"）的结果为_____，SEARCHB（"r"，"河流 River"）的结果为_____。

11. 在 Excel 中，SUBSTITUTE（"美丽 babala"，"ba"，"vo"）的结果为_____，REPLACE（"美丽 babala"，3，4，"vo"）的结果为_____，REPLACEB（"美丽 babala"，3，4，"vo"）的结果为_____，TRIM（"Good luck！"）的结果为_____。

12. 在 Excel 中，CODE（"a"）的结果为_____，CHAR（97）的结果为_____，

CHAR(CODE("A")+2)的结果为_____,CODE(CHAR(100))的结果为_____。

13. 在 Excel 中,TEXT(456.78,"####.#")的结果为_____,TEXT(456.78,"0000")的结果为_____,TEXT("2020-9-6","m")的结果为_____,TEXT("2020-9-6","mm")的结果为_____,TEXT("2020-9-6","mmm")的结果为_____,TEXT("2020-9-6","mmmm")的结果为_____,TEXT("2020-9-6","d")的结果为_____,TEXT("2020-9-6","dd")的结果为_____,TEXT("2020-9-6","ddd")的结果为_____,TEXT("2020-9-6","dddd")的结果为_____,TEXT("2020-9-6","aaa")的结果为_____,TEXT("2020-9-6","aaaa")的结果为_____。

14. 在 Excel 中,假设 A1 单元格中存放着数值 158.947,将其转换为带有美元符号(保留两位小数)的字符的公式为_____,结果为_____;转换为带有人民币符号(保留两位小数)的字符的公式为_____,结果为_____;转换为带有欧元符号(保留两位小数)的字符的公式为_____,结果为_____;转换为中文繁体的字符的公式为_____,结果为_____;转换为中文简体的字符的公式为_____,结果为_____。

15. 在 Excel 中,假设 A1 单元格中存放着字符串 ABACADA,统计 A1 单元格中字符 A 的个数的公式为_____。

16. 在 Excel 中,假设 A1 单元格中存放着字符串 ABCDABMABabZ,统计 A1 单元格中字符 AB 出现的次数的公式为_____。

17. 在 Excel 中,假设 A1 单元格中存放着若干学生姓名,姓名之间用"/"符号分隔,则统计 A1 单元格中共有几名学生的公式为_____。

18. 在 Excel 中,假设 A1 单元格中存放着中英文字符串"数学 Math 努力学习 ABC",统计该单元格中的中文个数的公式为_____。

19. 在 Excel 中,假设 A1:A10 单元格区域中存放着若干中英文字符串,统计该单元格区域中的中文个数的公式为_____。

20. 在 Excel 中,REPT("Love",2)的结果为_____。

21. 在 Excel 中,去掉 A1 单元格中的最后一个数据内容(可以是数字、字符或中文)的公式为_____。

22. 在 Excel 中,删除 A1 单元格中所有 * 号的公式为_____。

23. 在 Excel 中,假设 A1 单元格中存放日期 2014/8/1(星期五),B1 单元格中存放日期 2015/10/10(星期六),则 DATEDIF(A1,B1,"Y")的结果为_____,DATEDIF(A1,B1,"M")的结果为_____,DATEDIF(A1,B1,"D")的结果为_____,DATEDIF(A1,B1,"MD")的结果为_____,DATEDIF(A1,B1,"YM")的结果为_____,DATEDIF(A1,B1,"YD")的结果为_____,DAYS360(A1,B1)的结果为_____,DAYS(B1,A1)的结果为_____,MONTH(A1)的结果为_____,DAY(A1)的结果为_____,WEEKDAY(A1)的结果为_____。

24. 在 Excel 中,将 A1 单元格中的时间 12:15 PM 转换为十进制数字格式的时间(12.25)的公式为_____。

25. 在 Excel 中,将 A1 单元格中的十进制数字格式时间(12.25)转换为标准时间(12:15)的公式为_____。

26. 在 Excel 中,利用日期与时间函数返回当前年份的公式为_____。

27. 在 Excel 中，NUMBERSTRING（123,1）的结果为_____，NUMBERSTRING（123,2）的结果为_____。

28. 在 Excel 中，假设 A1 单元格中的内容是 6，在 A2 单元格中使用_____函数可以将 A1 单元格中的个位数前面的零值显示出来，即显示 06。

### 三、思考题

1. Excel 提供了哪些常用的日期与时间函数？

2. 在 Excel 中可以利用哪些日期与时间函数根据指定的日期数据获取对应的年、月、日、时、分、秒和星期信息？

3. Excel 的 WEEKDAY 函数中的 return_type 的常用取值及含义是什么？

4. Excel 的 WEEKNUM 函数中的 return_type 的常用取值及含义是什么？

5. 在 Excel 中有哪些计算两个日期之间时间差的运算和函数？

6. Excel 的 DATEDIF 函数中的 unit 的常用取值及含义是什么？

7. 在 Excel 中可以利用哪些运算或日期函数获取若干年、月、日之前或之后的日期信息？

8. Excel 提供了哪些常用的文本函数？

9. Excel 提供了哪些运算或者文本函数拼接多个字符串？

10. Excel 中 LEN、LEFT、RIGHT、MID、FIND、SEARCH、REPLACE 函数与 LENB、LEFTB、RIGHTB、MIDB、FINDB、SEARCHB、REPLACEB 函数的区别是什么？

11. Excel 提供了哪些从文本字符串中提取部分文本的文本函数？

12. Excel 提供了哪些用于查找和替换的文本函数？

13. Excel 提供了哪些用于大小写字母的文本函数？

14. Excel 提供了哪些用于全角和半角转换的文本函数？

15. Excel 提供了哪些用于删除文本中的空格和非打印字符的文本函数？

16. Excel 提供了哪些用于字符和代码转换的文本函数？

17. Excel 提供了哪些将文本转换为数值的函数？

18. Excel 提供了哪些将数值转换为文本格式的函数？

第 **7** 章

# 使用财务函数处理数据

Excel 财务函数用于财务计算,例如确定贷款的支付额、投资的未来值或净现值,以及债券或息票的价值等。

视频讲解

## 7.1　财务函数概述

Excel 财务函数大体上可以分为投资计算函数、折旧计算函数、偿还率计算函数、债券及其他金融函数。

使用 Excel 财务函数无须理解有关财务的计算逻辑,只需要传递若干参数,就可以计算、获得结果。

Excel 财务函数中常见的参数如下:

(1) fv。未来值(future value),在所有付款发生后的投资或贷款的价值。

(2) nper。期数(number of payment period),为总投资(或贷款)期,即该项投资(或贷款)的付款期总数。

(3) pmt。付款(payment),对于一项投资或贷款的定期支付数额。其数值在整个年金期间保持不变。通常 pmt 包括本金和利息,但不包括其他费用及税款。

(4) pv。现值(present value),在投资期初的投资或者贷款的价值。例如,贷款的现值为所借入的本金数额。

(5) rate。利率(interest rate),投资或贷款的利率或者贴现率。利率需折算到期,例如年利率 6%,若按月还款,则(月)利率为 6%/12。

(6) type。类型,付款期间内的支付时间,如在月初或月末,用 0 或 1 表示。

(7) guess。预测值,在采用迭代方法计算时设定的初始值。

(8) basis。日计数基准类型,basis 为 0 或省略代表 US(NASD)30/360,为 1 代表实际天数/实际天数,为 2 代表实际天数/360,为 3 代表实际天数/365,为 4 代表欧洲 30/360。

与未来值 fv 有关的函数有 FV、FVSCHEDULE;与期数 nper 有关的函数有 NPER;

与付款 pmt 有关的函数有 PMT、IPMT、ISPMT、PPMT；与现值 pv 有关的函数有 PV、NPV、XNPV；与利率 rate 计算有关的函数有 RATE、EFFECT、NOMINAL。

对于所有**财务计算**函数(PMT、FV、PV 等)的参数,支出的款项(例如银行存款)表示为负数,收入的款项(例如股息收入)表示为正数。

视频讲解

# 7.2 投资计算函数

投资计算函数主要用于贷款和投资理财,例如可贷款总额、贷款利率、偿还的期数、每期偿还额、投资的未来值、投资回报率等。

## 7.2.1 FV 函数与投资未来值计算

在日常工作与生活中,人们经常会遇到要计算某项投资未来值的情况,可使用 Excel 的 FV 函数计算投资的未来值,从而分析并选择有效益的投资。

FV 函数基于固定利率和等额分期付款方式计算未来值。其语法为:

```
FV(rate, nper, pmt, [pv], [type])
```

其中,参数 rate 为各期利率;nper 为付款总期数;pmt 为各期所应支付的金额;pv 为现值,默认为 0;type 为付款时间,取值为 0(默认值、期末)、1(期初)。

如果省略 pmt,则必须包括 pv 参数。

当 FV 函数用于投资时,根据投资回报率(rate)、投资期数(nper)、每期投资额(pmt)、现值(pv,即原始投资额)计算投资的未来收益(fv,未来值)。

当 FV 函数用于贷款时,根据贷款利率(rate)、偿还期数(nper)、每期偿还额(pmt)、贷款额(pv)计算剩余款项(fv,未来值)。

例如:

(1) 年利率 5%(按年复利),投资 10000,一年后价值的计算公式为"=FV(5%, 1, 0, −10000)",结果为￥10,500.00。

(2) 年利率 5%(按月复利),投资 10000,一年后价值的计算公式为"=FV(5%/12, 12, 0, −10000)",结果为￥10,511.62。

(3) 年利率 5%(按月复利),投资 10000,两年后价值的计算公式为"=FV(5%/12, 2 * 12, 0, −10000)",结果为￥11,049.41。

(4) 年利率 5%(按月复利),投资 10000,每月追加投资 1000,5 年后价值的计算公式为"=FV(5%/12, 5 * 12, −1000, −10000)",结果为￥80,839.67。

(5) 年利率 5%(按月复利),每月期初投资 1000,5 年后价值的计算公式为"=FV(5%/12, 5 * 12, −1000,1)",结果为￥68,289.44。

(6) 年利率 8%(按月复利),贷款 10000,每月月初还款 200,两年后价值(即剩余款)的计算公式为"=FV(8%/12, 2 * 12, −200,10000)",结果为￥−6,542.24。

【例 7-1】 学习费用积攒(FV 函数)。在"f17-1 学习费用积攒(FV).xlsx"中存放着小王为了进一步学习深造的计划筹款情况。小王本科毕业工作后,计划两年后攻读硕士研究生,为了自力更生支付这笔比较大的学习费用,他决定从现在起每月末存入储蓄存款账户2500元,如果年利为4.25‰,按月计息,计算两年以后小王账户的存款额。最终结果如图7-1所示。

| | A | B |
|---|---|---|
| 1 | 月末存款 | |
| 2 | 存款年利率 | |
| 3 | 存款时间（年） | |
| 4 | 存款总额 | |

(a) 素材

| | A | B |
|---|---|---|
| 1 | 月末存款 | ¥-2,500 |
| 2 | 存款年利率 | 4.25% |
| 3 | 存款时间（年） | 2 |
| 4 | 存款总额 | ¥62,508.42 |

(b) 结果

图 7-1　学习费用积攒（FV 函数）

【参考步骤】

(1) 准备数据。在 B1～B3 单元格中分别输入每月存款额 2500、存款年利率 4.25‰、存款期限 2。

(2) 计算两年后账户的存款额。在 B4 单元格中输入公式"＝FV(B2/12,B3＊12,B1)"。

【说明】

注意确保所指定的 rate 和 nper 单位的一致性。例如,年利率为 4.25‰ 的贷款,如果按月存款,则 rate 应为 4.25‰/12,nper 应为 2＊12;如果按年支付,rate 应为 4.25‰,nper 应为 2。

【例 7-2】　退休理财计划（FV 函数）。在"fl7-2 退休理财计划（FV）.xlsx"中存放着年利率、投资期、投资金额、支取时间、支取金额等信息,具体说明及要求如下:今年 25 岁的小张在朋友的建议下购买了一款退休理财投资产品,计划每年投入 9000 元购买该项理财产品,希望在他 60 岁退休后的 20 年内,该账户每年能提供给他 15 万的生活费开支。假设该理财产品的利率为 8‰,计算小张 80 岁时其账户的总金额。最终结果如图 7-2 所示。

| | A | B |
|---|---|---|
| 1 | 退休理财计划 | |
| 2 | 年利率 | |
| 3 | 投资时间（年） | |
| 4 | 每年投资金额 | |
| 5 | 支取时间（年） | |
| 6 | 每年支取金额 | |
| 7 | | |
| 8 | 80岁时账户余额 | |

(a) 素材

| | A | B |
|---|---|---|
| 1 | 退休理财计划 | |
| 2 | 年利率 | 8% |
| 3 | 投资时间（年） | 35 |
| 4 | 每年投资金额 | ¥-9,000 |
| 5 | 支取时间（年） | 20 |
| 6 | 每年支取金额 | ¥150,000 |
| 7 | | |
| 8 | 80岁时账户余额 | ¥364,156.49 |

(b) 结果

图 7-2　退休理财计划（FV 函数）

【参考步骤】

(1) 准备数据。在 B2～B6 单元格中分别输入年利率 8‰、投资时间 35、投资金额 －9000、支取时间 20、支取金额 150000。

(2) 计算 80 岁后账户的总金额。在 B8 单元格中输入公式"＝FV(B2,B5,B6,－FV(B2,B3,B4))"。

【说明】

首先使用－FV(8‰,35,－9000)计算小张 60 岁退休时的理财账户总金额为￥1550851.23,再

将其作为退休后 20 年生活费开支的原始投入,计算小张 80 岁时其理财账户的余额为
¥364156.49。

## 7.2.2 PMT 等函数与相应计算

### 1. PMT 函数与分期偿还额计算

在贷款消费(例如购房贷款或其他贷款)时,一般要求贷款人在一定周期内支付完,每期
需要一定的偿还额,即"分期付款"。现在,贷款消费已经成为人们消费的主要模式之一。

PMT 函数基于固定利率及等额分期付款方式计算每期付款额。其语法为:

```
PMT(rate, nper, pv, [fv], [type])
```

其中,参数 rate 为各期利率;nper 为付款总期数;pv 为现值,即贷款额;fv 为未来值,
默认为 0(还清贷款);type 为付款时间,取值为 0(默认值,期末)、1(期初)。

当 PMT 函数用于贷款时,根据贷款利率(rate)、偿还期数(nper)、贷款额(pv)计算分期
偿还额(pmt)。

当 PMT 函数用于投资时,根据投资回报率(rate)、投资期数(nper)、原始投资额(pv,现
值)、未来投资收益(fv,未来值)计算每期投资额(pmt)。

例如:

(1) 假设贷款年利率为 10%(按月复利),贷款 50000,预计 5 年还清,计算每月月末的
还款额的公式为"=PMT(10%/12, 5 * 12, 50000)",结果为 ¥-1,062.35。

(2) 假设投资年回报率为 10%(按月复利),预计 30 年后的价值为 1000000,计算每月
月末的投资额的公式为"=PMT(10%/12, 30 * 12, 0, 1000000)",结果为 ¥-442.38。

(3) 假设投资年回报率为 10%(按月复利),现在账户余额为 10000,预计 30 年后的价
值为 1000000,计算每月月末的投资额的公式为"=PMT(10%/12, 30 * 12, -10000,
1000000)",结果为 ¥-354.63。

(4) 年利率为 8%(按月复利),贷款 10000,分 6 个月(期末)付清,计算月还款额的公式
为"=PMT(8%/12,6,10000)",结果为 -¥1,705.77。

【例 7-3】 购房贷款(PMT 函数)。在"fl7-3 购房贷款(PMT).xlsx"中存放着王先生向
银行贷款购置住房的有关信息,假设总房价为 200 万元,首付按照总房价的 20% 计算,其余
从银行贷款,贷款利率为 5.23%,分 30 年还清,计算每月还给银行的贷款数额以及总还款
额(假定每次为等额还款,还款时间为每月的月末)。最终结果如图 7-3 所示。

| | A | B |
|---|---|---|
| 1 | 总房款额 | ¥2,000,000.00 |
| 2 | 首付房款额 | |
| 3 | 需贷款数额 | |
| 4 | 贷款年利率 | 5.23% |
| 5 | 还款时间(年) | 30.00 |
| 6 | 每月还款数额(期末) | |
| 7 | 期末还款合计 | |

(a) 素材

| | A | B |
|---|---|---|
| 1 | 总房款额 | ¥2,000,000.00 |
| 2 | 首付房款额 | ¥400,000.00 |
| 3 | 需贷款数额 | ¥1,600,000.00 |
| 4 | 贷款年利率 | 5.23% |
| 5 | 还款时间(年) | 30.00 |
| 6 | 每月还款数额(期末) | ¥-8,815.45 |
| 7 | 期末还款合计 | ¥-3,173,561.83 |

(b) 结果

图 7-3 购房贷款(PMT)

**【参考步骤】**

（1）计算首付房款额。在 B2 单元格中输入公式"＝B1 * 20%"。

（2）计算需贷款数额。在 B3 单元格中输入公式"＝B1－B2"。

（3）计算每月还款数额（期末）。在 B6 单元格中输入公式"＝PMT(B4/12,B5 * 12,B3)"。

（4）计算期末还款合计。在 B7 单元格中输入公式"＝B6 * B5 * 12"。

**【拓展】**

请读者思考，如果还款时间为每月的月初，PMT 函数还需要增加什么参数？ 如果还款时间为每年的年初或年末，如何使用 PMT 函数计算相应的还款数额？

### 2. IPMT 和 PPMT 函数与分期偿还额明细计算

IPMT(Interest Payment)和 PPMT(Principal Payment)函数基于固定利率及等额分期付款方式计算指定期间内分期偿还额中的明细信息——利息和本金。其语法为：

```
IPMT(rate, per, nper, pv, [fv], [type])
PPMT(rate, per, nper, pv, [fv], [type])
```

其中，参数 rate 为各期利率；per 为第几期；nper 为付款总期数；pv 为现值，即贷款额；fv 为未来值，默认为 0（还清贷款）；type 为付款时间，取值为 0（默认值，期末）、1（期初）。

例如：

（1）年利率 10%（按月复利），贷款 50000，预计 5 年还清，计算第 1 个月还款额中的利息和本金的公式分别为"＝IPMT(10%/12，1，5 * 12，50000)"和"＝PPMT(10%/12,1，5 * 12，50000)"，结果分别为￥－416.67 和￥－645.69。

（2）年利率 10%（按月复利），贷款 50000，预计 5 年还清，计算最后 1 个月（第 60 个月）还款额中的利息和本金的公式分别为"＝IPMT(10%/12，60，5 * 12，50000)"和"＝PPMT(10%/12，60，5 * 12，50000)"，结果分别为￥－8.78 和￥－1,053.57。

### 3. CUMIPMT 和 CUMPRINC 函数与累计还款利息和本金计算

CUMIPMT(Cumulative Interest Payments)和 CUMPRINC(Cumulative Principal)函数基于固定利率及等额分期付款方式计算指定期间的累计还款利息和本金。其语法为：

```
CUMIPMT (rate, nper, pv, first_per, last_per, type)
CUMPRINC (rate, nper, pv, first_per, last_per, type)
```

其中，参数 rate 为各期利率；nper 为付款总期数；pv 为现值，即贷款额；first_per 和 last_per 为开始期和结束期；type 为付款时间，取值为 0（默认值，期末）、1（期初）。

例如：

（1）年利率 10%（按月复利），贷款 50000，预计 5 年还清，计算第 1 年的累计还款利息和本金的公式分别为"＝CUMIPMT(10%/12,5 * 12,50000,1,12,1)"和"＝CUMPRINC(10%/12,5 * 12，50000,1,12,1)"，结果分别为￥－4,183.29 和￥－8,459.58。

（2）年利率 10%（按月复利），贷款 50000，预计 5 年还清，计算第 5 年的累计还款利息和本金的公式分别为"＝CUMIPMT(10%/12,5 * 12,50000,49,60,1)"和"＝CUMPRINC(10%/12,5 * 12，50000,49,60,1)"，结果分别为￥－659.00 和￥－11,983.87。

【例 7-4】 购房贷款(IPMT 和 PPMT 函数)。在"fl7-4 购房贷款(IPMT 和 PPMT).xlsx"中,假设年利率为 6%,贷款 100 万元,预计 20 年还清,计算各期(按月复利)的还款额、累计还款额、还款利息、累计还款利息、还款本金、累计还款本金以及剩余本金。结果如图 7-4 所示。

| | A | B | C | D | E | F | G | H |
|---|---|---|---|---|---|---|---|---|
| 1 | 贷款额 | ¥1,000,000 | 利率 | 6.00% | 期限 | 20 | | |
| 2 | 期 | 还款额(PMT) | 累计还款额 | 利息(IPMT) | 累计利息 | 本金(IPMT) | 累计本金 | 剩余本金 |
| 3 | 1 | ¥-7,164.31 | ¥-7,164.31 | ¥-5,000.00 | ¥-5,000.00 | ¥-2,164.31 | ¥-2,164.31 | ¥997,835.69 |
| 4 | 2 | ¥-7,164.31 | ¥-14,328.62 | ¥-4,989.18 | ¥-9,989.18 | ¥-2,175.13 | ¥-4,339.44 | ¥995,660.56 |
| 5 | 3 | ¥-7,164.31 | ¥-21,492.93 | ¥-4,978.30 | ¥-14,967.48 | ¥-2,186.01 | ¥-6,525.45 | ¥993,474.55 |
| 6 | 4 | ¥-7,164.31 | ¥-28,657.24 | ¥-4,967.37 | ¥-19,934.85 | ¥-2,196.94 | ¥-8,722.39 | ¥991,277.61 |

图 7-4 购房贷款(IPMT 和 PPMT 函数)

【参考步骤】

(1) 计算各期还款额。在 B3 单元格中输入公式"=PMT($D$1/12,$F$1*12,$B$1)",并向下填充至 B242 单元格。

(2) 计算累计还款额。在 C3 单元格中输入公式"=SUM($B$3:B3)",并向下填充至 C242 单元格。

(3) 计算各期还款利息。在 D3 单元格中输入公式"=IPMT($D$1/12,A3,$F$1*12,$B$1)",并向下填充至 D242 单元格。

(4) 计算累计还款利息。在 E3 单元格中输入公式"=SUM($D$3:D3)",并向下填充至 E242 单元格。

(5) 计算各期还款本金。在 F3 单元格中输入公式"=PPMT($D$1/12,A3,$F$1*12,$B$1)",并向下填充至 F242 单元格。

(6) 计算累计还款本金。在 G3 单元格中输入公式"=SUM($F$3:F3)",并向下填充至 G242 单元格。

(7) 计算剩余本金。在 H3 单元格中输入公式"=$B$1+G3",并向下填充至 H242 单元格。

【拓展】

用户可以使用带数据标记的折线图显示各期还款利息和还款本金随期数的变化趋势,如图 7-5 所示。

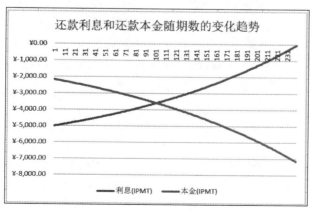

图 7-5 还款利息和还款本金随期数的变化趋势

## 7.2.3  PV 函数与年金的现值计算

现值是将一系列未来支出或收入换算成的现在价值的总额。例如,养老保险的年金现值就是未来各期年金现在的价值的总和。

如果现值大于投资额,则这项投资是有收益的,否则该项投资没有价值。

PV 函数基于固定利率及等额分期付款方式计算年金的现值。其语法为:

PV(rate, nper, pmt, [fv], [type])

其中,参数 rate 为各期利率;nper 为付款总期数;pmt 为各期所应支付的金额;fv 为未来值,默认为 0;type 为付款时间,取值为 0(默认值,期末)、1(期初)。

当 PV 函数用于保险年金时,根据投资回报率(rate)、收益期数(nper)、每期收益额(pmt)计算年金的现值(pv,即原始投资额)。

当 PV 函数用于投资时,根据投资回报率(rate)、投资期数(nper)、未来收益额(fv,未来值)计算投资的现值(pv,即原始投资额)。

当 PV 函数用于贷款时,根据贷款利率(rate)、还款期数(nper)、每月还款额(pmt)计算可贷款的额度,即贷款的现值(pv)。

例如:

(1) 购买成本为 20 万元的养老保险,假定年投资回报率为 8%(按月复利),今后 20 年内于每月末回报两千元,计算该年金现值的公式为"=PV(8%/12,20 * 12,2000)",结果为 ¥−239,108.58。因为现值大于投资额,所以该投资合算。

(2) 投资 10 万,假定年投资回报率为 10%(按月复利),预计 30 年后的价值为 100 万,计算投资的现值的公式为"=PV(10%/12,30 * 12,0,1000000)",结果为 ¥−50,409.83。因为现值小于投资额,所以该投资不合算。

(3) 假定年投资回报率为 10%(按月复利),每月投资 100,预计 30 年后的价值为 100 万,计算现在的投资额的公式为"=PV(10%/12,30 * 12,−100,1000000)",结果为 ¥−39,014.75。

(4) 假定贷款年利率为 8%(按月复利),每月月末可还款 5000,30 年还清,计算可贷款额的公式为"=PV(8%/12,30 * 12,−5000)",结果为 ¥681,417.47。

**【例 7-5】**  养老保险的现值(PV 函数)。在"fl7-5 养老保险的现值.xlsx"中,假设要购买一项养老保险,该保险可以在今后 20 年内于每月末回报 ¥2000。此项年金的购买成本为 30 万,假定年投资回报率为 6%,通过计算年金现值并比较判断该项养老保险是否合算。结果如图 7-6 所示。

| | A | B |
|---|---|---|
| 1 | 年投资回报率 | 6% |
| 2 | 付款年限 | 20 |
| 3 | 月付款额 | 2000 |
| 4 | 保险成本 | ¥−300,000.00 |
| 5 | 年金现值 | ¥−279,161.54 |

图 7-6  养老保险的现值(PV 函数)

**【参考步骤】**

(1) 准备数据。在 B1~B4 单元格中分别输入年投资回报率 6%、存款年限 20、月付款额 2000、保险成本 −300000。

(2) 计算年金现值。在 B5 单元格中输入公式"=PV(B1/12,B2 * 12,B3)"。

(3) 比较保险成本和年金现值。年金现值的计算结果约为 28 万,小于保险成本 30 万,故该项投资不合算。

## 7.2.4 NPER 函数与期数计算

NPER 函数基于固定利率和等额分期投资方式计算达到某一投资金额的期数。其语法为：

```
NPER(rate,pmt,pv,[fv],[type])
```

其中，参数 rate 为各期利率；pmt 为各期所应支付的金额；pv 为现值；fv 为未来值，默认为 0；type 为付款时间，取值为 0（默认值，期末）、1（期初）。

当 NPER 函数用于贷款时，根据贷款利率（rate）、每期偿还额（pmt）、贷款额（pv），未来剩余款项（fv）计算需要偿还的期数（nper）。

当 NPER 函数用于投资时，根据投资回报率（rate）、每期投资额（pmt）、原始投资额（pv）、未来收益（fv，未来值）计算需要投资的期数（nper）。

例如：

（1）假定贷款利率 8%（按月复利），信用卡贷款 5 万元，计划每月期末还款 1000 元，计算需要多少期才能还清贷款的公式为"=NPER(8%/12，−1000,,50000)"，结果为 43.23（月）。

（2）假定投资回报率 4%（按月复利），每月期末存款 10000，计算需要存多少期才能购买到 50 万的房子的公式为"=NPER(4%/12，−10000,,500000)"，结果为 46.32（月）。

（3）假定投资回报率 5%（按月复利），现在账户余额为 1000 元，计划每月期末存款 500，计算需要存多少期才能购买到 5000 元的笔记本电脑的公式为"=NPER(5%/12，−500，−1000,5000)"，结果为 7.82（月）。

（4）假定投资回报率 5%（按月复利），现在账户余额为 1000 元，计算需要存多少期才能购买到 5000 元的笔记本电脑的公式为"=NPER(5%/12，，−1000,5000)"，结果为 387.07（月），即 32.26 年。

## 7.2.5 RATE 函数与利率计算

RATE 函数基于固定利率及等额分期付款方式返回各期利率。

使用 RATE 函数可以计算贷款消费的各期利率，或者计算养老年金的各期收益率。根据利率可以判断贷款消费是否合算，或者养老年金收益率是否满意。其语法为：

```
RATE(nper, pmt, pv, [fv], [type], [guess])
```

其中，参数 nper 为付款总期数；pmt 为各期所应支付的金额；pv 为现值；fv 为未来值，默认为 0；type 为付款时间，取值为 0（默认值，期末）、1（期初）；guess（可选）为预期利率（默认值为 10%）。

RATE 函数通过迭代方法进行计算，如果在 20 次迭代之后，RATE 的连续结果不能收敛于 0.0000001 之内，则返回错误值#NUM!。

当 RATE 函数用于贷款时，根据偿还期数（nper）、每期偿还额（pmt）、贷款额（pv）、未来剩余款项（fv）计算贷款的利率（rate）。

当 RATE 函数用于投资时，根据投资的期数（nper）、每期投资额（pmt）、原始投资额

(pv)、未来收益(fv,未来值)计算投资回报率(rate)。

例如:

(1) 贷款 8000 元,预计每月月末还款 350 元,两年后还清,计算最大能承受的年利率的公式为"=RATE(2 * 12,−350,8000,0) * 12",结果为 4.73%。

(2) 账户余额为 1 万元,预计每月月末存款 200 元,计划 3 年后账户余额为两万元,则计算年利率的公式为"=RATE(3 * 12,−200,−10000,20000) * 12",结果为 6.35%。

**【例 7-6】** 无息贷款实际利率成本(RATE 函数)。在"fl7-6 无息贷款实际成本(RATE).xlsx"中存放着某款 Dell 笔记本电脑的分期付款销售信息,具体情况如下:该款笔记本电脑的市场价格为 4000 元,某网站零首付售价为 4200 元,要求分 12 个月于每月末无息等额付款,请问在该网站购买此款笔记本电脑的实际成本是多少?结果如图 7-7 所示。

| | A | B | C |
|---|---|---|---|
| 1 | Dell笔记本电脑分期付款销售 | | |
| 2 | 市场价格 | 4000 | |
| 3 | 零首付售价 | 4200 | |
| 4 | 无息等额付款期 | 12 | 月(末) |
| 5 | 实际成本(月利率) | | |
| 6 | 实际成本(年利率) | | |

(a) 素材

| | A | B | C |
|---|---|---|---|
| 1 | Dell笔记本电脑分期付款销售 | | |
| 2 | 市场价格 | 4000 | |
| 3 | 零首付售价 | 4200 | |
| 4 | 无息等额付款期 | 12 | 月(末) |
| 5 | 实际成本(月利率 | 0.76% | |
| 6 | 实际成本(年利率 | 9.10% | |

(b) 结果

图 7-7 无息贷款的实际利率成本(RATE 函数)

**【参考步骤】**

(1) 计算实际成本(月利率)。在 B5 单元格中输入公式"=RATE(B4,−B3/B4,B2)"。

(2) 计算实际成本(年利率)。在 B6 单元格中输入公式"=B5 * B4"。

## 7.2.6 RRI 函数与投资回报率计算

RRI 函数根据投资的现值、未来值和期数计算投资回报率。其语法为:

```
RRI(nper, pv, fv)
```

其中,参数 nper 为付款总期数;pv 为现值;fv 为未来值。

例如,投资 1 万元,预计 5 年后为两万元,计算年投资回报率的公式为"=RRI(5, 10000, 20000)",结果为 14.87%。

## 7.2.7 NPV 函数与投资净现值计算

投资的净现值是指未来各期支出(负值)和收入(正值)当前值的总和。NPV(Net Present Value)函数基于一系列现金流和固定的各期贴现率返回一项投资的净现值。投资的贴现率相当于通货膨胀率或竞争投资的利率。其语法为:

```
NPV(rate,value1,[value2],…)
```

其中,参数 rate 为各期贴现率;value1、value2、…(最多 254 项)是各期期末的支出(负值)和收益(正值),即现金流(按时间顺序排列)。

如果要基于非定期发生的现金流计算内部收益率,可采用函数 XNPV(rate, values, dates)。

例如:

(1)某项投资初期投资 50000,预计第 1 年收益 10000,第 2 年收益 15000,第 3 年收益 20000,第 4 年收益 25000。假设投资的年贴现率为 8%,计算该项投资净现值的公式为 "=NPV(8%,10000,15000,20000,25000)-50000",结果为¥6,371.73。故值得投资。

(2)计划投资 10 万元开咖啡馆,预计第 1 年收益 15000,第 2 年收益 20000,第 3 年收益 20000,第 4 年收益 30000,第 5 年收益 40000。假设投资的年贴现率为 8%,计算该项投资的净现值的公式为"=NPV(8%,15000,20000,20000,30000,40000)-100000",结果为¥-3,813.47,故不值得投资。

## 7.2.8　IRR 函数与内部收益率计算

NPV 函数通过计算投资的净现值来判断投资是否合算。与之类似,IRR(Internal **Rate** of Return)函数通过计算内部收益率判断投资是否盈利。

IRR 函数基于一系列定期现金流计算投资的内部收益率。其语法为:

IRR(values, [guess])

其中,参数 values 为一系列定期现金流;guess(可选)为预估值。

如果要基于非定期发生的现金流计算内部收益率,可采用函数 XIRR(values, dates, [guess])。

例如,某项投资初期投资 50000,预计第 1 年收益 10000,第 2 年收益 15000,第 3 年收益 20000,第 4 年收益 25000。假设投资的年贴现率为 8%。

(1)计算第 2 年的内部收益率的公式为"=IRR({-50000,10000,15000})",结果为 -34.32%。

(2)计算第 4 年的内部收益率的公式为"=IRR({-50000,10000,15000,20000,25000})",结果为 12.83%。

【例 7-7】　投资净现值和内部收益率计算(NPV 和 IRR 函数)。在"fl7-7 投资净现值和内部收益率计算(NPV 和 IRR).xlsx"中,假设投资 50 万购房用于出租,预计 5 年内每年房租收益 1 万元,第 6 年以 55 万的价格出售房屋,且假设投资的年贴现率为 8%。通过计算投资净现值判断该项投资是否合算,并计算内部收益率,结果如图 7-8 所示。

| | A | B | C | D | E | F | G |
|---|---|---|---|---|---|---|---|
| 1 | 购房款 | 第1年租金 | 第2年租金 | 第3年租金 | 第4年租金 | 第5年租金 | 售房款 |
| 2 | -500000 | 20000 | 20000 | 20000 | 20000 | 20000 | 600000 |
| 3 | 内部收益率 | -96% | -78% | -60% | -47% | -37% | 6% |
| 4 | 投资净现值 | ¥34,319 | | | | | |

图 7-8　投资净现值和内部收益率计算(NPV 和 IRR 函数)

【参考步骤】

(1)计算内部收益率。在 B3 单元格中输入公式"=IRR($A$2:B2)",并向右填充至 G3 单元格。

（2）计算投资净现值。在B4单元格中输入公式"＝NPV（5％，B2：G2）＋A2"，结果为正数，故该项投资合算。

## 7.2.9　投资计算函数综合应用举例

【例7-8】　助学贷款计算。在"fl7-8助学贷款.xlsx"中存放着贷款金额、贷款时间、还款时间以及年利率等信息，具体说明及要求如下：小明因为家庭困难，进入大学后申请了为期4年的助学贷款。假设年利率为4.75％，每月贷款额为1000元。毕业后计划5年内还清贷款。利用FV、PMT、PPMT、IPMT、NPER函数计算小明毕业时的贷款总额、毕业后每月的还款额和每年的还款额，以及还款5年期间每年末偿还的本金、利息和本息合计金额。再假设小明每月还款2000元，请计算还清贷款的时间（以月为单位），结果如图7-9所示。

| | A | B | C | D |
|---|---|---|---|---|
| 1 | 助学贷款 | | | |
| 2 | 贷款金额（月） | ¥1,000 | | |
| 3 | 贷款时间（年） | 4 | | |
| 4 | 还款时间（年） | 5 | | |
| 5 | 年利率 | 4.75% | | |
| 6 | 毕业时的贷款总额 | ¥52,748.50 | | |
| 7 | 毕业后每月还款额 | ¥-989.40 | | |
| 8 | 毕业后每年还款额 | ¥-12,099.50 | | |
| 9 | | | | |
| 10 | 年份 | 偿还本金 | 偿还息 | 本息合计 |
| 11 | 1 | ¥-9,593.94 | ¥-2,505.55 | ¥-12,099.50 |
| 12 | 2 | ¥-10,049.66 | ¥-2,049.84 | ¥-12,099.50 |
| 13 | 3 | ¥-10,527.02 | ¥-1,572.48 | ¥-12,099.50 |
| 14 | 4 | ¥-11,027.05 | ¥-1,072.45 | ¥-12,099.50 |
| 15 | 5 | ¥-11,550.83 | ¥-548.66 | ¥-12,099.50 |
| 16 | 合计 | ¥-52,748.50 | ¥-7,748.99 | ¥-60,497.49 |
| 17 | | | | |
| 18 | 毕业后每月还款额 | ¥2,000 | | |
| 19 | 偿还时间（月） | 27.91006057 | | |

图7-9　助学贷款计算结果

【参考步骤】

（1）计算毕业时的贷款总额。在B6单元格中输入公式"＝－FV（B5/12，B3＊12，B2）"。

（2）计算毕业后每月还款额。在B7单元格中输入公式"＝PMT（B5/12，B4＊12，B6）"。

（3）计算毕业后每年还款额。在B8单元格中输入公式"＝PMT（B5，B4，B6）"。

（4）计算每年末偿还的本金。在B11单元格中输入公式"＝PPMT（$B$5，A11，$B$4，$B$6）"，并向下填充至B15单元格。

（5）计算每年末偿还的利息。在C11单元格中输入公式"＝IPMT（$B$5，A11，$B$4，$B$6）"，并向下填充至C15单元格。

（6）计算每年末偿还的本息合计金额。在D11单元格中输入公式"＝SUM（B11：C11）"，并向下填充至D15单元格。

（7）计算还款5年期间的偿还本金、偿还息和本息合计总金额。在B16单元格中输入公式"＝SUM（B11：B15）"，并向右填充至D16单元格。

（8）计算还清贷款的时间（月）。在B19单元格中输入公式"＝NPER（B5/12，－B18，B6）"。

【例 7-9】 贷款能力计算表（PMT 函数）。在"fl7-9 贷款能力计算表（PMT）.xlsx"中，假设贷款年利率为 6%（按月复利），计算贷款额分别为 10 万、20 万、30 万、40 万、50 万，偿还期限分别为 5 年、6 年、7 年、8 年、9 年、10 年，对应的每月还款额度分别为多少？结果如图 7-10 所示。

| | A | B | C | D | E | F | G |
|---|---|---|---|---|---|---|---|
| 1 | 年利率 | 6% | | | | | |
| 3 | 偿还期限<br>贷款额 | 5 | 6 | 7 | 8 | 9 | 10 |
| 4 | ¥100,000 | ¥-1,933.28 | ¥-1,657.29 | ¥-1,460.86 | ¥-1,314.14 | ¥-1,200.57 | ¥-1,110.21 |
| 5 | ¥200,000 | ¥-3,866.56 | ¥-3,314.58 | ¥-2,921.71 | ¥-2,628.29 | ¥-2,401.15 | ¥-2,220.41 |
| 6 | ¥300,000 | ¥-5,799.84 | ¥-4,971.87 | ¥-4,382.57 | ¥-3,942.43 | ¥-3,601.72 | ¥-3,330.62 |
| 7 | ¥400,000 | ¥-7,733.12 | ¥-6,629.16 | ¥-5,843.42 | ¥-5,256.57 | ¥-4,802.30 | ¥-4,440.82 |
| 8 | ¥500,000 | ¥-9,666.40 | ¥-8,286.44 | ¥-7,304.28 | ¥-6,570.72 | ¥-6,002.87 | ¥-5,551.03 |

图 7-10 贷款能力计算表（PMT 函数）

【参考步骤】

（1）在 B4 单元格中输入公式"＝PMT($B$1/12,B$3,$A4)"，并向右填充至 G4 单元格。

（2）选中 B4:G4 单元格，并向下填充至 B8:G8 单元格。

【拓展】

如何使用模拟运算表实现上述功能？具体参见本书第 14 章。

视频讲解

# 7.3 折旧计算函数

折旧计算函数用于资产折旧计算，根据单位的财务制度和折旧方法采用相应的计算方法。Excel 提供的折旧计算函数主要有 AMORDEGRC、AMORLINC、DB、DDB、SLN、SYD、VDB 等。

Excel 的折旧计算函数中包括以下常见参数：

（1）cost。资产原值。

（2）salvage。资产残值，即资产在折旧期末的价值。

（3）life。折旧期数（折旧期限），即资产的使用寿命。

（4）period。折旧期，即折旧期限内的第几期。

（5）month。第 1 年的月份数，默认为 12。

（6）start_period。开始期，即折旧计算的开始期。

（7）end_period。结束期，即折旧计算的结束期。

（8）rate。折旧率。

## 7.3.1 SLN 函数与年限平均法

SLN（Straight LiNe）函数称为年限平均法或直线法，资产按等额折旧，即折旧值均衡地分摊到资产使用寿命内，每期折旧值都是等额的。其语法为：

```
SLN(cost, salvage, life)
```

它用于返回资产在一个期间的线性折旧值。

其中,参数 cost 为资产原值;salvage 为资产残值;life 为折旧期数。

各期折旧值的计算公式为"=(cost-salvage)/life"。

例如,假设某公司一台机器设备的原价为 1 万元,预计使用 10 年,10 年后资产残值为 1000 元,则每年折旧值的计算公式为"=SLN(10000,1000,10)",结果为￥900.00。

## 7.3.2　DB 函数与余额递减法

DB(Declining Balance)函数称为余额递减法,资产按固定折旧率(速率)折旧,每期折旧值按时间递减。其语法为:

```
DB(cost, salvage, life, period, [month])
```

它用于返回第 period 期的折旧值。

其中,参数 cost 为资产原值;salvage 为资产残值;life 为折旧期数;period 为折旧期;可选参数 month 为第 1 年的月份数(默认为 12)。

在计算公式中:

(1) 折旧率 rate=1-((salvage/cost)^(1/life))。

(2) 第 1 年的折旧值=cost * rate * month/12。

(3) 最后一年的折旧值=((cost-前期折旧总值) * rate * (12-month))/12。

(4) 其他各期的折旧值=(cost-前期折旧总值) * rate。

例如,假设某公司一台机器设备的原价为 1 万元,预计使用 5 年,5 年后资产残值为 1000 元,第 1 年使用了 7 个月,则:

(1) 第 1 年折旧值的计算公式为"=DB(10000,1000,5,1,7)",结果为￥2,152.50。

(2) 第 2 年折旧值的计算公式为"=DB(10000,1000,5,2,7)",结果为￥2,895.73。

(3) 第 3 年折旧值的计算公式为"=DB(10000,1000,5,3,7)",结果为￥1,827.20。

(4) 第 4 年折旧值的计算公式为"=DB(10000,1000,5,4,7)",结果为￥1,152.97。

(5) 第 5 年折旧值的计算公式为"=DB(10000,1000,5,5,7)",结果为￥727.52。

(6) 第 6 年折旧值的计算公式为"=DB(10000,1000,5,6,7)",结果为￥191.28。

## 7.3.3　DDB 函数与双倍余额递减法

DDB(Double Declining Balance)函数称为双倍余额递减法,资产按加速的折旧率(速率)折旧,每期折旧值按时间递减。其语法为:

```
DDB(cost, salvage, life, period, [factor])
```

它用于按余额递减法返回第 period 期的折旧值。

其中,参数 cost 为资产原值;salvage 为资产残值;life 为折旧期数;period 为折旧期;可选参数 factor 为余额递减速率(默认为 2,即双倍余额递减法)。

各期折旧值的计算公式为：

$$MIN((cost-前期折旧总值)*(factor/life),(cost-salvage-前期折旧总值))$$

例如，假设某公司一台机器设备的原价为 1 万元，预计使用 5 年，5 年后资产残值为 1000 元，则：

(1) 第 1 天折旧值的计算公式为"＝DDB(10000,1000,5＊365,1)"，结果为￥10.96。

(2) 第 1 个月折旧值的计算公式为"＝DDB(10000,1000,5＊12,1)"，结果为￥333.33。

(3) 第 1 年折旧值的计算公式为"＝DDB(10000,1000,5,1)"，结果为￥4,000.00。

(4) 第 2 年折旧值（假设使用 1.5 的余额递减速率）的计算公式为"＝DDB(10000,1000,5,2,1.5)"，结果为￥2,100.00。

(5) 第 5 年折旧值的计算公式为"＝DDB(10000,1000,5,5)"，结果为￥296.00。

## 7.3.4　SYD 函数与年限总和折旧法

SYD(Sum of the Year's Digits)函数称为年限总和折旧法，是指在指定期间内资产按年限总和折旧，每期折旧值按时间递减。其语法为：

```
SYD(cost, salvage, life,period)
```

它用于按年限总和折旧法返回第 period 期的折旧值。

其中，参数 cost 为资产原值；salvage 为资产残值；life 为折旧期数；period 为折旧期。

各期折旧值的计算公式为

$$\frac{(cost-salvage)*(life-period+1)*2}{(life)(life+1)}。$$

例如，假设某公司一台机器设备的原价为 1 万元，预计使用 5 年，5 年后资产残值为 1000 元，则：

(1) 第 1 年折旧值的计算公式为"＝SYD(10000,1000,5,1)"，结果为￥3,000.00。

(2) 第 5 年折旧值的计算公式为"＝SYD(10000,1000,5,5)"，结果为￥600.00。

## 7.3.5　VDB 函数与可变余额递减法

VDB(Variable Declining Balance)函数称为可变余额递减法，用于返回一笔资产在给定期间（包括部分期间）内按可变余额递减法计算所得的折旧值。其语法为：

```
VDB(cost, salvage, life, start_period, end_period, [factor], [no_switch])
```

其中，参数 cost 为资产原值；salvage 为资产残值；life 为折旧期数（有时也称作资产的使用寿命）；start_period 和 end_period 用于指定折旧期间（开始折旧期和结束折旧期）；可选参数 factor 为余额递减速率（默认为 2，即双倍余额递减法）；可选参数 no_switch 指定当折旧值大于余额递减计算值时是否转用直线折旧法，取值为 TRUE（不转用）、FALSE（默认值，转用）。

例如，假设某公司一台机器设备的原价为 1 万元，预计使用 5 年，5 年后资产残值为 1000 元，则：

（1）第 1 天折旧值的计算公式为"＝VDB(10000,1000,5 * 365,0,1)"，结果为¥10.96。

（2）第 1 个月折旧值的计算公式为"＝VDB(10000,1000,5 * 12,0,1)"，结果为¥333.33。

（3）第 1 年折旧值的计算公式为"＝VDB(10000,1000,5,0,1)"，结果为¥4,000.00。

（4）第 6 个月到第 18 个月折旧值的计算公式为"＝VDB(10000,1000,5 * 12,6,18)"，结果为¥2,727.17。

（5）第 6 个月到第 18 个月折旧值（假设使用 1.5 的余额递减速率）的计算公式为"＝VDB(10000,1000,5 * 12,6,18,1.5)"，结果为¥2,250.77。

## 7.3.6 折旧计算函数综合应用举例

【例 7-10】 折旧计算表（SLN、DB、DDB、SYD 函数）。在"fl7-10 折旧计算表.xlsx"中，假设长城公司一台计算机设备的原价的 1 万元，预计使用 6 年（第 1 年 12 个月），6 年后资产残值为 1000 元，使用不同的折旧计算函数（SLN、DB、DDB、SYD）分别计算其各年的折旧值及资产余额。结果如图 7-11 所示。

| | A | B | C | D | E | F | G | H | I |
|---|---|---|---|---|---|---|---|---|---|
| 1 | 资产原值 | ¥10,000 | 资产残值 | ¥1,000 | 使用寿命(年) | 6 | | | |
| 2 | 折旧期(年) | SLN折旧值 | SLN资产余额 | DB折旧值 | DB资产余额 | DDB折旧值 | DDB资产余额 | SYD折旧值 | SYD资产余额 |
| 3 | 0 | | ¥10,000.00 | | ¥10,000.00 | | ¥10,000.00 | | ¥10,000.00 |
| 4 | 1 | ¥1,500.00 | ¥8,500.00 | ¥3,190.00 | ¥6,810.00 | ¥3,333.33 | ¥6,666.67 | ¥2,571.43 | ¥7,428.57 |
| 5 | 2 | ¥1,500.00 | ¥7,000.00 | ¥2,172.39 | ¥4,637.61 | ¥2,222.22 | ¥4,444.44 | ¥2,142.86 | ¥5,285.71 |
| 6 | 3 | ¥1,500.00 | ¥5,500.00 | ¥1,479.40 | ¥3,158.21 | ¥1,481.48 | ¥2,962.96 | ¥1,714.29 | ¥3,571.43 |
| 7 | 4 | ¥1,500.00 | ¥4,000.00 | ¥1,007.47 | ¥2,150.74 | ¥987.65 | ¥1,975.31 | ¥1,285.71 | ¥2,285.71 |
| 8 | 5 | ¥1,500.00 | ¥2,500.00 | ¥686.09 | ¥1,464.66 | ¥658.44 | ¥1,316.87 | ¥857.14 | ¥1,428.57 |
| 9 | 6 | ¥1,500.00 | ¥1,000.00 | ¥467.23 | ¥997.43 | ¥316.87 | ¥1,000.00 | ¥428.57 | ¥1,000.00 |

图 7-11 折旧计算表（SLN、DB、DDB、SYD 函数）

【参考步骤】

（1）计算 SLN 折旧值。在 B4 单元格中输入公式"＝SLN($B$1,$D$1,$F$1)"，并向下填充至 B9 单元格。

（2）计算 SLN 资产余额。在 C4 单元格中输入公式"＝C3－B4"，并向下填充至 C9 单元格。

（3）计算 DB 折旧值。在 D4 单元格中输入公式"＝DB($B$1,$D$1,$F$1,A4)"，并向下填充至 D9 单元格。

（4）计算 DB 资产余额。在 E4 单元格中输入公式"＝E3－D4"，并向下填充至 E9 单元格。

（5）计算 DDB 折旧值。在 F4 单元格中输入公式"＝DDB($B$1,$D$1,$F$1,A4)"，并向下填充至 F9 单元格。

（6）计算 DDB 资产余额。在 G4 单元格中输入公式"＝G3－F4"，并向下填充至 G9 单元格。

（7）计算 SYD 折旧值。在 H4 单元格中输入公式"＝SYD($B$1,$D$1,$F$1,A4)"，并向下填充至 H9 单元格。

（8）计算 SYD 资产余额。在 I4 单元格中输入公式"＝I3－H4"，并向下填充至 I9 单元格。

**【拓展】**

用户可以使用带数据标记的折线图显示 4 种折旧方法资产余额的变化趋势，如图 7-12 所示。

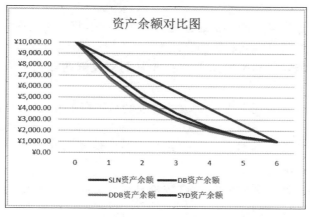

图 7-12 折旧对比图

# 习题

**一、单选题**

1. 在 Excel 中，假定贷款总额为 20 万，年利率为 5.8％，贷款期限为 10 年，则月偿还额的计算公式为_____。

    A. ＝PMT(5.8％/12,10,200000)        B. ＝PMT(5.8％,10＊12,200000)

    C. ＝PMT(5.8％/12,10＊12,200000)   D. ＝PMT(5.8％,10,200000)

2. 在 Excel 中，假定投资年回报率为 8.2％（按月复利），现在账户余额为 1.5 万元，预期 30 年后的价值为 200 万元，计算每月月末的投资额的公式为_____。

    A. ＝PMT(8.2％, 30, －15000, 2000000)

    B. ＝PMT(8.2％/12, 30＊12, －15000, 2000000)

    C. ＝PMT(8.2％/12, 30, －15000, 2000000)

    D. ＝PMT(8.2％, 30＊12, －15000, 2000000)

3. 在 Excel 中，假定年利率为 6.8％（按月复利），贷款 6 万元，预计 5 年还清，计算最后一个月还款额中的利息的公式为_____。

    A. ＝IPMT(6.8％, 60, 5, 60000)

    B. ＝IPMT(6.8％/12, 1, 5＊12, 60000)

    C. ＝IPMT(6.8％/12, 1, 5, 60000)

    D. ＝IPMT(6.8％/12, 60, 5＊12, 60000)

4. 在 Excel 中，假定年利率为 6.8％（按月复利），贷款 6 万元，预计 5 年还清，计算第 1

年的累计还款利息的公式为_____。

  A．＝CUMIPMT(6.8％/12,5＊12,60000,1,12,1)

  B．＝CUMIPMT(6.8％,5,60000,1,12,1)

  C．＝CUMPRINC(6.8％/12,5＊12,60000,1,12,1)

  D．＝CUMPRINC(6.8％,5,60000,1,12,1)

**二、填空题**

1．在 Excel 中,假定某人的月偿还额能力为 2000 元,贷款年利率为 5.8％,贷款期限为 20 年,则 Excel 中计算其可贷款总额的公式为_____。

2．在 Excel 中,假定年利率为 5.4％(按年复利),投资两万元,1 年后价值的计算公式为_____。

3．在 Excel 中,假定年利率为 5.4％(按月复利),投资 1 万元,每月追加投资 5000,5 年后价值的计算公式为_____。

4．在 Excel 中,假定年利率为 6.5％(按月复利),贷款 1 万元,分 8 个月付清。假设期末还款,则计算月还款额的公式为_____。

5．在 Excel 中,假定年利率为 6.5％(按月复利),贷款 8 万元,预计 5 年还清,计算第 1 个月还款额中的本金的公式为_____。

6．在 Excel 中,假定年利率为 6.5％(按月复利),贷款 8 万元,预计 5 年还清,计算第 5 年的累计还款本金的公式为_____。

**三、思考题**

1．Excel 提供了哪些常用的财务函数?

2．Excel 财务函数中包括哪些常见的参数? 各参数的含义是什么?

3．在日常工作与生活中经常会遇到要计算某项投资未来值的情况,请问可使用 Excel 中的哪个财务函数计算投资的未来值,从而分析并选择有效益的投资?

4．贷款消费(例如购房贷款或其他贷款)时,一般要求在一定周期内支付完,每期需要一定的偿还额,即"分期付款"。请问在 Excel 中如何基于固定利率及等额分期付款方式计算每期付款额?

5．请问在 Excel 中如何基于固定利率及等额分期付款方式计算指定期数内分期偿还额中的明细信息(包括利息和本金)?

6．请问在 Excel 中如何基于固定利率及等额分期付款方式计算指定期间的累计还款利息和本金?

7．请问在 Excel 中如何基于固定利率及等额分期付款方式计算年金的现值? 如何判断某项投资是否有价值?

8．请问在 Excel 中如何基于固定利率和等额分期投资方式计算达到某一投资金额的期数?

9．请问在 Excel 中如何基于固定利率及等额分期付款方式返回各期的利率? 如何根据利率进一步判断贷款消费的合理性或者养老年金收益率的满意程度?

10．请问在 Excel 中如何根据投资的现值、未来值和期数计算投资回报率?

11．请问在 Excel 中如何基于一系列现金流和固定的各期贴现率返回一项投资的净现值?

12. 请问在 Excel 中如何基于非定期发生的现金流计算内部收益率？

13. 请问在 Excel 中如何通过计算投资的净现值来判断投资的合理性？

14. 请问在 Excel 中如何通过计算内部收益率来判断投资是否盈利？

15. 请问在 Excel 中如何基于非定期发生的现金流计算内部收益率？

16. 请问在 Excel 中提供了哪些财务函数用于计算资产折旧？在 Excel 折旧函数中包括哪些常见的参数？各参数的含义是什么？

17. 请问在 Excel 中如何计算资产在一个期间中的线性折旧值？

18. 请问在 Excel 中如何计算指定期数的折旧值？

19. 请问在 Excel 中如何按照余额递减法计算指定期数的折旧值？

20. 请问在 Excel 中如何按照双倍余额递减法计算指定期数的折旧值？

21. 请问在 Excel 中如何按照年限总和折旧法计算指定期数的折旧值？

22. 请问在 Excel 中如何按照可变余额递减法计算指定期数的折旧值？

视频讲解

视频讲解

# 第8章 使用查找与引用函数查找数据

Excel 查找与引用函数用于在数据清单或表格中查找特定的数值,或者查找某一单元格的引用。

## 8.1 使用 CHOOSE 函数从列表中选择数据

CHOOSE 函数根据给定的索引值从参数表中选择相应的值。其语法为:

```
CHOOSE(index_num, value1, [value2], …)
```

其中,index_num 为索引号;value1、value2 等为对应索引号的值,最多为 254 个。如果 index_num 为 1,则返回 value1;如果为 2,则返回 value2,以此类推。若 index_num 超出范围,则返回错误值"♯VALUE!"。

例如:

(1) 公式"=CHOOSE(2,"优","良","中","差")"的结果为"良"。

(2) 公式"=CHOOSE(WEEKDAY(D3),"星期日","星期一","星期二","星期三","星期四","星期五","星期六")"的结果为当前日期的星期。

(3) 公式"=SUM(CHOOSE(2,A1:A10,B1:B10,C1:C10))"的结果等价于公式"=SUM(B1:B10)"。

(4) 公式"=SUM(A1:CHOOSE(2,A3,A4,A5))"的结果等价于公式"=SUM(A1:A4)"。

## 8.2 使用 VLOOKUP 函数在垂直方向上查找数据

VLOOKUP 函数用于在垂直方向(列)上查找数据。其语法为:

```
VLOOKUP(lookup_value, table_array, col_index_num, [range_lookup])
```

其中,lookup_value 为要查找的值;table_array 为查找区域,通常为单元格区域或二维

数组；col_index_num 为返回的匹配值的列号；可选参数 range_lookup 为匹配方法，取值为
TRUE(默认值，近似匹配)、FALSE(精确匹配)。

当 range_lookup 为 TRUE 或被省略(近似匹配)时，在 table_array 的第 1 列搜索小于
或等于 lookup_value 的最大值，然后返回 table_array 区域与该最大值同一行的第
col_index_num 列单元格中的值。在近似匹配前需按升序排列 table_array 第 1 列中的值。

当 range_lookup 为 FALSE(精确匹配)时，在单元格区域 table_array 的第 1 列搜索等
于 lookup_value 的值，然后返回 table_array 区域与该值同一行的第 col_index_num 列单元
格中的值。精确匹配不需要对 table_array 第 1 列中的值进行排序。

例如，假设工作表的内容如图 8-1 所示，则：

(1) 公式"=VLOOKUP(250,A2:C6,2)"的结果
为 0.75，近似查找温度 250 对应的密度。

具体查找过程如下：

在 A2:C6 单元格区域中从第 1 列的第一个值 100
开始向下查找小于或等于 250 的最大值，则定位到
200，然后返回 A2:C6 单元格区域中与该最大值 200
在同一行的第 2 列单元格中的值，即 0.75。

| | A | B | C |
|---|---|---|---|
| 1 | 温度 | 密度 | 黏度 |
| 2 | 100 | 0.95 | 2.17 |
| 3 | 200 | 0.75 | 2.57 |
| 4 | 300 | 0.61 | 2.93 |
| 5 | 400 | 0.53 | 3.25 |
| 6 | 500 | 0.46 | 3.55 |

图 8-1　VLOOKUP 函数示例工作表

(2) 公式"=VLOOKUP(250,A2:C6,3,TRUE)"的结果为 2.57，近似查找温度 250 对
应的黏度。

(3) 公式"=VLOOKUP(250,A2:C6,2,FALSE)"的结果为 ♯N/A，精确查找温度 250
对应的密度，无结果。

(4) 公式"=VLOOKUP(300,A2:C6,2,FALSE)"的结果为 0.61，精确查找温度 300
对应的密度。

(5) 公式"=VLOOKUP(50,A2:C6,2)"的结果为 ♯N/A，近似查找温度 50 对应的密
度，没有小于或等于 50 的数据。

(6) 公式"=VLOOKUP(300,A2:C6,4)"的结果为 ♯REF!，近似查找温度 300 的数
据，但列号超出范围。

在 Excel 中，通常使用 VLOOKUP(V 表示垂直方向(Vertical))函数比较值位于查找
数据区域的首列，并且要返回给定列中的数据。当比较值位于查找数据区域的首行，并且要
返回给定行中的数据时，可使用 HLOOKUP(H 表示水平方向(Horizontal))函数。

【例 8-1】　商品销售折扣查询(VLOOKUP 函数)。在"fl8-1 商品销售折扣查询
(VLOOKUP).xlsx"中存放着商品 A 在 8 个不同销售单位的销售数量与折扣率等信息，按
要求完成如下操作：

(1) 利用 VLOOKUP 函数根据销售数量计算折扣率。

(2) 计算商品 A 在 8 个不同销售单位的销售单价和销售金额。

结果如图 8-2 所示。

【参考步骤】

(1) 根据销售数量计算折扣率。在单元格 E1 中输入公式"=VLOOKUP(D2,$I$2:
$J$6,2)"，并向下填充至单元格 E9。

(2) 计算商品的销售单价和销售金额。在单元格 F1 中输入公式"=C2*(1-E2)"，并

向下填充至单元格 F9；在单元格 G1 中输入公式"＝D2＊F2"，并向下填充至单元格 G9。

| | A | B | C | D | E | F | G | H | I | J |
|---|---|---|---|---|---|---|---|---|---|---|
| 1 | 单位 | 名称 | 单价 | 数量 | 折扣率 | 销售单价 | 销售金额 | | 数量 | 折扣率 |
| 2 | 单位A | 商品A | ¥18.00 | 50 | 0% | ¥18.00 | ¥ 900.00 | | 0 | 0 |
| 3 | 单位B | 商品A | ¥18.00 | 1200 | 20% | ¥14.40 | ¥ 17,280.00 | | 100 | 5% |
| 4 | 单位C | 商品A | ¥18.00 | 300 | 5% | ¥17.10 | ¥ 5,130.00 | | 500 | 10% |
| 5 | 单位D | 商品A | ¥18.00 | 5000 | 20% | ¥14.40 | ¥ 72,000.00 | | 1000 | 20% |
| 6 | 单位E | 商品A | ¥18.00 | 750 | 10% | ¥16.20 | ¥ 12,150.00 | | 10000 | 30% |
| 7 | 单位F | 商品A | ¥18.00 | 150 | 5% | ¥17.10 | ¥ 2,565.00 | | | |
| 8 | 单位G | 商品A | ¥18.00 | 15000 | 30% | ¥12.60 | ¥189,000.00 | | | |
| 9 | 单位H | 商品A | ¥18.00 | 450 | 5% | ¥17.10 | ¥ 7,695.00 | | | |

图 8-2　商品销售折扣查询结果（VLOOKUP 函数）

【例 8-2】　产品信息查询（VLOOKUP 函数）。在"fl8-2 产品信息查询（VLOOKUP）.xlsx"中存放着产品信息，按要求完成如下操作，结果如图 8-3 所示。

（1）在 B2 单元格中输入产品 ID，利用 VLOOKUP 函数根据所输入的产品 ID 查询产品信息，包括产品名称、供应商、库存量、单价。如果产品不存在，在 C2 单元格（产品名称）中显示"无该产品"，在 D2、E2、F2 单元格（分别对应着供应商、库存量、单价）中均显示为空。

（2）计算所输入产品的金额（＝库存量＊单价）。如果所查询产品不存在，"金额"显示为空。

| | A | B | C | D | E | F | G | H | I |
|---|---|---|---|---|---|---|---|---|---|
| 1 | | | 产品名称 | 供应商 | 库存量 | 单价 | 金额 | | |
| 2 | 产品ID | 3 | 蕃茄酱 | 佳佳乐 | 13 | ¥10.00 | ¥130.00 | | |
| 3 | | | | | | | | | |
| 4 | 产品ID | 产品名称 | 供应商 | 类别 | 单位数量 | 单价 | 库存量 | 订购量 | 订购日期 |
| 5 | 1 | 苹果汁 | 佳佳乐 | 饮料 | 每箱24瓶 | 18.00 | 39 | 10 | 2014/2/15 |
| 6 | 2 | 牛奶 | 佳佳乐 | 饮料 | 每箱24瓶 | 19.00 | 17 | 25 | 2014/6/10 |
| 7 | 3 | 蕃茄酱 | 佳佳乐 | 调味品 | 每箱12瓶 | 10.00 | 13 | 25 | 2014/3/20 |
| 8 | 4 | 盐 | 康富食品 | 调味品 | 每箱12瓶 | 22.00 | 53 | 0 | 2014/2/17 |

图 8-3　产品信息查询（VLOOKUP 函数）

【参考步骤】

（1）查询产品名称。在单元格 C2 中输入公式"＝IFNA(VLOOKUP(B2,A5:I81,2,FALSE),"无该产品")"。

（2）查询产品供应商。在单元格 D2 中输入公式"＝IFNA(VLOOKUP(B2,A5:I81,3,FALSE),"")"。

（3）查询产品库存量。在单元格 E2 中输入公式"＝IFNA(VLOOKUP(B2,A5:I81,7,FALSE),"")"。

（4）查询产品单价。在单元格 F2 中输入公式"＝IFNA(VLOOKUP(B2,A5:I81,6,FALSE),"")"。

（5）计算产品库存金额。在单元格 G2 中输入公式"＝IFERROR(E2＊F2,"")"。

【说明】

（1）IFNA 函数用于判断查询结果是否存在（如果不存在，则返回错误值♯N/A）。

（2）IFERROR 函数用于判断公式计算可能出错的情况（如果出错，则返回错误值♯N/A、♯VALUE!、♯REF!、♯DIV/0!、♯NUM!、♯NAME? 或♯NULL!）。

# 8.3　使用 HLOOKUP 函数在水平方向上查找数据

HLOOKUP 函数用于在水平方向(行)上查找数据。其语法为:

`HLOOKUP(lookup_value, table_array, row_index_num, [range_lookup])`

其中,lookup_value 为要查找的值;table_array 为查找区域,通常为单元格区域或二维数组;row_index_num 为返回的匹配值的行号;可选参数 range_lookup 为匹配方法,取值为 TRUE(默认值,近似匹配)、FALSE(精确匹配)。

当 range_lookup 为 TRUE 或被省略(近似匹配)时,在 table_array 的第 1 行搜索小于或等于 lookup_value 的最大值,然后返回 table_array 区域与该最大值同一列的第 row_index_num 行单元格中的值。在近似匹配前需按升序排列 table_array 第 1 行中的值。

当 range_lookup 为 FALSE(精确匹配)时,在单元格区域 table_array 的第 1 行搜索等于 lookup_value 的值,然后返回 table_array 区域与该值同一列的第 row_index_num 行单元格中的值。精确匹配不需要对 table_array 第 1 行中的值进行排序。

例如,假设工作表的内容如图 8-4 所示。

则:

(1) 公式"=HLOOKUP(250,B1:F3,2)"的结果为 0.75,近似查找温度 250 对应的密度。

| | A | B | C | D | E | F |
|---|---|---|---|---|---|---|
| 1 | 温度 | 100 | 200 | 300 | 400 | 500 |
| 2 | 密度 | 0.95 | 0.75 | 0.61 | 0.53 | 0.46 |
| 3 | 黏度 | 2.17 | 2.57 | 2.93 | 3.25 | 3.55 |

图 8-4　HLOOKUP 函数示例工作表

具体查找过程如下:

在 B1:F3 单元格区域中从第 1 行的第一个值 100 开始向右查找小于或等于 250 的最大值,则定位到 200,然后返回 B1:F3 单元格区域与该最大值 200 在同一列的第 2 行单元格中的值,即 0.75。

(2) 公式"=HLOOKUP(250,B1:F3,3,TRUE)"的结果为 2.57,近似查找温度 250 对应的黏度。

(3) 公式"=HLOOKUP(250,B1:F3,2,FALSE)"的结果为 ♯N/A,精确查找温度 250 对应的密度,无结果。

(4) 公式"=HLOOKUP(300,B1:F3,2,FALSE)"的结果为 0.61,精确查找温度 250 对应的密度。

(5) 公式"=HLOOKUP(50,B1:F3,2)"的结果为 ♯N/A,近似查找温度 50 对应的密度,没有小于或等于 50 的数据。

(6) 公式"=HLOOKUP(300,B1:F3,4)"的结果为 ♯REF!,近似查找温度 300 的数据,但行号超出范围。

# 8.4　使用 LOOKUP 函数查找数据

LOOKUP 函数具有两种语法形式,即向量形式和数组形式。其语法为:

`LOOKUP(lookup_value, lookup_vector, [result_vector])`:向量形式。

LOOKUP(lookup_value, array)：数组形式。

向量形式的 LOOKUP 函数在 lookup_vector（单行或单列区域，或一维数组，即向量）中搜索值 lookup_value，然后返回 result_vector 中相同位置（单行或单列区域，或一维数组）的值。

数组形式的 LOOKUP 函数在 array（二维数组）的第 1 行（通常对应于两行 $n$ 列数组）或第 1 列（通常对应于 $n$ 行两列数组）中查找指定的值 lookup_value，并返回数组最后一行或最后一列内同一位置的值。

例如，假设工作表的内容如图 8-5 所示，则：

| | A | B | C | D | E | F | G |
|---|---|---|---|---|---|---|---|
| 1 | 0 | 1 | 2 | 3 | 4 | 5 | 6 |
| 2 | 星期日 | 星期一 | 星期二 | 星期三 | 星期四 | 星期五 | 星期六 |

图 8-5　LOOKUP 函数示例工作表

（1）公式"＝LOOKUP(WEEKDAY(NOW(),2),A1:G1,A2:G2)"的结果为当前日期的星期。向量形式的 LOOKUP 函数。

（2）公式"＝LOOKUP(WEEKDAY(NOW(),2),A1:G2)"的结果为当前日期的星期。数组形式的 LOOKUP 函数。

（3）公式"＝LOOKUP(95,{0,60,70,80,90},{"不及格","及格","中","良","优"})"的结果为"优"。向量形式的 LOOKUP 函数。

（4）公式"＝LOOKUP(75,{0,60,70,80,90;"不及格","及格","中","良","优"})"的结果为"中"。数组形式的 LOOKUP 函数。

（5）公式"＝LOOKUP(80,{0,60,70,80,90},{"F","D","C","B","A"})"的结果为"B"。向量形式的 LOOKUP 函数。

（6）公式"＝LOOKUP(72,{0,60,63,67,70,73,77,80,83,87,90,93,97;"F","D−","D","D+","C−","C","C+","B−","B","B+","A−","A","A+"})"的结果为 C−。数组形式的 LOOKUP 函数。

（7）公式"＝LOOKUP(120,{0,50,100,150,200;"优","良","轻度污染","中度污染","重度污染"})"的结果为"轻度污染"。数组形式的 LOOKUP 函数。

【说明】

（1）如果 LOOKUP 函数找不到 lookup_value，则它与 lookup_vector 中小于或等于 lookup_value 的最大值匹配。

（2）LOOKUP 的数组形式与 HLOOKUP 和 VLOOKUP 函数非常相似，区别在于 HLOOKUP 在第 1 行中搜索 lookup_value 的值，VLOOKUP 在第 1 列中搜索，而 LOOKUP 根据数组维度进行搜索。使用 HLOOKUP 和 VLOOKUP 函数，可以通过索引以向下或遍历的方式搜索并返回指定行或列的值，而 LOOKUP 始终返回行或列中的最后一个值。

（3）LOOKUP 函数使用近似匹配搜索，故为了使 LOOKUP 函数能够正常运行，必须按升序排列查询的数据。如果无法使用升序排列数据，则考虑使用 VLOOKUP、HLOOKUP 或 MATCH 函数。

（4）在一般情况下，最好使用 HLOOKUP 或 VLOOKUP 函数而不是 LOOKUP 的数组形式。LOOKUP 函数是为了与其他电子表格程序兼容而提供的。

【例 8-3】 日期的星期信息查询（LOOKUP 和命名数组）。在"fl8-3 日期的星期信息查询（LOOKUP 和命名数组）.xlsx"中存放着日期 2020/1/1～2020/1/16,按要求完成如下操作,结果如图 8-6 所示。

（1）根据日期判断星期。使用 WEEKDAY 函数判别日期的星期序号（1 对应星期日、2 对应星期一、……、7 对应星期六）。

（2）分别利用 LOOKUP 函数的向量形式和数组形式,根据星期序号,确定对应的星期名称。

| | A | B | C | D | E | F | G | H |
|---|---|---|---|---|---|---|---|---|
| 1 | 日期 | 星期序号 | 星期名称1 | 星期名称2 | 星期名称3 | | 星期序号 | 星期名称 |
| 2 | 2020/1/1 | 4 | 星期三 | 星期三 | 星期三 | | 1 | 星期日 |
| 3 | 2020/1/2 | 5 | 星期四 | 星期四 | 星期四 | | 2 | 星期一 |
| 4 | 2020/1/3 | 6 | 星期五 | 星期五 | 星期五 | | 3 | 星期二 |
| 5 | 2020/1/4 | 7 | 星期六 | 星期六 | 星期六 | | 4 | 星期三 |
| 6 | 2020/1/5 | 1 | 星期日 | 星期日 | 星期日 | | 5 | 星期四 |
| 7 | 2020/1/6 | 2 | 星期一 | 星期一 | 星期一 | | 6 | 星期五 |
| 8 | 2020/1/7 | 3 | 星期二 | 星期二 | 星期二 | | 7 | 星期六 |

图 8-6 日期的星期信息查询（LOOKUP 和命名数组）

【参考步骤】

（1）输入星期序号公式。在 B2 单元格中输入公式"＝WEEKDAY(A2)",并向下填充至 B17 单元格。

（2）利用向量形式的 LOOKUP 函数确定星期名称。在 C2 单元格中输入公式"＝LOOKUP(B2,$G$2:$G$8,$H$2:$H$8)",并向下填充至 C17 单元格。

（3）利用数组形式的 LOOKUP 函数确定星期名称。在 D2 单元格中输入公式"＝LOOKUP(B2,$G$2:$H$8)",并向下填充至 D17 单元格。

（4）利用数组形式的 LOOKUP 函数以及命名数组确定星期名称。

① 命名数组常量。单击"公式"选项卡上"定义的名称"组中的"定义名称"按钮,弹出"新建名称"对话框,在"名称"文本框中输入"星期对照",在"引用位置"文本框中输入"={1,"星期日";2,"星期一";3,"星期二";4,"星期三";5,"星期四";6,"星期五";7,"星期六"}",如图 8-7 所示,单击"确定"按钮。

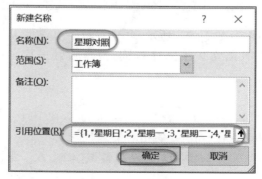

图 8-7 命名数组常量

② 在 E2 单元格中输入公式“＝LOOKUP(B2,星期对照)”,并向下填充至 E17 单元格。

**【说明】**

使用数组常量的最佳方式是对其进行命名。命名的数组常量更易于使用,并且对于其他人来说,它们可以降低数组公式的复杂性。

**【拓展】**

请读者思考,本例解答步骤(3)中利用 LOOKUP 函数的数组形式来确定星期名称时,可否直接使用数组常量实现? 提示:可利用公式“＝LOOKUP(B2,{1,"星期日";2,"星期一";3,"星期二";4,"星期三";5,"星期四";6,"星期五";7,"星期六"})”实现。

视频讲解

# 8.5 使用 INDEX 和 MATCH 函数查找数据

## 8.5.1 MATCH 函数

VLOOKUP、HLOOKUP 和 LOOKUP 函数在指定区域查找数据时,限定在首行或首列查询。如果需要在其他行或列查询,可使用 MATCH 函数查找并返回位置,然后使用 INDEX 函数返回结果值。其语法为:

```
MATCH(lookup_value, lookup_array, [match_type])
```

MATCH 函数在单元格区域 lookup_array 中搜索指定值 lookup_value,然后返回该值在单元格区域中的相对位置。如果查找匹配项不成功,返回错误值♯N/A。

可选参数 match_type 用于指定匹配方式,其取值为 $-1$、0 或 1,默认值为 1。match_type 参数的含义参见表 8-1。

表 8-1 **match_type 参数的含义**

| 值 | 含 义 |
| --- | --- |
| 1 | 升序近似匹配(默认值)。查找小于或等于 lookup_value 的最大值。lookup_array 中的值必须按升序排列 |
| 0 | 精确匹配。查找等于 lookup_value 的第一个值。lookup_array 中的值可以按任何顺序排列 |
| $-1$ | 降序近似匹配。查找大于或等于 lookup_value 的最小值。lookup_array 中的值必须按降序排列 |

例如,假设工作表的内容如图 8-8 所示,其中存放着 3 名学生的语文和数学成绩,并且语文成绩降序排列,数学成绩升序排列。

对于语文成绩:

(1) 公式“＝MATCH(90,B2:B4,$-1$)”的结果为 2,在 B2:B4 单元格区域中查找≥90 的最小值 95 的相对位置。

(2) 公式“＝MATCH(90,B2:B4,0)”的结果错误(♯N/A),因为 B2:B4 单元格区域中无 90 分的语文成绩。

(3) 公式“＝MATCH(80,B2:B4,0)”的结果为 3,返回 80 分在 B2:B4 单元格区域中的

| | A | B | C |
| --- | --- | --- | --- |
| 1 | 姓名 | 语文 | 数学 |
| 2 | John | 100 | 85 |
| 3 | Mary | 95 | 90 |
| 4 | Bob | 80 | 96 |

图 8-8 MATCH 函数示例工作表

相对位置 3。

（4）公式"＝MATCH(90,B2:B4,1)"的结果错误(♯N/A)，因为 B2:B4 单元格区域降序排列。

对于数学成绩：

（1）公式"＝MATCH(95,C2:C4,1)"的结果为 2，在 C2:C4 单元格区域中查找≤95 的最大值 90 的相对位置。

（2）公式"＝MATCH(95,C2:C4,0)"的结果错误(♯N/A)，因为 C2:C4 单元格区域中无 95 分的数学成绩。

（3）公式"＝MATCH(85,C2:C4,0)"的结果为 1，返回 85 分在 C2:C4 单元格区域中的相对位置 1。

（4）公式"＝MATCH(95,C2:C4,−1)"的结果错误(♯N/A)，因为 C2:C4 单元格区域升序排列。

## 8.5.2　INDEX 函数

INDEX 函数具有两种语法形式，即数组形式和引用形式。其语法为：

```
INDEX(array, row_num, [column_num]):数组形式。
INDEX(reference, row_num, [column_num], [area_num]):引用形式。
```

数组形式的 INDEX 函数用于单一单元格区域（数组），返回单元格区域或数组 array 中由行号 row_num 和列号 column_num 所指定的元素值。

引用形式的 INDEX 函数用于多个单元格区域（即不连续的选定区域），返回多个单元格区域 reference 指定引用区域 area_num 中由行号 row_num 和列号 column_num 所指定的元素值。多个区域的形式为（区域1，区域2，…，区域n），例如区域(A1:C2, A5:C8)。区域序号为 1、2、……，默认为 1。

如果将 row_num 或 column_num 设置为 0（零），INDEX 函数则分别返回整个列或行的数组数值。

假设产品的单价和库存信息如图 8-9 所示。

则：

（1）公式"＝INDEX(A1:A3,2)"的结果为"苹果汁"，返回 A2 单元格的值。

（2）公式"＝INDEX(A1:C1,3)"的结果为"库存量"，返回 C1 单元格的值。

（3）公式"＝INDEX(A2:C3,1,3)"的结果为 39，返回 C2 单元格的值。

| | A | B | C |
|---|---|---|---|
| 1 | 产品名称 | 单价 | 库存量 |
| 2 | 苹果汁 | ¥18.00 | 39 |
| 3 | 牛奶 | ¥19.00 | 17 |
| 4 | | | |
| 5 | 番茄酱 | ¥10.00 | 13 |
| 6 | 盐 | ¥22.00 | 53 |

图 8-9　产品的单价和库存信息

（4）公式"＝INDEX((A2:C3, A5:C6), 2, 2, 2)"的结果为 22，返回第 2 个区域 A5:C6 中第 2 行和第 2 列的交叉处，即单元格 B6 的内容，也就是盐的单价。

（5）公式"＝INDEX((A2:C3, A5:C6), 2, 3)"的结果为 17，返回第 1 个区域 A2:C3 中第 2 行和第 3 列所在单元格 C3 的内容，即牛奶库存量。

（6）公式"＝SUM(INDEX((A2:C3，A5:C6)，0，3，1))"的结果为56。公式"＝INDEX((A2:C3，A5:C6)，0，3，1))"返回第1个区域A2:C3中的第3列（"库存量"信息），即{39,17}，SUM函数返回累计和，即第1个区域A2:C3中的库存量总和。

# 8.5.3　MATCH和INDEX函数的组合使用

如果需要获得单元格区域中某个项目的位置而不是项目本身的内容，则应该使用MATCH函数而不是LOOKUP/VLOOKUP/HLOOKUP函数。在INDEX函数中，使用MATCH函数为INDEX函数的参数row_num和column_num提供具体的行、列信息，从而实现灵活的查找功能。

假设3位学生的学号、姓名、语文和数学成绩信息如图8-10所示。

则：

| | A | B | C | D |
|---|---|---|---|---|
| 1 | 学号 | 姓名 | 语文 | 数学 |
| 2 | 1001 | John | 100 | 85 |
| 3 | 1002 | Mary | 95 | 90 |
| 4 | 1003 | Bob | 80 | 96 |

图 8-10　MATCH 和 INDEX
函数示例工作表

（1）公式"＝MATCH("Bob"，B2:B4，0)"的结果为3，即Bob在B2:B4中的行号。

（2）公式"＝INDEX(A2:D4，MATCH("Bob"，B2:B4，0)，4)"的结果为96，即Bob的数学成绩。

（3）公式"＝MATCH("数学"，A1:D1，0)"的结果为4，即数学在A1:D1中的列号。

（4）公式"＝INDEX(A2:D4，MATCH("Bob"，B2:B4，0)，MATCH("数学"，A1:D1，0))"的结果为96，即Bob的数学成绩。

【例8-4】　学生成绩查询。在"fl8-4 学生成绩查询.xlsx"中存放着15名学生的学号、姓名以及语文、数学和英语成绩信息，利用MATCH和INDEX函数设计学生信息查询器，要求在H2中输入学生的姓名，然后根据学生的姓名查询该生的"学号""语文""数学""英语"信息。如果学生不存在，在H4单元格中显示"查无此人"，H5、H6和H7单元格中均显示为空文本。结果如图8-11所示。

| | A | B | C | D | E | F | G | H |
|---|---|---|---|---|---|---|---|---|
| 1 | 学号 | 姓名 | 语文 | 数学 | 英语 | | 查询条件 | |
| 2 | B13121501 | 宋平平 | 87 | 90 | 91 | | 姓名 | 王丫丫 |
| 3 | B13121502 | 王丫丫 | 91 | 87 | 90 | | 查询结果 | |
| 4 | B13121503 | 董华华 | 53 | 67 | 92 | | 学号 | B13121502 |
| 5 | B13121504 | 陈燕燕 | 92 | 89 | 78 | | 语文 | 91 |
| 6 | B13121505 | 周萍萍 | 87 | 74 | 84 | | 数学 | 87 |
| 7 | B13121506 | 田一天 | 91 | 74 | 70 | | 英语 | 90 |

图 8-11　使用 MATCH 和 INDEX 函数设计学生信息查询器

【参考步骤】

（1）根据学生姓名查询学号。在单元格H4中输入公式"＝IFNA(INDEX(A2:E16，MATCH(H2,B2:B16,0)，1)，"查无此人")"。

（2）根据学生姓名查询语文成绩。在单元格H5中输入公式"＝IFNA(INDEX(A2:E16，MATCH(H2,B2:B16,0)，3)，"")"。

（3）根据学生姓名查询数学成绩。在单元格H6中输入公式"＝IFNA(INDEX(A2:

视频讲解

E16,MATCH(H2,B2:B16,0),4),"")"。

（4）根据学生姓名查询英语成绩。在单元格 H7 中输入公式"＝IFNA(INDEX(A2：E16,MATCH(H2,B2:B16,0),5),"")"。

# 8.6 使用 OFFSET 和 MATCH 函数查找数据

在使用 MATCH 函数查找并返回位置（偏移位置）后，可使用 OFFSET 函数获取偏移位置后的引用，从而返回结果值。OFFSET 函数的语法为：

```
OFFSET(reference, rows, cols, [height], [width])
```

OFFSET 函数以指定的单元格/区域引用 reference 为参照系，通过给定偏移量 rows（正数向下偏移，负数向上偏移）和 cols（正数向右偏移，负数向左偏移）得到新的引用。返回的引用可以为一个单元格或单元格区域（由 height 和 width 指定）。

其中，height 和 width 均为可选参数，分别为所要返回的引用区域的高度（即行数）和宽度（即列数）。height 和 width 都必须为正数。如果省略 height 或 width，则所要返回的引用区域的高度或宽度与 reference 相同。

假设工作表的内容如图 8-12 所示，则：

（1）公式"＝OFFSET(D1,MATCH("Bob",B2:B4,0),0)"的结果为 96。

其中，公式"＝MATCH("Bob",B2:B4,0)"返回 Bob 在 B2:B4 中的行号 3，则公式"＝OFFSET(D1,3,0)"返回 D4 单元格中的值，即 Bob 的数学成绩。

（2）公式"＝OFFSET(A1,MATCH("Bob",B2:B4,0),MATCH("数学",A1:D1,0)−1)"的结果为 96。

其中，公式"＝MATCH("数学",A1:D1,0)"返回数学在 A1:D1 中的列号 4，则公式"＝OFFSET(A1,3,3)"返回 D4 单元格中的值，即 Bob 的数学成绩。

【例 8-5】 查找与引用函数 MATCH 和 OFFSET 的应用示例。在"fl8-5 学生总分查询.xlsx"中存放着 15 名学生的语文、数学和英语成绩，根据学生姓名查询每位学生 3 门课程的总成绩。结果如图 8-13 所示。

| | A | B | C | D |
|---|---|---|---|---|
| 1 | 学号 | 姓名 | 语文 | 数学 |
| 2 | 1001 | John | 100 | 85 |
| 3 | 1002 | Mary | 95 | 90 |
| 4 | 1003 | Bob | 80 | 96 |

图 8-12　OFFSET 和 MATCH 函数示例工作表

| | A | B | C | D | E | F | G |
|---|---|---|---|---|---|---|---|
| 1 | 姓名 | 语文 | 数学 | 英语 | | 总分查询 | |
| 2 | 宋平平 | 87 | 90 | 97 | | 姓名 | 总分 |
| 3 | 王丫丫 | 93 | 92 | 90 | | 王丫丫 | 275 |
| 4 | 董华华 | 53 | 67 | 93 | | | |
| 5 | 陈燕燕 | 95 | 89 | 78 | | | |

图 8-13　根据姓名查询语、数、英总分

【参考步骤】

（1）利用数据有效性设置姓名所在单元格 F3 的查询条件下拉列表框。在有效性条件中，"允许"选择"序列"，数据"来源"选择"＝$A$2:$A$16"。

（2）根据学生姓名查询并获取该生的总成绩。在 G3 单元格中输入公式"＝SUM(OFFSET($B$1,MATCH(F3,A2:A16,0),,,3))"。

【说明】

（1）公式"MATCH(F3,A2:A16,0)"返回 F3 单元格中所选姓名（例如"王丫丫"）在 A2:A16 数据区域中的相对位置,即 2。

（2）公式"=OFFSET($B$1,MATCH(F3,A2:A16,0),,,3)"对于"王丫丫"而言为 "OFFSET($B$1,2,,,3)"以 $B$1 为参照系,通过行偏移量 2 得到新的引用,返回一个 1 行 3 列的单元格区域,即"王丫丫"的语文、数学、英语的成绩数组常量{93,92,90}。

（3）使用 SUM 函数求和,得到"王丫丫"3 门课程的总成绩 275。

【例 8-6】 职工工资补贴查询。在"fl8-6 职工工资补贴查询.xlsx"中存放着 13 名职工 的姓名、职称、基本工资信息,以及不同职称所发放的补贴 1 比率（占基本工资的百分比）和 补贴 2 对照表。按要求完成如下操作,结果如图 8-14 所示。

（1）根据职工的职称查询其补贴 1 比率。

（2）根据职工的职称查询其补贴 2 金额。

（3）计算职工工资合计（=基本工资+补贴 1+补贴 2）。

| | A | B | C | D | E | F | G | H | I | J |
|---|---|---|---|---|---|---|---|---|---|---|
| 1 | 6月份职工工资表 | | | | | | | | | |
| 2 | 姓名 | 职称 | 基本工资 | 补贴1比率 | 补贴2 | 工资合计 | | 补贴对照表 | | |
| 3 | 邱师强 | 中级 | ¥6,075 | 10% | ¥2,000 | ¥8,683 | | 职称 | 补贴1 | 补贴2 |
| 4 | 赵丹丹 | 高级 | ¥8,621 | 15% | ¥3,000 | ¥12,914 | | 初级 | 5% | 1000 |
| 5 | 林福清 | 初级 | ¥4,998 | 5% | ¥1,000 | ¥6,248 | | 中级 | 10% | 2000 |
| 6 | 胡安安 | 中级 | ¥7,890 | 10% | ¥2,000 | ¥10,679 | | 高级 | 15% | 3000 |

图 8-14　职工补贴和工资合计结果

【参考步骤】

（1）根据职称查询补贴 1 比率。在单元格 D3 中输入公式"=OFFSET($I$3,MATCH (B3,$H$4:$H$6,0),0)",并向下填充至单元格 D15。

（2）根据职称查询补贴 2 金额。在单元格 E3 中输入公式"=OFFSET($J$3,MATCH (B3,$H$4:$H$6,0),0)",并向下填充至 E15。

（3）计算职工工资合计。在单元格 F3 中输入公式"=C3*(1+D3)+E3",并向下填充 至单元格 F15。

视频讲解

# 8.7　使用 INDIRECT、MATCH 和 ADDRESS 函数查找数据

## 8.7.1　ADDRESS 函数

ADDRESS 函数根据指定行号和列号获得工作表中某个单元格的地址。其语法为:

```
ADDRESS(row_num, column_num, [abs_num], [a1], [sheet_text])
```

其中,参数 row_num、column_num 为行号和列号;可选参数 abs_num 用于指定返回 的引用类型,取值为 1（默认值,绝对引用）、2（绝对行号、相对列标）、3（相对行号、绝对列

标）、4（相对引用）；可选参数 a1 用于指定返回的引用样式，取值为 TRUE（默认值，A1 样式）、FALSE（R1C1 样式）。可选参数 sheet_text 用于指定工作表的名称。

例如：

（1）公式"=ADDRESS(2,3)"的结果为"$C$2"。

（2）公式"=ADDRESS(2,3,4)"的结果为"C2"。

（3）公式"=ADDRESS(2,3,,FALSE)"的结果为"R2C3"。

（4）公式"=ADDRESS(1,1,,,"Sheet2")"的结果为"Sheet2!$A$1"。

（5）公式"=ADDRESS(ROW(A1),COLUMN(C5))"的结果为"$C$1"。

## 8.7.2 INDIRECT 函数

INDIRECT 函数返回由文本字符串指定的引用所对应的内容，即间接引用。其语法为：

```
INDIRECT(ref_text, [a1])
```

其中，参数 ref_text 是由文本字符串指定的单元格引用，可使用 ADDRESS 函数的返回结果；可选参数 a1 用于指定 ref_text 使用的引用样式，取值为 TRUE（默认值，A1 样式）、FALSE（R1C1 样式）。

在 Excel 中，如果需要更改公式中对单元格的引用，而不是更改公式本身，一般可使用 INDIRECT 函数。

假设工作表的信息如图 8-15 所示，并且假设单元格 C2 被命名为 Mary。

| | A | B | C |
|---|---|---|---|
| 1 | 1 | C1 | 100 |
| 2 | 2 | Mary | 98 |

图 8-15 INDIRECT 函数示例工作表

则：

（1）公式"=INDIRECT("B1")"的结果为"C1"。

（2）公式"=INDIRECT("B2")"的结果为"Mary"。

（3）公式"=C1"的结果为 100。

（4）公式"=Mary"的结果为 98。

（5）公式"=INDIRECT(B1)"的结果为 100。

（6）公式"=INDIRECT(B2)"的结果为 98。

（7）公式"=INDIRECT("C"&A1)"的结果为 100。

## 8.7.3 MATCH、ADDRESS 和 INDIRECT 函数的组合使用

使用 MATCH 函数可获取目标数据的行、列信息，进而可使用 ADDRESS 函数返回其引用，最后使用 INDIRECT 函数返回结果数据。

| | A | B | C |
|---|---|---|---|
| 1 | 姓名 | 语文 | 数学 |
| 2 | John | 100 | 85 |
| 3 | Mary | 95 | 90 |
| 4 | Bob | 80 | 96 |

图 8-16 示例工作表

假设工作表的内容如图 8-16 所示。

则：

（1）公式"=INDIRECT(ADDRESS(MATCH("Bob",A2:A4,0)+1,3))"的结果为 96。

其中,公式"＝MATCH("Bob",A2:A4,0)"返回3,则公式"＝ADDRESS(4,3)"返回单元格引用$C$4,公式"＝INDIRECT($C$4)"返回96,即 Bob 的数学成绩。

(2) 公式"＝INDIRECT(ADDRESS(MATCH("Bob",A2:A4,0)＋1,MATCH("数学",A1:D1,0)))"的结果为96。

其中,公式"＝MATCH("Bob",A2:A4,0)"返回3,公式"＝MATCH("数学",A1:D1,0)"返回3,则公式"＝ADDRESS(4,3)"返回$C$4,公式"＝INDIRECT($C$4)"返回96,即 Bob 的数学成绩。

**【例 8-7】** 成绩查询器。在"fl8-7 成绩信息. xlsx"中存放着 15 名学生 3 门主课(语文、数学、英语)的成绩,利用查找与引用函数(INDIRECT、ADDRESS、MATCH)根据学生姓名和考试科目查询学生成绩,结果如图 8-17 所示。

| | A | B | C | D | E | F | G | H | |
|---|---|---|---|---|---|---|---|---|---|
| 1 | 学号 | 姓名 | 语文 | 数学 | 英语 | | 姓名 | 王丫丫 | ▾ |
| 2 | B13121501 | 宋平平 | 87 | 90 | 91 | | 科目 | 数学 | |
| 3 | B13121502 | 王丫丫 | 91 | 87 | 90 | | 成绩 | 87 | |

图 8-17 成绩查询器

**【参考步骤】**

(1) 利用数据有效性设置姓名所在单元格 H1 的查询条件下拉列表框。在有效性条件中,"允许"选择"序列",数据"来源"选择"＝$B$2:$B$16"。

(2) 利用数据有效性设置科目所在单元格 H2 的查询条件下拉列表框。在有效性条件中,"允许"选择"序列",数据"来源"选择"＝$C$1:$E$1"。

(3) 在 H3 中输入公式"＝INDIRECT(ADDRESS(MATCH(H1,B2:B16,0)＋1,MATCH(H2,C1:E1,0)＋2))"。

# 8.7.4 其他查找与引用函数

除了前面介绍的查找与引用函数外,Excel 中还包括其他查找与引用函数。其语法为:

ROW([reference]):返回引用(默认为公式单元格)的行号。

ROWS(array):返回引用或数组的行数。

COLUMN([reference]):返回引用(默认为公式单元格)的列号。

COLUMNS(array):返回引用或数组的列数。

AREAS(reference):返回引用中包含的区域个数。

SHEET([value]):返回指定工作表的工作表编号。

SHEETS([reference]):返回引用中的工作表个数。

TRANSPOSE(array):数组或工作表单元格区域的行和列的转换,必须在与源单元格区域具有相同行数和列数的单元格区域中作为数组公式分别输入。

HYPERLINK(link_location, [friendly_name]): 创建快捷方式或跳转,以打开超链接。当单击 HYPERLINK 函数所在的单元格时,Microsoft Excel 将打开存储在 link_location 中的文件。

例如:

(1) 公式"＝ROW()"的结果为公式所在单元格的行号。

(2) 公式"＝ROWS(A2:B4)"的结果为 3。

(3) 数组公式"{＝ROW(A1:A4)}"的结果为{1;2;3;4}。

（4）数组公式"{＝ROW(1:10)}"的结果为{1;2;3;4;5;6;7;8;9;10}。

（5）公式"＝COLUMN()"的结果为公式所在单元格的列号。

（6）公式"＝COLUMNS(A2:B4)"的结果为2。

（7）数组公式"{＝COLUMN(A1:D1)}"的结果为{1,2,3,4}。

（8）数组公式"{＝COLUMN(1:10)}"的结果为{1,2,3,4,5,6,7,8,9,10}。

（9）公式"＝AREAS((A1:C2,A5:C8))"的结果为2。

（10）公式"＝AREAS(A2:B4)"的结果为1。

（11）公式"＝SHEET()"的结果为公式所在的工作表编号。

（12）公式"＝SHEET("Sheet2")"的结果为Sheet2的工作表编号。

（13）公式"＝SHEETS()"的结果为工作簿中工作表的总数。

（14）公式"＝SHEETS(Sheet2:Sheet8!B5)"的结果为三维引用中的工作表数量7。

（15）假设有

| | A | B |
|---|---|---|
| 1 | 月份 | 奖金 |
| 2 | 1 | 500 |
| 3 | 2 | 800 |
| 4 | 3 | 600 |

，则在一个2行4列的数据区域中输入数组公式"{＝TRANSPOSE(A1:B4)}"的结果为

| 月份 | 1 | 2 | 3 |
|---|---|---|---|
| 奖金 | 500 | 800 | 600 |

。

（16）公式"＝HYPERLINK("http://www.ecnu.edu.cn/report/budget.xlsx"，"单击显示预算报表")"的结果为

单击**显示预算报表**
http://www.ecnu.edu.cn/report/budget.xlsx
单击一次可跟踪超链接。
单击并按住不放可选择此单元格。

视频讲解

# 8.8 查找和引用函数应用示例

## 8.8.1 职工津贴查询

Excel提供了多种查询方法，读者可以根据具体情况和个人偏好灵活使用。

（1）VLOOKUP/HLOOKUP方法；

（2）LOOKUP方法；

（3）INDEX配合MATCH方法；

（4）OFFSET配合MATCH方法；

（5）INDIRECT配合MATCH方法。

【**例8-8**】 职工津贴查询。打开"fl8-8职工津贴查询.xlsx"文件，根据不同职称的津贴对照表，使用不同的查询方法，查询每位职工的津贴信息，结果如图8-18所示。

【**参考步骤**】

（1）VLOOKUP方法。在C2单元格中输入公式"＝VLOOKUP(B2,$I$2:$J$5,2,FALSE)"，并向下填充至C14单元格。

（2）LOOKUP方法。在D2单元格中输入公式"＝LOOKUP(B2,$I$9:$J$11)"，并向下填充至D14单元格。LOOKUP函数使用近似匹配搜索，I9:I11单元格区域的数据内容

需按升序排列。

| | A | B | C | D | E | F | G | H | I | J |
|---|---|---|---|---|---|---|---|---|---|---|
| 1 | 姓名 | 职称 | 津贴1 | 津贴2 | 津贴3 | 津贴4 | 津贴5 | | 职工津贴对照表 | |
| 2 | 李一明 | 教授 | 1000 | 1000 | 1000 | 1000 | 1000 | | 职称 | 津贴 |
| 3 | 赵丹丹 | 讲师 | 600 | 600 | 600 | 600 | 600 | | 教授 | 1000 |
| 4 | 王清清 | 副教授 | 800 | 800 | 800 | 800 | 800 | | 副教授 | 800 |
| 5 | 胡安安 | 讲师 | 600 | 600 | 600 | 600 | 600 | | 讲师 | 600 |
| 6 | 钱军军 | 副教授 | 800 | 800 | 800 | 800 | 800 | | | |
| 7 | 孙莹莹 | 教授 | 1000 | 1000 | 1000 | 1000 | 1000 | | 职工津贴对照表 | |
| 8 | 王洁灵 | 讲师 | 600 | 600 | 600 | 600 | 600 | | 职称 | 津贴 |
| 9 | 张杉杉 | 副教授 | 800 | 800 | 800 | 800 | 800 | | 副教授 | 800 |
| 10 | 李思思 | 副教授 | 800 | 800 | 800 | 800 | 800 | | 讲师 | 600 |
| 11 | 裘石岭 | 教授 | 1000 | 1000 | 1000 | 1000 | 1000 | | 教授 | 1000 |

图 8-18　职工津贴查询

（3）INDEX 配合 MATCH 方法。在 E2 单元格中输入公式"＝INDEX(\$J\$3:\$J\$5, MATCH(B2,\$I\$3:\$I\$5,0))"，并向下填充至 E14 单元格。

（4）OFFSET 配合 MATCH 方法。在 F2 单元格中输入公式"＝OFFSET(\$J\$2, MATCH(B2,\$I\$3:\$I\$5,0),)"，并向下填充至 F14 单元格。

（5）INDIRECT 配合 MATCH 方法。在 G2 单元格中输入公式"＝INDIRECT("J" &MATCH(B2,\$I\$3:\$I\$5,0)＋2)"，并向下填充至 G14 单元格。

# 8.8.2　学生成绩查询器

Excel 提供了多种查询方法，读者可以根据具体情况和个人偏好灵活使用。

（1）VLOOKUP/HLOOKUP 方法；

（2）LOOKUP 方法；

（3）INDEX 配合 MATCH 方法；

（4）OFFSET 配合 MATCH 方法；

（5）INDIRECT 配合 MATCH 方法；

（6）INDIRECT 配合 ADDRESS 和 MATCH 方法；

（7）SUM 配合 IF 方法；

（8）SUMIF 方法；

（9）SUMPRODUCT 配合算术四则乘（＊）运算方法；

（10）SUM 配合数组运算（算术四则乘）方法；

（11）LOOKUP 配合算术四则除（/）运算方法；

（12）SUM 配合 OFFSET 和 MATCH 方法。

【例 8-9】　学生成绩查询器。打开"fl8-9 条件查询（语数外成绩）.xlsx"文件，利用查找与引用函数（INDEX、ADDRESS、MATCH、VLOOKUP、COLUMN、OFFSET）、数学函数（SUM、SUMPRODUCT、SUMIF）、逻辑函数（IF），使用 15 种不同的方法设计学生成绩查询器，通过选择姓名查询该生的语数外成绩以及总成绩，结果如图 8-19 所示。

【参考步骤】

（1）分别设置单元格 F3、K3、F7、K7、F11、K11、F15、K15、F19、K19、F23、K23、F27、K27、F31、K31 中姓名的"数据有效性"：在允许下拉列表框中选择"序列"，"来源"文本框中

为"＝$A$2:$A$16"。

| 姓名 | 语文 | 数学 | 英语 | | | | | | | | | | |
|---|---|---|---|---|---|---|---|---|---|---|---|---|---|
| 姓名 | 语文 | 数学 | 英语 | | 成绩查询方法1 | | | | | 成绩查询方法2 | | | |
| 宋平平 | 87 | 90 | 97 | | 姓名 | 语文 | 数学 | 英语 | | 姓名 | 语文 | 数学 | 英语 |
| 王丫丫 | 93 | 92 | 90 | | 宋平平 | 87 | 90 | 97 | | 宋平平 | 87 | 90 | 97 |
| 董华华 | 53 | 67 | 93 | | | | | | | | | | |
| 陈燕燕 | 95 | 89 | 78 | | 成绩查询方法3 | | | | | 成绩查询方法4 | | | |
| 周萍萍 | 87 | 74 | 84 | | 姓名 | 语文 | 数学 | 英语 | | 姓名 | 语文 | 数学 | 英语 |
| 田一天 | 91 | 74 | 84 | | 宋平平 | 87 | 90 | 97 | | 宋平平 | 87 | 90 | 97 |
| 朱洋洋 | 58 | 55 | 67 | | | | | | | | | | |
| 吕文文 | 78 | 77 | 55 | | 成绩查询方法5 | | | | | 成绩查询方法6 | | | |
| 舒齐齐 | 69 | 95 | 99 | | 姓名 | 语文 | 数学 | 英语 | | 姓名 | 语文 | 数学 | 英语 |
| 范华华 | 93 | 95 | 98 | | 宋平平 | 87 | 90 | 97 | | 宋平平 | 87 | 90 | 97 |
| 赵霞霞 | 79 | 86 | 89 | | | | | | | | | | |
| 阳一昆 | 51 | 41 | 55 | | 成绩查询方法7 | | | | | 成绩查询方法8 | | | |
| 翁华华 | 93 | 90 | 94 | | 姓名 | 语文 | 数学 | 英语 | | 姓名 | 语文 | 数学 | 英语 |
| 金依珊 | 89 | 80 | 76 | | 宋平平 | 87 | 90 | 97 | | 宋平平 | 87 | 90 | 97 |
| 李一红 | 95 | 86 | 88 | | | | | | | | | | |
| | | | | | | | | | | | | | |
| | | | | | 成绩查询方法9 | | | | | 成绩查询方法10 | | | |
| | | | | | 姓名 | 语文 | 数学 | 英语 | | 姓名 | 语文 | 数学 | 英语 |
| | | | | | 宋平平 | 87 | 90 | 97 | | 宋平平 | 87 | 90 | 97 |
| | | | | | | | | | | | | | |
| | | | | | 成绩查询方法11 | | | | | 成绩查询方法12 | | | |
| | | | | | 姓名 | 语文 | 数学 | 英语 | | 姓名 | 语文 | 数学 | 英语 |
| | | | | | 宋平平 | 87 | 90 | 97 | | 宋平平 | 87 | 90 | 97 |
| | | | | | | | | | | | | | |
| | | | | | 成绩查询方法13 | | | | | 成绩查询方法14 | | | |
| | | | | | 姓名 | 语文 | 数学 | 英语 | | 姓名 | 语文 | 数学 | 英语 |
| | | | | | 宋平平 | 87 | 90 | 97 | | 宋平平 | 87 | 90 | 97 |
| | | | | | | | | | | | | | |
| | | | | | 成绩查询方法15 | | | | | 学生总成绩 | | | |
| | | | | | 姓名 | 语文 | 数学 | 英语 | | 姓名 | 总成绩 | | |
| | | | | | 宋平平 | 87 | 90 | 97 | | 宋平平 | 274 | | |

图 8-19　选择姓名查询语数外成绩以及总成绩

（2）利用 INDIRECT、ADDRESS 和 MATCH 函数，通过选择姓名查询语数外成绩的公式（方法 1）为：

$$＝INDIRECT(ADDRESS(MATCH($F$3,$A$2:$A$16,0)+1,2))$$
$$＝INDIRECT(ADDRESS(MATCH($F$3,$A$2:$A$16,0)+1,3))$$
$$＝INDIRECT(ADDRESS(MATCH($F$3,$A$2:$A$16,0)+1,4))$$

（3）利用 INDEX 和 MATCH 函数，通过选择姓名查询语数外成绩。在 L3 单元格中输入公式（方法 2）"＝INDEX($A$2:$D$16,MATCH($K$3,$A$2:$A$16,0),COLUMN(B1))"，并向右填充至 N3 单元格。

（4）利用 INDIRECT 和 MATCH 函数，通过选择姓名查询语数外成绩的公式（方法 3）为：

$$＝INDIRECT("B"\&MATCH($F$7,$A$2:$A$16,0)+1)$$
$$＝INDIRECT("C"\&MATCH($F$7,$A$2:$A$16,0)+1)$$
$$＝INDIRECT("D"\&MATCH($F$7,$A$2:$A$16,0)+1)$$

（5）利用 SUM 和 IF 函数，通过选择姓名查询语数外成绩。在 L7 单元格中输入数组公式（方法 4）"{＝SUM(IF($A$2:$A$16＝$K$7,B2:B16))}"，并向右填充至 N7 单元格。

（6）利用 VLOOKUP 函数，通过选择姓名查询语数外成绩的公式（方法 5）为：

$$＝VLOOKUP($F$11,$A$2:$D$16,2,FALSE)$$
$$＝VLOOKUP($F$11,$A$2:$D$16,3,FALSE)$$
$$＝VLOOKUP($F$11,$A$2:$D$16,4,FALSE)$$

（7）利用 SUMIF 函数，通过选择姓名查询语数外成绩。在 L11 单元格中输入公式（方法 6）"＝SUMIF($A$2:$A$16,$K$11,B2)"，并向右填充至 N11 单元格。

(8) 利用 INDEX 和 MATCH 函数,通过选择姓名查询语数外成绩的公式(方法 7)为:

=INDEX($A$2:$D$16,MATCH($F$15,$A$2:$A$16,0),2)

=INDEX($A$2:$D$16,MATCH($F$15,$A$2:$A$16,0),3)

=INDEX($A$2:$D$16,MATCH($F$15,$A$2:$A$16,0),4)

(9) 利用 SUM 函数和算术四则 * 运算,通过选择姓名查询语数外成绩。在 L15 单元格中输入数组公式(方法 8)"{=SUM(($A$2:A16=$K$15) * B2:B16)}",并向右填充至 N15 单元格。

(10) 利用 INDIRECT、ADDRESS、MATCH 和 COLUMN 函数,通过选择姓名查询语数外成绩。在 G19 单元格中输入公式(方法 9)"=INDIRECT(ADDRESS(MATCH($F$19,$A$2:$A$16,0)+1,COLUMN(B1)))",并填充至 I19 单元格。

(11) 利用 SUMPRODUCT 函数和算术四则乘运算,通过选择姓名查询语数外成绩。在 L19 单元格中输入公式(方法 10)"=SUMPRODUCT(($A$2:A16=$K$19) * B2:B16)",并向右填充至 N19 单元格。

(12) 利用 VLOOKUP 和 COLUMN 函数,通过选择姓名查询语数外成绩。在 G23 单元格中输入公式(方法 11)"=VLOOKUP($F$23,$A$2:$D$16,COLUMN(B1),FALSE)",并向右填充至 I23 单元格。

(13) 利用 INDIRECT、MATCH 函数和 COLUMN 函数,通过选择姓名查询语数外成绩。在 L23 单元格中输入公式(方法 12)"=INDIRECT("R"&(MATCH($K$23,$A$2:$A$16,0)+1)&"C"&COLUMN(B1),)",并向右填充至 N23 单元格。

(14) 利用 VLOOKUP 和 MATCH 函数,通过选择姓名查询语数外成绩。在 G27 单元格中输入公式(方法 13)"=VLOOKUP($F$27,$A$2:$D$16,MATCH(G26,$A$1:$D$1,0),0)",并向右填充至 I27 单元格。

(15) 利用 OFFSET、MATCH 和 COLUMN 函数,通过选择姓名查询语数外成绩。在 L27 单元格中输入公式(方法 14)"=OFFSET($A$1,MATCH($K$27,$A$2:$A$16,),COLUMN(B1)-1)",并向右填充至 N27 单元格。

(16) 利用 LOOKUP 配合算术四则除(/)运算,通过选择姓名查询语数外成绩。在 G31 单元格中输入公式(方法 15)"=LOOKUP(1,0/($A$2:$A$16=$F$31),B2:B16)",并向右填充至 I31 单元格。

(17) 利用 SUM、OFFSET 和 MATCH 函数,通过选择姓名查询总成绩。在 L31 单元格中输入公式"=SUM(OFFSET($B$1,MATCH(K31,A2:A16,0),,,3))"。

【说明】

(1) VLOOKUP(或者 HLOOKUP)结合 MATCH 函数可以实现动态查询功能。

(2) 在 G27 单元格中的公式(方法 13)中,利用 MATCH 函数动态确定语数外学科所在的列数,再根据姓名利用 VLOOKUP 函数查询指定学科的成绩。

## 8.8.3 反向查询

VLOOKUP 函数搜索某个单元格区域的第 1 列,然后返回该区域相同行上任何单元格中的值,通常从左往右在垂直方向上有序查找。如果要从右往左(反向)查找,则需要配合使用 IF 或者 CHOOSE 等函数。

Excel 提供了多种反向查询方法，读者可以根据具体情况和个人偏好灵活使用。

（1）VLOOKUP 配合 IF 方法；

（2）INDEX 配合 MATCH 方法；

（3）VLOOKUP 配合 CHOOSE 方法；

（4）OFFSET 配合 MATCH 方法；

（5）INDIRECT 配合 MATCH 方法；

（6）LOOKUP 方法。

**【例 8-10】** 反向查询。打开“fl8-10 反向查找(根据姓名查询学号).xlsx”文件，利用查找与引用函数（INDIRECT、LOOKUP、VLOOKUP、INDEX、MATCH、OFFSET 和 CHOOSE），使用不同的方法设计学号成绩查询器，通过选择“姓名”查询其学号（反向查询）和成绩，结果如图 8-20 所示。

| | A | B | C | D | E | F | G | H | I | J |
|---|---|---|---|---|---|---|---|---|---|---|
| 1 | 学号 | 姓名 | 成绩 | | 在查询器中选择“姓名”，查询该生的学号和成绩 | | | | | |
| 2 | S501 | 宋平平 | 87 | | 学号成绩查询器1 | | | 学号成绩查询器2 | | |
| 3 | S502 | 王丫丫 | 93 | | 姓名 | 阳一昆 | | 姓名 | 阳一昆 | |
| 4 | S503 | 董华华 | 53 | | 学号 | S512 | | 学号 | S512 | |
| 5 | S504 | 陈燕燕 | 95 | | 成绩 | 51 | | 成绩 | 51 | |
| 6 | S505 | 周萍萍 | 87 | | | | | | | |
| 7 | S506 | 田一天 | 91 | | 学号成绩查询器3 | | | 学号成绩查询器4 | | |
| 8 | S507 | 朱洋洋 | 58 | | 姓名 | 阳一昆 | | 姓名 | 阳一昆 | |
| 9 | S508 | 吕文文 | 78 | | 学号 | S512 | | 学号 | S512 | |
| 10 | S509 | 舒齐齐 | 69 | | 成绩 | 51 | | 成绩 | 51 | |
| 11 | S510 | 范华华 | 93 | | | | | | | |
| 12 | S511 | 赵霞霞 | 79 | | 学号成绩查询器5 | | | 学号成绩查询器6 | | |
| 13 | S512 | 阳一昆 | 51 | | 姓名 | 阳一昆 | | 姓名 | 阳一昆 | |
| 14 | S513 | 翁腾腾 | 93 | | 学号 | S512 | | 学号 | S512 | |
| 15 | S514 | 金依休 | 89 | | 成绩 | 51 | | 成绩 | 51 | |
| 16 | S515 | 李一红 | 96 | | | | | | | |
| 17 | S516 | 赵丹丹 | 90 | | 学号成绩查询器7 | | | | | |
| 18 | S517 | 王清清 | 85 | | 姓名 | 阳一昆 | | | | |
| 19 | S518 | 胡宁宁 | 88 | | 学号 | S512 | | | | |
| 20 | | | | | 成绩 | 51 | | | | |

图 8-20 学号成绩查询器（反向查询）

**【参考步骤】**

（1）分别设置单元格 F3、I3、F8、I8、F13、I13、F18 中姓名的“数据有效性”：在允许下拉列表框中选择“序列”，“来源”文本框中为“=$B$2:$B$19”。

（2）设计学号成绩查询器（方法 1）。

① F4 单元格中查询学号的公式为“=VLOOKUP(F3,IF({1,0},B2:B19,A2:A19),2, FALSE)”。

② F5 单元格中查询成绩的公式为“=VLOOKUP(F4,A2:C19,3,FALSE)”。

（3）设计学号成绩查询器（方法 2）。

① I4 单元格中查询学号的公式为“=INDEX(A2:A19,MATCH(I3,B2:B19,0))”。

② I5 单元格中查询成绩的公式为“=VLOOKUP(I3,CHOOSE({1,2},B2:B19,C2:C19),2, FALSE)”。

（4）设计学号成绩查询器（方法 3）。

① F9 单元格中查询学号的公式为“=VLOOKUP(F8,CHOOSE({1,2},B2:B19,A2:

A19),2，FALSE)"。

②　F10 单元格中查询成绩的公式为"＝INDEX(C2:C19,MATCH(F8,B2:B19,0))"。

（5）设计学号成绩查询器(方法 4)。

①　I9 单元格中查询学号的公式为"＝OFFSET($A$1,MATCH($I$8,$B$2:$B$19,0),0)"。

②　I10 单元格中查询成绩的公式为"＝OFFSET($A$1,MATCH($I$8,$B$2:$B$19,0),2)"。

（6）设计学号成绩查询器(方法 5)。

①　F14 单元格中查询学号的公式为"＝INDIRECT("A"&MATCH(F13,B2:B19,0)+1)"。

②　F15 单元格中查询成绩的公式为"＝INDIRECT("C"&MATCH(F13,B2:B19,0)+1)"。

（7）设计学号成绩查询器(方法 6)。

①　I14 单元格中查询学号的公式为"＝OFFSET($A$1,MATCH($I$13,$B$2:$B$19,0),MATCH(H14,$A$1:$C$1,0)−1)"。

②　I15 单元格中查询成绩的公式为"＝OFFSET($A$1,MATCH($I$13,$B$2:$B$19,0),MATCH(H15,$A$1:$C$1,0)−1)"。

（8）设计学号成绩查询器(方法 7)。

①　F19 单元格中查询学号的公式为"＝LOOKUP(1,0/($B$2:$B$19＝$F$18),A2:A19)"。

②　F20 单元格中查询成绩的公式为"＝LOOKUP(1,0/($B$2:$B$19＝$F$18),C2:C19)"。

**【说明】**

（1）VLOOKUP 函数配合使用 IF 函数实现反向查找的通用公式为：

IF({1,0},查找内容的列,返回内容的列)

（2）VLOOKUP 函数配合使用 CHOOSE 函数实现反向查找的通用公式为：

CHOOSE({1,2,⋯,$n$},查找内容的列,返回内容的列 1,返回内容的列 2,⋯,返回内容的列 $n$)

（3）在 VLOOKUP 函数配合使用 IF 或 CHOOSE 函数实现反向查找的通用公式中，利用常量数组{1,0}或者{1,2,⋯,$n$}改变了列的顺序,再提供给 VLOOKUP 函数作为查找范围使用。

（4）实际上,IF({1,0},⋯)中的 1 可以换成任何非 0 数值,因为 0 等价于 FALSE,非 0 数值等价于 TRUE。

（5）对于 F4 单元格中根据姓名反向查询学号的公式：

＝VLOOKUP(F3,IF({1,0},B2:B19,A2:A19),2，FALSE)

其中,{1,0}是一个水平数组,1 表示 TRUE,0 表示 FALSE,两种情况均要选择,因此选择后合并了 B2:B19 和 A2:A19 两个区域,而 VLOOKUP 返回第 2 列的值,即 A2:A19 中的值,从而达到反向查询的效果。

（6）对于 F19 单元格中根据姓名反向查询学号的公式：

＝LOOKUP(1,0/($B$2:$B$19＝$F$18),A2:A19)

其具体提取过程如下：

①　"$B$2:$B$19＝$F$18"判断$F$18 单元格的值是否出现在$B$2:$B$19 单元格区

域中。例如对于第一个学生"宋平平",返回常量数组{TRUE；FALSE；FALSE；…；FALSE}，除了第一个值为 TRUE,其他 17 个值均为 FALSE。

② 0 除以"$B$2:$B$19=$F$18"的返回结果为常量数组{0；＃DIV/0!；＃DIV/0!；…；＃DIV/0!}。

③ 利用 LOOKUP 函数查找 1 在常量数组{0；＃DIV/0!；＃DIV/0!；…；＃DIV/0!}中的位置,因为找不到 1,所以与接近它的最小值(0)匹配,得到位置 1,最后返回单元格区域 A2:A19 中第 1 行数据的值,即"宋平平"的学号 S501。

④ 其他结果以此类推。

## 8.8.4 双条件查询

Excel 中的查询多以单条件查找引用为主,在实际应用中查找条件可能不止一个。本节介绍实现双条件查询常用的几种不同方法。

(1) INDEX 配合 MATCH 方法；

(2) OFFSET 配合 MATCH 方法；

(3) INDIRECT 配合 ADDRESS 和 MATCH 方法；

(4) INDIRECT 配合 MATCH 方法；

(5) VLOOKUP 配合 MATCH 方法。

【例 8-11】 双条件查询(根据姓名和课程查询成绩)。打开"fl8-11 双条件查询(学生成绩查询器).xlsx"文件,利用查找与引用函数(INDEX、MATCH、OFFSET、INDIRECT 和 ADDRESS),使用 5 种不同的方法设计学生成绩查询器:通过选择姓名和课程(两个条件)查询学生成绩。其中,"姓名"和"课程"由数据有效性指定相应的序列值,结果如图 8-21 所示。

| | A | B | C | D | E | F | G | H | I | J | K |
|---|---|---|---|---|---|---|---|---|---|---|---|
| 1 | 学号 | 姓名 | 语文 | 数学 | 英语 | | 学习成绩查询器1 | | | 学习成绩查询器2 | |
| 2 | S501 | 宋平平 | 87 | 90 | 97 | | 姓名 | 范华华 | | 姓名 | 范华华 |
| 3 | S502 | 王丫丫 | 93 | 92 | 90 | | 课程 | 数学 | | 课程 | 数学 |
| 4 | S503 | 董华华 | 53 | 67 | 93 | | 成绩 | 95 | | 成绩 | 95 |
| 5 | S504 | 陈燕燕 | 95 | 89 | 78 | | | | | | |
| 6 | S505 | 周幽幽 | 87 | 74 | 84 | | 学习成绩查询器3 | | | 学习成绩查询器4 | |
| 7 | S506 | 田一一 | 91 | 74 | 84 | | 姓名 | 范华华 | | 姓名 | 范华华 |
| 8 | S507 | 朱洋洋 | 58 | 55 | 67 | | 课程 | 数学 | | 课程 | 数学 |
| 9 | S508 | 吕文文 | 78 | 77 | 55 | | 成绩 | 95 | | 成绩 | 95 |
| 10 | S509 | 舒齐齐 | 69 | 95 | 99 | | | | | | |
| 11 | S510 | 范华华 | 93 | 95 | 98 | | 学习成绩查询器5 | | | | |
| 12 | S511 | 赵霞霞 | 79 | 86 | 89 | | 姓名 | 范华华 | | | |
| 13 | S512 | 阳一昆 | 51 | 41 | 55 | | 课程 | 数学 | | | |
| 14 | S513 | 翁华华 | 93 | 90 | 94 | | 成绩 | 95 | | | |

图 8-21 选择姓名和课程(两个条件)查询成绩

【参考步骤】

(1) 利用数据有效性分别设置姓名所在单元格 H2、K2、H7、K7、H12,以及课程所在单元格 H3、K3、H8、K8、H13 的查询条件下拉列表框选项。其中,"姓名"有效性条件中的序列"来源"选择"=$B$2:$B$19","课程"有效性条件中的序列"来源"选择"=$C$1:$E$1"。

（2）利用 INDEX 和 MATCH 函数，通过选择姓名和课程查询成绩的公式（方法 1）为“=INDEX($A$1:$E$19,MATCH(H2,$B$1:$B$19,0),MATCH(H3,$A$1:$E$1,0))”。

（3）利用 OFFSET 和 MATCH 函数，通过选择姓名和课程查询成绩的公式（方法 2）为“=OFFSET(B1,MATCH(K2,$B$2:$B$19,0),MATCH(K3,$C$1:$E$1,0))”。

（4）利用 INDIRECT、ADDRESS 和 MATCH 函数，通过选择姓名和课程查询成绩的公式（方法 3）为“=INDIRECT(ADDRESS(MATCH(H7,$B$1:$B$19,0),MATCH(H8,$A$1:$E$1,0)))”。

（5）利用 INDIRECT 和 MATCH 函数，通过选择姓名和课程查询成绩的公式（方法 4）为“=INDIRECT("R"&MATCH(K7,$B$1:$B$19,0)&"C"&MATCH(K8,$A$1:$E$1,0),)”。

（6）利用 VLOOKUP 和 MATCH 函数，通过选择姓名和课程查询成绩的公式（方法 5）为“=VLOOKUP(H12,$B$2:$E$19,MATCH(H13,$B$1:$E$1,0),FALSE)”。

## 8.8.5 加班补贴信息查询

本节示例综合应用文本函数、数学函数、日期与时间函数以及查找与引用函数，主要通过以下方法实现数据的查询功能：

（1）CHOOSE 方法；

（2）VLOOKUP 方法；

（3）INDIRECT 配合单元格命名方法。

**【例 8-12】** 加班补贴信息查询。在“fl8-12 职工加班补贴信息.xlsx”中存放着职工 6 月份的加班情况，利用查找与引用函数（CHOOSE、VLOOKUP 和 INDIRECT）、文本函数（TEXT）、数学函数（ROUND）、日期与时间函数（WEEKDAY）完成如下操作，结果如图 8-22 所示。

| | A | B | C | D | E | F | G | H | I | J | K | L | M | N |
|---|---|---|---|---|---|---|---|---|---|---|---|---|---|---|
| 1 | 职工6月份加班补贴情况表 | | | | | | | | | | | | | |
| 2 | 姓名 | 职称 | 薪酬 | 加班日 | 星期(1) | 星期(2) | 加班时长 | 加班工资 | 补贴1 | 补贴2 | | | 加班工资（元/小时） | |
| 3 | 邱师强 | 中级 | ¥6,075 | 2019/6/1 | 星期六 | 星期六 | 2 | ¥ 20 | ¥ 608 | ¥ 608 | | | 时长 | 单价 |
| 4 | 赵丹丹 | 高级 | ¥8,621 | 2019/6/28 | 星期五 | 星期五 | 1 | ¥ 10 | ¥1,293 | ¥1,293 | | 0 | 2小时以下 | 5 |
| 5 | 林福清 | 初级 | ¥4,998 | 2019/6/16 | 星期日 | 星期日 | 7 | ¥ 70 | ¥ 250 | ¥ 250 | | 2 | 2~5小时 | 10 |
| 6 | 胡安安 | 中级 | ¥7,890 | 2019/6/24 | 星期一 | 星期一 | 12 | ¥ 120 | ¥ 789 | ¥ 789 | | 6 | 6~8小时 | 12 |
| 7 | 钱军军 | 高级 | ¥8,481 | 2019/6/25 | 星期二 | 星期二 | 6 | ¥ 60 | ¥1,272 | ¥1,272 | | 8 | 8~10小时 | 15 |
| 8 | 孙莹莹 | 中级 | ¥6,896 | 2019/6/2 | 星期日 | 星期日 | 10 | ¥ 100 | ¥ 690 | ¥ 690 | | 11 | 10小时以上 | 20 |
| 9 | 来福灵 | 初级 | ¥4,542 | 2019/6/12 | 星期三 | 星期三 | 4 | ¥ 40 | ¥ 227 | ¥ 227 | | | | |
| 10 | 张杉杉 | 高级 | ¥5,071 | 2019/6/7 | 星期五 | 星期五 | 5 | ¥ 50 | ¥ 761 | ¥ 761 | | | 补贴对照表 | |
| 11 | 李思思 | 高级 | ¥9,519 | 2019/6/13 | 星期四 | 星期四 | 11 | ¥ 110 | ¥1,428 | ¥1,428 | | | 职称 | 补贴比例 |
| 12 | 裘石岭 | 初级 | ¥8,403 | 2019/6/22 | 星期六 | 星期六 | 3 | ¥ 30 | ¥ 420 | ¥ 420 | | | 初级 | 5% |
| 13 | 裘石梅 | 中级 | ¥5,481 | 2019/6/6 | 星期四 | 星期四 | 8 | ¥ 80 | ¥ 548 | ¥ 548 | | | 中级 | 10% |
| 14 | 陈默金 | 高级 | ¥9,092 | 2019/6/23 | 星期日 | 星期日 | 3 | ¥ 30 | ¥1,364 | ¥1,364 | | | 高级 | 15% |
| 15 | 肖恺花 | 高级 | ¥8,474 | 2019/6/12 | 星期三 | 星期三 | 9 | ¥ 90 | ¥1,271 | ¥1,271 | | | | |

图 8-22 职工加班补贴统计

（1）请尝试分别使用 TEXT 函数和 CHOOSE 函数两种不同的方法判断加班日期所对应的星期名称。

（2）利用 VLOOKUP 函数，根据表格中的加班工资标准计算职工的加班工资。

（3）分别利用 VLOOKUP 函数和 INDIRECT 函数，根据不同职称的补贴比例（薪酬的百分比）计算职工的补贴（四舍五入到整数部分），将结果分别置于 I3：I15（补贴 1）和 J3：J15（补贴 2）。

**【参考步骤】**

（1）利用 TEXT 函数判断加班日期所对应的星期名称（方法 1）。在 E3 单元格中输入公式"=TEXT(D3,"aaaa")"，并向下填充至 E15 单元格。

（2）利用 CHOOSE 函数判断加班日期所对应的星期名称（方法 2）。在 F3 单元格中输入公式"=CHOOSE(WEEKDAY(D3),"星期日","星期一","星期二","星期三","星期四","星期五","星期六")"，并向下填充至 F15 单元格。

（3）重新整理加班工资标准。为了使用 VLOOKUP 函数搜索不同加班时长所对应的加班工资单价信息，在 L4：L8 数据区域中输入整理后的加班时长。

（4）利用 VLOOKUP 函数计算职工加班工资。选择数据区域 H3：H15，然后在编辑栏中输入公式"=VLOOKUP(G3,$L$4:$N$8,3) * G3:G15"，按 Ctrl+Shift+Enter 键锁定数组公式。

（5）利用 VLOOKUP 函数计算职工补贴（保留到整数部分）（方法 1）。在 I3 单元格中输入公式"=ROUND(C3 * VLOOKUP(B3,$M$12:$N$14,2,FALSE),0)"，并向下填充至 I15 单元格。

（6）为了利用 INDIRECT 函数查询不同职称的补贴比例，分别将 N12、N13、N14 单元格命名为其所对应的职称"初级""中级""高级"。

（7）利用 INDIRECT 函数计算职工补贴（保留到整数部分）（方法 2）。在 J3 单元格中输入公式"=ROUND(C3 * INDIRECT(B3),0)"，并向下填充至 J15 单元格。

**【拓展】**

请读者思考，如果日期的星期序号，1 对应星期一、2 对应星期二、……、7 对应星期日，则本例使用 CHOOSE 函数判断加班日期所对应的星期名称需要做哪些调整？

# 8.8.6 隔行提取数据

本节示例利用查找与引用函数 INDIRECT 和 ROW 分别隔一行、隔两行和隔三行提取数据。

**【例 8-13】** 隔行提取学生姓名。打开"fl8-13 隔行提取数据.xlsx"，利用查找与引用函数 INDIRECT 和 ROW 分别隔一行、隔两行和隔三行提取学生姓名，结果如图 8-23 所示。

**【参考步骤】**

（1）隔一行提取学生姓名。在 C2 单元格中输入公式"= INDIRECT("A"&(ROW(A1) * 2))"，并向下填充至 C9 单元格。

（2）隔两行提取学生姓名。在 D2 单元格中输入公式"= INDIRECT("A"&(ROW(A1) *

| | A | B | C | D | E |
|---|---|---|---|---|---|
| 1 | 姓名 | | 隔1行提取 | 隔2行提取 | 隔3行提取 |
| 2 | 宋平平 | | 宋平平 | 宋平平 | 宋平平 |
| 3 | 王丫丫 | | 董华华 | 陈燕燕 | 周萍萍 |
| 4 | 董华华 | | 周萍萍 | 朱洋洋 | 舒齐齐 |
| 5 | 陈燕燕 | | 朱洋洋 | 范华华 | 翁华华 |
| 6 | 周萍萍 | | 舒齐齐 | 翁华华 | |
| 7 | 田一天 | | 赵霞霞 | | |
| 8 | 朱洋洋 | | 翁华华 | | |
| 9 | 吕文文 | | 李一红 | | |

图 8-23 隔行提取学生姓名

3－1))”,并向下填充至 D6 单元格。

(3) 隔三行提取学生姓名。在 E2 单元格中输入公式“＝INDIRECT("A"&(ROW(A1)*4－2))”,并向下填充至 E5 单元格。

## 8.8.7 随机排位

在实际应用中经常需要根据所提供的人员名单随机安排这些人员的出场顺序,例如投标答辩、考试位置安排等。本节示例综合利用查找与引用函数 INDEX、VLOOKUP、OFFSET、ROW 和 COLUMN 以及随机函数 RAND 和统计函数 RANK 为学生随机安排期末考试座位。

**【例 8-14】** 随机安排学生期末考试座位。在“fl8-14 随机排位.xlsx”中存放着 12 名学生的学号和姓名信息,利用查找与引用函数(INDEX 和 VLOOKUP)、随机函数(RAND)和统计函数(RANK),使用各种不同的方法,为学生随机安排期末考试(单列或者 4 列)座位,结果如图 8-24 所示。

| | A | B | C | D | E | F | G | H | I | J | K |
|---|---|---|---|---|---|---|---|---|---|---|---|
| 1 | 一班学生名单 | | | | 期末考试座位表 | | | | | | |
| 2 | 学号 | 姓名 | 性别 | | 座位号 | 学号 | 姓名1 | 姓名2 | | 辅助列1 | 辅助列2 |
| 3 | B501 | 朱洋洋 | 男 | | 1 | B502 | 赵霞霞 | 赵霞霞 | | 0.9037 | 2 |
| 4 | B502 | 赵霞霞 | 女 | | 2 | B511 | 苏依依 | 苏依依 | | 0.3579 | 11 |
| 5 | B503 | 周萍萍 | 女 | | 3 | B504 | 阳一昆 | 阳一昆 | | 0.7397 | 4 |
| 6 | B504 | 阳一昆 | 男 | | 4 | B508 | 宋平平 | 宋平平 | | 0.4513 | 8 |
| 7 | B505 | 田一天 | 男 | | 5 | B506 | 翁华华 | 翁华华 | | 0.6014 | 6 |

(a) 单列座位

| | A | B | C | D | E | F | G | H |
|---|---|---|---|---|---|---|---|---|
| 1 | 学号 | 姓名 | 辅助列 | | 第1列 | 第2列 | 第3列 | 第4列 |
| 2 | B501 | 朱洋洋 | 0.766908 | | B503-周萍萍 | B502-赵霞霞 | B507-王丫丫 | B510-董华华 |
| 3 | B502 | 赵霞霞 | 0.852478 | | B508-宋平平 | B501-朱洋洋 | B512-陈天乐 | B506-翁华华 |
| 4 | B503 | 周萍萍 | 0.413405 | | B511-苏依依 | B504-阳一昆 | B509-范华华 | B505-田一天 |

(b) 4列座位

图 8-24 随机安排期末考试座位

**【参考步骤】**

随机安排期末考试座位(单列)。以下操作在 Sheet1 工作表中完成。

(1) 利用 RAND 函数生成辅助列。在 J3 单元格中输入公式“＝RAND()”,并向下填充至 J14 单元格。

(2) 根据辅助列排序。在 K3 单元格中输入公式“＝RANK(J3,$J$3:$J$14)”,并向下填充至 K14 单元格。

(3) 随机安排学号。在 F3 单元格中输入公式“＝INDEX($A$3:$A$14,K3)”,并向下填充至 F14 单元格。

(4) 随机安排相应的姓名(方法 1)。在 G3 单元格中输入公式“＝INDEX($B$3:$B$14,K3)”,并向下填充至 G14 单元格。

(5) 随机安排相应的姓名(方法 2)。在 H3 单元格中输入公式“＝VLOOKUP(F3,$A$3:$B$14, 2, FALSE)”,并向下填充至 H14 单元格。

随机安排期末考试座位(4 列)。以下操作在 Sheet2 工作表中完成：

（1）利用 RAND 函数生成辅助列。在 C2 单元格中输入公式"＝RAND()"，并向下填充至 C13 单元格。

（2）随机安排 4 列学生，同时显示学号和姓名。在 E2 单元格中输入公式"＝INDEX($A$2:$A$13&"－"&$B$2:$B$13,RANK(OFFSET($C$1,(ROW(A1)－1)＊4＋COLUMN(A1),),$C:$C))"，并向右、向下填充至 H4 单元格。

**【说明】**

（1）在随机生成 4 列座位安排的方法中，利用了 OFFSET 函数结合 RANK 函数在 C 列随机数中的排名，动态地返回学生学号和姓名，从而达到随机排位的效果。

（2）公式"(ROW(A1)－1)＊4＋COLUMN(A1)"用于产生顺序号，当公式向右和向下复制时，自动生成 3 行 4 列 1～12 的自然数序号(先行后列)。

（3）公式"OFFSET($C$1,(ROW(A1)－1)＊4＋COLUMN(A1),)"利用上面产生的自然数序号按顺序提取 C 列中的各个随机数。

（4）根据 RANK 函数和提取的随机数返回 C 列的排名。

（5）利用 INDEX 函数返回排名所对应的学号和姓名。

# 8.8.8 打印工资条

在实际应用中经常需要根据所提供的职工工资信息或者学生成绩信息打印工资条或者学生成绩单。本节示例综合利用查找与引用函数(CHOOSE、ROW、COLUMN、INDEX 和 OFFSET)、条件判断函数(IF)、数学函数(INT、MOD 和 ROUNDUP)打印职工工资条。

**【例 8-15】** 打印工资条。打开"fl8-15 打印工资条(职工工资表).xlsx"文件，利用查找与引用函数(CHOOSE、ROW、COLUMN、INDEX 和 OFFSET)、条件判断函数(IF)、数学函数(INT、MOD 和 ROUNDUP)，以各种不同的方法打印工资条，要求以短破折线、空行或者无分隔行分隔每位职工的工资信息。其中，以短破折线分隔每位职工的工资信息的打印结果如图 8-25 所示。

| | A | B | C | D | E |
|---|---|---|---|---|---|
| 1 | 姓名 | 基本工资 | 津贴 | 奖金 | 总计 |
| 2 | 李一明 | ￥2,028 | ￥1,301 | ￥1,438 | ￥4,767 |
| 3 | 赵丹丹 | ￥1,436 | ￥1,210 | ￥523 | ￥3,169 |
| 4 | 王清清 | ￥2,168 | ￥1,257 | ￥1,745 | ￥5,170 |
| 5 | 胡安安 | ￥1,394 | ￥1,331 | ￥1,138 | ￥3,863 |
| 6 | 钱军军 | ￥1,374 | ￥1,299 | ￥1,068 | ￥3,741 |
| 7 | 孙莹莹 | ￥1,612 | ￥1,200 | ￥3,338 | ￥6,150 |
| 8 | | | | | |
| 9 | 姓名 | 基本工资 | 津贴 | 奖金 | 总计 |
| 10 | 李一明 | 2028 | 1301 | 1437.5 | 4766.5 |
| 11 | | | | | |
| 12 | 姓名 | 基本工资 | 津贴 | 奖金 | 总计 |
| 13 | 赵丹丹 | 1436 | 1210 | 522.5 | 3168.5 |
| 14 | | | | | |
| 15 | 姓名 | 基本工资 | 津贴 | 奖金 | 总计 |
| 16 | 王清清 | 2168 | 1257 | 1745 | 5170 |
| 17 | | | | | |

图 8-25 打印工资条

**【参考步骤】**

(1) 打印工资条(方法 1,以短破折线分隔)。在 Sheet1 的 A9 单元格中输入公式"=CHOOSE(MOD(ROW(A1),3)+1,"--------------",A\$1,OFFSET(A\$1,ROW(A2)/3,))",并向右、向下填充至 E26 单元格。

(2) 打印工资条(方法 2,以短破折线分隔)。在 Sheet2 的 A9 单元格中输入公式"=CHOOSE(MOD(ROW(1:1),3)+1,"-------------",A\$1,INDEX(A:A,ROUNDUP(ROW(1:1)/3,)+1))",并向右、向下填充至 E26 单元格。

(3) 打印工资条(方法 3,以空行分隔)。在 Sheet3 的 A9 单元格中输入公式"=CHOOSE(MOD((ROW(1:1)-1),3)+1,A\$1,INDEX(A:A,INT((ROW(1:1)-1)/3)+2),"")",并向右、向下填充至 E26 单元格。

(4) 打印工资条(方法 4,无分隔行)。在 Sheet4 的 A9 单元格中输入公式"=IF(MOD(ROW(),2)<>0,A\$1,INDEX(\$A:\$N,ROW()/2-3,COLUMN()))",并向右、向下填充至 E20 单元格。

**【说明】**

(1) 本例中的方法 1(以短破折线分隔)利用 MOD 函数生成循环序列,并结合 CHOOSE 函数隔行取出对应工资表中的数据,生成职工工资条的各项信息。

(2) 本例中的方法 2(以短破折线分隔)利用了 CHOOSE 函数的特性,由 MOD 函数根据行号计算得到 1、2、3 的循环序列值,从而循环生成工资条的表头、职工姓名和工资信息、短破折线。其中,ROUNDUP 函数用于向上四舍五入到最接近的整数。

# 8.8.9　学生成绩等级查询和判断

本节示例根据学生百分制的课程分数查询和判断其对应的等级(优、良、中、及格、不及格)既可以使用查询与引用函数,也可以使用逻辑函数和数学函数。几种常用的方法如下:

(1) 嵌套 IF 判断方法;

(2) VLOOKUP 查询方法;

(3) LOOKUP 查询方法(向量形式和数组形式);

(4) HLOOKUP 查询方法;

(5) INDEX 配合 MATCH 方法;

(6) INDEX 配合 COUNTIF 方法;

(7) CHOOSE 配合 COUNTIF 方法;

(8) CHOOSE 配合 MATCH 方法;

(9) CHOOSE 配合 IF 方法;

(10) CHOOSE 配合 SUMPRODUCT 以及算术四则乘(＊)运算方法;

(11) CHOOSE 配合 SUMPRODUCT 以及算术四则减负(－－)运算方法;

(12) OFFSET 配合 MATCH 方法;

(13) INDIRECT 配合 MATCH 方法。

**【例 8-16】**　学生成绩等级查询和判断(多种方法比较)。打开"fl8-16 学生成绩等级查询和判断(多种方法比较).xlsx"文件,利用不同的方法,根据学生语文成绩判断其等级,结果如图 8-26 所示。

| 学号 | 语文 | 等级1 IF嵌套法 | 等级2 VLOOKUP法 | 等级3 LOOKUP法 | 等级4 LOOKUP法2 | 等级5 LOOKUP法3 | 等级6 HLOOKUP | 等级7 INDEX法 | 等级8 INDEX法2 | 等级9 CHOOSE法 | 等级10 CHOOSE法2 | 等级11 CHOOSE法3 | 等级12 CHOOSE法4 | 等级13 CHOOSE法5 | 等级14 CHOOSE法6 | 等级15 CHOOSE法7 | 等级16 CHOOSE法8 | 等级17 CHOOSE法9 | 等级18 OFFSET法 | 等级19 Indirect法 | | | |
|---|---|---|---|---|---|---|---|---|---|---|---|---|---|---|---|---|---|---|---|---|---|---|---|
| | | | | | | | | | | | | | | | | | | | | | 90~100 | 优 | |
| S01001 | 94 | 优 | 优 | 优 | 优 | 优 | 优 | 优 | 优 | 优 | 优 | 优 | 优 | 优 | 优 | 优 | 优 | 优 | 优 | 优 | 80~89 | 良 | |
| S01002 | 84 | 良 | 良 | 良 | 良 | 良 | 良 | 良 | 良 | 良 | 良 | 良 | 良 | 良 | 良 | 良 | 良 | 良 | 良 | 良 | 70~69 | 中 | |
| S01003 | 50 | 不及格 | 不及格 | 不及格 | 不及格 | 不及格 | 不及格 | 不及格 | 不及格 | 不及格 | 不及格 | 不及格 | 不及格 | 不及格 | 不及格 | 不及格 | 不及格 | 不及格 | 不及格 | 不及格 | 60~69 | 及格 | |
| S01004 | 69 | 中 | 中 | 中 | 中 | 中 | 中 | 中 | 中 | 中 | 中 | 中 | 中 | 中 | 中 | 中 | 中 | 中 | 中 | 中 | <60 | 不及格 | |
| S01005 | 60 | 及格 | 及格 | 及格 | 及格 | 及格 | 及格 | 及格 | 及格 | 及格 | 及格 | 及格 | 及格 | 及格 | 及格 | 及格 | 及格 | 及格 | 及格 | 及格 | | | |
| S01006 | 70 | 中 | 中 | 中 | 中 | 中 | 中 | 中 | 中 | 中 | 中 | 中 | 中 | 中 | 中 | 中 | 中 | 中 | 中 | 中 | 0 | 不及格 | |
| S01007 | 73 | 中 | 中 | 中 | 中 | 中 | 中 | 中 | 中 | 中 | 中 | 中 | 中 | 中 | 中 | 中 | 中 | 中 | 中 | 中 | 60 | 及格 | |
| S01008 | 74 | 中 | 中 | 中 | 中 | 中 | 中 | 中 | 中 | 中 | 中 | 中 | 中 | 中 | 中 | 中 | 中 | 中 | 中 | 中 | 70 | 中 | |
| S01009 | 51 | 不及格 | 不及格 | 不及格 | 不及格 | 不及格 | 不及格 | 不及格 | 不及格 | 不及格 | 不及格 | 不及格 | 不及格 | 不及格 | 不及格 | 不及格 | 不及格 | 不及格 | 不及格 | 不及格 | 80 | 良 | |
| S01010 | 63 | 及格 | 及格 | 及格 | 及格 | 及格 | 及格 | 及格 | 及格 | 及格 | 及格 | 及格 | 及格 | 及格 | 及格 | 及格 | 及格 | 及格 | 及格 | 及格 | 90 | 优 | |

图 8-26 学生成绩等级(优、良、中、及格、不及格)

【参考步骤】

(1) 为了使用 VLOOKUP 函数,需要调整成绩等级评定条件的格式(置于 W8:X12 数据区域),以确保包含数据的单元格区域的第 1 列中的值按升序排列。

(2) C3 单元格中利用嵌套 IF 函数评定等级的公式(方法 1)为“=IF(B3≥90,"优", IF(B3≥80,"良", IF(B3≥70,"中", IF(B3≥60,"及格","不及格"))))”。当然, Excel 2019 中还可以使用 IFS 函数评定成绩等级,公式为“=IFS(B3≥90,"优",B3≥ 80,"良",B3≥70,"中",B3≥60,"及格",B3<60,"不及格")”。

(3) D3 单元格中利用 VLOOKUP 函数评定等级的公式(方法 2)为“=VLOOKUP (B3,$W$8:$X$12,2)”。

(4) E3 单元格中利用 LOOKUP 函数评定等级的公式(方法 3)为“=LOOKUP(B3, $W$8:$W$12,$X$8:$X$12)”。

(5) F3 单元格中利用 LOOKUP 函数和数组常量评定等级的公式(方法 4)为 “=LOOKUP(B3,{0,"不及格";60,"及格";70,"中";80,"良";90,"优"})”。

(6) G3 单元格中利用 LOOKUP 函数和数组常量评定等级的公式(方法 5)为 “=LOOKUP(B3,{0,60,70,80,90},{"不及格","及格","中","良","优"})”。

(7) H3 单元格中利用 HLOOKUP 函数和数组常量评定等级的公式(方法 6)为 “=HLOOKUP(B3,{0,60,70,80,90;"不及格","及格","中","良","优"},2,1)”。

(8) I3 单元格中利用 INDEX 和 MATCH 函数评定等级的公式(方法 7)为“=INDEX ($X$8:$X$12,MATCH(B3,$W$8:$W$12,1))”。

(9) J3 单元格中利用 INDEX 和 COUNTIF 函数评定等级的公式(方法 8)为“=INDEX ($X$8:$X$12,COUNTIF($W$8:$W$12,"<="&B3))”。

(10) K3 单元格中利用 CHOOSE 和 COUNTIF 函数评定等级的公式(方法 9)为 “=CHOOSE(COUNTIF($W$8:$W$12,"<="&B3),"不及格","及格","中","良","优")”。

(11) L3 单元格中利用 CHOOSE、MATCH 函数和数组常量评定等级的公式(方法 10)为“=CHOOSE(MATCH(TRUE,B3>{89,79,69,59,0},),"优","良","中","及 格","不及格")”。

(12) M3 单元格中利用 CHOOSE 和 MATCH 函数评定等级的公式(方法 11)为 “=CHOOSE(MATCH(B3,$W$8:$W$12,1),"不及格","及格","中","良","优")”。

(13) N3 单元格中利用 CHOOSE 和 IF 函数评定等级的公式(方法 12)为“=CHOOSE (IF(B3≥90,1,IF(B3≥80,2,IF(B3≥70,3,IF(B3≥60,4,5)))),"优","良", "中","及格","不及格")”。

（14）O3 单元格中利用 CHOOSE、IF 和 INT 函数评定等级的公式（方法 13）为 "=CHOOSE(IF(B3＜60,1,INT((B3－50)/10)＋1),"不及格","及格","中","良","优")"。

（15）P3 单元格中利用 CHOOSE 和 SUMPRODUCT 函数以及 ＊算术四则运算评定等级的公式（方法 14）为 "=CHOOSE(SUMPRODUCT(1＊(B3＞=$W$8:$W$12)),"不及格","及格","中","良","优")"。

（16）Q3 单元格中利用 CHOOSE 和 SUMPRODUCT 函数以及－－算术四则运算评定等级的公式（方法 15）为 "=CHOOSE(SUMPRODUCT(－－(B3＞=$W$8:$W$12)),"不及格","及格","中","良","优")"。

（17）R3 单元格中利用 CHOOSE 和 SUM 函数以及 ＊算术四则运算评定等级的数组公式（方法 16）为 "{=CHOOSE(SUM(1＊(B3＞=$W$8:$W$12)),"不及格","及格","中","良","优")}"。

（18）S3 单元格中利用 CHOOSE 和 SUM 函数以及－－算术四则运算评定等级的数组公式（方法 17）为 "{=CHOOSE(SUM(－－(B3＞=$W$8:$W$12)),"不及格","及格","中","良","优")}"。

（19）T3 单元格中利用 OFFSET 和 MATCH 的公式（方法 18）为 "=OFFSET($X$7,MATCH(B3,$W$8:$W$12),)"。

（20）U3 单元格中利用 INDIRECT 和 MATCH 函数的公式（方法 19）为 "=INDIRECT("X"&MATCH(B3,$W$8:$W$12)＋7)"。

【说明】

（1）"--"称为"减负运算"，一般用于将逻辑值和文本型数据转换为数值数据。其完整的形式应该是："0-(-逻辑值或文本型数据)"，结果为数值数据。

例如，本例方法 15 中的公式：

=CHOOSE(SUMPRODUCT(--(B3＞=$W$8:$W$12)),
"不及格","及格","中","良","优")

利用--(减负)运算将逻辑值转换为数值，再利用 SUMPRODUCT 函数计算乘积之和。

再如，利用 SUM、MID 函数和--运算配合数组常量计算一个多位数（例如 5986）的各个数字之和（结果为 28）的公式为：

=SUM(--(MID(5986,{1;2;3;4},1)))

利用--(减负)运算将 MID 函数返回的文本型数据转换为数值，再利用 SUM 函数求和。

（2）用户还可以利用 1＊、＊1、/1、＋0、0＋、－0 算术四则运算将逻辑值或文本型数据转换为数值。

例如，本例方法 14 中的公式：

=CHOOSE(SUMPRODUCT(1＊(B3＞=$W$8:$W$12)),"不及格",
"及格","中","良","优")

其等价的几种表述为：

$$=CHOOSE(SUMPRODUCT((B3>=\$W\$8:\$W\$12)*1),$$
"不及格","及格","中","良","优")
$$=CHOOSE(SUMPRODUCT((B3>=\$W\$8:\$W\$12)/1),$$
"不及格","及格","中","良","优")
$$=CHOOSE(SUMPRODUCT((B3>=\$W\$8:\$W\$12)+0),$$
"不及格","及格","中","良","优")
$$=CHOOSE(SUMPRODUCT(0+(B3>=\$W\$8:\$W\$12)),$$
"不及格","及格","中","良","优")
$$=CHOOSE(SUMPRODUCT((B3>=\$W\$8:\$W\$12)-0),$$
"不及格","及格","中","良","优")

它们都可以将逻辑值转换为数值,并实现利用 SUMPRODUCT 函数求和的功能。

（3）逻辑值(TRUE 和 FALSE)与数值的转换规则如下：

① 在数值运算(加、减、乘、除、乘幂、百分比等)中,TRUE=1,FALSE=0。

② 在逻辑判断中,0=FALSE,任何非 0 数值=TRUE。

③ 在比较运算中,数据排序遵循"数值<文本<FALSE<TRUE"的规则。

（4）根据逻辑值和数值的转换规则,逻辑表达式的 *、+ 运算可以代替 AND、OR 函数。例如,A1～C1 单元格中分别存放着学生的语文、数学、英语成绩,判断是否录取优等生的公式为：

$$=IF(AND(A1>=90,B1>=90,C1>=90),"录取","不录取")$$

等价于：

$$=IF((A1>=90)*(B1>=90)*(C1>=90),"录取","不录取")$$

（5）乘号(*)和加号(+)还可以替换一些使用 IF 函数进行条件判断并返回数值的问题。例如,根据 A1 单元格中职工的性别信息判断退休年龄的公式为：

$$=IF(A1="男",60,55)$$

等价于：

$$=(A1="男")*5+55$$

（6）为了使用 CHOOSE 函数,如果成绩<60 对应于序号 1,则需要利用 INT 或者 TRUNC 函数将成绩区间 60～69、70～79、80～89、90～100 分别转换为 2、3、4、5。例如本例中的方法 13 还可以使用公式：
$$=CHOOSE(IF(B2<60,1,TRUNC((B2-50)/10)+1),"不及格","及格","中","良","优")$$
实现同样的功能。

# 习题

## 一、单选题

1. 在 Excel 中,假如百分制考试分数在 A1 单元格中,以下使用数组常量将百分制考试成绩转化为等级(例如 100～90 分为"优秀",89～80 分为"良好",79～60 分为"及格",59～0 分为"不及格")的公式中,除了_____,其他均可以实现所要求的功能。

    A. =LOOKUP(A1,{0,60,80,90;"不及格","及格","良好","优秀"})

    B. =LOOKUP(A1,{0,60,80,90},{"不及格","及格","良好","优秀"})

    C. =LOOKUP(A1,{0,"不及格";60,"及格";80,"良好";90,"优秀"})

    D. =LOOKUP(A1,{90,"优秀";80,"良好";60,"及格";0,"不及格"})

2. 在 Excel 中,假设 A1:A100 单元格区域中存放着某班级学生的语文摸底考试的成绩,则以下提取后 5 名成绩的方法中,除了_____,其他方法均可以实现所要求的功能:选择 C1:C5 单元格区域,输入相应的数组公式。

    A. {=SMALL(A1:A100,{1;2;3;4;5})}

    B. {=SMALL(A1:A100,ROW(1:5))}

    C. {=SMALL(IF(ISERROR(A1:A100),"",A1:A100),ROW(1:5))}

    D. {=SMALL(IF(ISERROR(A1:A100),"",A1:A100),1:5)}

3. 在 Excel 中,假设 A1:A100 单元格区域中存放着某班级学生的语文摸底考试的成绩,则以下提取前 5 名的方法中,除了_____,其他方法均可以实现所要求的功能:选择 B1:B5 单元格区域,输入相应的数组公式。

    A. {=LARGE(IF(ISERROR(A1:A100),"",A1:A100),ROW(1:5))}

    B. {=LARGE(A1:A100,ROW(INDIRECT("1:5")))}

    C. {=LARGE(IF(ISERROR(A1:A100),"",A1:A100),1:5)}

    D. {=LARGE(A1:A100,{1;2;3;4;5})}

4. 在 Excel 中,假设 A1:A100 单元格区域中存放着 100 个数值,则以下对奇数行数据求和(即 A1+A3+…+A99)的公式中错误的是_____。

    A. =SUM(MOD(ROW(A1:A100),2)*A1:A100)

    B. =SUMPRODUCT(MOD(ROW(A1:A100),2)*A1:A100)

    C. {=SUM(MOD(ROW(A1:A100),2)*A1:A100)}

    D. {=SUM(IF(MOD(ROW(A1:A100),2),A1:A100,0))}

5. 在 Excel 中,假设 A1:A100 单元格区域中存放着 100 个数值,则以下对偶数行数据求和(即 A2+A4+…+A100)的公式中错误的是_____。

    A. =SUMPRODUCT((MOD(ROW(A1:A100),2)=0)*(A1:A100))

    B. {=SUM(IF(MOD(ROW(A1:A100),2),0,A1:A100))}

    C. {=SUM((MOD(ROW(A1:A100),2)=1)*(A1:A100))}

    D. {=SUM(N(OFFSET(A1,ROW(1:100)*2-1,)))}

**二、填空题**

1. 在 Excel 中,计算 1+2+…+100 累加和的数组公式为_____。

2. 在 Excel 中,使工作表的奇数行背景是红色的条件格式规则为_____。

3. 在 Excel 中,假设 A1:A100 单元格区域中存放着某班级数学摸底考试的成绩,求第一名成绩所在行号的公式为_____。

4. 在 Excel 中,假设 A1:A100 单元格区域中存放着某班级数学摸底考试的成绩,以"R1C1"引用样式求第一名成绩所在单元格的公式为_____。

5. 在 Excel 中,查找 A 列中最后一个数值信息的公式为_____。

6. 在 Excel 中,查找 A 列中最后一个文本信息的公式为_____。

7. 在 Excel 中,若数据区域 A1:A3 中包含值 55、30 和 15,则 MATCH(15,A1:A3,0) 的结果为_____,MATCH(45,A1:A3,-1) 的结果为_____。

8. 在 Excel 中,LOOKUP(85,{0,60,90},{"不及格","合格","优"})的结果为_____;=INDEX((B1:C3,A5:D8),2,2,2)返回单元格_____的值;AVERAGE(INDEX((B1:C3,A5:D8),0,2,2))计算并返回数据区域_____的平均值。

9. 在 Excel 中,AVEARGE(OFFSET(D5,-2,-1,2,1))计算并返回数据区域_____的平均值;ADDRESS(3,2)的结果为_____,ADDRESS(3,2,2)的结果为_____,ADDRESS(3,2,3)的结果为_____,ADDRESS(3,2,4)的结果为_____,ROWS(B2:E6)的结果为_____,COLUMNS(B2:E6)的结果为_____。

10. 将 A2 单元格中的数值数据倒置(例如,68934 倒置的结果为 43986)的公式为_____。

11. 在 A1:J1 数据区域中生成 1~10 的自然数水平序列的数组公式为_____。

12. 在 A1:A10 数据区域中生成 1~10 的自然数垂直序列的数组公式为_____。

三、思考题

1. Excel 数据库函数又称什么函数?其提供了哪些具体函数对数据清单或数据库中的数值进行查询并分析?

2. Excel 数据库函数的语法形式和含义是什么?

3. Excel 数据库函数在使用过程中要注意哪些具体的事项?

4. 如何使用 Excel 数据库函数进行模糊查找?

5. 在 Excel 数据库函数将公式的计算结果作为条件使用时,需要注意哪些具体的事项?

6. Excel 提供了哪些主要的查找与引用函数在数据清单或表格中查找特定数值,或者查找某一单元格的引用信息?

7. 在 Excel 的查找与引用函数中,VLOOKUP、HLOOKUP 和 LOOKUP 函数的功能与主要区别是什么?

8. 在 Excel 的查找与引用函数中,MATCH 函数的功能是什么?请问获得单元格区域中某个项目的位置信息可以使用什么函数?获得单元格区域中项目本身的内容可以使用什么函数?

9. 在 Excel 的查找与引用函数中,INDEX 函数具有哪两种语法形式?

10. 在 Excel 中有哪几种方法可以将逻辑值和文本型数据转换为数值型数据?请具体理解"--"(即"减负"运算)以及 1*、*1、/1、+0、0+、-0 等算术四则运算的使用技巧。

11. 在 Excel 中,逻辑值(TRUE 和 FALSE)与数值数据的转换规则是什么?

12. 在 Excel 中,逻辑表达式的 *、+ 运算是否可以代替某些 IF、AND、OR 函数的运算?

13. 在 Excel 中有哪几种方法可以实现"双条件"查询?

14. 在 Excel 中有哪几种方法可以实现"反向"查询?

15. 在 Excel 中如何实现 VLOOKUP 批量查找功能?

16. 在 Excel 中如何利用公式和函数提取不重复值?

第 **9** 章

# 其他工作表函数

Excel 工程函数用于工程分析,包括对复数进行处理的函数、在不同的数字系统(例如十进制系统、十六进制系统、八进制系统和二进制系统)间进行数值转换的函数、在不同的度量系统中进行数值转换的函数等。

数据库函数用于对数据清单或数据库中的数值进行查询并分析。

视频讲解

## 9.1 度量单位转换

### 9.1.1 CONVERT 函数

CONVERT 函数将数字从一种度量系统转换为另一种度量系统。例如,将一个以"英里"为单位的距离表转换成一个以"千米"为单位的距离表。CONVERT 函数的语法为:

```
CONVERT(number, from_unit, to_unit)
```

CONVERT 函数将数字 number 从一种度量系统单位 from_unit 转换为另一种度量系统单位 to_unit。from_unit 和 to_unit 使用单位代码字符串(参见表 9-1),公制度量衡单位可加前缀符号(参见表 9-2),信息单位(bit、byte)可加二进制前缀(参见表 9-3)。例如,"g"表示克,"kg"表示千克、"kibyte"表示千字节等。

如果单位代码(包括单位前缀)不存在(单位代码区分大小写),或目标单位位于不同的组(类型)中,则导致错误♯N/A;number 为非数值时将导致参数错误♯VALUE!。

例如:

(1) 将 1 磅转换为千克的计算公式为"=CONVERT(1,"lbm","kg")",结果为 0.4535924。

(2) 将 35 摄氏温度转换为华氏温度的计算公式为"=CONVERT(35,"C","F")",结果为 95。

(3) 将 100 平方英尺转换为平方米的计算公式为"=CONVERT(100,"ft2","m2")",

结果为9.290304。

（4）将1千字节转换为bit的计算公式为"＝CONVERT(1,"kibyte","bit")"，结果为8192。

（5）尝试将1米转换为秒的公式为"＝CONVERT(1，"m"，"sec")"，结果为♯N/A。也就是说，不同类型单位之间不能转换。

CONVERT函数支持的单位代码(from_unit、to_unit)如表9-1所示。

表9-1 CONVERT函数支持的单位代码

| 组别 | 代 码 | 说 明 | 组别 | 代 码 | 说 明 |
|---|---|---|---|---|---|
| 质量 | g(支持前缀) | 克(公制) | 面积 | uk_acre | 国际英亩 |
| | ozm | 盎司 | | us_acre | 美制英亩 |
| | lbm | 磅 | | Morgen | 摩根 |
| | cwt 或 shweight | 美担 | 容积 | m3 或 m^3(支持前缀) | 立方米(公制) |
| | uk_cwt 或 lcwt(hweight) | 英担 | | in3 或 in^3 | 立方英寸 |
| | stone | 英石 | | ft3 或 ft^3 | 立方英尺 |
| | ton | 吨 | | yd3 或 yd^3 | 立方码 |
| | uk_ton 或 LTON(brton) | 英吨 | | mi3 或 mi^3 | 立方英里 |
| | grain | 颗粒 | | Nmi3 或 Nmi^3 | 立方海里 |
| | sg | 斯勒格 | | ly3 或 ly^3 | 立方光年 |
| | u(支持前缀) | U(原子质量单位) | | ang3 或 ang^3(支持前缀) | 立方埃 |
| 距离 | m(支持前缀) | 米(公制) | | Picapt3、Pica3、Picapt^3 或 Pica^3 | 立方皮卡 |
| | in | 英寸 | | l 或 L(lt)(支持前缀) | 升 |
| | ft | 英尺 | | gal | 加仑 |
| | yd | 码 | | uk_gal | 英制加仑 |
| | mi | 法定英里 | | tsp | 茶匙 |
| | Nmi | 海里 | | tspm | 现代茶匙 |
| | survey_mi | 美制英里 | | tbs | 汤匙 |
| | ang | 埃 | | oz | 液量盎司 |
| | ell | 厄尔 | | cup | 杯 |
| | ly | 光年 | | pt 或 us_pt | 美制品脱 |
| | parsec 或 pc | 秒差距 | | uk_pt | 英制品脱 |
| | Picapt 或 Pica | 皮卡(1/72英寸) | | qt | 夸脱 |
| | pica | 派卡(1/6英寸) | | uk_qt | 英制夸脱 |
| 面积 | m2 或 m^2(支持前缀) | 平方米(公制) | | barrel | 美制油桶 |
| | in2 或 in^2 | 平方英寸 | | bushel | 美制蒲式耳 |
| | ft2 或 ft^2 | 平方英尺 | | GRT(regton) | 总注册吨 |
| | yd2 或 yd^2 | 平方码 | | MTON | 尺码吨(运费吨) |
| | mi2 或 mi^2 | 平方英里 | 时间 | yr | 年 |
| | Nmi2 或 Nmi^2 | 平方海里 | | day 或 d | 日 |
| | ly2 或 ly^2 | 平方光年 | | hr | 小时 |
| | ang2 或 ang^2 | 平方埃 | | mn 或 min | 分钟 |
| | Picapt2、Pica2、Picapt^2 或 Pica^2 | 平方皮卡 | | sec 或 s(支持前缀) | 秒 |
| | ar | 公亩 | 压强 | Pa 或 p(支持前缀) | 帕斯卡 |
| | ha | 公顷 | | | |

续表

| 组别 | 代 码 | 说 明 | 组别 | 代 码 | 说 明 |
|---|---|---|---|---|---|
| 压强 | atm 或 at(支持前缀) | 大气压 | 磁 | T(支持前缀) | 特斯拉 |
| | mmHg(支持前缀) | 毫米汞柱 | | ga(支持前缀) | 高斯 |
| | psi | 磅平方英寸 | 温度 | C 或 cel | 摄氏度 |
| | Torr | 托 | | F 或 fah | 华氏度 |
| 力 | N(支持前缀) | 牛顿 | | K 或 kel | 开氏温标 |
| | dyn 或 dy(支持前缀) | 达因 | | Rank | 兰氏度 |
| | lbf | 磅力 | | Reau | 列氏度 |
| | pond | 彭特 | 信息 | bit(支持前缀) | 比特 |
| 能量 | J(支持前缀) | 焦耳 | | byte(支持前缀) | 字节 |
| | e(支持前缀) | 尔格 | 速度 | m/s 或 m/sec(支持前缀) | 米/秒 |
| | c(支持前缀) | 热力学卡 | | m/h 或 m/hr(支持前缀) | 米/小时 |
| | cal(支持前缀) | IT 卡 | | mph | 英里/小时 |
| | eV 或 ev(支持前缀) | 电子伏 | | kn | 节 |
| | HPh 或 hh | 马力·小时 | | admkn | 海里 |
| | Wh 或 wh | 瓦特·小时 | 日期时间 | yr | 年 |
| | flb | 英尺磅 | | day 或 d | 日 |
| | BTU 或 btu | 英热单位 | | hr | 小时 |
| 功率 | PS | 公制马力 | | mn 或 min | 分钟 |
| | hp 或 h | 英制马力 | | sec 或 s | 秒 |
| | W 或 w(支持前缀) | 瓦特 | | | |

CONVERT 函数支持的单位前缀代码如表 9-2 所示。

表 9-2　CONVERT 函数支持的单位前缀代码

| 前缀代码 | 说明 | 乘子 | 前缀代码 | 说明 | 乘子 |
|---|---|---|---|---|---|
| "Y" | yotta | 1E＋24 | "d" | deci | 1E−01 |
| "Z" | zetta | 1E＋21 | "c" | centi | 1E−02 |
| "E" | exa | 1E＋18 | "m" | milli | 1E−03 |
| "P" | peta | 1E＋15 | "u" | micro | 1E−06 |
| "T" | tera | 1E＋12 | "n" | nano | 1E−09 |
| "G" | giga | 1E＋09 | "p" | pico | 1E−12 |
| "M" | mega | 1E＋06 | "f" | femto | 1E−15 |
| "k" | kilo | 1E＋03 | "a" | atto | 1E−18 |
| "h" | hecto | 1E＋02 | "z" | zepto | 1E−21 |
| "da"或"e" | dekao | 1E＋01 | "y" | yocto | 1E−24 |

CONVERT 函数支持的二进制前缀代码如表 9-3 所示。

表 9-3 CONVERT 函数支持的二进制前缀代码

| 前缀代码 | 派生自 | 说明 | 前缀值 |
|---|---|---|---|
| "Yi" | yotta | yobi | 2^80 ＝ 1 208 925 819 614 629 174 706 176 |
| "Zi" | zetta | zebi | 2^70 ＝ 1 180 591 620 717 411 303 424 |
| "Ei" | exa | exbi | 2^60 ＝ 1 152 921 504 606 846 976 |
| "Pi" | peta | pebi | 2^50 ＝ 1 125 899 906 842 624 |
| "Ti" | tera | tebi | 2^40 ＝ 1 099 511 627 776 |
| "Gi" | giga | gibi | 2^30 ＝ 1 073 741 824 |
| "Mi" | mega | mebi | 2^20 ＝ 1 048 576 |
| "ki" | kilo | kibi | 2^10 ＝ 1024 |

# 9.1.2 CONVERT 函数应用举例

## 1. 单位换算表

【例 9-1】 长度换算表。在"fl9-1 长度换算表.xlsx"中使用 CONVERT 函数设计长度换算表,计算各种长度单位之间的转换,结果如图 9-1 所示。

| | A | B | C | D | E | F | G | H | I | J |
|---|---|---|---|---|---|---|---|---|---|---|
| 1 | | 米(m) | 千米(km) | 英寸(in) | 英尺(ft) | 码(yd) | 英里(mi) | 海里(Nmi) | 光年(ly) | 埃(ang) |
| 2 | | m | km | in | ft | yd | mi | Nmi | ly | ang |
| 3 | m | 1 | 0.001 | 39.37008 | 3.28084 | 1.093613 | 0.000621 | 0.00054 | 1.06E-16 | 1E+10 |
| 4 | km | 1000 | 1 | 39370.08 | 3280.84 | 1093.613 | 0.621371 | 0.5399568 | 1.06E-13 | 1E+13 |
| 5 | in | 0.0254 | 2.54E-05 | 1 | 0.083333 | 0.027778 | 1.58E-05 | 1.371E-05 | 2.68E-18 | 2.54E+08 |
| 6 | ft | 0.3048 | 0.000305 | 12 | 1 | 0.333333 | 0.000189 | 0.0001646 | 3.22E-17 | 3.05E+09 |
| 7 | yd | 0.9144 | 0.000914 | 36 | 3 | 1 | 0.000568 | 0.0004937 | 9.67E-17 | 9.14E+09 |
| 8 | mi | 1609.344 | 1.609344 | 63360 | 5280 | 1760 | 1 | 0.8689762 | 1.7E-13 | 1.61E+13 |
| 9 | Nmi | 1852 | 1.852 | 72913.39 | 6076.115 | 2025.372 | 1.150779 | 1 | 1.96E-13 | 1.85E+13 |
| 10 | ly | 9.46E+15 | 9.46E+12 | 3.72E+17 | 3.1E+16 | 1.03E+16 | 5.88E+12 | 5.108E+12 | 1 | 9.46E+25 |
| 11 | ang | 1E-10 | 1E-13 | 3.94E-09 | 3.28E-10 | 1.09E-10 | 6.21E-14 | 5.4E-14 | 1.06E-26 | 1 |

图 9-1 长度换算表

【参考步骤】

(1) 在单元格 B3 中输入公式"＝CONVERT(1,$A3,B$2)",并向下填充至 B11。

(2) 选中 B3:B11 单元格区域,并向右填充至 J3:J11。

【思考与拓展】

(1) 参照本例和表 9-1,设计面积单位换算表,使用 CONVERT 函数实现各种面积单位的换算。

(2) 参照本例和表 9-1,设计容积单位换算表,使用 CONVERT 函数实现各种容积(体积)单位的换算。

(3) 参照本例和表 9-1,设计重量/质量单位换算表,使用 CONVERT 函数实现各种重量(质量)单位的换算。

(4) 参照本例和表 9-1,设计日期时间单位换算表,使用 CONVERT 函数实现各种日期时间单位的换算。

**2. 单位换算器**

【例 9-2】 长度单位换算器。在"fl9-2 长度换算器.xlsx"中使用 CONVERT 函数设计单位换算器,实现各种长度单位之间的转换,结果如图 9-2 所示。

| | A | B | C | D | E | F | G | H | I |
|---|---|---|---|---|---|---|---|---|---|
| 1 | 长度1 | 单位1 | 长度2 | 单位2 | | | | | |
| 2 | 1 | mi | 1609.344 | m | | | | | |
| 3 | 米(m) | 千米(km) | 英寸(in) | 英尺(ft) | 码(yd) | 英里(mi) | 海里(Nmi) | 光年(ly) | 埃(ang) |
| 4 | m | km | in | ft | yd | mi | Nmi | ly | ang |

图 9-2　长度单位换算器

【参考步骤】

(1) 设置 B2 和 D2 单元格的数据输入验证方式。选中 B2 和 D2 单元格,单击"数据"选项卡,选择"数据工具"组中的"数据验证"|"数据验证"命令,打开"数据验证"对话框;在"允许"列表框中选择"序列",在"来源"列表框中选择存放序列数据的单元格区域 A4:I4;单击"确定"按钮,完成设定。

(2) 在 C2 单元格中输入转换公式"=CONVERT(A2,B2,D2)"。

(3) 验证长度单位换算器的功能。在 A2 单元格中输入长度,例如 1;在 B2 单元格中选择原始单位,例如 mi;在 D2 单元格中选择目标单位,例如 m。C2 单元格中会自动显示转换后的结果 1609.344。

【拓展】

(1) 参照本例和表 9-1,设计面积单位换算器,使用 CONVERT 函数实现各种面积单位的换算。

(2) 参照本例和表 9-1,设计容积单位换算器,使用 CONVERT 函数实现各种容积(体积)单位的换算。

(3) 参照本例和表 9-1,设计重量/质量单位换算器,使用 CONVERT 函数实现各种重量(质量)单位的换算。

(4) 参照本例和表 9-1,设计日期时间单位换算器,使用 CONVERT 函数实现各种日期时间单位的换算。

视频讲解

# 9.2　数制转换

## 9.2.1　数制转换函数

Excel 提供了用于不同进制数值(二进制、八进制、十进制、十六进制)之间转换的函数。其语法为:

```
BIN2DEC(number):将二进制数转换为十进制数。
BIN2HEX(number):将二进制数转换为十六进制数。
BIN2OCT(number):将二进制数转换为八进制数。
```

DEC2BIN(number):将十进制数转换为二进制数。
DEC2HEX(number):将十进制数转换为十六进制数。
DEC2OCT(number):将十进制数转换为八进制数。
OCT2BIN(number):将八进制数转换为二进制数。
OCT2DEC(number):将八进制数转换为十进制数。
OCT2HEX(number):将八进制数转换为十六进制数。
HEX2BIN(number):将十六进制数转换为二进制数。
HEX2DEC(number):将十六进制数转换为十进制数。
HEX2OCT(number):将十六进制数转换为八进制数。

例如:

(1) 将 10(十进制)数转换为二进制数的公式为"=DEC2BIN(10)",结果为 1010。

(2) 将 10(十进制)数转换为八进制数的公式为"=DEC2OCT(10)",结果为 12。

(3) 将 10(十进制)数转换为十六进制数的公式为"=DEC2HEX(10)",结果为 A。

## 9.2.2 数制转换函数应用举例

### 1. 进制转换表

【例 9-3】 进制转换表。在"fl9-3 进制转换表.xlsx"中使用进制转换函数计算十进制 1~100 对应的其他进制(二进制、八进制和十六进制)的结果,结果如图 9-3 所示。

【参考步骤】

(1) 在单元格 B2 中输入公式"=DEC2BIN(A2)",并向下填充至 B101 单元格。

(2) 在单元格 C2 中输入公式"=DEC2OCT(A2)",并向下填充至 C101 单元格。

(3) 在单元格 D2 中输入公式"=DEC2HEX(A2)",并向下填充至 D101 单元格。

| | A | B | C | D |
|---|---|---|---|---|
| 1 | 十进制 | 二进制 | 八进制 | 十六进制 |
| 2 | 1 | 1 | 1 | 1 |
| 3 | 2 | 10 | 2 | 2 |
| 4 | 3 | 11 | 3 | 3 |
| 5 | 4 | 100 | 4 | 4 |
| 6 | 5 | 101 | 5 | 5 |
| 7 | 6 | 110 | 6 | 6 |
| 8 | 7 | 111 | 7 | 7 |
| 9 | 8 | 1000 | 10 | 8 |
| 10 | 9 | 1001 | 11 | 9 |
| 11 | 10 | 1010 | 12 | A |
| 12 | 11 | 1011 | 13 | B |

图 9-3 进制转换表

### 2. 进制转换器

【例 9-4】 进制转换器。在"fl9-4 进制转换器.xlsx"中设计进制转换器,实现指定数值的不同进制转换,结果如图 9-4 所示。

| | A | B | C | D | E | F | G | H | I |
|---|---|---|---|---|---|---|---|---|---|
| 1 | DEC2BIN(15) | 进制1 | 进制2 | | | 二进制 | 八进制 | 十进制 | 十六进制 |
| 2 | DEC2BIN | 十进制 | 二进制 | | 二进制 | | BIN2OCT | BIN2DEC | BIN2HEX |
| 3 | | 15 | 1111 | | 八进制 | OCT2BIN | | OCT2DEC | OCT2HEX |
| 4 | | | | | 十进制 | DEC2BIN | DEC2OCT | | DEC2HEX |
| 5 | | | | | 十六进制 | HEX2BIN | HEX2OCT | HEX2DEC | |

图 9-4 数值的不同进制转换器

**【参考步骤】**

（1）新建名称。单击"公式"选项卡，选择"定义的名称"组中的"定义名称"命令，打开"定义名称"对话框；在"名称"文本框中输入"myfun"，在"引用位置"文本框中输入公式"＝EVALUATE(A1)"，如图 9-5 所示；单击"确定"按钮，完成设定。

（2）设置 B2 和 C2 单元格的输入验证方式。选中 B2 和 C2 单元格，单击"数据"选项，选择"数据工具"组中的"数据验证"|"数据验证"命令，打开"数据验证"对话框；在"允许"列表框中选择"序列"，在"来源"列表框中选择存放序列数据的单元格区域 E2:E5；单击"确定"按钮，完成设定。

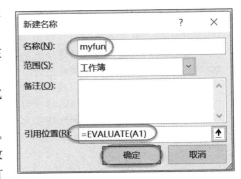

图 9-5　新建名称 myfun

（3）根据 B2 和 C2 中的内容确定转换公式。在 A2 单元格中输入公式"＝INDEX(F2:I5,MATCH(B2,E2:E5,0),MATCH(C2,F1:I1,0))"，即根据 B2 和 C2 中所选择的进制在 E2:E5 单元格区域中查找对应的转换函数；在 A1 单元格中输入公式"＝IF(A2＝0,B3,A2&"("&B3&")")"，即根据所选择的转换函数拼接转换公式字符串。

（4）间接调用 A1 单元格中的公式字符串。在 C3 单元格中输入公式"＝myfun"。

（5）验证进制转换器的功能。在 B3 单元格中输入一个数值，例如 15；在 B2 单元格中选择原始进制，例如"十进制"；在 C2 单元格中选择目标进制，例如"二进制"。C3 单元格中会显示将"进制转换器"自动转换后的结果 1111。

（6）另存工作簿文件为"fl9-4 进制转换器.xlsm"。单击"文件"选项卡，选择"另存为"命令，打开"另存为"对话框；选择保存类型为"Excel 启用宏的工作簿(＊.xlsm)"；单击"保存"按钮，保存文件。

视频讲解

# 9.3　复数运算函数

## 9.3.1　COMPLEX 函数与复数

Excel 支持复数和复数运算。Excel 复数可以表示为复数形式的字符串 $x+yi$ 或 $x+yj$，例如 $3+2i$、$5-4j$ 等。COMPLEX 函数将实系数 $x$ 及虚系数 $y$ 转换为 $x+yi$ 或 $x+yj$ 形式的复数，其语法为：

```
COMPLEX(real_num, i_num, [suffix])
```

其中，参数 real_num 为实系数；i_num 为虚系数；可选参数 suffix 为虚系数的后缀（默认为"i"）。例如：

（1）公式"＝COMPLEX(2,3)"的结果为 $2+3i$。

（2）公式"＝COMPLEX(2,3,"j")"的结果为 $2+3j$。

## 9.3.2 复数的运算

Excel 复数的运算不能直接使用运算符进行,需要通过 Excel 提供的复数函数进行运算。其语法为:

IMSUM(inumber1, [inumber2], …):返回多个复数的和。
IMSUB(inumber1, inumber2):返回两个复数的差。
IMPRODUCT(inumber1, [inumber2], …):返回多个复数的乘积。
IMDIV(inumber1, inumber2):返回两个复数的商。

例如:

(1) 公式"=IMSUM("1+2i","3-4i")"的结果为 $4-2i$。
(2) 公式"=IMSUM(COMPLEX(1,2),COMPLEX(3,-4))"的结果为 $4-2i$。
(3) 公式"=IMSUB("1+2i","3-4i")"的结果为 $-2+6i$。
(4) 公式"=IMPRODUCT("1+2i","3-4i")"的结果为 $11+2i$。
(5) 公式"=IMDIV("1+2i","3-4i")"的结果为 $-0.2+0.4i$。

## 9.3.3 其他复数函数

Excel 提供的其他复数函数如下:

- IMABS(inumber)。该函数返回复数的绝对值(模数)$|z|$(即 $\sqrt{x^2+y^2}$)。
- IMREAL(inumber)。该函数返回复数的实系数。
- IMAGINARY(inumber)。该函数返回复数的虚系数。
- IMCONJUGATE(inumber)。该函数返回复数的共轭复数 $\bar{z}$(即 $x-yi$)。

例如:

(1) 公式"=IMABS(COMPLEX(3,-4))"的结果为 5。
(2) 公式"=IMREAL(COMPLEX(3,-4))"的结果为 3。
(3) 公式"=IMAGINARY(COMPLEX(3,-4))"的结果为 -4。
(4) 公式"=IMCONJUGATE("3-4i")"的结果为 $3+4i$。

# 9.4 数据库函数

## 9.4.1 数据库函数概述

当需要对数据清单或数据库中的数值进行分析时,可以使用 Excel 数据库函数。Excel 数据库函数以 D 字母开始,也称为 D 函数。Excel 数据库函数如表 9-4 所示。

表 9-4　Excel 数据库函数

| 函　　数 | 说　　明 |
|---|---|
| DAVERAGE 函数 | 返回所选数据清单或数据库条目的平均值 |
| DCOUNT 函数 | 返回数据清单或数据库中包含数值的单元格的数量 |
| DCOUNTA 函数 | 返回数据清单或数据库中非空单元格的数量 |
| DGET 函数 | 从数据清单或数据库中提取符合指定条件的单个记录 |
| DMAX 函数 | 返回所选数据清单或数据库条目的最大值 |
| DMIN 函数 | 返回所选数据清单或数据库条目的最小值 |
| DPRODUCT 函数 | 将数据清单或数据库中符合条件的记录的特定字段中的值相乘 |
| DSTDEV 函数 | 基于所选数据清单或数据库条目的样本估算标准偏差 |
| DSTDEVP 函数 | 基于所选数据清单或数据库条目的样本总体计算标准偏差 |
| DSUM 函数 | 对数据清单或数据库中符合条件的记录的字段列中的数值求和 |
| DVAR 函数 | 基于所选数据清单或数据库条目的样本估算方差 |
| DVARP 函数 | 基于所选数据清单或数据库条目的样本总体计算方差 |

## 9.4.2　数据库函数参数说明

数据库函数的语法形式为

函数名称(database, field, criteria)

每个函数均有 3 个参数,即 database、field 和 criteria,其含义如下:

- database 为构成数据清单或数据库的单元格区域。数据库是包含一组相关数据的列表,其中包含相关信息的行为记录,而包含数据的列为字段。数据清单的第 1 行包含每一列的标签(或称标志项)。
- field 为指定函数所使用的列。数据清单中的数据列必须在第 1 行具有列标签。field 可以是文本,即两端带双引号的列标签名称,例如"英语";也可以直接使用列标签所在单元格的名称,例如 G2(G2 是列标签名称"英语"所在的单元格);更简洁的方式是使用代表数据清单中数据列位置的数字,1 表示第 1 列,2 表示第 2 列,以此类推;当然,还可以使用文本函数 T(列标签所在单元格),例如 T(G2)。
- criteria 为包含指定条件的单元格区域。用户可以为参数 criteria 指定任意区域,只要此区域至少包含一个列标签,并且列标签下方至少包含一个指定列条件的单元格。

## 9.4.3　数据库函数应用举例

【例 9-5】　数据库函数(DSUM、DAVERAGE、DMAX、DMIN、DCOUNTA 和 DGET)应用示例。在"f19-5-D 函数(成绩统计表).xlsx"中存放着某次考试一班和二班 16 名学生语文、数学、英语的成绩及总分和平均分情况,请利用数据库函数实现如下功能:

(1) 查找并统计各班级的男女生人数、英语平均分和英语最低分。其中,"班级"和"性别"由数据有效性指定相应的序列值。

(2) 查找并统计优秀(平均分≥90)的男女生人数、平均分和最高平均分。其中,“性别”由数据有效性指定相应的序列值。

(3) 查找并统计各班语文成绩高于平均分的人数。其中,“班级”由数据有效性指定相应的序列值。

(4) 查找并统计姓“李”或者姓名包含“华”的学生人数、平均分、最高平均分。

(5) 查找并统计各班的语文总成绩。请同时使用 SUMIF 函数进行计算并验证。

(6) 查找并显示指定学生的语数英成绩总分。其中,“班级”和“姓名”由数据有效性指定相应的序列值。

(7) 查找并统计语文在 70～90 的女生或者数学不及格的二班学生人数。

(8) 统计学生总人数。

(9) 查找并统计英文名以 pear 开头(不区分大小写)的学生人数。

(10) 查找并统计英文名是 pear(不区分大小写)的学生人数。

(11) 查找并统计英文名是 pear(区分大小写)的学生人数。

最终结果如图 9-6 所示。

| | A | B | C | D | E | F | G | H | I | J | K | L | M | N | O | P |
|---|---|---|---|---|---|---|---|---|---|---|---|---|---|---|---|---|
| 1 | 学生学习情况表 | | | | | | | | | | | | | | 英语 | 英语 |
| 2 | 学号 | 姓名 | 性别 | 班级 | 语文 | 数学 | 英语 | 总分 | 平均分 | 英文名 | | 班级 | 性别 | 人数 | 平均分 | 最低分 |
| 3 | B13121101 | 朱洋李 | 男 | 一班 | 58 | 55 | 67 | 180 | 60 | Pear | | 一班 | 女 | 5 | 86.4 | 71 |
| 4 | B13121102 | 赵李霞 | 女 | 一班 | 74 | 80 | 90 | 244 | 81 | pear | | | | | | |
| 5 | B13121103 | 周萍萍 | 女 | 一班 | 87 | 94 | 86 | 267 | 89 | alice | | 平均分 | 性别 | 优秀人数 | 平均分 | 最高分 |
| 6 | B13121104 | 阳一昆 | 男 | 一班 | 51 | 70 | 55 | 176 | 59 | sun | | >=90 | 男 | 2 | 92.5 | 95 |
| 7 | B13121105 | 田天一 | 男 | 一班 | 62 | 62 | 60 | 184 | 61 | sunny | | | | | | |
| 8 | B13121106 | 翁华灵 | 女 | 一班 | 90 | 86 | 88 | 264 | 88 | flower | | 语文高于平均分的人数 | | | | |
| 9 | B13121107 | 王丫丫 | 女 | 一班 | 73 | 70 | 71 | 214 | 71 | tiger | | 班级 | 高于平均分 | 人数 | | |
| 10 | B13121108 | 宋平平 | 女 | 一班 | 87 | 90 | 97 | 274 | 91 | sunday | | 一班 | FALSE | 3 | | |
| 11 | B13121201 | 范王华 | 女 | 二班 | 90 | 86 | 85 | 261 | 87 | kingdom | | | | | | |
| 12 | B13121202 | 华董明 | 男 | 二班 | 53 | 90 | 93 | 236 | 79 | clever | | 姓名 | | 人数 | 平均分 | 最高分 |
| 13 | B13121203 | 舒齐齐 | 女 | 二班 | 69 | 50 | 89 | 208 | 69 | tidy | | 李 | | 4 | 86 | 90 |
| 14 | B13121204 | 吕文文 | 男 | 二班 | 78 | 77 | 55 | 210 | 70 | double | | *华* | | | | |
| 15 | B13121205 | 金依珊 | 男 | 二班 | 85 | 80 | 76 | 241 | 80 | king | | | | | | |
| 16 | B13121206 | 陈燕燕 | 女 | 二班 | 70 | 89 | 78 | 237 | 79 | bird | | 语文成绩统计表 | | | | |
| 17 | B13121207 | 李一红 | 男 | 二班 | 95 | 86 | 88 | 269 | 90 | pearl | | 班级 | 总分1 | 总分2 | | |
| 18 | B13121208 | 陈卡通 | 男 | 二班 | 93 | 98 | 94 | 285 | 95 | cartoon | | 一班 | 582 | 582 | | |
| 19 | | | | | | | | | | | | 二班 | 633 | 633 | | |
| 20 | 语文在70˜90之间的女生或者数学不及格的二班学生人数 | | | | | | | | | | | | | | | |
| 21 | 性别 | 班级 | 语文 | 语文 | 数学 | | 人数 | | | | | 学生成绩查询 | | | | |
| 22 | 女 | | >=70 | <=90 | | | 8 | | | | | 班级 | 姓名 | 总分 | | |
| 23 | | 二班 | | | <60 | | | | | | | 一班 | 周萍萍 | 267 | | |
| 24 | | | | | | | | | | | | | | | | |
| 25 | 班级总人数 | | 16 | | | | | | | | | 英文名 | 英文名 | 精确名 | | |
| 26 | | | | | | | | | | | | pear | =pear | FALSE | | |
| 27 | | | | | | | | | | | | 3 | 2 | 1 | | |

图 9-6 学习信息统计结果

**【参考步骤】**

(1) 查找并统计各班级的男女生人数、英语平均分和英语最低分。

① 参照图 9-6 输入 L2:P2 单元格区域的内容。

② 利用数据有效性分别设置班级所在单元格 L3 以及性别所在单元格 M3 的查询条件下拉列表框。在有效性条件中“允许”选择“序列”；在“来源”列表框中分别输入数据序列的来源“一班,二班”“男,女”。

③ 查找并统计各班级的男女生人数。在 N3 单元格中输入公式“=DCOUNTA(A2:J18,1,L2:M3)”。

④ 查找并统计各班级的男女生平均分。在 O3 单元格中输入公式"＝DAVERAGE（A2：J18，G2，L2：M3）"。

⑤ 查找并统计各班级男女生的最低平均分。在 P3 单元格中输入公式"＝DMIN（A2：J18，"英语"，L2：M3）"。

（2）查找并统计优秀（平均分≥90）的男女生人数、平均分和最高平均分。

① 参照图 9-6 输入 L5：P5 单元格区域的内容。

② 在 L6 单元格中输入优秀的条件"＞＝90"。

③ 利用数据有效性设置性别所在单元格 M6 的查询条件下拉列表框选项。

④ 查找并统计优秀的男女生人数。在 N6 单元格中输入公式"＝DCOUNTA（A2：J18，1，L5：M6）"。

⑤ 查找并统计各班级的男女生平均分。在 O6 单元格中输入公式"＝DAVERAGE（A2：J18，9，L5：M6）"。

⑥ 查找并统计各班级的男女生最高平均分。在 P6 单元格中输入公式"＝DMAX（A2：J18，9，L5：M6）"。

（3）查找并统计各班语文成绩高于平均分的人数。

① 参照图 9-6 输入 L8：N9 单元格区域的内容。

② 利用数据有效性设置班级所在单元格 L10 的查询条件下拉列表框选项。

③ 在 M10 单元格中输入语文高于平均分的公式"＝E3＞＝AVERAGE（$E$3：$E$18）"。

④ 查找并统计各班语文高于平均分的人数。在 N10 单元格中输入公式"＝DCOUNT（A2：G18，5，L9：M10）"。

（4）查找并统计姓"李"或者姓名包含"华"的学生人数、平均分、最高平均分。

① 参照图 9-6 创建条件以及计算区域列标签。

② 分别在 L13 和 L14 单元格中输入"李"和"＊华＊"，表示姓"李"和姓名包含"华"这两个条件为逻辑"或"关系。

③ 查找并统计姓"李"或者姓名包含"华"的学生人数。在 N13 单元格中输入公式"＝DCOUNTA（A2：B18，2，L12：L14）"。

④ 查找并统计姓"李"或者姓名包含"华"的学生的最高平均分。在 O13 单元格中输入公式"＝DAVERAGE（A2：J18，9，L12：L14）"。

⑤ 查找并统计姓"李"或者姓名包含"华"的学生的平均分。在 P13 单元格中输入公式"＝DMAX（A2：J18，9，L12：L14）"。

（5）查找并统计各班的语文总成绩。

① 参照图 9-6 创建条件以及计算区域列标签。

② 分别在 L18 和 L19 单元格中输入"一班"和"二班"。

③ 统计各班的语文总成绩。在 M18 单元格中输入公式"＝DSUM（$A$2：$E$18，5，L$17：L18）－SUM（M$17：M17）"，向下拖曳复制公式到 M19 单元格。在 N18 单元格中输入公式"＝SUMIF（$D$3：$D$18，L18，$E$3：$E$18）"，向下拖曳复制公式到 N19 单元格。比较不同方法的计算结果。

（6）查找并显示指定学生的语数英成绩总分。

① 参照图 9-6 创建条件以及计算区域列标签。

② 利用数据有效性分别设置班级所在单元格 L23 和姓名所在单元格 M23 的查询条件下拉列表框选项。其中，"姓名"有效性条件中的"来源"选择"＝$B$3:$B$18"。

③ 查找并显示指定学生的语数英成绩总分。在 N23 单元格中输入公式"＝DGET（A2:H18,H2,L22:M23）"。

（7）查找并统计语文在 70～90 的女生或者数学不及格的二班学生人数。

① 参照图 9-6 创建条件以及计算区域列标签。

② 在第 22 行输入语文在 70～90 的女生条件；在第 23 行输入数学不及格的二班条件。注意，同一行中的条件之间为逻辑"与"操作，不同行的条件之间为逻辑"或"操作。

③ 查找并统计满足条件的学生人数。在 G22 单元格中输入公式"＝DCOUNTA（A2:J18,2,A21:E23）"。

（8）统计学生总人数。

在 C25 单元格中输入公式"＝DCOUNTA（A2:J18,1,A2:J18）"。

（9）查找并统计英文名以 pear 开头（不区分大小写）的学生人数。

① 参照图 9-6 创建条件区域列标签。

② 在 L26 单元格中输入"pear"。

③ 统计英文名以 pear 开头的学生人数。在 L27 单元格中输入公式"＝DCOUNTA（A2:J18,10,L25:L26）"。结果为 3，即 J3（Pear）、J4（pear）和 J17（pearl）3 个单元格。

（10）查找并统计英文名是 pear（不区分大小写）的学生人数。

① 参照图 9-6 创建条件区域列标签。

② 在 M26 单元格中输入公式"＝"＝pear""。

③ 统计英文名是 pear 的学生人数。在 M27 单元格中输入公式"＝DCOUNTA（A2:J18,10,M25:M26）"。结果为 2，即 J3（Pear）和 J4（pear）两个单元格。

（11）查找并统计英文名是 pear（区分大小写）的学生人数。

① 参照图 9-6 创建条件区域列标签。注意，列标签不能是"英文名"，可以置空，或者使用诸如"精确名"等自定义列标签名称。

② 在 N26 单元格中输入公式"＝EXACT（J3,"pear"）"。

③ 统计英文名是 pear 的学生人数。在 N27 单元格中输入公式"＝DCOUNTA（A2:J18,10,N25:N26）"。结果为 1，即 J4（pear）一个单元格。

【思考】

在本例"查找并显示指定学生的语数英成绩总分"的操作过程中，对于利用数据有效性指定"班级"和"姓名"所对应序列值的设置，请读者思考如何创建级联下拉菜单，使在"班级"下拉列表中选择不同的班级时，"姓名"下拉列表中只显示该班的学生姓名信息？（提示：具体可参考本书实验 10-7。）

## 9.4.4 数据库函数使用说明

用户在使用数据库函数过程中要注意以下事项：

（1）可以为参数 criteria 指定任意区域，只要此区域至少包含一个列标签，并且列标签下方至少包含一个用于指定条件的单元格。

例如,如果数据区域 K2:K3 在 K2 中包含列标签"班级",在 K3 中包含班级名称"一班",那么在数据库函数中就可以使用数据区域 K2:K3 作为参数 criteria 查询"一班"学生的有关信息。

(2)虽然条件区域可以位于工作表的任意位置,但不要将条件区域置于数据清单的下方。因为如果使用"数据"菜单中的"记录单"命令在数据清单中添加信息,新的信息将被添加到数据清单下方的第 1 行。如果数据清单下方的行非空,Microsoft Excel 将无法添加新的信息。

(3)条件区域不要与数据清单相重叠,即条件区域与数据清单之间至少要有一个空白行。

(4)若要对数据库中的整个列进行操作,需要在条件区域中的列标签下方添加一个空行。

(5)在条件区域中,同一行中的条件被解释为逻辑"与"操作;不同行之间被解释为逻辑"或"操作。

(6)模糊查找条件。

- 输入一个或多个不带等号(=)的字符,查找数据列中文本值以这些字符开头的行。例如,如果输入文本"apple"作为查找条件,则 Excel 将匹配 apple、Apple 和 applepie。如果输入公式"="=apple"",则匹配 apple 和 Apple,而不匹配 applepie。如果只匹配 apple(区分大小写的精确匹配),可以输入公式"=EXACT(J3, "apple")",其中,"J3"引用数据清单中首行(第 3 行)的筛选列(第 J 列)。
- 使用通配符进行模糊查找。通配符的使用和示例参见表 9-5 所示。

表 9-5　使用通配符进行模糊查找

| 符　号 | 匹　配 | 示　例 |
|---|---|---|
| ?(问号) | 任意单个字符 | "h?t"匹配 hat、hit 和 hot |
| *(星号) | 任意数量的字符 | "*ere"匹配 here、there 和 atmosphere |
| ~(波形符)后跟?、*或~ | 问号、星号或波形符 | "where~?"匹配"where?" |

(7)将公式的计算结果作为条件使用。

- 公式的计算结果必须为 TRUE 或者 FALSE。
- 不要将列标签用作条件标签,可以将条件标签置空,或者自定义条件标签(例如,"高于平均分""精确名")。
- 用作条件的公式必须使用相对单元格引用来引用第 1 行中相应的单元格,公式中的所有其他引用都必须是绝对引用。例如,条件标签"高于平均分"下的单元格中有公式"=E3>=AVERAGE($E$3:$E$18)"。其中,E3 是相对引用,$E$3:$E$18 是绝对引用。
- 如果在公式中使用列标签而不是相对单元格引用或区域名称,Excel 会在包含条件的单元格中显示错误值 #NAME? 或 #VALUE!。可以忽略此错误,因为它不影响区域的筛选。

(8)Microsoft Excel 在计算数据时不区分大小写。例如,区域条件"="=apple""将匹配 apple 和 Apple。

# 习题

## 一、单选题

1. 在 Excel 中,将二进制数 10000011 转换为十进制数的函数为_____,其结果为_____。
    A. BIN2HEX,83                     B. BIN2DEC,131
    C. BIN2OCT,203                 D. BIN2BIN,2003

2. 在 Excel 中,将十进制数 100 转换为十六进制数的函数为_____,其结果为_____。
    A. DEC2BIN,1100100           B. DEC2OCT,144
    C. DEC2HEX,64                 D. DEC2TRI,100

3. 在 Excel 中,将八进制数 100 转换为十进制数的函数为_____,其结果为_____。
    A. OCT2DEC,64                 B. OCT2BIN,1000000
    C. OCT2HEX,40                 D. OCT2OCT,100

4. 在 Excel 中,将十六进制数 100 转换为二进制数的函数为_____,其结果为_____。
    A. HEX2DEC,256               B. HEX2OCT,400
    C. HEX2HEX,100               D. HEX2BIN,100000000

5. 在 Excel 中,将 40 摄氏温度转换为华氏温度的公式为_____,其结果为_____。
    A. =CONVERT(40,"C","F"),104     B. =CONVERT(40,"F","C"),4.4
    C. =CEN2FAH(40,"F","C"),104     D. =FAH2CEN(40,"F","C"),4.4

6. 在 Excel 中,将 150 分钟转换为小时的公式为_____,其结果为_____。
    A. =CONVERT(150,"hr","mn"),9000
    B. =CONVERT(150,"mn","hr"),2.5
    C. =CONVERT(150,"mn","s"),9000
    D. =CONVERT(150,"mn","yr"),2.5

7. 在 Excel 中,将 150 小时转换为天的公式为_____,其结果为_____。
    A. =CONVERT(150,"hr","mn"),9000
    B. =CONVERT(150,"hr","s"),540000
    C. =CONVERT(150,"hr","d"),6.25
    D. =CONVERT(150,"hr","yr"),6.25

8. 在 Excel 中,将两米转换为厘米的公式为_____,其结果为_____。
    A. =CONVERT(2,"m","dm"),20     B. =CONVERT(2,"m","cm"),200
    C. =CONVERT(2,"m","mm"),2000     D. =CONVERT(2,"cm","m"),200

9. 在 Excel 中,计算复数 3+4i 的模数的公式为_____,其结果为_____。
    A. =IMABS(3+4i),5               B. =IMABS("3+4i"),5
    C. =IMABS(3+4i),−5            D. =IMABS("3+4i"),−5

10. 在 Excel 中,返回复数 i 的实系数的公式为_____,其结果为_____。

    A. ＝IMREAL("i"),1           B. ＝IMREAL("i"),0

    C. ＝IMABS(i),0             D. ＝IMAGINARY("i"),0

11. 在 Excel 中,返回复数 i 的共轭复数的公式为_____,其结果为_____。

    A. ＝IMCONJUGATE("i"),−i     B. ＝IMCONJUGATE(i),−i

    C. ＝IMCONJUGATE("i"),i      D. ＝IMAGINARY("i"),−i

12. 在 Excel 中,计算两个复数 $3-2i$ 和 $1+2i$ 的积的公式为_____,其结果为_____。

    A. ＝IMSUM("3−2i","1+2i"),4

    B. ＝IMPRODUCT(3−2i,1+2i),7+4i

    C. ＝IMPRODUCT("3−2i","1+2i"),7+4i

    D. ＝IMSUB("3−2i","1+2i"),2−4i

13. 在 Excel 中,计算两个复数 $3-2i$ 和 $1+2i$ 的商的公式为_____,其结果为_____。

    A. ＝IMSUM("11−7i","2+i"),13−6i

    B. ＝IMPRODUCT("11−7i","2+i"),29−3i

    C. ＝IMDIV("11−7i","2+i"),3−5i

    D. ＝IMSUB("11−7i","2+i"),9−8i

## 二、填空题

1. 在 Excel 中,利用 A1 单元格中的数值内容 7 测试时间单位(年、天、小时、分钟、秒)之间的转换:将天转换为小时的公式为_____,结果为_____;将小时转换为分钟的公式为_____,结果为_____;将年转换为天的公式为_____,结果为_____;将分钟转换为秒的公式为_____,结果为_____。

2. 在 Excel 中,将二进制数转换为十六进制数的函数为_____,将二进制数转换为八进制数的函数为_____。

3. 在 Excel 中,将十进制数转换为二进制数的函数为_____,将十进制数转换为八进制数的函数为_____。

4. 在 Excel 中,将八进制数 567 转换为二进制数的公式为_____,其结果为_____;将八进制数 1234 转换为十六进制数的公式为_____,其结果为_____。

5. 在 Excel 中,将十六进制数 AB 转换为十进制数的公式为_____,其结果为_____;将十六进制数 C8D 转换为八进制数的公式为_____,其结果为_____。

6. 在 Excel 中,将实系数 −1 和虚系数 6 转换为复数的公式为_____,其结果为_____。

## 三、思考题

1. Excel 提供了哪些常用的工程函数?

2. Excel 的 CONVERT 函数支持哪些单位代码?

3. Excel 的 CONVERT 函数支持哪些单位前缀代码?

4. Excel 的 CONVERT 函数支持哪些二进制前缀代码?

5. Excel 提供了哪些用于支持复数和复数运算之间转换的函数?

6. Excel 数据库函数又称什么函数？其提供了哪些具体函数对数据清单或数据库中的数值进行查询并分析？

7. Excel 数据库函数的语法形式和含义是什么？

8. 在使用 Excel 数据库函数过程中需要注意哪些具体的事项？

9. 如何使用 Excel 数据库函数进行模糊查找？

10. 当 Excel 数据库函数将公式的计算结果作为条件使用时，需要注意哪些具体的事项？

# 第 **10** 章

# 数组公式的高级应用

本书第 4 章中介绍了数组公式的基本概念和基本使用,本节通过功能和实例的方式介绍数组公式的高级应用。

视频讲解

## 10.1 数组公式用于统计

在针对包含部分无效数据的单元格区域进行统计分析时,使用常用形式的公式和函数,其结果可能不正确。

通过数组公式可以把单元格区域(数组)转换为新的数组(去除无效的数据),然后使用函数进行统计,获得正确的效果。

例如,假设数组(单元格区域)内容如图 10-1(a)所示,则选中单元格区域 G1:K3,输入数组公式"{=IFERROR(A1:E3,"")}",得到转换后的数组如图 10-1(b)所示。

| ▲ | A | B | C | D | E |
|---|---|---|---|---|---|
| 1 | 93 | 78 | #N/A | 65 | #N/A |
| 2 | #N/A | 82 | 92 | 88 | 81 |
| 3 | 86 | #N/A | 68 | #N/A | 69 |

(a)源数组

| ▲ | G | H | I | J | K |
|---|---|---|---|---|---|
| 1 | 93 | 78 | | 65 | |
| 2 | | 82 | 92 | 88 | 81 |
| 3 | 86 | | 68 | | 69 |

(b)结果数组

图 10-1    数组的转换

测试公式如下:

(1)公式"=AVERAGE(A1:E3)"的结果为#N/A。

(2)数组公式"{=AVERAGE(IFERROR(A1:E3,""))}"的结果为 80.20。针对单元格区域 A1:E3(二维数组)求平均值。

(3)公式"=AVERAGE(A1:E1)"的结果为#N/A。

(4)数组公式"{=AVERAGE(IFERROR(A1:E1,""))}"的结果为 78.67。针对单元格区域 A1:E1(一维行数组)求平均值。

(5) 数组公式"{＝AVERAGE(IFERROR(A1:A3,""))}"的结果为 89.50。针对单元格区域 A1:A3(一维列数组)求平均值。

## 10.1.1 统计包含错误的单元格区域

假设数组(单元格区域)内容如图 10-2 所示,其中包含一些错误信息,则:

(1) 公式"＝SUM(A1:E1)"的结果显示为错误♯N/A。

(2) 数组公式"{＝SUM(IFERROR(A1:E1,""))}"的结果为 7。

| | A | B | C | D | E |
|---|---|---|---|---|---|
| 1 | 1 | 2 | #N/A | 4 | #DIV/0! |

图 10-2 包含错误的单元格区域

(3) 数组公式"{＝AVERAGE(IFERROR(A1:E1,""))}"的结果为 2.33。

(4) 数组公式"{＝MIN(IFERROR(A1:E1,""))}"的结果为 1。

(5) 数组公式"{＝MAX(IFERROR(A1:E1,""))}"的结果为 4。

(6) 公式"＝AGGREGATE(9,6,A1:E1)"的结果为 7。针对单元格区域 A1:E1 求和,但是忽略区域中的错误值。

(7) 公式"＝AGGREGATE(1,6,A1:E1)"的结果为 2.33。针对单元格区域 A1:E1 求平均值,但是忽略区域中的错误值。

(8) 公式"＝AGGREGATE(5,6,A1:E1)"的结果为 1。针对单元格区域 A1:E1 求最小值,但是忽略区域中的错误值。

(9) 公式"＝AGGREGATE(4,6,A1:E1)"的结果为 4。针对单元格区域 A1:E1 求最大值,但是忽略区域中的错误值。

【说明】

(1) 单元格区域包含错误信息,当使用 SUM 函数对其进行求和统计时,结果显示错误。

(2) 在数组公式"{＝SUM(IFERROR(A1:D1,""))}"中,IFERROR(A1:D1,"")把单元格区域(数组)转换为新的数组(其中错误数据转换为""),然后使用 SUM 函数求和。

(3) 该技巧也适用于其他统计函数,例如 AVERAGE、MIN、MAX 等。

(4) 更简洁的方法是使用 AGGREGATE 函数。AGGREGATE 函数用于统计,其第 1 个参数用于指定统计函数类型,例如 1 为 AVERAGE、2 为 COUNT、3 为 COUNTA、4 为 MAX、5 为 MIN、9 为 SUM、14 为 LARGE、15 为 SMALL 等;第 2 个参数用于指定忽略选项,例如 4 为"忽略空值"、5 为"忽略隐藏行"、6 为"忽略错误值"、7 为"忽略隐藏行和错误值"等。

## 10.1.2 统计单元格区域中错误单元格的个数

假设数组(单元格区域)内容如图 10-3 所示,其中包含一些错误信息,则:

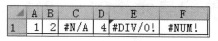

| | A | B | C | D | E | F |
|---|---|---|---|---|---|---|
| 1 | 1 | 2 | #N/A | 4 | #DIV/0! | #NUM! |

图 10-3 统计错误单元格的个数

(1) 数组公式"{＝SUM(IF(ISERROR(A1:F1),1,0))}"的结果为 3。

(2) 数组公式"{＝SUM(IF(ISERROR(A1:F1),1))}"的结果为 3。

（3）数组公式"{＝SUM(ISERROR(A1:F1)＊1)}"的结果为3。

【说明】

（1）ISERROR函数用于判断内容是否为错误值。

（2）在数组公式"{＝SUM(IF(ISERROR(A1:F1),1,0)))}"中,ISERROR(A1:F1)返回数组{FALSE,FALSE,TRUE,FALSE,TRUE,TRUE},IF(ISERROR(A1:F1),1,0)返回数组{0,0,1,0,1,1},最后使用SUM函数求和,结果为3。

（3）在数组公式"{＝SUM(ISERROR(A1:F1)＊1)}"中,ISERROR(A1:F1)返回数组{FALSE,FALSE,TRUE,FALSE,TRUE,TRUE},{FALSE,FALSE,TRUE,FALSE,TRUE,TRUE}＊1的结果为{0,0,1,0,1,1},最后使用SUM函数求和,结果为3。在乘法运算中,TRUE自动转换为1,FALSE自动转换为0。

# 10.1.3  统计单元格区域中 n 个最大值、最小值

假设数组（单元格区域）内容如图10-4所示,则有以下几种统计该单元格区域中最值的方法：

（1）数组公式"{＝SUM(LARGE(A1:J1,{1,2,3})))}"的结果为27。求最大3个数的和,即10＋9＋8＝27。

图10-4  统计单元格区域中的最值

（2）数组公式"{＝SUM(SMALL(A1:J1,{1,2,3})))}"的结果为6。求最小3个数的和,即1＋2＋3＝6。

（3）数组公式"{＝SUM(LARGE(A1:J1,ROW(INDIRECT("1:3"))))}"的结果为27。求最大3个数的和。

（4）数组公式"{＝SUM(SMALL(A1:J1,ROW(INDIRECT("1:3"))))}"的结果为6。求最小3个数的和。

（5）数组公式"{＝SUM(LARGE(A1:J1,ROW(INDIRECT("1:"&K1))))}"的结果为27。求最大3个数的和。

【说明】

（1）LARGE(range,position)和SMALL(range,position)函数用于返回单元格区域中第position个最大值和最小值。

（2）在数组公式"{＝SUM(LARGE(A1:J1,{1,2,3})))}"中,LARGE(A1:J1,{1,2,3})分别针对{1,2,3}中的1、2、3求值,返回结果为数组{10,9,8},然后使用SUM函数对其求和,结果为27。

（3）在数组公式中,INDIRECT("1:3")和INDIRECT("1:"&K1)均返回"1:3"的引用区域,即第1行到第3行,ROW(INDIRECT("1:3"))返回数组{1;2;3}。

# 10.1.4  统计单元格区域中除0外的单元格的平均值

假设数组（单元格区域）内容如图10-5所示,则：

（1）公式"＝AVERAGE(A1:J1)"的结果为54。

（2）公式"＝SUM(A1:J1)/COUNTIF(A1:J1,"＜＞0")"的结果为76。

| | A | B | C | D | E | F | G | H | I | J |
|---|---|---|---|---|---|---|---|---|---|---|
| 1 | 93 | 0 | 69 | 88 | 52 | 0 | 0 | 63 | 95 | 75 |

图 10-5 统计除 0 外的平均值

（3）数组公式"{＝AVERAGE(IF(A1:J1＜＞0,A1:J1))}"的结果为76。

【说明】

（1）AVERAGE 函数将忽略计算区域或单元格引用参数中的文本、逻辑值或空单元格,但包含零值的单元格将被计算在内。

（2）公式"＝AVERAGE(A1:J1)"包含了分数为 0 的单元格,被计算在内,故结果不正确。

（3）公式"＝SUM(A1:J1)/COUNTIF(A1:J1,"＜＞0")"先求和,再除以不为 0 的个数,结果正确。

（4）在数组公式"{＝AVERAGE(IF(A1:J1＜＞0,A1:J1))}"中,IF(A1:J1＜＞0,A1:J1)的返回结果为数组{93，FALSE，69，88，52，FALSE，FALSE，63，95，75},然后使用AVERAGE 函数求平均值。此时逻辑值 FALSE 被忽略,故结果正确。

## 10.1.5 统计单元格区域中数组取整后的和

假设数组(单元格区域)内容如图 10-6 所示,则:

（1）公式"＝SUM(A1:E1)"的结果为 58.4。

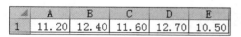

| | A | B | C | D | E |
|---|---|---|---|---|---|
| 1 | 11.20 | 12.40 | 11.60 | 12.70 | 10.50 |

图 10-6 统计取整后的和

（2）数组公式"{＝SUM(ROUND(A1:E1,0))}"的结果为 59。

【说明】

（1）在数组公式"{＝SUM(ROUND(A1:E1,0))}"中,ROUND(A1:E1,0)的结果为取整后的数组{11,12,12,13,11},然后使用SUM 函数对其求和。

（2）该技巧也适用于其他统计函数,例如 AVERAGE、MIN、MAX 等。

## 10.1.6 统计单元格区域中每隔 *n* 个数的和

假设 A1:A10 单元格中分别存放着数值 1、2、…、10,则按列求每隔 *n* 个数的和的公式与结果为

（1）数组公式"{＝SUM(IF(MOD(ROW(INDIRECT("1: "&COUNT(A1:A10)))－1,2)＝0,A1:A10,""))}"的结果为25。按列求每隔两个数的和,即1＋3＋5＋7＋9＝25。

（2）数组公式"{＝SUM(IF(MOD(ROW(INDIRECT("1: "&COUNT(A1:A10)))－1,3)＝0,A1:A10,""))}"的结果为22。按列求每隔 3 个数的和,即1＋4＋7＋10＝22。

假设 A1:J1 中分别存放着数值 1、2、…、10,则按行求每隔 *n* 个数的和的公式与结果为

（1）数组公式"{＝SUM(IF(MOD(TRANSPOSE(ROW(INDIRECT("1: "&COUNT(A1:J1))))－1,2)＝0,A1:J1,""))}"的结果为25。按行求每隔两个数的和。

（2）数组公式"{＝SUM(IF(MOD(TRANSPOSE(ROW(INDIRECT("1: "&COUNT

(A1:J1))))−1,3)=0,A1:J1,""))}"的结果为22。按行求每隔3个数的和。

**【说明】**

(1) 对于按列求每隔两个数的和的数组公式{=SUM(IF(MOD(ROW(INDIRECT("1："&COUNT(A1:A10)))−1,2)=0,A1:A10,""))},IF(MOD(ROW(INDIRECT("1："&COUNT(A1:A10)))−1,2)=0,A1:A10,"")将第2、4、6和8行的数据设置为空并返回结果数组{1;;3;;5;;7;;9;},然后使用SUM函数对其求和。

(2) 对于按行求每隔 $n$ 个数的和的数组公式,TRANSPOSE函数将列数组转换为行组。

(3) 该技巧也适用于其他统计函数,例如AVERAGE、MIN、MAX等。

# 10.1.7　整数的各数位求和

假设A1单元格中存放着数值1324、A2单元格中存放着数值−1324,则对整数各数位求和的各种方法为:

(1) 公式"=SUM((MID(A1,{1;2;3;4},1))*1)",结果为10,即1+3+2+4=10。

(2) 数组公式"{=SUM(MID(A1,ROW(INDIRECT("1:"&LEN(A1))),1)*1)}",结果为10。

(3) 数组公式"{=SUM(MID(A2,ROW(INDIRECT("1:"&LEN(A2))),1)*1)}",结果为♯VALUE!。

其中,后两种方法更通用。

**【说明】**

(1) 本节系统地介绍利用SUM、MID和−−(以及1*、*1、/1、+0、0+、−0)算术四则运算配合数组常量计算一个多位数的各个数字之和。其中,利用−−、1*、*1、/1、+0、0+、−0算术四则运算将逻辑值或文本型数据转换为数值。

(2) 公式"=SUM((MID(A1,{1;2;3;4},1))*1)"利用"*1"运算将MID函数返回的文本型数据转换为数值,再利用SUM求和。其等价的几种表述为:

$$=SUM(1*(MID(A1,\{1;2;3;4\},1)))$$
$$=SUM((MID(A1,\{1;2;3;4\},1))/1)$$
$$=SUM((MID(A1,\{1;2;3;4\},1))+0)$$
$$=SUM((MID(A1,\{1;2;3;4\},1))-0)$$
$$=SUM(0+(MID(A1,\{1;2;3;4\},1)))$$
$$=SUM(--(MID(A1,\{1;2;3;4\},1)))$$

(3) 在数组公式"{=SUM(MID(A1,ROW(INDIRECT("1:"&LEN(A1))),1)*1)}"中,ROW(INDIRECT("1:"&LEN(A1)))的结果为{1;2;3;4};MID函数的返回结果为{"1";"3";"2";"4"},即该整数的各数位形成的文本数组;{"1";"3";"2";"4"}*1的结果为整数数组{1;3;2;4};最后使用SUM函数求和,结果为10。

(4) 因为数组公式(3),针对负整数,结果出错。读者可尝试使用IFERROR函数改写数组公式(3),以避免错误信息。例如:

=IFERROR(SUM(MID(A2,ROW(INDIRECT("1:"&LEN(A2))),1)*1),"不能为负整数!")

## 10.2 数组公式用于查找和比较

### 10.2.1 在单元格区域中查找指定项目

Excel 提供的查找函数(例如 VLOOKUP)通常在指定行或列查找项目,灵活地使用数组公式以及其他函数,也可在整个单元格区域范围查找指定项目。

假设数组(单元格区域)内容如图 10-7 所示,存放着学生名册信息,则:

(1) 数组公式"{=OR(A1:D4="周斌")}"的结果为 TRUE。

(2) 数组公式"{=OR(A1:D4="徐敏")}"的结果为 FALSE。

| | A | B | C | D |
|---|---|---|---|---|
| 1 | 李明 | 钱军 | 顾如海 | 梅红 |
| 2 | 赵丹 | 孙莹莹 | 李楠 | 汪文浩 |
| 3 | 王洁仪 | 吴洋 | 周斌 | 祖武 |
| 4 | 胡安 | 陶建国 | 吴士鹏 | 王睿 |

图 10-7 查找指定项目

(3) 数组公式"{=IF(OR(A1:D4="周斌"),"是","否")}"的结果为"是"。

(4) 数组公式"{=IF(OR(A1:D4="徐敏"),"是","否")}"的结果为"否"。

【说明】

(1) 在数组公式"{=OR(A1:D4="周斌")}"中,"A1:D4="周斌""把单元格区域 A1:D4 转换为包含 TRUE 和 FALSE 的数组,然后使用逻辑函数 OR 判断是否至少存在一个 TRUE。

(2) 在数组公式"{=IF(OR(A1:D4="周斌"),"是","否")}"中,根据函数"OR(A1:D4="周斌")"的结果返回"是"或者"否"。

### 10.2.2 在单元格区域中查找极值数据的位置

假设数组(单元格区域)内容如图 10-8 所示,则:

| | A | B | C | D | E | F | G | H | I | J |
|---|---|---|---|---|---|---|---|---|---|---|
| 1 | 11 | 17 | 30 | 29 | 88 | 18 | 67 | 67 | 28 | 39 |
| 2 | 17 | 68 | 2 | 23 | 62 | 68 | 57 | 87 | 76 | 97 |
| 3 | 63 | 13 | 72 | 39 | 98 | 29 | 60 | 24 | 33 | 13 |
| 4 | 80 | 57 | 59 | 68 | 18 | 41 | 2 | 23 | 73 | 51 |

图 10-8 查找极值数据的位置

(1) 数组公式"{=MIN(IF(A1:A4=MAX(A1:A4),ROW(A1:A4),""))}"的结果为 4,返回单元格区域 A1:A4 中最大数据 80 第 1 次出现位置的行号。

(2) 数组公式"{=ADDRESS(MIN(IF(A1:A4=MAX(A1:A4),ROW(A1:A4),"")),COLUMN(A1:A4))}"的结果为 $A$4,返回单元格区域 A1:A4 中最大数据 80 第 1 次出现位置的单元格引用地址。

(3) 数组公式"{=MIN(IF(A3:J3=MIN(A3:J3),COLUMN(A3:J3),""))}"的结果为 2,返回单元格区域 A3:J3 中最小数据 13 第 1 次出现位置的列号。

(4) 数组公式"{=ADDRESS(ROW(A3:J3),MIN(IF(A3:J3=MIN(A3:J3),COLUMN(A3:J3),"")))}"的结果为 $B$3,返回单元格区域 A3:J3 中最小数据 13 第 1 次

出现位置的单元格引用地址。

（5）数组公式"{＝MIN(IF(Data＝MAX(Data),ROW(Data),""))}"的结果为3,返回Data(单元格区域A1:J4的命名名称)中最大数据98第1次出现位置的行号。

（6）数组公式"{＝MIN(IF(Data＝MAX(Data),COLUMN(Data),""))}"的结果为5,返回Data数据区域中最大数据98第1次出现位置的列号。

（7）数组公式"{＝ADDRESS(MIN(IF(Data＝MAX(Data),ROW(Data),"")),MIN(IF(Data＝ MAX(Data),COLUMN(Data),"")))}"的结果为$E$3,返回Data数据区域中最大数据98第1次出现位置的单元格引用地址。

（8）数组公式"{＝ADDRESS(MIN(IF(Data＝MIN(Data),ROW(Data),"")),MIN(IF(Data＝ MIN(Data),COLUMN(Data),"")))}"的结果为$C$2,返回Data数据区域中最小数据2第1次出现位置的单元格引用地址。

**【说明】**

（1）在数组公式"{＝MIN(IF(Data＝MAX(Data),ROW(Data),""))}"中,IF(Data＝MAX(Data),ROW(Data),"")将Data数据区域(数组)的最大值转换为行号,将其他值转换为空,然后使用MIN函数返回最小行号3。

（2）在数组公式"{＝MIN(IF(Data＝MAX(Data),COLUMN(Data),""))}"中,IF(Data＝MAX(Data),COLUMN(Data),"")将Data数据区域(数组)的最大值转换为列号,将其他值转换为空,然后使用MIN函数返回最小列号5。

**【拓展】**

（1）使用数组公式"{＝SMALL(IF(Data＝MAX(Data),ROW(Data),""),k)}",可返回最大数据第k次出现位置的行号,进而可获取最大数据第k次出现位置的单元格引用地址。

（2）同样可以使用LARGE函数实现类似结果。

（3）请问如何使用公式返回单元格区域A3:J3中最小数据13第2次出现位置的单元格引用地址? 提示:

＝ADDRESS(ROW(A3:J3),SMALL(IF(A3:J3＝MIN(A3:J3),

COLUMN(A3:J3),""),2))

（4）请问如何使用公式返回Data数据区域中最小数据2第2次出现位置的单元格引用地址? 提示:

＝ADDRESS(SMALL(IF(Data＝MIN(Data),ROW(Data),""),2),

SMALL(IF(Data＝MIN(Data),COLUMN(Data),""),2))

## 10.2.3　在单元格区域中查找长度最大的文本

假设数组(单元格区域)内容如图10-9所示,则:

（1）数组公式"{＝INDEX(A1:A7,MATCH(MAX(LEN(A1:A7)),LEN(A1:A7),0),1)}"的结果为Wednesday,返回单元格区域A1:A7中长度最长的文本字符串。

（2）数组公式"{＝INDEX(A1:A7,MATCH(MIN(LEN(A1:A7)),LEN(A1:A7),

0),1)}"的结果为 Monday,返回单元格区域 A1:A7 中长度最短的文本字符串。

**【说明】**

（1）在数组公式"{=INDEX(A1:A7,MATCH(MAX(LEN(A1:A7)),LEN(A1:A7),0),1)}"中,MATCH(MAX(LEN(A1:A7)),LEN(A1:A7),0)返回最长字符串长度在长度数组(LEN(A1:A7))中第 1 次出现的位置,即行号 $n$,然后使用 INDEX 函数返回 $n$ 行 1 列的字符串,即最大长度字符串。

图 10-9 查找长度最大的文本

（2）该形式的数组公式仅适用于 $n$ 行 1 列的数据。

## 10.2.4 在单元格区域中查找与指定值最接近的值

假设单元格区域 A1:A10 中分别存放着有序数值 5、10、15、20、25、30、35、40、45、50,B1 单元格中存放要查找的值"13",则数组公式"{=INDEX(A1:A10,MATCH(MIN(ABS(B1−A1:A10)),ABS(B1−A1:A10),0))}"的结果为 15,返回单元格区域 A1:A10 中与指定值 13 最接近的值 15。

**【说明】**

在数组公式"{=INDEX(A1:A10,MATCH(MIN(ABS(B1−A1:A10)),ABS(B1−A1:A10),0))}"中,MATCH(MIN(ABS(B1−A1:A10)),ABS(B1−A1:A10),0)返回最小差值(MIN(ABS(B1−A1:A10)),即 2)在差值数组(ABS(B1−A1:A10),即{8;3;2;7;12;17;22;27;32;37})中第 1 次出现的位置,即行号 $n$(本例为 3),然后使用 INDEX 函数返回第 $n$ 行 1 列(本例为第 3 行 1 列)单元格的值。

## 10.2.5 返回行或列中最后位置的值

返回指定单元格区域行或列中最后位置的值的几种方法如下:

（1）数组公式"{=OFFSET(A1,COUNTA(A:A)−1,0)}",返回第 A 列中最后一个非空单元格的内容。假设数据连续。

（2）数组公式"{=INDEX(A:A,MAX(ROW(A:A)*(A:A<>"")))}",返回第 A 列中最后一个非空单元格的内容。

（3）数组公式"{=INDEX(1:1,MAX(COLUMN(1:1)*(1:1<>"")))}",返回第 1 行中最后一个非空单元格的内容。

（4）数组公式"{=INDEX(A1:A100,MAX(ROW(A1:A100)*(A1:A100<>"")))}",返回 A1:A100 单元格区域中最后一个非空单元格的内容。

**【说明】**

（1）在数组公式"{=OFFSET(A1,COUNTA(A:A)−1,0)}"中,COUNTA(A:A)返回 A 列中的单元格个数 $n$,即最后一个值的行号;使用 OFFSET 函数相对于 A1 单元格偏移 $n−1$ 行,即最后一个非空单元格。

（2）在数组公式"{=INDEX(A:A,MAX(ROW(A:A)*(A:A<>"")))}"中,

ROW(A:A)\*(A:A<>"")返回 A 列所有非空单元格行号组成的数组,MAX 函数返回非空单元格的最大行号,最后使用 INDEX 函数返回最后一个非空单元格的内容。

## 10.2.6　比较两个单元格区域中数据的异同

假设数组(单元格区域)内容如图 10-10 所示,以下方法用于比较单元格区域 A1:J1 和

| ▲ | A | B | C | D | E | F | G | H | I | J |
|---|---|---|---|---|---|---|---|---|---|---|
| 1 | 93 | 81 | 69 | 88 | 52 | 68 | 76 | 63 | 95 | 57 |
| 2 | 93 | 81 | 96 | 88 | 52 | 68 | 79 | 63 | 95 | 57 |

图 10-10　比较两个单元格区域中数据的异同

A2:J2 中的数据:

(1) 数组公式"{=SUM(IF(A1:J1=A2:J2,0,1))}"的结果为 2,即两处数据不同。

(2) 数组公式"{=SUM((A1:J1<>A2:J2)\*1)}"的结果为 2,即两处数据不同。

【说明】

(1) 在数组公式"{=SUM(IF(A1:J1=A2:J2,0,1))}"中,"A1:J1=A2:J2"返回包含 TRUE 和 FALSE 的数组{TRUE, TRUE, FALSE, TRUE, TRUE, TRUE, FALSE, TRUE, TRUE, TRUE},"IF(A1:J1=A2:J2,0,1))"返回包含 1 和 0 的数组{0, 0, 1, 0, 0, 0, 1, 0, 0, 0},最后使用 SUM 函数求和,得到不同数据的个数。

(2) 在数组公式"{=SUM((A1:J1<>A2:J2)\*1)}"中,"(A1:J1<>A2:J2)\*1"返回包含 1 和 0 的数组{0, 0, 1, 0, 0, 0, 1, 0, 0, 0}(在乘法运算中,TRUE 自动转换为 1,FALSE 自动转换为 0),然后使用 SUM 函数求和,得到不同数据的个数。

视频讲解

# 10.3　数组公式用于数据筛选和处理

## 10.3.1　单条件数据筛选

在数据统计分析中,可使用数组公式筛选出样本数据中满足指定条件的数据。例如去除样本数据中的负值,返回包含正值的结果单元格区域(数组)。

【例 10-1】　单条件筛选数据。在"fl10-1 单条件筛选数据.xlsx"的 A1:A10 单元格区域中包含原始数据(含负值),使用数组公式筛选 A1:A10 单元格区域中的正值,并放置到 B1:B10 单元格区域中。结果和分析过程如图 10-11 所示。

【参考步骤】

(1) 定义数据名称。选中 A1:A10 单元格区域,在"名称"文本框中输入"Data",按 Enter 键确认。

(2) 选中 B1:B10 单元格区域,输入数组公式"{=IFERROR(INDEX(Data, SMALL(IF(Data>0,ROW(Data)),ROW(Data))),"")}"。

【说明】

(1) 数组公式"{=ROW(Data)}"返回数据区

| ▲ | A | B | C | D | E | F | G |
|---|---|---|---|---|---|---|---|
| 1 | 63 | **63** | | 1 | 1 | 1 | 63 |
| 2 | 91 | **91** | | 2 | 2 | 2 | 91 |
| 3 | -58 | **55** | | 3 | FALSE | 4 | 55 |
| 4 | 55 | **82** | | 4 | 4 | 6 | 82 |
| 5 | -54 | **74** | | 5 | FALSE | 7 | 74 |
| 6 | 82 | **112** | | 6 | 6 | 9 | 112 |
| 7 | 74 | **88** | | 7 | 7 | 10 | 88 |
| 8 | -58 | | | 8 | FALSE | #NUM! | #NUM! |
| 9 | 112 | | | 9 | 9 | #NUM! | #NUM! |
| 10 | 88 | | | 10 | 10 | #NUM! | #NUM! |

图 10-11　单条件筛选数据的结果和分析过程

域 Data 的行号数组{1；2；3；4；5；6；7；8；9；10}，其结果参见 D1:D10 单元格区域。

（2）数组公式"{＝IF(Data>0,ROW(Data))}"把负值数据转换为 FALSE,其结果参见 E1:E10 单元格区域。

（3）数组公式"{＝SMALL(IF(Data>0,ROW(Data)),ROW(Data))}"从小到大返回正值数据的行号,其结果参见 F1:F10 单元格区域。

（4）数组公式"{＝INDEX(Data,SMALL(IF(Data>0,ROW(Data)),ROW(Data)))}"返回正值数据,其结果参见 G1:G10 单元格区域。

（5）利用 IFERROR 函数将错误信息(#NUM!)转换为空。

（6）选中 B1:B10 单元格区域,也可输入数组公式"{＝IFERROR(INDEX(Data,SMALL(IF(Data>0,ROW(INDIRECT("1:"&ROWS(Data)))),ROW(INDIRECT("1:"&ROWS(Data))))),"")}",筛选出 A1:A10 单元格区域中的正值。

【拓展】

（1）如何使用公式筛选非空数据？提示：

{＝IFERROR(INDEX(Data,SMALL(IF(Data<>"",
ROW(Data)),ROW(Data))),"")}

（2）如何使用公式筛选满足偶数行、奇数行、隔 $n$ 行的数据(即数据采样)？提示：

{＝IFERROR(INDEX(Data,SMALL(IF(MOD(ROW(Data),2)=0,
ROW(Data)),ROW(Data))),"")}

{＝IFERROR(INDEX(Data,SMALL(IF(MOD(ROW(Data),2)=1,
ROW(Data)),ROW(Data))),"")}

{＝IFERROR(INDEX(Data,SMALL(IF(MOD(ROW(Data),3)=1,
ROW(Data)),ROW(Data))),"")}

（3）如何使用公式筛选满足其他条件的数据？

# 10.3.2 多条件数据筛选

使用数组公式可筛选出样本数据中满足多个条件的数据。如果条件之间的关系为"与",可使用数组乘法；如果条件之间的关系为"或",可使用数组加法。

【例 10-2】 多条件筛选数据。在"fl10-2 多条件筛选数据.xlsx"的 A1:A10 单元格区域中包含原始数据,按要求完成如下操作,结果和分析过程如图 10-12 所示。

| | A | B | C | D | E | F | G | H | I | J | K |
|---|---|---|---|---|---|---|---|---|---|---|---|
| 1 | 63 | 63 | -58 | | 1 | 1 | 63 | | FALSE | 3 | -58 |
| 2 | 91 | 91 | -54 | | 2 | 2 | 91 | | FALSE | 5 | -54 |
| 3 | -58 | 55 | -58 | | FALSE | 4 | 55 | | 3 | 8 | -58 |
| 4 | 55 | 100 | 112 | | 4 | 6 | 100 | | FALSE | 9 | 112 |
| 5 | -54 | 74 | | | FALSE | 7 | 74 | | 5 | #NUM! | #NUM! |
| 6 | 100 | 88 | | | 6 | 10 | 88 | | #NUM! | #NUM! | #NUM! |
| 7 | 74 | | | | 7 | #NUM! | #NUM! | | FALSE | #NUM! | #NUM! |
| 8 | -58 | | | | FALSE | #NUM! | #NUM! | | 8 | #NUM! | #NUM! |
| 9 | 112 | | | | FALSE | #NUM! | #NUM! | | 9 | #NUM! | #NUM! |
| 10 | 88 | | | | 10 | #NUM! | #NUM! | | FALSE | #NUM! | #NUM! |

图 10-12 多条件筛选数据的结果和分析过程

（1）使用数组公式筛选 A1∶A10 单元格区域中 0～100（包含 0 和 100）的数据，并放置到 B1∶B10 单元格区域中。

（2）使用数组公式筛选 A1∶A10 单元格区域中＜0 或＞100 的数据，并放置到 C1∶C10 单元格区域中。

**【参考步骤】**

（1）定义数据名称。选中 A1∶A10 单元格区域，在"名称"文本框中输入"Data"，按 Enter 键确认。

（2）选中 B1∶B10 单元格区域，输入数组公式"{＝IFERROR(INDEX(Data，SMALL(IF((Data＞＝0)＊(Data＜＝100)，ROW(Data))，ROW(Data)))，"")}"。

（3）选中 C1∶C10 单元格区域，输入数组公式"{＝IFERROR(INDEX(Data，SMALL(IF((Data＜0)＋(Data＞100)，ROW(Data))，ROW(Data)))，"")}"。

**【说明】**

（1）数组公式"{＝IF((Data＞＝0)＊(Data＜＝100)，ROW(Data))}"把区间 0～100 以外的数据转换为 FALSE，而将满足条件（0～100）的数据返回所在的行号，其结果参见 E1∶E10 单元格区域。

（2）数组公式"{＝SMALL(IF((Data＞＝0)＊(Data＜＝100)，ROW(Data))，ROW(Data))}"从小到大返回 0～100 的数据的行号，其结果参见 F1∶F10 单元格区域。

（3）数组公式"{＝INDEX(Data，SMALL(IF((Data＞＝0)＊(Data＜＝100)，ROW(Data))，ROW(Data)))}"返回 0～100 的数据，其结果参见 G1∶G10 单元格区域。

（4）利用 IFERROR 函数将错误信息（♯NUM!）转换为空。

（5）数组公式"{＝IF((Data＜0)＋(Data＞100)，ROW(Data))}"把 0～100 的数据转换为 FALSE，而将满足条件（＜0 或＞100）的数据返回所在的行号，其结果参见 I1∶I10 单元格区域。

（6）数组公式"{＝SMALL(IF((Data＜0)＋(Data＞100)，ROW(Data))，ROW(Data))}"从小到大返回＜0 或＞100 的数据的行号，其结果参见 J1∶J10 单元格区域。

（7）数组公式"{＝INDEX(Data，SMALL(IF((Data＜0)＋(Data＞100)，ROW(Data))，ROW(Data)))}"返回＜0 或＞100 的数据，其结果参见 K1∶K10 单元格区域。

（8）利用 IFERROR 函数将错误信息（♯NUM!）转换为空。

# 10.3.3 数据反序

通过数组公式可返回指定区域中数据序列的反序数据。

**【例 10-3】** 数据反序。在"fl10-3 数据反序.xlsx"的 A1∶A7 单元格区域中包含原始数据，使用数组公式把 A1∶A7 单元格区域中的数据反序，并放置到 B1∶B7 单元格区域中。结果和分析过程如图 10-13 所示。

**【参考步骤】**

（1）定义数据名称。选中 A1∶A7 单元格区域，在"名称"文本框中输入"Data"，按 Enter 键确认。

| | A | B | C | D |
|---|---|---|---|---|
| 1 | Monday | **Sunday** | | 7 |
| 2 | Tuesday | **Saturday** | | 6 |
| 3 | Wednesday | **Friday** | | 5 |
| 4 | Thursday | **Thursday** | | 4 |
| 5 | Friday | **Wednesday** | | 3 |
| 6 | Saturday | **Tuesday** | | 2 |
| 7 | Sunday | **Monday** | | 1 |

图 10-13 数据反序的结果和分析过程

(2) 选中 B1:B7 单元格区域,输入数组公式"{=INDEX(Data,ROWS(Data)-ROW(Data)+1)}"。

**【说明】**

(1) 数组公式"{=ROWS(Data)-ROW(Data)+1}"返回数据区域 Data 行号的反序数组{7; 6; 5; 4; 3; 2; 1},其结果参见 D1:D7 单元格区域。

(2) 数组公式"{=INDEX(Data,ROWS(Data)-ROW(Data)+1)}"根据反序的行号数组返回反序的数据,其结果参见 B1:B7 单元格区域。

## 10.3.4 数据动态排序

通过数组公式可返回指定区域中数据序列的排序数据。在原始数据区域中输入或编辑数据后,结果数据区域中将自动生成排序结果,即实现数据动态排序功能。

**【例 10-4】** 数据动态排序。在"fl10-4 数据动态排序.xlsx"的 A1:A100 单元格区域中包含原始数据,按要求完成如下操作,结果如图 10-14 所示。

(1) 使用数组公式把 A1:A100 单元格区域中的数据升序排列,并放置到 B1:B100 单元格区域中。

(2) 使用数组公式把 A1:A100 单元格区域中的数据降序排列,并放置到 C1:C100 单元格区域中。

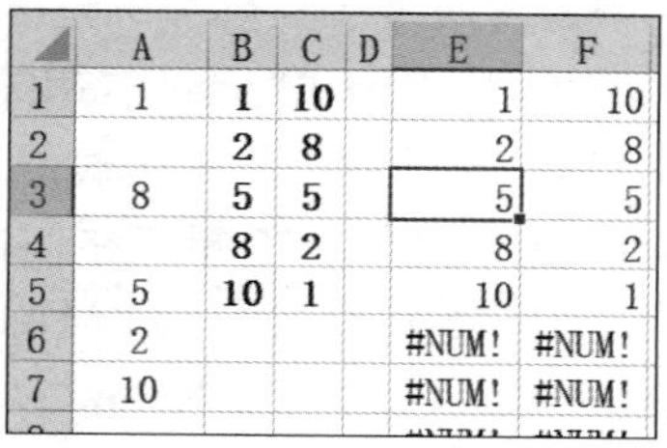

| | A | B | C | D | E | F |
|---|---|---|---|---|---|---|
| 1 | 1 | 1 | 10 | | 1 | 10 |
| 2 | | 2 | 8 | | 2 | 8 |
| 3 | 8 | 5 | 5 | | 5 | 5 |
| 4 | | 8 | 2 | | 8 | 2 |
| 5 | 5 | 10 | 1 | | 10 | 1 |
| 6 | 2 | | | | #NUM! | #NUM! |
| 7 | 10 | | | | #NUM! | #NUM! |

图 10-14　数据动态排序的结果

**【参考步骤】**

(1) 定义数据名称。选中 A1:A100 单元格区域,在"名称"文本框中输入"Data",按 Enter 键确认。

(2) 选中 B1:B100 单元格区域,输入数组公式"{=IFERROR(SMALL(Data,ROW(Data)),"")}"。

(3) 选中 C1:C100 单元格区域,输入数组公式"{=IFERROR(LARGE(Data,ROW(Data)),"")}"。

(4) 在原始数据区域 A1:A100 中随意输入或者修改数据值,观察结果数据区域 B1:B100 和 C1:C100 中的排序结果。

**【说明】**

(1) 数组公式"{=SMALL(Data,ROW(Data))}"返回从小到大数据(升序)的行号数组,其结果参见 E1:E100 单元格区域。

(2) 数组公式"{=LARGE(Data,ROW(Data))}"返回从大到小数据(降序)的行号数组,其结果参见 F1:F100 单元格区域。

(3) 利用 IFERROR 函数将错误信息(#NUM!)转换为空。

## 10.3.5 筛选非重复项

通过数组公式可返回指定区域中数据序列的非重复数据。

**【例 10-5】** 筛选非重复项。在"fl10-5 筛选非重复项.xlsx"的 A1:A77 单元格区域中包含原始数据,使用数组公式把 A1:A77 单元格区域中非重复的数据项筛选出来,并放置到 B 列。结果和分析过程如图 10-15 所示。

| | A | B | C | D | E |
|---|---|---|---|---|---|
| 1 | 佳佳乐 | 佳佳乐 | 1 | 1 | 1 |
| 2 | 佳佳乐 | 康富食品 | 1 | | 4 |
| 3 | 佳佳乐 | 妙生 | 1 | | 5 |
| 4 | 康富食品 | 为全 | 4 | 4 | 8 |
| 5 | 妙生 | 日正 | 5 | 5 | 10 |
| 6 | 妙生 | 德昌 | 5 | | 12 |
| 7 | 妙生 | 正一 | 5 | | 15 |
| 8 | 为全 | 菊花 | 8 | 8 | 16 |

图 10-15　筛选非重复项的结果和分析过程

**【参考步骤】**

(1) 定义数据名称。选中 A1:A77 单元格区域,在"名称"文本框中输入"Data",按 Enter 键确认。

(2) 选中 B1:B77 单元格区域,输入数组公式"{=IFERROR(INDEX(Data,SMALL(IF(MATCH(Data,Data,0)=ROW(Data),MATCH(Data,Data,0),""),ROW(Data)),1),"")}"。

**【说明】**

(1) 数组公式"{=MATCH(Data,Data,0)}"返回各项目第 1 次出现的位置的行号数组,其结果参见 C1:C77 单元格区域。

(2) 数组公式"{=IF(MATCH(Data,Data,0)=ROW(Data),MATCH(Data,Data,0),"")}"返回数据中第 1 次出现的项目对应的行号(第 2 次出现的数据的行号为空)数组,其结果参见 D1:D77 单元格区域。

(3) 数组公式"{=SMALL(IF(MATCH(Data,Data,0)=ROW(Data),MATCH(Data,Data,0),""),ROW(Data))}"返回数据中第 1 次出现的项目对应的行号数组(从小到大),其结果参见 E1:E77 单元格区域。

(4) INDEX 函数根据行号返回结果,IFERROR 函数则把错误信息(#NUM!)转换为空。

视频讲解

# 10.4　数组公式的综合应用举例

## 10.4.1　VLOOKUP 批量查找

**【例 10-6】**　VLOOKUP 批量查找。在"fl10-6-VLOOKUP 批量查找(职工奖金一览表).xlsx"文件中存放着 5 名职工第一季度的奖金信息,利用查找与引用函数(VLOOKUP、ROW 和 INDIRECT)、统计函数(COUNTIF)以及数组公式实现 VLOOKUP 批量查找功能,通过选择"姓名"查询其第一季度的奖金值。结果和分析过程如图 10-16 所示。

**【参考步骤】**

(1) 设置 E3 单元格中姓名的"数据有效性":在允许下拉列表框中选择"序列";"来源"文本框中为"=$A$2:$A$4"。

(2) 在 F3 单元格中利用 VLOOKUP 批量查找职工奖金的数组公式为"{=VLOOKUP(E$3&ROW(A1),IF({1,0},$A$2:$A$10&COUNTIF(INDIRECT("A2:A"&ROW($2:$10)),E$3),$C$2:$C$10),2,)}",并向下填充至 F5 单元格。

**【说明】**

这里以"王一依"为例解析数组公式的具体选择步骤。

| | A | B | C | D | E | F | G | H | I | J | K | L | M |
|---|---|---|---|---|---|---|---|---|---|---|---|---|---|
| 1 | 姓名 | 月份 | 奖金 | | | | | | 重构的查找内容 | | | 重构的查找区域 | |
| 2 | 王一依 | 1月份 | 750 | | 姓名 | 奖金 | | | | | | | |
| 3 | 张二尔 | 1月份 | 680 | | 王一依 | 750 | | | 王一依1 | 1 | 王一依1 | 王一依1 | 750 |
| 4 | 李三丝 | 1月份 | 600 | | | 1200 | | | 王一依2 | 1 | 张二尔1 | 张二尔1 | 680 |
| 5 | 王一依 | 2月份 | 1200 | | | 700 | | | 王一依3 | 1 | 李三丝1 | 李三丝1 | 600 |
| 6 | 张二尔 | 2月份 | 800 | | | | | | | 2 | 王一依2 | 王一依2 | 1200 |
| 7 | 李三丝 | 2月份 | 900 | | | | | | | 2 | 张二尔2 | 张二尔2 | 800 |
| 8 | 王一依 | 3月份 | 700 | | | | | | | 2 | 李三丝2 | 李三丝2 | 900 |
| 9 | 张二尔 | 3月份 | 500 | | | | | | | 3 | 王一依3 | 王一依3 | 700 |
| 10 | 李三丝 | 3月份 | 800 | | | | | | | 3 | 张二尔3 | 张二尔3 | 500 |
| 11 | | | | | | | | | | 3 | 李三丝3 | 李三丝3 | 800 |

图 10-16 VLOOKUP 批量查找职工奖金的结果和分析过程

(1) 重构要查找的内容。公式“=E$3&ROW(A1)”将所查找的姓名(例如“王一依”)与由 ROW(A1)生成的行号相拼接,得到“王一依 1”,填充公式向下复制时生成由 E$3 拼接行号 1、2、3 的数组,结果参见 I3:I5 单元格区域。

(2) 公式“=COUNTIF(INDIRECT("A2:A"&ROW($2:$16)),E$3)”统计“王一依”在逐行扩充的数据区域(INDIRECT("A2:A"&ROW($2:$10)))内出现的次数,结果参见 J3:J11 单元格区域。

(3) 公式“=$A$2:$A$10&COUNTIF(INDIRECT("A2:A"&ROW($2:$10)),E$3)”将姓名列与公式(2)所生成的结果拼接,结果参见 K3:K11 单元格区域。

(4) 重构查找区域。IF({1,0},…,…)函数将步骤(3)所生成的结果与 C 列(奖金)拼接,得到重构的查找区域(两列数组),结果参见 L3:M11 单元格区域。

(5) 利用 VLOOKUP 函数在重构的查找区域 L3:M11 中依次查找 I3:I5 单元格区域中重构的查找内容,得到“王一依”每个月的奖金信息。

**【拓展】**

根据以上解题步骤的分析,针对本例,读者可否有更简洁的 VLOOKUP 批量查找职工奖金的数组公式?提示:

=VLOOKUP($E$3&ROW(A1)&"月份",IF({1,0},
$A$2:$A$10&$B$2:$B$10,$C$2:$C$10),2,)

## 10.4.2 提取不重复值

**【例 10-7】** 提取不重复值。打开“fl10-7 提取不重复值(供应商信息).xlsx”文件,利用查找与引用函数(LOOKUP、OFFSET、MATCH、INDEX 和 ROW)、统计函数(COUNTIF、SMALL、MIN 和 FREQUENCY)、逻辑函数(IF 和 AND)、信息函数(IFERROR 和 ISNA)以及数组公式,使用各种不同的方法,提取(无重复的)供应商清单和产品等级信息,如图 10-17 所示。“不重复”指的是重复记录只算 1 个,类似于第 12 章在“高级筛选”对话框中利用“选择不重复的记录”筛选所得到的结果。

**【参考步骤】**

(1) 提取供应商清单(方法 1)。在 H4 单元格中输入公式“=IFERROR(LOOKUP(1,0/ISNA(MATCH($C$2:$C$41,H$3:H3,0)),$C$2:$C$41),"")”,并向下填充至 H8 单

元格。

| LookupMatch | LookupCountif | IndexMatch1 | IndexMatch2 | IndexMatch3 | IndexCountif | OffsetMatch1 | OffsetMatch2 | |
|---|---|---|---|---|---|---|---|---|
| Lookup10 | Lookup10 | | | MatchRow | | | MatchRow | Frequenc |
| **供应商清单1** | **供应商清单2** | **供应商清单3** | **供应商清单4** | **供应商清单5** | **供应商清单6** | **供应商清单7** | **供应商清单8** | **等级** |
| 妙生 | 妙生 | 佳佳乐 | 佳佳乐 | 佳佳乐 | 佳佳乐 | 佳佳乐 | 佳佳乐 | 3 |
| 佳佳乐 | 佳佳乐 | 小当 | 小当 | 小当 | 小当 | 小当 | 小当 | 6 |
| 福满多 | 福满多 | 妙生 | 妙生 | 妙生 | 妙生 | 妙生 | 妙生 | 5 |
| 为全 | 为全 | 为全 | 为全 | 为全 | 为全 | 为全 | 为全 | 1 |
| 小当 | 小当 | 福满多 | 福满多 | 福满多 | 福满多 | 福满多 | 福满多 | 9 |
| | | | | | | | | 4 |
| **供应商清单1** | **供应商清单2** | **供应商清单3** | **供应商清单4** | **供应商清单5** | **供应商清单6** | **供应商清单7** | **供应商清单8** | 7 |
| | | | | | | | | 10 |
| | | | | | | | | 8 |
| | | | | | | | | 2 |

图 10-17　提取不重复值（供应商清单以及等级）

（2）提取供应商清单（方法 2）。在 I4 单元格中输入公式"=IFERROR(LOOKUP(1, 0/(COUNTIF($I$3:I3,$C$2:$C$41)=0),$C$2:$C$41),"")"，并向下填充至 I8 单元格。

（3）提取供应商清单（方法 3）。在 J4 单元格中输入数组公式"{=INDEX(C:C, MATCH(0,COUNTIF(J$3:J3,$C$2:$C$42),0)+1)&""}"，并向下填充至 J8 单元格。

（4）提取供应商清单（方法 4）。在 K4 单元格中输入数组公式"{=IFERROR(INDEX ($C$2:$C$41,MATCH(0,COUNTIF($K$3:K3,$C$2:$C$41),0))&"",""}"，并向下填充至 K8 单元格。

（5）提取供应商清单（方法 5）。在 L4 单元格中输入数组公式"{=INDEX(C:C, SMALL(IF(MATCH($C$2:$C$41,$C$2:$C$41,0)=ROW($2:$41)-1,ROW($2:$41),4^8),ROW(1:1)))&""}"，并向下填充至 L8 单元格。

（6）提取供应商清单（方法 6）。在 M4 单元格中输入数组公式"{=INDEX(C:C,MIN(IF(COUNTIF($M$3:M3,$C$2:$C$41)=0,ROW($2:$41),4^8)))&""}"，并向下填充至 M8 单元格。

（7）提取供应商清单（方法 7）。在 N4 单元格中输入数组公式"{=IFERROR(OFFSET($C$1,MATCH(0,COUNTIF(R$1:R1,$C$2:$C$41),0),0),"")}"，并向下填充至 N8 单元格。

（8）提取供应商清单（方法 8）。在 O4 单元格中输入数组公式"{=OFFSET($C$1, SMALL(IF(MATCH($C$2:$C$41,$C$2:$C$41,0)=ROW($C$2:$C$41)-1,ROW($C$2:$C$41)-1,65536),ROW(A1)),0)&""}"，并向下填充至 O8 单元格。

（9）提取产品等级信息。在 P4 单元格中输入数组公式"{=IFERROR(INDEX(D:D, SMALL(IF(FREQUENCY($D$2:$D$41,$D$2:$D$41),ROW($2:$41)),ROW(1:1))),"")}"，并向下填充至 P13 单元格。

【说明】

（1）本例利用 ISERROR 函数判断指定值是否为错误值#N/A，若是，则显示""而不是#N/A。

（2）对于提取供应商清单（方法 1）的公式：

$$=IFERROR(LOOKUP(1,0/ISNA(MATCH(\$C\$2：$$
$$\$C\$41,H\$3：H3,0)),\$C\$2：\$C\$41),"")$$

利用 MATCH 函数查找供应商名称是否在 H 列中已提取，如果未被提取，则返回♯N/A 错误信息，ISNA 函数则返回 TRUE，0/TRUE 返回 0；如果供应商名称已提取，则返回该供应商在\$C\$2：\$C\$41 中的位置信息（具体的数值），ISNA 函数则返回 FALSE，0/FALSE 返回♯DIV/0!。再利用 LOOKUP 函数查找 1 在所返回数组常量中的位置，由于数组常量中要么是 0，要么是♯DIV/0!，因此将与数组常量中小于或等于 1 的最大值匹配。具体提取过程如下：

① H4 单元格中的公式如下：

$$=IFERROR(LOOKUP(1,0/ISNA(MATCH(\$C\$2：$$
$$\$C\$41,H\$3：H3,0)),\$C\$2：\$C\$41),"")$$

a. MATCH 函数返回\$C\$2：\$C\$41 各项在单元格区域 H\$3：H3 中出现的相对位置。由于单元格区域 H\$3：H3 中不包含\$C\$2：\$C\$41 的值，因此返回常量数组{♯N/A；♯N/A；…；♯N/A}，共 40 个♯N/A。

b. 将所得到的常量数组代入 ISNA 函数中，得到常量数组{TRUE；TRUE；…；TRUE}，共 40 个 TRUE。

c. 0 除以 ISNA 函数的返回结果，得到常量数组{0；0；…；0}，共 40 个 0。

d. 再利用 LOOKUP 函数查找 1 在常量数组{0；0；…；0}中的位置，得到小于或等于 1 的最大值所在的位置 40，最后返回单元格区域\$C\$2：\$C\$41 中第 40 行数据的值，即"妙生"。

② H5 单元格中的公式如下：

$$=IFERROR(LOOKUP(1,0/ISNA(MATCH(\$C\$2：\$C\$41,H\$3：$$
$$H4,0)),\$C\$2：\$C\$41),"")$$

a. 由于 MATCH 函数的 match_type 为 0，精确查找等于所查询值的第 1 个值，因此返回常量数组{♯N/A；♯N/A；♯N/A；♯N/A；5，6，7，♯N/A；…；♯N/A，40}，其中，前 3 个♯N/A 是"佳佳乐"的匹配结果，第 4 个♯N/A 是"小当"的匹配结果，"5，6，7"和最后的"40"是"妙生"的匹配结果。

b. 将所得到的常量数组代入到 ISNA 函数中，得到常量数组{TRUE；TRUE；TRUE；TRUE；FALSE；FALSE；FALSE；…；TRUE；FALSE}。

c. 0 除以 ISNA 函数的返回结果，得到常量数组{0；0；0；0；♯DIV/0!；♯DIV/0!；♯DIV/0!；…；0 ；♯DIV/0!}。

d. 再利用 LOOKUP 函数查找 1 在常量数组{0；0；0；0；♯DIV/0!；♯DIV/0!；♯DIV/0!；…；0 ；♯DIV/0!}中的位置，得到小于或等于 1 的最大值所在的位置 39，最后返回单元格区域\$C\$2：\$C\$41 中第 39 行数据的值，即"佳佳乐"。

③ 以此类推，抽取出全部不重复值，依次为"妙生""佳佳乐""福满多""为全""小当"。

（3）对于提取供应商清单（方法 2）的数组公式：

$$=IFERROR(LOOKUP(1,0/(COUNTIF(\$I\$3：I3,\$C\$2：$$
$$\$C\$41)=0),\$C\$2：\$C\$41),"")$$

利用 COUNTIF 函数,以 I 列查找结果为引用区域,统计在 C 列数据区域中出现的次数。
LOOKUP 函数的使用类似于方法 1。具体提取过程如下:

① I4 单元格中的公式如下:

$$=IFERROR(LOOKUP(1,0/(COUNTIF(\$I\$3:$$
$$I3,\$C\$2:\$C\$41)=0),\$C\$2:\$C\$41),"")$$

a. COUNTIF 函数统计 I3 单元格的值在 \$C\$2:\$C\$41 数据区域中出现的次数。由于
\$C\$2:\$C\$41 数据区域中不包含 I3 单元格的值,因此返回常量数组{0;0;…;0},共 40
个 0。

b. 0 除以 COUNTIF(I\$3:I3,\$C\$2:\$C\$41)=0 的返回结果{TRUE;TRUE;…;
TRUE},得到常量数组{0;0;…;0},共 40 个 0。

c. 再利用 LOOKUP 函数查找 1 在常量数组{0;0;…;0}中的位置,得到小于或等于 1 的
最大值所在的位置 40,最后返回单元格区域 \$C\$2:\$C\$41 中第 40 行数据的值,即"妙生"。

② I5 单元格中的公式如下:

$$=IFERROR(LOOKUP(1,0/(COUNTIF(\$I\$3:I4,\$C\$2:$$
$$\$C\$41)=0),\$C\$2:\$C\$41),"")$$

a. COUNTIF 函数统计数据区域 I\$3:I4 的值在 \$C\$2:\$C\$41 中出现的次数,返回常
量数组{0;0;0;0;1;…;1;0…;0;1},其中,前 3 个 0 是"佳佳乐"的统计结果,第 4 个 0 是"小
当"的统计结果,紧接着的 3 个 1 和最后的 1 是"妙生"的统计结果。

b. 0 除以 COUNTIF(I\$3:I4,\$C\$2:\$C\$41)=0 的返回结果{TRUE;TRUE;TRUE;
TRUE;FALSE;FALSE;FALSE;…;TRUE;FALSE},得到常量数组{0;0;0;0;
♯DIV/0!;♯DIV/0!;♯DIV/0!;0;…;0;♯DIV/0!}。

c. 再利用 LOOKUP 函数查找 1 在常量数组{0;0;0;0;♯DIV/0!;♯DIV/0!;
♯DIV/0!;0;…;0;♯DIV/0!}中的位置,得到小于或等于 1 的最大值所在的位置 39,最
后返回单元格区域 \$C\$2:\$C\$41 中第 3 行数据的值,即"佳佳乐"。

③ 其他结果以此类推。

(4) 对于提取供应商清单(方法 3)的数组公式:

{=INDEX(C:C,MATCH(0,COUNTIF(J\$3:J3,\$C\$2:\$C\$42),0)+1)&""}

利用 COUNTIF 函数,以 J 列查找结果为引用区域,统计在 C 列数据区域中出现的次数。
再利用 MATCH 函数精确查找 0 在所得到的常量数组中的"相对位置",然后返回 C 列中从
C1 开始的第"相对位置"+1 所在单元格的值。具体提取过程如下:

① J4 单元格中的公式如下:

{=INDEX(C:C,MATCH(0,COUNTIF(J\$3:J3,\$C\$2:\$C\$42),0)+1)&""}

a. COUNTIF 函数统计 J3 单元格的值在 \$C\$2:\$C\$42 数据区域中出现的次数。由于
\$C\$2:\$C\$42 数据区域中不包含 J3 单元格的值,因此返回常量数组{0;0;…;0},共 41
个 0。

b. MATCH(0,{0;0;…;0},0)精确查找等于 0 的第一个值,因此返回 1。

c. INDEX(C:C,1+1)即 INDEX(C:C,2),返回 C 列中从 C1 开始的第 2 个单元格的
值,即 C2 单元格的值"佳佳乐"。

② J5 单元格中的公式如下：

{＝INDEX(C:C,MATCH(0,COUNTIF(J\$3:J4,\$C\$2:\$C\$42),0)+1)&""}

a. COUNTIF 函数统计数据区域 J\$3:J4 的值在\$C\$2:\$C\$42 中出现的次数，返回常量数组{1;1;1;0;…;1;1;1;1;1;0;0}，其中，前 3 个 1 是"佳佳乐"的统计结果，紧接着的 0 是"小当"的统计结果，倒数 5 个 1 也是"佳佳乐"的统计结果，倒数第 2 个 0 是"妙生"的统计结果，最后 1 个 0 是空单元格 C42 的统计结果。

b. MATCH(0,{1;1;1;0;…;1;1;1;1;1;0;0},0)精确查找等于 0 的第 1 个值，因此返回 4。

c. INDEX(C:C, 4+1)即 INDEX(C:C, 5)，返回 C 列中从 C1 开始的第 5 个单元格的值，即 C5 单元格的值"小当"。

③ J9 单元格中的公式如下：

{＝INDEX(C:C,MATCH(0,COUNTIF(J\$3:J8,\$C\$2:\$C\$42),0)+1)&""}

a. COUNTIF 函数统计数据区域 J\$3:J8 的值在\$C\$2:\$C\$42 中出现的次数，返回常量数组{1;1;1;1;…;1;0}，共 40 个 1 和 1 个 0。

b. MATCH(0,{1;1;1;1;…;1;0},0)精确查找等于 0 的第 1 个值，因此返回 41。

c. INDEX(C:C, 41+1)即 INDEX(C:C, 42)，返回 C 列中从 C1 开始的第 42 个单元格的值，即 C42 单元格的值""（空单元格）。

本例巧妙地引用了 C42(空单元格)进行容错处理，因为 COUNTIF 函数对空单元格的计数始终为 0，所以当抽取出全部不重复值后继续向下拖曳复制公式时，将显示空而不是#N/A。

(5) 对于提取供应商清单(方法 5)的数组公式：

{＝INDEX(C:C,SMALL(IF(MATCH(\$C\$2:\$C\$41,\$C\$2:\$C\$41,0)
＝ROW(\$2:\$41)−1,ROW(\$2:\$41),4^8),ROW(1:1)))&""}

其具体的提取过程如下：

① L4 单元格中的公式如下：

{＝INDEX(C:C,SMALL(IF(MATCH(\$C\$2:\$C\$41,\$C\$2:\$C\$41,0)
＝ROW(\$2:\$41)−1,ROW(\$2:\$41),4^8),ROW(1:1)))&""}

a. MATCH(\$C\$2:\$C\$41,\$C\$2:\$C\$41,0)精确查找数据区域\$C\$2:\$C\$41 中的各项在\$C\$2:\$C\$41 中出现的第 1 个位置，返回数组常量{1;1;1;4;5;5;5;8;…;1;1;1;1;1;40}。

b. 将结果代入 IF 函数中，即 IF({1;1;1;4;5;5;5;8;…;1;1;1;1;1;40} ＝ ROW(\$2:\$41)−1, ROW(\$2:\$41), 4^8)，得到数组常量{2;65536;65536;5;6;65536;65536;9;…;65536;41}。

c. 将结果再代入 SMALL 函数中，即 SMALL({2;65536;65536;5;6;65536;65536;9;…;65536;41}, ROW(1:1))，得到最小值 2。

d. 利用 INDEX(C:C, 2)返回 C 列中从 C1 单元格开始的第 2 个单元格的值，即 C2 单元格的值"佳佳乐"。

② L5 单元格中的公式如下：

{＝INDEX(C:C,SMALL(IF(MATCH(\$C\$2:\$C\$41,\$C\$2:\$C\$41,0)
＝ROW(\$2:\$41)−1,ROW(\$2:\$41),4^8),ROW(2:2)))&""}

　　a. 同样，将 IF 和 MATCH 函数的计算结果代入 SMALL 函数中，即 SMALL($\{2$；$65536$；$65536$；$5$；$6$；$65536$；$65536$；$9$；$\cdots$；$65536$；$41\}$，ROW($2$：$2$))，得到数组常量中的第 2 个最小值 5。

　　b. 利用 INDEX(C：C，5)返回 C 列中从 C1 开始的第 5 个(即 C5)单元格"小当"。

　　③ 其他结果以此类推。

本例中的 $4^8$(即 65536)可以换成其他比较大的数值。

　　(6) 对于提取供应商清单(方法 6)的数组公式：

$$\{=\text{INDEX}(C:C,\text{MIN}(\text{IF}(\text{COUNTIF}(\$M\$3:M3,\$C\$2:\$C\$41)$$
$$=0,\text{ROW}(\$2:\$41),4^8)))\&\text{""}\}$$

其具体的提取过程如下：

　　① M4 单元格中的公式如下：

$$\{=\text{INDEX}(C:C,\text{MIN}(\text{IF}(\text{COUNTIF}(\$M\$3:M3,\$C\$2:\$C\$41)$$
$$=0,\text{ROW}(\$2:\$41),4^8)))\&\text{""}\}$$

　　a. COUNTIF($\$M\$3$：M3，$\$C\$2$：$\$C\$41$)返回数组常量$\{0$；$0$；$0$；$\cdots$；$0\}$，共 40 个 0。

　　b. 将结果代入 IF 函数中，即 IF($\{0$；$0$；$0$；$\cdots$；$0\}=0$，ROW($\$2$：$\$41$)，$4^8$)，得到数组常量$\{2$；$3$；$4$；$\cdots$；$41\}$。

　　c. 将结果再代入 MIN 函数中，即 MIN($\{2$；$3$；$4$；$\cdots$；$41\}$)，得到最小值 2。

　　d. 利用 INDEX(C：C，2)返回 C 列中从 C1 开始的第 2 个单元格的值，即 C2 单元格的值"佳佳乐"。

　　② M5 单元格中的公式如下：

$$\{=\text{INDEX}(C:C,\text{MIN}(\text{IF}(\text{COUNTIF}(\$M\$3:M4,\$C\$2:\$C\$41)$$
$$=0,\text{ROW}(\$2:\$41),4^8)))\&\text{""}\}$$

　　a. COUNTIF($\$M\$3$：M4，$\$C\$2$：$\$C\$41$)返回数组常量$\{1$；$1$；$1$；$0$；$0$；$\cdots$；$1$；$1$；$1$；$1$；$1$；$0\}$。

　　b. 将结果代入 IF 函数中，即 IF($\{1$；$1$；$1$；$0$；$0$；$\cdots$；$1$；$1$；$1$；$1$；$1$；$0\}=0$，ROW($\$2$：$\$41$)，$4^8$)，得到数组常量$\{65536$；$65536$；$65536$；$5$；$6$；$7$；$\cdots$；$65536$；$41\}$。

　　c. 将结果再代入 MIN 函数中，即 MIN($\{65536$；$65536$；$65536$；$5$；$6$；$7$；$\cdots$；$65536$；$41\}$)，得到最小值 5。

　　d. 利用 INDEX(C：C，2)返回 C 列中从 C1 开始的第 5 个(即 C5)单元格的值"小当"。

　　(7) 对于提取供应商清单(方法 7)的数组公式：

$$\{=\text{IFERROR}(\text{OFFSET}(\$C\$1,\text{MATCH}(0,\text{COUNTIF}$$
$$(R\$1:R1,\$C\$2:\$C\$41),0),0),\text{""})\}$$

其具体的提取过程如下：

　　① N4 单元格中的公式如下：

$$\{=\text{IFERROR}(\text{OFFSET}(\$C\$1,\text{MATCH}(0,\text{COUNTIF}$$
$$(R\$1:R1,\$C\$2:\$C\$41),0),0),\text{""})\}$$

　　a. COUNTIF(R$\$1$：R1，$\$C\$2$：$\$C\$41$)返回数组常量$\{0$；$0$；$0$；$\cdots$；$0\}$，共 40 个 0。

　　b. 将结果代入 MATCH 函数中，即 MATCH($0$，$\{0$；$0$；$0$；$\cdots$；$0\}$，$0$)，精确查找等于 0

的第 1 个值,因此返回 1。

　　c. 将结果再代入 OFFSET 函数中,即 OFFSET($C$1,1,0),返回 C1 下一行中同一列(即 C2)单元格的值"佳佳乐"。

　　② N5 单元格中的公式如下:

$$\{=IFERROR(OFFSET(\$C\$1,MATCH(0,COUNTIF(R\$1:R2,\$C\$2:\$C\$41),0),0),""\ )\}$$

　　a. COUNTIF(R$1:R2,$C$2:$C$41)返回数组常量{1;1;1;0;…;1;1;1;1;1;0}。

　　b. 将结果代入 MATCH 函数中,即 MATCH(0,{1;1;1;0;…;1;1;1;1;1;0},0),精确查找等于 0 的第 1 个值,因此返回 4。

　　c. 将结果再代入 OFFSET 函数中,即 OFFSET($C$1,4,0),返回 C1 往下 4 行同一列(即 C5)单元格的值"小当"。

　　③ 其他结果以此类推。

　　(8) 对于提取供应商清单(方法 8)的数组公式:

$$\{=OFFSET(\$C\$1,SMALL(IF(MATCH(\$C\$2:\$C\$41,\$C\$2:\$C\$41,0)$$
$$=ROW(\$C\$2:\$C\$41)-1,ROW(\$C\$2:\$C\$41)-1,65536),ROW(A1)),0)\&""\ )\}$$

　　其解题思路与方法 5 类似,只不过最后使用 OFFSET 函数而不是 INDEX 函数提取最终结果。

　　(9) 对于提取产品等级清单的数组公式:

$$\{=IFERROR(INDEX(D:D,SMALL(IF(FREQUENCY(\$D\$2:\$D\$41,\$D\$2:\$D\$41),ROW(\$2:\$41)),ROW(1:1))),""\ )\}$$

　　其具体的提取过程如下:

　　① P4 单元格中的公式如下:

$$\{=IFERROR(INDEX(D:D,SMALL(IF(FREQUENCY(\$D\$2:\$D\$41,\$D\$2:\$D\$41),ROW(\$2:\$41)),ROW(1:1))),""\ )\}$$

　　a. FREQUENCY($D$2:$D$40,$D$2:$D$40)返回数组常量{3;0;3;8;6;5;0;…;0}。

　　b. 将结果代入 IF 函数中,即 IF({3;0;3;8;6;5;0;…;0},ROW($2:$41)),返回数组常量{2;FALSE;4;5;6;7;FALSE;…;FALSE}。

　　c. 将结果再代入 SMALL 函数中,即 SMALL({2;FALSE;4;5;6;7;FALSE;…;FALSE},ROW(1:1)),得到最小值 2。

　　d. 利用 INDEX(D:D,2)返回 D 列中从 D1 开始的第 2 个单元格的值,即 D2 单元格的值 3。

　　② P5 单元格中的公式如下:

$$\{=IFERROR(INDEX(D:D,SMALL(IF(FREQUENCY(\$D\$2:\$D\$41,\$D\$2:\$D\$41),ROW(\$2:\$41)),ROW(2:2))),""\ )\}$$

　　a. 同样,将 IF、FREQUENCY 和 ROW 函数返回的数组常量代入 SMALL 函数中,即 SMALL({2;FALSE;4;5;6;7;FALSE;…;FALSE},ROW(2:2)),得到第 2 个最小值为 4。

　　b. 利用 INDEX(D:D,4)返回 D 列中从 D1 开始的第 4 个单元格的值,即 D4 单元格的值为 6。

③ 其他结果以此类推。

## 10.4.3 条件计数

【**例 10-8**】 条件计数。在"fl10-8 条件计数(学习成绩表).xlsx"的 A2:I17 区域中存放着学生的学号、姓名、性别、班级以及语数外的成绩,请利用数学函数(SUM、SUMPRODUCT、ROUND)、条件判断函数(IF)、统计函数(COUNT、COUNTIF、COUNTIFS)以及数组公式完成以下操作,素材以及结果如图 10-18 所示。

(1) 请尝试使用数组公式计算每位学生的总分和平均分(保留到整数部分)。

(2) 分别利用 6 种方法(COUNTIF/COUNTIFS 函数、SUM 和 IF 函数、SUM 函数和 --(减负)运算、COUNT 函数、SUM 函数和 * 运算、SUMPRODUCT 函数)统计各班的学生人数、男生人数、女生人数。

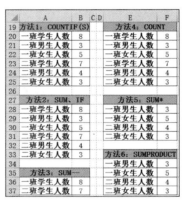

(a) 学生学习情况表素材    (b) 学生信息统计结果

图 10-18 条件计数(学生信息统计)

【**参考步骤**】

(1) 利用数组公式计算总分。选择数据区域 H3:H17,然后在编辑栏中输入数组公式"{=E3:E17+F3:F17+G3:G17}"。

(2) 利用数组公式计算平均分。选择数据区域 I3:I17,然后在编辑栏中输入数组公式"{=ROUND(H3:H17/3,0)}"。

(3) 利用 COUNTIF(方法 1)统计各班的学生总数。在 B20 单元格中输入公式"=COUNTIF($D$3:$D$17,"一班")",统计一班的学生总数;将 B20 的公式复制到 B23 单元格中,将公式中的班级信息改为"二班"。

(4) 利用 COUNTIFS(方法 1)统计各班的男、女生人数。在 B21 单元格中输入公式"=COUNTIFS($D$3:$D$17,"一班",$C$3:$C$17,"男")",统计一班的男生人数;复制公式到 B22、B24、B25,并相应修改所需计算的班级和性别信息。

(5) 利用数组公式、SUM 和 IF(方法 2)统计各班的学生总数。选择 B28 单元格,然后在编辑栏中输入数组公式"{=SUM(IF(D3:D17="一班",1,0))}",观察计算结果是否与方法 1 一致。与之类似,在 B31 单元格中利用数组公式"{=SUM(IF(D3:D17="二班",1,0))}"统计二班的学生总数。

(6) 利用数组公式、SUM 和--(减负)运算(方法 3)统计各班的学生总数。选择 B36 单元格,然后在编辑栏中输入数组公式"{=SUM(--(D3:D17="一班"))}",观察计算结果是否与方法 1 一致。与之类似,在 B37 单元格中利用数组公式"{=SUM(--(D3:D17="二班"))}"统计二班的学生总数。

(7) 利用数组公式、SUM 和 IF 函数(方法 2)统计各班的男、女生人数。选择 B29 单元格,然后在编辑栏中输入数组公式"{=SUM(IF(D3:D17="一班",IF(C3:C17="男",1,0)))}",统计一班的男生人数。与之类似,在 B30、B32、B33 单元格中分别利用相应的数组公式统计各班的男、女生人数。

(8) 利用数组公式和 COUNT 函数(方法 4)统计各班的总人数。选择 F20 单元格,然后在编辑栏中输入数组公式"{=COUNT(0/(D3:D17="一班"))}",统计一班的总人数。与之类似,在 F23 单元格中利用相应的数组公式统计二班的总人数。

(9) 利用数组公式和 COUNT 函数(方法 4)统计各班的男、女生人数。选择 F21 单元格,然后在编辑栏中输入公式"{=COUNT(0/((D3:D17="一班")*(C3:C17="男")))}",统计一班的男生人数。与之类似,在 F22、F24、F25 单元格中分别利用相应的数组公式统计各班的男、女生人数。

(10) 利用数组公式、SUM 和 * 运算(方法 5)统计各班的男、女生人数。选择 F28 单元格,然后在编辑栏中输入数组公式"{=SUM((D3:D17="一班")*(C3:C17="男"))}",统计一班的男生人数。与之类似,在 F29、F30、F31 单元格中分别利用相应的数组公式统计各班的男、女生人数。

(11) 利用 SUMPRODUCT(方法 6)统计各班的男、女生人数。在 F34 单元格中输入公式"=SUMPRODUCT((D3:D17="一班")*(C3:C17="男"))",统计一班的男生人数。与之类似,分别在 F35、F36、F37 单元格中利用 SUMPRODUCT 统计各班的男、女生人数。

**【说明】**

(1) 本例中的数组公式"{=SUM(--(D3:D17="一班"))}",利用--(减负)运算将逻辑值转换为数值,再利用 SUM 求和,以统计一班的学生总数。当然,用户还可以使用数组公式"{=SUM((D3:D17="一班")*1)}""{=SUM((D3:D17="一班")/1)}""{=SUM((D3:D17="一班")+0)}"或者"{=SUM((D3:D17="一班")-0)}",利用+、-、*、/等算术四则运算将逻辑值转换为数值,再利用 SUM 求和,以统计一班的学生总数。

(2) 利用 SUM 函数对满足单个条件的数据区域计数的通用数组公式如下:

$$\{=SUM(IF(条件,1,0))\}$$

或者

$$\{=SUM(--(条件))\}$$

或者

$$\{=SUM((条件)*1)\}$$

例如,本例中的数组公式"{=SUM(IF(D3:D17="一班",1,0))}"以及"{=SUM(--(D3:D17="一班"))}"均可统计一班的学生总人数。

(3) 利用 SUM 和 IF 函数对满足 $n(n \geqslant 1)$ 个条件的数据区域计数的通用数组公式

如下：
$$\{=\text{SUM}(\text{IF}(\text{条件}1,\text{IF}(\text{条件}2,1,0)))\}$$

例如，本例中的数组公式"$\{=\text{SUM}(\text{IF}(\text{D3}:\text{D17}="一班",\text{IF}(\text{C3}:\text{C17}="男",1,0)))\}$"统计一班的男生人数。

（4）利用 SUM 函数对满足 $n(n>1)$ 个条件的数据区域计数的通用数组公式如下：
$$\{=\text{SUM}(\text{条件}1*\text{条件}2\cdots*\text{条件}n)\}$$

例如，本例中的数组公式"$\{=\text{SUM}((\text{D3}:\text{D17}="一班")*(\text{C3}:\text{C17}="男"))\}$"统计一班的男生人数。

（5）利用 SUMPRODUCT 函数对满足 $n(n>1)$ 个条件的数据区域计数的通用公式如下：
$$=\text{SUMPRODUCT}(\text{条件}1*\text{条件}2\cdots*\text{条件}n)$$

例如，本例中的公式"$=\text{SUMPRODUCT}((\text{D3}:\text{D17}="一班")*(\text{C3}:\text{C17}="男"))$"统计一班的男生人数。

与 SUM 数组公式不同的是，SUMPRODUCT 函数支持数组运算，因此在输入时不必按 Ctrl+Shift+Enter 键。

（6）利用 COUNT 函数对满足 $n(n\geqslant1)$ 个条件的数据区域计数的通用数组公式如下：
$$\{=\text{COUNT}(0/(\text{条件}1*\text{条件}2\cdots*\text{条件}n))\}$$

例如，本例中的数组公式"$\{=\text{COUNT}(0/(\text{D3}:\text{D17}="一班"))\}$"以及"$\{=\text{COUNT}(0/((\text{D3}:\text{D17}="一班")*(\text{C3}:\text{C17}="男")))\}$"分别统计一班的学生总人数以及一班的男生人数。

数组公式"$\{=\text{COUNT}(0/((\text{D3}:\text{D17}="一班")*(\text{C3}:\text{C17}="男")))\}$"选择的具体步骤可分解为：

① 将两个条件(D3:D17="一班")和(C3:C17="男")对应的元素相乘，得到如下数组：
$$\{0;0;0;0;0;1;1;0;0;0;0;1;0;0;0\}$$

② 用 0 除以上述数组，得到如下数组：
$\{\#\text{DIV}/0!;\#\text{DIV}/0!;\#\text{DIV}/0!;\#\text{DIV}/0!;\#\text{DIV}/0!;1;1;\#\text{DIV}/0!;\#\text{DIV}/0!;\#\text{DIV}/0!;\#\text{DIV}/0!;1;\#\text{DIV}/0!;\#\text{DIV}/0!;\#\text{DIV}/0!\}$

③ 利用 COUNT 函数计数。由于 COUNT 函数忽略错误值（即本例中的 #DIV/0!），因此本例返回参数列表中数字 1 的个数 3，即一班男生人数为 3。

**【总结】**

本例使用了 6 种不同的方法对区域中满足单个或多个指定条件的单元格进行统计计数，即 COUNTIF/COUNTIFS 函数、SUMPRODUCT 函数、COUNT 函数、SUM 和 IF 函数配合、SUM 函数和 * 运算配合以及 SUM 函数和--运算配合。其中，后 4 种方法必须使用数组公式。在 SUM 和 *1(或/1、+0、-0)算术四则运算配合的方法中，逻辑值 TRUE 被转换为数字 1、FALSE 被转换为数字 0 参与运算。

## 10.4.4　多条件计数

**【例 10-9】** 多条件计数。在"fl10-9 多条件计数（学习成绩）.xlsx"中存放着学生的学号、姓名、性别、班级以及语文、数学、英语的成绩，请利用数学函数（ROUND、SUM、SUMPRODUCT 和 MMULT）、逻辑函数（IF）、统计函数（AVERAGE、COUNT、COUNTIF 和

COUNTIFS)、查找与引用函数（OFFSET、MATCH 和 ROW）以及数组公式完成如下操作：

（1）分别利用 7 种方法（COUNTIF/COUNTIFS，SUM 与 IF 配合、SUM 与数组公式配合——运算、SUM 与数组公式配合＊运算、SUMPRODUCT、SUM 和 COUNTIF 配合、COUNT 函数）统计 90～100 分、80～89 分、70～79 分、60～69 分以及小于 60 分的各分数段的人数，并计算出各分数段人数占班级总人数的百分比。

（2）使用各种方法分别统计两个班的优秀（平均分≥90）男生人数、优秀女生人数。

（3）统计各班每门课程高于课程平均分的人数。

（4）根据班级（一班、二班）、课程（语文、数学、英语）、成绩点（0、60、70、80、90）统计各班级中不低于各课程指定成绩点的人数。其中，班级、课程和成绩点由数据有效性指定相应的序列值。

（5）统计至少两门功课不及格的学生人数。

（6）统计各门功课均及格的学生人数。

学生信息统计结果如图 10-19 所示。

| | A | B | C | D | E | F | G | H |
|---|---|---|---|---|---|---|---|---|
| 20 | 方法1: COUNTIF(S) | | | | 方法1: COUNTIFS | | | |
| 21 | 平均分 | 人数 | 百分比 | | 优秀女生 | 1 | | |
| 22 | 90~100 | 3 | 18.8% | | 优秀男生 | 2 | | |
| 23 | 80~89 | 5 | 31.3% | | | | | |
| 24 | 70~79 | 4 | 25.0% | | 方法2: SUM、IF | | | |
| 25 | 60~69 | 3 | 18.8% | | 优秀女生 | 1 | | |
| 26 | <60 | 1 | 6.3% | | 优秀男生 | 2 | | |
| 27 | | | | | | | | |
| 28 | 方法2: SUM、IF | | | | 方法3: SUM* | | | |
| 29 | 80~89 | 5 | | | 优秀女生 | 1 | | |
| 30 | 70~79 | 4 | | | 优秀男生 | 2 | | |
| 31 | 60~69 | 3 | | | | | | |
| 32 | <60 | 1 | | | 方法4: SUMPRODUCT | | | |
| 33 | | | | | 优秀女生 | 1 | | |
| 34 | 方法3: SUM-- | | | | 优秀男生 | 2 | | |
| 35 | <60 | 1 | 1 | | | | | |
| 36 | | | | | 方法5: COUNT | | | |
| 37 | 方法4: SUM* | | | | 优秀女生 | 1 | | |
| 38 | 80~89 | 5 | | | 优秀男生 | 2 | | |
| 39 | 70~79 | 4 | | | | | | |
| 40 | 60~69 | 3 | | | 班级各门课程高于平均分的人数 | | | |
| 41 | | | | | | 语文 | 数学 | 英语 |
| 42 | 方法5: SUMPRODUCT | | | | 一班 | 3 | 4 | 4 |
| 43 | 80~89 | 5 | | | 二班 | 5 | 6 | 5 |
| 44 | 70~79 | 4 | | | | | | |
| 45 | 60~69 | 3 | | | 课程成绩统计器 | | | |
| 46 | | | | | 班级 | 二班 | | |
| 47 | 方法6: SUM、COUNTIF | | | | 课程 | 语文 | | |
| 48 | 80~89 | 5 | | | 成绩 | 90 | | |
| 49 | 70~79 | 4 | | | 人数 | 3 | | |
| 50 | 60~69 | 3 | | | | | | |
| 51 | | | | | 至少两科不及格的学生人数 | | | 2 |
| 52 | 方法7: COUNT | | | | 至少两科不及格的学生人数 | | | 2 |
| 53 | 80~89 | 5 | | | 各科成绩均及格的学生人数 | | | 11 |
| 54 | 70~79 | 4 | | | 各科成绩均及格的学生人数 | | | 11 |
| 55 | 60~69 | 3 | | | 各科成绩均及格的学生人数 | | | 11 |
| 56 | <60 | 1 | | | 各科成绩均及格的学生人数 | | | 11 |
| 57 | | | | | 各科成绩均及格的学生人数 | | | 11 |
| 58 | | | | | 各科成绩均及格的学生人数 | | | 11 |

图 10-19　多条件计数（学生信息统计）

【参考步骤】

（1）利用 COUNTIF/COUNTIFS 函数（方法 1）统计 90～100 分、80～89 分、70～79 分、60～69 分以及小于 60 分的各分数段人数的公式为：

$$=COUNTIF(\$I\$3:\$I\$18,">=90")$$
$$=COUNTIFS(\$I\$3:\$I\$18,">=80",\$I\$3:\$I\$18,"<90")$$
$$=COUNTIFS(\$I\$3:\$I\$18,">=70",\$I\$3:\$I\$18,"<80")$$
$$=COUNTIFS(\$I\$3:\$I\$18,">=60",\$I\$3:\$I\$18,"<70")$$
$$=COUNTIF(\$I\$3:\$I\$18,"<60")$$

（2）利用 COUNT 函数统计各分数段人数占班级总人数的百分比。在 C22 单元格中输入公式"=B22/COUNT($I$3:$I$18)"，然后向下填充公式到 C26 单元格。

（3）利用 SUM 和 IF 函数（方法 2）统计 80～89 分、70～79 分、60～69 分以及小于 60 分的各分数段人数的数组公式为：

$$\{=SUM(IF(\$I\$3:\$I\$18>=80,IF(\$I\$3:\$I\$18<90,1,0)))\}$$
$$\{=SUM(IF(\$I\$3:\$I\$18>=70,IF(\$I\$3:\$I\$18<80,1,0)))\}$$
$$\{=SUM(IF(\$I\$3:\$I\$18>=60,IF(\$I\$3:\$I\$18<70,1,0)))\}$$
$$\{=SUM(IF(\$I\$3:\$I\$18<60,1,0))\}$$

（4）利用 SUM 函数和 --（减负）运算（方法 3）统计小于 60 分的人数的数组公式为：

$$\{=SUM(--(\$I\$3:\$I\$18<60))\}或者\{=SUM((\$I\$3:\$I\$18<60)*1)\}$$

（5）利用 SUM 函数和 ∗ 运算（方法 4）统计 80～89 分、70～79 分、60～69 分的各分数段人数的数组公式为：

$$\{=SUM((\$I\$3:\$I\$18>=80)*(\$I\$3:\$I\$18<90))\}$$
$$\{=SUM((\$I\$3:\$I\$18>=70)*(\$I\$3:\$I\$18<80))\}$$
$$\{=SUM((\$I\$3:\$I\$18>=60)*(\$I\$3:\$I\$18<70))\}$$

（6）利用 SUMPRODUCT 函数（方法 5）统计 80～89 分、70～79 分、60～69 分的各分数段人数的公式为：

$$=SUMPRODUCT((\$I\$3:\$I\$18>=80)*(\$I\$3:\$I\$18<90))$$
$$=SUMPRODUCT((\$I\$3:\$I\$18>=70)*(\$I\$3:\$I\$18<80))$$
$$=SUMPRODUCT((\$I\$3:\$I\$18>=60)*(\$I\$3:\$I\$18<70))$$

（7）利用 SUM 和 COUNTIF 函数配合数组常量（方法 6）统计 80～89 分、70～79 分、60～69 分的各分数段人数的公式为：

$$=SUM(COUNTIF(\$I\$3:\$I\$18,">="\&\{80,90\})*\{1,-1\})$$
$$=SUM(COUNTIF(\$I\$3:\$I\$18,">="\&\{70,80\})*\{1,-1\})$$
$$=SUM(COUNTIF(\$I\$3:\$I\$18,">="\&\{60,70\})*\{1,-1\})$$

（8）利用 COUNT 函数和 ∗ 运算（方法 7）统计 80～89 分、70～79 分、60～69 分以及小于 60 分的各分数段人数的数组公式为：

$$\{=COUNT(0/((\$I\$3:\$I\$18>=80)*(\$I\$3:\$I\$18<90)))\}$$
$$\{=COUNT(0/((\$I\$3:\$I\$18>=70)*(\$I\$3:\$I\$18<80)))\}$$
$$\{=COUNT(0/((\$I\$3:\$I\$18>=60)*(\$I\$3:\$I\$18<70)))\}$$
$$\{=COUNT(0/(\$I\$3:\$I\$18<60))\}$$

(9) 利用 COUNTIFS 函数(方法 1)统计优秀男、女生人数的公式为:
$$=COUNTIFS(\$C\$3:\$C\$18,"女",\$I\$3:\$I\$18,">=90")$$
$$=COUNTIFS(\$C\$3:\$C\$18,"男",\$I\$3:\$I\$18,">=90")$$

(10) 利用 SUM 和 IF 函数(方法 2)统计优秀男、女生人数的数组公式为:
$$\{=SUM(IF(\$C\$3:\$C\$18="女",IF(\$I\$3:\$I\$18>=90,1,0)))\}$$
$$\{=SUM(IF(\$C\$3:\$C\$18="男",IF(\$I\$3:\$I\$18>=90,1,0)))\}$$

(11) 利用 SUM 函数和 * 运算(方法 3)统计优秀男、女生人数的数组公式为:
$$\{=SUM((\$I\$3:\$I\$18>=90)*(\$C\$3:\$C\$18="女"))\}$$
$$\{=SUM((\$I\$3:\$I\$18>=90)*(\$C\$3:\$C\$18="男"))\}$$

(12) 利用 SUMPRODUCT 函数(方法 4)统计优秀男、女生人数的公式为:
$$=SUMPRODUCT((\$C\$3:\$C\$18="女")*(\$I\$3:\$I\$18>=90))$$
$$=SUMPRODUCT((\$C\$3:\$C\$18="男")*(\$I\$3:\$I\$18>=90))$$

(13) 利用 COUNT 函数和 * 运算(方法 5)统计优秀男、女生人数的数组公式为:
$$\{=COUNT(0/((\$C\$3:\$C\$18="女")*(I7:I19>=90)))\}$$
$$\{=COUNT(0/((\$C\$3:\$C\$18="男")*(I7:I19>=90)))\}$$

(14) 利用 COUNTIFS 和 AVERAGE 函数统计各班每门课程高于课程平均分的人数的公式为:
$$=COUNTIFS(\$D\$3:\$D\$18,\$E\$42,E\$3:E\$18,$$
$$">"\&AVERAGE(E\$3:E\$18))(向右拖曳)$$
$$=COUNTIFS(\$D\$3:\$D\$18,\$E\$43,E\$3:E\$18,$$
$$">"\&AVERAGE(E\$3:E\$18))(向右拖曳)$$

(15) 利用 COUNTIF、OFFSET 和 MATCH 函数统计各班级中不低于各课程指定成绩点的人数的公式为:
$$=COUNTIF(OFFSET(D2,MATCH(\$F\$46,\$D\$3:\$D\$18,),$$
$$MATCH(\$F\$47,\$E\$2:\$G\$2,0),COUNTIF(\$D\$3:$$
$$\$D\$18,\$F\$46)),">="\&\$F\$48)$$

(16) 利用 SUM、COUNTIF、OFFSET 和 ROW 函数统计至少两科不及格的学生人数(方法 1)的数组公式为:
$$\{=SUM(--(COUNTIF(OFFSET(\$E\$2,ROW(3:18)-2,,,3),"<60")>=2))\}$$

(17) 利用 SUM、COUNTIF、OFFSET 和 ROW 函数统计至少两科不及格的学生人数(方法 2)的数组公式为:
$$\{=SUM(--(COUNTIF(OFFSET(\$E\$2:$$
$$\$G\$2,ROW(\$E\$3:\$G\$18)-2,0),"<60")>=2))\}$$

(18) 利用 COUNTIFS 函数统计各科成绩均及格的学生人数(方法 1)的公式为:
$$=COUNTIFS(E\$3:E\$18,">=60",\$F\$3:\$F\$18,$$
$$">=60",\$G\$3:\$G\$18,">=60")$$

(19) 利用 SUMPRODUCT 函数统计各科成绩均及格的学生人数(方法 2)的公式为:
$$=SUMPRODUCT((\$E\$3:\$E\$18>=60)*(\$F\$3:\$F\$18>$$
$$=60)*(\$G\$3:\$G\$18>=60))$$

（20）利用 SUM 函数统计各科成绩均及格的学生人数（方法 3）的数组公式为：
$$\{=SUM((\$E\$3:\$E\$18>=60)*(\$F\$3:\$F\$18$$
$$>=60)*(\$G\$3:\$G\$18>=60))\}$$

（21）利用 SUM 和 IF 函数统计各科成绩均及格的学生人数（方法 4）的数组公式为：
$$\{=SUM(IF(\$E\$3:\$E\$18>=60,IF(\$F\$3:\$F\$18>=60,$$
$$IF(\$G\$3:\$G\$18>=60,1,0)))))\}$$

（22）利用 SUMPRODUCT 和 MMULT 函数配合数组常量统计各科成绩均及格的学生人数（方法 5）的公式为：
$$=SUMPRODUCT(--(MMULT(--(\$E\$3:\$G\$18>=60),\{1;1;1\})=3))$$

（23）利用 SUM 和 MMULT 函数配合数组常量统计各科成绩均及格的学生人数（方法 6）的公式为：
$$=SUM(--(MMULT(--(\$E\$3:\$G\$18>=60),\{1;1;1\})=3))$$

**【说明】**

（1）利用 SUM 和 COUNTIF 函数配合数组常量（方法 6）统计 80～89 分数段人数的公式"=SUM(COUNTIF(\$I\$3:\$I\$18,">="&{80,90})*{1,-1})"的解析步骤为：

① COUNTIF(\$I\$3:\$I\$18,">="&{80,90})分别统计\$I\$3:\$I\$18 数据区域中>=80 和>=90 的人数，返回数组{8,3}。

② 将 COUNTIF 函数的计算结果乘以{1,-1}，得到{8,-3}。

③ 使用 SUM 函数求和，得到 80～89 分数段的学生人数 5。

（2）利用 COUNTIF、OFFSET 和 MATCH 函数统计各班级中不低于各课程指定成绩点的人数的公式"=COUNTIF(OFFSET(D2,MATCH(\$F\$46,\$D\$3:\$D\$18,),MATCH(\$F\$47,\$E\$2:\$G\$2,0),COUNTIF(\$D\$3:\$D\$18,\$F\$46)),">="&\$F\$48)"，首先通过 OFFSET 函数得到各行相对独立的引用，再通过 COUNTIF 函数对指定班级、指定课程中不低于指定成绩点的人数进行统计。

（3）对于利用 SUM、COUNTIF、OFFSET 和 ROW 函数统计至少两科不及格的学生人数（方法 2）的数组公式"{=SUM(--(COUNTIF(OFFSET(\$E\$2:\$G\$2,ROW(\$E\$3:\$G\$18)-2,0),"<60")>=2))}"，首先通过 OFFSET 结合 ROW 函数实现动态引用，再通过 COUNTIF 函数分别对各行进行不及格("<60")成绩的统计，最后使用 SUM 函数计数，得到满足条件的学生人数。

# 10.4.5  多条件求和

**【例 10-10】**  多条件求和。打开"fl10-10 商品销售.xlsx"文件，利用数学函数（SUM、SUMIF、SUMIFS、SUMPRODUCT、ROUND）、逻辑函数（IF）和数组公式完成以下操作：

（1）分别利用 SUM 函数和 * 运算配合数组公式、SUM 函数和 IF 函数配合数组公式、SUMIFS 函数、SUMPRODUCT 函数在数据区域 L3:S8 中统计指定供应商提供的每类产品的库存总量和订购总量。

（2）在数据区域 T3:U8 中分别利用 SUM 函数和 * 运算配合数组公式、SUMPRODUCT 函数统计指定供应商提供的每类产品的订购总金额。

（3）统计以"德"开头的所有供应商(德昌、德级)的总库存量、以"箱"为计量单位的日用品订购总量、点心订购总金额(四舍五入到小数点后一位)，将结果分别置于单元格 O10、O11、O12 中。

计算结果如图 10-20 所示。

| | J | K | L | M | N | O | P | Q | R | S | T | U |
|---|---|---|---|---|---|---|---|---|---|---|---|---|
| 2 | 供应商 | 类别 | 库存总量1 | 订购总量1 | 库存总量2 | 订购总量2 | 库存总量3 | 订购总量3 | 库存总量4 | 订购总量4 | 订购总金额1 | 订购总金额2 |
| 3 | 佳佳乐 | 饮料 | 56 | 35 | 56 | 35 | 56 | 35 | 56 | 35 | ¥655.00 | ¥655.00 |
| 4 | 佳佳乐 | 调味品 | 13 | 25 | 13 | 25 | 13 | 25 | 13 | 25 | ¥250.00 | ¥250.00 |
| 5 | 妙生 | 特制品 | 15 | 10 | 15 | 10 | 15 | 10 | 15 | 10 | ¥300.00 | ¥300.00 |
| 6 | 妙生 | 调味品 | 126 | 25 | 126 | 25 | 126 | 25 | 126 | 25 | ¥625.00 | ¥625.00 |
| 7 | 菊花 | 谷类/麦片 | 165 | 50 | 165 | 50 | 165 | 50 | 165 | 50 | ¥750.00 | ¥750.00 |
| 8 | 菊花 | 海鲜 | 42 | 0 | 42 | 0 | 42 | 0 | 42 | 0 | ¥0.00 | ¥0.00 |
| 9 | | | | | | | | | | | | |
| 10 | 以"德"开头的所有供应商（德昌、德级）总库存量 | | | | | 210 | | | | | | |
| 11 | 以"箱"为计量单位的"日用品"订购总量 | | | | | 65 | | | | | | |
| 12 | "点心"订购总金额 | | | | | ¥2,007.5 | | | | | | |

图 10-20　多条件求和(统计商品销售)

**【参考步骤】**

（1）在 L3 单元格中利用 SUM 函数和 * 运算计算指定供应商、指定类别的库存总量(方法 1)的数组公式为"{=SUM(($C$2:$C$40=J3)*($D$2:$D$40=K3)*$G$2:$G$40)}"，向下填充公式至 L8 单元格。

（2）在 M3 单元格中利用 SUM 函数和 * 运算计算指定供应商、指定类别的订购总量(方法 1)的数组公式为"{=SUM(($C$2:$C$40=J3)*($D$2:$D$40=K3)*$H$2:$H$40)}"，向下填充公式至 M8 单元格。

（3）在 N3 单元格中利用 SUM 函数和 IF 函数计算指定供应商、指定类别的库存总量(方法 2)的数组公式为"{=SUM(IF(($C$2:$C$40=J3)*($D$2:$D$40=K3),$G$2:$G$40))}"，向下填充公式至 N8 单元格。

（4）在 O3 单元格中利用 SUM 函数和 IF 函数计算指定供应商、指定类别的订购总量(方法 2)的数组公式为"{=SUM(IF(($C$2:$C$40=J3)*($D$2:$D$40=K3),$H$2:$H$40))}"，向下填充公式至 O8 单元格。

（5）在 P3 单元格中利用 SUMIFS 函数计算指定供应商、指定类别的库存总量(方法 3)的公式为"=SUMIFS($G$2:$G$40,$C$2:$C$40,J3,$D$2:$D$40,K3)"，向下填充公式至 P8 单元格。

（6）在 Q3 单元格中利用 SUMIF 函数计算指定供应商、指定类别的订购总量(方法 3)的公式为"=SUMIFS($H$2:$H$40,$C$2:$C$40,J3,$D$2:$D$40,K3)"，填充公式至 Q8 单元格。

（7）在 R3 单元格中利用 SUMPRODUCT 函数计算指定供应商、指定类别的库存总量(方法 4)的公式为"=SUMPRODUCT(($C$2:$C$40=J3)*($D$2:$D$40=K3)*($G$2:$G$40))"，向下填充公式至 R8 单元格。

（8）在 S3 单元格中利用 SUMPRODUCT 函数计算指定供应商、指定类别的订购总量(方法 4)的公式为"=SUMPRODUCT(($C$2:$C$40=J3)*($D$2:$D$40=K3)*($H$2:$H$40))"，向下填充公式至 S8 单元格。

（9）在 T3 单元格中利用 SUM 函数和 * 运算计算指定供应商、指定类别的订购总金额(方法 1)的数组公式为"{=SUM(($F$2:$F$40*$H$2:$H$40)*($C$2:$C$40=J3)*

（$D$2:$D$40＝K3））}"，向下填充公式至 T8 单元格。

（10）在 U3 单元格中利用 SUMPRODUCT 函数计算指定供应商、指定类别的订购总金额（方法 2）的公式为"＝SUMPRODUCT（（（$F$2:$F$40＊$H$2:$H$40）＊（$C$2:$C$40＝J3）＊（$D$2:$D$40＝K3））"，向下填充公式至 U8 单元格。

（11）在 O10 单元格中计算以"德"开头的所有供应商（德昌、德级）的总库存量的公式为"＝SUMIF（$C$2:$C$40,"德＊",$G$2:$G$40）"。

（12）在 O11 单元格中计算以"箱"为计量单位的"日用品"订购总量的公式为"＝SUMIFS（$H$2:$H$40,$D$2:$D$40,"＝日用品",$E$2:$E$40,"＝＊箱＊"）"。

（13）在 O12 单元格中计算"点心"订购总金额（四舍五入到小数点后一位）的数组公式为"{＝ROUND（SUM（（$F$2:$F$40＊$H$2:$H$40）＊（$D$2:$D$40＝"点心"）），1）}"。

## 10.4.6　多条件求和以及不重复数据计数

【例 10-11】　多条件求和以及不重复数据个数的统计。在"fl10-11 多条件求和不重复数据个数.xlsx"文件中存放着产品的编号、名称、供应商、类别、等级、单价、库存量、订购量、订购日期等信息，请利用数学函数（ROUND、SUM、SUMIF、SUMIFS、SUMPRODUCT）、条件判断函数（IF）、统计函数（COUNT、COUNTIF、FREQUENCY）、日期与时间函数（MONTH）、查找与引用函数（MATCH、ROW）以及数组公式完成如下操作：

（1）利用数组公式计算库存剩余量，将结果置于 K2:K40 数据区域中。

（2）在数据区域 N2:N7 中利用不同的计算方法（SUM、IF 函数和 ＊ 或者 ＋ 运算配合数组公式，SUMPRODUCT、SUMIFS、SUMIF、ROUND、MONTH 等函数）统计库存商品的总金额（保留整数部分）；统计海鲜在 2 月份的订购总量；统计点心和饮料的订购总金额；统计库存量在 50 和 100 之间的总库存量。

（3）在数据区域 N12:N20 中利用 IF、SUM、COUNT、COUNTIF、MATCH、SUMPRODUCT、ROW、FREQUENCY 等函数以及数组公式统计等级分类总数。

结果如图 10-21 所示。

【参考步骤】

（1）利用数组公式计算库存剩余量。选择 K2:K40 数据区域，然后在编辑栏中输入数组公式"{＝H2:H40－I2:I40}"。

（2）（方法 1）利用 ROUND 和 SUMPRODUCT 函数统计库存商品的总金额（保留整数部分）。在 N2 单元格中输入公式"＝ROUND（SUMPRODUCT（G2:G40＊H2:H40），0）"。

（3）（方法 2）利用 ROUND、SUM 函数配合 ＊ 运算和数组公式统计库存商品的总金额（保留整数部分）。在 N3 单元格中输入数组公式"{＝ROUND（SUM（G2:G40＊H2:H40），0）}"。

（4）（方法 1）利用 MONTH、SUM 以及 IF 函数配合 ＊ 运算和数组公式统计海鲜在 2 月份的订购总量。在 N4 单元格中输入数组公式"{＝SUM（IF（（D2:D40＝"海鲜"）＊（MONTH（J2:J40）＝2），I2:I40，0））}"。

（5）（方法 2）利用 MONTH、SUM 函数配合 ＊ 运算和数组公式统计海鲜在 2 月份的订购总量。在 N5 单元格中输入数组公式"{＝SUM（（D2:D40＝"海鲜"）＊（MONTH（J2:J40）＝2）＊I2:I40）}"。

| | A | B | C | D | E | F | G | H | I | J | K | L | M | N |
|---|---|---|---|---|---|---|---|---|---|---|---|---|---|---|
| 1 | 产品ID | 产品名称 | 供应商 | 类别 | 等级 | 单位数量 | 单价 | 库存量 | 订购量 | 订购日期 | 剩余库存量 | | 产品信息(金额/数量)汇总/计数 | |
| 2 | 1 | 苹果汁 | 佳佳乐 | 饮料 | 3 | 每箱24瓶 | ¥18.00 | 39 | 10 | 2014/2/15 | 29 | | 库存商品总金额1 | ¥42,540 |
| 3 | 2 | 牛奶 | 佳佳乐 | 饮料 | 1 | 每箱24瓶 | ¥19.00 | 17 | 25 | 2014/6/10 | -8 | | 库存商品总金额2 | ¥42,540 |
| 4 | 3 | 蕃茄酱 | 佳佳乐 | 调味品 | 6 | 每箱12瓶 | ¥10.00 | 13 | 25 | 2014/3/20 | -12 | | 海鲜2月份订购总量1 | 40 |
| 5 | 4 | 盐 | 康富食品 | 调味品 | 5 | 每箱12瓶 | ¥22.00 | 53 | 0 | 2014/2/17 | 53 | | 海鲜2月份订购总量2 | 40 |
| 6 | 5 | 酱油 | 妙生 | 调味品 | 1 | 每箱12瓶 | ¥25.00 | 120 | 25 | 2014/6/23 | 95 | | 海鲜2月份订购总量3 | 40 |
| 7 | 6 | 海鲜粉 | 妙生 | 特制品 | 9 | 每箱30盒 | ¥30.00 | 15 | 10 | 2014/3/20 | 5 | | 点心和饮料订购总金额1 | ¥7,185 |
| 8 | 7 | 胡椒粉 | 妙生 | 调味品 | 1 | 每箱30盒 | ¥40.00 | 6 | 15 | 2014/6/23 | 6 | | 点心和饮料订购总金额2 | ¥7,185 |
| 9 | 8 | 鸡 | 为全 | 肉/家禽 | 4 | 每袋500克 | ¥97.00 | 29 | 0 | 2014/4/25 | 29 | | 50和100之间的总库存量1 | 345 |
| 10 | 9 | 蟹 | 为全 | 海鲜 | 5 | 每袋500克 | ¥31.00 | 31 | 0 | 2014/5/17 | 31 | | 50和100之间的总库存量2 | 345 |
| 11 | 10 | 德国奶酪 | 日正 | 日用品 | 4 | 每箱12瓶 | ¥38.00 | 86 | 0 | 2014/6/10 | 86 | | 50和100之间的总库存量3 | 345 |
| 12 | 11 | 民众奶酪 | 日正 | 日用品 | 1 | 每袋6包 | ¥21.00 | 22 | 30 | 2014/6/23 | -8 | | 50和100之间的总库存量4 | 345 |
| 13 | 12 | 龙虾 | 德昌 | 海鲜 | 9 | 每袋500克 | ¥6.00 | 24 | 5 | 2014/2/15 | 19 | | 50和100之间的总库存量5 | 345 |
| 14 | 13 | 沙茶 | 德昌 | 特制品 | 9 | 每箱12瓶 | ¥23.25 | 35 | 0 | 2014/5/1 | 35 | | | |
| 15 | 14 | 味精 | 德昌 | 调味品 | 6 | 每箱30盒 | ¥15.50 | 39 | 5 | 2014/6/23 | 34 | | 不重复数据计数(各类方法) | |
| 16 | 15 | 饼干 | 正一 | 点心 | 10 | 每箱30盒 | ¥17.45 | 29 | 10 | 2014/5/7 | 19 | | 等级分类总数1 | 10 |
| 17 | 16 | 墨鱼 | 菊花 | 海鲜 | 1 | 每袋500克 | ¥62.50 | 42 | 0 | 2014/2/17 | 42 | | 等级分类总数2 | 10 |
| 18 | 17 | 猪肉 | 正一 | 肉/家禽 | 5 | 每袋500克 | ¥39.00 | 0 | 0 | 2014/2/5 | 0 | | 等级分类总数3 | 10 |
| 19 | 18 | 糖果 | 康堡 | 点心 | 7 | 每箱30盒 | ¥9.20 | 25 | 5 | 2014/4/1 | 20 | | 等级分类总数4 | 10 |
| 20 | 19 | 桂花糕 | 康堡 | 点心 | 4 | 每箱30盒 | ¥81.00 | 40 | 0 | 2014/2/15 | 40 | | 等级分类总数5 | 10 |
| 21 | 20 | 糯米 | 菊花 | 谷类/麦片 | 8 | 每袋3公斤 | ¥21.00 | 104 | 25 | 2014/5/7 | 79 | | 等级分类总数6 | 10 |
| 22 | 21 | 花生 | 康堡 | 点心 | 6 | 每袋30包 | ¥10.00 | 3 | 5 | 2014/6/23 | -2 | | 等级分类总数7 | 10 |
| 23 | 22 | 燕麦 | 菊花 | 谷类/麦片 | 6 | 每袋3公斤 | ¥9.00 | 61 | 25 | 2014/3/8 | 36 | | 等级分类总数8 | 10 |
| 24 | 23 | 汽水 | 金美 | 饮料 | 5 | 每箱12瓶 | ¥4.50 | 20 | 0 | 2014/5/7 | 20 | | 等级分类总数9 | 10 |

图 10-21 多条件求和以及不重复数据个数的统计(产品统计)

(6)(方法 3)利用 MONTH、SUMPRODUCT 函数统计海鲜在 2 月份的订购总量。在 N6 单元格中输入公式"=SUMPRODUCT((D2:D40="海鲜")\*(MONTH(J2:J40)=2)\*I2:I40)"。

(7)(方法 1)利用 SUM 函数配合＋运算和数组公式统计点心和饮料的订购总金额。在 N7 单元格中输入数组公式"{=SUM((((D2:D40="点心")＋(D2:D40="饮料"))\*(G2:G40\*I2:I40))}"。

(8)(方法 2)利用 SUM 和 IF 函数配合＋运算和数组公式统计点心和饮料的订购总金额。在 N8 单元格中输入数组公式"{=SUM(IF((D2:D40="点心")＋(D2:D40="饮料"),G2:G40\*I2:I40))}"。

(9)(方法 1)利用 SUMIFS 函数统计库存量在 50 和 100 之间的总库存量。在 N9 单元格中输入公式"=SUMIFS(H2:H40,H2:H40,">=50",H2:H40,"<=100")"。

(10)(方法 2)利用 SUMIF 函数统计库存量在 50 和 100 之间的总库存量。在 N10 单元格中输入公式"=SUMIF(H2:H40,">=50")-SUMIF(H2:H40,">100")"。

(11)(方法 3)利用 SUM 和 IF 函数配合 \* 运算和数组公式统计库存量在 50 和 100 之间的总库存量。在 N11 单元格中输入数组公式"{=SUM(IF((H2:H40>=50)\*(H2:H40<=100),H2:H40))}"。

(12)(方法 4)利用 SUM 函数配合 \* 运算和数组公式统计库存量在 50 和 100 之间的总库存量。在 N12 单元格中输入数组公式"{=SUM((H2:H40>=50)\*(H2:H40<=100)\*(H2:H40))}"。

(13)(方法 5)利用 SUMPRODUCT 函数配合 \* 运算统计库存量在 50 和 100 之间的总库存量。在 N13 单元格中输入公式"=SUMPRODUCT((H2:H40>=50)\*(H2:H40<=100)\*(H2:H40))"。

(14)(方法 1)利用 SUM 和 COUNTIF 函数以及数组公式统计等级分类总数。在 N16 单元格中输入数组公式"{=SUM(1/COUNTIF(E2:E40,E2:E40))}"。

（15）（方法 2）利用 SUMPRODUCT 和 COUNTIF 函数统计等级分类总数。在 N17 单元格中输入公式"=SUMPRODUCT(1/COUNTIF(E2:E40，E2:E40))"。

（16）（方法 3）利用 SUM、MATCH、ROW 函数和--运算以及数组公式统计等级分类总数。在 N18 单元格中输入数组公式"{=SUM(--(MATCH(E2:E40,E2:E40,)=ROW(2：40)−1))}"。

（17）（方法 4）利用 SUM、IF、MATCH 和 ROW 函数以及数组公式统计等级分类总数。在 N19 单元格中输入数组公式"{=SUM(IF(MATCH(E2:E40,E2:E40,)=ROW(2：40)−1,1))}"。

（18）（方法 5）利用 COUNT 和 FREQUENCY 函数统计等级分类总数。在 N20 单元格中输入公式"=COUNT(1/FREQUENCY(E2:E40,E2:E40))"。

（19）（方法 6）利用 SUM 和 FREQUENCY 函数以及--运算统计等级分类总数。在 N21 单元格中输入公式"=SUM(--(FREQUENCY(E2:E40,E2:E40)>0))"。

（20）（方法 7）利用 SUM、IF 和 FREQUENCY 函数统计等级分类总数。在 N22 单元格中输入公式"=SUM(IF(FREQUENCY(E2:E40,E2:E40)>0,1))"。

（21）（方法 8）利用 COUNT、MATCH 和 ROW 函数以及数组公式统计等级分类总数。在 N23 单元格中输入数组公式"{=COUNT(1/(MATCH(E2:E40,E2:E40,0)=ROW(E2:E40)−1))}"。

（22）（方法 9）利用 SUMPRODUCT、MATCH 和 ROW 函数以及--运算统计等级分类总数。在 N24 单元格中输入公式"=SUMPRODUCT(--(MATCH(E2:E40,E2:E40,)=ROW(2：40)−1))"。

**【说明】**

（1）利用 SUMPRODUCT 函数对满足 $n(n \geqslant 1)$ 个条件的数据区域求和的通用公式如下：

$$=SUMPRODUCT(条件 1 * 条件 2 * \cdots * 条件 n * 求和区域)$$

例如，本例中统计库存量在 50 和 100 之间的总库存量（方法 5）的公式：

$$=SUMPRODUCT((H2:H40 \geqslant 50) * (H2:H40 \leqslant 100) * (H2:H40))$$

（2）利用 SUM 函数对满足 $n(n \geqslant 1)$ 个条件的数据区域求和的通用数组公式如下：

$$\{=SUM(条件 1 * 条件 2 * \cdots * 条件 n * 求和区域)\}$$

例如，本例中计算库存量在 50 和 100 之间的库存量之和（方法 4）的公式：

$$\{=SUM((H2:H40 \geqslant 50) * (H2:H40 \leqslant 100) * (H2:H40))\}$$

（3）利用 SUM 和 IF 函数对满足 $n(n \geqslant 1)$ 个条件的数据区域求和的通用数组公式如下：

$$\{=SUM(IF(条件 1 * 条件 2 * \cdots * 条件 n, 求和区域, 0))\}$$

或者

$$\{=SUM(IF(条件 1 * 条件 2 * \cdots * 条件 n, 求和区域))\}$$

例如，本例中统计海鲜在 2 月份的订购总量（方法 1）的公式：

$$\{=SUM(IF((D2:D40="海鲜") * (MONTH(J2:J40)=2), I2:I40, 0))\}$$

（4）因为本例中记录多达 40 条，为了便于说明，假设 A1～A10 数据区域中存放了 A、B、D、D、B、C、B、D、A、D 这 10 个数据，利用数组公式"{=SUM(1/COUNTIF(A1:A10,

A1:A10))}"统计该数据区域中不同字母的个数。

利用 1/COUNTIF 配合 SUM 或者 SUMPRODUCT 函数统计不重复数据个数(本例中统计等级分类总数的方法 1 和方法 2)的解题步骤为:

① 使用条件统计函数 COUNTIF 返回数据区域中每条记录出现的次数,结果为如下数组:

$$\{2;3;4;4;3;1;3;4;2;4\}$$

② 1 除以上述数组后得到如下数组:

$$\{1/2;1/3;1/4;1/4;1/3;1/1;1/3;1/4;1/2;1/4\}$$

③ 使用 SUM 或者 SUMPRODUCT 函数求和,得到数据区域中不重复记录出现的次数,即 A1~A10 数据区域中不同字母的个数为 4。

也就是说,如果一条记录重复出现 $N$ 次,则每次被 1 除后得到 $1/N$,$N$ 个 $1/N$ 求和即为 1,即重复值只计算 1 次。

(5) 仍以 A1~A10 数据区域中不同字母个数的统计(数组公式"{=SUM(--(MATCH(A1:A10,A1:A10,0)=ROW(1:10)))}")为例,解析利用 MATCH=ROW 比较判断统计不重复数据的个数(本例中统计等级分类总数的方法 3、方法 4、方法 8 和方法 9)的选择步骤:

① 利用 MATCH 函数返回数据区域中每条记录第一次出现的位置,结果为如下数组:
$$\{1;2;3;3;2;6;2;3;1;3\}$$

② 上述数据与 ROW 函数所对应的行号位置进行一一比较,只有第一次出现的位置才会一致,因此得到如下数组:

{TRUE;TRUE;TRUE;FALSE;FALSE;TRUE;FALSE;FALSE;FALSE;FALSE}

③ 使用--(减负)运算将判断结果返回的逻辑值转换为数值 1 或 0,得到如下数组:
$$\{1;1;1;0;0;1;0;0;0;0\}$$

④ 利用 SUM 或者 SUMPRODUCT 函数求和,得到数据区域中不重复记录出现的次数。

(6) 还是以 A1~A10 数据区域中不同字母个数的统计(数组公式"=COUNT(1/FREQUENCY(A1:A10,A1:A10))")为例,解析利用 FREQUENCY 函数统计不重复数据的个数(本例中统计等级分类总数的方法 5、方法 6 和方法 7)的选择步骤:

① 利用 FREQUENCY 函数返回数据区域中每条记录的分布频率,结果为如下数组:
$$\{2;3;4;0;0;1;0;0;0;0\}$$

② 1 除以上述数组后得到如下数组:

{1/2;1/3;1/4;#DIV/0!;#DIV/0!;1;#DIV/0!;#DIV/0!;#DIV/0!;#DIV/0!}

③ 利用 COUNT 函数计数。由于 COUNT 函数忽略错误值(即本例中的#DIV/0!),因此本例返回参数列表中非 0 数字的个数 4,即不同字母个数 4。

(7) 数组公式"=SUM(--(FREQUENCY(A1:A10,A1:A10)>0))"的选择步骤如下:

① 利用 FREQUENCY 函数返回数据区域中每条记录的分布频率,结果为如下数组:
$$\{2;3;4;0;0;1;0;0;0;0\}$$

② FREQUENCY(A1:A10,A1:A10)>0 返回如下数组:

{TRUE;TRUE;TRUE;FALSE;FALSE;TRUE;FALSE;FALSE;FALSE;FALSE}

③ --(FREQUENCY(A1:A10，A1:A10)>0)返回如下数组：

{1;1;1;0;0;1;0;0;0;0}

④ 利用 SUM 函数求和,得到数据区域中不重复记录出现的次数。

# 10.4.7　足球赛连胜场次

【例 10-12】　统计足球队最长的连胜场次。在"fl10-12 足球赛连胜场次.xlsx"文件中存放着足球联赛中 8 个足球队各场比赛的得分情况。足球联赛得分规定：胜一场得 3 分,平一场得 1 分,负一场得 0 分。请利用统计函数(MAX、FREQUENCY)、逻辑函数(IF)和查找与引用函数(COLUMN)以及数组公式统计每个足球队最多的连胜场次,结果如图 10-22 所示。

| | A | B | C | D | E | F | G | H | I | J | K | L |
|---|---|---|---|---|---|---|---|---|---|---|---|---|
| 1 | 足球队得分一览表 | | | | | | | | | | | |
| 2 | 球队 | 得分1 | 得分2 | 得分3 | 得分4 | 得分5 | 得分6 | 得分7 | 得分8 | 得分9 | 得分10 | 最长连胜场次 |
| 3 | 巴塞罗那 | 3 | 3 | 1 | 0 | 3 | 3 | 3 | 3 | 3 | 0 | 5 |
| 4 | 巴西 | 3 | 3 | 3 | 3 | 0 | 0 | 3 | 0 | 1 | 1 | 4 |
| 5 | 德国 | 0 | 1 | 3 | 0 | 3 | 1 | 1 | 1 | 0 | 3 | 1 |
| 6 | 曼联 | 3 | 1 | 0 | 0 | 3 | 3 | 3 | 3 | 3 | 3 | 6 |
| 7 | 西班牙 | 3 | 1 | 1 | 0 | 1 | 0 | 3 | 3 | 3 | 1 | 3 |
| 8 | AC米兰 | 1 | 3 | 0 | 3 | 1 | 3 | 3 | 3 | 3 | 4 | 4 |
| 9 | 拜仁 | 3 | 3 | 0 | 3 | 1 | 0 | 1 | 0 | 1 | 3 | 2 |
| 10 | 切尔西 | 3 | 3 | 3 | 1 | 1 | 3 | 3 | 3 | 3 | 0 | 4 |

图 10-22　足球赛最多连胜场次的统计结果

【参考步骤】

在 L3 单元格中输入数组公式"{=MAX(FREQUENCY(IF(B3:K3=3,COLUMN(B3:K3)),IF(B3:K3<>3,COLUMN(B3:K3))))}",并向下填充至 L10 单元格。

【说明】

(1) 公式"=IF(B3:K3=3,COLUMN(B3:K3))"计算获胜场次,即值为 3 的数据所在的列号,并作为 FREQUENCY 函数的第 1 个参数。其计算结果为{2,3,FALSE,FALSE,6,7,8,9,10,FALSE}。

(2) 公式"=IF(B3:K3<>3,COLUMN(B3:K3))"计算非获胜场次,作为 FREQUENCY 函数的第 2 个参数。其计算结果为{FALSE,FALSE,4,5,FALSE,FALSE,FALSE,FALSE,FALSE,11}。

(3) 在公式"=MAX(FREQUENCY(IF(B3:K3=3,COLUMN(B3:K3)),IF(B3:K3<>3,COLUMN(B3:K3))))"中,根据 FREQUENCY 函数的特性对分段点统计个数,最后通过 MAX 函数返回最大值 5。

# 第 **11** 章

# 公式和函数的综合应用实例

本章以实例方式展示公式和函数的综合应用。

## 11.1 数学函数的综合应用

视频讲解

### 11.1.1 人民币面额张数

【例 11-1】 统计人民币面额张数。在"fl11-1 人民币面额张数.xlsx"中存放着某居委会为其工作人员发放的应发工资信息,请利用数学函数(INT、SUMPRODUCT)统计每名工作人员所需的 6 种(100 元、50 元、20 元、10 元、5 元、1 元)面额人民币的张数,结果如图 11-1 所示。

**【参考步骤】**

(1) 计算 100 元面额人民币的张数。在 C3 单元格中输入公式"=INT(B3/100)",并向下填充至 C8 单元格。

| | A | B | C | D | E | F | G | H |
|---|---|---|---|---|---|---|---|---|
| 1 | 居委会工作人员应发工资面额张数 | | | | | | | |
| 2 | 姓名 | 应发工资 | 100 | 50 | 20 | 10 | 5 | 1 |
| 3 | 邱师强 | ¥4,847 | 48 | 0 | 2 | 0 | 1 | 2 |
| 4 | 赵丹丹 | ¥3,600 | 36 | 0 | 0 | 0 | 0 | 0 |
| 5 | 林福清 | ¥4,966 | 49 | 1 | 0 | 1 | 1 | 1 |
| 6 | 胡安安 | ¥4,129 | 41 | 0 | 1 | 0 | 1 | 4 |
| 7 | 钱军军 | ¥3,376 | 33 | 1 | 1 | 0 | 1 | 1 |
| 8 | 孙莹莹 | ¥3,688 | 36 | 1 | 1 | 1 | 1 | 3 |
| 9 | 合计 | ¥24,606 | 243 | 3 | 5 | 2 | 5 | 11 |

图 11-1 居委会工作人员应发工资面额张数

(2) 计算 50 元面额人民币的张数。在 D3 单元格中输入公式"=--((INT(B3)-C3\*100)>=50)",并向下填充至 D8 单元格。

(3) 计算 20 元面额人民币的张数。在 E3 单元格中输入公式"=INT((INT(B3)-C3\*100-D3\*50)/20)",并向下填充至 E8 单元格。

(4) 计算 10 元面额人民币的张数。在 F3 单元格中输入公式"=INT((INT(B3)-C3\*100-D3\*50-E3\*20)/10)",并向下填充至 F8 单元格。

(5) 计算 5 元面额人民币的张数。在 G3 单元格中输入公式"=--((INT(B3)-INT(B3/10)\*10)>=5)",并向下填充至 G8 单元格。

（6）计算 1 元面额人民币的张数。在 H3 单元格中输入公式"＝INT(B3)－INT(B3/10)＊10－G3＊5"，并向下填充至 H8 单元格。

（7）统计应发工资总金额以及各种面额人民币的总张数。在 B9 单元格中输入公式"＝SUM(B3:B15)"，并向右填充至 H9 单元格。

（8）利用 INT 和 SUMPRODUCT 函数计算各种面额人民币的总张数。在 Sheet2 的 C3 单元格中输入公式"＝INT(($B3－SUMPRODUCT($A$2:B$2,$A3:B3))/C$2)"，并向右、向下填充至 H8 单元格。

## 11.1.2 奇偶数个数以及奇偶数之和

【例 11-2】 统计奇偶数个数并计算奇偶数之和。在"fl11-2 奇偶数之和个数.xlsx"中，请利用数学函数（SUM、MOD、SUMPRODUCT）、逻辑函数（IF）、统计函数（COUNT）、查找与引用函数（ROW），使用不同的方法，统计偶数的个数、奇数的个数，计算偶数之和、奇数之和以及 1 累加到 100 之和，结果如图 11-2 所示。

| | A | B | C | D | E | F | G |
|---|---|---|---|---|---|---|---|
| 1 | 整数集合 | | 偶数个数1 | 偶数个数2 | 偶数个数3 | 偶数个数4 | 偶数个数5 |
| 2 | 64 | | 7 | 7 | 7 | 7 | 7 |
| 3 | 32 | | | | | | |
| 4 | 99 | | 奇数个数1 | 奇数个数2 | 奇数个数3 | 奇数个数4 | |
| 5 | 19 | | 3 | 3 | 3 | 3 | |
| 6 | 36 | | | | | | |
| 7 | 17 | | 偶数之和1 | 偶数之和2 | 奇数之和1 | 奇数之和2 | |
| 8 | 76 | | 330 | 330 | 135 | 135 | |
| 9 | 90 | | | | | | |
| 10 | 32 | | 1累加到100之和 | | 5050 | | |

图 11-2 奇数和偶数的个数以及之和

【参考步骤】

（1）统计偶数个数的数组公式（方法 1）为"{＝SUM((1－MOD($A$2:$A$11,2)))}"。

（2）统计偶数个数的数组公式（方法 2）为"{＝COUNT(1/MOD($A$2:$A$11－1,2))}"。

（3）统计偶数个数的数组公式（方法 3）为"{＝SUM(MOD($A$2:$A$11＋1,2))}"。

（4）统计偶数个数的公式（方法 4）为"＝SUMPRODUCT((MOD($A$2:$A$11,2)＝0)＊1)"。

（5）统计偶数个数的公式（方法 5）为"＝SUMPRODUCT(1－MOD($A$2:$A$11,2))"。

（6）统计奇数个数的数组公式（方法 1）为"{＝SUM(MOD($A$2:$A$11,2))}"。

（7）统计奇数个数的数组公式（方法 2）为"{＝COUNT(1/MOD($A$2:$A$11,2))}"。

（8）统计奇数个数的公式（方法 3）为"＝SUMPRODUCT((MOD($A$2:$A$11,2)＝1)＊1)"。

（9）统计奇数个数的公式（方法 4）为"＝SUMPRODUCT(MOD($A$2:$A$11,2))"。

（10）计算偶数之和的数组公式（方法 1）为"{＝SUM(IF(MOD($A$2:$A$11,2)＝0,$A$2:$A$11,0))}"。

（11）计算偶数之和的公式（方法2）为"＝SUMPRODUCT((MOD($A$2:$A$11,2)＝0)

＊$A$2:$A$11)"。

（12）计算奇数之和的数组公式（方法 1）为"{＝SUM(IF(MOD($A$2:$A$11,2)＝1,$A$2:$A$11,0)))}"。

（13）计算奇数之和的公式（方法 2）为"＝SUMPRODUCT((MOD($A$2:$A$11,2)＝1)＊$A$2:$A$11)"。

（14）计算 1 累加到 100 之和的数组公式为"{＝SUM(ROW(1:100))}"。

## 11.1.3 学生信息统计

【例 11-3】 学生信息统计。在"fl11-3 数学逻辑统计函数.xlsx"的 A2:A201 区域中包含了某班 200 个学生的学号信息，请利用数学函数（RAND、RANDBETWEEN、ROUND、SQRT、SUBTOTAL、SUMIF、SUMIFS 等）、逻辑函数（IF）和统计函数（SMALL、MIN、LARGE、COUNTIF）以及数组公式完成如下操作，最终结果如图 11-3 所示。

（1）请利用随机函数生成全班学生的身高（150.0cm～240.0cm，保留 1 位小数）、成绩（0～100 的整数）、月消费（0.0～1000.0，保留 1 位小数）。

（2）利用 SUBTOTAL 函数计算全班学生的最高身高和最矮身高。

（3）利用各种方法计算全班学生中高于两米的最低身高。

（4）统计月消费不低于 900 的学生的总月消费。

（5）利用各种方法统计高水平运动员（身高不小于 200.0cm 的学生）的总月消费。

（6）利用各种方法统计考试不及格的高水平运动员的总月消费。

| | A | B | C | D | E | F | G |
|---|---|---|---|---|---|---|---|
| 1 | 学号 | 身高cm | 成绩 | 月消费 | | | |
| 2 | B13001 | 150.8 | 45 | ¥269 | | 最高身高 | 239.9 |
| 3 | B13002 | 162.7 | 9 | ¥395 | | 最矮身高 | 150.1 |
| 4 | B13003 | 196.6 | 85 | ¥605 | | 高于2米的最低身高1 | 200.4 |
| 5 | B13004 | 209.6 | 65 | ¥107 | | 高于2米的最低身高2 | 200.4 |
| 6 | B13005 | 211.2 | 5 | ¥907 | | 高于2米的最低身高3 | 200.4 |
| 7 | B13006 | 178.8 | 78 | ¥272 | | 高消费汇总 | ¥18,057 |
| 8 | B13007 | 200.9 | 38 | ¥206 | | 高水平运动员消费汇总1 | ¥41,608 |
| 9 | B13008 | 238.8 | 56 | ¥168 | | 高水平运动员消费汇总2 | ¥41,608 |
| 10 | B13009 | 209.9 | 55 | ¥247 | | 高水平运动员消费汇总3 | ¥41,608 |
| 11 | B13010 | 198.9 | 55 | ¥835 | | 高水平运动员消费汇总4 | ¥41,608 |
| 12 | B13011 | 170.1 | 39 | ¥612 | | 不及格高水平运动员消费汇总1 | ¥25,537 |
| 13 | B13012 | 187.3 | 81 | ¥779 | | 不及格高水平运动员消费汇总2 | ¥25,537 |
| 14 | B13013 | 214.4 | 15 | ¥372 | | 不及格高水平运动员消费汇总3 | ¥25,537 |
| 15 | B13014 | 188.7 | 81 | ¥641 | | 不及格高水平运动员消费汇总4 | ¥25,537 |

图 11-3 数学逻辑和统计函数应用示例（学生信息统计）

【参考步骤】

（1）生成学生的身高信息（保留 1 位小数）。在 B2 单元格中输入公式"＝ROUND(RAND()＊(240－150)＋150,1)"，并向下填充至 B201 单元格。

（2）生成学生的成绩信息。在 C2 单元格中输入公式"＝RANDBETWEEN(0,100)"，并向下填充至 C201 单元格。

（3）生成学生的月消费信息（保留 1 位小数）。在 D2 单元格中输入公式"＝ROUND

（RAND()＊1000,1）",并向下填充至 D201 单元格。

（4）利用 SUBTOTAL 函数统计学生的最高身高。在 G2 单元格中输入公式"＝SUBTOTAL(4,B2:B201)"。

（5）利用 SUBTOTAL 函数统计学生的最矮身高。在 G3 单元格中输入公式"＝SUBTOTAL(5,B2:B201)"。

（6）统计高于两米的最低身高（方法 1）。在 G4 单元格中输入数组公式"{＝SMALL(IF(B2:B201＞200,B2:B201),1)}"。

（7）统计高于两米的最低身高（方法 2）。在 G5 单元格中输入数组公式"{＝MIN(IF(B2:B201＞200,B2:B201))}"。

（8）统计高于两米的最低身高（方法 3）。在 G6 单元格中输入公式"＝LARGE(B2:B201,COUNTIF(B2:B201,"＞200"))"。

（9）统计高月消费信息。在 G7 单元格中输入公式"＝SUMIF(D2:D201,"＞=900")"。

（10）统计高水平运动员的总月消费（方法 1）。在 G8 单元格中输入公式"＝SUMIF(B2:B201,"＞=200",D2:D201)"。

（11）统计高水平运动员的总月消费（方法 2）。在 G9 单元格中输入公式"＝SUMPRODUCT((B2:B201＞=200)＊D2:D201)"。

（12）统计高水平运动员的总月消费（方法 3）。在 G10 单元格中输入数组公式"{＝SUM((B2:B201＞=200)＊D2:D201)}"。

（13）统计高水平运动员的总月消费（方法 4）。在 G11 单元格中输入数组公式"{＝SUM(IF(B2:B201＞=200,D2:D201))}"。

（14）统计考试不及格的高水平运动员的总月消费（方法 1）。在 G12 单元格中输入公式"＝SUMIFS(D2:D201,B2:B201,"＞=200",C2:C201,"＜60")"。

（15）统计考试不及格的高水平运动员的总月消费（方法 2）。在 G13 单元格中输入公式"＝SUMPRODUCT(D2:D201＊(B2:B201＞=200)＊(C2:C201＜60))"。

（16）统计考试不及格的高水平运动员的总月消费（方法 3）。在 G14 单元格中输入数组公式"{＝SUM(D2:D201＊(B2:B201＞=200)＊(C2:C201＜60))}"。

（17）统计考试不及格的高水平运动员的总月消费（方法 4）。在 G15 单元格中输入数组公式"{＝SUM(IF((B2:B201＞=200)＊(C2:C201＜60),D2:D201))}"。

# 11.2 文本函数的综合应用

视频讲解

## 11.2.1 生成大写字母

【例 11-4】 生成大写字母。在"fl11-4 生成大写字母.xlsx"文件中,请利用文本函数（CHAR、SUBSTITUTE）、查找与引用函数（COLUMN、ADDRESS）,使用不同的方法,生成水平方向的 26 个大写字母 A~Z,结果参见图 11-4。

【参考步骤】

（1）利用 CHAR 和 COLUMN 函数生成 26 个大写字母 A~Z（方法 1）。在 A2 单元格中输入公式"＝CHAR(COLUMN()＋64)"，并向右填充至 Z2 单元格。

（2）利用 SUBSTITUTE、ADDRESS 和 COLUMN 函数生成 26 个大写字母 A～Z(方法 2)。在 A5 单元格中输入公式"＝SUBSTITUTE(ADDRESS(1,COLUMN(),4),1,)"，并向右填充至 Z5 单元格。

| | A B C D E F G H I J K L M N O P Q R S T U V W X Y Z |
|---|---|
| 1 | 生成26个字母1 |
| 2 | A B C D E F G H I J K L M N O P Q R S T U V W X Y Z |
| 3 | |
| 4 | 生成26个字母2 |
| 5 | A B C D E F G H I J K L M N O P Q R S T U V W X Y Z |

图 11-4　26 个大写字母 A～Z(水平方向)

【说明】

（1）在公式"＝CHAR(COLUMN()＋64)"中，首先利用"COLUMN()＋64"产生 65～90 的数值(即大写字母 A～Z 的 ASCII 码值)，然后利用 CHAR 函数返回 ASCII 码值所对应的字符。

（2）在公式"＝SUBSTITUTE(ADDRESS(1,COLUMN(),4),1,)"中，首先利用 ADDRESS 函数生成 A1 样式的单元格相对地址，即 A1、B1、……、Z1，然后利用 SUBSTITUTE 函数将其中的 1 替换为空，即返回字符 A、B、……、Z。

| | A | B |
|---|---|---|
| 1 | 生成26个字母1 | 生成26个字母2 |
| 2 | A | A |
| 3 | B | B |
| 4 | C | C |
| 5 | D | D |
| 6 | E | E |
| 7 | F | F |

图 11-5　生成 26 个大写字母 A～Z(垂直方向)

【拓展】

请读者思考，如何生成图 11-5 所示的垂直方向的 26 个大写字母 A～Z? 提示：可以利用公式"＝CHAR(ROW()＋63)"或者"＝SUBSTITUTE(ADDRESS(1,ROW()－1,4),1,)"。

## 11.2.2　身份证信息的抽取和计算

【例 11-5】　身份证信息的抽取和计算。在"fl11-5 身份证信息(出生日期生肖退休日期).xlsx"文件中存放着 18 名职工的身份证号、性别、出生年月、年龄信息，请利用文本函数(MID)、数学函数(MOD)、逻辑函数(IF)、日期与时间函数(EDATE、DATE、YEAR、MONTH、DAY、DATEDIF、TODAY)、查找与引用函数(CHOOSE、VLOOKUP)完成以下操作：

（1）使用各种不同的方法根据出生年份计算生肖的公式。

（2）使用各种不同的方法计算退休日期。假设男职工法定的退休年龄为 60 岁，女职工为 55 岁。

*（3）计算距退休还有多少年多少个月多少天。注意男、女职工的退休年龄不同。结果如图 11-6 所示。

【参考步骤】

（1）利用 MID 和 MOD 函数，根据出生年份计算生肖的公式(方法 1)为"＝MID("猴鸡狗猪鼠牛虎兔龙蛇马羊",MOD(MID(A2,7,4),12)＋1,1)"。

（2）利用 CHOOSE、MID 和 MOD 函数，根据出生年份计算生肖的公式(方法 2)为

"＝CHOOSE(MOD(MID(A2,7,4),12)＋1,"猴","鸡","狗","猪","鼠","牛","虎","兔","龙","蛇","马","羊")"。

| | A | B | C | D | E | F | G | H | I | J | K | L | M |
|---|---|---|---|---|---|---|---|---|---|---|---|---|---|
| 1 | 身份证号码 | 性别 | 出生日期 | 年龄 | 生肖1 | 生肖2 | 退休日期1 | 退休日期2 | 退休日期3 | 距退休时日 | | 法定退休年龄 | |
| 2 | 510725198509127002 | 女 | 1985/9/12 | 29 | 牛 | 牛 | 2040/9/13 | 2040/9/13 | 2040/9/13 | 20年11个月16天 | | 男 | 60 |
| 3 | 510725197604103877 | 男 | 1976/4/10 | 38 | 龙 | 龙 | 2036/4/11 | 2036/4/11 | 2036/4/11 | 16年6个月14天 | | 女 | 55 |
| 4 | 510725197307257085 | 女 | 1973/07/25 | 41 | 牛 | 牛 | 2028/7/26 | 2028/7/26 | 2028/7/26 | 8年9个月28天 | | | |
| 5 | 510725197706205778 | 男 | 1977/06/20 | 37 | 蛇 | 蛇 | 2037/6/21 | 2037/6/21 | 2037/6/21 | 17年8个月24天 | | | |
| 6 | 510725197008234010 | 男 | 1970/08/23 | 44 | 狗 | 狗 | 2030/8/24 | 2030/8/24 | 2030/8/24 | 10年10个月27天 | | | |
| 7 | 510725197607164
51X | 男 | 1976/07/16 | 38 | 龙 | 龙 | 2036/7/17 | 2036/7/17 | 2036/7/17 | 16年9个月19天 | | | |
| 8 | 510725195901136405 | 女 | 1959/01/13 | 55 | 猪 | 猪 | 2014/1/14 | 2014/1/14 | 2014/1/14 | 已退 | | | |
| 9 | 510725197107162112 | 男 | 1971/07/16 | 43 | 猪 | 猪 | 2031/7/17 | 2031/7/17 | 2031/7/17 | 11年9个月19天 | | | |

图 11-6　身份证信息的抽取和计算结果

（3）利用 EDATE 函数和算术 * 运算计算退休日期的公式（方法 1）为"＝EDATE(C2,12 * ((B2="男") * 5＋55))＋1"。

（4）利用 DATE、YEAR、MONTH、DAY 和 IF 函数计算退休日期的公式（方法 2）为"＝DATE(YEAR(C2)＋IF(B2="男",60,55),MONTH(C2),DAY(C2)＋1)"。

（5）利用 DATE、YEAR、MONTH、DAY 和算术 * 运算计算退休日期的公式（方法 3）为"＝DATE(YEAR(C2)＋(B2="男") * 5＋55,MONTH(C2),DAY(C2)＋1)"。

* （6）利用 IF、VLOOKUP、DATEDIF、TODAY、DAY 和 * 运算计算距退休时日的公式为"＝IF(D2≥VLOOKUP(B2,$L$2:$M$3,2,FALSE),"已退",DATEDIF(TODAY(),DATE(YEAR(C2)＋VLOOKUP(B2,$L$2:$M$3,2,FALSE),MONTH(C2),DAY(C2)),"Y")&"年"&DATEDIF(TODAY(),DATE(YEAR(C2)＋VLOOKUP(B2,$L$2:$M$3,2,FALSE),MONTH(C2),DAY(C2)),"YM")&"个月"&DATEDIF(TODAY(),DATE(YEAR(C2)＋VLOOKUP(B2,$L$2:$M$3,2,FALSE),MONTH(C2),DAY(C2)),"Md")&"天")"。

【说明】

（1）中国人的 12 生肖可以用诞生年份除以 12 的余数推算出来,余数与生肖的对照如下：

0→猴,1→鸡,2→狗,3→猪,4→鼠,5→牛,6→虎,7→兔,8→龙,9→蛇,10→马,11→羊。

例如,Mary 出生于 1974 年,1974 除以 12 的余数为 6,对照上面可知余数 6 对应的生肖是虎,即 Mary 属虎。

（2）在计算退休日期的方法 1 和方法 3 中,利用算术 * 运算将逻辑值 TRUE 和 FALSE 分别转换为 1 和 0。例如,对于男职工,"(B2="男") * 5＋55"的计算结果为 1×5＋55＝60,即 60 岁退休；对于女职工,"(B2="男") * 5＋55"的计算结果为 0×5＋55＝55,即 55 岁退休。

【思考】

（1）如果根据 C 列的出生日期（日期型数据）计算生肖,则相应的公式是什么？提示：＝MID("猴鸡狗猪鼠牛虎兔龙蛇马羊",MOD(YEAR(C2),12)＋1,1)。

（2）如果根据"鼠牛虎兔龙蛇马羊猴鸡狗猪"的顺序计算 12 生肖,则计算生肖的方法 1 相应的公式是什么？提示：＝MID("鼠牛虎兔龙蛇马羊猴鸡狗猪",MOD(MID(A2,7,4)－4,12)＋1,1)。

## 11.2.3 日记账报表

【**例 11-6**】 日记账报表。在"fl11-6 日记账报表（金额分列）. xlsx"中,请利用文本函数(TEXT、LEFT、RIGHT、NUMBERSTRING)、数学函数(ROUND、INT、TRUNC、MOD、SUM)、逻辑函数(IF)、日期与时间函数(WEEKDAY)、查找与引用函数(COLUMNS),计算日记账报表中各产品的总金额(保留两位小数),将金额分列填充到各个数位,并转换为中文大写,结果如图 11-7 所示。

| 产品名称 | 批发价 | 数量 | 单位 | 金额（元） | 亿 | 千万 | 百万 | 十万 | 万 | 千 | 百 | 拾 | 元 | 角 | 分 | 大写金额 | 大写金额（整数1） | 大写金额（整数2） |
|---|---|---|---|---|---|---|---|---|---|---|---|---|---|---|---|---|---|---|
| 苹果汁 | ¥18.15 | 37 | 瓶 | ¥671.55 | | | | | | | ¥ | 6 | 7 | 1 | 5 | 5 | 陆佰柒拾壹元伍角伍分 | 陆佰柒拾贰元整 | 陆佰柒拾贰元整 |
| 牛奶 | ¥19.13 | 5 | 盒 | ¥95.65 | | | | | | | | ¥ | 9 | 5 | 6 | 5 | 玖拾伍元陆角伍分 | 玖拾陆元整 | 玖拾陆元整 |
| 番茄酱 | ¥10.37 | 73 | 瓶 | ¥757.01 | | | | | | | ¥ | 7 | 5 | 7 | 0 | 1 | 柒佰伍拾柒元零壹分 | 柒佰伍拾柒元整 | 柒佰伍拾柒元整 |
| 盐 | ¥6.50 | 1 | 袋 | ¥6.50 | | | | | | | | | ¥ | 6 | 5 | 0 | 陆元伍角整 | 柒元整 | 柒元整 |
| 酱油 | ¥25.37 | 38 | 瓶 | ¥964.06 | | | | | | | ¥ | 9 | 6 | 4 | 0 | 6 | 玖佰陆拾肆元零陆分 | 玖佰陆拾肆元整 | 玖佰陆拾肆元整 |
| 海鲜粉 | ¥30.55 | 48 | 盒 | ¥1,466.40 | | | | | | ¥ | 1 | 4 | 6 | 6 | 4 | 0 | 壹仟肆佰陆拾陆元肆角整 | 壹仟肆佰陆拾陆元整 | 壹仟肆佰陆拾陆元整 |
| 胡椒粉 | ¥40.00 | 53 | 盒 | ¥2,120.00 | | | | | | ¥ | 2 | 1 | 2 | 0 | 0 | 0 | 贰仟壹佰贰拾元整 | 贰仟壹佰贰拾元整 | 贰仟壹佰贰拾元整 |
| 德国奶酪 | ¥138.00 | 125 | 包 | ¥17,250.00 | | | | ¥ | 1 | 7 | 2 | 5 | 0 | 0 | 0 | 壹万柒仟贰佰伍拾元整 | 壹万柒仟贰佰伍拾元整 | 壹万柒仟贰佰伍拾元整 |
| 合计金额（大写） | | | | 零拾贰万叁仟叁佰叁拾壹元壹角柒分 | | | ¥ | 2 | 3 | 3 | 3 | 1 | 1 | 7 | | | | | |

图 11-7 日记账报表（金额分列填充到各个数位 & 大写金额）

【**参考步骤**】

(1)计算各产品的金额(保留两位小数)。在 E3 单元格中输入公式"=ROUND(B3 * C3,2)",并填充至 E10 单元格。

(2) 利用 LEFT、RIGHT、TEXT 和 COLUMNS 函数将产品金额分列填充到各个数位(方法 1)。在 F3 单元格中输入公式"=LEFT(RIGHT(TEXT($E3 * 100,"¥000；；"),COLUMNS(F:$P)))",并向右向下填充至 P10 单元格。

(3) 利用 IF、INT、TEXT、TRUNC、MOD、LEFT 和 RIGHT 函数将各产品金额转换为中文大写。在 Q3 单元格中输入公式"= IF(E3=0,"",IF(INT(E3),TEXT(TRUNC(E3),"[dbnum2]")&"元",""))&IF(MOD(E3,1)=0,"整",IF(TRUNC(E3,1),IF(E3=TRUNC(E3,1),TEXT(LEFT(RIGHT(E3 * 100,2)),"[dbnum2]0 角整"),TEXT(RIGHT(E3 * 100,2),"[dbnum2]0"&IF(LEFT(RIGHT(E3 * 100,2))="0","","角")&"0 分")),TEXT(E3 * 100,"[dbnum2]0 分"))))",并向下填充至 Q10 单元格。

(4) 利用 IF、TEXT 和 ROUND 函数将产品金额转换为中文大写(整数 1)。在 R3 单元格中输入公式"=IF(E3=0,"",TEXT(ROUND(E3,0),"[dbnum2]")&"元整")",并向下填充至 R10 单元格。

(5) 利用 IF 和 NUMBERSTRING 函数将产品金额转换为中文大写(整数 2)。在 S3 单元格中输入公式"=IF(E3=0,"",NUMBERSTRING(E3,2)&"元整")",并向下填充至 S10 单元格。

(6) 利用 TEXT 和 SUM 函数显示合计金额(大写)。在合并单元格 B11～E11 中输入公式"=TEXT(SUM(E3:E14) * 100,"[dbnum2]0 拾 0 万 0 仟 0 佰 0 拾 0 元 0 角 0 分")"。

(7) 利用 IF、TEXT 和 ROUND 函数将合计金额分列填充到各个数位。在 F11 单元格中输入公式"=LEFT(RIGHT(TEXT(SUM($E$3:$E$14) * 100,"¥0;;"),COLUMNS(F:$P)))",并向右填充至 P11 单元格。

（8）利用 IF、LEFT、RIGHT 和 COLUMNS 函数将产品金额分列填充到各个数位（方法 2）。在 F3 单元格中输入公式"=IF（$E3,LEFT（RIGHT（"￥"&$E3*100,COLUMNS（F：$P））），""）"，并向右、向下填充至 P10 单元格。

**【说明】**

在显示合计金额（大写）的公式"=TEXT（SUM（E3：E14）*100,"[dbnum2]0 拾 0 万 0 仟 0 佰 0 拾 0 元 0 角 0 分"）"中，将合计金额扩大 100 倍，变成整数后，再使用中文大写格式"[dbnum2]0 拾 0 万 0 仟 0 佰 0 拾 0 元 0 角 0 分"逐位显示大写数字，不足位数以"零"显示。

视频讲解

# 11.3    日期与时间函数的综合应用

## 11.3.1    推算节日日期

**【例 11-7】**    推算母亲节、父亲节和感恩节的日期。在"fl11-7 母亲节父亲节感恩节 .xlsx"文件中，请利用日期与时间函数（DATE、WEEKDAY）、数学函数（CEILING、MOD）、条件判断函数（IF）推算出 2010—2028 年中母亲节（每年 5 月的第 2 个星期日）、父亲节（每年 6 月的第 3 个星期日）和感恩节（每年 11 月的第 4 个星期四）的具体日期，结果（部分数据）如图 11-8 所示。

| | A | B | C | D | E | F | G | H |
|---|---|---|---|---|---|---|---|---|
| 1 | 年份 | 母亲节1 | 母亲节2 | 母亲节3 | 父亲节1 | 父亲节2 | 父亲节3 | 感恩节 |
| 2 | 2010 | 2010/5/9 | 2010/5/9 | 2010/5/9 | 2010/6/20 | 2010/6/20 | 2010/6/20 | 2010/11/25 |
| 3 | 2011 | 2011/5/8 | 2011/5/8 | 2011/5/8 | 2011/6/19 | 2011/6/19 | 2011/6/19 | 2011/11/24 |
| 4 | 2012 | 2012/5/13 | 2012/5/13 | 2012/5/13 | 2012/6/17 | 2012/6/17 | 2012/6/17 | 2012/11/22 |
| 5 | 2013 | 2013/5/12 | 2013/5/12 | 2013/5/12 | 2013/6/16 | 2013/6/16 | 2013/6/16 | 2013/11/28 |
| 6 | 2014 | 2014/5/11 | 2014/5/11 | 2014/5/11 | 2014/6/15 | 2014/6/15 | 2014/6/15 | 2014/11/27 |
| 7 | 2015 | 2015/5/10 | 2015/5/10 | 2015/5/10 | 2015/6/21 | 2015/6/21 | 2015/6/21 | 2015/11/26 |

图 11-8    推算节日（母亲节、父亲节、感恩节）日期

**【参考步骤】**

（1）利用 CEILING 和 DATE 函数推算母亲节的公式（方法 1）为"=CEILING（DATE（A2,5,0），7）+8"。

（2）利用 DATE 和 WEEKDAY 函数推算母亲节的公式（方法 2）为"=DATE（A2,5,1）−WEEKDAY（DATE（A2,5,1），2）+14"。

（3）利用 DATE、MOD 和 IF 函数推算母亲节的公式（方法 3）为"=DATE（A2,5,1）−MOD（DATE（A2,5,1）−1,7）+IF（MOD（DATE（A2,5,1）−1,7），7*2,7*（2−1））"。

（4）利用 CEILING 和 DATE 函数推算父亲节的公式（方法 1）为"=CEILING（DATE（A2,6,0），7）+15"。

（5）利用 DATE 和 WEEKDAY 函数推算父亲节的公式（方法 2）为"=DATE（A2,6,1）−WEEKDAY（DATE（A2,6,1），2）+7*3"。

（6）利用 DATE、MOD 和 IF 函数推算父亲节的公式（方法 3）为"=DATE（A2,6,1）−MOD（DATE（A2,6,1）−1,7）+IF（MOD（DATE（A2,6,1）−1,7），7*3,7*（3−1））"。

（7）利用 CEILING 和 DATE 函数推算感恩节的公式为"＝CEILING(DATE(A2,11,0)−4,7)+21+5"。

**【说明】**

（1）在推算母亲节日期的公式（方法 1）"＝CEILING(DATE(A2,5,0),7)+8"中,首先使用 DATE 函数推算出指定年份的 4 月 30 日的日期,然后根据 1900 日期系统的特性（日期在系统内部以数字序列 1～65380 记录,表示自基准日期"1900 年 1 月 1 日（星期日）"开始的天数,具体参见本书 2.1.3 节）,即星期六对应的日期序列值为 7 的倍数,利用 CEILING 函数将日期向上舍入到最接近的 7 的倍数,得出 5 月份第 1 个星期六的日期序列值,其结果+8,即得到 5 月份第 2 个星期日（"母亲节"）的具体日期。

（2）在推算母亲节日期的公式（方法 2）"＝DATE(A2,5,1)−WEEKDAY(DATE(A2,5,1),2)+14"中,WEEKDAY 函数返回指定日期属于星期几的数值（1（星期一）～7（星期日））,"DATE(A2,5,1)−WEEKDAY(DATE(A2,5,1),2)"返回上个月（即 4 月份）的最后一个星期日的日期,再加上两周（即 14 天）,得到 5 月份第二个星期日（"母亲节"）的具体日期。

（3）在推算母亲节日期的公式（方法 3）"＝DATE(A2,5,1)−MOD(DATE(A2,5,1)−1,7)+IF(MOD(DATE(A2,5,1)−1,7),7*2,7*(2−1))"中,如果指定年份为 2010,2010 年 5 月 1 日为星期日,"＝DATE(A2,5,1)−MOD(DATE(A2,5,1)−1,7)"返回 2010 年 4 月 25 日（星期日）。由于 2010 年 5 月 1 日不是星期日,因此公式以"2010 年 4 月 25 日"为基准,加上 7*2（即 14 天）,得到 5 月份第 2 个星期日（"母亲节"）的具体日期 2010 年 5 月 9 日。

（4）对于推算母亲节、父亲节日期的公式（方法 1）,如果要推算指定年月的第 $m$ 个星期 $n$ 的日期,其通用公式为：

$$=CEILING(DATE(年份,月份,0)−n,7)+(m−1)*7+n+1$$

（5）对于推算母亲节、父亲节日期的公式（方法 2）,如果要推算指定年月的第 $m$ 个星期 $n$ 的日期,其通用公式为：

$$=DATE(年份,月份,1)−WEEKDAY(DATE(年份,月份,1),2)+$$
$$7*(m−(WEEKDAY(DATE(年份,月份,1),2)<n))+n$$

## 11.3.2 统计停车费用

**【例 11-8】** 统计停车费用。在"fl11-8 停车费用.xlsx"文件中,请利用日期与时间函数（HOUR、MINUTE）、数学函数（INT、CEILING）、查找与引用函数（VLOOKUP）为停车场上停放的车辆统计停车费用,不同车型收费标准不同。假设以半小时为计费单位,未满半小时的以 0.5 小时计费,半小时以上 1 小时以内的以 1 小时计费,结果如图 11-9 所示。

**【参考步骤】**

（1）统计停放天数。在 E4 单元格中输入公式"＝INT(D4−C4)",并向下填充至 E12 单元格。

（2）统计停放小时数。在 F4 单元格中输入公式"＝HOUR(D4−C4)",并向下填充至 F12 单元格。

| | | | 停车费用表 | | | | | | | | 停车费用单价 | |
|---|---|---|---|---|---|---|---|---|---|---|---|---|
| | | | | | | 计费时间 | | | | | 车型 | 费用 |
| 车牌号 | 车型 | 开始时间 | 结束时间 | 天数 | 小时 | 分钟 | 累计小时 | 总费用 | | | | |
| 沪A1RN01 | 小型 | 2018/11/1 2:50 | 2018/11/1 4:25:02 | 0 | 1 | 35 | 2 | ¥12 | | | 小型 | ¥6 |
| 沪AF3464 | 大型 | 2018/11/2 4:55 | 2018/11/2 8:21:58 | 0 | 3 | 26 | 3.5 | ¥35 | | | 中型 | ¥8 |
| 沪BE6518 | 小型 | 2018/11/1 15:02 | 2018/11/3 17:15:41 | 2 | 2 | 13 | 50.5 | ¥303 | | | 大型 | ¥10 |

图 11-9　统计各种车型的停车费

（3）统计停放分钟数。在 G4 单元格中输入公式"＝MINUTE(D4－C4)"，并向下填充至 G12 单元格。

（4）统计总的停放小时数。在 H4 单元格中输入公式"＝CEILING((D4－C4)＊24，0.5)"，并向下填充至 H12 单元格。

（5）计算停车费用。在 I4 单元格中输入公式"＝H4＊VLOOKUP(B4,$K$4:$L$6,2,FALSE)"，并向下填充至 I12 单元格。

## 11.3.3　统计日期信息

【例 11-9】　统计日期信息。在"fl11-9 统计日期信息.xlsx"文件中，请利用日期与时间函数（DAY、DATE、YEAR、MONTH、EOMONTH、DATEDIF）、数学函数（SUM、INT、CEILING、ROUNDUP、MOD）、文本函数（TEXT）以及数组常量，使用各种不同的方法，确定日期所在的月首日期、月末日期、季度、季首日期、季末日期、季度天数以及全年天数，结果如图 11-10 所示。

| 日期 | 月首日期 | | 月末日期 | | 所在季度 | | | | | 季首日期 | | 季末日期 | | 季度天数 | | 全年天数 | |
|---|---|---|---|---|---|---|---|---|---|---|---|---|---|---|---|---|---|
| | 方法1 | 方法2 | 方法1 | 方法2 | 方法1 | 方法2 | 方法3 | 方法4 | 方法5 | 方法1 | 方法2 | 方法1 | 方法2 | 方法1 | 方法2 | 方法1 | 方法2 |
| 2014/12/15 | 2014/12/1 | 2014/12/1 | 2014/12/31 | 2014/12/31 | 4 | 4 | 4 | 第四季度 | 第四季度 | 2014/10/1 | 2014/10/1 | 2014/12/31 | 2014/12/31 | 92 | 92 | 349 | 349 |
| 2013/6/10 | 2013/6/1 | 2013/6/1 | 2013/6/30 | 2013/6/30 | 2 | 2 | 2 | 第二季度 | 第二季度 | 2013/4/1 | 2013/4/1 | 2013/6/30 | 2013/6/30 | 91 | 91 | 161 | 161 |
| 2010/3/20 | 2010/3/1 | 2010/3/1 | 2010/3/31 | 2010/3/31 | 1 | 1 | 1 | 第一季度 | 第一季度 | 2010/1/1 | 2010/1/1 | 2010/3/31 | 2010/3/31 | 90 | 90 | 79 | 79 |
| 2014/2/17 | 2014/2/1 | 2014/2/1 | 2014/2/28 | 2014/2/28 | 1 | 1 | 1 | 第一季度 | 第一季度 | 2014/1/1 | 2014/1/1 | 2014/3/31 | 2014/3/31 | 90 | 90 | 48 | 48 |

图 11-10　统计日期信息（月首、月末、季度、季首日期、季末日期、季度天数、全年天数）

【参考步骤】

（1）确定日期所在月首日期的公式（方法 1）为"＝DATE(YEAR(A3),MONTH(A3),1)"。

（2）确定日期所在月首日期的公式（方法 2）为"＝EOMONTH(A3,－1)＋1"。

（3）确定日期所在月末日期的公式（方法 1）为"＝DATE(YEAR(A3),MONTH(A3)＋1,0)"。

（4）确定日期所在月末日期的公式（方法 2）为"＝EOMONTH(A3,0)"。

（5）确定日期所在季度的公式（方法 1）为"＝INT((MONTH(A3)＋2)/3)"。

（6）确定日期所在季度的公式（方法 2）为"＝CEILING(MONTH(A3),3)/3"。

（7）确定日期所在季度的公式（方法 3）为"＝ROUNDUP(MONTH(A3)/3,0)"。

（8）确定日期所在季度的公式（方法 4）为"＝TEXT(ROUNDUP(MONTH(A3)/3,0),"[dbnum1]第 0 季度")"。

（9）确定日期所在季度的公式（方法 5）为"＝TEXT(CEILING(MONTH(A3)/3,1),"[dbnum1]第 0 季度")"。

（10）确定日期所在季首日期的公式（方法 1）为"＝DATE（YEAR（A3），CEILING（MONTH（A3），3）－2，1）"。

（11）确定日期所在季首日期的公式（方法 2）为"＝EOMONTH（A3，MOD（－MONTH（A3），3）－3）＋1"。

（12）确定日期所在季末日期的公式（方法 1）为"＝DATE（YEAR（A3），CEILING（MONTH（A3），3）＋1，0）"。

（13）确定日期所在季末日期的公式（方法 2）为："＝EOMONTH（A3，MOD（－MONTH（A3），3））"。

（14）确定日期所在季度天数的公式（方法 1）为"＝SUM（DATE（YEAR（A3），CEILING（MONTH（A3），3）＋{1，－2}，)＊{1，－1}）"。

（15）确定日期所在季度天数的公式（方法 2）为"＝SUM（DAY（DATE（YEAR（A3），CEILING（MONTH（A3），3）＋{1，0，－1}，)））"。

（16）确定日期所在全年天数的公式（方法 1）为"＝A3－DATE（YEAR（A3），1，0）"。

（17）确定日期所在全年天数的公式（方法 2）为"＝DATEDIF（DATE（YEAR（A3），1，0），A3，"D"）"。

## 11.3.4 制作万年历

【例 11-10】 制作万年历。在"fl11-10 万年历. xlsx"文件中，请利用日期与时间函数（MONTH、DAY、DATE、WEEKDAY）、逻辑函数（IF）、查找与引用函数（ROW、COLUMN）以及数组常量，并结合使用 Excel 窗体工具，分别利用普通公式法和数组公式法制作月历，用户可以利用数值调节钮动态调整年份和月份，结果如图 11-11 所示。

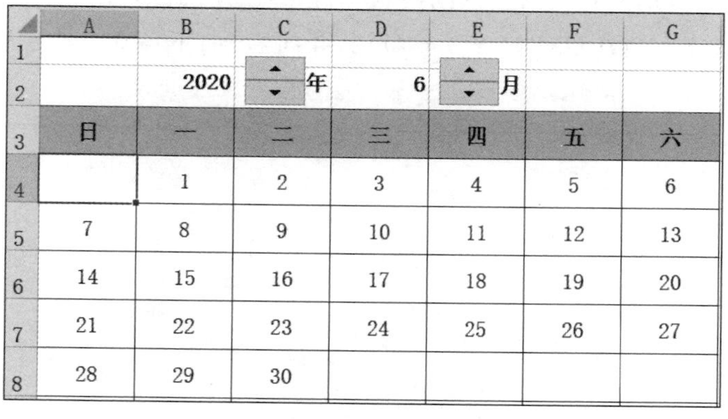

图 11-11 万年历

【参考步骤】

（1）启用开发工具。选择 Excel"文件"选项卡中的"选项"命令，打开"Excel 选项"对话框，单击左侧的"自定义功能区"，选中其右侧列表中的"开发工具"选项，单击"确定"按钮，如图 11-12 所示。

（2）创建数值调节钮。单击"开发工具"选项卡上"控件"组中的"插入"命令按钮，如图 11-13 所示，再单击其"表单控件"中的"数值调节钮"窗体控件，分别在 C2 单元格中"年"

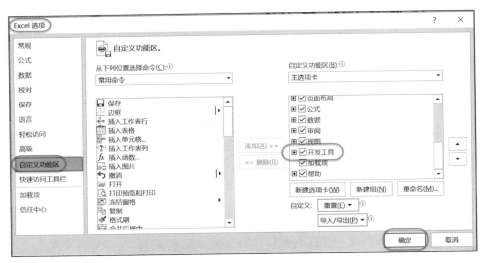

图 11-12　启用开发工具

的前面以及 E2 单元格中"月"的前面绘制数值调节钮。

（3）设置控件格式。分别右击"年"数值调节钮和"月"数值调节钮，选择相应快捷菜单中的"设置控件格式"命令，并参照图 11-14，设置两个数值调节钮的当前值、最小值、最大值以及单元格链接属性值。

（4）创建月历公式（普通公式法）。在 A4 单元格中输入公式"=IF(MONTH(DATE(\$B\$2,\$D\$2,1))−WEEKDAY(DATE(\$B\$2,\$D\$2,1))+ROW(A1)\*7+COLUMN(A1)−7)<>\$D\$2,"",DAY(DATE(\$B\$2,\$D\$2,1))−WEEKDAY(DATE(\$B\$2,\$D\$2,1))+ROW(A1)\*7+COLUMN(A1)−7))"，并向右、向下填充至 G9 单元格。

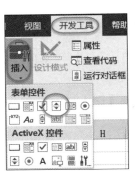

图 11-13　插入数值调节钮窗体控件

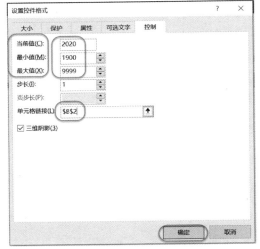

(a) "年"数值调节钮

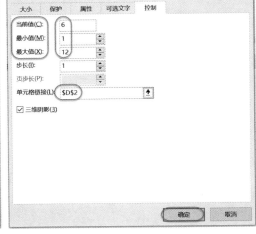

(b) "月"数值调节钮

图 11-14　设置数值调节钮的控制属性

（5）创建月历公式（数组公式法）。选中 A4：G9 数据区域，输入数组公式"{＝IF（MONTH(DATE($B$2,$D$2,1)-WEEKDAY(DATE($B$2,$D$2,1))+{1,2,3,4,5,6,7}+{0；1；2；3；4；5}*7)<>$D$2,"",DAY(DATE($B$2,$D$2,1)))}"。

【说明】

月历公式中的关键是借助 WEEKDAY 函数结合月初日期值来确定上个月的最后一个星期日，然后再逐个单元格累加得出整个月的日期，同时利用月份的比较屏蔽非当前月的日期，仅显示当前月的日期。

视频讲解

# 11.4 统计函数的综合应用

## 11.4.1 运动会排名奖牌

【例 11-11】 运动会排名以及奖牌统计信息。在"fl11-11 运动会排名奖牌.xlsx"文件中存放着 15 名运动员在第 25 届运动会上 400 米的成绩，利用统计函数（RANK、COUNTIF）、数学函数（SUM）、逻辑函数（IF）和查找与引用函数（CHOOSE）以及数组公式完成如下操作，结果如图 11-15 所示。

（1）使用各种不同的方法计算运动员的排名。

（2）使用不同的方法判断运动员的奖牌信息（金牌、银牌、铜牌）。

| | A | B | C | D | E | F | G |
|---|---|---|---|---|---|---|---|
| 1 | 第25届运动会400米成绩 | | | | | | |
| 2 | 名字 | 时间 | 排名1 | 排名2 | 排名3 | 奖牌1 | 奖牌2 |
| 3 | 宋平平 | 1:30 | 8 | 8 | 8 | | |
| 4 | 王丫丫 | 1:15 | 11 | 11 | 11 | | |
| 5 | 董华华 | 2:45 | 1 | 1 | 1 | 金牌 | 金牌 |
| 6 | 陈燕燕 | 1:05 | 14 | 14 | 14 | | |
| 7 | 周萍萍 | 1:20 | 9 | 9 | 9 | | |
| 8 | 田一天 | 1:12 | 12 | 12 | 12 | | |
| 9 | 朱洋洋 | 1:37 | 6 | 6 | 6 | | |
| 10 | 吕文文 | 2:06 | 3 | 3 | 3 | 铜牌 | 铜牌 |
| 11 | 舒齐齐 | 2:18 | 2 | 2 | 2 | 银牌 | 银牌 |

图 11-15 运动员的排名和奖牌统计结果

【参考步骤】

（1）利用 RANK 函数实现排名（方法 1）。在 C3 单元格中输入公式"＝RANK(B3,$B$3：B17)"，并向下填充至 C17 单元格。

（2）利用 RANK 函数实现排名（方法 2）。在 D3 单元格中输入公式"＝COUNTIF(B$3：B$17,">"&B3)+1"，并向下填充至 D17 单元格。

（3）利用 RANK 函数实现排名（方法 3）。在 E3 单元格中输入数组公式"{＝SUM(--(B$3：B$17>B3))+1}"，并向下填充至 E17 单元格。

（4）利用 IF 和 CHOOSE 函数判断运动员的奖牌信息（方法 1）。在 F3 单元格中输入数组公式"＝IF(C3<=3,CHOOSE(C3,"金牌","银牌","铜牌"),"")"，并向下填充至 F17 单元格。

（5）利用 CHOOSE 和 IF 函数判断运动员的奖牌信息（方法 2）。在 G3 单元格中输入数组公式"=CHOOSE(IF(C3<4,C3,4),"金牌","银牌","铜牌",""）"，并向下填充至 G17单元格。

## 11.4.2 重复和不重复信息的抽取和计算

【例 11-12】 重复和不重复信息的抽取和计算问题。在"fl11-12 成绩统计（同行同列重复计数）.xlsx"文件中存放着 10 名学生的语文和数学成绩，请利用统计函数（COUNTIF、COUNTIFS）、数学函数（SUM、SUMPRODUCT）、逻辑函数（IF、AND）和查找与引用函数（INDEX、MATCH）完成如下操作，结果如图 11-16 所示。

（1）统计数学成绩相同的学生人数。

（2）罗列不重复的数学成绩清单，并统计成绩重复的次数。

（3）使用各种不同的方法统计语文优秀的学生人数、语文和数学双科优秀的学生人数、语文和数学成绩相同的学生人数。

| | A | B | C | D | E | F | G | H | I | J | K | L |
|---|---|---|---|---|---|---|---|---|---|---|---|---|
| 1 | 语文 | 数学 | 数学成绩相同的人数 | | 不重复数学成绩 | 重复次数 | | 学生成绩统计 | 方法1 | 方法2 | 方法3 | 方法4 |
| 2 | 90 | 93 | 2 | | 93 | 2 | | 语文优秀的人数 | 3 | 3 | 3 | 3 |
| 3 | 96 | 75 | 2 | | 75 | 2 | | 双科优秀的人数 | 2 | 2 | 2 | |
| 4 | 81 | 81 | 2 | | 81 | 2 | | 双科同分的人数 | 4 | 4 | 4 | |
| 5 | 90 | 93 | | | 85 | 1 | | | | | | |
| 6 | 87 | 75 | | | 55 | 1 | | | | | | |
| 7 | 85 | 85 | 1 | | 91 | 1 | | | | | | |
| 8 | 80 | 81 | | | 74 | 1 | | | | | | |
| 9 | 55 | 55 | 1 | | | | | | | | | |
| 10 | 56 | 91 | 1 | | | | | | | | | |
| 11 | 74 | 74 | 1 | | | | | | | | | |

图 11-16 重复和不重复信息的抽取和计算问题（成绩统计）

【参考步骤】

（1）利用 IF 和 COUNTIF 函数统计数学成绩相同的学生人数。在 C2 单元格中输入公式"=IF(COUNTIF($B$2:B2,B2)=1,COUNTIF($B$2:$B$11,B2),"")"，并向下填充至 C11 单元格。

（2）利用 IF、AND、COUNTIF、INDEX 和 MATCH 函数罗列不重复的数学成绩清单。在 E2 单元格中输入数组公式"{=IF(AND(COUNTIF(E$1:E1,$B$2:$B$11)),"",INDEX($B$2:$B$11,MATCH(0,COUNTIF(E$1:E1,$B$2:$B$11),0)))}"，并向下填充至 E11 单元格。

（3）利用 COUNTIF 函数统计数学成绩重复的次数。在 F2 单元格中输入公式"=COUNTIF($B$2:$B$11,E2)"，并向下填充至 F8 单元格。

（4）利用 COUNTIF 函数统计语文优秀的学生人数（方法 1）。在 I2 单元格中输入公式"=COUNTIF($A$2:$A$11,">=90")"。

（5）利用 SUM 函数和算术 * 运算统计语文优秀的学生人数（方法 2）。在 J2 单元格中输入数组公式"{=SUM(1*($B$2:$B$11>=90))}"。

（6）利用 SUM 函数和减负--运算统计语文优秀的学生人数（方法 3）。在 K2 单元格中输入数组公式"{=SUM(--($B$2:$B$11>=90))}"。

(7) 利用 SUMPRODUCT 函数和减负--运算统计语文优秀的学生人数(方法4)。在L2 单元格中输入公式"=SUMPRODUCT(--($B$2:$B$11>=90))"。

(8) 利用 COUNTIFS 函数统计语文和数学双科均优秀的学生人数(方法1)。在 I3 单元格中输入公式"=COUNTIFS($A$2:$A$11,">=90",$B$2:$B$11,">=90")"。

(9) 利用 SUM 函数和算术 * 运算统计语文和数学双科均优秀的学生人数(方法2)。在 J3 单元格中输入数组公式"{=SUM(($B$2:$B$11>=90)*($A$2:$A$11>=90))}"。

(10) 利用 SUM 函数和算术 * 运算统计语文和数学双科均优秀的学生人数(方法3)。在 K3 单元格中输入公式"=SUMPRODUCT(($B$2:$B$11>=90)*($A$2:$A$11>=90))"。

(11) 利用 SUM 函数和算术 * 运算统计语文和数学成绩相同的学生人数(方法1)。在 I4 单元格中输入数组公式"{=SUM(1*($B$2:$B$11=$A$2:$A$11))}"。

(12) 利用 SUM 函数和减负--运算统计语文和数学成绩相同的学生人数(方法2)。在 J4 单元格中输入数组公式"{=SUM(--($B$2:$B$11=$A$2:$A$11))}"。

(13) 利用 SUMPRODUCT 函数和算术 * 运算统计语文和数学成绩相同的学生人数(方法3)。在 K4 单元格中输入公式"=SUMPRODUCT(1*($B$2:$B$11=$A$2:$A$11))"。

# 11.5 公式和函数在数据验证中的应用

视频讲解

## 11.5.1 编号格式、小数位数、整数和日期范围

【例 11-13】 限定编号格式、小数位数、整数和输入日期范围。在"fl11-13 产品格式(数据验证). xlsx"中,利用数据有效性以及文本函数(LEFT、RIGHT、LEN)、数学函数(FLOOR、TRUNC)、逻辑函数(AND)、统计函数(COUNTIF)、日期与时间函数(TODAY)设置库存产品的产品编号、单价、库存量和订购日期的数据有效性,要求如下,结果如图 11-17 所示。

| | A | B | C | D | E | F | G | H | I |
|---|---|---|---|---|---|---|---|---|---|
| 1 | 2019年库存产品信息表 | | | | | | | | |
| 2 | 产品编号 | 产品名称 | 供应商 | 类别 | 单位数量 | 单价 | 库存量 | 订购量 | 订购日期 |
| 3 | A123 | 苹果汁 | 佳佳乐 | 饮料 | 每箱24瓶 | ￥12.50 | 34 | 10 | 2019/6/21 |
| 4 | | 牛奶 | 佳佳乐 | 饮料 | 每箱24瓶 | ￥18.96 | 0 | 25 | |
| 5 | | 蕃茄酱 | 佳佳乐 | 调味品 | 每箱12瓶 | ￥20.00 | | 25 | |
| 6 | | 盐 | 康富食品 | 调味品 | 每箱12瓶 | ￥-23.50 | | 5 | |
| 7 | | 酱油 | 妙生 | 调味品 | 每箱12瓶 | | | 25 | |

图 11-17 设置库存产品的数据有效性

(1) 产品编号以字母 A 开始,后续为 3 位数字,且不能重复。

(2) 单价最多两位小数。

（3）库存量为≥0的整数。

（4）订购日期只能输入指定范围内的日期数据，而且必须是今年（假定为 2019 年）订购的，截止到今年的当前日期。

【参考步骤】

（1）设置产品编号的数据有效性。选中 A3：A11 产品编号数据区域，单击"数据"选项卡，选择"数据工具"组中的"数据验证"|"数据验证"命令，打开"数据验证"对话框，在"设置"选项卡中设定单元格输入的约束。在"允许"列表框中选择"自定义"，在"公式"列表框中，输入公式"＝AND(LEFT(A3)＝"A"，LEN(A3)＝4，--RIGHT(A3,3)，COUNTIF(A:A，A3)＝1)"，如图 11-18 所示。单击"确定"按钮，完成产品编号的数据有效性设置。

（2）设置单价的数据有效性。选中 F3：F11 单价数据区域，选择"数据验证"命令。在"允许"列表框中选择"自定义"，在"公式"列表框中输入公式"＝F3＝FLOOR(F3,0.01)"。单击"确定"按钮，完成单价的数据有效性设置。

（3）设置库存量的数据有效性。选中 G3：G11 单价数据区域，选择"数据验证"命令。在"允许"列表框中选择"自定义"，在"公式"列表框中输入公式"＝AND(TRUNC(G3,0)＝G3，G3＞＝0)"。单击"确定"按钮，完成库存量的数据有效性设置。

（4）设置订购日期的数据有效性。选中 I3：I11 订购日期数据区域，选择"数据验证"命令。在"允许"列表框中选择"日期"，在"开始日期"列表框中输入今年的第一天日期"2019/1/1"，在"结束日期"列表框中输入今年的当前日期公式"＝TODAY()"。单击"确定"按钮，完成订购日期的数据有效性设置。

（5）分别在相应数据区域输入产品编号、单价、库存量和订购日期等信息，测试数据有效性。

# 11.5.2　禁止重复输入和性别限制

【例 11-14】　禁止重复输入和性别限制。在"fl11-14 禁止重复输入. xlsx"中，利用数据有效性以及文本函数（LEFT、RIGHT、LEN）、数学函数（FLOOR、TRUNC）、逻辑函数（AND、OR）、统计函数（COUNTIF）设置学生的学号、身份证号和性别的数据有效性，要求如下，结果如图 11-18 所示。

| | A | B | C | D |
|---|---|---|---|---|
| 1 | | | 学生基本信息表 | |
| 2 | 学号 | 姓名 | 身份证号 | 性别 |
| 3 | B501 | 宋一平 | 310725198509127002 | 男 |
| 4 | | 王二丫 | | 男 |
| 5 | | 董三华 | | 女 |
| 6 | | 陈四燕 | | |

图 11-18　设置学生基本信息的数据有效性

（1）学号不能重复并且以字母 B（表示本科生）开始，后续为 3 位数字。

（2）身份证号 15 位或者 18 位，不能重复。

（3）性别只能是男或者女。

【参考步骤】

（1）设置学号的数据有效性。选中 A3：A10 学号数据区域，选择"数据验证"命令。在"允许"列表框中选择"自定义"，在"公式"列表框中输入公式"＝AND(LEFT(A3)＝"B"，LEN(A3)＝4，--RIGHT(A3,3)，COUNTIF(A:A，A3)＝1)"。

（2）设置身份证号的数据有效性。选中 C3：C10 身份证号数据区域，选择"数据验证"

命令。在"允许"列表框中选择"自定义",在"公式"列表框中输入公式"=AND(OR(LEN(C3)=15,LEN(C3)=18),COUNTIF(C:C,C3)=1)"。

（3）设置性别的数据有效性。选中 D3:D10 性别数据区域,选择"数据验证"命令。在"允许"列表框中选择"序列",在"来源"列表框中输入数据序列的来源——"男,女"。

（4）分别在相应数据区域输入学号、身份证号和性别信息,测试数据有效性。

## 11.5.3　限制产品类别编码

【例 11-15】　限制产品类别编码。在"fl11-15 产品编号（数据验证）.xlsx"中,利用数据有效性以及查找与引用函数（VLOOKUP）、文本函数（TEXT、RIGHT）、命名名称,并根据产品类别（饮料、海鲜和点心）对产品进行编号,要求总共由 6 位字符构成,前两位字符为产品类别编码（YL、HX 和 DX,不区分大小写）,后 4 位数字为顺序号（只能为数字）,结果如图11-19 所示。

| | A | B | C | D | E | F |
|---|---|---|---|---|---|---|
| 1 | 产品编号 | 产品名称 | 类别 | 单价 | 库存量 | 订购量 |
| 2 | YL0001 | 苹果汁 | 饮料 | ¥18.00 | 39 | 10 |
| 3 | YL0002 | 牛奶 | 饮料 | ¥19.00 | 17 | 25 |
| 4 | | 汽水 | 饮料 | ¥4.50 | 20 | 0 |
| 5 | | 啤酒 | 饮料 | ¥14.00 | 111 | 15 |
| 6 | HX0001 | 蟹 | 海鲜 | ¥31.00 | 31 | 0 |
| 7 | HX0002 | 龙虾 | 海鲜 | ¥6.00 | 24 | 5 |

图 11-19　设置产品编号的数据有效性

**【参考步骤】**

（1）为产品类别定义名称 Category。单击"公式"选项卡,选择其"定义的名称"组中的"定义名称"命令。在弹出的"编辑名称"对话框中的"名称"处输入"Category",在"引用位置"处输入"={"饮料","YL";"海鲜","HX";"点心","DX"}",单击"确定"按钮。

（2）设置产品编号的数据有效性。选中 A2:A12 数据区域,选择"数据验证"命令。在"允许"列表框中选择"自定义",在"公式"列表框中输入公式"=$A2=VLOOKUP($C2,Category,2,)&TEXT(--RIGHT($A2,4),"0000")"。

（3）在 A2:A12 数据区域中输入产品编号信息,测试数据有效性。

**【说明】**

（1）以上公式使用 VLOOKUP 函数根据 C 列的产品类别从其名称 Category 中查找对应的产品编码。

（2）TEXT(--RIGHT($A2,4),"0000")函数则检查小数点、千分位或科学记数法等特殊数据,同时不允许非数字文本的输入,并限制产品顺序号只能是 4 位数字。

## 11.5.4　同一订购日期不允许出现相同产品 ID

【例 11-16】　设置产品 ID 的数据有效性。在"fl11-16 产品 ID（数据验证）.xlsx"中,利用数学函数（SUM）、信息函数（N）设置如下数据有效性规则:不允许同一订购日期中出现

| | A | B | C |
|---|---|---|---|
| 1 | 订购日期 | 产品ID | 数量 |
| 2 | 2019/2/5 | HX001 | 20 |
| 3 | 2019/2/5 | DX001 | 30 |
| 4 | 2019/2/5 | YL001 | 36 |
| 5 | 2019/2/15 | HX001 | 4 |

图 11-20 同一订购日期中不允许
出现相同产品 ID

相同产品 ID 的记录信息,结果如图 11-20 所示。

【参考步骤】

(1) 设置产品 ID 的数据有效性。选中 B2:B10 数据区域,选择"数据验证"命令。在"允许"列表框中选择"自定义",在"公式"列表框中输入公式"=SUM(N(($A2&"|"&$B2)=($A$2:$A$10&"|"&$B$2:$B$10)))=1"。

(2) 在 B2:B10 数据区域中输入产品 ID 信息,测试数据有效性。

【说明】

以下公式同样可以实现本例的功能:

$=SUM(--(($A2\&"|"\&$B2)=($A\$2:\$A\$10\&"|"\&\$B\$2:\$B\$10)))=1$

$=SUM((($A2\&"|"\&$B2)=($A\$2:\$A\$10\&"|"\&\$B\$2:\$B\$10))*1)=1$

$=SUM((($A2\&"|"\&$B2)=($A\$2:\$A\$10\&"|"\&\$B\$2:\$B\$10))/1)=1$

$=SUM((($A2\&"|"\&$B2)=($A\$2:\$A\$10\&"|"\&\$B\$2:\$B\$10))+0)=1$

$=SUM((($A2\&"|"\&$B2)=($A\$2:\$A\$10\&"|"\&\$B\$2:\$B\$10)))=1$

$=SUM(0+(($A2\&"|"\&$B2)=($A\$2:\$A\$10\&"|"\&\$B\$2:\$B\$10))-0)=1$

$=SUMPRODUCT((($A2\&"|"\&$B2)$
$=($A\$2:\$A\$10\&"|"\&\$B\$2:\$B\$10))-0)=1$

# 11.5.5 动态引用信息

【例 11-17】 动态增删学号和成绩信息。在"fl11-17 名称动态引用(数据验证).xlsx"中,利用数据有效性以及查找与引用函数(OFFSET、VLOOKUP)、统计函数(COUNTA)、数学函数(AVERAGE),通过定义名称动态引用信息,实现动态增删学号和成绩信息以及相应的查询和统计功能,结果如图 11-21 所示。

【参考步骤】

(1) 定义学号和成绩所在单元格区域的名称。定义名为 Table 的名称,在"引用位置"处输入公式"=OFFSET(Sheet1!$A$2,,,COUNTA(Sheet1!$A:$A)-1,2)"。

| | A | B | C | D | E |
|---|---|---|---|---|---|
| 1 | 学号 | 数学 | | 动态增删学号和成绩 | |
| 2 | S1001 | 81 | | | |
| 3 | S1002 | 56 | | 学生数学成绩查询 | |
| 4 | S1003 | 80 | | 学号 | 成绩 |
| 5 | S1004 | 79 | | S1004 | 79 |
| 6 | S1005 | 74 | | | |
| 7 | S1006 | 68 | | | |
| 8 | S1007 | 98 | | 学生人数 | 8 |
| 9 | S1008 | 100 | | 平均分 | 79.5 |

图 11-21 动态增删学号和成绩信息

(2) 定义学号所在单元格区域的名称。定义名为 StuIDs 的名称,在"引用位置"处输入公式"=OFFSET(Sheet1!$A$2,,,COUNTA(Sheet1!$A:$A)-1)"。

(3) 定义成绩所在单元格区域的名称。定义名为 Scores 的名称,在"引用位置"处输入公式"=OFFSET(Sheet1!$B$2,,,COUNTA(Sheet1!$B:$B)-1)"。

(4) 设置学号的数据有效性。在 D5 单元格中设置数据有效性规则,在"允许"列表框中选择"序列",在"来源"列表框中输入公式"=OFFSET($A$2,,,COUNTA($A:$A)-1)"。

（5）查询指定学生的数学成绩。在 E5 单元格中输入查询成绩的公式"＝VLOOKUP（D5，Table，2，FALSE）"。

（6）统计学生人数。在 E8 单元格中输入统计学生人数的公式"＝COUNTA（StuIDs）"。

（7）统计学生的数学平均分。在 E9 单元格中输入统计学生平均成绩的公式"＝AVERAGE（Scores）"。

（8）在现有学生学号和成绩之前/后，增/删几位学生的学号和成绩信息，观察"学号"下拉列表框中信息的动态变化，测试学生成绩查询功能，观察学生人数和平均分的动态统计功能。

# 11.6　公式和函数在条件格式中的应用

视频讲解

## 11.6.1　标记重复数据

**【例 11-18】**　标记重复出现的数据。在"fl11-18 标记重复数据（条件格式）.xlsx"中，利用条件格式以及统计函数（COUNTIF），使用浅紫色（紫色，个性色 4，淡色 60%）填充和加粗字体标识 6 月份加班超过两天的职工，结果如图 11-22 所示。

**【参考步骤】**

（1）选中 A3：C15 单元格区域，单击"开始"选项卡，选择"样式"组中的"条件格式"|"新建规则"命令。

（2）在弹出的"新建格式规则"对话框中选择规则类型为"使用公式确定要设置格式的单元格"，在"为符合此公式的值设置格式"下的文本框中输入公式"＝COUNTIF（$A$2：$A$15，$A3）>2"，然后单击"格式"按钮，设置字体加粗、填充色为浅紫色。

| | A | B | C |
|---|---|---|---|
| 1 | 职工6月份加班情况表 | | |
| 2 | 姓名 | 职称 | 加班日 |
| 3 | 邱师强 | 中级 | 2019/6/2 |
| 4 | 赵丹丹 | 高级 | 2019/6/28 |
| 5 | 来福灵 | 初级 | 2019/6/14 |
| 6 | 邱师强 | 中级 | 2019/6/24 |
| 7 | 来福灵 | 初级 | 2019/6/12 |
| 8 | 钱军军 | 高级 | 2019/6/25 |
| 9 | 陈默金 | 高级 | 2019/6/2 |
| 10 | 来福灵 | 初级 | 2019/6/13 |
| 11 | 邱师强 | 中级 | 2019/6/3 |

图 11-22　标识加班超过两天的职工记录

## 11.6.2　标识各科成绩的最高分

**【例 11-19】**　标识语数外各科成绩的最高分。在"fl11-19 标识各科成绩最高分（条件格式）.xlsx"中，利用条件格式以及统计函数（MAX），使用浅紫（紫色，个性色 4，淡色 60%）填充色标识各科成绩的最高分，结果如图 11-23 所示。

| | A | B | C | D | E | F | G |
|---|---|---|---|---|---|---|---|
| 1 | 学生学习情况表 | | | | | | |
| 2 | 学号 | 姓名 | 性别 | 班级 | 语文 | 数学 | 英语 |
| 3 | B13121501 | 朱洋洋 | 男 | 一班 | 58 | 55 | 67 |
| 4 | B13121502 | 赵霞霞 | 女 | 一班 | 95 | 80 | 90 |
| 5 | B13121503 | 周萍萍 | 女 | 一班 | 87 | 94 | 86 |
| 6 | B13121504 | 阳一昆 | 男 | 一班 | 51 | 98 | 55 |
| 7 | B13121505 | 田一天 | 男 | 一班 | 62 | 62 | 97 |

图 11-23　标识各科成绩的最高分

【参考步骤】

（1）选中 E3：G18 单元格区域，单击"开始"选项卡，选择"样式"组中的"条件格式"|"新建规则"命令。

（2）在弹出的"新建格式规则"对话框中选择规则类型为"使用公式确定要设置格式的单元格"，在"为符合此公式的值设置格式"下的文本框中输入公式"＝E3＝MAX（E$3：E$18）"，然后单击"格式"按钮，设置填充色为"紫色，个性色 4，淡色 60％"。

【说明】

MAX 函数利用了混合（列相对行绝对）引用方式，当公式向右填充时分别获取各学科的最高分，同时使用相对引用方式，将每个成绩与各学科最高分比较，只有等于最高分的成绩才被设置格式。

## 11.6.3　标识至少两科不及格的学生

【例 11-20】　标识至少两科不及格的学生。在"fl11-20 标识至少两科不及格的学生（条件格式）.xlsx"中，利用条件格式以及统计函数（COUNTIF），使用浅紫（紫色，个性色 4，淡色 60％）填充色标识至少两科不及格的学生的不及格成绩，结果如图 11-24 所示。

| | A | B | C | D | E | F | G |
|---|---|---|---|---|---|---|---|
| 1 | 学号 | 姓名 | 性别 | 班级 | 语文 | 数学 | 英语 |
| 2 | B13121501 | 朱洋洋 | 男 | 一班 | 58 | 55 | 67 |
| 3 | B13121502 | 赵霞霞 | 女 | 一班 | 74 | 80 | 90 |
| 4 | B13121503 | 周萍萍 | 女 | 一班 | 87 | 94 | 86 |
| 5 | B13121504 | 阳一昆 | 男 | 一班 | 53 | 58 | 54 |
| 6 | B13121505 | 田一天 | 男 | 一班 | 62 | 56 | 60 |
| 7 | B13121506 | 翁华华 | 女 | 一班 | 90 | 86 | 88 |
| 8 | B13121507 | 王丫丫 | 女 | 一班 | 73 | 70 | 71 |
| 9 | B13121508 | 宋平平 | 女 | 一班 | 87 | 90 | 97 |
| 10 | B13121509 | 范华华 | 女 | 二班 | 90 | 86 | 85 |
| 11 | B13121510 | 董华华 | 男 | 二班 | 53 | 90 | 50 |

图 11-24　标识至少两科不及格学生的不及格成绩

【参考步骤】

（1）选中 E2：G17 单元格区域，单击"开始"选项卡，选择"样式"组中的"条件格式"|"新建规则"命令。

（2）在弹出的"新建格式规则"对话框中选择规则类型为"使用公式确定要设置格式的单元格"，在"为符合此公式的值设置格式"下的文本框中输入公式"＝（COUNTIF（$E2：$G2,"＜60")＞1）＊（E2＜60）"，然后单击"格式"按钮，设置填充色为"紫色，个性色 4，淡色 60％"。

【说明】

公式"＝（COUNTIF（$E2：$G2,"＜60")＞1）"判断成绩是否至少两科不及格；公式"＝E2＜60"判断成绩是否不及格；使用算术四则运算 ＊ 判断两个条件是否同时成立。公式"＝（COUNTIF（$E2：$G2,"＜60")＞1）＊（E2＜60）"等价于公式"＝AND（COUNTIF（$E2：$G2,"＜60")＞1,E2＜60）"。

## 11.6.4　分类间隔底纹

【例 11-21】　使用间隔底纹标识不同类别信息。在"fl11-21 分类间隔底纹（条件格式）.xlsx"中，利用条件格式以及数学函数（MOD）、统计函数（COUNTA），使用浅橄榄色（橄榄色，个性色 3，淡色 40％）和浅红色（红色，个性色 2，淡色 60％）间隔底纹标识不同系别的学生，结果如图 11-25 所示。

图 11-25　使用间隔底纹标识不同系别的学生

【参考步骤】

（1）选中 A3：E17 单元格区域，单击"开始"选项卡，选择"样式"组中的"条件格式"|"新建规则"命令。

（2）在弹出的"新建格式规则"对话框中选择规则类型为"使用公式确定要设置格式的单元格"，在"为符合此公式的值设置格式"下的文本框中输入公式"=MOD(COUNTA($A$3:$A3),2)=0"，然后单击"格式"按钮，设置填充色为"橄榄色，个性色 3，淡色 40％。"

（3）再次新建条件格式规则，选择规则类型为"使用公式确定要设置格式的单元格"，在"为符合此公式的值设置格式"下的文本框中输入公式"=MOD(COUNTA($A$3:$A3),2)=1"，然后单击"格式"按钮，设置填充色为"红色，个性色 2，淡色 60％。"

【说明】

在条件格式的两个公式中，主要利用 COUNTA 函数对 A 列的系别统计个数，再利用 MOD 函数判断系别统计个数的奇偶性，奇数填充浅红色，偶数填充浅橄榄色。

## 11.6.5　连续排列分类间隔底纹

【例 11-22】　使用间隔底纹标识连续排列的类别信息。在"fl11-22 分类间隔底纹（连续排列）.xlsx"中所有学生已经按照系别排好序，请利用条件格式以及数学函数（MOD、SUM），使用浅橄榄色（橄榄色，个性色 3，淡色 40％）和浅红色（红色，个性色 2，淡色 60％）间隔底纹标识不同系别的学生，结果如图 11-26 所示。

图 11-26　使用间隔底纹标识不同系别的学生（系别连续排列）

【参考步骤】

（1）选中 A3：E17 单元格区域，单击"开始"选项卡，选择"样式"组中的"条件格式"|"新建规则"命令。

（2）在弹出的"新建格式规则"对话框中选择规则类型为"使用公式确定要设置格式的单元格"，在"为符合此公式的值设置格式"下的文本框中输入公式"=MOD(SUM(--($A$2:$A2

<>$A\$3:\$A3)),2)＝0"，然后单击"格式"按钮，设置填充色为"橄榄色，个性色3，淡色40％。"

（3）再次新建条件格式规则，选择规则类型为"使用公式确定要设置格式的单元格"，在"为符合此公式的值设置格式"下的文本框中输入公式"＝MOD(SUM(--(\$A\$2:\$A2<>\$A\$3:\$A3)),2)＝1"，然后单击"格式"按钮，设置填充色为"红色，个性色2，淡色60％。"

【说明】

在条件格式的两个公式中，主要利用连续排列的系别名称进行相邻单元格的比较。当相邻单元格的系别名称不同时，SUM公式的计数结果加1，从而实现奇偶间隔条纹的条件判断。

# 11.6.6 标识连胜3场及3场以上的球队得分

【例11-23】 标识连胜3场及3场以上的足球队得分。在"fl11-23 标识足球赛连胜3场（条件格式）.xlsx"中，利用条件格式以及统计函数（COUNT和COUNTIF）、查找与引用函数（OFFSET和COLUMN），使用浅紫（紫色，个性色4，淡色60％）填充色标识足球赛连胜3场及3场以上的球队得分，结果如图11-27所示。

| | A | B | C | D | E | F | G | H | I | J | K |
|---|---|---|---|---|---|---|---|---|---|---|---|
| 1 | 足球队得分一览表 | | | | | | | | | | |
| 2 | 球队 | 得分1 | 得分2 | 得分3 | 得分4 | 得分5 | 得分6 | 得分7 | 得分8 | 得分9 | 得分10 |
| 3 | 巴塞罗那 | 3 | 3 | 3 | 0 | 3 | 3 | 3 | 3 | 3 | 0 |
| 4 | 巴西 | 3 | 3 | 3 | 3 | 0 | 0 | 3 | 0 | 1 | 1 |
| 5 | 德国 | 0 | 1 | 3 | 0 | 3 | 1 | 1 | 1 | 0 | 3 |
| 6 | 曼联 | 3 | 1 | 0 | 3 | 3 | 3 | 3 | 3 | 3 | 3 |

图 11-27 标识足球赛连胜至少3场的球队得分

【参考步骤】

（1）选中B3:K10单元格区域，单击"开始"选项卡，选择"样式"组中的"条件格式"|"新建规则"命令。

（2）在弹出的"新建格式规则"对话框中选择规则类型为"使用公式确定要设置格式的单元格"，在"为符合此公式的值设置格式"下的文本框中输入公式"＝COUNT(1/(COUNTIF(OFFSET(B3,,COLUMN(\$A:\$C)-3,,3),"3")＝3))"，然后单击"格式"按钮，设置填充色为"紫色，个性色4，淡色60％。"

【说明】

（1）使用OFFSET函数的三维引用进行动态引用，将每个单元格向左移动2、1、0个位置，并各取3列产生连续引用，然后利用COUNTIF函数统计得分3的个数。

（2）公式"1/(COUNTIF()＝3)"是本例的关键，因为结果可能包含错误值，也可能包含FALSE值，而只有结果为TRUE的值才满足条件，所以利用1/（比较结果）的技巧，最终只返回错误和1。

（3）利用COUNT函数在统计时忽略错误值的特性，结果只能为非0值才满足统计条件，从而赋予条件格式。

# 第12章

# 数据的组织和管理

Excel 具有强大的数据组织、管理和分析能力,提供对工作表中数据的筛选、排序、分类汇总和数据透视表、合并计算等功能。

如果 Excel 数据区域中包含大量数据,一般需要通过筛选功能只显示用户感兴趣的数据。

通过排序,使数据区域按照指定的列的升序或降序进行排列,从而使用户可以方便、快速地定位要查询的数据。

Excel 还提供了在一个工作表中对多个工作表中的数据进行合并计算的功能,其计算方式包括求和、计数,以及求最大值、最小值、平均值、乘积等。合并计算还可以实现去掉重复值等功能。

## 12.1 使用 Excel 表格管理数据

视频讲解

### 12.1.1 Excel 表格的基本概念

Excel 表格(table)也称数据表或者表,以前称为数据列表或列表(list),是工作表(worksheet)中连续的矩形区域。在一个工作表中可以创建多个表格。

表格的第一行通常为标题,标题的字体通常为粗体,与其他数据行区分开来。Excel 表格对应于数据库中的表,列对应于字段,行对应于记录。

在工作表中创建表格后,可以方便地对数据表中的数据进行管理和分析,包括进行排序、筛选、汇总计算和重复值处理操作等。

用户也可以将表格转换为常规的数据区域(a range of data,即工作表上的两个或多个单元格,也称单元格区域),同时保留所有数据以及所应用的任何表格样式。

当不再需要表格及其包含的数据时,则可以删除该表格。

## 12.1.2　创建 Excel 表格

用户可以使用以下两种方式创建 Excel 表格。

(1) 单击"插入"选项卡上"表格"组中的"表格"按钮,新建数据表。

(2) 单击"开始"选项卡上"样式"组中的"套用表格格式"按钮,将单元格区域快速转换为具有系统默认样式或者自定义样式的数据表。

| | A | B | C |
|---|---|---|---|
| 1 | 品名 | 单价 | 数量 |
| 2 | A1001 | 20 | 100 |
| 3 | A1002 | 15 | 200 |
| 4 | A1003 | 18 | 150 |
| 5 | A1004 | 32 | 120 |

图 12-1　插入表格(商品信息)

**【例 12-1】**　插入表格(商品信息)。在"fl12-1 插入表格(商品信息).xlsx"中通过插入表格方式创建 Excel 表格,结果如图 12-1 所示。

**【参考步骤】**

(1) 选择要创建表格的单元格区域 A1:C5,也可以选中要创建表格区域中的任意单元格。

(2) 插入表格。单击"插入"选项卡上"表格"组中的"表格"按钮,打开"创建表"对话框,确认表格区域范围为"$A$1:$C$5";确认选中"表包含标题"复选框;单击"确定"按钮,将单元格区域 A1:C5 转换为表格。

**【说明】**

在创建表格后,当光标定位到表格中的任一单元格时,文档窗口上方的功能区中将出现"表格工具"栏,同时会显示"设计"选项卡。用户可以利用"表格工具"栏的"设计"选项卡上的"属性""工具""外部表数据""表格样式选项"和"表格样式"组中的命令选项进一步编辑和格式化表格,如图 12-2 所示。

图 12-2　"表格工具"栏的"设计"选项卡

**【例 12-2】**　套用表格样式(商品信息)。在"fl12-2 套用表格样式(商品信息).xlsx"中通过套用表格样式方式创建 Excel 表格,结果如图 12-3 所示。

**【参考步骤】**

(1) 选择要创建表格的单元格区域 A1:C5,也可以选中要创建表格区域中的任意单元格。

| | A | B | C |
|---|---|---|---|
| 1 | 品名 | 单价 | 数量 |
| 2 | A1001 | 20 | 100 |
| 3 | A1002 | 15 | 200 |
| 4 | A1003 | 18 | 150 |
| 5 | A1004 | 32 | 120 |

图 12-3　套用表格样式(商品信息)

(2) 套用表格样式。单击"开始"选项卡,选择"样式"组中的"套用表格样式"命令,选择满足需求的表格样式,例如"表样式浅色 10",打开"套用表格式"对话框;确认表格区域范围为"$A$1:$C$5";确认选中"表包含标题"复选框;单击"确定"按钮,把单元格区域 A1:C5 转换为表格。

## 12.1.3　表格的格式化

### 1. 自动套用表格格式

定位到表格，在“表格工具”栏的“设计”选项卡上的“表格样式”组中选择需要套用的浅色、中等深浅、深色各系列的表格样式。

如果对预设表格样式不满意，用户还可以通过“表格样式”下拉列表中的“新建表格样式”命令打开“新建表样式”对话框，自定义表格的字体、边框、填充等格式。当然，用户还可以使用 Excel“页面布局”选项卡上“主题”组中的命令设置表格的“颜色”“字体”和“效果”选项。

### 2. 设置表格样式选项

定位到表格，通过“表格工具”栏的“设计”选项卡上“表格样式选项”组中的命令选项可进一步设置表格样式。

表格样式各选项的含义如下：

（1）标题行。显示或隐藏标题行，默认选中。

（2）筛选按钮。显示或隐藏标题行各项目右侧的筛选按钮。

（3）镶边行。指示是否隔行使用不同样式。

（4）镶边列。指示是否隔列使用不同样式。

（5）第一列、最后一列。指示第一列、最后一列是否使用不同样式。

（6）汇总行。显示或隐藏汇总行。

## 12.1.4　表格的编辑

定位到表格，可选择、编辑表格内容；添加行或列；删除行或列等。具体操作步骤为：

（1）编辑表格内容。选择表格单元格，直接编辑即可。

（2）选择表格行或列，或整个表格。

① 通过快捷菜单命令。定位到表格中的单元格，然后右击，选择相应快捷菜单中的“选择”|“表列数据”“整个表列”或“表行”命令。

② 将鼠标指针移动到表格的行或列的第一个单元格左边界处或者上边界处（此时光标显示为向右或向下的箭头，注意不要移动到行号或列号上），然后单击，可选中当前行的表行数据或当前列的表列数据，如图 12-4（a）所示。在列的第一个单元格的上边界处再次单击（此时光标仍然显示为向下的箭头），可选中当前整个表列。

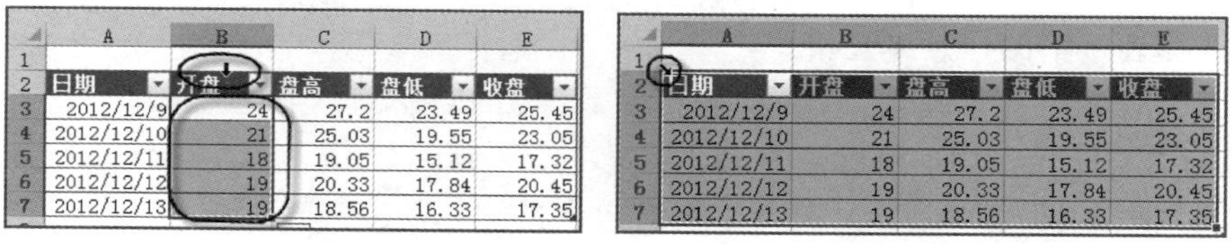

| 日期 | 开盘 | 盘高 | 盘低 | 收盘 |
|---|---|---|---|---|
| 2012/12/9 | 24 | 27.2 | 23.49 | 25.45 |
| 2012/12/10 | 21 | 25.03 | 19.55 | 23.05 |
| 2012/12/11 | 18 | 19.05 | 15.12 | 17.32 |
| 2012/12/12 | 19 | 20.33 | 17.84 | 20.45 |
| 2012/12/13 | 19 | 18.56 | 16.33 | 17.35 |

(a) 选择表格的列数据　　(b) 选择整个表格

图 12-4　选择表格

③ 将鼠标指针移动到表格的左上角第一个单元格的左上边角(此时光标显示为向右下的箭头),然后单击,选中整个表格数据(除了标题行)。再次单击(此时光标仍然显示为向右下的箭头),选中整个表格(包括标题行),如图 12-4(b)所示。

(3) 删除行或列。

① 定位到表格中的单元格,然后右击,选择相应快捷菜单中的"删除"|"表行"或"表列"命令。

② 定位到表格中的单元格,选择"开始"选项卡上"单元格"组中的"删除"|"删除表格行"或"删除表列"命令。

(4) 添加行或列。

① 定位到表格中的单元格,然后右击,选择相应快捷菜单中的"插入"|"在上方插入表行""在左侧插入表列"或者"在右侧插入表列"命令。

② 定位到表格中的单元格,单击"开始"选项卡,选择"单元格"组中的"插入"|"在上方插入表格行""在左侧插入表格列"或"在右侧插入表列"命令。

③ 在紧邻表格的下方行或右侧列中输入数据时,Excel 表格会自动扩大范围,增加新行或新列。

④ 用鼠标拖曳表格右下方的表格调整句柄,调整表格范围,扩大表格范围增加行或列,也可以缩小表格范围删除行或列。

# 12.1.5　表格中重复数据的处理

在关系数据库的表中可以使用约束保证数据的唯一性,而在 Excel 表格中输入大量的数据时难免会产生重复数据。

Excel 提供了下列方法用于标记和删除重复数据:

(1) 使用条件格式化标记数据区域的重复数据。选择数据区域,单击"开始"选项卡,选择"样式"组中的"条件格式"|"突出显示单元格规则"|"重复值"命令,标记重复数据。

(2) 删除数据区域的重复值。选择数据区域,单击"数据"选项卡,选择"数据工具"组中的"删除重复值"命令,删除重复数据。

(3) 删除表格的重复值。选择表格,选择"表格工具"栏的"设计"选项卡上"工具"组中的"删除重复值"命令,删除重复数据。

【例 12-3】 删除重复数据(商品信息)。在"fl12-3 删除重复数据(商品信息).xlsx"中删除表格中的重复数据值,结果如图 12-5 所示。

【参考步骤】

(1) 选择表格中的任意单元格。

(2) 删除表格中的重复值。选择"表格工具"栏的"设计"选项卡上"工具"组中的"删除重复值"命令,打开"删除

| | A | B | C |
|---|---|---|---|
| 1 | 品名 | 单价 | 数量 |
| 2 | A1001 | 20 | 100 |
| 3 | A1002 | 15 | 200 |
| 4 | A1003 | 18 | 150 |
| 5 | A1004 | 32 | 120 |

图 12-5　删除商品信息的重复数据

重复值"对话框,如图 12-6 所示;选择重复值包含的列;单击"确定"按钮,系统显示确认信息,单击"确定"按钮,完成删除重复值的操作。

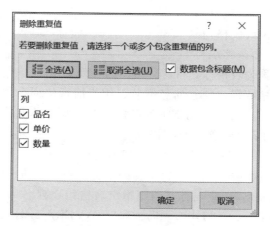

图 12-6　删除重复值

## 12.1.6　表格的汇总

定位到表格,当选中"表格工具"栏的"设计"选项卡上"表格样式选项"组中的"汇总行"复选框时,Excel 会自动在表格的最下面添加汇总行。

**【例 12-4】** 商品信息汇总。在"fl12-4 汇总(商品信息).xlsx"中显示表格的汇总行,并设置各项目的汇总函数,结果如图 12-7 所示。

| | A | B | C |
|---|---|---|---|
| 1 | 品名 | 单价 | 数量 |
| 2 | A1001 | 20 | 100 |
| 3 | A1002 | 15 | 200 |
| 4 | A1003 | 18 | 150 |
| 5 | A1004 | 32 | 120 |
| 6 | 4 | 21.25 | 570 |

图 12-7　商品信息汇总

**【参考步骤】**

(1) 选择表格中的任意单元格。

(2) 设置显示汇总行。选中"表格工具"栏的"设计"选项卡上"表格样式选项"组中的"汇总行"复选框。

(3) 设置各项目的汇总函数。选择 A6 单元格,在其下拉列表框中选择"计数";选择 B6 单元格,在其下拉列表框中选择"平均值"。

(4) 观察汇总行单元格的公式,A6 单元格的公式为"=SUBTOTAL(103,[品名])";B6 单元格的公式为"=SUBTOTAL(101,[单价])";C6 单元格的公式为"=SUBTOTAL(109,[数量])"。

**【说明】**

(1) 汇总行单元格公式中通常使用 SUBTOTAL 函数,SUBTOTAL 函数主要用于列表或数据库中的分类汇总,根据传递的参数类型返回不同的分类汇总值,参见本书 5.2.8 节。在汇总行单元格公式中,还可使用其他工作表函数。

(2) 在 A6 单元格的公式"=SUBTOTAL(103,[品名])"中使用了"[品名]",表示列数据。

## 12.1.7　表格的名称与引用

在公式中可以通过 Excel 表格名称和列名称引用表格中的数据,使用名称引用更加直观、灵活。引用方法如下：

（1）表格名称。定位到表格，在"表格工具"栏的"设计"选项卡上"属性"组中的"表名称"文本框中可查看和设置表格名称。

（2）列名称。列名称为表格标题行（第一行）的各列文本。

（3）在表格中引用列数据。"[@列名称]"引用当前行的列名称指定的单元格（通常用于列的计算公式中），"[列名称]"引用指定列名称所在的整列单元格数据区域（通常用于汇总行的公式中）。如果列名称包含空格，则需要使用方括号[]括起来。例如"＝[@Price]＊(1＋[@[Tax Rate]])"，或者"＝SUBTOTAL(101,[Price])"。

（4）在表格外引用列数据。"表格名称[@列名称]"引用当前行中位于指定表格指定列名称所在的单元格，"表格名称[列名称]"引用指定表格指定列名称所在的整列单元格数据区域。例如"＝Sales[@Price]＊(1＋0.1)"，或者"＝AVERAGE(Sales[Price])"。

（5）假设图 12-8 中的表格名称为 Sales，则"Sales[♯全部]"引用 Sales 表格的全部单元格区域，对应于 A1:D6 单元格区域；"Sales[♯数据]"引用 Sales 表格的数据区域，对应于 A1:D5 单元格区域；"Sales[♯标题]"引用 Sales 表格的标题单元格区域，对应于 A1:D1 单元格区域；"Sales[♯汇总]"引用表格的汇总单元格区域，对应于 A6:D6 单元格区域；"Sales[@]"引用对应公式所在行的表格行单元格区域，如果公式在 G2 单元格，则公式中的"Sales[@]"引用 A2:D2 单元格区域。

**【例 12-5】** 商品价格的计算。在"fl12-5 名称与计算（商品价格）.xlsx"中计算销售单价和平均售价；在表格外，根据商品 ID 查询其售价，结果如图 12-8 所示。

| | A | B | C | D | E | F | G |
|---|---|---|---|---|---|---|---|
| 1 | ID | Price | Tax Rate | 售价 | | 商品ID | A1001 |
| 2 | A1001 | 20 | 5% | 21 | | 售价 | 21 |
| 3 | A1002 | 15 | 5% | 16 | | | |
| 4 | A1003 | 18 | 5% | 19 | | | |
| 5 | A1004 | 32 | 5% | 34 | | | |
| 6 | | | | 22 | | | |

图 12-8　商品价格的计算与查询

**【参考步骤】**

（1）在 D2 单元格中输入售价公式。输入过程如下：①从键盘输入"＝"；②用鼠标单击选择 B2，系统自动将其转换为"[@Price]"；③从键盘输入"＊(1＋"；④用鼠标单击选择 C2，系统自动将其转换为"[@[Tax Rate]]"；⑤从键盘输入")"；⑥按 Enter 键确认。公式显示为"＝[@Price]＊(1＋[@[Tax Rate]])"，系统自动填充公式到 D5 单元格。

（2）计算平均售价。定位到汇总行的 D6 单元格，在下拉列表框中选择"平均值"，观察单元格公式为"＝SUBTOTAL(101,[售价])"。

（3）查询商品售价。在 G2 单元格中输入公式"＝VLOOKUP(G1,Sales,4)"。

## 12.1.8　将表格转换为区域

若要停止处理表格数据而又不丢失所应用的任何表格格式，可以将表格转换为工作表上的常规数据区域。

将光标定位到表格中的任一单元格,在"表格工具"栏的"设计"选项卡上的"工具"组中单击"转换为区域"按钮,或者右击表格,选择相应快捷菜单中的"表格"|"转换为区域"命令,可以将表格转换为常规的数据区域。

【说明】

在将表格转换为常规的数据区域后,表格功能不再可用。例如,行标题不再包括排序和筛选箭头,而在公式中使用的结构化引用(使用表格名称的引用)将变成常规单元格引用。

## 12.1.9 删除表格及其数据

如果不再需要使用表格及其包含的数据,则选择表格,按 Delete 键,这样即可删除该表格及其数据。

【技巧】

将光标定位到表格中的任一单元格,按 Ctrl+A 键两次,将选中包括表标题的整个表格。

# 12.2 数据的筛选

视频讲解

所谓筛选,即针对数据列指定需满足的条件,从而查找并显示满足条件的数据子集。Excel 提供了两种筛选区域的命令。

## 12.2.1 自动筛选

自动筛选是在数据区域中快速查找符合条件的数据对象的方法,它适用于简单筛选条件。

自动筛选一般分为两步:

(1)启用自动筛选功能。

Excel 表格默认直接支持自动筛选功能。定位到表格,在"表格工具"栏的"设计"选项卡的"表格样式选项"组中选中"筛选按钮"复选框,Excel 表格标题每个列标签的右侧将显示自动筛选箭头 ▼。

对于单元格区域,通过选中要筛选的区域,单击"数据"选项卡,选择"排序和筛选"组中的"筛选"命令(或单击"开始"选项卡,选择"编辑"组中的"排序和筛选"|"筛选"命令),启用自动筛选功能,筛选区域中标题的各列标签的右侧将显示自动筛选箭头 ▼。

(2)针对各列进行筛选。

单击要筛选列的自动筛选箭头 ▼,指定筛选条件,Excel 将自动筛选并显示满足条件的数据。当在多个数据列指定筛选条件时,这些筛选条件之间是"与"的关系。

【例 12-6】 自动筛选应用示例。在"fl12-6 自动筛选(产品清单).xlsx"中存放着若干产品的 ID、产品名称、供应商、类别、单位数量、单价等信息,从产品清单中筛选出以"袋"为单位,并且单价最低的 20 种产品信息,结果如图 12-9 所示。

| | A | B | C | D | E | F | G | H | I | J |
|---|---|---|---|---|---|---|---|---|---|---|
| 1 | 产品I▼ | 产品名称▼ | 供应商▼ | 类别▼ | 单位数量▼ | 单价▼ | 库存量▼ | 订购量▼ | 再订购▼ | 中止▼ |
| 14 | 13 | 龙虾 | 德昌 | 海鲜 | 每袋500克 | ¥6.00 | 24 | 0 | 5 | No |
| 24 | 23 | 燕麦 | 菊花 | 谷类/麦片 | 每袋3公斤 | ¥9.00 | 61 | 0 | 25 | No |
| 42 | 41 | 虾子 | 普三 | 海鲜 | 每袋3公斤 | ¥9.65 | 85 | 0 | 10 | No |
| 46 | 45 | 雪鱼 | 日通 | 海鲜 | 每袋3公斤 | ¥9.50 | 5 | 70 | 15 | No |
| 47 | 46 | 蚵 | 日通 | 海鲜 | 每袋3公斤 | ¥12.00 | 95 | 0 | 0 | No |
| 55 | 54 | 鸡肉 | 佳佳 | 肉/家禽 | 每袋3公斤 | ¥7.45 | 21 | 0 | 10 | No |
| 59 | 58 | 海参 | 大钰 | 海鲜 | 每袋3公斤 | ¥13.25 | 62 | 0 | 20 | No |
| 78 | 77 | 辣椒粉 | 义美 | 调味品 | 每袋3公斤 | ¥13.00 | 32 | 0 | 15 | No |

图 12-9　自动筛选的结果

**【参考步骤】**

（1）筛选出以"袋"为单位的产品信息。将光标定位到产品清单数据区域（A1:J78）中任一单元格，单击"数据"选项卡，选择"排序和筛选"组中的"筛选"命令，启用自动筛选功能。单击"单位数量"数据列的自动筛选箭头 🔽，选择"文本筛选"中的"包含"命令，打开"自定义自动筛选方式"对话框，输入"袋"的数量信息，单击"确定"按钮。

（2）筛选出单价最低的 20 种产品信息。单击"单价"数据列的自动筛选箭头 🔽，选择"数字筛选"中的"前 10 项"命令，打开"自动筛选前 10 个"对话框，选择"最小"，输入"20"，单击"确定"按钮。

## 12.2.2　高级筛选

高级筛选适用于复杂条件。高级筛选不会显示列的自动筛选下拉列表，用户需要在数据区域的上方或下方单独建立高级筛选条件区域，并输入筛选条件。条件区域用于设置复杂的筛选条件。高级筛选的条件区域与数据库函数的条件区域非常相似。

高级筛选一般分为两步：

（1）建立条件区域，并指定筛选条件。

（2）单击"数据"选项卡上"排序和筛选"组中的"高级"按钮，打开"高级筛选"对话框，如图 12-10 所示。分别指定要筛选的数据区域、条件区域，以及筛选结果的存放位置，单击"确定"按钮，筛选并显示满足条件的数据。

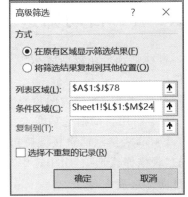

图 12-10　"高级筛选"对话框

**【注意】**

（1）条件区域一般位于数据区域的上方或者下方，并且与数据区域之间至少空一行。条件区域的第一行为要筛选的对象：如果按列筛选，则必须与数据区域的列名称相同；如果按公式条件筛选，也可以是任意指定名称。条件区域的其他行为筛选的条件。

（2）在条件区域中，同一行中的条件被解释为逻辑"与"操作；不同行之间被解释为逻辑"或"操作。

（3）Excel 通配符作为筛选时可以替换内容，其中，?（问号）表示任何单个字符，例如 sm?th 查找 smith 和 smyth；*（星号）表示任何零到多个字符，例如 *east 查找 Least、Northeast 和 Southeast。

在图 12-10 所示的"高级筛选"对话框中,还可以利用"选择不重复的记录"复选框筛选出数据列中不重复的记录。

【**例 12-7**】 高级筛选应用示例 1(筛选出满足条件的记录)。在"fl12-7 高级筛选(职工工资表).xlsx"中存放着 15 名职工的姓名、部门、职称、基本工资、补贴、奖金和总计信息,利用高级筛选实现如下功能:

(1)利用各种方法筛选出基本工资高于 1500 元并且奖金高于 1000 元的职工信息,分别置于 A20、A27、A34 开始的单元格区域中,筛选结果如图 12-11(a)所示。

(2)筛选出咨询部工程师以及业务部助工的职工信息,置于 A41 开始的单元格区域中,筛选结果如图 12-11(b)所示。

(3)筛选出姓名中包含"李"的职工信息,置于 A48 开始的单元格区域中,筛选结果如图 12-11(c)所示。

(4)筛选出基本工资大于 1500 元的咨询部工程师以及业务部助工的职工信息,置于 A55 开始的单元格区域中,筛选结果如图 12-11(d)所示。

| | A | B | C | D | E | F | G |
|---|---|---|---|---|---|---|---|
| 20 | 姓名 | 部门 | 职称 | 基本工资 | 补贴 | 奖金 | 总计 |
| 21 | 李明 | 咨询部 | 工程师 | ¥ 2,028 | ¥ 301 | ¥ 1,438 | ¥ 3,767 |
| 22 | 王洁 | 技术部 | 技术员 | ¥ 2,168 | ¥ 257 | ¥ 1,745 | ¥ 4,170 |
| 23 | 孙李莹 | 业务部 | 技术员 | ¥ 1,612 | ¥ 200 | ¥ 3,338 | ¥ 5,150 |
| 24 | 祖武 | 技术部 | 技术员 | ¥ 1,560 | ¥ 343 | ¥ 1,143 | ¥ 3,046 |

(a) 基本工资高于1500元并且奖金高于1000元的职工信息

| | A | B | C | D | E | F | G |
|---|---|---|---|---|---|---|---|
| 41 | 姓名 | 部门 | 职称 | 基本工资 | 补贴 | 奖金 | 总计 |
| 42 | 李明 | 咨询部 | 工程师 | ¥ 2,028 | ¥ 301 | ¥ 1,438 | ¥ 3,767 |
| 43 | 赵丹 | 业务部 | 助工 | ¥ 1,436 | ¥ 210 | ¥ 523 | ¥ 2,169 |
| 44 | 梅红 | 咨询部 | 工程师 | ¥ 1,822 | ¥ 305 | ¥ 665 | ¥ 2,792 |
| 45 | 汪文李 | 业务部 | 助工 | ¥ 2,182 | ¥ 210 | ¥ 708 | ¥ 3,100 |

(b) 咨询部工程师以及业务部助工的职工信息

| | A | B | C | D | E | F | G |
|---|---|---|---|---|---|---|---|
| 48 | 姓名 | 部门 | 职称 | 基本工资 | 补贴 | 奖金 | 总计 |
| 49 | 李明 | 咨询部 | 工程师 | ¥ 2,028 | ¥ 301 | ¥ 1,438 | ¥ 3,767 |
| 50 | 孙李莹 | 业务部 | 技术员 | ¥ 1,612 | ¥ 200 | ¥ 3,338 | ¥ 5,150 |
| 51 | 李楠 | 业务部 | 工程师 | ¥ 2,140 | ¥ 315 | ¥ 568 | ¥ 3,023 |
| 52 | 汪文李 | 业务部 | 助工 | ¥ 2,182 | ¥ 210 | ¥ 708 | ¥ 3,100 |

(c) 姓名中包含"李"的职工信息

| | A | B | C | D | E | F | G |
|---|---|---|---|---|---|---|---|
| 55 | 姓名 | 部门 | 职称 | 基本工资 | 补贴 | 奖金 | 总计 |
| 56 | 李明 | 咨询部 | 工程师 | ¥ 2,028 | ¥ 301 | ¥ 1,438 | ¥ 3,767 |
| 57 | 梅红 | 咨询部 | 工程师 | ¥ 1,822 | ¥ 305 | ¥ 665 | ¥ 2,792 |
| 58 | 汪文李 | 业务部 | 助工 | ¥ 2,182 | ¥ 210 | ¥ 708 | ¥ 3,100 |

(d) 基本工资大于1500元的咨询部工程师以及业务部助工的职工信息

图 12-11 高级筛选的结果

【**参考步骤**】

(1)筛选出基本工资高于 1500 元并且奖金高于 1000 元的职工(方法 1)的条件区域。参照图 12-12 中 I1:J2 数据区域中的内容输入高级筛选的条件。

(2)筛选出基本工资高于 1500 元并且奖金高于 1000 元的职工(方法 1)。单击"数据"选项卡上"排序和筛选"组中的"高级"按钮,打开"高级筛选"对话框,选中"将筛选结果复制到其他位置"单选按钮,指定要筛选的"列表区域"为$A$2:$G$17、"条件区域"为$I$1:$J$2、"复制到"为$A$20,单击"确定"按钮。

(3) 筛选出基本工资高于1500元并且奖金高于1000元的职工(方法2)的条件区域。参照图12-12,在L2数据区域中输入高级筛选的条件"=(D3>1500)*(F3>1000)"。

(4) 筛选出基本工资高于1500元并且奖金高于1000元的职工(方法2)。再次选择筛选命令,打开"高级筛选"对话框,选中"将筛选结果复制到其他位置"单选按钮,指定要筛选的"列表区域"为$A$2:$G$17、"条件区域"为$L$1:$L$2、"复制到"为$A$27,单击"确定"按钮。

(5) 筛选出基本工资高于1500元并且奖金高于1000元的职工(方法3)的条件区域。参照图12-12,在N2数据区域中输入高级筛

| | I | J | K | L | M | N |
|---|---|---|---|---|---|---|
| 1 | 基本工资 | 奖金 | | | | |
| 2 | >1500 | >1000 | | | 1 | #NAME? |
| 3 | | | | | | |
| 4 | | | | | | |
| 5 | 部门 | 职称 | | 姓名 | | |
| 6 | 咨询部 | 工程师 | | *李* | | |
| 7 | 业务部 | 助工 | | | | |
| 8 | | | | | | |
| 9 | | | | | | |
| 10 | 部门 | 职称 | 基本工资 | | | |
| 11 | 咨询部 | 工程师 | >1500 | | | |
| 12 | 业务部 | 助工 | >1500 | | | |

图12-12　高级筛选的条件区域

选的条件"=(基本工资>1500)*(奖金>1000)"。虽然结果显示错误值"#NAME?",但是不影响筛选结果的生成。

(6) 筛选出基本工资高于1500元并且奖金高于1000元的职工(方法3)。再次选择筛选命令,打开"高级筛选"对话框,选中"将筛选结果复制到其他位置"单选按钮,指定要筛选的"列表区域"为$A$2:$G$17、"条件区域"为$N$1:$N$2、"复制到"为$A$34,单击"确定"按钮。

(7) 筛选出咨询部工程师以及业务部助工的职工信息的条件区域。参照图12-12中I5:J7数据区域中的内容,输入高级筛选的条件。

(8) 筛选出咨询部工程师以及业务部助工的职工信息。再次选择筛选命令,打开"高级筛选"对话框,选中"将筛选结果复制到其他位置"单选按钮,指定要筛选的"列表区域"为$A$2:$G$17、"条件区域"为$I$5:$J$7、"复制到"为$A$41,单击"确定"按钮。

(9) 筛选出姓名中包含"李"的职工信息的条件区域。参照图12-12中L5:L6数据区域中的内容,输入高级筛选的条件。

(10) 筛选出姓名中包含"李"的职工信息。再次选择筛选命令,打开"高级筛选"对话框,选中"将筛选结果复制到其他位置"单选按钮,指定要筛选的"列表区域"为$A$2:$G$17、"条件区域"为$L$5:$L$6、"复制到"为$A$48,单击"确定"按钮。

(11) 筛选出基本工资大于1500元的咨询部工程师以及业务部助工的职工信息的条件区域。参照图12-12中I10:K12数据区域中的内容,输入高级筛选的条件。

(12) 筛选出基本工资大于1500元的咨询部工程师以及业务部助工的职工信息。再次选择筛选命令,打开"高级筛选"对话框,选中"将筛选结果复制到其他位置"单选按钮,指定要筛选的"列表区域"为$A$2:$G$17、"条件区域"为$I$10:$K$12、"复制到"为$A$55,单击"确定"按钮。

【例12-8】 高级筛选应用示例2(筛选出不重复的记录)。在"fl12-8高级筛选(提取不重复值).xlsx"中存放着若干产品的ID、产品名称、供应商和类别信息,利用高级筛选实现如下功能:

（1）筛选出不重复的供应商信息，置于 F1 开始的单元格区域中，筛选结果如图 12-13 中的 F1:F6 所示。

（2）筛选出不重复的类别信息，置于 G1 开始的单元格区域中，筛选结果如图 12-13 中的 G1:G9 所示。

| | A | B | C | D | E | F | G |
|---|---|---|---|---|---|---|---|
| 1 | 产品ID | 产品名称 | 供应商 | 类别 | | 供应商 | 类别 |
| 2 | 1 | 苹果汁 | 佳佳乐 | 饮料 | | 佳佳乐 | 饮料 |
| 3 | 2 | 牛奶 | 佳佳乐 | 饮料 | | 小当 | 调味品 |
| 4 | 3 | 蕃茄酱 | 佳佳乐 | 调味品 | | 妙生 | 特制品 |
| 5 | 4 | 盐 | 小当 | 调味品 | | 为全 | 肉/家禽 |
| 6 | 5 | 酱油 | 妙生 | 调味品 | | 福满多 | 海鲜 |
| 7 | 6 | 海鲜粉 | 妙生 | 特制品 | | | 日用品 |
| 8 | 7 | 胡椒粉 | 妙生 | 调味品 | | | 点心 |
| 9 | 8 | 鸡 | 为全 | 肉/家禽 | | | 谷类/麦片 |

图 12-13 高级筛选的素材和结果

【参考步骤】

（1）筛选出不重复的供应商信息。单击"数据"选项卡上"排序和筛选"组中的"高级"按钮，打开"高级筛选"对话框，选中"将筛选结果复制到其他位置"单选按钮，指定要筛选的"列表区域"为 \$C\$1:\$C\$41、"复制到"为 \$F\$1，并选中"选择不重复的记录"复选框，单击"确定"按钮。

（2）筛选出不重复的类别信息。再次选择筛选命令，打开"高级筛选"对话框，选中"将筛选结果复制到其他位置"单选按钮，指定要筛选的"列表区域"为 \$D\$1:\$D\$41、"复制到"为 \$G\$1，并选中"选择不重复的记录"复选框，单击"确定"按钮。

## 12.2.3 切片器

Excel 表格支持切片器功能。切片器通常用于分类列，显示列的数据一览表，通过选择一个或多个分类筛选指定类别的数据。

【例 12-9】 产品信息切片器。在"fl12-9 切片器（产品信息）.xlsx"中，使用表格的切片器工具筛选出供应商为"成记"或"佳佳乐"、类别为"饮料"的产品信息，结果如图 12-14 所示。

| | A | B | C | D | E | F | G | H | I | J |
|---|---|---|---|---|---|---|---|---|---|---|
| 1 | 产品II | 产品名称 | 供应商 | 类别 | 单 | 供应商 | | | 类别 | |
| 2 | 1 | 苹果汁 | 佳佳乐 | 饮料 | 每箱 | 成记 | | | 调味品 | |
| 3 | 2 | 牛奶 | 佳佳乐 | 饮料 | 每箱 | 佳佳乐 | | | 饮料 | |
| 39 | 38 | 绿茶 | 成记 | 饮料 | 每箱 | 金美 | | | 点心 | |
| 40 | 39 | 运动饮料 | 成记 | 饮料 | 每箱 | 康美 | | | 谷类/麦片 | |
| 79 | | | | | | 力锦 | | | 海鲜 | |
| 80 | | | | | | 利利 | | | 日用品 | |
| 81 | | | | | | 义美 | | | 肉/家禽 | |
| 82 | | | | | | 正一 | | | 特制品 | |
| 83 | | | | | | | | | | |
| 84 | | | | | | | | | | |
| 85 | | | | | | | | | | |
| 86 | | | | | | | | | | |
| 87 | | | | | | | | | | |

图 12-14 产品信息切片器

【参考步骤】

（1）选择表格中的任意单元格。

（2）显示切片器。单击"表格工具"栏的"设计"选项卡，选择"工具"组中的"插入切片器"命令，打开"插入切片器"对话框，如图 12-15 所示；选择供应商和类别；单击"确定"按钮，插入切片器。

（3）使用切片器筛选数据。在"供应商"切片器中借助 Ctrl 键选择"成记"和"佳佳乐"，在"类别"切片器中选择"饮料"，Excel 将筛选出供应商为"成记"或者"佳佳乐"、类别为"饮料"的产品信息。

图 12-15　插入切片器

【说明】

（1）配合使用 Ctrl、Shift 和鼠标左键的单击或者拖曳功能可以在切片器中选择多个数据内容。

（2）单击切片器右上角的"清除筛选器"按钮 可以清除筛选，即恢复显示全部数据。

（3）选择切片器，按 Delete 键，可以删除切片器窗口。

## 12.2.4　清除筛选和取消筛选

单击"数据"选项卡，选择"排序和筛选"组中的"清除"命令（或者单击"开始"选项卡，选择"编辑"组中的"排序和筛选"|"清除"命令），可以清除筛选，即清除筛选条件，重新显示全部数据内容。"清除"命令保持筛选状态，可以重新设置条件进行筛选。

在自动筛选状态，再次选择"数据"选项卡上"排序和筛选"组中的"筛选"命令，重新显示全部内容，同时取消自动筛选状态。

视频讲解

# 12.3　数据的排序

所谓排序，即将数据区域中的一个或者多个数据列或行按一定的顺序排列。排序方式可以按字母、笔画、数值、单元格颜色、字体颜色、单元格图标、自定义序列等进行升序或者降序排列。

Excel 一般针对列进行排序，也可以针对行进行排序（通过"排序"对话框中的"选项"按钮设置）。

## 12.3.1　排序规则

Excel 遵循的排序方式如下：

（1）数字对象。数字从最小的负数到最大的正数进行排序。注意，日期和时间的排序与数字对象相同。

（2）文本对象。在按字母先后顺序对文本项进行排序时，Excel 从左到右逐个字符地进

行排序。文本以及包含数字的文本,按下列次序从小到大升序排序:

0123456789(空格)!"＃＄％＆()＊,./:;?@[\]^_`{|}～＋＜＝＞ABCDEFGHIJKLMNOPQRSTUVWXYZ

对于中文文本,可以选择按字母(汉语拼音)或按笔画(汉字的笔画数)进行排序。空格始终排在最后。

(3)逻辑值。FALSE 排在 TRUE 之前。

(4)序列排序。按照序列定义中指定的顺序。

## 12.3.2 自动排序(单列)

启用自动筛选功能的单元格区域或 Excel 表格,可以通过标题各列标签右侧显示的自动筛选箭头 ▼ 中的"升序"或者"降序"命令进行单列排序。

未启用自动筛选功能的单元格区域或 Excel 表格,可以单击"数据"选项卡上"排序和筛选"组中的"升序""降序"或者"排序"按钮进行单列排序,当然,用户也可以单击"开始"选项卡,选择"编辑"组中的"排序和筛选"|"升序""降序"或者"自定义排序"命令进行单列排序。

## 12.3.3 高级排序和多列排序

如果要对多列进行排序或者设置排序选项,可以使用"排序"对话框实现高级排序。

Excel 允许对多列进行排序,要排序的列字段称为关键字,具体分为主要关键字和次要关键字。多列排序的一般步骤如下:

(1)选择要排序的数据区域。

(2)打开"排序"对话框。单击"数据"选项卡上"排序和筛选"组中的"排序"按钮(或者单击"开始"选项卡,选择"编辑"组中的"排序和筛选"|"自定义排序"命令,或者选择自动筛选箭头 ▼ 中的"按颜色排序"|"自定义排序"命令),打开"排序"对话框。

(3)分别指定各关键字、排序依据和次序。在"主要关键字"或者"次要关键字"列表框中选择列;在"排序依据"中选择排序依据(数值、单元格颜色、字体颜色或者单元格图标);在"次序"列表中选择排序方式(升序、降序或者自定义序列)。单击"添加条件"按钮可添加次要关键字。在排序条件类似的情况下,还可以通过单击"复制条件"按钮添加次要关键字后微调条件。单击"删除条件"按钮可以删除所选条件。

(4)单击"确定"按钮,按指定条件排序并显示数据。

【例 12-10】 排序应用示例(成绩排序)。在"fl12-10 成绩排序(总分语文数学).xlsx"中存放着 6 名学生的学号、语文、数学、英语、物理、化学和总分信息,请根据总分从高到低排序,若总分相同,则按语文成绩从高到低排序,若语文成绩还是相同,再按数学成绩从高到低排序,结果如图 12-16 所示。

【参考步骤】

将光标定位到学生成绩表数据区域(A1:G7)中的任一单元格,单击"开始"选项卡,选择"编辑"组的"排序和筛选"中的"自定义排序"命令,打开"排序"对话框。参照图 12-17,添加主要关键字和两个次要关键字,并设置排序方式,单击"确定"按钮。

| | A | B | C | D | E | F | G |
|---|---|---|---|---|---|---|---|
| 1 | 学号 | 语文 | 数学 | 英语 | 物理 | 化学 | 总分 |
| 2 | A104 | 85 | 95 | 76 | 85 | 93 | 434 |
| 3 | A106 | 85 | 90 | 87 | 91 | 81 | 434 |
| 4 | A101 | 92 | 77 | 75 | 88 | 57 | 389 |
| 5 | A103 | 57 | 70 | 94 | 80 | 86 | 387 |
| 6 | A105 | 83 | 63 | 97 | 80 | 56 | 379 |
| 7 | A102 | 55 | 77 | 61 | 68 | 97 | 358 |

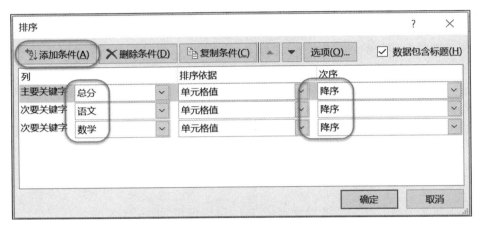

图 12-16　总分排序的结果

图 12-17　“排序”对话框

## 12.3.4　排序选项：中文按拼音排序还是按笔画排序

在“排序”对话框中单击“选项”按钮，可以打开如图 12-18 所示的“排序选项”对话框，设置排序是否区分大小写、排序方向是按列还是按行、排序是按字母还是按笔画进行。

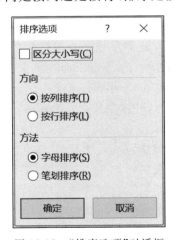

图 12-18　“排序选项”对话框

## 12.3.5　按自定义序列排序

如果需要,用户可以自定义序列,如图 12-19 所示。在"排序"对话框中选择按"自定义序列"进行排序。

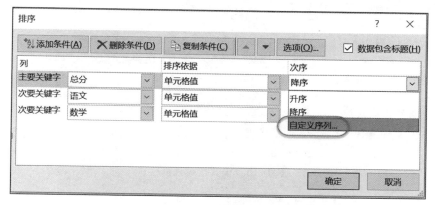

图 12-19　按自定义序列排序

## 12.3.6　按颜色排序

Excel 支持按单元格的填充色或者字体颜色进行排序。如果单元格及数据内容已经根据数据的特点标记了不同的颜色(例如使用了条件格式化),则可以按颜色排序,步骤如下:

(1) 设置数据区的前景色或者背景色,也可以设置基于色阶的条件格式化。

(2) 在"排序"对话框的"排序依据"下拉列表框中选择按"单元格颜色""字体颜色"或者"条件格式图标"排序。

**【例 12-11】** 按颜色排序(学生排位)。在"fl12-11 按颜色排序(学生排位).xlsx"中存放着学生信息,使用条件格式设置学号末尾数字为奇数的行填充红色,学号末尾数字为偶数的行填充蓝色,然后按颜色排序,实现学号末尾数字为奇数的学生依次排在学号末尾数字为偶数的学生前面的效果,结果如图 12-20 所示。

| | A | B |
|---|---|---|
| 1 | 学号 | 姓名 |
| 2 | B501 | 朱洋洋 |
| 3 | B503 | 周萍萍 |
| 4 | B505 | 田一天 |
| 5 | B507 | 王丫丫 |
| 6 | B509 | 范华华 |
| 7 | B511 | 苏依依 |
| 8 | B502 | 赵霞霞 |
| 9 | B504 | 阳一昆 |

图 12-20　学生排位(按颜色排序)

**【参考步骤】**

(1) 设置学号末尾数字为奇数的行的填充色为红色。选择 A2:B13 区域,单击"开始"选项卡,选择"样式"组中的"条件格式"|"新建规则"命令;在弹出的"新建格式规则"对话框中选择规则类型为"使用公式确定要设置格式的单元格",在"为符合此公式的值设置格式"下的文本框中输入公式"=ISODD(RIGHT($A2))";单击"格式"按钮,设置字体颜色为红色。

(2) 设置学号末尾数字为偶数的行的填充色为蓝色。同样的方法,使用公式"=ISEVEN(RIGHT($A2))"新建格式规则,并设置字体颜色为蓝色。

（3）将光标定位到学生信息数据区域（A1：B13）中的任一单元格，单击"开始"选项卡，选择"编辑"中的"排序和筛选"|"自定义排序"命令，打开"排序"对话框，然后参照图12-21，添加主要关键字和次要关键字，并设置排序方式，单击"确定"按钮。

图 12-21　设置按颜色排序

## 12.3.7　按条件格式图标排序

在对数据进行条件格式化后，可以按条件格式图标进行排序，步骤如下：

（1）设置数据区基于图标集的条件格式化。

（2）在"排序"对话框的"排序依据"下拉列表框中选择按"条件格式图标"排序。

## 12.3.8　按辅助列排序

如果列按正常排序规则不满足要求，可以通过添加辅助列调整数据，然后基于辅助列进行排序。

**【例 12-12】**　混合文本排序示例。在"fl12-12 混合文本排序. xlsx"中存放着 10 个产品的编号（ID）和订购数量，参见图 12-22（a），请根据产品 ID 升序排序，要求先按字母从 A 到 Z 的顺序排序，同一字母再按 1、2、3……数字递增的顺序（即数值从小到大）排序。对产品 ID 直接升序排序的（错误）结果如图 12-22（b）所示，正确的排序结果如图 12-22（c）所示。

**【参考步骤】**

**方法一：利用公式生成一列辅助列排序。**

（1）生成辅助列。在 C2 单元格中输入公式"＝LEFT(A2)&TEXT(MID(A2,2,6)，"00000")"，并填充至 C11 单元格。

（2）根据辅助列排序。单击 C2：C11 数据区域中的任一单元格，单击"开始"选项卡，选择"编辑"组的"排序和筛选"中的"升序"命令，或者单击"数据"选项卡上"排序和筛选"组中的"升序"按钮，生成正确的排序结果。

（3）删除或者隐藏 C 列。

| | A | B |
|---|---|---|
| 1 | **产品ID** | **订购数量** |
| 2 | B23 | 20 |
| 3 | B102 | 30 |
| 4 | A96 | 36 |
| 5 | A301 | 4 |
| 6 | A786 | 18 |
| 7 | B3178 | 45 |
| 8 | B1006 | 34 |
| 9 | A8 | 20 |
| 10 | B45 | 15 |
| 11 | A10007 | 16 |

(a)原始数据

| | A | B |
|---|---|---|
| 1 | **产品ID** | **订购数量** |
| 2 | A10007 | 16 |
| 3 | A301 | 4 |
| 4 | A786 | 18 |
| 5 | A8 | 20 |
| 6 | A96 | 36 |
| 7 | B1006 | 34 |
| 8 | B102 | 30 |
| 9 | B23 | 20 |
| 10 | B3178 | 45 |
| 11 | B45 | 15 |

(b)默认排序结果(错误)

| | A | B |
|---|---|---|
| 1 | **产品ID** | **订购数量** |
| 2 | A8 | 20 |
| 3 | A96 | 36 |
| 4 | A301 | 4 |
| 5 | A786 | 18 |
| 6 | A10007 | 16 |
| 7 | B23 | 20 |
| 8 | B45 | 15 |
| 9 | B102 | 30 |
| 10 | B1006 | 34 |
| 11 | B3178 | 45 |

(c)正确的排序结果

图 12-22 混合文本排序

**方法二：利用分列生成两列辅助列排序。**

（1）将产品 ID 列拆分为两列。选择 A2：A11 数据区域，单击"数据"选项卡上"数据工具"组中的"分列"按钮。

（2）完成"文本分列向导"的 3 步操作。在"文本分列向导"的第 1 步，选中"固定宽度"单选按钮，单击"下一步"按钮；在"文本分列向导"的第 2 步，在标尺上刻度为 1 处或者数据预览区中要建立分列的数据处单击，建立分列线，然后单击"下一步"按钮；在"文本分列向导"的第 3 步，将"目标区域"由 $A$2 改为 $C$2，单击"完成"按钮，将产品 ID 列拆分到 C 列（字母）和 D 列（数字）。

（3）根据两列辅助列排序。单击 A2：D11 数据区域中的任一单元格，单击"开始"选项卡，选择"编辑"组的"排序和筛选"中的"自定义排序"命令，打开"排序"对话框，设置主要关键字为"列 C"；单击"复制条件"按钮，然后设置次要关键字为"列 D"，"列 C"和"列 D"均按"升序"排序，单击"确定"按钮。

（4）删除或者隐藏 C 列和 D 列。

【说明】

（1）方法一利用公式将长度不一的文本（产品 ID）统一为长度一致的文本，然后按字母先后顺序从左到右逐个字符地对文本项排序。

（2）方法二通过分列操作将产品 ID 中的字母和数字分别置于两列中，然后以纯粹的字母（文本）列和纯粹的数字列进行多关键字排序。

# 12.4 数据的分类汇总

## 12.4.1 分类汇总的含义

分类汇总是数据处理的常用方法之一。例如对产品信息进行分类汇总，可以及时了解各供应商、商品种类的库存和订购量情况；对工资表进行分类汇总，可以了解各部门、各职称的工资分布情况。

在分类汇总中包含两个操作要点：分类和汇总。分类是类别，例如供应商、商品种类，即按此类别进行分类；汇总是指要按类别统计的数据，例如按商品种类统计的库存量、订购量等。

## 12.4.2　分类汇总的方法

若要建立分类汇总，需要先将数据区域按要分类的列字段排序，以便将要进行分类汇总的行组合到一起。

分类汇总的步骤如下：

（1）选择已排序的数据区域。数据需要按分类的列字段排序，如果多级分类汇总，则需要按级多列排序。

（2）分类汇总。单击"数据"选项卡上"分级显示"组中的"分类汇总"按钮，打开"分类汇总"对话框，分别指定分类字段、汇总方式（即统计方式，可以为求和、计数，以及求平均值、最小值、最大值等）以及汇总项；选中"替换当前分类汇总""每组数据分页"以及"汇总结果显示在数据下方"复选项；单击"确定"按钮，Excel 将按分类字段进行汇总数据的计算并显示结果数据。

## 12.4.3　分类汇总的嵌套和级

所谓嵌套，即针对同一数据区域进行两次以上的分类汇总操作。例如，对于商品信息表，先对商品类别进行分类汇总，然后对供应商进行分类汇总。如果要实现嵌套分类汇总，在"分类汇总"对话框中一定要取消选中"替换当前分类汇总"复选框。

数据区域在进行分类汇总后会分级显示。如果只有一次分类，Excel 会显示 3 级：总计、分类计、明细数据；如果有两次嵌套分类，Excel 会显示 4 级：总计、一次分类计、两次分类计、明细数据；以此类推。

单击分级数字按钮，可显示到指定级；单击折叠按钮□，可隐藏指定分组；单击展开按钮□，可显示指定分组。

**【例 12-13】**　分类汇总应用示例。在"fl12-13 分类汇总.xlsx"中存放着若干产品的 ID、产品名称、供应商、类别、单位数量、单价、库存量和订购量信息，请统计每种类别的产品个数，以及每种产品类别的库存总量和订购总量。分类汇总的分级显示结果如图 12-23 所示。

**【参考步骤】**

（1）对类别排序。单击 D1 单元格，然后单击"开始"选项卡，选择"编辑"组中的"排序和筛选"|"升序"命令，将产品"类别"根据默认的"数值"进行升序排序。

（2）统计每种产品类别的库存总量和订购总量。单击 A1:H78 数据区域中的任一单元格，然后单击"数据"选项卡上"分级显示"组中的"分类汇总"按钮，打开"分类汇总"对话框，如图 12-24（a）所示，选择分类字段、汇总方式、汇总项，单击"确定"按钮。

（3）统计每种类别的产品个数。单击 A1:H78 数据区域中的任一单元格，然后单击"数据"选项卡上"分级显示"组中的"分类汇总"按钮，打开"分类汇总"对话框，如图 12-24（b）所示，选择分类字段、汇总方式、汇总项，取消选中"替换当前分类汇总"复选框，单击"确定"按钮。

| 1 2 3 4 | | A | B | C | D | E | F | G | H |
|---|---|---|---|---|---|---|---|---|---|
| | 1 | 产品ID | 产品名称 | 供应商 | 类别 | 单位数量 | 单价 | 库存量 | 订购量 |
| | 15 | | | 点心 计数 | 13 | | | | |
| | 16 | | | | 点心 汇总 | | | 386 | 180 |
| | 24 | | | 谷类/麦片 | 7 | | | | |
| | 25 | | | | 谷类/麦片 汇总 | | | 308 | 90 |
| | 38 | | | 海鲜 计数 | 12 | | | | |
| | 39 | | | | 海鲜 汇总 | | | 701 | 120 |
| | 50 | | | 日用品 计 | 10 | | | | |
| | 51 | | | | 日用品 汇总 | | | 393 | 140 |
| | 58 | | | 肉/家禽 计 | 6 | | | | |
| | 59 | | | | 肉/家禽 汇总 | | | 165 | 0 |
| | 60 | 7 | 海鲜粉 | 妙生 | 特制品 | 每箱30盒 | ¥30.00 | 15 | 0 |
| | 61 | 14 | 沙茶 | 德昌 | 特制品 | 每箱12瓶 | ¥23.25 | 35 | 0 |
| | 62 | 28 | 烤肉酱 | 义美 | 特制品 | 每箱12瓶 | ¥45.60 | 26 | 0 |
| | 63 | 51 | 猪肉干 | 涵合 | 特制品 | 每箱24包 | ¥53.00 | 20 | 0 |
| | 64 | 74 | 鸡精 | 为全 | 特制品 | 每盒24个 | ¥10.00 | 4 | 20 |
| | 65 | | | 特制品 计 | 5 | | | | |
| | 66 | | | | 特制品 汇总 | | | 100 | 20 |
| | 79 | | | 调味品 计 | 12 | | | | |
| | 80 | | | | 调味品 汇总 | | | 507 | 170 |
| | 93 | | | 饮料 计数 | 12 | | | | |
| | 94 | | | | 饮料 汇总 | | | 559 | 60 |
| | 95 | | | 总计数 | 84 | | | | |
| | 96 | | | | 总计 | | | 3119 | 780 |

图 12-23 分类汇总的分级显示结果

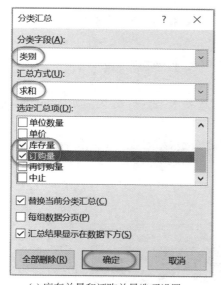

(a) 库存总量和订购总量选项设置

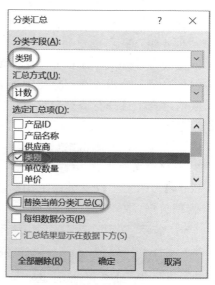

(b) 产品个数选项设置

图 12-24 分类汇总选项设置

（4）分级显示分类汇总的结果。单击图 12-23 所示的分类汇总结果左上方的数字按钮
3，使得分类汇总结果按 3 级方式（两次分类计）显示；再单击分类汇总结果左边从上往下第
6 个＋按钮，显示"特制品"的详细信息。

## 12.4.4 取消分类汇总

将鼠标指针定位到分类汇总的数据区域内的任一单元格，单击"数据"选项卡上"分级显示”组中的“分类汇总”按钮，打开“分类汇总”对话框。在“分类汇总”对话框中单击“全部删除”按钮，可以删除分类汇总的结果，重新显示分类汇总前的数据。

# 12.5 数据的分级显示管理

数据区域在进行分类汇总后会分级显示，用户也可以根据需要自动或者手工对数据进行组合（创建分组），从而按级显示（折叠或者展开）数据，实现数据的有效管理。

## 12.5.1 创建和取消分组

选择多行或者多列数据，也可以按行或者按列创建分组或取消分组。其操作步骤如下：

（1）自动建立分级显示。定位要分组的数据，单击“数据”选项卡，选择“分级显示”组中的“创建组”|“自动建立分级显示”命令，Excel 会根据数据自动创建列分组。例如 H 列是 E、F 和 G 列的计算值，则 Excel 自动创建 E、F 和 G 列的列分组。

（2）创建行分组。选择要分组的多行数据，单击“数据”选项卡，选择“分级显示”组中的“创建组”|“创建组”命令，创建行分组。

（3）创建列分组。选择要分组的多列数据，单击“数据”选项卡，选择“分级显示”组中的“创建组”|“创建组”命令，创建列分组。

（4）创建嵌套行分组。在行分组中再创建行分组，即为嵌套行分组。

（5）创建嵌套列分组。在列分组中再创建列分组，即为嵌套列分组。

（6）取消组合。选择行或列分组，单击“数据”选项卡，选择“分级显示”组中的“取消组合”|“取消组合”命令，取消组合。

（7）取消所有组合。单击“数据”选项卡，选择“分级显示”组中的“取消组合”|“清除分级显示”命令，取消所有组合。

**【例 12-14】** 职工工资分组。在“fl12-14 职工工资分组. xlsx”中存放着职工工资数据，使用分组管理数据，结果如图 12-25 所示。

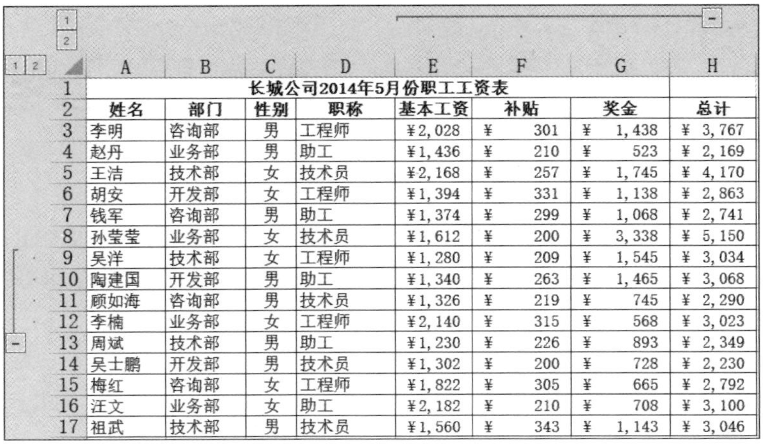

| | A | B | C | D | E | F | G | H |
|---|---|---|---|---|---|---|---|---|
| 1 | 长城公司2014年5月份职工工资表 | | | | | | | |
| 2 | 姓名 | 部门 | 性别 | 职称 | 基本工资 | 补贴 | 奖金 | 总计 |
| 3 | 李明 | 咨询部 | 男 | 工程师 | ¥2,028 | ¥ 301 | ¥ 1,438 | ¥ 3,767 |
| 4 | 赵丹 | 业务部 | 男 | 助工 | ¥1,436 | ¥ 210 | ¥ 523 | ¥ 2,169 |
| 5 | 王洁 | 技术部 | 女 | 技术员 | ¥2,168 | ¥ 257 | ¥ 1,745 | ¥ 4,170 |
| 6 | 胡安 | 开发部 | 女 | 工程师 | ¥1,394 | ¥ 331 | ¥ 1,138 | ¥ 2,863 |
| 7 | 钱军 | 咨询部 | 男 | 助工 | ¥1,374 | ¥ 299 | ¥ 1,068 | ¥ 2,741 |
| 8 | 孙莹莹 | 业务部 | 女 | 技术员 | ¥1,612 | ¥ 200 | ¥ 3,338 | ¥ 5,150 |
| 9 | 吴洋 | 技术部 | 女 | 工程师 | ¥1,280 | ¥ 209 | ¥ 1,545 | ¥ 3,034 |
| 10 | 陶建国 | 开发部 | 男 | 助工 | ¥1,340 | ¥ 263 | ¥ 1,465 | ¥ 3,068 |
| 11 | 顾如海 | 咨询部 | 男 | 技术员 | ¥1,326 | ¥ 219 | ¥ 745 | ¥ 2,290 |
| 12 | 李楠 | 业务部 | 女 | 工程师 | ¥2,140 | ¥ 315 | ¥ 568 | ¥ 3,023 |
| 13 | 周斌 | 技术部 | 男 | 助工 | ¥1,230 | ¥ 226 | ¥ 893 | ¥ 2,349 |
| 14 | 吴士鹏 | 开发部 | 男 | 技术员 | ¥1,302 | ¥ 200 | ¥ 728 | ¥ 2,230 |
| 15 | 梅红 | 咨询部 | 女 | 工程师 | ¥1,822 | ¥ 305 | ¥ 665 | ¥ 2,792 |
| 16 | 汪文 | 业务部 | 女 | 助工 | ¥2,182 | ¥ 210 | ¥ 708 | ¥ 3,100 |
| 17 | 祖武 | 技术部 | 男 | 技术员 | ¥1,560 | ¥ 343 | ¥ 1,143 | ¥ 3,046 |

图 12-25 职工工资分组

**【参考步骤】**

（1）单击 A2：H17 数据区域中的任一单元格，然后单击"数据"选项卡，选择"分级显示"组中的"创建组"|"自动建立分级显示"命令，Excel 自动创建 E、F 和 G 列的列分组。

（2）选中第 9 行至第 12 行，单击"数据"选项卡，选择"分级显示"组中的"创建组"|"创建组"命令，创建第 9 行至第 12 行的行分组。

（3）单击分级数字按钮 1 2，显示到指定级；单击折叠按钮 − 或展开按钮 + ，显示或隐藏指定分组。

## 12.5.2 显示和隐藏分级按钮

虽然使用分级按钮可以隐藏或展开明细数据，但是分级按钮（特别是多重分级）会占用大量的空间位置。

通过 Ctrl＋8 键，可以隐藏或者显示分级按钮。

# 12.6 链接与合并数据

链接是在工作表中引用外部其他工作簿中单元格的过程；合并则用于汇总来自两个或者多个工作表（可以是其他工作簿中的工作表）的数据。

## 12.6.1 链接其他工作簿数据

使用公式可以引用其他工作簿中的单元格和单元格区域，从而在一个工作簿（目标工作簿、依赖工作簿）中链接使用另一个工作簿（源工作簿）中的数据。

使用公式自定义条件格式的优点是可以直接使用其他人员或者部门创建的工作簿，且保证数据自动更新状态；其缺点是公式比较复杂，当源工作簿的位置或者名称改变后，有可能会造成链接错误。因此一般建议先修改保存源工作簿，然后修改保存目标工作簿，以保证正确引用；在修改源工作簿时，同时打开目标工作簿，以保证源工作簿的修改即时反映到目标工作簿。

更为复杂的情况是工作簿 A 链接工作簿 B，而工作簿 B 又链接工作簿 C。这在一般情况下应该避免使用。

### 1. 创建引用其他工作簿的公式

在创建引用其他工作簿的公式时，既可以在公式中直接输入引用其他工作簿的单元格地址，也可以在打开源工作簿的情况下使用鼠标选择方式输入单元格引用。引用其他工作簿的单元格地址的格式为：

（1）=[WorkbookName]SheetName! CellAddress。

（2）='[WorkbookName]SheetName'! CellAddress。如果工作簿或者工作表名称包含空格，则需要用单引号。

（3）＝WorkbookName！CellName。如果定义了工作簿范围的名称，则可以直接引用。例如：

（1）"＝［Budget.xlsx］Sheet1！A1"引用同一目录中名为Budget.xlsx的Sheet1工作表的单元格A1。

（2）"＝'［Annual Budget.xlsx］Sheet1'！A1"引用同一目录中名为Annual Budget.xlsx的Sheet1工作表的单元格A1。

（3）"＝'C:\Data\Excel\Budget\［Annual Budget.xlsx］Sheet1'！A1"引用其他目录中名为Annual Budget.xlsx的Sheet1工作表的单元格A1。

（4）"＝'https://d.docs.live.net/86a6d7c1f41bd208/Documents/［Annual Budget.xlsx］Sheet1'！A1"引用互联网上名为Annual Budget.xlsx的Sheet1工作表的单元格A1。

（5）"＝［Budget.xlsx］Sheet1！Total"引用同一目录中名为Budget.xlsx的Sheet1工作表的区域名称Total。

（6）"＝Budget.xlsx！Total"引用同一目录中名为Budget.xlsx的区域名称Total。

（7）"＝SUM（［Budget.xlsx］Sheet1!\$B\$3:\$B\$5）"引用同一目录中名为Budget.xlsx的Sheet1工作表的单元格区域（对该区域中的数据求和）。

（8）"＝VLOOKUP（A1，［Budget.xlsx］Sheet2!\$B\$2:\$B\$10，2，FASLE）"引用同一目录中名为Budget.xlsx的Sheet2工作表的单元格区域。

（9）"＝VLOOKUP（A1，Budget.xlsx！Table1，2，FASLE）"引用同一目录中名为Budget.xlsx的Sheet1工作表的单元格区域。

### 2. 通过粘贴链接引用其他工作簿的数据

通过"选择性粘贴"|"粘贴链接"命令可以实现将被粘贴数据链接到源数据，粘贴后的单元格将显示公式。例如复制A1单元格后，在D8单元格中选择"粘贴链接"，则D8单元格的公式为"＝\$A\$1"。

如果更新源区域中的值，目标区域中的内容会同步更新。如果粘贴链接单个单元格到目标区域，则目标区域中的公式引用为绝对引用；如果粘贴链接单元格区域到目标区域，则目标区域中的公式引用为相对引用。

### 3. 编辑链接

在打开包含链接的工作簿时，Excel会弹出提示信息对话框。单击"更新"按钮，可以更新链接数据。如果源工作簿不存在，则弹出警告信息"无法立即更新工作簿中的部分信息"，可以单击"继续"按钮不更新。

选择"数据"选项卡上"查询和连接"组中的"编辑链接"命令，打开"编辑链接"对话框，如图12-26所示，选择以下任务：

（1）查看工作簿中的链接。

（2）更新数据。单击"更新值"按钮，更新数据。

（3）更改源。单击"更改源"按钮，修改链接的源工作簿。

（4）打开源。单击"打开源文件"按钮，打开源工作簿。

（5）断开链接。单击"断开链接"按钮，把链接外部工作簿的公式转换为值。

（6）检查状态。单击"检查状态"按钮，检查链接状态。

（7）设置启动提示。单击"启动提示"按钮，设置启动时是否提示和更新链接数据。

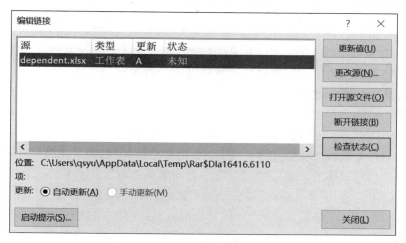

图 12-26 "编辑链接"对话框

【例 12-15】 链接其他工作簿数据。在"fl12-15 链接工作簿（目标工作簿）. xlsx"中，使用"fl12-15 链接工作簿（源工作簿）. xlsx"中的商品信息和商品折扣信息实现商品订单信息的维护，如图 12-27 所示。

| | A | B | C |
|---|---|---|---|
| 1 | 商品ID | 商品名称 | 单价 |
| 2 | A001 | 商品001 | ¥17 |
| 3 | A002 | 商品002 | ¥18 |
| 4 | A003 | 商品003 | ¥19 |
| 5 | A004 | 商品004 | ¥20 |
| 6 | A005 | 商品005 | ¥21 |
| 7 | A006 | 商品006 | ¥22 |
| 8 | A007 | 商品007 | ¥23 |
| 9 | A008 | 商品008 | ¥24 |

(a) 源工作簿的商品信息

| | A | B |
|---|---|---|
| 1 | 数量 | 折扣率 |
| 2 | 0 | 0 |
| 3 | 100 | 5% |
| 4 | 500 | 10% |
| 5 | 1000 | 20% |
| 6 | 10000 | 30% |

(b) 源工作簿的商品折扣信息

| | A | B | C | D | E | F | G |
|---|---|---|---|---|---|---|---|
| 1 | 商品 ID | 商品名称 | 单价 | 数量 | 折扣率 | 销售单价 | 销售金额 |
| 2 | A001 | 商品001 | ¥17 | 800 | 10% | ¥ 0.10 | ¥ 13,600.00 |
| 3 | A006 | 商品006 | ¥22 | 15000 | 30% | ¥ 0.30 | ¥330,000.00 |
| 4 | A003 | 商品003 | ¥19 | 1500 | 20% | ¥ 0.20 | ¥ 28,500.00 |
| 5 | A008 | 商品008 | ¥24 | 750 | 10% | ¥ 0.10 | ¥ 18,000.00 |

(c) 目标工作簿的商品订单信息

图 12-27 链接的源工作簿和目标工作簿信息

（1）同时打开工作簿"fl12-15 链接工作簿（源工作簿）. xlsx"和"fl12-15 链接工作簿（目标工作簿）. xlsx"。

（2）设置商品名称的查询。在"fl12-15 链接工作簿（目标工作簿）. xlsx"的 B2 单元格中输入公式"＝IFNA(VLOOKUP(A2,'fl12-15 链接工作簿（源工作簿）. xlsx'! 商品信息,2,FALSE),"")"，并向下填充至单元格 B9。

（3）设置单价的查询。在"fl12-15 链接工作簿（目标工作簿）.xlsx"的 C2 单元格中输入公式"＝IFNA(VLOOKUP(A2,'fl12-15 链接工作簿（源工作簿）.xlsx'！商品信息,3,FALSE),"")"，并向下填充至单元格 C9。

（4）设置折扣率的查询。在"fl12-15 链接工作簿（目标工作簿）.xlsx"的 E2 单元格中输入公式"＝IF(ISNUMBER(D2),VLOOKUP(D2,'[fl12-15 链接工作簿（源工作簿）.xlsx]商品折扣'!$A$1:$B$6,2),"")"，并向下填充至单元格 E9。

（5）设置销售单价的计算公式。在"fl12-15 链接工作簿（目标工作簿）.xlsx"的 F2 单元格中输入公式"＝IF(ISNUMBER(D2),VLOOKUP(D2,'[fl12-15 链接工作簿（源工作簿）.xlsx]商品折扣'!$A$1:$B$6,2),"")"，并向下填充至单元格 G9。

（6）设置销售金额的计算公式。在"fl12-15 链接工作簿（目标工作簿）.xlsx"的 G2 单元格中输入公式"＝IFERROR(D2＊C2,"")"，并向下填充至单元格 G9。

（7）观察结果。参照"fl12-15 链接工作簿（源工作簿）.xlsx"的"商品信息"工作表中的商品 ID 信息，在"fl12-15 链接工作簿（目标工作簿）.xlsx"的 A 列中输入商品 ID，将自动查询并显示其对应的商品名称和单价；参照"fl12-15 链接工作簿（源工作簿）.xlsx"的"商品折扣信息"工作表中的数量和折扣率信息，在"fl12-15 链接工作簿（目标工作簿）.xlsx"的 D 列中输入商品销售数量，将自动查询并显示其对应的折扣率，同时计算其销售单价和销售金额。

## 12.6.2　合并计算

在 Excel 中，"数据"选项卡上"数据工具"组中的"合并计算"命令提供了在一个工作表中对多个结构相似或者内容相同的工作表或数据区域按指定的方式进行自动匹配并合并计算的功能，其计算方式包括求和、求平均值、计数，以及求最大值、最小值、乘积等。如果在一个工作表中对数据进行合并计算，则可以更加轻松地对数据进行定期或者不定期的更新和汇总。

合并计算的数据源区域可以是同一工作表中的不同表格，也可以是同一工作簿中的不同工作表，还可以是不同工作簿中的表格。

用户可以使用两种方法对数据进行合并计算：

- 按位置进行合并计算。该方法用于多个源区域中的数据按照相同的顺序排列并使用相同的行和列标签的情况。例如，源数据是使用同一个模板创建的一系列开支工作表。
- 按分类进行合并计算。该方法用于多个源区域中的数据以不同的方式排列，但却使用相同的行和列标签的情况。例如，源数据是每个月生成的布局相同的一系列库存工作表，但每个工作表中包含不同类型或不同数量的项目。

【例 12-16】　按分类进行合并计算应用示例（合并销售信息）。在"fl12-16 按类别合并计算.xlsx"中存放着若干产品第一季度～第四季度的销售单价和销售数量信息，请利用合并计算来计算各个产品的平均销售单价和平均销售数量，结果如图 12-28 所示。

【参考步骤】

（1）单击 A10 单元格，将其作为合并计算结果的起始位置。

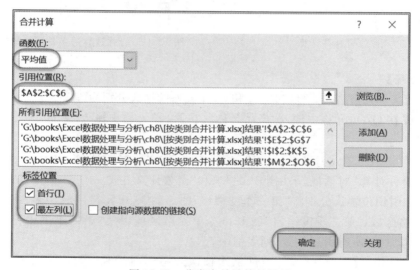

| | A | B | C | D | E | F | G | H | I | J | K | L | M | N | O |
|---|---|---|---|---|---|---|---|---|---|---|---|---|---|---|---|
| 1 | 第一季度销售 | | | | 第二季度销售 | | | | 第三季度销售 | | | | 第四季度销售 | | |
| 2 | 产品名称 | 单价 | 销量 | | 产品名称 | 单价 | 销量 | | 产品名称 | 单价 | 销量 | | 产品名称 | 单价 | 销量 |
| 3 | 苹果汁 | 18 | 10 | | 牛奶 | 16 | 30 | | 龙虾 | 6 | 15 | | 盐 | 20 | 10 |
| 4 | 牛奶 | 19 | 35 | | 沙茶 | 23 | 12 | | 牛奶 | 10 | 18 | | 牛奶 | 12 | 30 |
| 5 | 蕃茄酱 | 10 | 25 | | 苹果汁 | 15 | 15 | | 苹果汁 | 16 | 50 | | 蕃茄酱 | 8 | 30 |
| 6 | 盐 | 22 | 5 | | 龙虾 | 10 | 5 | | | | | | 苹果汁 | 15 | 8 |
| 7 | | | | | 蕃茄酱 | 8 | 30 | | | | | | | | |

(a) 源数据

| | A | B | C |
|---|---|---|---|
| 9 | 年度销售（按类别） | | |
| 10 | 产品名称 | 单价 | 销量 |
| 11 | 沙茶 | 23 | 12 |
| 12 | 苹果汁 | 16 | 20.75 |
| 13 | 牛奶 | 14.3 | 28.25 |
| 14 | 龙虾 | 8 | 10 |
| 15 | 蕃茄酱 | 8.67 | 28.33 |
| 16 | 盐 | 21 | 7.5 |

(b) 计算结果

图 12-28　分类合并计算的源数据和计算结果

（2）单击“数据”选项卡上“数据工具”组中的“合并计算”命令按钮，打开“合并计算”对话框。

（3）选择合并计算方式。在“合并计算”对话框中选择“平均值”函数。

（4）添加引用位置。在“合并计算”对话框中将光标定位到“引用位置”文本编辑框，选择“第一季度销售”的 A2：C6 单元格区域，单击“添加”按钮。使用同样的方法将“第二季度销售”的 E2：G7 单元格区域、“第三季度销售”的 I2：K5 单元格区域以及“第四季度销售”的 M2：O6 单元格区域添加到“所有引用位置”列表框中。

（5）分类合并。在“合并计算”对话框中依次选中“首行”和“最左列”复选框，如图 12-29 所示，单击“确定”按钮。

图 12-29　分类合并计算的设置

**【说明】**

（1）按分类进行合并计算要求数据源必须包含行或列标题，在合并计算过程中还必须选中“合并计算”对话框的“标签位置”分组框中相应的复选框。

（2）合并计算不能复制源数据表的格式。

**【例 12-17】** 按位置进行合并计算应用示例（平均成绩信息）。在“fl12-17 按位置合并计算. xlsx”中存放着若干学生某门课程一个学期 4 次考试的成绩信息，请按位置合并计算学生的平均成绩，结果如图 12-30 所示。

**【参考步骤】**

其操作步骤与例12-16类似,只是不选中"首行"和"最左列"复选框。请读者仔细观察按位置合并计算的结果。

**【说明】**

在按位置进行合并计算时,Excel只是将所引用数据相同位置上的数据进行合并计算,而不考虑其行、列标题内容是否相同。这种合并计算一般用于源数据表中的数据按照相同的顺序排列并使用相同的行和列标签的情况,否则计算结果没有意义。

**【例12-18】** 多重合并计算方式应用示例(平均销售信息)。在"fl12-18合并计算多重计算方式.xlsx"中存放着若干产品第一季度~第四季度的销售单价和销售数量信息,请利用合并计算来计算各个产品的平均销售单价和销售总数量,结果如图12-31所示。

| | A | B |
|---|---|---|
| 1 | 学号 | 成绩 |
| 2 | A0001 | 81.75 |
| 3 | A0002 | 79 |
| 4 | A0003 | 73.25 |
| 5 | A0004 | 83.25 |
| 6 | A0005 | 79.25 |
| 7 | A0006 | 77.75 |
| 8 | A0007 | 85.5 |
| 9 | A0008 | 81.75 |
| 10 | A0009 | 82.5 |
| 11 | A0010 | 86.25 |

图12-30 按位置合并计算

| | Q | R | S |
|---|---|---|---|
| 1 | 年度销售(多计算方式) | | |
| 2 | 产品名称 | 平均单价 | 销售总量 |
| 3 | 沙茶 | 23 | 12 |
| 4 | 苹果汁 | 16 | 83 |
| 5 | 牛奶 | 14.25 | 113 |
| 6 | 龙虾 | 8 | 20 |
| 7 | 蕃茄酱 | 8.666667 | 85 |
| 8 | 盐 | 21 | 15 |

图12-31 合并计算的多重计算结果

**【参考步骤】**

(1)自定义单元格格式。自定义R2和S2单元格的格式分别为";;;平均单价"和";;;销售总量",并在Q2单元格中输入"产品名称"、在R2单元格中输入"单价"、在S2单元格中输入"销量"。

(2)选择Q2:S2单元格区域,单击"数据"选项卡上"数据工具"组中的"合并计算"命令按钮,打开"合并计算"对话框,采用默认的"求和"函数计算方式。

(3)添加引用位置。分别将"第一季度销售"的A2:C6单元格区域、"第二季度销售"的E2:G7单元格区域、"第三季度销售"的I2:K5单元格区域以及"第四季度销售"的M2:O6单元格区域添加到"所有引用位置"列表框中。

(4)分类合并。在"合并计算"对话框中依次选中"首行"和"最左列"复选框,单击"确定"按钮,生成各个产品的销售单价总和(临时数据,稍后将被更新)和销售总数量的合并计算结果。

(5)计算各个产品的平均销售单价。选择Q2:R2单元格区域,再次单击"合并计算"命令按钮,打开"合并计算"对话框,选择"平均值"函数计算方式,单击"确定"按钮。

**【说明】**

(1)通过逐步缩小合并计算结果区域,在"合并计算"对话框中选择不同的计算方式,实现多重合并计算的功能。

(2)通过自定义单元格格式,将"单价"和"销量"字段显示为统计汇总信息"平均单价"和"销售总量",既可以满足"合并计算"时"最左列"的条件要求,又能显示实际统计汇总方式信息。

【例 12-19】 通过合并计算筛选不重复记录应用示例（产品名称清单）。在"fl12-19 合并计算筛选不重复值.xlsx"的 Sheet1～Sheet4 工作表中分别存放着若干产品第一季度～第四季度的销售单价和销售数量信息，请利用合并计算在"产品清单"工作表中筛选出不重复的产品名称信息，结果如图 12-32 所示。

图 12-32　合并计算筛选不重复记录的素材及结果

【参考步骤】

（1）添加辅助信息。在 Sheet1 工作表的 B3 单元格中输入任一数值，例如 0。

（2）单击"产品清单"工作表的 A3 单元格，将其作为合并计算结果的起始位置。单击"数据"选项卡上"数据工具"组中的"合并计算"命令按钮，打开"合并计算"对话框，采用默认的"求和"函数计算方式。

（3）添加引用位置。分别将 Sheet1 工作表的 A3：B6 单元格区域、Sheet2 工作表的 A3：B7 单元格区域、Sheet3 工作表的 A3：B5 单元格区域以及 Sheet4 工作表的 A3：B6 单元格区域添加到"所有引用位置"列表框中。

（4）分类合并。在"合并计算"对话框中选中"最左列"复选框，单击"确定"按钮。删除"产品清单"工作表的 B 列中因辅助数据而产生的汇总结果 0，得到不重复的产品名称清单。

【说明】

按分类合并计算不能对不包含任何数值数据的数据区域进行合并操作，因此本例通过添加辅助数据，利用合并计算实现不重复数据筛选的功能。

# 习题

## 一、单选题

1. 在 Excel 表格中引用列数据时，"[@列名称]"引用_____。
   A. 当前行的列名称指定的单元格　　　　B. 指定列名称所在的整列单元格数据区域
   C. 当前行的所有数据区域　　　　　　　D. 标题数据区域

2. 在 Excel 表格中引用列数据时，"[列名称]"引用_____。
   A. 当前行的列名称指定的单元格　　　　B. 指定列名称所在的整列单元格数据区域
   C. 当前行的所有数据区域　　　　　　　D. 标题数据区域

3. 在 Excel 高级筛选中，条件区域中不同行的条件之间是逻辑_____关系。
   A. "或"　　　　　B. "与"　　　　　C. "非"　　　　　D. "异或"

4. 在 Excel 高级筛选中,条件区域中同一行的条件之间是逻辑_____关系。

　A. "或"　　　　　　　B. "与"　　　　　　　C. "非"　　　　　　　D. "异或"

5. 在 Excel 中,设置两个条件排序的目的是_____。

　A. 第一排序条件完全相同的记录以第二排序条件确定记录的排列顺序

　B. 记录的排列顺序必须同时满足这两个条件

　C. 先确定两列排序条件的逻辑关系,再对数据表进行排序

　D. 记录的排序必须符合这两个条件之一

## 二、填空题

1. 在 Excel 中,要求在使用分类汇总之前先对_____字段进行排序。

2. 在 Excel 中,在使用筛选命令时要将筛选结果复制到其他位置,可以使用_____筛选命令。

3. Excel 表格汇总行的单元格公式中通常使用_____函数。

4. 根据 Excel 中的排序规则,FALSE 比 TRUE _____。

5. 在 Excel 分类汇总中,如果只有一次分类,Excel 将显示_____级明细数据。

## 三、思考题

1. 如何创建 Excel 表格? 在 Excel 工作表中创建表格有什么好处和便利?

2. Excel 表格和常规的数据区域如何相互转换?

3. 在 Excel 表格中有哪些引用方法?

4. 在 Excel 中自动筛选一般分为哪两步? 数据列的自动筛选箭头下提供了哪些筛选方式?

5 在 Excel 中,当在多个数据列指定自动筛选条件时,这些筛选条件之间是什么关系?

6. 在 Excel 中实现高级筛选的正确步骤是什么? 关于高级筛选的条件区域,有哪些注意事项?

7. 在 Excel 的高级筛选条件区域中,同一行中的条件被解释为什么逻辑操作? 不同行之间的条件被解释为什么逻辑操作?

8. 如何利用 Excel 的高级筛选功能筛选出数据列中不重复的记录?

9. 如何利用 Excel 表格的切片器功能筛选指定类别的数据?

10. 在 Excel 工作列表中,除了可以按数字或者字母顺序对数据字段进行排序外,Excel 还提供了按其他哪几种不同的方式对数据字段进行排序?

11. 在 Excel 工作列表中如何实现对 3 个以上的字段进行排序?

12. 在 Excel 工作列表中如何实现字母、数字混合文本的正确排序? 即先按字母从 A 到 Z 的顺序排序,同一字母再按 1、2、3…数字递增的顺序(即数值从小到大)排序。

13. Excel 分类汇总包含哪些操作要点? 分类汇总的步骤是什么?

14. 在 Excel 中如何实现嵌套分类汇总? 如何分级显示嵌套分类汇总的结果?

15. Excel 合并计算提供了哪些具体的功能? 其计算方式除了求和、求平均值、计数外,还包含其他哪些计算方式?

16. Excel 合并计算对所操作的工作表或数据区域有什么要求?

17. Excel 提供了哪两种方法对数据进行合并计算?

18. 如何利用 Excel 合并计算实现不重复数据筛选的功能?

# 第13章

# 使用数据透视表分析数据

数据透视表是一种对数据快速汇总和建立交叉列表的交互式报表,综合了数据筛选、排序、分类汇总等数据组织、分析和浏览功能,使用数据透视表可实现数据的高级分析和处理。

## 13.1 数据透视表的基本概念

视频讲解

### 13.1.1 数据透视表概述

数据透视表是交互式报表,可对大量数据快速汇总并建立交叉列表。通过转换其行和列,可以看到源数据的不同汇总结果,而且可显示感兴趣区域的明细数据。

例如,在如图 13-1 所示的销售数据中包含了某公司 2019 年上半年订单销售明细情况(订单 ID、订单日期、订单所在月份、订单所在季度、员工姓名、客户名称、销往地区、产品名称、产品类别、销售金额等),使用数据透视表可以实现下列数据分析和汇总:

(1) 每个员工的销售金额合计/平均销售额。

(2) 每种类别产品的销售金额合计。

(3) 每个地区的销售金额合计。

| | A | B | C | D | E | F | G | H | I | J |
|---|---|---|---|---|---|---|---|---|---|---|
| 1 | 订单ID | 订单日期 | 月份 | 季度 | 员工姓名 | 客户名称 | 销往地区 | 产品名称 | 产品类别 | 销售额 |
| 2 | 1 | 2019/1/15 | 1 | 1 | 张雪眉 | 文成 | 江苏 | 啤酒 | 饮料 | ¥1,400.00 |
| 3 | 1 | 2019/1/15 | 1 | 1 | 张雪眉 | 文成 | 江苏 | 葡萄干 | 干果和坚 | ¥105.00 |
| 4 | 2 | 2019/1/20 | 1 | 1 | 李芳 | 国顶有限 | 广东 | 海鲜粉 | 干果和坚 | ¥300.00 |
| 5 | 2 | 2019/1/20 | 1 | 1 | 李芳 | 国顶有限 | 广东 | 猪肉干 | 干果和坚 | ¥530.00 |
| 6 | 2 | 2019/1/20 | 1 | 1 | 李芳 | 国顶有限 | 广东 | 葡萄干 | 干果和坚 | ¥35.00 |
| 7 | 3 | 2019/1/22 | 1 | 1 | 郑建杰 | 威航货运 | 辽宁 | 苹果汁 | 饮料 | ¥270.00 |
| 8 | 3 | 2019/1/22 | 1 | 1 | 郑建杰 | 威航货运 | 辽宁 | 柳橙汁 | 饮料 | ¥920.00 |
| 9 | 4 | 2019/1/30 | 1 | 1 | 孙林 | 迈多贸易 | 陕西 | 糖果 | 焙烤食品 | ¥276.00 |

图 13-1 销售数据

（4）每个产品的销售金额合计。

（5）每个员工每个月份的销售金额合计。

（6）每个员工每个季度的平均销售额。

（7）每个产品在每个地区的销售金额合计。

等等。

## 13.1.2    数据透视表的数据源

作为数据透视表的数据源存储原始数据信息，用于数据透视表的数据源如下：

（1）Excel 数据列表或区域。Excel 工作表中的数据列表或区域可以作为数据透视表的数据源，数据列表或者区域的第一行通常为列标题。

（2）外部数据源。用户可以直接基于外部数据源（包括文本文件、数据库、Web 站点等）创建数据透视表，以分析保存在外部数据源中的数据。

（3）工作簿的数据模型。

（4）其他数据透视表。

## 13.1.3    分类字段和汇总字段

原始数据通常包含用于分类信息的字段和用于汇总的字段。在创建数据透视表前需要明确数据区域、用于分类的各级字段，以及汇总的数据字段。

例如，在如图 13-1 所示的销售数据中，产品名称、客户名称、员工姓名、销往地区、产品类别等可以作为分类字段，销售金额则可以作为汇总字段。

再如，在如图 13-2 所示的职工工资表中，部门、性别、职称可以作为分类字段，基本工资、补贴、奖金和总计则可以作为汇总字段。

| | A | B | C | D | E | F | G | H |
|---|---|---|---|---|---|---|---|---|
| 1 | | | | 长城公司2019年5月份职工工资表 | | | | |
| 2 | 姓名 | 部门 | 性别 | 职称 | 基本工资 | 补贴 | 奖金 | 总计 |
| 3 | 李明 | 咨询部 | 男 | 工程师 | ￥2,028 | ￥  301 | ￥  1,438 | ￥ 3,767 |
| 4 | 赵丹 | 业务部 | 男 | 助工 | ￥1,436 | ￥  210 | ￥  523 | ￥ 2,169 |
| 5 | 王洁 | 技术部 | 女 | 工程师 | ￥2,168 | ￥  257 | ￥  1,745 | ￥ 4,170 |
| 6 | 胡安 | 开发部 | 女 | 技术员 | ￥1,394 | ￥  331 | ￥  1,138 | ￥ 2,863 |
| 7 | 钱军 | 咨询部 | 男 | 助工 | ￥1,374 | ￥  299 | ￥  1,068 | ￥ 2,741 |
| 8 | 孙莹莹 | 业务部 | 女 | 工程师 | ￥1,612 | ￥  200 | ￥  3,338 | ￥ 5,150 |
| 9 | 吴洋 | 技术部 | 女 | 技术员 | ￥1,280 | ￥  209 | ￥  1,545 | ￥ 3,034 |

图 13-2    职工工资表

视频讲解

# 13.2    创建和删除数据透视表

## 13.2.1    自动创建数据透视表

选择数据区域，使用推荐的数据透视表，Excel 会自动创建数据透视表。其基本操作步骤如下：

（1）选择数据区域。用鼠标单击选择要创建透视表的数据区域内的任一单元格。

（2）单击"插入"选项卡，选择"表格"组中的"推荐的数据透视表"命令，打开"推荐的数据透视表"对话框，如图 13-3 所示。选择满足需求的数据透视表，单击"确定"按钮，Excel 会自动创建数据透视表。

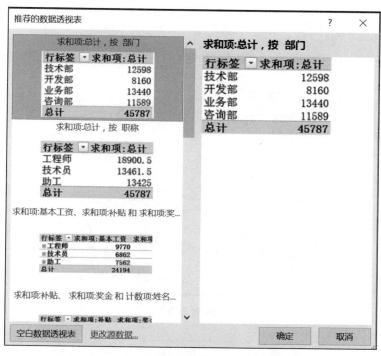

图 13-3　"推荐的数据透视表"对话框

**【例 13-1】**　自动创建职工工资数据透视表。在"fl13-1 自动创建数据透视表（职工工资）.xlsx"中存放着职工工资信息，使用"推荐的数据透视表"命令创建数据透视表，分析按部门汇总的基本工资之和，结果如图 13-4 所示。

**【参考步骤】**

（1）选择数据源。将光标定位到 A2:H17 数据区域内的任一单元格。

（2）自动创建数据透视表。单击"插入"选项卡，选择"表格"组中的"推荐的数据透视表"命令，打开"推荐的数据透视表"对话框。选择推荐的第一个数据透视表——"求和项：基本工资，按部门"，单击"确定"按钮。

| 行标签 | 求和项:基本工资 |
|---|---|
| 技术部 | 6238 |
| 开发部 | 4036 |
| 业务部 | 7370 |
| 咨询部 | 6550 |
| 总计 | 24194 |

图 13-4　自动创建职工工资
　　　　　数据透视表

## 13.2.2　手工创建数据透视表

如果推荐的数据透视表不能满足需求，则可以通过指定数据源、分类字段、汇总字段手工创建数据透视表。其基本操作步骤如下：

（1）选择数据区域。用鼠标单击选择要创建透视表的数据区域内的任一单元格。

（2）单击"插入"选项卡，选择"表格"组中的"数据透视表"命令，打开"创建数据透视表"对话框，如图 13-5 所示。确认或指定数据源，并指定放置数据透视表的位置。单击"确定"按钮，Excel 会根据指定数据源打开"数据透视表字段"任务窗格，用于设计数据透视表的布局，如图 13-6 所示。

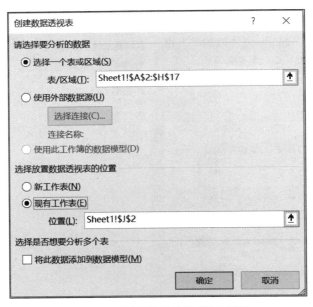

图 13-5 "创建数据透视表"对话框

图 13-6 "数据透视表字段"任务窗格

（3）指定分类字段。在"数据透视表字段"任务窗格中拖曳分类字段到指定数据透视表的分类区域（"筛选""行"或"列"区域）。

（4）指定汇总字段。在"数据透视表字段"任务窗格中拖曳汇总字段到"值"区域。

（5）设置值字段（汇总计算方式）。在"数据透视表字段"任务窗格中的"值"区域单击汇总值字段右侧的菜单按钮▼，选择"值字段设置"命令，打开"值字段设置"对话框，设置值字段汇总方式（计算类型）和值显示方式，如图13-7所示。

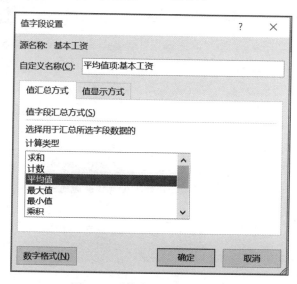

图 13-7 "值字段设置"对话框

【说明】

在"数据透视表字段"任务窗格中各区域的功能如下：

（1）页分类字段（筛选器）。位于"筛选"区域的分类字段，称为页分类字段，用于筛选当前页面的数据。

（2）行分类字段。位于"行"区域的分类字段，称为行分类字段，用于按行分类和筛选数据。

（3）列分类字段。位于"列"区域的分类字段，称为列分类字段，用于按列分类和筛选数据。

（4）汇总字段（值）。根据页、行和列分类字段，按指定计算方式汇总数据。

【例 13-2】 手工创建职工工资数据透视表。在"fl13-2 手工创建数据透视表（职工工资）.xlsx"中存放着职工工资信息，使用"数据透视表"命令创建数据透视表，按照部门分页，统计各类职称男、女职工的平均基本工资以及奖金之和，并取消列总计信息。设置数据透视表中所有的金额数值显示为整数，将"行标签"改为"职称"，将"列标签"改为"性别"。结果如图 13-8 所示。

【参考步骤】

（1）创建数据透视表。将光标定位到 A2：H17 数据区域内的任一单元格，单击"插入"选项卡，选择"表格"组中的"数据透视表"命令，打开"创建数据透视表"对话框。在"选择一个表或区域"中将自动显示表/区域 \$A\$2:\$H\$17，指定放置数据透视表的位置为从现有工作表的 I1 单元格开始,单击"确定"按钮。

图 13-8　手工创建职工工资数据透视表

（2）布局数据透视表。在右侧的"数据透视表字段"任务窗格中参照图 13-8 选择如下操作：

① 拖曳"部门"字段到"筛选"区域。

② 拖曳"性别"字段到"列"区域。

③ 拖曳"职称"字段到"行"区域。

④ 拖曳"基本工资"字段到"值"区域,并利用汇总数据项右侧下拉列表中的"值字段设置"命令打开"值字段设置"对话框,调整数据项的汇总方式为"平均值"。

⑤ 拖曳"奖金"字段到"数值"区域。

（3）设计数据透视表。参照图 13-8 选择如下操作：

① 将光标定位到数据透视表内的任一单元格,单击"数据透视表工具"栏的"设计"选项卡,选择"布局"组中的"总计"|"仅对列启用"命令,取消列总计信息。

② 选择数据透视表中所有的金额数值,单击"增加小数位数" 或者"减少小数位数" 按钮将其显示为整数。

③ 分别选中 I5 和 J3 单元格,将"行标签"改为"职称",将"列标签"改为"性别"。

# 13.2.3　删除数据透视表

删除不再需要的数据透视表的步骤如下：

（1）定位到数据透视表。选择数据透视表中的任意单元格。

（2）选中整个数据透视表。利用鼠标拖曳选中整个数据透视表,或者单击"数据透视表工具"栏的"分析"选项卡,选择"操作"组中的"选择"|"整个数据透视表"命令,选中整个数据透视表。

（3）按 Delete 键删除数据透视表。

视频讲解

# 13.3 数据透视表的设计和格式化

## 13.3.1 自动套用数据透视表样式

定位到数据透视表,在"数据透视表工具"栏的"设计"选项卡的"数据透视表样式"组中选择需要套用的浅色、中等深浅、深色各系列的数据透视表样式。

如果用户对预设数据透视表样式不满意,还可以通过"数据透视表样式"下拉列表中的"新建数据透视表样式"命令自定义数据透视表的字体、边框、填充等格式。当然,用户还可以使用"页面布局"选项卡上"主题"组中的命令设置"颜色""字体"和"效果"选项。

## 13.3.2 设置数据透视表样式选项

定位到数据透视表,单击"数据透视表工具"栏的"设计"选项卡,利用"数据透视表样式选项"组中的命令,可以进一步设置数据透视表样式。

数据透视表样式中各选项的含义如下:

(1)行标题。其用来指示行字段标题是否使用特殊样式。

(2)列标题。其用来指示列字段标题是否使用特殊样式。

(3)镶边行。其用来指示是否隔行使用不同颜色相间样式。

(4)镶边列。其用来指示是否隔列使用不同颜色相间样式。

## 13.3.3 设置数据透视表布局选项

定位到数据透视表,单击"数据透视表工具"栏的"设计"选项卡,选择"布局"组中的有关命令,如图 13-9 所示,可进一步设置数据透视表布局选项。

图 13-9 "数据透视表工具"栏的"设计"选项卡

各布局选项的含义如下:

(1)分类汇总。指示是否显示分类汇总及其位置,选项包括不显示分类汇总、在组的底部显示所有分类汇总、在组的顶部显示所有分类汇总、汇总中包含筛选项。

(2)总计。指示显示或隐藏行或列的总计,选项包括对行和列禁用、对行和列启用、仅对行启用、仅对列启用。

(3)报表布局。设置数据透视表的显示方式,选项包括以压缩形式显示、以大纲形式显示、以表格形式显示；重复所有项目标签、不重复项目标签。

（4）空行。设置是否在每个分组项之间插入空行，选项包括在每个项目后插入空行、删除每个项目后的空行。

**【例13-3】** 职工工资数据透视表布局选项。在"fl13-3 数据透视表布局选项（职工工资）.xlsx"中存放着职工工资信息，以及一张按性别、职称汇总基本工资平均值的数据透视表，设置并比较数据透视表的不同报表布局选项，结果如图13-10所示。

(a) 压缩形式  (b) 大纲形式  (c) 表格形式

图13-10　职工工资数据透视表的各种布局

**【参考步骤】**

（1）设置数据透视表的报表布局为"以压缩形式显示"。定位到 Sheet1 中的数据透视表；单击"数据透视表工具"栏的"设计"选项卡，选择"布局"组中的"报表布局"|"以压缩形式显示"命令。结果如图13-10(a)所示。

（2）设置数据透视表的报表布局为"以大纲形式显示"。定位到 Sheet2 中的数据透视表；单击"数据透视表工具"栏的"设计"选项卡，选择"布局"组中的"报表布局"|"以大纲形式显示"命令。结果如图13-10(b)所示。

（3）设置数据透视表的报表布局为"以表格形式显示"。定位到 Sheet3 中的数据透视表；单击"数据透视表工具"栏的"设计"选项卡，选择"布局"组中的"报表布局"|"以表格形式显示"命令。结果如图13-10(c)所示。

## 13.3.4　数据透视表的内容设计

数据透视表的内容设计包括分类字段的选择和位置的设置、汇总字段（值字段）的选择和汇总计算方法的设置。

通过"数据透视表字段"任务窗格可以设计数据透视表的内容，其方法如下：

（1）显示"数据透视表字段"任务窗格。在默认情况下，定位到数据透视表，在 Excel 窗口右侧会自动显示"数据透视表字段"任务窗格。用户可以单击"数据透视表工具"栏的"设计"选项卡，选择"布局"组中的"字段列表"命令，显示或者关闭"数据透视表字段"任务窗格。

（2）增加分类字段。从"数据透视表字段"任务窗格上部的字段列表中选择并拖曳字段到指定区域（"筛选""行"或者"列"区域）。

（3）移动分类字段到其他分类区域。在数据透视表分类区域（"筛选""行"或者"列"区域）之间相互拖曳字段以改变分类信息；或者分别单击"数据透视表字段"任务窗格下部的

"筛选""行""列"或者"值"区域中字段右侧的菜单按钮▼,选择其中的"移动到报表筛选""移动到行标签""移动到列标签"或者"移动到数值"快捷菜单命令。

(4)调整同一区域的字段的位置顺序。通过鼠标拖曳方法;或者单击"数据透视表字段"任务窗格下部的"筛选""行""列"或者"值"区域中需要调整位置的字段右侧的菜单按钮▼,选择其中的"上移""下移""移至开头"或者"移至末尾"快捷菜单命令。

(5)在数据透视表中移动分类字段。右击分类字段(行或者列标签,例如职称),通过相应快捷菜单"移动"组中的命令移动其位置,可以调整同一区域的分类字段的位置顺序。

(6)在数据透视表中移动分类字段的项。右击分类字段的项(即字段的值,例如工程师、技术员、助工),通过相应快捷菜单"移动"组中的命令移动其位置,上下移动可调整同一分类字段的值的位置顺序,左右移动可调整同一分类字段的不同值的位置顺序。

(7)删除字段。从数据透视表字段区域("筛选""行""列"或者"值"区域)拖曳字段到数据透视表区域之外;或者通过单击字段右侧的菜单按钮▼,选择"删除字段"命令。

## 13.3.5 分类字段的设置

在数据透视表分类区域("筛选""行"或者"列"区域)中单击分类字段右侧的菜单按钮▼,选择"字段设置"命令,或者在数据透视表中右击分类字段或者其项,选择相应快捷菜单中的"字段设置"命令,均可以打开"字段设置"对话框,如图13-11所示。

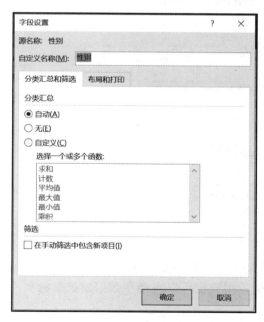

(a) 分类汇总和筛选

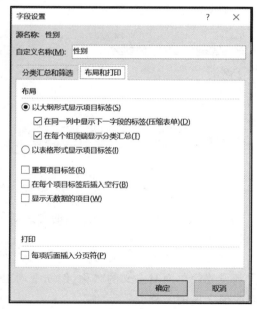

(b) 布局和打印

图 13-11 "字段设置"对话框

"字段设置"对话框中各选项的含义如下:

(1)设置分类字段的分类汇总。

"分类汇总"用于设置是否分类汇总,选项包括自动、无、自定义。"自动"即自动计算,汇

335

总的计算方式同值字段的计算方式,"自动"选项是数据透视表的分类汇总的默认设置;"无"用于关闭分类汇总;"自定义"用于选择汇总的计算方式。

如果要设置是否显示分类汇总,则可单击"数据透视表工具"栏的"设计"选项卡,选择"布局"组中的"分类汇总"命令下的各选项。

(2)设置分类字段的布局和打印。

设置分类字段的布局:"以大纲形式显示项目标签"还是"以表格形式显示项目标签";是否重复项目标签;是否在每个项目标签后插入空行;是否显示无数据的项目;打印时是否在每项后面插入分页符。

## 13.3.6　值字段的设置:汇总方式和显示方式

在"数据透视表字段"任务窗格的"值"区域中单击值字段右侧的菜单按钮▼,选择"值字段设置"命令;或者在数据透视表中右击值字段或其值,选择相应快捷菜单中的"值字段设置"命令,均可以打开"值字段设置"对话框,如图 13-12 所示。

(a) 值汇总方式

(b) 值显示方式

图 13-12　值字段的设置

"值字段设置"对话框中各选项的含义如下:

(1)设置值字段的名称。

值字段的默认格式为"汇总方式:字段名"。用户可以通过"自定义名称"文本框为值字段重新设置简单而有意义的名称,例如平均工资。用户也可以直接在数据透视表的单元格中修改值字段的名称。

(2)设置值字段的汇总方式。

在"值字段设置"对话框的"值汇总方式"选项卡中,通过"选择用于汇总所选字段数据的计算类型"列表框设置值字段的汇总计算类型。

在数据透视表中右击值字段,选择相应快捷菜单中"值汇总依据"的下级命令,也可以设置值字段的汇总计算方式。

值字段的汇总计算类型如下：

- 求和。即总和,对数值求和。
- 计数。非空值的数目。
- 平均值。值的平均值。
- 最大值。值的最大值。
- 最小值。值的最小值。
- 乘积。值的乘积。
- 数值计数。唯一值的数目,只有当在 Excel 中使用数据模型时此汇总函数才工作。
- 标准偏差。估算总体的标准偏差,其中样本是整个总体计算的子集。
- 总体标准偏差。计算总体的标准偏差,其中总体是要汇总的所有数据。
- 方差。估算总体的方差,其中样本是整个总体计算的子集。
- 总体方差。计算总体的方差,其中总体是要汇总的所有数据。

（3）设置值字段的显示方式。

在"值字段设置"对话框的"值显示方式"选项卡中,通过"值显示方式"下拉列表框可以设置值字段的显示方式。

在数据透视表中右击值字段,选择相应快捷菜单中"值显示方式"的下级命令,也可以设置值字段的显示方式。

值字段的显示方式如下：

- 无计算。显示原始汇总结果值。
- 总计的百分比。值为报表中所有值或者数据点的总计的百分比。
- 列汇总百分比。每个列或者系列中的所有值为列或者系列汇总的百分比。
- 行汇总百分比。每个行或类别中的所有值为行或者类别汇总的百分比。
- 百分比。值为基本字段中选定的基本项的值的百分比。
- 父行汇总的百分比。该项的值/行上父项的值。
- 父列汇总的百分比。（该项的值）/（列上父项的值）。
- 父级汇总的百分比。（该项的值）/（所选基本字段中父项的值）。
- 差异。值为与基本字段中所选基本项的值的差异。
- 差异百分比。值为与基本字段中所选基本项的值的差异的百分比。
- 按某一字段汇总。所选基本字段中连续项的汇总。
- 按某一字段汇总的百分比。值为所选基本字段中连续项的汇总百分比。
- 升序排列。即按升序排名,某一特定字段中所选值的排位,其中将该字段中的最小项列为1,而每个较大的值将具有较高的排位值。
- 降序排列。即按降序排名,某一特定字段中所选值的排位,其中将该字段中的最大项列为1,而每个较小的值将具有较高的排位值。
- 指数。即索引,（（单元格中的值）*（整体总计））/（（行总计）*（列总计））。

【**例 13-4**】 职工工资数据透视表总计百分比。在"fl13-4 数据透视表总计百分比（职工工资）.xlsx"中存放着职工工资信息和数据透视表（按部门汇总应发工资之和）,增加值字段,设置其计算为"总计百分比",以分析各部门人力资源成本总计百分比,结果如图 13-13所示。

**【参考步骤】**

（1）定位到数据透视表。选择数据透视表中的任意单元格。

（2）增加并设置值字段。在右侧的"数据透视表字段"任务窗格中拖曳"应发工资"字段到"值"区域，并利用汇总数据项右侧下拉列表中的"值字段设置"命令打开"值字段设置"对话框，设置其"自定义名称"为"总计百分比"；单击"值显示方式"选项卡，在"值显示方式"下拉列表框中选择"总计的百分比"，如图 13-14 所示，单击"确定"按钮，查看结果。

| J | K | L |
|---|---|---|
| 部门 ▼ | 应发工资和 | 总计百分比 |
| 技术部 | 12598 | 27.51% |
| 开发部 | 8160 | 17.82% |
| 业务部 | 13440 | 29.35% |
| 咨询部 | 11589 | 25.31% |
| 总计 | 45787 | 100.00% |

图 13-13　职工工资数据透视表总计百分比

图 13-14　设置值显示方式

## 13.3.7　计算字段和计算项

在使用数据透视报表分析数据时，如果汇总函数和自定义计算（值显示方式）没有提供所需的结果，则可使用公式创建计算字段或计算项。

### 1. 字段和项

在数据透视表中，字段对应于数据列表中的列，位于"数据透视表字段"任务窗格的"字段"列表中。例如，职工工资数据透视表中的部门、职称、性别、姓名、基本工资、应发工资等。

在数据透视表中，字段对应的每个值称为项。例如，职工工资数据透视表中"职称"字段对应的值"工程师""技术员""助工"。

### 2. 计算字段

计算字段是在数据透视表中使用公式创建的字段。在创建计算字段后，可以在数据透视表中使用。创建计算字段的操作步骤如下：

（1）定位到数据透视表。选择数据透视表中的任意单元格。

（2）创建计算字段。单击"数据透视表工具"栏的"分析"选项卡，选择"计算"组中的"字

段、项目和集"|"计算字段"命令,打开"插入计算字段"对话框;输入计算字段的名称和公式,单击"确定"按钮。新创建的字段同时出现在"数据透视表字段"任务窗格的"字段"列表中。

### 3. 计算项

计算项是数据透视表针对指定字段使用公式创建的项,计算项使用数据透视表中指定字段的其他项的内容进行计算。创建计算项的步骤如下:

(1)定位到数据透视表。选择数据透视表中的任意单元格。

(2)创建计算项。单击"数据透视表工具"栏的"分析"选项卡,选择"计算"组中的"字段、项目和集"|"计算项"命令,打开计算项相应的"插入计算项"对话框;输入计算字段的名称和公式,单击"确定"按钮。

【例 13-5】 销售数据透视表计算字段和计算项。在"fl13-5 数据透视表计算字段和计算项(销售数据).xlsx"中存放着销售数据和数据透视表(按姓名对销售额求和),创建计算字段"销售提成"(销售提成=销售额*1%),创建计算项"平均值"(平均值=各员工的平均值),并使用数据透视表比较分析各员工的销售额与平均值的差异,结果如图 13-15 所示。

| 员工 | 销售额平均差异 | 求和项:销售提成 |
|---|---|---|
| 金士鹏 | -2721 | 38 |
| 李芳 | -720 | 58 |
| 刘英玫 | -5828 | 7 |
| 孙林 | -130 | 64 |
| 王伟 | -3890 | 26 |
| 张雪眉 | 13466 | 200 |
| 张颖 | 53 | 66 |
| 郑建杰 | -230 | 63 |
| 平均值 | | 65 |
| **总计** | | **586** |

图 13-15 销售数据透视表计算
字段和计算项

【参考步骤】

(1)定位到数据透视表。选择数据透视表中的任意单元格。

(2)创建"销售提成"计算字段。单击"数据透视表工具"栏的"分析"选项卡,选择"计算"组中的"字段、项目和集"|"计算字段"命令,打开"插入计算字段"对话框,如图 13-16 所示;在"名称"文本框中输入计算字段的名称"销售提成",在"公式"文本框中输入计算公式"=销售额*1%",单击"确定"按钮,创建计算字段。

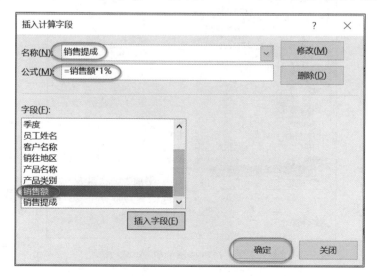

图 13-16 创建计算字段

（3）创建"平均值"计算项。在数据透视表中选择"员工"字段或员工的项；单击"数据透视表工具"栏的"分析"选项卡，选择"计算"组中的"字段、项目和集"|"计算项"命令，打开"在"员工姓名"中插入计算字段"对话框，如图 13-17 所示；在"名称"文本框中输入计算项的名称"平均值"，在"公式"文本框中输入计算公式"＝AVERAGE（金士鹏，李芳，刘英玫，孙林，王伟，张雪眉，张颖，郑建杰）"；单击"确定"按钮，创建计算项。

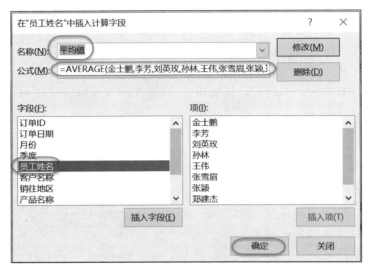

图 13-17　创建计算项

（4）设置销售总额的值显示方式。在数据透视表中右击销售总额字段或者其值，通过快捷菜单的"值字段设置"命令打开"值字段设置"对话框，在"值显示方式"选项卡中参照图 13-18 设置各选项的内容，单击"确定"按钮。

图 13-18　销售总额的值字段设置

【说明】

（1）在"插入计算字段"对话框中输入公式时，可通过在字段列表中选择字段，然后单击"插入字段"按钮，或者在字段列表中双击选择字段，将该字段名插入"公式"文本框中。

（2）在"在'员工姓名'中插入计算字段"对话框中输入公式时，可通过在项列表中选择项，然后单击"插入项"按钮，或者在项列表中双击选择项，将该项插入"公式"文本框中。

（3）当名称包含空格时，可以使用英文半角引号括起来。例如"'金 士鹏'"。

## 13.3.8　设置数据透视表选项

定位到数据透视表，单击"数据透视表工具"栏的"分析"选项卡，选择"数据透视表"组中的"选项"命令（或者右击数据透视表，选择相应快捷菜单中的"数据透视表选项"命令），可以进一步设置数据透视表的选项。

## 13.3.9　应用条件格式化

在数据透视表上通过应用条件格式化可以实现可视化效果。例如，应用色阶条件格式化，可以实现类似突出显示表的可视化效果；应用数据条条件格式化，可以实现柱形图/条形图的可视化效果。

## 13.3.10　清除和移动数据透视表

通过清除数据透视表，可以清除数据透视表的所有设计内容，回到初始化状态；通过移动数据透视表，可以移动数据透视表到其他位置。其操作步骤如下：

（1）清除数据透视表。单击"数据透视表工具"栏的"分析"选项卡，选择"操作"组中的"清除"|"全部清除"命令，清除数据透视表的所有内容。

（2）移动数据透视表。单击"数据透视表工具"栏的"分析"选项卡，选择"操作"组中的"移动数据透视表"命令，可以移动数据透视表到当前工作表的其他位置，或者移动到新的工作表。

# 13.4　数据透视表的分析和操作

视频讲解

## 13.4.1　数据透视表中数据的筛选

通过筛选可以在大量数据透视表数据中查看和深入分析局部数据，即满足某种条件的数据。例如查看指定地区、指定类别的商品销售额。

**1. 通过自动筛选箭头▼进行筛选**

通过分类字段右侧的自动筛选箭头▼可以针对分类字段进行筛选。筛选方法同本书

12.2.1 节中的自动筛选。

**2. 通过"切片器"进行筛选**

单击"数据透视表工具"栏的"分析"选项卡,选择"筛选"组中的"插入切片器"命令,插入切片器,然后使用切片器进行筛选。筛选方法同本书 12.2.3 节中的切片器。

**3. 通过"日程表"进行筛选**

数据透视表支持"日程表"筛选功能。"日程表"筛选基于数据中的日期字段。

单击"数据透视表工具"栏的"分析"选项卡,选择"筛选"组中的"插入日程表"命令,插入"日程表"筛选器,在"日程表"中通过调整日期范围,数据透视表自动筛选出对应的数据。

【例 13-6】 销售数据透视表筛选。在"fl13-6 数据透视表筛选(销售数据). xlsx"中存放着销售数据和数据透视表(按类别对销售额求和),分别使用自动筛选箭头 ▼、"切片器"和"日程表"等方法筛选数据,结果如图 13-19 所示。

图 13-19 销售数据透视表筛选

**【参考步骤】**

(1)定位到数据透视表。选择数据透视表中的任意单元格。

(2)插入日程表。单击"数据透视表工具"栏的"分析"选项卡,选择"筛选"组中的"插入日程表"命令,打开"插入日程表"对话框;选择项目"订单日期";单击"确定"按钮,插入"订单日期"日程表筛选器。

(3)通过日程表筛选数据。在"订单日期"日程表筛选器右上角的列表框中选择日期单位"季度";调整下方的日期条,使得数据透视表筛选订单日期范围为"第 2 季度"的数据。

(4)插入"切片器"。定位到数据透视表,单击"数据透视表工具"栏的"分析"选项卡,选择"筛选"组中的"插入切片器"命令,打开"插入切片器"对话框;选择列表"销往地区";单击"确定"按钮,插入"销往地区"切片器。

(5)通过"切片器"筛选数据。在"销往地区"切片器中借助 Ctrl 或者 Shift 键同时选择"广东""河北"和"重庆"地区。数据透视表根据选择的项目筛选数据。

(6)使用自动筛选箭头 ▼ 筛选数据。单击"产品类别"自动筛选箭头 ▼,选择"值筛选"组中的"前 10 项"命令,打开"前 10 个筛选(产品类别)"对话框,选择"最大",输入数值"2",

单击"确定"按钮,以选择销售额排在前两名的数据。

【说明】

(1)配合使用 Ctrl、Shift 键和鼠标左键单击或拖曳功能,可以在切片器中选择多项连续或者不连续的内容。

(2)单击切片器右上角的 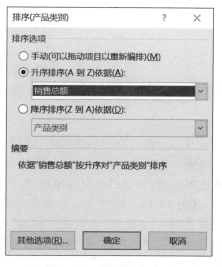 按钮,可以清除筛选,即恢复选择全部的默认状态。

(3)选择切片器,按 Delete 键,可以删除切片器窗口。

## 13.4.2　数据透视表中数据的排序

当数据透视表中包含大量数据时,对数据进行排序有助于数据的查看和分析。通过下列方法可以实现数据的排序:

(1)通过分类字段右侧的自动筛选箭头 ▼ 中的"升序""降序"或者"其他排序选项"命令进行排序。

(2)右击字段,选择相应快捷菜单中的"排序"|"升序""降序"或者"其他排序选项"命令进行排序。

【说明】

在数据透视表中,只有分类字段有自动筛选箭头 ▼ ,但可以通过右击分类字段,选择相应快捷菜单中的"其他排序选项"命令,在弹出的如图 13-20 所示的对话框中设置排序依据为其他值字段。当然也可以手动拖动项目设置排序顺序。

排序原理和方法请参见本书 12.3 节。

图 13-20　设置排序选项

## 13.4.3　数据透视表中数据的分组和取消分组

对数据透视表中的数据进行分组可以帮助用户显示要分析的数据的子集。例如,希望将庞大的日期时间(数据透视表中的日期时间字段)列表分组为季度和月份。分组用于创建临时的分类字段。

(1)针对日期和数值间隔分组(用于日期时间和数值字段的分组)。

在数据透视表中右击用于分组的数值或者日期时间字段,选择相应快捷菜单中的"组合"命令,打开如图 13-21 所示的"组合"对话框;在"起始于"和"终止于"文本框中输入时间范围,在"步长"文本框中选择分组时间间隔或者输入数值间隔;单击"确定"按钮,创建分组。

(2)针对选定项目分组(用于其他类型字段的分组)。

在数据透视表中选择要进行分组的同一级的多个项目(组合 Ctrl、Shift 键和鼠标左键),右击所选内容,选择相应快捷菜单中的"组合"命令,创建包含选定项目的分组。默认分组名称为数据组 1、数据组 2 等。选定新创建的分组(例如数据组 1),按 F2 功能键,可重新命名有意义的名称。

(3)取消组合已分组的数据。

(a) 日期时间字段　　　　　　(b) 数值字段

图 13-21　"组合"对话框

右击分组数据中的任何项,选择相应快捷菜单中的"取消组合"命令,可取消组合已分组的数据。如果取消日期时间间隔分组,则会删除对该字段进行的所有分组;如果取消组合所选项的组,则仅取消组合所选项。

【例 13-7】　销售数据透视表分组。在"fl13-7数据透视表分组(销售数据).xlsx"中存放着销售数据和数据透视表(按销往地区和订单日期对销售额求和),创建日期时间分组,按季度组合销售额;创建指定项分组,按北方地区和南方地区组合销售额;折叠南方地区组合销售额,结果如图 13-22 所示。

【参考步骤】

(1) 定位到数据透视表。选择数据透视表中的任意单元格。

(2) 创建日期时间分组。在数据透视表中右击订单日期,选择相应快捷菜单中的"组合"命令,打开"组合"对话框;在"步长"列表框中选择分组时间间隔为"季度";单击"确定"按钮,创建分组。

图 13-22　销售数据(数据透视表分组)

(3) 创建指定项目分组。在数据透视表中,借助 Ctrl 键同时选择河北、辽宁、陕西、天津;右击所选地区,选择相应快捷菜单中的"组合"命令,创建分组"数据组 1"。同样的方法,将广东、江苏和重庆地区创建为"数据组 2"。

(4) 重命名分组。选择"数据组 1",按 F2 功能键,将组重命名为"北方地区";选择"数据组 2",按 F2 功能键,将组重命名为"南方地区"。

(5) 折叠组合数据。双击"南方地区",或者右击"南方地区",选择相应快捷菜单中的

"展开/折叠"|"折叠"命令,折叠南方地区组合销售额。

【例13-8】 数据透视表数值分组(学生成绩分数段统计)。在"fl13-8数据透视表数值分组(学生成绩).xlsx"中存放着若干名学生的学号和数学成绩信息,请利用数据透视表的"组字段"功能统计各分数段学生的人数,结果如图13-23所示。

【参考步骤】

(1)创建数据透视表。将光标定位到A1:B68数据区域内的任一单元格,单击"插入"选项卡,选择"表格"组中的"数据透视表"命令,打开"创建数据透视表"对话框;在"选择一个表或区域"文本框中将

| | A | B | C | D | E |
|---|---|---|---|---|---|
| 1 | 学号 | 数学 | | | |
| 2 | S01001 | 81 | | 计数项:数学 | |
| 3 | S01002 | 51 | | 分数段 ▼ | 汇总 |
| 4 | S01003 | 80 | | <40 | 1 |
| 5 | S01004 | 79 | | 40-49 | 2 |
| 6 | S01005 | 70 | | 50-59 | 4 |
| 7 | S01006 | 68 | | 60-69 | 7 |
| 8 | S01007 | 90 | | 70-79 | 15 |
| 9 | S01008 | 95 | | 80-89 | 21 |
| 10 | S01009 | 79 | | 90-100 | 17 |
| 11 | S01010 | 78 | | 总计 | 67 |

图13-23 学生成绩数据透视表的数值分组

自动显示表/区域$A$1:$B$68,指定放置数据透视表的位置为从现有工作表的D2单元格开始,单击"确定"按钮。

(2)布局数据透视表。在右侧的"数据透视表字段"任务窗格中选择如下操作:

① 拖曳"数学"字段到"行"区域;

② 拖曳"数学"字段到"值"区域,并利用汇总数据项右侧下拉列表中的"值字段设置"命令打开"值字段设置"对话框,调整数据项的汇总方式为"计数"。

(3)设计数据透视表。选择如下操作:

① 选中D3单元格,将"数学"行标签改为"分数段"。

② 统计各分数段人数。将光标定位到D3:D40分数段数据区域内的任一单元格,单击"数据透视表工具"栏的"分析"选项卡,选择"组合"组中的"分组选择"命令,打开"组合"对话框;在"起始于"文本框中输入"40"、在"终止于"文本框中输入"100"、在"步长"文本框中输入"10",单击"确定"按钮。

【说明】

利用数据透视表的"组合"功能可以将数据透视表中的数字字段或者日期字段分组,一般适用于分段间隔一致的情况,否则可以利用FREQUENCY统计函数等实现类似的功能。

## 13.4.4 查看汇总数据的明细数据

在数据透视表中查看汇总数据的明细数据的方法如下:

(1)折叠或展开分组数据。通过单击分类字段或分组字段的折叠按钮 + 可显示指定分组;单击展开按钮 − 可隐藏指定分组;右击分类字段的项,选择相应快捷菜单中的"展开/折叠"命令(如图13-24所示),可以展开/折叠指定分组、展开/折叠指定字段的所有分组、展开折叠到指定字段;用户也可以单击"数据透视表工具"栏的"分析"选项卡,选择"活动字段"组中的展开字段和折叠字段命令,展开/折叠指定字段的所有分组。

(2)展开数据透视表中无下级的分类字段。右击分类字段的项,选择相应快捷菜单中的"展开/折叠"|"展开"命令,可以打开如图13-25所示的"显示明细数据"对话框,在明细数据清单中选择字段,以添加下级分类字段。此操作的结果相当于在"数据透视表字段"任务窗格的同一分类区域(筛选、行或列)中再添加分类字段。

图 13-24　折叠或展开分组数据

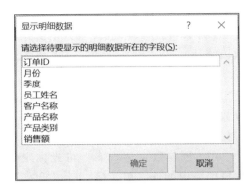

图 13-25　"显示明细数据"对话框

（3）查看汇总数据的明细数据。在数据透视表中可以通过双击汇总的数据（或者右击汇总数据,选择相应快捷菜单中的"显示详细信息"命令）在新的工作表中显示该汇总数据对应的所有明细记录。

## 13.4.5　更改数据透视表的数据源区域

在创建数据透视表后,也可更改其源数据的区域,以扩展源数据来包括更多数据；或连接到其他外部数据源,以切换数据库服务器等；或刷新数据,以从外部数据源获取最新数据。其操作步骤如下:

（1）定位到数据透视表。选择数据透视表中的任意单元格。

（2）更改数据源。单击"数据透视表工具"栏的"分析"选项卡,选择"数据"组中的"更改数据源"|"更新数据源"命令,重新选择数据源。

（3）连接到其他外部数据源。单击"数据透视表工具"栏的"分析"选项卡,选择"数据"组中的"更改数据源"|"连接属性"命令,设置外部数据源连接属性,以连接到其他数据库服务器。

（4）手工刷新数据。单击"数据透视表工具"栏的"分析"选项卡,选择"数据"组中的"刷新"命令,或右击数据透视表,选择相应快捷菜单中的"刷新"命令,以从外部数据源获取最新数据。

（5）打开工作簿时自动刷新数据。右击数据透视表,选择相应快捷菜单中的"数据透视表选项"命令,打开"数据透视表选项"对话框；在"数据"选项卡上选中"打开文件时刷新数据"复选框,以保证每次打开工作簿时从外部数据源获取最新数据。

【说明】

如果数据区域添加或减少了列,即本质上更改了源数据,则需要创建新的数据透视表。

## 13.4.6　创建数据透视图

基于数据透视表可创建关联的数据透视图。数据透视图以图形形式呈现数据透视表中的数据,此时数据透视表称为相关联的数据透视表。

数据透视图具有交互性,可以对其进行排序或筛选,以显示数据透视表数据的子集。在创建数据透视图时,在图表区将显示数据透视图筛选器,提供对数据透视图中的基本数据进行排序和筛选等功能。在相关联的数据透视表中对字段布局和数据所做的更改将立即反映到数据透视图中。

与标准图表一样,数据透视图也具有数据系列、类别、数据标记和坐标轴。用户可以根据需要更改数据透视图的类型,以及标题、图例位置、数据标签和图表位置等选项。

创建数据透视图的基本步骤如下:

(1) 创建数据透视表。

(2) 定位到数据透视表。选择数据透视表中的任意单元格。

(3) 创建数据透视图。单击"数据透视表工具"栏的"分析"选项卡,选择"工具"组中的"数据透视图"命令,打开如图 13-26 所示的"插入图表"对话框,插入并编辑图表。

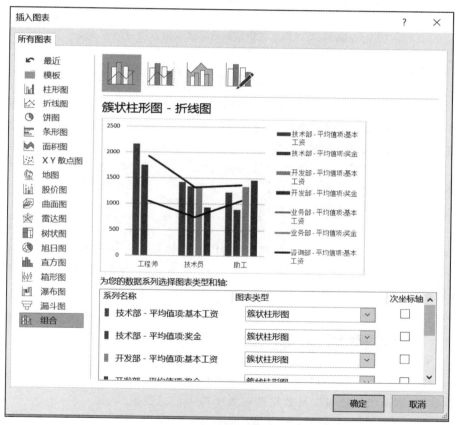

图 13-26 "插入图表"对话框(自定义组合)

当然,用户还可以直接定位到需要创建数据透视图的数据区域内的任一单元格,单击 Excel"插入"选项卡,选择"图表"组中的"数据透视图"|"数据透视图"命令,创建数据透视图,同时创建数据透视表。

【例 13-9】 创建职工工资数据透视图。在"fl13-9 数据透视图(职工工资).xlsx"中存放着 15 名职工的姓名、部门、性别、职称、基本工资、奖金和总计信息,请参照图 13-27 创建数据透视图,按照部门分页,统计各类职称男、女职工的平均基本工资以及奖金之和。

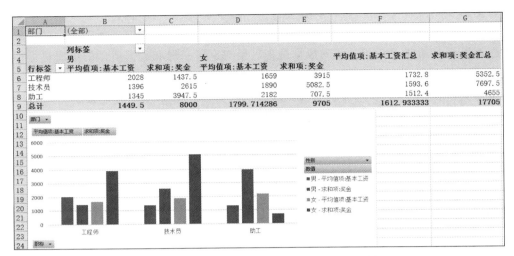

图 13-27　职工工资数据透视表和数据透视图

**【参考步骤】**

（1）创建数据透视图。将光标定位到 A2：H17 数据区域内的任一单元格，单击"插入"选项卡，选择"图表"组中的"数据透视图"|"数据透视图"命令，打开"创建数据透视图"对话框；在"选择一个表或区域"文本框中将自动显示表/区域$A$2：$H$17，指定放置数据透视图的位置为"新工作表"，单击"确定"按钮。

（2）布局数据透视图表。在右侧的"数据透视图字段"任务窗格中选择如下操作：

① 拖曳"部门"字段到"筛选"区域；

② 拖曳"性别"字段到"图例（系列）"区域；

③ 拖曳"职称"字段到"轴（类别）"区域；

④ 拖曳"基本工资"字段到"值"区域，并利用汇总数据项右侧下拉列表中的"值字段设置"命令打开"值字段设置"对话框，调整数据项的汇总方式为"平均值"；

⑤ 拖曳"奖金"字段到"值"区域。

视频讲解

# 13.5　数据透视表函数

Excel 提供了 GETPIVOTDATA 函数返回存储在数据透视表中的数据。如果报表中包含汇总数据，则该函数还可以从数据透视表中检索汇总数据。

GETPIVOTDATA 函数的语法为：

GETPIVOTDATA(data_field, pivot_table, [field1, item1, field2, item2], …)

其中：

- data_field：必需参数，包含要检索数据的数据字段的名称，用引号引起来。
- pivot_table：必需参数，在数据透视表中对任何单元格、单元格区域或命名的单元格区域的引用，用于确定包含要检索数据的数据透视表。
- field1，item1，field2，item2，…：可选参数，描述要检索数据的字段名和项名称，可以按任何顺序排列。字段名和项名称用引号引起来。对于 OLAP 数据透视表，项可以包含维的源名称以及项的源名称。

**【例 13-10】** 数据透视表函数应用示例(产品库存订购信息统计)。在"fl13-10 数据透视表函数(产品清单).xlsx"中存放着若干产品的 ID、名称、供应商、类别、库存量、订购量、订购日期、剩余库存量等信息，请为各个供应商根据不同的订购日期创建各类产品的总订购量和总剩余库存量的数据透视表，并利用 GETPIVOTDATA 函数统计所有产品的订购总量、日用品的订购总量、2019 年 8 月 15 日饮料的订购总量和 2019 年 2 月 15 日的剩余总库存量，结果如图 13-28 所示。

| | A | B | C | D | E | F | G | H | I | J | K | L | M | N | O |
|---|---|---|---|---|---|---|---|---|---|---|---|---|---|---|---|
| 1 | 供应商 | (全部) | | | | | | | | | | | | | |
| 2 | | | | | | | | | | | | | | | |
| 3 | | 类别 | | | | | | | | | | | | | |
| 4 | | 点心 | | 海鲜 | | 日用品 | | 特制品 | | 调味品 | | 饮料 | | 求和项:订购量汇总 | 求和项:剩余库存量汇总 |
| 5 | 订购日期 | 求和项:订购量 | 求和项:剩余库存量 | 求和项:订购量 | 求和项:剩余库存量 | 求和项:订购量 | 求和项:剩余库存量 | 求和项:订购量 | 求和项:剩余库存量 | 求和项:订购量 | 求和项:剩余库存量 | 求和项:订购量 | 求和项:剩余库存量 | | |
| 6 | 2月15日 | 45 | 66 | 50 | 223 | 15 | 51 | 5 | −1 | 30 | 111 | 40 | 14 | 185 | 464 |
| 7 | 6月10日 | 5 | −2 | 25 | 169 | 55 | 81 | 10 | 31 | 80 | 120 | 95 | 215 | 270 | 614 |
| 8 | 8月15日 | 115 | 157 | 70 | 164 | 40 | 151 | 10 | 45 | 25 | 141 | 60 | 135 | 320 | 793 |
| 9 | 总计 | 165 | 221 | 145 | 556 | 110 | 283 | 25 | 75 | 135 | 372 | 195 | 364 | 775 | 1871 |
| 10 | | | | | | | | | | | | | | | |
| 11 | 订购总量 | | 775 | | | | | | | | | | | | |
| 12 | 日用品订购总量 | | 110 | | | | | | | | | | | | |
| 13 | 8月15日饮料订购总量 | | 60 | | | | | | | | | | | | |
| 14 | 2月15日剩余总库存 | | 464 | | | | | | | | | | | | |

图 13-28 数据透视表函数统计结果

**【参考步骤】**

(1) 创建数据透视表。将光标定位到 A1:L65 数据区域内的任一单元格，单击"插入"选项卡，选择"表格"组中的"数据透视表"命令，打开"创建数据透视表"对话框；在"选择一个表或区域"文本框中将自动显示表/区域$A$1:$L$65，指定放置数据透视表的位置为"新工作表"，单击"确定"按钮。

(2) 布局数据透视表。在新工作表右侧的"数据透视表字段"任务窗格中选择如下操作：

① 拖曳"供应商"字段到"筛选"区域；

② 拖曳"类别"字段到"列"区域；

③ 拖曳"订购日期"字段到"行"区域；

④ 分别拖曳"订购量"和"剩余库存量"字段到"值"区域。

(3) 设计数据透视表。选择如下操作：

① 分别选中 A5 和 B3 单元格，将"行标签"改为"订购日期"，将"列标签"改为"类别"。

② 为数据透视图添加边框线，并适当调整单元格对齐方式(自动换行以及自动调整行高)。

(4) 设计统计区域提示内容。参照图 13-28，在 A11:B14 单元格区域中输入统计区域提示内容，可以利用"合并后居中"调整单元格格式。

(5) 计算订购总量。在 C11 单元格中输入公式"=GETPIVOTDATA("求和项：订购量",$A$1)"。

(6) 计算日用品的订购总量。在 C12 单元格中输入公式"=GETPIVOTDATA (T($F$5),$A$1,"类别","日用品")"。

(7) 计算 2019 年 8 月 15 日饮料的订购总量。在 C13 单元格中输入公式

"＝GETPIVOTDATA（T（\$L\$5），\$A\$1，"订购日期"，TEXT（DATE（2019，8，15），"M 月 D 日"）），"类别"，"饮料"）"。

（8）计算 2019 年 2 月 15 日的剩余总库存量。在 C14 单元格中输入公式"＝GETPIVOTDATA（T（\$C\$5），\$A\$1，"订购日期"，TEXT（DATE（2019，2，15），"M 月 D 日"））"。

**【说明】**

（1）在 GETPIVOTDATA 函数中，如果某项包含日期，则该值必须表示为序列号或者使用 DATE 函数填充。例如，本例中的 DATE（2019，8，15）以及 DATE（2019，2，15）。并且，对于本例中的"订购日期"，还必须使用 TEXT 函数获取订购日期的月日表示方式，以匹配数据透视表中对应的数据项。

（2）本例中使用 T 函数返回所要计算的字段名称，例如 T（\$F\$5）返回"求和项：订购量"。

# 习题

**一、单选题**

1. Excel 报表布局，除了＿＿＿＿＿＿外，其他均为有效的数据透视表的显示方式。

    A. 以标签形式显示                  B. 以压缩形式显示

    C. 以大纲形式显示                  D. 以表格形式显示

2. 关于 Excel 数据透视表，下列说法不正确的是＿＿＿＿＿＿。

    A. 数据透视表是依赖于已建立的数据列表并重新组成新结构的表格

    B. 可以对已建立的数据透视表修改结构、更改统计方式

    C. 通过转换数据透视表的行和列可以看到源数据的不同汇总结果

    D. 数据列表中的数据一旦被修改，相应的数据透视表会自动更新有关数据

**二、填空题**

1. Excel 数据透视表支持"日程表"筛选功能，"日程表"筛选基于＿＿＿＿＿＿数据类型字段。

2. 在 Excel 数据透视表中选定已创建的分组，按＿＿＿＿＿＿功能键，可对分组名称重新命名。

**三、思考题**

1. Excel 数据透视表的主要功能是什么？数据透视表和分类汇总的区别是什么？

2. 如何创建 Excel 数据透视表？

3. 在 Excel"数据透视表字段"任务窗格中，"筛选""行""列"以及"值"区域的功能是什么？

4. 在 Excel 数据透视表中如何筛选数据？比较使用自动筛选箭头、切片器、日程表进行筛选的适用范围和功能。

5. 如何利用 Excel 数据透视表实现数据的分段统计功能？利用 Excel 数据透视表实现数据的分段统计功能有哪些局限性？

6. 如何创建 Excel 数据透视图？

7. Excel 数据透视表函数 GETPIVOTDATA 的语法和语义是什么？如何利用 GETPIVOTDATA 函数返回存储在数据透视表中的数据信息？

第 14 章

# 数据的决策与分析

本章介绍 Excel 为数据决策和分析提供的主要工具,包括加载项、模拟运算表、单变量求解、规划求解、方案分析,以及用于复杂统计或工程分析、完成很多专业软件(例如 SPSS 等)才有的数据统计和分析功能的数据分析工具等。

## 14.1 Excel 加载项

视频讲解

### 14.1.1 Excel 加载项概述

加载项为 Excel 添加可选的命令和功能。例如"分析工具库"加载项提供了一套数据分析工具,提供了进行复杂统计或工程分析的功能,可以帮助用户提高工作效率。在默认情况下,加载项不能立即在 Excel 中使用,必须首先安装加载项,在某些情况下还要进行激活,然后才能使用。

有些加载项(例如规划求解和分析工具库)内置在 Excel 中,在 Excel 的"加载项"对话框中选中激活相应加载项即可使用其功能。其他一些加载项则可以通过应用商店安装使用,或者由 Office.com 中的下载中心提供,用户必须首先下载和安装这些加载项;还有一些加载项是由第三方(例如程序员或软件解决方案提供商)创建,也必须安装才能进行使用。

安装并激活加载项后,将在功能区中显示相应的功能命令按钮。

### 14.1.2 查看加载项

通过"Excel 选项(加载项)"对话框可以查看当前计算机中 Excel 的加载项,其步骤如下:

（1）打开"Excel 选项（加载项）"对话框。选择"文件"选项卡中的"选项"命令，打开"Excel 选项"对话框，选择"加载项"类别，如图 14-1 所示。

图 14-1　"Excel 选项（加载项）"对话框

（2）查看加载项一览表。在"加载项"列表框中按类别显示当前加载一览表，包括活动应用程序加载项（已加载）、非活动应用程序加载项（未加载）、文档相关加载项（文档引用的模板文件的加载项）、禁用的应用程序加载项（自动被禁用的加载项，这些加载项会导致程序崩溃）。

（3）查看加载项详细信息。选择要查看的加载项，在列表框下面会显示其明细信息，包括加载项名称、发布者、兼容性、位置（加载项在计算机上的位置）、说明（对加载项功能的说明）。

## 14.1.3　管理和安装加载项

在"Excel 选项（加载项）"对话框中，在"管理"下拉列表中选择要管理的加载项类别（Excel 加载项、COM 加载项、操作、XML 扩展包、禁用项目），然后单击"转到"按钮，打开"加载项"对话框，可以加载、卸载、安装指定类别的加载项。

【例 14-1】　加载 Excel 加载项：规划求解加载项和分析工具库。

【参考步骤】

（1）打开"Excel 选项（加载项）"对话框。选择"文件"选项卡中的"选项"命令，打开"Excel 选项"对话框，选择"加载项"类别。

（2）打开"加载项"对话框。在"管理"下拉列表中选择"Excel 加载项"，然后单击"转到"按钮，打开"加载项"对话框，如图 14-2 所示。

（3）加载项。在"可用加载项"列表框中选中要激活的加载项旁边的复选框，这里选中分析工具库、规划求解加载项，然后单击"确定"按钮，即可激活规划求解加载项和分析工具库。此时在"数据"选项卡中附加了"分析"组命令，如图 14-3 所示。

图 14-2　"加载项"对话框

图 14-3　"数据"选项卡的"分析"组

【说明】

（1）在激活 Excel 加载项时，如果 Excel 显示一条消息，指出无法运行此加载项，并提示安装该加载项，单击"是"按钮安装该加载项即可。

（2）如果在"可用加载项"列表框中找不到要激活的加载项，可以单击"浏览"或者"自动化"按钮，然后定位并加载相应的加载项。

（3）卸载加载项。在"可用加载项"列表框中取消选中要卸载的加载项旁边的复选框，然后单击"确定"按钮，即可卸载该加载项。

## 14.1.4　设置加载项的安全选项

来自网络的加载项有可能包含恶意代码，从而损害计算机系统，通过设置 Excel 加载项的安全设置可以控制加载项的行为安全。

设置 Excel 加载项安全选项的步骤如下：

（1）打开"信任中心（加载项）"对话框。选择"文件"选项卡中的"选项"命令，打开"Excel 选项"对话框，选择"信任中心"类别；单击"信任中心设置"按钮，打开"信任中心"对话框，选择"加载项"类别。

（2）设置加载项安全选项。加载项安全选项如下：

① 要求受信任的发布者签署应用程序加载项。启用该选项，如果加载项的签名不受信任，则不会加载该加载项，并在信任栏中显示该加载项被禁用的通知。

② 禁用未签署加载项通知。选中"要求受信任的发布者签署应用程序加载项"时才可用。启用该选项，仅加载受信任签名的加载项，而禁用未签名的加载项。

③ 禁用所有应用程序加载项。禁用所有加载项，且不显示通知。

## 14.1.5　在应用商店查找安装加载项

选择 Excel"插入"选项卡上"加载项"组中的"获取加载项"命令，可以打开"Office 加载项"对话框，查找并下载安装加载项。

选择 Excel"插入"选项卡上"加载项"组中的"我的加载项"命令，可以打开"Office 加载项"对话框，管理从应用商店中已下载安装的加载项。

视频讲解

# 14.2　模拟运算表

"模拟运算表"是一种模拟分析工具，可以分析计算公式中某些值的变化对计算结果的影响。

## 14.2.1　模拟运算表概述

在 Excel 数据表中，若目标单元格为一个或多个单元格参数的计算公式，使用模拟运算表可以分析计算公式中一个或两个单元格参数的取值发生变化时目标单元格的值的变化趋势。例如，贷款月偿还额的计算公式 PMT 以总贷款额、年利率、贷款期限为参数。若要分析在一定的贷款总额下贷款期限变化时月偿还额的变化情况，可以使用模拟运算表。

模拟运算表分为单变量模拟运算表和双变量运算表。

创建模拟运算表一般分为 3 步。

（1）创建模拟运算参数单元格区域。输入参数单元格内容。

（2）建立模拟运算表。输入模拟运算参数变化区域（按行或列）和模拟目标公式单元格的内容。

（3）进行模拟运算。选中模拟运算区域；单击"数据"选项卡，选择"预测"组中的"模拟分析"|"模拟运算表"命令，打开"模拟运算表"对话框；根据模拟运算参数变化区域的位置（按行或列），在"输入引用行的单元格"文本框或者"输入引用列的单元格"文本框中输入模拟目标公式中引用的参数单元格。在进行双变量模拟运算时，需要在"输入引用行的单元格"文本框和"输入引用列的单元格"文本框中分别输入所引用的行和列两个参数的引用单元格。单击"确定"按钮，完成模拟运算，Excel 将显示模拟运算的结果。模拟运算表产生的结果是一个数组。

## 14.2.2 单变量模拟运算表

下面举例说明使用单变量模拟运算表的一般步骤。

【例14-2】 单变量模拟运算表示例(贷款月偿还额分析)。在"fl14-2 单变量模拟运算表.xlsx"中,假设贷款年利率固定为5.70%,且贷款总额为20万元,分析付款分期总数变化(5年、10年、15年、20年、25年、30年)时月偿还额的变化情况。单变量模拟运算的结果如图14-4所示。

| | A | B | C | D | E | F | G |
|---|---|---|---|---|---|---|---|
| 1 | 单变量模拟运算表 | | | | | | |
| 2 | 贷款额 | ¥ 200,000.00 | | | | | |
| 3 | 利率(年) | 5.70% | | | | | |
| 4 | 期限(年) | 5 | | | | | |
| 5 | | 5 | 10 | 15 | 20 | 25 | 30 |
| 6 | ¥-3,838.72 | -3838.722561 | -2190.3993 | -1655.4703 | -1398.4642 | -1252.1769 | -1160.8009 |

图14-4 单变量模拟运算表结果

【参考步骤】

(1) 创建模拟运算参数单元格区域。PMT(Rate, Nper, Pv, Fv, Type)是 Excel 提供的基于固定利率及等额分期付款方式返回贷款的每期付款额的函数。其中,Rate 为贷款利率;Nper 为贷款的付款分期总数;Pv 为现值(即本金,贷款时指贷款总额);Fv 为未来值(即最后一次付款后的现金余额,默认为0);Type 为付款方式(1为期初,例如按月偿还时为每月1日;0为期末,例如按月偿还时为每月月末,默认为0)。单变量模拟运算参数单元格区域内容如图14-4中的 A1:B4 所示。

(2) 建立模拟运算表。在单元格区域 B5:G5 中输入付款分期总数的变化范围(可以利用自动填充生成5、10、15、20、25、30数据序列);在 A6 单元格中输入模拟运算目标单元格公式"=PMT(B3/12,B4*12,B2)"。其中,利率(年)换算成月利率"B3/12";期限(年)换算成付款分期(月)总数"B4*12"。

(3) 进行模拟运算。选择模拟运算数据区域 A5:G6;单击"数据"选项卡,选择"预测"组中的"模拟分析"|"模拟运算表"命令,打开"模拟运算表"对话框;在"输入引用行的单元格"文本框中指定单元格"$B$4"(期限(年)),如图14-5所示。

(4) 单击"确定"按钮,完成模拟运算。

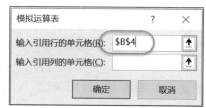

图14-5 进行单变量模拟运算

## 14.2.3 双变量模拟运算表

下面举例说明使用双变量模拟运算表的一般步骤。

【例14-3】 双变量模拟运算表示例(贷款总额分析)。在"fl14-3 双变量模拟运算表.xlsx"中,假设贷款年利率固定为5.7%,分析每月付款额变化(1000元、2000元、3000元、4000元、5000元)以及付款分期总数变化(5年、10年、15年、20年、25年、30年)时可贷款总额的变化情况。双变量模拟运算的结果如图 14-6 所示。

| | A | B | C | D | E | F | G |
|---|---|---|---|---|---|---|---|
| 1 | 双变量模拟运算表 | | | | | | |
| 2 | 月还款额 | ¥ 1,000.00 | | | | | |
| 3 | 利率(年) | 5.70% | | | | | |
| 4 | 期限(年) | 5 | | | | | |
| 5 | ¥-52,100.67 | 5 | 10 | 15 | 20 | 25 | 30 |
| 6 | ¥ 1,000.00 | -52,100.67 | -91,307.55 | -120,811.59 | -143,014.03 | -159,721.85 | -172,294.84 |
| 7 | ¥ 2,000.00 | -104,201.33 | -182,615.11 | -241,623.19 | -286,028.06 | -319,443.69 | -344,589.68 |
| 8 | ¥ 3,000.00 | -156,302.00 | -273,922.66 | -362,434.78 | -429,042.09 | -479,165.54 | -516,884.53 |
| 9 | ¥ 4,000.00 | -208,402.66 | -365,230.22 | -483,246.38 | -572,056.11 | -638,887.38 | -689,179.37 |
| 10 | ¥ 5,000.00 | -260,503.33 | -456,537.77 | -604,057.97 | -715,070.14 | -798,609.23 | -861,474.21 |

图 14-6　双变量模拟运算的结果

**【参考步骤】**

（1）创建模拟运算参数单元格区域。PV(Rate，Nper，Pmt，Fv，Type)是 Excel 提供的用于计算基于固定利率及等额分期付款方式所返回投资现值的函数,贷款时为贷款总额。其中,Rate 为贷款利率；Nper 为贷款的付款分期总数；Pmt 为各期所应支付的金额；Fv 为未来值(即最后一次付款后的现金余额,默认为 0)；Type 为付款方式(1 为期初,0 为期末,默认为 0)。双变量模拟运算参数单元格区域内容如图 14-6 中的 A1:B4 所示。

（2）建立模拟运算表。在单元格区域 B5:G5 中输入付款分期总数的变化范围(可利用自动填充生成 5、10、15、20、25、30 数据序列)；在 A5 单元格中输入模拟运算目标单元格公式"＝PV(B3/12,B4 * 12,B2)"；在单元格区域 A6:A10 中输入每月付款额(可以利用自动填充生成 1000、2000、3000、4000、5000 数据序列)。

（3）进行模拟运算。选择模拟运算区域 A5:G10；单击"数据"选项卡,选择"预测"组中的"模拟分析"|"模拟运算表"命令,打开"模拟运算表"对话框；在"输入引用行的单元格"文本框中指定单元格"$B$4"(期限(年)),在"输入引用列的单元格"文本框中指定单元格"$B$2"(月返款额),如图 14-7 所示。

（4）单击"确定"按钮,完成模拟运算。

图 14-7　进行双变量模拟运算

**【思考】**

通过这两个示例,请读者体会模拟运算表的作用,并进一步思考和总结单变量模拟运算表和双变量运算表的适用情况。

## 14.2.4　模拟运算表应用示例

**【例 14-4】**　使用双变量模拟运算制作九九乘法表。在"fl14-4 双变量模拟(九九乘法表).xlsx"中制作如图 14-8 所示的九九乘法表。

**【参考步骤】**

（1）输入模拟运算目标单元格公式。在 A2 单元格中输入公式"＝A13&" * "&A12&" = "&A13 * A12"。

（2）进行模拟运算。选择模拟运算区域 A2:J11；单击"数据"选项卡,选择"预测"组中的"模拟分析"|"模拟运算表"命令,打开"模拟运算表"对话框；在"输入引用行的单元格"文

本框中指定单元格"$A$12",在"输入引用列的单元格"文本框中指定单元格"$A$13",单击"确定"按钮,完成模拟运算。

| | 1 | 2 | 3 | 4 | 5 | 6 | 7 | 8 | 9 |
|---|---|---|---|---|---|---|---|---|---|
| 1 | 1*1=1 | 1*2=2 | 1*3=3 | 1*4=4 | 1*5=5 | 1*6=6 | 1*7=7 | 1*8=8 | 1*9=9 |
| 2 | 2*1=2 | 2*2=4 | 2*3=6 | 2*4=8 | 2*5=10 | 2*6=12 | 2*7=14 | 2*8=16 | 2*9=18 |
| 3 | 3*1=3 | 3*2=6 | 3*3=9 | 3*4=12 | 3*5=15 | 3*6=18 | 3*7=21 | 3*8=24 | 3*9=27 |
| 4 | 4*1=4 | 4*2=8 | 4*3=12 | 4*4=16 | 4*5=20 | 4*6=24 | 4*7=28 | 4*8=32 | 4*9=36 |
| 5 | 5*1=5 | 5*2=10 | 5*3=15 | 5*4=20 | 5*5=25 | 5*6=30 | 5*7=35 | 5*8=40 | 5*9=45 |
| 6 | 6*1=6 | 6*2=12 | 6*3=18 | 6*4=24 | 6*5=30 | 6*6=36 | 6*7=42 | 6*8=48 | 6*9=54 |
| 7 | 7*1=7 | 7*2=14 | 7*3=21 | 7*4=28 | 7*5=35 | 7*6=42 | 7*7=49 | 7*8=56 | 7*9=63 |
| 8 | 8*1=8 | 8*2=16 | 8*3=24 | 8*4=32 | 8*5=40 | 8*6=48 | 8*7=56 | 8*8=64 | 8*9=72 |
| 9 | 9*1=9 | 9*2=18 | 9*3=27 | 9*4=36 | 9*5=45 | 9*6=54 | 9*7=63 | 9*8=72 | 9*9=81 |

图 14-8　使用双变量模拟运算制作九九乘法表

(3) 美化表格。自定义 A2 单元格的格式为";;;",隐藏 A2 单元格中的内容。

【思考】

如何更改例 14-4,以生成如图 14-9 所示的下三角显示方式的九九乘法表(提示:在单元格 A2 中输入公式"=IF(A12>A13,"",A12&" * "&A13&"="&A12 * A13)")?

| | 1 | 2 | 3 | 4 | 5 | 6 | 7 | 8 | 9 |
|---|---|---|---|---|---|---|---|---|---|
| 1 | 1*1=1 | | | | | | | | |
| 2 | 1*2=2 | 2*2=4 | | | | | | | |
| 3 | 1*3=3 | 2*3=6 | 3*3=9 | | | | | | |
| 4 | 1*4=4 | 2*4=8 | 3*4=12 | 4*4=16 | | | | | |
| 5 | 1*5=5 | 2*5=10 | 3*5=15 | 4*5=20 | 5*5=25 | | | | |
| 6 | 1*6=6 | 2*6=12 | 3*6=18 | 4*6=24 | 5*6=30 | 6*6=36 | | | |
| 7 | 1*7=7 | 2*7=14 | 3*7=21 | 4*7=28 | 5*7=35 | 6*7=42 | 7*7=49 | | |
| 8 | 1*8=8 | 2*8=16 | 3*8=24 | 4*8=32 | 5*8=40 | 6*8=48 | 7*8=56 | 8*8=64 | |
| 9 | 1*9=9 | 2*9=18 | 3*9=27 | 4*9=36 | 5*9=45 | 6*9=54 | 7*9=63 | 8*9=72 | 9*9=81 |

图 14-9　九九乘法表(下三角)

【例 14-5】　使用双变量模拟运算解决鸡兔同笼问题。在"fl14-5 双变量模拟(鸡兔同笼).xlsx"中,假设笼子中总共有 35 只鸡和兔,鸡和兔的总脚数为 94 只,请利用双变量模拟运算求鸡和兔的数量。运算过程和结果如图 14-10 所示。

【参考步骤】

(1) 分析:鸡兔同笼问题已知鸡和兔的总头数 $h$、总脚数 $f$。假设鸡有 $c$ 只,兔有 $r$ 只,则 $c$ 和 $r$ 满足以下二元一次方程组:

$$\begin{cases} c + r = h \\ 2c + 4r = f \end{cases}$$

(2) 设置模拟运算表的引用行(鸡的数量)。因为鸡的数量不会超过总头数,所以从 D1 单元格开始设置鸡数量的引用行信息,在 D1 单元格中输入公式"=IF(COLUMN(A:A)>$A$2,,COLUMN(A:A))",然后向右拖曳复制公式到 Z1 单元格。当然,为了适应运算的要求,将填充范围扩展到更大的范围也可。

(3) 设置模拟运算表的引用列(兔子的数量)。同理,因为兔子的数量也不会超过总头

数,所以从 C2 单元格开始设置兔子数量的引用列信息,在 C2 单元格中输入公式"＝IF
(ROW(1:1)＞＄A＄2,,ROW(1:1))",然后向下拖曳复制公式到 C25 单元格。当然,为了
适应运算的要求,将填充范围扩展到更大的范围也可。

| | A | B | C | D | E | F | G | H | I | J | K | L | M | N | O | P | Q | R | S | T | U | V | W | X | Y | Z |
|---|---|---|---|---|---|---|---|---|---|---|---|---|---|---|---|---|---|---|---|---|---|---|---|---|---|---|
| 1 | 总头数 | 总脚数 | 12 | 1 | 2 | 3 | 4 | 5 | 6 | 7 | 8 | 9 | 10 | 11 | 12 | 13 | 14 | 15 | 16 | 17 | 18 | 19 | 20 | 21 | 22 | 23 |
| 2 | 35 | 94 | 1 | | | | | | | | | | | | | | | | | | | | | | | |
| 3 | 鸡数量 | 兔数量 | 2 | | | | | | | | | | | | | | | | | | | | | | | |
| 4 | 12 | 23 | 3 | | | | | | | | | | | | | | | | | | | | | | | |
| 5 | | | 4 | | | | | | | | | | | | | | | | | | | | | | | |
| 6 | | | 5 | | | | | | | | | | | | | | | | | | | | | | | |
| 7 | | | 6 | | | | | | | | | | | | | | | | | | | | | | | |
| 8 | | | 7 | | | | | | | | | | | | | | | | | | | | | | | |
| 9 | | | 8 | | | | | | | | | | | | | | | | | | | | | | | |
| 10 | | | 9 | | | | | | | | | | | | | | | | | | | | | | | |
| 11 | | | 10 | | | | | | | | | | | | | | | | | | | | | | | |
| 12 | | | 11 | | | | | | | | | | | | | | | | | | | | | | | |
| 13 | | | 12 | | | | | | | | | | | | | | | | | | | | | | | |
| 14 | | | 13 | | | | | | | | | | | | | | | | | | | | | | | |
| 15 | | | 14 | | | | | | | | | | | | | | | | | | | | | | | |
| 16 | | | 15 | | | | | | | | | | | | | | | | | | | | | | | |
| 17 | | | 16 | | | | | | | | | | | | | | | | | | | | | | | |
| 18 | | | 17 | | | | | | | | | | | | | | | | | | | | | | | |
| 19 | | | 18 | | | | | | | | | | | | | | | | | | | | | | | |
| 20 | | | 19 | | | | | | | | | | | | | | | | | | | | | | | |
| 21 | | | 20 | | | | | | | | | | | | | | | | | | | | | | | |
| 22 | | | 21 | | | | | | | | | | | | | | | | | | | | | | | |
| 23 | | | 22 | | | | | | | | | | | | | | | | | | | | | | | |
| 24 | | | 23 | | | | | | | | | | | | | 12 | | | | | | | | | | | |
| 25 | | | 24 | | | | | | | | | | | | | | | | | | | | | | | |

图 14-10　使用双变量模拟运算解决鸡兔同笼问题的过程和结果

（4）输入模拟运算目标单元格公式。在 C1 单元格中输入公式"＝IF((A4＋B4＝A2)＊
(A4＊4＋B4＊2＝B2),A4,"")"。

（5）进行模拟运算。选择模拟运算区域 C1:Z25;单击"数据"选项卡,选择"预测"组中
的"模拟分析"|"模拟运算表"命令,打开"模拟运算表"对话框;在"输入引用行的单元格"文
本框中指定单元格"＄A＄4",在"输入引用列的单元格"文本框中指定单元格"＄B＄4",单击
"确定"按钮,完成模拟运算。

（6）O24 单元格标记了此题的唯一解位置,此单元格对应的行、列参数即为所求解问题
的答案,即 O1 单元格为鸡的数量 12、C24 单元格为兔子的数量 23。

（7）查找表格确定鸡的数量。在 A4 单元格中输入公式"＝MAX(D2:Z25)"。

（8）根据鸡的数量确定兔子的数量。在 B4 单元格中输入公式"＝A2－A4"。

# 14.3　单变量求解

视频讲解

"单变量求解"是一种假设分析工具。如果已知单个公式的预期结果,而对于确定此公
式结果的输入值未知,可以使用"单变量求解"功能。当进行单变量求解时,Microsoft Excel
会不断改变特定单元格中的值,直到依赖于此单元格的公式返回所需的结果为止。

## 14.3.1　单变量求解概述

单变量求解用于假设分析。在 Excel 数据表中,当目标单元格为包含一个或者多个单

元格引用参数的计算公式时,如果已知目标单元格的预期结果值,要推算计算公式中某个变量的合适取值,则可以使用 Excel 提供的单变量求解功能。

使用单变量求解一般分为以下两步:

(1)创建单变量求解运算的参数单元格和目标单元格区域。输入参数单元格内容(可以合理假设待求参数单元格的初始值);在目标单元格中输入计算公式。

(2)进行单变量求解运算。选中目标公式单元格;单击"数据"选项卡,选择"预测"组中的"模拟分析"|"单变量求解"命令,打开"单变量求解"对话框;在"目标单元格"文本框中指定包含公式的目标单元格,在"目标值"文本框中指定目标单元格的取值,在"可变单元格"文本框中指定推算的参数单元格;单击"确定"按钮,完成单变量求解运算,Excel 将显示求解结果。

**【注意】**

在进行单变量求解时,Excel 会不断改变参数单元格中的值,直到目标单元格的公式返回所需的预期结果为止。对于复杂的非线性公式,结果有可能只是一个近似值。Excel 将在完成 100 次迭代计算后或当结果值与预期值的误差小于 0.001 时停止计算。选择"文件"选项卡中的"选项"命令,打开"Excel 选项"对话框,选择"公式"类别,可以自定义最多迭代次数和最大误差,如图 14-11 所示。

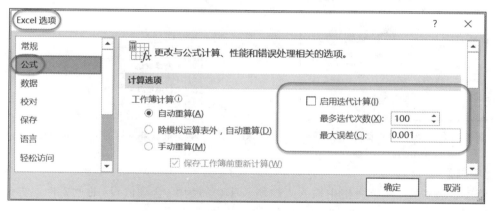

图 14-11 自定义最多迭代次数和最大误差

## 14.3.2 单变量求解运算的步骤

下面举例说明使用单变量求解运算的一般步骤。

**【例 14-6】** 利用单变量求解计算人口年增长率。在"fl14-6 单变量求解人口.xlsx"中,假设 2006 年中国人口数为 13 亿,如果要控制 2020 年人口数在 15 亿以内,求人口的年增长率应该控制为百分之多少。

**【参考步骤】**

(1)创建单变量求解运算的参数单元格和目标单元格区域。按年增长率计算人口增长的公式为"$=c*(1+r/100)\wedge n$",其中,$c$ 为当前人口总额;$r$ 为年增长百分比;$n$ 为增长年数。在 B2 单元格中输入当前人口总数(亿):13;在 B3 单元格中输入人口增长率(%):

2(合理假设)；在 B4 单元格中输入增长年数：14；在目标单元格 B5 中输入预期人口计算公式"＝B2＊(1＋B3/100)^B4"，如图 14-12 所示。

（2）进行单变量求解运算。选择目标单元格 B5；单击"数据"选项卡，选择"预测"组中的"模拟分析"|"单变量求解"命令，打开"单变量求解"对话框；分别指定各参数的值，如图 14-13 所示；单击"确定"按钮，完成单变量求解运算，并显示如图 14-14 所示的"单变量求解状态"对话框；单击"确定"按钮，单变量求解运算的结果如图 14-15 所示（人口增长率和控制人口保留 3 位小数）。

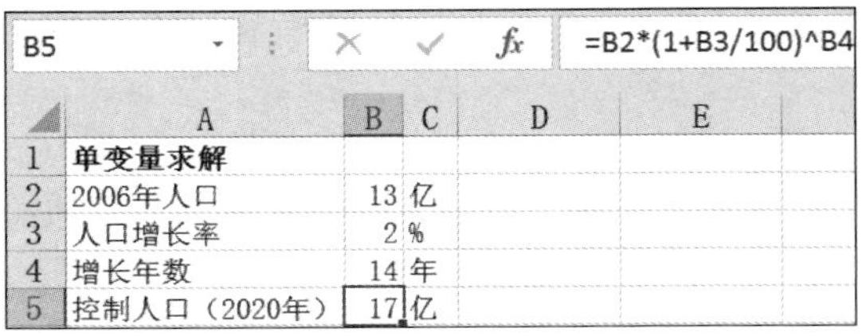

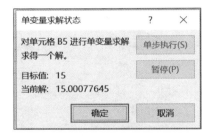

图 14-12　创建单变量求解运算的单元格内容

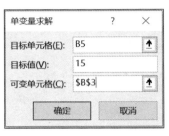

图 14-13　"单变量求解"对话框

图 14-14　"单变量求解状态"对话框

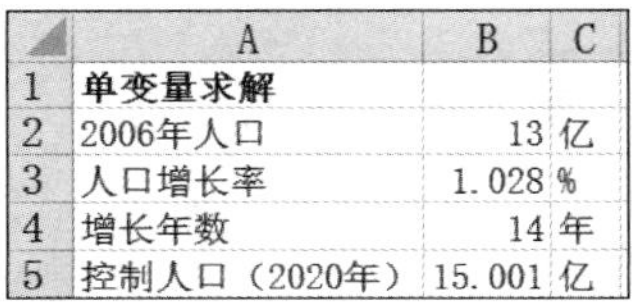

图 14-15　单变量求解运算的结果（人口年增长率）

【拓展】

请读者思考在 B3 单元格中输入人口增长率(％)为 2(合理假设)的重要性。尝试不同的合理假设值，观察其对求解结果的影响。

## 14.3.3　单变量求解应用示例

【例 14-7】　利用单变量求解计算可贷款总额。在"fl14-7 单变量求解(可贷款总额).xlsx"中存放着王先生向银行贷款购置住房的有关信息。王先生计划每月的还款额为 9000 元，30 年还清这笔贷款。假设贷款年利率为 5.23％，请问王先生最多可以向银行贷款多少万元？计算王先生的总还款额(假定每次为等额还款，还款时间为每月月末)。使用 PV 函数计算可贷款总额以进行比较验证，结果如图 14-16 所示。

【参考步骤】

（1）创建单变量求解运算的参数单元格和目标单元格区域。在 B1 单元格中输入贷款年利率 5.23％；在 B2 单元格中输入计算每月还款额(期末)的公式"＝PMT(B1/12，B3＊12，－B4)"；在 B3 单元格中输入还款时间(年)30。

|  | A | B | C |
|---|---|---|---|
| 1 | 贷款年利率 | 5.23% | |
| 2 | 每月还款数额（期末） | ¥9,000 | |
| 3 | 还款时间（年） | 30 | |
| 4 | 总贷款额 | ¥1,633,496 | ¥1,633,496 |
| 5 | 期末还款合计 | ¥3,240,000.00 | |
| 6 | | 单变量求解法 | PV函数法 |

图 14-16　单变量求解运算结果（可贷款总额）

（2）进行单变量求解运算。选择目标单元格 B2；单击"数据"选项卡，选择"预测"组中的"模拟分析"|"单变量求解"命令，打开"单变量求解"对话框；分别指定各参数的值，如图 14-17 所示；单击"确定"按钮，完成单变量求解运算。在随后出现的"单变量求解状态"对话框中单击"确定"按钮。

（3）计算总还款额。在 B5 单元格中输入公式"＝B2 * B3 * 12"。

（4）利用 PV 函数计算可贷款总额。在 C4 单元格中输入公式"＝PV(B1/12,B3 * 12,－B2)"。

【例 14-8】　利用单变量求解解决鸡兔同笼问题，在"fl14-8 单变量求解（鸡兔同笼）.xlsx"中利用单变量求解方法解决鸡兔同笼问题，假设同一个笼子里总共有 35 只鸡和兔，鸡和兔的总脚数为 94 只，求鸡和兔各有多少只？表格内容及结果如图 14-18 所示。

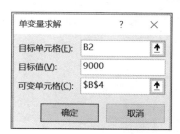

图 14-17　单变量求解参数设置（可贷款总额）

(a) 建立表格　　　(b) 求解结果

图 14-18　鸡兔同笼问题（单变量求解）

**【参考步骤】**

（1）创建单变量求解运算的参数单元格和目标单元格区域。

① 在 B2 单元格中输入根据鸡兔总头数和鸡数量计算兔数量的公式"＝B3－B1"。

② 在 B3 单元格中输入鸡兔总头数 35。

③ 在 B4 单元格中输入根据鸡兔数量计算鸡兔总脚数的公式"＝2 * B1＋4 * B2"。

（2）进行单变量求解运算。选择目标单元格 B4；单击"数据"选项卡，选择"预测"组中的"模拟分析"|"单变量求解"命令，打开"单变量求解"对话框；分别指定各参数的值，如图 14-19 所示；单击"确定"按钮，完成单变量求解运算。在随后出现的"单变量求解状态"对话框中单击"确定"按钮。

【例 14-9】　利用单变量求解法求一元 $n$ 次方程的解。在"fl14-9 单变量求解方程.xlsx"中利用单变量求解法求解方程 $2X^5－4X^4＋5X^3＋X^2＋8＝0$ 的根，这里的 $X$ 相当于

图 14-19　单变量求解参数设置（鸡兔同笼）

可变参数单元格,目标单元格公式为"$=2X^5-4X^4+5X^3+X^2+8$",即求预期目标值为 0 时参数单元格的合适取值。Excel 单变量求解仅显示满足条件的第一个解。

**【参考步骤】**

(1)创建单变量求解运算的参数单元格和目标单元格区域内容。

① 命名 A2 单元格的名称为 $X$,并在 A2 单元格中输入 $X$ 的初始值:1(合理假设)。

② 在目标单元格 B2 中输入一元 $n$ 次方程的计算公式"$=2*X\text{^}5-4*X\text{^}4+5*X\text{^}3+X\text{^}2+8$",如图 14-20 所示。

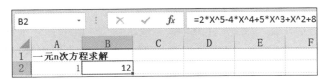

图 14-20　创建一元 $n$ 次方程求解运算的单元格内容

(2)求解一元 $n$ 次方程。

① 选择目标单元格 B2;单击"数据"选项卡,选择"预测"组中的"模拟分析"|"单变量求解"命令,打开"单变量求解"对话框。

② 分别指定各参数的值,如图 14-21 所示。单击"确定"按钮,完成单变量求解运算。

③ 在随后出现的"单变量求解状态"对话框中单击"确定"按钮,得到如图 14-22 所示的一元 $n$ 次方程的求解结果。

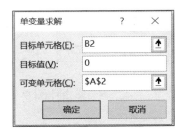

图 14-21　求解一元 $n$ 次方程的参数指定

图 14-22　一元 $n$ 次方程的求解结果

视频讲解

# 14.4　规划求解

"规划求解"也是一种模拟分析工具,借助"规划求解"可以求得工作表上某个单元格(称为目标单元格)中公式的最优(最大或最小)值,并受工作表上其他公式单元格的值的约束或限制。"规划求解"对直接或者间接与目标单元格中公式相关联的一组单元格中的数值进行调整,最终在目标单元格公式中求得期望的结果。

## 14.4.1　规划求解概述

规划是人们在生产、经营、生活中经常遇到的问题。例如:

(1)生产计划问题。在现有的生产条件下,通过规划求在满足生产需求的产量并控制最小的生产成本情况下具体的生产计划。

(2) 生产调度问题。工厂车间每天需要一定的生产人员，各生产人员一星期 5 天工作制(轮休两天)，通过调度，求在满足生产所需人员时需要的生产人员数及其轮休方式。

(3) 运输调度问题。多个工厂可以向多个仓库运送产品，不同工厂到仓库之间的运费根据距离各不相同，工厂的供货能力有一定的限制，通过规划，求在控制最小总体运输成本的情况下各工厂向各仓库的运输调度数量。

(4) 营销策略问题。营销的利润为营业额减去营业成本，而增加广告投入(营业成本)会增加营业额，使用规划求解，可以求在获取最大营业利润的情况下最大的广告投入额。

所谓规划求解，就是在满足所有的约束条件下，对直接或间接与目标单元格中公式相关联的一组单元格中的数值进行调整，最终在目标单元格公式中求得期望的结果。规划求解包含以下 3 部分内容。

(1) 规划变量。即可变单元格，存放需要求解的未知数。例如季度计划生产量。

(2) 约束条件。对规划变量取值的约束。

(3) 目标。即目标单元格，存放规划求解的目标计算公式。例如生产成本。

## 14.4.2 创建规划求解模型

下面举例说明使用规划求解的一般步骤。

**【例 14-10】** 利用规划求解实现生产调度。在“fl14-10 规划求解生产调度.xlsx”中，假设某工厂某车间每天(从星期日到星期六)需要的生产人员数分别为 22、17、13、14、15、18、24；车间的生产人员分为 A 岗(轮休日为星期日、星期一)、B 岗(轮休日为星期一、星期二)、C 岗(轮休日为星期二、星期三)、D 岗(轮休日为星期三、星期四)、E 岗(轮休日为星期四、星期五)、F 岗(轮休日为星期五、星期六)、G 岗(轮休日为星期六、星期日)。求在满足生产所需人员时所需各岗的生产人员数最少为多少人。

**【参考步骤】**

(1) 创建用于规划求解的各参数单元格和目标单元格区域。

① 在 C3:C9 单元格区域输入规划求解的变量(A 岗到 G 岗的员工数)：5(合理假设)。

② 在 D3:J9 单元格区域中输入对应岗位的标志(其中，工作日为 1，休息日为 0)。

③ 输入总员工数计算公式。在 C10 单元格中输入公式“=SUM(C3:C9)”，计算总员工数。

④ 输入各工作日工作人员总数的计算公式“=各对应岗位人数 * 工作/休息标志之和”。选中 D10 单元格，输入数组公式“{=SUM($C$3:$C$9 * D3:D9)}”，并向右填充至 J10 单元格。

⑤ 输入每天(从星期日到星期六)需要的生产人员数。在总需求数单元格区域 D11:J11 中分别输入每天需要的生产人员数，例如 22、17、13、14、15、18、24，如图 14-23 所示。

| | A | B | C | D | E | F | G | H | I | J |
|---|---|---|---|---|---|---|---|---|---|---|
| 1 | **规划求解：生产调度** | | | | | | | | | |
| 2 | **计划** | **休息日** | **员工数** | **日** | **一** | **二** | **三** | **四** | **五** | **六** |
| 3 | A岗 | 日、一 | 5 | 0 | 0 | 1 | 1 | 1 | 1 | 1 |
| 4 | B岗 | 一、二 | 5 | 1 | 0 | 0 | 1 | 1 | 1 | 1 |
| 5 | C岗 | 二、三 | 5 | 1 | 1 | 0 | 0 | 1 | 1 | 1 |
| 6 | D岗 | 三、四 | 5 | 1 | 1 | 1 | 0 | 0 | 1 | 1 |
| 7 | E岗 | 四、五 | 5 | 1 | 1 | 1 | 1 | 0 | 0 | 1 |
| 8 | F岗 | 五、六 | 5 | 1 | 1 | 1 | 1 | 1 | 0 | 0 |
| 9 | G岗 | 六、日 | 5 | 0 | 1 | 1 | 1 | 1 | 1 | 0 |
| 10 | | **总计划数** | 35 | | 25 | 25 | 25 | 25 | 25 | 25 |
| 11 | | **总需求数** | | 22 | 17 | 13 | 14 | 15 | 18 | 24 |

图 14-23 创建用于规划求解的各单元格内容

（2）输入规划求解参数。选择目标单元格 C10；单击"数据"选项卡，选择"分析"组中的"规划求解"命令，打开"规划求解参数"对话框，如图 14-24 所示。

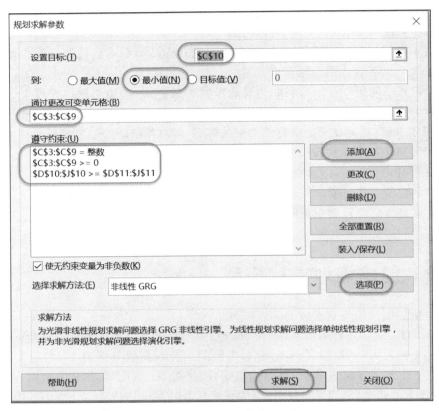

图 14-24 "规划求解参数"对话框

① 指定规划求解目标。在"设置目标"文本框中指定目标单元格"$C$10"，并设置规划求解的目标为"最小值"。

② 指定规划求解可变参数。在"通过更改可变单元格"文本框中指定参数可变单元格区域"$C$3：$C$9"。

③ 添加规划求解的约束条件。单击"添加"按钮，添加相应的规划求解的约束条件。各岗的人数为整数；各岗的人数大于或等于 0；每天的计划人数大于或等于实际需要的人数。

④ 设置具有整数约束的求解。单击"规划求解参数"对话框中的"选项"按钮，打开如图 14-25 所示的规划求解"选项"对话框，取消选中"忽略整数约束"复选框。当然，用户也可以根据需要调整其他各控制参数的值。

（3）进行规划求解。在"规划求解参数"对话框中单击"求解"按钮，完成规划求解运算，并显示"规划求解结果"对话框。单击"确定"按钮，规划求解结果如图 14-26 所示。

根据规划求解的目标公式和约束条件，最终的求解结果可以分为两种状态。

① 当"规划求解"求得结果时，在"规划求解结果"对话框中显示的信息为下列信息之一：

- "规划求解找到一解，可满足所有的约束及最优状况"。规划求解找到一个满足所有条件的解。

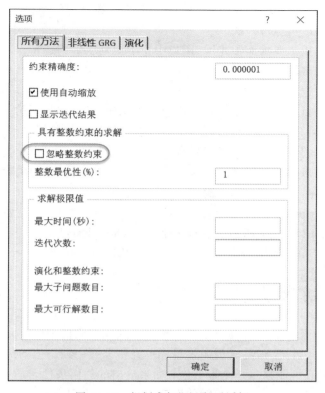

图 14-25 规划求解“选项”对话框

- “规划求解收敛于当前结果，并满足所有约束条件”。目标单元格的结果满足规划求解“选项”对话框中的“收敛度”选项中设置的最小值，即规划求解找到一个近似解。

② 当“规划求解”得不到最优结果时，在“规划求解结果”对话框中显示的信息为下列信息之一：

- “规划求解不能改进当前解，所有约束条件都得到了满足”。迭代过程无法进一步提高精度，可以在规划求解“选项”对话框中设置较大的精度值，然后再运行一次。

| | A | B | C | D | E | F | G | H | I | J |
|---|---|---|---|---|---|---|---|---|---|---|
| 1 | **规划求解：生产调度** | | | | | | | | | |
| 2 | **计划** | **休息日** | **员工数** | **日** | **一** | **二** | **三** | **四** | **五** | **六** |
| 3 | A岗 | 日、一 | 2 | 0 | 0 | 1 | 1 | 1 | 1 | 1 |
| 4 | B岗 | 一、二 | 6 | 1 | 0 | 0 | 1 | 1 | 1 | 1 |
| 5 | C岗 | 二、三 | 6 | 1 | 1 | 0 | 0 | 1 | 1 | 1 |
| 6 | D岗 | 三、四 | 5 | 1 | 1 | 1 | 0 | 0 | 1 | 1 |
| 7 | E岗 | 四、五 | 5 | 1 | 1 | 1 | 1 | 0 | 0 | 1 |
| 8 | F岗 | 五、六 | 0 | 1 | 1 | 1 | 1 | 1 | 0 | 0 |
| 9 | G岗 | 六、日 | 1 | 0 | 1 | 1 | 1 | 1 | 1 | 0 |
| 10 | | **总计划数** | 25 | 22 | 17 | 13 | 14 | 15 | 20 | 24 |
| 11 | | **总需求数** | | 22 | 17 | 13 | 14 | 15 | 18 | 24 |
| 12 | | | | | | | | | | |
| 13 | | | | 22 | 17 | 13 | 14 | 15 | 20 | 24 |

图 14-26 规划求解结果

- “求解达到最长运算时间后停止”。在达到最长运算时间限制时没有得到满意的结果，可以在规划求解“选项”对话框中设置较大的最长运算时间，然后再运行一次。
- “求解达到最大迭代次数后停止”。在达到最大迭代次数时没有得到满意的结果，可以在规划求解“选项”对话框中设置较大的迭代次数，然后再运行一次。
- “目标单元格中的数值不收敛”。目标单元格的数值上下振荡，可以检查目标单元格各计算公式和所有的约束条件的设置是否正确，然后再运行一次。

- "规划求解未找到合适结果"。规划求解无法得到合理的结果。可以检查约束条件的一致性，然后再运行一次。
- "规划求解应用户要求而中止"。用户中止了规划求解的运行。
- "无法满足设定的采用线性模型条件"。非线性模型采用了线性模型方式求解，可以在规划求解"选项"对话框中选中"自动按比例缩放"复选框，然后再运行一次。
- "规划求解在目标或约束条件单元格中发现错误值"。在最近的一次运算中，一个或多个公式的运算结果有误，可以通过寻找包含错误值的目标单元格或约束条件单元格更改其中的公式或内容，以得到合理的运算结果。
- "内存不足以求解问题"。Excel 无法获得"规划求解"所需的内存，可以关闭一些文件或应用程序，然后再运行一次。
- "其他的 Microsoft Excel 实例正在使用 SOLVER.DLL"。规划求解时，需要用到 SOLVER.DLL。这个问题说明有多个 Microsoft Excel 会话正在运行，其中一个会话正在使用 SOLVER.DLL，但 SOLVER.DLL 同时只能供一个会话使用。

## 14.4.3  规划求解的结果报告

"规划求解"对直接或者间接与目标单元格中公式相关联的一组单元格中的数值进行调整，而且在满足约束条件下，最终求得满足目标单元格公式中期望值的最优化解。对于复杂的非线性公式，结果有可能只是一个近似值；如果给出的约束条件矛盾，可能无解。通过分析规划求解的结果报告并调整规划求解的选项，可以控制规划求解，以获得更优化的结果。

在"规划求解结果"对话框的"报告"列表框中选择要创建的报告类型，例如"运算结果报告""敏感性报告""极限值报告"。单击"确定"按钮，将创建并显示选择的报告类型的规划求解结果报告。

## 14.4.4  规划求解应用示例

【例 14-11】  利用规划求解解决鸡兔同笼问题。在"fl14-11 规划求解（鸡兔同笼）.xlsx"中利用规划求解方法解决鸡兔同笼问题，假设同一个笼子里总共有 35 只鸡和兔，鸡和兔的总脚数为 94 只，求鸡和兔各有多少只？结果如图 14-27 所示。

| | A | B | |
|---|---|---|---|
| 1 | 鸡数量 | | |
| 2 | 兔数量 | | |
| 3 | 总头数 | =B1+B2 | 35 |
| 4 | 总脚数 | =2*B1+4*B2 | 94 |

| | A | B | C |
|---|---|---|---|
| 1 | 鸡数量 | 23 | |
| 2 | 兔数量 | 12 | |
| 3 | 总头数 | 35 | 35 |
| 4 | 总脚数 | 94 | 94 |

(a) 准备参数和目标值            (b) 求解结果

图 14-27  利用规划求解解决鸡兔同笼问题

【参考步骤】

（1）创建用于规划求解的各参数单元格和目标单元格区域。

① 在 B3 单元格中输入根据鸡兔数量计算鸡兔总头数的公式"＝B1＋B2"。

② 在 B4 单元格中输入根据鸡兔数量计算鸡兔总脚数的公式"＝2＊B1＋4＊B2"。

③ 在 C3 单元格中输入 B3 单元格中公式的目标结果值，即鸡兔总头数 35。

④ 在 C4 单元格中输入 B4 单元格中公式的目标结果值，即鸡兔总脚数 94。

（2）设置规划求解参数并求解。单击"数据"选项卡，选择"分析"组中的"规划求解"命令，打开"规划求解参数"对话框，如图 14-28 所示。

① "设置目标"文本框为空。

② 指定规划求解可变参数。在"通过更改可变单元格"文本框中指定参数可变单元格区域"$B$1:$B$2"。

③ 添加规划求解的约束条件。单击"添加"按钮，添加相应的规划求解的约束条件，即鸡兔数量为整数、鸡兔总头数等于 35、鸡兔总脚数等于 94。

④ 在"规划求解参数"对话框中单击"求解"按钮，完成规划求解运算，在随后出现的"规划求解结果"对话框中单击"确定"按钮。

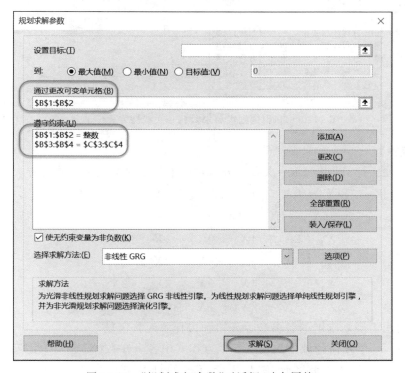

图 14-28 "规划求解参数"对话框（鸡兔同笼）

【说明】

本书分别使用了模拟运算表（14.2.4 节）、单变量求解（14.3.3 节）以及规划求解方法解决经典的鸡兔同笼问题，试比较各种方法的特点。

【例 14-12】 利用规划求解求六元一次线性方程组的解。在"fl14-12 规划求解（线性方程组）.xlsx"中利用规划求解方法求以下六元一次线性方程组的解，结果（解为 1、−2、3、2、2、8）如图 14-29 所示。

$$\begin{cases} 5X_1 + 4X_3 + 2X_4 + 3X_5 + X_6 = 35 \\ -2X_1 + 4X_2 - 4X_3 + 3X_4 + 2X_5 + 4X_6 = 20 \\ 2X_1 - 2X_2 + 4X_3 + 2X_5 + 3X_6 = 46 \\ 3X_1 + 4X_2 - 6X_3 + 4X_4 + 2X_5 + 3X_6 = 13 \\ 6X_1 - 6X_2 + 4X_3 + 9X_4 + 3X_5 - 2X_6 = 38 \\ 5X_1 - 3X_2 + 2X_3 - 7X_4 + 6X_6 = 51 \end{cases}$$

| | A | B | C | D | E | F | G |
|---|---|---|---|---|---|---|---|
| 1 | 未知数 | X1 | X2 | X3 | X4 | X5 | X6 |
| 2 | 方程的解 | 1 | -2 | 3 | 2 | 2 | 8 |
| 3 | 方程1系数 | 5 | 0 | 4 | 2 | 3 | 1 |
| 4 | 方程2系数 | -2 | 4 | -4 | 3 | 2 | 4 |
| 5 | 方程3系数 | 2 | -2 | 4 | 0 | 2 | 3 |
| 6 | 方程4系数 | 3 | 4 | -6 | 4 | 2 | 3 |
| 7 | 方程5系数 | 6 | -6 | 4 | 9 | 3 | -2 |
| 8 | 方程6系数 | 5 | -3 | 2 | -7 | 0 | 6 |
| 9 | | | | | | | |
| 10 | 方程计算式1 | 35 | 方程1结果 | 35 | | | |
| 11 | 方程计算式2 | 20 | 方程2结果 | 20 | | | |
| 12 | 方程计算式3 | 46 | 方程3结果 | 46 | | | |
| 13 | 方程计算式4 | 13 | 方程4结果 | 13 | | | |
| 14 | 方程计算式5 | 38 | 方程5结果 | 38 | | | |
| 15 | 方程计算式6 | 51 | 方程6结果 | 51 | | | |

图 14-29　利用规划求解求六元一次线性方程组的解

【参考步骤】

（1）为了便于运算，将六元一次线性方程组的书写更改为以下对称的方式：

$$\begin{cases} 5X_1 + 0X_2 + 4X_3 + 2X_4 + 3X_5 + 1X_6 = 35 \\ -2X_1 + 4X_2 - 4X_3 + 3X_4 + 2X_5 + 4X_6 = 20 \\ 2X_1 - 2X_2 + 4X_3 + 0X_4 + 2X_5 + 3X_6 = 46 \\ 3X_1 + 4X_2 - 6X_3 + 4X_4 + 2X_5 + 3X_6 = 13 \\ 6X_1 - 6X_2 + 4X_3 + 9X_4 + 3X_5 - 2X_6 = 38 \\ 5X_1 - 3X_2 + 2X_3 - 7X_4 + 0X_5 + 6X_6 = 51 \end{cases}$$

（2）创建用于规划求解的各参数单元格和目标单元格区域。

① 在 B3：G8 单元格区域依次输入 6 个方程式中各未知数（X1～X6）相应的系数。

② 在 B10：B15 单元格区域输入 6 个方程的计算式。在 B10 单元格中输入公式"＝SUMPRODUCT（\$B\$2：\$G\$2,B3：G3)"，向下拖曳复制公式至 B15 单元格。

③ 在 D10：D15 单元格区域依次输入 6 个方程的值，即 35、20、46、13、38、51。

（3）设置规划求解参数并求解。单击"数据"选项卡，选择"分析"组中的"规划求解"命令，打开"规划求解参数"对话框，如图 14-30 所示。

① "设置目标"文本框为空。

② 指定规划求解可变参数。在"通过更改可变单元格"文本框中指定参数可变单元格区域"\$B\$2：\$G\$2"。

③ 添加规划求解的约束条件。单击"添加"按钮，添加相应的规划求解的约束条件：

6 个方程的计算式等于相应方程式的值。

④ 在"规划求解参数"对话框中取消选中"使无约束变量为非负数"复选框,并在"选择求解方法"下拉列表中选择"单纯线性规划"。

⑤ 在"规划求解参数"对话框中单击"求解"按钮,完成规划求解运算,在随后出现的"规划求解结果"对话框中单击"确定"按钮。

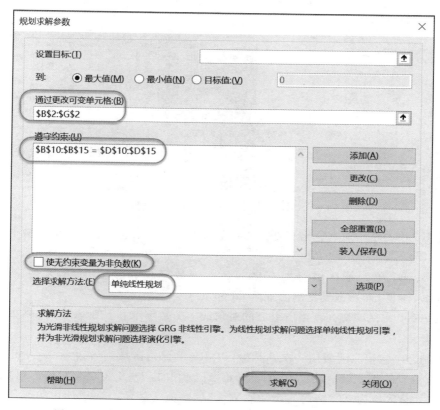

图 14-30 "规划求解参数"对话框(求六元一次线性方程组的解)

【说明】

在 B10:B15 单元格区域输入 6 个方程的计算式时,还可以在 B10 单元格中输入公式"=$B$2 * B3+$C$2 * C3+$D$2 * D3+$E$2 * E3+$F$2 * F3+$G$2 * G3",向下拖曳复制公式至 B15 单元格。

【例 14-13】 利用规划求解方法解决九宫格数独问题。在"fl14-13 规划求解(九宫格).xlsx"中利用规划求解方法解决九宫格(也叫 3 阶幻方)问题:将 1~9 几个数填入到 3 行 3 列的九宫格中,要求每个数只能使用一次,使得每行、每列以及两条对角线上的 3 个数值之和均为 15,结果如图 14-31 所示(其中,B2:D4 单元格区域为九宫格数独答案)。

【参考步骤】

(1) 创建用于规划求解的各参数单元格和目标单元格区域。

① 在 G2:G4 单元格区域对九宫格的每一行数字求和。在 G2 单元格中输入公式"=SUM(B2:D2)",向下拖曳复制公式至 G4 单元格。

| | | 单元格地址 | | | | | | | | | 唯一性 |
|---|---|---|---|---|---|---|---|---|---|---|---|
| | | B2 | B3 | B4 | C2 | C3 | C4 | D2 | D3 | D4 | |
| 取值 | 1 | 0 | 0 | 0 | 0 | 0 | 1 | 0 | 0 | 0 | 1 |
| | 2 | 0 | 0 | 0 | 0 | 0 | 0 | 1 | 0 | 0 | 1 |
| | 3 | 0 | 1 | 0 | 0 | 0 | 0 | 0 | 0 | 0 | 1 |
| | 4 | 1 | 0 | 0 | 0 | 0 | 0 | 0 | 0 | 0 | 1 |
| | 5 | 0 | 0 | 0 | 0 | 1 | 0 | 0 | 0 | 0 | 1 |
| | 6 | 0 | 0 | 0 | 0 | 0 | 0 | 0 | 0 | 1 | 1 |
| | 7 | 0 | 0 | 0 | 0 | 0 | 0 | 0 | 1 | 0 | 1 |
| | 8 | 0 | 0 | 1 | 0 | 0 | 0 | 0 | 0 | 0 | 1 |
| | 9 | 0 | 0 | 0 | 1 | 0 | 0 | 0 | 0 | 0 | 1 |
| 唯一性 | | 1 | 1 | 1 | 1 | 1 | 1 | 1 | 1 | 1 | |
| 实际值 | | 4 | 3 | 8 | 9 | 5 | 1 | 2 | 7 | 6 | |

图 14-31　利用规划求解方法解决九宫格数独问题

② 在 G5 单元格中对九宫格右下方的对角线上的数字求和。在 G5 单元格中输入公式"＝B2＋C3＋D4"。

③ 在 B7:D7 单元格区域对九宫格的每一列数字求和。在 B7 单元格中输入公式"＝SUM(B2:B4)",向右拖曳复制公式至 D7 单元格。

④ 在 A7 单元格中对九宫格右上方的对角线上的数字求和。在 A7 单元格中输入公式"＝D2＋C3＋B4"。

⑤ 限制每个数字只能使用一次。其中,J9:R9 单元格区域内容表示 1~9 几个数字在九宫格所在位置的单元格地址;I10:I18 单元格区域中的 1~9 表示九宫格内可能的取值;J10:R18 单元格区域为九宫格内的实际取值情况,数值 1 表示当前地址中的取值为行标题(I10:I18)中对应的数值。

在 J19 单元格中输入公式"＝SUM(J10:J18)",向右拖曳复制公式至 R19 单元格。这些公式的值应该都等于 1。

在 S10 单元格中输入公式"＝SUM(J10:R10)",向下拖曳复制公式至 S18 单元格。同样,这些公式的值也应该都等于 1。

⑥ 九宫格内数字获取的辅助区域。九宫格内所填写的数字需要从 I10:R18 单元格区域获取,因此在 J20 单元格中输入公式"＝SUMPRODUCT($I$10:$I$18,J10:J18)",公式的结果即为 B2 单元格的实际取值,向右拖曳复制公式至 R20 单元格。

⑦ 九宫格内数字的获取。在 B2 单元格中输入公式"＝HLOOKUP(ADDRESS(ROW(),COLUMN(),4,),$J$9:$R$20,12,0)",向右拖曳复制公式至 D2 单元格,然后再向下拖曳复制公式至 D4 单元格。

(2) 设置规划求解参数并求解。单击"数据"选项卡,选择"分析"组中的"规划求解"命令,打开"规划求解参数"对话框,如图 14-32 所示。

① "设置目标"文本框为空。

② 指定规划求解可变参数。在"通过更改可变单元格"文本框中指定参数可变单元格区域"$J$10：$R$18"。

③ 添加规划求解的约束条件。单击"添加"按钮，添加相应的规划求解的约束条件：J10:R18 为二进制（0 或 1）；每行、每列以及对角线上的数字之和等于 15；限制 1~9 每个数字只能使用一次（$J$19:$R$19 以及$S$10:$S$18 等于 1）。

④ 在"规划求解参数"对话框中，在"选择求解方法"下拉列表中选择"单纯线性规划"。

⑤ 在"规划求解参数"对话框中单击"求解"按钮，完成规划求解运算。在随后出现的"规划求解结果"对话框中单击"确定"按钮。

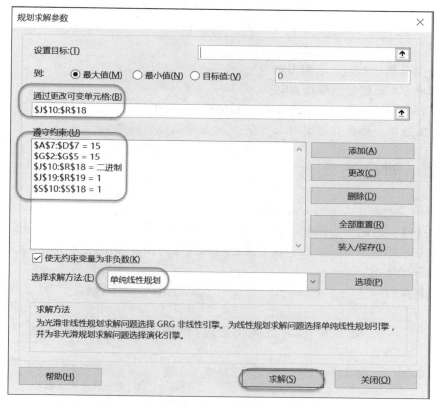

图 14-32 "规划求解参数"对话框（九宫格数独）

【拓展】

使用本例规划求解的方法，除了可以解决九宫格数独问题外，还可以解决其他类似的在 N 行 N 列的方格中填写数字使得数字之和相等的问题，即 N 阶幻方问题。

# 14.5 方案分析

视频讲解

"方案管理器"也是一种模拟分析工具，用来预测工作表模型的输出结果，同时还可以在工作表中创建并保存不同的方案，并切换到任意方案查看不同的结果。

## 14.5.1　方案分析概述

在 Excel 数据表中,若目标单元格为一个或多个单元格引用参数的计算公式,这些参数值发生变化时会造成对目标值的影响。例如,公司的销售部门、生产部门、人事部门、投资部门可以分别制定不同的方案,以增加收入或减少成本。将这些方案合并在一张方案分析表中,可以清晰地看到各方案对企业利润的影响,从而帮助企业决策层进行合理决策。

所谓方案,就是 Excel 保存在工作表中并可进行自动替换的一组值。所谓方案分析,就是使用方案来预测工作表模型的输出结果,在工作表中创建并保存不同的数值组(方案)。用户可以切换到不同方案查看不同的结果;也可以合并方案,从而比较不同的方案对结果的影响。

使用方案分析一般包含下列内容:

(1) 创建方案。创建或编辑方案。

(2) 合并方案。把多个方案合并在一张方案分析表中。

(3) 方案总结。创建方案摘要,比较不同的方案对结果的影响。

## 14.5.2　创建方案

下面举例说明创建方案的一般步骤。

**【例 14-14】**　创建方案示例。在"fl14-14 方案分析.xlsx"中,假设企业利润＝销售收入－生产销售成本＋营业外收入。现要求分别为公司的销售部门、生产部门、人事部门、投资部门制定一个方案。

(1) 销售部门。增收方案,增加广告投入 5%、预期增加零售收入 10%、增加批发收入 8%。

(2) 生产部门。减支方案,通过优化管理,预期减少仓储费 20%、减少管理费支出 10%。

(3) 人事部门。减员方案,通过裁员,预期减少工资支出 8%。

(4) 投资部门。投资方案,通过增加投资额,预期增加投资收益 20%。

**【参考步骤】**

(1) 创建用于方案分析的原始数据单元格区域。在 C2:C18 单元格区域输入各原始数据和计算公式,其中销售收入为零售额和批发额之和(＝SUM(C3:C4));成本为各成本之和(＝SUM(C6:C14));其他收入为投资收益和营业外收入之和(＝SUM(C16:C17));企业利润＝销售收入－成本＋其他收入(＝C2－C5＋C15),如图 14-33 所示。

(2) 创建增收方案。使用方案管理器可以进行工作

| | A | B | C |
|---|---|---|---|
| 1 | 企业营业收支表 | | |
| 2 | 一　销售收入 | | |
| 3 | | 1　零售 | ￥21,825,361 |
| 4 | | 2　批发 | ￥41,524,763 |
| 5 | 二　成本 | | |
| 6 | | 1　原材料 | ￥16,457,365 |
| 7 | | 2　加工费 | ￥1,265,349 |
| 8 | | 3　包装费 | ￥816,532 |
| 9 | | 4　仓储费 | ￥248,432 |
| 10 | | 5　运输费 | ￥5,356,489 |
| 11 | | 6　广告费 | ￥1,000,000 |
| 12 | | 7　工资 | ￥20,249,828 |
| 13 | | 8　管理费 | ￥36,478 |
| 14 | | 9　其他 | ￥5,564,874 |
| 15 | 三　其它 | | |
| 16 | | 1　投资收益 | ￥2,659,872 |
| 17 | | 2　营业外收入 | ￥7,914,747 |
| 18 | 四　利润 | | |

图 14-33　创建用于方案分析的原始数据单元格区域内容

表中的方案管理,包括添加方案、修改方案、删除方案、合并方案等操作。单击"数据"选项卡,选择"预测"组中的"模拟分析"|"方案管理器"命令,打开"方案管理器"对话框。然后单击"添加"按钮,打开"添加方案"对话框,在"方案名"文本框中输入"增收",在"可变单元格"文本框中借助 Ctrl 键指定用于增收方案的可变单元格,这里为 C3、C4、C11,如图 14-34 所示。

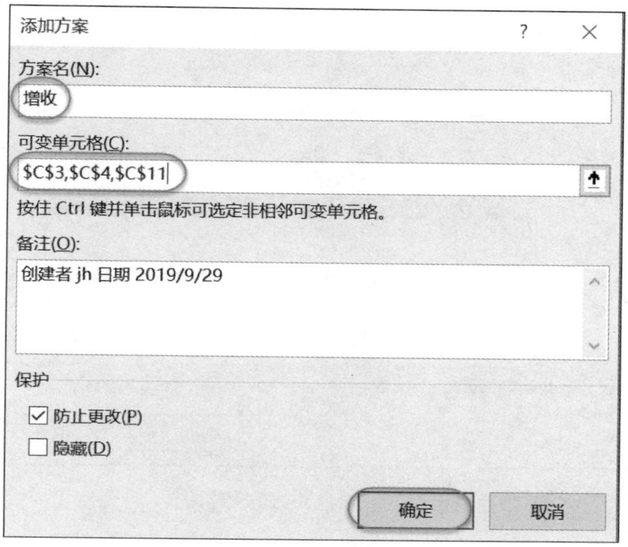

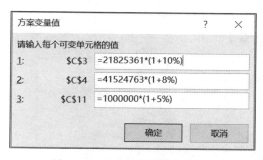

图 14-34 "添加方案"对话框

单击"确定"按钮,打开"方案变量值"对话框,如图 14-35 所示。输入用于该方案的各变量的调整值:预期增加零售收入 10%;增加批发收入 8%;增加广告投入 5%。单击"确定"按钮,在随后出现的"公式结果及名称将转换为值"对话框中单击"确定"按钮,完成增收方案的创建。单击"显示"按钮,观察方案的结果。

图 14-35 "方案变量值"对话框

(3)创建其他方案。按同样的方法创建减支、减员和投资方案,并观察各方案的结果。

## 14.5.3 合并方案

在一张工作表中可以创建多个方案。如果不同部门的经理创建的方案位于不同的工作簿/工作表,则可以通过方案合并创建同时包含这些方案的工作表,以便进行比较分析。

例如,假设上述4个方案分别位于工作簿的不同工作表中,即方案分析-增收、方案分析-减支、方案分析-减员、方案分析-投资。在包含"方案分析-增收"的工作表中,单击"方案管理器"对话框中的"合并"按钮,打开如图14-36所示的"合并方案"对话框,选择包含"方案分析-减员"的工作表,单击"确定"按钮,添加减员方案到当前工作表中。按同样的方法,合并减支、投资方案到当前工作表中。

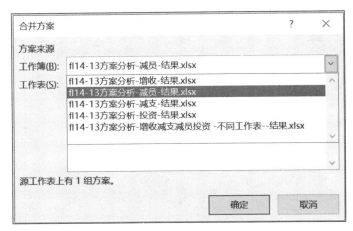

图 14-36 "合并方案"对话框

## 14.5.4 方案总结

创建方案后,在"方案管理器"对话框中选中已创建的方案,单击"显示"按钮,可显示所选定方案的结果;单击"摘要"按钮,则可以创建"方案摘要"或"方案数据透视表",显示各方案对目标数据的影响比较表,以帮助用户进行决策。

创建方案总结的步骤如下:

在"方案管理器"对话框中单击"摘要"按钮,打开"方案摘要"对话框,如图14-37所示。

图 14-37 "方案摘要"对话框

在"方案摘要"对话框中选中"方案摘要"单选按钮,指定结果单元格为C18,单击"确定"按钮,创建并显示"方案摘要"工作表,如图14-38所示。

| 方案摘要 | 当前值: | 增收 | 减支 | 减员 | 投资 |
|---|---|---|---|---|---|
| **可变单元格:** | | | | | |
| $C$3 | ¥21,825,361 | ¥24,007,897 | ¥21,825,361 | ¥21,825,361 | ¥21,825,361 |
| $C$4 | ¥41,524,763 | ¥44,846,744 | ¥41,524,763 | ¥41,524,763 | ¥41,524,763 |
| $C$11 | ¥1,000,000 | ¥1,050,000 | ¥1,000,000 | ¥1,000,000 | ¥1,000,000 |
| $C$9 | ¥248,432 | ¥248,432 | ¥198,746 | ¥248,432 | ¥248,432 |
| $C$13 | ¥36,478 | ¥36,478 | ¥32,830 | ¥36,478 | ¥36,478 |
| $C$12 | ¥20,249,828 | ¥20,249,828 | ¥20,249,828 | ¥18,629,842 | ¥20,249,828 |
| $C$16 | ¥2,659,872 | ¥2,659,872 | ¥2,659,872 | ¥2,659,872 | ¥3,191,846 |
| **结果单元格:** | | | | | |
| $C$18 | ¥22,929,396 | ¥28,383,913 | ¥22,982,730 | ¥24,549,382 | ¥23,461,370 |

注释："当前值"这一列表示的是在
建立方案汇总时,可变单元格的值。
每组方案的可变单元格均以灰色底纹突出显示。

图 14-38 方案摘要结果

## 14.5.5 方案分析和规划求解综合应用示例

【例 14-15】 在"fl14-15 规划求解 & 方案(百鸡问题).xlsx"中,利用规划求解和方案分析方法求解百元买百鸡问题。"百元买百鸡"是我国古代数学家张丘建在《算经》一书中提出的数学问题:鸡翁一值钱五,鸡母一值钱三,鸡雏三值钱一。百钱买百鸡,问鸡翁、鸡母、鸡雏各几何? 用现代语言描述为用 100 元钱买来 100 只鸡,公鸡 5 元钱一只,母鸡 3 元钱一只,小鸡 1 元钱 3 只。问在这 100 只鸡中,公鸡、母鸡、小鸡各是多少只? 参数设置以及结果(共 4 组解)如图 14-39 所示。

| | 单价 | 数量 | 金额 |
|---|---|---|---|
| 公鸡 | 5 | 12 | =B2*C2 |
| 母鸡 | 3 | 4 | =B3*C3 |
| 小鸡 | 0.333333 | 84 | =B4*C4 |
| 合计 | | =SUM(C2:C4) | =SUM(D2:D4) |

(a) 准备参数和目标值

| | 单价 | 数量 | 金额 |
|---|---|---|---|
| 公鸡 | 5 | 12 | 60 |
| 母鸡 | 3 | 4 | 12 |
| 小鸡 | 1/3 | 84 | 28 |
| 合计 | | 100 | 100 |

(b) 求解结果之一

| 方案摘要 | 当前值 | 解答1 | 解答2 | 解答3 | 解答4 |
|---|---|---|---|---|---|
| **可变单元格:** | | | | | |
| $C$2 | 12 | 0 | 4 | 8 | 12 |
| $C$3 | 4 | 25 | 18 | 11 | 4 |
| $C$4 | 84 | 75 | 78 | 81 | 84 |
| **结果单元格:** | | | | | |
| $C$2 | 12 | 0 | 4 | 8 | 12 |
| $C$3 | 4 | 25 | 18 | 11 | 4 |
| $C$4 | 84 | 75 | 78 | 81 | 84 |

注释:"当前值"这一列表示的是在
建立方案汇总时,可变单元格的值。
每组方案的可变单元格均以灰色底纹突出显示。

(c) 所有解答方案

图 14-39 利用规划求解和方案分析求解百元买百鸡问题

【参考步骤】

（1）创建用于规划求解的各参数单元格和目标单元格区域。

① 在 B2:B4 单元格区域依次输入公鸡、母鸡和小鸡的单价 5、3、1/3。

② 在 D2:D4 单元格区域输入公鸡、母鸡和小鸡的金额。在 D2 单元格中输入公式"=B2*C2"，向下拖曳复制公式至 D4 单元格。

③ 在 C5:D5 单元格区域计算公鸡、母鸡和小鸡的总数量和总金额。在 C5 单元格中输入公式"=SUM(C2:C4)"，向右拖曳复制公式至 D5 单元格。

（2）设置规划求解参数并求解。单击"数据"选项卡，选择"分析"组中的"规划求解"命令，打开"规划求解参数"对话框，如图 14-40 所示。

① "设置目标"文本框为空。

② 指定规划求解可变参数。在"通过更改可变单元格"文本框中指定参数可变单元格区域"$C$2:$C$4"。

③ 添加规划求解的约束条件。单击"添加"按钮，添加相应的规划求解的约束条件：公鸡、母鸡和小鸡的总数量和总金额均为 100，公鸡、母鸡和小鸡的数量均为整数，公鸡、母鸡和小鸡的数量均为非负数。

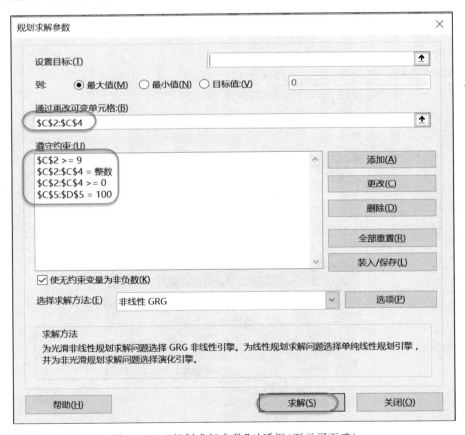

图 14-40 "规划求解参数"对话框（百元买百鸡）

④ 在"规划求解参数"对话框中单击"求解"按钮，规划求解的结果为公鸡 0 只、母鸡 25 只、小鸡 75 只，满足题目条件。由于本题是一个不定方程组（未知数有 3 个，而方程只有两个），因此存在多组解的可能。先保存当前规划求解方案：在如图 14-41 所示的"规划求解结果"对话框中单击"保存方案"按钮，将当前方案命名为"解答 1"。在"规划求解结果"对话框中单击"确定"按钮。

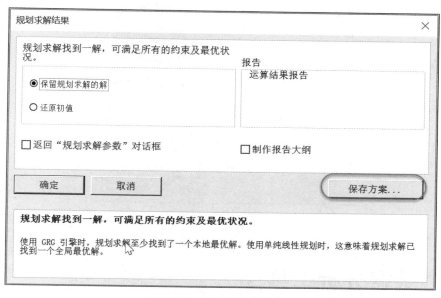

图 14-41  保存规划求解方案

（3）继续为规划求解添加条件约束以寻求更多的解。

① 单击"数据"选项卡，选择"分析"组中的"规划求解"命令，打开"规划求解参数"对话框，添加约束条件"$C$2≥1"。

② 在"规划求解参数"对话框中单击"求解"按钮，规划求解的结果为公鸡 4 只、母鸡 18 只、小鸡 78 只，同样满足题目条件。单击"保存方案"按钮，将当前方案命名为"解答 2"。

（4）参照步骤（3）继续寻求本题的解答，新的约束条件可以在前一个条件的基础上进一步修改，例如当前可将条件改为"$C$2≥5"。每次找到新的答案后，均利用"保存方案"按钮保存当前方案。当 C2 在不大于 20（公鸡最多可以买 20 只）的范围内再也没有新的解答（此时，"规划求解结果"对话框中将显示"规划求解找不到有用的解"）时，终止规划求解操作。

（5）查看所有解题方案。单击"数据"选项卡，选择"预测"组中的"模拟分析"|"方案管理器"命令，打开"方案管理器"对话框，如图 14-42 所示。本题共找到 4 组解答，可以选中某个解答方案，单击"显示"按钮，显示所选解答方案的结果。

（6）生成解题方案摘要。在"方案管理器"对话框中单击"摘要"按钮，选择"方案摘要"报表类型，在"结果单元格"文本框中选择 C2:C4 单元格区域，单击"确定"按钮，生成所有解题方案的摘要报告。

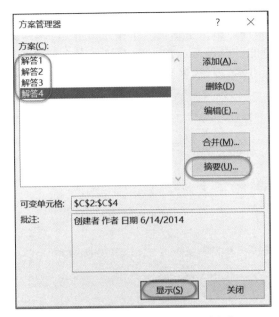

图 14-42　管理本题的所有解题方案

视频讲解

# 14.6　数据分析工具

　　Excel 提供了算术平均数、加权平均数、方差分析、相关系数、描述统计、指数平滑、$F$-检验、双样本方差、傅里叶分析、直方图、移动平均、随机数发生器、排位与百分比排位、回归分析、抽样分析、$t$-检验和 $z$-检验等数据统计和分析工具。

## 14.6.1　数据分析工具概述

　　Excel 提供了一组数据分析工具，称为"分析工具库"，可以用于复杂统计或工程分析，完成很多专业软件（例如 SPSS 等）才有的数据统计、分析功能。在使用这些分析工具时，只需为每个分析工具提供必要的数据和参数，该工具就会使用适当的统计或工程宏函数在输出表格中显示相应的结果，其中有些工具在生成输出表格时还能同时生成图表。

　　Excel 提供的数据分析工具包括方差分析、相关系数、协方差、描述统计、指数平滑、$F$-检验、双样本方差、傅里叶分析、直方图、移动平均、随机数发生器、排位与百分比排位、回归分析、抽样分析、$t$-检验和 $z$-检验等。不同的分析工具应用于不同的场合，相关的数学知识请读者参考有关的书籍。

　　Excel 还提供了许多其他统计、财务和工程工作表函数。在这些函数中有些函数是内置函数，可以直接使用；而有些函数只有在安装了"分析工具库"之后才能使用。

　　使用数据分析工具的一般步骤如下：

　　（1）准备用于分析的数据区域。输入或导入需要分析的数据。

　　（2）调用相应的分析工具。单击"数据"选项卡，选择"分析"组中的"数据分析"命令，打开"数据分析"对话框,从"分析工具"列表框中选择相应的分析工具。

(3) 指定选择的分析工具所需要的数据和参数。在相应的分析工具对话框中指定该分析工具所需要的数据和参数。

(4) 选择分析并显示结果。根据指定的数据和参数选择数据分析,并显示结果表格或图表。

如果 Excel 的"数据"选项卡下没有显示"数据分析"命令,则需要加载"分析工具库"加载项程序。

## 14.6.2 直方图统计

"直方图"分析工具可用于计算并以图表显示数据区域中各数据分段的分布情况。

**【例 14-16】** 利用"直方图"分析工具分析学生成绩。在"fl14-16 直方图统计(学生成绩).xlsx"学生成绩表中存放着若干学生的学号和成绩信息,学生成绩的分布范围为 0～100,可以划分为 0～60、60～70、70～80、80～90、90～100。请利用"直方图"分析工具统计各分数段的学生人数,并给出频数分布和累计频数表的直方图以供分析。

**【参考步骤】**

(1) 准备用于分析的数据区域。

① 输入区域:即需要统计分析的原始数据区域。在单元格区域 A1:A60 输入学号 B0501001～B0501060,在单元格区域 B1:B60 输入对应的考试成绩。为了方便,本例素材中已经提供了相应的样本数据。

② 接收区域:即用于直方图统计的数据分段。在单元格区域 D1:D6 输入分数段 0、60、70、80、90、100,如图 14-43 所示。

| | A | B | C | D |
|---|---|---|---|---|
| 1 | B0501001 | 73 | | 0 |
| 2 | B0501002 | 90 | | 60 |
| 3 | B0501003 | 74 | | 70 |
| 4 | B0501004 | 64 | | 80 |
| 5 | B0501005 | 71 | | 90 |
| 6 | B0501006 | 72 | | 100 |

图 14-43 创建用于直方图统计分析的数据区域

(2) 调用"直方图"分析工具。单击"数据"选项卡,选择"分析"组中的"数据分析"命令,打开"数据分析"对话框,从"分析工具"列表框中选择"直方图"分析工具,打开"直方图"对话框。

(3) 指定"直方图"分析工具所需要的数据和参数。在"直方图"对话框中,在"输入区域"文本框中指定"$B$1:$B$60";在"接收区域"文本框中指定"$D$1:$D$6";选择输出选项为"输出区域",以输出到当前工作表"$D$10"开始的区域;选中"累积百分率"复选框,以输出累积百分比;选中"图表输出"复选框,以输出直方图图表,如图 14-44 所示。

"直方图"对话框中"输出选项"的各复选框的含义如下:

① 柏拉图。在输出表中按降序来显示数据。

② 累积百分率。在输出表中生成一列累积百分比值,并在直方图中包含一条累积百分比线。

③ 图表输出。在输出表中生成一个嵌入直方图。

(4) 选择分析并显示结果。在"直方图"对话框中单击"确定"按钮,选择直方图分析,并显示结果表格以及图表,如图 14-45 所示。例如,"频率"列中的 9 是指 70～80 分数段的人数,而"累积%"列中的 63.33% 是指 80 分以下的学生人数占学生总数的百分比。

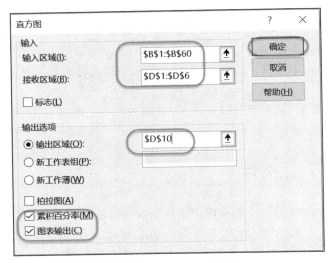

图 14-44 "直方图"对话框

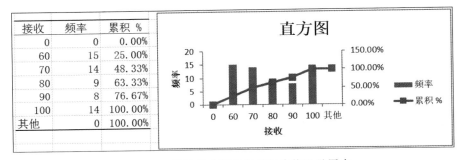

图 14-45 显示直方图分析结果表格以及图表

【总结】

相对于以往手工分析的步骤——先将各分数段的人数分别统计出来制成一张新的表格,再以此表格为基础建立数据统计直方图而言,"直方图"分析工具具有更好的效率和灵活性。

## 14.6.3 描述统计

"描述统计"分析工具用于生成数据源区域中数据的单变量统计分析报表,提供有关数据趋中性和易变性的信息。

在统计学中,针对样本数据定义了许多描述样本数据的统计变量,常用的有平均值、标准偏差、方差、最大值和最小值等,具体说明可参见本书第 5 章。

使用"描述统计"分析工具可一次性自动计算并显示这些统计变量,而无须使用相应的公式进行复杂的统计演算。

【例 14-17】 利用"描述统计"分析工具分析学生成绩。在"fl14-17 描述统计(学生成绩).xlsx"学生成绩表中存放着 60 名学生的学号和成绩信息,学生成绩的分布范围为

$0\sim100$。请利用"描述统计"分析工具统计这 60 名学生的成绩的平均值(平均成绩)、标准误差、中位数(中值)、众数(出现频率最高的成绩)、标准偏差、方差、峰值(峰度)、偏斜度(偏度)、最小值、最大值、总和、观测数(样本个数,即学生人数)、第 $K$ 大值($K=1$)、第 $K$ 小值($K=1$)和置信度等信息。

**【参考步骤】**

(1) 准备用于分析的数据输入区域。用于描述统计的输入区域对应需要统计分析的样本数据区域。在单元格区域 A1:A60 输入学号 B0501001~B0501060,在单元格区域 B1:B60 输入对应的考试成绩。为了方便,本例素材中已经提供了相应的样本数据。

(2) 调用"描述统计"分析工具。选择"数据"选项卡,选择"分析"组中的"数据分析"命令,打开"数据分析"对话框,从"分析工具"列表框中选择"描述统计"分析工具,打开"描述统计"对话框。

(3) 指定"描述统计"分析工具所需要的数据和参数。在"描述统计"对话框中,在"输入区域"文本框中指定"$B$1:$B$60";选择输出选项为"输出区域",以输出到当前工作表"$D$1"开始的区域;选中"汇总统计""平均数置信度""第 $K$ 大值"和"第 $K$ 小值"复选框,如图 14-46 所示。

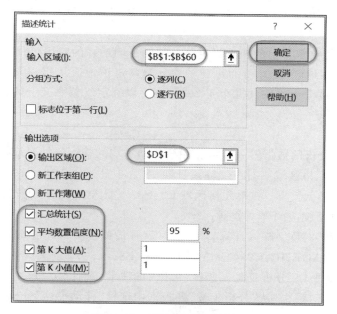

图 14-46 "描述统计"对话框

"描述统计"对话框中"输出选项"的各复选框的含义如下:

① 汇总统计。在输出表中为每个统计结果生成一个字段。这些统计结果有平均值、标准误差(相对于平均值)、中位数、众数、标准偏差、方差、峰值、偏斜度、最小值、最大值、总和、观测数、第 $K$ 大值、第 $K$ 小值和置信度等。

② 平均数置信度。在输出表的某一行中包含平均值的置信度。例如,数值 95% 表示显著性水平为 5% 时的平均数置信度。

③ 第 $K$ 大值。在输出表的某一行中包含每个数据区域中的第 $K$ 个最大值。本例设置

$K$ 为 1,即统计数据集中的最大值。

④ 第 $K$ 小值。在输出表的某一行中包含每个数据区域中的第 $K$ 个最小值。本例设置 $K$ 为 1,即统计数据集中的最小值。

（4）选择分析并显示结果。在"描述统计"对话框中单击"确定"按钮,选择描述统计分析,并显示结果表格,如图 14-47 所示。

【拓展】

请读者思考,如何利用"描述统计"求一个学生成绩表中的成绩排名等统计信息。

## 14.6.4  移动平均

"移动平均"分析工具可以基于特定的过去某段时期中变量的平均值对未来值进行预测。移动平均值提供了由所有历史数据的简单的平均值所代表的趋势信息。使用此工具可以预测气温变化、销售量、库存量等的变化趋势。

| 列1 | |
|---|---|
| 平均 | 73.48333 |
| 标准误差 | 2.038956 |
| 中位数 | 71 |
| 众数 | 52 |
| 标准差 | 15.79368 |
| 方差 | 249.4404 |
| 峰度 | -1.27511 |
| 偏度 | 0.326643 |
| 区域 | 50 |
| 最小值 | 50 |
| 最大值 | 100 |
| 求和 | 4409 |
| 观测数 | 60 |
| 最大(1) | 100 |
| 最小(1) | 50 |
| 置信度(95.0%) | 4.079941 |

图 14-47　描述统计分析结果

【例 14-18】　气象意义上的四季界定就是移动平均最好的应用,请根据"fl14-18 移动平均(气温).xlsx"中某地区 10 月份的每日平均气温判定该地区从哪一天开始进入气象意义上的秋天。假定连续 5 天平均气温小于 20℃,则可以确定气象意义上的秋天从这连续 5 天的第一天开始。

【参考步骤】

（1）准备用于分析的数据输入区域。用于移动平均的输入区域对应需要统计分析的历史数据区域。在单元格区域 A2:A32 输入日期 10 月 1 日~10 月 31 日;在单元格区域 B2:B32 输入对应的日最低气温;在单元格区域 C2:C32 输入对应的日最高气温。为了方便,本例素材中已经提供了相应的样本数据。

在单元格区域 D2:D32 输入计算日平均气温(日最低气温和日最高气温的平均值)的计算公式(从＝AVERAGE(B2:C2)到＝AVERAGE(B32:C32))。

（2）调用"移动平均"分析工具。选择"数据"选项卡,选择"分析"组中的"数据分析"命令,打开"数据分析"对话框,从"分析工具"列表框中选择"移动平均"分析工具,打开"移动平均"对话框。

（3）指定"移动平均"分析工具所需要的数据和参数。在"移动平均"对话框中,参照图 14-48,在"输入区域"文本框中指定"\$D\$2:\$D\$32";在"间隔"文本框中输入"5";在"输出区域"文本框中指定"\$E\$2",使结果输出到当前工作表"\$E\$2"开始的区域。

（4）选择分析并显示结果。在"移动平均"对话框中单击"确定"按钮,选择移动平均分析,并显示结果表格,如图 14-49 所示。由该图可以看出,该地区气象意义上的入秋时间为 10 月 10 日。

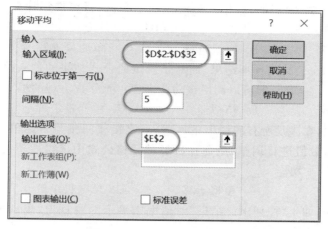

图 14-48 "移动平均"对话框

| | A | B | C | D | E |
|---|---|---|---|---|---|
| 1 | 日期 | 最低温度 | 最高温度 | 平均温度 | 移动平均 |
| 2 | 10月1日 | 18.5 | 25.9 | 22.2 | #N/A |
| 3 | 10月2日 | 20.0 | 26.0 | 23.0 | #N/A |
| 4 | 10月3日 | 17.0 | 27.3 | 22.2 | #N/A |
| 5 | 10月4日 | 12.9 | 28.7 | 20.8 | #N/A |
| 6 | 10月5日 | 15.4 | 23.5 | 19.5 | 21.5 |
| 7 | 10月6日 | 19.3 | 22.5 | 19.3 | 20.9 |
| 8 | 10月7日 | 14.2 | 22.5 | 18.4 | 20.0 |
| 9 | 10月8日 | 15.5 | 29.3 | 22.4 | 20.1 |
| 10 | 10月9日 | 13.5 | 27.4 | 20.0 | 20.0 |
| 11 | 10月10日 | 12.8 | 25.0 | 18.9 | 19.9 |
| 12 | 10月11日 | 11.8 | 24.8 | 18.3 | 19.7 |
| 13 | 10月12日 | 10.7 | 24.0 | 17.4 | 19.5 |
| 14 | 10月13日 | 12.2 | 20.4 | 16.3 | 18.3 |
| 15 | 10月14日 | 12.3 | 21.3 | 16.8 | 17.5 |

图 14-49 移动平均分析结果

# 习题

**一、单选题**

1. Excel 加载项不可以是扩展名为_____的文件。

A．.xlam　　　　B．.xll　　　　C．.xlt　　　　D．.xla

2. 在 Excel 数据表中,若目标单元格为一个或多个单元格参数的计算公式,要分析计算公式中一个或两个单元格参数的取值发生变化时目标单元格的值的变化趋势,可以使用 Excel 提供的_____功能。

A．规划求解　　B．模拟运算　　C．单变量求解　　D．方案分析

3. 以下关于 Excel 模拟运算表的说法,_____是不正确的。

A．模拟运算表产生的结果是数组

B．模拟运算表产生的结果是数据列表

C．双变量模拟运算必须指定两个引用单元格参数

D．单变量模拟运算可以指定行引用参数或列引用参数

4. 在 Excel 中，如果已知目标单元格的预期结果值，当要推算计算公式中某个变量的合适取值时，可以使用 Excel 提供的_____功能。

    A. 规划求解        B. 模拟运算        C. 单变量求解        D. 方案分析

5. 如果已知单个公式的预期结果，而对于确定此公式结果的输入值未知，则可以使用 Excel 提供的_____功能，即可以利用该功能求解一元 $n$ 次方程的根。

    A. 规划求解        B. 模拟运算        C. 单变量求解        D. 方案分析

6. 在 Excel 中，在满足所有的约束条件下，对直接或间接与目标单元格中公式相关联的一组单元格中的数值进行调整，最终在目标单元格公式中求得期望的结果，则可以使用 Excel 提供的_____功能。

    A. 规划求解        B. 模拟运算        C. 单变量求解        D. 方案分析

7. 在 Excel 中，如果"规划求解结果"对话框中显示的信息为"规划求解收敛于当前结果，并满足所有约束条件"，则表明_____。

    A. 求得一解，满足所有规划条件        B. 求得一解，满足部分规划条件
    C. 求得近似解，满足所有规划条件        D. 求得近似解，满足部分规划条件

8. 使用 Excel 提供的_____功能可以预测工作表模型的输出结果，在工作表中创建并保存不同的数值组。

    A. 规划求解        B. 模拟运算        C. 单变量求解        D. 方案分析

9. 在 Excel 中，要计算并以图表显示数据区域中各数据分段的分布情况，可以使用 Excel"分析工具库"提供的_____分析工具。

    A. 直方图        B. 描述统计        C. 抽样分析        D. 移动平均

**二、填空题**

1. 在"Excel 选项（加载项）"对话框的"管理"下拉列表中可以选择要管理的加载项类别，包括_____、COM 加载项、操作、XML 扩展包、禁用项目。

2. 在 Excel 中，如果要提高单变量求解的精度，可以选择"文件"选项卡中的"选项"命令，打开"Excel 选项"对话框，选择"_____"类别中的适当设置，调整自定义的迭代次数或最大的误差。

3. 在 Excel 中，通过分析规划求解的_____，并调整规划求解的选项，可以控制规划求解，以获得更优化的结果。

4. 在 Excel 的"方案管理器"对话框中可以单击"摘要"按钮，创建"方案摘要"或"方案_____"，显示各方案对目标数据的影响比较表，以帮助用户进行决策。

5. Excel 提供了一组数据分析工具，称为"_____"，可用于复杂统计或工程分析，完成很多专业软件（例如 SPSS 等）才有的数据统计、分析功能。

**三、思考题**

1. 什么是 Excel 加载项程序？如何安装、加载和激活？
2. 如何创建 Excel 单变量模拟运算表？
3. 如何创建 Excel 双变量模拟运算表？
4. 如何使用 Excel 双变量模拟运算解决鸡兔同笼问题？
5. 使用 Excel 单变量求解的一般步骤是什么？
6. 如何使用 Excel 单变量求解运算求解一元 $n$ 次方程？

7. 如何使用 Excel 单变量求解运算解决鸡兔同笼问题？

8. 什么是 Excel 规划求解？如何建立 Excel 规划求解模型？

9. 如何使用 Excel 规划求解解决鸡兔同笼问题？

10. 如何使用 Excel 规划求解求 $n$ 元一次线性方程组的解？

11. 如何使用 Excel 规划求解解决 $N$ 阶幻方问题（例如九宫格数独问题）？

12. 什么是 Excel 方案分析？如何建立方案？如何合并方案？如何进行方案总结？

13. 如何使用 Excel 规划求解和方案分析求解百元买百鸡问题？

14. Excel 的"分析工具库"提供了哪些数据统计工具？

15. 什么是直方图统计？如何使用 Excel 直方图统计进行数据分析？

16. 什么是描述统计？如何使用 Excel 描述统计进行数据分析？

17. 什么是移动平均？如何使用 Excel 移动平均进行数据分析？

# 第 15 章

# 图表与数据可视化

图表是数据的一种可视表示形式。图表的图形格式可让用户更容易理解大量数据和不同数据系列之间的关系。图表还可以显示数据的全貌，以便用户可以分析数据并找出重要趋势。

视频讲解

## 15.1 认识图表对象

### 15.1.1 Excel 图表

Excel 图表是指工作表中数据的图形表示形式。例如，根据如图 15-1 所示 Excel 工作表中的数据可以绘制 Excel 图表。

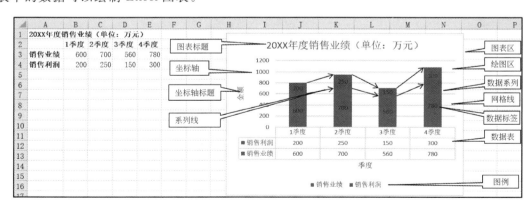

图 15-1　Excel 图表的组成部分

图表具有较好的视觉效果，可以方便用户查看数据的差异和预测趋势。例如使用销售额图表可以直观地比较各季度销售额的升降，方便比较实际销售额与销售计划。

## 15.1.2　Excel 图表的组成部分

Excel 图表一般包括下列组成部分：

（1）图表区。图表区表示图表的范围，默认为黑色细实线边框和白色填充区域。用户可以设置其填充、边框样式、边框颜色、阴影、三维格式、大小尺寸、效果等属性。

（2）绘图区。绘图区表示图形的显示范围，即以坐标轴为边的矩形区域。用户可以设置其填充、边框样式、边框颜色、阴影、三维格式、效果等属性。

（3）坐标轴。一般情况下图表有两个坐标轴，即水平坐标轴和垂直坐标轴。水平坐标轴又称为 $X$ 轴，或者横坐标轴，通常为分类轴；垂直坐标轴又称为 $Y$ 轴，或者纵坐标轴，通常为数值轴。三维图表有第 3 个轴——$Z$ 轴。饼图、圆环图没有坐标轴。坐标轴上有刻度线，刻度线对应的数字称为刻度线标签。用户可以设置坐标轴选项、数字、填充、线形、线条颜色、阴影、三维格式、对齐方式、效果等属性。

（4）坐标轴标题。坐标轴标题用于指定横坐标轴或者纵坐标轴的标题。用户可以设置其填充、边框样式、边框颜色、阴影、三维格式、对齐方式、效果等属性。

（5）图表标题。图表标题用于指定图表的标题。用户可以设置其填充、边框样式、边框颜色、阴影、三维格式、对齐方式、效果等属性。

（6）数据系列。数据序列对应于工作表中的数据行或者列，表现为点、线、面等图形。用户可以设置其系列选项、填充、边框样式、边框颜色、阴影、三维格式、效果等属性。

（7）数据标签。数据标签用于标记数据序列的各数据点对应的值。数据标签可以显示系列名称、类别名称、值等。用户可以设置其标签选项、数字、填充、边框样式、边框颜色、阴影、三维格式、对齐方式、效果等属性。

（8）网格线。网格线包含水平网格线和垂直网格线，它们各自还包含主要网格线和次要网格线。合理地使用网格线可以增加数据的可读性，有助于查看和评估数据。用户可以设置其线型、线条颜色、阴影、效果等。

（9）图例。图例用于指示图表中序列对应的数据序列，相当于地图上的图例。用户可以设置其位置、填充、边框样式、边框颜色、阴影、效果等属性。

（10）数据表。数据表（也称模拟运算表）用于显示数据系列对应的数据内容，在数据表中可显示图例项标示。用户可以设置其填充、边框样式、边框颜色、表边框、阴影、三维样式、效果等属性。

（11）图表分析线。图表分析线包括系列线、垂直线、高低点连线、涨跌柱线、误差线、趋势线等，是与数据点关联的直线或曲线。

# 15.2　图表的基本操作

视频讲解

## 15.2.1　创建图表

数据图表是数据区域的可视化显示。在使用图表显示数据时，需要明确用于分类（$X$）

轴的区域。例如某公司的年度销售业绩如图 15-2 所示。如果要创建该年度的销售计划和销售业绩的对比图表，则分类（X）轴为季度（B2：E2）；数据系列为销售计划（B3：E3）和销售业绩（B4：E4）。

| | A | B | C | D | E |
|---|---|---|---|---|---|
| 1 | 20XX年度销售业绩（单位：万元） | | | | |
| 2 | | 1季度 | 2季度 | 3季度 | 4季度 |
| 3 | 销售计划 | 600 | 650 | 700 | 750 |
| 4 | 销售业绩 | 620 | 670 | 680 | 800 |

图 15-2　某公司的年度销售业绩

如果要创建图表，一般先选择要创建图表的数据区域，然后通过"插入"选项卡上"图表"组中的命令选择相应图表类型下的子类型。

（1）通过"推荐的图表"命令插入图表。选择要创建图表的数据区域，然后选择"插入"选项卡上"图表"组中的"推荐的图表"命令，打开"插入图表"对话框，Excel 会根据所选数据区域自动推荐若干图表。选择满足需求的图表，Excel 会自动显示对应图表的预览图。单击"确定"按钮，插入选择的图表。用户也可以在如图 15-3 所示的"插入图表"对话框中单击"所有图表"选项卡，选择其他的图表。

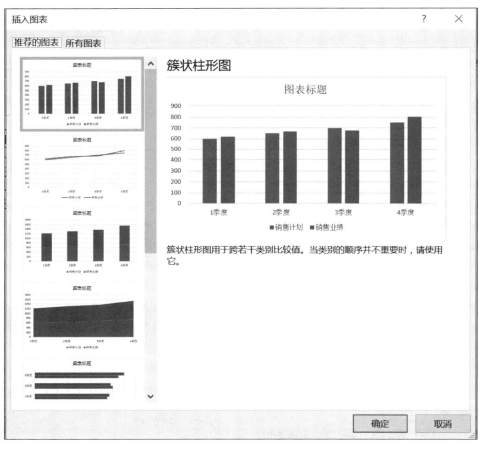

图 15-3　"插入图表"对话框

（2）通过"快速分析"快捷工具栏创建图表。选择要创建图表的数据区域后，在右下角将显示"快速分析"图标，单击该图标（或者利用快捷键 Ctrl+Q），打开"快速分析"快捷工具栏，选择"图表"选项卡，可以快速创建推荐的图表，如图 15-4 所示。

图 15-4 通过"快速分析"快捷工具栏创建图表

（3）通过指定图表类型插入图表。如果事先知道要插入的图表类型，则可以先选择要创建图表的数据区域，然后单击"插入"选项卡上"图表"组中的对应图表类型（例如柱形图 📊），并选择图表类型的子类型（例如"二维柱形图"）。Excel 2013 以后的版本支持图表预览，即将鼠标指向图表类型的子类型时，Excel 会在工作表中自动显示该图表的预览图。

（4）通过"查看所有图表"启动器插入图表。选择要创建图表的数据区域，然后单击"插入"选项卡上"图表"组中右下角的"查看所有图表"启动器按钮，同样也可以打开"插入图表"对话框。单击"推荐的图表"选项卡或者"所有图表"选项卡，选择满足需求的图表，Excel 将自动显示对应图表的预览图。单击"确定"按钮，插入选择的图表。

（5）插入数据透视图。选择"插入"选项卡上"图表"组中的"数据透视图"命令，可以插入数据透视图。具体请参见本书第 13 章。

【例 15-1】 根据销售利润工作表创建堆积柱形图。根据"fl15-1 销售利润.xlsx"中 4 个季度的主营利润和其他利润信息创建堆积柱形图，结果如图 15-5 所示。

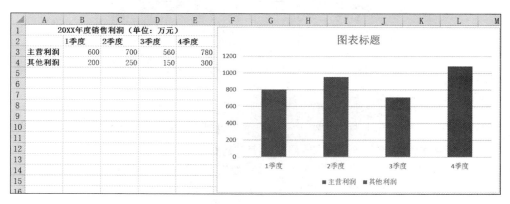

图 15-5 创建 Excel 图表

【参考步骤】

（1）选择数据区域。选择 A2:E4 的数据区域。

（2）选择图表类型。单击"插入"选项卡，选择"图表"组中的"柱形图或条形图"中的子类型"二维柱形图"|"堆积柱形图"，根据系统默认设置创建图表。

## 15.2.2　编辑图表

在创建图表后,可以编辑图表各元素的属性,包括更改图表类型、更改图表数据源、切换行/列、设置图表的布局和样式等。

用户除了可以使用"图表工具"栏上"设计"和"格式"选项卡中预设的图表布局和样式外,还可以自定义编辑图表。选择图表,单击"图表工具"栏上"格式"选项卡的"当前所选内容"组中左上角的"图表元素"下拉列表,选择图表元素(图表区、绘图区、分类(类别)轴、垂直(值)轴、图例、系列等)。用户也可以使用鼠标单击选择相应的图表元素,然后右击,通过相应的快捷菜单编辑图表元素的属性。更简洁的操作方式是直接双击图表元素,打开相应的属性任务窗格,进行相应的编辑。

【例 15-2】　编辑例 15-1 创建的 Excel 图表,设置图表各元素的格式,包括图表标题、图例、坐标轴标题、数据标签、数据表。图表编辑的最终结果如图 15-6 所示。

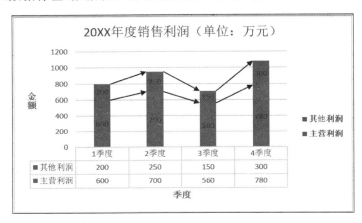

图 15-6　图表编辑效果

【参考步骤】

(1) 设置图表标题。选择图表,输入图表标题"20××年度销售利润(单位:万元)",设置标题黑色、粗体。

(2) 设置图例在右侧显示。选择图表,单击"图表工具"栏的"设计"选项卡,选择"图表布局"组中的"添加图表元素"|"图例"|"右侧"命令,使图例在图表右侧显示,并加粗图例。

(3) 设置坐标轴标题。选择图表,然后选择"图表布局"组中的"添加图表元素"|"坐标轴标题"|"主要横坐标轴"命令,输入横坐标轴标题"季度";选择"图表布局"组中的"添加图表元素"|"坐标轴标题"|"主要纵坐标轴"命令,输入纵坐标轴标题"金额",并加粗横坐标轴标题和纵坐标轴标题。

(4) 设置纵坐标轴标题格式。右击图表中的纵坐标轴标题,选择相应快捷菜单中的"设置坐标轴标题格式"命令,或者直接双击纵坐标轴标题,打开"设置坐标轴标题格式"任务窗格,然后单击"大小与属性"按钮 ▦ ,设置"对齐方式"中的"文字方向"为"竖排"。

(5) 设置数据标签。选择图表,然后选择"图表布局"组中的"添加图表元素"|"数据标签"|"居中"命令,增加居中显示的数据标签。

（6）设置数据表。选择图表,然后选择"图表布局"组中的"添加图表元素"|"数据表"|"显示图例项标示"命令,增加数据表。

（7）设置系列线。选择图表,然后选择"图表布局"组中的"添加图表元素"|"线条"|"系列线"命令,增加系列线;双击系列线,设置箭头前端类型并设置箭头颜色为黑色。

# 15.3　图表的布局与格式

Excel 图表的组成元素(图例、坐标轴、轴标题、图表标题、数据标签等)及其在图表中的位置组成图表的布局;Excel 图表组成元素的属性(形状样式、艺术字样式等)组成图表的格式。

使用图表向导创建的 Excel 图表使用默认的图表布局和格式。选择 Excel 图表,通过"图表工具"栏的"设计"选项卡可以设计 Excel 图表布局;选择 Excel 图表元素,通过"图表工具"栏的"格式"选项卡可以设置选择的图表元素的格式。

## 15.3.1　快速布局 Excel 图表

图表中包含很多元素,默认创建的图表一般很简单。使用 Excel 提供的布局模板可以实现快速布局 Excel 图表。其操作步骤如下:

（1）选择 Excel 图表。

（2）单击"图表工具"栏的"设计"选项卡,选择"图表布局"组中的"快速布局"命令,并选择满足需求的布局模板。Excel 2013 及以后的版本支持布局模板预览,即用鼠标指向布局模板时 Excel 会自动显示图表的布局预览图。

## 15.3.2　手动布局 Excel 图表

通过添加或者删除图表元素可以手动布局 Excel 图表。其操作步骤如下:

（1）选择 Excel 图表。

（2）单击"图表工具"栏的"设计"选项卡,选择"图表布局"组中的"添加图表元素"命令,通过选择各图表元素的位置(例如选择"图表标题"|"居中覆盖",如图 15-7 所示)可以在图表中显示(添加)该元素。如果选择"无",则不显示(即删除)该元素;通过其他选项(例如选择"图表标题"|"更多标题选项"命令),可以设置指定元素的其他选项格式,例如填充、边框、效果、大小以及文本等属性。

用户也可以通过图表浮动工具栏(参见 15.3.6 节)显示或者取消显示常用的图表元素。

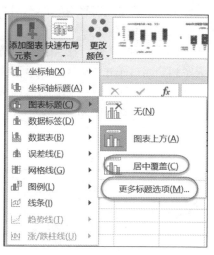

## 15.3.3　调整数据源

在使用图表向导创建图表时,Excel 根据选择的

图 15-7　添加图表元素

图表数据区域自动确定用于分类(X 轴)的区域,以及用于各序列值的区域(Y 轴)。

用户可以重新设定 Excel 图表的数据区域、分类轴区域、序列区域等。其操作步骤如下:

(1) 选择图表。

(2) 切换行/列。单击"图表工具"栏的"设计"选项卡,选择"数据"组中的"切换行/列"命令,Excel 将切换图表的行和列数据。在使用图表向导创建图表时,如果 Excel 自动确定的分类和序列区域错位,可使用此方法快速更正。

(3) 编辑数据区域、分类轴区域、序列区域。单击"图表工具"栏的"设计"选项卡,选择"数据"组中的"选择数据"命令,打开"选择数据源"对话框,如图 15-8 所示。

① 指定图表数据区域。在"图表数据区域"文本框中输入或者选择用于绘制图表的数据区域。

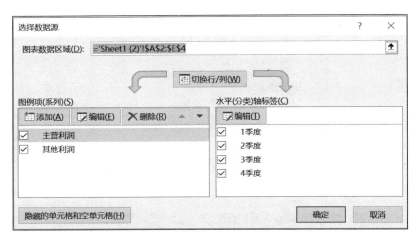

图 15-8 "选择数据源"对话框

② 编辑分类轴。在"水平(分类)轴标签"列表框中通过选中或者去选标签可以增加或删除分类项。单击"编辑"按钮,打开"轴标签"对话框,如图 15-9 所示,输入或者选择用于分类轴的数据区域。

③ 编辑数据系列。在"图例项(序列)"列表框中通过选中或者去选序列可以显示或者隐藏序列;通过单击"删除"按钮可以删除序列;通过单击"添加"或者"编辑"按钮可以打开"编辑数据系列"对话框,如图 15-10 所示,输入或者选择用于序列名称和序列值的数据区域,以添加或者编辑序列。

图 15-9 "轴标签"对话框

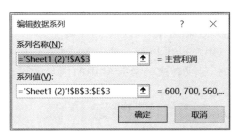

图 15-10 "编辑数据系列"对话框

### 15.3.4　更改图表类型

在使用图表向导创建图表后，可以通过以下操作步骤更改图表类型：

（1）选择图表。

（2）更改图表类型。单击"图表工具"栏的"设计"选项卡，选择"类型"组中的"更改图表类型"命令，打开"更改图表类型（所有图表）"对话框，选择所需的图表类型，Excel 会自动显示对应图表的预览图；单击"确定"按钮，完成图表类型的更改。

### 15.3.5　移动图表位置

在使用图表向导创建图表时，Excel 会自动在当前工作表中创建嵌入式图表。如果要移动图表到其他工作表或创建单独的图表工作表，其操作步骤如下：

（1）选择图表。

（2）单击"图表工具"栏的"设计"选项卡，选择"位置"组中的"移动图表"命令，打开"移动图表"对话框。

（3）移动图表到其他工作表。在"对象位于"列表框中选择其他工作表，单击"确定"按钮，移动图表到其他工作表。

（4）移动图表到独立的图表工作表。单击"新工作表"按钮，并输入图表工作表的名称，单击"确定"按钮，移动图表到新的图表工作表。

### 15.3.6　图表浮动工具栏

在选中 Excel 图表时，Excel 2013 及以后的版本会在图表右侧显示图表浮动工具栏，如图 15-11 所示。单击"图表元素"按钮，可以布局 Excel 图表；单击"图表样式"按钮，可以使用样式和配色方案格式化图表；单击"图表筛选器"按钮，可以显示或者隐藏图表中的数据点和名称。

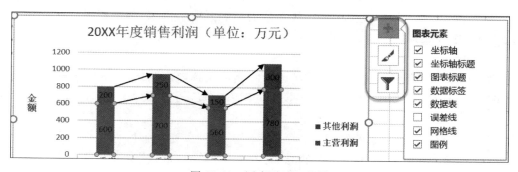

图 15-11　图表浮动工具栏

## 15.3.7　自动格式化图表

Excel 提供了许多系统预设的图表样式。使用 Excel 提供的图表样式和配色方案可以实现快速格式化 Excel 图表,创建专业级别的图表。

首先选择图表对象,然后单击图表浮动工具栏上的"图表样式"按钮 ,选择并应用预定义的图表样式或者配色方案。

用户也可以通过"图表工具"栏上"设计"选项卡中的"图表样式"或"更改颜色"选择并应用预定义的图表样式或者配色方案。其操作步骤如下:

(1) 选择 Excel 图表。

(2) 在"图表工具"栏的"设计"选项卡中选择"图表样式"组中的图表样式,如图 15-12 所示。Excel 2013 支持图表样式预览,即用鼠标指向图表样式时 Excel 会自动显示图表样式预览图。

图 15-12　图表样式

(3) 单击"图表工具"栏的"设计"选项卡,选择"图表样式"组中的"更改颜色"命令,选择满足需求的颜色。

## 15.3.8　格式化图表元素

选择 Excel 图表元素,然后选择"图表工具"栏的"格式"选项卡中的命令可以设置所选图表元素的格式。其操作步骤如下:

(1) 选择图表元素。可以通过下列两种方式选择图表元素:

① 在图表中通过鼠标直接单击选择相应的图表元素。例如,单击图表标题,可以选择"图表标题"图表元素;单击数据系列,可以选择对应的整个"序列",再次单击序列,可以选择该序列的单个图形。

② 单击"图表工具"栏的"格式"选项卡,在"当前所选内容"组上部的"图表元素"下拉列表框中选择要设置的图表元素,例如"图表区",如图 15-13 所示。

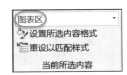

图 15-13　选择图表元素

(2) 设置所选图表元素的格式。

① 设置图表元素的形状样式。单击"图表工具"栏的"格式"选项卡,在"形状样式"组中选择满足需求的形状样式。Excel 2013 支持形状样式预览,即用鼠标指向形状样式时 Excel 会自动显示其预览图。

② 设置图表中文字的样式。单击"图表工具"栏的"格式"选项卡,在"艺术字样式"组中

选择满足需求的艺术字样式。Excel 2013 支持艺术字样式预览，即用鼠标指向艺术字样式时 Excel 会自动显示其预览图。

③ 自定义图表元素的格式。单击"图表工具"栏的"格式"选项卡，在"当前所选内容"组中选择"设置所选内容格式"命令，在 Excel 窗口右侧会打开相应图表元素的格式窗格，可以设置所选元素对应的各种属性。在图表中，通过双击图表元素或右击并选择快捷菜单命令也可以打开"图表元素格式"任务窗格。

在选择不同的图表元素时，图表元素的格式窗格设置内容对应变化。例如，图 15-14(a)～图 15-14(c)为"设置数据系列格式"任务窗格。在图表元素的格式任务窗格上部的图表元素选项列表框中可以切换要设置的图表元素，如图 15-14(d)所示。

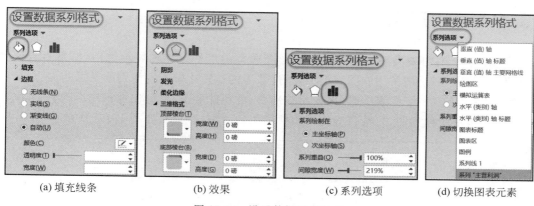

| (a) 填充线条 | (b) 效果 | (c) 系列选项 | (d) 切换图表元素 |

图 15-14 设置数据系列格式

④ 重置图表元素格式。单击"图表工具"栏的"格式"选项卡，选择"当前所选内容"组中的"重设以匹配样式"命令，可以重置当前所选图表元素的格式，以匹配所选样式的默认格式。

## 15.3.9 添加形状

在 Excel 图表中还可以添加形状图形，例如箭头、文本框（额外的文字说明）等，以丰富和美化 Excel 图表。其操作步骤如下：

（1）选择 Excel 图表。

（2）单击"图表工具"栏的"格式"选项卡，在"插入形状"组中选择要插入的形状，然后在 Excel 图表的相应位置插入形状；选择所插入的形状，可以使用附加的"绘图工具"栏的"格式"选项卡中的命令设置所选形状的格式。

## 15.3.10 重用图表格式

重用图表格式的方法有以下几种：

（1）通过调整数据源的方法。复制图表，然后通过调整数据源的方法显示新的数据。

（2）通过选择性粘贴的方法。选择源图表，按快捷键 Ctrl＋C 将源图表复制到剪贴板；选择目标图表，然后选择"开始"选项卡上"剪贴板"组中的"粘贴"|"选择性粘贴"命令，打开

"选择性粘贴"对话框,选择"格式",单击"确定"按钮,复制图表格式。

(3)创建图表模板的方法。基于源图表创建图表模板(参见 15.4.18 节),然后基于该模板创建新图表,或者更改图表类型为该模板。

视频讲解

# 15.4 Excel 基本图表类型

使用图表的主要目的是使数据可视化,不同的数据使用不同的图表类型,表现力各不相同。选择最具表现力的图表类型是创建图表的关键之一。

## 15.4.1 柱形图

Excel 默认的图表类型是柱形图。柱形图通常沿水平分类轴显示类别,沿垂直数值轴显示数值。柱形图是最常用的图表类型,通过柱形的长短比较不同类别的数据的大小。

柱形图共有 7 种子图表类型,即簇状柱形图、堆积柱形图、百分比堆积柱形图、三维簇状柱形图、三维堆积柱形图、三维百分比堆积柱形图和三维柱形图,如图 15-15 所示。

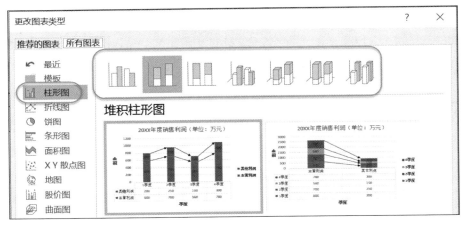

图 15-15　柱形图

其中,堆积柱形图和百分比堆积柱形图通过将不同类别数据堆积起来,反映相应的数据占总数的大小;三维簇状柱形图、三维堆积柱形图和三维百分比堆积柱形图则使得图形具有立体感;三维柱形图使用 3 个坐标轴(水平坐标轴、垂直坐标轴和竖坐标轴),并沿水平坐标轴和竖坐标轴比较数据点,主要用来比较不同类别、不同系列数据的关系。

【例 15-3】 创建销售业绩堆积柱形图。根据"f115-3 销售业绩(堆积柱形图).xlsx"中各季度的销售业绩数据创建堆积柱形图,并设置图表的样式为预定义样式5,结果如图 15-16 所示。

【参考步骤】

(1)选择数据区域。选择 A2:E9 的数据区域。

(2)选择图表类型。单击"插入"选项卡,选择"图表"组中的"插入柱形图或条形图"中的"二维柱形图"|"堆积柱形图"。

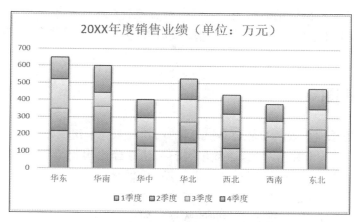

图 15-16 销售业绩堆积柱形图

（3）设置图表标题为"20××年度销售业绩（单位：万元）"。

（4）设置图表样式为"预定义图表样式 5"。

# 15.4.2 折线图

折线图是用直线段将各数据点连接起来而组成的图形，以显示数据的变化趋势。通常水平轴用来表示时间的推移，垂直轴代表不同时刻数值的大小。折线图包含 7 种子图表类型，即折线图、堆积折线图、百分比堆积折线图、带数据标记的折线图、带标记的堆积折线图、带数据标记的百分比堆积折线图和三维折线图。

【例 15-4】 创建空气质量指数折线图。根据"fl15-4AQI 指数（折线图）.xlsx"中上海 2018 年 12 月份的空气质量指数数据创建带数据标记的折线图，并设置图表横坐标轴的数字格式，结果如图 15-17 所示。

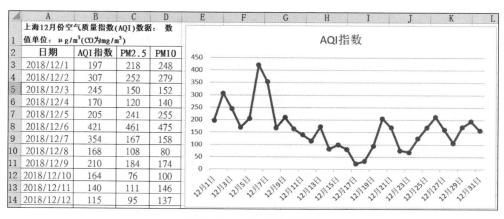

图 15-17 AQI 指数折线图

【参考步骤】

（1）选择数据区域。选择 A2:B33 的数据区域。

（2）选择图表类型。单击"插入"选项卡，选择"图表"组中的"插入折线图或面积图"中

的"二维折线图"|"带数据标记的折线图",绘制数据点折线图。

（3）设置横坐标轴的数字格式为"日期"类别的"3 月 14 日"类型（对应的格式代码为"m"月"d"日";@"）。

## 15.4.3　饼图

饼图是用圆的总面积表示全部,用各扇形的面积表示各个组成部分,各组成部分的面积之和为 1。饼图只有一个数据系列,通常用饼图描述百分比构成情况。饼图包含 5 种子图表类型,即饼图、三维饼图、复合饼图、复合条饼图、圆环图。

圆环图与饼图类似,也用于显示部分与整体的关系,但圆环图可以包含多个数据系列,多个圆环组成内外环关系,分别表示不同的数据系列。

【例 15-5】　创建招生计划人数饼图。根据"fl15-5 招生计划（饼图）. xlsx"中 20××年华东、华南等 7 个地区的招生计划人数创建饼图,并设置图表数据标签以及图例格式,结果如图 15-18 所示。

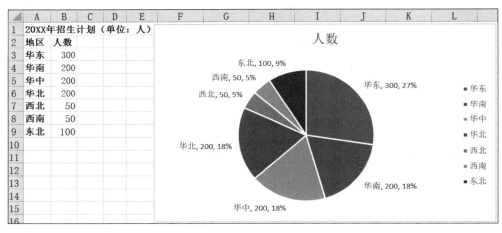

图 15-18　招生计划饼图

【参考步骤】

（1）选择数据区域。选择 A2:B9 的数据区域。

（2）选择图表类型。单击"插入"选项卡,选择"图表"组中的"插入饼图或圆环图"中的"饼图"。

（3）设置数据标签。选择图表,设置显示数据标签,标签位置为"数据标签外",标签选项包括类别名称、值、百分比、显示引导线。

（4）设置图例。设置靠右显示图例。

## 15.4.4　条形图

条形图与柱形图类似,一般适用于轴标签很长的情况。通常沿垂直坐标轴组织类别,沿水平坐标轴组织数值。条形图包含 6 种子图表类型,即簇状条形图、堆积条形图、百分比堆积条形图、三维簇状条形图、三维堆积条形图、三维百分比堆积条形图。

【例 15-6】 创建销售业绩百分比堆积条形图。根据"fl15-6 销售业绩（百分比堆积条形图）.xlsx"中各季度的销售业绩数据创建百分比堆积条形图，结果如图 15-19 所示。

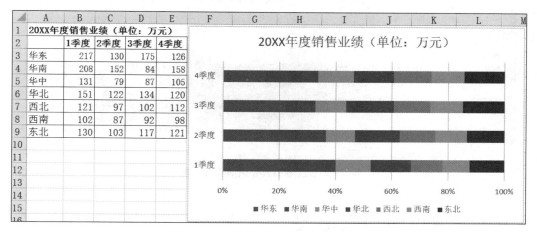

图 15-19 销售业绩百分比堆积条形图

【参考步骤】

（1）选择数据区域。选择 A2:E9 的数据区域。

（2）选择图表类型。单击"插入"选项卡，选择"图表"组中的"插入柱形图或条形图"中的"二维条形图"|"百分比堆积条形图"。

（3）设置图表标题为"20××年度销售业绩（单位：万元）"。

## 15.4.5　面积图

面积图可以看作折线图的另一种表现形式，它使用折线和分类轴组成的面积以及两条折线之间的面积来显示数据系列的值，面积还可显示部分与整体的关系。面积图包含 6 种子图表类型，即面积图、堆积面积图、百分比堆积面积图、三维面积图、三维堆积面积图和三维百分比堆积面积图。

【例 15-7】 创建销售业绩面积图。根据"fl15-7 区域销售业绩（面积图）.xlsx"中 20××年华东、华南等 7 个地区的销售业绩数据创建堆积面积图，并设置图表标题以及图例格式，结果如图 15-20 所示。

【参考步骤】

（1）选择数据区域。选择 A2:E9 的数据区域。

（2）选择图表类型。单击"插入"选项卡，选择"图表"组中的"插入折线图或面积图"中的"二维面积图"|"堆积面积图"。

（3）设置图表标题为"20××年度销售业绩"，并使用黑体、加粗显示；设置靠上显示图例。

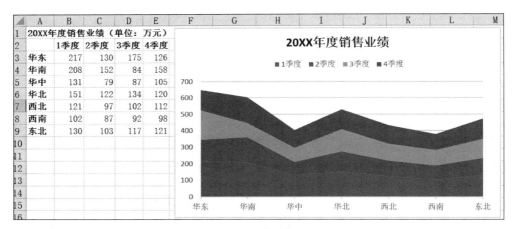

图 15-20　区域销售业绩堆积面积图

## 15.4.6　散点图和气泡图

散点图也称为 XY 图,它用光滑曲线或者一系列散点来描述数据,主要用于描述数据之间的关系。散点图包含 5 种子图表类型,即散点图、带平滑线和数据标记的散点图、带平滑线的散点图、带直线和数据标记的散点图、带直线的散点图。

气泡图与散点图非常相似,气泡图使用第 3 个系列数据显示气泡的大小。气泡图包含两种子图表类型,即气泡图、三维气泡图。

【例 15-8】　利用散点图绘制函数图。在"fl15-8 指数对数函数(散点图).xlsx"中利用散点图绘制 $y = e^x + \ln(x)$ 的函数关系图,并设置横坐标轴主要间隔和次要纵网格线格式。函数的自变量范围为 0.5～10,步长为 0.5,结果如图 15-21 所示。

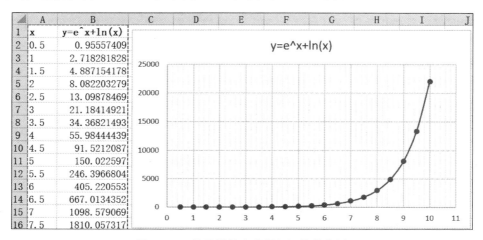

图 15-21　带平滑线和数据标记的散点图

【参考步骤】

(1)确定函数自变量范围。在 A2:A21 的数据区域利用自动填充生成函数的自变量范围 0.5～10,步长为 0.5。

（2）利用公式生成函数值数据。在 B2:B21 的数据区域根据所指定的函数 $y = e^x + \ln(x)$ 生成函数值数据。

（3）选择数据区域。选择 A1:B21 的数据区域。

（4）选择图表类型。单击"插入"选项卡,选择"图表"组中的"插入散点图（X,Y）或气泡图"中的"散点图"|"带平滑线和数据标记的散点图"。

（5）设置横坐标轴主要间隔为 1.0,并显示主轴次要垂直网格线。

## 15.4.7 股价图

股价图通常用于显示股票或期货价格及其变化的情况。股价图包含 4 种子图表类型,即盘高-盘低-收盘图、开盘-盘高-盘低-收盘图（也称 K 线图）、成交量-盘高-盘低-收盘图和成交量-开盘-盘高-盘低-收盘图。股价图是一类比较复杂的专用图形,通常需要几组特定的数据。

【例 15-9】 股价图示例。根据"fl15-9 股价（股价图）. xlsx"中 2018 年 12 月份连续 5 天股票的开盘、盘高、盘低和收盘交易数据创建股价图,并设置图表标题以及图例格式,结果如图 15-22 所示。

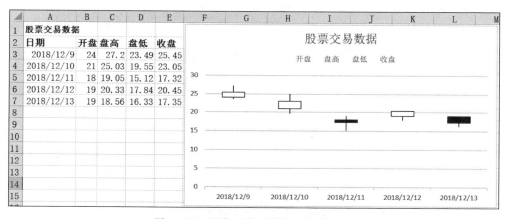

图 15-22 股价开盘-盘高-盘低-收盘图

【参考步骤】

（1）选择数据区域。选择 A2:E7 的数据区域。

（2）选择图表类型。单击"插入"选项卡,选择"图表"组中的"插入股价图、曲面图或雷达图"中的"股价图"|"开盘-盘高-盘低-收盘图"。

（3）设置图表标题为"股票交易数据",并设置在顶部显示图例。

## 15.4.8 曲面图

曲面图用于拟合两组数据间的最佳组合,通过跨两维的趋势线描述数据的变化趋势。曲面图包含 4 种子图表类型,即三维曲面图、三维线框曲面图、曲面图和曲面图（俯视框架图）。

【例 15-10】 创建抗张强度曲面图。根据"fl15-10 抗张强度测量（曲面图）.xlsx"中在连续的时间段所测量的抗张强度数据创建三维曲面图，结果如图 15-23 所示。

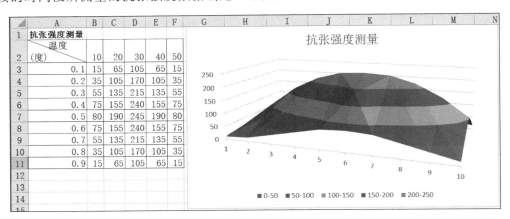

图 15-23 三维曲面图

【参考步骤】

（1）选择数据区域。选择 B2:F11 的数据区域。

（2）选择图表类型。单击"插入"选项卡，选择"图表"组中的"插入股价图、曲面图或雷达图"中"曲面图"的子类型"三维曲面图"。

（3）设置图表标题为"抗张强度测量"，并删除竖（系列）坐标轴。

【说明】

（1）曲面图的数据由数据区域组成，首列可看作 $x$ 分类数据，首行可看作 $y$ 分类数据，其他单元格值为对应 $x$ 分类和 $y$ 分类的值，即可以看作是二元函数 $z = f(x, y)$。例如抗张强度 = f(时间, 温度)。

（2）曲面图的分类轴不是单纯的数值坐标，而是分类。即使分类是数值，分类轴也按分类均匀排列，而不是按其数值大小精确排列间隔。故在图 15-23 中，两个分类轴为系列，而不是对应的时间和温度值。

（3）曲面图使用颜色来区分数值，颜色数量由值坐标的主要单位刻度来决定，每一种颜色对应一个主要单位。

# 15.4.9 雷达图

雷达图用于显示数值相对于中心点的变化情况。雷达图包含 3 种子图表类型，即雷达图、带数据标记的雷达图和填充雷达图。

【例 15-11】 创建水果销售量雷达图。根据"fl15-11 水果销售量（雷达图）.xlsx"中某城市 20××年 1～12 月西瓜、葡萄、香蕉和苹果的销售量数据创建带数据标记的雷达图，并设置图表标题以及图例格式，结果如图 15-24 所示。

【参考步骤】

（1）选择数据区域。选择 A2:E14 的数据区域。

（2）选择图表类型。单击"插入"选项卡，选择"图表"组中的"插入股价图、曲面图或雷达图"中"雷达图"的子类型"带数据标记的雷达图"。

（3）设置图表标题为"20××年度水果销售额"，并设置在底部显示图例。

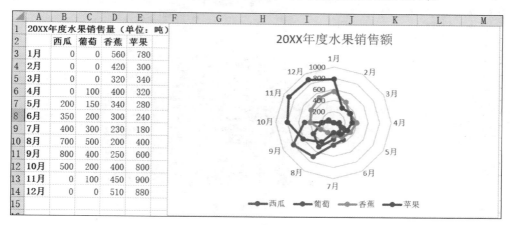

图 15-24　带数据标记的雷达图

# 15.4.10　地图

地图用于显示含有地理区域（例如国家/地区、省/自治区/直辖市、县或者邮政编码）类别的数据。Excel 地图图表只包含一种子图表，即着色地图。

【例 15-12】　创建人口分布着色地图。根据"fl15-12 世界人口（着色地图）.xlsx"中若干国家的人口数据创建着色地图，并设置图表标题以及图例格式。

【参考步骤】

（1）选择数据区域。选择 A1:B13 的数据区域。

（2）选择图表类型。单击"插入"选项卡，选择"图表"组中的"地图"|"着色地图"。

（3）设置图表标题为"世界人口"。

# 15.4.11　树状图

树状图属于层次结构图表，用于提供数据的分层视图显示。层次结构的每个级别（树分支）显示为矩形，子级别（子分支）显示为更小的矩形。树状图按矩形的颜色类别（分支）以矩形的大小表示各类别的数据。树状图有助于用户发现数据的模式。

【例 15-13】　创建销售利润的树状图。根据"fl15-13 按类别销售利润（树状图）.xlsx"中的按类别销售利润数据创建着色树状图，并设置图表标题和数据标签，结果如图 15-25 所示。

【参考步骤】

（1）选择数据区域。选择 A1:C18 的数据区域。

（2）选择图表类型。单击"插入"选项卡，选择"图表"组中的"插入层次结构图表"|"树状图"。

（3）设置图表标题为"销售利润"。

（4）设置数值标签显示"类别名称"和"值"。

| | A | B | C |
|---|---|---|---|
| 1 | 类别 | 子类别 | 利润(万元) |
| 2 | 家具 | 桌子 | 13.34 |
| 3 | 家具 | 用具 | 8.52 |
| 4 | 家具 | 椅子 | 32.58 |
| 5 | 家具 | 书架 | 36.11 |
| 6 | 技术 | 设备 | 14.41 |
| 7 | 技术 | 配件 | 13.08 |
| 8 | 技术 | 复印机 | 25.29 |
| 9 | 技术 | 电话 | 22.33 |
| 10 | 办公用品 | 装订机 | 4.28 |
| 11 | 办公用品 | 纸张 | 6.16 |
| 12 | 办公用品 | 用品 | 4.06 |
| 13 | 办公用品 | 信封 | 7.25 |
| 14 | 办公用品 | 系固件 | 1.86 |
| 15 | 办公用品 | 收纳具 | 31.68 |
| 16 | 办公用品 | 器具 | 19.90 |

图 15-25　销售利润树状图

# 15.4.12　旭日图

旭日图也属于层次结构图表，用于提供数据的分层视图显示。层次结构的每个级别显示为一个圆环，最内层的圆环表示层次结构的顶级。旭日图用于显示外环与内环的关系。旭日图适用于显示一个环（父级别）如何被划分为片段（子级别）；而另一种类型的分层图表——树状图则适合比较相对大小。不含任何分层数据（类别的一个级别）的旭日图与圆环图类似。

【例 15-14】　创建销售金额的旭日图。根据"fl15-14 销售金额（旭日图）.xlsx"中按年/季度/月份的销售金额创建旭日图，并设置图表标题，结果如图 15-26 所示。

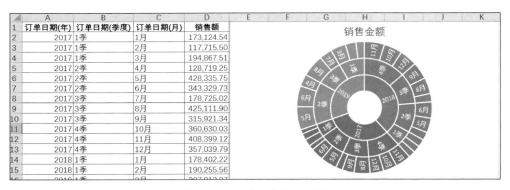

| | A | B | C | D |
|---|---|---|---|---|
| 1 | 订单日期(年) | 订单日期(季度) | 订单日期(月) | 销售额 |
| 2 | 2017 | 1季 | 1月 | 173,124.54 |
| 3 | 2017 | 1季 | 2月 | 117,715.50 |
| 4 | 2017 | 1季 | 3月 | 194,867.51 |
| 5 | 2017 | 2季 | 4月 | 128,719.25 |
| 6 | 2017 | 2季 | 5月 | 428,335.75 |
| 7 | 2017 | 2季 | 6月 | 343,329.73 |
| 8 | 2017 | 3季 | 7月 | 178,725.02 |
| 9 | 2017 | 3季 | 8月 | 425,111.90 |
| 10 | 2017 | 3季 | 9月 | 315,921.34 |
| 11 | 2017 | 4季 | 10月 | 360,630.03 |
| 12 | 2017 | 4季 | 11月 | 408,399.12 |
| 13 | 2017 | 4季 | 12月 | 357,039.79 |
| 14 | 2018 | 1季 | 1月 | 178,402.22 |
| 15 | 2018 | 1季 | 2月 | 190,255.56 |
| 16 | 2018 | 1季 | 3月 | 207,912.07 |

图 15-26　销售金额的旭日图

【参考步骤】

（1）选择数据区域。选择 A2:D33 的数据区域。

（2）选择图表类型。单击"插入"选项卡，选择"图表"组中的"插入层次结构图表"|"旭日图"。

（3）设置图表标题为"销售金额"。

## 15.4.13　直方图

直方图是显示分段频率数据的柱形图。在 Excel 2013 及之前的版本中,可以先使用公式函数(例如 FREQUENCY 函数)创建分段频率数据,然后用创建其柱形图的方法创建直方图;或者安装数据分析工具库,使用其中提供的直方图工具创建直方图。在 Excel 2016 以后的版本中,Excel 增加了直方图的图表类型,可以用于直接创建直方图。

【例 15-15】　创建学生成绩分布的直方图。根据"fl15-15 学生成绩(直方图).xlsx"中 67 名学生某次数学考试的成绩创建学生成绩分布的直方图,并设置图表标题以及坐标轴格式,结果如图 15-27 所示。

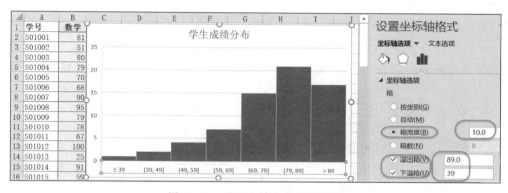

图 15-27　学生成绩分布的直方图

【参考步骤】

(1) 选择数据区域。选择 B1:B68 的数据区域。

(2) 选择图表类型。单击"插入"选项卡,选择"图表"组中的"插入统计图表"|"直方图"。

(3) 设置图表标题为"学生成绩分布"。

(4) 设置坐标轴格式。箱宽度为 10、溢出箱为 89、下溢箱为 39。

## 15.4.14　箱形图

箱形图(Box Plot)又称为盒须图、盒式图、盒状图或者箱线图,是一种用于通过显示数据四分位点的分布(因而形状如箱子)突出显示平均值和离群值,以显示一组数据分散度的统计图。

箱形图最大的优点就是不受异常值的影响,能够准确、稳定地描绘出数据的离散分布情况,同时也利于数据的清洗。

【例 15-16】　创建各科成绩分布的箱形图。根据"fl15-16 各科成绩(箱形图).xlsx"中的各科成绩信息创建各科成绩分布的箱形图,并设置图表标题、坐标轴标题以及图例,结果如图 15-28 所示。

【参考步骤】

(1) 选择数据区域。选择 C1:E16 的数据区域。

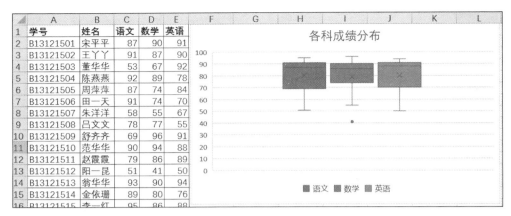

图 15-28　各科成绩的箱形图

（2）选择图表类型。单击"插入"选项卡，选择"图表"组中的"插入统计图表"|"箱形图"。

（3）设置图表标题为"各科成绩分布"；设置不显示坐标轴标题；设置在底部显示图例。

## 15.4.15　排列图

排列图又称为帕累托图（Pareto Chart）、主次图，是按照发生频率大小顺序绘制的直方图。Pareto Chart 是以意大利经济学家 V. Pareto 的名字命名的排列图法，又称为主次因素分析法，是一种将出现的质量问题和质量改进项目按照重要程度依次排列的图表。

【例 15-17】　创建地区销售额的排列图。根据"fl15-17 地区销售额（排列图）"中的地区销售额创建地区销售额的排列图，并设置图表标题，结果如图 15-29 所示。

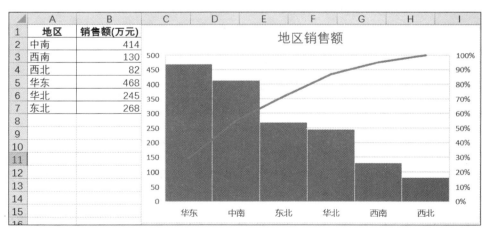

图 15-29　地区销售额的排列图

【参考步骤】

（1）选择数据区域。选择 A1:B7 的数据区域。

（2）选择图表类型。单击"插入"选项卡，选择"图表"组中的"插入统计图表"|"排列图"。

（3）设置图表标题为"地区销售额"。

## 15.4.16 漏斗图

漏斗图（Funnel Chart）适用于业务流程比较规范、周期长、环节多的业务流程分析。例如在销售业务流程中，从目标客户、合格目标客户、意向客户、报价客户、协商谈判客户、最终达成客户，使用漏斗图可以直观地显示每个阶段的销售客户数量，展示每个步骤的转化率。

【例 15-18】 创建销售客户数量分析的漏斗图。根据"fl15-18 销售客户数（漏斗图）.xlsx"中不同销售阶段的客户数量创建销售漏斗图，并设置图表标题，结果如图 15-30 所示。

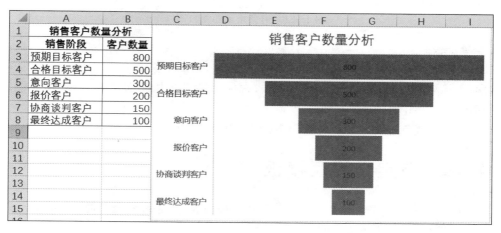

图 15-30 销售客户数量分析的漏斗图

【参考步骤】

（1）选择数据区域。选择 A2：B8 的数据区域。

（2）选择图表类型。单击"插入"选项卡，选择"图表"组中的"插入瀑布图、漏斗图、股价图、曲面图或雷达图"中的"漏斗图"。

（3）设置图表标题为"销售客户数量分析"。

## 15.4.17 瀑布图

瀑布图采用绝对值（结束数据点采用绝对值）与相对值（其他中间数据点采用相对的正值和负值变化）结合的方式表达在一段时间类别中数量变化的累积效应。因为形似瀑布流水而称之为瀑布图（Waterfall Plot）。

瀑布图的一个常见用途是在财务分析中跟踪利润或者现金流变化的累积结果。

【例 15-19】 创建 20××年度财务报表的瀑布图。根据"fl15-19 财务报表（瀑布图）.xlsx"中某公司的财务报表创建反映利润变化的瀑布图，并设置图表标题，结果如图 15-31 所示。

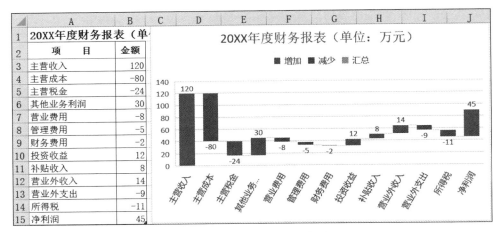

图 15-31　财务报表的瀑布图

【参考步骤】

（1）选择数据区域。选择 A2:B15 的数据区域。

（2）选择图表类型。单击"插入"选项卡,选择"图表"组中的"插入瀑布图、漏斗图、股价图、曲面图或雷达图"中的"瀑布图"。

（3）设置图表标题为"20××年度财务报表（单位：万元）"。

## 15.4.18　自定义图表模板

基于 Excel 提供的基本图表类型可以创建各种图表,并通过图表布局、编辑和格式化创建满足特定需求和特定风格的图表。

用户可以将图表另存为自定义图表模板,在创建新图表时可以基于自定义模板。方法如下：

（1）创建自定义图表。基于基本图表类型创建图表,并进行布局、编辑和格式化。

（2）把图表保存为图表模板。右击图表,然后选择"另存为模板"命令,保存自定义图表模板(.crtx 文件)。

（3）基于自定义图表创建图表。选择要创建图表的数据区域,然后单击"插入"选项卡上"图表"组中右下角的"查看所有图表"启动器按钮 ,打开"插入图表"对话框；选择"所有图表"选项卡左侧"模板"中自定义的模板,单击"确定"按钮,基于所选定的自定义模板创建图表。

# 15.5　使用图表分析线显示数据趋势

视频讲解

在图表中可以插入与数据点关联的直线或者曲线,称之为图表分析线,包括系列线、垂直线、高低点连线、涨跌柱线、误差线、趋势线等。图表分析线用于显示数据的变化趋势,预测数据的未来趋势。

## 15.5.1　系列线

同一系列中各数据点的连线为系列线。系列线一般用于强调数据点之间的变化规律。在二维堆积图中可以添加系列线。

## 15.5.2　垂直线

从数据系列的各数据点延伸到分类轴的连线为垂直线。垂直线一般用于标识数据点对应的分类数据。在折线图或面积图中可以添加垂直线。

【例15-20】为销售计划折线图添加垂直线。为"fl15-20 销售计划图（垂直线）.xlsx"中提供的某地区 20××年度销售计划折线图添加垂直线,结果如图 15-32 所示。

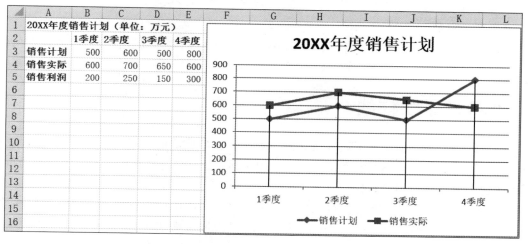

图 15-32　销售计划图垂直线

【参考步骤】

选择图表,单击"图表工具"栏的"设计"选项卡,选择"图表布局"组中的"添加图表元素"|"线条"|"垂直线"命令,添加垂直线。

## 15.5.3　高低点连线

连接同一分类轴标志上不同数据系列的最高值和最低值的为高低点连线,高低点连线一般用于标识同一分类轴标志上的数据变化范围。在多个系列的折线图或者股价图中可以添加高低点连线。

【例15-21】为销售计划折线图添加高低点连线。为"fl15-21 销售计划图（高低点连线）.xlsx"中提供的某公司 20××年度销售计划折线图添加高低点连线,结果如图 15-33 所示。

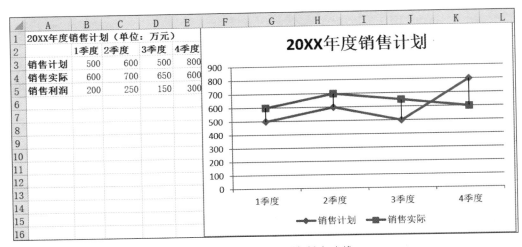

图 15-33　销售计划图高低点连线

**【参考步骤】**

选择图表,单击"图表工具"栏的"设计"选项卡,选择"图表布局"组中的"添加图表元素"|"线条"|"高低点连线"命令,添加高低点连线。

## 15.5.4　涨跌柱线

连接同一分类轴标志上不同数据系列的最高值和最低值的柱形为涨跌柱线,涨柱线和跌柱线可以设置为不同颜色。涨跌柱线一般用于标识数据的涨跌范围。在多个系列的折线图或股价图中可以添加涨跌柱线。

**【例 15-22】**　为销售计划折线图添加涨跌柱线。为"fl15-22 销售计划图(涨跌柱线).xlsx"中提供的某单位 20××年度销售计划折线图添加涨跌柱线,并分别设置涨跌柱线的颜色,结果如图 15-34 所示。

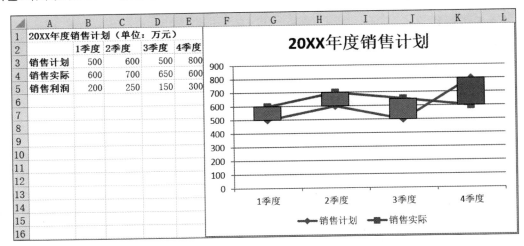

图 15-34　销售计划图涨跌柱线

【参考步骤】

（1）添加涨跌柱线。选择图表，单击"图表工具"栏的"设计"选项卡，选择"图表布局"组中的"添加图表元素"|"涨/跌柱线"|"涨/跌柱线"命令，添加涨跌柱线。

（2）设置"涨柱线"为绿色、"跌柱线"为红色。

## 15.5.5　误差线

误差线用于标识数据点的误差幅度和标准偏差。在二维面积图、条形图、柱形图、折线图、XY（散点）图和气泡图中可以添加误差线。

误差线可以在数据系列中的所有数据点或数据标记上显示其标准误差量、百分比误差量、标准偏差；也可以显示固定值误差量、指定值误差量。

【例 15-23】 为 10 月份气温的带平滑线和数据标记的散点图添加误差线。为"fl15-23 10 月份气温（误差线）.xlsx"中提供的某地区 10 月份平均气温的带平滑线和数据标记的散点图添加误差线，结果如图 15-35 所示。

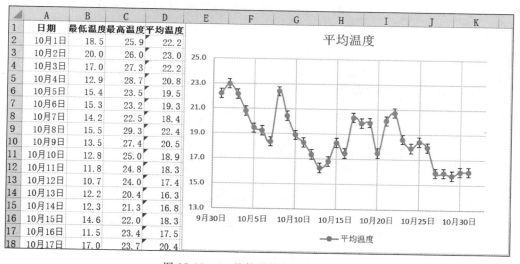

图 15-35　10 月份平均气温（误差线）

【参考步骤】

选择图表，单击"图表工具"栏的"设计"选项卡，选择"图表布局"组中的"添加图表元素"|"误差线"|"标准误差"命令，添加误差线；删除水平误差线，保留垂直误差线。

## 15.5.6　趋势线

根据已有数据，通过线性回归的方法拟合的直线或曲线为趋势线。趋势线一般用于预测分析。在非堆积二维图表（面积图、条形图、柱形图、折线图、股价图、散点图或气泡图）中可添加趋势线。在添加趋势线时，可根据数据的规律选择不同的拟合方法，即选择不同类型的趋势线。Excel 提供的趋势线包含下列类型：

- 线性趋势线。该类型趋势线适用于数据点构成的图案外观类似直线,拟合公式为 "$y = cx + b$"。

- 对数趋势线。该类型趋势线适用于数据变化率快速增加或降低的情况,拟合公式为 "$y = c\ln x + b$"。

- 多项式趋势线。该类型趋势线适用于数据波动的情况。多项式的次数可由数据的波动次数或曲线中出现弯曲的数目(峰值数和峰谷数)确定。通常二次多项式趋势线仅有一个峰值或峰谷,三次多项式有一个或两个峰值或峰谷,而四次多项式最多有 3 个峰值或峰谷。其拟合公式为"$y = c_1 x + c_2 x^2 + c_3 x^3 + \cdots + c_n x^n$"。

- 乘幂趋势线。该类型趋势线适用于数据以特定速度增加的情况,拟合公式为"$y = cx^b$"。

- 指数趋势线。该类型趋势线适用于数据以特定数据值和不断增加的速率上升或下降的情况,拟合公式为"$y = ce^{bx}$"。

- 移动平均趋势线。该类型趋势线使用移动平均方法平滑处理数据的波动,以更清楚地显示图案或趋势。其拟合公式为"$F_t = \dfrac{A_t + A_{t-1} + \cdots + A_{t-n+1}}{n}$"。

【例 15-24】 为 10 月份平均气温的带平滑线和数据标记的散点图添加趋势线。为 "fl15-24 10 月份气温(趋势线).xlsx"中提供的某地区 10 月份气温的带平滑线和数据标记的散点图添加趋势线,结果如图 15-36 所示。

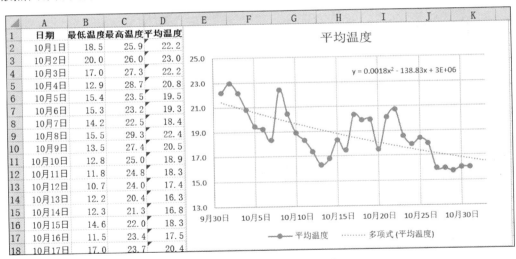

图 15-36　10 月份气温(趋势线)

【参考步骤】

(1) 选择图表,单击"图表工具"栏的"设计"选项卡,选择"图表布局"组中的"添加图表元素"|"趋势线"|"其他趋势线选项"命令,打开"设置趋势线格式"任务窗格,如图 15-37 所示。

(2) 设置趋势线选项。选中"多项式"单选按钮;设置"趋势预测"前推 10 个周期;选中"显示公式"复选框。

(3) 适当调整公式的显示位置。

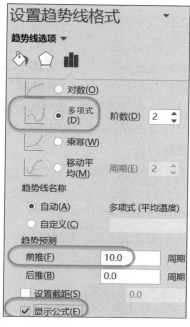

图 15-37　设置趋势线格式

# 15.6　使用迷你图显示数据趋势

视频讲解

## 15.6.1　迷你图概述

迷你图是 Excel 2010 及其后版本中的一个功能,它是工作表单元格中的一个微型图表,可以提供数据的直观表示。使用迷你图可以通过清晰、简明的图形表示方法显示一系列数值的趋势,例如季节性增加或减少、经济周期等,或者突出显示最大值(高点)和最小值(低点)。

## 15.6.2　创建迷你图

创建迷你图的步骤如下:

(1) 选择要在其中插入一个或者多个迷你图的一个或者一组空白单元格。

(2) 在"插入"选项卡的"迷你图"组中单击要创建的迷你图的类型,例如"折线图""柱形图"或者"盈亏图"。

(3) 弹出"创建迷你图"对话框,在"数据范围"文本框中选择或者输入需要创建迷你图的数据区域。

### 15.6.3　编辑迷你图

当在工作表上选择一个或者多个迷你图时,将会出现如图 15-38 所示的"迷你图工具"栏,并显示"设计"选项卡。在"设计"选项卡上通过"迷你图""类型""显示""样式"以及"分组"组中提供的命令编辑迷你图数据、更改其类型、显示或者隐藏迷你图上的数据点(高点、低点、负点、首点、尾点、标记)、设置其格式(样式、迷你图颜色、标记颜色)、设置横纵垂直轴的格式、取消迷你图组合、删除迷你图等。

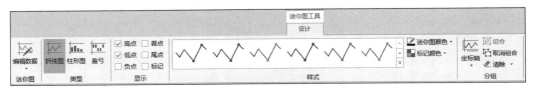

图 15-38　迷你图工具栏

用户可以在含有迷你图的单元格中直接输入文本,并设置文本格式(例如更改其字体颜色、字号或者对齐方式),还可以向该单元格应用填充(背景)颜色。

【例 15-25】 创建销售业绩折线迷你图。根据"fl15-25 迷你图.xlsx"中某商品在华东、华南、华中、华北、西北、西南、东北 7 个地区20××年度的销售业绩(单位:万元)创建折线迷你图,并添加"紫色,迷你图样式着色 4,深色 50%"样式,设置高点以红色、低点以蓝色显示,结果如图 15-39 所示。

| 20XX年度销售业绩（单位：万元） | | | | | |
|---|---|---|---|---|---|
| | 1季度 | 2季度 | 3季度 | 4季度 | 迷你图 |
| 华东 | 217 | 130 | 175 | 126 | |
| 华南 | 208 | 152 | 84 | 158 | |
| 华中 | 131 | 79 | 87 | 105 | |
| 华北 | 151 | 122 | 134 | 120 | |
| 西北 | 121 | 97 | 102 | 112 | |
| 西南 | 102 | 87 | 92 | 98 | |
| 东北 | 130 | 103 | 117 | 121 | |

图 15-39　区域销售业绩迷你图

【参考步骤】

(1) 选择要在其中插入迷你图的一组空白单元格。这里选择 F3:F9 数据区域。

(2) 插入折线迷你图。单击"插入"选项卡,选择"迷你图"组中的"折线图"。

(3) 弹出"创建迷你图"对话框,在"数据范围"文本框中选择需要创建迷你图的数据区域"B3:E9",单击"确定"按钮。

(4) 编辑迷你图。在"迷你图工具"栏的"设计"选项卡上选择"样式"组中的"紫色,迷你图样式着色 4,深色 50%"样式,并通过"样式"组中的"标记颜色"选项将"高点"设置为红色、将"低点"设置为蓝色。

视频讲解

# 15.7　Excel 复杂图表的建立

## 15.7.1　组合图

在数据比较分析中,如果要比较的两个序列的数值相差太大,则使用同一数值轴刻度单位时,数值小的系列接近于 0,不利于比较。例如,图 15-40 中利用簇状柱形图比较数值相差很大的销售单价和销售金额,结果很不理想(甚至看不到"单价"的踪影)。

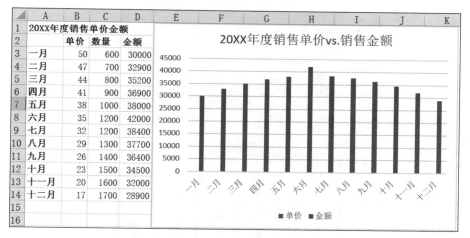

图 15-40　利用簇状柱形图比较销售单价和销售金额

在 Excel 中,组合图是指在一个图表中包含两种或两种以上的图表类型,例如,一个数据系列使用折线图表类型,另外一个数据系列使用柱形图表类型。如果两个数据系列的数值范围相差太大,建议设置其中一个数据序列显示在"次坐标轴"上。

使用 Excel 的组合图表类型可以分别选择序列使用的图表类型,快捷地实现组合图。

【例 15-26】　创建组合图。根据"fl15-26 销售单价金额(组合图). xlsx"中的销售单价和销售金额数据,利用组合图(两轴线柱图)比较销售单价和销售金额的关系,结果如图 15-41 所示。

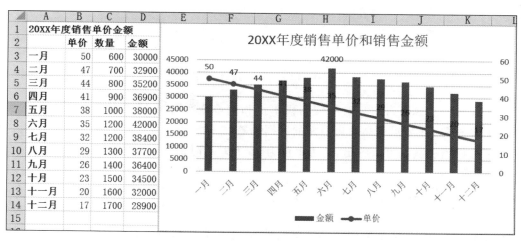

图 15-41　销售单价和销售金额(组合图)

【参考步骤】

(1) 选择数据区域。选择 A2:B14 和 D2:D14 的数据区域。

(2) 插入图表。单击"插入"选项卡,选择"图表"组中的"插入组合图"|"自定义组合图",打开"插入图表"对话框,如图 15-42 所示;选择"单价"数据序列的图表类型为"带数据

标记的折线图",并选中"次坐标轴"复选框,选择"金额"数据序列的图表类型为"簇状柱形图";单击"确定"按钮,插入组合图表。

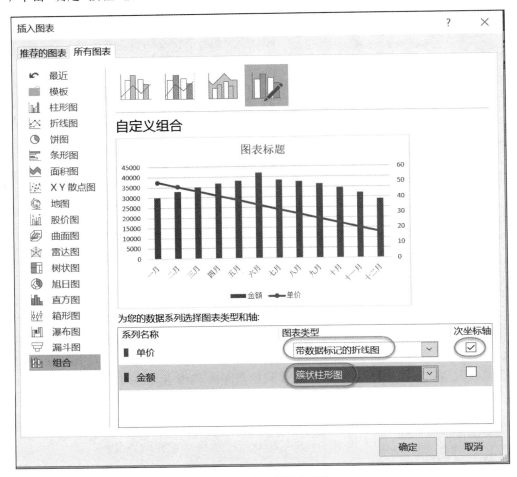

图 15-42　自定义组合图表

　　(3)设置图表标题为"20××年度销售单价和销售金额";设置在上方显示"单价"数据系列的数据标签,并显示最高销售金额的数据标签。

　　(4)分析图表数据可以看出,销售单价为 35 元左右时销售金额最大。

## 15.7.2　金字塔图和橄榄形图

　　在数据统计中,许多数据的统计规律满足"正态分布",形象地称之为"橄榄形图"或"金字塔形图"。在 Excel 图表类型中并没有橄榄形图,也没有金字塔形图,但可以使用"堆积条形图"实现该类图形。

　　【例 15-27】　利用堆积条形图创建产品成本金字塔图。根据"fl15-27 产品成本(金字塔图).xlsx"中原材料、辅料、人工以及其他的成本数据,利用堆积条形图创建产品成本金字塔图,注意设置图表标题、图例、坐标轴以及数据系列等的格式,结果如图 15-43 所示。

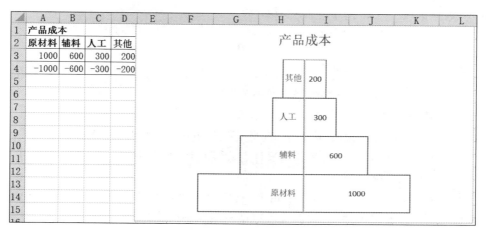

图 15-43 产品成本金字塔图

【参考步骤】

(1) 添加数据。在 A4:D4 数据区域输入与 A3:D3 数据区域中值相反的数据。

(2) 选择数据区域。选择 A2:D4 的数据区域。

(3) 绘制图表。单击"插入"选项卡,选择"图表"组中的"插入柱形图或条形图"中的"二维条形图"|"堆积条形图"。然后设置图表标题为"产品成本",不显示图例,不显示主要横坐标轴,不显示主轴主要纵网格线。

(4) 设置数据系列的格式。分别双击左、右两边的数据系列,设置间隙宽度为 0%、边框为"实线"、填充颜色为白色,然后设置右边数据系列居中显示数据标签。

【**例 15-28**】 利用堆积条形图创建项目预算橄榄形图。根据"fl15-28 项目预算(橄榄形图).xlsx"中鉴定、培训、人工、设备等的预算数据,利用堆积条形图创建项目预算橄榄形图,注意设置图表的图例、坐标轴、网格线以及数据系列等的格式,结果如图 15-44 所示。

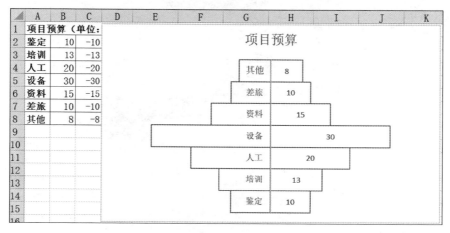

图 15-44 项目预算橄榄形图

【参考步骤】

(1) 利用选择性粘贴产生与数据区域 B2:B8 中值相反的数据。

① 将数据区域 B2:B8 的值复制到 C2:C8。

② 在 M1 单元格中输入"－1"。

③ 复制 M1。

④ 选中数据区域 C2:C8,选择"选择性粘贴"命令,然后选中"选择性粘贴"对话框中的
"乘"以及"值和数字格式"单选按钮,单击"确定"按钮。

(2) 选择数据区域。选择数据区域 A2:C8。

(3) 绘制图表。单击"插入"选项卡,选择"图表"组中的"插入柱形图或条形图"中的"二
维条形图"|"堆积条形图"。然后设置图表标题为"项目预算",不显示图例,不显示主要横坐
标轴,不显示主轴主要纵网格线。

(4) 设置数据系列的格式。分别双击左、右两边的数据系列,设置间隙宽度为 0%、边框
为"实线"、填充颜色为白色,然后设置右边数据系列在轴内侧显示数据标签。

# 15.7.3 甘特图

在项目管理中经常用到甘特图,甘特图(Gantt Chart)又叫横道图、条状图(Bar Chart)。
甘特图以图示的方式表示出特定项目的活动顺序与持续时间。甘特图通常为线条图,横轴
表示时间,纵轴表示活动(项目),线条表示在整个期间上计划和实际活动的完成情况。

项目管理软件(例如 Microsoft Project)提供专业的甘特图绘制与管理功能。Excel 可
以使用"堆积条形图"实现甘特图。

【例 15-29】 利用堆积条形图创建任务计划甘特图。根据"fl15-29 任务计划(甘特图)
.xlsx"中分析、设计、开发、测试、培训、交付等任务的开始时间、工期以及结束时间,利用堆
积条形图创建任务计划甘特图,注意设置图表的网格线以及数据系列等的格式,结果如
图 15-45 所示。

图 15-45 任务计划甘特图

【参考步骤】

(1) 选择数据区域。选择数据区域 A2:B8。

(2) 绘制图表。单击"插入"选项卡,选择"图表"组中的"插入柱形图或条形图"中的
"二维条形图"|"堆积条形图",并设置图表标题为"工程任务计划",显示主轴次要垂直网

格线。

（3）增加数据系列。选择数据区域 C2:C8，按 Ctrl＋C 键复制数据，然后选择图表，按 Ctrl＋V 键粘贴数据系列。

（4）设置数据系列的格式。双击"开始时间"数据系列，设置其间隙宽度为 0％、无填充、无边框颜色；双击垂直分类轴，设置其坐标轴选项为"逆序类别"；双击水平轴，设置其最小值为 43132（即 2018/2/1）、最大值为 43162（即 2018/3/3）。

## 15.7.4　步进图

步进图通过相邻数据的差来反映数据的变化，形状类似于阶梯，所以又称之为阶梯图。步进图可以通过散点图来实现。

【例 15-30】　利用散点图创建产品销售数量步进图（阶梯图）。根据"fl15-30 销售数量（阶梯图）.xlsx"中某一年某产品 1 月～12 月的销售数量，利用散点图创建产品销售数量步进图（阶梯图），注意设置图表的垂直轴以及水平轴等的格式，结果如图 15-46 所示。

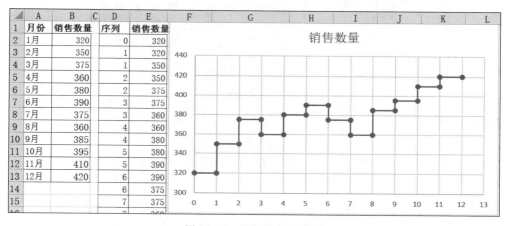

图 15-46　销售数量步进图

【参考步骤】

（1）准备辅助数据。在 D2 单元格中输入公式"＝ROUND(ROW()/2－1,0)"，并向下填充至 D25 单元格；在 E2 单元格中输入公式"＝INDIRECT("B"&(INT(ROW()/2)＋1))"，并向下填充至 E25 单元格。

（2）选择数据区域。选择数据区域 D1:E25。

（3）绘制图表。单击"插入"选项卡，选择"图表"组中的"插入散点图（X、Y）或气泡图"中的"散点图"|"带直线和数据标记的散点图"；双击垂直轴，设置其最小值为 300、最大值为 440；双击水平轴，设置其最大值为 13、主要刻度单位为 1。

## 15.7.5　瀑布图

瀑布图是指通过 Excel 图表的设置使图表中数据点的排列看起来如同瀑布，从而使图表既可以反映数据大小,又可直观地反映出数据的增减变化。瀑布图是经营分析工作中的常用图表,常用来直观地显示一个数字到另一个数字的变化过程,例如从销售收入到税后利润、各类成本费用的影响情况等。

Excel 2019 中包含了瀑布图图表类型(具体请参见 15.4.17 节),本节基于涨跌柱线创建瀑布图。

【例 15-31】 创建财务报表瀑布图。根据"fl15-31 财务报表(瀑布图). xlsx"中某公司 20××年度的财务报表数据,利用折线图、涨跌柱线等创建公司 20××年财务报表瀑布图,需要添加辅助数据,设置各项目金额、起点以及终点数据。注意设置图表的图例、涨跌柱线以及数据系列等的格式,结果如图 15-47 所示。

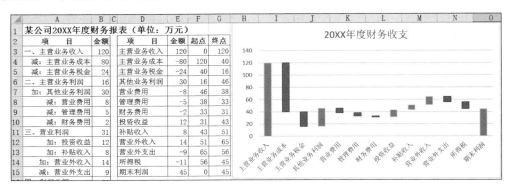

图 15-47 财务报表瀑布图

【参考步骤】

(1)准备辅助数据。在数据区域 E3:E14 中输入 B2:B17 数据区域中对应项目的数据,标为"减"的项目为相反数,E15 为 E3:E14 之和;在 F3 和 F15 单元格中输入"0",在 F4 单元格中输入公式"＝G3",并向下填充至 F14 单元格;在 G3 单元格中输入公式"＝E3＋F3",并向下填充至 G15 单元格。

(2)选择数据区域。选择 D2:D15 和 F2:G15 的数据区域。

(3)绘制图表。单击"插入"选项卡,选择"图表"组中的"插入折线图或面积图"中的"二维折线图"|"折线图";设置图表标题为"20××年度财务收支",不显示图例;添加涨跌柱线。

(4)设置涨跌柱线的属性。双击涨柱线,设置其填充色为绿色;双击跌柱线,设置其填充色为红色。

(5)隐藏折线。分别双击两条折线,设置其数据系列的格式(线条颜色)为无线条。

视频讲解

# 15.8 动态图表

在 Excel 中有时候需要创建大量类似的图表,例如为不同地区的销售数据创建季度销售报表,通过创建动态图表可以实现功能需求。

建立动态图表的基本思想是设置一个控制单元格,该单元格对应于动态图表中的控件(通常为单选按钮或者下拉列表框)。根据控制单元格的值(该值通常为整数,标识不同类别），使用 Excel 的 ADDRESS、CELL、INDIRECT、COLUMN、OFFSET 等函数生成对应类别的图表动态数据区域。

下面通过两种方法介绍创建动态图表的过程。

第一种方法利用"数据有效性"设置控制单元格，并利用 VLOOKUP、COLUMN 等函数生成对应类别的图表动态数据区域。

第二种方法使用 ADDRESS、CELL、INDIRECT、COLUMN 等函数建立对应类别的图表动态数据区域。

【例 15-32】 创建区域销售业绩动态图表（方法 1）。在"fl15-32 区域销售业绩 1（动态图表）.xlsx"中存放着某商品在华东、华南、华中、华北、西北、西南、东北 7 个地区 20××年度的销售业绩（单位：万元），通过设置控制单元格（本例为 A13 单元格）的数据有效性，并利用 VLOOKUP、COLUMN 等函数，为这 7 个地区建立动态簇状柱形图表，结果如图 15-48 所示。

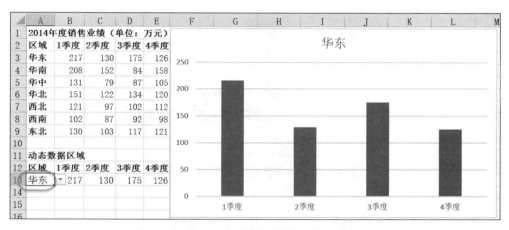

图 15-48　基于动态数据区域创建图表（方法 1）

**【参考步骤】**

（1）建立动态图表的数据区域。

① 设置控制单元格。选择 A13 单元格，单击"数据"选项卡，选择"数据工具"组中的"数据验证"|"数据验证"命令，打开"数据验证"对话框；在"允许"下拉列表框中选择"序列"，在"来源"文本框中输入"＝$A$3:$A$9"，单击"确定"按钮；通过 A13 单元格的下拉列表框选择"华东"区域。

② 设置动态数据区域。在 B13 单元格中输入公式"＝VLOOKUP($A13,$A$3:$E$9,COLUMN(),FALSE)"，并向右填充至 E13。A12:E13 为动态数据区域。通过 A13 单元格的下拉列表框选择不同区域的数据，观察动态数据。

（2）基于动态数据区域创建图表：基于动态数据区域建立动态图表，图表反映基于当前控制单元格的值所对应类别的数据。

① 选择数据区域。选择 A12:E13 的数据区域。

② 绘制图表。单击"插入"选项卡，选择"图表"组中的"插入柱形图或条形图"中的"二维柱形图"|"簇状柱形图"。

③ 通过改变控制单元格 A13 的值来动态更新图表。当用户选择该控件的不同值时,关联的控制单元格的值随之改变,动态数据区域的数据随之改变,最终图表也随之改变,从而达到动态报表的效果。

（3）动态更新图表:选择控制单元格 A13,通过其下拉列表框可以选择不同区域的数据,从而动态更新图表。

**【例 15-33】** 创建区域销售业绩动态图表(方法 2)。在"fl15-33 区域销售业绩 2(动态图表).xlsx"中同样存放着某商品在华东、华南、华中、华北、西北、西南、东北 7 个地区 20××年度的销售业绩,使用 ADDRESS、CELL、INDIRECT、COLUMN 等函数为这 7 个地区建立动态三维簇状柱形图表,结果如图 15-49 所示。

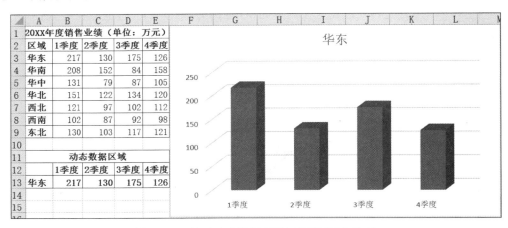

图 15-49　基于动态数据区域创建图表(方法 2)

**【参考步骤】**

（1）创建动态数据区域。在 A13 单元格中输入公式"＝INDIRECT(ADDRESS(CELL("ROW"),COLUMN(A3)))",并向右填充至 E13。A12:E13 为动态数据区域。

（2）绘制图表。选择 A12:E13 的数据区域,单击"插入"选项卡,选择"图表"组中的"插入柱形图或条形图"中的"三维柱形图"|"三维簇状柱形图"。

（3）改变控制单元格的值以动态更新图表。单击 A4 单元格,按 F9 功能键重新计算 B13:E13 数据区域中的公式,图表中将显示"华东"地区各季度的销售情况。分别选取 A3:A9 数据区域中的其他地区,按 F9 功能键,观察各地区的销售柱形图。

**【提示】**

在 Excel 中,F9 功能键对所有打开的工作簿中的公式进行重新计算。

**【技巧】**

在例 15-33 的步骤(3)中,分别双击 A3:A9 数据区域中的地区名称,也可以得到各地区的动态销售图。

**【拓展】**

建立动态图表的方法很多,本节只是列举了其中两种方法。请读者自行查阅相关资料,总结并比较创建动态图表的各种不同方法。

# 习题

1. Excel 图表一般包括哪些组成部分？每个组成部分可以设置哪些属性？

2. 创建 Excel 图表的一般步骤是什么？

3. 在 Excel 中创建图表后，可以编辑图表哪些元素的属性？如何编辑图表元素的属性？

4. 在 Excel 中如何使用迷你图显示数据趋势？创建迷你图的一般步骤是什么？

5. 如何编辑 Excel 迷你图？

6. 在 Excel 中，除了误差线、趋势线外，还提供了哪些图表分析线，以显示数据的变化趋势、预测数据的未来趋势？

7. 在 Excel 中如何绘制金字塔图？

8. 在 Excel 中如何绘制橄榄形图？

9. 在 Excel 中如何绘制甘特图？

10. 在 Excel 中如何绘制阶梯图？

11. 在 Excel 中如何绘制瀑布图？

12. 在 Excel 中如何绘制动态图表？

第 **16** 章

# 使用Power Pivot数据模型
# 管理和分析数据

使用 Excel 工作表处理数据存在两个局限性：单个工作表的行数不能超过 1048576 行；多个数据表不能直接进行连接。为了有效地分析和处理大数据，特别是来自不同外部数据源的数据，Excel 引入了内存数据模型 Power Pivot，可以高效地管理数据模型，从而实现商业智能数据分析。

视频讲解

## 16.1　Power 系列功能概述

### 16.1.1　自助式商业智能解决方案

商业智能(Business Intelligence,BI)通常被理解为将企业中现有的数据(包括产品信息、客户和供应商信息、业务系统的订单、库存等各种数据)转化为知识，帮助企业做出明智的业务经营决策的工具。

从技术层面上讲，商业智能是将数据转化为知识所涉及的技术，包括数据仓库、联机分析处理(OLAP)工具、数据挖掘等技术。

传统商业智能的重点是利用记录系统生成月度报告，这是 IT 部门和数据科学家的职责，数据分析处理周期比较长。近年来，数据可视化成为商业智能的关键组成部分。商业智能分析工作的职责从 IT 部门转移到使用自助式商业智能的业务分析师和经理身上。使用自助式商业智能工具，可以在短时间内基于各种数据源交互式地发现业务问题、预测发展趋势等，从而决定应该采取何种行动。

## 16.1.2 基于 Excel 的自助式商业智能解决方案

基于 Excel 的自助式商业智能解决方案如图 16-1 所示。通过 Power Query,可以导入并转换不同数据源的数据到数据模型(Power Pivot),结果为数据模型中的表;通过 Power Pivot,可以管理数据模型中的表之间的关系,创建计算列和度量值;通过数据透视表(以及数据透视图),可以对数据进行透视分析;通过 Power View,可以对数据进行交互式可视化探索分析;通过 Power Map,可以对数据进行三维可视化分析演示。

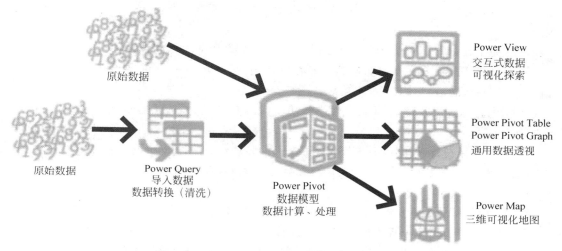

图 16-1 基于 Excel 的自助式商业智能解决方案

## 16.1.3 基于 Power BI 的自助式商业智能解决方案

基于 Power BI 的自助式商业智能解决方案如图 16-2 所示。通过 Power Query,可以导入并转换不同数据源的数据到数据模型(Power Pivot),结果为数据模型中的表;通过

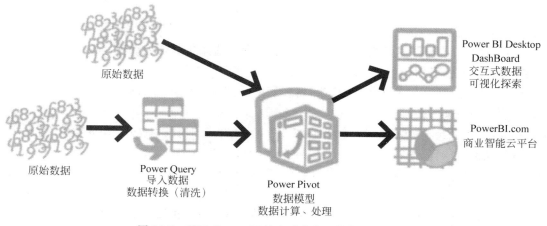

图 16-2 基于 Power BI 的自助式商业智能解决方案

Power Pivot,可以管理数据模型中的表之间的关系,创建计算列和度量值;通过 Power BI Desktop Dashboard,可以对数据进行交互式可视化探索分析;通过 PowerBI. com,可以发布共享数据分析结果。

## 16.1.4　加载 Power 系列加载项

在 Excel 2019 中,Power Pivot、Power View 和 Power Map 作为 COM 加载项提供,在使用之前需要加载对应的加载项,并激活功能选项卡。

在 Excel 中,默认情况下 Power View 功能被隐藏。如果要使用 Power View,必须按照以下步骤安装:

(1) 加载 Power 系列加载项。请参见例 16-1,加载 Power 系列加载项。

(2) 激活 Power Pivot 功能选项卡。在默认情况下,Power Pivot 功能选项卡不可用。请参见例 16-2,激活 Power Pivot 功能选项卡。

(3) 通过自定义快速访问工具栏或者功能区设置访问"插入 Power View 报表"命令。参见例 16-3。

(4) 下载并安装 Microsoft Silverlight。Power View 基于 Silverlight 技术,故需要在计算机上安装 Silverlight。通过网址"https://www. microsoft. com/silverlight/"下载并安装 Microsoft Silverlight。

(5) 启用 Silverlight。微软出于安全考虑,在最新版本的 Office 中阻止了 Flash、Silverlight 和 Shockwave 控件的启动。大部分用户不会受到影响,但对于部分用户,这一问题可能导致如下现象:在嵌入 Flash 动画时没有任何反应;在 Excel 中插入 Power View 时将弹出"类 OLEObject 的 Activate 方法无效"的提示对话框。解决方法是从网址"https:// gallery. technet. microsoft. com/scriptcenter/Registry-keys-to-reenable-7cd9f723♯content"下载 EnableControls. zip,并运行其中的 EnableSilverLight. reg,修改注册表以运行 Silverlight,从而允许 Power View 功能。

【例 16-1】　加载 Power Pivot、Power View 和 Power Map 加载项。

【参考步骤】

(1) 打开"Excel 选项(加载项)"对话框。选择"文件"选项卡中的"选项"命令,打开"Excel 选项"对话框,选择"加载项"类别。

(2) 打开"加载项"对话框。在"管理"下拉列表中选择"COM 加载项",然后单击"转到"按钮,打开"加载项"对话框。

(3) 激活加载项。在"可用加载项"列表框中分别选中要激活的加载项旁边的复选框,这里选中 Microsoft Power Pivot for Excel、Microsoft Power View for Excel 和 Microsoft Power Map for Excel 加载项,然后单击"确定"按钮,即可激活对应的加载项,如图 16-3 所示。

【说明】

(1) 在加载 Power Map 加载项后,会在"插入"选项卡的"演示"组中显示"三维地图"功能按钮,即 Power Map。

(2) 在加载 Power Pivot 加载项后,需要激活 Power Pivot 选项卡。请参见例 16-2。

(3) 在激活 Power View 加载项后,需要通过自定义快速访问工具栏或者功能区的方法访问该功能。请参见例16-3。

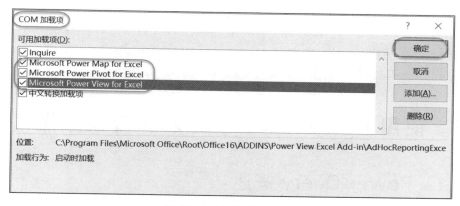

图16-3 "加载项"对话框

【例16-2】 启用Excel的Power Pivot功能选项。

【参考步骤】

选择"文件"选项卡中的"选项"命令,打开"Excel选项"对话框,单击左侧的"自定义功能区",选中其右侧列表中的Power Pivot选项。

【例16-3】 定制快速访问工具栏,添加"插入Power View报表"功能按钮。

【参考步骤】

(1)选择"文件"|"选项"|"快速访问工具栏"命令,打开"Excel选项(快速访问工具栏)"对话框。

(2)在快速访问工具栏上添加"插入Power View报表"功能按钮。在"从下列位置选择命令"列表中选择"不在功能区中的命令",在随后出现的列表中选择"插入Power View报表"命令,单击"添加"按钮,然后单击"确定"按钮。

【例16-4】 下载和安装Microsoft Silverlight。

【参考步骤】

(1)访问网址"https://www.microsoft.com/silverlight/"。

(2)单击DOWNLOAD NOW超链接,下载并安装。

(3)修改注册表以允许Silverlight。从网址"https://gallery.technet.microsoft.com/scriptcenter/Registry-keys-to-reenable-7cd9f723♯content"中下载EnableControls.zip,运行其中的EnableSilverLight.reg,修改注册表以运行Silverlight。

# 16.1.5 安装Power BI Desktop

在Power BI官网有Power BI Desktop的免费下载超链接。

【例16-5】 下载和安装Microsoft Power BI Desktop。

【参考步骤】

(1)访问网址"https://powerbi.microsoft.com/zh-cn/downloads/"。

(2)单击"高级下载选项"超链接,打开下载页面,选择语言"Chinese(Simplified)",然后单击"下载"超链接,打开下载页面,选择要下载的文件"PBIDesktopSetup_x64.exe",单击

Next 按钮开始下载。

（3）双击下载的安装包"PBIDesktopSetup_x64.exe"，按照安装向导的提示完成安装。

注意，使用 64 位版本的 Power BI Desktop 连接 Access 数据库时，需要在本机安装对应版本的驱动程序。用户可以从网址"https://www.microsoft.com/en-US/download/details.aspx? id=13255"中下载驱动安装程序 AccessDatabaseEngine_x64.exe，并安装。

视频讲解

# 16.2 使用 Power Query 导入和转换数据

## 16.2.1 Power Query 概述

Power Query 是 Excel 的一个插件，它为自助式商业智能解决方案提供了数据查询、转换和导入的解决方案。Power Query 用于将数据从外部数据源检索到 Excel（以及 Power Pivot 数据模型）中，并做进一步的分析处理。在 Excel 工作表中引入外部数据后，还可以根据需要刷新数据，以使 Excel 工作表数据与外部源中的数据保持同步。

使用 Power Query 可以从不同的数据源查询数据；然后根据需要调整转换数据（例如删除列、更改数据类型或者合并表格）；最后使用查询分析数据创建报表。

老版本的 Power Query 插件在 Excel 功能区中显示为单独的选项卡，在 Excel 2019 中显示为"数据"选项卡中的"获取和转换数据"组与"查询和连接"组，如图 16-4 所示。

图 16-4　Power Query 功能区

使用 Power Query 查询导入外部数据源中的数据一般需要以下 3 个步骤：

（1）创建查询。从各种数据源创建查询。

（2）编辑查询。使用"Power Query 编辑器"编辑查询，进行数据转换和清洗。

（3）加载数据。加载数据到 Excel 表或者数据模型，可以进一步对数据设置数字格式、汇总计算、创建报表等。

## 16.2.2 创建查询

使用"数据"选项卡中"获取和转换数据"组中的命令可以创建查询。

Power Query 支持从不同的数据源查询导入数据，例如文件（包括 Excel 工作簿、文本文件、XML 文件、JSON 文件、文件夹等）、数据库（包括 Access、SQL Server、Oracle 等）、云服务（包括 Azure、Facebook 等）、其他源（包括 Web 页面、OData 源、Hadoop 的 HDFS、ODBC 等）。

**【例 16-6】** 创建查询，导入文本数据。

**【参考步骤】**

（1）打开工作簿"fl16-6 导入文本数据（考试成绩）.xlsx"。

（2）新建文本查询。单击"数据"选项卡，选择"获取和转换数据"组中的"从文本/CSV"命令，打开"导入数据"对话框；选择要导入的文本文件"grade.txt"。

（3）导入选项/预览结果。单击"导入"按钮，打开设置对话框。Excel 自动分析元素数据，并显示导入结果预览。用户可以根据需要调整文件编码、分隔符（如果选择固定宽度，则输入以逗号分隔的整数列宽）。

（4）加载并创建查询。单击"加载"按钮，导入数据到工作表，同时创建一个名为 grade 的查询，如图 16-5 所示。

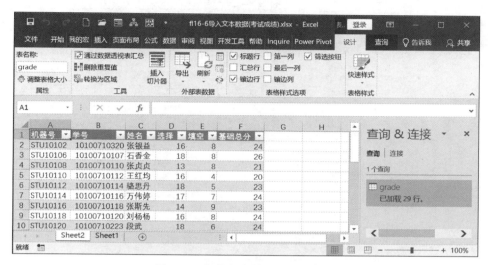

图 16-5 加载文本数据并创建查询

【**例 16-7**】 创建查询，导入雅虎财经网站上的股票历史数据。

【**参考步骤**】

（1）打开工作簿"fl16-7 导入 Web 数据（股票历史数据）.xlsx"。

（2）新建 Web 查询。单击"数据"选项卡，选择"获取和转换数据"组中的"自网站"命令，打开"从 Web"对话框；在"地址栏"框中指定要导入数据的网页的地址，例如"http://finance.yahoo.com/q/hp? s＝MSFT"；单击"确定"按钮，系统自动导入网页内容，并分析网页中包含的表格数据。

（3）选择并预览要导入的表格数据。在"导航器"对话框中，选择左侧"显示选项"中的 Table 2，在右侧窗格中预览数据，如图 16-6 所示。

（4）加载数据并创建查询。单击"导航器"对话框中的"加载"按钮，导入数据到工作表，同时创建一个名为 Table 2 的查询，如图 16-7 所示。

【**例 16-8**】 创建查询，导入 Access 数据库（Employee. accdb）中的数据表。在 Employee. accdb 公司职员管理数据库系统中有 EmployeeTBL 和 BonusTBL 两张数据表，EmployeeTBL 数据表存放着公司职员的工号、姓名、出生日期、所在部门、薪酬单价（美元/小时）和工作时长（小时）信息，BonusTBL 数据表存放着公司职员的工号、月份、奖金信息。

【**参考步骤**】

（1）打开工作簿"fl16-8 导入 Access 数据库（员工信息）.xlsx"。

（2）新建数据库查询。单击"数据"选项卡，选择"获取和转换数据"组中的"获取数据"|"自数据库"|"从 Microsoft Access 数据库"命令，打开"导入数据"对话框，然后选择 Employee. accdb 文件，单击"导入"按钮，打开"导航器"对话框，选择 EmployeeTBL 表。

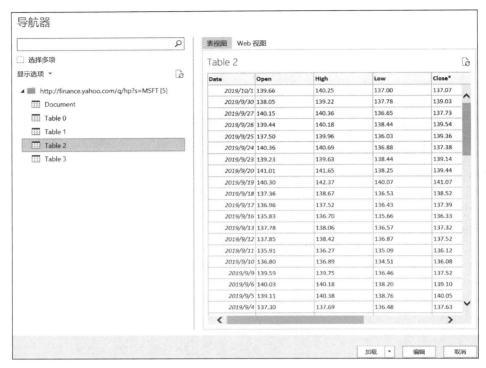

图 16-6　选择并预览要导入的表格数据

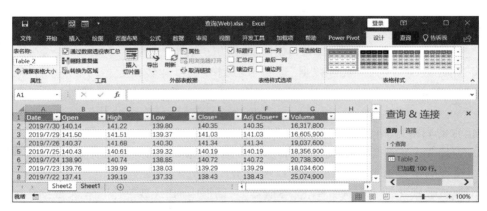

图 16-7　加载网页内容并创建查询

（3）加载数据并创建查询。单击"导航器"对话框中的"加载"按钮，加载数据到新建工作表中的 A1 单元格，并创建查询 EmployeeTBL，如图 16-8 所示。

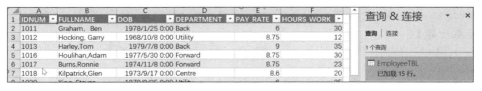

图 16-8　加载数据库并创建查询

## 16.2.3 管理查询

使用"获取和转换数据"创建的查询保存在 Excel 工作簿中,单击"数据"选项卡,选择"查询和连接"组中的"查询和连接"命令,可以打开"查询 & 连接"任务窗格,显示工作簿中的查询预览。将鼠标指针悬停在某个查询之上,可以显示有关该查询的预览信息。

右击某个查询,可以显示对应的快捷菜单,包括编辑(打开 Power Query 编辑器进行编辑)、删除、重命名、刷新、加载到、属性等命令。

【例 16-9】 设置查询每隔 10 分钟自动进行一次数据刷新。

【参考步骤】

(1) 打开工作簿"fl16-9 设置数据刷新(员工信息). xlsx"。

(2) 打开"查询 & 连接"任务窗格。单击"数据"选项卡,选择"查询和连接"组中的"查询和连接"命令,可以打开"查询 & 连接"任务窗格。

(3) 设置查询的属性。右击查询 EmployeeTBL,选择相应快捷菜单中的"属性"命令,打开"查询属性"对话框,设置刷新频率为 10 分钟,如图 16-9 所示。

图 16-9 "查询属性"对话框

# 16.2.4 使用 Power Query 编辑器转换和清洗数据

Power Query 编辑器是一个单独的应用程序窗口，主要用于编辑查询，对数据进行转换和清洗。用户通过以下几种方式可以打开 Power Query 编辑器：

（1）使用 Power Query 创建新查询时，在"导航器"对话框中单击"编辑"按钮，可以打开 Power Query 编辑器。

（2）在"查询 & 连接"任务窗格中右击，选择相应快捷菜单中的"编辑"命令，可以打开 Power Query 编辑器，编辑已经存在的查询。

（3）单击"数据"选项卡，选择"获取和转换数据"组中的"获取数据"|"启动 Power Query 编辑器"命令，可以打开 Power Query 编辑器。

"Power Query 编辑器"窗口如图 16-10 所示。左侧的"查询"窗格显示当前工作簿中的所有查询，双击某个查询，可以编辑该查询。通过"开始"选项卡中"新建查询"组中的命令可以新建查询，并进行编辑。

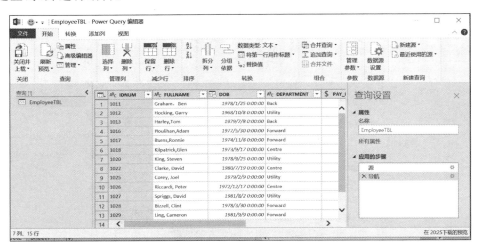

图 16-10 "Power Query 编辑器"窗口

编辑查询就是对查询结果进行数据转换和清洗。Power Query 编辑器记录并标记对数据应用的每次转换或步骤（例如数据连接（数据源）、删除列、更改数据类型、合并操作等），并显示在"Power Query 编辑器"窗口右侧的"查询设置"任务窗格的"应用的步骤"中。用户可以针对每个步骤进行编辑、修改或删除。

Power Query 编辑器不会更改原始源数据，仅记录连接或转换数据选择的步骤；在完成查询编辑（即调整完数据）后，可以加载最终转换后的数据集快照到 Excel 工作表或数据模型中，以便进一步分析处理。

Power Query 编辑器支持众多的数据转换功能，各转换操作自动生成对应的 M 语言代码（M 语言是 Power Query 在后台记录数据转换步骤的语言）。通过 Power Query 编辑器的"开始"选项卡中的"查询"|"高级编辑器"命令，可以打开"高级编辑器"对话框，显示数据转换对应的 M 语言代码，用户也可以使用 M 语言修改、编写自定义数据转换步骤。

Power Query 编辑器支持的数据转换功能主要包括删除多余的列、更改列的数据类型、替换值、逆透视列、拆分列、合并列、提取日期和时间、创建计算列、删除多余的行、删除重复的行、合并查询、追加查询等。

**【例 16-10】** 使用 Power Query 创建指向 World Population Data.xlsx 的查询，并使用 Power Query 编辑器对数据进行清理。Excel 工作簿（World Population Data.xlsx）中包含世界人口统计信息，如图 16-11 所示。

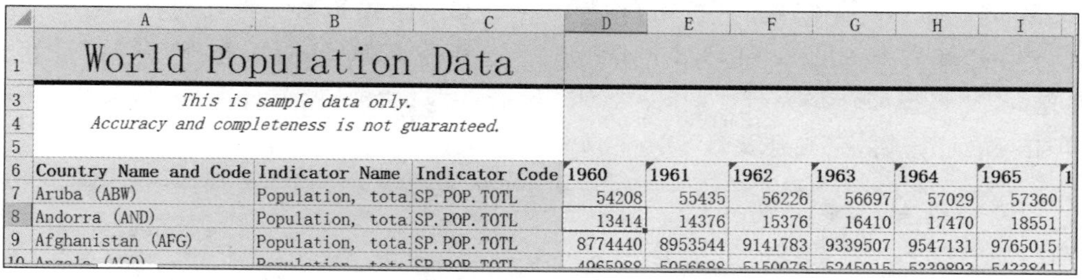

图 16-11 世界人口统计信息（World Population Data.xlsx）

**【参考步骤】**

（1）打开工作簿"fl16-10 数据转换和清洗（世界人口数据）.xlsx"。

（2）创建和编辑查询。单击"数据"选项卡，选择"获取和转换数据"组中的"获取数据"|"自文件"|"从工作簿"命令，打开"导入数据"对话框，选择文件 World Population Data.xlsx；单击"导入"按钮，打开"导航器"对话框，选择表 Data；单击"编辑"按钮，打开 Power Query 编辑器编辑查询。

（3）删除多余的行。观察发现，前面 5 行为说明信息。选择"开始"|"减少行"|"删除行"|"删除最前面的几行"命令，打开"删除最前面的几行"对话框，输入要删除的行数"5"，单击"确定"按钮，删除多余的行。

（4）将第一行用作标题。在删除前面 5 行内容后，新的第一行为标题。通过"开始"|"转换"|"将第一行用作标题"命令设置数据表的正确标题。

（5）逆透视列。观察发现，在源数据中第 4 列以及之后的数据是按国家指定年份的人口统计数，这种透视格式适合于阅读，但不适用于计算机处理分析。通过逆透视的方式可以将数据转换为适合计算机处理的数据。借助 Shift 键选择第 4 列到最后列，选择"转换"|"任意列"|"逆透视列"|"逆透视列"命令，把数据列逆透视为两列，即属性（年份）和值（人口数）。

（6）重命名列名。选择"转换"|"任意列"|"重命名"命令，或者双击列名，将步骤（5）中逆透视的结果列名属性和值重命名为 Year 和 Population。

## 16.2.5 合并查询

合并查询从两个现有查询创建一个新查询。在一个查询结果中包含主表，使用一列连接到相关表，相关的表中包含匹配主表中每一行的所有行。通过展开操作，可以将相关表中的列合并到主表中。

**【例 16-11】** 合并查询 Products 表、Orders 表和 Order_Details 表，使用分组创建按年份和产品汇总的销售总额查询表。数据源为"组合查询数据源.xlsx"，它包含 3 个工作表：Sheet1 中包含表 Products，Sheet2 中包含表 Order_Details，Sheet3 中包含表 Orders。

**【参考步骤】**

（1）打开工作簿"fl16-11 合并查询（订单信息）.xlsx"。

（2）创建和编辑查询。单击"数据"选项卡，选择"获取和转换数据"组中的"获取数据"|"自文件"|"从工作簿"命令，打开"导入数据"对话框，选择文件"组合查询数据源.xlsx"；单击"导入"按钮，打开"导航器"对话框，选中"选择多项"复选框，选择表 Order_Details、Orders 和 Products；单击"编辑"按钮，打开 Power Query 编辑器编辑查询。

（3）合并查询 Products 和 Order_Details。选择查询 Products，选择"开始"|"组合"|"合并查询"|"将查询合并为新查询"命令，打开"合并"对话框，设置合并选项，如图 16-12 所示；单击"确定"按钮，完成合并。

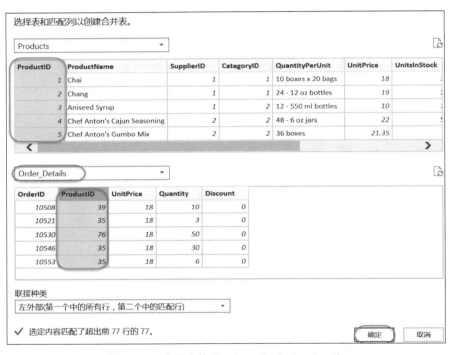

图 16-12　合并查询 Products 和 Order_Details

（4）通过展开操作合并列。单击合并后关联表 Order_Details 旁的展开按钮，选择合并的列，如图 16-13 所示；单击"确定"按钮，完成合并。

（5）合并查询 Orders。选择"开始"|"组合"|"合并查询"|"合并查询"命令，打开"合并"对话框，设置合并选项，如图 16-14 所示；单击"确定"按钮，完成合并；参照步骤（3），通过展开操作合并列 Orders 的 OrderDate 列。

（6）创建自定义计算列。选择"添加列"|"常规"|"自定义列"命令，打开"自定义列"对话

图 16-13　通过展开操作合并列

框,输入新列名和自定义公式,如图 16-15 所示;单击"确定"按钮,创建自定义列 Amount。

(a) 选择表和匹配列 (b) 合并OrderDate列

图 16-14 合并查询 Orders

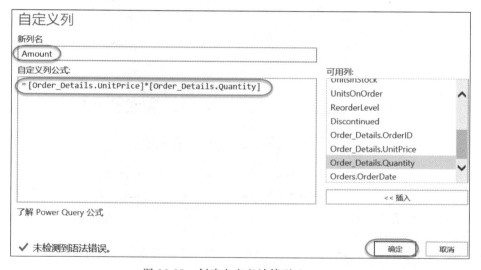

图 16-15 创建自定义计算列 Amount

(7) 转换日期列。选择合并列 Orders. OrderDate,然后选择"转换"|"日期 & 时间列"|"日期"|"年"|"年"命令,把日期列 Orders. OrderDate 转换为年份;双击列名,将其重命名为 Year。

(8) 创建按产品名称和年份分组对销售总额进行汇总的查询表。同时选择 ProductName 和 Year 两个列,选择"开始"|"转换"|"分组依据"命令,打开"分组依据"对话框,设置分组依据(按照 ProductName 和 Year 分组对 Amount 进行汇总),如图 16-16(a)所示;单击"确定"按钮,完成分组汇总,结果如图 16-16(b)所示。

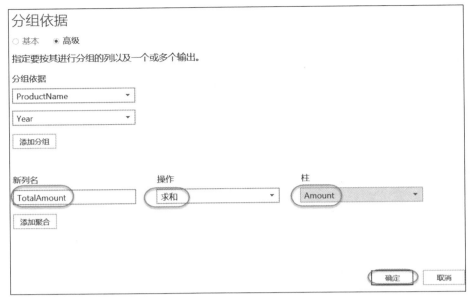

(a) 设置分组依据

| | ABC ProductName | 1²₃ Year | 1.2 TotalAmount |
|---|---|---|---|
| 1 | Chai | 1997 | 5295.6 |
| 2 | Gula Malacca | 1997 | 7082.05 |
| 3 | Queso Cabrales | 1996 | 1814.4 |
| 4 | Mozzarella di Giovanni | 1996 | 7263 |
| 5 | Tofu | 1996 | 1581 |
| 6 | Manjimup Dried Apples | 1996 | 6911.2 |
| 7 | Sir Rodney's Scones | 1997 | 5686 |
| 8 | Camembert Pierrot | 1996 | 10064 |
| 9 | Thüringer Rostbratwurst | 1997 | 36194.18 |

(b) 分组汇总结果

图 16-16　按产品名称和年份分组汇总销售总额

（9）保存查询和工作簿。在右侧的"查询设置"任务窗格的属性框中输入查询名称"AmountByProductYear"，然后选择"开始"选项卡上"关闭"组中的"关闭并上载"|"关闭并上载"命令，最后保存 Excel 工作簿。

## 16.2.6　追加查询

追加查询用于合并两个查询中的所有行，即创建一个新查询，包含第一个查询中的所有行，后跟第二个查询中的所有行。

【例 16-12】　使用追加查询合并 4 个地区的销售表，即 NorthData、MidwestData、SouthData 和 WestData。数据源为"追加查询数据源.xlsx"，其中包含 4 个工作表：Sheet1 中包含表 NorthData，Sheet2 中包含表 MidwestData，Sheet3 中包含表 SouthData、Sheet4 中包含表 WestData。

【参考步骤】

（1）打开工作簿"fl16-12追加查询（销售数据）.xlsx"。

（2）创建和编辑查询。单击"数据"选项卡，选择"获取和转换数据"组中的"获取数据"|"自文件"|"从工作簿"命令，打开"导入数据"对话框，选择文件"追加查询数据源.xlsx"；单击"导入"按钮，打开"导航器"对话框，选中"选择多项"复选框，同时选择表 MidwestData、NorthData、SouthData 和 WestData；单击"编辑"按钮，打开 Power Query 编辑器编辑查询。

（3）追加查询。在左边的"查询"列表中选择 North，然后选择"开始"|"组合"|"追加查询"|"将查询追加为新查询"命令，打开"追加"对话框，设置追加选项，如图 16-17 所示，追加表 MidwestData、SouthData 和 WestData；单击"确定"按钮，完成追加查询。

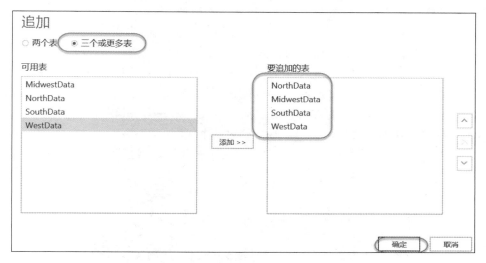

图 16-17　追加查询

（4）保存查询和工作簿。在右侧的"查询设置"任务窗格的属性框中输入查询名称"SalesData"，然后选择"开始"选项卡上"关闭"组中的"关闭并上载"|"关闭并上载"命令，最后保存 Excel 工作簿。

## 16.2.7　加载查询数据

用户可以加载 Power Query 查询数据到 Excel 表或者数据模型，然后进一步分析处理。通过以下几种方式加载 Power Query 查询数据：

（1）使用 Power Query 创建新查询时，在"导航器"对话框中单击"加载"按钮，按默认方式加载数据。

（2）在"查询 & 连接"任务窗格中右击，选择相应快捷菜单中的"加载到"命令，按指定方式加载数据。

（3）选择"Power Query 编辑器"窗口中"开始"选项卡上"关闭"组中的"关闭并上载"|"关闭并上载"命令，按默认方式或者按指定方式加载数据。

【说明】

（1）在采用默认加载方式时，如果查询单个文件或者一张数据表，则默认加载到一张新建的工作表的 A1 单元格位置,并创建一个查询。

(2) 在采用默认加载方式时,如果查询多个文件或者多张表,则默认加载到 Power Pivot 数据模型,并创建多个查询。

(3) 通过单击"导航器"对话框中"加载"按钮旁边的 ▾ 按钮,选择"加载到"命令,可以打开"导入数据"对话框,指定数据加载的目标位置。例如对于海量数据,可以选择"仅创建连接"并选中"将此数据添加到数据模型"。

(4) 可以设置默认加载方式。单击"数据"选项卡,选择"获取和转换数据"组中的"获取数据"|"查询选项"命令,打开"查询选项"对话框,可以设置数据加载的方式,例如指定加载到数据模型。

【例 16-13】 加载查询数据到 Power Pivot 数据模型。

【参考步骤】

(1) 打开工作簿"fl16-13 加载查询数据(员工信息). xlsx"。

(2) 创建查询。单击"数据"选项卡,选择"获取和转换数据"组中的"获取数据"|"自数据库"|"从 Microsoft Access 数据库"命令,打开"导入数据"对话框,选择文件 Employee. accdb;单击"导入"按钮,打开"导航器"对话框,选择表 EmployeeTBL。

(3) 加载数据到数据模型。单击"导航器"对话框中"加载"按钮旁边的 ▾ 按钮,选择"加载到"命令,打开"导入数据"对话框,选中"将此数据加载到数据模型",单击"确定"按钮,完成数据加载。

## 16.2.8 导出和共享查询

用户可以把查询导出为扩展名为". odc"的连接文件,从而实现查询共享。其方法如下:

(1) 导出连接文件。在"查询 & 连接"任务窗格中右击,选择相应快捷菜单中的"导出连接文件"命令。

(2) 共享使用查询。在资源管理器中双击扩展名为". odc"的连接文件,在新的工作簿中创建共享的查询。

用户还可以把查询发送至数据目录(需要使用组织内账号登录到 Power BI),从而在组织内部共享查询。其方法如下:

(1) 发送至数据目录。在"查询 & 连接"任务窗格中右击,选择快捷菜单中的"发送至数据目录"命令。

(2) 浏览使用数据目录中的查询。单击"数据"选项卡,选择"获取和转换数据"组中的"获取数据"|"数据目录搜索"命令或者"我的数据目录查询"命令,可以搜索使用发布到数据目录中的查询。

【例 16-14】 导出和共享查询。

【参考步骤】

(1) 打开工作簿"fl16-14 导出和共享查询(员工信息). xlsx"。

(2) 创建查询。单击"数据"选项卡,选择"获取和转换数据"组中的"获取数据"|"自数据库"|"从 Microsoft Access 数据库"命令,打开"导入数据"对话框,选择文件 Employee. accdb;单击"导入"按钮,打开"导航器"对话框,选择表 EmployeeTBL;单击"加载"按钮,加

载数据并创建查询 EmployeeTBL。

（3）导出连接文件。在"查询 & 连接"任务窗格中右击查询 EmployeeTBL,选择相应快捷菜单中的"导出连接文件"命令,导出连接文件"查询-EmployeeTBL. odc"。

（4）使用共享的查询。在资源管理器中双击连接文件"查询-EmployeeTBL. odc",将在新的工作簿(工作簿 1)中打开查询 EmployeeTBL。

# 16.3 使用 Power Pivot 管理数据模型

视频讲解

## 16.3.1 Power Pivot 概述

Power Pivot 是数据模型的引擎,是自助式商业智能的核心。Power Pivot 本质上是一个直接在 Excel 中运行的内存进程提供的 SQL Server Analysis Services 引擎,此引擎的技术名称是 xVelocity 分析引擎,但在 Excel 中通常被称为内部数据模型,是一个内存关系数据库模型。

Power Pivot 允许处理超过一百万行的数据限制;可以在来自完全不同的数据源的数据(表)之间建立关系;可以通过 DAX(Data Analysis Expressions,数据分析表达式)语言编写计算列和度量值以实现复杂的业务逻辑,进而可以通过数据透视表、数据透视图等高效地分析和处理数据。

每一个 Excel 工作簿都包含一个内部数据模型,数据模型的数据嵌入存储在 Excel 工作簿内部。数据经过高度压缩,生成的文件的大小适合在客户端工作站上进行管理。这些数据由本地 Analysis VertiPaq 引擎选择,数据的压缩、查询处理、排序和筛选等都非常快,因而可以在 Excel 中提供海量数据支持。

在启用"Power Pivot 加载项"之后,功能区选项卡上将显示 Power Pivot 选项卡,如图 16-18 所示。

图 16-18 Power Pivot 选项卡

Power Pivot for Excel 是一个独立的应用程序。选择 Power Pivot 选项卡上"数据模型"组中的"管理"命令,或者选择"数据"选项卡上"数据工具"组中的"管理数据模型"命令,均可以打开 Power Pivot for Excel 窗口。用户可以通过 Windows 任务栏图标在 Excel 工作簿和 Power Pivot for Excel 窗口之间进行切换。

Power Pivot for Excel 主要用于查看和管理数据模型、建立关系、添加计算等。数据模型是数据表或其他数据的集合,通常在数据表之间建立关系。

在 Power Pivot for Excel 的数据视图中,数据模型的表显示为一个工作表,可以对列进行操作,例如重命名、删除列、创建计算列等,但不能编辑单元格中的内容。

在 Power Pivot for Excel 的关系图视图中可以设置各表之间的关系。

Power Pivot 中的许多数据分析和建模问题都可以通过使用计算来解决。Power Pivot 包括两种类型的计算：计算列和度量值。这两种类型的计算都使用 DAX 语言的公式，DAX 公式与 Excel 公式非常相似。实际上，DAX 使用的许多函数、运算符和语法都与 Excel 公式相同，但 Excel 公式通常针对单元格，DAX 则用于列汇总计算，因而还另外提供处理关系数据和选择动态性更强的计算函数。

## 16.3.2　添加数据表到数据模型

数据表是 Power Pivot 数据模型的主要组成部分。用户可以通过以下方式导入或者创建数据表：

（1）加载 Power Query 查询数据到数据模型（参见 16.2.7 节）。

（2）使用 Power Pivot for Excel 窗口中的"主页"选项卡上"获取外部数据"组中的命令导入外部数据表到数据模型，其方法和步骤与 Power Query 类似。

（3）把 Excel 工作簿中的表或区域数据添加到数据模型。

（4）通过复制粘贴的方式把数据添加到数据模型。

【说明】

（1）加载到数据模型中的数据表，会在 Power Pivot for Excel 窗口中的"数据视图"中显示为独立的工作表，用户可以查看数据，创建计算列，但不能编辑数据内容。

（2）加载到数据模型中的数据表，还会显示在 Power Pivot for Excel 窗口的"关系图视图"中，选择数据表，按 Delete 键，可以从数据模型中删除该数据表。

【例 16-15】　添加数据表到数据模型示例。

【参考步骤】

（1）打开 Excel 工作簿"fl16-15 数据模型（AdventureWorks）.xlsx"。

（2）使用 Power Query 加载数据到数据模型。单击"数据"选项卡，选择"获取和转换数据"组中的"获取数据"|"自文件"|"从工作簿"命令，打开"导入数据"对话框，选择文件 AdventureWorks.xlsx；单击"导入"按钮，打开"导航器"对话框，选中"选择多项"复选框，选择表 Calendar 和 Customers；单击"加载"按钮，把数据加载到数据模型。

（3）使用 Power Pivot for Excel 应用程序获取外部数据到数据模型。单击 Power Pivot 选项卡，选择"数据模型"组中的"管理"命令，打开 Power Pivot for Excel 窗口，然后选择"主页"|"获取外部数据"|"从数据库"|"从 Access"命令，导入 AdventureWorks.accdb 中的 Sales 查询到数据模型。

（4）把 Excel 工作簿中的表数据添加到数据模型。在 Excel 窗口中，将光标定位到工作表 ProductsData 中的 Products 表中的任意单元格，选择 Power Pivot|"表格"|"添加到数据模型"命令，把 Products 表添加到数据模型。

（5）通过复制粘贴方式把数据添加到数据模型。在 Excel 窗口中，选择 TerritoriesData 工作表中的 Territories 表数据，通过快捷键 Ctrl＋C 复制到剪贴板，然后切换到 Power Pivot for Excel 窗口，选择"主页"|"剪贴板"|"粘贴"命令，打开"粘贴预览"对话框，输入表名称"Territories"，单击"确定"按钮，把剪贴板的数据添加到数据模型。

（6）保存工作簿。

【说明】

本例中使用不同的方法添加数据表到数据模型。如果数据表在同一个数据源，可以直接使用一种方法完成添加。

## 16.3.3　管理数据模型中表的关系

数据模型中的表之间通常存在连接关系，在从数据库导入多个表时会自动建立这些表之间的关系。

在 Power Pivot for Excel 窗口中可以手工设置各表之间的关系，方法如下：

（1）选择"主页"|"查看"|"关系图视图"命令，切换到关系图视图，然后通过拖曳操作设置两个表之间的关系。

（2）选择"设计"|"关系"|"创建关系"命令，打开"创建关系"对话框，设置两个表之间的关系，如图 16-19 所示。

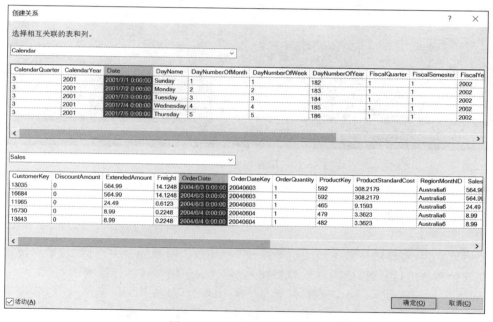

图 16-19　"创建关系"对话框

【说明】

（1）在 Power Pivot 窗口的关系图视图中选择表之间的关系连线，按 Delete 键，可以删除该关系。

（2）双击表之间的关系连线，可以打开"创建关系"对话框，编辑关系。如果取消选中"活动"复选框，可以临时禁用该关系。

【例 16-16】　管理数据模型中表之间的关系。

【参考步骤】

（1）打开 Excel 工作簿"fl16-16 数据模型关系（AdventureWorks）.xlsx"。

（2）打开 Power Pivot for Excel 关系图视图。选择 Power Pivot|"数据模型"|"管理"命令,打开 Power Pivot for Excel 窗口；选择"主页"|"查看"|"关系图视图"命令,打开关系图视图。单击状态栏中的"适合屏幕大小"按钮 ⊞,显示所有的表,并调整其位置。

（3）设置表之间的连接关系。分别拖曳 Calendar 表的 Date 字段到 Sales 表的 OrderDateKey、拖曳 Customers 表的 CustomerKey 字段到 Sales 表的 CustomerKey、拖曳 Products 表的 ProductKey 字段到 Sales 表的 ProductKey、拖曳 Territories 表的 TerritoryKey 字段到 Sales 表的 SalesTerritoryKey,建立各维度表到 Sales 表的一对多关系,结果如图 16-20 所示。

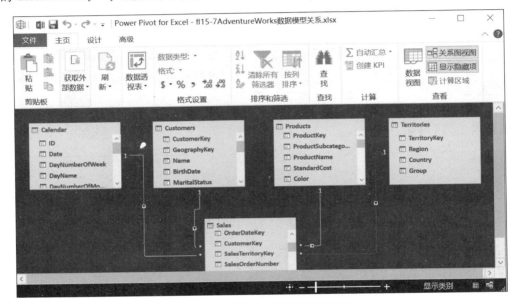

图 16-20    设置表之间的连接关系

## 16.3.4    创建计算列

使用计算列,可以将新数据添加到 Power Pivot 数据模型的表中。例如,如果销售表中包含列数量和单价,则可以使用以下 DAX 公式创建表示销售额的计算列：

=销售表[数量] ∗ 销售表[单价]

计算列一般用于根据已有的列创建新的数据列。例如,根据销售额和成本计算利润；根据姓名提取姓氏和名字；根据日期提取日期属性等。

在某个列包含公式时,将为每一行都计算值。在按 Enter 键确认输入公式时,将立即为列计算结果。用户还可以在需要时（例如在刷新数据时）重新计算列值。

当表的数据行数非常多时,计算列的公式可能需要较多的资源。

【例 16-17】    创建计算列。

【参考步骤】

（1）打开 Excel 工作簿"fl16-17 计算列（AdventureWorks）.xlsx"。

（2）创建计算字段。选择 Power Pivot|"数据模型"|"管理"命令,打开 Power Pivot for Excel 窗口；选择 Sales 表最右侧的添加列,在公式栏中输入公式"=Sales[SalesAmount]—

Sales[ProductStandardCost]",如图 16-21 所示,按 Enter 键确认。

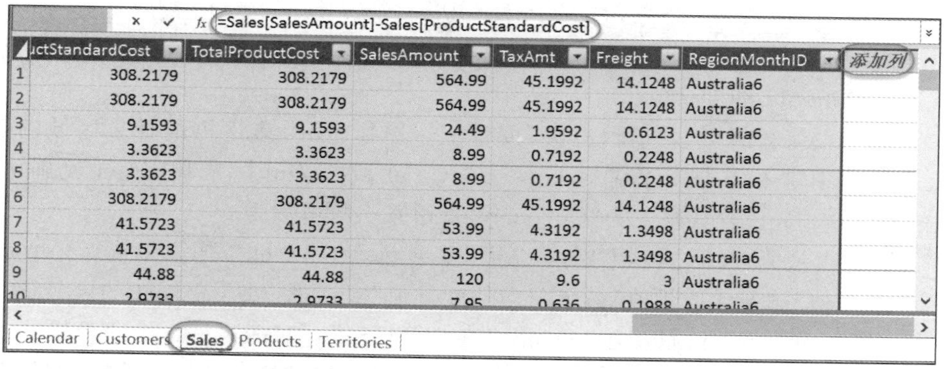

图 16-21 创建计算字段

(3) 重命名列名。双击新建的"计算列 1"标题,重命名为 Margin。

(4) 保存工作簿。

## 16.3.5 创建度量值

度量值是数据分析中使用的计算,例如求和、求平均值、求最小值或者最大值、计数或者更高级的计算。

在数据透视表、数据透视图或报表中,度量值放置在区域中,其中位于其周围的行和列标签决定度量值的上下文。例如,如果要按年(列)和区域(在行上)衡量销售额,则度量值根据给定的年份和区域进行计算。度量值始终会更改,以响应用户对行、列、筛选器、切片器/日程表的选择,以及 Power View 报表或 Power BI 报表其他可视对象中的筛选,从而允许用户进行临时数据浏览。

度量值是使用 DAX 公式创建的,包括两种类型,即隐式度量值和显式度量值。

(1) 隐式度量值。在将字段(例如销售额)拖动到"数据透视表字段"列表的"值"区域时,Excel 将创建一个隐式度量值。隐式度量值只能使用标准聚合(SUM、COUNT、MIN、MAX、DISTINCTCOUNT 或者 AVG),并且能由创建它们的数据透视表或者图表使用。

(2) 显式度量值。显式使用 DAX 公式定义的度量值为显式度量值。显式度量值更易于理解,可以在所有的透视表(透视图)中使用,可以实现高级的复杂的计算功能,可以设置度量值的默认数字格式。创建显式度量值的方法如下:

① 通过 Excel 工作簿的 Power Pivot|"计算"|"度量值"命令创建和管理。

② 在 Power Pivot for Excel 窗口中表下方的计算区域中创建和管理。

虽然度量值和计算列类似于公式,但它们的使用方式各不相同。在数据透视表或数据透视图的"值"区域中最常使用度量值。在数据透视表中的列或行或者数据透视图中的坐标轴上则使用计算列,以及数据表的列。

【例 16-18】 创建度量值示例。

【参考步骤】

(1) 打开 Excel 工作簿"fl16-18 度量值(AdventureWorks).xlsx"。

（2）在 Power Pivot for Excel 窗口中表下方的计算区域创建计算字段。选择 Power Pivot|"数据模型"|"管理"命令，打开 Power Pivot for Excel 窗口，然后选择 Sales 表的 SalesAmount 列下方的计算区域的单元格，选择"主页"|"计算"|"自动汇总"命令，创建名为 Sum of SalesAmount 的度量值。

（3）使用 DAX 公式创建"销售总额"度量值。选择 Sales 表下方的计算区域的任意单元格，在公式栏中输入公式"销售总额：= SUM（[SalesAmount]）"；按 Enter 键确认，创建"销售总额"度量值；设置其格式为"Currency（货币）、小数位数为 0"。

（4）使用"度量值"对话框创建"利润总额"度量值。在 Excel 工作簿中选择 Power Pivot|"计算"|"度量值"|"新建度量值"命令，打开"度量值"对话框，输入要创建的度量值所在的表名 Sales、度量值名称"利润总额"和公式"= SUM（Sales[Margin]）"，并设置格式选项为"Currency（货币）、小数位数为 0"，如图 16-22 所示；单击"确定"按钮，创建"利润总额"度量值。

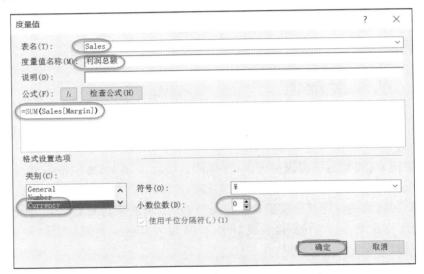

图 16-22　使用"度量值"对话框创建度量值

（5）创建"利润率"度量值。使用"度量值"对话框再为 Sales 表创建一个名为"利润率"的度量值，公式为"= [利润总额]/[销售总额]"，并设置其格式，类别为 Number、格式为"百分比"、两位小数位数。

（6）管理数据模型中的度量值。在 Excel 工作簿中选择 Power Pivot|"计算"|"度量值"|"管理度量值"命令，打开"管理度量值"对话框，如图 16-23 所示，查看和编辑所有的度量值。

图 16-23　"管理度量值"对话框

视频讲解

# 16.4　使用数据透视表分析数据模型中的数据

在 Power Pivot 数据模型中的数据可以通过数据透视表进行分析，方法如下：

（1）在 Excel 工作簿中选择"插入"|"表格"|"数据透视表"命令，在随后出现的"创建数

据透视表"对话框中选择"使用此工作簿中的数据模型"选项。

（2）在 Power Pivot for Excel 窗口中选择"主页"|"数据透视表"命令。

【**例 16-19**】 使用数据透视表分析数据模型中的数据。

【**参考步骤**】

（1）打开 Excel 工作簿"fl16-19 数据透视表（AdventureWorks）.xlsx"。

（2）使用数据模型创建数据透视表。选择"插入"|"表格"|"数据透视表"命令，在随后出现的"创建数据透视表"对话框中选择"使用此工作簿中的数据模型"，单击"确定"按钮，创建数据透视表。

（3）设计数据透视表。基于数据模型中的 Territories 表和 Sales 表以及所创建的度量值设计数据透视表，如图 16-24 所示。

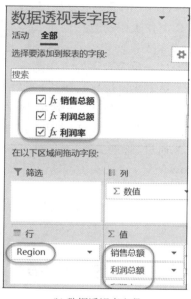

| 行标签 | 销售总额 | 利润总额 | 利润率 |
|---|---|---|---|
| Australia | ¥9,061,001 | ¥3,685,855 | 40.68% |
| Canada | ¥1,977,845 | ¥829,922 | 41.96% |
| Central | ¥3,001 | ¥1,351 | 45.02% |
| France | ¥2,644,018 | ¥1,086,265 | 41.08% |
| Germany | ¥2,894,312 | ¥1,187,371 | 41.02% |
| Northeast | ¥6,532 | ¥2,903 | 44.44% |
| Northwest | ¥3,649,867 | ¥1,519,631 | 41.64% |
| Southeast | ¥12,239 | ¥5,332 | 43.57% |
| Southwest | ¥5,718,151 | ¥2,371,763 | 41.48% |
| United Kingdom | ¥3,391,712 | ¥1,390,491 | 41.00% |
| 总计 | ¥29,358,677 | ¥12,080,884 | 41.15% |

(a) 数据透视表结果　　　　　(b) 数据透视表字段

图 16-24　设计数据透视表

# 16.5　使用 Power View 实现数据可视化仪表盘

视频讲解

## 16.5.1　Power View 概述

Power View 是 Excel 中的 Power 系列插件之一，用于制作数据可视化交互式仪表盘，可以用于交互式数据浏览、实现可视化数据演示。值得注意的是，Power View 正逐渐被 Power BI 取代。

在 Power View 中可以快速创建各种可视化效果，从表格和矩阵到饼图、条形图和气泡图，以及多个图表的集合。

在 Power View 中创建可视化交互式仪表盘一般遵循以下步骤：

（1）准备数据。参见 16.5.2 节。

（2）创建 Power View 报表。参见 16.5.3 节。

（3）在 Power View 报表中创建表格。参见 16.5.4 节。

（4）把表格转换为其他可视化效果。参见 16.5.5 节。

（5）排序、筛选和突出显示数据。参见 16.5.6 节和 16.5.7 节。

（6）完善和美化报表，包括设置背景图像、插入文本框/图片等、应用主题/设置格式化等。

## 16.5.2  Power View 准备数据

Power View 报表可以使用 Excel 工作簿中所有工作表中的表格数据。因此，如果需要为 Excel 工作表中的数据创建 Power View 可视化报表，则需要把数据转换为表格；如果需要基于多张表格创建 Power View 报表，则需要建立这些表格之间的连接关系。方法如下：

（1）打开包含表格的工作簿。

（2）单击快速访问工具栏上的"插入 Power View 报表"按钮 ，创建 Power View 报表。

（3）单击 Power View 选项卡，选择"数据"|"关系"命令，打开"管理关系"对话框。

（4）单击"新建"按钮，打开"创建关系"对话框，创建关系。

（5）通过"管理关系"对话框可以管理关系，包括编辑、激活、停用和删除关系。

Power View 报表还可以使用数据模型中的表格数据，参见 16.3 节。

【说明】

（1）对于简单的数据，Power View 报表可以直接使用 Excel 工作表中的表格数据。

（2）对于复杂的数据，建议先建立数据模型，然后创建 Power View 报表。

## 16.5.3  创建 Power View 报表

使用 Power View 进行可视化，需要先创建 Power View 报表。在 Excel 工作簿中可以创建多张 Power View 报表，Power View 报表和其他工作表并列显示。

单击快速访问工具栏上的"插入 Power View 报表"按钮 ，可以创建 Power View 报表。其初始画面如图 16-25 所示。

## 16.5.4  在 Power View 报表中创建表格

Power View 可视化的基础是表格，首先创建表格，然后将表格转换为合适的可视化图表。在 Power View 报表中创建和编辑表格的方法如下：

（1）单击 Power View 报表视图的空白处（如果选择已经创建的表格或其他可视化对象，则处于设计模式），然后单击右侧 Power View Fields 任务窗格中字段列表中的字段，或将字段列表中的字段拖动到 Power View 报表视图，Power View 将在视图中绘制表格。

（2）设置字段。在右侧的 Power View Fields 任务窗格中，右击字段，通过选择弹出的快捷菜单命令可以设置字段的汇总方式。通过拖曳字段可以上下调整字段的位置。

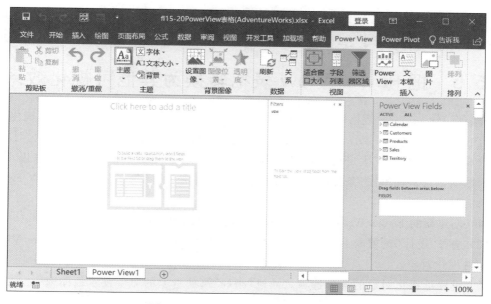

图 16-25 Power View 报表初始画面

（3）设置总计。选中 Power View 报表，单击"设计"选项卡，选择"选项"组中的"总计"命令，可以设置是否显示总计。

【例 16-20】 创建 Power View 报表。

【参考步骤】

（1）打开 Excel 工作簿"fl16-20PowerView 表（AdventureWorks）.xlsx"。

（2）单击快速访问工具栏上的"插入 Power View 报表"按钮![按钮]，打开 Power View 并创建空白 Power View 报表。

（3）在右侧的 Power View Fields 任务窗格的字段列表中，依次选择 Territory 表中的 Country 字段、Sales 表中的"销售总额"和"利润总额"度量值，在 Power View 报表视图区会自动创建一个新的 Power View 报表，如图 16-26 所示。

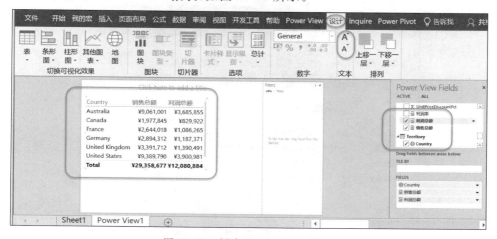

图 16-26 创建 Power View 报表

（4）调整字体大小。在"设计"选项卡中，单击"文本"组中的"增加字体大小"按钮 A˙ 或"减少字体大小"按钮 A˙，增大或者减小 Power View 报表的字体大小。

## 16.5.5　把 Power View 表格转换为其他可视化效果

若要将 Power View 表格转换为其他可视化效果，单击"设计"选项卡上"切换可视化效果"组中的可视化对象类型。Power View 仅启用最适合表格中数据的图表和其他可视化对象。

Power View 提供了大量可视化对象类型，例如表、矩阵（相当于透视表）、卡（以卡片形式显示数据记录）、柱形图、条形图、折线图、散点图、饼图、地图等。创建 Power View 可视化效果的方法如下：

（1）创建新的 Power View 表，或者选中已经创建的 Power View 表。

（2）选择"设计"选项卡上"切换可视化效果"组中的可视化对象类型，把 Power View 表转换为可视化对象。

（3）设置可视化对象的各种选项。通过"布局"选项卡上的命令设置各种选项。

【说明】

Power View 地图不支持中文操作系统的区域设置，必须将操作系统调整为英语的区域设置。解决方法如下：打开"控制面板"，更改"查看方式"为"大图标"或者"小图标"，单击"区域"图标，打开"区域"对话框，在其"格式"选项卡的"格式"下拉列表框中选择"英语（美国）"，如图 16-27 所示，然后重启 Excel。

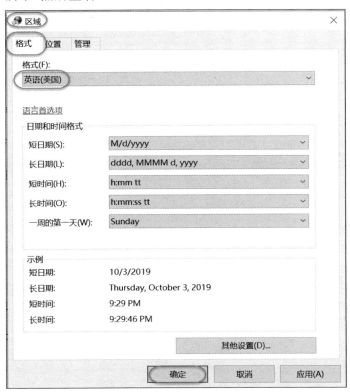

图 16-27　将操作系统调整为英语的区域设置

【例 16-21】　创建 Power View 可视化对象。

【参考步骤】

（1）打开 Excel 工作簿"f16-21PowerView 可视化对象（AdventureWorks）.xlsx"。

（2）选择 Power View 报表中的表格，在"设计"选项卡中选择"切换可视化对象"|"地图"命令，把表格切换为地图可视化对象。

## 16.5.6　通过筛选实现可视化交互

Power View 提供了多种方式来筛选数据。Power View 基于数据表之间的关系，从而可以通过筛选实现 Power View 中的可视化对象的交互。

在 Power View 中实现数据筛选的方法如下：

（1）设置报表筛选字段，对报表中所有的可视化对象进行筛选。拖曳筛选字段到 Filters 任务窗格的 VIEW 选项卡中，实现对整个报表中的所有可视化对象的筛选，如图 16-28 所示。默认情况下显示字段的"基本筛选模式"。在 Filters 任务窗格中单击展开某个字段，然后单击该字段右侧的 Advanced Filter Mode 按钮 ，可以切换到"高级筛选模式"，通过条件或通配符进行高级查询筛选。

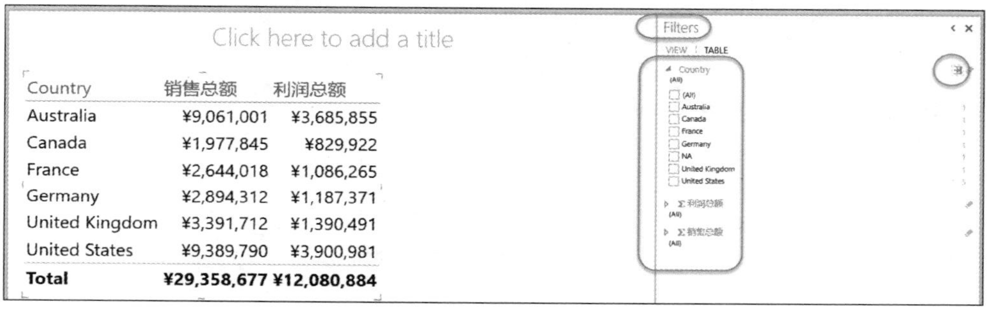

图 16-28　设置报表筛选字段和筛选模式

（2）使用切片器实现报表中所有可视化对象的筛选。在创建一个新的 Power View 表格后，选择"设计"选项卡中的"切片器"命令，可以把它转换为切片器。例如，创建 Products 表中 Category 字段的表并转换为切片器后，通过该切片器可以实现数据筛选，如图 16-29 所示。

（3）使用报表中可视化对象的字段对特定的可视化对象进行筛选。选择报表中的可视化对象，在 Filters 任务窗格中选择可视化对象选项卡（例如 TABLE），可以设置可视化对象中字段的筛选，如图 16-30 所示。

（4）通过 Power View 报表中可视化对象的 TILE BY 文本框筛选该可视化对象。在选中一个可视化对象后，从 Power View Fields 任务窗格的字段列表中拖曳筛选字段到右侧该可视化对象的 TILE BY 文本框中，在该可视化对象的上部将显示该筛选字段的图块，从而实现筛选功能。例如，拖动 Products 表中的 Category 字段到 TABLE 的 TILE BY 文本框中，结果如图 16-31 所示。

图 16-29　使用切片器实现数据筛选

图 16-30　使用报表中的字段筛选数据

图 16-31　通过 TILE BY 文本框筛选数据

【例 16-22】　通过筛选实现可视化交互示例。

【参考步骤】

(1) 打开 Excel 工作簿"fl16-22PowerView 筛选(AdventureWorks).xlsx"。

(2) 通过报表筛选,按 Customers 表中的 Gender 字段筛选查看不同性别顾客的销售额。单击 Filters 任务窗格的 VIEW 选项卡,然后从 Power View Fields 任务窗格的字段列表（ALL 选项卡）中拖曳 Customers 表中的 Gender 字段到 Filters 任务窗格的 VIEW 选项卡的空白处，选中 F 复选框，查看女性顾客的销售额。

（3）通过切片器，根据 Products 表中 Color 字段的值筛选查看不同颜色产品的销售额。单击 Power View 报表视图的空白处，然后选中 Power View Fields 任务窗格的字段列表中的 Products 表的 Color 字段，创建一个新的 Power View 表格；单击"设计"选项卡，选择"切片器"组中的"切片器"命令，将该 Power View 表格转换为切片器；选择 Red，查看红色产品的销售额。

（4）通过 TILE BY 文本框，根据 Products 表中的 Category 字段筛选查看不同类别产品的销售额。选中 Power View 表格的"销售总额"，拖曳 Power View Fields 任务窗格的字段列表中的 Products 表的 Category 字段到其下 TILE BY 文本框中；选择 Power View 表格上方的 Accessories，查看零配件的销售额情况，如图 16-32 所示。

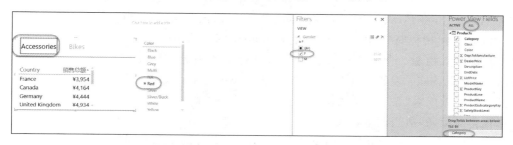

图 16-32　通过筛选实现可视化交互

## 16.5.7　通过突出显示实现可视化交互

在 Power View 报表中还可以通过选择一个图表可视化对象中的某个部分，实现突出显示该内容（其他内容会显示为灰色），同时影响其他可视化对象的结果。

【例 16-23】　通过突出显示实现可视化交互示例。

【参考步骤】

（1）打开 Excel 工作簿"fl16-23PowerView 突出显示（AdventureWorks）.xlsx"。

（2）单击可视化对象"销售总额 by Country"中的 Australia，突出显示 Australia 的销售额，注意观察另一个可视化对象的结果将随之变化，如图 16-33 所示。

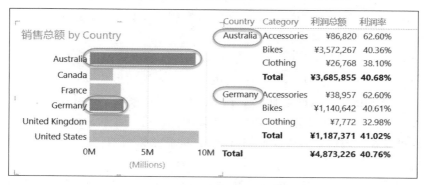

图 16-33　通过突出显示实现可视化交互

### 16.5.8　应用举例：销售仪表盘

【例 16-24】　根据 AdventureWorks 销售数据创建销售仪表盘。

【参考步骤】

（1）打开 Excel 工作簿“fl16-24PowerView 销售仪表盘（AdventureWorks）. xlsx”。

（2）单击快速访问工具栏上的“插入 Power View 报表”按钮，打开 Power View 并创建空白 Power View 报表,修改报表标题为“销售仪表盘”。

（3）创建可视化对象：Territory 表的 Country 字段的销售情况卡。选中 Power View Fields 任务窗格的字段列表中 Territory 表的 Country 字段,以及 Sales 表的销售总额、利润总额、利润率字段,创建 Power View 表格;单击“设计”选项卡,选择“切换可视化效果”|“表”|“卡”命令,将 Power View 表格转换为“卡”可视化对象,并适当调整其大小。

（4）创建可视化对象：Products 表的 Category 字段的销售额条形图。单击 Power View 报表视图的空白处,选中 Power View Fields 任务窗格的字段列表中 Products 表的 Category 字段、Sales 表的销售总额字段,创建 Power View 表格;单击“设计”选项卡,选择“切换可视化效果”|“条形图”|“簇状条形图”命令,将 Power View 表格转换为“簇状条形图”可视化对象,并适当调整其大小。

（5）创建可视化对象：Territory 表的 Country 字段的销售额地图。单击 Power View 报表视图的空白处,选中 Territory 表的 Country 字段、Sales 表的销售总额字段,创建 Power View 表格;单击“设计”选项卡,选择“切换可视化效果”|“地图”命令,将 Power View 表格转换为“地图”可视化对象,并适当调整其大小。

（6）通过突出显示可视化分析不同类别产品的销售情况。选择可视化对象“销售总额 by Category”中的 Bikes 类别,观察分析 Bikes 的销售情况。

# 16.6　使用 Power Map 实现三维地图可视化演示

## 16.6.1　Power Map 概述

Microsoft Power Map for Excel 是一种三维数据可视化工具,使用 Power Map 可以实现以下功能:

（1）地图数据。基于 Excel 工作表或者 Power Pivot 数据模型中的表格数据,以三维格式在对应地图上绘制地图数据。Power Map 提供了 5 种可视化形式,即堆积柱形图、簇状柱形图、气泡图、热力图和区域。通过叠加多层可视化效果,可以突破一种可视化效果的局限性。

（2）探索见解。用户可以交互式查看三维地理空间中的数据。如果数据中包含日期和时间信息,还可以在一段时间内查看时间戳数据,从而获得新的信息,实现数据随时间变化的动画效果。

（3）共享故事。通过屏幕截图,或者将漫游演示导出到视频,从而实现共享。

在 Power Map 中创建三维可视化地图一般遵循以下步骤：

（1）准备数据，参见 16.6.2 节。

（2）打开 Power Map"三维地图"窗口，参见 16.6.3 节。

（3）创建和打开三维地图演示，参见 16.6.4 节。

（4）创建和设置三维地图演示的场景，参见 16.6.5 节。

（5）创建三维地图图层，参见 16.6.6 节。

（6）探索和分析三维地图，参见 16.6.7 节。

（7）导出三维地图演示视频，参见 16.6.8 节。

## 16.6.2 三维地图数据准备

Power Map 所使用的数据可以是工作表中或者 Power Pivot 数据模型中的数据。

Power Map 所使用的数据采用表格式，其中每行都表示唯一的记录。Power Map 要求每行数据至少包含一个地理值。如果需要随时间的推移查看数据，则要求每行数据至少一个日期或者时间字段。

用户可以使用有意义的列标题标识列的属性，以便更准确地表示时间和地理位置的表结构。例如地理值，可以使用纬度/经度、城市、国家/地区、邮政编码、州/省/自治区/直辖市或者地址。Power Map 的准确性取决于所提供的地理数据的数量和种类以及来自对应的搜索结果。如果城市名相同（美国有 18 个城市称为"哥伦布"），则可以通过增加州/省份来限定。

日期时间字段需要置于单独的列中，并将其格式化为日期或者时间。

## 16.6.3 打开"三维地图"窗口

使用 Power Map 进行三维地图可视化需要先打开 Power Map"三维地图"窗口。

## 16.6.4 创建和打开三维地图演示

三维地图由一个或者多个三维地图演示组成。在打开"三维地图"窗口后，默认会创建一个三维地图演示"演示 1"。

如果要新建演示，可以选择"插入"|"演示"|"三维地图"|"打开三维地图"命令，打开"启动三维地图"窗格，单击"新建演示"按钮，创建新的三维地图演示。

如果要打开某个三维地图演示，可以选择"插入"|"演示"|"三维地图"|"打开三维地图"命令，打开"启动三维地图"窗格，双击要打开的演示。

## 16.6.5 创建和设置三维地图演示的场景

三维地图演示由一个或者多个场景组成，每个场景由一个或者多个三维地图层组成。三维地图中的所有三维地图演示在"三维地图"窗口的右侧窗格中排列。

三维地图演示场景的基本操作如下：

（1）创建新的场景。选择"开始"|"场景"|"新场景"命令，可以新建场景。

（2）设置场景选项。选择"开始"|"场景"|"场景选项"命令（或者单击三维地图演示上的 ⚙ 按钮），打开"场景选项"窗格；设置场景的名称和持续时间（默认为 10 秒）、切换效果和持续时间、地图的类型（默认为世界地图，可以选择自定义地图）。

（3）从当前场景播放演示。单击三维地图演示场景上的 ▶ 按钮，从当前场景播放演示。

（4）删除场景。单击三维地图演示场景上的 ✕ 按钮，删除三维地图演示场景。

# 16.6.6　创建三维地图图层

在创建三维地图演示后，默认会创建一个三维地图图层"图层 1"。单击"图层"窗格上的 ⬚添加图层 按钮，可以创建新的三维地图图层。

三维地图图层的基本操作如下：

（1）设置图层的图表类型。在"图层"窗格中指定图层（例如图层 1）的"数据"属性中单击图表类型按钮 🏢 📊 📇 ⬤ 🗺 ，可以设置堆积柱形图、簇状柱形图、气泡图、热力图、区域图。

（2）设置图层数据。从字段列表（可以通过选择"开始"|"视图"|"字段列表"命令打开"字段列表"窗格）中拖曳数据字段到"图层"窗格指定图层的"数据"属性中对应的属性框，包括位置（地理字段）、高度（度量值）、类别（分类字段）、时间（时间字段）。

（3）设置图层数据筛选器。用户可以添加筛选器筛选要显示的数据。

（4）设置图层选项。选项包括高度、厚度、颜色、不透明度等。

（5）重命名图层。单击"图层"窗格指定图层名称右侧的"重命名此图层"按钮 ✏ ，重命名图层。

（6）删除图层。单击"图层"窗格指定图层名称右侧的"删除此图层"按钮 ✕ ，删除图层。

（7）显示或隐藏图层。单击"图层"窗格指定图层名称右侧的"在此场景中显示或隐藏图层"按钮 ◉ ，可以隐藏或显示图层。隐藏的图层在演示中没有效果。

# 16.6.7　探索和分析三维地图

Power Map 三维地图支持交互式操作，从而实现三维地图探索分析。其方法如下：

（1）缩放地图。通过三维地图右下角的 ⊕ 和 ⊖ 按钮（快捷键为 Ctrl＋＋和 Ctrl＋－）可以放大或缩小地图。

（2）旋转地图。通过三维地图右下角的 4 个方向按钮（或按住鼠标左键拖曳三维地图）可以旋转地图。

（3）播放演示。选择"开始"|"演示"|"播放演示"命令，可以播放演示，也可以通过三维地图下部的播放条（选择"开始"|"时间"|"日程表"命令，可以显示或隐藏播放条）播放演示。用户可以拖曳时间滑块 ⬛ 查看指定时间的数据。

（4）显示地图标签。单击"开始"|"地图"|"地图标签"按钮，可以在地图上显示地图标签，即地理名称。再次单击"开始"|"地图"|"地图标签"按钮，则取消地图标签的显示。

（5）转换为平面地图。单击"开始"|"地图"|"平面地图"按钮，可以将三维地图转换为

平面地图。再次单击"开始"|"地图"|"平面地图"按钮,则将平面地图转换为三维地图。

## 16.6.8 导出三维地图演示视频

在完成所有的三维地图创建和探索分析工作后,还可以导出三维地图演示为视频文件,从而实现分享。

选择"开始"|"演示"|"创建视频"命令,可以把演示导出为视频格式文件。

## 16.6.9 应用举例:销售额和销售利润三维地图演示

【例 16-25】 根据 AdventureWorks 销售数据创建销售额和销售利润三维地图演示。

【参考步骤】

(1) 打开 Excel 工作簿"fl16-25PowerMap(AdventureWorks).xlsx"。

(2) 选择"插入"|"演示"|"三维地图"|"打开三维地图"命令,打开"三维地图"窗口并打开三维地图演示"演示 1"。

(3) 创建三维地图图层"销售额堆积型柱形图"。选择"图层 1",并将其重命名为"销售额",确认默认图表类型为"堆积柱形图"。然后拖曳 Territory 表的 Country 字段到"位置"属性框;拖曳 Sales 表的"销售总额"度量值到"高度"属性框;拖曳 Customer 表的 Gender 字段到"类别"属性框;拖曳 Calendar 表的 Date 字段到"时间"属性框,并单击"时间"属性框字段右侧的 ▼ 按钮,选择"季度"。接着设置图层选项:高度为 500%、厚度为 500%。右击地图上显示的时间,选择相应快捷菜单中的"编辑"命令,设置其时间格式为"2010 年 6 月",即显示年月。

(4) 创建三维地图图层"销售利润热度地图"。新建图层,并将其重命名为"销售利润"。单击该图层"数据"属性中的"热度地图"按钮 ,设置图表类型为"热度地图"。拖曳 Territory 表的 Country 字段到"位置"属性框;拖曳 Sales 表的"利润总额"度量值到"值"属性框;拖曳 Calendar 表的 Date 字段到"时间"属性框,并单击"时间"属性框中该字段右侧的 ▼ 按钮,选择"季度"。

(5) 探索和分析三维地图。通过鼠标或快捷键缩放和旋转地图;通过播放条或时间滑块查看不同时间的数据。

(6) 把演示导出为视频"fl16-25PowerMap(AdventureWorks).mp4"。

(7) 尝试使用三维地图进一步对数据进行三维可视化分析。

# 16.7 使用 Power BI 实现自助式商业智能

视频讲解

## 16.7.1 Power BI Desktop 概述

Power BI Desktop 是自助式商业智能数据分析软件。基于 Power Pivot 数据模型可以分析处理海量的数据；使用丰富的可视化对象可以创建交互式的数据仪表盘报表；通过将报表发布到 Power BI 中可以实现商业智能的共享。

在启动 Power BI Desktop 应用程序后，可以打开 Power BI Desktop 窗口，如图 16-34 所示。

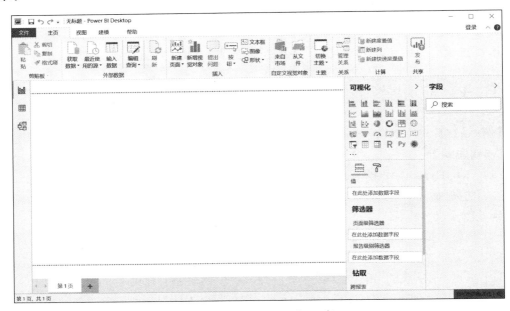

图 16-34　Power BI Desktop 窗口

Power BI Desktop 窗口的界面与 Excel 类似，这里介绍其主要功能：

（1）获取外部数据（使用 Power Query）。通过选择"主页"选项卡中"外部数据"组的"获取数据"中的命令，可以导入各种类型的外部数据到 Power Pivot 数据模型。

（2）管理数据模型（使用 Power Pivot）。通过单击"数据"按钮 ⊞，可以切换到"数据"视图，管理数据模型中的表；单击"模型"按钮 ⊞，可以切换到"模型"视图，管理数据模型中表之间的关系；通过选择"主页"选项卡的"关系"组和"计算"组中的命令以及"建模"选项卡中的命令，可以进一步管理数据模型，例如创建度量值等。

（3）创建报表。通过单击"报表"按钮 ⊞，可以切换到"报表"视图，基于数据模型中的数据创建各种可视化视觉对象，从而实现商务智能数据仪表盘。

（4）完善和美化报表，包括调整对齐各可视化对象、插入文本框/图像/形状等、应用主题/设置格式化等。

（5）发布和共享。通过"主页"选项卡的"共享"组中的"发布"命令，可以发布报表到 Powerbi.com，使用 Power BI 服务实现商务智能共享。

## 16.7.2　使用 Power Query

Power BI Desktop 集成了 Power Query 功能。通过"主页"选项卡中"外部数据"组的"获取数据"中的命令，可以导入各种类型的外部数据到 Power Pivot 数据模型。有关

Power Query 的详细信息请参见 16.2 节。

【例 16-26】 导入外部数据到 Power BI。导入 Access 数据库 AdventureWorks. accdb 中的表数据到 Power BI 的数据模型。

【参考步骤】

（1）打开 Power BI 文件"fl16-26 导入外部数据（AdventureWorks）. pbix"。

（2）使用 Power Query 加载数据到数据模型。选择"主页"|"外部数据"|"获取数据"|"更多"命令，打开"获取数据"对话框，然后选择"Access 数据库"，单击"连接"按钮，打开"打开"对话框，选择 AdventureWorks. accdb；单击"打开"按钮，打开"导航器"对话框，选择要导入的表 Calendar、Customers、Products、Sales 和 Territories，如图 16-35 所示；单击"加载"按钮，导入数据到数据模型。

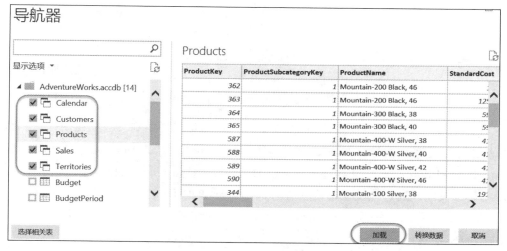

图 16-35 使用 Power Query 加载数据到数据模型

（3）通过编辑查询对数据进行转换和清洗。在图 16-35 中如果单击"转换数据"按钮，则打开 Power Query 窗口，对数据进行转换和清洗后再加载。加载后的数据，也可以通过选择"主页"|"外部数据"|"编辑查询"命令打开 Power Query 窗口进行转换和清洗。

## 16.7.3 使用 Power Pivot

Power BI Desktop 集成了 Power Pivot 功能。在 Power BI 文档中，从外部导入数据或者创建数据表都使用 Power Pivot 数据模型进行管理。有关 Power Pivot 的详细信息，请参见 16.3 节。

【例 16-27】 管理 Power BI 中的数据模型。

【参考步骤】

（1）打开 Power BI 文件"fl16-27 数据模型（AdventureWorks）. pbix"。

（2）查询数据模型中的数据。单击"数据"按钮，可以切换到"数据"视图，管理数据模型中的表，如图 16-36 所示。

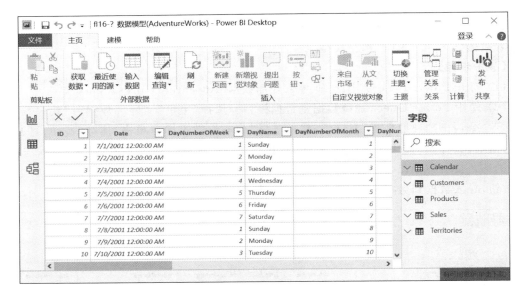

图 16-36　查询数据模型中的数据

（3）管理数据模型中的关系。单击"模型"按钮 <sub></sub>，可以切换到"模型"视图，管理数据模型中表之间的关系。在导入外部数据时会分析各表的字段，自动建立它们之间的关系：Customer 表和 Sales 表之间通过 CustomerKey 关联；Products 表和 Sales 表之间通过 ProductKey 关联。通过拖曳手动建立关系：Calendar 表的 Date 字段和 Sales 表的 OrderDate 字段关联；Territories 表的 TerritoryKey 字段和 Sales 表的 SalesTerritoryKey 字段关联，结果如图 16-37 所示。

（4）创建度量值。单击"数据"按钮 <sub></sub>，切换到"数据"视图。在右侧的"字段"列表中右击 Sales 表，选择相应快捷菜单中的"新建度量值"命令。在功能区和表格内容之间的编辑栏中输入度量值公式"销售总额＝SUM(Sales[SalesAmount])"，如图 16-38 所示，按 Enter 键，创建"销售总额"度量值。采用同样的方法为 Sales 表创建度量值"利润总额＝[销售总额]－SUM(Sales[ProductStandardCost])"和"利润率＝[利润总额]/[销售总额]"。在右侧的"字段"列表中选中"利润率"度量值，单击"建模"选项卡上"格式设置"组中的"百分比格式"按钮 % ，设置"利润率"的格式为百分比。

# 16.7.4　使用可视化对象创建报表

在 Power BI Desktop 中可以使用丰富的可视化对象创建交互式的报表，每张报表可以包含多个可视化对象。Power BI Desktop 可以创建多张报表，创建报表、切换报表和管理报表的方式类似于 Excel 工作表的方式，使用底部的操作按钮 [ ← 第1页 + ]。

Power BI Desktop 提供了丰富的可视化对象，主要包括堆积型条形图、堆积型柱形图、簇状条形图、簇状柱形图、百分比堆积型条形图、百分比堆积型柱形图、折线图、分区图、堆积

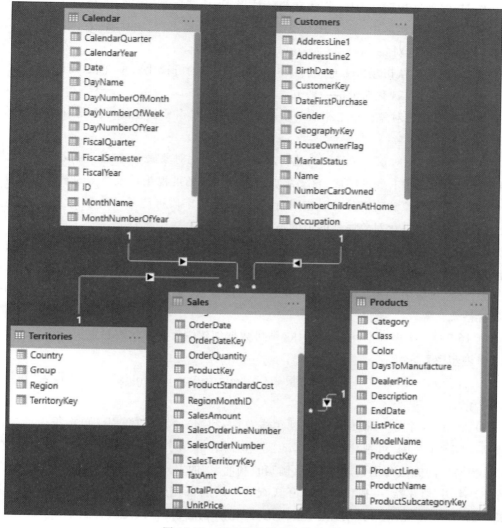

图 16-37 管理数据模型中的关系

图 16-38 创建"销售总额"度量值

型面积图、折线和堆积型柱形图、折线和簇状柱形图、功能区图、瀑布图、散点图、饼图、环形图、树状图、地图、着色地图、漏斗图、仪表、卡片图、多行卡、KPI、切片器、表、矩阵、R 脚本视觉对象、Python 视觉对象、ArcGIS Map for Power BI 等。

另外，它还可以从市场或本地文件中导入数量众多的可视化对象，例如词云图等。

在报表中创建可视化对象的一般方法如下：

（1）新建可视化对象。单击报表的空白部分，然后单击要创建的可视化对象类型，创建空白的可视化对象。

（2）设计可视化对象。选择可视化对象，单击可视化对象属性的"值"字段按钮▥，添加数据字段。通过选中右侧的字段，自动添加字段到相应的可视化对象类型的不同值部分，注意不同的可视化对象的值部分各不相同，且自动添加的字段可能不符合预期。用户也可以拖曳字段到对应可视化对象属性的值的不同部分。

（3）格式化可视化对象。选择可视化对象，单击可视化对象属性的"格式"字段按钮▱，设置可视化对象各部分的属性。

（4）完善和美化报表，包括调整对齐各可视化对象、插入文本框/图像/形状等、应用主题/设置格式化等。

**【例 16-28】** 根据 AdventureWorks 销售数据创建销售报表仪表盘。

**【参考步骤】**

（1）打开 Power BI 文件"fl16-28 报表（AdventureWorks）.pbix"，单击"报表"按钮▦，切换到"报表"视图。

（2）使用"卡片图"可视化对象监视销售总额、利润总额和利润率。单击报表的空白部分，然后单击"卡片图"可视化对象▣，创建卡片图，并选中 Sales 表中的"销售总额"度量值。采用同样的方法分别创建"利润总额"和"利润率"的卡片图。

（3）使用"切片器"可视化对象交互式查看不同国家和类别/子类别的销售情况。单击报表的空白部分，然后单击"切片器"可视化对象▤，创建新的切片器，并选中 Territories 表中的 Country 字段。采用同样的方法分别创建 Products 表中的 Category 和 SubCategory 字段的切片器。

（4）创建"折线图"可视化对象，比较不同年份的各月份的销售额变化趋势。单击报表的空白部分，然后单击"折线图"可视化对象▨，创建折线图。接着拖曳 Calendar 表的 MonthNumberOfYear 字段到可视化对象中的"轴"属性框；拖曳 Calendar 表的 CalendarYear 字段到可视化对象中的"图例"属性框；拖曳 Sales 表的"销售总额"度量值到可视化对象中的"值"属性框。

（5）交互式分析查看报表。通过切片器筛选不同国家、不同类别、不同子类别，分析查看其销售额的变化趋势，以及对应的销售总额、利润总额和利润率数据。

（6）调整各可视化对象的大小和位置，结果如图 16-39 所示。

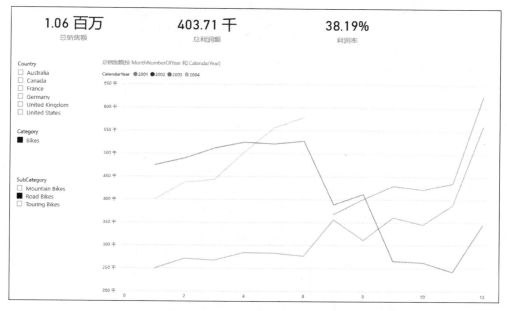

图 16-39 创建"销售总额"度量值

# 习题

1. 什么是商业智能(BI)?
2. 简述基于 Excel 的自助式商业智能解决方案。
3. 简述基于 Power BI 的自助式商业智能解决方案。
4. 简述使用 Power Query 查询和导入外部数据源中数据的基本步骤。
5. 如何使用 Power Query 编辑器转换和清洗数据? Power Query 编辑器支持的数据转换功能包括哪些?
6. 如何使用 Power Query 实现合并查询?
7. 如何使用 Power Query 实现追加查询?
8. 什么是 Power Pivot? 其主要特点是什么?
9. 如何使用 Power Pivot 管理数据模型中表的关系?
10. 什么是计算列? 如何创建计算列?
11. 什么是度量值? 如何创建度量值?
12. 如何使用数据透视表分析数据模型中的数据?
13. 什么是 Power View? 简述其特点。
14. 简述使用 Power View 创建可视化仪表盘的一般步骤。
15. 在 Power View 中实现数据筛选的方法有哪些?
16. 在 Power View 中如何通过突出显示实现可视化交互?
17. 什么是 Power Map? 简述其特点。

18. 简述使用 Power Map 创建三维地图可视化演示的一般步骤。

19. 简述 Power Map 中的演示、场景、图层以及其关系。

20. 如何探索和分析三维地图演示？

21. 什么是 Power BI Desktop？简述其特点。

22. 简述使用 Power BI Desktop 创建可视化交互式报表的一般步骤。

# 第 **17** 章

# 宏与VBA程序入门

VBA(Visual Basic for Applications)是 Microsoft Office 软件的内嵌程序设计语言。使用 VBA 可以对 Excel 进行二次开发,实现各种复杂的应用程序功能。宏是使用 VBA 编写或录制的小程序,能够让用户实现重复性操作的自动化,提高工作效率。

VBA 程序设计涉及大量的知识内容。本章主要阐述宏和 VBA 程序设计的基本知识。

## 17.1 Excel 宏与 VBA 概述

视频讲解

宏是使用 VBA 程序设计语言编写或录制的小程序,包括一系列 Excel 的命令,实现完成某种任务的一系列操作。

对于经常重复进行的任务操作,可以通过"录制宏"命令工具将操作过程记录下来。当需要再次重复任务操作时,只需运行录制好的宏,Excel 就能自动完成所有任务操作。

为宏指定快捷键,可通过按快捷键运行宏,从而一键自动完成任务的一系列操作。宏可以被多次重复运行,实现任务操作的自动化,提供办公效率。

在 Excel 中,一般通过 Excel 提供的宏录制工具录制宏程序。宏录制工具自动记录用户的操作步骤,并转换为 VBA 程序。宏录制工具录制生成的 VBA 程序,可以使用 Microsoft Visual Basic for Applications 编辑器查看和编辑生成的宏代码。

在 Excel 中也可以直接使用"Visual Basic 编辑器"编写宏,以实现更为复杂的自动化功能。

VBA 是 Visual Basic 的一个派生体。VBA 是在桌面应用程序(包括 Excel)中选择自动化任务的编程语言。Visual Basic 是独立编程语言,开发的程序在 Windows 系统中运行;VBA for Excel 是 Excel 应用程序内嵌的编程语言,开发的程序只能在 Excel 中运行。

在 Excel 中,宏的录制、编辑和运行以及 VBA 程序的编写使用"开发工具"功能选项。在默认情况下,该功能被禁用,使用"Excel 选项"的"自定义功能区"可打开该功能。

【例 17-1】 启用 Excel 的"开发工具"功能选项。

选择"开始"|"选项"命令,打开"Excel 选项"对话框,单击左侧的"自定义功能区",选择其右侧列表中的"开发工具"选项。

视频讲解

# 17.2 宏的录制和运行

## 17.2.1 录制宏

编写宏的最简便方法是使用 Excel 提供的"录制宏"命令工具。"录制宏"命令工具自动记录用户的所有操作步骤,并自动将所记录的操作转换为 VBA 程序。

值得注意的是,"录制宏"命令开始录制时,用户所有的操作步骤都将被记录在宏中,并转换为 VBA 程序代码。如果在录制宏时选择了误操作,然后选择更正操作,则宏代码中将同时记录误操作和更正操作,从而生成许多冗余代码。所以在录制宏时应一气呵成,尽量减少不必要的或者错误的操作。当然,录制好的宏代码也可以通过 Microsoft Visual Basic for Applications 编辑器进行编辑、修改和优化。

录制宏的基本步骤如下:

(1) 设置宏代码使用的引用方式:使用绝对引用或使用相对引用。

系统默认为使用绝对引用。单击"开发工具"选项卡上"代码"组中的"使用相对引用"命令按钮(或者单击"视图"选项卡,选择"宏"组中的"使用相对引用"命令),可以切换到"使用相对引用"。

在"使用绝对引用"模式下,生成的代码为绝对引用。例如,如果录制了在 A1 单元格将光标移动到 A2 单元格的宏"下移 1 行",当光标定位在 A1 单元格时,运行宏"下移 1 行",光标将移动到 A2 单元格。其代码片段为:

```
Range("A2").Select
```

其中,Range("A2")为 Range 对象,指向 A2 单元格,Range 对象方法 Select 选中单元格区域,代码运行结果即移动到 A2 单元格。

在"使用相对引用"模式下,生成的代码为相对引用。例如,如果录制了在 A1 单元格将光标移动到 A3 单元格的宏"下移 2 行"。其代码片段为:

```
ActiveCell.Offset(2, 0).Range("A1").Select
```

如果光标在 C1 单元格,运行宏"下移 2 行"时,光标将移动到 C3 单元格。ActiveCell 为当前活动单元格(C1),ActiveCell 对象方法 Offset(2,0)返回相对于当前活动单元格一定偏移量的区域(行偏移 2,列偏移 0)的 Range 对象,即当前活动单元格下移两行(C3 单元格)。Range("A1")返回相对于当前区域(C3)的第 A 列第 1 行的单元格区域(结果依旧为 C3 单元格),Range 对象方法 Select 选中单元格区域,代码运行结果即移动到 C3 单元格。

(2) 打开"录制宏"对话框。单击"开发工具"选项卡,选择"代码"组中的"录制宏"命令(或者单击"视图"选项卡,选择"宏"组中的"录制宏"命令),打开"录制宏"对话框。

(3) 指定录制宏的参数。在“录制宏”对话框中指定宏的名称、快捷键、保存位置、说明参数。

(4) 开始宏的录制。在“录制宏”对话框中单击“确定”按钮，开始宏的录制操作。此时“开发工具”选项卡上“代码”组中的“录制宏”命令显示为“停止录制”命令。

(5) 停止宏的录制。当所有任务操作完成后，单击“开发工具”选项卡，然后单击“代码”组中的“停止录制”按钮(或者单击“视图”选项卡，选择“宏”组中的“停止录制”命令)，停止并完成宏的录制操作。

(6) 保存包含宏的 Excel 文件。基于安全考虑，包含宏的 Excel 工作簿需要另存为扩展名为. xlsm 的文件。单击“保存”按钮，或者选择“文件”选项卡中的“另存为”命令，打开“另存为”对话框，选择保存类型为“Excel 启用宏的工作簿( *. xlsm)”，然后单击“保存”按钮保存文件。

**【注意】**

在已保存的 Excel 文件中创建宏后，单击“保存”按钮，将弹出如图 17-1 所示的“无法在未启用宏的工作簿中保存以下功能”的提示信息，单击“否”按钮，在随后出现的“另存为”对话框中选择保存类型为“Excel 启用宏的工作簿( *. xlsm)”。

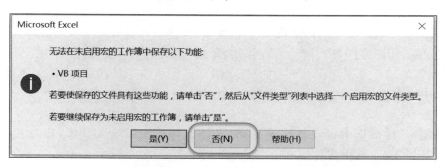

图 17-1 无法在未启用宏的工作簿中保存 VB 项目的提示和处理

**【例 17-2】** “录制宏”命令工具示例。打开“fl17-2 宏(间隔填充色). xlsx”文件，在其 Sheet1 工作表中建立名为“行底色”的宏，并指定快捷键为 Ctrl+Shift+C。把当前行的“填充色”设置为 25%灰度的底色。通过按快捷键 Ctrl+Shift+C，设置工作表内容隔行间隔填充色，结果如图 17-2 所示。

| | A | B | C | D |
|---|---|---|---|---|
| 1 | 学生计算机成绩一览表 | | | |
| 2 | 学号 | 姓名 | 期中 | 期末 |
| 3 | B13121501 | 朱洋洋 | 58 | 55 |
| 4 | B13121502 | 赵霞霞 | 74 | 80 |
| 5 | B13121503 | 周萍萍 | 87 | 94 |
| 6 | B13121504 | 阳一昆 | 51 | 70 |
| 7 | B13121505 | 田一天 | 62 | 62 |
| 8 | B13121506 | 翁华华 | 90 | 86 |

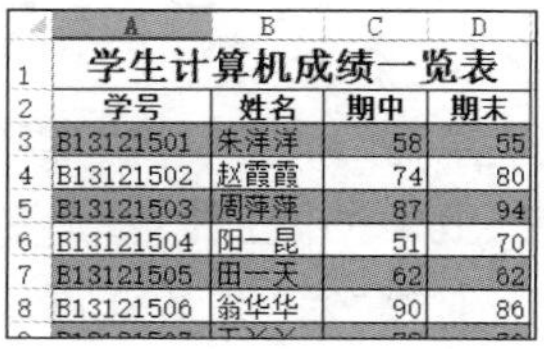

图 17-2 设置间隔填充色

**【参考步骤】**

(1) 设置宏代码使用相对引用方式。单击“开发工具”选项卡上“代码”组中的“使用相对引用”按钮。

(2) 开始录制宏。选中 A3 单元格，单击“开发工具”选项卡上“代码”组中的“录制宏”按钮，打开“录制宏”对话框。然后在“宏名”文本框中输入“行底色”；在“快捷键”文本框中同时按 Shift+C 键；在“说明”文本框中输入“设置行填充色为 25%灰色”，如图 17-3 所示。单击“确定”按钮，开始录制宏。

(3) 录制宏的任务操作。按 Ctrl+Shift+→键，选中当前行；设置底纹色为“白色，背景 1 深色 25%”；按方向键↓两次，移动到下一行的下一行。

图 17-3  "录制宏"对话框(行填充色)

（4）停止宏的录制。单击"开发工具"选项卡上"代码"组中的"停止录制"按钮,停止并完成宏的录制操作。

（5）重复运行宏。重复按快捷键 Ctrl+Shift+C(8 次),设置间隔填充色。

（6）另存工作簿文件为"fl17-2 宏(间隔填充色)-结果.xlsm"。单击"保存"按钮,在"无法在未启用宏的工作簿中保存以下功能"提示对话框中单击"否"按钮,在随后出现的"另存为"对话框中将文件另存为"Excel 启用宏的工作簿(＊.xlsm)"文件类型。

【提示】

在"录制宏"对话框中设置快捷键时,如果键盘处于大写输入状态,则直接输入字母"C",在"快捷键"文本框中将自动出现 Ctrl+Shift+C。

## 17.2.2  宏的管理

单击"开发工具"选项卡,选择"代码"组中的"宏"命令(或者单击"视图"选项卡,选择"宏"组中的"查看宏"命令),打开"宏"对话框,如图 17-4 所示。

通过"宏"对话框可以管理 Excel 工作簿中的宏,管理功能包括以下几种:

（1）选择/单步选择宏。在"宏"对话框左侧的"宏"列表框中选择要选择的宏,单击右侧的"选择"按钮选择所选的宏;单击"单步选择"按钮单步选择调试所选的宏。

（2）查看和编辑宏代码。在"宏"对话框左侧的"宏"列表框中选择要查看和编辑的宏,单击右侧的"编辑"按钮打开 Microsoft Visual Basic for Applications 编辑器,查看和编辑所选宏的宏代码。

（3）删除宏。在"宏"对话框左侧的"宏"列表框中选择要删除的宏,单击右侧的"删除"按钮删除所选的宏。

（4）设置宏选项:快捷键和说明。在"宏"对话框左侧的"宏"列表框中选择要设置选项的宏,单击右侧的"选项"按钮打开"宏选项"对话框,可以设置宏的快捷键和说明选项。

（5）通过手动编码创建宏。利用"录制宏"命令工具自动生成宏代码存在若干局限性,例如不能实现循环和判断逻辑,生成的代码存在大量的冗余;人机交互能力差(用户无法输出,机器无法给出提示);无法显示对话框;无法显示自定义窗体等。

图 17-4 "宏"对话框

通过手动编码可以在宏代码中使用 VBA 程序设计语言实现上述高级功能。

在"宏"对话框的"宏名"文本框中输入要创建宏的名称(即"宏"列表框中不存在的名称),Excel 会自动判断并激活"创建"按钮。单击"创建"按钮,打开 Microsoft Visual Basic for Applications 编辑器,并生成空的宏代码框架(子过程),在子过程体中手动输入宏任务操作的程序代码。

【例 17-3】 查看和编辑宏代码示例。在"fl17-3 宏(间隔填充色)2. xlsm"文件中查看和编辑"行底色"宏的代码,最后保存工作簿文件为"fl17-3 宏(间隔填充色)-结果 2. xlsm"。

【参考步骤】

(1) 打开"fl17-3 宏(间隔填充色)2. xlsm"文件。当打开包含宏的 Excel 文件时,Excel 将显示安全警告,单击"启用内容"按钮以启用宏。

(2) 查看宏代码。单击"开发工具"选项卡,选择"代码"组中的"宏"命令,打开"宏"对话框,确认左侧的"宏"列表框中选中了"行底色"宏。单击"编辑"按钮,打开 Microsoft Visual Basic for Applications 编辑器,显示"行底色"宏代码,如图 17-5 所示。

(3) 编辑宏代码。删除 With~End With 的代码(这段代码设置所选区域的填充色,存在冗余),添加如图 17-6 所示的代码。按 Ctrl+S 键保存宏代码,然后关闭 Microsoft Visual Basic for Applications 编辑器。

【注意】

从图 17-6 可以看出,记录宏自动生成的代码实际上是子程序 Sub…End Sub。其中的代码对应于录制的操作。

(4) 测试宏。选择 A3 单元格,重复按快捷键 Ctrl+Shift+C(8 次),设置间隔填充色。

Excel

数据分析超详细实战攻略–微课视频版

图 17-5　"行底色"宏代码

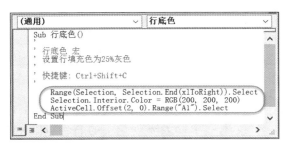

图 17-6　编辑"行底色"宏代码

（5）将工作簿文件另存为"fl17-3 宏（间隔填充色）-结果 2. xlsm"。

【**例 17-4**】　手动创建宏示例。打开"fl17-4 宏（隔行间隔填充色）3. xlsx"文件，在其 Sheet1 工作表中建立名为"隔行填充色"的宏，手动编写宏代码，循环隔行设置"填充色"为灰度 RGB(200,200,200)，并设置快捷键为 Ctrl＋Shift＋L。利用宏操作设置工作表内容的间隔填充色，最后保存工作簿文件为"fl17-4 宏（隔行间隔填充色）-结果 3. xlsm"。

【**参考步骤**】

（1）手动创建宏。单击"开发工具"选项卡，选择"代码"组中的"宏"命令，打开"宏"对话框；在"宏"对话框的"宏名"文本框中输入"隔行填充色"，单击"创建"按钮，打开 Microsoft Visual Basic for Applications 编辑器，并生成空的宏代码框架（子过程）。

（2）编写宏代码。在子过程体中手动输入宏任务操作的程序代码，如图 17-7 所示。按 Ctrl＋S 键保存宏代码，然后关闭 Microsoft Visual Basic for Applications 编辑器。

（3）设置宏的快捷键。单击"开发工具"选项卡，选择"代码"组中的"宏"命令，打开"宏"对话框，确认左侧"宏"列表框中选中了"隔行填充色"宏；单击"选项"按钮，打开"宏选项"对话框，设置其快捷键为 Ctrl＋Shift＋L。

（4）测试宏。选择 A3 单元格，按快捷键 Ctrl＋Shift＋L，设置单元格间隔填充色。

（5）将工作簿文件另存为"fl17-4 宏（隔行间隔填充色）-结果 3. xlsm"。

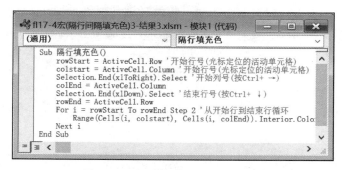

图 17-7 编写"隔行填充色"宏代码

【提示】

在步骤(4)中测试宏时,一定要确保先选择 A3 单元格,再测试宏,否则会造成程序死循环。

## 17.2.3 宏的安全性配置

Excel 宏可以使用 VBA 创建,VBA 宏会引起潜在的安全风险。具有恶意企图的开发人员可以通过文档或者文件引入恶意宏,运行包含恶意宏的 Excel 文件,从而对计算机造成危害,也可能在计算机上传播病毒。

从 Excel 2007 开始,Excel 采用下列几种措施保证宏的安全:

(1) 宏只能保存在扩展名为.xlsm 的文件中。普通的 Excel 文件(扩展名为. xlsx)中不能保存宏代码,这样从文件名就可以判断一个 Excel 文件中是否包含宏代码。

(2) 使用信任中心启用或禁用宏。在默认情况下,Excel 将禁用所有宏,并发出通知,通过信任中心可以设置宏的安全性。单击"开发工具"选项卡,选择"代码"组中的"宏安全性"命令(也可以选择"文件"|"选项"|"信任中心"|"信任中心设置"|"宏设置"命令),打开"信任中心(宏设置)"对话框。

"信任中心(宏设置)"对话框中各选项的含义如下:

① 禁用所有宏,并且不通知。禁用文档中的所有宏以及有关宏的安全警告。对不信任宏使用此选项。

② 禁用所有宏,并发出通知(默认设置)。打开文档时禁用所有宏,并显示安全警告 ⚠ 安全警告 宏已被禁用。 启用内容 。如果单击"启用内容"按钮,则可以启用宏。

③ 禁用无数字签署的所有宏。禁用所有未签名的宏,并且不发出通知,同时启用由受信任的发布者进行数字签名的宏。受信任发布者签名的宏可以运行,其他签名的宏会收到通知。

注意,通过选择"文件"|"选项"|"信任中心"|"信任中心设置"|"受信任的发布者"命令,打开"信任中心(受信任的发布者)"对话框,可以查看或者删除受信任的发布者的证书信息。

④ 启用所有宏。所有的宏都可以运行。允许运行所有(包括有潜在危险)的代码,计算机容易受到潜在恶意代码的攻击,因此不建议使用此设置。

⑤ 信任对 VBA 工程对象模型的访问。此设置供开发人员使用,专门用于禁止或允许任何自动化客户端以编程方式访问 VBA 对象模型。在默认情况下拒绝访问。

（3）受信任位置和受信任文档。如果确信 Excel 文档中的宏是安全的,可以把该文档放置在受信任的位置(目录)中;或者把文档的目录添加到受信任位置列表中;或者把该文档添加到受信任文档列表中。

使用受信任位置和受信任文档,其中的宏不会被禁止,也无须安全警告,从而可以提高工作效率。

通过选择"文件"|"选项"|"信任中心"|"信任中心设置"|"受信任位置"命令,打开"信任中心(受信任位置)"对话框,将显示默认受信任位置信息。

## 17.2.4 宏的选择

Excel 提供了多种选择宏的方法,下面分别介绍:

（1）使用快捷键运行宏。通过为宏指定快捷键可以实现一键自动选择宏,推荐使用这种方式,参见 17.2.1 节。

（2）通过单击快速访问工具栏上的按钮来运行宏。通过自定义可以为快速访问工具栏上的按钮"指定宏",单击快速访问工具栏上的自定义按钮可以运行宏,参见例 17-5。

（3）通过单击功能区中自定义的按钮来运行宏。通过自定义可以为功能区中的按钮"指定宏",单击功能区上的自定义按钮可运行宏,参见例 17-6。

（4）通过"宏"对话框来运行宏。单击"开发工具"选项卡,选择"代码"组中的"宏"命令,打开"宏"对话框,在"宏"对话框左侧的"宏"列表框中选择要选择的宏,然后单击"选择"按钮选择所选的宏;单击"单步选择"按钮单步选择调试所选的宏,参见 17.3.4 节。

（5）通过单击图形对象上的热点区域来运行宏。在工作表中插入图形对象(例如图片、剪贴画、形状或 SmartArt),在图形对象上"指定宏",则可以通过单击图形对象上的热点区域来运行宏。

（6）通过表单控件或 ActiveX 控件来运行宏。在工作表中插入表单控件或 ActiveX 控件并"指定宏",则可以通过表单控件或 ActiveX 控件来运行宏,参见例 17-7。

（7）打开工作簿时自动运行宏。如果宏的名称为 Auto_Open,则每次打开包含该宏的工作簿时都将自动运行该宏。在启动 Excel 工作簿时按住 Shift 键可禁止运行 Auto_Open 宏。

注意,用户也可以使用 Microsoft Visual Basic for Applications 编辑器编写指定工作簿的 Open 事件代码。Open 事件是内置工作簿事件,每次打开工作簿时都会自动运行其事件代码。Open 事件的 VBA 过程将会覆盖 Auto_Open 宏中的所有操作。

【例 17-5】 在"fl17-5 宏(快捷按钮).xlsm"文件中通过单击快速访问工具栏上的按钮来运行宏,最后保存工作簿文件为"fl17-5 宏(快捷按钮)-结果.xlsm"。

【参考步骤】

（1）打开"fl17-5 宏(快捷按钮).xlsm"文件,并启用宏。

（2）选择"文件"|"选项"|"快速访问工具栏"命令,打开"Excel 选项(快速访问工具栏)"对话框。

（3）在快速访问工具栏上添加按钮来运行宏。在"从下列位置选择命令"列表中选择"宏"，在"宏"列表中选择"隔行填充色"宏，然后单击"添加"按钮，再单击"确定"按钮，如图17-8所示。

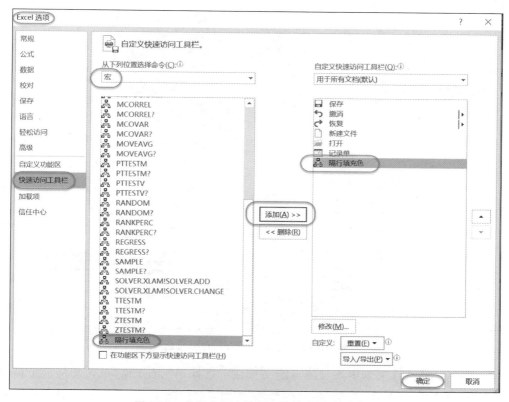

图17-8　自定义快速访问工具栏（隔行填充色）

（4）测试快速访问工具栏上新添加的按钮。选择A3单元格，单击快速访问工具栏上新添加的按钮 ，设置单元格隔行填充色。

（5）将工作簿文件另存为"fl17-5 宏（快捷按钮）-结果. xlsm"。

【例17-6】　在"fl17-6 宏（自定义按钮）. xlsm"文件中，通过单击功能区上自定义的按钮来运行宏，最后保存工作簿文件为"fl17-6 宏（自定义按钮）-结果. xlsm"。

【参考步骤】

（1）打开"fl17-6 宏（自定义按钮）. xlsm"文件，并启用宏。

（2）选择"文件"|"选项"|"自定义功能区"命令，打开"Excel 选项（自定义功能区）"对话框，如图17-9所示。

（3）添加自定义功能区选项卡。在右侧的"主选项卡"列表框中选择"开始"选项，单击"新建选项卡"按钮，在"开始"选项后添加新的选项卡；选择"新建选项卡（自定义）"选项，单击"重命名"按钮，输入"我的宏"，单击"确定"按钮重命名选项卡的名称。

（4）在自定义功能区选项卡的组中添加按钮来运行宏。在"从下列位置选择命令"列表中选择"宏"，在"宏"列表中选择"隔行填充色"宏；在右侧的功能列表框中选择"新建组（自定义）"选项，单击"添加"按钮，然后单击"确定"按钮。

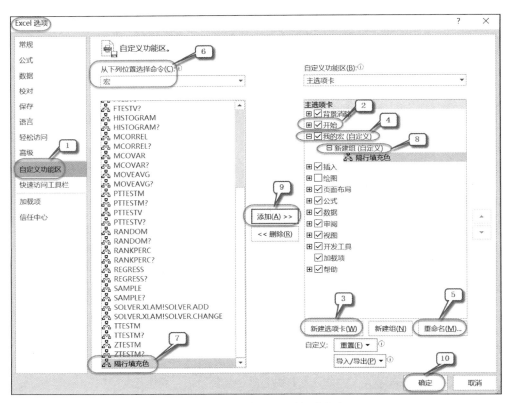

图 17-9　自定义功能区(隔行填充色)

(5)测试功能区选项卡中添加的自定义按钮。选择 A3 单元格,单击功能区上新建的"我的宏"选项卡的"新建组"中的"隔行填充色"按钮 ▒▒(如图 17-10 所示),设置单元格隔行填充色。

(6)将工作簿文件另存为"fl17-6 宏(自定义按钮)-结果.xlsm"。

【例 17-7】 在"fl17-7 宏(按钮控件).xlsm"文件中通过单击按钮控件来运行宏,结果如图 17-11 所示,最后保存工作簿文件为"fl17-7 宏(按钮控件)-结果.xlsm"。

图 17-10　"我的宏"选项卡

图 17-11　单击按钮控件运行宏设置单元格间隔填充色

**【参考步骤】**

(1)打开"fl17-7 宏(按钮控件).xlsm"文件,并启用宏。

(2)添加按钮控件并指定宏。在"开发工具"选项卡上选择"控件"组中的"插入"命令,选择"按钮(窗体控件)" ▢ 表单控件,在 E2 单元格中绘制适当大小的按钮;在随后弹出的"指定宏"对话框中选择"隔行填充色"宏,单击"确定"按钮完成设置。

（3）测试按钮控件。选择 A3 单元格，单击 E2 单元格中的按钮，设置单元格间隔填充色。

（4）将工作簿文件另存为"fl17-7 宏（按钮控件）-结果.xlsm"。

# 17.3　VBA 编辑器

视频讲解

## 17.3.1　VBA 编辑器界面

在"开发工具"选项卡上单击"代码"组中的 Visual Basic 按钮，可以打开 VBA（Microsoft Visual Basic for Applications）编辑器窗口，如图 17-12 所示。

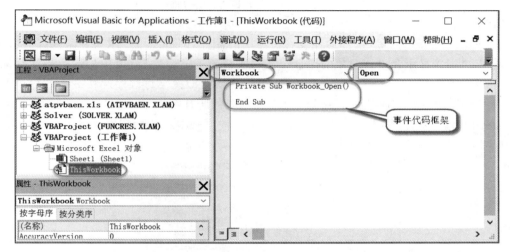

图 17-12　VBA（Microsoft Visual Basic for Applications）编辑器窗口

VBA 编辑器是编写 VBA 程序的集成开发环境（IDE）。集成开发环境包括菜单栏、标准工具栏，以及停靠或自动隐藏在左侧、右侧、底部和编辑器空间中的各种工具窗口。

【注意】

基于用户的自定义设置，IDE 中的工具窗口及其他元素的布置会有所不同。

## 17.3.2　VBA 工程

对于每一个打开的 Excel 文件，VBA 编辑器左侧的"工程-VBA Project"列表中都会将其显示为一个 VBAProject。例如，在图 17-12 中打开的 Excel 文件为"工作簿 1.xlsx"，在 VBA 编辑器中显示为"VBAProject（工作簿 1）"。其子项目有 Sheet1（Sheet1）和 ThisWorkbook，分别代表工作表 Sheet1 和工作簿。

双击工程 ThisWorkbook，在右侧窗口中显示有关 ThisWorkbook 的代码。例如，在右侧窗口左上侧的列表框中选择 Workbook；在右上侧列表框中可选择有关 Workbook 的事件，例如 Open，则 IDE 自动生成如图 17-12 所示的事件代码框架。用户可以在事件过程体中编写有关 Workbook_Open 事件(工作簿打开事件)要选择的代码。

在 VBA 工程中,除了包含 Excel 文件(即 Microsoft Excel 对象)外,还可以创建其他类型的模块,包括用户窗体、模块、类模块。Excel 事件过程一般在 Excel 文件模块中创建;自定义函数和自定义过程(宏)则在自定义模块中创建。

## 17.3.3 设计器/编辑器

VBA 应用程序开发的大部分工作为设计和编码。

设计器用于“用户窗体”的设计,允许在用户界面或网页上指定控件和其他项的位置。用户可以从“工具箱”中轻松地拖动控件,并将其置于设计图上,可以改变控件的大小,移动控件到窗体的指定位置。

编辑器用于源代码的编写,提供高亮显示源代码功能,并支持编码帮助功能,例如 IntelliSense、代码格式等。

在 VBA 中,每个对象(例如窗体或者窗体中的控件)都可以用一组属性来描述其特征。“属性”窗口用来显示和设置对象的属性。在一般情况下,“属性”窗口中显示的是活动编辑器或者设计器中对象的属性。属性显示方式分为两种,即按字母顺序和按分类顺序。在实际的应用程序设计中,不可能也没必要设置每个对象的所有属性,很多属性可以使用默认值。

【例 17-8】 打开“fl17-8 自定义函数.xlsx”文件,创建自定义函数 $mySum(a,b)$,返回 $a*0.4+b*0.6$ 的计算结果,并使用自定义函数计算学生的计算机总评成绩,结果如图 17-13 所示。最后保存工作簿文件为“fl17-8 自定义函数-结果.xlsm”。

| IF | | × ✓ fx | =mySum(C3,D3) | |
|---|---|---|---|---|
| | A | B | C | D | E |
| 1 | 学生计算机成绩一览表 | | | | |
| 2 | 学号 | 姓名 | 期中 | 期末 | 总评 |
| 3 | B13121501 | 朱洋洋 | 58 | 55 | =mySum(C3,D3) |
| 4 | B13121502 | 赵霞霞 | 74 | 80 | |
| 5 | B13121503 | 周萍萍 | 87 | 94 | |

图 17-13  使用自定义函数计算学生的计算机总评成绩

【参考步骤】

(1) 打开 VBA 编辑器。按 Alt＋F11 键,或者单击“开发工具”选项卡,选择“代码”组中的 Visual Basic 命令,打开 VBA 编辑器。

(2) 创建模块。在 VBA 编辑器中选择“插入”|“模块”命令,插入“模块 1”。

(3) 创建自定义函数。在 VBA 编辑器中选择“插入”|“过程”命令,打开“添加过程”对话框(如图 17-14 所示),在“名称”文本框中输入“mySum”,选择类型为“函数”,然后单击“确定”按钮,创建自定义函数 mySum。

(4) 编写自定义函数代码。在 VBA 代码编辑器

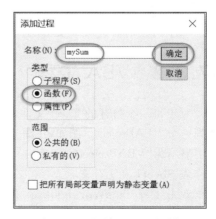

图 17-14  “添加过程”对话框

中修改 mySum 函数,输入以下加粗代码:

```
Public Function mySum(ByVal a As Integer, ByVal b As Integer)
    mySum = a * 0.4 + b * 0.6
End Function
```

(5) 在 Excel 工作表中使用自定义函数。在 E3 单元格中输入公式"=mySum(C3,D3)",并向下填充至 E17 单元格。

(6) 将工作簿文件另存为"fl17-8 自定义函数-结果.xlsm"。

【例 17-9】 打开"fl17-9 用户窗体.xlsx"文件,创建用户窗体;设计其界面,增加一个按钮;并编辑按钮的 Click 事件代码,使得单击按钮后将弹出"Hello,World!"的消息对话框,同时将按钮的填充色改为蓝色。运行结果如图 17-15 所示。最后保存工作簿文件为"fl17-9 用户窗体-结果.xlsm"。

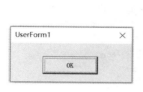 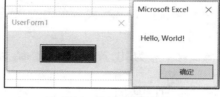

(a) 初始运行界面          (b) 单击OK按钮后的运行界面

图 17-15　用户窗体(单击按钮)运行结果

【参考步骤】

(1) 打开 VBA 编辑器。按 Alt+F11 键,或者单击"开发工具"选项卡,选择"代码"组中的 Visual Basic 命令,打开 VBA 编辑器。

(2) 创建用户窗体。在 VBA 编辑器中选择"插入"|"用户窗体"命令,创建用户窗体 UserForm1。

(3) 设计窗体界面。从工具箱中拖动"命令按钮"控件到 UserForm1 窗体中,如图 17-16 所示。用户可以根据需要调整窗体以及按钮的大小,并通过"属性"窗口设置其属性。

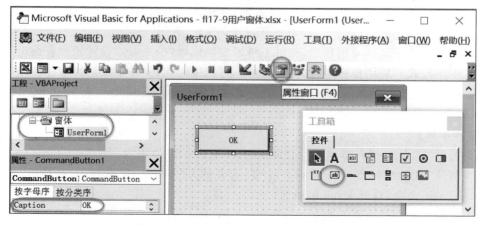

图 17-16　添加按钮控件到 UserForm1 中

（4）编辑事件代码。双击窗体中的按钮，系统会自动创建其 Click 事件响应代码并打开代码编辑器。在 CommandButton1 _ Click 事件处理程序中输入 "CommandButton1"，然后输入"."，代码编辑器的 Intel-liSense 会自动提示代码（显示 CommandButton1 的所有可用属性或方法），选择 BackColor（通过鼠标或者方向键定位，然后按 Tab 键或者双击），如图 17-17 所示。最后编辑并完善代码，内容如下：

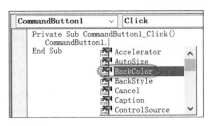

图 17-17　代码编辑器的 IntelliSense

```
Private Sub CommandButton1_Click()
    CommandButton1.BackColor = RGB(0, 0, 255)
    MsgBox ("Hello, World!")
End Sub
```

（5）运行用户窗体。按 F5 键，或者单击 VBA 编辑器的"运行子过程/用户窗体"按钮 ▶ ，运行窗体，测试并观察运行结果。

（6）将工作簿文件另存为"fl17-9 用户窗体-结果.xlsm"。

## 17.3.4　运行和调试工具

VBA 编辑器提供了集成的运行和调试工具。在运行过程中，当发生错误时，可以进入调试中断模式。通过设置断点，也可以在运行到断点时进入调试中断模式。

在调试中断模式，可以单步运行（按 F8 快捷键），检查局部变量和其他相关数据，以检测和更正在运行时检测到的问题，例如逻辑错误和语义错误等。

通过快捷键 F5，或者单击 VBA 编辑器的"运行子过程/用户窗体"按钮 ▶ ，可以运行当前打开的子过程或窗体；通过快捷键 F9，可以设置/取消断点；通过"调试"菜单下的"添加监视"命令，可以监视变量。

VBA 有以下 3 种工作模式：

（1）设计模式。在设计器中设计用户界面，或在代码编辑器中编辑代码，设计开发应用程序。

（2）运行模式。运行应用程序，此时不可以编辑代码，也不可以设计用户界面。

（3）中断模式。应用程序运行时暂时中断，可以编辑代码，并继续运行程序。

**【例 17-10】**　在"fl17-10 用户窗体运行和调试.xlsm"文件中运行和调试用户窗体 UserForm1。

**【参考步骤】**

（1）打开"fl17-10 用户窗体运行和调试.xlsm"文件，并启用宏。

（2）打开 VBA 编辑器。按 Alt＋F11 键，或者单击"开发工具"选项卡，选择"代码"组中的 Visual Basic 命令，打开 VBA 编辑器。

（3）打开代码窗口。在左侧的"工程-VBA Project"列表中双击 UserForm1，打开用户窗体设计器。双击 OK 按钮，打开其代码窗口。

（4）设置断点。定位到代码的第 3 行，按 F9 键设置断点。

（5）运行用户窗体。按 F5 键运行窗体，运行到断点时自动进入中断模式。

（6）单步选择。按 F8 键单步选择。

（7）查看变量。将鼠标指针悬停在第 3 行代码的 Message 上，显示其当前值为"Hello"，如图 17-18 所示。

（8）继续运行用户窗体。按 F5 键继续运行。

图 17-18　单步选择查看变量

（9）将工作簿文件另存为"fl17-10 用户窗体运行和调试-结果.xlsm"。

## 17.3.5　帮助系统

使用 VBA 开发 Excel 应用程序涉及大量的主题信息，包括开发语言本身以及 Excel 对象模型的使用。VBA 提供了完备的帮助系统，包括基本概念、类库参考、示例代码等，读者应该充分利用。

在 IDE 中，首先定位要查找帮助的关键字，然后按 F1 键即可访问"帮助"信息。

# 17.4　VBA 语言基础

视频讲解

VBA 代码由 Unicode 码构成，其中注释、标识符、字符常量、字符串可以为非 ASCII 码字符，其他均为 ASCII 码。

代码的基本构成元素为语句，用于声明变量、为变量赋值、调用函数、创建对象、调用对象方法、访问对象属性、控制分支、创建循环、定义函数、定义类等。

语句通常包含表达式，表达式由操作数和运算符构成，操作数可以是变量或者常量。变量表示存储位置，每个变量存储的数据具有一个数据类型。

语句通常以换行符终止。一行可以书写多条语句，语句间使用冒号（:）分隔；一条语句可以分多行书写（续行使用下画线符号（"_"））。代码不区分字母的大小写。VBA 忽略多余的空白字符（空格和制表符），通过缩进增加程序的可读性。

## 17.4.1　标识符和关键字

标识符是变量、函数、参数和其他对象的名称。

标识符的第一个字符必须是字母，其后的字符可以是字母、下画线或者数字。标识符可以包含 Unicode 字符，即可以使用中文名称作为变量或者函数名称，但一般不推荐使用。

一些特殊的名称，例如 Sub、End、With、Dim 等，为 VBA 语言的关键字或保留关键字，不能作为标识符。

例如 name、address1、phone_1 为有效的标识符，而 1stName、It'sOK、if 为无效的标识符。

VBA 标识符不区分大小写。例如 ABC 和 abc 被视为相同的名称。

关键字即预定义保留标识符,例如 If、Sub、Dim 等。关键字有特殊的语法含义。关键字不能在程序中用作标识符,否则会产生错误。

## 17.4.2 变量、常量和数据类型

计算机程序处理的数据必须放入内存,指向内存中数据的引用即变量。变量相当于一个内存占位符。

VBA 语言中的每个数据对象都属于某个数据类型。例如,表示整数的 Integer,表示日期的 Date。VBA 的数据类型包括 Byte、Boolean、Integer、Long、Single、Double、Currency、Date、Object、String、Variant,如表 17-1 所示。

表 17-1　VBA 的数据类型

| 数据类型 | 存储空间 | 数 据 范 围 | 字面常量举例 |
| --- | --- | --- | --- |
| Byte | 1 字节 | 0～255 | 1、8 |
| Boolean | 2 字节 | True 或 False | True、False |
| Integer | 2 字节 | −32768～32767 | 123 |
| Long | 4 字节 | −2147483648～2147483647 | 12345678 |
| Single | 4 字节 | 为 $\pm1.5\times10^{-45}$～$\pm3.4\times10^{38}$ | 1.23 |
| Double | 8 字节 | 为 $\pm5.0\times10^{-324}$～$\pm1.8\times10^{308}$ | 1.23E12 |
| Currency | 8 字节 | −922337203685477.5808～922337203685477.5807 | 1876.5679 |
| Date | 8 字节 | 0100 年 1 月 1 日到 9999 年 12 月 31 日 | #1/22/2025# |
| Object | 4 字节 | 任何对象引用 | |
| String | 字符长度 | 分为定长和可变长度两种,可变长度可达 0～20 亿个字符,定长最多 65536 个字符 | "abc" |
| Variant(数字) | 16 字节 | 任何数字,最大达到 double 的数值范围 | 1234 |
| Variant(字符) | 22+字符串长度 | 0～20 亿 | "abcdefg" |

变量的声明和赋值语法格式为:

**Dim 变量名 [As 变量类型]**
**变量 = 要赋的值**

例如:

```
Dim i1 As Integer          '声明整数类型 Integer 的变量 i1
i1 = 123                   '将变量 i1 赋值为 123
```

符号常量为字面常量指定一个名称,其语法格式为:

**Const 符号常量 = 字面常量**

例如:

```
Const tax_rate = 0.17      '声明符号常量 tax_rate,其值为 17%
```

VBA 定义了大量的符号常量,例如 vbYes、vbNo 等,可以直接使用。

## 17.4.3 表达式和运算符

表达式是可以计算的代码片段,表达式由操作数和运算符构成。操作数、运算符和圆括号按一定的规则组成表达式。

运算符指示对操作数使用什么样的运算。例如,算术运算符＋、－、＊、/对两个操作数进行加减乘除运算。

操作数包括常量、变量、类的成员变量、函数调用等,也可以包含子表达式。

表达式既可以非常简单,也可以非常复杂。当表达式包含多个运算符时,运算符的优先级控制各运算符的计算顺序。例如,表达式 $x + y * z$ 按 $x + (y * z)$ 计算,因为 $*$ 运算符的优先级高于＋运算符。

例如:

```
Dim i1, i2, sum As Integer
i1 = 1: i2 = 2
sum = i1 + i2                   '表达式和加法运算符
```

VBA 运算符的优先顺序从高到低依次为算术运算符、连接运算符、关系运算符、逻辑运算符。算术运算符的优先顺序从高到低依次为^(幂)、＊(乘)或/(除)、\(整除)、Mod(取模)、＋(加)或－(减)。如果想改变运算符的优先顺序,可以在表达式中使用圆括号。

常用的 VBA 运算符如表 17-2 所示。

**表 17-2　常用的 VBA 运算符**

| 运算符类型 | 运　算　符 | 示　例 | 结　果 |
|---|---|---|---|
| 算术运算符 | ＋(加)、－(减)、＊(乘)、/(除)、\(整除)、Mod(取模)、^(求幂) | 10＋6<br>10－6<br>10＊6<br>10/6<br>10\6<br>10 Mod 6<br>2^3 | 16<br>4<br>60<br>1.666667<br>1<br>4<br>8 |
| 关系运算符<br>(比较运算符) | ＝(等于)、＞(大于)、＜(小于)、＞＝(大于或等于)、＜＝(小于或等于)、＜＞(不等于) | "a"＝"A"<br>"ad"＞"ab"<br>"aB"＜"ab"<br>10＞＝6<br>10＜＝6<br>10＜＞6 | False<br>True<br>True<br>True<br>False<br>True |
| 逻辑运算符 | Not(逻辑非)、And(逻辑与)、Or(逻辑或)、Xor(逻辑异或)、Eqv(逻辑与或)、Imp(逻辑蕴涵) | Not True<br>True And False<br>True Or False<br>True Xor True<br>False Eqv False<br>False Imp True | False<br>False<br>True<br>False<br>True<br>True |
| 字符串运算符 | &(字符串连接) | "Hello"&"World" | "HelloWorld" |

# 17.4.4 VBA 语句概述

VBA 程序由语句按一定的逻辑规则排列组成。VBA 语句包括声明语句、赋值语句、逻辑控制语句、错误处理语句、注释语句。

### 1. 声明语句

声明语句用于声明变量、符号常量、数组、过程和函数等。例如：

```
Dim mycell As Range                              '声明变量
Const retired_age As Integer = 60                '声明符号常量
Dim scores(6) As Integer                         '声明包含 6 个元素的数组
Public Sub Calculate()                           '声明过程
    MsgBox ("统计计算")
End Sub
Public Function sum(a As Integer, b As Integer)      '声明函数
    sum = a + b
End Function
```

### 2. 赋值语句

赋值语句用于变量的赋值。例如：

```
Dim name As String
name = "Zhang"                                   '赋值语句
```

### 3. 逻辑控制语句

逻辑控制语句包括选择结构的 If 语句和 Select Case 语句；循环结构的 For⋯Next 语句、For Each⋯Next 语句、While⋯Wend 语句和 Do⋯Loop 语句；其他控制语句，例如 With 语句、Exit 语句和 End 语句。

### 4. 错误处理语句

当选择代码发生错误的情况时，可以使用 On Error 语句来处理错误，启动一个错误的处理程序。其语法如下：

```
On Error Goto 行号                    '当错误发生时,转移到指定行
On Error Resume Next                  '当错误发生时,转移到发生错误的下一行
On Error Goto 0                       '当错误发生时,停止过程中的任何错误处理过程
```

### 5. 注释语句

注释语句用于书写说明性的内容，注释语句以 Rem 关键字开始（Rem 注释只能单独一行），也可以使用符号'（可以单独一行，也可以位于其他语句的末尾）。在选择时将忽略注释语句。例如：

```
Rem 声明变量
Dim name As String
name = "Zhang"                            '赋值语句
```

## 17.4.5　模块、过程和函数

　　VBA 项目由模块组成,模块包括 Excel 文件、用户窗体、自定义模块、类模块。在模块中可以定义过程,包括事件处理过程、自定义子程序(宏)、自定义函数。

　　过程是构成程序的单元,用于完成一个相对独立的功能。过程可以使程序更清晰、更具结构性。常用的过程包括子程序和函数,子程序没有返回值,函数有返回值。

　　子程序和函数的声明形式为:

```
访问关键字 Sub 子程序名(形参列表)
    子程序代码
End Sub
访问关键字 Function 函数名(形参列表) As 返回数据类型
    子程序代码
    函数名 = 表达式 '返回值
End Function
```

　　其调用语法为:

```
子程序名 形参列表                   '直接调用时,参数列表不需要括号
call 子程序名(实参列表)
变量名 = 函数名(实参列表)
```

　　其中,访问关键字用于限定过程的作用范围,通常为 Public；形参列表是过程的参数列表,可以为空,可以按值传递(ByVal)或者按地址传递(ByRef)。

　　例如:

```
Public Sub Main()
    Call Calculate                       '调用子过程
End Sub
Public Sub Calculate()                   '声明子过程
    Dim r, p, a As Double
    r = InputBox("请输入圆的半径: ")
    a = area(r)                          '调用函数
    MsgBox ("半径为" & r & "的圆的面积为: " & a)
End Sub
Public Function area(ByVal r As Double)  '声明函数
    area = 3.14 * r * r
End Function
```

　　【例 17-11】　打开"fl17-11 函数(投资收益表).xlsx"文件,声明并调用自定义函数 getValue($b$, $r$, $n$),根据本金 $b$、年利率 $r$ 和年数 $n$ 计算最终收益 $v$。提示:$v=b(1+r)^n$。结果如图 17-19 所示。最后保存工作簿文件为"fl17-11 函数(投资收益表)-结果.xlsm"。

　　【参考步骤】

　　(1) 打开 VBA 编辑器。按 Alt+F11 键,或者单击"开发工具"选项卡,选择"代码"组中

的 Visual Basic 命令,打开 VBA 编辑器。

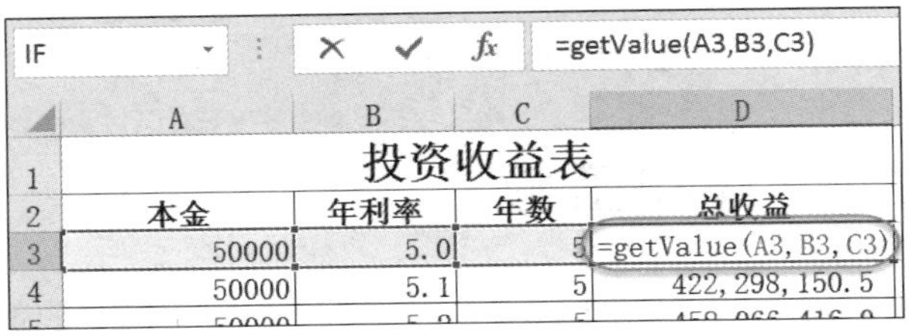

图 17-19　使用自定义函数计算最终收益

（2）创建模块。在 VBA 编辑器中选择"插入"|"模块"命令,插入"模块 1"。

（3）创建自定义函数。在 VBA 编辑器中选择"插入"|"过程"命令,打开"添加过程"对话框,在"名称"文本框中输入"getValue",选择类型为"函数",然后单击"确定"按钮,创建自定义函数 getValue。

（4）编写自定义函数代码。在 VBA 代码编辑器中修改 getValue 函数,输入以下加粗代码:

```
Public Function getValue(ByVal b As Double, ByVal r As Double, ByVal n As Double)
    getValue = b * ((1 + r) ^ n)
End Function
```

（5）在 Excel 工作表中使用自定义函数。在 D3 单元格中输入公式"＝getValue(A3, B3,C3)",并向下填充至 D18 单元格,千分位以逗号分隔,并且显示一位小数。

（6）将工作簿文件另存为"fl17-11 函数(投资收益表)-结果.xlsm"。

## 17.4.6　变量的作用域

根据变量声明的位置和方式,变量的作用域(即可被代码识别的有效范围)可以分为 3 个级别,即过程级变量、模块级变量和全局变量。

（1）过程级变量。在函数或过程体中声明的变量称为过程级变量。过程级变量的作用域为函数或者过程体,在函数或过程之外无法访问。

（2）模块级变量。在模块中函数或过程体之外使用 Dim 或者 Private 关键字声明的变量称为模块级变量。模块级变量通常在模块的开始声明,作用域为其定义的模块,对模块中所有的函数和过程都有效,但对其他模块不可用。

（3）全局变量。使用 Public 关键字声明的变量称为全局变量。全局变量通常定义在标准模块,其作用域为整个 VBA 工程,对 VBA 工程中的所有函数和过程都有效。

## 17.4.7　VBA 内置函数

VBA 语言包含若干常用的内置函数,用户可以直接使用这些函数完成常用的处理功能,提高编程效率。VBA 的常用内置函数包括以下几大类。

### 1. 数学函数

- Abs($x$)：绝对值函数，返回 $x$ 的绝对值。
- Exp($x$)：指数函数，返回 $e^x$。
- Int($x$)、Fix($x$)：取整函数。例如 Int($-8.4$)转换成$-9$，Fix($-8.4$)转换成$-8$。
- Log($x$)：对数函数，返回 $x$ 的自然对数。
- Rnd($x$)：返回 $0\sim1$ 的单精度数据，$x$ 为随机种子。
- Sgn($x$)：符号函数，返回 $x$ 的正负号。
- Sqr($x$)：平方根函数，返回 $x$ 的平方根。
- Sin($x$)、Cos($x$)、Tan($x$)、Atan($x$)：三角函数，单位为弧度。

### 2. 字符串函数

- Len(string)：返回 string 的长度。
- Left(string，$x$)：获取 string 左端 $x$ 个字符组成的子字符串。
- Right(string，$x$)：获取 string 右端 $x$ 个字符组成的子字符串。
- Mid(string，start，$x$)：获取 string 从 start 位开始的 $x$ 个字符组成的子字符串。
- Lcase(string)、Ucase(string)：转换为小写字符、大写字符。
- Ltrim(string)、Rtrim(string)：去掉 string 左端的空白字符、右端的空白字符。
- Trim(string)：去掉 string 左、右两端的空白字符。
- Space($x$)：返回 $x$ 个空白的字符串。
- Asc(string)：返回字符串中首字母的字符代码。
- Chr(charcode)：返回与指定的字符代码相关的字符。

### 3. 日期时间函数

- Now()：返回当前日期和时间。
- Date()：返回当前系统日期。
- Time()：返回当前系统时间。
- Timer()：返回一个 Single，代表从午夜开始到现在经过的秒数。
- TimeSerial(hour，minute，second)：返回指定时分秒的时间。
- DateDiff(interval，date1，date2[，firstdayofweek[，firstweekofyear]])：返回时间间隔数。
- Hour(time)、Minute(time)、Second(time)：返回时、分、秒数。
- Year(date)、Month(date)、Day(date)：返回年、月、日数。
- Weekday(date，[firstdayofweek])：返回代表星期几的整数。

### 4. 转换函数和测试函数

用于数据类型转换的函数有 CBool(expression)、CByte(expression)、CCur(expression)、CDate(expression)、CDbl(expression)、CDec(expression)、CInt(expression)、CLng(expression)、CSng(expression)、CStr(expression)、CVar(expression)、Val(string)、Str(number)。

用于测试数据类型的函数有 IsNumeric($x$)、IsDate($x$)、IsEmpty($x$)、IsArray($x$)、IsError(expression)、IsNull(expression)、IsObject(identifier)。

VarType(varname)返回一个 Integer,指出变量的子类型。

### 5. 用户交互函数

MsgBox 函数可以用于在对话框中显示信息,根据用户单击的按钮会返回不同的整数值。MsgBox 函数的语法如下:

```
MsgBox(prompt[,buttons][,title][,helpfile][,context])
```

其中,prompt 为提示信息;buttons 为显示的按钮,取值为符号常量 vbOKOnly、vbOKCancel、vbAbortRetryIgnore、vbYesNoCancel、vbYesNo、vbRetryCancel、vbCritical、vbQuestion、vbExclamation、vbInformation、vbDefaultButton1、vbDefaultButton2、vbDefaultButton3、vbDefaultButton4、vbSystemModel、vbMsgBoxHelpButton;title 为对话框标题;helpfile 为帮助信息;context 用于指定帮助上下文编号。

根据 buttons 参数,信息对话框显示不同的按钮。根据用户单击的按钮,返回值(符号常量)为 vbOK、vbCancel、vbAbort、vbRetry、vbIgnore、vbYes、vbNo。

例如:

```
Dim response As Integer
response = MsgBox("是否继续?", vbYesNo + vbCritical + vbDefaultButton2, "确认信息")
If response = vbYes Then                '用户选择 Yes
    '继续执行
End If
```

运行结果如图 17-20 所示。

InputBox 函数显示一个对话框,接收并返回用户输入。InputBox 函数的语法如下:

```
InputBox(prompt[,title][,default][,xpos][,ypos][,helpfile][,context])
```

其中,prompt 为提示信息;title 为对话框标题;default 为默认值;xpos、ypos 为对话框的左上角坐标位置;helpfile 为帮助信息;context 用于指定帮助上下文编号。

例如:

```
Dim age
age = InputBox("请输入你的年龄: ", "输入信息", 20)
```

运行结果如图 17-21 所示。

图 17-20  MsgBox 函数示例结果

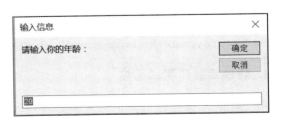

图 17-21  InputBox 函数示例结果

## 17.4.8 选择结构

选择结构用于根据条件控制选择的逻辑。选择结构包括 If 语句和 Select Case 语句。单分支和双分支选择结构一般使用 If 语句；多分支选择结构一般使用 Select Case 语句，也可使用复杂的 If 语句。另外，Choose 函数和 Switch 函数也可以用于条件选择。

### 1. If 语句

If 语句的语法可采用表 17-3 所列的 3 种形式。

**表 17-3 If 语句的语法**

| 单分支结构 | 双分支结构 | 多分支结构 |
|---|---|---|
| If 条件 Then [语句 1] [Else 语句 2] | If 条件 Then<br>    语句块 1<br>Else<br>    语句块 2<br>End If | If 条件 1 Then<br>  语句块 1<br>ElseIf 条件 2 Then<br>  语句块 2<br>  …<br>ElseIf 条件 n Then<br>  语句块 n<br>Else<br>  语句块 n+1<br>End If |

**【例 17-12】** 打开“fl17-12IF 语句.xlsx”文件，创建自定义函数 grade(score)，根据百分制分数 score 判断成绩的五级制等级（优、良、中、及格、不及格）。评定条件如下：

$$\text{成绩等级}=\begin{cases}\text{优} & score \geqslant 90\\ \text{良} & 80 \leqslant score < 90\\ \text{中} & 70 \leqslant score < 80\\ \text{及格} & 60 \leqslant score < 70\\ \text{不及格} & score < 60\end{cases}$$

结果如图 17-22 所示。最后保存工作簿文件为“fl17-12IF 语句-结果.xlsm”。

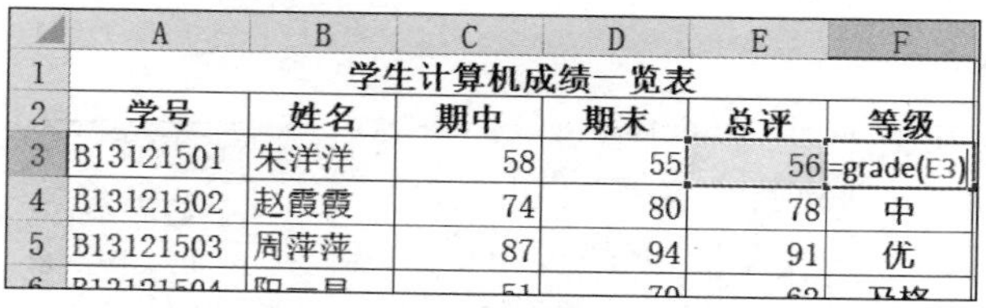

| | A | B | C | D | E | F |
|---|---|---|---|---|---|---|
| 1 | 学生计算机成绩一览表 | | | | | |
| 2 | 学号 | 姓名 | 期中 | 期末 | 总评 | 等级 |
| 3 | B13121501 | 朱洋洋 | 58 | 55 | 56 | =grade(E3) |
| 4 | B13121502 | 赵霞霞 | 74 | 80 | 78 | 中 |
| 5 | B13121503 | 周萍萍 | 87 | 94 | 91 | 优 |

图 17-22 根据百分制分数判断成绩的五级制等级

**【参考步骤】**

(1) 打开 VBA 编辑器。按 Alt+F11 键，或者单击“开发工具”选项卡，选择“代码”组中的 Visual Basic 命令，打开 VBA 编辑器。

（2）创建模块。在 VBA 编辑器中选择"插入"|"模块"命令，插入"模块 1"。

（3）创建自定义函数。在 VBA 编辑器中选择"插入"|"过程"命令，打开"添加过程"对话框，在"名称"文本框中输入"grade"，选择类型为"函数"，然后单击"确定"按钮，创建自定义函数 grade。

（4）编写自定义函数代码。在 VBA 代码编辑器中修改 grade 函数，输入以下加粗代码：

```
Public Function grade(ByVal score As Integer)
    If score > = 90 Then
        grade = "优"
    ElseIf score > = 80 Then
        grade = "良"
    ElseIf score > = 70 Then
        grade = "中"
    ElseIf score > = 60 Then
        grade = "及格"
    Else
        grade = "不及格"
    End If
End Function
```

（5）在 Excel 工作表中使用自定义函数 grade。在 F3 单元格中输入公式"＝grade(E3)"，并向下填充至 F17 单元格。

（6）将工作簿文件另存为"fl17-12IF 语句-结果.xlsm"。

### 2. Select Case 语句

多分支选择结构一般使用 Select Case 语句，其语法如下：

```
Select Case 测试表达式
Case 表达式 1
    语句块 1
Case 表达式 2
    语句块 2
    …
Case Else
    语句块 n + 1
End Select
```

【**例 17-13**】 打开"fl17-13SelectCase（客户等级和折扣率）.xlsx"文件，创建自定义函数 discount（grade），根据客户等级 grade 返回不同的折扣率：A级客户 80％，B 级客户 90％，C 级客户 95％，其他客户 100％。结果如图 17-23 所示。最后保存工作簿文件为"fl17-13SelectCase（客户等级和折扣率）-结果.xlsm"。

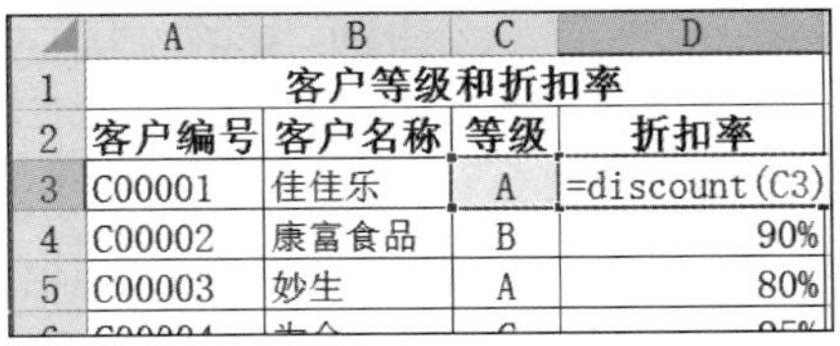

| | A | B | C | D |
|---|---|---|---|---|
| 1 | 客户等级和折扣率 | | | |
| 2 | 客户编号 | 客户名称 | 等级 | 折扣率 |
| 3 | C00001 | 佳佳乐 | A | =discount(C3) |
| 4 | C00002 | 康富食品 | B | 90% |
| 5 | C00003 | 妙生 | A | 80% |

图 17-23 根据客户等级计算折扣率

**【参考步骤】**

（1）打开 VBA 编辑器。按 Alt＋F11 键，或者单击"开发工具"选项卡，选择"代码"组中的 Visual Basic 命令，打开 VBA 编辑器。

（2）创建模块。在 VBA 编辑器中选择"插入"|"模块"命令，插入"模块1"。

（3）创建自定义函数。在 VBA 编辑器中，选择"插入"|"过程"命令，打开"添加过程"对话框，在"名称"文本框中输入"discount"，选择类型为"函数"，然后单击"确定"按钮，创建自定义函数 discount。

（4）编写自定义函数代码。在 VBA 代码编辑器中修改 discount 函数，输入以下加粗代码：

```
Public Function discount(ByVal grade As String)
    Select Case grade
    Case "A":
        discount = 0.8
    Case "B":
        discount = 0.9
    Case "C":
        discount = 0.95
    Case Else:
        discount = 1
    End Select
End Function
```

（5）在 Excel 工作表中使用自定义函数。在 D3 单元格中输入公式"＝discount(C3)"，并向下填充至 D19 单元格，设置采用百分比格式显示。

（6）将工作簿文件另存为"fl17-13SelectCase（客户等级和折扣率）-结果.xlsm"。

# 17.4.9　循环结构

循环结构用于重复选择一组语句。循环结构包括 For…Next 语句、For Each…Next 语句、While…Wend 和 Do…Loop 语句。

如果事先知道循环次数，可以使用 For…Next 循环；如果事先并不知道循环次数，但知道选择或者结束循环的条件，则用 Do…Loop 循环或 While…Wend 循环；For Each…Next 用于枚举数组或者对象集合。

**1. For…Next 语句**

For…Next 语句以指定次数来重复选择一组语句。其语法为：

```
For counter = start To end [step 步长]
    循环语句块
Next [counter]
```

例如，求 1～100 的奇数之和的代码片段为：

```
Dim s As Integer
```

```
s = 0
For i = 1 To 100 step 2
    s = s + i
Next i
Call MsgBox(s)                          '结果为: 2500
```

### 2. While…Wend 语句

While…Wend 语句根据循环条件重复或终止循环: 如果循环条件为 True, 则重复循环; 否则终止循环。其语法为:

```
While 循环条件
    循环语句块
Wend
```

例如, 接收用户输入的整数, 并累计求和, 直到用户输入"-1"。其代码片段为:

```
Dim i, s As Integer
s = 0
i = CInt(InputBox("请输入整数: "))        '接收用户输入的整数
While (i <> -1)
    s = s + i
    i = CInt(InputBox("请输入整数: "))
Wend
Call MsgBox(s)
```

### 3. For Each…Next 语句

For Each…Next 语句用于对数组或者集合对象进行枚举, 让所有元素重复选择一次语句, 主要用于 Excel 对象的处理。其语法形式为:

```
For Each 元素 In 集合
    循环语句块
Next
```

例如, 统计当前选中区域(Selection)中空白单元格的数目。其代码片段为:

```
Dim n As Integer
n = 0
For Each c In Selection                 '循环当前选中区域的所有单元格
    If Len(Trim(c.Value)) <= 0 Then     '删除前后空格后长度为 0 的单元格
        n = n + 1
    End If
Next
```

【例 17-14】 打开"fl17-14 循环语句.xlsx"文件, 创建自定义子程序 calc_scores(), 统计 90~100 分、80~89 分、70~79 分、60~69 分以及小于 60 分的各分数段的人数, 并计算各分数段人数占班级总人数的百分比, 结果如图 17-24 所示。最后保存工作簿文件为"fl17-14 循环语句-结果.xlsm"。

| 期末考试成绩分布 | | | | |
|---|---|---|---|---|
| 分值段 | 90分以上 | 80–90 | 70–80 | 60–70 | 60分以下 |
| 人数 | 2 | 5 | 4 | 2 | 2 |
| 百分比 | 13% | 33% | 27% | 13% | 13% |

计算成绩分布

图 17-24    计算成绩分布(自定义子程序)

**【参考步骤】**

(1)打开 VBA 编辑器。按 Alt＋F11 键,或者单击"开发工具"选项卡,选择"代码"组中的 Visual Basic 命令,打开 VBA 编辑器。

(2)创建模块。在 VBA 编辑器中选择"插入"|"模块"命令,插入"模块 1"。

(3)创建自定义过程。在 VBA 编辑器中选择"插入"|"过程"命令,打开"添加过程"对话框,在"名称"文本框中输入"calc_scores",选择类型为"子程序",然后单击"确定"按钮,创建自定义子程序 calc_scores。

(4)编写自定义过程代码。在 VBA 代码编辑器中修改 calc_scores 子程序,输入以下加粗代码,统计各分数段的人数,并计算各分数段人数占班级总人数的百分比。

```
Public Sub calc_scores()
    Dim i9, i8, i7, i6, i5, i As Integer
    i9 = 0: i8 = 0: i7 = 0: i6 = 0: i5 = 0: i = 0
    For Each c In Selection
        i = i + 1
        score = Round(c.Value)
        If score > = 90 Then
            i9 = i9 + 1
        ElseIf score > = 80 Then
            i8 = i8 + 1
        ElseIf score > = 70 Then
            i7 = i7 + 1
        ElseIf score > = 60 Then
            i6 = i6 + 1
        Else
            i5 = i5 + 1
        End If
    Next
    Range("H4").Value = i9
    Range("I4").Value = i8
    Range("J4").Value = i7
    Range("K4").Value = i6
    Range("L4").Value = i5
    Range("H5").Value = i9 / i
    Range("I5").Value = i8 / i
    Range("J5").Value = i7 / i
    Range("K5").Value = i6 / i
    Range("L5").Value = i5 / i
End Sub
```

（5）在 Excel 工作表中使用自定义子程序（宏）。右击"计算成绩分布"按钮，选择相应快捷菜单中的"指定宏"命令，在打开的"指定宏"对话框中选择 calc_scores 宏，单击"确定"按钮，完成宏的指定。

（6）选择 E3:E17 成绩区域，单击"计算成绩分布"按钮运行 calc_scores 宏，在 H4:L5单元格区域填充各分数段的人数以及各分数段人数占班级总人数的百分比。

（7）将工作簿文件另存为"fl17-14 循环语句-结果. xlsm"。

# 17.4.10　数组

数组用于表示相同数据类型的数据的集合。声明数组的语法为：

```
Dim 数组名([lower To ]upper [, [lower To ]upper, …]) As type
```

其中，lower 为最小下标（下限），upper 为最大下标（上限），type 为数据类型。例如：

```
Dim aScores(5) As Integer            '声明含 6 个元素的一维数组(6 门课)
Dim aStudents(1 To 40, 1 To 6) As Integer
                                     '声明含 40×6＝240 个元素的二维数组(40 个学生 6 门课)
```

数组的元素使用下标来访问，也可以使用 For Each 语句循环枚举。其语法为：

```
变量 = 数组名(下标)            '访问指定下标的数组元素
数组名(下标) = 值              '设置数组元素
```

例如：

```
Dim a1(1 To 10) As Integer
For i = 1 To 10
    a1(i) = i * i
Next
For Each x In a1
    Call MsgBox(x)
Next
```

使用函数 LBOUND（数组）可以返回数组的下限；使用函数 UBOUND（数组）可以返回数组的上限，故数组的长度计算公式为"UBOUND（数组）－LBOUND（数组）＋1"。

VBA 数组支持动态数组，即通过 Redim 关键字可以改变数组的大小。例如：

```
Dim a1()                                            '声明数组,不指定大小
Dim row
row = Sheets("Sheet1").Range("A1").End(xlDown).row  '获取有数据的最大行号
ReDim a1(1 To row)
```

使用 Excel 对象模型可以返回数组。例如：

```
Dim a1
a1 = Array(1, 2, 3, 4)
Dim a2
a2 = Range("A1:A10")
```

视频讲解

# 17.5 Excel 对象模型

## 17.5.1 对象、属性、方法和事件

使用 VBA 编写的应用程序经常需要与 Excel 进行交互。Excel 的各种元素均被封装为对象,使用对象可以实现各种操作。

例如,Application 对象对应于 Excel 应用程序;Workbook 对象对应于 Excel 工作簿;Worksheet 对象对应于 Excel 工作表;Range 对象对应于 Excel 区域;ActiveSheet 对象对应于当前活动工作簿的活动工作表。

属性是对象所属的特性,例如工作表的名称。访问对象属性的语法为:

**对象.属性**

例如:

```
ActiveSheet.Name = "成绩"          '设置 ActiveSheet 对象的属性值
```

方法是对象的功能行为,例如打印预览工作表。调用对象方法的语法为:

**对象.方法**

例如:

```
ActiveSheet.PrintPreview           '调用 ActiveSheet 对象的 PrintPreview 方法
```

事件是发生在对象上的事情,例如打开工作簿、改变单元格内容、单击按钮等。通过编写事件过程代码可以在对象触发事件时自动选择指定功能。例如:

```
Private Sub Workbook_Open()
    MsgBox "Workbook_Open 事件代码"
End Sub
```

## 17.5.2 Excel 对象模型概述

Excel 对象模型以 Application 对象为根,构成层级结构,如图 17-25 所示。

Application 对象对应于 Excel 应用程序,Application 对象包含 Workbooks(工作簿集合),即对应于所有打开的工作簿(Workbook)的集合。Application 对象还包含其他对象(例如 Windows、Addins 等)。

Workbook 对象(工作簿)包含 Worksheets(工作表集合)、Charts(图表集合)。Workbook 对象还可以包含 Shapes 对象(形状集合)。形状指浮在工作表上的图表、注释、控件等。

Worksheet 对象(工作表)可以包含 Cells(单元格集合)、Range 对象。Range 对象是单元格区域,可以是一个单元格,也可以是多个单元格。

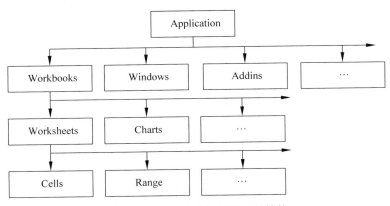

图 17-25　Excel 对象模型层级结构

在 VBA 程序中，访问对象属性和调用对象方法通常采用层级的方法。例如：

```
Application.ActiveCell.Font.Bold = True
```

其中，Application 对象的 ActiveCell 为活动单元格对象（Range 对象），Range 对象的 Font 属性返回 Font 对象，设置 Font 对象的 Bold 属性为 True，则当前活动单元格的字体为粗体。

在实际应用中，往往直接使用 Excel 的全局成员，简化调用的层级。例如：

```
ActiveCell.Font.Bold = True
```

ActiveCell 是 Excel 的全局成员，对应于当前活动单元格，与 Application.ActiveCell 等同。

常用的 Excel 的全局成员包括：ActiveWorkbook 对象，对应于处于编辑状态的工作簿（活动工作簿）；ActiveSheet 对象，对应于处于编辑状态的工作表（活动工作表）；ActiveCell 对象，对应于当前活动单元格；Workbooks 对象集合（所有打开的工作簿对象集合）；Worksheets 对象集合（当前活动工作簿的所有工作表对象集合）；Windows 对象集合（当前活动工作簿的所有窗口对象集合）。

VBA 编辑器提供了"对象浏览器"对话框，方便开发人员查询 Excel 对象模型。

【例 17-15】　使用 VBA 编辑器的"对象浏览器"对话框查看 Excel 全局成员、Application 对象成员以及对象的帮助信息。

【参考步骤】

（1）打开"fl17-15 对象浏览器.xlsx"文件。

（2）打开 VBA 编辑器。按 Alt＋F11 键，或者单击"开发工具"选项卡，选择"代码"组中的 Visual Basic 命令，打开 VBA 编辑器。

（3）打开"对象浏览器"对话框。选择"视图"|"对象浏览器"命令，或者按 F2 快捷键，打开"对象浏览器"对话框。

（4）查看 Excel 全局成员。在"类"列表框中选择"<全局>"，右侧"成员"列表框中将显示全局成员，如图 17-26 所示。

（5）查询 Font 对象成员。在"查询"文本框中输入"Font"，按 Enter 键，查询并显示查询结果。在"查询结果"列表框中选择 Font 类,右下方的"成员"列表框中将显示 Font 成员,如图 17-27 所示。

图 17-26　查看 Excel 全局成员

图 17-27　查看 Font 对象成员

（6）查看对象的帮助信息。单击"对象浏览器"对话框上部的"帮助"按钮 ❓,在网页浏览器中显示所选对象的帮助信息。

## 17.5.3　Application 对象

Application(应用程序)对象代表整个 Microsoft Excel 应用程序。Application 对象主要用于获取和设置应用程序范围的选项;返回其他对象集合或对象,例如 Workbooks、Windows、ActiveWorkbook、ActiveSheet、ActiveCell 等。

### 1. 打开 Excel 文件:Application. FindFile 方法

Workbooks. Open 方法用于打开一个 Excel 工作簿文件,其参数请参见在线帮助信息。例如:

```
Workbooks.Open "ANALYSIS.XLS"
```

Application. FindFile 方法显示"打开"对话框并允许用户打开文件。如果成功打开文件,则该方法返回 True;如果用户取消了该对话框,则该方法返回 False。例如:

```
Public Sub test()
    Call OpenFile1("Sales")
End Sub
Sub OpenFile1(ByVal fname As String)
    Dim bSuccess As Boolean
    MsgBox "请定位到" + fname + ".xlsx 文件。"
    bSuccess = Application.FindFile
    If Not bSuccess Then
        MsgBox fname + ".xlsx 文件没有打开。"
```

```
    End If
End Sub
```

### 2. 退出 Excel 应用程序：Application.Quit 方法

下列代码片段保存所有的工作簿，然后退出 Excel 应用程序。

```
For Each w In Application.Workbooks
    w.Save
Next w
Application.Quit
```

### 3. 提示并接收用户输入信息：Application.InputBox 方法

Application.InputBox 方法显示一个接收用户输入的对话框，接收并返回此对话框中输入的信息。其语法为：

```
Application.InputBox(Prompt [,Title] [,Default] [,Left] [,Top] [,HelpFile] [,HelpContextID]
[,Type])
```

其中，Prompt 为提示信息；Title 为对话框标题；Default 为默认值；Left、Top 为对话框的左上角坐标位置；HelpFile 为帮助信息；HelpContextID 用于指定帮助上下文编号；Type 用于指定返回值的类型，默认为文本。

Type 参数的取值为下列值之一，或者其中几个值的和：0（公式）、1（数字）、2（文本）、4（逻辑值）、8（单元格引用，即 Range 对象）、16（错误值，例如♯N/A）、64（数值数组）。例如，"Type：＝3"（即 1＋2）表示输入框可以接受文本和数字。

InputBox 函数返回用户输入的文本，而 Application.InputBox 方法允许选择性验证用户的输入。

例如，下列代码片段接收包含 3 个单元格引用的输入：

```
Dim rng As Range
Set rng = Application.InputBox("Range:", Type:=8)
If rng.Cells.Count <> 3 Then
    MsgBox "请输入包含 3 个单元格的区域"
End If
```

### 4. 设置鼠标指针外观：Application.Cursor 属性

在选择耗时操作过程中可以改变鼠标指针的外观。例如：

```
Application.Cursor = xlWait          '设置鼠标指针为沙漏形指针
'复杂耗时操作
Application.Cursor = xlDefault        '设置鼠标指针为默认指针
```

### 5. 设置状态栏提示信息：Application.StatusBar 属性

在选择耗时操作过程中可以使用状态栏显示提示信息。例如：

```
For Each s In Worksheets
    Application.StatusBar = "正在处理工作表" + s.Name
    '执行处理操作
Next
Application.StatusBar = False            '将状态栏恢复为正常
```

### 6. 返回其他对象

使用 Application 对象的属性可以获取其他 Excel 对象。例如：

```
'返回 Excel 应用程序打开的第一个工作簿对象
Set wb = Application.Workbooks(1)
'返回 Excel 应用程序打开的第一个工作簿的第一张工作表的第一个单元格区域对象
Set c = Application.Workbooks(1).Worksheets(1).Cells(1, 1)
```

## 17.5.4 Workbook 对象

Workbook 对象对应于 Excel 工作簿。Workbook 对象主要用于获取和设置工作簿范围的选项；返回其他对象集合或对象，例如 Worksheets、ActiveSheet 等。

Workbook 对象是 Workbooks(工作簿集合)的成员。Workbooks 包含所有 Excel 应用程序中当前打开的工作簿对象。Workbooks 是 Application 对象的成员，也是 Excel 全局对象的成员。获取 Workbooks 集合的方法如下：

- Application.Workbooks：使用 Application 的方法，返回工作簿对象集合。
- Workbooks：直接使用全局对象的成员。建议使用这种方法。

例如，下列代码片段枚举并保存所有打开的工作簿：

```
For Each wb In Workbooks
    wb.Save
Next
```

获取 Workbook 对象的常用方法如下：

- Workbooks($n$)：使用索引 $n$，返回第 $n$ 个打开的工作簿对象。
- Workbooks(name)：使用工作簿名称 name，返回打开的指定名称的工作簿对象。
- ActiveWorkbook：返回当前活动的工作簿对象。
- ThisWorkbook：返回 VBA 程序所在的工作簿对象。

例如：

```
Set wb1 = Workbooks(1)              '返回打开的第一个工作簿对象
Set wbook1 = Workbooks("BOOK1.XLS") '返回打开的名称为"BOOK1.XLS"的工作簿对象
```

### 1. 新建 Excel 工作簿

Workbooks.Add 用于新建 Excel 工作簿，其语法为：

```
Workbooks.Add(Template)
```

其中,可选参数 Template 为要使用的模板。该方法新建一个 Excel 工作簿,新工作簿将成为活动工作簿。例如 Workbooks.Add。

### 2. 工作簿的激活、关闭和保存

Workbook 对象包括下列用于工作簿关闭和保存的方法:

- 工作簿对象.Activate:激活工作簿。
- 工作簿对象.Close:关闭工作簿。
- 工作簿对象.Save:保存工作簿。
- 工作簿对象.SaveAs:另存工作簿。
- 工作簿对象.SaveCopyAs:将指定工作簿的副本保存到文件。

例如:

```
Workbooks("BOOK1.XLS").SaveCopyAs "C:\TEMP\BOOK1_Back.XLS"
For Each wb In Workbooks
    wb.Close SaveChanges:= False           '关闭工作簿对象,放弃更改内容
Next
```

使用 Workbooks 对象集合的 Close 可以关闭所有打开的工作簿。例如:

```
Workbooks.Close
```

### 3. 设置工作簿的属性

使用工作簿对象可以获取和设置工作簿的各种属性。例如:

```
MsgBox ActiveWorkbook.Name              '显示当前活动工作簿对象的 Name(名称)属性
MsgBox ActiveWorkbook.Path              '显示当前活动工作簿对象的 Path(目录/路径)属性
ActiveWorkbook.Author = "张三"           '设置当前活动工作簿对象的 Author(作者)属性
```

### 4. 工作簿事件

工作簿对象支持下列事件,可以编写事件过程,在发生指定事件时选择相应的处理工作。

- 工作簿对象.Open:打开工作簿时发生此事件。
- 工作簿对象.Activate:激活工作簿时发生此事件。
- 工作簿对象.Deactivate:停用工作簿时发生此事件。
- 工作簿对象.BeforeClose:在关闭工作簿之前发生此事件。
- 工作簿对象.BeforePrint:在打印工作簿之前发生此事件。
- 工作簿对象.BeforeSave:在保存工作簿之前发生此事件。
- 工作簿对象.AfterSave:在保存工作簿之后发生此事件。

【例 17-16】 打开"fl17-16 工作簿事件.xlsx"文件,编写工作簿 Open 事件,当打开工作簿时自动设置 A1 单元格中为系统日期和时间。最后保存工作簿文件为"fl17-16 工作簿事件-结果.xlsm"。

【参考步骤】

（1）打开 VBA 编辑器。按 Alt＋F11 键,或者单击"开发工具"选项卡,选择"代码"组中的 Visual Basic 命令,打开 VBA 编辑器。

（2）生成工作簿 Open 事件过程代码框架。在左侧的"工程-VBA Project"列表中双击 ThisWorkbook,打开工作簿模块代码编辑窗口,在"对象"列表框中选择 Workbook,在"过程"列表框中确认选择默认值 Open,系统会自动生成工作簿 Open 事件的过程代码框架。

（3）编辑事件代码。在工作簿 Open 事件的过程代码框架中输入以下加粗代码。

```
Private Sub Workbook_Open()
    Range("A1").Value = Now
End Sub
```

（4）将工作簿文件另存为"fl17-16 工作簿事件-结果.xlsm"。

（5）运行用户窗体。按 F5 键运行窗体,观察工作簿 A1 单元格中的系统日期和时间。

（6）测试运行结果。关闭并重新打开"fl17-16 工作簿事件-结果.xlsm"工作簿,查看 A1 单元格中的内容是否为当前的系统日期和时间。

**5. 返回其他对象**

使用 Workbook 对象的属性可以获取其他 Excel 对象。例如:

```
'返回 Excel 应用程序打开的 BOOK1.XLS 工作簿的 Sheet1 工作表对象
Set ws = Workbooks("BOOK1.XLS").Worksheets("Sheet1")
'返回 Excel 应用程序打开的 BOOK1.XLS 工作簿的 Sheet1 工作表的 A1 单元格区域对象
Set r = Workbooks("BOOK1.XLS").Worksheets("Sheet1").Range("A1")
```

# 17.5.5 Worksheet 对象

Worksheet 对象对应于 Excel 工作表。Worksheet 对象主要用于获取和设置工作表范围的选项;返回其他对象集合或者对象,例如 Rows、Columns、Cells、Range、ActiveCell 等。

Worksheet 对象是 Worksheets(工作表集合)的成员。Worksheets 包含当前活动工作簿的所有工作表。Worksheets 是 Workbook 对象的成员,也是 Excel 全局对象的成员。获取 Worksheets 集合的方法如下:

- 工作簿对象.Worksheets：使用工作簿对象的方法返回其包含的工作表对象集合。
- Worksheets：返回当前活动工作簿的工作表对象集合。直接使用全局对象的成员。

例如,下列代码片段枚举打开的工作簿 book1.xlsx 的所有工作表名称:

```
For Each ws In Workbooks("book1.xlsx").Worksheets
   MsgBox ws.Name
Next
```

获取 Worksheet 对象的常用方法如下:

- Worksheets(n)：使用索引 n,返回第 n 个打开的工作表对象。
- Worksheets(name)：使用工作表名称 name,返回指定名称的打开的工作表对象。

- ActiveSheet：返回当前活动的工作表对象。
- ThisWorkbook：返回 VBA 程序位于的工作簿对象。

例如：

```
Set ws1 = Worksheets(1)              '返回当前活动工作簿的第一个工作表对象
Set wsheet1 = Worksheets("Sheet1")    '返回打开的名称为"Sheet1"的工作表对象
'返回打开的工作簿 book1.xlsx 的工作表对象 Sheet1
Set wbws1 = Workbooks("book1.xlsx").Worksheets("Sheet1")
```

### 1. 新建、复制、移动工作表

Workbook.Worksheets 属性返回 Sheets 集合，包含下列用于新建、删除、移动工作表的的方法：

- 工作表对象集合.Add(Before，After，Count，Type)：新建工作表。
- 工作表对象集合.Copy(Before，After)：复制工作表。
- 工作表对象集合.Move(Before，After)：移动工作表。

例如：

```
'新建 Excel 工作簿
Workbooks.Add
'在活动工作簿的最后一张工作表之前插入工作表
ActiveWorkbook.Sheets.Add Before: = Worksheets(Worksheets.Count)
'在活动工作簿的最后一张工作表之后插入 3 张工作表
ActiveWorkbook.Sheets.Add After: = Worksheets(Worksheets.Count), Count: = 3
'复制工作表 Sheet1，并放置在工作表 Sheet3 之后
Worksheets("Sheet1").Copy After: = Worksheets("Sheet3")
'将当前活动工作簿的工作表 Sheet1 移到工作表 Sheet3 之后
Worksheets("Sheet1").Move After: = Worksheets("Sheet3")
```

### 2. 工作表的激活

Worksheet 对象的 Activate 方法用于激活工作表，即切换当前活动工作表；Delete 方法用于删除工作表：

- 工作表对象.Activate：激活工作表。
- 工作表对象.Delete：删除工作表。

例如：

```
Worksheets("Sheet3").Activate       '激活当前活动工作簿的工作表 Sheet3
Worksheets("Sheet1").Delete         '删除当前活动工作簿的工作表 Sheet1
```

### 3. 设置工作表的属性

使用工作表对象可以获取和设置工作表的各种属性。例如：

```
MsgBox ActiveSheet.Name             '显示当前活动工作表对象的 Name(名称)属性
Worksheets("Sheet1").Visible = False  '隐藏当前活动工作簿的 Sheet1 工作表
```

**4. 工作表事件**

工作表对象支持下列事件，可以编写事件过程，在发生指定事件时选择相应的处理工作。

- 工作表对象.Change：改变工作表内容时发生此事件。
- 工作表对象.Activate：激活工作表时发生此事件。
- 工作表对象.Deactivate：停用工作表时发生此事件。
- 工作表对象.BeforeDelete：在删除工作表之前发生此事件。
- 工作表对象.Calculate：在重新计算工作表时发生此事件。

**5. 返回其他对象**

使用 Worksheet 对象的属性可以获取其他 Excel 对象。例如：

```
Set r1 = ActiveSheet.Range("A1")          '返回活动工作表中的 A1(Range 对象)
Set r2 = ActiveSheet.Range(Cells(1, 1), Cells(4, 4))
                                           '返回活动工作表的 A1:D4 区域
```

# 17.5.6  Range 对象

Range 对象对应于一个单元格或单元格区域。Range 对象主要用于获取和设置单元格或单元格区域的选项。获取 Range 对象的方法如下。

- 工作表对象.Range(Cell1，Cell2)：返回工作表对象的指定区域(Cell1 为左上角，Cell2 为右下角)。
- 工作表对象.Cells：返回工作表对象的所有单元格。
- 工作表对象.Cells(row，column)：返回工作表对象的指定行 row 和列 column 的单元格。
- 工作表对象.Rows：返回工作表对象的所有行。
- 工作表对象.Rows(row)：返回工作表对象的指定行 row。
- 工作表对象.Columns：返回工作表对象的所有列。
- 工作表对象.Columns(column)：返回工作表对象的指定列 column。
- ActiveCell：返回当前活动单元格。
- Selection：返回在活动窗口中选定的单元格。等同于 Application.Selection。

注意，如果直接使用 Range、Cells、Rows、Columns，则返回当前活动工作簿的单元格区域。如果使用 Range 对象的 Range、Cells、Rows、Columns，则返回相对于 Range 对象单元格区域的相应单元格。例如，"Range("B2:D4").Cells(1,1)"返回 B2 单元格。

例如：

```
Set rA1 = Worksheets("Sheet1").Range("A1")
                                 '返回活动工作簿的 Sheet1 工作表的 A1 单元格
Set rA1D41 = Worksheets("Sheet1").Range(Cells(1, 1), Cells(4, 4))
                                 '返回活动工作簿的 Sheet1 工作表的 A1:D4 区域
```

```
Set rA1D42 = Worksheets("Sheet1").Range("A1", "D4")
                                '返回活动工作簿的 Sheet1 工作表的 A1:D4 区域
Set rA1D43 = Worksheets("Sheet1").Range("A1:D4")
                                '返回活动工作簿的 Sheet1 工作表的 A1:D4 区域
Set rPrices = Range("prices")        '返回活动工作表中名称为 prices 的单元格区域
Set rAll = Cells                     '返回活动工作表中的所有单元格
Set rActiveA1 = Cells(1)             '返回活动工作表中的 A1 单元格
Set rAllC = Columns                  '返回活动工作表中的所有列
Set rC1 = Columns(1)                 '返回活动工作表中的第 1 列
Set rAllR = Rows                     '返回活动工作表中的所有行
Set rR1 = Rows(1)                    '返回活动工作表中的第 1 行
Set rActive = ActiveCell             '返回当前活动单元格
Set rB2 = Range("B2:D4").Range("A1") '返回 B2 单元格
```

### 1. 获取、设置和清除单元格的内容

获取、设置和清除单元格内容的常用方法如下。

- 单元格区域对象.Value：获取或设置单元格的值。
- 单元格区域对象.Formula：获取或设置单元格的公式。
- 单元格区域对象.Clear：清除对象方法。
- 单元格区域对象.ClearContents：清除对象内容方法（保留格式）。

例如：

```
Worksheets("Sheet1").Range("A1").Value = 123
                                '设置活动工作簿的 Sheet1 工作表的 A1 单元格的值
Range("B1").Formula = "=10*RAND()"    '设置活动工作表的 B1 单元格的公式
'在 Sheet1 的名称为 Scores 的单元格区域进行循环.如果单元格的值大于 100,则设置为 0
For Each c In Worksheets("Sheet1").Range("Scores")
  If c.Value > 100 Then c.Value = 0
Next c
```

### 2. 获取或设置单元格的字体格式

通过单元格的 Font 属性（Font 对象）可设置单元格的字体格式。Font 对象的常用属性如下。

- Font.Size：字体大小。
- Font.Color：字体颜色。
- Font.Bold：是否为粗体（True/False）。
- Font.Italic：是否为斜体（True/False）。

例如：

```
Worksheets("Sheet3").Rows(1).Font.Bold = True
                                '设置当前工作簿的 Sheet3 工作表的第 1 行为粗体
```

### 3. 设置单元格的边框

通过 Borders 对象集合属性可以设置单元格的边框。例如：

```
'将 Sheet1 中 B2 单元格的底部边框设置为红色细边框
With Worksheets("Sheet1").Range("B2").Borders(xlEdgeBottom)
    .LineStyle = xlContinuous
    .Weight = xlThin
    .ColorIndex = 3
End With
```

### 4. 设置单元格的填充

通过 Interior 对象的属性可以设置单元格的填充。例如：

```
'将 Sheet1 中 A1 单元格的内部颜色设为青色
Worksheets("Sheet1").Range("A1").Interior.ColorIndex = 8            'Cyan
```

### 5. 选择单元格范围和激活单元格

通过单元格对象的 Select 方法可以选择活动单元格。
- 单元格对象.Select：选择单元格。
- 单元格对象.Activate：激活单个单元格。该单元格必须处于当前选定区域内。

例如：

```
Worksheets("Sheet3").Range("A1:D4").Select
                                            '选择 Sheet3 工作表的 A1:D4 单元格区域
'激活 Sheet1 上活动单元格向右偏移 3 列、向下偏移 3 行处的单元格
Worksheets("Sheet1").Activate
ActiveCell.Offset(rowOffset: = 3, columnOffset: = 3).Activate
```

## 17.5.7  其他常用的 Excel 对象

其他常用 Excel 对象如下：

（1）Shape 对象。Shape 对象是 Shapes 对象集合的成员，对应于绘图层中的对象，例如自选图形、任意多边形、OLE 对象或图片。

例如：

```
'水平翻转活动工作簿的 Sheet1 工作表的形状"矩形 1"
Worksheets("Sheet1").Shapes("矩形 1").Flip msoFlipHorizontal
```

（2）Chart 对象和 ChartObject 对象。Chart 对象是 Charts 对象集合的成员，对应于 Excel 图表工作表。ChartObject 对象是 ChartObjects 对象集合的成员，对应于 Excel 嵌入图表。ChartObjects 集合包含单一工作表上的所有嵌入图表。例如：

```
'更改图表工作表 1 上的第 1 个系列的颜色
Charts(1).SeriesCollection(1).Format.Fill.ForeColor.RGB = rgbRed
'设置工作表 Sheet1 中的嵌入图表 Chart1 的图表区边框颜色为红色
Worksheets("Sheet1").ChartObjects(1).Chart.ChartArea.Border.Color = RGB(255, 0, 0)
```

（3）WorksheetFunction 对象。WorksheetFunction 对象是 Excel 工作表函数的容器，调用

该对象的方法可以在 VBA 代码中使用 Excel 提供的丰富的工作表函数。WorksheetFunction 对象可以直接作为全局对象的成员使用,也可以通过 Application 的 WorksheetFunction 属性获取。例如:

```
'使用 Sum 工作表函数计算 A1:A10 单元格区域中的数据之和
Set myRange = Worksheets("Sheet1").Range("A1:A10")
answer = Application.WorksheetFunction.Sum(myRange)
```

视频讲解

# 17.6　VBA 窗体和控件

## 17.6.1　VBA 窗体概述

VBA 窗体提供丰富的用户界面以实现用户交互,通过将控件添加到窗体可以设计满足用户需求的人机交互界面。

当设计和修改 VBA 窗体时,需要添加、对齐和定位控件。"控件"是窗体上的一个组件,用于显示信息或接受用户输入。控件是包含在窗体对象内的对象。窗体对象具有属性集、方法和事件;每种类型的控件都具有其自己的属性集、方法和事件,以使该控件适合于特定用途。

### 1. 属性

属性是与一个对象相关的各种数据,用来描述对象的特性,例如性质、状态和外观等。不同的对象有不同的属性。对象常见的属性有 Name(名称)、Text(文本)、Visible(是否可见)等。

属性可以在设计时通过"属性"窗口设置和获取,也可以在代码编辑器中通过编写代码设置和获取对象名.属性名。例如图 17-28 通过属性窗口的方式设置按钮的 Name(名称)为 btnOK,图 17-29 通过编码方式设置按钮(btnOK)的 Caption(标题)为"确定"。

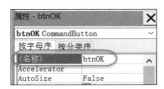

图 17-28　通过"属性"窗口设置属性

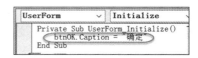

图 17-29　通过编写代码设置属性

### 2. 方法

方法(Method)是对象的行为或动作,它实际上对应于类中定义的过程。通过调用对象方法可以选择某项任务。对象方法的调用格式为:

**对象.方法(参数列表)**

例如，要使窗体 Form1 隐藏，可以使用下列代码：

UserForm1.Hide

例如，要设置 TextBox1 控件获得焦点，可以使用下列代码：

TextBox1.SetFocus

### 3. 事件和事件处理过程

事件是对象发送的消息，通过发送信号通知操作的发生。事件通常用于通知用户操作，例如在图形用户界面中单击按钮或选择菜单命令。

通过声明与事件委托相匹配的事件处理过程，并订阅某事件，当该事件发生时，将调用事件处理过程。

例如，对象 CommandButton1 定义了事件 Click，下列代码定义了其事件过程。当用户单击按钮 CommandButton1 时，将触发事件并调用事件处理过程。

```
Private Sub CommandButton1_Click()
    MsgBox "Hello, World!"
End Sub
```

在一般情况下，双击 VBA 窗体或者其中的控件，可以生成对应窗体或者控件的常用事件处理过程框架代码。例如，双击按钮控件 btnOK，将自动生成 btnOK_Click 事件处理过程框架，用户可以在其中加入代码：

```
Private Sub btnOK_Click()
    MsgBox "Hello, World!"
End Sub
```

用户也可以双击 VBA 窗体打开其代码窗口。在窗体代码窗口上部左侧的"对象"列表框中选择窗体控件，在上部右侧的"过程"列表框中选择要处理的事件，系统可以快速生成处理某对象事件的事件处理过程框架代码。

# 17.6.2　创建 VBA 窗体的一般步骤

创建 VBA 窗体的一般步骤如下：

### 1. 创建用户窗体

（1）单击"开发工具"选项卡，选择"代码"组中的 Visual Basic 命令，打开 VBA 编辑器。
（2）插入用户窗体。在 VBA 编辑器中选择"插入"|"用户窗体"命令，插入用户窗体。
（3）修改窗体名称。通过"属性"窗口修改用户窗体的名称。

### 2. 创建用户界面

用户界面由对象（窗体和控件）组成，控件放在窗体上。程序运行时，将在屏幕上显示由窗体和控件组成的用户界面。

在 VBA 编辑器中选择"视图"|"工具箱"命令,可以打开 VBA 窗体控件工具箱,如图 17-30 所示。

通过将鼠标指向工具箱中的控件,双击控件或者将其拖放到窗体的合适位置,可以在窗体上创建各种类型的控件。

通过"属性"窗口可以设置窗体或控件的外观。

图 17-30 VBA 窗体控件工具箱

### 3. 添加程序代码

VBA 窗体采用事件驱动编程机制,因此大部分程序都是针对窗体或控件所支持的方法或事件编写的,这样的程序称为事件过程。例如,窗体 UserForm1 支持 Initialize 事件,初始化窗体 UserForm1 时会调用 UserForm1 的 UserForm_Initialize()事件过程并选择其代码;按钮可以接受鼠标单击(Click)事件,如果单击按钮,鼠标单击事件就调用相应的事件(例如 CommandButton1_Click())过程并做出响应。

### 4. 运行和测试程序

在 VBA 编辑器中选择"运行"|"运行子过程/窗体"命令,或者按快捷键 F5,或者单击工具栏中的运行按钮 ▶ ,都可以运行和测试用户窗体。

【例 17-17】 打开"fl17-17 用户窗体(省市信息). xlsx"文件,创建如图 17-31 所示的用户窗体,根据不同的选项去除所选单元格区域中数据内容的前后空格。最后保存工作簿文件为"fl17-17 用户窗体(省市信息)-结果. xlsm"。

图 17-31 用户窗体(省市信息)运行界面

【参考步骤】

(1) 打开 VBA 编辑器。按 Alt＋F11 键,或者单击"开发工具"选项卡,选择"代码"组中的 Visual Basic 命令,打开 VBA 编辑器。

(2) 创建用户窗体模块。在 VBA 编辑器中选择"插入"|"用户窗体"命令,插入用户窗体 UserForm1。

(3) 设计窗体界面。在 UserForm1 窗体编辑器中放置 3 个单选按钮和两个命令按钮控件,并适当调整它们的大小和位置。

(4) 设置按钮控件的属性。设置 CommandButton1 的属性:name 为 btnOK、Caption 为"确定"、Default 为 True;设置 CommandButton2 的属性:name 为 btnCancel、Caption 为"取消"、Cancel 为 True。

(5) 设置单选按钮控件的属性。设置 OptionButton1 的属性:name 为 optLeft、Caption 为"去除前面空白字符"、Value 为 True;设置 OptionButton2 的属性:name 为 optRight、

Caption 为"去除后面空白字符"；设置 OptionButton3 的属性：name 为 optBoth、Caption 为"去除前后空白字符"。

（6）编写"取消"按钮的 Click 事件过程。在 UserForm1 窗体编辑器中双击"取消"按钮，自动生成并打开其 Click 事件代码处理框架。手工输入以下粗体代码：

```
Private Sub btnCancel_Click()
    Unload UserForm1
End Sub
```

（7）编写"确认"按钮的 Click 事件过程。在"VBA 工程"列表框中双击 UserForm1，打开 UserForm1 窗体编辑器。双击"确定"按钮，自动生成并打开其 Click 事件代码处理框架。手工输入以下粗体代码：

```
Private Sub btnOK_Click()
    Dim WorkRange As Range
    Dim cell As Range
    On Error Resume Next
    '获取当前选中区域的所有常规(非公式)单元格
    Set WorkRange = Selection.SpecialCells(xlCellTypeConstants, xlCellTypeConstants)
    If optLeft Then                    '去除前面空白字符
        For Each cell In WorkRange
            cell.Value = LTrim(cell.Value)
        Next cell
    End If
    If optRight Then                   '去除后面空白字符
        For Each cell In WorkRange
        cell.Value = RTrim(cell.Value)
        Next cell
    End If
    If optBoth Then                    '去除前后空白字符
        For Each cell In WorkRange
        cell.Value = Trim(cell.Value)
        Next cell
    End If
    Unload UserForm1
End Sub
```

（8）创建模块。在 VBA 编辑器中选择"插入"|"模块"命令，插入模块1。

（9）创建自定义过程。在 VBA 编辑器中选择"插入"|"过程"命令，打开"添加过程"对话框。在"名称"文本框中输入"TrimBlank"，选择类型为"子程序"。单击"确定"按钮，创建自定义子程序 TrimBlank，并输入以下粗体代码。

```
Public Sub TrimBlank()
    If TypeName(Selection) = "Range" Then    '如果选择了单元格区域
        UserForm1.Show                        '显示用户窗体 UserForm1
    Else
        MsgBox "请选择单元格区域"
    End If
End Sub
```

（10）定义宏 TrimBlank 的快捷键。单击"开发工具"选项卡，选择"代码"组中的"宏"命令，打开"宏"对话框，在对话框左侧的"宏"列表框中选择要设置选项的宏 TrimBlank。单击"选项"按钮，打开"宏选项"对话框。设置宏的快捷键为 Ctrl＋Shift＋T。关闭"宏"对话框。

（11）自行选择 Excel 单元格区域，按快捷键 Ctrl＋Shift＋T，打开用户窗体 UserForm1。选择不同的单选按钮选项，按"确定"按钮，测试运行结果。

（12）将工作簿文件另存为"fl17-17 用户窗体（省市信息）-结果. xlsm"。

## 17.6.3　窗体和常用控件

窗体是向用户显示信息的可视界面，窗体包含可以添加到窗体上的各种控件。控件是显示数据或者接受数据输入的相对独立的用户界面（UI）元素，例如文本框、按钮、列表框、单选按钮等。

使用 VBA 提供的丰富的控件可以快速地开发各种复杂的用户界面。通过 VBA 编辑器中具有拖放功能的窗体设计器，使用鼠标选择控件并将控件拖放到窗体上适当的位置，就可以创建丰富的用户界面；通过"属性"窗口可以设置各控件的属性；通过编写各控件的事件处理程序可以实现各种逻辑功能。

窗体和控件的通用属性如下：

- Name：属性，窗体或者控件的名称。
- Caption：属性，窗体或者控件的标题。
- ControlSource：属性，与控件关联的单元格。
- Left、Top：属性，窗体或者控件的左上角坐标。
- Width、Height：属性，窗体或者控件的宽和高。
- Pictures：属性，窗体或者控件的背景图片。
- BackColor、ForeColor：属性，窗体或者控件的背景色和前景色。
- Enabled：属性，是否启用文本框。
- Visible：属性，是否显示文本框。
- Accelerator：属性，快捷键。
- Click、DblClick、MouseDown、MouseMove、MouseUp：事件，鼠标事件。
- KeyDown、KeyUp、KeyPress：事件，键盘事件。

### 1. 用户窗体

用户窗体的常用属性、方法和事件如下：

- Name：属性，用户窗体的名称。
- Caption：属性，用户窗体的标题。
- Show、Hide：方法，显示和隐藏用户窗体。
- Initialize、Activate：事件，初始化窗体事件和激活窗体事件。

例如：

```
UserForm1.Caption = "信息管理系统"        '设置 UserForm1 的标题
UserForm1.show                            '显示用户窗体 UserForm1
```

### 2. Label 控件

Label(标签)控件主要用于显示(输出)文本信息。除了显示文本外,Label 控件还可以使用 Picture 属性显示图像。Label 控件的常用属性和事件如下:

- Name:属性,标签的名称。
- Caption:属性,标签的标题。

例如:

```
lblMessage.Caption = "用户名或密码错误"       '设置标签标题内容
lblMessage.visible = True                    '设置显示标签
```

### 3. TextBox 控件

TextBox(文字框/文本框)控件用于输入文本信息。TextBox 控件一般用于显示或者输入单行文本,还可以实现限制输入字符数、密码字符屏蔽、多行编辑、大小写转换等功能。TextBox 控件的常用属性和事件如下:

- Name:属性,文本框的名称。
- Text:属性,文本框内容。
- MaxLength:属性,最大输入长度。
- PasswordChar:属性,密码屏蔽字符。
- Multiline:属性,是否为多行文本。
- Change:事件,文本框内容改变事件。

例如:

```
txtPassword.PasswordChar = "*"               '设置文本框的密码屏蔽字符
```

### 4. CommandButton 控件

CommandButton(命令按钮)控件用于选择用户的单击操作。如果焦点位于某个 CommandButton,则可以使用鼠标、Enter 键或者空格键触发该按钮。当用户单击按钮时,即调用 Click 事件处理程序。CommandButton 控件的常用属性和事件如下:

- Name:属性,命令按钮的名称。
- Caption:属性,命令按钮的标题。
- Click:事件,鼠标单击事件。

例如:

```
btnOK.Caption = "确定"                       '设置命令按钮的标题
```

### 5. OptionButton 控件

OptionButton(单选按钮)控件用于选择同一组(GroupName)单选按钮中的一个单选按钮(不能同时选定多个),使用 Caption 属性可以设置其显示的文本。当单击 OptionButton 控件时,其 Value 属性被设置为 True,并且调用 Click 事件处理程序。

OptionButton 控件的主要属性和事件如下:

- Name:属性,单选按钮的名称。
- Caption:属性,单选按钮的标题。
- Value:属性,是否选中该单选按钮。
- GroupName:属性,单选按钮所属的组。
- Change:事件,单选按钮选择改变事件。

例如:

```
OptionButton1.GroupName = "Sex"          '设置单选按钮所属的组别
OptionButton2.GroupName = "Sex"          '设置单选按钮所属的组别
```

### 6. CheckBox 控件

CheckBox(复选框)控件用于选择一个或多个选项(可以同时选定多个)。CheckBox 控件的主要属性和事件如下:

- Name:属性,复选框的名称。
- Caption:属性,复选框的标题。
- Value:属性,是否选中该复选框。
- Change:事件,复选框选择改变事件。

例如:

```
CheckBox1.Value = True                   '设置选中复选框 CheckBox1
```

### 7. ComboBox 控件

ComboBox(复合框/组合框)控件用于在下拉组合框中显示数据。在默认情况下,ComboBox 控件分两个部分显示:顶部是一个允许用户输入的文本框;下部是允许用户选择一项的列表框。ComboBox 控件的主要属性、方法和事件如下:

- Name:属性,组合框的名称。
- Value:属性,组合框的选择或者输入的内容。
- ListRows:属性,组合列表框显示的列表行数。
- RowSource:属性,组合列表框对应内容的单元格区域。
- ListStyle:属性,指定组合框的模式(0:下拉列表框,不允许输入;1:组合框)。
- AddItem:方法,增加组合框中的项目。
- Change:事件,组合框选择改变事件。

例如:

```
Private Sub UserForm_Initialize()
    '初始化组合框
    ComboBox1.AddItem "北京"
    ComboBox1.AddItem "上海"
    ComboBox1.AddItem "天津"
    ComboBox1.AddItem "重庆"
End Sub
```

```
Private Sub ComboBox1_Change()                    '选择改变组合框内容时显示选择的内容
    MsgBox ComboBox1.Value
End Sub
```

### 8. ListBox 控件

ListBox(列表框)控件用于显示一个项列表,用户可以从中选择一项或多项。如果项总数超出可以显示的项数,则自动添加滚动条。ListBox 控件的主要属性、方法和事件如下:

- Name:属性,列表框的名称。
- Value:属性,列表框中选择的内容。
- RowSource:属性,列表框对应内容的单元格区域。
- ListStyle:属性,指定列表框的显示模式。
- MultiSelect:属性,是否允许选择多项。
- AddItem:方法,增加列表框中的项目。
- Change:事件,列表框选择改变事件。

例如:

```
Private Sub UserForm_Initialize()
    '初始化列表框
    ListBox1.AddItem "北京"
    ListBox1.AddItem "上海"
    ListBox1.AddItem "天津"
    ListBox1.AddItem "重庆"
End Sub
Private Sub ListBox1_Change()                    '选择改变列表框内容时显示选择的内容
    MsgBox ListBox1.Value
End Sub
```

## 17.6.4 用户窗体应用案例

【例 17-18】 打开"fl17-18 用户窗体(学生信息).xlsx"文件,创建如图 17-32 所示的"学生信息管理"用户窗体,通过用户窗体上的"插入""删除""确定""取消"以及 First、Prev、Next、Last 按钮维护学生信息。其中:

(1)"插入"按钮在工作表当前记录的上一行插入一条记录。

(2)"删除"按钮删除工作表的当前记录。

(3)"确定"按钮确定用户窗体中的修改内容。

(4)"取消"按钮关闭用户窗体。

(5)First 按钮在用户窗体中显示工作表的第一条记录。

(6)Prev 按钮在用户窗体中显示工作表当前记录的上一条记录。

(7)Next 按钮在用户窗体中显示工作表当前记录的下一条记录。

(8)Last 按钮在用户窗体中显示工作表的最后一条记录。

【参考步骤】

(1)打开 VBA 编辑器。按 Alt+F11 键,或者单击"开发工具"选项卡,选择"代码"组中

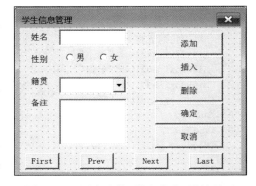

图 17-32　用户窗体(学生信息)运行界面

的 Visual Basic 命令,打开 VBA 编辑器。

(2) 创建用户窗体模块。在 VBA 编辑器中选择"插入"|"用户窗体"命令,插入用户窗体 UserForm1。

(3) 设计窗体界面。在 UserForm1 窗体编辑器中放置 4 个标签、两个文本框、两个单选按钮、一个组合框和 8 个命令按钮控件,并适当调整它们的大小和位置,如图 17-33 所示。

(4) 设置用户窗体的属性。设置 UserForm1 的属性:Caption 为"学生信息管理"。

(5) 设置项目控件的属性。设置 Label1、Label2、Label3、Label4 的属性:Caption 分别为"姓名""性别""籍贯""备注";设置 TextBox1 的属性:name 为 txtName;设置 OptionButton1 的属性:name 为 optMale,Caption 为"男";设置

图 17-33　用户窗体(学生信息)设计界面

OptionButton2 的属性:name 为 optFemale,Caption 为"女";设置 ComboBox1 的属性:name 为 cbxProvince,RowSource 为"籍贯! A1:A30";设置 TextBox2 的属性:name 为 txtRemark,MultiLine 为 True。

(6) 设置右侧功能按钮控件的属性。设置 CommandButton1 的属性:name 为 btnInsert,Caption 为"插入";设置 CommandButton2 的属性:name 为 btnDelete,Caption 为"删除";设置 CommandButton3 的属性:name 为 btnOK,Caption 为"确定",Default 为 True;设置 CommandButton4 的属性:name 为 btnCancel,Caption 为"取消",Cancel 为 True。

(7) 设置下方导航按钮控件的属性。设置 CommandButton5 的属性:name 为 btnFirst,Caption 为 First;设置 CommandButton6 的属性:name 为 btnPrev,Caption 为 Prev;设置 CommandButton7 的属性:name 为 btnNext,Caption 为 Next;设置 CommandButton8 的属性:name 为 btnLast,Caption 为 Last。

(8) 定义全局变量并编写子过程 GetInfo。在窗体代码编辑器中的最前面输入以下粗体代码,以定义全局变量 curRow 保存当前记录行,通过子过程 GetInfo 在工作表中获取当前记录信息并在窗体的相应位置显示记录信息。

```
Public curRow As Long                    '当前记录行
Private Sub GetInfo()                    '在工作表中获取当前记录信息并在窗体中显示
    txtName = Cells(curRow, 1).Value     '获取并显示学生姓名
    If Cells(curRow, 2).Value = "男" Then '男生
        optMale.Value = True
    Else                                 '女生
        optFemale.Value = True
    End If
    cbxProvince.Value = Cells(curRow, 3).Value
                                         '获取并显示学生籍贯
    txtRemark = Cells(curRow, 4).Value   '获取并显示学生备注
    Rows(curRow).Select                  '选择第 curRow 行(当前行)
End Sub
```

（9）编写"取消"按钮的 Click 事件过程。在 UserForm1 窗体编辑器中双击"取消"按钮，自动生成并打开其 Click 事件代码处理框架，在其中手工输入下面的粗体代码。

```
Private Sub btnCancel_Click()
    Unload UserForm1
End Sub
```

（10）编写窗体的 Initialize 事件过程。在窗体代码编辑器的"对象"列表框中选择 UserForm，在"过程"列表框中确认选择默认值 Initialize，系统自动生成工作簿 Initialize 事件的过程代码框架，在其中手工输入以下粗体代码，以初始化用户窗体，显示工作表的第一条记录。

```
Private Sub UserForm_Initialize()
    curRow = 3                           '设置当前记录行(第一条记录)
    GetInfo                              '调用自定义过程
End Sub
```

（11）编写"确定"按钮的 Click 事件过程。在"VBA 工程"列表框中双击 UserForm1，打开 UserForm1 窗体编辑器。双击"确定"按钮，系统自动生成并打开其 Click 事件代码处理框架，在其中手工输入以下粗体代码，在工作表的当前行显示用户窗体中的学生信息。

```
Private Sub btnOK_Click()
    Cells(curRow, 1).Value = txtName          '设置学生姓名
    If optMale.Value = True Then
        Cells(curRow, 2).Value = "男"          '男生
    Else
        Cells(curRow, 2).Value = "女"          '女生
    End If
    Cells(curRow, 3).Value = cbxProvince.Value '设置学生籍贯
    Cells(curRow, 4).Value = txtRemark         '设置学生备注
End Sub
```

（12）编写导航按钮的 Click 事件过程。参照步骤（11）编写窗体下部 4 个导航按钮的 Click 事件过程代码，在相应的代码框架中手工输入以下粗体代码，以显示"第一条""上（前）一条""下（后）一条"和"最后一条"记录信息。

```
Private Sub btnFirst_Click()                         '第一条记录
    curRow = 3                                        '设置当前记录行(第一条记录)
    GetInfo                                           '调用自定义过程
End Sub
Private Sub btnPrev_Click()                           '上一条记录
    curRow = curRow - 1                               '定位到下一条记录
    If curRow < 3 Then
        curRow = 3
    End If
    GetInfo                                           '调用自定义过程
End Sub
Private Sub btnNext_Click()                           '下一条记录
    curRow = curRow + 1                               '定位到下一条记录
    If Len(Cells(curRow, 1).Value) < = 0 Then
        curRow = curRow - 1
    End If
    GetInfo                                           '调用自定义过程
End Sub
Private Sub btnLast_Click()                           '最后一条记录
    While Len(Cells(curRow, 1).Value) > 0
        curRow = curRow + 1
    Wend
    curRow = curRow - 1                               '定位到最后一条记录
    GetInfo                                           '调用自定义过程
End Sub
```

(13) 编写"插入"和"删除"按钮的 Click 事件过程。参照步骤(11)编写窗体右侧"插入"和"删除"按钮的 Click 事件过程代码,在其中手工输入以下粗体代码,以实现记录的插入(在当前记录的上一行)和删除(当前记录)功能。

```
Private Sub btnInsert_Click()
    Rows(curRow).Insert                              '新记录插入当前行的上一行
    GetInfo                                          '调用自定义过程
End Sub
Private Sub btnDelete_Click()
    Rows(curRow).Delete                              '删除当前记录
    curRow = curRow - 1                              '重新定位当前记录
    If curRow < 3 Then curRow = 3
    GetInfo                                          '调用自定义过程
End Sub
```

(14) 编写工作簿 Open 事件过程代码。在左侧的"工程-VBA Project"列表中双击 ThisWorkbook,打开工作簿模块代码编辑窗口,在"对象"列表框中选择 Workbook,在"过程"列表框中确认选择默认值 Open,系统自动生成工作簿 Open 事件的过程代码框架。编辑事件代码,输入以下粗体代码,以显示用户窗体,并设置用户窗体左上角的位置信息。

```
Private Sub Workbook_Open()
    UserForm1.Show
    UserForm1.Left = 380
    UserForm1.Top = 75
```

```
End Sub
```

(15) 将工作簿文件另存为"fl17-18 用户窗体(学生信息)-结果.xlsx"。

(16) 测试运行结果。关闭并重新打开"fl17-18 用户窗体(学生信息)-结果.xlsm"工作簿,使用用户窗体维护学生信息。

# 习题

## 一、单选题

1. VBA for Excel 是 Excel 应用程序的内嵌编程语言,所开发的程序_____运行。

    A. 既可以在 Windows 系统中,也可以在 Excel 中

    B. 只能在 Excel 中

    C. 只能在 Windows 系统中

    D. 可以在 Windows 系统中

2. 以下标识符中,_____为有效的 VBA 标识符。

    A. 姓名　　　　　　　B. 1stStu　　　　　　C. It's　　　　　　D. For

3. VBA 运算符的优先级由高到低依次为_____。

    A. 算术运算符、连接运算符、关系运算符、逻辑运算符

    B. 算术运算符、关系运算符、连接运算符、逻辑运算符

    C. 逻辑运算符、算术运算符、连接运算符、关系运算符

    D. 连接运算符、逻辑运算符、算术运算符、关系运算符

4. 在 VBA 中,对于"Dim TwoA(10,1 To 5)As Integer"数组声明语句,二维数组 TwoA 包含_____个元素。

    A. 60　　　　　　　　B. 50　　　　　　　　C. 55　　　　　　　D. 66

5. 在 VBA 中,Excel 的各种元素均被封装为对象。使用对象可以实现各种操作,其中_____对象对应于 Excel 应用程序。

    A. Workbook　　　　B. Worksheet　　　　C. Range　　　　　D. Application

## 二、填空题

1. _____是使用 VBA 程序设计语言编写或录制的小程序,包括一系列 Excel 的命令,实现完成某种任务的一系列操作。

2. 在 VBA"使用相对引用"模式下,将光标移动到 A5 单元格的宏代码片段为_____。

3. 在 VBA 中,一行可以书写多条语句,语句间使用_____分隔。

4. 在 VBA 中,一条语句可以分多行书写,续行使用_____分隔。

5. 在 VBA 中,注释语句以_____关键字开始,也可使用符号_____。

6. 过程是构成 VBA 程序的单元,用于完成一个相对独立的功能,常用的过程包括_____(没有返回值)和_____(有返回值)。

7. 在 VBA 子程序和函数的声明和定义中,形参列表是过程的参数列表,可通过关键字_____按值传递或关键字_____按地址传递。

8. 在 VBA 中,可使用函数_____返回数组的下限,使用函数_____返回数组的

上限。

    9. 在 VBA 中,可通过使用关键字_____改变已声明数组的大小。

    10. VBA 表达式"Happy"&" "&"Life"的结果为_____。

三、思考题

    1. Excel 宏的功能是什么? 如何录制、查看、编辑和运行宏?

    2. 从 Excel 2007 开始,Excel 提供了哪几种措施保证宏的安全?

    3. Excel 提供了哪几种选择宏的方法?

    4. VBA 编辑器是编写 VBA 程序的集成开发环境(IDE),IDE 一般包括哪些组成部分?

    5. VBA 编辑器提供了哪些集成的运行和调试工具?

    6. VBA 有哪 3 种工作模式? 在哪种工作模式下既不可以编辑代码,也不可以设计用户界面?

    7. VBA 合法标识符的命名规范是什么?

    8. VBA 提供了哪些基本的数据类型?

    9. 在 VBA 中如何声明变量和常量? 如何对变量赋值?

    10. 常用的 VBA 运算符有哪些? 其运算优先级是什么?

    11. VBA 程序由语句按一定的逻辑规则排列组成,请问 VBA 提供了哪些语句? 它们各自具备哪些功能?

    12. VBA 项目由模块组成,请问除了"用户窗体"外,模块还包括哪些内容?

    13. VBA 子程序和函数的声明形式各是什么? 如何返回和使用函数的值?

    14. 在 VBA 中,根据变量声明的位置和方式,变量的作用域(即可被代码识别的有效范围)可分为哪 3 个级别?

    15. VBA 有哪些常用的内置数学函数? 各自实现什么功能?

    16. VBA 有哪些常用的内置字符串函数? 各自实现什么功能?

    17. VBA 有哪些常用的内置日期和时间函数? 各自实现什么功能?

    18. VBA 有哪些常用的内置转换函数和测试函数? 各自实现什么功能?

    19. VBA 有哪些常用的内置用户交互函数? 各自实现什么功能?

    20. 在 VBA 中,选择结构包括哪两类语句?

    21. 在 VBA 中,If 语句的单分支、双分支和多分支结构的语法形式是什么?

    22. 在 VBA 中,Select Case 语句的语法形式是什么?

    23. 在 VBA 中,循环结构包括哪 4 类语句?

    24. 在 VBA 中,如果事先知道循环次数,常使用什么循环语句? 如果事先并不知道循环次数,但知道选择或结束循环的条件,常使用什么循环语句?

    25. 在 VBA 中,常用于枚举数组或对象集合的循环语句是什么?

    26. 在 VBA 中,声明数组的语法形式是什么? 如何使用数组下标来访问数组元素? 使用什么函数可以返回数组的上/下限? 通过使用什么关键字可改变数组的大小?

    27. 在 VBA 中,Excel 的各种元素被封装成哪些对象?

    28. 在 VBA 中,Excel 对象模型以 Application 对象为根所构成的层级结构是什么? 如何采用层级方式访问对象属性和调用对象方法?

    29. 在 VBA 中,Application(应用程序)对象代表整个 Microsoft Excel 应用程序。请

问 Application 对象的主要功能是什么？其可以返回其他哪些对象或者对象集合？

30. 在 VBA 中，Workbook 对象对应于 Excel 工作簿。请问 Workbook 对象的主要功能是什么？其可以返回其他哪些对象或者对象集合？

31. 在 VBA 中，Worksheet 对象对应于 Excel 工作表。请问 Worksheet 对象的主要功能是什么？其可以返回其他哪些对象或者对象集合？

32. 在 VBA 中，Range 对象对应于一个单元格或者单元格区域。请问 Range 对象的主要功能是什么？

33. VBA 提供了哪些常用控件？这些控件各自的功能是什么？

34. 在 VBA 中，窗体对象和控件的通用属性是什么？用户窗体具有哪些常用的属性集、方法和事件？各控件具有哪些常用的属性集、方法和事件？

35. 创建 VBA 用户窗体的一般步骤是什么？

# 第 18 章

# 数据的保护与共享

通过设置密码,可以从 3 个层面上保护 Excel,即工作簿、工作表和 VBA 程序。通过共享,可以实现多个用户基于 Excel 协同工作。

视频讲解

## 18.1    工作簿的保护

Excel 提供了多种方法来保护工作簿:设置打开密码、设置更改数据密码、设置更改文件结构(添加、删除或隐藏工作表)密码。

【说明】

设置密码仅用于 Excel 控制,并不会加密 Excel 文件本身,故存在使用第三方工具读取数据的可能性。

### 18.1.1    设置工作簿的打开权限和修改权限

在另存工作簿时,通过"常规选项"对话框可以设置打开或修改密码,以限制 Excel 工作簿的打开权限(打开时需要输入"打开权限密码")和修改权限(只读权限,更改数据时需要输入"修改权限密码")。

【例 18-1】    设置学生成绩工作簿的打开权限和修改权限。打开"fl18-1 学生成绩(打开密码和修改密码).xlsx",将其另存为"fl18-1 学生成绩(打开密码和修改密码)-结果.xlsx",并设置其打开密码和修改密码。

【参考步骤】

(1) 选择"文件"选项卡中的"另存为"命令,在选择保存位置后,将打开"另存为"对话框。在"文件名"文本框中输入"fl18-1 学生成绩(打开密码和修改密码)-结果.xlsx",单击右下方的"工具"下拉列表,选择其中的"常规选项"命令,如图 18-1 所示,打开如图 18-2 所示的"常规选项"对话框。

图 18-1 "常规选项"命令

图 18-2 "常规选项"对话框

（2）设置"打开权限密码"和"修改权限密码"。在"打开权限密码"文本框中输入密码"123"，在"修改权限密码"文本框中输入密码"456"；单击"确定"按钮，再次输入确认密码；单击"确定"按钮，返回"另存为"对话框。

（3）在"另存为"对话框中单击"保存"按钮，保存工作簿，然后关闭工作簿。

（4）当再次打开和修改工作簿时，根据设定的权限，要求输入密码。

【说明】

（1）当打开设置了"打开权限密码"的工作簿时，需要输入密码才能够打开。

（2）当打开设置了"修改权限密码"的工作簿时，需要输入密码才能够修改数据。如果不输入密码，也可以用"只读"方式打开工作簿。

（3）以只读方式打开的工作簿，在 Excel 窗口标题中会显示"［只读］"。以只读方式打开的工作簿不能保存，但可以修改，且可以保存工作簿的副本。

（4）在另存工作簿时，如果在"常规选项"对话框中选中"建议只读"复选框，则打开该工作簿时显示如图 18-3 所示的消息框。

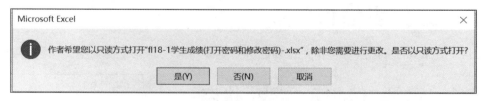

图 18-3 "建议只读"消息框

（5）在打开设置密码的工作簿时，如果打开和更改工作簿的密码是相同的，则只需要输入一次密码。

（6）在另存工作簿时，如果设置"打开权限密码"和"修改权限密码"为空，则取消工作簿的密码保护。

（7）在将.xlsx格式的工作簿另存为.xls格式的工作簿时，设置的密码无效（Excel 2013及以后版本的密码保存方案与早期版本不兼容），需要打开.xls文件后重新设置密码。

## 18.1.2 保护工作簿的结构

设置和取消保护工作簿结构的方法如下：

（1）保护工作簿的结构。单击"审阅"选项卡，选择"更改"组中的"保护工作簿"命令，打开

"保护结构和窗口"对话框,如图 18-4 所示。选中"结构"复选框,并设置密码(可选),单击"确定"按钮,以设置保护工作簿的结构,此时"保护工作簿"命令处于选中状态,如图 18-5 所示。

图 18-4　"保护结构和窗口"对话框

图 18-5　"保护工作簿"命令处于选中状态

（2）取消保护工作簿的结构。单击"审阅"选项卡,选择"更改"组中处于选中状态的"保护工作簿"命令（如果设置了密码,则输入密码,单击"确定"按钮）,撤销工作簿的保护。

【说明】

（1）在"保护结构和窗口"对话框中选中"结构"复选框时,Excel 禁止对工作簿的结构进行修改,即禁止插入/删除、移动/复制、隐藏/取消隐藏工作表和图表工作表,也不允许重命名工作表和修改工作表标签的颜色。

（2）在"保护结构和窗口"对话框中选中"窗口"复选框时,Excel 将锁定窗口的界面,不允许用户更改工作簿窗口的大小和位置、移动窗口、调整窗口的大小和关闭窗口。

（3）在设置密码后,如果需要取消保护工作簿,则需要输入密码。

视频讲解

# 18.2　工作表的保护

激活工作表保护,可以防止用户意外或故意更改、移动、删除重要数据。

## 18.2.1　激活"保护工作表"状态

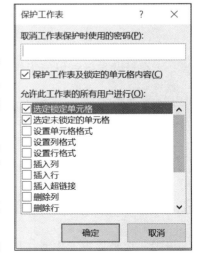

图 18-6　"保护工作表"对话框

在默认情况下,用户可以更改 Excel 工作表中的所有元素。通过激活"工作表保护"状态,可以禁止用户修改工作表元素（指定允许更改的元素除外）。其操作步骤如下:

（1）激活"保护工作表"状态。单击"审阅"选项卡,选择"更改"组中的"保护工作表"命令,打开"保护工作表"对话框,如图 18-6 所示。

（2）设置取消工作表保护时使用的密码（可选）。在"取消工作表保护时使用的密码"文本框中输入密码。

（3）指定在激活"保护工作表"状态下允许修改的元素。在"允许此工作表的所有用户进行"列表中选择允许用户更改的元素。

（4）单击"确定"按钮，激活"保护工作表"状态。如果设置了取消工作表保护时使用的密码，则需要输入确认密码。

【说明】

（1）在激活"保护工作表"状态后，"审阅"选项卡上"修改"组中的"保护工作表"命令变为"撤销工作表保护"命令。

（2）在激活"保护工作表"状态后，修改受保护的元素时，Excel 将弹出如图 18-7 所示的消息框。

图 18-7　受保护的元素禁止修改

## 18.2.2　取消"保护工作表"状态

当 Excel 处于激活"保护工作表"状态时，单击"审阅"选项卡，选择"更改"组中的"取消工作表保护"命令，可取消"保护工作表"状态。

如果在激活"保护工作表"状态时设置了密码，则需要输入正确密码才能够取消"保护工作表"状态。

## 18.2.3　取消单元格的"锁定"属性以允许修改

在激活"保护工作表"状态时，Excel 不允许修改"锁定"属性的单元格。在默认情况下，工作表的所有单元格的"锁定"属性都处于选中状态，故在激活"保护工作表"状态时用户不能修改任何单元格的内容。

允许用户在激活"保护工作表"状态时修改指定单元格，其操作步骤如下：

（1）确保工作表处于未激活"保护工作表"状态。如果激活"保护工作表"状态，则先取消"保护工作表"状态。

（2）选中单元格并取消选中其"锁定"属性。选中允许修改的单元格或单元格区域，然后右击，选择相应快捷菜单中的"设置单元格格式"命令（或单击"开始"选项卡，选择"单元格"组中的"格式"|"设置单元格格式"命令），打开"设置单元格格式"对话框，单击"保护"选项卡，如图 18-8 所示，取消选中"锁定"复选框，然后单击"确定"按钮完成设置。

（3）激活"保护工作表"状态。

图 18-8　"设置单元格格式"对话框

## 18.2.4　设置单元格的"隐藏"属性以隐藏公式

在设置激活"保护工作表"状态时可以隐藏单元格公式,从而隐藏单元格的计算逻辑。其操作步骤如下:

(1) 确保工作表处于未激活"保护工作表"状态。如果激活"保护工作表"状态,则先取消"保护工作表"状态。

(2) 选中单元格并选中其"隐藏"属性。选中要隐藏公式的单元格或单元格区域,然后右击,选择相应快捷菜单中的"设置单元格格式"命令(或者单击"开始"选项卡,选择"单元格"组中的"格式"|"设置单元格格式"命令),打开"设置单元格格式"对话框,单击"保护"选项卡,如图 18-8 所示,选中"隐藏"复选框,然后单击"确定"按钮完成设置。

(3) 激活"保护工作表"状态。

## 18.2.5　设置"允许用户编辑区域"

在设置激活"保护工作表"状态时,为单元格区域设定密码并指定可以编辑区域的用户,以允许指定用户修改指定区域。用户在编辑通过"允许用户编辑区域"命令设定的指定区域时需要输入密码。

设置"允许用户编辑区域"的操作步骤如下：

（1）确保工作表处于未激活"保护工作表"状态。如果激活"保护工作表"状态，则先取消"保护工作表"状态。

（2）打开"允许用户编辑区域"对话框。选中指定区域，单击"审阅"选项卡，选择"更改"组中的"允许用户编辑区域"命令，打开"允许用户编辑区域"对话框，如图18-9所示。

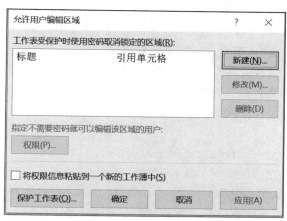

图18-9 "允许用户编辑区域"对话框

（3）新建区域。在"允许用户编辑区域"对话框中单击"新建"按钮，打开"新区域"对话框，如图18-10所示。在"标题"文本框中输入标题，在"引用单元格"文本框中输入或者选择引用单元格区域，在"区域密码"文本框中输入密码（可选）。单击"权限"按钮，可以设置用户权限（可选）。

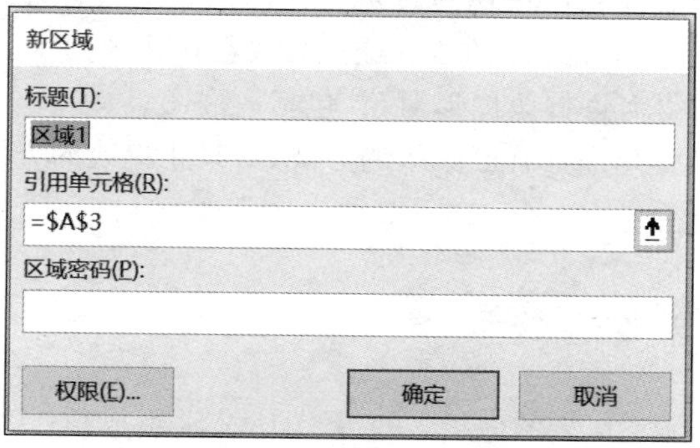

图18-10 "新区域"对话框

（4）修改和删除区域。在"允许用户编辑区域"对话框的"工作表受保护时使用密码取消锁定的区域"列表框中选择所设置的区域，单击"修改"按钮，可以修改其设置；单击"删除"按钮，可以删除所设置的区域。

（5）激活"保护工作表"状态。

## 18.2.6 设置激活"保护工作表"状态时允许的操作

在激活"保护工作表"状态时，在"保护工作表"对话框的"允许此工作表的所有用户进行"列表中可选择允许用户更改的元素。其选项如下：

（1）选定锁定单元格。默认选中，即允许光标定位到锁定的单元格；取消选中时，不允许选中锁定的单元格。

（2）选定未锁定的单元格。默认选中，即允许光标定位到未锁定的单元格；取消选中时，不允许选中未锁定的单元格。如果取消选中"选定锁定单元格"复选框，同时选中"选定未锁定的单元格"复选框则用户按 Tab 键只能在未锁定的单元格之间移动。

（3）设置单元格格式。默认未选中，不允许修改"设置单元格格式"或"条件格式"对话框中的任意选项；如果选中，则允许设置单元格格式。

（4）设置列格式。是否允许设置列格式，包括更改列宽或隐藏列。

（5）设置行格式。是否允许设置行格式，包括更改行高或隐藏行。

（6）插入列。是否允许插入列。

（7）插入行。是否允许插入行。

（8）插入超链接。是否允许插入新的超链接。

（9）删除列。是否允许删除列。注意，如果"删除列"受保护而"插入列"并未受保护，则用户可以插入列，但无法删除此列。

（10）删除行。是否允许删除行。注意，如果"删除行"受保护而"插入行"并未受保护，则用户可以插入行，但无法删除此行。

（11）排序。是否允许对数据进行排序。注意，无论是否设置此选项，用户都不能在受保护的工作表中对包含锁定单元格的区域进行排序。

（12）使用自动筛选。是否允许应用自动筛选。注意，无论是否设置此选项，用户都不能应用或删除受保护工作表的自动筛选。

（13）使用数据透视表或数据透视图。是否允许设置格式、更改布局、刷新或者修改数据透视表或数据透视图，或者创建新的数据透视表或数据透视图。

（14）编辑对象。是否允许修改图形对象，包括内嵌图表、形状、文本框和控件等。

（15）编辑方案。是否允许查看已隐藏的方案、对禁止更改的方案做出更改以及删除这些方案。

## 18.2.7　应用实例

**【例 18-2】**　学生成绩工作表的保护。打开"fl18-2 学生成绩（工作表的保护）. xlsx"，另存为"fl18-2 学生成绩（工作表的保护）-结果. xlsx"，设置保护单元格（不允许修改或者删除"学号""姓名"和"总分"列的内容），并隐藏"总分"列中的公式。

**【参考步骤】**

（1）取消单元格的"锁定"属性以允许修改。选择"语文""数学"和"英语"成绩所在的单元格区域 C2：E16，然后右击，选择相应快捷菜单中的"设置单元格格式"命令，打开"设置单元格格式"对话框，单击"保护"选项卡，取消选中"锁定"复选框，然后单击"确定"按钮完成设置。

（2）设置单元格的"隐藏"属性以隐藏公式。选择 F2：F16 单元格区域，然后右击，选择相应快捷菜单中的"设置单元格格式"命令，打开"设置单元格格式"对话框，单击"保护"选项卡,选中"隐藏"复选框,然后单击"确定"按钮完成设置。

（3）激活"保护工作表"状态。单击"审阅"选项卡,选择"更改"组中的"保护工作表"命令,打开"保护工作表"对话框;在"取消工作表保护时使用的密码"文本框中输入密码123,单击"确定"按钮,激活"保护工作表"状态。

（4）测试保护单元格和隐藏公式。选择 C2:E16 区域中的任一单元格或者数据区域,尝试删除或者修改,观察操作结果。选择 F2:F16 区域中的任一单元格或数据区域,观察编辑栏中是否会有公式显示。选择除 C2:E16 和 F2:F16 区域以外的（例如 A2:B16 区域）任一单元格或数据区域,尝试删除或者修改,观察提示信息。

# 18.3 Excel 协作概述

视频讲解

## 18.3.1 Excel 协作方法

通过 Excel 共享和协作可实现多人团队共同协作完成 Excel 文件的编辑和修改。Excel 的协作主要体现在以下几方面:

（1）工作表保护。设计者创建复杂的内容工作表,通过激活"保护工作表"状态以保护隐藏计算逻辑;使用者打开激活"保护工作表"状态的工作表,修改允许修改的单元格数据,完成工作。

（2）注释。用于创建工作簿;评阅者通过注释提出修改意见;用户阅读注释修改完善内容,从而完成协作。

（3）工作簿共享和跟踪修订。通过共享工作簿实现多个用户同时修改一个工作簿,并跟踪记录单元格修订的历史记录。

（4）Inquire 加载项。通过 Inquire 加载项,分析和合并多个工作簿。

## 18.3.2 用户标识

当多个用户使用同一工作簿时,使用 Excel 用户标识来区分修改者。

Excel 用户标识默认为 Windows 登录用户名。选择"文件"选项卡中的"选项"命令,打开"Excel 选项"对话框,可以查看和修改 Windows 用户标识,如图 18-11 所示。

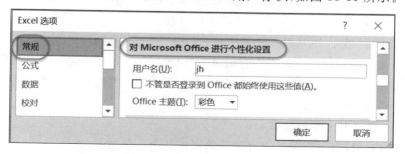

图 18-11 查看和修改 Windows 用户标识

## 18.3.3　为协作准备工作簿

在将工作簿用于协作之前，通常需要进行一些准备工作，例如设置工作簿的属性、保护工作表、检查工作簿等。

选择"文件"选项卡中的"信息"命令，打开"信息"对话框，如图 18-12 所示。

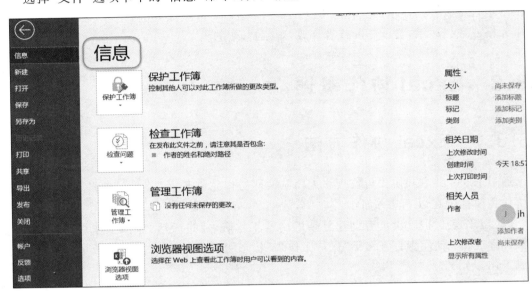

图 18-12　"信息"对话框

图 18-12 中提供了实现工作簿准备工作的有关命令，主要包括：

（1）设置工作簿的属性。可修改的主要属性包括：标题、标记、类别。如果要修改作者信息，可以先添加新作者（通过"添加作者"文本框），然后删除旧作者（通过"删除人员"快捷菜单命令）。

（2）保护工作簿。其主要操作如下：

① 标记最终状态。把工作簿设置为只读状态的最终状态。如果需要修改，可以再次使用该命令，取消标记为最终状态。

② 用密码进行加密。设置工作簿的打开密码。

③ 保护工作表。保护工作表元素，参见 18.2 节。

④ 保护工作簿结构。禁止对工作簿结构的修改。

⑤ 限制访问。基于 IRM（Information Rights Management）限制 SharePoint 或 Web Server 上工作簿的访问权限。详细内容请参考"http://tinyurl.com/irm2013。"

⑥ 添加数字签名。通过添加数字签名保证工作簿的完整性。有关数字签名的内容，请参见"http://www.verisign.com。"

（3）检查问题。其主要操作如下：

① 检查文档。检查工作簿是否有隐藏的属性和个人信息。

② 检查辅助功能。如果是否包含影响残障人士阅读的内容，例如屏读软件无法识别没

有替代文本（Alt Text）的图表，工作表名称 Sheet1、Sheet2 的意义不明等。

③ 检查兼容性。检查是否与早期版本格式兼容，即是否包括早期版本不支持的内容。

## 18.3.4　工作簿的分发

工作簿的分发通常采用下列方式之一：

（1）复制到网络共享文件夹。该方式适用于内部网络协同工作。

（2）上传到 OneDrive（以前的 SkyDrive）。通过网盘进行协同工作。

（3）上传到 SharePoint Server。该方式适用于企业内部网络协同工作。

（4）邮件发送或其他媒介（例如移动存储设备）。

# 18.4　工作簿共享和跟踪修订

## 18.4.1　多用户同时打开未共享的工作簿

在通常情况下，未共享工作簿只允许一个用户打开编辑。其他用户打开网络上同一位置的该文件时，Excel 将弹出如图 18-13 所示的警告信息。

用户可选择下列操作：

（1）以只读方式打开。单击"只读"按钮，以只读方式打开文档。如果用户修改了文档，则不能保存，但可以保存其副本。

图 18-13　打开网络上同一位置未共享工作簿时的警告信息

（2）以通知方式打开。单击"通知"按钮，可以打开文档进行查看和修改。如果其他用户关闭正在编辑的文档，则显示如图 18-14 所示的提示信息。单击"读-写"按钮，可以切换到读写状态。在切换状态时，如果工作簿被他人修改过，且自己也修改过，则显示如图 18-15 所示的提示信息，可以选择丢弃自己的修改重新打开并编辑文件，或者存储副本后重新打开并编辑文件，或者取消操作；如果没有修改冲突，则打开最新修改后的文件并开始编辑。

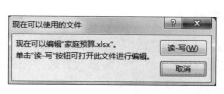

图 18-14　工作簿可用提示信息

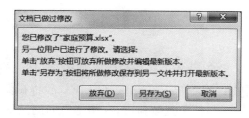

图 18-15　工作簿更新提示信息

（3）取消打开。单击"取消"按钮，取消打开文档。

未共享的工作簿通过锁定的方式支持一个用户编辑、其他用户查看同一个工作簿。共享工作簿存在下列缺点：

（1）同时只允许一个用户编辑。如果用户没有关闭工作簿，则其他用户无法编辑。

（2）以通知方式打开编辑工作簿时可能导致修改冲突。

## 18.4.2　共享工作簿以支持多用户同时编辑

通过共享工作簿，可以实现支持多个用户同时编辑工作簿。其操作步骤如下：

（1）共享工作簿。单击"审阅"选项卡，选择"更改"组中的"共享工作簿"命令，打开"共享工作簿"对话框，单击"编辑"选项卡，如图 18-16(a)所示，选中"使用旧的共享工作簿功能，而不是新的共同创作体验"复选框。

（2）设置修订选项。在"共享工作簿"对话框中单击"高级"选项卡，如图 18-16(b)所示，设置修订选项：选中"保存修订记录"单选按钮时，Excel 将在指定日期内保存各单元格修订记录；选中"不保存修订记录"单选按钮时，Excel 不保存修订记录。

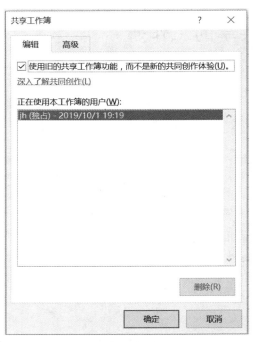

(a)"编辑"选项卡

(b)"高级"选项卡

图 18-16　"共享工作簿"对话框

（3）设置更新选项。在如图 18-16(b)所示的"共享工作簿"对话框中设置更新选项：选中"保存文件时"单选按钮时，Excel 将在保存文件时更新查看其他用户的修改；选中"自动更新间隔"单选按钮时，在指定时间间隔更新查看其他用户的修改。

（4）单击"确定"按钮，Excel 提示保存文档为共享文档。单击"确定"按钮，Excel 窗口标题后显示信息"[已共享]"。

### 18.4.3　取消共享工作簿

单击"审阅"选项卡,选择"更改"组中的"共享工作簿"命令,打开"共享工作簿"对话框,如图 18-16(a)所示,取消选中"使用旧的共享工作簿功能,而不是新的共同创作体验"复选框。

### 18.4.4　多用户同时使用共享工作簿的操作流程

多用户同时使用共享工作簿的基本操作流程如下:

(1)共享工作簿。

(2)另存工作簿到网络共享文件夹。

(3)多个用户可同时打开共享的工作簿进行编辑工作。用户在保存共享工作簿时,如果该用户所做的修改与其他用户的修改没有冲突,则保存工作簿,并显示包含其他用户保存的最新内容;如果发生了修改冲突,则显示如图 18-17 所示的提示信息框,选择保存的内容,即最后保存用户拥有最终的选择权。

图 18-17　"解决冲突"对话框

(4)自动更新。如果共享工作簿时,在如图 18-16(b)所示的"共享工作簿"对话框中设置更新选项为"自动更新间隔",则工作簿会在指定时间间隔自动更新查看其他用户的修改。

### 18.4.5　使用跟踪修改的异步审阅操作流程

使用跟踪修改实现工作簿按顺序异步审阅的基本操作流程如下:

(1)共享工作簿,确保"共享工作簿"对话框的"高级"选项卡中的"修订"选项为"保存修订记录"。

(2)分发工作簿给审阅者 1 修改,然后分发给审阅者 2 修改,以此类推。

(3)突出显示修订。作者打开审阅后的工作簿,单击"审阅"选项卡,选择"更改"组中的"修订"|"突出显示修订"命令,打开"突出显示修订"对话框,如图 18-18(a)所示,指定突出显示的修订选项,单击"确定"按钮,Excel 突出显示修订,如图 18-18(b)所示。

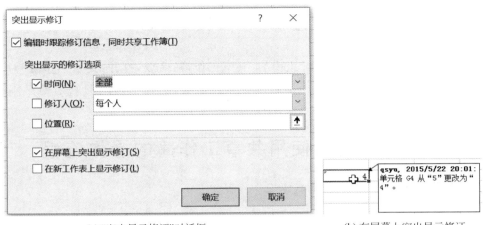

(a) "突出显示修订"对话框　　　　　　　　　(b) 在屏幕上突出显示修订

图 18-18　突出显示修订

（4）在新工作表中显示修订。在如图 18-18(a)所示的"突出显示修订"对话框中如果选中"在新工作表上显示修订"复选框，则在新工作表中显示修订明细内容，如图 18-19 所示。

| | A | B | C | D | E | F | G | H | I | J | K |
|---|---|---|---|---|---|---|---|---|---|---|---|
| 1 | 操作号 | 日期 | 时间 | 操作人 | 更改 | 工作表 | 区域 | 新值 | 旧值 | 操作类型 | 操作失败 |
| 2 | 1 | 2015/5/22 | 19:58 | hjiang | 单元格更改 | Sheet1 | B2 | 4 | <空白> | | |
| 3 | 2 | 2015/5/22 | 19:58 | hjiang | 单元格更改 | Sheet1 | B3 | 5 | <空白> | | |
| 4 | 3 | 2015/5/22 | 19:58 | hjiang | 单元格更改 | Sheet1 | B4 | 6 | <空白> | | |
| 5 | 4 | 2015/5/22 | 20:00 | qsyu | 单元格更改 | Sheet1 | C4 | 4 | <空白> | | |
| 6 | 5 | 2015/5/22 | 20:00 | qsyu | 单元格更改 | Sheet1 | D4 | 5 | <空白> | | |
| 7 | 6 | 2015/5/22 | 20:00 | qsyu | 单元格更改 | Sheet1 | E4 | 5 | <空白> | | |

图 18-19　在新工作表中显示修订明细内容

（5）接受/拒绝修订。单击"审阅"选项卡，选择"更改"组中的"修订"|"接受/拒绝修订"命令，打开"接受或拒绝修订"设置对话框，如图 18-20(a)所示，指定修订选项的条件，单击"确定"按钮，在随后打开的如图 18-20(b)所示的对话框中逐一或者批量接受或拒绝修订。

(a) "接受或拒绝修订"设置对话框　　　　　　　(b) "接受或拒绝修订"提示对话框

图 18-20　接受/拒绝修订

## 18.4.6　使用跟踪修改的同步审阅操作流程

使用跟踪修改实现工作簿按顺序同步审阅的基本操作流程如下：

（1）共享工作簿，确保"共享工作簿"对话框的"高级"选项卡中的"修订"选项为"保存修订记录"。

（2）同时分发工作簿给多个审阅者修改。

（3）收集多个审阅修订后的工作簿，以不同的名称（建议采用如 plan_zhang. xlsx、plan_li. xlsx 的格式）保存在同一个文件夹下。

（4）添加"比较和合并工作簿"命令到快速访问工具栏。单击快速访问工具栏右侧的"自定义快速访问工具栏"按钮，选择"其他命令"命令，打开"Excel 选项"对话框，单击左侧的"快速访问工具栏"选项，在"从下列位置选择命令"列表框中选择"不在功能区中的命令"；然后选择"比较和合并工作簿"选项，单击"添加"按钮，单击"确定"按钮，如图 18-21 所示，添加"比较和合并工作簿"命令到快速访问工具栏。

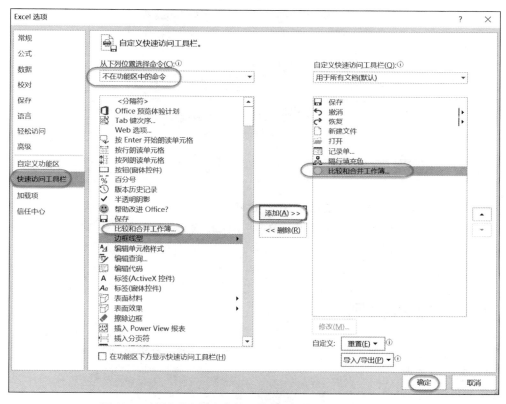

图 18-21　添加"比较和合并工作簿"命令到快速访问工具栏

（5）合并多个工作簿的修订。打开主版本工作簿，单击快速访问工具栏中的"比较和合并工作簿"命令，打开"将选定文件合并到当前工作簿"对话框，选择要合并的多个审阅修订后的工作簿，单击"确定"按钮完成合并。

（6）突出显示修订。操作步骤参见 18.4.5 节。

（7）在新工作表中显示修订（可选）。操作步骤参见 18.4.5 节。

（8）接受/拒绝修订。操作步骤参见 18.4.5 节。

## 18.4.7　设置保护共享工作簿

单击"审阅"选项卡,选择"更改"组中的"保护并共享工作簿"命令,打开"保护共享工作簿"对话框,如图 18-22 所示,选中"以跟踪修订方式共享"复选框,在"密码(可选)"文本框中可设置共享工作簿的密码。

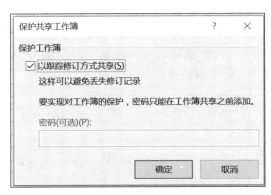

图 18-22　"保护共享工作簿"对话框

## 18.4.8　取消跟踪修改

单击"审阅"选项卡,选择"更改"组中的"共享工作簿"命令,打开"共享工作簿"对话框,单击"高级"选项卡,在如图 18-16(b)所示的"共享工作簿"对话框中选中"不保存修订记录"单选按钮,以取消跟踪修改。

取消跟踪修改,所有的修改记录都会被清除。

## 18.4.9　应用实例

【例 18-3】　学生成绩同步审阅。打开"fl18-3 学生成绩(同步审阅). xlsx",使用跟踪修订实现同步审阅流程。

【参考步骤】

(1) 共享工作簿。打开"fl18-3 学生成绩(同步审阅). xlsx",将其另存为"fl18-3 学生成绩(同步审阅)-结果. xlsx"。单击"审阅"选项卡,选择"更改"组中的"共享工作簿"命令,打开"共享工作簿"对话框,选中"使用旧的共享工作簿功能,而不是新的共同创作体验"复选框。单击"共享工作簿"对话框的"高级"选项卡,确保"修订"选项为"保存修订记录"。单击"确定"按钮,完成工作簿的共享,并按照提示保存工作簿。

(2) 分别另存工作簿为"fl18-3 学生成绩(同步审阅)-结果 1. xlsx"和"fl18-3 学生成绩(同步审阅)-结果 2. xlsx"。

(3) 打开工作簿"fl18-3 学生成绩(同步审阅)-结果 1. xlsx",修改单元格 C8 的内容为68、单元格 E16 的内容为 78。然后保存工作簿,关闭工作簿。

　　（4）打开工作簿"fl18-3学生成绩（同步审阅）-结果2.xlsx"，修改单元格D7的内容为84、单元格D13的内容为61。然后保存工作簿，关闭工作簿。

　　（5）合并多个工作簿的修订。打开工作簿"fl18-3学生成绩（同步审阅）-结果.xlsx"，然后单击快速访问工具栏中的"比较和合并工作簿"命令，打开"将选定文件合并到当前工作簿"对话框，选择要合并的多个审阅修订后的工作簿"fl18-3学生成绩（同步审阅）-结果1.xlsx"和"fl18-3学生成绩（同步审阅）-结果2.xlsx"，单击"确定"按钮完成合并。

　　（6）突出显示修订。单击"审阅"选项卡，选择"更改"组中的"修订"|"突出显示修订"命令，打开"突出显示修订"对话框；取消选中"时间"复选框，单击"确定"按钮，Excel突出显示修订，如图18-23所示。

　　（7）接受/拒绝修订。单击"审阅"选项卡，选择"更改"组中的"修订"|"接受/拒绝修订"命令，打开"接受或拒绝修订"设置对话框，取消选中"时间"复选框；单击"确定"按钮，在随后打开的"接受或拒绝修订"提示对话框中逐一或者批量接受或拒绝修订，如图18-24所示。

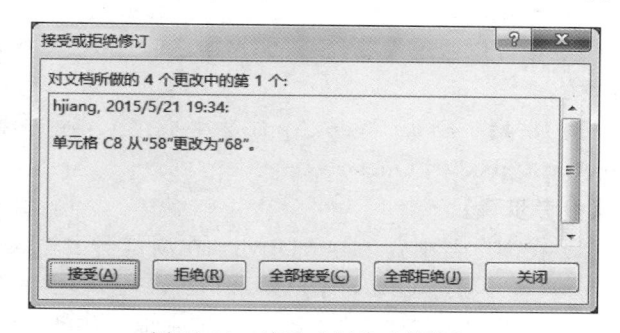

图18-23　突出显示成绩修订　　　　　　　图18-24　接受或拒绝成绩修订

# 18.5　使用Excel Web Application进行协作

视频讲解

　　把Excel工作簿保存到安装了Excel Web App的SharePoint服务器网站后，用户可通过浏览器同时打开和编辑Excel工作簿，实现协同工作。

　　常用的SharePoint服务器网站如下：

　　（1）企业内部部署的SharePoint服务器网站。

　　（2）微软公司提供给Office 365用户的SharePoint服务器网站。

　　（3）微软公司提供给普通用户的OneDrive（以前的SkyDrive）。

　　本书以OneDrive为例，讲述使用Excel Web Application进行协作的基本步骤。

## 18.5.1　注册Office账户和登录Office

　　单击Excel窗口右上角的"登录"按钮，打开"登录"对话框，输入Office账户的E-mail地址，单击"下一步"按钮。

　　（1）如果Office账户存在，则直接登录到Office，并在Excel窗口的右上角显示登录用户名。

（2）如果 Office 账户不存在，则提示注册新用户。单击"注册"超链接，打开"Microsoft 账户"注册对话框，创建新用户，并登录到 Office。

## 18.5.2  保存工作簿到 SharePoint 服务器网站

在 Excel 中，选择"文件"选项卡中的"另存为"命令，可以保存工作簿到 SharePoint 服务器网站。登录到 Office 后，可以保存工作簿到 OneDrive 网盘，如图 18-25 所示。

图 18-25  保存工作簿到 OneDrive 网盘

用户也可以通过浏览器访问"http://onedrive.live.com"，登录后上传或者创建 Excel 工作簿。

【例 18-4】  Excel Web App（学生成绩）。通过浏览器上传"fl18-4 学生成绩（Excel Web App）.xlsx"到 OneDrive。

【参考步骤】

（1）在浏览器中登录 OneDrive。在浏览器中输入 OneDrive 的网址"http://onedrive.live.com/"，并通过 Office 账户登录。

（2）选择"上传"|"文件"命令，上传本地工作簿"C:\excel\ch18\fl18-4 学生成绩（Excel Web App）.xlsx"。

## 18.5.3  使用浏览器编辑 OneDrive 上的工作簿

在浏览器中单击 OneDrive 上的工作簿，可以通过 Excel Online 打开工作簿，实现共享编辑，如图 18-26 所示。

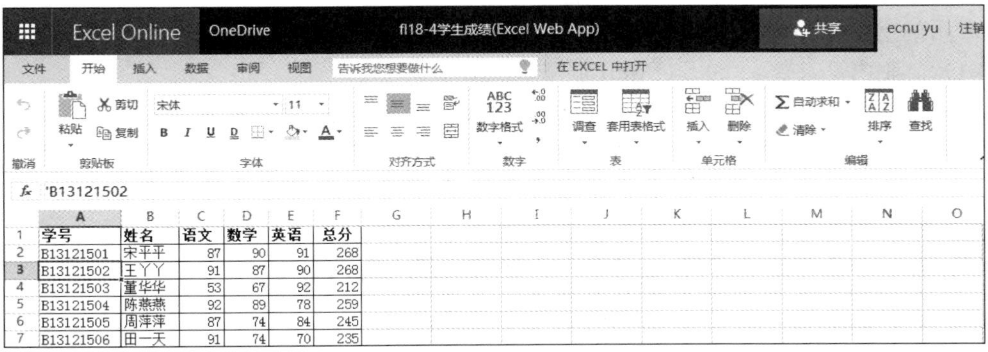

图 18-26  通过 Excel Online 打开工作簿

Excel Online 使用浏览器编辑 Excel 工作簿，其实现的功能是桌面 Excel 程序的部分功能。Excel Online 支持几乎所有的主流浏览器版本。

# 18.6 使用 Inquire 加载项分析和合并工作簿

## 18.6.1 加载 Inquire 加载项

【例 18-5】 加载 Excel 加载项：Inquire 加载项。

【参考步骤】

（1）打开"Excel 选项（加载项）"对话框。选择"文件"选项卡中的"选项"命令，打开"Excel 选项"对话框，选择"加载项"类别。

（2）打开"COM 加载项"对话框。在"管理"下拉列表中选择"COM 加载项"，然后单击"转到"按钮，打开"COM 加载项"对话框，如图 18-27 所示。

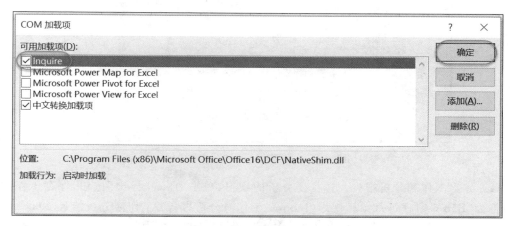

图 18-27 "COM 加载项"对话框

（3）加载宏。在如图 18-27 所示的"COM 加载项"对话框中，在"可用加载项"列表框中选中要激活的加载项 Inquire，然后单击"确定"按钮，即可激活 Inquire 加载项，并在 Excel 中附加 Inquire 选项卡命令，如图 18-28 所示。

图 18-28 Inquire 选项卡命令

## 18.6.2 使用 Inquire 分析工作簿

使用 Inquire 加载项的"工作簿分析"命令可以创建当前工作簿的工作簿分析报告，包括工作簿、工作表、区域、单元格、公式等的详细信息。工作簿分析报告可以用于检查是否存在问题,帮助用户理解工作簿的构造。

【例18-6】 使用Inquire创建工作簿分析报告。打开"fl18-6家庭每月预算规划(Inquire工作簿分析报告).xlsx",创建其工作簿分析报告。

【参考步骤】

(1)打开"工作簿分析报告"对话框。单击Inquire选项卡,选择"报告"组中的"工作簿分析"命令,打开如图18-29所示的"工作簿分析报告"对话框。

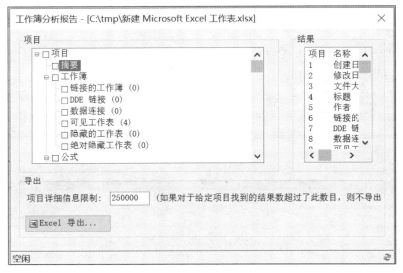

图18-29 "工作簿分析报告"对话框

(2)导出工作簿分析报告。选择要分析的项目,单击"Excel导出"按钮,保存工作簿分析报告为"fl18-6家庭每月预算规划(Inquire工作簿分析报告)-工作簿分析结果.xlsx"。

(3)查看工作簿分析报告。单击"工作簿分析报告"对话框中新出现的"加载导出文件"按钮,打开并查看工作簿分析报告,如图18-30所示。

| | A | B |
|---|---|---|
| 1 | *摘要* | |
| 2 | C:\tmp\教程素材\ch18\fl18-6家庭每月预算规划(Inquire工作簿分析报告).xlsx | |
| 3 | | |
| 4 | **项目** | **值 审阅者注释** |
| 5 | 创建日期 | 2015年5月21日 10:06:08 |
| 6 | 修改日期 | 2015年5月21日 10:06:08 |
| 7 | 文件大小(字节) | 36,553 |
| 8 | 标题 | |
| 9 | 作者 | |
| 10 | 链接的工作簿 | 0 |
| 11 | DDE 链接 | 0 |
| 12 | 数据连接 | 0 |
| 13 | 可见工作表 | 1 |
| 14 | 隐藏的工作表 | 0 |
| 15 | 绝对隐藏工作表 | 0 |

图18-30 查看工作簿分析报告

## 18.6.3 使用 Inquire 比较两个工作簿

使用 Inquire 加载项的"比较文件"命令可以比较两个工作簿的内容。

【例 18-7】 使用 Inquire 比较工作簿。打开"fl18-7 学生成绩 1(Inquire 比较文件).xlsx"和"fl18-7 学生成绩 2(Inquire 比较文件).xlsx",比较两个文件的内容。

【参考步骤】

(1) 打开"选择要比较的文件"对话框。单击 Inquire 选项卡,选择"比较"组中的"比较文件"命令,打开"选择要比较的文件"对话框,分别选择需要比较的两个文件,如图 18-31 所示。

图 18-31  "选择要比较的文件"对话框

(2) 比较文件。单击"比较"按钮,比较并显示结果,如图 18-32 所示。

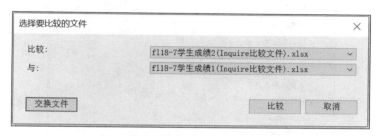

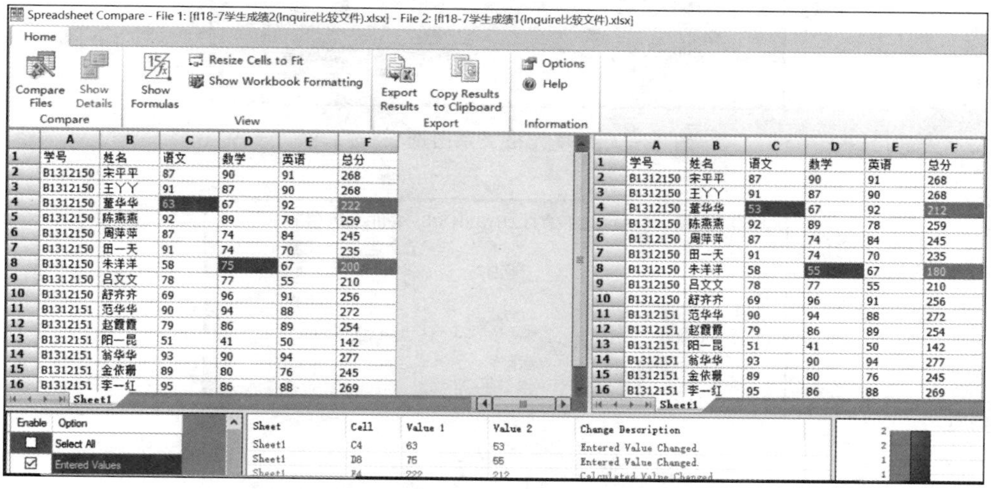

图 18-32  文件比较结果

## 18.6.4 使用 Inquire 查看单元格公式引用关系

在 Excel 中,"公式"选项卡的"公式审核"组中提供的命令,使用箭头实现单元格公式引用跟踪,适用于简单的情况下。如果单元格跨越的长度大,引用其他工作表、工作簿的单元格,则查看比较困难。

使用 Inquire 加载项的"单元格关系"命令可创建指定单元格与其他单元格之间的引用关系图,更适合比较复杂的公式计算情况。

【例 18-8】 使用 Inquire 查看单元格公式引用关系。打开"fl18-8 房贷(Inquire 单元格公式引用关系). xlsx",跟踪单元格公式引用。

【参考步骤】

选中 B6 单元格,单击 Inquire 选项卡,选择"图表"组中的"单元格关系"命令,打开如图 18-33 所示的"单元格关系图选项"对话框;选择输出选项,单击"确定"按钮,将打开"单元格关系图"窗口,如图 18-34 所示。

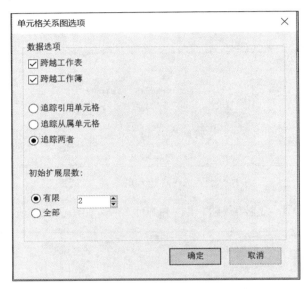

图 18-33 "单元格关系图选项"对话框

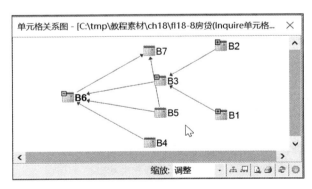

图 18-34 单元格关系图

视频讲解

# 18.7 保护 VBA 源代码

如果工作簿中包含 VBA 代码,通过设置 VBA 项目的属性可保护源代码,防止他人查看和编辑代码。

【例18-9】 VBA保护（学生计算机成绩）。打开"fl18-9学生计算机成绩（VBA保护）.xlsm"文件，设置VBA项目的属性以保护源代码。

【参考步骤】

（1）打开"fl18-9学生计算机成绩（VBA保护）.xlsm"文件，单击"启用内容"按钮，以启用宏。

（2）打开VBA编辑器。按Alt＋F11键打开VBA编辑器。

（3）选择要保护的项目。在项目列表中选择要保护的工作簿项目。

（4）打开"VBAProject-工程属性"对话框。选择"工具"|"VBAProject属性"命令，打开"VBAProject-工程属性"对话框，单击"保护"选项卡，如图18-35所示。

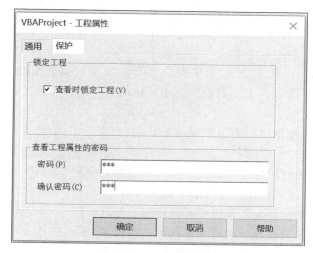

图18-35 文件比较结果

（5）设置VBA项目的属性。在"VBAProject-工程属性"对话框中选中"查看时锁定工程"复选框，在"查看工程属性的密码"中输入密码并确认密码"123"，然后单击"确定"按钮完成设置。

（6）另存文件为"fl18-9学生计算机成绩（VBA保护）-结果.xlsm"，并关闭工作簿。

（7）重新打开"fl18-9学生计算机成绩（VBA保护）-结果.xlsm"文件，按Alt＋F11键打开VBA编辑器，在查看代码时需要输入保护密码。

# 习题

## 一、单选题

1. 对于设置了"修改权限密码"的Excel工作簿，以下说法正确的是_____。

  A. 需要输入密码才能够修改数据

  B. 不输入密码就不能打开工作簿

  C. 即使打开和更改工作簿的密码相同，也需要分别输入打开和更改密码

  D. 在将.xlsx格式的工作簿另存为.xls格式的工作簿时，所设置的密码仍然有效

2. 在Excel中设置了保护工作簿的结构，则禁止对工作簿的结构进行除_____以外

的修改。

    A．插入工作表      B．移动窗口      C．移动工作表      D．隐藏工作表

    3．在 Excel 中，如果"删除行"受保护而"插入行"并未受保护，则用户可以选择_____操作。

    A．插入行，也可以删除行        B．插入行，但无法删除行

    C．无法插入行，也无法删除行        D．无法插入行，但可以删除行

    4．在 Excel 中，如果以只读方式打开工作簿，以下说法正确的是_____。

    A．如果用户修改了文档，则不能保存，但可保存其副本

    B．如果用户修改了文档，则不能保存，也不能保存其副本

    C．用户只能以只读方式打开文档，不能修改文档

    D．用户输入了密码，就可以修改文档并保存其副本

**二、填空题**

1．在 Excel 中，可以从工作簿、工作表、_____ 3 个层面上保护 Excel。

2．在默认情况下，Excel 工作表的所有单元格的"_____"属性都处于选中状态，用户不能修改任何单元格的内容。

3．如果多个用户使用同一个工作簿，Excel 使用_____来区分修改者。

**三、思考题**

1．在 Excel 中，通过设置密码可以从哪几个层面上保护 Excel？

2．在 Excel 中提供了哪几种方法来保护工作簿？

3．在 Excel 中，如何设置工作簿的打开权限和修改权限？

4．在 Excel 中，如何设置和取消工作簿结构的保护？

5．在 Excel 中，如何激活和取消"保护工作表"状态？

6．如何在 Excel 激活"保护工作表"状态时允许用户修改"锁定"属性的单元格？

7．如何在 Excel 激活"保护工作表"状态时隐藏单元格公式？

8．如何在 Excel 激活"保护工作表"状态时允许指定用户修改指定区域？

9．在 Excel 中，如何设置激活"保护工作表"状态时允许的操作？

10．Excel 的协作主要体现在哪几个方面？

11．如果多个用户使用同一个工作簿，Excel 使用什么来区分修改者？

12．在 Excel 中，工作簿用于协作之前通常需要进行哪些准备工作？

13．在 Excel 中，工作簿的分发通常采用哪些方式？

14．在 Excel 中，多用户同时打开未共享的工作簿时有哪些选项设置？

15．在 Excel 中，如何通过共享工作簿实现支持多个用户同时编辑工作簿的功能？

16．在 Excel 中，多用户同时使用共享工作簿的操作流程是什么？

17．在 Excel 中，使用跟踪修改实现工作簿按顺序异步审阅的基本操作流程是什么？

18．在 Excel 中，使用跟踪修改实现工作簿按顺序同步审阅的基本操作流程是什么？

19．在 Excel 中，如何设置保护共享工作簿？

20．在 Excel 中，如何使用 Excel Web Application 进行协作？

21．在 Excel 中，如何使用 Inquire 加载项分析、比较和合并工作簿？

22．在 Excel 中，如何保护 VBA 源代码？

# 第 19 章

# Excel综合应用案例

本章通过一个学生信息管理系统的设计和实现进一步巩固 Excel 公式和函数、数据有效性、条件格式、Excel 表格、单元格的名称引用、超链接、VBA 基本编程等应用技巧。

在学生信息管理系统中包含某联合大学头脑夏令营某一届本专科各专业大学生的基本信息。该系统具有根据指定条件进行学生信息查询的功能,可以显示学生学籍卡(含照片)信息,提供学生成绩单,并提供统计报表,统计指定条件(例如各专业、层次、籍贯、民族、政治面貌等)下的人数,具有毕业倒计时功能。同时,该系统还可以显示指定学生(根据学号查询)的基本信息,并计算其距毕业的时日。

## 19.1 系统首页

学生信息管理系统首页如图 19-1 所示,主要包含以下几个模块:

(1)通过超链接方式跳转到"学生信息表",浏览所有学生的基本信息。

(2)通过超链接方式跳转到"信息查询维护表",根据不同的查询条件(学生信息表中的所有字段信息)查询并浏览指定学生的基本信息,还可以提供学生信息的编辑修改功能。

图 19-1　学生信息管理系统首页

（3）通过超链接方式跳转到"学生学籍卡"，通过选择学号，以学籍卡的形式浏览该学生的学籍信息（包括学生证件照）。

（4）通过超链接方式跳转到"学生成绩单"，显示每名学生的入学总分、英语四级和英语六级等成绩信息。

（5）通过超链接方式跳转到"统计报表"，统计并显示学生总数、男/女生总人数，以及分别根据"专业""层次""民族""籍贯"和"政治面貌"统计并显示人数，并可以通过选择学号显示该学生的姓名、性别、入学日期、学制以及距毕业时间。

（6）首页添加了背景图片。

（7）首页提供"每日箴言"，随机从"资料库"工作表中抽取并显示箴言。

【参考步骤】

（1）新建一个名为"学生信息管理系统.xlsx"的工作簿，将 Sheet1 重命名为"首页"；再新建"学生信息表""信息查询维护""学生学籍卡""学生成绩单""统计报表"以及"资料库"工作表。

（2）在"首页"工作表中插入"矩形"形状，设置为"强烈效果-橄榄色，强调颜色3"的形状样式，并调整位置和大小，使其占据首页前3行、A～I列。读者也可以根据自己的喜好设置形状样式。

（3）在"首页"工作表中插入艺术字标题"联合大学头脑夏令营学生管理系统"，设置为"填充：红色，主题色2；边框：红色，主题色2"艺术字样式，36号，并根据图 19-1 调整其位置。读者也可以根据自己的喜好设置标题的艺术字样式和大小。

（4）在"首页"工作表中单击"页面布局"选项卡，选择"页面设置"组中的"背景"命令，插入 bg.jpg 文件，作为首页背景图片。

（5）在"首页"工作表的 A5、A7、A9、A11 和 A13 单元格中插入超链接，分别链接到"学生信息表""信息查询维护表""学生学籍卡""学生成绩单"和"统计报表"工作表，并设置字体格式为"隶书、20号、深蓝色"，适当调整 A 列的列宽。其中，插入"学生信息表"超链接的对话框如图 19-2 所示。

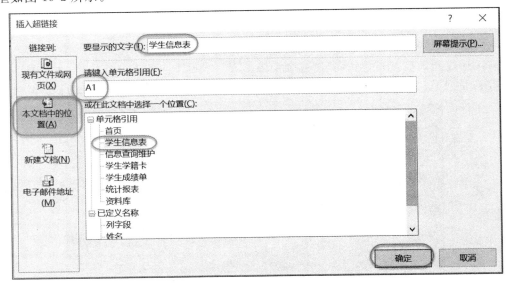

图 19-2　插入"学生信息表"超链接

（6）在"首页"工作表中，参照图 19-3 和图 19-4 设置 A5、A7、A9、A11 和 A13 单元格右边下方的双线边框以及双色渐变填充效果，使它们看起来更像超链接按钮。其中，图 19-4 中的"颜色 1"为"橙色，个性色 6，深色 50%"，"颜色 2"为"橙色，个性色 6，淡色 40%"。读者也可以根据自己的喜好设置单元格的边框和填充效果。

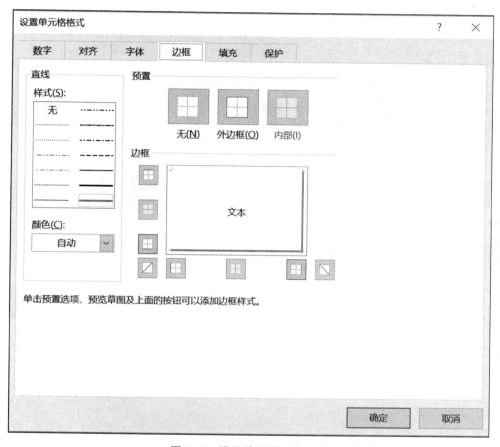

图 19-3　设置单元格双线边框

（7）在"首页"工作表中随机显示"每日箴言"。

① 准备"每日箴言"集合。在"资料库"工作表的 A1 单元格中输入"每日箴言"，自 A2 单元格开始，收集并复制粘贴个人喜欢的箴言，如图 19-5 所示，然后将每日箴言单元格数据区域转换为名称为"箴言库"的表格。

② 在"首页"工作表中插入一个"云形标注"基本形状，并参照图 19-6 设置形状的文本框格式："垂直对齐方式"为"中部居中"；然后选中"根据文字调整形状大小"复选框，并选中"形状中的文字自动换行"复选框。

③ 在"首页"工作表中选中"云形标注"，在编辑栏中输入"=$A$1"。

④ 在"首页"工作表的 A1 单元格中输入公式"=INDEX(箴言库,RANDBETWEEN(1,COUNTA(箴言库[#数据])))"，其功能是从"箴言库"中随机抽取一句箴言并显示在云形标注中。

图 19-4　设置单元格双色渐变填充效果

| | 每日箴言 |
|---|---|
| 28 | 千里之堤，溃于蚁穴 |
| 29 | 塞翁失马，焉知非福 |
| 30 | 失之毫厘，谬以千里 |
| 31 | 桃李不言，下自成蹊 |
| 32 | 智者千虑，必有一失；愚者千虑，必有一得 |
| 33 | 大行不顾细谨，大礼不辞小让 |
| 34 | 少壮不努力，老大徒伤悲 |
| 35 | 失之东隅，收之桑榆 |
| 36 | 精诚所至，金石为开 |
| 37 | 疾风知劲草，岁寒见后凋 |
| 38 | 非淡泊无以明志，非宁静无以致远 |
| 39 | 盛年不重来，一日难再晨 |
| 40 | 及时当勉励，岁月不待人 |
| 41 | 机不可失，失不再来 |
| 42 | 海内存知己，天涯若比邻 |

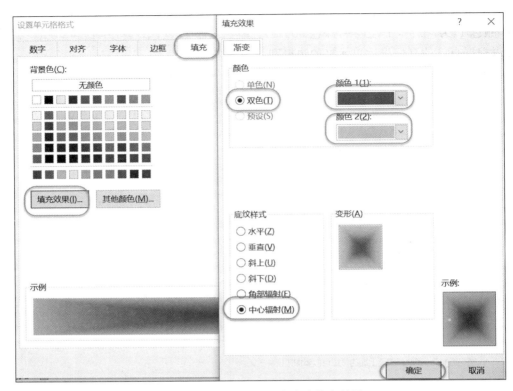

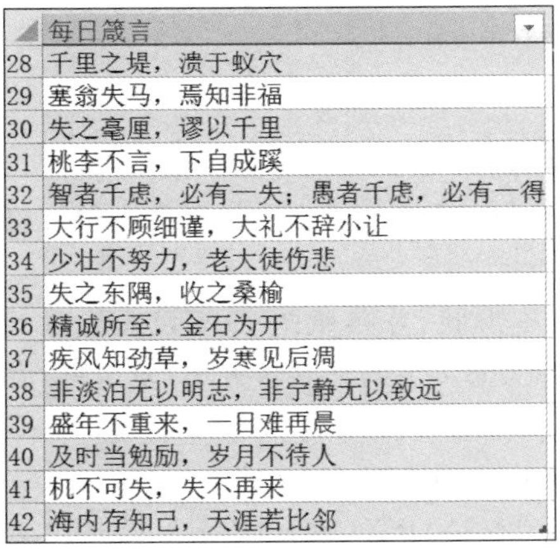

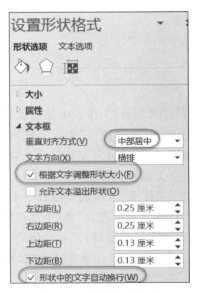

图 19-5　“箴言库”表格

图 19-6　设置形状格式

# 19.2 学生信息表

学生信息表页面如图 19-7 所示，主要包含以下内容和设置：

（1）通过超链接方式返回到“首页”。

（2）添加了类似于首页的标题。

（3）以 Excel 表格方式显示学生的信息，包括学号、姓名、身份证号、性别、出生日期、层次、专业、学制、民族、籍贯、政治面貌、联系电话、入学日期、入学总分、英语四级、英语六级、毕业日期、家庭主要成员、家庭地址、邮政编码、学习简历、奖惩情况。

（4）使用条件格式设置单元格边框的动态显示，好处在于当新增一条学生信息时能自动加上边框。

（5）“学号”的数据有效性规则为以字母 B 或 Z 开头，后续为 9 位数字，且不能重复。假设学号编号的规则为 B 表示本科，Z 表示专科，接着 4 位是入学年份，接着两位是专业编号，接着一位是班级编号，再接着两位是班内序号。

（6）“身份证号”为“文本”数据格式，其数据有效性规则为长度为 18，且不能重复。

（7）性别通过使用公式由身份证号抽取。

（8）出生日期通过使用公式由身份证号抽取。

（9）层次通过使用公式由学号抽取。字母 B 表示本科，字母 Z 表示专科。

（10）“专业”的数据有效性规则：取值为“机械系”“计算机系”“生命科学”“数学系”和“电子系”（在输入学生学号时，为了确保学号和专业相对应，假设专业的代码为机械系 21、计算机系 33、生命科学 80、数学系 71、电子系 34）。

（11）学制通过使用公式由层次和专业计算而得，一般本科学制 4 年，专科学制 3 年，而“生命科学”专业学制 5 年。

（12）“政治面貌”的数据有效性规则：取值为“中共党员”“预备党员”“共青团员”“群众”。

（13）入学日期通过使用公式由学号计算而得。学号的第 1～4 位数字即为入学年份，假设均为秋季入学。

（14）“入学总分”的数据有效性规则：取值为 480～550 的整数。

（15）“英语四级”的数据有效性规则：取值为 550～710 的整数。

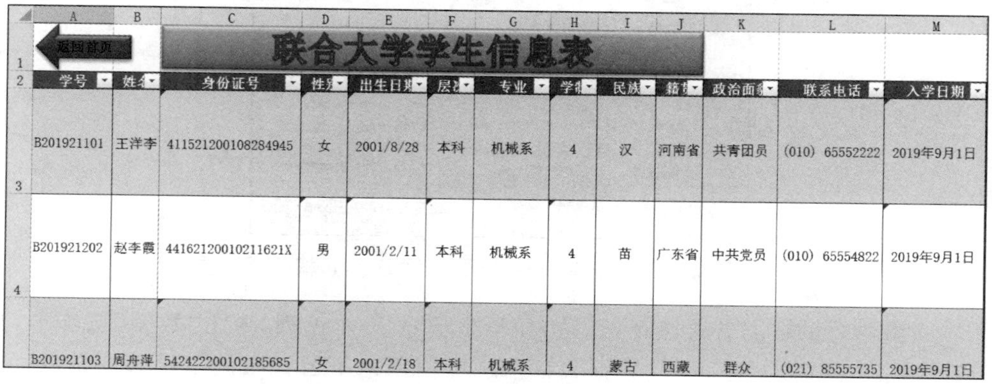


| 学号 | 姓名 | 身份证号 | 性别 | 出生日期 | 层次 | 专业 | 学制 | 民族 | 籍贯 | 政治面貌 | 联系电话 | 入学日期 |
|---|---|---|---|---|---|---|---|---|---|---|---|---|
| B201921101 | 王洋李 | 411521200108284945 | 女 | 2001/8/28 | 本科 | 机械系 | 4 | 汉 | 河南省 | 共青团员 | (010) 65552222 | 2019年9月1日 |
| B201921202 | 赵李霞 | 44162120010211621X | 男 | 2001/2/11 | 本科 | 机械系 | 4 | 苗 | 广东省 | 中共党员 | (010) 65554822 | 2019年9月1日 |
| B201921103 | 周舟萍 | 542422200102185685 | 女 | 2001/2/18 | 本科 | 机械系 | 4 | 蒙古 | 西藏 | 群众 | (021) 85555735 | 2019年9月1日 |

图 19-7　学生信息表（部分）页面

（16）"英语六级"的数据有效性规则：取值为 550～710 的整数。

（17）毕业日期通过使用公式由入学日期和学制计算而得。

（18）"邮政编码"的数据有效性规则：6 位数字。

（19）"家庭主要成员""学习简历"和"奖惩情况"的数据内容：使用 Alt＋Enter 键进行数据的换行。

（20）冻结最左侧两列，即学号和姓名两列。

**【参考步骤】**

（1）建立"返回首页"超链接。在学生信息表页面的左上角插入一个"左箭头"形状，设置为"强烈效果-紫色，强调颜色 4"的形状样式，并输入"返回首页"的文字，设置超链接到"首页"工作表的 A1 单元格。

（2）添加类似于首页的标题。将首页的标题复制到学生信息表，并将标题改为"联合大学学生信息表"。

（3）从 A2 单元格开始建立学生信息数据库，列字段包括学号、姓名、身份证号、性别、出生日期、层次、专业、学制、民族、籍贯、政治面貌、联系电话、入学日期、入学总分、英语四级、英语六级、毕业日期、家庭主要成员、家庭地址、邮政编码、学习简历、奖惩情况。然后对列字段套用表格式，并设置"表包含标题"。在"表格工具"栏的"设计"选项卡上的"属性"组中将表名称修改为"信息表"。

（4）使用条件格式设置单元格边框的显示。单击学生信息表左上角的全选按钮，然后单击"开始"选项卡，选择"样式"组中的"条件格式"|"新建规则"命令，使用以下公式设置单元格外边框，如图 19-8 所示。

$$=(A1<>"")*(ROW()>1)$$

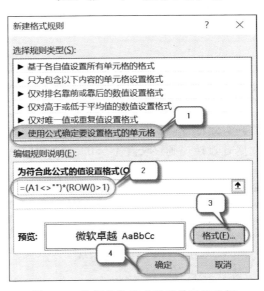

图 19-8　使用条件格式设置单元格边框

（5）设置学号的数据有效性规则。选择学生信息表的 A 列，单击"数据"选项卡，选择"数据工具"组中的"数据验证"|"数据验证"命令，使用以下公式限制学号必须是以字母 B

或 Z 开头,后续为 9 位数字,且不能重复。

$$=AND(OR(LEFT(A1)="B",LEFT(A1)="Z"),LEN(A1)=10,$$
$$--RIGHT(A1,9),COUNTIF(A:A,A1)=1)$$

(6) 设置身份证号的数据格式和数据有效性规则。选择学生信息表的 B 列,将单元格格式设置为"文本"。然后使用以下公式设置身份证号的数据有效性规则:长度为 18,且不能重复。

$$=AND(LEN(C1)=18,COUNTIF(C:C,C1)=1)$$

(7) 由身份证号抽取性别。在 D3 单元格中输入以下公式,并向下复制填充:

$$=IFERROR(TEXT(MOD(MID(C3,17,1),2),"男;;女"),"")$$

(8) 由身份证号抽取出生日期。在 E3 单元格中输入以下公式,并向下复制填充:

$$=IFERROR(IF(C3<>"",TEXT(MID(C3,7,8),"\#-00-00")*1,""),"")$$

(9) 由学号抽取层次。在 F3 单元格中输入以下公式,并向下复制填充:

$$=IFERROR((IF(LEFT(A3,1)="B","本科","专科")),"")$$

(10) 设置专业的数据有效性规则。选择学生信息表的 G 列,设置专业的数据有效性规则:"序列"取值为"机械系,计算机系,生命科学,数学系,电子系"。

(11) 由层次和专业计算学制。在 H3 单元格中输入以下公式,并向下复制填充:

$$=IFERROR(IF(F3="本科",IF(G3="生命科学",5,4),3),"")$$

(12) 设置政治面貌的数据有效性规则。选择学生信息表的 K 列,设置政治面貌的数据有效性规则:"序列"的取值为"中共党员,预备党员,共青团员,群众"。

(13) 由学号计算入学日期。在 M3 单元格中输入以下公式,并向下复制填充:

$$=IFERROR(DATE(VALUE(MID([@学号],2,4)),9,1),"")$$

(14) 设置入学总分的数据有效性规则。选择学生信息表的 N 列,设置入学总分的数据有效性规则:480~550 的整数。

(15) 设置英语四级的数据有效性规则。选择学生信息表的 O 列,设置英语四级的数据有效性规则:"序列"的取值为 550~710 的整数。

(16) 设置英语六级的数据有效性规则。选择学生信息表的 P 列,设置英语六级的数据有效性规则:"序列"的取值为 550~710 的整数。

(17) 由入学日期和学制计算毕业日期。在 Q3 单元格中输入以下公式,并向下复制填充:

$$=IFERROR(DATE(YEAR([@入学日期])+[@学制],8,31),"")$$

(18) 设置邮政编码的数据有效性规则。选择学生信息表的 T 列,使用以下公式设置邮政编码的数据有效性规则:

$$=AND(LEN(T1)=6,--RIGHT(T1,6))$$

(19) 在学生信息表中添加学生信息,其中,"家庭主要成员""学习简历"和"奖惩情况"字段内容可以使用 Alt+Enter 键进行数据的换行。

(20) 冻结学号和姓名两列。鉴于学生信息表中的字段内容比较多,选中 C 列,单击"视图"选项卡,选择"窗口"组中的"冻结窗格"|"冻结窗格"命令,冻结最左侧的两列。

## 19.3 信息查询维护表

信息查询维护表页面如图 19-9 所示,主要包含以下内容和设置:

(1) 通过超链接方式返回到"首页"。

(2) 通过数据有效性规则设置查询字段。

(3) 根据"查询字段"和"查询内容"所设置的条件,利用公式在学生信息表中查询学生信息。

(4) 使用条件格式设置单元格边框的动态显示。

(5) 利用超链接创建学生记录的编辑修改功能。

图 19-9 信息查询维护表页面

**【参考步骤】**

(1) 复制学生信息表页面左上角的"返回首页"超链接到学生信息查询维护表页面左上角。

(2) 在 C1 单元格中输入"查询字段:",在 E1 单元格中输入"查询内容:"。

(3) 复制学生信息表中的所有列字段到以 B3 单元格开始的数据区域中。

(4) 定义名称为"列字段",引用位置为"=信息表[#标题]"。

(5) 设置 D1 单元格的数据有效性规则:允许为"序列",来源为"=列字段"。

(6) 使用条件格式设置单元格边框的显示。单击信息查询维护表左上角的全选按钮,然后单击"开始"选项卡,选择"样式"组中的"条件格式"|"新建规则"命令,使用以下公式设置单元格外边框。

$$=(A1<>"")*(ROW()>2)$$

(7) 建立"编辑修改"超链接。在 A4 单元格中输入以下数组公式,并向下复制填充。

{=IF(B4="","",HYPERLINK("#学生信息表!A"&SMALL(IF(ISNUMBER(SEARCH($F$1,INDEX(信息表[#全部],,MATCH($D$1,信息表[#标题],0)))),ROW(信息表[#全部])),ROW(1:1)),"编辑修改"))}

（8）生成"学号"信息。在 B4 单元格中输入以下数组公式，并向下复制填充。

｛＝IF（OR（$D$1=""，$F$1=""），""，IFERROR（INDEX（学生信息表！A：A，SMALL（IF（ISNUMBER（SEARCH（$F$1，INDEX（信息表［#全部］,,MATCH（$D$1，信息表［#标题］，0）)))，ROW（信息表［#全部］)），ROW（1:1)），""))｝

（9）生成其他字段信息。在 C4 单元格中输入以下公式，并向下、向右复制填充。

＝IF（$B4=""，""，VLOOKUP（$B4，信息表［#全部］，

MATCH（C$3，信息表［#标题］，0），FALSE））

（10）在建立信息查询维护表的过程中可以使用自动换行、调整列宽、设置日期显示格式等方式美观表格。

（11）冻结最左侧 3 列。选中 D 列，单击"视图"选项卡，选择"窗口"组中的"冻结窗格"｜"冻结窗格"命令，冻结最左侧 3 列。

（12）在 D1 单元格中选择查询字段（例如"姓名"），在 F1 单元格中输入相应的查询内容（例如"王"），即可查询并显示所有姓名中包含"王"字的学生的信息。

# 19.4 学生学籍卡

学生学籍卡页面如图 19-10 所示，主要包含以下内容和设置：

（1）通过超链接方式返回到"首页"。

（2）添加了类似于首页的标题。

（3）"姓名"通过数据有效性规则进行设置并选取。

（4）"学号"根据姓名反向查询获取。

（5）专业、层次、性别、出生日期、民族、学制、政治面貌、籍贯、身份证号、联系电话、家庭地址、邮政编码、入学日期、入学总分、学习简历、家庭主要成员、奖惩情况的数据内容根据学号在"学生信息表"中查询获取。

图 19-10 学生学籍卡页面

（6）学生照片信息通过编写 VBA 程序获取。

【参考步骤】

（1）复制学生信息表页面左上角的"返回首页"超链接到学生学籍卡页面的左上角。

（2）添加标题。将首页的标题复制到学生学籍卡，并将标题改为"本专科学生学籍卡"。

（3）参照图 19-10 设计学生学籍卡的布局和内容，在 I3:J6 单元格区域中插入一个矩形框，准备放学生的照片，并命名为 photo。

（4）定义名称为"姓名"，引用位置为"＝信息表[姓名]"。

（5）设置 B3 单元格的数据有效性规则：允许为"序列"，来源为"＝姓名"。

（6）根据姓名反向查询学号。在 B4 单元格中输入以下公式：

＝INDEX(信息表[学号],MATCH(B3,信息表[姓名],0))

（7）根据学号查询其他字段信息。选择 F2 单元格，借助 Ctrl 键，再依次选择 I2、D3：D4、F3:F4、H3:H6、B5:B6、E5:E6、B7:B9，在编辑栏中输入以下公式，按 Ctrl＋Enter 键。

＝VLOOKUP($B$4,信息表[♯全部],MATCH(A7,信息表[♯标题],0),FALSE)

（8）单击"开发工具"选项卡上"代码"组中的 Visual Basic 按钮，打开 VBA 编辑器窗口，在"学生学籍卡"工作表的代码窗口中插入如图 19-11 所示的代码，以显示指定学生的照片信息。单击 VBA 编辑器窗口中的"保存"按钮，将弹出如图 19-12 所示的"无法在未启用宏的工作簿中保存以下功能"的提示信息，单击"否"按钮，将当前工作簿保存为"Excel 启用宏的工作簿（＊.xlsm）"文件类型，并根据提示启用宏。

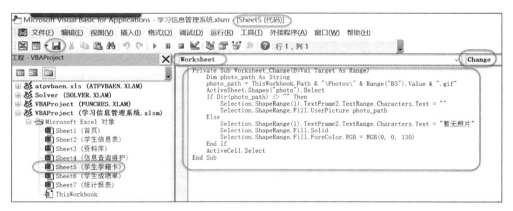

图 19-11　编写代码显示学生照片

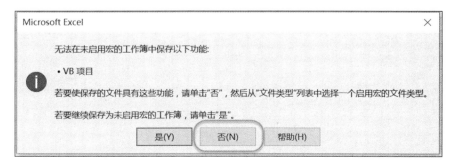

图 19-12　无法在未启用宏的工作簿中保存 VB 功能的提示和处理（单击"否"按钮）

（9）在 B3 单元格中选择学生姓名，测试学生学籍卡中信息的显示。

## 19.5 学生成绩单

学生成绩单页面如图 19-13 所示，主要包含以下内容和设置：

（1）通过超链接方式返回到"首页"。

（2）添加了类似于首页的标题。

（3）使用条件格式设置单元格边框的动态显示。

（4）使用条件格式设置单元格背景色的动态显示。

（5）以空行分隔每位学生的成绩信息。

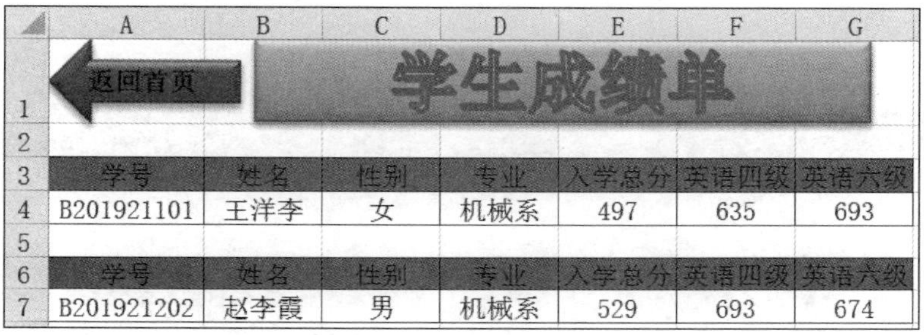

图 19-13 学生成绩单页面

【参考步骤】

（1）复制学生信息表页面左上角的"返回首页"超链接到学生成绩单页面的左上角。

（2）添加标题。将首页的标题复制到学生成绩单，并将标题改为"学生成绩单"。

（3）使用条件格式设置单元格边框的动态显示。选择学生成绩单的所有单元格，在条件格式中使用以下公式设置单元格外边框。

$$=(A1<>"")*(ROW()>2)$$

（4）使用条件格式设置单元格背景色和字体颜色的动态显示。选择学生成绩单的所有单元格，在条件格式中使用以下公式设置单元格背景色为"红色，个性色 2"。

$$=(A1<>"")*(ROW()>2)*(MOD(ROW(),3)=0)$$

（5）设置第 3 行的数据有效性规则：允许为"序列"，来源为"=列字段"。

（6）在第 3 行中利用每个字段的下拉列表框选择学生成绩单中需要打印的标题信息，例如学号、姓名、性别、专业、入学总分、英语四级、英语六级。

（7）在 A4 单元格中输入以下公式，并向下复制填充。

=IF(OR(MOD(ROW(A2),3)=0,ROW(A2)>3*COUNTA(信息表[学号]),A\$3=""),
"",IF(MOD(ROW(A2),3)=1,A\$3,INDEX(信息表[学号],(ROW()−1)/3,1)))

（8）在 B4 单元格中输入以下公式，并向右、向下复制填充。

=IF(OR(\$A4="",B\$3=""),"",VLOOKUP(\$A4,信息表[♯全部],
MATCH(B\$3,信息表[♯标题],0),FALSE))

# 19.6 统计报表

统计报表页面如图 19-14 所示，主要包含以下内容和设置：

（1）通过超链接方式返回到"首页"。

（2）添加了类似于首页的标题。

（3）使用条件格式设置单元格边框的动态显示。

（4）统计学生总人数、男生人数和女生人数。

（5）统计指定条件（专业、层次、籍贯、民族、政治面貌）下的学生人数。

（6）根据学号查询并显示指定学生的基本信息（姓名、性别、入学日期、学制），并计算其距毕业的时间。

| | 联合大学学生信息统计表 | | | | | | | | |
|---|---|---|---|---|---|---|---|---|---|
| 返回首页 | | | | | | | | | |
| | | 总人数 | 18 | | 男生人数 | 11 | 女生人数 | 7 | |
| | 人数统计 | | | 毕业倒计时 | | | | | |
| | 籍贯 | 人数 | 学号 | 姓名 | 性别 | 入学日期 | 学制 | 距毕业时间 | |
| | 河南省 | 2 | B201921101 | 王洋李 | 女 | 2019/9/1 | 4 | 3年10个月30天 | |
| | 广东省 | 2 | | | | | | | |
| | 西藏 | 3 | | | | | | | |
| | 河北省 | 3 | | | | | | | |
| | 青海省 | 2 | | | | | | | |
| | 四川省 | 4 | | | | | | | |
| | 福建省 | 2 | | | | | | | |

图 19-14　统计报表页面

【参考步骤】

（1）复制学生信息表页面左上角的"返回首页"超链接到统计报表页面的左上角。

（2）添加标题。将首页的标题复制到统计报表，并将标题改为"联合大学学生信息统计表"。

（3）参照图 19-14 设计统计报表的布局和内容。

（4）使用条件格式设置单元格边框的动态显示。选择统计报表的 B:J 列，在条件格式中使用以下公式设置单元格外边框。

$$=B1<>""$$

（5）设置 B6 单元格的数据有效性规则：允许为"序列"，来源为"专业,层次,民族,籍贯,政治面貌"。

（6）定义名称为"学号"，引用位置为"=信息表[学号]"。

（7）设置 E7 单元格的数据有效性规则：允许为"序列"，来源为"=学号"。

（8）统计学生总人数。在 D3 单元格中输入以下公式统计总人数：

$$=COUNTA(信息表[学号])$$

（9）统计男、女生人数。分别在 G3 和 I3 单元格中输入以下公式统计男、女生人数：

$$=COUNTIF(信息表[性别],"男")$$

$$=COUNTIF(信息表[性别],"女")$$

（10）显示指定条件下的选项内容。在 B7 单元格中输入以下数组公式，并向下复制填充。

$\{=IFERROR(INDEX(信息表,SMALL(IF(MATCH(INDEX(信息表,,MATCH(\$B\$6,信息表[\#标题],0)),INDEX(信息表,,MATCH(\$B\$6,信息表[\#标题],0)),0)=ROW(信息表)-2,ROW(信息表)-2),ROW(1:1)),MATCH(\$B\$6,信息表[\#标题],0)),"")\}$

（11）统计指定条件下的学生人数。在 C7 单元格中输入以下公式，并向下复制填充。

$=IF(B7="","",COUNTIF(INDEX(信息表,,MATCH(\$B\$6,信息表[\#标题],0)),B7))$

（12）根据学号查询并显示指定学生的基本信息。在 F7 单元格中输入以下公式，并向右复制填充到 I7 单元格。

$$=IF(\$E\$7="","",VLOOKUP(\$E\$7,信息表,$$
$$MATCH(F\$6,信息表[\#标题],0),FALSE))$$

（13）毕业倒计时。在 J7 单元格中输入以下公式，计算学生距毕业的时间。

$=DATEDIF(TODAY(),DATE(YEAR(H7)+I7,MONTH(H7),DAY(H7)),"Y")$ &"年"&$DATEDIF(TODAY(),DATE(YEAR(H7)+I7,MONTH(H7),DAY(H7)),$ "YM")&"个月"&$DATEDIF(TODAY(),DATE(YEAR(H7)+I7,MONTH(H7),DAY(H7)),"Md")$&"天"

# 19.7 系统首页的美化和保护

对学生信息管理系统中的"首页"工作表进行以下美化和保护设置：

（1）隐藏行号和列标。取消选中"视图"选项卡上"显示"组中的"标题"复选框，不显示工作表的行号和列标。当然，这一步是为了美化首页而设置的操作，建议在系统最终设计实现之后再选择。

（2）隐藏工作表标签。选择"文件"选项卡中的"选项"命令，在随后出现的"Excel 选项"对话框中单击"高级"选项卡，取消选中"显示工作表标签"复选框，如图 19-15 所示，隐藏所有的工作表标签。当然，这一步也是为了美化首页而设置的操作，建议在系统最终设计实现之后再选择。

（3）保护工作表。单击"审阅"选项卡上"更改"组中的"保护工作表"按钮，在随后弹出的"保护工作表"对话框中接受所有的默认设置，单击"确定"按钮。

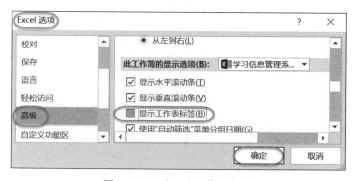

图 19-15　不显示工作表标签

实 验 篇

# 数据的输入与验证

## 实验目的

- 数据的复制
- 序列数据和数据的填充
- 使用随机函数产生仿真数据
- 快速填充的应用
- 数据有效性的应用
- 数据有效的性审核

## 实验内容

### 实验1-1　复制单元格

【实验要求】　打开"sy1-1复制单元格.xlsx",参照实验图1-1,利用选择性粘贴功能实现数据的复制。具体要求如下。

(1)复制条件格式。本实验中只有1季度和2季度的数据区域B3:C9设置了条件格式:当销售业绩小于90万元时,以浅红填充色深红色文本显示。请将1季度和2季度数据区域的条件格式复制到其他两个季度所在的数据区域。

(2)复制数据有效性验证规则。本实验中只有1季度的数据区域B3:B9设置了数据有效性验证规则:销售业绩必须是不低于5万元的整数。请将1季度数据区域的有效性验证规则复制到其他3个季度所在的数据区域。

(3)复制除边框外的所有数据。将A2:F9单元格区域中除边框外的所有数据复制到以H2单元格开始的数据区域。

(4)复制表格的列宽。使H2:M9和A2:F9单元格区域中相对应的列具有相同列宽。

（5）表格数据的更改。将 I3：M9 单元格区域中的数据换算为以万元为单位的销售业绩。

（6）粘贴链接和表格数据的更改。利用"粘贴链接"复制 7 个地区以万元为单位的销售业绩小计到 H13：I20 单元格区域，将源区域中 7 个地区的销售业绩小计减少 10％。观察目标区域数据的同步更新。

（7）重新设计表内容。将 B3：B9 单元格区域中 1 季度的部分销售业绩分别改为 B13：B19 单元格区域中相对应的值。

实验图 1-1　选择性粘贴复制单元格的结果

**【操作提示】**

（1）将 1 季度和 2 季度数据区域的条件格式复制到 3 季度和 4 季度所在的数据区域。选中 B3：C9 单元格区域，单击"开始"选项卡上"剪贴板"组中的"复制"按钮，或者右击所选数据区域，选择相应快捷菜单中的"复制"命令。选中 D3：E9 单元格区域，选择"选择性粘贴"命令，然后选中"选择性粘贴"对话框中的"格式"单选按钮。利用"格式"粘贴选项也可以实现格式的复制。此时 D4 单元格中的销售业绩因为小于 90 万元，以浅红填充色深红色文本显示。

（2）将 1 季度数据区域的有效性验证规则复制到 2～4 季度所在的数据区域。复制 B3：B9 单元格区域，选中 C3：E9 单元格区域，选择"选择性粘贴"命令，然后选中"选择性粘贴"对话框中的"验证"单选按钮，单击"确定"按钮。

（3）将 A2：F9 单元格区域中除边框外的所有数据复制到 H2：M9 单元格区域。复制 A2：F9 单元格区域，选中 H2 单元格，选择"选择性粘贴"命令，然后选中"选择性粘贴"对话框中的"边框除外"单选按钮，单击"确定"按钮。

（4）仅复制 A2：F9 单元格区域的列宽到 H2：M9 单元格区域。复制 A2：F9 单元格区域，选中 H2：M9 单元格区域，然后选中"选择性粘贴"对话框中的"列宽"单选按钮，使 H2：M9 和 A2：F9 单元格区域中相对应的列具有相同列宽。

（5）将 I3：M9 单元格区域中的数据以万元为单位显示。复制 O3 单元格，选中 I3：M9 单元格区域，选择"选择性粘贴"命令，然后选中"选择性粘贴"对话框中的"除"单选按钮，单击"确定"按钮。

（6）粘贴链接和表格数据的更改。

① 借助 Ctrl 键,同时选中 H2:H9 以及 M2:M9 单元格区域,单击"开始"选项卡上"剪贴板"组中的"复制"按钮,或者选中单元格区域,选择相应快捷菜单中的"复制"命令,然后单击 H13 单元格,利用"选择性粘贴"对话框中的"粘贴链接"命令将 8 个地区以万元为单位的销售业绩小计复制到 H13:I20 单元格区域。参照实验图 1-1,设置 H13:I20 数据区域的格式。

② 复制 O6 单元格,选中 M3:M9 单元格区域,选择"选择性粘贴"命令,然后选中"选择性粘贴"对话框中的"乘"单选按钮。参照实验图 1-1,设置 M3:M9 单元格区域的格式。观察目标区域 I14:I20 中数据的同步更新。

(7) 将 B3:B9 单元格区域中 1 季度的部分销售业绩分别改为 B13:B19 单元格区域中相对应的值。复制 B13:B19 单元格区域,单击 B3 单元格,选择"选择性粘贴"命令,然后选中"选择性粘贴"对话框中的"跳过空单元格"复选框。观察 B9 单元格中的数据是否自动以浅红填充色深红色文本显示。注意,此时 M3:M9 数据区域中的销售业绩小计(万元)并未变化,因为没有利用粘贴链接同步更新。

### 实验 1-2　通过自动填充实现分析预测

【实验要求】　打开"sy1-2 填充句柄-预测温度. xlsx",由某年 10 月 1～15 日的日最低温度和日最高温度预测 16～31 日的日最低温度和日最高温度,并计算每天的平均温度。结果如实验图 1-2 所示。

|  | A | B | C | D |
|---|---|---|---|---|
| 1 | 日期 | 最低温度 | 最高温度 | 平均温度 |
| 2 | 10月1日 | 18.0 | 27.1 | 22.5 |
| 3 | 10月2日 | 17.4 | 26.8 | 22.1 |
| 4 | 10月3日 | 16.9 | 26.4 | 21.7 |
| 5 | 10月4日 | 16.3 | 26.1 | 21.2 |

实验图 1-2　自动填充实现温度分析预测

【操作提示】

(1) 选中 B2:C16 数据区域,按住鼠标右键拖曳填充柄直到 C32 单元格,在弹出的快捷菜单中选择"序列"命令。在"序列"对话框中选中"预测趋势"复选框,单击"确定"按钮。

(2) 选择 D2:D32 数据区域,单击"开始"选项卡,选择"编辑"组中的"自动求和"|"平均值"命令。

### 实验 1-3　填充单元格

【实验要求】　打开"sy1-3 填充单元格. xlsx",参照实验图 1-3,使用序列填充的各种方法以及 Ctrl+Enter 键填充数据。具体要求如下:

(1) 快速填充 10000 行数据。从 A1 单元格开始,填充序列 10000、9999、9998、……、1。

(2) 双击填充句柄,根据单元格相邻的数据自动填充。利用双击填充句柄的方法,在 B 列为 A 列的等差数列填充相应的第 1 名、第 2 名、第 3 名、……数据序列。

(3) 等比序列。在 C1:C20 单元格区域中填充 1、3、9、……等比序列。

(4) 日期序列。根据 D8 单元格的日期 2020/9/1 以及 D9 单元格的日期 2020/9/8 向右、向上、向下自动填充,生成如实验图 1-3 所示的 2020 年 7～10 月的部分日历表。

(5) 自定义填充序列。请为 D21:D32 数据区域中的十二生肖数据创建自定义序列,并填充在 K1:K12 数据区域中。

(6) 使用 Ctrl+Enter 键填充相同数据。请在 L 列利用 Ctrl+Enter 键为鼠、虎、龙、蛇、猴和猪对应的单元格填充"巨蟹座"说明信息。

| | A | B | C | D | E | F | G | H | I | J | K | L |
|---|---|---|---|---|---|---|---|---|---|---|---|---|
| 1 | 10000 | 第1名 | 1 | 7/14/2020 | 7/15/2020 | 7/16/2020 | 7/17/2020 | 7/18/2020 | 7/19/2020 | 7/20/2020 | 鼠 | 牛 | 巨蟹座 |
| 2 | 9999 | 第2名 | 3 | 7/21/2020 | 7/22/2020 | 7/23/2020 | 7/24/2020 | 7/25/2020 | 7/26/2020 | 7/27/2020 | 牛 | |
| 3 | 9998 | 第3名 | 9 | 7/28/2020 | 7/29/2020 | 7/30/2020 | 7/31/2020 | 8/1/2020 | 8/2/2020 | 8/3/2020 | 虎 | 巨蟹座 |
| 4 | 9997 | 第4名 | 27 | 8/4/2020 | 8/5/2020 | 8/6/2020 | 8/7/2020 | 8/8/2020 | 8/9/2020 | 8/10/2020 | 兔 | |
| 5 | 9996 | 第5名 | 81 | 8/11/2020 | 8/12/2020 | 8/13/2020 | 8/14/2020 | 8/15/2020 | 8/16/2020 | 8/17/2020 | 龙 | 巨蟹座 |
| 6 | 9995 | 第6名 | 243 | 8/18/2020 | 8/19/2020 | 8/20/2020 | 8/21/2020 | 8/22/2020 | 8/23/2020 | 8/24/2020 | 蛇 | 巨蟹座 |
| 7 | 9994 | 第7名 | 729 | 8/25/2020 | 8/26/2020 | 8/27/2020 | 8/28/2020 | 8/29/2020 | 8/30/2020 | 8/31/2020 | 马 | 羊 |
| 8 | 9993 | 第8名 | 2187 | 9/1/2020 | 9/2/2020 | 9/3/2020 | 9/4/2020 | 9/5/2020 | 9/6/2020 | 9/7/2020 | 羊 | |
| 9 | 9992 | 第9名 | 6561 | 9/8/2020 | 9/9/2020 | 9/10/2020 | 9/11/2020 | 9/12/2020 | 9/13/2020 | 9/14/2020 | 猴 | 巨蟹座 |
| 10 | 9991 | 第10名 | 19683 | 9/15/2020 | 9/16/2020 | 9/17/2020 | 9/18/2020 | 9/19/2020 | 9/20/2020 | 9/21/2020 | 鸡 | |
| 11 | 9990 | 第11名 | 59049 | 9/22/2020 | 9/23/2020 | 9/24/2020 | 9/25/2020 | 9/26/2020 | 9/27/2020 | 9/28/2020 | 狗 | |
| 12 | 9989 | 第12名 | 177147 | 9/29/2020 | 9/30/2020 | 10/1/2020 | 10/2/2020 | 10/3/2020 | 10/4/2020 | 10/5/2020 | 猪 | 巨蟹座 |

实验图 1-3　填充单元格的结果

**【操作提示】**

（1）快速填充数据。在 A1 单元格中输入"10000"，单击"开始"选项卡，选择"编辑"组中"填充"中的"序列"命令，在"序列"对话框中选择序列产生在"列"、类型为"等差序列"，设置步长值为－1、终止值为 1，单击"确定"按钮。

（2）通过双击填充句柄快速自动填充。在 B1 单元格中输入"第 1 名"，然后选中 B1 单元格，双击其填充句柄。

（3）等比序列。在 C1 单元格中输入"1"，然后选中 C1 单元格，按住鼠标右键拖曳填充柄直到 C20 单元格，在弹出的快捷菜单中选择"序列"命令。在"序列"对话框中选择序列产生在"列"、类型为"等比序列"，设置步长值为 3，单击"确定"按钮。

（4）日期序列。

① 选中 D8 单元格，按住鼠标左键向右拖曳填充柄到 J8 单元格。

② 选中 D9 单元格，按住鼠标左键向右拖曳填充柄到 J9 单元格。

③ 选中 D8:J9 数据区域，按住鼠标左键向上拖曳填充柄到第 1 行、向下到第 15 行。

（5）自定义填充序列。

① 选择"文件"|"选项"命令，打开"Excel 选项"对话框，单击"高级"选项卡，然后单击其常规设置中的"编辑自定义列表"按钮，将弹出"自定义序列"对话框。

② 单击"自定义序列"对话框下方的"从单元格中导入序列"文本框，选定 D21:D32 单元格区域后单击"导入"按钮，如实验图 1-4 所示。

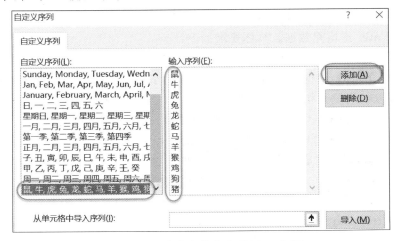

实验图 1-4　自定义填充序列（十二生肖）

③ 选中 K1 单元格,按住鼠标左键拖曳填充柄直到 K12 单元格。

(6) 使用 Ctrl+Enter 键填充相同数据。借助 Ctrl 键选中 L1、L3、L5、L6、L9、L12 单元格,然后输入"巨蟹座",按 Ctrl+Enter 键。

### 实验 1-4  使用 RAND 和 RANDBETWEEN 函数产生仿真数据

【实验要求】  打开"sy1-4 随机函数.xlsx",参照实验图 1-5(注意结果随机),利用随机函数批量填充仿真数据。具体要求如下:

(1) 利用 RAND 函数在 A2:A101 数据区域随机生成 100 名学生−50~100 分的成绩(假设共 50 道选择题,每题做对得 2 分,做错扣 1分,不答得 0 分)。

(2) 利用 RAND 函数在 B2:B101 数据区域随机生成 100 名学生的身高作为测试数据,范围为 1.40~2.50 米。

| | A | B | C | D |
|---|---|---|---|---|
| 1 | 成绩 | 身高 | 月消费 | 成绩(固定) |
| 2 | 13 | 2.44 | 2141 | −9 |
| 3 | −17 | 1.80 | 2215 | 40 |
| 4 | −40 | 1.96 | 3842 | 55 |
| 5 | 86 | 2.13 | 4282 | 9 |
| 6 | −49 | 1.76 | 2866 | 100 |

实验图 1-5  使用 RAND 和 RANDBETWEEN 函数产生仿真数据(结果随机)

(3) 利用 RANDBETWEEN 函数在 C2:C101 数据区域随机生成这 100 名学生的每月平均消费作为测试数据,范围为 1000~5000 元。

(4) 在 D2:D101 数据区域,利用选择性粘贴复制 A2:A101 数据区域中随机生成的成绩数值内容。

(5) 按 F9 功能键选择活动工作表重算。注意观察 A、B、C、D 列数据值的变化。

【操作提示】

(1) 利用 RAND 函数随机生成 100 名学生−50~100 分的成绩。选择 A2:A101 单元格区域,输入公式"=ROUND(RAND()*150−50,0)",按 Ctrl+Enter 键。

(2) 利用 RAND 函数随机生成 100 名学生的身高。在 B2 单元格中输入公式"=ROUND(RAND()*1.1+1.4,2)",按 Enter 确认后向下拖曳该单元格的填充柄到 B101。利用"开始"选项卡上"数字"组中的"增加小数位数"或者"减少小数位数"按钮显示两位小数。

(3) 利用 RANDBETWEEN 函数随机生成 100 名学生的月平均消费。在 C2 单元格中输入公式"=RANDBETWEEN(1000,5000)",按 Enter 键确认后向下拖曳该单元格的填充柄到 C101。

(4) 复制随机函数产生的结果内容。在 D2:D101 数据区域,利用选择性粘贴仅仅复制 A2:A101 数据区域中随机生成的成绩的数值内容。

(5) 按 F9 功能键,观察到 A、B、C 列的数据值会随机变化(公式重新计算),D 列的数据值保持不变。

### 实验 1-5  快速填充的应用

【实验要求】  打开"sy1-5 快速填充.xlsx",参照实验图 1-6,利用快速填充功能实现数据的填充、拆分、合并等功能。具体要求如下:

(1) 将 B 列的街道地址(街道名称和号码)拆分到 C 列(街道名称)。

(2) 抽取 D 列城市邮编中的邮政编码到 E 列。

(3) 合并 F 列的区号和 G 列的市话号码信息到 H 列(电话号码)。

（4）合并 D 列的部分信息（城市）和 F 列的区号到 I 列（城市区号）。

（5）合并 D 列的部分信息（城市）和 A 列的姓名到 J 列（人员统计）。

| | A | B | C | D | E | F | G | H | I | J |
|---|---|---|---|---|---|---|---|---|---|---|
| 1 | 姓名 | 街道地址 | 街道 | 城市邮编 | 邮政编码 | 区号 | 市话号码 | 电话号码 | 城市区号 | 人员统计 |
| 2 | 王歆文 | 光明北路854号 | 光明北路 | 石家庄050007 | 050007 | 0311 | 97658386 | 0311-97658386 | 石家庄0311 | （石家庄）王歆文 |
| 3 | 王郁立 | 明成街19号 | | | 海口567075 | | 0898 | 712143 | | | |
| 4 | 刘倩芳 | 重阳路567号 | | | 天津300755 | | 022 | 9113568 | | | |
| 5 | 陈李 | 冀州西街6号 | | | 大连116654 | | 0411 | 85745549 | | | |
| 6 | 王鹏瑛 | 新技术开发区43号 | | | 天津300755 | | 022 | 81679931 | | | |
| 7 | 周 | 主新路37号 | | | 长春130745 | | 0431 | 5327434 | | | |

(a) 原始素材

| | A | B | C | D | E | F | G | H | I | J |
|---|---|---|---|---|---|---|---|---|---|---|
| 1 | 姓名 | 街道地址 | 街道 | 城市邮编 | 邮政编码 | 区号 | 市话号码 | 电话号码 | 城市区号 | 人员统计 |
| 2 | 王歆文 | 光明北路854号 | 光明北路 | 石家庄050007 | 050007 | 0311 | 97658386 | 0311-97658386 | 石家庄0311 | （石家庄）王歆文 |
| 3 | 王郁立 | 明成街19号 | 明成街 | 海口567075 | 567075 | 0898 | 712143 | 0898-712143 | 海口56898 | （海口）王郁立 |
| 4 | 刘倩芳 | 重阳路567号 | 重阳路 | 天津300755 | 300755 | 022 | 9113568 | 022-9113568 | 天津3022 | （天津）刘倩芳 |
| 5 | 陈李 | 冀州西街6号 | 冀州西街 | 大连116654 | 116654 | 0411 | 85745549 | 0411-85745549 | 大连11411 | （大连）陈李 |
| 6 | 王鹏瑛 | 新技术开发区43号 | 新技术开发区 | 天津300755 | 300755 | 022 | 81679931 | 022-81679931 | 天津3022 | （天津）王鹏瑛 |
| 7 | 周 | 主新路37号 | 主新路 | 长春130745 | 130745 | 0431 | 5327434 | 0431-5327434 | 长春13431 | （长春）周 |

(b) 填充结果

实验图 1-6　快速填充的素材和结果

**【操作提示】**

（1）街道地址字段的拆分。选中 C2 单元格，按住鼠标左键拖曳填充柄直到目标区域中最后一个单元格 C15，此时填充区域中所有单元格的内容均为"光明北路"。单击填充区域右下角的"自动填充选项"按钮，在弹出的下拉菜单中选择"快速填充"命令，得到"街道名称"信息。

（2）城市邮编字段的拆分。选中 E2:E15 数据区域，单击"数据"选项卡上"数据工具"组中的"快速填充"按钮，得到"邮政编码"信息。

（3）字段的合并（合并区号和市话号码）。选中 H2 单元格，按住鼠标右键拖曳填充柄直到目标区域的最后一个单元格 H15，在弹出的快捷菜单中选择"快速填充"命令，得到合并的"电话号码"信息。

（4）城市邮编字段拆分和区号字段合并的组合操作。选中 I2:I15 数据区域，单击"数据"选项卡上"数据工具"组中的"快速填充"按钮，得到"城市区号"信息。

（5）城市邮编字段拆分和姓名字段合并的组合操作。选中 J2:J15 数据区域，单击"数据"选项卡上"数据工具"组中的"快速填充"按钮，得到"人员统计"信息。

### 实验 1-6　数据有效性的应用

**【实验要求】**　在"sy1-6 数据有效性.xlsx"中存放着 30 名学生的学号、性别、6 门功课（语文、数学、外语、物理、化学和政治）的成绩以及备注信息，如实验图 1-7 所示。请对性别、成绩和备注进行如下数据有效性设置：

（1）限定性别只能输入"男"或"女"。

（2）设置性别数据区域在单元格选定时显示"性别只能是男或女！"的输入提示信息。

（3）设置性别数据区域在输入出错时弹出"性别有误，请输入正确的值！"的错误警告信息。

（4）限定 6 门功课的成绩只能输入 0～100 的整数。

（5）设置成绩数据区域在单元格选定时显示"学生成绩必须是 0～100 的整数！"的输入提示信息。

（6）设置成绩数据区域在输入出错时弹出"学生成绩有误，请输入正确的分数！"的错误警告信息。

（7）限定备注信息的输入内容范围为序列值"缺考""缓考""免考"以及"其他"。

| | A | B | C | D | E | F | G | H | I |
|---|---|---|---|---|---|---|---|---|---|
| 1 | 学号 | 性别 | 语文 | 数学 | 外语 | 物理 | 化学 | 政治 | 备注 |
| 2 | S01001 | | 94 | 95 | 78 | 98 | 96 | 92 | |
| 3 | S01002 | | 84 | 97 | 97 | 76 | 97 | 99 | |
| 4 | S01003 | | 50 | 75 | 62 | 63 | 81 | 78 | |

实验图 1-7　数据有效性的原始素材

**【操作提示】**

（1）设置性别的输入约束。

① 选中 B2:B31 性别数据区域，单击"数据"选项卡，选择"数据工具"组中的"数据验证"|"数据验证"命令，打开"数据验证"对话框，在"设置"选项卡中设定单元格输入的约束。

② 在"允许"列表框中选择"序列"；在"来源"列表框中输入数据序列的来源"男,女"。

③ 选中 B2 单元格，其后将出现一个选择箭头。单击选择箭头，在随后出现的下拉列表中选择"女"，如实验图 1-8 所示。使用相同的方法，在 B3:B31 数据区域中利用选择箭头选择性别信息。

| | A | B | C | D | E | F | G | H | I |
|---|---|---|---|---|---|---|---|---|---|
| 1 | 学号 | 性别 | 语文 | 数学 | 外语 | 物理 | 化学 | 政治 | 备注 |
| 2 | S01001 | | 94 | 95 | 78 | 98 | 96 | 92 | |
| 3 | S01002 | 男 | 84 | 97 | 97 | 76 | 97 | 99 | |
| 4 | S01003 | 女 | 50 | 75 | 62 | 63 | 81 | 78 | |

实验图 1-8　选择性别序列信息

（2）设置性别的输入提示信息。

① 选中 B2:B31 性别数据区域，再次选择"数据验证"命令，打开"数据验证"对话框，在"输入信息"选项卡中设置选定单元格时显示的输入提示信息，参见实验图 1-9。

实验图 1-9　选定性别单元格时显示的输入信息

② 单击性别数据区域的任何单元格,观察系统的输入提示信息。

(3) 设置性别的出错警告信息。

① 选中 B2:B31 性别数据区域,再次选择"数据验证"命令,打开"数据验证"对话框,在"出错警告"选项卡中设置输入无效数据时所弹出的出错警告信息,参见实验图 1-10。

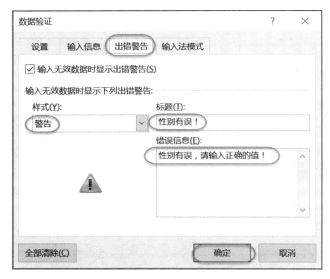

实验图 1-10 输入无效性别时弹出的出错警告信息

② 单击性别数据区域的任一单元格,输入无效数据,观察出错警告提示信息,参见实验图 1-11。

实验图 1-11 输入提示信息和出错警告提示信息(性别)

(4) 设置成绩的输入约束。

① 选中 C2:H31 成绩数据区域,单击"数据"选项卡,选择"数据工具"组中的"数据验证"|"数据验证"命令,打开"数据验证"对话框,在"设置"选项卡中设定单元格输入的约束。

② 在"允许"列表框中选择"整数";在"数据"列表框中选择"介于";在"最小值"文本框中输入"0";在"最大值"文本框中输入"100",参见实验图 1-12。

③ 尝试在成绩数据区域输入 0~100 之外的整数或者任何非整数,观察系统的报错信息。

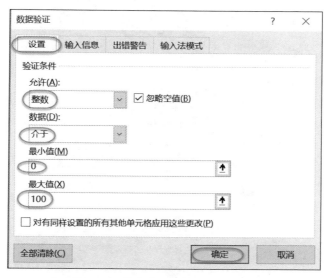

实验图 1-12 设定单元格输入的约束（整数）

（5）设置成绩的输入提示信息。

① 选中学生成绩表的所有成绩数据区域，再次选择"数据验证"命令，打开"数据验证"对话框，在"输入信息"选项卡中设置选定成绩单元格时显示的输入提示信息，参见实验图 1-13。

② 单击成绩数据区域的任何单元格，观察系统的输入提示信息。

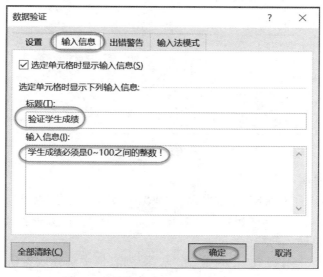

实验图 1-13 选定成绩单元格时显示的输入提示

（6）设置成绩的出错警告信息。

① 选中 C2:H31 成绩数据区域，再次选择"数据验证"命令，打开"数据验证"对话框，在"出错警告"选项卡中设置输入无效成绩数据时所弹出的出错警告信息，参见实验图 1-14。

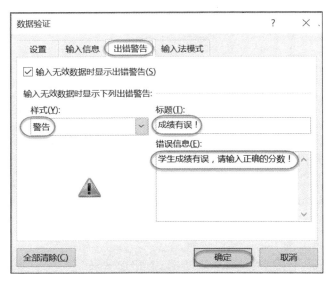

实验图 1-14　输入无效成绩时弹出的出错警告信息

② 单击成绩数据区域的任一单元格，输入无效数据，观察出错警告提示信息，参见实验图 1-15。

实验图 1-15　输入提示信息和出错警告提示信息（成绩）

（7）设置备注的输入约束。

① 准备序列值。在 K2:K5 中依次输入"缺考""缓考""免考"以及"其他"。

② 选中 I2:I31 备注数据区域，选择"数据验证"命令，打开"数据验证"对话框，在"设置"选项卡中设定单元格输入的约束。

③ 在"允许"列表框中选择"序列"；在"来源"列表框中选择或者输入数据序列的来源"＝$K$2:$K$5"。

④ 选中 I2 单元格，其后将出现一个选择箭头。单击选择箭头，在随后出现的下拉列表中选择"缓考"，参见实验图 1-16。使用相同的方法，在 I2:I31 数据区域利用选择箭头选择备注信息（"缺考""缓考""免考"或者"其他"）。

实验图 1-16  选择备注序列信息

### 实验 1-7　数据有效性的审核

【实验要求】  在"sy1-7 圈释无效数据.xlsx"中存放着 5 名学生的学号和 5 门功课(语文、数学、外语、物理和化学)的成绩信息,参照实验图 1-17,圈出成绩(必须是 0~100 的整数)数据区域中的无效数据。

(a) 原始素材　　　　　　　　　　　(b) 圈释无效数据的结果

实验图 1-17  圈释无效数据的素材和结果

【操作提示】

(1) 定义成绩数据区域中数据的有效性规则。

(2) 单击"数据"选项卡,选择"数据工具"组中的"数据验证"|"圈释无效数据"命令,Excel 将以红色圈出无效的数据。

实验 **2**

# 数据的编辑与格式化

## 实验目的

- 单元格数据的分行
- 单元格数据的分列
- 将多列数据合并成一列
- 将多行数据合并成一行
- 删除重复的行
- 数值数据的输入和编辑
- 文本数据的输入和编辑
- 日期和时间数据的输入和编辑
- 条件格式化

## 实验内容

### 实验 2-1　单元格数据的分行

【实验要求】　打开"sy2-1分行. xlsx",参照实验图2-1,分别将A1单元格中的内容"百里挑一金玉满堂海阔天空满腹经纶春暖花开绘声绘影国色天香金玉良缘"以及H1单元格中的内容"The quick brown fox jumps over the lazy dog"分散填充到各行。注意先复制源单元格内容。

【操作提示】

（1）将A1单元格的内容复制到A3单元格中。

（2）选择A3单元格,适当调整A列的列宽到差不多容纳4个汉字的位置。

（3）单击"开始"选项卡,选择"编辑"组中的"填充"|"内容重排"命令,在随后弹出的"文

本将超出选定区域"提示对话框中单击"确定"按钮。

实验图 2-1　单元格数据的分行素材和结果（成语和用空格分隔的文本）

（4）A3 单元格中的各数据被自动填充到 A 列各单元格中（A3：A10 数据区域）。

（5）将 H1 单元格的内容复制到 H3 单元格中。

（6）选择 H3 单元格，适当调整 H 列的列宽到差不多容纳 3 个字符的位置。

（7）单击"开始"选项卡，选择"编辑"组中的"填充"|"内容重排"命令，在随后弹出的"文本将超出选定区域"提示对话框中单击"确定"按钮。

（8）H3 单元格中的各数据被自动填充到 H 列各单元格中（H3：H11 数据区域）。

### 实验 2-2　单元格数据的分列

【实验要求】　打开"sy2-2 分列.xlsx"，参照实验图 2-2，将 A1 单元格中的学生姓名、身份证号以及语文、数学、英语、总分和平均分信息分别填充到 C～I 列。

实验图 2-2　单元格数据的分列素材和结果（学生信息表）

【操作提示】

（1）选择 A1：A17 单元格。

（2）单击"数据"选项卡上"数据工具"组中的"分列"按钮。

（3）使用"文本分列向导"实现数据分列。"文本分列向导"共分为 3 步。

① 选择最合适的文件类型（分隔符号或者固定宽度）。选择"分隔符号"，单击"下一步"按钮。

② 指定字段间使用的分隔符号。选择"逗号"作为字段间的分隔符号。在"数据预览"区域观察数据分列结果，单击"下一步"按钮。

③ 设置各列的数据格式。在"数据预览"区域单击"身份证号"列，选择"文本"数据格式。然后将光标定位到"目标区域"文本框，单击当前工作表的 C1 单元格，设置放置分列数据的起始位置，如实验图 2-3 所示，单击"完成"按钮。

（4）参照实验图 2-2，适当调整 C1：I17 数据区域中各字段的列宽，设置语文、数学、英语、总分和平均分的数据格式，并添加边框。

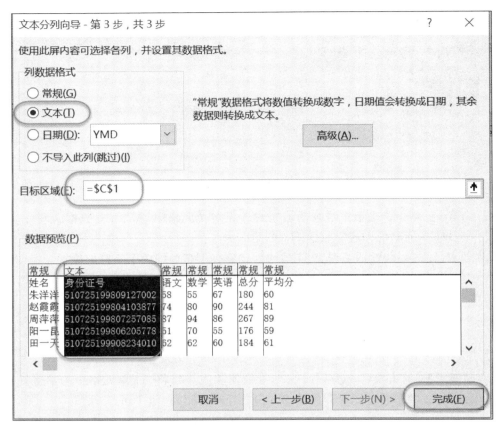

实验图 2-3　文本分列向导步骤 3 之 3(设置数据格式和目标区域)

### 实验 2-3　将多列数据合并成一列

【实验要求】　打开"sy2-3 单元格列合并.xlsx",参照实验图 2-4,将 A 列~F 列数据区域中的学生姓名、身份证号、考级日期以及语文、数学和英语信息合并到 I 列,要求保留考级日期的原始格式。

| A | B | C | D | E | F | G | H |
|---|---|---|---|---|---|---|---|
| 姓名 | 身份证号 | 考级日期 | 语文 | 数学 | 英语 | | 姓名 身份证号 考级日期 语文 数学 英语 |
| 朱洋洋 | 510725199809127002 | 2010/10/12 | 58 | 55 | 67 | | 朱洋洋 510725199809127002 2010/10/12 58 55 67 |
| 赵霞霞 | 510725199804103877 | 2010/6/10 | 74 | 80 | 90 | | 赵霞霞 510725199804103877 2010/6/10 74 80 90 |
| 周萍萍 | 510725199807257085 | 2011/7/25 | 87 | 94 | 86 | | 周萍萍 510725199807257085 2011/7/25 87 94 86 |
| 阳一昆 | 510725199806205778 | 2012/6/20 | 51 | 70 | 55 | | 阳一昆 510725199806205778 2012/6/20 51 70 55 |
| 田一天 | 510725199908234010 | 2011/8/23 | 62 | 62 | 60 | | 田一天 510725199908234010 2011/8/23 62 62 60 |
| 翁华华 | 51072519980716451X | 2014/6/1 | 90 | 86 | 88 | | 翁华华 51072519980716451X 2014/6/1 90 86 88 |
| 丁××　 | 510725199701136405 | 2014/1/13 | 73 | 70 | 71 | | 丁×× 510725199701136405 2014/1/13 73 70 71 |

实验图 2-4　多列数据合并成一列的素材和结果(学生信息)

【操作提示】

**方法一　(在"素材 1"工作表中,利用"剪贴板"任务窗格完成):**

(1) 选择并复制 A1:F17 单元格区域。

(2) 单击"开始"选项卡上"剪贴板"组中的"对话框启动器"按钮,打开"剪贴板"任务窗格。

（3）选中 H1 单元格,将光标定位到其编辑栏中,然后选中"剪贴板"任务窗格中由步骤（1）操作复制到剪贴板中的内容,单击所选内容右侧的下拉按钮,选择其中的"粘贴"命令,将所选内容粘贴到 H1 单元格的编辑栏中。

（4）设法选中 H1 编辑栏中的所有内容,按 Ctrl＋C 键。选择 H1:H17 单元格区域,按 Ctrl＋V 键,将编辑栏中的所有内容粘贴到 H1:H17 单元格区域中。然后适当调整 I 列的列宽,并加边框。

**方法二 （在"素材 2"工作表中,使用"&"运算符完成）：**

（1）使用"&"运算符,在 H1 单元格中输入字符串拼接的公式"＝A1&" "&B1&" "&TEXT(C1,"yyyy/mm/dd")&" "&D1&" "&E1&" "&F1",并向下填充至 H17 单元格。

（2）适当调整 H 列的列宽,并加边框。

**方法三 （在"素材 3"工作表中,使用 CONCATENATE 函数完成）：**

（1）使用 CONCATENATE 函数,在 H1 单元格中输入字符串拼接的公式"＝CONCATENATE（A1,",", B1,",", TEXT（C1," yyyy/mm/dd"）,",", D1,",", E1,",",F1)",并向下填充至 H17 单元格。

（2）适当调整 H 列的列宽,并加边框。

### 实验 2-4　将多行数据合并成一行

【实验要求】　打开"sy2-4 单元格行合并.xlsx",参照实验图 2-5,分别将 A2:A9 数据区域中的成语合并到 A2 单元格、将 C2:C10 数据区域中的单词合并到 C2 单元格中。

| | A | B | C |
|---|---|---|---|
| 1 | 成语集锦 | | 经典句子 |
| 2 | 百里挑一金玉满堂海阔天空满腹经纶春暖花开绘声绘影国色天香金玉良缘 | | The quick brown fox jumps over the lazy dog |

实验图 2-5　多行数据合并成一行的结果（成语和句子）

【操作提示】

（1）调整 A 列的列宽到足以容纳 A2:A9 数据区域中所有成语的宽度。

（2）选择 A2:A9 数据区域,单击"开始"选项卡,选择"编辑"组中的"填充"|"内容重排"命令。

（3）调整 C 列的列宽到足以容纳 C2:C10 数据区域中所有单词的宽度。

（4）选择 C2:C10 数据区域,单击"开始"选项卡,选择"编辑"组中的"填充"|"内容重排"命令。

### 实验 2-5　删除重复的行

【实验要求】　打开"sy2-5 删除重复项.xlsx",参照实验图 2-6,利用两种不同的方法删除 Excel 表格（位于 A1:E17 数据区域）中重复的行内容。

【操作提示】

**方法一 （在"素材 1"工作表中,利用"数据"选项卡中的"删除重复值"按钮）：**

（1）单击 A1:E17 数据区域中的任一单元格,将光标定位到表格中。

（2）单击"数据"选项卡上"数据工具"组中的"删除重复值"按钮,在弹出的"删除重复值"对话框中选择表格的所有列,单击"确定"按钮。

(a) 素材(部分内容)　　　　　　　　　(b) 结果

实验图 2-6　删除重复行的素材和结果(学生信息)

（3）在随后弹出的提示信息对话框中单击"确定"按钮。

**方法二　（在"素材 2"工作表中,利用"表格工具"中的"删除重复值"按钮）：**

（1）将光标定位到表格中的任一单元格。

（2）单击"表格工具"的"设计"选项卡上"工具"组中的"删除重复值"按钮,在弹出的"删除重复值"对话框中选择表格的所有列,单击"确定"按钮。

（3）在随后弹出的提示信息对话框中单击"确定"按钮。

### 实验 2-6　数值数据的格式化

**【实验要求】**　打开"sy2-6 输入编辑（数值）. xlsx",参照实验图 2-7,按照以下要求输入数据内容并设置数据格式：

（1）设置成绩的数据格式。设置 B2:B6 单元格区域中成绩的数据格式,当成绩≥90 时以绿色显示,不及格以红色显示,其他分数用蓝色显示。

（2）设置成绩是否合格（≥60 为合格）的数据格式。参照 B2:B6 单元格区域中的成绩信息,在 C2:C6 单元格区域使用数字 0 和 1 代替成绩合格与否的标志×和√的输入,同时用绿色显示√、红色显示×。

（3）设置账户余额的数据格式。设置 D2:D6 数据区域中账户余额的数据格式,正数显示为蓝色,并且带＋号；负数显示为红色,并且带－号；0 显示为绿色。

（4）设置账户盈亏的数据格式。参照 D2:D6 数据区域中的账户余额信息,在 E2:E6 数据区域输入账户余额,并设置其数据格式：账户余额为正数,显示蓝色的"盈"；账户余额为负数,显示红色的"亏"；账户余额为零,则显示绿色的"平"。

（5）设置账户余额（以万为单位）的数据格式。参照 D2:D6 单元格区域中的账户余额信息,在 F2:F6 单元格区域输入账户余额,并且以万为单位显示账户余额,只显示一位小数。

(a) 素材表　　　　　　　　　(b) 结果表

实验图 2-7　数值数据的输入和格式化

**【操作提示】**

（1）设置成绩的数据格式。选中 B2:B6 单元格区域，然后右击，选择其快捷菜单中的"设置单元格格式"命令，在弹出的对话框中选择"自定义"分类，在"类型"中输入"［绿色］［>＝90］；［红色］［<60］；［蓝色］"。

（2）设置成绩是否合格的数据格式。选中 C2:C6 单元格区域并右击，选择其快捷菜单中的"设置单元格格式"命令，然后选择"自定义"分类，在"类型"中输入"［绿色］［＝1］"√"；［红色］［＝0］"×"；；"。参照 B2:B6 单元格区域中的成绩信息，在 C2:C6 单元格区域依次输入"1""1""1""0""1"，即分别显示绿色的√、红色的×。

（3）设置账户余额的数据格式。选中 D2:D6 单元格区域并右击，选择其快捷菜单中的"设置单元格格式"命令，然后选择"自定义"分类，在"类型"中输入"［蓝色］＋0；［红色］－0；［绿色］"。

（4）设置账户盈亏的数据格式。选中 E2:E6 单元格区域并右击，选择其快捷菜单中的"设置单元格格式"命令，然后选择"自定义"分类，在"类型"中输入"［蓝色］"盈"；［红色］"亏"；［绿色］"平""。参照 D2:D6 单元格区域中的账户余额信息，在 E2:E6 单元格区域输入相应的账户余额，即分别显示蓝色的"盈"、红色的"亏"、绿色的"平"信息。

（5）设置账户余额（以万为单位）的数据格式。选中 F2:F6 单元格区域并右击，选择其快捷菜单中的"设置单元格格式"命令，然后选择"自定义"分类，在"类型"中输入"0!.0,"万""。参照 D2:D6 单元格区域中的账户余额信息，在 F2:F6 单元格区域输入相应的账户余额，即以万为单位显示账户余额，并且只显示一位小数。

**【说明】**

在设置账户余额（以万为单位）的数据格式时，还可以用"0\.0,"万""或"0"."0,"万""的方式以万为单位显示账户余额，并且只显示一位小数。

### 实验 2-7　文本数据的格式化

**【实验要求】**　打开"sy2-7 输入编辑（文本）.xlsx"，参照实验图 2-8，按照以下要求输入数据内容并设置数据格式：

（1）输入姓名信息。在 A2:A6 单元格区域输入"张三""李四"等姓名时显示为"华师大张三""华师大李四"，即姓名前面自动加上"华师大"。

（2）输入身份证号信息。在 B2:B6 单元格区域输入 18 位的身份证号。

（3）输入手机信息。在 C2:C6 单元格区域输入手机号码后自动分段显示。

（4）输入符号信息。在 D2:D6 单元格区域输入各种符号。

| | A | B | C | D |
|---|---|---|---|---|
| 1 | 姓名 | 身份证号 | 手机号码 | 符号 |
| 2 | 华师大张三 | 510725198509127123 | 139-1711-2345 | ☑ |
| 3 | 华师大李四 | 510725197604103877 | 189-1234-5678 | π |
| 4 | 华师大王五 | 510725197307257085 | 138-0008-8888 | 📖 |
| 5 | 华师大姚六 | 510725197706200778 | 180-0000-1111 | ☎ |
| 6 | 华师大林七 | 510725197008200010 | 134-1312-7777 | ★ |

实验图 2-8　输入和编辑文本数据

**【操作提示】**

（1）输入姓名信息。选中 A2:A6 单元格区域并右击，选择其快捷菜单中的"设置单元格格式"命令,然后选择"自定义"分类,在"类型"中输入";;;"华师大"@",在 A2:A6 单元格区域输入"张三""李四"等姓名。

(2) 输入身份证号。在 B2:B6 单元格区域,利用"单元格格式化"命令设置数据区域为"文本"格式,然后输入 18 位的身份证号。

(3) 输入手机信息。选中 C2:C6 单元格区域并右击,选择其快捷菜单中的"设置单元格格式"命令,然后选择"自定义"分类,在"类型"中输入"000-0000-0000"。输入手机号码并按 Enter 确认后,即自动分段显示。

(4) 输入符号信息。在 D2:D6 单元格区域分别选择"插入"|"符号"命令,在"符号"对话框中利用 Wingdings、Symbol、(普通文本)等字体输入各种符号。

### 实验 2-8 日期和时间数据的格式化

【实验要求】 打开"sy2-8 输入编辑(日期时间). xlsx",参照实验图 2-9,按照以下要求输入数据内容并设置数据格式。假设当前日期为 2019 年 10 月 5 日,当前时间为 20:53:40.18。在实验时请以系统真实的日期和时间为准。

(1) 在 B1 单元格中利用函数输入系统当前日期,在 B2 单元格中利用函数输入系统当前日期和时间。参照实验图 2-9 分别设置其显示格式。

(2) 在 B4 单元格中输入 2019 年中秋节的日期,并设置其显示格式。

(3) 在 B5 单元格中输入 2019 年中秋晚会开幕式的时间"晚上 7 点",并设置其显示格式。

(4) 在 B6 单元格中输入 2019 年中秋晚会闭幕式的时间"晚上 11 点 15 分 45 秒",并设置其显示格式。

(5) 在 B9 单元格中计算中秋晚会的历时时间,并参照实验图 2-9 设置其显示格式。

(6) 在 C9 单元格中,将 B9 单元格中的中秋晚会历时标准时间换算为十进制数时间,并参照实验图 2-9 设置其显示格式。

(7) 在 D9 单元格中,将 C9 单元格中的中秋晚会历时十进制数再换算回标准时间。

| | A | B | C | D |
|---|---|---|---|---|
| 1 | 当前日期 | 2019年10月5日 | | |
| 2 | 当前时间 | 2019/10/05 20:53:40.18 | | |
| 3 | | | | |
| 4 | 2019年中秋节 | 2019年9月13日 | | |
| 5 | 中秋晚会开幕式 | 开幕 7:00 PM | | |
| 6 | 中秋晚会闭幕式 | 闭幕 11:15:45 PM | | |
| 7 | | | | |
| 8 | | 标准时间(计算) | 十进制数时间 | 标准时间(转换) |
| 9 | 中秋晚会历时 | 历时 4:15:45 | 4.2625小时 | 4:15:45 |

实验图 2-9 日期和时间数据的输入和格式化

【操作提示】

(1) 在 B1 单元格中输入公式"=TODAY()",显示系统当前日期,在 B2 单元格中输入公式"=NOW()",显示系统当前日期和时间,并参照实验图 2-9 分别设置其显示格式。

(2) 在 B4 单元格中输入 2019 年中秋节的日期"2019/9/13",并设置其显示格式。

(3) 在 B5 单元格中输入 2019 年中秋晚会开幕式的时间"7 p",并设置其自定义数字格式为"＂开幕＂ h:mm AM/PM"。

（4）在 B6 单元格中输入 2019 年中秋晚会闭幕式的时间"11：15：45 p"，并设置其自定义数字格式为"＂闭幕＂ h:mm:ss AM/PM"。

（5）在 B9 单元格中输入公式"＝B6－B5"，计算中秋晚会的历时时间，并设置其自定义数字格式为"＂历时＂h:mm:ss"。

（6）在 C9 单元格中输入公式"＝(B9－INT(B9))＊24"，将中秋晚会历时标准时间换算为十进制数时间，并设置其自定义数字格式为"G/通用格式＂小时＂"。

（7）在 D9 单元格中输入公式"＝TEXT(C9/24，"h:mm:ss")"，验证计算结果。

### 实验 2-9　条件格式化(1)

【实验要求】　打开"sy2-9 条件格式（产品）.xlsx"，参照实验图 2-10，设置产品单位数量、单价、库存量、订购量的条件格式。具体要求如下：

（1）产品单位数量。以浅红填充色深红色文本突出显示以"袋"为数量单位的产品信息。

（2）产品单价。以绿填充色深绿色文本突出显示单价最低的 5 种产品。

（3）产品库存量。以红色渐变填充（无边框）的数据条显示库存量信息。

（4）产品订购量。使用红色×字形符号（有圆圈）标识出订购量为 0 的产品信息。

实验图 2-10　条件格式化的素材和结果(产品信息)

（5）使用黄色填充标识出剩余库存量不足（即库存量＜订购量）的产品名称。

【操作提示】

（1）设置单位数量的条件格式。

① 选中 B2:B40 单元格区域，单击"开始"选项卡，选择"样式"组中的"条件格式"|"突出显示单元格规则"|"文本包含"命令。

② 弹出"文本中包含"对话框，在左边的文本框中输入"袋"，右边的格式选用"浅红填充色深红色文本"。

（2）设置单价的条件格式。

① 选中 C2:C40 单元格区域，单击"开始"选项卡，选择"样式"组中的"条件格式"|"最前/最后规则"|"最后 10 项"命令。

② 在随后弹出的"最后 10 项"对话框中将 10 改为 5，选择"绿填充色深绿色文本"格式。

（3）设置库存量的条件格式。

① 选中 D2:D40 单元格区域，单击"开始"选项卡，选择"样式"组中的"条件格式"|"数据条"|"其他规则"命令。

② 在随后弹出的"新建格式规则"对话框中选择"填充"为"渐变填充"，填充"颜色"为"红色"，无边框。

（4）设置订购量的条件格式。

① 选中 E2:E40 单元格区域，单击"开始"选项卡，选择"样式"组中的"条件格式"|"图

标集"|"其他规则"命令。

② 在随后弹出的"新建格式规则"对话框中选择"图标样式"为"三个符号(有圆圈)"的标记,将第一行的"≥"改为">",将前两行的图标分别改为"无单元格图标"和"红色×字形符号(有圆圈)",将"类型"均改为"数字"、"值"均改为 0。此时"图标样式"会变成"自定义"。

(5)使用黄色填充标识出剩余库存量不足的产品名称。

① 选中 A2:A40 单元格区域,单击"开始"选项卡,选择"样式"组中的"条件格式"|"新建规则"命令。

② 在随后弹出的"新建格式规则"对话框中选择规则类型为"使用公式确定要设置格式的单元格",在"为符合此公式的值设置格式"下的文本框中输入公式"=$D2<$E2"。单击"格式"按钮,设置填充色为黄色。

### 实验 2-10　条件格式化(2)

【实验要求】　打开"sy2-10 条件格式(户口).xlsx",参照实验图 2-11,实现当在"要标识的户口本编号"中利用下拉列表选择户口本编号时,将以浅绿色填充自动标识出同一户口簿中的人员信息。

(a)素材　　　　　　　　　　　　　(b)结果

实验图 2-11　条件格式化的素材和结果(户口家庭关系标注)

【操作提示】

(1)抽取出不重复的户口本编号清单作为数据有效性的序列信息。

① 将 A2:A15 中的数据复制到以 G1 单元格开始的数据区域。

② 选中 G1:G14 数据区域,单击"数据"选项卡上"数据工具"组中的"删除重复值"按钮,生成不重复的户口本编号清单。

(2)设置户口本编号的数据有效性。

① 选中 E2 单元格,单击"数据"选项卡,选择"数据工具"组中的"数据验证"|"数据验证"命令,打开"数据验证"对话框,在"设置"选项卡中设定单元格输入的约束。

② 在"允许"列表框中选择"序列";在"来源"列表框中选择或者输入数据序列的来源"=$G$1:$G$5"。

（3）标识出同一户口簿中的人员信息。

①　选中 A2:C15 单元格区域,单击"开始"选项卡,选择"样式"组中的"条件格式"|"新建规则"命令。

②　在随后弹出的"新建格式规则"对话框中选择规则类型为"使用公式确定要设置格式的单元格",在"为符合此公式的值设置格式"下的文本框中输入公式"＝＄A2＝＄E＄2"。单击"格式"按钮,设置填充色为浅绿色。

（4）测试标识出的同一户口簿中的人员信息。在 E2 单元格中利用下拉列表框选择不同的户口本编号,观察以浅绿色填充方式标识出的同一户口簿中的人员信息。

# 使用公式和函数处理数据

## 实验目的

- 公式和函数的基本使用
- 名称的定义和应用
- 绝对引用和相对引用的应用
- 数组公式的简单应用
- 逻辑函数和数学函数的应用

## 实验内容

### 实验 3-1　名称的定义和应用（1）

【实验要求】　打开"sy3-1 名称（正多边形周长面积）. xlsx"，参照实验图 3-1，利用名称、单元格引用、函数、常量、行和列标签等计算正多边形的周长和面积，并通过行、列交叉点的名称引用查找正多边形的周长和面积。具体要求如下：

（1）利用函数将 $\sqrt{3}$ 定义为常量名称 SQRT3。

（2）将多边形的边长所在的单元格 B2 定义为名称 a。

(a) 素材

(b) 结果

实验图 3-1　名称的定义和应用示例（计算和查询正多边形的周长、面积）

（3）在 B5:C7 数据区域参照实验表 3-1 所示的公式计算正多边形的周长和面积，并保留两位小数。

（4）将 A4:C7 数据区域的首行和首列定义为对应行、列的名称，然后通过行、列交叉点的名称引用查找正多边形的周长和面积。例如，在 E5 单元格中输入公式"＝正方形 周长"，将显示正方形的周长 20。

实验表 3-1　正多边形的周长和面积公式

|  | 周　　长 | 面　　积 |
|---|---|---|
| 正三角形 | $3a$ | $\dfrac{\sqrt{3}}{4}a^2$ |
| 正方形 | $4a$ | $a^2$ |
| 正六边形 | $6a$ | $\dfrac{3\sqrt{3}}{2}a^2$ |

**【操作提示】**

（1）利用函数将 $\sqrt{3}$ 定义为常量名称 SQRT3。单击"公式"选项卡，选择"定义的名称"组中的"定义名称"|"定义名称"命令，打开"新建名称"对话框。在"名称"文本框中输入用于引用的名称 SQRT3；在"引用位置"文本框中输入 $\sqrt{3}$ 的计算公式"＝SQRT(3)"。

（2）定义单元格引用名称 a（边长）。选中 B2 单元格，在编辑栏的"名称"框中输入指定的名称 a。

（3）输入计算正三角形、正方形和正六边形的周长和面积的公式，并保留两位小数。

① 求正三角形的周长和面积。在 B5 单元格中输入公式"＝ROUND(3 * a,2)"，在 C5 单元格中输入公式"＝ROUND(SQRT3 * a^2/4,2)"。

② 求正方形的周长和面积。在 B6 单元格中输入公式"＝ROUND(4 * a,2)"，在 C6 单元格中输入公式"＝ROUND(a^2,2)"。

③ 求正六边形的周长和面积。在 B7 单元格中输入公式"＝ROUND(6 * a,2)"，在 C7 单元格中输入公式"＝ROUND(3 * SQRT3 * a^2/2,2)"。

（4）将 A4:C7 数据区域的首行和首列定义为对应行、列的名称。选中 A4:C7 数据区域，单击"公式"选项卡上"定义的名称"组中的"根据所选内容创建"按钮，打开"以选定区域创建名称"对话框，选中"首行"和"最左列"复选框。

（5）通过行、列交叉点的名称引用查找正多边形的周长和面积。例如，在 E5 单元格中输入公式"＝正方形 周长"，将显示正方形的周长 20；在 E5 单元格中输入公式"＝六边形 面积"，将显示正六边形的面积 64.95，以此类推。

**实验 3-2　名称的定义和应用（2）**

**【实验要求】**　打开"sy3-2 名称（面积体积）.xlsx"，参照实验图 3-2，利用名称、单元格引用、常量、行和列标签等计算各种形状的（表）面积和体积，并通过行、列交叉点的名称引用查找各种形状的（表）面积和体积。具体要求如下：

（1）将圆周率 3.14159 定义为常量名称 P。

（2）将半径和高所在的单元格 B2 和 B3 定义为名称 radius 和 h。

（3）在 B6:C8 数据区域参照实验表 3-2 所示的公式计算圆、球体和圆柱体的(表)面积和体积，并保留两位小数。因为圆是平面的，无体积之说，所以显示"无意义"。

（4）将 A5:C8 数据区域的首行和首列定义为对应行、列的名称，然后通过行、列交叉点的名称引用查找各种形状的(表)面积和体积。例如，在 E6 单元格中输入公式"＝球 体积"，将显示球的体积 65.45。

| (a) 素材 | (b) 结果 |

实验图 3-2　名称的定义和应用示例(计算和查询面积、体积)

**实验表 3-2　圆、球体和圆柱体的(表)面积和体积公式**

| | (表)面积 | 体积 |
| --- | --- | --- |
| 圆 | $\pi r^2$ | |
| 球体 | $4\pi r^2$ | $\dfrac{4}{3}\pi r^3$ |
| 圆柱体 | $2\pi r(r+h)$ | $\pi r^2 h$ |

【操作提示】

（1）定义圆周率常量名称。单击"公式"选项卡，选择"定义的名称"组中的"定义名称"｜"定义名称"命令，打开"新建名称"对话框。在"名称"文本框中输入用于引用的名称 P；在"引用位置"文本框中输入"＝3.14159"。

（2）定义单元格引用名称 radius(半径)和 h(高)。分别选中 B2 和 B3 单元格，在编辑栏中的"名称"框中输入指定的名称。

（3）输入计算圆、球体和圆柱体的(表)面积和体积的公式，并保留两位小数。

① 求圆的面积。在 B6 单元格中输入公式"＝ROUND(P＊radius^2,2)"，在 C6 单元格中输入"无意义"。

② 求球体的表面积和体积。在 B7 单元格中输入公式"＝ROUND(4＊P＊radius^2,2)"，在 C7 单元格中输入公式"＝ROUND(4＊P＊radius^3/3,2)"。

③ 求圆柱体的表面积和体积。在 B8 单元格中输入公式"＝ROUND(2＊P＊radius＊(radius＋h),2)"，在 C8 单元格中输入公式"＝ROUND(P＊radius^2＊h,2)"。

（4）将 A5:C8 数据区域的首行和首列定义为对应行、列的名称。选中 A5:C8 数据区域，单击"公式"选项卡上"定义的名称"组中的"根据所选内容创建"按钮，打开"根据所选内容创建"对话框，选中"首行"和"最左列"复选框。

（5）通过行、列交叉点的名称引用查找各种形状的(表)面积和体积。在 E6 单元格中输入公式"＝球 体积"，将显示球体的体积 65.45；在 E6 单元格中输入公式"＝圆柱 面积"，将显示圆柱体的面积 133.52。

### 实验 3-3　名称的定义和应用(3)

【实验要求】　打开"sy3-3 名称(成绩).xlsx",利用名称以及公式和函数计算学生语、数、外 3 门功课的总分和平均分,实验结果如实验图 3-3 所示。具体要求如下:

(1) 利用求和函数 SUM 创建名称"总分",计算语、数、外 3 门功课的总分。

(2) 利用名称"总分"创建名称"平均分",计算语、数、外 3 门功课的平均分,并四舍五入为整数。

| | A | B | C | D | E | F | G |
|---|---|---|---|---|---|---|---|
| 1 | 学号 | 姓名 | 语文 | 数学 | 英语 | 总分 | 平均分 |
| 2 | B13121501 | 朱洋洋 | 58 | 55 | 67 | 180 | 60 |
| 3 | B13121502 | 赵霞霞 | 79 | 86 | 89 | 254 | 85 |
| 4 | B13121503 | 周萍萍 | 87 | 74 | 84 | 245 | 82 |
| 5 | B13121504 | 阳一昆 | 51 | 41 | 55 | 147 | 49 |
| 6 | B13121505 | 田一天 | 91 | 74 | 84 | 249 | 83 |

实验图 3-3　名称的定义和应用(计算 3 门功课的总分和平均分)

【操作提示】

(1) 利用求和函数创建名称"总分"。单击"公式"选项卡,选择"定义的名称"组中的"定义名称"|"定义名称"命令,打开"新建名称"对话框。在"名称"文本框中输入用于引用的名称"总分";在"引用位置"文本框中输入求和公式"=SUM($C2:$E2)"。

(2) 利用名称计算总分。单击 F2 单元格,输入公式"=总分",并填充至 F16 单元格。

(3) 利用名称"总分"创建名称"平均分"。单击"公式"选项卡,选择"定义的名称"组中的"定义名称"|"定义名称"命令,打开"新建名称"对话框。在"名称"文本框中输入用于引用的名称"平均分";在"引用位置"文本框中输入计算平均分(并四舍五入为整数)的公式"=ROUND(总分/3,0)"。

(4) 利用名称计算平均分。单击 G2 单元格,输入公式"=平均分",并填充至 G16 单元格。

### 实验 3-4　名称的定义和应用(4)

【实验要求】　打开"sy3-4 名称(学生成绩查询器).xlsx",利用名称和交叉运算符设计学习成绩查询器,根据姓名和课程查询成绩。请利用数据有效性设置查询条件(姓名和课程)下拉列表框。当在学习成绩查询器中利用下拉列表选择姓名和课程后将自动显示其所对应的成绩,实验结果如实验图 3-4 所示。

| | A | B | C | D | E | F | G | H |
|---|---|---|---|---|---|---|---|---|
| 1 | 学号 | 姓名 | 语文 | 数学 | 英语 | | 学习成绩查询器 | |
| 2 | S501 | 宋平平 | 87 | 90 | 97 | | 姓名 | 田一天 |
| 3 | S502 | 王丫丫 | 93 | 92 | 90 | | 课程 | 数学 |
| 4 | S503 | 董华华 | 53 | 67 | 93 | | 成绩 | 74 |
| 5 | S504 | 陈燕燕 | 95 | 89 | 78 | | | |
| 6 | S505 | 周萍萍 | 74 | 74 | 84 | | | |

实验图 3-4　利用名称和交叉运算符设计学习成绩查询器

【操作提示】

(1) 利用数据有效性设置姓名和课程查询条件下拉列表框。注意,在有效性条件中允许选择"序列",数据"来源"分别选择 $B$2:$B$16 和 $C$1:$E$1。

(2) 将 B1:E16 数据区域的首行和首列定义为对应行、列的名称。选中 B1:E16 数据区域,单击"公式"选项卡上"定义的名称"组中的"根据所选内容创建"按钮,打开"根据所选内容创建"对话框,选中"首行"和"最左列"复选框。

(3) 通过行、列交叉点的名称引用查询成绩。在 H4 单元格中输入公式"=INDIRECT(H2) INDIRECT(H3)",并分别利用下拉列表框选择姓名和课程,将自动显示其所对应的成绩。

### 实验 3-5　绝对引用、相对引用和数组公式的应用

【实验要求】　在"sy3-5 职工工资表.xlsx"的 Sheet1 和 Sheet2 工作表中存放了职工的基本工资、补贴、奖金和基本工资涨幅信息。按要求完成如下操作,计算结果如实验图 3-5 所示。

(1) 利用数组公式计算职工的工资总计(含奖金以及不含奖金),将结果分别填入到 D2:D7 和 E2:E7 数据区域中。

(2) 根据涨幅百分比计算调整后的基本工资,将结果填入到 F2:F7 单元格区域中。

| F2 | | $f_x$ | {=B2:B7*(1+Sheet2!$D$1)} | | |
|---|---|---|---|---|---|
| | A | B | C | D | E | F |
| 1 | 姓名 | 基本工资 | 补贴 | 总计(不含奖金) | 总计(含奖金) | 基本工资调整 |
| 2 | 李一明 | ¥　2,028 | ¥　301 | ¥　2,329 | ¥　3,767 | ¥　2,129 |
| 3 | 赵丹丹 | ¥　1,436 | ¥　210 | ¥　1,646 | ¥　2,169 | ¥　1,508 |
| 4 | 王清清 | ¥　2,168 | ¥　257 | ¥　2,425 | ¥　4,170 | ¥　2,276 |
| 5 | 胡安安 | ¥　1,394 | ¥　331 | ¥　1,725 | ¥　2,863 | ¥　1,464 |
| 6 | 钱军军 | ¥　1,374 | ¥　299 | ¥　1,673 | ¥　2,741 | ¥　1,443 |
| 7 | 孙莹莹 | ¥　1,612 | ¥　200 | ¥　1,812 | ¥　5,150 | ¥　1,693 |

实验图 3-5　A1 引用样式、绝对引用、相对引用和数组公式的应用

【操作提示】

(1) 利用数组公式计算工资总计(不含奖金)。选择数据区域 D2:D7,然后在编辑栏中输入公式"=B2:B7+C2:C7",并使编辑栏仍处在编辑状态。按 Ctrl+Shift+Enter 键锁定数组公式,Excel 将在公式两边自动加上花括号"{}"。

(2) 利用数组公式和步骤(1)的结果计算工资总计(含奖金)。选择数据区域 E2:E7,按 F2 功能键切换到数组公式的编辑模式,输入公式"=D2:D7+Sheet2!A2:A7"。按 Ctrl+Shift+Enter 键,创建计算工资总计(含奖金)的数组公式。

(3) 利用数组公式计算调整后的基本工资。选择数据区域 F2:F7,然后在编辑栏中输入公式"=B2:B7*(1+Sheet2!$D$1)"。按 Ctrl+Shift+Enter 键,创建计算上调后的基本工资的数组公式。

【说明】

本实验使用了 Excel 默认的"A1"引用样式,并使用了单元格的相对引用(例如 B2、D2 等)、绝对引用(例如$D$1)、同一工作簿中其他工作表上的单元格区域引用(例如 Sheet2! A2:A7)等引用方式。

### 实验 3-6　单元格名称引用、三维引用的应用

【实验要求】　在"sy3-6 商品信息.xlsx"的 Sheet1~Sheet4 工作表中存放了几家商场的

商品的销售单价、销售数量和新增折扣店数量等信息。按要求完成如下操作,计算结果如实验图 3-6 所示。

(1) 切换到 R1C1 引用样式。

(2) 尝试利用数组公式计算 Sheet1 中的商品销售总金额,将计算结果填入到 R13C2 单元格中。

(3) 根据 Sheet1 工作表中提供的单元格名称计算特价品平均价格,将计算结果填入到 R14C2 单元格中。

(4) 根据 Sheet2～Sheet3 工作表中提供的新增折扣店数量信息,在 Sheet1 工作表中统计新增折扣店总数量,将计算结果填入到 R15C2 单元格中。

实验图 3-6 R1C1 引用样式、单元格的名称引用和三维引用示例

【操作提示】

(1) 切换到 R1C1 引用样式。选择"文件"选项卡中的"选项"命令,打开"Excel 选项"对话框,在"公式"类别中的"使用公式"设置处选中"R1C1 引用样式"复选框。

(2) 利用数组公式计算 Sheet1 中的商品销售总金额。选择单元格 R13C2,然后在编辑栏中输入公式"=SUM(R2C1:R11C1 * R2C2:R11C2)",并使编辑栏仍处在编辑状态。按 Ctrl+Shift+Enter 键锁定数组公式,Excel 将在公式两边自动加上花括号"{}"。

(3) 计算特价品平均价格。在 Sheet1 的单元格 R14C2 中输入公式"=AVERAGE(特价 items)"。

(4) 计算新增折扣店总数量。在 Sheet1 的单元格 R15C2 中输入公式"=SUM(Sheet2: Sheet4! R13C2)"。

(5) 本实验结束后,务必选择"文件"|"选项"命令,打开"Excel 选项"对话框,在"公式"选项卡的"使用公式"设置处取消选中"R1C1 引用样式"复选框。

【说明】

(1) 本实验使用了 Excel 的 R1C1 引用样式,并使用了单元格的名称引用(例如单元格名称"特价 items"标识特价商品所在的单元格区域)、三维引用(例如 Sheet2:Sheet4! R13C2)等引用方式。

(2) 本实验更能体现通过用一个数组公式代替多个公式的方式来简化工作表模式的功

能。假定有10000行甚至更多的销售单价和销售数量信息,则通过在单个单元格中创建一个数组公式即可对成千上万条记录计算销售总金额或统计其他信息。

### 实验 3-7　逻辑函数和数学函数的应用(录取学生)

【实验要求】　打开"sy3-7学生成绩录取标准.xlsx"文件,利用数学函数(SUM)和逻辑函数(IF、AND、OR)完成以下操作要求,结果如实验图 3-7 所示。

(1) 计算所有学生的总成绩。

(2) 根据学生 6 门功课的成绩确定是否录取学生,假设录取标准为 6 门功课的总分大于或等于 400,语文和外语均及格,并且语文和外语至少有一门不少于 80 分。

| | A | B | C | D | E | F | G | H | I |
|---|---|---|---|---|---|---|---|---|---|
| 1 | 学号 | 语文 | 数学 | 外语 | 物理 | 化学 | 政治 | 总成绩 | 是否录取 |
| 2 | S01001 | 94 | 95 | 78 | 98 | 96 | 92 | 553 | 录取 |
| 3 | S01002 | 84 | 97 | 97 | 76 | 97 | 99 | 550 | 录取 |
| 4 | S01003 | 50 | 75 | 62 | 63 | 81 | 78 | 409 | 不录取 |
| 5 | S01004 | 69 | 56 | 87 | 74 | 65 | 66 | 417 | 录取 |
| 6 | S01005 | 64 | 72 | 57 | 59 | 80 | 83 | 415 | 不录取 |
| 7 | S01006 | 74 | 79 | 75 | 73 | 91 | 52 | 444 | 不录取 |
| | S01007 | 73 | 67 | 94 | 75 | 59 | 57 | 415 | 录取 |

实验图 3-7　学生成绩录取标准

【操作提示】

利用 IF 函数、AND 函数和 OR 函数判断是否录取学生的公式为"=IF(AND(H2>=400,B2>=60,D2>=60,OR(B2>=80,D2>=80)),"录取","不录取")"。

【拓展】

利用 IF 函数、AND 函数和 OR 函数判断是否录取学生的公式还可以为"=IF((H2>=400)*(B2>=60)*(D2>=60)*((B2>=80)+(D2>=80)),"录取","不录取")"。

### 实验 3-8　信息函数和逻辑函数的应用(技能培训成绩)

【实验要求】　在"sy3-8信息函数(培训成绩表).xlsx"中存放着 15 名职工参加技能培训后的考核成绩。利用信息函数(ISBLANK、ISNUMBER)和逻辑函数(IF)完成以下操作要求,结果如实验图 3-8 所示。

(1) 分别使用 IF 函数和 ISBLANK 或者 ISNUMBER 函数根据 C 列中的考核成绩判断考核状态是"合格""不合格"还是"缺考"。成绩空缺为"缺考",成绩<60 为"不合格",否则为"合格"。

(2) 为了鼓励职工积极应考,单位规定基本补贴金额暂定为 1000 元。如果考核合格,给予 50% 的补贴,不合格的给予 10% 的补贴,缺考则不给予补贴。

| | A | B | C | D | E | F | G | H | I | J |
|---|---|---|---|---|---|---|---|---|---|---|
| 1 | 职工培训结业成绩 | | | | | | | | | |
| 2 | 学号 | 姓名 | 成绩 | 状态1 | 状态2 | 补贴标准 | 补贴 | | 基本补贴 | 1000 |
| 3 | S501 | 宋平平 | 87 | 合格 | 合格 | 50% | 500 | | | |
| 4 | S502 | 王丫丫 | | 缺考 | 缺考 | 0% | 0 | | | |
| 5 | S503 | 董华华 | 53 | 不合格 | 不合格 | 10% | 100 | | | |
| 6 | S504 | 陈燕燕 | 95 | 合格 | 合格 | 50% | 500 | | | |
| 7 | S505 | 周蓝蓝 | 87 | 合格 | 合格 | 50% | 500 | | | |

实验图 3-8　职工技能考核状态和补贴

【操作提示】

（1）使用 IF 函数和 ISBLANK 函数判断考试状态（方法 1）。在 D3 单元格中输入公式"=IF(ISBLANK(C3),"缺考",IF(C3>=60,"合格","不合格"))"，并向下填充至 D17 单元格。

（2）使用 IF 函数和 ISNUMBER 函数判断考试状态（方法 2）。在 E3 单元格中输入公式"=IF(ISNUMBER(C3),IF(C3>=60,"合格","不合格"),"缺考")"，并向下填充至 E17 单元格。

（3）使用 IF 函数计算补贴标准。在 F3 单元格中输入公式"=IF(D3="合格",50%,IF(D3="不合格",10%,0))"，并向下填充至 F17 单元格。当然，Excel 2019 中还可以使用 IFS 函数计算补贴标准，公式为"=IF(D3="合格",50%,D3="不合格",10%,D3="缺考",0)"。

（4）计算补贴。在 G3 单元格中输入公式"=$J$2*F3"，并向下填充至 G17 单元格。

# 数学和统计函数的应用

## 实验目的

- 数学和三角函数的应用
- 统计函数的应用
- 数学函数和数组公式的应用
- 数学函数、三角函数和数组公式的应用
- 统计函数、数学函数、逻辑函数和数组公式的应用

## 实验内容

### 实验 4-1　数学函数的应用(学生信息统计)

【实验要求】　在"sy4-1 学生信息表.xlsx"的 A2：A201 区域中包含了某班 200 个学生的学号信息。请利用数学函数 RAND、RANDBETWEEN、ROUND、SQRT、SUBTOTAL、SUMIF、SUMIFS 等按要求完成如下操作,结果如实验图 4-1 所示。

(1) 利用随机函数生成全班学生的身高(150.0～240.0cm,保留一位小数)、成绩(0～100 的整数)、月消费(0.0～1000.0,保留一位小数)。

(2) 利用 SUBTOTAL 函数计算全班学生的最高身高,填入 H2 单元格。

| | A | B | C | D | E | F | G |
|---|---|---|---|---|---|---|---|
| 1 | 学号 | 身高cm | 成绩 | 月消费 | | | |
| 2 | B13001 | 165.1 | 82 | ¥ 149 | | 最高身高 | 239.9 |
| 3 | B13002 | 164.3 | 0 | ¥ 583 | | 低消费汇总 | ¥　419 |
| 4 | B13003 | 193.8 | 44 | ¥ 592 | | 运动员消费汇总 | ¥46,641 |
| 5 | B13004 | 204.2 | 31 | ¥ 42 | | 及格运动员消费汇总 | ¥18,018 |
| 6 | B13005 | 190.1 | 25 | ¥ 166 | | | |
| 7 | B13006 | 215.7 | 96 | ¥ 718 | | | |

实验图 4-1　数学函数应用示例(学生信息)

（3）统计月消费<50的学生的总月消费,填入 H3 单元格中。

（4）统计高水平运动员(身高不低于 200.0cm 的学生)的总月消费,填入 H4 单元格中。

（5）统计考试及格(以调整后的成绩为准)的高水平运动员的总月消费,填入 H5 单元格中。

【操作提示】

（1）生成学生身高信息(保留一位小数)。在 B2 单元格中输入公式"＝ROUND(RAND()＊(240－150)＋150,1)",向下填充公式至 B201 单元格。

（2）生成学生成绩信息。在 C2 单元格中输入公式"＝RANDBETWEEN(0,100)",向下填充公式至 C201 单元格。

（3）生成学生月消费信息(保留一位小数)。在 D2 单元格中输入公式"＝ROUND(RAND()＊1000,1)",向下填充公式至 E201 单元格。

（4）利用 SUBTOTAL 函数统计学生最高身高。在 G2 单元格中输入公式"＝SUBTOTAL(4,B2:B201)"。

（5）统计低月消费信息。在 G3 单元格中输入公式"＝SUMIF(D2:D201,"<50")"。

（6）统计高水平运动员的月消费信息。在 G4 单元格中输入公式"＝SUMIF(B2:B201,">=200",D2:D201)"。

（7）统计考试及格的高水平运动员的月消费信息。在 G5 单元格中输入公式"＝SUMIFS(D2:D201,B2:B201,">=200",C2:C201,">=60")"。

### 实验 4-2　数学函数和数组公式的应用(商品销售统计)

【实验要求】　打开"sy4-2 商品销售.xlsx"文件,利用数学函数(SUMIF、SUM、ROUND)和数组公式完成以下操作要求,计算结果如实验图 4-2 所示。

（1）在数据区域 K3:L10 中统计每类产品的库存总量和订购总量。

（2）统计以"康"开头的所有供应商(康复、康堡、康美)的总库存量,将结果置于单元格 O12 中。

（3）统计以"箱"为计量单位的产品订购总量,将结果置于单元格 O13 中。

（4）统计产品订购总金额(四舍五入到小数点后一位),将结果置于单元格 O14 中。

实验图 4-2　商品销售统计信息

【操作提示】

（1）库存总量 K3 单元格的公式为"＝SUMIF($D$2:$D$40,J3,$G$2:$G$40)"。

（2）订购总量 L3 单元格的公式为"＝SUMIF($D$2:$D$40,J3,$H$2:$H$40)"。

（3）以"康"开头的所有供应商（康复、康堡、康美）的总库存量 O12 单元格的公式为"＝SUMIF(C2:C40,"康 ＊",G2:G40)"。

（4）以"箱"为计量单位的产品订购总量 O13 单元格的公式为"＝SUMIF(E2:E40," ＊ 箱 ＊",H2:H40)"。

（5）产品订购总金额 O14 单元格的数组公式为"{＝ROUND(SUM(F2:F40 ＊ H2:H40),1)}"。

### 实验 4-3　数学和三角函数及逻辑函数的应用（计算分段函数）

【实验要求】　打开"sy4-3 分段函数.xlsx"文件,利用数学和三角函数（RAND、ROUND、SQRT、ABS、EXP、LOG、COS、LN、PI）及逻辑函数（IF、AND、OR）计算当 $x$ 取值为 $-15\sim20$ 的随机实数（保留两位小数）时分段函数 $y$ 的值。要求使用两种方法实现:一种方法先判断 $-2\leqslant x\leqslant 5$ 条件（AND 条件）,第二种方法先判断 $x<-2$ 或 $x>5$ 条件（OR 条件）,结果均四舍五入到小数点后两位。计算结果如实验图 4-3 所示。

| | A | B | C |
|---|---|---|---|
| | x | 分段函数AND | 分段函数OR |
| 1 | | | |
| 2 | -7.13 | 9.66 | 9.66 |
| 3 | -3.46 | 5.17 | 5.17 |
| 4 | 10.11 | 9.62 | 9.62 |
| 5 | -3.34 | 5.00 | 5.00 |
| 6 | 8.63 | 9.07 | 9.07 |
| 7 | 12.88 | 12.32 | 12.32 |
| 8 | 18.31 | 13.63 | 13.63 |
| 9 | 19.58 | 13.79 | 13.79 |

实验图 4-3　分段函数结果

$$y=\begin{cases} x^3-2\sqrt{\lceil x\rceil}+e^x-\log_2(x^2+1) & -2\leqslant x\leqslant 5 \\ \cos x+\ln(\pi x^4+e) & x<-2 \text{ 或 } x>5 \end{cases}$$

【操作提示】

（1）生成 $-15\sim20$ 的随机实数（保留两位小数）的公式为"＝ROUND(RAND() ＊ 35-15,2)"。

（2）利用 IF 函数、AND 函数和数学函数计算分段函数 $y$ 的值的公式为"＝IF(AND(A2>=-2,A2<=5),A2^3-2 ＊ SQRT(ABS(A2))+EXP(A2)-LOG(A2^2+1,2),COS(A2)+LN(PI() ＊ A2^4+EXP(1)))"。

（3）利用 IF 函数、OR 函数和数学函数计算分段函数 $y$ 的值的公式为"＝IF(OR(A2<-2,A2>5),COS(A2)+LN(PI() ＊ A2^4+EXP(1)),A2^3-2 ＊ SQRT(ABS(A2))+EXP(A2)-LOG(A2^2+1,2))"。

### 实验 4-4　统计和数学函数及数组公式的应用（学习成绩统计）

【实验要求】　打开"sy4-4 学习成绩表.xlsx"文件,分别利用 4 种方法（COUNTIF/COUNTIFS、数组公式和 SUM 以及 IF 配合、数组公式和 SUM 以及 ＊ 配合、SUMPRODUCT）完成以下操作要求,最终结果参见实验图 4-4。

（1）统计平均分为 90～100 分、80～89 分、70～79 分、60～69 分以及小于 60 分的各分数段的人数,并计算出占班级人数的百分比。

（2）根据平均分分别统计两个班的优秀（平均分≥90 分）男生人数、优秀女生人数。

【操作提示】

（1）计算平均分的数组公式为"{＝ROUND(H3:H17/3,0)}"。

## 学生学习情况表

| 学号 | 姓名 | 性别 | 班级 | 大学语文 | 高等数学 | 公共英语 | 总分 | 平均分 |
|---|---|---|---|---|---|---|---|---|
| B13121501 | 宋平平 | 女 | 一班 | 87 | 90 | 97 | 274 | 91 |
| B13121502 | 王丫丫 | 女 | 一班 | 93 | 92 | 90 | 275 | 92 |
| B13121503 | 董华华 | 男 | 二班 | 53 | 67 | 93 | 213 | 71 |
| B13121504 | 陈燕燕 | 女 | 二班 | 95 | 89 | 78 | 262 | 87 |
| B13121505 | 周萍萍 | 女 | 一班 | 87 | 74 | 84 | 245 | 82 |
| B13121506 | 田一天 | 男 | 一班 | 91 | 74 | 84 | 249 | 83 |
| B13121507 | 朱洋洋 | 男 | 一班 | 58 | 55 | 67 | 180 | 60 |
| B13121508 | 吕文文 | 男 | 二班 | 78 | 77 | 55 | 210 | 70 |
| B13121509 | 舒齐齐 | 女 | 二班 | 69 | 95 | 99 | 263 | 88 |
| B13121510 | 范华华 | 女 | 二班 | 93 | 95 | 98 | 286 | 95 |
| B13121511 | 赵霞霞 | 女 | 一班 | 79 | 86 | 89 | 254 | 85 |
| B13121512 | 阳一昆 | 男 | 二班 | 51 | 41 | 55 | 147 | 49 |
| B13121513 | 翁华华 | 女 | 一班 | 93 | 90 | 94 | 277 | 92 |
| B13121514 | 金依珊 | 女 | 二班 | 89 | 80 | 76 | 245 | 82 |
| B13121515 | 李一红 | 男 | 二班 | 95 | 86 | 88 | 269 | 90 |

(a) 素材

| 方法1：COUNTIF(S) | | | 方法1：COUNTIFS | |
|---|---|---|---|---|
| 平均分 | 人数 | 百分比 | 优秀女生 | 4 |
| 90~100 | 5 | 33.3% | 优秀男生 | 1 |
| 80~89 | 6 | 40.0% | | |
| 70~79 | 2 | 13.3% | | |
| 60~69 | 1 | 6.7% | | |
| <60 | 1 | 6.7% | | |
| | | | | |
| 方法2：SUM、IF | | | 方法2：SUM、IF | |
| 80~89 | 6 | | 优秀女生 | 4 |
| 70~79 | 2 | | 优秀男生 | 1 |
| 60~69 | 1 | | | |
| <60 | 1 | | | |
| | | | | |
| 方法3：SUM* | | | 方法3：SUM* | |
| 80~89 | 6 | | 优秀女生 | 4 |
| 70~79 | 2 | | 优秀男生 | 1 |
| 60~69 | 1 | | | |
| | | | | |
| 方法4：SUMPRODUCT | | | 方法4：SUMPRODUCT | |
| 80~89 | 6 | | 优秀女生 | 4 |
| 70~79 | 2 | | 优秀男生 | 1 |
| 60~69 | 1 | | | |

(b) 结果

实验图 4-4　学习成绩统计表

（2）利用 COUNTIF/COUNTIFS（方法 1）统计 90～100 分、80～89 分、70～79 分、60～69 分以及小于 60 分的各分数段的人数的公式为：

$$=COUNTIF(\$I\$3:\$I\$17,">=90")$$
$$=COUNTIFS(\$I\$3:\$I\$17,">=80",\$I\$3:\$I\$17,"<90")$$
$$=COUNTIFS(\$I\$3:\$I\$17,">=70",\$I\$3:\$I\$17,"<80")$$
$$=COUNTIFS(\$I\$3:\$I\$17,">=60",\$I\$3:\$I\$17,"<70")$$
$$=COUNTIF(\$I\$3:\$I\$17,"<60")$$

占班级人数的百分比：

$$=B21/COUNT(\$I\$3:\$I\$17)$$
$$=B22/COUNT(\$I\$3:\$I\$17)$$
$$=B23/COUNT(\$I\$3:\$I\$17)$$
$$=B24/COUNT(\$I\$3:\$I\$17)$$
$$=B25/COUNT(\$I\$3:\$I\$17)$$

（3）利用数组公式、SUM 和 IF 配合（方法 2）统计 80～89 分、70～79 分、60～69 分以及小于 60 分的各分数段的人数的公式为：

$$\{=SUM(IF(I3:I17>=80,IF(I3:I17<90,1,0)))\}$$
$$\{=SUM(IF(I3:I17>=70,IF(I3:I17<80,1,0)))\}$$
$$\{=SUM(IF(I3:I17>=60,IF(I3:I17<70,1,0)))\}$$
$$\{=SUM(IF(I3:I17<60,1,0))\}$$

（4）利用数组公式、SUM 和 * 配合（方法 3）统计 80～89 分、70～79 分、60～69 分的各分数段的人数的公式为：

$$\{=SUM((I3:I17>=80)*(I3:I17<90))\}$$
$$\{=SUM((I3:I17>=70)*(I3:I17<80))\}$$
$$\{=SUM((I3:I17>=60)*(I3:I17<70))\}$$

（5）利用 SUMPRODUCT（方法 4）统计 80～89 分、70～79 分、60～69 分的各分数段的

人数的公式为：
$$=SUMPRODUCT((I3:I17>=80)*(I3:I17<90))$$
$$=SUMPRODUCT((I3:I17>=70)*(I3:I17<80))$$
$$=SUMPRODUCT((I3:I17>=60)*(I3:I17<70))$$

（6）利用 COUNTIFS(方法1)统计优秀男、女生人数的公式为：
$$=COUNTIFS(\$C\$3:\$C\$17,"女",\$I\$3:\$I\$17,">=90")$$
$$=COUNTIFS(\$C\$3:\$C\$17,"男",\$I\$3:\$I\$17,">=90")$$

（7）利用数组公式、SUM 和 IF 配合(方法2)统计优秀男、女生人数的公式为：
$$\{=SUM(IF(C3:C17="女",IF(I3:I17>=90,1,0)))\}$$
$$\{=SUM(IF(C3:C17="男",IF(I3:I17>=90,1,0)))\}$$

（8）利用数组公式、SUM 和 * 配合(方法3)统计优秀男、女生人数的公式为：
$$\{=SUM((I3:I17>=90)*(C3:C17="女"))\}$$
$$\{=SUM((I3:I17>=90)*(C3:C17="男"))\}$$

（9）利用 SUMPRODUCT(方法4)统计优秀男、女生人数的公式为：
$$=SUMPRODUCT((C3:C17="女")*(I3:I17>=90))$$
$$=SUMPRODUCT((C3:C17="男")*(I3:I17>=90))$$

### 实验 4-5　统计、数学和逻辑函数及数组公式的应用(产品统计)

【实验要求】　打开"sy4-5产品清单.xlsx"文件，利用统计函数(COUNTIF)、数学函数(SUM、SUMPRODUCT)、逻辑函数(IF)、日期与时间函数(MONTH)以及数组公式完成以下操作要求，最终结果参见实验图4-5。

（1）利用数组公式计算库存剩余量，将结果置于 K2:K40 单元格区域中。

（2）统计库存商品的总金额(保留一位小数)，将结果置于单元格 N2 中。

（3）统计海鲜2月份的订购总量，将结果置于单元格 N3 中。

（4）统计点心和饮料的订购总金额，将结果置于单元格 N4 中。

（5）统计等级分类总数，将结果置于单元格 N6 中。

| N6 | | | fx | {=SUM(1/COUNTIF(E2:E40, E2:E40))} | | | | | | | | | |
|---|---|---|---|---|---|---|---|---|---|---|---|---|---|
| | A | B | C | D | E | F | G | H | I | J | K | L | M | N |
| 1 | 产品ID | 产品名称 | 供应商 | 类别 | 等级 | 单位数量 | 单价 | 库存量 | 订购量 | 订购日期 | 剩余库存量 | | | |
| 2 | 1 | 苹果汁 | 佳佳乐 | 饮料 | 3 | 每箱24瓶 | ￥18.00 | 39 | 10 | 2014/2/15 | 29 | | 库存商品总金额 | ￥ 42,540.1 |
| 3 | 2 | 牛奶 | 佳佳乐 | 饮料 | 3 | 每箱24瓶 | ￥19.00 | 17 | 25 | 2014/6/10 | -8 | | 海鲜2月份订购总量 | 40 |
| 4 | 3 | 蕃茄酱 | 佳佳乐 | 调味品 | 3 | 每箱12瓶 | ￥10.00 | 13 | 25 | 2014/3/20 | -12 | | 点心和饮料订购总金额 | ￥ 7,185.0 |
| 5 | 4 | 盐 | 康富食品 | 调味品 | 5 | 每箱12瓶 | ￥22.00 | 53 | 0 | 2014/2/17 | 53 | | | |
| 6 | 6 | 酱油 | 妙生 | 调味品 | 1 | 每箱12瓶 | ￥25.00 | 120 | 25 | 2014/6/23 | 95 | | 等级分类总数 | 10 |
| 7 | | 温鮮粉 | 妙生 | 特制品 | 0 | 每箱30盒 | ￥30.00 | | | 2014/3/20 | | | | |

实验图 4-5　产品清单统计结果

【操作提示】

（1）计算库存剩余量的数组公式为"$\{=H2:H40-I2:I40\}$"。

（2）统计库存商品总金额的数组公式为"$\{=SUM(G2:G40*H2:H40)\}$"或者"$=SUMPRODUCT(G2:G40*H2:H40)$"。

（3）统计海鲜2月份订购总量的数组公式为"$\{=SUM(IF((D2:D40="海鲜")*(MONTH(J2:J40)=2),I2:I40,0))\}$"或者"$=SUMPRODUCT((D2:D40="海鲜")*$

$(MONTH(J2:J40)=2)*(I2:I40))$"。

（4）统计点心和饮料订购总金额的数组公式为"$\{=SUM(IF((D2:D40="点心")+(D2:D40="饮料"),G2:G40*I2:I40))\}$"。

（5）统计等级分类总数的数组公式为"$\{=SUM(1/COUNTIF(E2:E40,E2:E40))\}$"或者"$=SUMPRODUCT(1/COUNTIF(E2:E40,E2:E40))$"。

### 实验 4-6 统计函数 RANK 的应用（学生名次）

【实验要求】 在"sy4-6 多区域数据排名.xlsx"中记录着 75 名学生某次考试中某门功课的成绩（置于多个数据区域中），请统计每位学生的成绩排名，结果如实验图 4-6 所示。

| | A | B | C | D | E | F | G | H | I | J | K |
|---|---|---|---|---|---|---|---|---|---|---|---|
| 1 | 学号 | 成绩 | 名次 | | 学号 | 成绩 | 名次 | | 学号 | 成绩 | 名次 |
| 2 | S01001 | 81 | 36 | | S01026 | 84 | 32 | | S01051 | 52 | 69 |
| 3 | S01002 | 51 | 70 | | S01027 | 95 | 9 | | S01052 | 98 | 6 |
| 4 | S01003 | 80 | 38 | | S01028 | 77 | 45 | | S01053 | 73 | 51 |
| 5 | S01004 | 79 | 41 | | S01029 | 72 | 53 | | S01054 | 89 | 23 |
| 6 | S01005 | 70 | 59 | | S01030 | 90 | 18 | | S01055 | 71 | 56 |
| 7 | S01006 | 68 | 62 | | S01031 | 80 | 38 | | S01056 | 75 | 50 |
| 8 | S01007 | 90 | 18 | | S01032 | 100 | 1 | | S01057 | 90 | 18 |
| 9 | S01008 | 95 | 9 | | S01033 | 69 | 60 | | S01058 | 60 | 67 |

实验图 4-6 学生成绩排名（多区域数据排名）

【操作提示】

多区域数据排名的公式为"$=RANK(B2,(\$B\$2:\$B\$26,\$F\$2:\$F\$26,\$J\$2:\$J\$26))$"。

### 实验 4-7 统计函数的应用（成绩统计）

【实验要求】 打开"sy4-7 学生成绩排名.xlsx"，利用 RANK、LARGE、SMALL、MEDIAN 以及 MODE 等函数统计语文和数学的总分、名次、第四名总分、倒数第四名的总分、语文中间成绩以及语文和数学成绩中出现次数最多的分数。实验结果参见实验图 4-7。

【操作提示】

（1）在 E2 单元格中按总分统计学生排名的公式为"$=RANK(D2,\$D\$2:\$D\$11)$"。

（2）计算第四名总分的公式为"$=LARGE(D2:D11,4)$"或者"$=SMALL(D2:D11,7)$"。

（3）计算倒数第四名总分的公式为"$=SMALL(D2:D11,4)$"或者"$=LARGE(D2:D11,7)$"。

（4）计算语文中间成绩的公式为"$=MEDIAN(B2:B11)$"。

| | A | B | C | D | E |
|---|---|---|---|---|---|
| 1 | 学号 | 语文 | 数学 | 总分 | 名次 |
| 2 | S01001 | 94 | 95 | 189 | 1 |
| 3 | S01002 | 90 | 94 | 184 | 3 |
| 4 | S01003 | 50 | 75 | 125 | 10 |
| 5 | S01004 | 69 | 70 | 139 | 8 |
| 6 | S01005 | 64 | 72 | 136 | 9 |
| 7 | S01006 | 93 | 94 | 187 | 2 |
| 8 | S01007 | 73 | 67 | 140 | 7 |
| 9 | S01008 | 89 | 61 | 150 | 6 |
| 10 | S01009 | 91 | 87 | 178 | 4 |
| 11 | S01010 | 63 | 88 | 151 | 5 |
| 12 | | | | | |
| 13 | 第四名总分 | | | 178 | |
| 14 | 倒数第四名总分 | | | 140 | |
| 15 | 语文中间成绩 | | | 81 | |
| 16 | 出现次数最多的分数 | | | 94 | |

实验图 4-7 学生成绩排名结果

（5）计算出现次数最多的分数的公式为"$=MODE(B2:C11)$"。

**实验 4-8　统计、数学函数的应用（各分数段人数和百分比）**

【实验要求】　打开"sy4-8学生成绩统计.xlsx"文件，利用 FREQUENCY、COUNT 等函数统计学生成绩各分数段的人数和百分比。注意，为了使用 FREQUENCY 函数统计数值在区域内出现的频率，需要重新整理分数段（置于 H1:H8 数据区域）。最终结果参见实验图 4-8。

| | E2 | | | $f_x$ | {=FREQUENCY(B2:B68, H2:H8)} | | |
|---|---|---|---|---|---|---|---|
| ▲ | A | B | C | D | E | F | G | H |
| 1 | 学号 | 数学 | | 分数段 | 人数 | 百分比 | | 分数段 |
| 2 | S01001 | 81 | | 40以下 | 1 | 1% | | 39 |
| 3 | S01002 | 56 | | 49~40 | 1 | 1% | | 49 |
| 4 | S01003 | 80 | | 59~50 | 3 | 4% | | 59 |
| 5 | S01004 | 79 | | 69~60 | 8 | 12% | | 69 |
| 6 | S01005 | 74 | | 79~70 | 15 | 22% | | 79 |
| 7 | S01006 | 68 | | 89~80 | 22 | 33% | | 89 |
| 8 | S01007 | 90 | | 99~90 | 16 | 24% | | 99 |
| 9 | S01008 | 95 | | 100 | 1 | 1% | | |

实验图 4-8　学生成绩统计结果

【操作提示】

（1）统计学生成绩各分数段人数的数组公式为"{=FREQUENCY(B2:B68，H2:H8)}"。

（2）在 F2 单元格中统计学生成绩各分数段百分比的公式为"=E2/COUNT($B$2：$B$68)"。

**实验 4-9　统计、数学函数及数组公式的应用（产品信息调整与统计）**

【实验要求】　在"sy4-9产品信息.xlsx"中存放着 20 种产品的单价、库存量、订购量等信息，请利用统计函数（LARGE、SMALL）、数学函数（ABS）以及数组公式和数组常量完成以下操作要求，结果如实验图 4-9 所示。

（1）利用数组公式和数组常量并根据两种方案调整产品的单价、库存量、订购量。

① 单价降低两元，库存量和订购量分别增加 5 和 8，调整后的信息存放于数据区域 F2：H21 中。

② 单价降低 10%，库存量和订购量分别增加 20% 和 30%，调整后的信息存放于数据区域 I2:K21 中。

（2）利用 LARGE 函数以及数组公式和数组常量分别统计单价、库存量、订购量最高的前 3 种产品的信息，存放于数据区域 C23:E25 中。

（3）利用 SMALL 函数以及数组公式和数组常量分别统计单价、库存量、订购量最低的 3 种产品的信息，存放于数据区域 C26:E28 中。

（4）利用 LARGE 函数以及数组公式和数组常量统计剩余库存量最多的 3 种产品的信息，存放于数据区域 C30:C32 中。

（5）利用 SMALL 函数以及数组公式和数组常量统计剩余库存量最少的 3 种产品的剩余库存量信息，存放于数据区域 C33:C35 中。

（6）利用 LARGE 函数、ABS 函数以及数组公式和数组常量统计库存量和订购量相差最多的 3 种产品的差额信息，存放于数据区域 C36:C38 中。

| | A | B | C | D | E | F | G | H | I | J | K |
|---|---|---|---|---|---|---|---|---|---|---|---|
| 1 | 产品名称 | 单位数量 | 单价 | 库存量 | 订购量 | 单价1 | 库存量1 | 订购量1 | 单价2 | 库存量2 | 订购量2 |
| 2 | 苹果汁 | 每箱24瓶 | ¥18.00 | 39 | 10 | ¥16.00 | 44 | 18 | ¥16.20 | 47 | 13 |
| 3 | 牛奶 | 每箱24瓶 | ¥19.00 | 17 | 25 | ¥17.00 | 22 | 33 | ¥17.10 | 20 | 33 |
| 4 | 蕃茄酱 | 每箱12瓶 | ¥10.00 | 13 | 25 | ¥8.00 | 18 | 33 | ¥9.00 | 16 | 33 |
| 5 | 盐 | 每箱12瓶 | ¥22.00 | 53 | 2 | ¥20.00 | 58 | 10 | ¥19.80 | 64 | 3 |
| 6 | 酱油 | 每箱12瓶 | ¥25.00 | 120 | 25 | ¥23.00 | 125 | 33 | ¥22.50 | 144 | 33 |

(a) 产品信息调整

| 23 | 单价、库存量、订购量最高的三种产品 | ¥97.00 | 120 | 110 |
|---|---|---|---|---|
| 24 | | ¥81.00 | 104 | 50 |
| 25 | | ¥62.50 | 86 | 40 |
| 26 | 单价、库存量、订购量最低的三种产品 | ¥6.00 | 6 | 2 |
| 27 | | ¥9.20 | 10 | 5 |
| 28 | | ¥10.00 | 13 | 5 |
| 29 | | | | |
| 30 | 排名前三的剩余库存量 | 95 | | |
| 31 | | 79 | | |
| 32 | | 51 | | |
| 33 | 排名后三的剩余库存量 | -88 | | |
| 34 | | -12 | | |
| 35 | | -8 | | |
| 36 | 库存量订购量相差最多的前三种产品 | 95 | | |
| 37 | | 88 | | |
| 38 | | 79 | | |

(b) 产品统计结果

实验图 4-9 产品信息统计

**【操作提示】**

（1）在 F2:H21 单元格中根据方案 1 调整产品单价、库存量、订购量的数组公式为"{=C2:E21+{-2,5,8}}"。

（2）在 I2:K21 单元格中根据方案 2 调整产品单价、库存量、订购量的数组公式为"{=C2:E21*{0.9,1.2,1.3}}"。

（3）利用 SMALL 函数以及数组公式和数组常量统计单价、库存量、订购量最高的前 3 种产品信息的数组公式为"{=LARGE(C2:C21,{1;2;3})}"。

（4）利用 LARGE 函数以及数组公式和数组常量统计单价、库存量、订购量最低的 3 种产品信息的数组公式为"{=SMALL(C2:C21,{1;2;3})}"。

（5）利用 LARGE 函数以及数组公式和数组常量统计剩余库存量最多的 3 种产品信息的数组公式为"{=LARGE(D2:D21-E2:E21,{1;2;3})}"。

（6）利用 SMALL 函数以及数组公式和数组常量统计剩余库存量最少的 3 种产品信息的公式为"{=SMALL(D2:D21-E2:E21,{1;2;3})}"。

（7）利用 LARGE 函数、ABS 函数以及数组公式和数组常量统计库存量和订购量相差最多的 3 种产品信息的数组公式为"{=LARGE(ABS(D2:D21-E2:E21),{1;2;3})}"。

# 实验 5

# 文本函数和日期与时间函数的应用

## 实验目的

- 文本函数的综合应用
- 日期与时间函数的综合应用

## 实验内容

### 实验 5-1 文本函数 TEXT 的应用（将文本转换为日期）

【实验要求】 打开"sy5-1 文本转换为日期.xlsx"文件,利用 TEXT 函数,使用不同的方法,将文本型出生日期转换为以"."分隔或以"/"分隔的标准和规范日期格式。结果参见实验图 5-1。

| | A | B | C | D | E | F | G | H | I |
|---|---|---|---|---|---|---|---|---|---|
| 1 | | | | | 信息学院职工基本信息表 | | | | |
| 2 | 工号 | 姓名 | 出生日期（文本） | 出生日期（标准） | 出生日期（一） | 出生日期（*1） | 出生日期（/1） | 出生日期（+0） | 出生日期（-0） |
| 3 | 2002134 | 邱师强 | 19851012 | 1985-10-12 | 1985.10.12 | 1985.10.12 | 1985/10/12 | 1985.10.12 | 1985/10/12 |
| 4 | 2003131 | 赵丹丹 | 19760610 | 1976-06-10 | 1976.06.10 | 1976.06.10 | 1976/06/10 | 1976.06.10 | 1976/06/10 |
| 5 | 2006224 | 张王明 | 19730725 | 1973-07-25 | 1973.07.25 | 1973.07.25 | 1973/07/25 | 1973.07.25 | 1973/07/25 |
| 6 | 2010216 | 胡安安 | 19770620 | 1977-06-20 | 1977.06.20 | 1977.06.20 | 1977/06/20 | 1977.06.20 | 1977/06/20 |
| 7 | 1998364 | 钱军军 | 19700823 | 1970-08-23 | 1970.08.23 | 1970.08.23 | 1970/08/23 | 1970.08.23 | 1970/08/23 |
| 8 | 2000309 | 孙莹莹 | 19760601 | 1976-06-01 | 1976.06.01 | 1976.06.01 | 1976/06/01 | 1976.06.01 | 1976/06/01 |
| 9 | 1985001 | 来福灵 | 19590113 | 1959-01-13 | 1959.01.13 | 1959.01.13 | 1959/01/13 | 1959.01.13 | 1959/01/13 |
| 10 | 1994015 | 张杉杉 | 19711216 | 1971-12-16 | 1971.12.16 | 1971.12.16 | 1971/12/16 | 1971.12.16 | 1971/12/16 |
| 11 | 1990218 | 李思思 | 19740226 | 1974-02-26 | 1974.02.26 | 1974.02.26 | 1974/02/26 | 1974.02.26 | 1974/02/26 |
| 12 | 1990313 | 袁石岭 | 19831125 | 1983-11-25 | 1983.11.25 | 1983.11.25 | 1983/11/25 | 1983.11.25 | 1983/11/25 |
| 13 | 1992305 | 袁石梅 | 19810921 | 1981-09-21 | 1981.09.21 | 1981.09.21 | 1981/09/21 | 1981.09.21 | 1981/09/21 |
| 14 | 1993274 | 陈默金 | 19780323 | 1978-03-23 | 1978.03.23 | 1978.03.23 | 1978/03/23 | 1978.03.23 | 1978/03/23 |
| 15 | 1997007 | 肖恺花 | 19850514 | 1985-05-14 | 1985.05.14 | 1985.05.14 | 1985/05/14 | 1985.05.14 | 1985/05/14 |
| 16 | 1999039 | 郑一洁 | 19801221 | 1980-12-21 | 1980.12.21 | 1980.12.21 | 1980/12/21 | 1980.12.21 | 1980/12/21 |
| 17 | 2011010 | 刘英玫 | 19530917 | 1953-09-17 | 1953.09.17 | 1953.09.17 | 1953/09/17 | 1953.09.17 | 1953/09/17 |
| 18 | 1996057 | 王小毛 | 19860222 | 1986-02-22 | 1986.02.22 | 1986.02.22 | 1986/02/22 | 1986.02.22 | 1986/02/22 |
| 19 | 2004105 | 张雪眉 | 19790417 | 1979-04-17 | 1979.04.17 | 1979.04.17 | 1979/04/17 | 1979.04.17 | 1979/04/17 |
| 20 | 2006089 | 吴依依 | 19870511 | 1987-05-11 | 1987.05.11 | 1987.05.11 | 1987/05/11 | 1987.05.11 | 1987/05/11 |

实验图 5-1 出生日期（文本函数 TEXT 的应用）

【操作提示】

（1）将文本型出生日期转换为标准日期格式的公式为"＝TEXT(C3,"♯－00－00")"。

（2）利用--（减负）算术四则运算将文本型出生日期转换为规范日期格式的公式为"=--TEXT(C3,"♯-00-00")"。

（3）利用--（减负）算术四则运算将文本型出生日期转换为规范日期格式的公式为"=--TEXT(C3,"♯-00-00")"，并自定义日期格式为"yyyy.mm.dd"。

（4）利用"＊1"算术四则运算将文本型出生日期转换为规范日期格式的公式为"=TEXT(C3,"♯-00-00")＊1"，并自定义日期格式为"yyyy.mm.dd"。

（5）利用"/1"算术四则运算将文本型出生日期转换为规范日期格式的公式为"=TEXT(C3,"♯-00-00")/1"，并自定义日期格式为"yyyy/mm/dd"。

（6）利用"＋0"算术四则运算将文本型出生日期转换为规范日期格式的公式为"=TEXT(C3,"♯-00-00")＋0"，并自定义日期格式为"yyyy.mm.dd"。

（7）利用"－0"算术四则运算将文本型出生日期转换为规范日期格式的公式为"=TEXT(C3,"♯-00-00")-0"，并自定义日期格式为"yyyy/mm/dd"。

### 实验 5-2 文本、逻辑及信息函数的应用（信息的合成和抽取）

【实验要求】 打开"sy5-2供应商信息.xlsx"文件，利用逻辑函数（IF、IFERROR）、文本函数（CONCATENATE、LEN、LENB、MIDB、LEFT、RIGHT、SEARCHB、SEARCH）、信息函数（ISERROR）完成以下操作要求，结果参见实验图 5-2。

（1）根据街道地址信息获取城市地址（可利用 CONCATENATE 函数）和街道号码（可利用 MIDB、SEARCHB、LEN、LENB 函数）。

（2）根据城市邮编（合成）信息获取城市名称（可利用 LEFT、LENB、LEN 等函数）和邮政编码（可利用 RIGHT、LENB、LEN 等函数）。

（3）根据区号电话号码（合成）信息获取区号（可利用 LEFT、FIND 等函数）和市话号码（可利用 RIGHT、FIND、LEN 等函数）。

（4）根据街道地址和电话号码信息获取位于开发区的供应商电话号码（可以利用 IF、ISERROR、SEARCH 等函数，也可以利用信息函数 ISERROR 判断指定值是否为错误值，因为如果 SEARCH 函数在 C 列指定单元格中找不到要查找的文本"开发区"，将返回错误值♯VALUE!，而不是显示空或者逻辑值 TRUE、FALSE）。

（5）利用逻辑函数 IFERROR 实现与（4）同样的功能。

E2 · fx =--LOOKUP(,-MIDB(C2, SEARCHB("?", C2), ROW($2:$15)))

| | A | B | C | D | E | F | G | H | I | J | K | L |
|---|---|---|---|---|---|---|---|---|---|---|---|---|
| 1 | 姓名 | 城市 | 街道地址 | 城市地址 | 街道号码 | 城市邮编 | 城市 | 邮政编码 | 电话号码 | 区号 | 市话号码 | 开发区供应商电话号码 |
| 2 | 王歆文 | 石家庄 | 光明北路854号 | 石家庄光明北路854号 | 854 | 石家庄050007 | 石家庄 | 050007 | 0311-97658386 | 0311 | 97658386 | |
| 3 | 王懿立 | 海口 | 明成街19号 | 海口明成街19号 | 19 | 海口567075 | 海口 | 567075 | 0898-712143 | 0898 | 712143 | |
| 4 | 刘倩芳 | 天津 | 重阳路567号 | 天津重阳路567号 | 567 | 天津300755 | 天津 | 300755 | 022-9113568 | 022 | 9113568 | |
| 5 | 陈熠洁 | 大连 | 冀州西街6号 | 大连冀州西街6号 | 6 | 大连116654 | 大连 | 116654 | 0411-85745549 | 0411 | 85745549 | |
| 6 | 王鹏琪 | 天津 | 新技术开发区43号 | 天津新技术开发区43号 | 43 | 天津300755 | 天津 | 300755 | 022-81679931 | 022 | 81679931 | 022-81679931 |
| 7 | 周一蓝 | 长春 | 志新路37号 | 长春志新路37号 | 37 | 长春130745 | 长春 | 130745 | 0431-5327434 | 0431 | 5327434 | |
| 8 | 赵国馨 | 重庆 | 志明东路84号 | 重庆志明东路84号 | 84 | 重庆488705 | 重庆 | 488705 | 852-6970831 | 852 | 6970831 | |
| 9 | 张桢喆 | 天津 | 明正东街12号 | 天津明正东街12号 | 12 | 天津300755 | 天津 | 300755 | 022-71657062 | 022 | 71657062 | |
| 10 | 范赵灵 | 长春 | 高新技术开发区3号 | 长春高新技术开发区3号 | 3 | 长春130745 | 长春 | 130745 | 0431-8293735 | 0431 | 8293735 | 0431-8293735 |
| 11 | 王琪琪 | 天津 | 津东路19号 | 天津津东路19号 | 19 | 天津300755 | 天津 | 300755 | 022-68523326 | 022 | 68523326 | |
| 12 | 邓丽丽 | 温州 | 吴越大街35号 | 温州吴越大街35号 | 35 | 温州325904 | 温州 | 325904 | 0577-64583321 | 0577 | 64583321 | |
| 13 | 张娟娟 | 石家庄 | 新技术开发区36号 | 石家庄新技术开发区36号 | 36 | 石家庄050125 | 石家庄 | 050125 | 0311-82455173 | 0311 | 82455173 | 0311-82455173 |
| 14 | 覃佳妮 | 南京 | 崇明路9号 | 南京崇明路9号 | 9 | 南京210453 | 南京 | 210453 | 025-97251968 | 025 | 97251968 | |
| 15 | 宣华华 | 南昌 | 崇明西路丁93号 | 南昌崇明西路丁93号 | 93 | 南昌330975 | 南昌 | 330975 | 0791-56177810 | 0791 | 56177810 | |

实验图 5-2 供应商信息的合成和抽取

【操作提示】

（1）利用 CONCATENATE 函数，根据城市（B 列）和街道地址（C 列）信息获取城市地址（D 列）的公式为"=CONCATENATE(B2,C2)"。

（2）利用 MIDB 函数、SEARCHB 函数、LEN 函数以及 LENB 函数，根据街道地址（C 列）信息获取街道号码的公式为"=MIDB(C2,SEARCHB("?",C2),2*LEN(C2)−LENB(C2))"。

（3）利用 LEFT 函数、LENB 函数以及 LEN 函数，根据城市邮编（F 列）信息获取城市名称（G 列）的公式为"=LEFT(F2,LENB(F2)−LEN(F2))"。

（4）利用 RIGHT 函数、LENB 函数以及 LEN 函数，根据城市邮编（F 列）信息获取邮政编码（H 列）的公式为"=RIGHT(F2,2*LEN(F2)−LENB(F2))"。

（5）利用 LEFT 函数和 FIND 函数，根据电话号码（I 列）信息获取区号（J 列）的公式为"=LEFT(I2,FIND("−",I2)−1)"。

（6）利用 RIGHT 函数、FIND 函数以及 LEN 函数，根据电话号码（I 列）信息获取市话号码（K 列）的公式为"=RIGHT(I2,LEN(I2)−FIND("−",I2))"。

（7）利用 IF 函数、ISERROR 函数以及 SEARCH 函数，根据街道地址（C 列）和电话号码（I 列）信息获取位于开发区的供应商电话号码（L 列）的公式（方法 1）为"=IF(ISERROR(SEARCH("开发区",C2)),"",I2)"。

（8）利用 IFERROR 函数、IF 函数以及 SEARCH 函数，根据街道地址（C 列）和电话号码（I 列）信息获取位于开发区的供应商电话号码（L 列）的公式（方法 2）为"=IFERROR(IF(SEARCH("开发区",C2),I2,"")",""")"。

### 实验 5-3　日期与时间函数的应用（填写教学周次）

【实验要求】　在"sy5-3 教学周次.xlsx"文件中存放着 2019—2020 学年第一学期（1～19 周）教学工作日程安排，请利用日期与时间函数（WEEKNUM、YEAR），根据开学日期（2019 年 9 月 2 日）和期末结束日期（2020 年 1 月 10 日）填写日程安排所在的教学周次。结果参见实验图 5-3。

| | A | B | C |
|---|---|---|---|
| 1 | 2019—2020学年第一学期(1~19周)教学工作日程安排 | | |
| 2 | 周数 | 日期 | 工作内容 |
| 3 | 1 | 2019/9/2 | 开学典礼 |
| 4 | 6 | 2019/10/10 | 教师教育精品资源共享课建设工作会议 |
| 5 | 7 | 2019/10/15 | 专业导论类精品视频公开课 |
| 6 | 9 | 2019/10/29 | 卓越师范生培养计划---海外研修项目会 |
| 7 | 13 | 2019/11/27 | 本科教学学生助理工作例会 |
| 8 | 14 | 2019/12/6 | 教育实习基地工研讨会 |
| 9 | 19 | 2020/1/10 | 期末工作总结 |

实验图 5-3　教学工作日程安排

【操作提示】

利用 WEEKNUM 和 YEAR 函数，根据开学日期和期末结束日期填写教学周次的公式为"=WEEKNUM(B3,2)−35+(YEAR(B3)=2020)*52"。

【说明】

（1）2019 年 9 月 2 日为 2019 年的第 36 周，因此公式中需要减去 35，才能对应 2019—2020 学年第一学期的第 1 周。

(2) 2019 年 12 月 30 日～2020 年 1 月 5 日为 2019—2020 学年第一学期的第 18 周,而 2020 年 1 月 1 日为 2020 年的第 1 周,即 WEEKNUM(B3,2)=1,因此公式中减去 35 后必须再加上 52,才能对应 2019—2020 学年第一学期的第 18 周。

### 实验 5-4 日期与时间函数和数学函数的应用(随机生成时间)

【实验要求】 随机生成时间。在"sy5-4 随机时间.xlsx" 文件中,请利用日期与时间函数(TIME)、数学函数(INT、RAND、RANDBETWEEN)随机生成 9:00～11:00 的时间。结果参见实验图 5-4。

| | A | B |
|---|---|---|
| 1 | 时间1 | 时间2 |
| 2 | 10:49 AM | 10:59 AM |
| 3 | 9:34 AM | 10:25 AM |
| 4 | 10:41 AM | 9:43 AM |
| 5 | 10:45 AM | 9:43 AM |
| 6 | 9:37 AM | 9:57 AM |
| 7 | 9:28 AM | 9:42 AM |

实验图 5-4 随机生成 9:00～ 11:00 的时间

【操作提示】

随机生成 9:00-11:00 的时间的公式为"=TIME(9,INT(RAND()\*120),0)"或者"=TIME(9,RANDBETWEEN(0,120),0)"。

【说明】

(1) TIME 函数返回的是 0～0.99999999 的小数,代表从 0:00:00(12:00:00 AM)到 23:59:59(11:59:59 PM)的时间。

(2) 9:00～11:00 有两个小时(120 分钟),因此本实验采用 INT(RAND()\*120)或者 RANDBETWEEN(0,120)随机生成 0～120 的整数。

### 实验 5-5 日期与时间函数、文本函数、数学及逻辑函数的应用(身份证信息)

【实验要求】 打开"sy5-5 身份证信息.xlsx"文件,利用日期与时间函数(YEAR、NOW、TODAY、DATE、DATEDIF、DATEVALUE)、文本函数(MID、TEXT)、数学函数(INT、MOD)、逻辑函数(IF),使用各种方法,根据身份证号码获取年龄(包括当年年龄和实足年龄)和称谓信息。在 18 位身份证号码中,第 7、8、9、10 位为出生年份(四位数),第 11、12 位为出生月份,第 13、14 位代表出生日期,第 17 位代表性别,奇数为男(称谓:先生)、偶数为女(称谓:小姐/女士)。结果参见实验图 5-5。

| | A | B | C | D | E | F | G | H |
|---|---|---|---|---|---|---|---|---|
| 1 | | 当年年龄 | | 实足年龄 | | | | |
| 2 | 身份证号码 | 年龄1 | 年龄2 | 年龄3 | 年龄4 | 年龄5 | 年龄6 | 称谓 |
| 3 | 510725198509127002 | 30 | 30 | 29 | 29 | 29 | 29 | 小姐/女士 |
| 4 | 510725197604103877 | 39 | 39 | 39 | 39 | 39 | 39 | 先生 |
| 5 | 510725197307257085 | 42 | 42 | 41 | 41 | 41 | 41 | 小姐/女士 |
| 6 | 510725197706205778 | 38 | 38 | 37 | 37 | 37 | 37 | 先生 |

实验图 5-5 从身份证号码中抽取年龄和称谓信息

【操作提示】

(1)"当前年龄"是指从出生到计算时为止共经历的周年数(不管是否已过生日)。"实足年龄"或"周岁年龄"是指从出生到计算时为止共经历的生日数(周年数),会考虑是否已过生日。

(2) 利用 YEAR、NOW 和 MID 函数计算当前年龄的公式为"=YEAR(NOW())−MID(A3,7,4)"。

（3）利用 YEAR、TODAY 和 MID 函数计算实足年龄的公式（方法 1）为"＝YEAR(TODAY())－MID(A3,7,4)"。

（4）利用 DATEDIF、MID 和 TODAY 函数计算实足年龄的公式（方法 2）为"＝DATEDIF(DATE(MID(A3,7,4),MID(A3,11,2),MID(A3,13,2)),TODAY(),"Y")"。

（5）利用 DATEDIF、DATEVALUE、MID 和 TODAY 函数计算实足年龄的公式（方法 3）为"＝DATEDIF(DATEVALUE(MID(A3,7,4)&"/"&MID(A3,11,2)&"/"&MID(A3,13,2)),TODAY(),"Y")"。

（6）利用 INT、TODAY、TEXT 和 MID 函数计算实足年龄的公式（方法 4）为"＝INT((TODAY()－TEXT(MID(A3,7,8),"#－00－00")*1)/365)"。

（7）利用 DATEDIF、TEXT、MID 和 TODAY 函数计算实足年龄的公式（方法 5）为"＝DATEDIF(TEXT(MID(A3,7,8),"#－00－00"),TODAY(),"Y")"。

（8）利用 IF、MID 和 MOD 函数抽取称谓的公式为"＝IF(MOD(MID(A3,17,1),2)＝1,"先生","小姐/女士")"。

### 实验 5-6 日期与时间函数、数学及逻辑函数的应用（判断闰年）

【实验要求】 打开"sy5-6 闰年平年.xlsx"文件，利用数学函数（MOD）、逻辑函数（IF、AND、OR）和日期函数（DAY、DATE、MONTH）判断其中的年份（1980—2040）是闰年还是平年，可以采用多种方法判断闰年，结果如实验图 5-6 所示。

| | A | B | C | D | E |
|---|---|---|---|---|---|
| 1 | 年份 | 闰/平年1 | 闰/平年2 | 闰/平年3 | 闰/平年4 |
| 2 | 1980 | 闰年 | 闰年 | 闰年 | 闰年 |
| 3 | 1981 | 平年 | 平年 | 平年 | 平年 |
| 4 | 1982 | 平年 | 平年 | 平年 | 平年 |
| 5 | 1983 | 平年 | 平年 | 平年 | 平年 |
| 6 | 1984 | 闰年 | 闰年 | 闰年 | 闰年 |

实验图 5-6 闰年/平年的判断结果

（1）年份能被 400 整除，或者能被 4 整除但不能被 100 整除。

（2）如果指定年份的 2 月有 29 日，则该年为"闰年"，否则为"平年"。

【操作提示】

（1）（方法 1）利用 IF、AND、OR 和 MOD 函数判断闰/平年的公式为"＝IF(OR(MOD(A2,400)＝0,AND(MOD(A2,4)＝0,MOD(A2,100)<>0)),"闰年","平年")"。

（2）（方法 2）利用 IF 和 MOD 函数以及算术运算＋和－判断闰/平年的公式为"＝IF(MOD(A2,4)＋(MOD(A2,100)＝0)－(MOD(A2,400)＝0),"平年","闰年")"。

（3）（方法 3）利用 IF、DAY 和 DATE 函数判断闰/平年的公式为"＝IF(DAY(DATE(A2,3,0))＝29,"闰年","平年")"。

（4）（方法 4）利用 IF、MONTH 和 DATE 函数判断闰/平年的公式为"＝IF(MONTH(DATE(A2,2,29))＝2,"闰年","平年")"。

### 实验 5-7 日期与时间及文本函数的应用（生日提醒）

【实验要求】 打开"sy5-7 生日提醒.xlsx"文件，利用日期与时间函数（DATEDIF）和文本函数（TEXT），使用不同的方法，为信息学院各系别的职工提供 30 天内的生日提醒信息，以便于院工会及时给予祝福和问候，结果参见实验图 5-7。

【操作提示】

（1）利用 TEXT 和 DATEDIF 函数创建生日提醒的公式（方法 1）为"＝TEXT(30－

DATEDIF(C4-30,\$F\$1,"YD"),"0 天后生日;;今天生日")"。

| | A | B | C | D | E | F |
|---|---|---|---|---|---|---|
| 1 | | | | | 当前日期 | 2019/10/5 |
| 2 | | 信息学院职工基本信息表 | | | 30天内生日提醒 | |
| 3 | 工号 | 姓名 | 出生日期 | 系别 | 生日提醒1 | 生日提醒2 |
| 4 | 2002134 | 邱师强 | 1985/10/12 | 计算机系 | 7天后生日 | 7天后生日 |
| 5 | 2003131 | 赵丹丹 | 1976/06/10 | 计算中心 | | |
| 6 | 2006224 | 张王明 | 1973/11/02 | 电子系 | 28天后生日 | 28天后生日 |
| 7 | 2010216 | 胡安安 | 1977/06/20 | 通信系 | | |
| 8 | 1998364 | 钱军军 | 1970/10/23 | 电子系 | 18天后生日 | 18天后生日 |

实验图 5-7　30 天内的生日提醒

(2) 利用 TEXT 和 DATEDIF 函数创建生日提醒的公式(方法 2)为"=TEXT(30-DATEDIF(C4,\$F\$1+30,"YD"),"0 天后生日;;今天生日")"。

実験 **6**

# 财务函数的应用

## 实验目的

- 财务函数 PMT 的应用
- 财务函数 FV 的应用
- 财务函数 RATE 的应用
- 财务函数 FV、PMT、PPMT、IPMT、NPER 的综合应用

## 实验内容

### 实验 6-1　财务函数 PMT 的应用（贷款买车）

【实验要求】　在"sy6-1 购车贷款.xlsx"中记录着王先生欲从银行贷款买车的信息。总车价为 30 万元，贷款利率为 6.5%，分 10 年还清，计算每月还给银行的贷款数额以及总还款额（假定每次为等额还款，还款时间为每月月初），结果如实验图 6-1 所示。

| | B4 | ▼ ( | f_x | =PMT(B2/12,B3*12,B1,0,1) | |
|---|---|---|---|---|---|
| ◢ | A | | B | | C |
| 1 | 总车款额 | | ¥300,000.00 | | |
| 2 | 贷款年利率 | | 6.50% | | |
| 3 | 还款时间（年） | | 10 | | |
| 4 | 每月还款数额（期初） | | ¥-3,388.09 | | |
| 5 | 总还款额 | | ¥-406,570.46 | | |

实验图 6-1　买车贷款结果

【操作提示】

利用 PMT 函数，注意给定的贷款利率是年利率，需除以 12 转换为月利率；给定的还款时间是年，需乘以 12 转换为月。另外还要注意是月初还款。

### 实验 6-2　财务函数 PMT 的应用（定额存款）

【实验要求】　在"sy6-2 定额存款.xlsx"中记录着小李夫妻俩欲为他们的孩子按月定额存款的信息，夫妻俩希望在 20 年后存款总金额达到 100 万元，假设存款年利率为 5.6%，计算他们每月的存款额，结果参见实验图 6-2。

| | B4 | $f_x$ =PMT(B2/12,B3*12,0,B1) | |
|---|---|---|---|
| | A | B | C |
| 1 | 期望存款总金额 | ¥1,000,000 | |
| 2 | 存款年利率 | 5.6% | |
| 3 | 存款时间（年） | 20 | |
| 4 | 每月存款额 | ¥-2,268.81 | |

实验图 6-2　定额存款结果

【操作提示】

利用 PMT 函数，注意给定的存款利率是年利率，需除以 12 转换为月利率；给定的存款时间是年，需乘以 12 转换为月。

### 实验 6-3　财务函数 FV 的应用（存款购置住房）

【实验要求】　在"sy6-3 购房存款.xlsx"中记录着张先生存款积累资金以购置住房的情况。假设存款年利率为 5.8%，每月月初存入 5000 元，张先生今年 25 岁，请问到他 35 岁时共有多少存款？结果参见实验图 6-3。

| | B4 | $f_x$ =FV(B2/12,B3*12,B1,0,1) | |
|---|---|---|---|
| | A | B | C |
| 1 | 月初存款 | ¥-5,000 | |
| 2 | 存款年利率 | 5.8% | |
| 3 | 存款时间（年） | 10 | |
| 4 | 存款总额 | ¥814,481.29 | |

实验图 6-3　存款购房结果

【操作提示】

利用 FV 函数，注意给定的存款利率是年利率，需除以 12 转换为月利率；给定的存款时间是年，需乘以 12 转换为月。另外还要注意是月初存款。

### 实验 6-4　财务函数 RATE 的应用（无息贷款成本）

【实验要求】　在"sy6-4 无息贷款实际成本.xlsx"中存放着某款智能手机的分期付款销售信息，具体情况如下：该款手机的市场价格为 6000 元，某网站零首付售价为 6500 元，要求分两年于每月末无息等额付款。请问在该网站购买此款手机的实际成本是多少？结果如实验图 6-4 所示。

| | A | B | C |
|---|---|---|---|
| 1 | 智能手机分期付款销售 | | |
| 2 | 市场价格 | 6000 | |
| 3 | 零首付售价 | 6500 | |
| 4 | 无息等额付款期 | 2 | 年（末） |
| 5 | 实际成本（月利率） | 0.65% | |
| 6 | 实际成本（年利率） | 7.81% | |

实验图 6-4　无息贷款实际成本的计算结果

【操作提示】

（1）计算实际成本（月利率）。在 B5 单元格中输入公式"＝RATE(B4*12,-B3/(B4*12),B2)"。

（2）计算实际成本（年利率）。在 B6 单元格中输入公式"=B5＊12"。

### 实验 6-5　财务函数的综合应用（助学贷款）

【实验要求】　在"sy6-5助学贷款.xlsx"中存放着贷款金额、贷款时间、还款时间以及年利率等信息，具体说明及要求如下：小丁进入大学后申请了为期4年的助学贷款，假设年利率为6.40%，每月贷款额为1200元，毕业后计划3年内还清贷款。请利用财务函数（FV、PMT、PPMT、IPMT、NPER）计算小丁毕业时的贷款总额、毕业后的每月还款额和每年还款额，以及还款3年期间每年末偿还的本金、利息和本息合计金额。再假设小丁每月还款2500元，请计算还清贷款的时间（月）。结果如实验图6-5所示。

| | A | B | C | D |
|---|---|---|---|---|
| 1 | 助学贷款 | | | |
| 2 | 贷款金额（月） | ¥1,200 | | |
| 3 | 贷款时间（年） | 4 | | |
| 4 | 贷款年利率 | 6.40% | | |
| 5 | 毕业时的贷款总额 | ¥65,446.72 | | |
| 6 | 毕业后还款年利率 | 6.15% | | |
| 7 | 还款时间（年） | 3 | | |
| 8 | 毕业后每月还款额 | ¥-1,995.47 | | |
| 9 | 毕业后每年还款额 | ¥-24,552.24 | | |
| 10 | | | | |
| 11 | 年份 | 偿还本金 | 偿还息 | 本息合计 |
| 12 | 1 | ¥-20,527.27 | ¥-4,024.97 | ¥-24,552.24 |
| 13 | 2 | ¥-21,789.69 | ¥-2,762.55 | ¥-24,552.24 |
| 14 | 3 | ¥-23,129.76 | ¥-1,422.48 | ¥-24,552.24 |
| 15 | 合计 | ¥-65,446.72 | ¥-8,210.00 | ¥-73,656.72 |
| 16 | | | | |
| 17 | 毕业后每月还款额 | ¥2,500 | | |
| 18 | 偿还时间（月） | 28.18159238 | | |

实验图 6-5　助学贷款计算结果

【操作提示】

（1）计算毕业时的贷款总额。在B5单元格中输入公式"=－FV(B4/12,B3＊12,B2)"。

（2）计算毕业后每月还款额。在B8单元格中输入公式"=PMT(B6/12,B7＊12,B5)"。

（3）计算毕业后每年还款额。在B9单元格中输入公式"=PMT(B6,B7,B5)"。

（4）计算每年末偿还的本金。在B12单元格中输入公式"=PPMT($B$6,A12,$B$7,$B$5)"，并填充至B14单元格。

（5）计算每年末偿还的利息。在C12单元格中输入公式"=IPMT($B$6,A12,$B$7,$B$5)"，并向下填充至C14单元格。

（6）计算每年末偿还的本息合计金额。在D12单元格中输入公式"=SUM(B12:C12)"，并向下填充至D14单元格。

（7）计算还款3年期间的偿还本金、偿还利息和本息合计总金额。在B15单元格中输入公式"=SUM(B12:B14)"，并向右填充至D15单元格。

（8）计算还清贷款的时间（月）。在B18单元格中输入公式"=NPER(B6/12,－B17,B5)"。

実验 **7**

# 查找与引用函数的应用

## 实验目的

- 查找与引用函数及数学函数的综合应用
- 查找与引用函数及数学、逻辑函数的综合应用
- 查找与引用函数及信息、逻辑函数的综合应用
- 查找与引用函数及文本、日期与时间函数的综合应用

## 实验内容

### 实验 7-1 查找与引用函数的应用（职工补贴）

【实验要求】 打开"sy7-1 职工补贴金额.xlsx"文件,计算职工的补贴金额。补贴金额视不同的补贴类型而不同,要求分别利用 VLOOKUP 函数和 LOOKUP 函数计算补贴金额。素材和结果如实验图 7-1 所示。

| | A | B | C | D | E | F | G | H |
|---|---|---|---|---|---|---|---|---|
| 1 | 第一车间职工补贴情况 | | | | | | 补贴分类表 | |
| 2 | 姓名 | 工资 | 补贴类型 | 补贴金额1 | 补贴金额2 | | 补贴类型 | 补贴金额 |
| 3 | 金士鹏 | ¥ 624 | 2 | | | | 1 | ¥1,000 |
| 4 | 李芳 | ¥ 848 | 1 | | | | 2 | ¥ 800 |
| 5 | 郑一洁 | ¥3,078 | 3 | | | | 3 | ¥ 600 |
| 6 | 刘英玫 | ¥ 768 | 4 | | | | 4 | ¥ 500 |
| 7 | 王小毛 | ¥1,195 | 2 | | | | | |
| 8 | 孙林 | ¥1,357 | 4 | | | | | |

(a) 素材(部分数据)

| | A | B | C | D | E |
|---|---|---|---|---|---|
| 1 | 第一车间职工补贴情况 | | | | |
| 2 | 姓名 | 工资 | 补贴类型 | 补贴金额1 | 补贴金额2 |
| 3 | 金士鹏 | ¥ 624 | 2 | ¥ 800 | ¥ 800 |
| 4 | 李芳 | ¥ 848 | 1 | ¥ 1,000 | ¥ 1,000 |
| 5 | 郑一洁 | ¥3,078 | 3 | ¥ 600 | ¥ 600 |
| 6 | 刘英玫 | ¥ 768 | 4 | ¥ 500 | ¥ 500 |
| 7 | 王小毛 | ¥1,195 | | ¥ 800 | |

(b) 结果(部分数据)

实验图 7-1 职工补贴

【操作提示】

（1）在 D3 单元格中利用 VLOOKUP 函数计算职工补贴金额的公式（方法 1）为"=VLOOKUP(C3,$G$4:$H$7,2)"。

(2) 在 E3 单元格中利用 LOOKUP 函数计算党员补贴金额的公式(方法 2)为"＝LOOKUP(C3,$G$4:$G$7,$H$4:$H$7)"。

### 实验 7-2　查找与引用函数的应用(成绩查询器)

【实验要求】　打开"sy7-2 学生成绩查询器.xlsx"文件,设计两个学习成绩查询器,分别根据姓名和课程查询成绩以及根据学号和课程查询成绩。请利用数据有效性设置查询条件(姓名、学号、课程)下拉列表框,当在学习成绩查询器中利用下拉列表选择姓名、课程或者学号、课程时将自动显示其所对应的成绩(可利用 INDEX、MATCH 等函数),结果如实验图 7-2 所示。

| | A | B | C | D | E | F | G | H |
|---|---|---|---|---|---|---|---|---|
| 1 | 学号 | 姓名 | 语文 | 数学 | 英语 | | 学习成绩查询器1 | |
| 2 | S501 | 宋平平 | 87 | 90 | 97 | | 姓名 | 王丫丫 |
| 3 | S502 | 王丫丫 | 93 | 92 | 90 | | 课程 | 数学 |
| 4 | S503 | 董华华 | 53 | 67 | 93 | | 成绩 | 92 |
| 5 | S504 | 陈燕燕 | 95 | 89 | 78 | | | |
| 6 | S505 | 周萍萍 | 87 | 74 | 84 | | | |
| 7 | S506 | 田一天 | 91 | 74 | 84 | | 学习成绩查询器2 | |
| 8 | S507 | 朱洋洋 | 58 | 55 | 67 | | 学号 | S502 |
| 9 | S508 | 吕文文 | 78 | 77 | 55 | | 课程 | 数学 |
| 10 | S509 | 舒齐齐 | 69 | 95 | 99 | | 成绩 | 92 |
| 11 | S510 | 范华华 | 93 | 95 | 98 | | | |

实验图 7-2　学习成绩查询器结果

【操作提示】

(1) 利用数据有效性设置姓名、学号、课程查询条件下拉列表框。注意,在有效性条件中允许选择"序列",数据来源分别选择$B$2:$B$16、$A$2:$A$16、$C$1:$E$1。

(2) 在 H4 单元格中根据姓名和课程查询成绩的公式为"＝INDEX($A$1:$E$16,MATCH(H2,$B$1:$B$16,0),MATCH(H3,$A$1:$E$1,0))"。

(3) 在 H10 单元格中根据学号和课程查询成绩的公式为"＝INDEX($A$1:$E$16,MATCH(H8,$A$1:$A$16,0),MATCH(H9,$A$1:$E$1,0))"。

### 实验 7-3　查找与引用函数的应用(职工奖金统计)

【实验要求】　打开"sy7-3 职工奖金统计.xlsx"文件,根据不同职称的奖金对照表,利用查找与引用函数 LOOKUP、VLOOKUP、INDIRECT、OFFSET、MATCH、INDEX 和 COLUMN,使用不同的 6 种方法,查询每位职工的奖金信息,结果如实验图 7-3 所示。

| | A | B | C | D | E | F | G | H | I | J | K |
|---|---|---|---|---|---|---|---|---|---|---|---|
| 1 | | | VlookupColumn | IndexMatch | IndirectMatch | Lookup10 | OffsetMatch | VlookupMatch | | 职工奖金对照表 | |
| 2 | 姓名 | 职称 | 奖金1 | 奖金2 | 奖金3 | 奖金4 | 奖金5 | 奖金 | | 职称 | 奖金 |
| 3 | 李一明 | 教授 | 900 | 900 | 900 | 900 | 900 | 900 | | 教授 | 900 |
| 4 | 赵丹丹 | 讲师 | 500 | 500 | 500 | 500 | 500 | 500 | | 副教授 | 700 |
| 5 | 王清清 | 副教授 | 700 | 700 | 700 | 700 | 700 | 700 | | 讲师 | 500 |
| 6 | 胡安安 | 讲师 | 500 | 500 | 500 | 500 | 500 | 500 | | | |
| 7 | 钱军军 | 副教授 | 700 | 700 | 700 | 700 | 700 | 700 | | | |
| 8 | 孙蕾蕾 | 教授 | 900 | 900 | 900 | 900 | 900 | 900 | | | |

实验图 7-3　职工奖金信息

【操作提示】

(1) 查询职工奖金(方法 1)的公式为"＝VLOOKUP($B3,$J$4:$K$6,COLUMN

（B2），)"。

（2）查询职工奖金（方法 2）的公式为"＝INDEX(\$K\$4：\$K\$6,MATCH(B3,\$J\$4：\$J\$6,0))"。

（3）查询职工奖金（方法 3）的公式为"＝INDIRECT("K"&MATCH(B3,\$J\$4：\$J\$6,0)＋3)"。

（4）查询职工奖金（方法 4）的公式为"＝LOOKUP(1,0/(B3＝\$J\$4：\$J\$6),\$K\$4：\$K\$6)"。

（5）查询职工奖金（方法 5）的公式为"＝OFFSET(\$K\$3,MATCH(B3,\$J\$4：\$J\$6,0),)"。

（6）查询职工奖金（方法 6）的公式为"＝VLOOKUP(\$B3,\$J\$4：\$K\$6,MATCH(H\$2,\$J\$3：\$K\$3,),)"。

### 实验 7-4　查找与引用及数学、逻辑函数的应用（五级制成绩）

【实验要求】　打开"sy7-4 学生成绩等级.xlsx"文件，分别利用 VLOOKUP 函数、INDEX 函数＋MATCH 函数、CHOOSE 函数、INT 函数/TRUNC 函数＋IF 函数确定学生百分制的课程分数所对应的五级制（优、良、中、及格、不及格）评定等级，结果分别置于C2：C31、D2：D31、E2：E31 数据区域，如实验图 7-4 所示。

实验图 7-4　学生成绩五级制等级

【操作提示】

（1）为了使用 VLOOKUP 函数，需要调整成绩等级评定条件的格式（置于 G8：H12 数据区域），以确保包含数据的单元格区域的第 1 列中的值按升序排列。

（2）为了使用 CHOOSE 函数，如果成绩＜60 对应于序号 1，则需要利用 INT 或TRUNC 函数将成绩区间 60～69、70～79、80～89、90～100 分别转换为 2、3、4、5。

（3）在 C2 单元格中利用 VLOOKUP 函数评定等级的公式（方法 1）为"＝VLOOKUP(B2,\$G\$8：\$H\$12,2)"。

（4）在 D2 单元格中利用 INDEX 函数和 MATCH 函数评定等级的公式（方法 2）为"＝INDEX(\$H\$8：\$H\$12,MATCH(B2,\$G\$8：\$G\$12,1))"。

（5）在 E2 单元格中利用 CHOOSE 函数、INT 函数和 IF 函数评定等级的公式（方法 3）为"＝CHOOSE(IF(B2＜60,1,INT((B2－50)/10)＋1),"不及格","及格","中","良",

"优")"。

（6）或者在 E2 单元格中利用 CHOOSE 函数、TRUNC 函数和 IF 函数评定等级，公式（方法 4）为"=CHOOSE(IF(B2<60,1,TRUNC((B2-50)/10)+1),"不及格","及格","中","良","优")"。

### 实验 7-5　查找与引用及数学函数的应用（党费和补贴）

**【实验要求】**　打开"sy7-5 党费和补贴.xlsx"文件，利用 VLOOKUP、LOOKUP、ROUND 等函数计算有固定工资收入的党员每月所交纳的党费（四舍五入保留两位小数）和补贴金额。月工资收入 400 元以下者，交纳月工资总额的 0.5%；月工资收入 400 元到 599 元者，交纳月工资总额的 1%；月工资收入在 600 元到 799 元者，交纳月工资总额的 1.5%；月工资收入在 800 元到 1499 元者（税后），交纳月工资收入的 2%；月工资收入在 1500 元及以上（税后）者，交纳月工资收入的 3%。补贴金额视不同的补贴类型而不同，要求分别利用 VLOOKUP 函数和 LOOKUP 函数计算补贴金额，将结果分别置于 E3:E16 和 F3:F16 数据区域，结果如实验图 7-5 所示。

实验图 7-5　党费收缴和补贴结果

**【操作提示】**

（1）为了使用 VLOOKUP 函数，需要调整党费费率表的格式（置于 H10:I16 数据区域），以确保包含数据的单元格区域的第 1 列中的值按升序排列。

（2）在 C3 单元格中计算党员每月所交纳党费（结果保留两位小数）的公式为"=ROUND(VLOOKUP(B3,$H$12:$I$16,2)*B3,2)"。

（3）在 E3 单元格中利用 VLOOKUP 函数计算党员补贴金额的公式为"=VLOOKUP(D3,$K$4:$L$7,2)"。

（4）在 F3 单元格中利用 LOOKUP 函数计算党员补贴金额的公式为"=LOOKUP(D3,$K$4:$K$7,$L$4:$L$7)"。

### 实验 7-6　查找与引用及信息、逻辑函数的应用（成绩查询器）

**【实验要求】**　在"sy7-6 信息函数（成绩查询器）.xlsx"中存放着 15 名学生的语文成绩，分别使用 IF、ISERROR、VLOOKUP 函数以及 IFERROR、VLOOKUP 函数设计成绩查询器：输入学生的学号查询相应的语文成绩，如果学号不存在，不是显示错误信息"＃N/A"而是显示"查无此人"，结果如实验图 7-6 所示。

| | A | B | C | D | E | F | G | H | I | J | K |
|---|---|---|---|---|---|---|---|---|---|---|---|
| 1 | 学号 | 姓名 | 语文 | | 学生成绩查询器1 | | | | 学生成绩查询器2 | | |
| 2 | S501 | 宋平平 | 87 | | 请输入学号 | | S504 | | 请输入学号 | | A501 |
| 3 | S502 | 王丫丫 | | | 该生的成绩 | | 95 | | 该生的成绩 | | 查无此人 |
| 4 | S503 | 董华华 | 53 | | | | | | | | |
| 5 | S504 | 陈菲菲 | 95 | | | | | | | | |

实验图 7-6　学生成绩查询器

【操作提示】

（1）使用 IF、ISERROR、VLOOKUP 函数设计学生成绩查询器。在 G3 单元格中输入公式"＝IF（ISERROR（VLOOKUP（G2,＄A＄2：＄C＄16,3,FALSE）),"查无此人"，VLOOKUP(G2,$A$2:$C$16,3,FALSE))"。

（2）使用 IFERROR、VLOOKUP 函数设计学生成绩查询器。在 K3 单元格中输入公式"＝IFERROR(VLOOKUP(K2,$A$2:$C$16,3,FALSE),"查无此人")"。

### 实验 7-7　查找与引用及文本、日期与时间、数学函数的应用（职工加班补贴）

【实验要求】　在"sy7-7 职工加班补贴. xlsx"中存放着职工 6 月份的加班情况，请利用查找与引用函数（CHOOSE、VLOOKUP、INDIRECT、MATCH）、日期与时间函数（WEEKDAY）、文本函数（TEXT）、数学函数（ROUND），按要求完成以下操作，结果如实验图 7-7 所示。

（1）尝试分别使用 TEXT 函数和 CHOOSE 函数两种不同的方法判断加班日期所对应的星期名称。

（2）请将十进制数字格式的时间转换为标准时间格式（时：分：秒）。

（3）利用 VLOOKUP 函数，根据表格中的加班工资标准计算职工的加班工资。

（4）分别利用 VLOOKUP、INDIRECT 和 MATCH 函数，根据不同职称的补贴比例计算职工的补贴（四舍五入到整数部分）。

| | A | B | C | D | E | F | G | H | I | J | K | L | M | N | O | P |
|---|---|---|---|---|---|---|---|---|---|---|---|---|---|---|---|---|
| 1 | | | | | | | 职工6月份加班补贴情况表 | | | | | | | | 加班工资（元/小时） | |
| 2 | 姓名 | 职称 | 薪酬 | 加班日 | 星期(1) | 星期(2) | 加班时长1 | 加班时长2 | 加班工资 | 补贴1 | 补贴2 | 补贴3 | | | 时长 | 单价 |
| 3 | 邱师强 | 中级 | ¥6,075 | 2014/6/2 | 星期一 | 星期一 | 2.05 | 2:03:00 | ¥ 21 | ¥ 608 | ¥ 608 | ¥ 608 | | 0 | 2小时以下 | 5 |
| 4 | 赵丹丹 | 高级 | ¥8,621 | 2014/6/28 | 星期六 | 星期六 | 1.86 | 1:51:36 | ¥ 9 | ¥1,293 | ¥1,293 | ¥1,293 | | 2 | 2~5小时 | 10 |
| 5 | 林福清 | 初级 | ¥4,998 | 2014/6/14 | 星期六 | 星期六 | 7.35 | 7:21:00 | ¥ 88 | ¥ 250 | ¥ 250 | ¥ 250 | | 5 | 6~8小时 | 12 |
| 6 | 胡安安 | 中级 | ¥7,890 | 2014/6/24 | 星期二 | 星期二 | 12.98 | 12:58:48 | ¥ 260 | ¥ 789 | ¥ 789 | ¥ 789 | | 6 | 8~10小时 | 15 |
| 7 | 钱军军 | 高级 | ¥8,481 | 2014/6/25 | 星期三 | 星期三 | 6.55 | 6:33:00 | ¥ 79 | ¥1,272 | ¥1,272 | ¥1,272 | | 8 | 10小时以上 | 20 |
| 8 | 孙莹莹 | 中级 | ¥6,896 | 2014/6/2 | 星期一 | 星期一 | 10.18 | 10:10:48 | ¥ 153 | ¥ 690 | ¥ 690 | ¥ 690 | | 11 | | |
| 9 | 来福灵 | 初级 | ¥4,542 | 2014/6/13 | 星期五 | 星期五 | 4.53 | 4:31:48 | ¥ 45 | ¥ 227 | ¥ 227 | ¥ 227 | | | | |
| 10 | 张杉杉 | 高级 | ¥5,071 | 2014/6/3 | 星期二 | 星期二 | 5.76 | 5:45:36 | ¥ 58 | ¥ 761 | ¥ 761 | ¥ 761 | | | 补贴对照表 | |
| 11 | 李思思 | 高级 | ¥9,519 | 2014/6/13 | 星期五 | 星期五 | 11.2 | 11:12:00 | ¥ 224 | ¥1,428 | ¥1,428 | ¥1,428 | | | 职称 | 补贴比例 |
| 12 | 裴石岭 | 初级 | ¥8,403 | 2014/6/23 | 星期一 | 星期一 | 3 | 3:00:00 | ¥ 30 | ¥ 420 | ¥ 420 | ¥ 420 | | | 初级 | 5% |
| 13 | 裴石梅 | 中级 | ¥5,481 | 2014/6/6 | 星期五 | 星期五 | 8.61 | 8:36:36 | ¥ 129 | ¥ 548 | ¥ 548 | ¥ 548 | | | 中级 | 10% |
| 14 | 陈默金 | 高级 | ¥9,092 | 2014/6/23 | 星期一 | 星期一 | 3.25 | 3:15:00 | ¥ 33 | ¥1,364 | ¥1,364 | ¥1,364 | | | 高级 | 15% |
| 15 | 肖恺花 | 高级 | ¥8,474 | 2014/6/12 | 星期四 | 星期四 | 9.09 | 9:05:24 | ¥ 136 | ¥1,271 | ¥1,271 | ¥1,271 | | | | |
| 16 | | | | 小计 | | | 86.41 | 86:24:36 | | | | | | | | |

实验图 7-7　职工加班补贴统计

【操作提示】

（1）利用 TEXT 函数判断加班日期所对应的星期名称。在 E3 单元格中输入公式"＝TEXT(D3,"aaaa")"，并向下填充至 E15 单元格。

（2）利用 CHOOSE 函数判断加班日期所对应的星期名称。在 F3 单元格中输入公式"＝CHOOSE(WEEKDAY(D3),"星期日","星期一","星期二","星期三","星期四","星期五","星期六")"，并向下填充至 F15 单元格。

（3）将十进制数字格式的时间转换为标准时间格式（时：分：秒）。在 H3 单元格中输入公式"＝G3/24"，并向下填充至 H15 单元格，设置为"时间"显示方式（时：分：秒）。

（4）重新整理加班工资标准。为了使用 VLOOKUP 函数搜索不同加班时长所对应的加班工资单价信息，在 N4:N8 数据区域输入整理后的加班时长。

（5）利用 VLOOKUP 函数计算职工加班工资。选择数据区域 I3:I15，然后在编辑栏中输入公式"＝VLOOKUP(G3:G15,$N$4:$P$8,3)*G3:G15"，并按 Ctrl＋Shift＋Enter 键锁定数组公式。

（6）利用 VLOOKUP 函数计算职工补贴（保留到整数部分）（方法 1）。在 J3 单元格中输入公式"＝ROUND(C3 * VLOOKUP(B3,$O$12:$P$14,2,FALSE),0)"，并向下填充至 J15 单元格。

（7）为了利用 INDIRECT 函数查询不同职称的补贴比例，请将补贴比例所在的单元格 P12、P13、P14 分别命名为其所对应的职称"初级""中级""高级"。

（8）利用 INDIRECT 函数和名称引用计算职工补贴（保留到整数部分）（方法 2）。在 K3 单元格中输入公式"＝ROUND(C3 * INDIRECT(B3),0)"，并向下填充至 K15 单元格。

（9）利用 INDIRECT 和 MATCH 函数计算职工补贴（保留到整数部分）（方法 3）。在 L3 单元格中输入公式"＝ROUND(INDIRECT("P"&MATCH(B3,$O$12:$O$14,0)+11) * C3,0)"，并向下填充至 L15 单元格。

（10）"加班时长 1"小计。在 G16 单元格中输入公式"＝SUM(G3:G15)"。

（11）"加班时长 2"小计。在 H16 单元格中输入公式"＝TEXT(SUM(H3:H15),"[h]：mm：ss")"。

【说明】

在 H16 单元格中统计"加班时长 2"小计时，不能直接使用公式"＝SUM(H3:H15)"，否则会丢失加班时长小计中的天数信息。

### 实验 7-8　查找与引用及数学、逻辑函数的应用（打印学生成绩单）

【实验要求】　打开"sy7-8 打印学生成绩单.xlsx"文件，利用查找与引用函数（CHOOSE、ROW、COLUMN、INDEX 和 OFFSET）、数学函数（INT、MOD 和 ROUNDUP）、逻辑函数（IF），使用不同的 4 种方法，打印成绩单，要求以短破折线、空行或者无分隔行分隔每位学生的成绩信息。其中，方法 1 的结果如实验图 7-8 所示。

【操作提示】

（1）打印成绩单（方法 1，以短破折线分隔）。在 Sheet1 的 A19 单元格中输入公式"＝CHOOSE(MOD(ROW(),3)+1,"--------",A$1,OFFSET(A$1,ROW()/3-5,,,))"，并向右、向下填充至 H63 单元格。

（2）打印成绩单（方法 2，以空行分隔）。在 Sheet2 的 A19 单元格中输入公式"＝CHOOSE(MOD((ROW(1:1)-1),3)+1,A$1,INDEX(A:A,INT((ROW(1:1)-1)/3)+2)),"")"，并向右、向下填充至 H63 单元格。

| | A | B | C | D | E | F | G | H |
|---|---|---|---|---|---|---|---|---|
| 18 | 学生成绩单一览表 | | | | | | | |
| 19 | 学号 | 姓名 | 性别 | 班级 | 语文 | 数学 | 英语 | 总分 |
| 20 | B13121501 | 朱洋洋 | 男 | 一班 | 58 | 55 | 67 | 180 |
| 21 | | | | | | | | |
| 22 | 学号 | 姓名 | 性别 | 班级 | 语文 | 数学 | 英语 | 总分 |
| 23 | B13121502 | 赵霞霞 | 女 | 一班 | 79 | 86 | 89 | 254 |
| 24 | | | | | | | | |
| 25 | 学号 | 姓名 | 性别 | 班级 | 语文 | 数学 | 英语 | 总分 |
| 26 | B13121503 | 周萍萍 | 女 | 一班 | 87 | 74 | 84 | 245 |

实验图 7-8　打印成绩单(方法 1 的结果)

(3) 打印成绩单(方法 3,以空行分隔)。在 Sheet3 的 A19 单元格中输入公式"＝IF(MOD(ROW(),3)＝1,INDEX($A$1:$H$16,1,COLUMN()),IF(MOD(ROW(),3)＝0,"",INDEX($A$1:$H$16,(ROW()－3)/3－3,COLUMN()))))",并向右、向下填充至 H63 单元格。

(4) 打印成绩单(方法 4,无分隔行)。在 Sheet4 的 A19 单元格中输入公式"＝IF(MOD(ROW(),2)<>0,A$1,INDEX($A:$H,ROW()/2－3,COLUMN())))",并向右、向下填充至 H38 单元格。

# 其他工作表函数的应用

## 实验目的

- 使用 CONVERT 函数设计单位之间的换算表
- 使用 CONVERT 函数设计单位之间的换算器
- 数据库函数的应用

## 实验内容

### 实验 8-1 重量/质量换算表

【实验要求】 在"sy8-1 重量质量换算表.xlsx"中使用 CONVERT 函数设计重量/质量换算表,计算各种重量/质量单位之间的转换,结果如实验图 8-1 所示。

| | A | B 克(g) | C 千克(kg) | D 吨(ton) | E 磅(lbm) | F 盎司(ozm) | G 美担(cwt) | H 英担(lcwt) | I 英石(stone) | J 颗粒(grain) |
|---|---|---|---|---|---|---|---|---|---|---|
| 1 | | | | | | | | | | |
| 2 | | g | kg | ton | lbm | ozm | cwt | lcwt | stone | grain |
| 3 | g | 1 | 0.001 | 1.1E-06 | 0.002205 | 0.035274 | 2.205E-05 | 1.9684E-05 | 0.000157473 | 15.43235835 |
| 4 | kg | 1000 | 1 | 0.001102 | 2.204623 | 35.273962 | 0.0220462 | 0.01968413 | 0.157473044 | 15432.35835 |
| 5 | ton | 907184.7 | 907.1847 | 1 | 2000 | 32000 | 20 | 17.8571429 | 142.8571429 | 14000000 |
| 6 | lbm | 453.5924 | 0.453592 | 0.0005 | 1 | 16 | 0.01 | 0.00892857 | 0.071428571 | 7000 |
| 7 | ozm | 28.34952 | 0.02835 | 3.13E-05 | 0.0625 | 1 | 0.000625 | 0.00055804 | 0.004464286 | 437.5 |
| 8 | cwt | 45359.24 | 45.35924 | 0.05 | 100 | 1600 | 1 | 0.89285714 | 7.142857143 | 700000 |
| 9 | lcwt | 50802.35 | 50.80235 | 0.056 | 112 | 1792 | 1.12 | 1 | 8 | 784000 |
| 10 | stone | 6350.293 | 6.350293 | 0.007 | 14 | 224 | 0.14 | 0.125 | 1 | 98000 |
| 11 | grain | 0.064799 | 6.48E-05 | 7.14E-08 | 0.000143 | 0.0022857 | 1.429E-06 | 1.2755E-06 | 1.02041E-05 | 1 |

实验图 8-1 重量/质量换算表

【操作提示】

(1) 在 B3 单元格中输入公式"=CONVERT(1,$A3,B$2)",并向下填充至 B11 单元格。

（2）选中单元格区域 B3:B11，并向右填充至 J3:J11。

### 实验 8-2　重量/质量单位换算器

【实验要求】　在"sy8-2 重量质量换算器.xlsx"中使用 CONVERT 函数设计重量/质量换算器，实现各种重量/质量单位之间的转换，结果如实验图 8-2 所示。

| | A | B | C | D | E | F | G | H | I |
|---|---|---|---|---|---|---|---|---|---|
| 1 | 重/质量1 | 单位1 | 重/质量2 | 单位2 | | | | | |
| 2 | 1 | lbm | 453.5924 | g | | | | | |
| 3 | 克(g) | 千克(kg) | 吨(ton) | 磅(lbm) | 盎司(ozm) | 美担(cwt) | 英担(1cwt) | 英石(stone) | 颗粒(grain) |
| 4 | g | kg | ton | lbm | ozm | cwt | 1cwt | stone | grain |

实验图 8-2　重量/质量单位换算器

【操作提示】

（1）设置 B2 和 D2 单元格的数据输入验证方式。选中 B2 和 D2 单元格，选择"数据"|"数据工具"|"数据验证"|"数据验证"命令，打开"数据验证"对话框；在"允许"列表框中选择"序列"，在"来源"列表框中选择单元格区域 A4:I4；单击"确定"按钮。

（2）在 C2 单元格中输入转换公式"=CONVERT(A2,B2,D2)"。

（3）验证重量/质量单位换算器的功能。在 A2 单元格中输入重量/质量，例如 1；在 B2 单元格中选择原始单位，例如 lbm(磅)；在 D2 单元格中选择目标单位，例如 g(克)，则 C2 单元格中自动显示转换后的结果 453.59237。

### 实验 8-3　日期与时间换算表

【实验要求】　在"sy8-3 日期时间换算表.xlsx"中使用 CONVERT 函数设计日期与时间换算表，计算各种日期与时间单位之间的转换，结果如实验图 8-3 所示。

| | A | B | C | D | E | F |
|---|---|---|---|---|---|---|
| 1 | | 年(yr) | 日(day) | 小时(hr) | 分钟(min) | 秒(sec) |
| 2 | | yr | day | hr | min | sec |
| 3 | yr | 1 | 365 | 8766 | 525960 | 31557600 |
| 4 | day | 0.0027379 | 1 | 24 | 1440 | 86400 |
| 5 | hr | 0.0001141 | 0.041667 | 1 | 60 | 3600 |
| 6 | min | 1.901E-06 | 0.000694 | 0.016667 | 1 | 60 |
| 7 | sec | 3.169E-08 | 1.16E-05 | 0.000278 | 0.016667 | 1 |

实验图 8-3　日期与时间换算表

【操作提示】

（1）在 B3 单元格中输入公式"=CONVERT(1,$A3,B$2)"，并向下填充至 B7 单元格。

（2）选中单元格区域 B3:B7，并向右填充至 F3:F7。

### 实验 8-4　日期与时间单位换算器

【实验要求】　在"sy8-4 日期时间换算器.xlsx"中使用 CONVERT 函数设计日期与时间换算器，实现各种日期与时间单位之间的转换，结果如实验图 8-4 所示。

【操作提示】

（1）设置 B2 和 D2 单元格的数据输入验证方式。选中 B2 和 D2 单元格，选择"数据"|

"数据工具"|"数据验证"|"数据验证"命令,打开"数据验证"对话框;在"允许"列表框中选择"序列",在"来源"列表框中选择单元格区域 A4:E4;单击"确定"按钮。

| | A | B | C | D | E |
|---|---|---|---|---|---|
| 1 | 日期时间1 | 单位1 | 日期时间2 | 单位2 | |
| 2 | 1 | yr | 365 | day | |
| 3 | 年(yr) | 日(day) | 小时(hr) | 分钟(min) | 秒(sec) |
| 4 | yr | day | hr | min | sec |

实验图 8-4　日期与时间单位换算器

(2) 在 C2 单元格中输入转换公式"=CONVERT(A2,B2,D2)"。

(3) 验证日期与时间单位换算器的功能。在 A2 单元格中输入日期与时间,例如 1;在 B2 单元格中选择原始单位,例如 yr(年);在 D2 单元格中选择目标单位,例如 day(日),则 C2 单元格中自动显示转换后的结果 365。

### 实验 8-5　数据库函数(车型调查表)

【实验要求】 在"sy8-5 数据库函数(车型调查表).xlsx"中存放着男性和女性对各类车型的偏好调查情况,请利用数据库函数 DCOUNTA 统计不同性别的调查用户对各类车型喜好的人数,并利用 COUNTIFS 函数进行计算并验证,结果如实验图 8-5 所示。

| | A 编号 | B 性别 | C 保时捷 | D 奥迪 | E 别克 | F 法拉利 | G 福特 | H 雪铁龙 | I 宝马 | J 宾利 | K 现代 | L 悍马 | M 本田 | N 比亚迪 | O |
|---|---|---|---|---|---|---|---|---|---|---|---|---|---|---|---|
| 1 | 各类车型偏好调查表 | | | | | | | | | | | | | | |
| 2 | 编号 | 性别 | 保时捷 | 奥迪 | 别克 | 法拉利 | 福特 | 雪铁龙 | 宝马 | 宾利 | 现代 | 悍马 | 本田 | 比亚迪 | |
| 57 | 55 | 男 | x | | | | x | | | | x | x | | | |
| 58 | 56 | 女 | | x | | x | | x | x | | | | | | |
| 59 | 57 | 女 | | | | x | x | | | | | | | | |
| 60 | 58 | 女 | x | x | | | | | | | x | | x | | |
| 61 | 59 | 男 | x | | x | | | x | x | | x | x | x | | |
| 62 | 60 | 女 | | | | x | | x | x | | x | | x | | |
| 63 | | | | | | | | | | | | | | | |
| 64 | 性别 | | | | | | | | | | | | | | |
| 65 | 男 | 男 | 15 | 7 | 14 | 5 | 14 | 12 | 4 | 4 | 10 | 11 | 9 | 8 | DcountA |
| 66 | 性别 | 女 | 4 | 2 | 3 | 4 | 19 | 19 | 20 | 12 | 22 | 7 | 1 | 2 | |
| 67 | 女 | | | | | | | | | | | | | | |
| 68 | | 男 | 15 | 7 | 14 | 5 | 14 | 12 | 4 | 4 | 10 | 11 | 9 | 8 | CountIfs |
| 69 | | 女 | 4 | 2 | 3 | 4 | 19 | 19 | 20 | 12 | 22 | 7 | 1 | 2 | |

实验图 8-5　车型调查结果

【操作提示】

(1) 各类车型男性人数(DCOUNTA 函数)。在 C65 单元格中输入公式"=DCOUNTA ($B$2:$N$62,C2,$A$64:$A$65)",并向右填充至 N65 单元格。

(2) 各类车型女性人数(DCOUNTA 函数)。在 C66 单元格中输入公式"=DCOUNTA ($B$2:$N$62,C2,$A$66:$A$67)",并向右填充至 N66 单元格。

(3) 各类车型男性人数(COUNTIFS 函数)。在 C68 单元格中输入公式"=COUNTIFS ($B$3:$B$62,"男",C$3:C$62,"x")",并向右填充至 N68 单元格。

(4) 各类车型女性人数(COUNTIFS 函数)。在 C69 单元格中输入公式"=COUNTIFS ($B$3:$B$62,"女",C$3:C$62,"x")",并向右填充至 N69 单元格。

# 公式和函数的综合应用(1)

## 实验目的

公式和函数的综合应用(1)

## 实验内容

### 实验 9-1　多条件求和以及不重复数据个数的统计问题

【实验要求】　打开"sy9-1 产品清单.xlsx"文件,利用数学函数(ROUND、SUMPRODUCT、SUM、SUMIFS、SUMIF)、统计函数(COUNT、COUNTIF)、逻辑函数(IF)、日期与时间函数(MONTH)、查找与引用函数(MATCH、ROW)以及数组公式完成以下操作要求,最终结果参见实验图 9-1。

| | A | B | C | D | E | F | G | H | I | J | K | L |
|---|---|---|---|---|---|---|---|---|---|---|---|---|
| 1 | 产品ID | 产品名称 | 供应商 | 类别 | 单位数量 | 单价 | 库存量 | 订购量 | 订购日期 | | 产品信息(金额/数量)汇总/计数 | |
| 2 | 1 | 苹果汁 | 佳佳乐 | 饮料 | 每箱24瓶 | ¥18.00 | 39 | 10 | 2014/2/15 | | 订购商品总金额 | ¥ 12,917.9 |
| 3 | 2 | 牛奶 | 佳佳乐 | 饮料 | 每箱24瓶 | ¥19.00 | 17 | 25 | 2014/6/10 | | 饮料6月份订购总量 | 55 |
| 4 | 3 | 蕃茄酱 | 佳佳乐 | 调味品 | 每箱12瓶 | ¥10.00 | 13 | 25 | 2014/3/20 | | 海鲜和饮料订购总金额 | ¥ 7,177.9 |
| 5 | 4 | 盐 | 康富食品 | 调味品 | 每箱12瓶 | ¥22.00 | 53 | 0 | 2014/2/17 | | 25和30之间的总订购量1 | 295 |
| 6 | 6 | 酱油 | 妙生 | 调味品 | 每箱12瓶 | ¥25.00 | 120 | 25 | 2014/6/23 | | 25和30之间的总订购量2 | 295 |
| 7 | 7 | 海鲜粉 | 妙生 | 特制品 | 每箱30盒 | ¥30.00 | 15 | 10 | 2014/3/20 | | 25和30之间的总订购量3 | 295 |
| 8 | 8 | 胡椒粉 | 妙生 | 调味品 | 每箱30盒 | ¥40.00 | 6 | 0 | 2014/2/15 | | 25和30之间的总订购量4 | 295 |
| 9 | 9 | 鸡 | 为全 | 肉/家禽 | 每袋500克 | ¥97.00 | 29 | 0 | 2014/4/25 | | | |
| 10 | 10 | 蟹 | 为全 | 海鲜 | 每袋500克 | ¥31.00 | 31 | 0 | 2014/6/10 | | | |
| 11 | 12 | 德国奶酪 | 日正 | 日用品 | 每箱12瓶 | ¥38.00 | 86 | 0 | 2014/6/10 | | | |
| 12 | 11 | 民众奶酪 | 日正 | 日用品 | 每袋6包 | ¥21.00 | 22 | 30 | 2014/6/23 | | 不重复数据计数(各类方法) | |
| 13 | 13 | 龙虾 | 德昌 | 海鲜 | 每袋500克 | ¥6.00 | 24 | 5 | 2014/2/15 | | 产品类别总数1 | 8 |
| 14 | 14 | 沙茶 | 德昌 | 特制品 | 每箱12瓶 | ¥23.25 | 35 | 5 | 2014/5/1 | | 产品类别总数2 | 8 |
| 15 | 15 | 味精 | 德昌 | 调味品 | 每箱30盒 | ¥15.50 | 39 | 0 | 2014/6/10 | | 产品类别总数3 | 8 |
| 16 | 16 | 饼干 | 正一 | 点心 | 每箱30盒 | ¥17.45 | 29 | 10 | 2014/5/7 | | 产品类别总数4 | 8 |
| 17 | 18 | 墨鱼 | 菊花 | 海鲜 | 每袋500克 | ¥62.50 | 42 | 0 | 2014/2/17 | | 供应商数量1 | 19 |
| 18 | 17 | 猪肉 | 正一 | 肉/家禽 | 每袋500克 | ¥39.00 | 0 | 0 | 2014/2/5 | | 供应商数量2 | 19 |

实验图 9-1　产品清单统计结果

（1）统计订购商品的总金额（保留一位小数），将结果置于 L2 单元格中。

（2）统计饮料在 6 月份的订购总量，将结果置于 L3 单元格中。

（3）统计海鲜和饮料的订购总金额，将结果置于 L4 单元格中。

（4）使用各种不同的方法统计订购量在 25 和 30 之间的总订购量，将结果置于 L5：L8 数据区域中。

（5）使用各种不同的方法分别统计产品类别总数和供应商数量，将结果置于 L13：L20 数据区域中。

【操作提示】

（1）计算订购商品的总金额（保留一位小数）的公式为"＝ROUND(SUMPRODUCT (F2：F40 * H2：H40),1)"。

（2）统计饮料 6 月份订购总量的数组公式为"{＝SUM(IF((D2：D40＝"饮料") * (MONTH(I2：I40)＝6),H2：H40,0))}"。

（3）统计海鲜和饮料订购总金额的数组公式为"{＝SUM(IF((D2：D40＝"海鲜")＋ (D2：D40＝"饮料"),F2：F40 * H2：H40))}"。

（4）统计订购量在 25 和 30 之间的总订购量的公式（方法 1）为"＝SUMIFS(H2：H40, H2：H40,"＞＝25",H2：H40,"＜＝30")"。

（5）统计订购量在 25 和 30 之间的总订购量的公式（方法 2）为"＝SUMIF(H2：H40, "＞＝25")－SUMIF(H2：H40,"＞30")"。

（6）统计订购量在 25 和 30 之间的总订购量的数组公式（方法 3）为"{＝SUM(IF((H2： H40＞＝25) * (H2：H40＜＝30),H2：H40))}"。

（7）统计订购量在 25 和 30 之间的总订购量的公式（方法 4）为"＝SUMPRODUCT ((H2：H40＞＝25) * (H2：H40＜＝30) * (H2：H40))"。

（8）统计产品类别总数的数组公式（方法 1）为"{＝SUM(－－(MATCH(D2：D40,D2： D40,)＝ROW(2：40)－1))}"。

（9）统计产品类别总数的数组公式（方法 2）为"{＝SUM(1/COUNTIF(D2：D40,D2： D40))}"。

（10）统计产品类别总数的公式（方法 3）为"＝SUMPRODUCT(－－(MATCH(D2： D40,D2：D40,)＝ROW(2：40)－1))"。

（11）统计产品类别总数的公式（方法 4）为"＝SUMPRODUCT(1/COUNTIF(D2： D40,D2：D40))"。

（12）统计产品类别总数的数组公式（方法 5）为"{＝COUNT(1/(MATCH(D2：D40, D2：D40,0)＝ROW(D2：D40)－1))}"。

（13）统计供应商数量的公式（方法 1）为"＝SUMPRODUCT(1/COUNTIF(C2：C40, C2：C40))"。

（14）统计供应商数量的数组公式（方法 2）为"{＝SUM(1/COUNTIF(C2：C40,C2： C40))}"。

（15）统计供应商数量的数组公式（方法 3）为"{＝COUNT(1/(MATCH(C2：C40,C2： C40,0)＝ROW(C2：C40)－1))}"。

### 实验 9-2　多条件计数以及分数统计问题

【实验要求】　在"sy9-2 条件计数（成绩分段统计）.xlsx"文件中存放着 67 名学生的数学成绩信息，请利用数学函数（SUM、SUMPRODUCT）、统计函数（FREQUENCY、COUNT、COUNTIF、COUNTIFS、AVERAGE、SMALL、LARGE、MIN、MAX）、逻辑函数（IF）以及数组公式完成以下操作要求，结果参见实验图 9-2。

（1）使用各种不同的方法统计 40 分以下、40～49 分、50～59 分、60～69 分、70～79 分、80～89 分、90～99 分以及 100 分各分数段的学生人数，并计算其百分比。

（2）使用各种不同的方法统计成绩高于平均分的学生人数。

（3）使用各种不同的方法统计高于平均分的最低数学成绩。

（4）统计前 10 名学生的平均成绩。

（5）使用各种不同的方法统计及格学生的最低分。

（6）使用各种不同的方法统计不及格学生的最高分。

| | A | B | C | D | E | F | G | H | I | J | K | L | M | N | O | P |
|---|---|---|---|---|---|---|---|---|---|---|---|---|---|---|---|---|
| 1 | 学号 | 数学 | | 分数段 | 人数1 | 人数2 | 人数3 | 人数4 | 人数5 | 人数6 | 人数7 | 人数8 | 人数9 | 百分比 | | 分数段 |
| 2 | S01001 | 81 | | 40以下 | 1 | 1 | | 1 | | 1 | | | 1 | 1% | | 39 |
| 3 | S01002 | 51 | | 40~49 | 2 | 2 | 2 | 2 | 2 | 2 | 2 | 2 | 2 | 3% | | 49 |
| 4 | S01003 | 80 | | 50~59 | 4 | 4 | 4 | 4 | 4 | 4 | 4 | 4 | 4 | 6% | | 59 |
| 5 | S01004 | 79 | | 60~69 | 7 | 7 | 7 | 7 | 7 | 7 | 7 | 7 | 7 | 10% | | 69 |
| 6 | S01005 | 70 | | 70~79 | 15 | 15 | 15 | 15 | 15 | 15 | 15 | 15 | 15 | 22% | | 79 |
| 7 | S01006 | 68 | | 80~89 | 21 | 21 | 21 | 21 | 21 | 21 | 21 | 21 | 21 | 31% | | 89 |
| 8 | S01007 | 90 | | 90~99 | 14 | 14 | 14 | 14 | 14 | 14 | 14 | 14 | 14 | 21% | | 99 |
| 9 | S01008 | 95 | | 100 | 3 | 3 | | | | | | | | 4% | | |
| 10 | S01009 | 79 | | | | | | | | | | | | | | |
| 11 | S01010 | 78 | | | | 方法1 | 方法2 | 方法3 | | | | | | | | |
| 12 | S01011 | 67 | | 成绩高于平均分的人 | | 42 | 42 | | | | | | | | | |
| 13 | S01012 | 100 | | 高于平均分的最低分 | | 79 | 79 | 79 | | | | | | | | |
| 14 | S01013 | 25 | | 前10名学生的平均成 | | 96.3 | | | | | | | | | | |
| 15 | S01014 | 91 | | 及格学生的最低分 | | 60 | 60 | 60 | | | | | | | | |
| 16 | S01015 | 59 | | 不及格学生的最高分 | | 59 | 59 | 59 | | | | | | | | |

实验图 9-2　多条件计数以及分数统计结果

【操作提示】

（1）重新整理成绩分数段。为了使用 FREQUENCY 函数统计数值在区域内出现的频率，在 P2:P8 数据区域输入整理后的分数段。

（2）（方法 1）利用频率统计函数 FREQUENCY 统计各分数段的学生人数。选择数据区域 E2:E9，然后在编辑栏中输入公式"=FREQUENCY($B$2:$B$68,$P$2:$P$8)"，并按 Ctrl+Shift+Enter 键锁定数组公式。

（3）（方法 2）利用 COUNTIF 函数统计各分数段的学生人数。

① 统计 40 分以下学生人数的公式为"=COUNTIF($B$2:$B$68,"<40")"。

② 统计 40～49 分学生人数的公式为"=COUNTIF($B$2:$B$68,"<50")−COUNTIF($B$2:$B$68,"<40")"。

统计其他分数段的方法类似。

（4）（方法 3）利用 COUNTIFS 函数统计各分数段的学生人数。统计 40～49 分的学生人数的公式为"=COUNTIFS($B$2:$B$68,"<50",$B$2:$B$68,">=40")"。统计其

他分数段的方法类似。

（5）（方法 4）利用 SUM 函数配合--或 ＊ 运算统计各分数段的学生人数。

① 统计 40 分以下学生人数的数组公式为"{＝SUM(--($B$2:$B$68＜40))}"或者"{＝SUM(($B$2:$B$68＜40)＊1))}"。

② 统计 40～49 分学生人数的数组公式为"{＝SUM(($B$2:$B$68＞＝40)＊($B$2:$B$68＜50))}"。

统计其他分数段的方法类似。

（6）（方法 5）利用 SUMPRODUCT 函数统计各分数段的学生人数。统计 40～49 分的学生人数的公式为"＝SUMPRODUCT(($B$2:$B$68＞＝40)＊($B$2:$B$68＜50))"。统计其他分数段的方法类似。

（7）（方法 6）利用 SUM 和 IF 函数统计各分数段的学生人数。

① 统计 40 分以下的学生人数的数组公式为"{＝SUM(IF($B$2:$B$68＜40,1,0))}"。

② 统计 40～49 分学生人数的数组公式为"{＝SUM(IF($B$2:$B$68＞＝40,IF($B$2:$B$68＜50,1,0)))}"。

与统计其他分数段的方法类似。

（8）（方法 7）利用 SUM 和 COUNTIF 函数配合数组常量统计各分数段的学生人数。统计 40～49 分的学生人数的公式为"＝SUM(COUNTIF($B$2:$B$68,"＞＝"&{40,50})＊{1,−1})"。统计其他分数段的方法类似。

（9）（方法 8）利用 FREQUENCY 统计各分数段的学生人数。统计 40～49 分学生人数的公式为"＝FREQUENCY($B$2:$B$68,49)−FREQUENCY($B$2:$B$68,39)"。统计其他分数段的方法类似。

（10）（方法 9）利用 COUNT 函数统计各分数段的学生人数。

① 统计 40 分以下的学生人数的数组公式为"{＝COUNT(0/($B$2:$B$68＜40))}"。

② 统计 40～49 分学生人数的数组公式为"{＝COUNT(0/(($B$2:$B$68＞＝40)＊($B$2:$B$68＜50)))}"。

与统计其他分数段的方法类似。

（11）利用 COUNT 函数统计各分数段的学生人数。在 N2 单元格中输入公式"＝E2/COUNT($B$2:$B$68)"，并将公式向下填充到 N9 单元格。

（12）利用 COUNTIF 和 AVERAGE 函数统计成绩高于平均分的学生人数的公式为"＝COUNTIF(B:B,"＞"&AVERAGE(B:B))"或者"＝COUNTIF($B$2:$B$68,"＞"&AVERAGE($B$2:$B$68))"。

（13）（方法 1）利用 LARGE、COUNTIF 和 AVERAGE 函数统计高于平均分的最低数学成绩的公式为"＝LARGE(B2:B68,COUNTIF(B2:B68,"＞"&AVERAGE(B2:B68)))"。

（14）（方法 2）利用 SMALL、COUNTIF 和 AVERAGE 函数统计高于平均分的最低数学成绩的公式为"＝SMALL(B2:B68,COUNTIF(B2:B68,"＜＝"&AVERAGE(B2:B68))+1)"。

（15）（方法 3）利用 MIN、IF 和 AVERAGE 函数统计高于平均分的最低数学成绩的数组公式为"{＝MIN(IF(B2:B68＞AVERAGE(B2:B68),B2:B68))}"。

（16）利用 AVERAGE、LARGE 和 ROW 函数统计前 10 名学生平均成绩的数组公式为"{=AVERAGE(LARGE(B2:B68,ROW(1:10)))}"。

（17）（方法1）利用SMALL和IF函数统计及格学生最低分的数组公式为"{=SMALL(IF(B2:B68>=60,B2:B68),1)}"。

（18）（方法2）利用MIN和IF函数统计及格学生最低分的数组公式为"{=MIN(IF(B2:B68>=60,B2:B68))}"。

（19）（方法3）利用LARGE和COUNTIF函数统计及格学生最低分的公式为"=LARGE(B2:B68,COUNTIF(B2:B68,">=60"))"。

（20）（方法1）利用LARGE和IF函数统计不及格学生最高分的数组公式为"{=LARGE(IF(B2:B68<60,B2:B68),1)}"。

（21）（方法2）利用MAX和IF函数统计不及格学生最高分的数组公式为"{=MAX(IF(B2:B68<60,B2:B68))}"。

（22）（方法3）利用SMALL和COUNTIF函数统计不及格学生最高分的公式为"=SMALL(B2:B68,COUNTIF(B2:B68,"<60"))"。

### 实验9-3 统计至少两科不及格的学生人数

【实验要求】 打开"sy9-3至少两科不及格学生人数.xlsx"文件,利用查找与引用函数（OFFSET和ROW）、统计函数（COUNTIF）、数学函数（SUM）、信息函数（N）,使用各种不同的方法,统计至少两科不及格的学生人数。实验结果如实验图9-3所示。

| | A | B | C | D | E | F | G | H |
|---|---|---|---|---|---|---|---|---|
| 1 | 学号 | 姓名 | 性别 | 班级 | 语文 | 数学 | 英语 | |
| 2 | B13121501 | 朱洋洋 | 男 | 一班 | 58 | 55 | 67 | |
| 3 | B13121502 | 赵霞霞 | 女 | 一班 | 74 | 80 | 90 | |
| 4 | B13121503 | 周萍萍 | 女 | 一班 | 87 | 94 | 86 | |
| 5 | B13121504 | 阳一昆 | 男 | 一班 | 75 | 60 | 25 | |
| 6 | B13121505 | 田一天 | 男 | 一班 | 62 | 62 | 60 | |
| 7 | B13121506 | 翁华华 | 女 | 一班 | 90 | 86 | 88 | |
| 8 | B13121507 | 王丫丫 | 女 | 一班 | 73 | 70 | 71 | |
| 9 | B13121508 | 宋平平 | 女 | 一班 | 87 | 90 | 97 | |
| 10 | B13121509 | 范华华 | 男 | 一班 | 90 | 86 | 85 | |
| 11 | B13121510 | 董华华 | 男 | 二班 | 53 | 90 | 50 | |
| 12 | B13121511 | 舒齐齐 | 女 | 二班 | 69 | 50 | 89 | |
| 13 | B13121512 | 吕文文 | 男 | 二班 | 78 | 77 | 55 | |
| 14 | B13121513 | 金依珊 | 男 | 二班 | 85 | 80 | 76 | |
| 15 | B13121514 | 陈燕燕 | 女 | 二班 | 70 | 89 | 78 | |
| 16 | B13121515 | 李一红 | 男 | 二班 | 95 | 86 | 88 | |
| 17 | B13121516 | 陈卡通 | 男 | 二班 | 53 | 58 | 54 | |
| 18 | | | | | | | | |
| 19 | 至少2门功课不及格的学生人数1 | | | | 3 | | | |
| 20 | 至少2门功课不及格的学生人数2 | | | | 3 | 3 | 3 | 3 |
| 21 | 至少2门功课不及格的学生人数3 | | | | 3 | 3 | 3 | 3 |

实验图9-3 统计至少两科不及格的学生人数

【操作提示】

**方法1：辅助列统计法。**

（1）添加辅助列,统计每位学生不及格的学科数。在I2单元格中输入公式"=COUNTIF(E2:G2,"<60")",并向下填充至I17单元格。

（2）统计至少两科不及格的学生人数。在E19单元格中输入公式"=COUNTIF(I2:I17,">=2")"。

**方法 2：三维引用法。**

（1）利用 SUM 函数统计至少两科不及格的学生人数。

在 E20 单元格中输入数组公式：

$\{=SUM(--(COUNTIF(OFFSET(E1:G1,ROW(E2:G17)-1,0),"<60")>=2))\}$

或者，在 F20 单元格中输入数组公式：

$\{=SUM((COUNTIF(OFFSET(E1:G1,ROW(E2:G17)-1,0),"<60")>=2)*1)\}$

或者，在 G20 单元格中输入数组公式：

$\{=SUM((COUNTIF(OFFSET(E1:G1,ROW(E2:G17)-1,0),"<60")>=2)+0)\}$

或者，在 H20 单元格中输入数组公式：

$\{=SUM(N(COUNTIF(OFFSET(E1:G1,ROW(E2:G17)-1,0),"<60")>=2))\}$

（2）利用 SUMPRODUCT 函数统计至少两科不及格的学生人数。

在 E21 单元格中输入公式：

$=SUMPRODUCT(--(COUNTIF(OFFSET(E1:G1,ROW(E2:G17)-1,0),"<60")>=2))$

或者，在 F21 单元格中输入公式：

$=SUMPRODUCT((COUNTIF(OFFSET(E1:G1,ROW(E2:G17)-1,0),"<60")>=2)/1)$

或者，在 G21 单元格中输入公式：

$=SUMPRODUCT((COUNTIF(OFFSET(E1:G1,ROW(E2:G17)-1,0),"<60")>=2)-0)$

或者，在 H21 单元格中输入公式：

$=SUMPRODUCT(N(COUNTIF(OFFSET(E1:G1,ROW(E2:G17)-1,0),"<60")>=2))$

【说明】

（1）三维引用法使用 OFFSET 函数生成三维引用，即 OFFSET(E1:G1,ROW(E2:G17)-1,0)，将各位学生语、数、英 3 门课程的成绩分别作为独立区域单独引用，结果为 E2:G2、E3:G3、…、E17:G17 共 16 个区域。

（2）使用 COUNTIF 函数对上述区域计数，统计结果为{2;0;0;1;0;0;0;0;0;0;2;1;1;0;0;0;3}，类似实现方法 1 辅助列的统计功能。

（3）使用 SUM 或 SUMPRODUCT 函数进行汇总，得到最终结果 3。

### 实验 9-4　单列与多列转换

【实验要求】　打开"sy9-4 单列多列转换.xlsx"文件，利用查找与引用函数（INDIRECT、ADDRESS、OFFSET、INDEX、ROW 和 COLUMN）、数学函数（MOD 和 INT），使用各种方法，将 A 列的学生姓名转换为 5 行 3 列的清单，再将 5 行 3 列的学生姓名清单转换为单列，实验结果参见实验图 9-4。

【操作提示】

（1）将 A 列的学生姓名转换为 5 行 3 列的清单（方法 1）。在 C2 单元格中输入公式"=INDIRECT("A"&ROW()*3+COLUMN()-7)"，并向右、向下填充至 E6 单元格。

（2）将 A 列的学生姓名转换为 5 行 3 列的清单（方法 2）。在 C9 单元格中输入公式"=INDEX($A$2:$A$16,(ROW()-9)*3+COLUMN()-2,)"，并向右、向下填充至 E13 单元格。

（3）将 5 行 3 列的学生姓名转换为单列清单（方法 1）。在 G2 单元格中输入公式

"=OFFSET($C$2,ROW(A3)/3-1,MOD(ROW(A3),3))",并向下填充至 G16 单元格。

实验图 9-4　单列和多列相互转换

（4）将 5 行 3 列的学生姓名转换为单列清单（方法 2）。在 H2 单元格中输入公式
"=OFFSET($C$2,INT(ROW(A1)-1)/3,MOD(ROW(A1)-1,3))",并向下填充至
H16 单元格。

（5）将 5 行 3 列的学生姓名转换为单列清单（方法 3）。在 I2 单元格中输入公式
"=INDIRECT(ADDRESS(INT((ROW(A1)-1)/3)+2,MOD(ROW(A1)-1,3)+
3))",并向下填充至 I16 单元格。

（6）将 5 行 3 列的学生姓名转换为单列清单（方法 4）。在 J2 单元格中输入公式
"=INDIRECT("R"&INT((ROW()+1)/3+1)&"C"&MOD((ROW()-2),3)+3,)",
并向下填充至 J16 单元格。

【说明】

在将单列姓名转换为多行多列清单的方法 1 的公式中,数字 7 的通式为"第 1 个姓名所
在的行 * 3-姓名标题所在的行+（多列数据所在的起始列-1）"。

### 实验 9-5　九九乘法表

【实验要求】　在"sy9-5 九九乘法表.xlsx"中,利用查找与引用函数（ROW、COLUMN）、数
学函数（MMULT）、逻辑函数（IF）,使用各种方法,生成九九乘法表,结果如实验图 9-5
所示。

【操作提示】

（1）利用 ROW、COLUMN 和 MMULT 函数生成九九乘法表（方法 1）。在 Sheet1 的 A2
单元格中输入公式"=(ROW()-1)&" * "&COLUMN()&"="&MMULT((ROW()-1),
COLUMN())",并向右、向下填充至 I10 单元格。

（2）利用 IF、ROW、COLUMN 和 MMULT 函数生成九九乘法表（方法 2）。在 Sheet2
的 A2 单元格中输入公式"=IF(COLUMN()<=ROW(),COLUMN()&" * "&ROW()
&"="&MMULT(ROW(),COLUMN()),"")",并向右、向下填充至 I10 单元格。

（3）利用 IF、ROW、COLUMN 和 MMULT 函数生成九九乘法表（方法 3）。在 Sheet3

的 A2 单元格中输入公式"＝IF(ROW()－1＜＝COLUMN(),ROW()－1&" ＊ "&COLUMN()&"＝"&MMULT(ROW()－1,COLUMN()),"")",并向右、向下填充至 I10 单元格。

| | A | B | C | D | E | F | G | H | I |
|---|---|---|---|---|---|---|---|---|---|
| 1 | 九九乘法表 | | | | | | | | |
| 2 | 1*1=1 | 1*2=2 | 1*3=3 | 1*4=4 | 1*5=5 | 1*6=6 | 1*7=7 | 1*8=8 | 1*9=9 |
| 3 | 2*1=2 | 2*2=4 | 2*3=6 | 2*4=8 | 2*5=10 | 2*6=12 | 2*7=14 | 2*8=16 | 2*9=18 |
| 4 | 3*1=3 | 3*2=6 | 3*3=9 | 3*4=12 | 3*5=15 | 3*6=18 | 3*7=21 | 3*8=24 | 3*9=27 |
| 5 | 4*1=4 | 4*2=8 | 4*3=12 | 4*4=16 | 4*5=20 | 4*6=24 | 4*7=28 | 4*8=32 | 4*9=36 |
| 6 | 5*1=5 | 5*2=10 | 5*3=15 | 5*4=20 | 5*5=25 | 5*6=30 | 5*7=35 | 5*8=40 | 5*9=45 |
| 7 | 6*1=6 | 6*2=12 | 6*3=18 | 6*4=24 | 6*5=30 | 6*6=36 | 6*7=42 | 6*8=48 | 6*9=54 |
| 8 | 7*1=7 | 7*2=14 | 7*3=21 | 7*4=28 | 7*5=35 | 7*6=42 | 7*7=49 | 7*8=56 | 7*9=63 |
| 9 | 8*1=8 | 8*2=16 | 8*3=24 | 8*4=32 | 8*5=40 | 8*6=48 | 8*7=56 | 8*8=64 | 8*9=72 |
| 10 | 9*1=9 | 9*2=18 | 9*3=27 | 9*4=36 | 9*5=45 | 9*6=54 | 9*7=63 | 9*8=72 | 9*9=81 |

(a) 显示方法一

| | A | B | C | D | E | F | G | H | I |
|---|---|---|---|---|---|---|---|---|---|
| 1 | 九九乘法表 | | | | | | | | |
| 2 | 1*1=1 | | | | | | | | |
| 3 | 1*2=2 | 2*2=4 | | | | | | | |
| 4 | 1*3=3 | 2*3=6 | 3*3=9 | | | | | | |
| 5 | 1*4=4 | 2*4=8 | 3*4=12 | 4*4=16 | | | | | |
| 6 | 1*5=5 | 2*5=10 | 3*5=15 | 4*5=20 | 5*5=25 | | | | |
| 7 | 1*6=6 | 2*6=12 | 3*6=18 | 4*6=24 | 5*6=30 | 6*6=36 | | | |
| 8 | 1*7=7 | 2*7=14 | 3*7=21 | 4*7=28 | 5*7=35 | 6*7=42 | 7*7=49 | | |
| 9 | 1*8=8 | 2*8=16 | 3*8=24 | 4*8=32 | 5*8=40 | 6*8=48 | 7*8=56 | 8*8=64 | |
| 10 | 1*9=9 | 2*9=18 | 3*9=27 | 4*9=36 | 5*9=45 | 6*9=54 | 7*9=63 | 8*9=72 | 9*9=81 |

(b) 显示方法二

实验图 9-5　九九乘法表

(4) 利用单元格混合引用生成九九乘法表(方法 4)。在 Sheet4 的 B3 单元格中输入公式"＝B$2&" ＊ "&$A3&"＝"&B$2*$A3",并向右、向下填充至 J11 单元格。

### 实验 9-6　求三角形的周长和面积

【实验要求】 打开"sy9-6 三角形信息统计.xlsx",利用随机函数(RANDBETWEEN)、数学函数(ROUND、SQRT、SUMXMY2、SUMSQ)、逻辑函数(IF、AND、OR)先随机生成取值为－10～10 整数的 3 个平面点的坐标$(x,y)$,然后计算这 3 个点之间的距离。参照实验表 9-1 判断这 3 个点是否可以构成三角形,若能,进一步判断三角形的性质(等边、等腰、直角或其他三角形),并计算三角形的周长。使用不同的方法计算三角形的面积,对于直角三角形,有特别的计算公式,结果如实验图 9-6 所示。

实验表 9-1　各类三角形的判断准则

| 形　状 | 满足条件 |
|---|---|
| 三角形 | 3 条边均大于 0,且任意两边之和大于第 3 边 |
| 等边三角形 | 3 边均相等的三角形 |
| 等腰三角形 | 只有两边相等的三角形 |
| 直角三角形 | 勾股定理:斜边$^2$＝直角边 $1^2$＋直角边 $2^2$ |

| | x | y | 边长1 | 边长2 | 边长3 | 形状 | 周长 | 面积1 | 面积2 | 面积3 | 直角△ 面积4 |
|---|---|---|---|---|---|---|---|---|---|---|---|
| 点1 | 0 | 5 | 20 | 25 | 15 | 直角三角形 | 60 | 150 | 150 | 150 | 150 |
| 点2 | −10 | 9 | | | | | | | | | |
| 点3 | 8 | −8 | | | | | | | | | |

三角形信息统计表

实验图 9-6　三角形信息统计结果

【操作提示】

(1) 利用随机函数 RANDBETWEEN 生成取值为−10～10 整数的 3 个平面点的坐标。选择 B3:C5 单元格区域,在编辑栏中输入公式"=RANDBETWEEN(−10,10)",按 Ctrl+Enter 键。

(2) 计算 3 个点所构成的 3 条边的长度。在 D3、E3 和 F3 单元格中分别输入以下公式:

=ROUND(SQRT(SUMXMY2(B3:B4,C3:C4)),0)

=ROUND(SQRT(SUMXMY2(B4:B5,C4:C5)),0)

=ROUND(POWER((B3−B5)^2+(C3−C5)^2,1/2),0)

(3) 判断这 3 条边是否可以构成三角形,若能,进一步判断三角形的性质。在 G3 单元格中输入以下公式:

=IF(AND(D3>0,E3>0,F3>0,(D3+E3)>F3,(D3+F3)>E3,(E3+F3)>D3), IF(AND(D3=E3,E3=F3),"等边三角形",IF(OR(D3=E3,D3=F3,E3=F3),"等腰三角形",IF(SUMSQ(MAX(D3:F3))=SUMSQ(LARGE(D3:F3,{2,3})),"直角三角形","其他三角形"))),"非三角形")

(4) 计算三角形的周长。在 H3 单元格中输入以下公式:

=IF(G3<>"非三角形",D3+E3+F3,"")

(5) 计算三角形的面积(方法 1)。在 I3 单元格中输入以下公式:

=IF(G3<>"非三角形",ROUND(SQRT(H3*(H3/2−D3)*(H3/2−E3)*(H3/2−F3)/2),0),"")

(6) 计算三角形的面积(方法 2)。在 J3 单元格中输入以下公式:

=IF(G3<>"非三角形",ROUND(SQRT(PRODUCT(H3,(H3/2−D3)*(H3/2−E3),(H3/2−F3)/2)),0),"")

(7) 计算三角形的面积(方法 3)。在 K3 单元格中输入以下公式:

=IF(G3<>"非三角形",ROUND(SQRT(PRODUCT(SUM(D3:F3)/2,SUM(D3:F3)/2−LARGE(D3:F3,{1,2,3}))),0),"")

(8) 计算直角三角形的面积(方法 4)。在 L3 单元格中输入以下公式:

=IF(G3="直角三角形",ROUND(PRODUCT(LARGE(D3:F3,{2,3}))/2,0),"")

(9) 按 F9 功能键,随机生成不同的 3 个坐标点,反复测试三角形的形状、周长、面积信息。

【说明】

(1) 3 条边可以构成三角形必须满足以下条件:每条边长均大于 0,并且任意两边之和大于第 3 边。

(2) 已知三角形的 3 条边,则三角形的面积 $=\sqrt{h \cdot (h-a) \cdot (h-b) \cdot (h-c)}$,其中 $h$ 为三角形周长的一半。

**实验 9-7　标识各科成绩的最低分**

【实验要求】　在"sy9-7 标识各科成绩最低分（条件格式）.xlsx"中,利用条件格式以及逻辑函数（IF）、统计函数（MIN）,使用浅紫（紫色,个性色 4,淡色 60%）填充色标识各科成绩最低分所在的行,结果如实验图 9-7 所示。

【操作提示】

（1）选中 A2:C19 单元格区域,单击"开始"选项卡,选择"样式"|"条件格式"|"新建规则"命令。

（2）在随后弹出的"新建格式规则"对话框中选择规则类型为"使用公式确定要设置格式的单元格",在"为符合此公式的值设置格式"下的文本框中输入公式"＝$C2＝MIN(IF($B2＝$B$2:$B$19,$C$2:$C$19))"。单击"格式"按钮,设置填充色为"紫色,个性色 4,淡色 60%"。

【说明】

条件格式中的公式利用数组公式实现条件判断。首先利用课程名称相等的条件判断过滤掉其他课程名称,然后利用 MIN 函数获取同一门课程成绩的最小值。

**实验 9-8　隔行间隔底纹**

【实验要求】　在"sy9-8 隔行间隔底纹（条件格式）.xlsx"中,请利用条件格式以及数学函数（MOD）、查找与引用函数（ROW）,使用浅橄榄色（橄榄色,个性色 3,淡色 40%）和浅红色（红色,个性色 2,淡色 60%）隔行间隔底纹标识不同的学生,结果如实验图 9-8 所示。

| | A | B | C |
|---|---|---|---|
| 1 | 姓名 | 课程 | 成绩 |
| 2 | 宋一平 | 语文 | 53 |
| 3 | 王二丫 | 语文 | 93 |
| 4 | 董三华 | 语文 | 87 |
| 5 | 陈四燕 | 语文 | 95 |
| 6 | 周五萍 | 语文 | 87 |
| 7 | 田六天 | 语文 | 91 |
| 8 | 宋一平 | 数学 | 90 |
| 9 | 王二丫 | 数学 | 55 |
| 10 | 董三华 | 数学 | 67 |
| 11 | 陈四燕 | 数学 | 89 |
| 12 | 周五萍 | 数学 | 74 |
| 13 | 田六天 | 数学 | 74 |
| 14 | 宋一平 | 英语 | 55 |
| 15 | 王二丫 | 英语 | 90 |

实验图 9-7　标识各科成绩的最低分

| | A | B | C | D |
|---|---|---|---|---|
| 1 | 学生计算机成绩一览表 | | | |
| 2 | 学号 | 姓名 | 期中 | 期末 |
| 3 | B13121501 | 朱洋洋 | 58 | 55 |
| 4 | B13121502 | 赵霞霞 | 74 | 80 |
| 5 | B13121503 | 周萍萍 | 87 | 94 |
| 6 | B13121504 | 阳一昆 | 51 | 70 |

实验图 9-8　隔行间隔底纹标识不同的学生

【操作提示】

（1）选中 A3:D17 单元格区域,单击"开始"选项卡,选择"样式"|"条件格式"|"新建规则"命令。

（2）在随后弹出的"新建格式规则"对话框中选择规则类型为"使用公式确定要设置格式的单元格",在"为符合此公式的值设置格式"下的文本框中输入公式"＝(MOD(ROW(),2)＝0)*(A2<>"")"。单击"格式"按钮,设置填充色为"橄榄色,个性色 3,淡色 40%"。

（3）再次新建条件格式规则,选择规则类型为"使用公式确定要设置格式的单元格",在"为符合此公式的值设置格式"下的文本框中输入公式"＝(MOD(ROW(),2)＝1)*(A2<>"")"。单击"格式"按钮,设置填充色为"红色,个性色 2,淡色 60%"。

# 公式和函数的综合应用(2)

## 实验目的

公式和函数的综合应用(2)

## 实验内容

### 实验 10-1　查找与引用函数及数学函数、逻辑函数、统计函数的应用(党费收缴)

【实验要求】　打开"sy10-1 党费收缴. xlsx"文件,利用查找与引用函数(VLOOKUP、HLOOKUP、LOOKUP、INDEX、CHOOSE、MATCH、OFFSET 和 INDIRECT)、数学函数(ROUND、SUM 和 SUMPRODUCT)、逻辑函数(IF)、统计函数(MAX、SMALL 和 COUNTIF),使用不同的 15 种方法,计算有固定工资收入的党员每月所交纳的党费(四舍五入保留两位小数)。月工资收入 400 元以下者,交纳月工资总额的 0.5%;月工资收入在 400~599 元者,交纳月工资总额的 1%;月工资收入在 600~799 元者,交纳月工资总额的 1.5%;月工资收入在 800~1499 元者(税后),交纳月工资收入的 2%;月工资收入在 1500 元及以上(税后)者,交纳月工资收入的 3%。素材和结果如实验图 10-1 所示。

【操作提示】

(1) 为了使用 VLOOKUP 函数,需要调整党费费率表的格式(置于 S13:T17 数据区域),以确保包含数据的单元格区域的第 1 列中的值按升序排列。

(2) 在 C4 单元格中计算党员每月所交纳党费(结果保留两位小数)的公式(方法 1)为"=ROUND(VLOOKUP(B4,$S$13:$T$17,2) * B4,2)"。

(3) 在 D4 单元格中计算党员每月所交纳党费(结果保留两位小数)的公式(方法 2)为"=ROUND(LOOKUP(B4,$S$13:$S$17,$T$13:$T$17) * B4,2))"。

(4) 在 E4 单元格中计算党员每月所交纳党费(结果保留两位小数)的公式(方法 3)为

"＝ROUND(HLOOKUP(B4,{0,400,600,800,1500；0.005,0.01,0.015,0.02,0.03},2, 1)＊B4,2)"。

(a) 素材

(b) 结果

实验图 10-1　党费收缴的素材和结果

(5) 在 F4 单元格中计算党员每月所交纳党费(结果保留两位小数)的数组公式(方法 4)为"{＝ROUND(MAX((B4＞＝$S$13:$S$17)＊$T$13:$T$17)＊B4,2)}"。

(6) 在 G4 单元格中计算党员每月所交纳党费(结果保留两位小数)的公式(方法 5)为 "＝ROUND(SMALL($T$13:$T$17,COUNTIF($S$13:$S$17,"＜＝"&B4))＊B4, 2)"。

(7) 在 H4 单元格中计算党员每月所交纳党费(结果保留两位小数)的公式(方法 6)为 "＝ROUND(INDEX($T$13:$T$17,COUNTIF($S$13:$S$17,"＜＝"&B4))＊B4,2)"。

(8) 在 I4 单元格中计算党员每月所交纳党费(结果保留两位小数)的公式(方法 7)为 "＝ROUND(INDEX($T$13:$T$17,MATCH(B4,$S$13:$S$17,1))＊B4,2)"。

(9) 在 J4 单元格中计算党员每月所交纳党费(结果保留两位小数)的公式(方法 8)为 "＝ROUND(CHOOSE(COUNTIF($S$13:$S$17,"＜＝"&B4),0.5%,1%,1.5%,2%, 3%)＊B4,2)"。

(10) 在 K4 单元格中计算党员每月所交纳党费(结果保留两位小数)的公式(方法 9)为 "＝ROUND(CHOOSE(MATCH(B4,$S$13:$S$17,1),0.5%,1%,1.5%,2%,3%)＊ B4,2)"。

(11) 在 L4 单元格中计算党员每月所交纳党费(结果保留两位小数)的数组公式(方法 10)为"{＝ROUND(CHOOSE(SUM(1＊(B4＞＝$S$13:$S$17)),0.5%,1%,1.5%,2%, 3%)＊B4,2)}"。

(12) 在 M4 单元格中计算党员每月所交纳党费(结果保留两位小数)的公式(方法 11)为 "＝ROUND(CHOOSE(IF(B4＞＝1500,1,IF(B4＞＝800,2,IF(B4＞＝600,3,IF(B4＞＝400, 4,5)))),3%,2%,1.5%,1%,0.5%)＊B4,2)"。

(13) 在 N4 单元格中计算党员每月所交纳党费(结果保留两位小数)的公式(方法 12)为"＝ROUND(CHOOSE(SUMPRODUCT(－－(B4＞＝$S$13:$S$17)),0.5%,1%, 1.5%,2%,3%)＊B4,2)"。

(14) 在 O4 单元格中计算党员每月所交纳党费(结果保留两位小数)的公式(方法 13)为"=ROUND(IF(B4>=1500,3%,IF(B4>=800,2%,IF(B4>=600,1.5%,IF(B4>=400,1%,0.5%)))) * B4,2)"。当然,Excel 2019 中还可以使用 IFS 函数计算党费,公式为"=ROUND(IFS(B4>=1500,3%,B4>=800,2%,B4>=600,1.5%,B4>=400,1%,B4<400,0.5%) * B4,2)"。

(15) 在 P4 单元格中计算党员每月所交纳党费(结果保留两位小数)的公式(方法 14)为"=ROUND(OFFSET($T$12,MATCH(B4,$S$13:$S$17),) * B4,2)"。

(16) 在 Q4 单元格中计算党员每月所交纳党费(结果保留两位小数)的公式(方法 15)为"=ROUND(INDIRECT("T"&MATCH(B4,$S$13:$S$17)+12) * B4,2)"。

### 实验 10-2 反向查询(学生信息查询器)

**【实验要求】** 打开"sy10-2 反向查找(学生信息查询器).xlsx"文件,利用查找与引用函数 INDIRECT、LOOKUP、VLOOKUP、INDEX、MATCH、OFFSET、CHOOSE 和 COLUMN,使用不同的 5 种方法,设计学生信息查询器,通过选择"姓名",查询其学号、性别、班级和成绩信息,结果如实验图 10-2 所示。

**【操作提示】**

(1) 分别设置 G4、G8、G12、G16、G20 单元格中姓名的数据有效性。在"允许"下拉列表框中选择"序列","来源"文本框中为"=$B$3:$B$20"。

(2) 设计学生信息查询器(方法 1)。在 H4 单元格中查询学号的公式为"=VLOOKUP($G$4,CHOOSE({1,2,3,4,5},$B$3:$B$20,$A$3:$A$20,$C$3:$C$19,$D$3:$D$20,$E$3:$E$20),COLUMN(B2),FALSE)",并向右填充至 K4 单元格。

实验图 10-2 学生信息查询器(反向查询)

(3) 设计学生信息查询器(方法 2)。

① 在 H8 单元格中查询学号的公式为"=INDIRECT("A"&MATCH($G$8,$B$3:$B$20,0)+2)"。

② 在 I8 单元格中查询性别的公式为"=INDIRECT("C"&MATCH($G$8,$B$3:$B$20,0)+2)"。

③ 在 J8 单元格中查询班级的公式为"=INDIRECT("D"&MATCH($G$8,$B$3:$B$20,0)+2)"。

④ 在 K8 单元格中查询成绩的公式为"=INDIRECT("E"&MATCH($G$8,$B$3:$B$20,0)+2)"。

(4) 设计学生信息查询器(方法 3)。

① 在 H12 单元格中查询学号的公式为"=INDEX($A$3:$A$20,MATCH($G$12,$B$3:$B$20,0))"。

② 在 I12 单元格中查询性别的公式为"＝INDEX($C$3:$C$20,MATCH($G$12, $B$3:$B$20,0))"。

③ 在 J12 单元格中查询班级的公式为"＝INDEX($D$3:$D$20,MATCH($G$12, $B$3:$B$20,0))"。

④ 在 K12 单元格中查询成绩的公式为"＝INDEX($E$3:$E$20,MATCH($G$12, $B$3:$B$20,0))"。

（5）设计学生信息查询器（方法 4）。在 H16 单元格中查询学号的公式为"＝OFFSET ($A$1,MATCH($G$16,$B$3:$B$20,0)+1,MATCH(H15,$A$2:$E$2,0)-1)"，并向右填充至 K16 单元格。

（6）设计学生信息查询器（方法 5）。

① 在 H20 单元格中查询学号的公式为"＝LOOKUP(1,0/($G$20=$B$3:$B$20),A3: A20)"。

② 在 I20 单元格中查询性别的公式为"＝LOOKUP(1,0/($G$20=$B$3:$B$20),C3: C20)"。

③ 在 J20 单元格中查询班级的公式为"＝LOOKUP(1,0/($G$20=$B$3:$B$20),D3: D20)"。

④ 在 K20 单元格中查询成绩的公式为"＝LOOKUP(1,0/($G$20=$B$3:$B$20),E3: E20)"。

### 实验 10-3　双条件查询（学生成绩一览）

【实验要求】　打开"sy10-3 双条件查询（学生成绩一览）.xlsx"文件，利用查找与引用函数（INDIRECT、VLOOKUP、INDEX、MATCH 和 LOOKUP）、逻辑函数（IF），使用不同的 4 种方法，生成学生成绩一览表，结果如实验图 10-3 所示。

| | | | | | | | | | |
|---|---|---|---|---|---|---|---|---|---|
| | E | F | G | H | I | J | K | L | M |
| 1 | | 学生成绩一览表1 | | | | | 学生成绩一览表2 | | |
| 2 | 姓名 | 语文 | 数学 | 英语 | | 姓名 | 语文 | 数学 | 英语 |
| 3 | 宋一平 | 87 | 90 | 97 | | 宋一平 | 87 | 90 | 97 |
| 4 | 王二丫 | 93 | 92 | 90 | | 王二丫 | 93 | 92 | 90 |
| 5 | 董三华 | 53 | 67 | 93 | | 董三华 | 53 | 67 | 93 |
| 6 | 陈四燕 | 95 | 89 | 78 | | 陈四燕 | 95 | 89 | 78 |
| 7 | 周五萍 | 87 | 74 | 84 | | 周五萍 | 87 | 74 | 84 |
| 8 | 田六天 | 91 | 74 | 84 | | 田六天 | 91 | 74 | 84 |
| 9 | 朱七洋 | 58 | 55 | 67 | | 朱七洋 | 58 | 55 | 67 |
| 10 | 吕八文 | 78 | 77 | 55 | | 吕八文 | 78 | 77 | 55 |
| 11 | | | | | | | | | |
| 12 | | 学生成绩一览表3 | | | | | 学生成绩一览表4 | | |
| 13 | 姓名 | 语文 | 数学 | 英语 | | 姓名 | 语文 | 数学 | 英语 |
| 14 | 宋一平 | 87 | 90 | 97 | | 宋一平 | 87 | 90 | 97 |
| 15 | 王二丫 | 93 | 92 | 90 | | 王二丫 | 93 | 92 | 90 |
| 16 | 董三华 | 53 | 67 | 93 | | 董三华 | 53 | 67 | 93 |

实验图 10-3　学生成绩一览表（双条件查询）

【操作提示】

（1）学生成绩一览表（方法 1）。在 F3 单元格中输入数组公式"{＝INDIRECT("C" &MATCH($E3&F$2,$A$2:$A$25&$B$2:$B$25,0)+1)}"，并向右、向下填充至 H10 单元格。

（2）学生成绩一览表(方法2)。

① 在K3单元格中输入数组公式（语文成绩一览）"{=VLOOKUP(\$J3&\$K\$2,IF({1,0},\$A\$2:\$A\$25&\$B\$2:\$B\$25,\$C\$2:\$C\$25),2,FALSE)}"，并向下填充至K10单元格。

② 在L3单元格中输入数组公式（数学成绩一览）"{=VLOOKUP(\$J3&\$L\$2,IF({1,0},\$A\$2:\$A\$25&\$B\$2:\$B\$25,\$C\$2:\$C\$25),2,FALSE)}"，并向下填充至L10单元格。

③ 在M3单元格中输入数组公式（英语成绩一览）"{=VLOOKUP(\$J3&\$M\$2,IF({1,0},\$A\$2:\$A\$25&\$B\$2:\$B\$25,\$C\$2:\$C\$25),2,FALSE)}"，并向下填充至M10单元格。

（3）学生成绩一览表(方法3)。在F14单元格中输入数组公式"{=INDEX(\$C\$2:\$C\$25,MATCH(\$E14&F\$13,\$A\$2:\$A\$25&\$B\$2:\$B\$25,0))}"，并向右、向下填充至H21单元格。

（4）学生成绩一览表(方法4)。

① 在K14单元格中输入公式（语文成绩一览）"=LOOKUP(1,0/((\$A\$2:\$A\$25=\$J14)*(\$B\$2:\$B\$25=\$K\$13)),\$C\$2:\$C\$25)"，并向下填充至K21单元格。

② 在L14单元格中输入数组公式（数学成绩一览）"=LOOKUP(1,0/((\$A\$2:\$A\$25=\$J14)*(\$B\$2:\$B\$25=\$L\$13)),\$C\$2:\$C\$25)"，并向下填充至L21单元格。

③ 在M14单元格中输入数组公式（英语成绩一览）"=LOOKUP(1,0/((\$A\$2:\$A\$25=\$J14)*(\$B\$2:\$B\$25=\$M\$13)),\$C\$2:\$C\$25)"，并向下填充至M21单元格。

### 实验10-4　双条件查询（职工奖金一览表）

【实验要求】　在"sy10-4双条件查询（职工奖金一览表）.xlsx"文件中存放着5名职工第一季度的奖金信息，请利用查找与引用函数（INDIRECT、VLOOKUP、INDEX、MATCH、LOOKUP）、逻辑函数（IF），使用不同的6种方法，生成职工第一季度奖金一览表，结果如实验图10-4所示。

【操作提示】

（1）职工第一季度奖金一览表(方法1)。在F3单元格中输入数组公式"{=INDIRECT("C"&MATCH(\$E3&F\$2,\$A\$2:\$A\$16&\$B\$2:\$B\$16,0)+1)}"，并向右、向下填充至H7单元格。

（2）职工第一季度奖金一览表(方法2)。

① 在K3单元格中输入数组公式（1月份奖金一览）"{=VLOOKUP(J3&K\$2,IF({1,0},\$A\$2:\$A\$16&\$B\$2:\$B16,\$C\$2:\$C\$16),2,FALSE)}"，并向下填充至K7单元格。

② 在L3单元格中输入数组公式（2月份奖金一览）"{=VLOOKUP(J3&L\$2,IF({1,0},\$A\$2:\$A\$16&\$B\$2:\$B16,\$C\$2:\$C\$16),2,FALSE)}"，并向下填充至L7单元格。

③ 在M3单元格中输入数组公式（3月份奖金一览）"{=VLOOKUP(J3&M\$2,IF({1,0},\$A\$2:\$A\$16&\$B\$2:\$B16,\$C\$2:\$C\$16),2,FALSE)}"，并向下填充至M7单元格。

| | A | B | C | D | E | F | G | H | I | J | K | L | M |
|---|---|---|---|---|---|---|---|---|---|---|---|---|---|
| 1 | 姓名 | 月份 | 奖金 | | **职工第一季度奖金一览表1** | | | | | **职工第一季度奖金一览表2** | | | |
| 2 | 王一依 | 1月份 | 750 | | 姓名 | 1月份 | 2月份 | 3月份 | | 姓名 | 1月份 | 2月份 | 3月份 |
| 3 | 张二尔 | 1月份 | 680 | | 王一依 | 750 | 1200 | 700 | | 王一依 | 750 | 1200 | 700 |
| 4 | 李三丝 | 1月份 | 600 | | 张二尔 | 680 | 800 | 500 | | 张二尔 | 680 | 800 | 500 |
| 5 | 姚四柳 | 1月份 | 880 | | 李三丝 | 600 | 900 | 800 | | 李三丝 | 600 | 900 | 800 |
| 6 | 陈五强 | 1月份 | 700 | | 姚四柳 | 880 | 650 | 600 | | 姚四柳 | 880 | 650 | 600 |
| 7 | 王一依 | 2月份 | 1200 | | 陈五强 | 700 | 1000 | 1100 | | 陈五强 | 700 | 1000 | 1100 |
| 8 | 张二尔 | 2月份 | 800 | | | | | | | | | | |
| 9 | 李三丝 | 2月份 | 900 | | **职工第一季度奖金一览表3** | | | | | **职工第一季度奖金一览表4** | | | |
| 10 | 姚四柳 | 2月份 | 650 | | 姓名 | 1月份 | 2月份 | 3月份 | | 姓名 | 1月份 | 2月份 | 3月份 |
| 11 | 陈五强 | 2月份 | 1000 | | 王一依 | 750 | 1200 | 700 | | 王一依 | 750 | 1200 | 700 |
| 12 | 王一依 | 3月份 | 700 | | 张二尔 | 680 | 800 | 500 | | 张二尔 | 680 | 800 | 500 |
| 13 | 张二尔 | 3月份 | 500 | | 李三丝 | 600 | 900 | 800 | | 李三丝 | 600 | 900 | 800 |
| 14 | 李三丝 | 3月份 | 800 | | 姚四柳 | 880 | 650 | 600 | | 姚四柳 | 880 | 650 | 600 |
| 15 | 姚四柳 | 3月份 | 600 | | 陈五强 | 700 | 1000 | 1100 | | 陈五强 | 700 | 1000 | 1100 |
| 16 | 陈五强 | 3月份 | 1100 | | | | | | | | | | |
| 17 | | | | | **职工第一季度奖金一览表5** | | | | | **职工第一季度奖金一览表6** | | | |
| 18 | | | | | 姓名 | 1月份 | 2月份 | 3月份 | | 姓名 | 1月份 | 2月份 | 3月份 |
| 19 | | | | | 王一依 | 750 | 1200 | 700 | | 王一依 | 750 | 1200 | 700 |
| 20 | | | | | 张二尔 | 680 | 800 | 500 | | 张二尔 | 680 | 800 | 500 |
| 21 | | | | | 李三丝 | 600 | 900 | 800 | | 李三丝 | 600 | 900 | 800 |

实验图 10-4　职工第一季度奖金一览表(双条件查询)

(3) 职工第一季度奖金一览表(方法3)。在F11单元格中输入数组公式"{=INDEX($C$2:$C$16,MATCH($E11&F$10,$A$2:$A$16&$B$2:$B$16,0))}",并向右、向下填充至H15单元格。

(4) 职工第一季度奖金一览表(方法4)。

① 在K11单元格中输入数组公式(王一依奖金一览)"{=VLOOKUP($J$11&K$10,IF({1,0},$A$2:$A$16&$B$2:$B$16,$C$2:$C$16),2,FALSE)}",并向右填充至M11单元格。

② 在K12单元格中输入数组公式(张二尔奖金一览)"{=VLOOKUP($J$12&K$10,IF({1,0},$A$2:$A$16&$B$2:$B$16,$C$2:$C$16),2,FALSE)}",并向右填充至L12单元格。

③ 在K13单元格中输入数组公式(李三丝奖金一览)"{=VLOOKUP($J$13&K$10,IF({1,0},$A$2:$A$16&$B$2:$B$16,$C$2:$C$16),2,FALSE)}",并向右填充至M13单元格。

④ 在K14单元格中输入数组公式(姚四柳奖金一览)"{=VLOOKUP($J$14&K$10,IF({1,0},$A$2:$A$16&$B$2:$B$16,$C$2:$C$16),2,FALSE)}",并向右填充至M14单元格。

⑤ 在K15单元格中输入数组公式(陈五强奖金一览)"{=VLOOKUP($J$15&K$10,IF({1,0},$A$2:$A$16&$B$2:$B$16,$C$2:$C$16),2,FALSE)}",并向右填充至M15单元格。

(5) 职工第一季度奖金一览表(方法5)。

① 在F19单元格中输入公式(1月份奖金一览)"=LOOKUP(1,0/(($A$2:$A$16=$E19)*($B$2:$B$16=F$18)),$C$2:$C$16)",并向下填充至F23单元格。

② 在 G19 单元格中输入公式(2月份奖金一览数)"=LOOKUP(1,0/(($A$2:$A$16=$E19)*($B$2:$B$16=$G$18)),$C$2:$C$16)",并向下填充至 G23 单元格。

③ 在 H19 单元格中输入公式(3月份奖金一览数)"=LOOKUP(1,0/(($A$2:$A$16=$E19)*($B$2:$B$16=$H$18)),$C$2:$C$16)",并向下填充至 H23 单元格。

(6) 职工第一季度奖金一览表(方法6)。

① 在 K19 单元格中输入公式(1月份奖金一览数)"=LOOKUP(1,0/($A$2:$A$16&$B$2:$B$16=$E19&$F$18),$C$2:$C$16)",并向下填充至 K23 单元格。

② 在 L19 单元格中输入公式(2月份奖金一览数)"=LOOKUP(1,0/($A$2:$A$16&$B$2:$B$16=$E19&$G$18),$C$2:$C$16)",并向下填充至 L23 单元格。

③ 在 M19 单元格中输入公式(3月份奖金一览数)"=LOOKUP(1,0/($A$2:$A$16&$B$2:$B$16=$E19&$H$18),$C$2:$C$16)",并向下填充至 M23 单元格。

### 实验 10-5　VLOOKUP 批量查找(学生成绩查询)

【实验要求】 在"sy10-5-VLOOKUP 批量查找(学生成绩查询).xlsx"文件中存放着 6 名学生某次考试的语文、数学和英语成绩信息,请利用查找与引用函数(VLOOKUP、ROW 和 INDIRECT)、统计函数(COUNTIF)实现 VLOOKUP 批量查找功能,通过选择"姓名"查找并显示其成绩一览,结果如实验图 10-5 所示。

实验图 10-5　VLOOKUP 批量查找学生成绩

【操作提示】

(1) 设置 E2 单元格中姓名的数据有效性。在"允许"下拉列表框中选择"序列","来源"文本框中为"=$A$2:$A$7"。

(2) 在 F2 单元格中利用 VLOOKUP 批量查找并显示学生成绩的数组公式为"{=VLOOKUP(E$2&ROW(A1),IF({1,0},$A$2:$A$19&COUNTIF(INDIRECT("A2:A"&ROW($2:$19)),E$2),$C$2:$C$19),2,FALSE)}",并向下填充至 F4 单元格。

### 实验 10-6　提取不重复值(产品类别清单)

【实验要求】 打开"sy10-6 提取不重复值(产品类别).xlsx"文件,利用查找与引用函数(LOOKUP、OFFSET、MATCH、INDEX 和 ROW)、统计函数(COUNTIF、SMALL 和 MIN)、逻辑函数(IF)、信息函数(IFERROR 和 ISNA),使用不同的 8 种方法,提取(不重复的)产品类别清单,结果如实验图 10-6 所示。

【操作提示】

(1) 提取产品类别清单(方法 1)的公式为"=IFERROR(LOOKUP(1,0/ISNA(MATCH($C$2:$C$41,G$1:G1,0)),$C$2:$C$41),"")"。

(2) 提取产品类别清单(方法 2)的公式为"=IFERROR(LOOKUP(1,0/(COUNTIF($H$1:H1,$C$2:$C$41)=0),$C$2:$C$41),"")"。

(3) 提取产品类别清单(方法 3)的数组公式为"{=INDEX(C:C,MATCH(0,COUNTIF(I$1:I1,$C$2:$C$42),0)+1)&""}"。

| | G | H | I | J | K | L | M | N |
|---|---|---|---|---|---|---|---|---|
| 1 | 产品类别清单1 | 产品类别清单2 | 产品类别清单3 | 产品类别清单4 | 产品类别清单5 | 产品类别清单6 | 产品类别清单7 | 产品类别清单8 |
| 2 | 海鲜 | 海鲜 | 饮料 | 饮料 | 饮料 | 饮料 | 饮料 | 饮料 |
| 3 | 饮料 | 饮料 | 调味品 | 调味品 | 调味品 | 调味品 | 调味品 | 调味品 |
| 4 | 日用品 | 日用品 | 特制品 | 特制品 | 特制品 | 特制品 | 特制品 | 特制品 |
| 5 | 肉/家禽 | 肉/家禽 | 肉/家禽 | 肉/家禽 | 肉/家禽 | 肉/家禽 | 肉/家禽 | 肉/家禽 |
| 6 | 特制品 | 特制品 | 海鲜 | 海鲜 | 海鲜 | 海鲜 | 日用品 | 海鲜 |
| 7 | 点心 | 点心 | 日用品 | 日用品 | 日用品 | 日用品 | 日用品 | 日用品 |
| 8 | 谷类/麦片 | 谷类/麦片 | 点心 | 点心 | 点心 | 点心 | 点心 | 点心 |
| 9 | 调味品 | 调味品 | 谷类/麦片 | 谷类/麦片 | 谷类/麦片 | 谷类/麦片 | 谷类/麦片 | 谷类/麦片 |
| 10 | LookupMatch | LookupCountif | IndexMatch1 | IndexMatch2 | IndexMatch3 | IndexCountif | OffsetMatch1 | OffsetMatch2 |
| 11 | Lookup10 | Lookup10 | | | | | | MatchRow |

实验图 10-6　提取不重复值(产品类别清单)

(4) 提取产品类别清单(方法 4)的数组公式为"{=IFERROR(INDEX($C$2:$C$41,MATCH(0,COUNTIF($J$1:J1,$C$2:$C$41),0))&"","")}"。

(5) 提取产品类别清单(方法 5)的数组公式为"{=INDEX(C:C,SMALL(IF(MATCH($C$2:$C$41,$C$2:$C$41,0)=ROW($2:$41)−1,ROW($2:$41),4^8),ROW(1:1)))&""}"。

(6) 提取产品类别清单(方法 6)的数组公式为"{=INDEX(C:C,MIN(IF(COUNTIF($L$1:L1,$C$2:$C$41)=0,ROW($2:$41),4^8)))&""}"。

(7) 提取产品类别清单(方法 7)的数组公式为"{=IFERROR(OFFSET($C$1,MATCH(0,COUNTIF(M$1:M1,$C$2:$C$41),0),0),"")}"。

(8) 提取产品类别清单(方法 8)的数组公式为"{=OFFSET($C$1,SMALL(IF(MATCH($C$2:$C$41,$C$2:$C$41,0)=ROW($C$2:$C$41)−1,ROW($C$2:$C$41)−1,65536),ROW(A1)),0)&""}"。

### 实验 10-7　查找与引用函数及数据有效性的应用(级联下拉菜单)

【实验要求】　在"sy10-7 级联下拉列表.xlsx"文件中,利用查找与引用函数(VLOOKUP、INDIRECT)、命名名称以及数据有效性设计学生数学成绩查询器,要求在查询器中的"班级"下拉列表中选择不同的班级时,"姓名"下拉列表中只显示该班的学生姓名信息,选择学生姓名,将查询并显示该生的数学成绩,结果如实验图 10-7 所示。

| | A | B | C | D | E | F | G | H |
|---|---|---|---|---|---|---|---|---|
| 1 | 学号 | 姓名 | 班级 | 数学 | | 学生数学成绩查询 | | |
| 2 | S1001 | 周萍萍 | 一班 | 81 | | 班级 | 姓名 | 成绩 |
| 3 | S1002 | 田一天 | 一班 | 56 | | 二班 | 舒齐齐 | 74 |
| 4 | S1003 | 朱洋洋 | 一班 | 80 | | | | |
| 5 | S1004 | 吕文文 | 二班 | 79 | | | | |
| 6 | S1005 | 舒齐齐 | 二班 | 74 | | | | |
| 7 | S1006 | 范华华 | 二班 | 69 | | | | |

实验图 10-7　学生数学成绩查询器(级联下拉菜单)

【操作提示】

(1) 为各班学生姓名定义名称。分别定义名为"一班"和"二班"的名称,"引用位置"处分别选择或输入相应班级的所有学生姓名所在的单元格,即"=Sheet1!$B$2:$B$4"和"=Sheet1!$B$5:$B$9"。

(2) 设置班级的数据有效性。在 F3 单元格中设置数据有效性规则:在"允许"列表框中选择"序列";在"来源"列表框中输入数据序列的来源"一班,二班"。

（3）设置姓名的数据有效性。在 G3 单元格中设置数据有效性规则：在"允许"列表框中选择"自定义"；在"公式"列表框中输入公式"＝INDIRECT(F3)"。

（4）查询成绩。在 H3 单元格中输入根据所选班级的学生姓名查询成绩的公式"＝VLOOKUP(G3,$B$2:$D$9,3,FALSE)"。

### 实验 10-8　查找与引用函数及条件格式的应用（九九乘法表）

【实验要求】　在"sy10-8 九九乘法表.xlsx"文件中,利用查找与引用函数（ROW、COLUMN）、数学函数（MMULT）以及条件格式生成不同显示方式的九九乘法表,结果如实验图 10-8 所示。

| | A | B | C | D | E | F | G | H | I |
|---|---|---|---|---|---|---|---|---|---|
| 1 | | | | | 九九乘法表 | | | | |
| 2 | 1*1=1 | | | | | | | | |
| 3 | 2*1=2 | 2*2=4 | | | | | | | |
| 4 | 3*1=3 | 3*2=6 | 3*3=9 | | | | | | |
| 5 | 4*1=4 | 4*2=8 | 4*3=12 | 4*4=16 | | | | | |
| 6 | 5*1=5 | 5*2=10 | 5*3=15 | 5*4=20 | 5*5=25 | | | | |
| 7 | 6*1=6 | 6*2=12 | 6*3=18 | 6*4=24 | 6*5=30 | 6*6=36 | | | |
| 8 | 7*1=7 | 7*2=14 | 7*3=21 | 7*4=28 | 7*5=35 | 7*6=42 | 7*7=49 | | |
| 9 | 8*1=8 | 8*2=16 | 8*3=24 | 8*4=32 | 8*5=40 | 8*6=48 | 8*7=56 | 8*8=64 | |
| 10 | 9*1=9 | 9*2=18 | 9*3=27 | 9*4=36 | 9*5=45 | 9*6=54 | 9*7=63 | 9*8=72 | 9*9=81 |

(a) 下三角

| | A | B | C | D | E | F | G | H | I |
|---|---|---|---|---|---|---|---|---|---|
| 1 | | | | | 九九乘法表 | | | | |
| 2 | 1*1=1 | 1*2=2 | 1*3=3 | 1*4=4 | 1*5=5 | 1*6=6 | 1*7=7 | 1*8=8 | 1*9=9 |
| 3 | | 2*2=4 | 2*3=6 | 2*4=8 | 2*5=10 | 2*6=12 | 2*7=14 | 2*8=16 | 2*9=18 |
| 4 | | | 3*3=9 | 3*4=12 | 3*5=15 | 3*6=18 | 3*7=21 | 3*8=24 | 3*9=27 |
| 5 | | | | 4*4=16 | 4*5=20 | 4*6=24 | 4*7=28 | 4*8=32 | 4*9=36 |
| 6 | | | | | 5*5=25 | 5*6=30 | 5*7=35 | 5*8=40 | 5*9=45 |
| 7 | | | | | | 6*6=36 | 6*7=42 | 6*8=48 | 6*9=54 |
| 8 | | | | | | | 7*7=49 | 7*8=56 | 7*9=63 |
| 9 | | | | | | | | 8*8=64 | 8*9=72 |
| 10 | | | | | | | | | 9*9=81 |

(b) 上三角

实验图 10-8　九九乘法表

【操作提示】

（1）生成下三角九九乘法表（方法 1）。在 Sheet1 的 A2 单元格中输入公式"＝ROW()－1&" * "&COLUMN()&"="&MMULT((ROW()－1),COLUMN())",并向右、向下填充至 I10 单元格。

（2）设置条件格式,不显示右上角的数据。选中 A2:I10 单元格区域,选择"开始"|"样式"|"条件格式"|"新建规则"命令,在"新建格式规则"对话框中选择规则类型为"使用公式确定要设置格式的单元格",在"为符合此公式的值设置格式"下的文本框中输入公式"＝ROW()<=COLUMN()"。单击"格式"按钮,自定义数字类型为";;;"。

（3）生成上三角九九乘法表（方法 2）。在 Sheet2 的 A2 单元格中输入公式"＝ROW()－1&" * "&COLUMN()&"="&MMULT(ROW()－1,COLUMN())",并向右、向下填充至 I10 单元格。

（4）设置条件格式,不显示左下角的数据。选中 A2:I10 单元格区域,选择"开始"|"样

式"|"条件格式"|"新建规则"命令,在"新建格式规则"对话框中选择规则类型为"使用公式确定要设置格式的单元格",在"为符合此公式的值设置格式"下的文本框中输入公式"=ROW()−1>COLUMN()"。单击"格式"按钮,自定义数字类型为";;;"。

(5) 生成上三角九九乘法表(方法 3,混合引用)。在 Sheet3 的 B2 单元格中输入公式"=B$1&" * "&$A2&"="&B$1 * $A2",并向右、向下填充至 J10 单元格。

(6) 设置条件格式,不显示右上角的数据。选中 B2:J10 单元格区域,选择"开始"|"样式"|"条件格式"|"新建规则"命令,在"新建格式规则"对话框中选择规则类型为"使用公式确定要设置格式的单元格",在"为符合此公式的值设置格式"下的文本框中输入公式"=ROW()<COLUMN()"。单击"格式"按钮,自定义数字类型为";;;"。

【说明】

(1) 如果将自定义格式代码的 4 个区段均设置为空,即";;;"的形式,将隐藏所设置单元格的内容,但选中单元格后在其编辑栏中仍会显示其实际内容。

(2) 不设置条件格式,直接使用公式"=IF(COLUMN()<ROW(),COLUMN()&" * "&ROW()−1&"="&MMULT(ROW()−1,COLUMN()),"")",同样可以生成方法 1 所示的下三角九九乘法表。请读者自己尝试。

(3) 不设置条件格式,直接使用公式"=IF(ROW()−1<=COLUMN(),ROW()−1&" * "&COLUMN()&"="&MMULT(ROW()−1,COLUMN()),"")",同样可以生成方法 2 所示的上三角九九乘法表。请读者自己尝试。

実験 11

# 数据的组织和管理

## 实验目的

- 自动筛选
- 高级筛选
- 自定义排序
- 随机排序
- 合并计算

## 实验内容

### 实验 11-1 自动筛选

【实验要求】 打开"sy11-1 自动筛选.xlsx",利用自动筛选命令筛选出单价为 20~50 元、库存量大于 100 的产品信息。其中,单价"自定义筛选"设置如实验图 11-1(a)所示,结果如实验图 11-1(b)所示。

| | A | B | C | D | E | F | G | H | I | J |
|---|---|---|---|---|---|---|---|---|---|---|
| 1 | 产品II | 产品名称 | 供应商II | 类别II | 单位数量 | 单价 | 库存量 | 订购量 | 再订购量 | 中止 |
| 7 | 6 | 酱油 | 3 | 2 | 每箱12瓶 | 25 | 120 | 0 | 25 | FALSE |
| 23 | 22 | 糯米 | 9 | 5 | 每袋3公斤 | 21 | 104 | 0 | 25 | FALSE |
| 56 | 55 | 鸭肉 | 25 | 6 | 每袋3公斤 | 24 | 115 | 0 | 20 | FALSE |
| 62 | 61 | 海鲜酱 | 29 | 2 | 每箱24瓶 | 28.5 | 113 | 0 | 25 | FALSE |

(a) 单价为20~50元        (b) 筛选结果

实验图 11-1 自动筛选命令和结果

### 实验 11-2 高级筛选(供应商类别)

【实验要求】 打开"sy11-2 高级筛选(产品).xlsx",利用高级筛选命令筛选出供应商为"佳佳乐"且类别为"饮料"的数据,或者供应商为"百达"且类别为"调味品"的产品,结果如实验图 11-2 所示。

| 产品ID | 产品名称 | 供应商 | 类别 | 单位数量 | 单价 | 库存量 | 订购量 | 再订购量 | 中止 |
|---|---|---|---|---|---|---|---|---|---|
| 1 | 苹果汁 | 佳佳乐 | 饮料 | 每箱24瓶 | ¥18.00 | 39 | 0 | 10 | Yes |
| 2 | 牛奶 | 佳佳乐 | 饮料 | 每箱24瓶 | ¥19.00 | 17 | 40 | 25 | No |
| 61 | 海鲜酱 | 百达 | 调味品 | 每箱24瓶 | ¥28.50 | 113 | 0 | 25 | No |

实验图 11-2　高级筛选(供应商类别)结果

【操作提示】

在原数据表的最前面增加 4 个空行,从 B1 单元格开始,建立如实验图 11-3 所示的高级筛选条件区域。"高级筛选"对话框设置如实验图 11-4 所示。

| B | C |
|---|---|
| 供应商 | 类别 |
| 佳佳乐 | 饮料 |
| 百达 | 调味品 |

实验图 11-3　高级筛选条件区域(供应商)　　　实验图 11-4　高级筛选设置(供应商)

### 实验 11-3 高级筛选(库存订购)

【实验要求】 打开"sy11-3 高级筛选(库存订购).xlsx",利用高级筛选命令筛选出库存量小于订购量的产品,结果如实验图 11-5 所示。

| 产品ID | 产品名称 | 供应商 | 类别 | 单位数量 | 单价 | 库存量 | 订购量 | 再订购量 | 中止 |
|---|---|---|---|---|---|---|---|---|---|
| 2 | 牛奶 | 佳佳乐 | 饮料 | 每箱24瓶 | ¥19.00 | 17 | 40 | 25 | No |
| 3 | 蕃茄酱 | 佳佳乐 | 调味品 | 每箱12瓶 | ¥10.00 | 13 | 70 | 25 | No |
| 11 | 民众奶酪 | 日正 | 日用品 | 每袋6包 | ¥21.00 | 22 | 30 | 30 | No |
| 21 | 花生 | 康堡 | 点心 | 每箱30包 | ¥10.00 | 3 | 40 | 5 | No |
| 31 | 温馨奶酪 | 福满多 | 日用品 | 每箱12瓶 | ¥12.50 | 0 | 70 | 20 | No |

实验图 11-5　高级筛选(库存量和订购量)结果

【操作提示】

在原数据表的最前面增加 4 个空行,从 B1 单元格开始,建立如实验图 11-6 所示的高级筛选条件区域,即在 B1 单元格中输入"库存量＜订购量",在 B2 单元格中输入公式"＝G6＜

H6"。"高级筛选"对话框设置如实验图 11-7 所示。

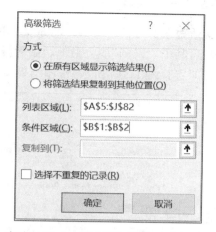

实验图 11-6　高级筛选条件区域(库存订购)　　　实验图 11-7　高级筛选设置(库存订购)

### 实验 11-4　高级筛选(肉类产品)

【实验要求】　打开"sy11-4 高级筛选(肉).xlsx",利用高级筛选命令筛选出产品名称中包含"肉"的产品。筛选结果如实验图 11-8 所示。

| 5 | 产品ID | 产品名称 | 供应商 | 类别 | 单位数量 | 单价 | 库存量 | 订购量 | 再订购量 | 中止 |
|---|---|---|---|---|---|---|---|---|---|---|
| 22 | 17 | 猪肉 | 正一 | 肉/家禽 | 每袋500克 | ¥39.00 | 0 | | 0 | Yes |
| 32 | 27 | 牛肉干 | 小当 | 点心 | 每箱30包 | ¥43.90 | 49 | 0 | 30 | No |
| 33 | 28 | 烤肉酱 | 义美 | 特制品 | 每箱12瓶 | ¥45.60 | 26 | 0 | 0 | Yes |
| 34 | 29 | 鸭肉 | 义美 | 肉/家禽 | 每袋3公斤 | ¥123.79 | 0 | 0 | 0 | Yes |
| 56 | 51 | 猪肉干 | 涵合 | 特制品 | 每箱24包 | ¥53.00 | 20 | 0 | 10 | No |
| 59 | 54 | 鸡肉 | 佳佳 | 肉/家禽 | 每袋3公斤 | ¥7.45 | 21 | 0 | 10 | No |
| 60 | 55 | 鸭肉 | 佳佳 | 肉/家禽 | 每袋3公斤 | ¥24.00 | 115 | 0 | 20 | No |
| 71 | 66 | 肉松 | 康富食品 | 调味品 | 每箱24瓶 | ¥17.00 | 4 | 100 | 20 | No |

实验图 11-8　高级筛选(肉类产品)结果

【操作提示】

在原数据表的最前面增加 4 个空行,建立高级筛选的条件区域：在 B1 单元格中输入"产品名称",在 B2 单元格中输入字符串"＊肉＊"。"高级筛选"对话框设置如实验图 11-9 所示。

实验图 11-9　高级筛选设置(肉类产品)

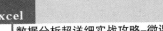

实验 11-5　自定义排序

【实验要求】　打开"sy11-5 自定义排序.xlsx",对某大学计算机系的职工按"职称"从低到高排序,其中,"讲师"职位最低,"副教授"职位较高,"教授"职位最高。排序次序的"自定义序列"如实验图 11-10 所示,排序结果如实验图 11-11 所示。

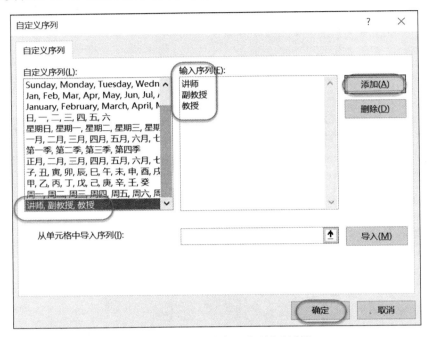

实验图 11-10　"自定义序列"对话框

| | A | B | C | D | E | F |
|---|---|---|---|---|---|---|
| 1 | 延西大学计算机系1月份职工工资表 | | | | | |
| 2 | 姓名 | 职称 | 基本工资 | 补贴 | 奖金 | 总计 |
| 3 | 赵丹 | 讲师 | ¥ 3,436 | ¥ 1,210 | ¥ 4,523 | ¥ 9,169 |
| 4 | 钱军 | 讲师 | ¥ 3,374 | ¥ 1,299 | ¥ 5,068 | ¥ 9,741 |
| 5 | 陶建国 | 讲师 | ¥ 3,340 | ¥ 1,263 | ¥ 5,465 | ¥ 10,068 |
| 6 | 周斌 | 讲师 | ¥ 3,230 | ¥ 1,226 | ¥ 4,893 | ¥ 9,349 |
| 7 | 汪文 | 讲师 | ¥ 4,182 | ¥ 1,210 | ¥ 4,708 | ¥ 10,100 |
| 8 | 王洁 | 副教授 | ¥ 4,168 | ¥ 1,257 | ¥ 5,745 | ¥ 11,170 |
| 9 | 孙莹莹 | 副教授 | ¥ 3,612 | ¥ 1,200 | ¥ 7,338 | ¥ 12,150 |
| 10 | 顾如海 | 副教授 | ¥ 3,326 | ¥ 1,219 | ¥ 4,745 | ¥ 9,290 |
| 11 | 吴士鹏 | 副教授 | ¥ 3,302 | ¥ 1,200 | ¥ 4,728 | ¥ 9,230 |
| 12 | 祖武 | 副教授 | ¥ 3,560 | ¥ 1,343 | ¥ 5,143 | ¥ 10,046 |
| 13 | 李明 | 教授 | ¥ 6,028 | ¥ 1,301 | ¥ 5,438 | ¥ 12,767 |
| 14 | 胡安 | 教授 | ¥ 3,394 | ¥ 1,331 | ¥ 5,138 | ¥ 9,863 |
| 15 | 吴洋 | 教授 | ¥ 3,280 | ¥ 1,209 | ¥ 5,545 | ¥ 10,034 |

实验图 11-11　职工按职称从低到高排序的结果

实验 11-6　随机排序

【实验要求】　打开"sy11-6 随机排序.xlsx",对某班级的 12 名学生进行随机排序,以便考试时随机安排座位,或者演讲时随机抽取上场顺序。原始数据内容如实验图 11-12(a)所示,某一次随机排位的结果如实验图 11-12(b)所示。

(a) 原始数据      (b) 随机排位结果

实验图 11-12 随机排位

【操作提示】

可以利用随机函数 RAND 添加辅助列(C 列),然后以辅助列为关键字进行排序。

### 实验 11-7 合并计算数据汇总

【实验要求】 在"sy11-7 合并计算汇总.xlsx"的 Sheet1~Sheet4 工作表中分别存放着若干产品第一季度~第四季度的销售数量信息,请利用合并计算在"销售汇总"工作表中生成年度各产品的各季度销量汇总信息,结果如实验图 11-13 所示。

实验图 11-13 合并计算数据汇总结果

【操作提示】

(1) 单击"销售汇总"工作表中的 A2 单元格,将其作为合并计算结果的起始位置。

(2) 单击"数据"选项卡上"数据工具"组中的"合并计算"命令按钮,打开"合并计算"对话框,采用默认的"求和"函数计算方式。

(3) 添加引用位置。分别将 Sheet1 工作表的 A2:B6 单元格区域、Sheet2 工作表的 A2:B7 单元格区域、Sheet3 工作表的 A2:B5 单元格区域以及 Sheet4 工作表的 A2:B6 单元格区域添加到"所有引用位置"列表框中。

(4) 分类合并。在"合并计算"对话框中依次选中"首行"和"最左列"复选框,单击"确定"按钮,生成年度各产品的各季度销量汇总信息。

### 实验 11-8 选择性合并计算

【实验要求】 在"sy11-8 选择性合并计算.xlsx"中分别存放着若干产品第一季度~第四季度的销售单价和销售数量信息,请利用合并计算统计指定产品(番茄酱、苹果汁、牛奶和龙虾)的销售总量,结果如实验图 11-14 所示。

| | 第一季度销售 | | | | 第二季度销售 | | | | 第三季度销售 | | | | 第四季度销售 | | | | | 年度销售 | |
|---|---|---|---|---|---|---|---|---|---|---|---|---|---|---|---|---|---|---|---|
| 1 | | | | | | | | | | | | | | | | | | 选择性计算 | |
| 2 | 产品名称 | 单价 | 销量 | | 产品名称 | 单价 | 销量 | | 产品名称 | 单价 | 销量 | | 产品名称 | 单价 | 销量 | | | | 销量 |
| 3 | 苹果汁 | 18 | 10 | | 牛奶 | 16 | 30 | | 龙虾 | 6 | 15 | | 盐 | 20 | 10 | | | 蕃茄酱 | 85 |
| 4 | 牛奶 | 19 | 35 | | 沙茶 | 23 | 12 | | 牛奶 | 10 | 18 | | 牛奶 | 12 | 30 | | | 苹果汁 | 83 |
| 5 | 蕃茄酱 | 10 | 25 | | 苹果汁 | 15 | 15 | | 苹果汁 | 16 | 50 | | 蕃茄酱 | 8 | 30 | | | 牛奶 | 113 |
| 6 | 盐 | 22 | 5 | | 龙虾 | 10 | 5 | | | | | | 苹果汁 | 15 | 8 | | | 龙虾 | 20 |
| 7 | | | | | 蕃茄酱 | 8 | 30 | | | | | | | | | | | | |

实验图 11-14　选择性合并计算的素材和结果

**【操作提示】**

（1）选择 Q3:R7 单元格区域，单击"数据"选项卡上"数据工具"组中的"合并计算"命令按钮，打开"合并计算"对话框，采用默认的"求和"函数计算方式。

（2）添加引用位置。分别将"第一季度销售"的 A2:C6 单元格区域、"第二季度销售"的 E2:G7 单元格区域、"第三季度销售"的 I2:K5 单元格区域以及"第四季度销售"的 M2:O6 单元格区域添加到"所有引用位置"列表框中。

（3）分类合并。在"合并计算"对话框中依次选中"首行"和"最左列"复选框，单击"确定"按钮，生成指定产品的销售总量。

### 实验 11-9　通配符合并计算

**【实验要求】**　在"sy11-9 通配符合并计算.xlsx"中分别存放着若干产品第一季度～第四季度的销售单价和销售数量信息，请利用合并计算统计各种苹果、牛奶以及奶酪的销售总量，结果如实验图 11-15 所示。

| | 第一季度销售 | | | | 第二季度销售 | | | | 第三季度销售 | | | | 第四季度销售 | | | | | 年度销售 | |
|---|---|---|---|---|---|---|---|---|---|---|---|---|---|---|---|---|---|---|---|
| 1 | | | | | | | | | | | | | | | | | | | |
| 2 | 产品名称 | 单价 | 销量 | | 产品名称 | 单价 | 销量 | | 产品名称 | 单价 | 销量 | | 产品名称 | 单价 | 销量 | | | 产品名称 | 销量 |
| 3 | 夏纳苹果 | 18 | 10 | | 黑奶酪干 | 30 | 30 | | 温馨奶酪 | 26 | 15 | | 牛奶屋 | 18 | 10 | | | 苹果 | 118 |
| 4 | 牛奶进口 | 19 | 35 | | 夏纳苹果 | 20 | 12 | | 富士苹果 | 20 | 18 | | 奶酪花 | 20 | 30 | | | 牛奶 | 75 |
| 5 | 利乐牛奶 | 10 | 25 | | 富士苹果 | 25 | 15 | | 苹果王 | 25 | 50 | | 民众奶酪 | 21 | 30 | | | 奶酪 | 127 |
| 6 | 苹果王 | 22 | 5 | | 牛奶屋 | 16 | 5 | | | | | | 夏纳苹果 | 15 | 8 | | | | |
| 7 | 德国奶酪 | 38 | 12 | | | | | | | | | | | | | | | | |
| 8 | 儿童奶酪棒 | 32 | 10 | | | | | | | | | | | | | | | | |

实验图 11-15　通配符合并计算的素材和结果

**【操作提示】**

（1）自定义单元格格式。自定义 Q3、Q4 和 Q5 单元格的格式分别为";;;苹果""; ; ;牛奶"和"; ; ;奶酪"，并分别在 Q3、Q4 和 Q5 单元格中输入"＊苹果＊""＊牛奶＊"和"＊奶酪＊"。

（2）选择 Q2:R5 单元格区域，单击"数据"选项卡上"数据工具"组中的"合并计算"命令按钮，打开"合并计算"对话框，采用默认的"求和"函数计算方式。

（3）添加引用位置。分别将"第一季度销售"的 A2:C8 单元格区域、"第二季度销售"的 E2:G6 单元格区域、"第三季度销售"的 I2:K5 单元格区域以及"第四季度销售"的 M2:O6 单元格区域添加到"所有引用位置"列表框中。

（4）分类合并。在"合并计算"对话框中依次选中"首行"和"最左列"复选框，单击"确定"按钮，生成各种苹果、牛奶以及奶酪的销售总量。

实验 **12**

# 使用数据透视表分析数据

## 实验目的

- 创建数据透视表
- 创建计算字段、设置值字段和条件格式化
- 数据的筛选和排序
- 数据的分组
- 数据透视图
- 数据透视表函数

## 实验内容

### 实验 12-1　职工工资数据透视表

【实验要求】　打开"sy12-1 数据透视表(职工工资).xlsx",为职工工资数据列表创建如实验图 12-1 所示的数据透视表,放置在以 H1 单元格开始的区域。数据透视表加边框,并且数据保留一位小数。注意数据透视表无汇总信息。

【操作提示】

(1) 创建数据透视表。将光标定位到 A1:G16 数据区域内的任一单元格,选择"插入"|"表格"|"数据透视表"命令,指定放置数据透视表的位置为"现有工作表"的 H1 单元格。

(2) 布局和设计数据透视表。

① 拖曳"部门"字段到"筛选"区域。

| H | I |
|---|---|
| 部门 | (全部) ▼ |
|  |  |
| 职称 ▼ | 平均值项:奖金 |
| 工程师 | 1070.5 |
| 技术员 | 1539.5 |
| 助工 | 931.0 |

实验图 12-1　职工工资数据透视表

② 拖曳"职称"字段到"行"区域,并将"行标签"改为"职称"。

③ 拖曳"奖金"字段到"值"区域,并将汇总方式改为"平均值"。

④ 选择"数据透视表工具"|"设计"|"布局"|"总计"|"对行和列禁用"命令,取消行和列的总计信息。

⑤ 为数据透视表添加边框线,数值保留一位小数。

### 实验 12-2　创建计算字段、设置值字段和条件格式化

【实验要求】　在"sy12-2 数据透视表值字段.xlsx"的"销售信息"工作表中存放着若干产品的销售信息。请在新工作表中创建数据透视表,并创建"销售额"计算字段(=单价 * 数量),分析不同类别的总销售额及其占比;设置总销售额为"会计数字格式"格式,保留整数部分;为总销售额和销售额占比设置"绿色渐变填充"的条件格式,结果如实验图 12-2 所示。

| 行标签 | 总销售额 | 销售额占比 |
|---|---|---|
| 点心 | $ 126,253 | 2.72% |
| 海鲜 | $ 173,981 | 3.74% |
| 日用品 | $ 112,909 | 2.43% |
| 特制品 | $ 16,1 | 0.35% |
| 调味品 | $ 140,312 | 3.02% |
| 饮料 | $ 254,764 | 5.48% |
| 总计 | $ 4,648,810 | 100.00% |

实验图 12-2　按类别的总销售额及其占比

【操作提示】

(1) 创建数据透视表。将光标定位到 A1:H65 数据区域内的任一单元格,选择"插入"|"表格"|"数据透视表"命令,指定放置数据透视表的位置为"新工作表"。

(2) 布局和设计数据透视表。

① 在右侧的"数据透视表字段"任务窗格中拖曳"类别"字段到"行"区域。

② 创建"销售额"计算字段。选择"数据透视表工具"|"分析"|"计算"|"字段、项目和集"|"计算字段"命令,打开"插入计算字段"对话框,创建"销售额"计算字段。"销售额"计算字段对应的公式为"=单价 * 数量"。

③ 参照实验图 12-2 将销售额求和项的标签名称改为"总销售额",并设置总销售额为"会计数字格式"格式,保留整数部分。

④ 增加"销售额占比"字段。在右侧的"数据透视表字段"任务窗格中拖曳新建的"销售额"字段到"值"区域,并利用"值字段设置"命令在其"值显示方式"选项卡中设置"自定义名称"为"销售额占比","值显示方式"为"总计的百分比"。

(3) 分别为总销售额和销售额占比设置"绿色渐变填充"数据条的条件格式。

### 实验 12-3　数据的筛选和排序

【实验要求】　在"sy12-3 数据透视表数据筛选和排序.xlsx"的"销售信息"工作表中存放着若干产品的销售信息。请创建数据透视表,并创建"销售额"计算字段,分析不同供应商的总销售额及其占比;按总销售额降序排列,并筛选出总销售额最大的 5 项;设置总销售额为"会计数字格式"格式,保留整数部分,结果如实验图 12-3 所示。

【操作提示】

(1) 创建数据透视表。将光标定位到 A1:H65 数据区域内的任一单元格,选择"插入"|"表格"|"数据透视表"命令,指定放置数据透视表的位置为"新工作表"。

(2) 布局和设计数据透视表。

① 在右侧的"数据透视表字段"任务窗格中拖曳"供应商"字段到"行"区域。

② 创建"销售额"计算字段。选择"数据透视表工具"|"分析"|"计算"|"字段、项目和集"|"计算字段"命令,创建"销售额"计算字段。

③ 更改销售额求和项的标签名称为"总销售额",设置总销售额为"会计数字格式"格式,保留整数部分。

④ 增加"销售额占比"字段。在右侧的"数据透视表字段"任务窗格中拖曳新建的"销售额"字段到"值"区域,并利用"值字段设置"命令在其"值显示方式"选项卡中设置"自定义名称"为"销售额占比","值显示方式"为"总计的百分比"。

(3) 按总销售额降序排列。单击"行标签"自动筛选箭头 ▼,选择"其他排序选项"命令,对"总销售额"进行降序排列。

(4) 筛选总销售额最大的 10 项。单击"行标签"自动筛选箭头 ▼,选择"值筛选"组中的"前 10 项"命令,筛选出总销售额最大的前 5 项。

**实验 12-4 数据的分组(1)**

【实验要求】 在"sy12-4 数据透视表(职工院系分组).xlsx"中存放着 15 名高校职工某月的工资信息,请为各系部创建平均基本工资的数据透视表。利用数据透视表的"分组选择"功能为各系部创建分组信息,并且设置数据透视表中所有的金额数值显示为整数,结果如实验图 12-4 所示。

| | A | B | C |
|---|---|---|---|
| 1 | | | |
| 2 | | | |
| 3 | 行标签 ▼ | 总销售额 | 销售额占比 |
| 4 | 成记 | $ 24,209 | 5.28% |
| 5 | 小坊 | $ 13,440 | 2.93% |
| 6 | 妙生 | $ 13,395 | 2.92% |
| 7 | 小当 | $ 12,478 | 2.72% |
| 8 | 义美 | $ 12,142 | 2.65% |
| 9 | 总计 | $ 458,193 | 100.00% |

实验图 12-3 按供应商的销售额及其占比分析

| | A | B |
|---|---|---|
| 1 | | |
| 2 | | |
| 3 | 院系 ▼ | 平均值项:基本工资 |
| 4 | ⊟信息学院 | 1646 |
| 5 | 电子系 | 1689 |
| 6 | 计算机系 | 2028 |
| 7 | 计算中心 | 1475 |
| 8 | ⊟数统学院 | 1584 |
| 9 | 数学系 | 1771 |
| 10 | 统计系 | 1397 |
| 11 | 总计 | 1613 |

实验图 12-4 数据透视表应用(职工院系分组)结果

【操作提示】

(1) 创建数据透视表。将光标定位到数据区域内的任一单元格,选择"插入"|"表格"|"数据透视表"命令,指定放置数据透视表的位置为"新工作表"。

(2) 布局数据透视表。

① 拖曳"系部"字段到"行标签"区域。

② 拖曳"基本工资"字段到"数值"区域,并调整数据项的汇总方式为"平均值"。

(3) 设计数据透视表。

① 将"行标签"改为"院系"。

② 信息学院数据的分组。选中"电子系""计算机系"和"计算中心"所在的单元格区域,选择"数据透视表工具"|"分析"|"分组"|"分组选择"命令,建立"信息学院"数据组。

③ 数统学院数据的分组。选中"数学系"和"统计系"所在的单元格区域,建立"数统学院"数据组。

④ 调整数据透视表中所有的数值数据使其显示为整数。

### 实验 12-5  数据的分组(2)

【实验要求】  在"sy12-5 数据透视表日期分组. xlsx"的"销售信息"工作表中存放着若干产品的销售信息。请创建数据透视表,并创建"销售额"计算字段,按日期分组分析不同年、不同月的总销售额;设置总销售额为"会计数字格式"格式,保留整数部分,结果如实验图 12-5 所示。

【操作提示】

(1) 创建数据透视表。将光标定位到数据区域内的任一单元格,选择"插入"|"表格"|"数据透视表"命令,指定放置数据透视表的位置为"新工作表"。

(2) 布局和设计数据透视表。

① 在右侧的"数据透视表字段"任务窗格中拖曳"销售日期"字段到"行"区域。

② 创建"销售额"计算字段,更改销售额求和项的标签名称为"总销售额",并设置总销售额为"会计数字格式"格式,保留整数部分。

(3) 按年、月分组。右击年份单元格,选择相应快捷菜单中的"组合"命令,然后选择分组时间间隔为"年"和"月"。

|  | A | B |
|---|---|---|
| 3 | 行标签 ▾ | 总销售额 |
| 4 | ⊟2014年 | $ 2,601,162 |
| 5 | 2月 | $ 2,072 |
| 6 | 3月 | $ 26,289 |
| 7 | 4月 | $ 15,648 |
| 8 | 5月 | $ 21,743 |
| 9 | 6月 | $ 15,221 |
| 10 | 7月 | $ 14,662 |
| 11 | 8月 | $ 19,908 |
| 12 | 9月 | $ 68,239 |
| 13 | 10月 | $ 23,562 |
| 14 | 11月 | $ 12,960 |
| 15 | 12月 | $ 24,154 |
| 16 | ⊟2015年 | $ 293,394 |
| 17 | 1月 | $ 22,973 |
| 18 | 2月 | $ 14,449 |
| 19 | 3月 | $ 8,691 |

实验图 12-5  按年/月分析总销售额

### 实验 12-6  数据透视图

【实验要求】  在"sy12-6 数据透视图"的"销售信息"工作表中存放着若干产品的销售信息。请创建数据透视表和数据透视图,并创建"销售额"计算字段,按日期分组分析按年和月的总销售额;设置总销售额为"会计数字格式"格式,保留整数部分,结果如实验图 12-6 所示。

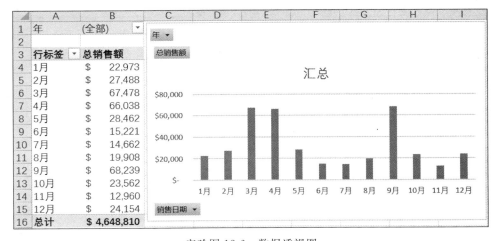

实验图 12-6  数据透视图

**【操作提示】**

（1）创建数据透视表。将光标定位到数据区域内的任一单元格，选择"插入"|"表格"|"数据透视表"命令，指定放置数据透视表的位置为"新工作表"。

（2）布局和设计数据透视表。

① 在右侧的"数据透视表字段"任务窗格中拖曳"销售日期"字段到"行"区域。

② 创建"销售额"计算字段，更改销售额求和项的标签名称为"总销售额"，并设置总销售额为"会计数字格式"格式，保留整数部分。

③ 按年月分组。右击年份单元格，选择相应快捷菜单中的"组合"命令，然后选择分组时间间隔为"年"和"月"。

④ 将"行"区域中的"年"拖曳到"筛选"区域。

（3）创建数据透视图，并删除图例。

### 实验 12-7　数据透视表函数

**【实验要求】**　在"sy12-7 数据透视表函数.xlsx"中存放着若干职工的姓名、部门、性别、职称、基本工资、补贴、奖金等信息。请为各个部门根据不同的职称创建男、女职工的平均基本工资和总奖金的数据透视表，并利用 GETPIVOTDATA 函数统计所有职工的奖金汇总额、工程师的奖金汇总额、女职工的平均基本工资和男助工的平均基本工资，设置数值数据为"会计数字格式"格式，保留整数部分，结果如实验图 12-7 所示。

| | A | B | C | D | E | F | G |
|---|---|---|---|---|---|---|---|
| 1 | 部门 | (全部) ▼ | | | | | |
| 2 | | | | | | | |
| 3 | | 性别 ▼ | | | | | |
| 4 | | 男 | | 女 | | 平均值项：基本工资汇总 | 求和项：奖金汇总 |
| 5 | 职称 ▼ | 平均值项：基本工资 | 求和项：奖金 | 平均值项：基本工资 | 求和项：奖金 | | |
| 6 | 工程师 | ¥ 2,028 | ¥ 1,438 | ¥ 1,659 | ¥ 3,915 | ¥ 1,733 | ¥ 5,353 |
| 7 | 技术员 | ¥ 1,396 | ¥ 2,615 | ¥ 1,890 | ¥ 5,083 | ¥ 1,594 | ¥ 7,698 |
| 8 | 助工 | ¥ 1,345 | ¥ 3,948 | ¥ 2,182 | ¥ 708 | ¥ 1,512 | ¥ 4,655 |
| 9 | 总计 | ¥ 1,450 | ¥ 8,000 | ¥ 1,800 | ¥9,705 | ¥ 1,613 | ¥17,705 |
| 10 | | | | | | | |
| 11 | 奖金汇总 | | ¥ 17,705 | | | | |
| 12 | 工程师奖金汇总 | | ¥ 5,353 | | | | |
| 13 | 女职工平均基本工资 | | ¥ 1,800 | | | | |
| 14 | 男助工平均基本工资 | | ¥ 1,345 | | | | |

实验图 12-7　数据透视表函数统计结果

**【操作提示】**

（1）创建数据透视表。将光标定位到数据区域内的任一单元格，选择"插入"|"表格"|"数据透视表"命令，指定放置数据透视表的位置为"新工作表"。

（2）布局和设计数据透视表。

① 拖曳"部门"字段到"筛选"区域。

② 拖曳"性别"字段到"列"区域，并将"列标签"改为"性别"。

③ 拖曳"职称"字段到"行"区域,并将"行标签"改为"职称"。

④ 拖曳"基本工资"字段到"值"区域,并将汇总方式改为"平均值"。

⑤ 拖曳"奖金"字段到"值"区域。

⑥ 为数据透视表添加边框线,数值只显示整数,并适当调整单元格对齐方式(自动换行以及自动调整行高)。

(3) 设计统计区域提示内容。在 A11:B14 单元格区域中输入统计区域提示内容,并利用"合并后居中"调整单元格格式。

(4) 计算奖金汇总。在 C11 单元格中输入公式"=GETPIVOTDATA("求和项:奖金",\$A\$1)"。

(5) 计算工程师的奖金汇总。在 C12 单元格中输入公式"=GETPIVOTDATA(T(\$C\$5),\$A\$1,"职称","工程师")"或者"=GETPIVOTDATA("求和项:奖金",\$A\$1,"职称","工程师")"。

(6) 计算女职工的平均基本工资。在 C13 单元格中输入公式"=GETPIVOTDATA("平均值项:基本工资",\$A\$1,"性别","女")"。

(7) 计算男助工的平均基本工资。在 C14 单元格中输入公式"=GETPIVOTDATA(T(\$B\$5),\$A\$1,"性别","男","职称","助工")"或者"=GETPIVOTDATA("平均值项:基本工资",\$A\$1,"性别","男","职称","助工")"。

(8) 设置所有数值数据为"会计数字格式"格式,保留整数部分。

# 数据的决策与分析

## 实验目的

- Excel 加载项与数据分析工具
- 单变量求解的应用
- 单变量模拟运算表的应用
- 双变量模拟运算表的应用
- 规划求解的应用
- 方案分析的应用

## 实验内容

### 实验 13-1　Excel 加载项

【实验要求】　加载 Excel 的"分析工具库""分析工具库-VBA"和"规划求解加载项"。

【操作提示】

（1）选择"文件"选项卡中的"选项"命令，打开"Excel 选项"对话框，选择"加载项"类别，在"管理"下拉列表中选择"Excel 加载项"，然后单击"转到"按钮，打开"加载项"对话框。

（2）在"可用加载项"列表框中选中"分析工具库""分析工具库-VBA"和"规划求解加载项"复选框，然后单击"确定"按钮，即可激活 Excel 加载项（如果 Excel 显示一条消息，指出无法运行此加载项，并提示安装该加载项，单击"是"按钮安装该加载项即可）。

（3）如果在"可用加载项"列表框中找不到要激活的加载项，可以单击"浏览"按钮，然后定位并加载相应的加载项。

（4）在安装和激活分析工具库和规划求解加载项之后，"数据分析"和"规划求解"命令将出现在"数据"选项卡的"分析"组中。

### 实验 13-2　单变量求解计算可贷款额

【实验要求】　在"sy13-2 单变量求解（贷款金额）.xlsx"中存放着张三计划从银行贷款购置住房的有关信息。假定贷款年利率为 7.8%，计划分 20 年还清贷款，如果张三每年可支付贷款额 6 万元，请问他最多可贷款多少万元（每次为等额还款，还款时间为每月月末）？结果如实验图 13-1 所示。

【操作提示】

在 B3 单元格中输入计算每年应偿还的贷款金额的公式"＝PMT(B1,B2,B4)"。"单变量求解"对话框设置如实验图 13-2 所示。

实验图 13-1　单变量求解（可贷款额）结果　　　　实验图 13-2　"单变量求解"对话框设置（贷款）

### 实验 13-3　单变量求解计算还清贷款的时间

【实验要求】　在"sy13-3 单变量求解（还清贷款的时间）.xlsx"中存放着王先生向银行贷款购置住房的有关信息。王先生计划从银行贷款 160 万元，每月还款额为 9000 元。假设贷款年利率为 5.23%，计算王先生为还清这笔贷款所需要的时间以及总还款额（假定每次为等额还款，还款时间为每月月末）。请同时利用 NPER 函数计算还款时间以进行比较验证，结果如实验图 13-3 所示。

| | A | B | C |
|---|---|---|---|
| 1 | 总贷款额 | ¥1,600,000 | |
| 2 | 贷款年利率 | 5.23% | |
| 3 | 每月还款数额（期末） | ¥9,000 | |
| 4 | 还款时间（年） | 28.57 | 28.57 |
| 5 | 期末还款合计 | ¥3,085,286.14 | |
| 6 | | 单变量求解法 | NPER函数法 |

实验图 13-3　单变量求解运算的结果（还清贷款的时间）

【操作提示】

在 B3 单元格中输入计算每月还款额（期末）的公式"＝PMT(B2/12,B4 * 12,－B1)"。"单变量求解"对话框设置如实验图 13-4 所示。利用 NPER 函数计算可贷款总额的公式为"＝NPER(B2/12,B3,－B1)/12"。

实验图 13-4　"单变量求解"对话框
（还清贷款的时间）

### 实验 13-4　单变量求解方程

【实验要求】　在"sy13-4 单变量求解方程.xlsx"中使

用单变量求解命令求一元 $n$ 次方程"$3X^5-4X^4+X^3+5X^2-8=0$"的解。

【操作提示】

(1) 在 A1 单元格中输入"求解一元 $n$ 次方程";将 A2 单元格命名为"X",并在 A2 单元格中输入 $X$ 的初始值"0"(合理假设)。

(2) 在 B2 单元格中输入公式"$=3*X\char`\^5-4*X\char`\^4+X\char`\^3+5*X\char`\^2-8$"。

(3) 选择目标单元格 B2,选择"单变量求解"命令。"单变量求解"对话框设置如实验图 13-5 所示。求解结果如实验图 13-6 所示。

实验图 13-5 "单变量求解"对话框(解方程)

| | A | B |
|---|---|---|
| 1 | 一元n次方程求解 | |
| 2 | 1.19498352 | 2.12764E-06 |

实验图 13-6 单变量求解(求解方程)结果

### 实验 13-5 单变量模拟运算表分析月偿还额

【实验要求】 在"sy13-5 单变量模拟运算(贷款).xlsx"中利用单变量模拟运算表分析贷款总额变化(10 万、20 万、30 万、40 万、50 万)时月偿还额的变化情况。假设贷款利率为 5.70%,贷款期限为 10 年,结果如实验图 13-7 所示。

| | A | B | C | D | E | F |
|---|---|---|---|---|---|---|
| 1 | 单变量模拟运算表 | | | | | |
| 2 | 贷款额 | ￥100,000.00 | | | | |
| 3 | 利率(年) | 5.70% | | | | |
| 4 | 期限(年) | 10 | | | | |
| 5 | | ￥100,000.00 | ￥200,000.00 | ￥300,000.00 | ￥400,000.00 | ￥500,000.00 |
| 6 | 月偿还额 | -1095.199636 | -2190.399273 | -3285.598909 | -4380.798545 | -5475.998181 |

实验图 13-7 单变量模拟运算表(贷款)结果

【操作提示】

(1) 在 A1 单元格开始的相应区域输入如实验图 13-7 所示的前 5 行数据。

(2) 在 A6 单元格中输入模拟运算目标单元格的公式"$=PMT(B3/12,B4*12,B2)$"。

(3) 将 A6 单元格的数字格式自定义为""月偿还额";"月偿还额""。

(4) 选定 A5:F6 区域,选择"模拟运算表"命令。"模拟运算表"对话框设置如实验图 13-8 所示。

实验图 13-8 单变量模拟运算参数设置

### 实验 13-6　单变量模拟运算表分析收支情况

【实验要求】　打开"sy13-6 单变量模拟运算（家具）.xlsx"，利用单变量模拟运算表分析光华家具厂所生产的家具件数变化（0 件、2 件、4 件、6 件、8 件、10 件、12 件、14 件、16 件、18件、20 件）时家具厂的总收入、总支出和总利润（净收入）变化情况。其中，每件家具的销售佣金是家具单价的 5%。素材和结果如实验图 13-9 所示（注意设置数据的货币格式）。

| | A | B | C | D | E | F | G | H |
|---|---|---|---|---|---|---|---|---|
| 1 | | 光华家具厂利润情况预算 | | | | | | |
| 2 | | | | | | | | |
| 3 | 收入 | | | | 家具件数 | 收入 | 支出 | 净收入 |
| 4 | | 家具件数 | | 10 | 0 | ¥0 | ¥8,500 | ¥-8,500 |
| 5 | | 单价 | ¥ 2,050 | | 2 | ¥4,100 | ¥11,063 | ¥-6,963 |
| 6 | | 总收入 | ¥ 20,500 | | 4 | ¥8,200 | ¥13,626 | ¥-5,426 |
| 7 | | | | | 6 | ¥12,300 | ¥16,189 | ¥-3,889 |
| 8 | 可变支出（每件家具） | | | | 8 | ¥16,400 | ¥18,752 | ¥-2,352 |
| 9 | | 人工费 | ¥ 561 | | 10 | ¥20,500 | ¥21,315 | ¥-815 |
| 10 | | 材料费 | ¥ 618 | | 12 | ¥24,600 | ¥23,878 | ¥722 |
| 11 | | 销售佣金 | ¥ 102.50 | | 14 | ¥28,700 | ¥26,441 | ¥2,259 |
| 12 | | 可变总支出（所有家具件数） | ¥ 12,815 | | 16 | ¥32,800 | ¥29,004 | ¥3,796 |
| 13 | | | | | 18 | ¥36,900 | ¥31,567 | ¥5,333 |
| 14 | 固定支出 | | | | 20 | ¥41,000 | ¥34,130 | ¥6,870 |
| 15 | | 房租 | ¥ 2,500 | | | | | |
| 16 | | 水电煤等 | ¥ 6,000 | | | | | |
| 17 | | 固定总支出 | ¥ 8,500 | | | | | |
| 18 | | | | | | | | |
| 19 | 利润 | | | | | | | |
| 20 | | 收入 | ¥ 20,500 | | | | | |
| 21 | | 总支出（可变支出 +固定支出 ） | ¥ 21,315 | | | | | |
| 22 | | 净收入 | ¥ -815 | | | | | |

实验图 13-9　单变量模拟运算（家具）的素材和结果

【操作提示】

（1）在 C6 单元格中输入公式"=C4 * C5"；在 C11 单元格中输入公式"=5% * C5"；在C12 单元格中输入公式"=SUM(C9:C11) * C4"；在 C17 单元格中输入公式"=SUM(C15:C16)"；在 C20 单元格中输入公式"=C6"；在 C21 单元格中输入公式"=C12+C17"；在C22 单元格中输入公式"=C20-C21"。

（2）在 E3 单元格中输入"家具件数"，并利用自动填充方法在 E4:E14 数据区域自动生成家具件数数据系列 0～20（步长 2）。

（3）在 F3 单元格中输入公式"=C20"，并自定义 F3 单元格的数字格式为""收入""。

（4）在 G3 单元格中输入公式"=C21"，并自定义 G3 单元格的数字格式为""支出""。

（5）在 H3 单元格中输入公式"=C22"，并自定义 H3 单元格的数字格式为""净收入"；"净收入""。

（6）选定 E3:H14 单元格区域，选择"模拟运算表"命令，在"模拟运算表"对话框的"输入引用列的单元格"文本框中指定单元格"$C$4"。

### 实验 13-7　双变量模拟运算表分析贷款额

【实验要求】　打开"sy13-7 双变量模拟运算（贷款）.xlsx"，在固定月还贷能力（1000元）的情况下，利用双变量模拟运算表分析贷款年利率变化（5.0%、6.0%、7.0%、8.0%、9.0%、10.0%）并且付款分期总数变化（5 年、10 年、15 年、20 年、25 年、30 年）时可贷款总额的变化情况,结果如实验图 13-10 所示。

| | A | B | C | D | E | F | G |
|---|---|---|---|---|---|---|---|
| 1 | 双变量模拟运算表 | | | | | | |
| 2 | 月返款额 | ¥ 1,000.00 | | | | | |
| 3 | 利率(年) | 5.0% | | | | | |
| 4 | 期限(年) | 5 | | | | | |
| 5 | 贷款总额 | 5 | 10 | 15 | 20 | 25 | 30 |
| 6 | 5.0% | 52,990.71 | 94,281.35 | 126,455.24 | 151,525.31 | 171,060.05 | 186,281.62 |
| 7 | 6.0% | 51,725.56 | 90,073.45 | 118,503.51 | 139,580.77 | 155,206.86 | 166,791.61 |
| 8 | 7.0% | 50,501.99 | 86,126.35 | 111,255.96 | 128,982.51 | 141,486.90 | 150,307.57 |
| 9 | 8.0% | 49,318.43 | 82,421.48 | 104,640.59 | 119,554.29 | 129,564.52 | 136,283.49 |
| 10 | 9.0% | 48,173.37 | 78,941.69 | 98,593.41 | 111,144.95 | 119,161.62 | 124,281.87 |
| 11 | 10.0% | 47065.36902 | 75671.16337 | 93057.43882 | 103624.6187 | 110047.2301 | 113950.82 |

实验图 13-10 双变量模拟运算(贷款)结果

## 【操作提示】

(1) 分别利用自动填充方法在 A6:A11 数据区域生成贷款年利率数据系列 5.0%~10.0%(步长为 1.0),在 B5:G5 数据区域生成付款分期总数数据系列 5~30(步长为 5)。

(2) 在 A5 单元格中输入模拟运算目标单元格的公式"=PV(B3/12,B4*12,−B2)",并将 A5 单元格的数字格式自定义为""贷款总额";"贷款总额""。

(3) 选定 A5:G11 区域,选择"模拟运算表"命令。在"模拟运算表"对话框的"输入引用行的单元格"文本框中指定单元格"$B$4","输入引用列的单元格"文本框中指定单元格"$B$3"。

### 实验 13-8 双变量模拟运算表分析净收入

【实验要求】 打开"sy13-8 双变量模拟运算(家具).xlsx",利用双变量模拟运算表分析光华家具厂所生产的家具件数变化(2 件、4 件、6 件、8 件、10 件、12 件)以及家具单价变化(2000 元、2100 元、2200 元、2300 元、2400 元、2500 元、2600 元、2700 元、2800 元、2900 元、3000 元)时家具厂净收入的变化情况。其中,每件家具的销售佣金是家具单价的 5%。素材和结果如实验图 13-11 所示。

| | A | B | C | D | E | F | G | H | I | J | K |
|---|---|---|---|---|---|---|---|---|---|---|---|
| 1 | | 光华家具利润情况预算 | | | | | | | | | |
| 2 | | | | | | | | | | | |
| 3 | 收入 | | | | 净收入 | | | 所生产的家具件数 | | | |
| 4 | | 家具件数 | 10 | | 单价 | 2 | 4 | 6 | 8 | 10 | 12 |
| 5 | | 单价 | ¥ 2,050 | | ¥ 2,000 | -$ 7,058 | -$ 5,616 | -$ 4,174 | -$ 2,732 | -$ 1,290 | $ 152 |
| 6 | | 总收入 | ¥ 20,500 | | ¥ 2,100 | -$ 6,868 | -$ 5,236 | -$ 3,604 | -$ 1,972 | -$ 340 | $ 1,292 |
| 7 | | | | | ¥ 2,200 | -$ 6,678 | -$ 4,856 | -$ 3,034 | -$ 1,212 | $ 610 | $ 2,432 |
| 8 | 可变支出(每件家具) | | | | ¥ 2,300 | -$ 6,488 | -$ 4,476 | -$ 2,464 | -$ 452 | $ 1,560 | $ 3,572 |
| 9 | | 人工费 | ¥ 561 | | ¥ 2,400 | -$ 6,298 | -$ 4,096 | -$ 1,894 | $ 308 | $ 2,510 | $ 4,712 |
| 10 | | 材料费 | ¥ 618 | | ¥ 2,500 | -$ 6,108 | -$ 3,716 | -$ 1,324 | $ 1,068 | $ 3,460 | $ 5,852 |
| 11 | | 销售佣金 | ¥ 103 | | ¥ 2,600 | -$ 5,918 | -$ 3,336 | -$ 754 | $ 1,828 | $ 4,410 | $ 6,992 |
| 12 | | 可变总支出(所有家具件数) | ¥ 12,815 | | ¥ 2,700 | -$ 5,728 | -$ 2,956 | -$ 184 | $ 2,588 | $ 5,360 | $ 8,132 |
| 13 | | | | | ¥ 2,800 | -$ 5,538 | -$ 2,576 | $ 386 | $ 3,348 | $ 6,310 | $ 9,272 |
| 14 | 固定支出 | | | | ¥ 2,900 | -$ 5,348 | -$ 2,196 | $ 956 | $ 4,108 | $ 7,260 | $ 10,412 |
| 15 | | 房租 | ¥ 2,500 | | ¥ 3,000 | -$ 5,158 | -$ 1,816 | $ 1,526 | $ 4,868 | $ 8,210 | $ 11,552 |
| 16 | | 水电煤等 | ¥ 6,000 | | | | | | | | |
| 17 | | 固定总支出 | ¥ 8,500 | | | | | | | | |
| 18 | | | | | | | | | | | |
| 19 | 利润 | | | | | | | | | | |
| 20 | | 收入 | ¥ 20,500 | | | | | | | | |
| 21 | | 总支出(可变支出+固定支出) | ¥ 21,315 | | | | | | | | |
| 22 | | 净收入 | -815 | | | | | | | | |

实验图 13-11 双变量模拟运算(家具)的素材和结果

**【操作提示】**

(1) 分别利用自动填充方法在 E5:E15 数据区域生成家具单价数据系列 2000～3000（步长为 100），在 F4:K4 数据区域生成家具件数数据系列 2～12(步长为 2)。

(2) 在 C6 单元格中输入公式"=C4*C5"；在 C11 单元格中输入公式"=5%*C5"；在 C12 单元格中输入公式"=SUM(C9:C11)*C4"；在 C17 单元格中输入公式"=SUM(C15:C16)"；在 C20 单元格中输入公式"=C6"；在 C21 单元格中输入公式"=C12+C17"；在 C22 单元格中输入公式"=C20−C21"。

(3) 在 E4 单元格中输入公式"=C22"，并将 E4 单元格的数字格式自定义为""单价"；"单价""。

(4) 选定 E4:K15 区域，选择"模拟运算表"命令。在"模拟运算表"对话框的"输入引用行的单元格"文本框中指定单元格"$C$4"，"输入引用列的单元格"文本框中指定单元格"$C$5"。

### 实验 13-9 规划求解最低成本

**【实验要求】** 在"sy13-9 规划求解(最低成本).xlsx"文件中存放着某电冰箱厂的生产计划表，该厂最近接收了一份电冰箱年度订货单，需要根据每季度的交货量和生产能力使用"规划求解"安排季度产量，使得总成本为最低。即：

(1) 问题决策对象：每季度的计划产量。

(2) 规划求解目标：总成本为最低。

(3) 约束条件：

① 每季度电冰箱的交货能力≥订货量；

② 每季度的计划产量≤每季度的生产能力。

(4) 计算公式：

① 假设成本计算公式为"200+50*产量−产量*产量*11%"；

② 每台电冰箱的仓储费为两元；

③ 总成本计算公式为"总成本+总仓储费"。

结果如实验图 13-12 所示。

| | A | B | C | D | E | F | G | H |
|---|---|---|---|---|---|---|---|---|
| 1 | | | | 电冰箱生产计划表 | | | | |
| 2 | | 生产能力 | 订货量 | 计划产量 | 库存量 | 成本 | 仓储费 | 交货能力 |
| 3 | 第一季度 | 90 | 80 | 80 | 0 | ¥ 3,496.00 | 0 | 80 |
| 4 | 第二季度 | 80 | 75 | 75 | 0 | ¥ 3,331.25 | 0 | 75 |
| 5 | 第三季度 | 100 | 70 | 100 | 30 | ¥ 4,100.00 | 60 | 100 |
| 6 | 第四季度 | 120 | 110 | 80 | 0 | ¥ 3,496.00 | 0 | 110 |
| 7 | 合计 | 390 | 335 | 335 | 30 | 14423.25 | 60 | 365 |
| 8 | | | | | | | | |
| 9 | 总成本 | ¥ 14,483.25 | | | | | | |

实验图 13-12 规划求解(最低成本)结果

**【操作提示】**

(1) 在 E3 单元格中创建公式"=D3−C3"，在 E4 单元格中创建公式"=E3+D4−C4"，并向下拖曳复制公式到 E6 单元格。

(2) 在 F3 单元格中创建公式"=200+D3*50−D3*D3*0.11"，并利用自动填充方法计算第二季度到第四季度的成本。

(3) 在 G3 单元格中创建公式"＝2 * E3",并利用自动填充方法计算第二季度到第四季度的仓储费。

(4) 在 H3 单元格中创建公式"＝D3",在 H4 单元格中创建公式"＝E3＋D4",并利用自动填充方法计算第三季度到第四季度的交货能力。

(5) 在 B7 单元格中创建公式"＝SUM(B3:B6)",并利用自动填充方法计算订货量、计划产量、库存量、成本、仓储费、交货能力的合计。

(6) 在 B9 单元格中创建公式"＝F7＋G7"。

(7) 选择目标单元格 B9,选择"规划求解"命令。"规划求解参数"对话框的设置参见实验图 13-13。

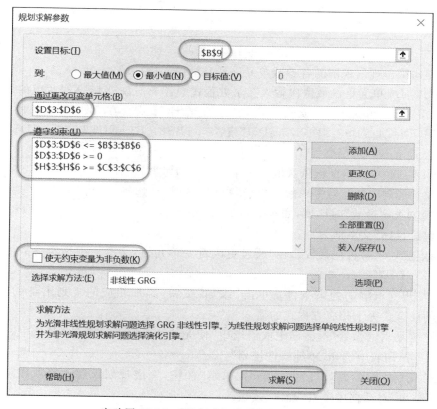

实验图 13-13 "规划求解参数"对话框的设置

### 实验 13-10 规划求解方程

【实验要求】 在"sy13-10 规划求解(三元一次方程组).xlsx"中利用规划求解方法求以下三元一次线性方程组的解。结果(解为 7、1、−2)如实验图 13-14 所示。

$$\begin{cases} x_1 + 2x_2 + x_3 = 7 \\ 2x_1 - x_2 + 3x_3 = 7 \\ 3x_1 + x_2 + 2x_3 = 18 \end{cases}$$

| ▲ | A | B | C | D |
|---|---|---|---|---|
| 1 | 未知数 | X1 | X2 | X3 |
| 2 | 方程的解 | 7 | 1 | -2 |
| 3 | 方程1系数 | 1 | 2 | 1 |
| 4 | 方程2系数 | 2 | -1 | 3 |
| 5 | 方程3系数 | 3 | 1 | 2 |
| 6 | | | | |
| 7 | 方程计算式1 | 7 | 方程1结果 | 7 |
| 8 | 方程计算式2 | 7 | 方程2结果 | 7 |
| 9 | 方程计算式3 | 18 | 方程3结果 | 18 |

实验图 13-14　利用规划求解求三元一次线性方程组的解

【操作提示】

（1）为了便于运算,将三元一次线性方程组的书写更改为以下对称的方式:

$$\begin{cases} 1x_1 + 2x_2 + 1x_3 = 7 \\ 2x_1 - 1x_2 + 3x_3 = 7 \\ 3x_1 + 1x_2 + 2x_3 = 18 \end{cases}$$

（2）创建用于规划求解的各参数单元格和目标单元格区域。

① 在 B3:D5 单元格区域依次输入 3 个方程式中各未知数（X1~X3）相应的系数。

② 在 B7:B9 单元格区域输入 3 个方程的计算式。在 B7 单元格中输入公式"=SUMPRODUCT($B$2:$D$2,B3:D3)"或者"=$B$2 * B3+$C$2 * C3+$D$2 * D3",并向下填充公式至 B9 单元格。

③ 在 D7:D9 单元格区域依次输入 3 个方程的值"7""7""18"。

（3）设置规划求解参数并求解。单击"数据"选项卡,选择"分析"组中的"规划求解"命令,打开"规划求解参数"对话框,如实验图 13-15 所示。

① "设置目标"文本框为空。

② 指定规划求解可变参数。在"通过更改可变单元格"文本框中指定参数可变单元格区域"$B$2:$D$2"。

③ 添加规划求解的约束条件。单击"添加"按钮,添加相应的规划求解的约束条件: 3 个方程的计算式等于相应方程式的值。

④ 在"规划求解参数"对话框中取消选中"使无约束变量为非负数"复选框,并在"选择求解方法"下拉列表中选择"单纯线性规划"。

⑤ 在"规划求解参数"对话框中单击"求解"按钮,完成规划求解运算。在随后出现的"规划求解结果"对话框中单击"确定"按钮。

### 实验 13-11　方案分析（增收）

【实验要求】　打开"sy13-11 方案（增收）. xlsx",为公司的销售部门制定一个增收方案: 预期增加投资收益 20%; 增加营业外收入 15%。假设企业利润=销售收入-生产销售成本+营业外收入。

【操作提示】

（1）在 C2 单元格中输入公式"=SUM(C3:C4)"; 在 C5 单元格中输入公式"=SUM(C6:C14)"; 在 C15 单元格中输入公式"=SUM(C16:C17)"; 在 C18 单元格中输入公式"=C2−C5+C15"。

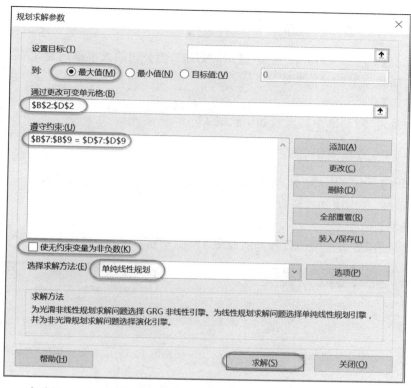

实验图 13-15 "规划求解参数"对话框(求三元一次线性方程组的解)

（2）选择"方案管理器"命令，在"添加方案"对话框的"方案名"文本框中输入"增收"；在"可变单元格"文本框中借助 Ctrl 键指定用于增收方案的两个可变单元格"＄C＄16"和"＄C＄17"。

（3）在"方案变量值"对话框的"＄C＄16"文本框中输入公式"＝2659872＊(1＋20％)"；"＄C＄17"文本框中输入公式"＝7914747＊(1＋15％)"，如实验图 13-16 所示。

### 实验 13-12 方案分析（减支）

【实验要求】 打开"sy13-12 方案（减支）.xlsx"，为公司的生产部门制定一个减支方案：通过优化管理，预期减少管理费支出 10％；减少仓储费 20％。假设企业利润＝销售收入－生产销售成本＋营业外收入。

【操作提示】

"方案变量值"对话框中的设置如实验图 13-17 所示。

实验图 13-16 "方案变量值"对话框(增收方案)

实验图 13-17 "方案变量值"对话框(减支方案)

### 实验 13-13　方案分析（减员）

【实验要求】　打开"sy13-13 方案（减员）.xlsx"，为公司的人事部门制定一个减员方案：通过裁员，预期减少工资支出 8%。

【操作提示】

"方案变量值"对话框中的设置如实验图 13-18 所示。

### 实验 13-14　方案分析（投资）

【实验要求】　打开"sy13-14 方案（投资）.xlsx"，为公司的投资部门制定一个投资方案：通过增加投资额，预期增加投资收益 20%。

【操作提示】

"方案变量值"对话框中的设置如实验图 13-19 所示。

实验图 13-18　"方案变量值"对话框（减员方案）　　　实验图 13-19　"方案变量值"对话框（投资方案）

### 实验 13-15　方案合并

【实验要求】　打开"sy13-15 方案合并.xlsx"，合并"增收""减支""减员"和"投资"4 个方案到当前工作表中。

【操作提示】

（1）分别打开实验 13-11～实验 13-14 所创建的方案。

（2）选择"方案管理器"命令。在"方案管理器"对话框中单击"合并"按钮，打开"合并方案"对话框，分别选择并添加"增收""减支""减员"和"投资"4 个方案到当前工作表中。

### 实验 13-16　方案总结

【实验要求】　打开"sy13-16 方案总结.xlsx"，为"增收""减支""减员"和"投资"这 4 个方案创建方案总结。结果如实验图 13-20 所示。

| 方案摘要 | | 当前值 | 增收 | 减员 | 减支 | 投资 |
|---|---|---|---|---|---|---|
| 可变单元格： | | | | | | |
| | $C$16 | ￥　2,659,872 | ￥　3,191,846 | ￥　2,659,872 | ￥　2,659,872 | ￥　3,191,846 |
| | $C$17 | ￥　7,914,747 | ￥　9,101,959 | ￥　7,914,747 | ￥　7,914,747 | ￥　7,914,747 |
| | $C$12 | ￥ 20,249,828 | ￥ 20,249,828 | ￥ 18,629,842 | ￥ 20,249,828 | ￥ 20,249,828 |
| | $C$9 | ￥　　248,432 | ￥　　248,432 | ￥　　248,432 | ￥　　198,746 | ￥　　248,432 |
| | $C$13 | ￥　　 36,478 | ￥　　 36,478 | ￥　　 36,478 | ￥　　 32,830 | ￥　　 36,478 |
| 结果单元格： | | | | | | |
| | $C$18 | ￥ 22,929,396 | ￥ 24,648,582 | ￥ 24,549,382 | ￥ 22,982,730 | ￥ 23,461,370 |

注释："当前值"这一列表示的是在建立方案汇总时，可变单元格的值。每组方案的可变单元格均以灰色底纹突出显示。

实验图 13-20　方案总结结果

【操作提示】

（1）选择"方案管理器"命令，在"方案管理器"对话框中单击"摘要"按钮，打开"方案摘要"对话框。

（2）在"方案摘要"对话框中选中"方案摘要"单选按钮，"结果单元格"为 C18，单击"确定"按钮，将创建"方案摘要"工作表，并显示方案总结结果。

# 图表与数据可视化

## 实验目的

- 绘制股价图
- 绘制柱形-折线组合图
- 绘制误差线
- 绘制趋势线
- 绘制金字塔图
- 绘制甘特图
- 绘制动态图表

## 实验内容

### 实验 14-1  使用股价图绘制天气后报气温数据

【实验要求】  打开"sy14-1 天气后报（股价图）.xlsx"，使用股价图绘制天气后报气温数据，结果如实验图 14-1 所示。

### 实验 14-2  绘制柱形-折线组合图

【实验要求】  打开"sy14-2 销售业绩.xlsx"，参照实验图 14-2 绘制柱形-折线组合图。

【操作提示】

（1）选中 A2:E4 单元格区域，绘制簇状柱形图。

（2）选中"销售利润"数据系列，参照实验图 14-3，将"销售利润"数据系列修改为"带数据标记的折线图"。

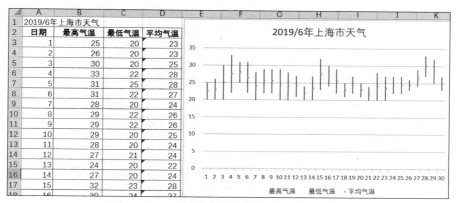

实验图 14-1　使用股价图绘制天气后报气温数据

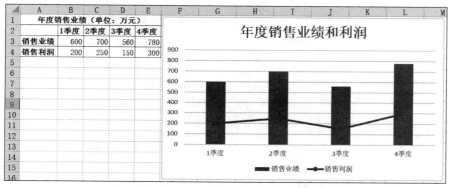

实验图 14-2　绘制柱形-折线组合图

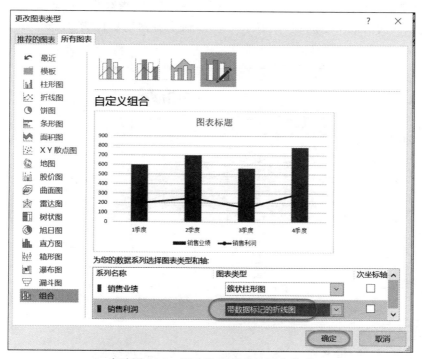

实验图 14-3　更改数据系列的图表类型

### 实验 14-3　绘制身高误差线

【实验要求】　打开"sy14-3身高体重表图.xlsx",为身高添加误差百分比为 10% 的误差线,结果如实验图 14-4 所示。

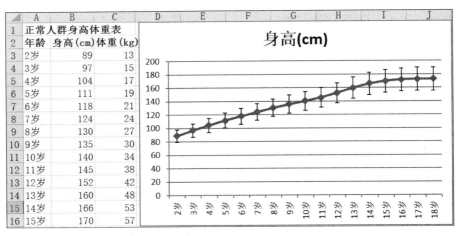

实验图 14-4　身高误差线

【操作提示】

在添加"百分比误差线"后设置误差线格式,将误差百分比设置为 10%。

### 实验 14-4　绘制指数趋势线

【实验要求】　打开"sy14-4CPI指数.xlsx"文件,为 CPI 指数添加趋势线,并设置趋势线格式使趋势预测向前推两个周期,设置水平(值)轴主要刻度单位为 2,结果如实验图 14-5 所示。

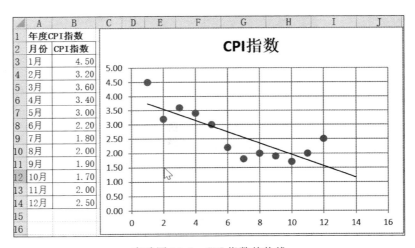

实验图 14-5　CPI 指数趋势线

【操作提示】

(1) 右击图中的数据系列,选择快捷菜单中的"添加趋势线"命令,设置"趋势预测"中的

"前推"为两个周期。

（2）双击"水平（值）轴"，单击右侧"设置坐标轴格式"面板中的"坐标轴选项"按钮 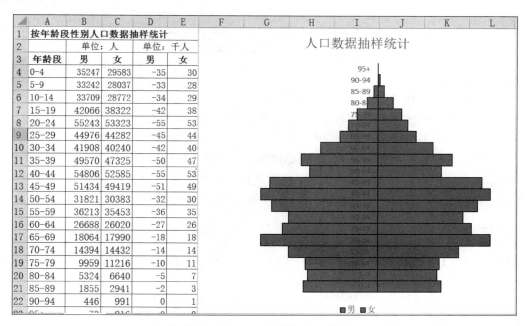；或者右击"水平（值）轴"，选择相应快捷菜单中的"设置坐标轴格式"命令，将水平（值）轴主要刻度单位改为2。

### 实验14-5 绘制人口金字塔

**【实验要求】** 打开"sy14-5 人口抽样统计.xlsx"文件，绘制如实验图14-6所示的人口金字塔。其中，图表标题为"人口数据抽样统计"；在底部显示图例；不显示横坐标轴；不显示纵网格线；适当调整图表的大小。然后设置数据系列的格式，间隙宽度为0%、边框为黑色"实线"。

实验图14-6 人口抽样统计金字塔图

**【操作提示】**

（1）在 D4:D23 数据区域生成 B4:B23 数据区域中男性人数以"千人"为单位的人口统计数据的负值。在 D4 单元格中输入公式"=ROUND(B4*-1/1000,0)"，并向下填充公式到 D23 单元格。

（2）在 E4:E23 数据区域生成 C4:C23 数据区域中女性人数以"千人"为单位的人口统计数据。在 E4 单元格中输入公式"=ROUND(C4/1000,0)"，并向下填充公式到 E23 单元格。

（3）借助 Ctrl 键选中 A3:A23 以及 D3:E23，绘制"堆积条形图"。

（4）设置图表标题为"人口数据抽样统计"；在底部显示图例；删除横坐标轴；不显示纵网格线。然后调整图表的大小，使其位于 F1:L23 单元格区域。再分别设置左、右数据系列的格式：间隙宽度为0%；边框为黑色"实线"。

### 实验 14-6　绘制期末考试安排甘特图

【实验要求】　打开"sy14-6 期末考试安排.xlsx"文件,利用堆积条形图制作期末考试安排甘特图,注意设置图表的网格线以及数据系列等的格式。结果如实验图 14-7 所示。

实验图 14-7　期末考试安排甘特图

【操作提示】

(1) 选择数据区域 A2:B8,绘制"堆积条形图"。

(2) 设置图表格式。删除图表标题,显示主轴次要垂直网格线。

(3) 增加数据系列。将 C2:C8 单元格区域复制到图表中。

(4) 设置数据系列的格式。双击"开始时间"数据系列,设置其格式:间隙宽度为 0%;无填充;无边框颜色。双击垂直分类轴,设置其格式:坐标轴选项为"逆序类别"。双击水平轴,设置其格式:最小值为 43611(即 2019/5/26),最大值为 43636(即 2019/6/20)。

### 实验 14-7　绘制动态图表

【实验要求】　打开"sy14-7 职工工资表.xlsx"文件,至少使用以下两种方法绘制动态图表。结果如实验图 14-8 所示。

(1) 利用"数据有效性"设置控制单元格,并使用 VLOOKUP、COLUMN 等函数生成对应类别的图表动态数据区域。

(2) 使用 ADDRESS、CELL、INDIRECT、COLUMN 等函数建立对应类别的图表动态数据区域,制作基于不同部门的工资(基本工资、津贴、奖金和补贴)均值动态条形图表。

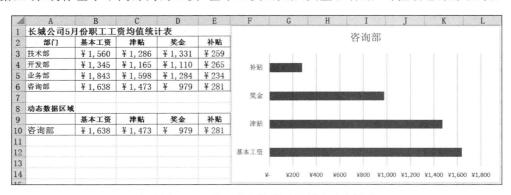

实验图 14-8　基于动态数据区域创建动态图表

【操作提示】

方法 1：

（1）设置 A10 单元格的"数据有效性"：在"允许"下拉列表框中选择"序列"；"来源"文本框中为"＝$A$3:$A$6"。

（2）在 B10 单元格中输入公式"＝VLOOKUP($A10,$A$3:$E$6,COLUMN(),FALSE)"，并向右填充至 E10。A9:E10 为动态数据区域。通过 A10 单元格的下拉列表框选择不同部门的数据,观察动态数据。

（3）为 A9:E10 数据区域绘制"簇状条形图"。

（4）通过 A10 单元格的下拉列表框选择不同部门的数据,从而动态更新图表。

方法 2：

（1）在 A10 单元格中输入公式"＝INDIRECT(ADDRESS(CELL("ROW"),COLUMN(A3)))"，并向右填充至 E10。A9:E10 为动态数据区域。

（2）通过按 F9 功能键重新计算 A10:E10 数据区域中公式的值,或者双击 A3:A6 数据区域中的部门名称,也可以得到各部门职工的基本工资、津贴、奖金和补贴均值动态图表。

実 验 **15**

# 基于Power Pivot的数据分析

## 实验目的

- 使用 Power Query 导入、转换和清洗数据
- 使用 Power Pivot 管理数据模型
- 使用 Power View 分析数据
- 使用 Power Map 分析数据
- 使用 Power BI 分析数据

## 实验内容

### 实验 15-1　使用 Power Query 导入、转换和清洗数据

【实验要求】　打开"sy15-1Power Query 导入外部数据. xlsx",使用 Power Query 导入外部数据 test. csv,并转换和清洗数据,结果如实验图 15-1 所示。

【操作提示】

（1）导入 test. csv 文件。选择"数据"|"获取和转换数据"|"从文本/CSV"命令,打开"导入数据"对话框,选择要导入的文件 test. csv。

（2）打开 Power Query 编辑器以转换和清洗数据。单击"编辑"按钮,打开 Power Query 编辑器。

| | A | B | C | D |
|---|---|---|---|---|
| 1 | 学号 | 班级 | 测试 | 成绩 |
| 2 | B19121101 | 一班 | 测试1 | 61 |
| 3 | B19121101 | 一班 | 测试2 | 54 |
| 4 | B19121101 | 一班 | 测试3 | 64 |
| 5 | B19121101 | 一班 | 测试4 | 57 |
| 6 | B19121101 | 一班 | 测试5 | 55 |
| 7 | B19121102 | 一班 | 测试1 | 81 |
| 8 | B19121102 | 一班 | 测试2 | 86 |

实验图 15-1　学生测试成绩信息

（3）逆透视列。选择"测试 1"到"测试 5"列,然后右击,选择相应快捷菜单中的"逆透视列"命令。

（4）重命名列名。把"属性"列重命名为"测试"; 把"值"列重命名为"成绩"。

（5）关闭并上传查询结果。

（6）尝试使用数据透视表分析学生测试成绩信息。

### 实验 15-2　使用 Power Pivot 管理数据模型

【实验要求】　打开"sy15-2Power Pivot 数据模型.xlsx"，导入 Access 数据库（AdventureWorks.accdb）中的 7 张表（dimCalendar、dimCustomers、dimProduct、dimProductCategory、dimProductSubCategory、dimTerritory 和 fctSales）到 Power Pivot 数据模型。创建表之间的关系，创建"利润"计算列，并创建"总销售额""总成本""总利润"和"利润率"度量值，结果如实验图 15-2 所示。

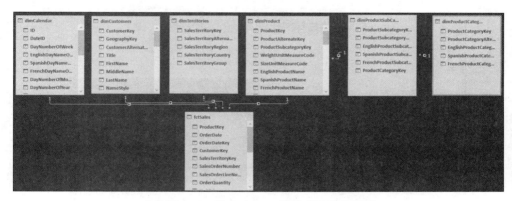

实验图 15-2　导入 Access 数据库到数据模型

【操作提示】

（1）导入 Access 数据库 AdventureWorks.accdb。选择"数据"|"获取和转换数据"|"获取数据"|"自数据库"|"从 Microsoft Access 数据库"命令，选择 AdventureWorks.accdb 数据库文件，并同时选中 7 张表。单击"加载"按钮，将数据加载到数据模型。

（2）打开"Power Pivot for Excel"关系图视图。选择 Power Pivot|"数据模型"|"管理"命令，打开 Power Pivot for Excel 窗口。然后选择"主页"|"查看"|"关系图视图"命令，打开关系图视图。

（3）管理数据模型——查看和建立表之间的关系。分别拖曳 dimCalendar 表的 DateID 字段到 fctSales 表的 OrderDate、拖曳 dimCustomers 表的 CustomerKey 字段到 fctSales 表的 CustomerKey、拖曳 dimProducts 表的 ProductKey 字段到 fctSales 表的 ProductKey、拖曳 dimTerritory 表的 SalesTerritoryKey 字段到 fctSales 表的 SalesTerritoryKey，建立各维度表到 fctSales 表的一对多关系。另外，再拖曳 dimProductCategory 表的 ProductCategoryKey 字段到 dimProductSubCategory 表的 ProductCategoryKey、拖曳 dimProductSubCategory 表的 ProductSubCategoryKey 字段到 dimProducts 表的 ProductSubCategoryKey，建立它们之间的一对多关系。

（4）创建"利润"计算列。选择 fctSales 表最右侧的添加列，在公式栏中输入公式"= fctSales[SalesAmount]－fctSales[ProductStandardCost]"，并将其重命名为"利润"。

（5）创建度量值"总销售额""总成本""总利润"和"利润率"。选择 fctSales 表的 SalesAmount 列下方的计算区域的单元格，选择"主页"|"计算"|"自动汇总"命令，创建名为

"总销售额"的度量值。尝试采用各种不同的方法创建"总成本""总利润"和"利润率"度量值,对应的公式分别为"＝SUM(fctSales[ProductStandardCost])""＝[总销售额]－[总成本]"和"＝[总利润]/[总销售额]"。设置"利润率"度量值的格式为"百分比"、两位小数位数。

(6)尝试使用数据透视表分析产品销售信息。

### 实验 15-3　使用 Power View 分析数据

【实验要求】　使用 Power View 分析数据。利用实验 15-2 创建的数据模型分析销售利润率变化趋势,结果如实验图 15-3 所示。

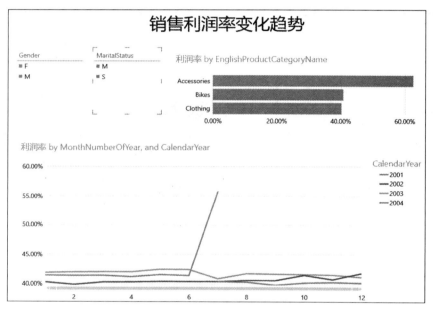

实验图 15-3　销售利润率变化趋势分析(Power View)

【操作提示】

(1)单击快速访问工具栏上的"插入 Power View 报表"按钮 ,打开 Power View 并创建空白的 Power View 报表,设置报表标题为"销售利润率变化趋势"。

(2)为"性别"创建切片器。创建 dimCustomers 表中 Gender 字段的 Power View 报表并将其转换为切片器。

(3)为"婚姻状况"创建切片器。创建 dimCustomers 表中 MaritalStatus 的 Power View 报表并将其转换为切片器。

(4)创建按类别的利润率簇状条形图。利用 dimProductCategory 表的 EnglishProductCategoryName 字段和 fctSales 表的"利润率"字段创建 Power View 报表,并将其转换为簇状条形图。

(5)创建按月份显示每个年份的利润率折线图。利用 dimCalendar 表的 MonthNumberOfYear 字段和 fctSales 表的"利润率"字段创建 Power View 报表,并将其转换为折线图,再将 dimCalendar 表的 CalendarYear 字段作为折线图的 LEGEND(图例)。

（6）调整各图表的位置和大小。

（7）尝试使用切片器和突出显示功能观察分析不同性别、不同婚姻状况、不同类别的利润率变化趋势。

（8）尝试创建其他 Power View 报表,分析感兴趣的内容。

### 实验 15-4　使用 Power Map 创建三维地图演示

**【实验要求】**　使用 Power Map 可视化探索和分析数据。利用"sy15-4Power Map 三维地图演示（Power Station）.xlsx"中的发电站数据,使用 Power Map 创建三维地图演示,以实现数据的可视化探索和分析。

**【操作提示】**

（1）打开 Excel 工作簿"sy15-4Power Map 三维地图演示（Power Station）.xlsx"。

（2）打开"三维地图"窗口。选择"插入"|"演示"|"三维地图"|"打开三维地图"命令,打开"三维地图"窗口并打开三维地图演示"演示 1"。

（3）创建三维地图演示。确认默认图表类型为"堆积型柱形图"。确认"位置"属性框中包含字段 Country 和 State；拖曳 Capacity（Megawatts）字段到"高度"属性框；拖曳 Energy Source Code 字段到"类别"属性框；拖曳 Initial Date of Operation 字段到"时间"属性框。右击地图上显示的时间,选择相应快捷菜单中的"编辑"命令,设置时间为"年月"显示方式。

（4）探索和分析三维地图。拖动鼠标或单击按钮或者利用快捷键缩放和旋转地图；单击播放条上的"播放"按钮或拖动时间滑块播放并查看不同时间的数据。

（5）把演示导出为视频"sy15-4Power Map 三维地图演示（Power Station）.mp4"。

（6）尝试使用三维地图进一步对数据进行三维可视化分析。

### 实验 15-5　使用 Power BI 分析销售数据

**【实验要求】**　使用 Power BI 分析数据。利用实验 15-2 创建的数据模型分析销售利润变化趋势,结果如实验图 15-4 所示。

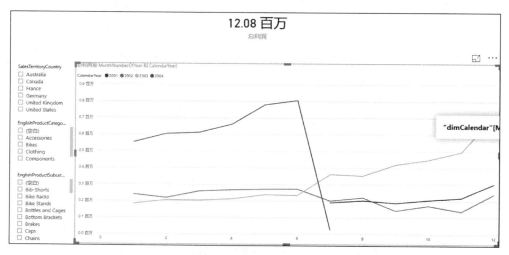

实验图 15-4　销售利润变化趋势分析（Power BI）

**【操作提示】**

（1）打开 Power BI 文件"sy15-5Power BI 数据分析.pbix"。

（2）导入数据到数据模型。导入 Access 数据库（AdventureWorks.accdb）中的 7 张表（dimCalendar、dimCustomers、dimProduct、dimProductCategory、dimProductSubCategory、dimTerritory 和 fctSales）到 Power Pivot 数据模型。

（3）管理数据模型。单击"模型"按钮，切换到"模型"视图，参照实验图 15-2 创建表之间的关系。

（4）创建度量值。单击"数据"按钮，切换到"数据"视图，分别创建"总销售额""总成本""总利润"和"利润率"度量值，对应的公式分别为"总销售额＝SUM（fctSales[SalesAmount]）""总成本＝SUM（fctSales[ProductStandardCost]）""总利润＝［总销售额］－［总成本］"以及"利润率＝［总利润］/［总销售额］"，并设置"利润率"度量值为百分比格式。

（5）创建 Power BI 报表。单击"报表"按钮，切换到"报表"视图。

（6）使用"卡片图"可视化对象监视总利润。单击报表的空白部分，然后单击"卡片图"可视化对象，创建卡片图，选中 dimSales 表中的"总利润"度量值。

（7）使用"切片器"可视化对象交互式查看不同国家、不同类别和不同子类别的销售利润情况。

（8）创建"折线图"可视化对象，比较不同年份各月份的销售利润变化趋势。

（9）交互式分析查看报表。通过切片器筛选不同国家、不同类别以及不同子类别信息，并分析查看其销售利润变化趋势，以及对应的总利润额数据。

（10）调整各可视化对象的大小和位置。

（11）尝试创建其他 Power BI 报表，分析感兴趣的内容。

# 宏与VBA程序入门

## 实验目的

- 宏的录制和运行
- 创建自定义函数
- 创建自定义子程序
- 创建 VBA 窗体和控件

## 实验内容

### 实验 16-1　利用"宏"命令标识不及格分数

【实验要求】　打开"sy16-1 3 个班学习成绩统计表.xlsx"文件,在其"一班"工作表中建立名称为"不及格成绩"的宏,并指定快捷键为 Ctrl＋Shift＋F,将分数低于 60 的单元格内容设置为红色、粗体。按快捷键 Ctrl＋Shift＋F,将宏套用到其他工作表的成绩单元格中。其中,二班学生学习情况表的运行结果如实验图 16-1 所示。

| | A | B | C | D | E | F | G | H | I |
|---|---|---|---|---|---|---|---|---|---|
| 1 | 学生学习情况表 | | | | | | | | |
| 2 | 学号 | 姓名 | 性别 | 班级 | 语文 | 数学 | 英语 | 总分 | 平均分 |
| 3 | B13121201 | 范王华 | 女 | 二班 | 90 | 86 | 85 | 261 | 87 |
| 4 | B13121202 | 华董明 | 男 | 二班 | 53 | 90 | 93 | 236 | 79 |
| 5 | B13121203 | 舒齐齐 | 女 | 二班 | 69 | 50 | 89 | 208 | 69 |
| 6 | B13121204 | 吕文文 | 男 | 二班 | 78 | 77 | 55 | 210 | 70 |
| 7 | B13121205 | 金依珊 | 男 | 二班 | 85 | 80 | 76 | 241 | 80 |
| 8 | B13121206 | 陈菁菁 | | 二班 | 70 | 89 | 78 | 237 | 79 |

实验图 16-1　设置不及格成绩为红色、粗体

【操作提示】

（1）开始录制宏。在"一班"工作表中选中 E3:I8 成绩区域,单击"开发工具"|"代码"|

数据分析超详细实战攻略-微课视频版

"录制宏"按钮,打开"录制宏"对话框。在"宏名"文本框中输入"不及格成绩";在快捷键文本框中同时按 Shift 键和 F 键;在"说明"文本框中输入"将分数低于 60 的单元格内容设置为红色、粗体"。单击"确定"按钮,开始录制宏。

(2) 录制宏的任务操作。单击"开始"选项卡,选择"样式"|"条件格式"|"突出显示单元格规则"|"小于"命令,自定义"小于"60 的单元格字体格式为红色、加粗。

(3) 停止宏的录制。单击"开发工具"|"代码"|"停止录制"按钮,停止并完成宏的录制操作。

(4) 重复运行宏。分别在"二班"和"三班"工作表中按快捷键 Ctrl+Shift+F,将各班分数低于 60 的单元格内容设置为红色、粗体。

(5) 另存工作簿文件为"sy16-1 3 个班学习成绩统计表-结果.xlsm"。单击"保存"按钮,在"无法在未启用宏的工作簿中保存以下功能"Microsoft Excel 提示对话框中单击"否"按钮,在随后出现的"另存为"对话框中将文件另存为"Excel 启用宏的工作簿(*.xlsm)"文件类型。

### 实验 16-2　创建自定义函数计算圆的周长和面积

【实验要求】　打开"sy16-2 自定义函数(圆周长和面积).xlsx"文件,创建自定义函数 myCircumference($r$) 和 myArea($r$),分别返回圆的周长和面积(结果保留一位小数),并使用自定义函数计算给定圆的周长和面积,如实验图 16-2 所示。最后保存工作簿文件为"sy16-2 自定义函数(圆周长和面积)-结果.xlsm"。

| | A | B | C | D | E |
|---|---|---|---|---|---|
| C2 | | =myArea(A2) | | | |
| 1 | 半径 | 周长 | 面积 | | |
| 2 | 0.5 | 3.1 | 0.8 | | |
| 3 | 1.0 | 6.3 | 3.1 | | |
| 4 | 1.5 | 9.4 | 7.1 | | |
| 5 | 2.0 | 12.6 | 12.6 | | |

实验图 16-2　使用自定义函数计算圆的周长和面积

【操作提示】

(1) 打开 VBA 编辑器。按 Alt+F11 键,或者选择"开发工具"|"代码"|Visual Basic 命令,打开 VBA 编辑器。

(2) 创建模块。在 VBA 编辑器中选择"插入"|"模块"命令,插入"模块 1"。

(3) 创建自定义函数 myCircumference。在 VBA 编辑器中选择"插入"|"过程"命令,打开"添加过程"对话框。在名称文本框中输入"myCircumference",选择类型为"函数"。单击"确定"按钮,创建自定义函数 myCircumference。

(4) 编写自定义函数代码计算周长。在 VBA 代码编辑器中修改 myCircumference 函数,输入以下加粗代码:

```
Const Pi = 3.14159
Public Function myCircumference(ByVal r As Single)
    myCircumference = 2 * Pi * r
End Function
```

(5) 创建自定义函数 myArea。在 VBA 编辑器中选择"插入"|"过程"命令,打开"添加过程"对话框。在"名称"文本框中输入"myArea",选择类型为"函数"。单击"确定"按钮,创建自定义函数 myArea。

(6) 编写自定义函数代码计算面积。在 VBA 代码编辑器中修改 myArea 函数,输入以下加粗代码：

```
Public Function myArea(ByVal r As Single)
    myArea = Pi * r * r
End Function
```

（7）在 Excel 工作表中使用自定义函数计算周长。在 B2 单元格中输入公式"=myCircumference(A2)"，并向下填充至 B20 单元格。结果显示一位小数。

（8）在 Excel 工作表中使用自定义函数计算面积。在 C2 单元格中输入公式"=myArea(A2)"，并向下填充至 C20 单元格。结果显示一位小数。

（9）将工作簿文件另存为"sy16-2 自定义函数（圆周长和面积）-结果. xlsm"。

### 实验 16-3　创建自定义函数计算分段函数的值

【实验要求】　打开"sy16-3 自定义函数（分段函数）. xlsx"文件，创建自定义函数 segment($x$)，根据 $x$ 计算分段函数 $y$ 的值。其中 $x$ 是 $-10\sim10$ 的随机实数，计算结果如实验图 16-3 所示。分段函数的计算公式如下：

$$y=\begin{cases}\sin x+2\sqrt{x+e^4}-(x+1)^3 & -1\leqslant x<2\\ \ln(|x^2-x|)-\dfrac{2\pi(x-1)}{7x} & x<-1\text{ 或 }x\geqslant2\end{cases}$$

最后保存工作簿文件为"sy16-3 自定义函数（分段函数）-结果. xlsm"。

实验图 16-3　分段函数的计算结果（$x$ 随机生成）

【操作提示】

（1）打开 VBA 编辑器。按 Alt＋F11 键打开 VBA 编辑器。

（2）创建模块。在 VBA 编辑器中选择"插入"|"模块"命令，插入"模块 1"。

（3）创建自定义函数。在 VBA 编辑器中选择"插入"|"过程"命令，打开"添加过程"对话框。在"名称"文本框中输入"segment"，选择类型为"函数"。单击"确定"按钮，创建自定义函数 segment。

（4）编写自定义函数代码。在 VBA 代码编辑器中修改 segment 函数，输入以下加粗代码：

```
Public Function segment(ByVal x As Double)
    If x >= -1 And x < 2 Then
        segment = Sin(x) + 2 * Sqr(x + Exp(4)) - (x + 1) ^ 3
    Else
        segment = Log(Abs(x ^ 2 - x)) - 2 * 3.14 * (x - 1) / 7 / x
    End If
End Function
```

（5）在 Excel 工作表中使用自定义函数 segment。在 B2 单元格中输入公式"=segment（A2）"，并向下填充至 B20 单元格。结果居中，显示两位小数。

（6）将工作簿文件另存为"sy16-3自定义函数（分段函数）-结果.xlsm"。

### 实验16-4　创建自定义子程序计算数字之和

【实验要求】　打开"sy16-4自定义子程序（循环）.xlsx"文件，创建自定义子程序cal100()，计算1~100中的所有数字之和、所有奇数之和、所有偶数之和。设置子程序运行的快捷键为Ctrl+Shift+S。通过按快捷键计算求和结果，如实验图16-4所示。最后保存工作簿文件为"sy16-4自定义子程序（循环）-结果.xlsm"。

| | A | B | C |
|---|---|---|---|
| 1 | 所有之和 | 偶数之和 | 奇数之和 |
| 2 | 5050 | 2550 | 2500 |

实验图16-4　1~100中的数字求和（自定义子程序）

【操作提示】

（1）打开VBA编辑器。按Alt+F11键打开VBA编辑器。

（2）创建模块。在VBA编辑器中选择"插入"|"模块"命令，插入"模块1"。

（3）创建自定义过程。在VBA编辑器中选择"插入"|"过程"命令，打开"添加过程"对话框。在"名称"文本框中输入"calSum"，选择类型为"子程序"。单击"确定"按钮，创建自定义子程序calSum。

（4）编写自定义过程代码。在VBA代码编辑器中修改calSum子程序，输入以下加粗代码，计算1~100中的所有数字之和、所有奇数之和、所有偶数之和，并将结果填充到A2:C2单元格区域。

```
Public Sub calSum()
  Dim s1, s2, s3 As Integer
  s1 = 0: s2 = 0: s3 = 0
  For i = 1 To 100
      s1 = s1 + i
  Next i
  For i = 2 To 100 Step 2
      s2 = s2 + i
  Next i
  For i = 1 To 100 Step 2
      s3 = s3 + i
  Next i
  Range("A2").Value = s1      '结果为：5050
  Range("B2").Value = s2      '结果为：2550
  Range("C2").Value = s3      '结果为：2500
End Sub
```

（5）设置子程序的快捷键。选择"开发工具"|"代码"|"宏"命令，打开"宏"对话框，确认左侧的"宏"列表框中选中了宏calSum，单击"选项"按钮，打开"宏选项"对话框，设置其快捷键为Ctrl+Shift+S。

（6）测试子程序。选择A2:C2单元格区域，按快捷键Ctrl+Shift+S，在A2:C2单元格区域填充1~100中的所有数字之和、所有奇数之和、所有偶数之和。

（7）将工作簿文件另存为"sy16-4自定义子程序（循环）-结果.xlsm"。

### 实验16-5　创建"学生信息管理"用户窗体

【实验要求】　打开"sy16-5学生信息用户窗体.xlsx"文件，参照教程篇中的例17-18创

668

建如实验图 16-5 所示的"学生信息管理"用户窗体,通过用户窗体上的"查询""添加""插入""删除""确定""取消"以及 First、Prev、Next、Last 按钮维护学生信息。其中:

(1) 为了安全起见,"登录密码"在工作表中被隐藏,在用户界面中以密码字符屏蔽方式显示。

(2) "学院"列表框项目包括"信息学院""人文学院""外语学院""教育学院"和"传播学院"。

(3) 在"姓名"文本框中输入学生姓名,单击"查询"按钮在工作表中查询满足条件的记录,并在用户窗口中显示该记录的所有相关信息。如果找不到,则弹出"该生不存在!"的消息提示框,并清空界面中除姓名以外的所有内容。

(4) "添加"按钮在工作表的最后添加一条记录。

(5) "插入""删除""确定""取消"以及 First、Prev、Next、Last 按钮的功能和实现与教程篇中的例 17-18 相同。

实验图 16-5 用户窗体(学生信息管理)运行界面(增强版)

**【操作提示】**

(1) 打开 VBA 编辑器。按 Alt＋F11 键打开 VBA 编辑器。

(2) 创建用户窗体模块。在 VBA 编辑器中选择"插入"|"用户窗体"命令,插入用户窗体 UserForm1。

(3) 设计窗体界面。在 UserForm1 窗体编辑器中放置 7 个标签、3 个文本框、两个单选按钮、一个复合框、一个列表框、4 个复选框和 10 个命令按钮控件,并适当调整它们的大小和位置,如实验图 16-6 所示。

(4) 设置用户窗体的属性。设置 UserForm1 的属性:Caption 为"学生信息管理"。

(5) 参照实验表 16-1 设置用户窗体上各项目控件的属性。

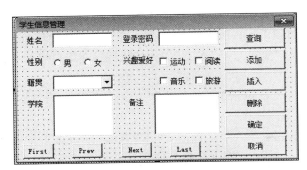

实验图 16-6　用户窗体(学生信息管理)设计界面

**实验表 16-1　设置项目控件的属性及值**

| 控　件 | 属　性 | 值 | 说　明 |
|---|---|---|---|
| Label1 | Caption | 姓名 | 姓名标签 |
| Label2 | Caption | 登录密码 | 登录密码标签 |
| Label3 | Caption | 性别 | 性别标签 |
| Label4 | Caption | 兴趣爱好 | 兴趣爱好标签 |
| Label5 | Caption | 学院 | 学院标签 |
| Label6 | Caption | 籍贯 | 籍贯标签 |
| Label7 | Caption | 备注 | 备注标签 |
| TextBox1 | Name | txtName | 姓名文本框 |
| TextBox2 | Name | txtPassword | 密码文本框 |
| | PasswordChar | * | |
| TextBox3 | Name | txtRemark | 备注文本框 |
| | MultiLine | True | |
| OptionButton1 | Name | optMale | 性别(男)单选按钮 |
| | Caption | 男 | |
| OptionButton2 | Name | optFemale | 性别(女)单选按钮 |
| | Caption | 女 | |
| CheckBox1 | Name | CheckBoxSport | 兴趣爱好(运动)复选框 |
| | Caption | 运动 | |
| CheckBox2 | Name | CheckBoxRead | 兴趣爱好(阅读)复选框 |
| | Caption | 阅读 | |
| CheckBox3 | Name | CheckBoxMusic | 兴趣爱好(音乐)复选框 |
| | Caption | 音乐 | |
| CheckBox4 | Name | CheckBoxTravel | 兴趣爱好(旅游)复选框 |
| | Caption | 旅游 | |
| ComboBox1 | Name | cbxProvince | 籍贯复合框 |
| | RowSource | 籍贯！A1:A30 | |
| CommandButton1 | Name | btnSearch | 查询命令按钮 |
| | Caption | 查询 | |
| CommandButton2 | Name | btnAppend | 添加命令按钮 |
| | Caption | 添加 | |

续表

| 控 件 | 属 性 | 值 | 说 明 |
|---|---|---|---|
| CommandButton3 | Name | btnSearch | 插入命令按钮 |
| | Caption | 插入 | |
| CommandButton4 | Name | btnDelete | 删除命令按钮 |
| | Caption | 删除 | |
| CommandButton5 | Name | btnOK | 确定命令按钮 |
| | Caption | 确定 | |
| | Default | True | |
| CommandButton6 | Name | btnCancel | 取消命令按钮 |
| | Caption | 取消 | |
| | Cancel | True | |
| CommandButton7 | Name | btnFirst | First 命令按钮 |
| | Caption | First | |
| CommandButton8 | Name | btnPrev | Previous 命令按钮 |
| | Caption | Prev | |
| CommandButton9 | Name | btnNext | Next 命令按钮 |
| | Caption | Next | |
| CommandButton10 | Name | btnLast | Last 命令按钮 |
| | Caption | Last | |

（6）定义全局变量并编写子过程 GetInfo。在窗体代码编辑器中的最前面输入以下粗体代码，以定义全局变量 curRow 保存当前记录行，通过子过程 GetInfo 在工作表中获取当前记录信息并在窗体的相应位置显示记录信息。

```
Public curRow As Long                               '当前记录行
Private Sub GetInfo()                               '在工作表中获取当前记录信息并在窗体中显示
    txtName = Cells(curRow, 1).Value                '获取并显示学生姓名
    txtPassword = Cells(curRow, 2).Value            '获取并显示登录密码
    If Cells(curRow, 3).Value = "男" Then           '男生
        optMale.Value = True
    Else
        optFemale.Value = True                      '女生
    End If
    cbxProvince.Value = Cells(curRow, 4).Value      '获取并显示学生籍贯
    ListBoxCollege.Value = Cells(curRow, 5).Value   '获取并显示学生所在的学院
    If InStr(Cells(curRow, 6).Value, "运动") <> 0 Then   '兴趣爱好：运动
        CheckBoxSport.Value = True
    Else
        CheckBoxSport.Value = False
    End If
    If InStr(Cells(curRow, 6).Value, "旅游") <> 0 Then   '兴趣爱好：旅游
        CheckBoxTravel.Value = True
    Else
        CheckBoxTravel.Value = False
    End If
    If InStr(Cells(curRow, 6).Value, "音乐") <> 0 Then   '兴趣爱好：音乐
```

```
        CheckBoxMusic.Value = True
    Else
        CheckBoxMusic.Value = False
    End If
    If InStr(Cells(curRow, 6).Value, "阅读") <> 0 Then    '兴趣爱好：阅读
        CheckBoxRead.Value = True
    Else
        CheckBoxRead.Value = False
    End If
    txtRemark = Cells(curRow, 7).Value              '获取并显示学生备注
    Rows(curRow).Select                             '选择第 curRow 行（当前行）
End Sub
```

（7）编写窗体的 Initialize 事件过程。在窗体代码编辑器的"对象"列表框中选择 UserForm，在"过程"列表框中确认选择默认值 Initialize，系统自动生成工作簿 Initialize 事件的过程代码框架，在其中手工输入以下粗体代码，以初始化用户窗体，显示工作表的第一条记录。

```
Private Sub UserForm_Initialize()
        '初始化学院列表框
        ListBoxCollege.AddItem "信息学院"
        ListBoxCollege.AddItem "人文学院"
        ListBoxCollege.AddItem "外语学院"
        ListBoxCollege.AddItem "教育学院"
        ListBoxCollege.AddItem "传播学院"
        curRow = 3               '设置当前记录行（第一条记录）
        GetInfo                  '调用自定义过程
End Sub
```

（8）编写"确定"按钮的 Click 事件过程。在"VBA 工程"列表框中双击 UserForm1，打开 UserForm1 窗体编辑器。双击"确定"按钮，系统自动生成并打开其 Click 事件代码处理框架，在其中手工输入以下粗体代码，在工作表的当前行显示用户窗体中的学生信息。

```
Private Sub btnOK_Click()
        Cells(curRow, 1).Value = txtName                    '设置学生姓名
        Cells(curRow, 2).Value = txtPassword                '设置登录密码
        If optMale.Value = True Then
            Cells(curRow, 3).Value = "男"                    '男生
        Else
            Cells(curRow, 3).Value = "女"                    '女生
        End If
        Cells(curRow, 4).Value = cbxProvince.Value          '设置学生籍贯
        Cells(curRow, 5).Value = ListBoxCollege.Value       '设置学生所在的学院
        Cells(curRow, 6).Value = ""
        If CheckBoxSport.Value Then                          '兴趣爱好：运动
            Cells(curRow, 6).Value = Cells(curRow, 6).Value & " 运动"
        End If
        If CheckBoxTravel.Value Then                         '兴趣爱好：旅游
            Cells(curRow, 6).Value = Cells(curRow, 6).Value & " 旅游"
        End If
```

```
    If CheckBoxMusic. Value Then                          '兴趣爱好：音乐
        Cells(curRow, 6). Value = Cells(curRow, 6). Value & " 音乐"
    End If
    If CheckBoxRead. Value Then                           '兴趣爱好：阅读
        Cells(curRow, 6). Value = Cells(curRow, 6). Value & " 阅读"
    End If
    Cells(curRow, 7). Value = txtRemark                   '设置学生备注
End Sub
```

（9）编写"取消"按钮的 Click 事件过程。在 UserForm1 窗体编辑器中双击"取消"按钮，系统自动生成并打开其 Click 事件代码处理框架，参照教程篇中的例 17-18 编写代码。

（10）编写导航按钮的 Click 事件过程。参照教程篇中的例 17-18，编写窗体下部 4 个导航按钮的 Click 事件过程代码，以显示"第一条""上（前）一条""下（后）一条"和"最后一条"记录信息。

（11）编写"查询"和"添加"按钮的 Click 事件过程。参照步骤（8），编写窗体右侧"查询"和"添加"按钮的 Click 事件过程代码，在其中手工输入以下粗体代码，以分别实现根据姓名查找记录以及添加记录（在最后一条记录的后一行）的功能。

```
Private Sub btnSearch_Click()
    i = 3                                       '从第一条记录开始查询
    While Len(Cells(i, 1). Value) > 0
        i = i + 1
    Wend
    lastRow = i - 1                             '定位到最后一条记录
    stuExist = False                            '学生不存在
    For i = 3 To lastRow
        If Cells(i, 1). Value = txtName Then
            stuExist = True                     '学生存在
            curRow = i                          '记录该学生所在的行
        End If
    Next i
    If stuExist Then                            '学生存在
        GetInfo                                 '调用自定义过程,显示该生信息
    Else                                        '学生不存在,清空信息
        MsgBox ("该学生不存在!")
        txtPassword = ""                        '清空登录密码
        optMale. Value = False                  '不选男生
        optFemale. Value = False                '不选女生
        cbxProvince. Value = ""                 '清空籍贯
        ListBoxCollege. Value = ""              '清空所在学院
        CheckBoxSport. Value = False            '不选运动
        CheckBoxTravel. Value = False           '不选旅游
        CheckBoxMusic. Value = False            '不选音乐
        CheckBoxRead. Value = False             '不选阅读
        txtRemark = ""                          '清空备注
    End If
End Sub
Private Sub btnAppend_Click()
    While Len(Cells(curRow, 1). Value) > 0
```

```
        curRow = curRow + 1
    Rows(curRow).Insert                    '在工作表最后添加新记录
    GetInfo                                '调用自定义过程
End Sub
```

（12）编写"插入"和"删除"按钮的 Click 事件过程。参照教程篇中的例 17-18，编写窗体右边"插入"和"删除"按钮的 Click 事件过程代码，以实现记录的插入（在当前记录的上一行）和删除（当前记录）功能。

（13）编写工作簿 Open 事件过程代码。在左侧的"工程-VBA Project"列表中双击 ThisWorkbook，打开工作簿模块代码编辑窗口，在"对象"列表框中选择 Workbook，在"过程"列表框中确认选择默认值 Open。系统自动生成工作簿 Open 事件的过程代码框架。参照教程篇中的例 17-18 编写事件代码，以显示用户窗体，并设置用户窗体左上角的位置信息。

（14）将工作簿文件另存为"sy16-5 学生信息用户窗体-结果.xlsx"。

（15）测试运行结果。关闭并重新打开"sy16-5 学生信息用户窗体-结果.xlsm"工作簿，使用用户窗体维护学生信息。

# 习题参考解答

## 第1章　Excel 基础

### 一、单选题

| 1 | 2 | 3 | 4 | 5 |
|---|---|---|---|---|
| A | B | C | B | C |

### 二、填空题

1. 18　2. D3　3. Ctrl　4. Shift　5. Ctrl＋A

## 第2章　数据的输入与验证

### 一、单选题

| 1 | 2 | 3 | 4 | 5 | 6 | 7 | 8 | 9 | 10 | 11 | 12 | 13 |
|---|---|---|---|---|---|---|---|---|----|----|----|----|
| D | A | A | A | D | B | A | D | C | A | B | C | D |

### 二、填空题

1. Alt＋Enter　2. Ctrl＋分号（;）　3. Ctrl＋Shift＋分号（;）

4. 工作日　5. 字段　　6. 1、0

## 第3章　数据的编辑与格式化

### 一、单选题

| 1 | 2 | 3 | 4 | 5 | 6 | 7 | 8 | 9 | 10 | 11 | 12 | 13 |
|---|---|---|---|---|---|---|---|---|----|----|----|----|
| C | A | B | D | C | D | A | D | D | C | D | B | D |

| 14 | 15 | 16 | 17 | 18 | 19 | 20 | 21 | 22 | 23 | 24 | 25 | 26 |
|----|----|----|----|----|----|----|----|----|----|----|----|----|
| B | D | C | D | A | D | C | D | D | C | B | D | B |

| 27 | 28 | 29 | 30 | 31 | 32 | 33 | 34 | 35 | 36 | 37 | 38 | 39 |
|----|----|----|----|----|----|----|----|----|----|----|----|----|
| B | C | C | B | A | D | D | B | C | B | A | A | D |

**二、填空题**

1. ［红色］［＞10］＋；［绿色］［＜10］－；［蓝色］＝；

2. "江苏省"@

3. "手机号码"@ 或 "手机号码"♯ 或 "手机号码"? 或 "手机号码"0

4. 00 或 0♯    5. ;;;    6. Ctrl＋P

# 第4章　公式和函数的基本使用

**一、单选题**

| 1 | 2 | 3 | 4 | 5 | 6 | 7 | 8 | 9 | 10 | 11 | 12 |
|---|---|---|---|---|---|---|---|---|----|----|----|
| C | C | C | D | B | C | D | C | D | C | B | B |

| 13 | 14 | 15 | 16 | 17 | 18 | 19 | 20 | 21 | 22 | 23 |
|----|----|----|----|----|----|----|----|----|----|----|
| B | D | B | B | B | A | D | D | B | A | C |

**二、填空题**

1. ＝SUM(A4:A6)、＝SUM(B3:B5)、＝SUM(C2:C4)    2. ＝D3＊E3/(1＋$F$2)－$D3

3. C[−1]、RC[1]    4. C3    5. 68    6. FALSE

7. 逗号(,)    8. 分号(;)    9. Ctrl＋'    10. F9    11. F4

# 第5章　使用数学和统计函数处理数据

**一、单选题**

| 1 | 2 | 3 | 4 | 5 | 6 | 7 | 8 | 9 | 10 |
|---|---|---|---|---|---|---|---|---|----|
| A | C | D | B | C | D | C | D | B | D |

**二、填空题**

1. ＝ROUND(A1＊100,2)&"％"

2. ＝INT(A1＊100＋0.5)/100

3. ＝AVERAGE(A3:B7,D3:E7)

4. 1、3

5. 12、13

6. 2、−13、29、100、−200

7. 68、57

8. 7、1、2、12

9. 1、24、8

10. 125、4

11. 45、0.5、90

12. 20、10

13. ROUND(RAND()＊200－100,0)或者 RANDBETWEEN(－100,100)

14. －2,

| 2 | 1 |
|---|---|
| 1 | 1 |

| －1 | 3 |
|---|---|
| －1 | 5 |

、4、29、23、37、48

15. LN(ABS(x^2－x＋2))－PI()＊(6＊x－EXP(1))/COS(x)－SIN(8＊x)＋3＊SQRT(x＋EXP(5))

16. ＝ROUND(RAND()＊200－100,1)

17. ＝LARGE(A1:A50,48)、＝SMALL(A1:A50,48)

18. ＝TRIMMEAN(A1:A10,2/COUNT(A1:A10))或者＝TRIMMEAN(A1:A10,0.02)

## 第6章　使用日期和文本函数处理数据

### 一、单选题

| 1 | 2 | 3 | 4 | 5 | 6 | 7 | 8 | 9 | 10 | 11 |
|---|---|---|---|---|---|---|---|---|----|----|
| D | D | B | C | D | B | A | C | D | B  | B  |

### 二、填空题

1. ＝TEXT($A$1,"aaaa")以及＝TEXT($A$1,"aaa")以及＝TEXT($A$1,"dddd")以及＝TEXT($A$1,"ddd")、"星期四"以及"四"以及 Thursday 以及 Thu

2. ＝TEXT($A$1,"mmmm")以及＝TEXT($A$1,"mmm")以及＝TEXT($A$1,"mm")以及＝TEXT($A$1,"m")、January 以及 Jan 以及 01 以及 1

3. ＝REPLACE(A1,2,1,)

4. ＝CHAR(INT(RAND()＊2)＊32＋RANDBETWEEN(65,90))

5. ＝CHAR(RANDBETWEEN(65,90))

6. ＝RIGHT(A1,LEN(A1)－SEARCH("@",A1,1))或＝RIGHT(A1,LEN(A1)－FIND("@",A1))

7. ＝LEFT(A1,FIND("@",A1)－1)

8. MARY、john、Line 2 Is A Title

9. 7、9、GoodLuck、中国、中、品牌、牌、国品牌、国品

10. 7、9、3、5

11. 美丽 vovola、美丽 vola、美 vobala、Good luck!

12. 97、a、C、100

13. 456.8、0457、9、09、Sep、September、6、06、Sat、Saturday、六、星期六

14. ＝TEXT(A1,"$0.00")、$158.95；＝TEXT(A1,"￥0.00")、￥158.95；＝TEXT(A1,"€0.00")、€158.95；＝TEXT(A1,"[DBNum2]G/通用格式")、壹佰伍拾捌.玖肆柒；＝TEXT(A1,"[DBNum1]G/通用格式")、一百五十八.九四七

15. $=\mathrm{LEN(A1)-LEN(SUBSTITUTE(A1,"A",""))}$

16. $=(\mathrm{LEN(A1)-LEN(SUBSTITUTE(A1,"AB",""))})/\mathrm{LEN("AB")}$

17. $=\mathrm{LEN(A1)-LEN(SUBSTITUTE(A1,"/",))+1}$

18. $=\mathrm{LENB(ASC(A1))-LEN(A1)}$

19. $=\mathrm{SUMPRODUCT(LENB(ASC(A1:A10))-LEN(A1:A10))}$

20. LoveLove

21. $=\mathrm{REPLACE(A1,LEN(A1),1," ")}$

22. $=\mathrm{SUBSTITUTE(A1," * ","")}$

23. 1、14、435、9、2、70、429、435、8、1、6

24. $=(\mathrm{A1-INT(A1)}) * 24$

25. $=\mathrm{TEXT(A1/24,"h:mm")}$

26. $=\mathrm{YEAR(TODAY())}$ 或者 $=\mathrm{YEAR(NOW())}$

27. 一百二十三、壹佰贰拾叁

28. $=\mathrm{TEXT(A1,"00")}$ 或 $=\mathrm{TEXT(A1,"0\#")}$

## 第7章 使用财务函数处理数据

### 一、单选题

| 1 | 2 | 3 | 4 |
|---|---|---|---|
| C | B | D | A |

### 二、填空题

1. $=\mathrm{PV(5.8\%/12,20 * 12,2000)}$
2. $=\mathrm{FV(5.4\%,1,0,-20000)}$

3. $=\mathrm{FV(5.4\%/12,5 * 12,-5000,-10000)}$
4. $=\mathrm{PMT(6.5\%/12,8,10000)}$

5. $=\mathrm{PPMT(6.5\%/12,1,5 * 12,80000)}$

6. $=\mathrm{CUMPRINC(6.5\%/12,5 * 12,80000,49,60,1)}$

## 第8章 使用查找与引用函数查找数据

### 一、单选题

| 1 | 2 | 3 | 4 | 5 |
|---|---|---|---|---|
| D | D | C | A | C |

### 二、填空题

1. $\{=\mathrm{SUM(ROW(1:100))}\}$

2. 单元格满足公式"$=\mathrm{ROW()/2=INT(ROW()/2)}$",其背景色(填充色)格式设置为红色,或者 单元格满足公式"$=\mathrm{MOD(ROW(),2)=0}$",其背景色(填充色)格式设置为红色

3. $=\mathrm{MATCH(LARGE(A1:A100,1),A1:A100,0)}$

4. $=\mathrm{ADDRESS(MATCH(SMALL(A1:A100,COUNTA(A1:A100)),A1:A100,0),1)}$ 或者 $=\mathrm{ADDRESS(MATCH(MAX(A1:A100,1),A1:A100,0),1)}$

5. $=LOOKUP(9E+307,A:A)$ 或 $=INDEX(A:A,MATCH(9E+307,A:A))$

【说明】

$9E+307$ 是 Excel 允许输入的最大数值,一般不会出现,其实它只是一个代表性的数字。$9E+307$ 常被用来进行查找、数值比较等,比如常用 $=LOOKUP(9E+307,A:A)$ 查找 A 列的最后一个数值。

6. $=LOOKUP("々",A:A)$ 或者 $=LOOKUP("做",A:A)$ 或者 $=LOOKUP("座",A:A)$ 或者 $=LOOKUP("龠",A:A)$ 或者 $=LOOKUP(REPT("做",255),A:A)$ 或者 $=LOOKUP(REPT("座",255),A:A)$ 或者 $=INDEX(A:A,MATCH("*",A:A,-1))$

【说明】

公式中用了一些奇妙的字符,例如"々""龠""座""做"等,均为比较"大"的字符,常用于查找指定范围内的最后一个文本。当 LOOKUP 函数的第 1 个参数永远大于第 2 个参数时,将会返回第 2 个参数最后一个相同类型的记录。因此,若利用 LOOKUP 函数返回 A 列的最后一个文本,可以使用一个永远"大于"LOOKUP 函数的第 2 个参数的文本,例如"々""龠""座""做"等。从字符大小而言,々>做>座>龠。

此外,为了输入方便,采用"做""座"字作为"大"字符参数的居多,而为了防止单元格中有以"做"或者"座"开头的,即等于第 1 个参数从而导致返回的不是最后一个记录,一般可采用 $REPT("做",255)$ 或者 $REPT("座",255)$ 作为 LOOKUP 函数的第 1 个参数。

7. 3、1

8. 合格、B6、B5:B8

9. C3:C4、\$B\$3、B\$3、\$B3、B3、5、4

10. $=SUMPRODUCT(MID(A2,ROW(INDIRECT("1:"\&LEN(A2))),1)*10^{\wedge}(ROW(INDIRECT("1:"\&LEN(A2)))-1))$

11. $\{=COLUMN(INDIRECT("A1:J1"))\}$

12. $\{=ROW(INDIRECT("1:10"))\}$

## 第 9 章  其他工作表函数

### 一、单选题

| 1 | 2 | 3 | 4 | 5 | 6 | 7 | 8 | 9 | 10 | 11 | 12 | 13 |
|---|---|---|---|---|---|---|---|---|----|----|----|----|
| B | C | A | D | A | B | C | B | B | B | A | C | C |

### 二、填空题

1. $=CONVERT(A1,"day","hr")$、168;$=CONVERT(A1,"hr","mn")$、420;$=CONVERT(A1,"yr","day")$、2556.75;$=CONVERT(A1,"mn","sec")$、420

2. BIN2HEX、BIN2OCT

3. DEC2BIN、DEC2OCT

4. $=OCT2BIN(567)$、101110111,$=OCT2HEX(1234)$、29C

5. $=HEX2DEC("AB")$、171,$=HEX2OCT("C8D")$、6215

6. $=COMPLEX(-1,6)$、$-1+6i$

## 第 12 章　数据的组织和管理

### 一、单选题

| 1 | 2 | 3 | 4 | 5 |
|---|---|---|---|---|
| A | B | A | B | A |

### 二、填空题

1. 分类　或　排序　　2. 高级　　　3. SUBTOTAL　　4. 小　　　5. 3

## 第 13 章　使用数据透视表分析数据

### 一、单选题

| 1 | 2 |
|---|---|
| A | D |

### 二、填空题

1. 日期　或　日期时间　　2. F2

## 第 14 章　数据的决策与分析

### 一、单选题

| 1 | 2 | 3 | 4 | 5 | 6 | 7 | 8 | 9 |
|---|---|---|---|---|---|---|---|---|
| C | B | B | C | C | A | C | D | A |

### 二、填空题

1. Excel 加载项　　2. 公式　　　3. 结果报告
4. 数据透视表　　5. 分析工具库

## 第 17 章　宏与 VBA 程序入门

### 一、单选题

| 1 | 2 | 3 | 4 | 5 |
|---|---|---|---|---|
| B | A | A | C | D |

### 二、填空题

1. 宏

2. Range("A5").Select

3. 冒号（:）

4. 下画线符号（"_"）

5. Rem、'

6. 子程序和函数

7. ByVal、ByRef

8. LBOUND(数组)/LBOUND、UBOUND(数组)/UBOUND

9. Redim

10. Happy Life

## 第 18 章　数据的保护与共享

### 一、单选题

| 1 | 2 | 3 | 4 |
|---|---|---|---|
| A | B | B | A |

### 二、填空题

1. VBA 程序　　2. 锁定　　3. 用户标识或 Excel 用户标识

# 参 考 文 献

[1] 江红，余青松. Excel 数据处理与分析教程[M]. 北京：清华大学出版社，2015.

[2] Michael Alexander，Dick Kusleika. Excel 2019 Bible[M]. John Wiley & Sons，2019.

[3] Marco Russo，Alberto Ferrari. The Definitive Guide to DAX[M]. 2nd Edition. Microsoft Press，2019.

[4] http://office. microsoft. com[OL].

[5] http://msdn. microsoft. com[OL].

# 图书资源支持

感谢您一直以来对清华版图书的支持和爱护。为了配合本书的使用，本书提供配套的资源，有需求的读者请扫描下方的"书圈"微信公众号二维码，在图书专区下载，也可以拨打电话或发送电子邮件咨询。

如果您在使用本书的过程中遇到了什么问题，或者有相关图书出版计划，也请您发邮件告诉我们，以便我们更好地为您服务。

**我们的联系方式：**

地　　址：北京市海淀区双清路学研大厦 A 座 714

邮　　编：100084

电　　话：010-83470236　010-83470237

客服邮箱：2301891038@qq.com

QQ：2301891038（请写明您的单位和姓名）

**资源下载：** 关注公众号"书圈"下载配套资源。

资源下载、样书申请

书 圈

获取最新书目

观看课程直播